7.2.9

实战：合成材质应用

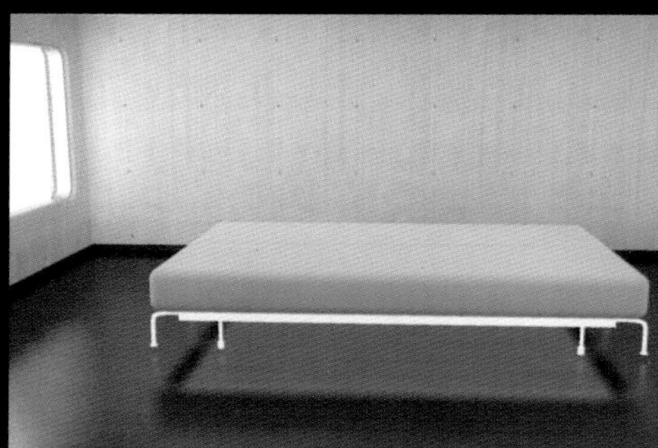

7.2.20

实战：多维子对象的应用

7.2.22

实战：虫漆材质的应用

7.3.2

实战：位图的应用

7.3.3

实战：平铺程序贴图应用

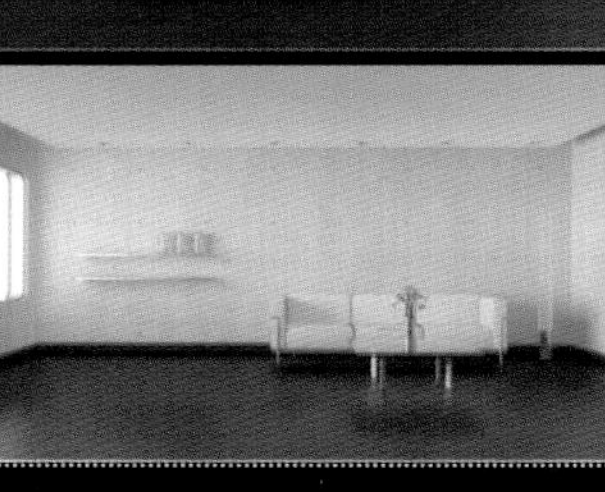

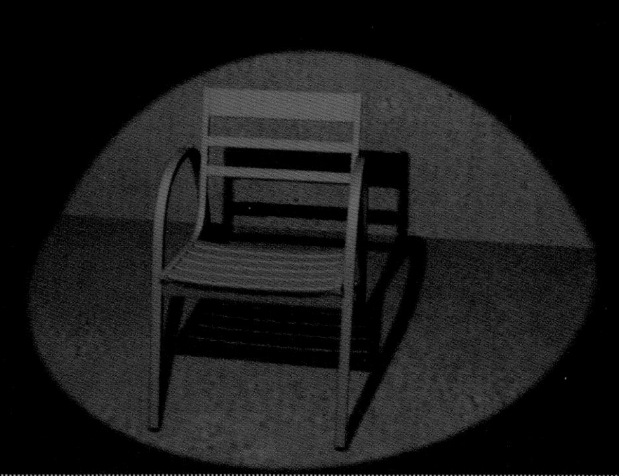

8.3.2

实战：灯光基本参数应用

8.5.6

实战：光线跟踪阴影测试

8.6.1

实战：模拟天光

9.1.2

实战：环境的应用

9.2.9

实战：火焰效果的应用

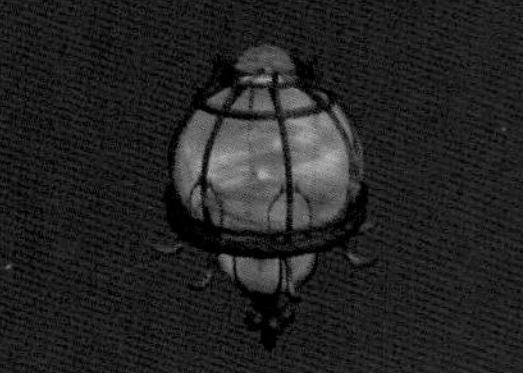

10.3.7

实战：使用波形控制器

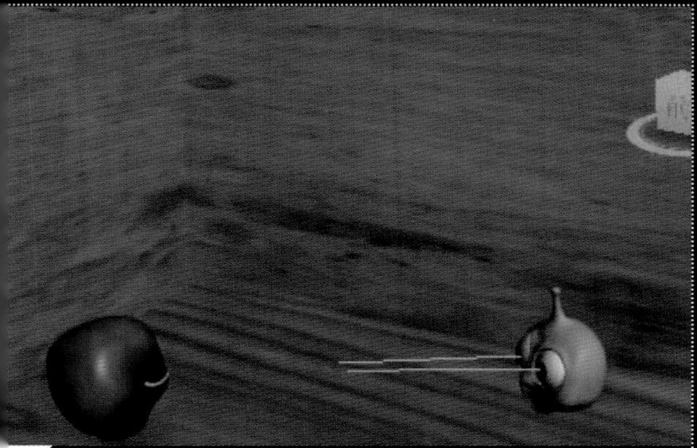

10.3.14

实战：注视约束的应用

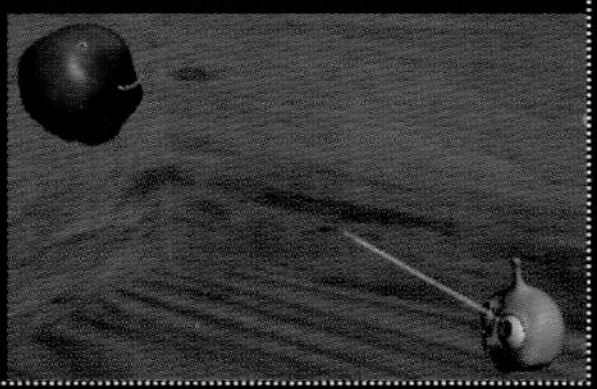

10.6.4

综合实例：制作油灯

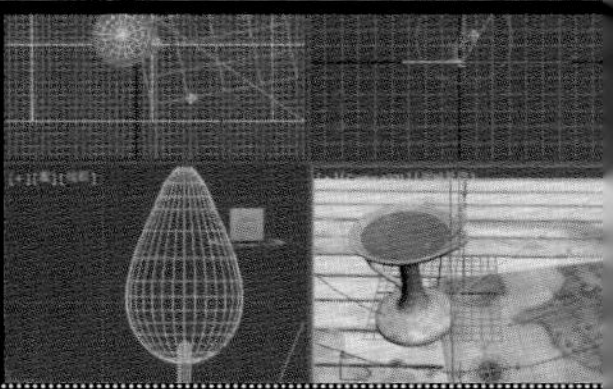

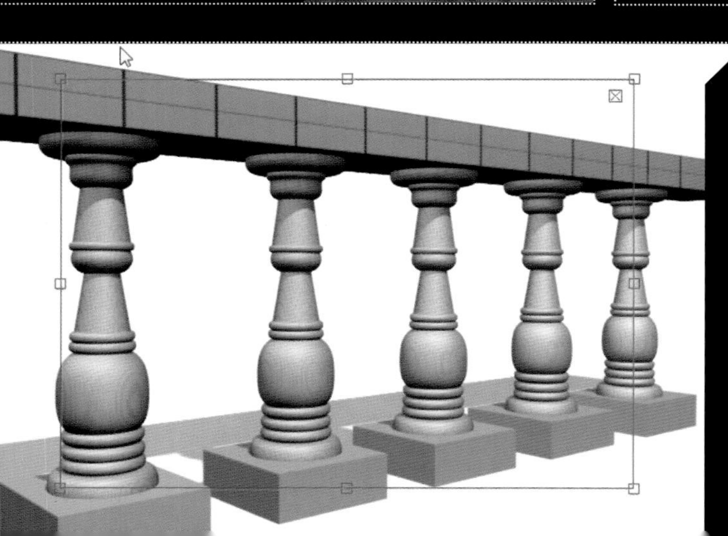

11.1.4

实战：使用渲染帧窗口

11.2.4

实战：抗锯齿过滤器测试

11.3.4

实战：使用光能传递渲染场景

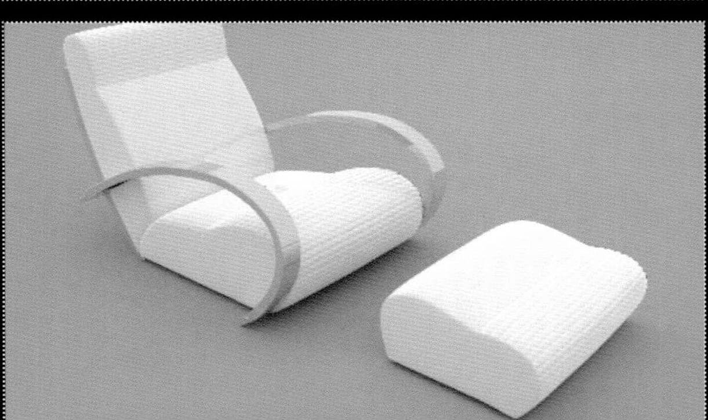

11.4.6

实战：iray渲染器的简单使用

11.5.3

实战：对场景进行照明

12.1.2

实战：雪粒子的创建

13.4.2

照明场景

零点
起飞

零点起飞学 3ds Max 2014 三维动画设计与制作

◎ 杨磊 章昊 姚征 编著

清华大学出版社
北 京

内容简介

本书全面、系统地讲解了3ds Max 2014进行三维动画设计的工作流程与方法，内容精华、学练结合、文图对照、实例丰富。

全书共分13章，内容涵盖建模、材质、灯光、动画和渲染等内容。本书从软件基础知识入手，通过逐步讲解实例操作和技巧，让初学者的软件操作水平得到大幅提高，成为具有较高水平的三维设计人员。同时，在很多章节后面用一个小节来进行典型案例的制作，将所在章节的基础知识内容进行实战应用，帮助读者进一步巩固所学知识。

本书内容详实、思路清晰、图文并茂、理论与实际操作相结合，通过大量的范例文件对3ds Max 2014进行了比较全面地介绍。本书适合作为高等院校相关专业本科生、研究生，以及从事动画及建筑设计等领域相关专业的读者学习参考。

本书DVD光盘的内容包括49个270分钟的视频教学及书中的范例文件的原始文件和最终文件，更加方便读者的学习与操作。

图书在版编目（CIP）数据

零点起飞学3ds Max 2014三维动画设计与制作/杨磊，章昊，姚征编著. —北京：清华大学出版社，2014（2020.9重印）
（零点起飞）
ISBN 978-7-302-34973-0

Ⅰ.①零… Ⅱ.①杨… ②章… ③姚… Ⅲ.①三维动画软件 Ⅳ.①TP391.41

中国版本图书馆CIP数据核字（2014）第314848号

责任编辑：杨如林
封面设计：张　洁
责任校对：胡伟民
责任印制：刘海龙
出版发行：清华大学出版社
　网　址：http://www.tup.com.cn，http://www.wqbook.com
　地　址：北京清华大学学研大厦A座　　**邮　编：**100084
　社 总 机：010-62770175　　**邮　购：**010-83470235
　投稿与读者服务：010-62796969，c-service@tup.tsinghua.edu.cn
　质 量 反 馈：010-62772015，zhiliang@tup.tsinghua.edu.cn
印 刷 者：北京富博印刷有限公司
装 订 者：北京市密云县京文制本装订厂
经　销：全国新华书店
开　本：190mm × 260mm（附DVD光盘1张）　**印　张：**27.5　**插　页：**2　**字　数：**998千字
版　次：2014年6月第1版　**印　次：**2020年9月第9次印刷
定　价：59.80元

产品编号：055692-01

前言

软件介绍

3ds Max是集造型、渲染和制作动画于一身的三维制作软件，其制作流程十分简洁高效，可以很快上手。同时，在国内拥有众多的使用者，便于学习交流。3ds Max的应用领域十分广泛，最常应用于影视动画行业，利用3ds Max可以为各种影视广告公司制作炫目的影视广告。3ds Max拥有多个历史版本，本书介绍的3ds Max 2014版本是很新的一个版本，其中提供了全新的创意工具集、增强型迭代工作流和加速图形核心，能够帮助用户显著提高整体工作效率。其先进的渲染和仿真功能、更强大的绘图、纹理和建模工具集以及更流畅的多应用工作流，可让艺术家有充足的时间制订更出色的创意决策。

内容导读

本书全面介绍了3ds Max 2014软件操作方法，以及用其进行三维设计的流程与方法，内容涉及建模、材质、灯光、动画与渲染多个方面的知识。本书从基础知识开始讲解，到软件的高级应用，再到大型专业实战案例，不仅可以大幅提升学习者的软件操作水平，更能加强实际工作能力。

第1章主要对3ds Max 2014进行了简单的概述，让读者了解3ds Max的软件性质和应用领域。同时，对3ds Max的使用进行初步解读，带领读者进入3ds Max的三维世界。

第2章主要对3ds Max 2014的界面组成部分和基本操作进行了详细的介绍，并侧重讲解了视口与视图的区别、视口的控制方法以及3ds Max 2014视口盒的应用。

第3章到第6章介绍了场景对象的创建与操作对象的变换方法，文件与场景的管理，以及复杂对象的创建与修改，使读者能更好地掌握软件的操作与使用。

第7章到第12章通过详细介绍材质与贴图、摄影机与灯光、环境与效果、动画、渲染以及粒子系统的相关知识，使读者能够运用软件制作出更加出色的效果。

第13章详细介绍了制作室内效果图的综合例子，主要运用了建模、添加材质、添加摄影机、添加灯光并设置渲染的效果，覆盖了本书的大部分知识，很全面。

本书由河北联合大学的杨磊、章昊、姚征老师编著，其中第2、4、5、7、8、9、10章由杨磊老师编写，第1、3、6、11章由章昊老师编写，第12、13章由姚征老师编写。另外参与本书编写工作的还有张宝银、张冠英、袁伟、刘宝成、任文营、张勇毅、郑尹、王卫军、张静等。

由于时间仓促以及作者水平有限，书中难免存在疏漏之处，欢迎广大读者和同仁提出宝贵意见。

编者

目录

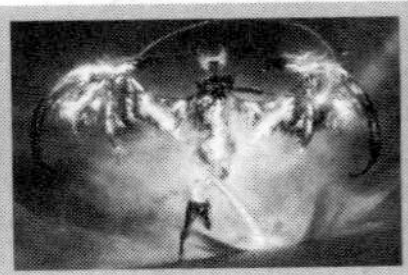

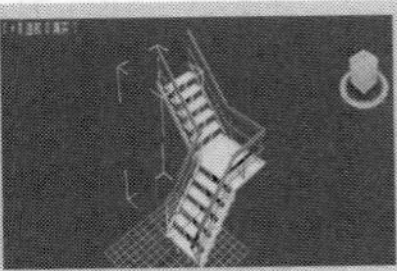

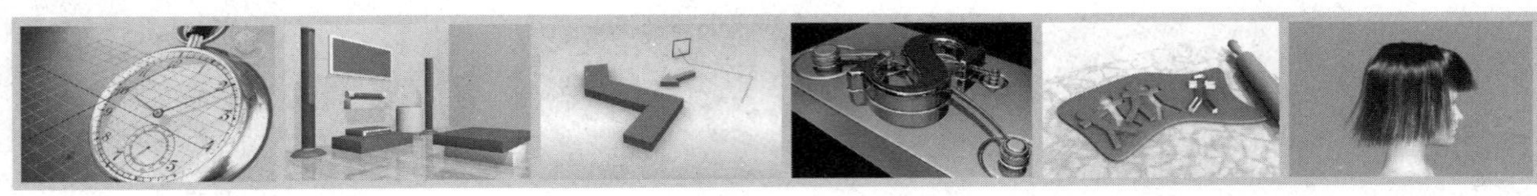

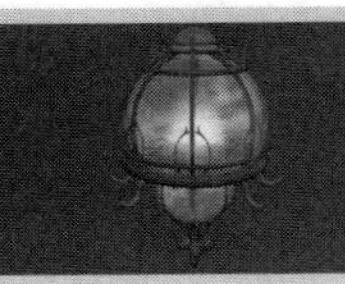

第1章

基础知识

本章重点：

本章对3ds Max 2014进行了简单的概述，让读者认识到3ds Max的软件性质和应用领域，初识软件简单操作。

学习目的：

对3ds Max的使用进行初步介绍和解读，带领读者进入3ds Max的三维世界。

参考时间：15分钟

主要知识	学习时间
1.1　了解认识3ds Max	5分钟
1.2　如何使用3ds Max 2014	10分钟

1.1 了解认识3ds Max

本章对3ds Max进行了简单概述，使读者对软件有一个初步的了解；再通过对相关行业和作品的介绍，让读者进一步对软件的功能和特点有具体的认识，加深其对软件的认知度。

1.1.1 什么是3ds Max

3D是three-dimensional的缩写，中文意思是三维。S是Studio的缩写，工作室的意思。MAX 是软件名，英文里有两个含义，一个是maximum的缩写，最大的意思；另一个是“麦克斯”，是人名（男）。这里可以将3DS MAX直译为最大的（最强的）三维工作室（软件）。

3D Studio Max，常简称为3ds Max或MAX，是Discreet公司开发的（后被Autodesk公司合并）基于PC系统的三维动画渲染和制作软件。其前身是基于DOS操作系统的3D Studio系列软件。在Windows NT出现以前，工业级的CG制作被SGI图形工作站所垄断。3D Studio Max + Windows NT组合的出现一下子降低了CG制作的门槛，首先开始运用在电脑游戏中的动画制作，后更进一步开始参与影视片的特效制作，如X战警II、最后的武士等。在Discreet 3ds Max 7后，正式更名为Autodesk 3ds Max，最新版本是3ds Max 2014。

3ds Max 2014提供了全新的创意工具集、增强型迭代工作流和加速图形核心，能够帮助用户显著提高整体工作效率。3ds Max 2014拥有先进的渲染和仿真功能、更强大的绘图、纹理和建模工具集以及更流畅的多应用工作流，可让艺术家有充足的时间制订更出色的创意决策。

提示： 3ds Max 2014和3ds Max Design两个版本不能同时安装在同一台计算机上，用户可以根据需求选择其中之一。

1.1.2 3ds Max软件的历史

3ds Max原隶属于加拿大的Discreet Logic公司。

1990年，Autodesk成立多媒体部，推出了第一个动画工作——3D Studio软件。

美国Autodesk公司于1999年将Lightscpe软件购并后，继而又购并了加拿大的Discreet Logic公司，而这次购并，Max系列软件的设计者们也随之并入了该公司，并推出了3ds Max 4系列专业级三维动画及建模软件。

2000年11月中旬，Autodesk公司下属的多媒体分公司Discreet公司在庆祝其在动画业界独领风骚10年之际，宣布推出3ds Max的最新版本——3ds Max 5。

Autodesk 公司近日宣布2013年3月份将正式发布其3ds Max软件的最新版本3ds Max 2014，新版软件提供全面的三维建模、动画、渲染和合成解决方案，为游戏、电影、运动图形艺术家的工作提供了更强大的支持。3ds Max 2014年有人群产生的新工具、粒子动画、透视匹配，以及用于支持Microsoft®DirectX®着色器的支持。

3ds Max软件版本历史

版本	支持系统	代号	发布日期
3D Studio DOS	MS-DOS	THUD	1990年
3D Studio DOS 2	MS-DOS		1992年
3D Studio DOS 3	Windows/MS-DOS		1993年
3D Studio DOS 4	Windows/MS-DOS		1994年
3D Studio MAX 1.0	Windows	Jaguar	1996年4月
3D Studio MAX R2	Windows	Athena	1997年9月
3D Studio MAX R3	Windows	Shiva	1999年6月

Discreet 3ds Max 4	Windows	Magma	2000年7月
Discreet 3ds Max 5	Windows	Luna	2002年7月
Discreet 3ds Max 6	Windows		2003年7月
Discreet 3ds Max 7	Windows	Catalyst	2004年8月
Discreet 3ds Max 8	Windows	Vesper	2005年9月
Discreet 3ds Max 9	Windows	Makalu	2006年10月
Autodesk 3ds Max 2008	Windows	Gouda	2007年10月
Autodesk 3ds Max 2009	Windows	Johnson	2008年4月
Autodesk 3ds Max 2010	Windows	Renoir	2009年3月24日
Autodesk 3ds Max 2011	Windows	Zelda	2010年3月10日
Autodesk 3ds Max 2012	Windows		2011年3月4日
Autodesk 3ds Max 2013	Windows		2012年3月27日
Autodesk 3ds Max 2014	Windows		2013年3月27日

1.1.3 3ds Max应用领域

3ds Max是当今世界上应用领域最广的三维设计软件，它能帮助三维艺术家摆脱行业设计中复杂制作的束缚，从而得以集中精力实现其创作理念。

3ds Max 主要应用于影视、游戏、动画方面，拥有软件开发工具包（SDK），SDK是一套用在娱乐市场上的开发工具，用于软件整合到现有制作的流水线以及开发与之相合作的工具，在Biped方面作出的新改进将让我们轻松构建四足动物的模型。Revealu渲染功能将让我们更快地重复，重新设计的OBJ输入也会让3ds Max和Mudbox之间的转换变得更加容易。

3ds Max Design主要应用在建筑、工业、制图方面，主要在灯光方面有改进，有用于模拟和分析阳光、天空和人工照明来辅助 LEED 8.1证明的Exposure技术，这个功能在viewport中可以分析太阳、天空等。

提示： 如果执行多个3ds Max程序，会打开多个3ds Max窗口，并占用大量内存，所以为了获得最佳性能，应该计划好不要开启多个3ds Max程序。

1. 影视动画

3ds Max最常应用于影视动画行业，利用3ds Max可以为影视广告公司制作各种炫目的影视广告。在电影中，利用3ds Max可以完成真实世界中无法完成的特效，甚至制作大型的虚拟场景，使影片更加震撼和真实。

2. 游戏

在游戏行业中，大多数游戏公司会选择使用3ds Max来制作角色模型、场景环境，这样可以最大程度地减少模型的面数，增强游戏的性能。除了建模外，为游戏角色设定动作和表情以及场景物理动画都可以通过3ds Max完成。

3. 建筑园林与室内表现

在国内的建筑园林设计和室内表现行业中，有大量优秀的规划师和设计师都使用3ds Max作为辅助设计和设计表现工具，通过3ds Max诠释设计作品，以产生更加强烈的视觉冲击效果。

3ds Max应用效果

4. **工业设计**

在工业设计领域，如汽车、机械制造等行业，大多数企业会使用3ds Max来为产品制作宣传动画。

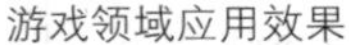

游戏领域应用效果

室内表现效果

提示： 3ds Max程序具有单位功能，可以为场景设置真实的单位数据，使三维场景拥有与真实世界一样的比例。

1.1.4 3ds Max 2014新功能

软件提供了全新的创意工具集、增强型迭代工作流和加速图形核心，能够帮助用户显著提高整体工作效率。3ds Max 2014拥有先进的渲染和仿真功能，更强大的绘图、纹理和建模工具集以及更流畅的多应用工作流，可让艺术家有充足的时间制定更出色的创意决策。这次的3ds Max更新功能很强大，很令人激动，其中有五项新增和多项增强，下面简单列举几项：

（1）贴图支持矢量贴图，再放大也不会有锯齿了。

（2）集群动画在之前的版本就有，但在2014版却变得异常方便和强大。在场景中简单地画几笔，就可以产生动画交互的人群。

（3）增加角色动画、骨骼绑定、变形等。

（4）增强粒子流系统——PFmPrticl。

（5）增强动力学解算MssFX，以及带动力学的粒子流，用来创建水、火、喷雪效果。

（6）增强能产生连动效果的毛发功能。

（7）支持DirectX 11的着色器视窗实时渲染、景深等，优化加速视图操作。

（8）增强渲染流程功能，直接渲染分层输出PSD文件。

（9）透视合成功能，2014版采用了SU的相机匹配功能，在相机匹配完成后，直接使用平移、缩放可以连同背景一起操作。

（10）多用户布局方式，如果你的电脑可能有几个人同时使用，现在可以为每个用户保留不同的快捷键设置和菜单等。

（11）增强2D、3D和AE的工作数据交互。MAYA、SOFEIMAGE、MUDBOX等数据转换整合。

（12）3ds Max SDK扩展和自定义。

1.2 如何使用3ds Max 2014

3ds Max软件除了拥有在三维领域的独特优势之外，与其他常用软件的应用程序一样，也具备打开、关闭、备份、存档等基本的功能。下面从它的项目工作流程开始，深入了解这款软件的特点和优势。

1.2.1 了解项目工作流程

3ds Max的主要工作流程分为建模、赋予材质、布置灯光、建立场景动画、制作环境特效和渲染出图等几大部分，根据工种的不同在流程上可能会有删减，但是制作的顺序却是大致相同的。

1. 建模

建模即创建模型，不论进行什么样的工作，总会有一个操作对象存在，创建操作对象的工序就是创建模型，简单称之为建模。3ds Max软件中具备了许多常用的基础模型以供选择，为模型的创建提供了便利。

2. 赋予材质

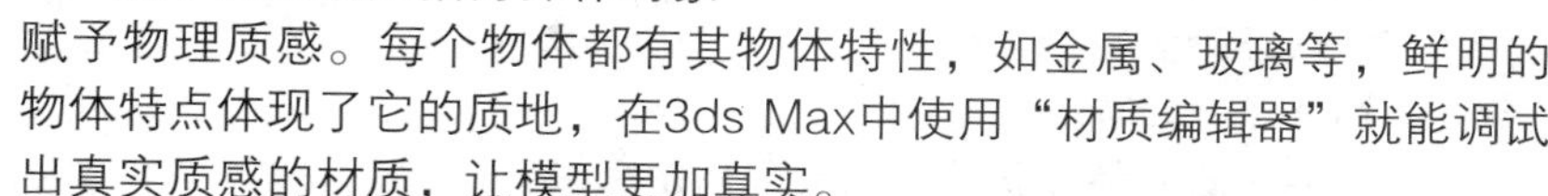

赋予材质就是指为操作对象赋予物理质感。每个物体都有其物体特性，如金属、玻璃等，鲜明的物体特点体现了它的质地，在3ds Max中使用“材质编辑器”就能调试出真实质感的材质，让模型更加真实。

3. 设置摄影机与灯光

创建摄影机时可以与在现实世界中一样，控制镜头的长度、视野并进行运动控制。软件提供了业界标准参数，可精确实现摄像机匹配功能；灯光则可以设置照射方向、照射强度、灯光颜色等，使其模拟效果非常真实。

4. 创建场景动画

利用“自动关键点”按钮可以记录场景中模型的移动、旋转比例变化甚至是外形改变。当激活“自动关键点”功能时，场景中的任何变换都会被记录成动画过程。

5. 制作环境特效

软件将环境中的特殊效果作为渲染效果提供，可将其理解为制作渲染图像的合成图层，用户可以变换颜色或使用贴图使场景背景更丰富。特效中的效果作为环境效果提供，包括为场景中加入雾、火焰、模糊等特殊效果。

6. 渲染出图

渲染工作是3ds Max最后的工作流程，可以对场景进行真正的着色，并最终计算包括光线跟踪、图像抗锯齿、运动模糊、景深、环境效果等各种前期设置，输出完成项目作品。

1.2.2　3ds Max 2014的安装

要在计算机中安装或运行3ds Max 2014，首先要确保硬件环境和操作系统符合安装需求，在配置过低的计算机中将无法成功安装或运行3ds Max2014。

1. 系统需求

下列任何一种操作系统都支持Autodesk 3ds Max 2014的32位版本：

（1）Microsoft Windows XP Professionl（Service Pck 2 或更高版本）。

（2）Microsoft Windows Vist。

（3）Microsoft Windows XP Professionl（SP3 或更高版本）。

下列任何一种操作系统都支持Autodesk 3ds Max 2014的64位版本：

（1）Microsoft Windows7。

（2）Microsoft Windows Vist。

（3）Microsoft Windows XP Professionl x64。

3ds Max 2014 需要浏览器：

Microsoft Internet Explorer8或更高版本。

3ds Max 2014 需要补充软件：

DirectX 9.0c（必需）。

2. 硬件需求

3ds Max 2014 32位软件最低需要以下配置的系统：

（1）Intel Pentium 4或更高版本、AMD Athlon 64 或更高版本、或AMD Opteron 处理器。

（2）4GB内存（推荐使用8GB）。

（3）4GB 交换空间（推荐使用8GB）。

（4）Direct3D 10、Direct3D 9 或 OpenGL 功能的显卡，512 MB 内存。

（5）键鼠标和鼠标驱动程序软件。

（6）3 GB硬盘空间。

（7）DVD-ROM光驱。

3ds Max 2014 64位软件最低需要以下配置的系统：

（1）Intel EM64T、AMD Athlon 64 或更高版本、AMD Opteron 处理器。

（2）4 GB内存（推荐使用8GB）。

（3）4 GB交换空间（推荐使用8GB）。

（4）Direct3D 10、Direct3D 9 或 OpenGL 功能的显卡，512 MB 内存。

3. 键鼠标和鼠标驱动程序软件

（1）3 GB硬盘空间。

（2）DVD-ROM 光驱。

1.2.3 实战：安装3ds Max 2014

步骤1 运行3ds Max 2014的安装执行文件，弹出3ds Max的解压缩界面。

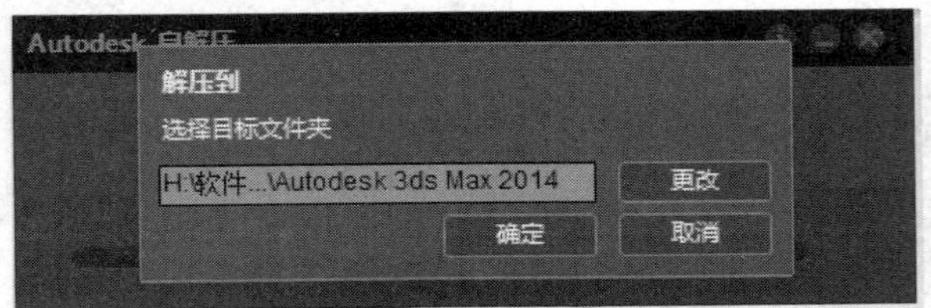

步骤2 点击“安装”按钮开始安装。

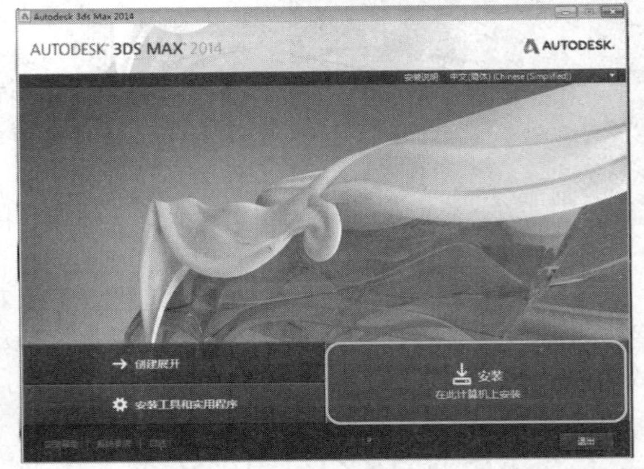

步骤3 用户阅读Autodesk公司的用户协议，如果用户同意该协议，可以选择“我接受”，并进入下一单元，如不能接受该协议，将终止安装。

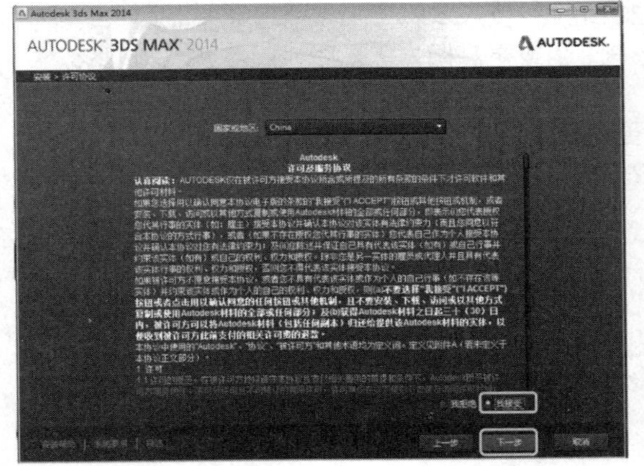

步骤4 在“产品信息”单元中，用户必须输入软件的正版序列号以及用户名和公司名称。

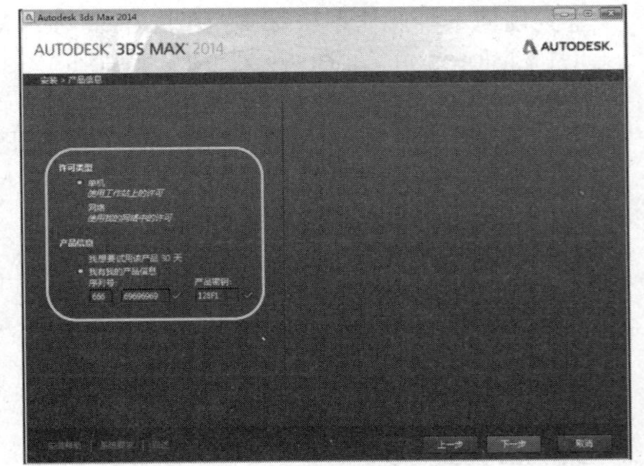

步骤5　选择安装路径，开始安装。

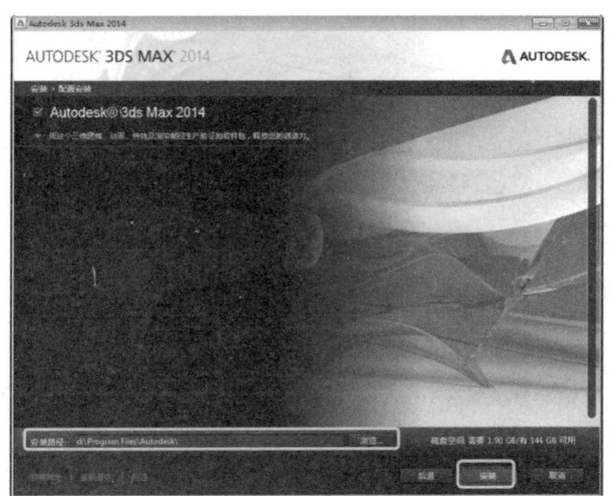

步骤6　单击“安装”按钮，3ds Max 2014开始安装。

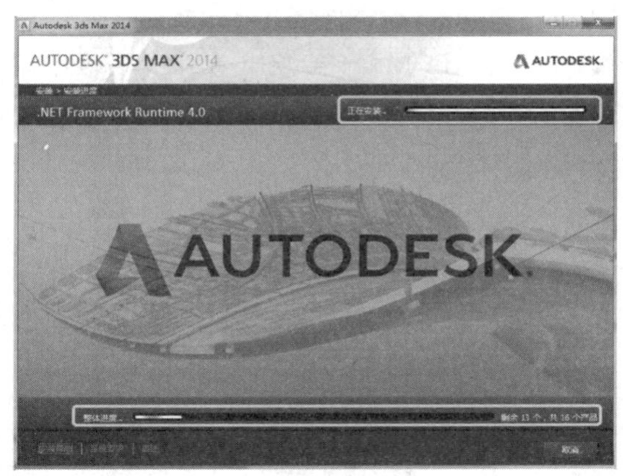

步骤7　所有文件复制完成后，转入“安装完成”单元，提示用户Autodesk 3ds Max2014 32-bit 程序成功安装。

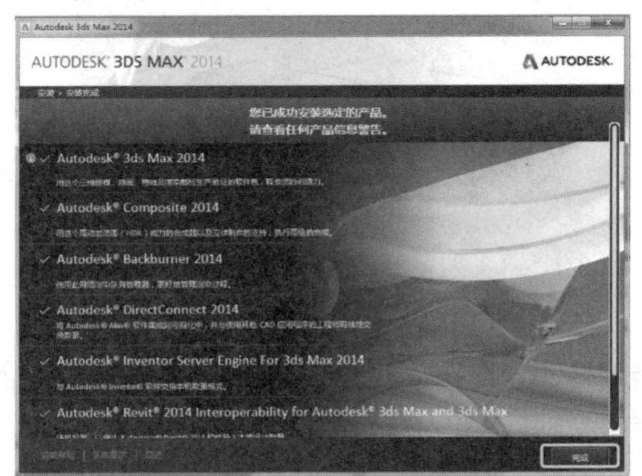

步骤8　完成3ds Max 2014的安装后，启动Max程序，弹出“学习影片”对话框，在对话框中点击相应的标题，可打开相关教学文件。

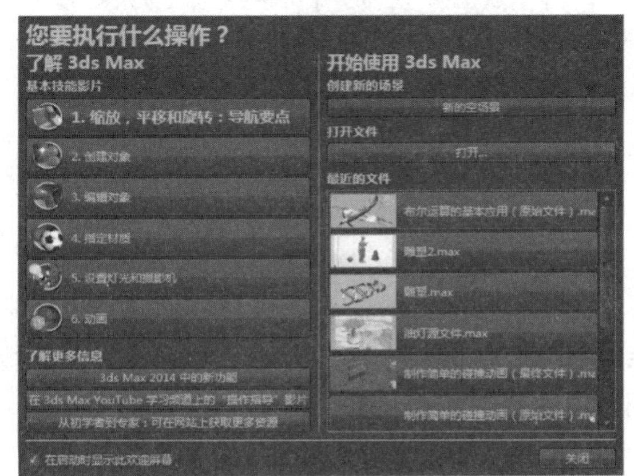

步骤9　关闭“学校影片”对话框，映入眼帘的是以黑色为主题的UI界面，清晰简洁，相比其他版本更加实用和方便。

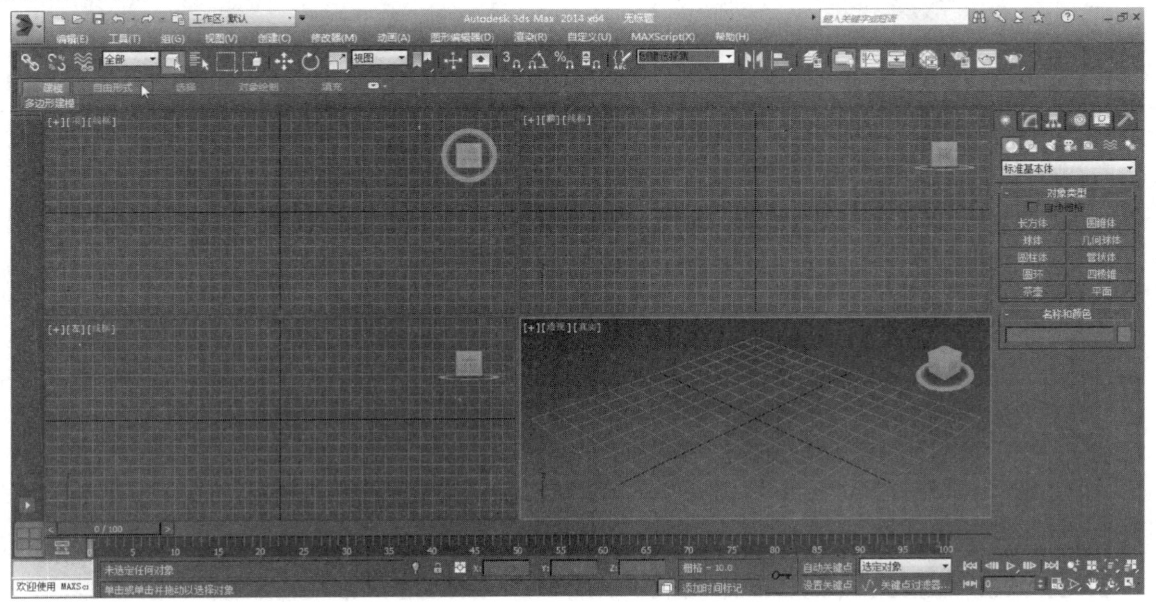

1.2.4 实战：首次使用3ds Max 2014

光盘路径：第1章\制作第1件作品.max

步骤1 打开3ds Max 2014，在命令面板中单击“图形”按钮，再单击“线”按钮。

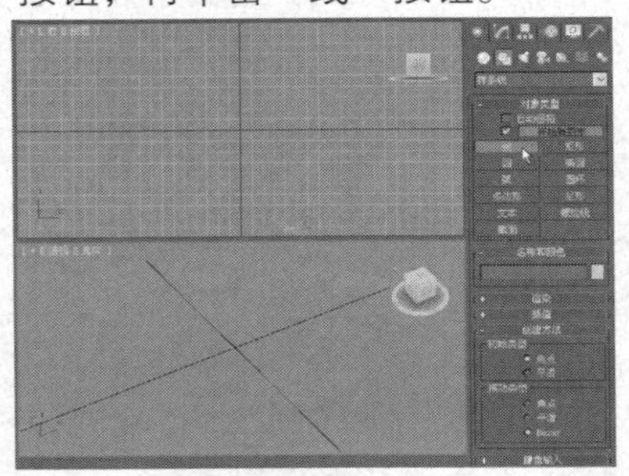

步骤2 在“前”视口中，通过单击鼠标左键，创建如图所示形状的线段。

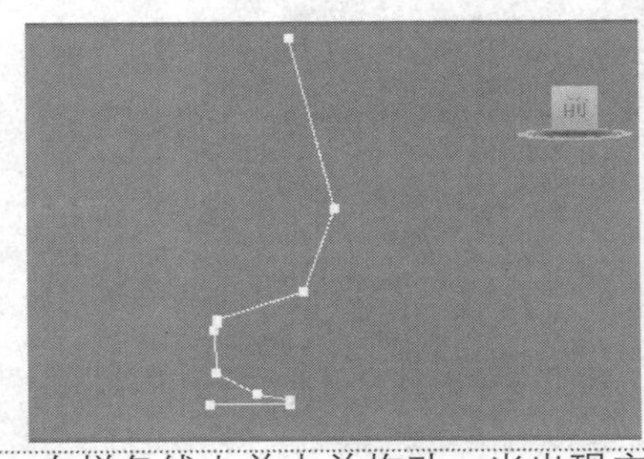

步骤3 切换到“修改”面板，展开“Line”层级，选择“样条线”子层级，然后在参数面板中单击“轮廓”按钮。

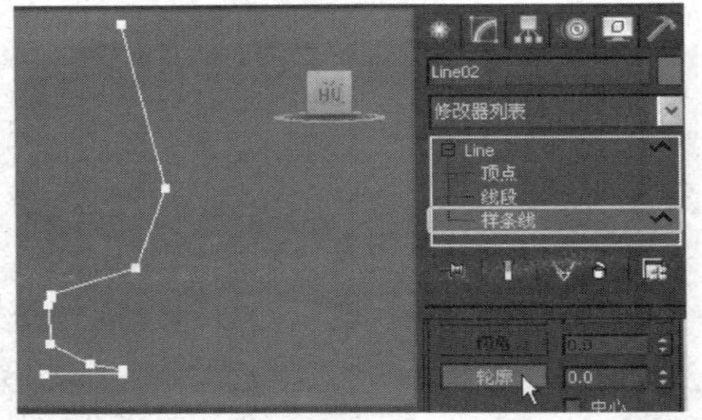

步骤4 在样条线上单击并拖动，当出现空心+字形状时释放鼠标左键，为线段添加轮廓。

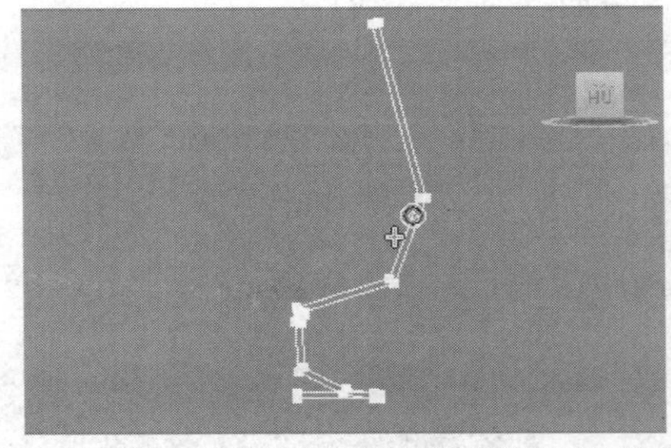

步骤5 选择线段，在修改命令面板的修改器下拉列表中选择“车削”修改器。

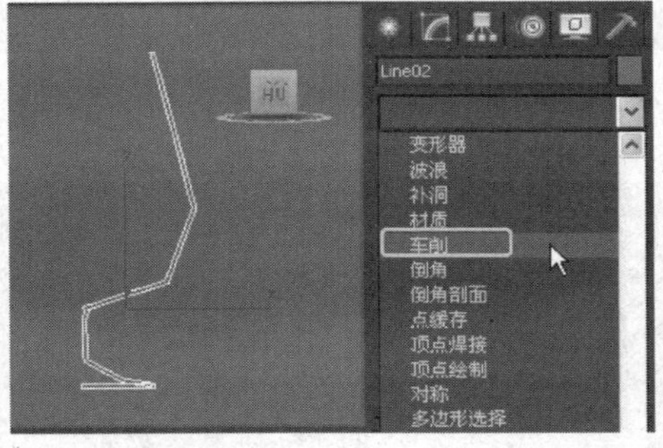

步骤6 使用“车削”修改器后，线段转化为三维模型。

步骤7 在“车削”修改器的参数面板中单击“最小”按钮，使车削的轴心为线段在X轴的最小点，完成酒杯雏形的创建。

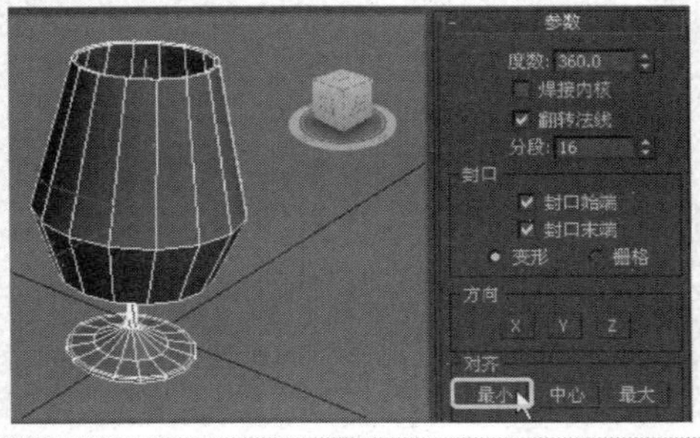

步骤8 在修改器下拉列表中为模型再添加“涡轮平滑”修改器。

步骤9　在“涡轮平滑”修改器的参数面板中，设置“迭代次数”参数值为2，使酒杯变得平滑。

步骤10　切换到“创建”面板，单击“几何体”按钮，再单击“长方体”按钮。

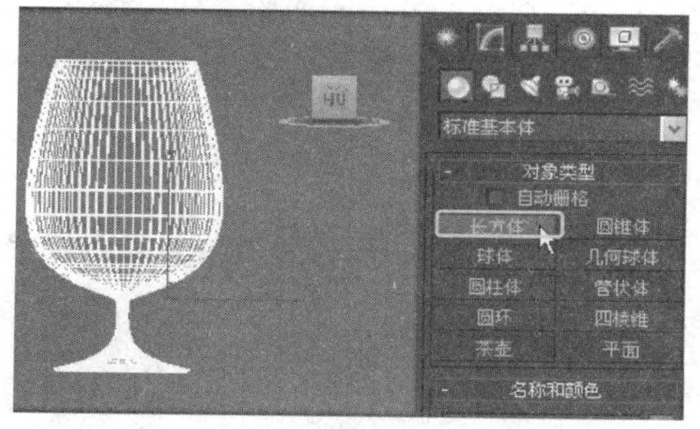

步骤11　在“透视”视口中创建一个长方体，创建位置和参数。

步骤12　在主工具栏中单击“材质编辑器”按钮，开启“材质编辑器”对话框。

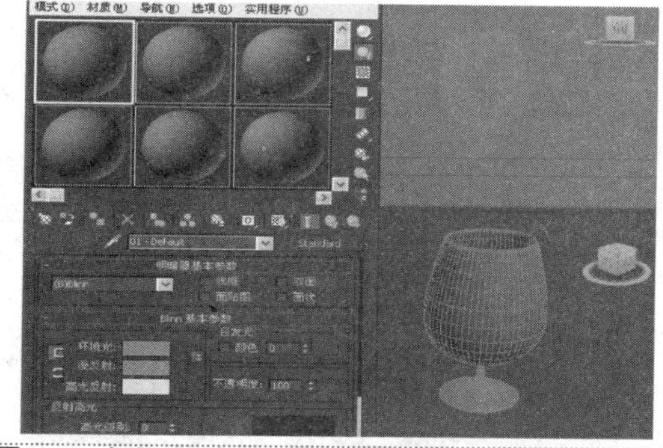

步骤13　选择第一个样本材质球，单击“环境光”旁的色块，开启相应的颜色设置对话框，然后设置颜色。

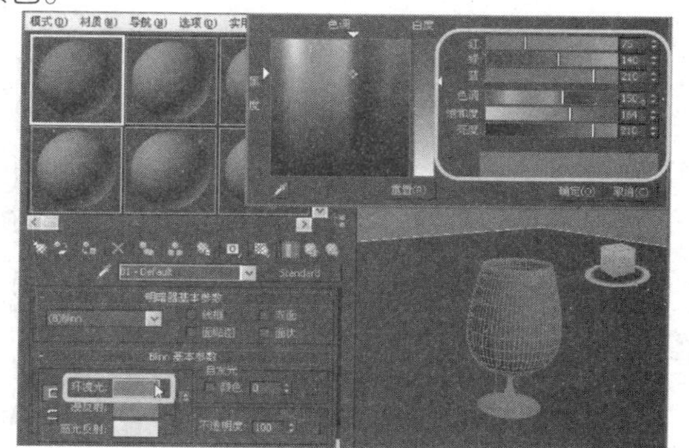

步骤14　在场景中选择长方体，然后返回到材质编辑器中，单击“将材质指定给选定对象”按钮，将当前材质赋予长方体。

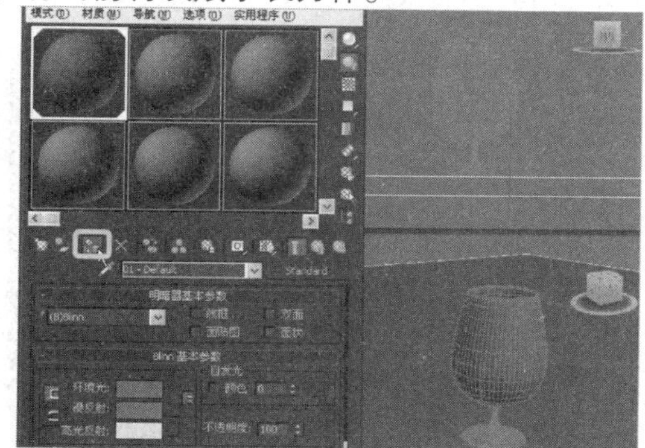

步骤15　在材质编辑器中选择第二个样本材质球，然后如图所示设置“漫反射”的颜色。

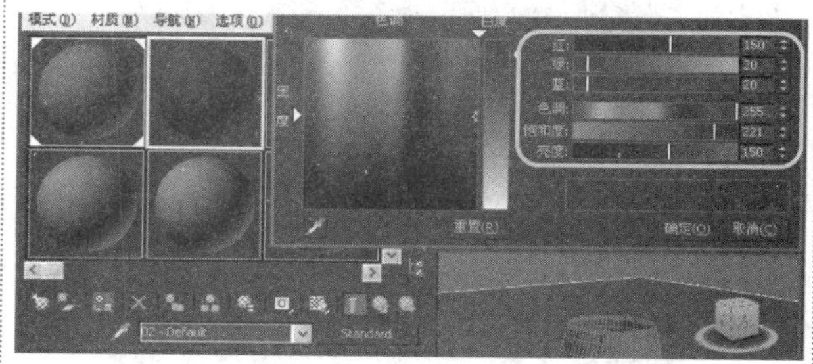

步骤16　在样本材质的“Blinn基本参数”卷展栏中，设置相关参数。

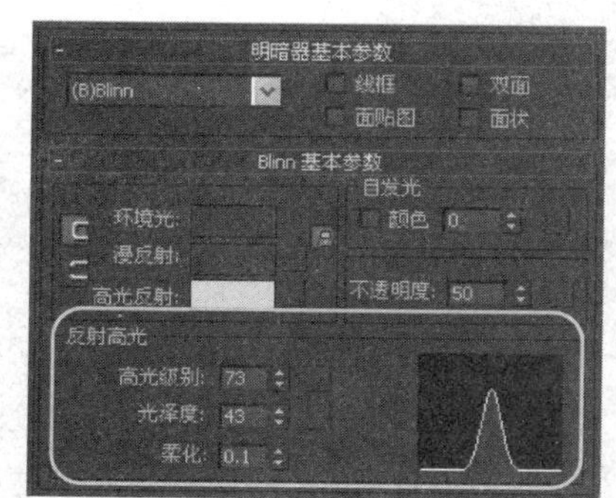

步骤17 双击样本材质球，可放大查看样本材质的完成效果，然后将材质赋予场景中的酒杯。

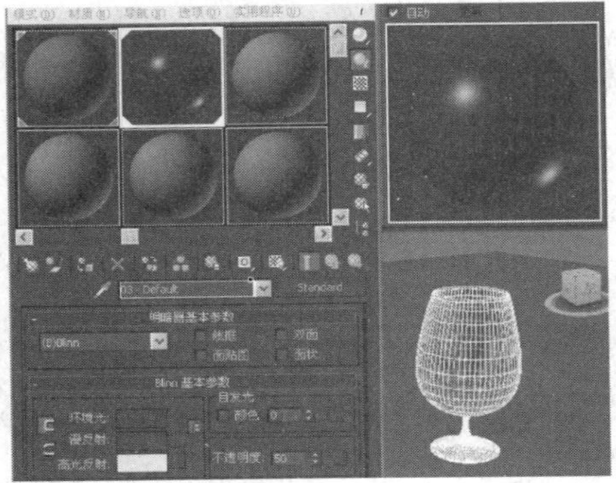

步骤18 在“创建”命令面板中单击“灯光”按钮，在下拉列表中选择“标准”项，再单击“目标聚光灯”按钮。

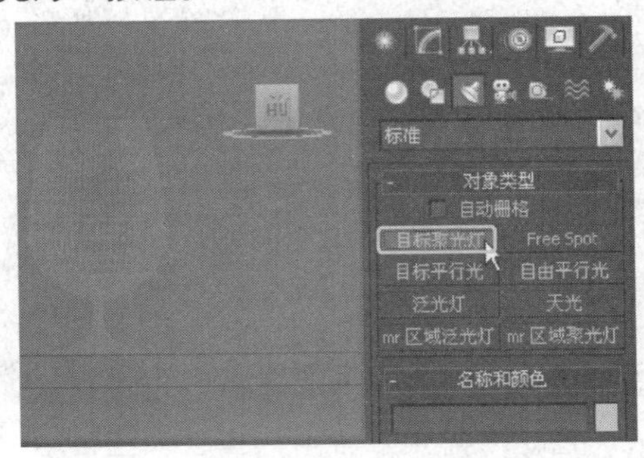

步骤19 通过拖曳鼠标的方式，在“前”视口中创建一盏目标聚光灯。

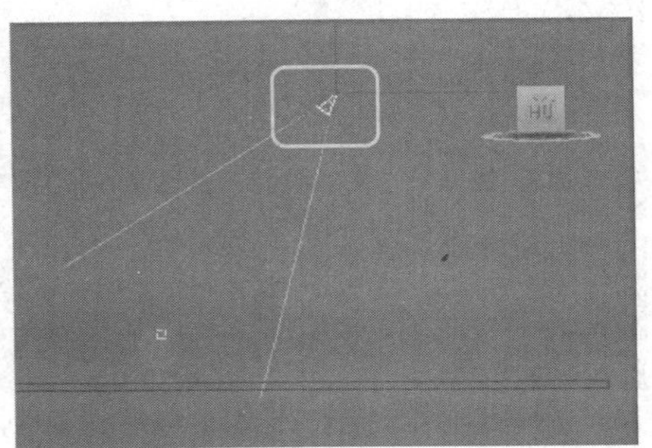

步骤20 激活“透视”视口，在“明暗处理＋边面”标签处通过右击打开菜单，在其中选择“真实”命令。

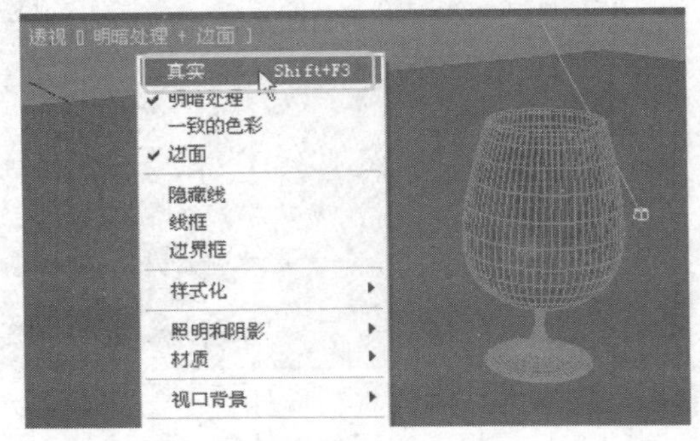

步骤21 应用“真实”效果后，场景中可即时查看灯光的照射范围。

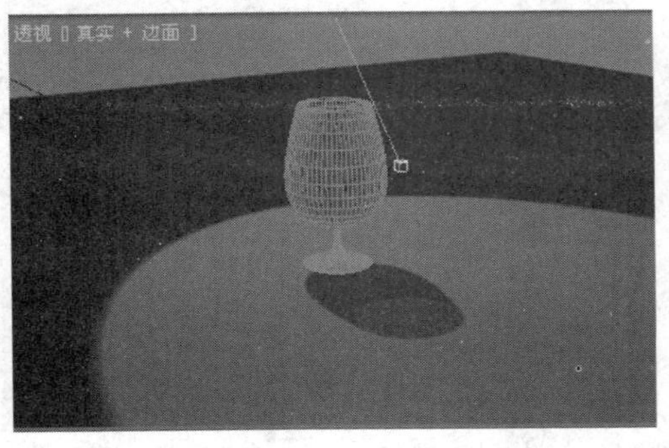

步骤22 在灯光的参数面板中，设置相关的参数。

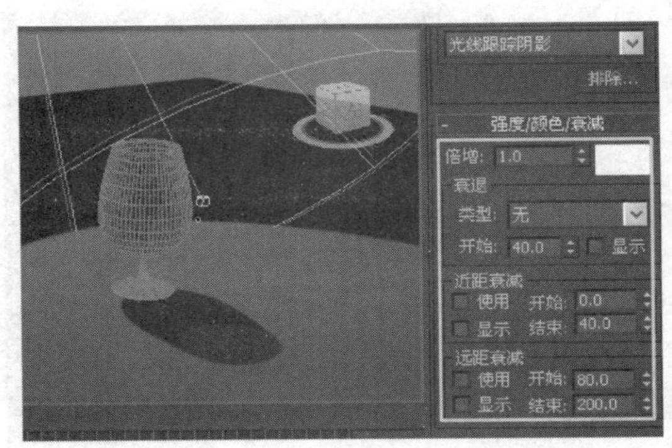

步骤23 激活“透视”视口，然后在主工具栏中单击“渲染产品”按钮。

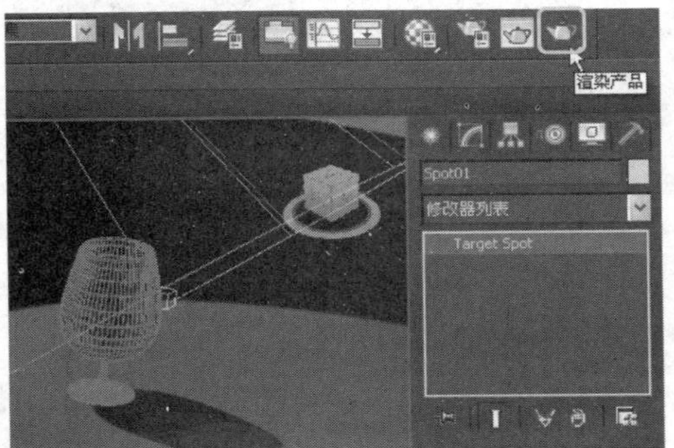

步骤24 通过单击“渲染产品”按钮对场景进行最终渲染。

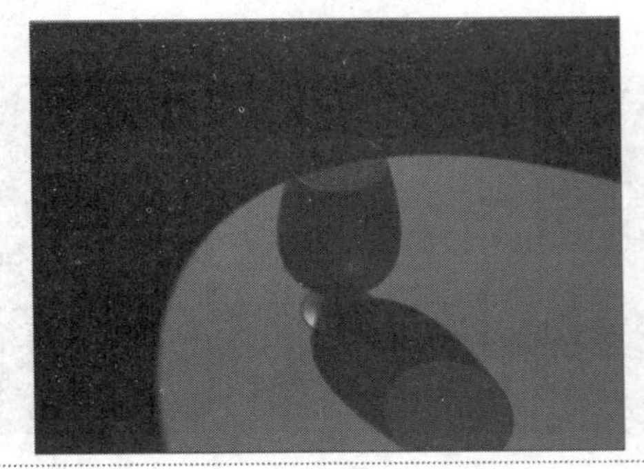

1.3 操作答疑

1.3.1 专家答疑

（1）3ds Max的应用领域有哪些?

答：影视动画、游戏、建筑园林与室内表现、工业设计。

（2）3ds Max 2014的新功能有哪些?

答：3ds Max 2014的新功能如下：

1）贴图支持矢量贴图，再放大也不会有锯齿了。

2）集群动画在之前的版本就有，但2014版却变得异常方便和强大。在场景中简单地画几笔，就可以产生动画交互的人群。

3）增加角色动画、骨骼绑定、变形等。

4）增强粒子流系统——PFmPartical。

5）增强动力学解算MassFX，以及带动力学的粒子流，用来创建水、火、喷雪效果。

6）增强能产生连动效果的毛发功能。

7）支持DirectX 11的着色器视窗实时渲染、景深等，优化加速视图操作。

8）增强渲染流程功能，直接渲染分层输出PSD文件。

9）透视合成功能，2014版采用了SU的相机匹配功能，在相机匹配完成后，直接使用平移，缩放可以连同背景一起操作。

10）多用户布局方式，如果你的电脑可能有几个人同时使用，现在可以为每个用户保留不同的快捷键设置和菜单等。

11）增强2D、3D和AE的工作数据交互。MAYA、SOFEIMAGE、MUDBOX等数据转换整合。

12）3ds Max SDK扩展和自定义。

1.3.2 操作习题

1. 选择题（选项为一个或多个）

（1）3ds Max 2014这个功能强大的三维动画软件出品公司为（　　）。

A. Discreet　　B. Adobe　　C. Macromedia　　D. Corel

（2）3ds Max的主要工作流程顺序分为（　　）。

A. 1.建模2.赋予材质3.设置摄影机与灯光4.创建场景动画5.制作环境特效6.渲染出图

B. 1.建模2.设置摄影机与灯光3.赋予材质4.创建场景动画5.制作环境特效6.渲染出图

C. 1.建模2.赋予材质3.设置摄影机与灯光4.制作环境特效5.创建场景动画6.渲染出图

D. 1.建模2.赋予材质3.创建场景动画4.设置摄影机与灯光5.制作环境特效6.渲染出图

（3）3ds Max 2014可以在NTFS系统下打开的主程序窗口数为（　　）。

A. 2个　　B. 1个　　C. 无数个　　D. 不能正常使用

2. 填空题

（1）3ds Max 2014的三大要素是__________、__________、__________。

（2）3ds Max 2014是一种运行于____________操作平台的____________软件。

3. 操作题

3ds Max 2014安装注意事项。

操作提示：

要在计算机中安装或运行3ds Max 2014，首先要确保硬件环境和操作系统符合安装需求，在配置过低的计算机中将无法成功安装或运行3ds Max 2014。

3ds Max 2014 32位软件最低需要以下配置的系统：

1）Intel Pentium 4或更高版本，AMD Athlon 64 或更高版本，或AMD Opteron 处理器；

2）4GB内存（推荐使用8GB）；

3）4GB交换空间（推荐使用8GB）；

4）Direct3D 10、Direct3D 9或 OpenGL功能的显卡，512 MB内存；

5）键盘、鼠标和鼠标驱动程序软件；

6）3GB硬盘空间；

7）DVD-ROM光驱。

3ds Max 2014 64位软件最低需要以下配置的系统：

1）Intel EM64T，AMD Athlon 64或更高版本，AMD Opteron 处理器；

2）4GB内存（推荐使用8GB）；

3）4GB交换空间（推荐使用8GB）；

4）Direct3D 10、Direct3D 9或OpenGL功能的显卡，512MB内存。

第2章

熟悉3ds Max用户界面

本章重点：

本章对3ds Max 2014的界面组成部分和基本操作进行了详细的介绍，其中对自定义用户界面进行了深入介绍，并侧重讲解了视口与视图的区别、视口的控制方法，以及3ds Max 2014视口盒的应用。

学习目的：

熟悉3ds Max主界面、界面操作以及视口的应用。

参考时间：30分钟

主要知识	学习时间
2.1　主界面	5分钟
2.2　界面操作	10分钟
2.3　视口	15分钟

2.1 主界面

3ds Max有着非常友好的用户界面，其为实现相同目标提供了多种方法，加上面向对象的操作方式，用户很容易熟悉3ds Max的界面，并上手进行实际操作。用户也可以根据自己的个性重调和安排用户界面的元素。

2.1.1 认识界面组成

3ds Max 2014的用户界面主要由菜单栏、主工具栏、视口、命令面板、状态栏及各种控制工具区组成。

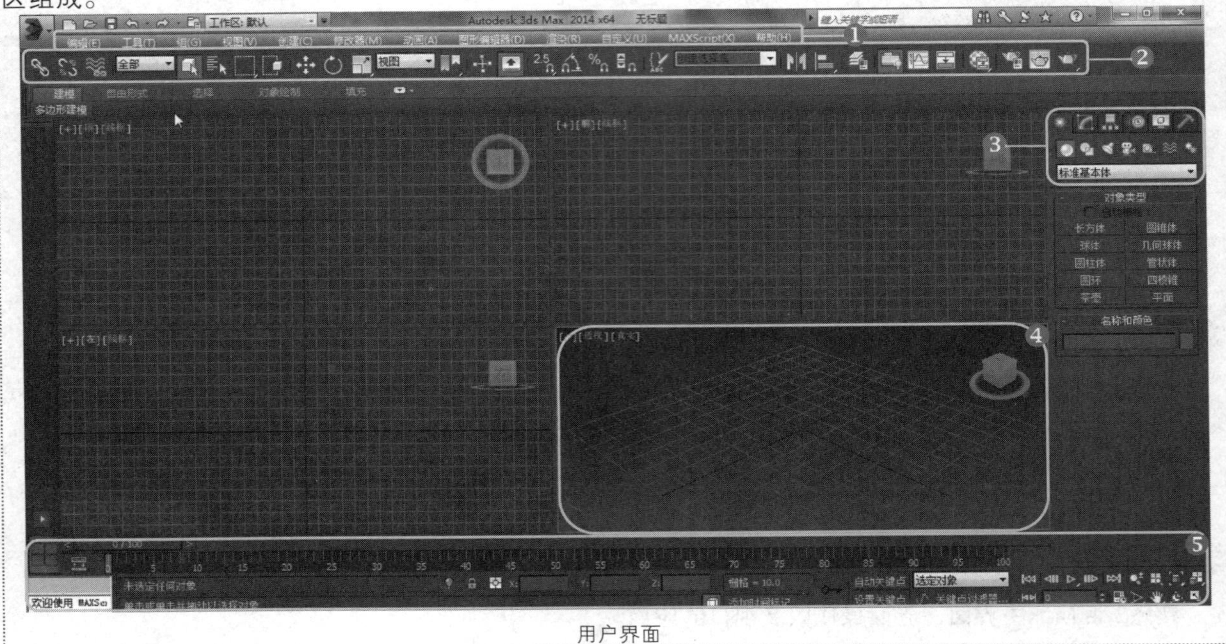

用户界面

1. 菜单栏

在用户界面的上方是菜单栏，与Windows操作系统下的大多数程序一样，菜单中包含了程序几乎所有的命令。3ds Max 2014的菜单也具有子菜单或多级子菜单。

对具有通用快捷键的命令，在命令后面会显示相应的快捷键。

打开子菜单

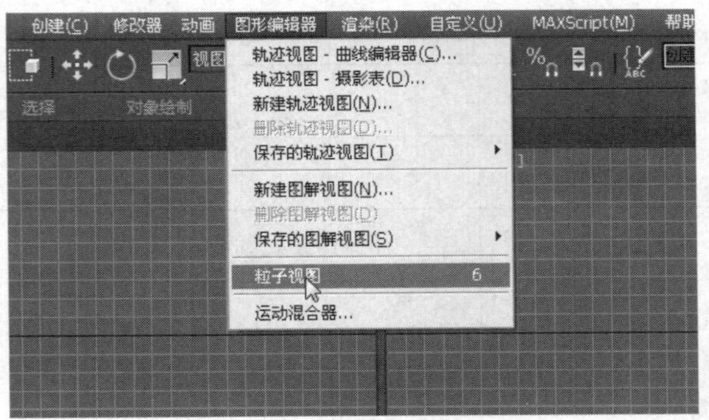
快捷键显示

提示： 对命令面板可以进行宽度的调整，但不能调整为浮动面板。

2. 主工具栏

3ds Max 2014将各种常用工具进行分类，整合到不同的工具栏中，在用户界面顶部的主工具栏里，主要包括了使用频率较高的操作和控制类工具。

3. 命令面板

命令面板位于用户界面的右侧，由创建、修改、层次、运动、显示和使用程序6个子面板组成。

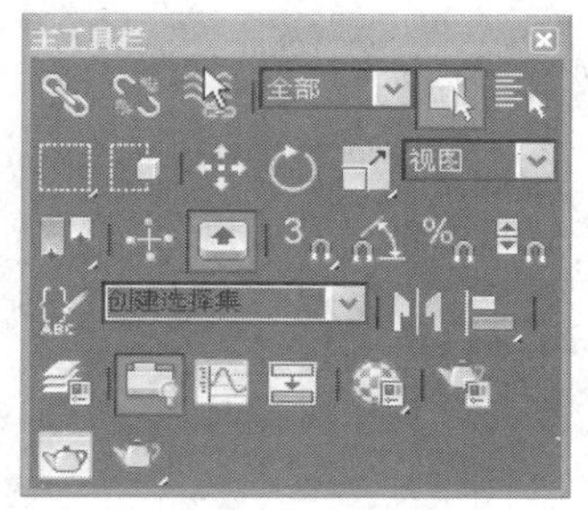

主工具栏

命令面板

4. 视口

视口是3ds Max的主要操作区域，所有对象的变换和编辑都在视口中进行。默认界面主要显示顶、前、左和透视四个视口，用户可以从这四个视口中以不同的角度观察场景。

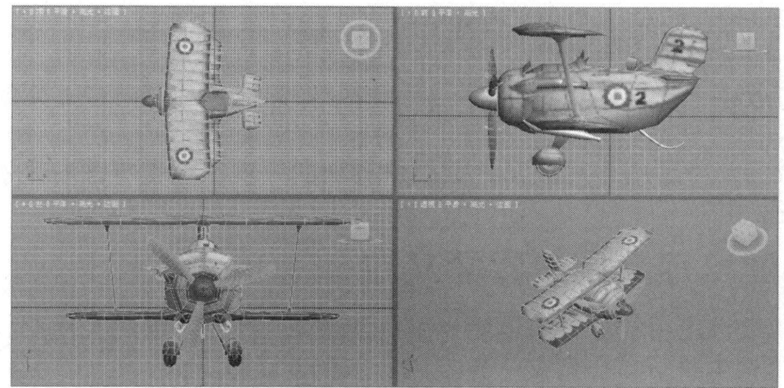

默认视口布局

5. 其他

在视口的下方，有轨迹栏、MaxScript迷你侦听器、状态栏、提示行、动画控件和时间控件以及视口控制工具等，通过这些工具，用户可以更好地创建和控制场景。

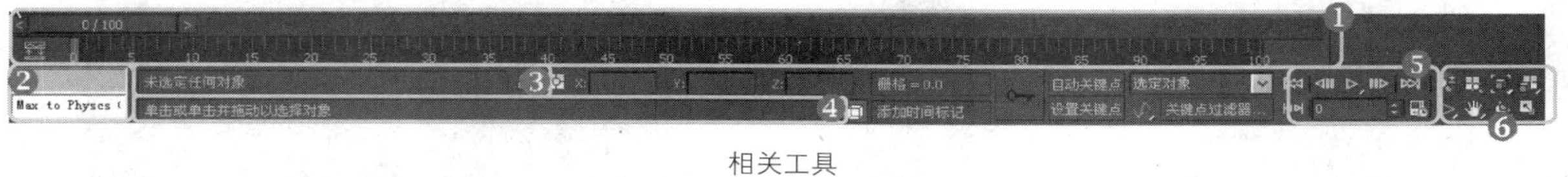

相关工具

相关工具解读如下：

❶**轨迹栏**：轨迹栏提供了显示帧数的时间线。这为用于移动、复制和删除关键点，以及更改关键点属性的轨迹视图提供了一种便捷的替代方式。

❷**MaxScript迷你侦听器**：MaxScript迷你侦听器分为粉红色和白色两个文本框。粉红色文本框是“宏录制器”文本框；白色文本框是“脚本”文本框，可以在这里创建脚本。

❸**状态栏**：侦听器的右侧是状态栏，提供有关场景和活动命令的提示和状态信息，再右侧是坐标显示区域，可以在此输入变换值。

❹**提示行**：提示行位于状态栏下方，窗口底部，可以基于当前光标位置和当前程序活动提供动态反馈。

❺**动画控件和时间控件**：位于状态栏和视口控制工具之间的是动画控件及用于在视口中进行动画播放的时间控件。

❻**视口控制工具**：视口控制工具主要用于控制当前活动视口，也可针对场景对象，同时控制所有视口。

2.1.2 自定义用户界面

不同的艺术家和设计者在使用3ds Max时都具有自己的操作习惯或喜好，可以通过“自定义用户界面”命令来定制属于自己的用户界面（UI），包括快捷键、颜色显示、菜单命令放置、工具栏等，都可以重新定义，图为“自定义用户界面”对话框。

❶快捷键

在3ds Max 5以前的版本中，3ds Max有着另一套常用操作快捷键，部分3ds Max的老用户仍然习惯使用这些快捷键，当安装3ds Max 2014后，可通过“自定义用户界面”命令来修改快捷键或导入已有的快捷键文件。

❷工具栏

对于工具栏，除了可以自定义按钮的位置外，通过“自定义用户界面”命令还可以创建新的工具栏，并在工具栏中添加任意工具。

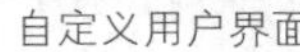

自定义用户界面

❸四元菜单

四元菜单是3ds Max特有的菜单方式，四元菜单允许用户新建或修改。

❹菜单

菜单栏的菜单也可以在“自定义用户界面”对话框中新建，并可以自定义菜单标签、功能和布局。

❺颜色

在“自定义用户界面”对话框中可以自定义软件界面的外观，调整界面中几乎所有元素的颜色，自由设计独特的界面风格。

2.1.3 实战：创建自定义用户界面文件

步骤1 打开3ds Max 2014应用程序，可以看到默认的用户界面。在菜单栏中执行“自定义 | 自定义用户界面”命令。

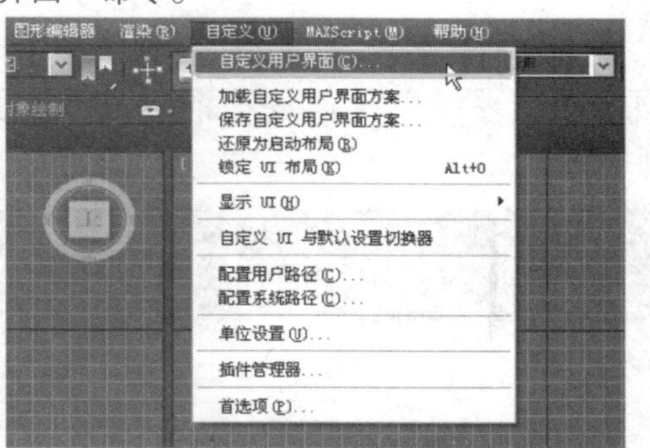

步骤2 执行“自定义用户界面”命令后，开启相应的对话框。

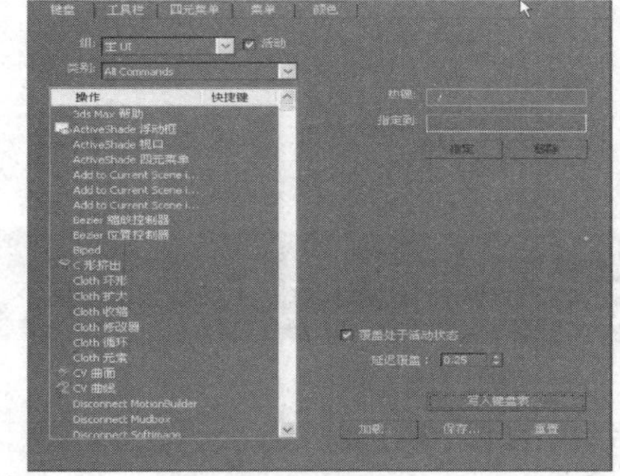

步骤3 在“类别”下拉列表中选择Snaps（捕捉）分类，在下面的列表框中可查看与捕捉相关的命令以及快捷键。

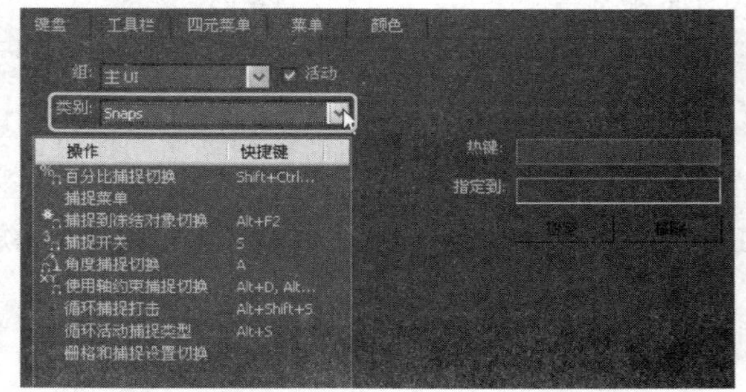

步骤4 在“热键”文本框中输入一组快捷键，如果该快捷键已被其他命令占用，系统将在“指定到”文本框中显示已经使用该快捷键的命令。

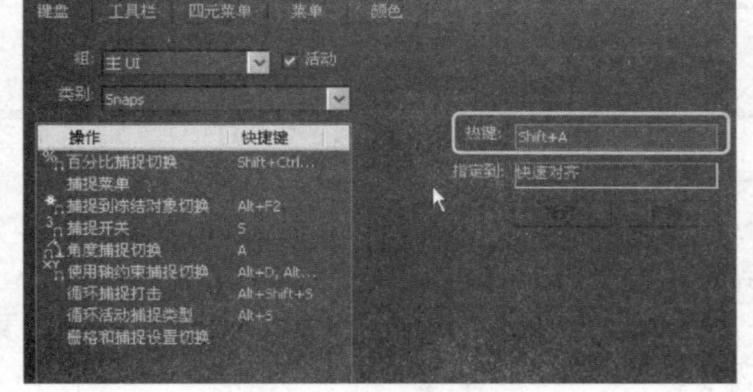

步骤5　选择“角度捕捉切换”项，然后单击“移除”按钮，删除该命令使用的快捷键，再在“热键”文本框中输入6。

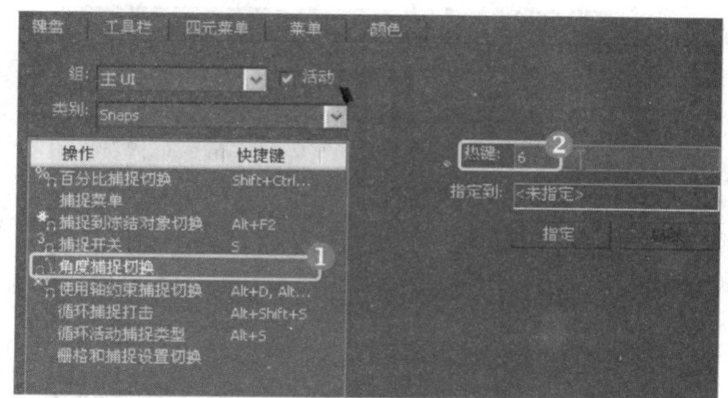

步骤6　单击“指定”按钮，将“角度捕捉切换”命令的快捷键指定为6。

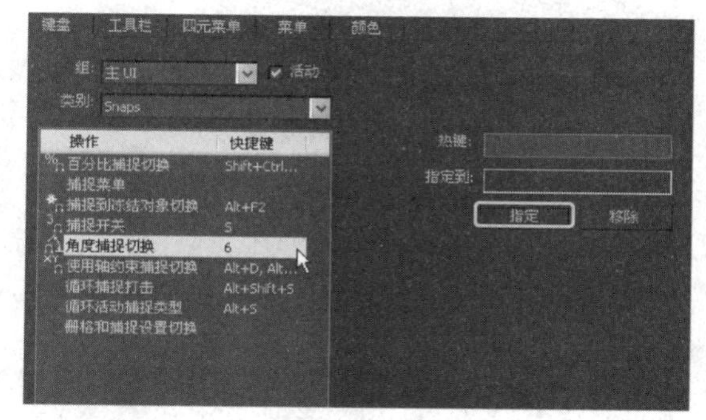

步骤7　在“自定义用户界面”对话框中单击“保存”按钮，可将快捷键的新设置存为文件。

步骤8　切换到“工具栏”选项卡，在右侧的下拉列表中可查看3ds Max 2014所有工具栏的名称。

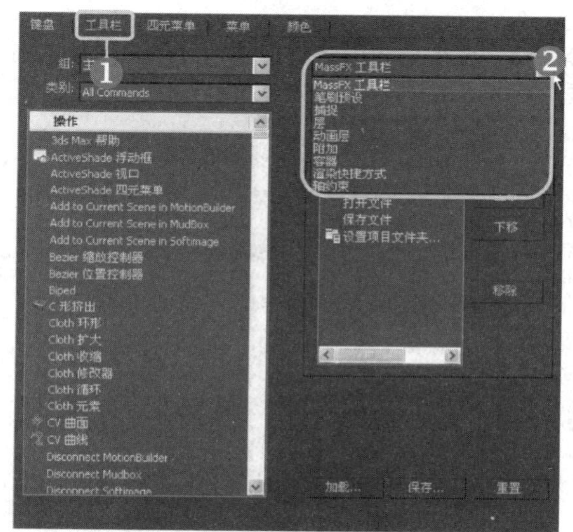

步骤9　单击“新建”按钮，可新建一个工具栏，在弹出的对话框中为工具栏命名。

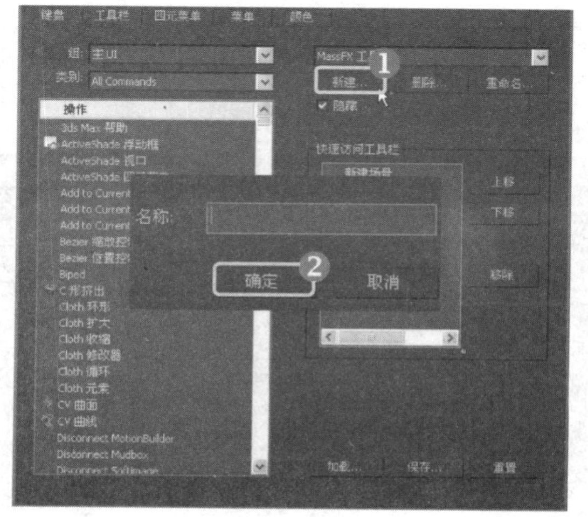

步骤10　新建工具栏后，将弹出一个新的浮动工具栏。

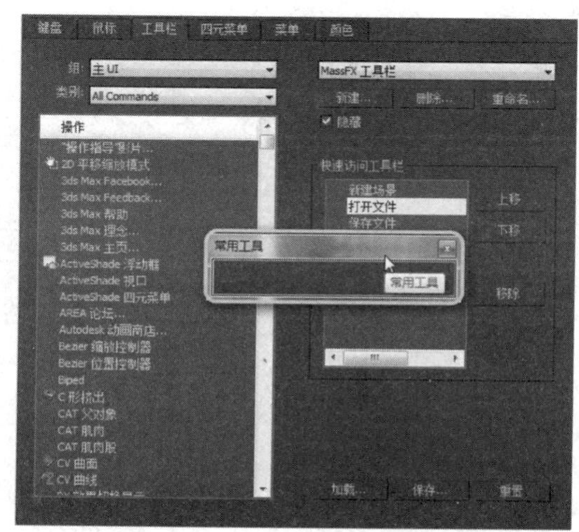

步骤11 用户可以将左侧列表框中的任意命令项拖动到工具栏中。

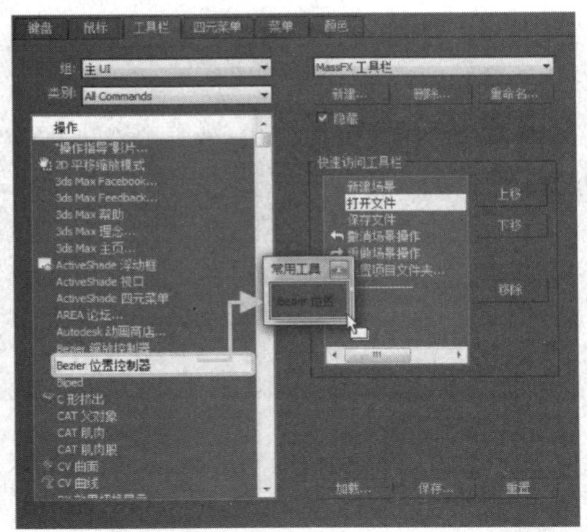

步骤12 切换到“颜色”选项卡，在“元素”下拉列表中选择“视口”选项，再在下面的列表框中选择“视口背景”选项。

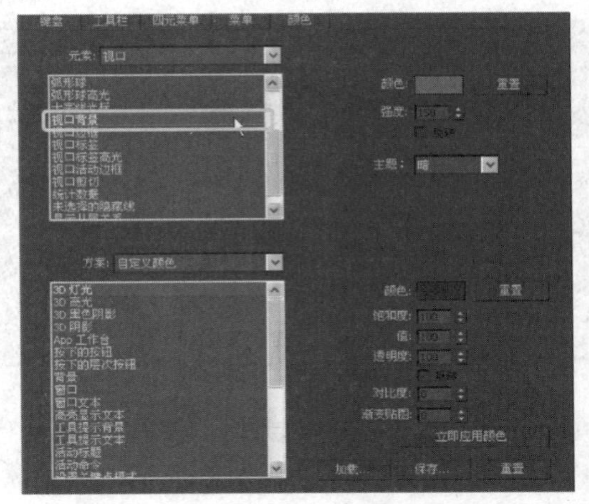

步骤13 单击右侧相应的色块，然后在弹出的对话框中设置颜色。

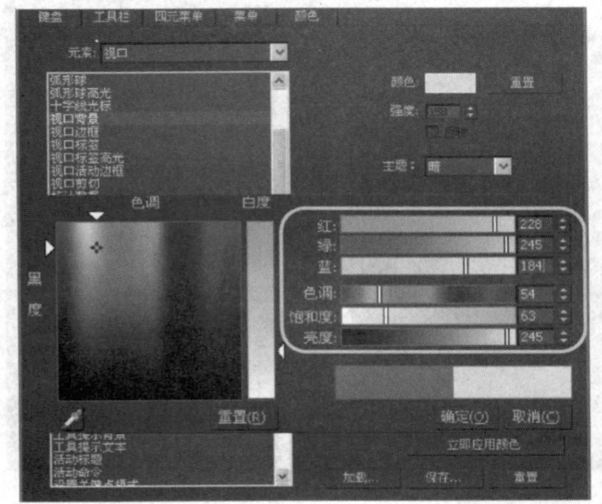

步骤14 单击“立即应用颜色”按钮，可观察到视口背景的颜色更改为设置的颜色。

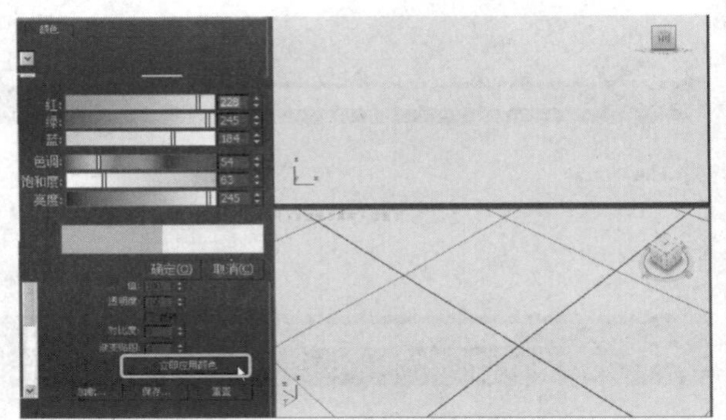

步骤15 在“方案”下方的列表框中选择“背景”项，然后单击右侧相应的色块，在弹出的对话框中设置颜色。

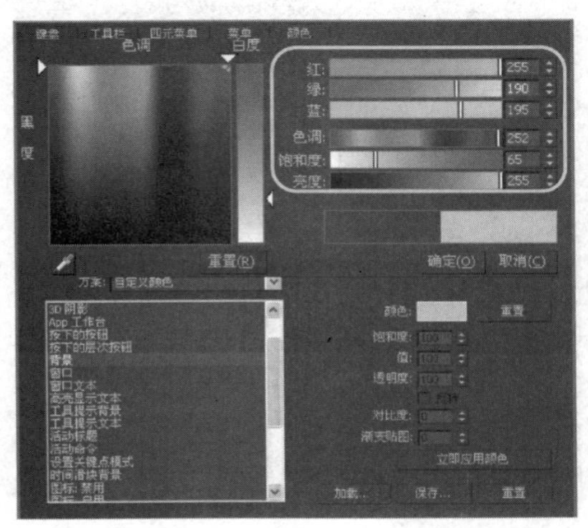

步骤16 应用颜色后，可观察到软件程序的背景颜色变为设置的颜色。

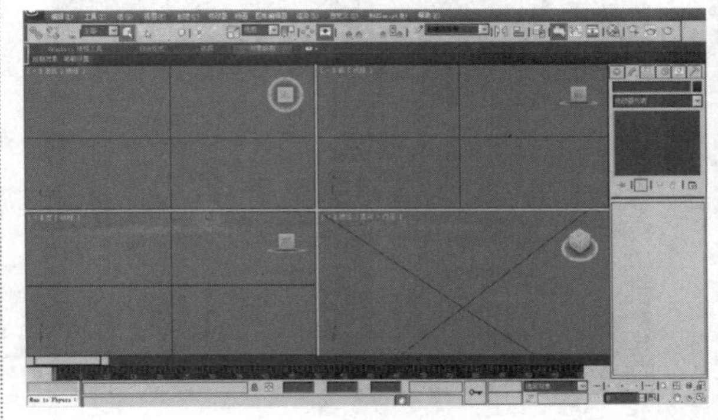

步骤17　在菜单栏中执行“自定义 | 保存自定义用户界面方案”命令，在保存过程中，将提示是否保存如快捷键等自定义设置。

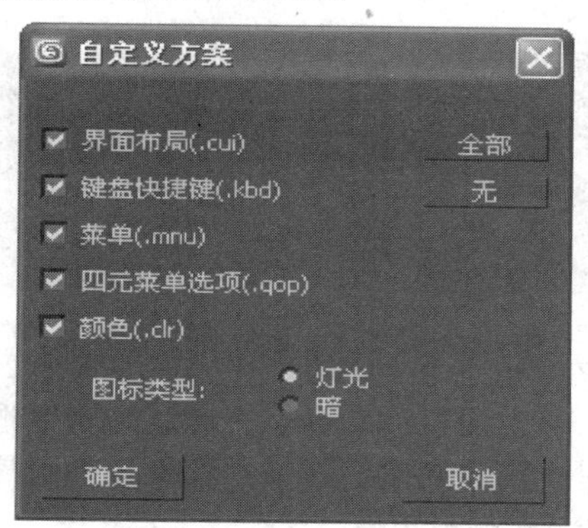

步骤18　在保存文件的目录中可以观察到，一共有7个文件，包括快捷键、颜色的设置等。

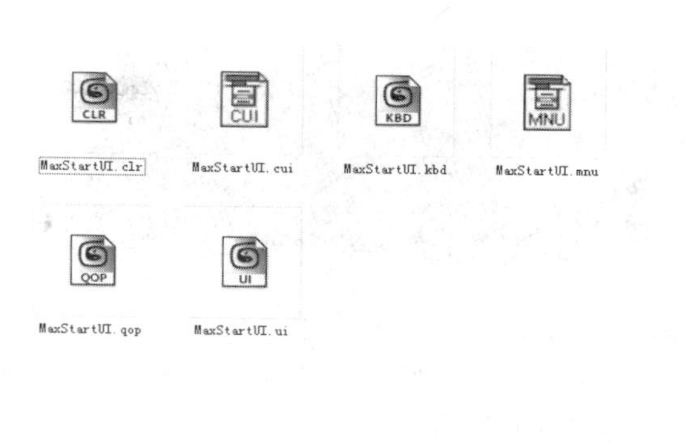

2.2 界面操作

在使用3ds Max时，掌握对用户界面的操作非常重要，这些操作包括对工具栏的操作、四元菜单的使用以及卷展栏的控制等。

2.2.1　工具栏的操作

如果要使用主工具栏外的工具，需要执行“自定义 | 显示UI | 显示浮动工具栏”命令开启浮动工具栏，在不同的浮动工具栏中可以进行工具的选择，浮动工具栏包括层、笔刷预设、轴约束、捕捉、附加、渲染快捷方式、动画层、容器以及新增的MssFx工具栏。

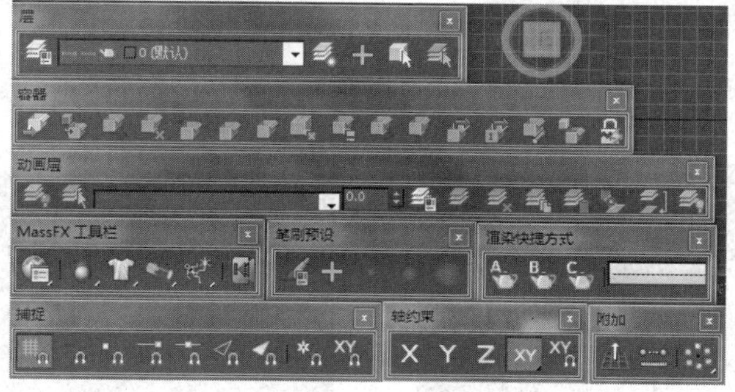

浮动工具栏

2.2.2　实战：工具栏中的操作

步骤1　在主工具栏上右击，在弹出的快捷菜单中选择容器命令。

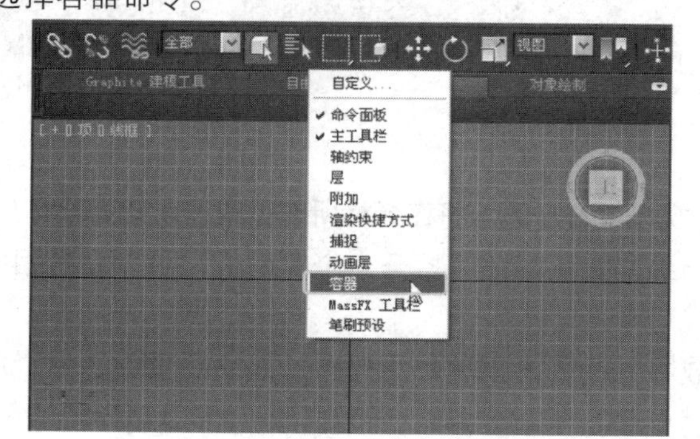

步骤2　弹出容器浮动工具栏。

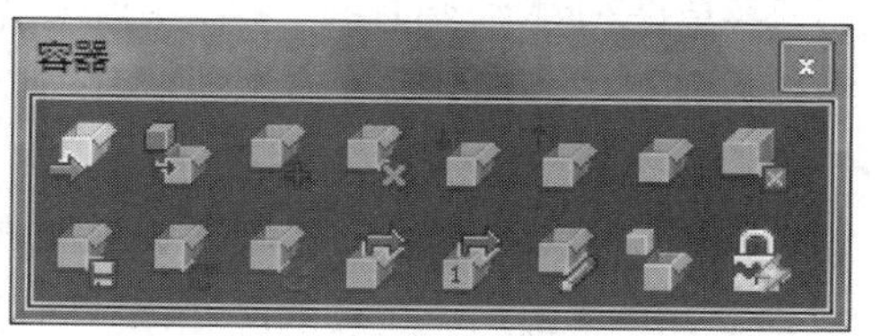

步骤3 在键盘上按住Alt键，然后拖动容器工具栏中的一个按钮图标，光标将变为如图所示的形状。

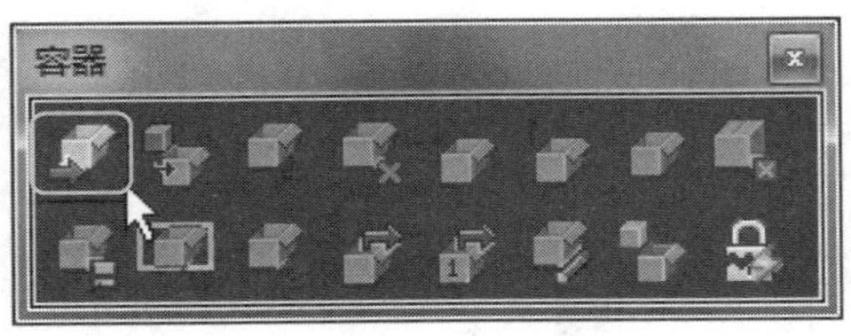

步骤4 释放鼠标左键，可观察到被拖动的按钮图标移动到光标最后停留的位置。

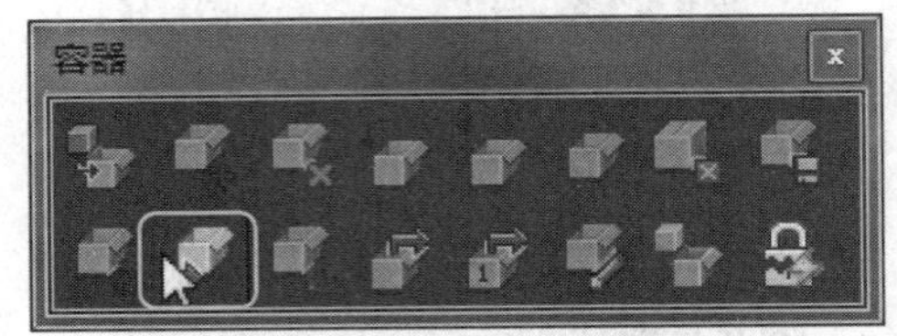

步骤5 在键盘上按住Ctrl键，然后拖动容器工具栏中的一个按钮图标，释放鼠标左键，复制出一个新的被拖动的按钮图标。

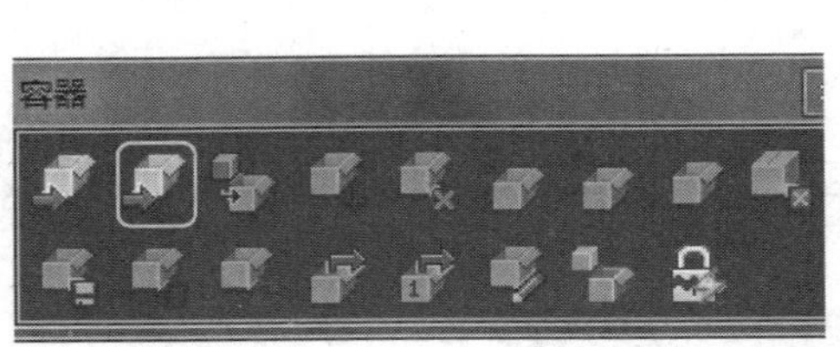

步骤6 在键盘上按住Alt键，将按钮图标拖动至工具栏外，释放鼠标后，弹出“确认”对话框，询问用户是否需要删除该按钮。如果选择“是”按钮，该按钮图标将不再出现在该工具栏中。

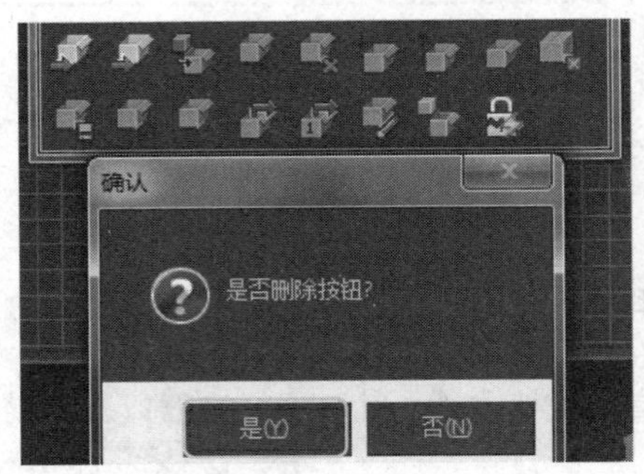

步骤7 拖动容器工具栏的标题栏到主工具栏下方，当光标变为图中所示形状时释放鼠标。

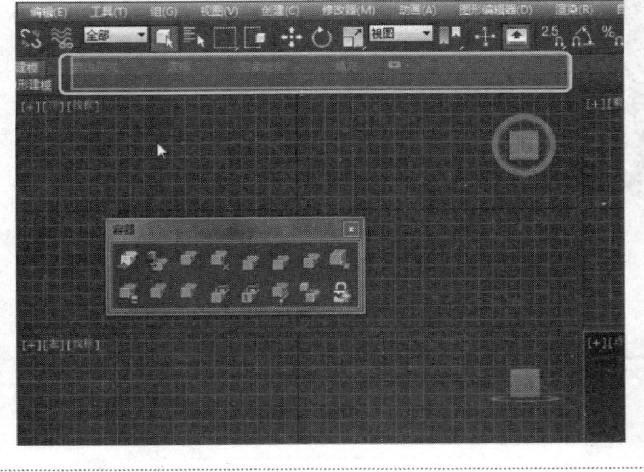

步骤8 释放鼠标后，容器工具栏以横排的形式停靠在主工具栏下方。

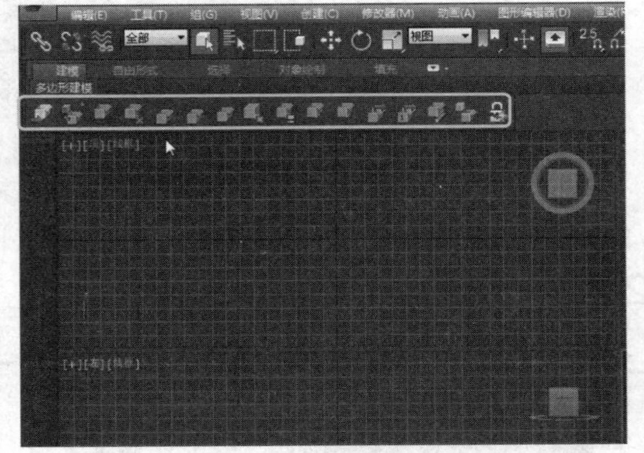

2.2.3 四元菜单

四元菜单是3ds Max特有的一种菜单模式，当在活动视口中右击时，将在光标所在位置显示四元菜单。

在四元菜单中，部分命令右侧显示有一个小图标，单击此图标即可打开一个对话框，可以设置相关命令的参数。

如果要关闭四元菜单，右击屏幕上的任意位置，或将光标移离菜单然后单击；如果要重新选择最后选中的命令，单击最后菜单项的区域标题即可。显示区域后，选中的最后菜单项将以高亮显示。

配合Shift、Ctrl或Alt键的任意组合，右击任何标准视口可开启专门的四元菜单。

❶Shift+右击

按住Shift键的同时右击，可以显示与捕捉选项和设置相关的命令。

❷Alt+右击

按住Alt键的同时右击，可以显示部分动画工具，如设置坐标系、设置和采用蒙皮姿势或设置关键帧。

❸Ctrl+右击

按住Ctrl键的同时右击，开启的四元菜单提供了部分建模工具，用于创建和编辑各种几何体，包括标准基本体和可编辑几何体。

❹Shift+Alt+右击

按住Shift键和Alt键的同时右击，开启的四元菜单提供了MssFX命令。

❺Ctrl+Alt+右击

按住Ctrl键和Alt键同时右击，可访问部分照明和渲染命令。

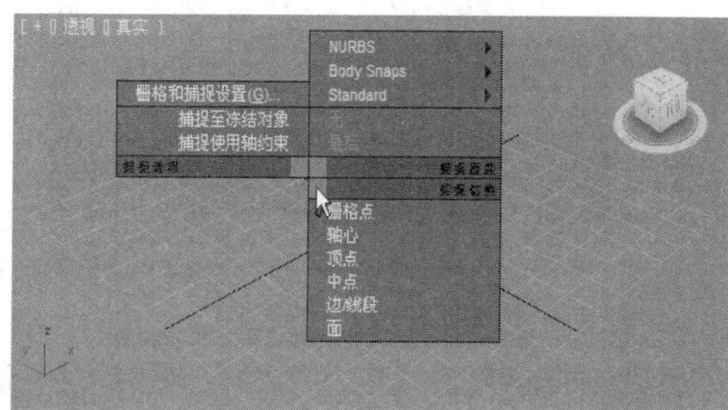

❶Shift+右击

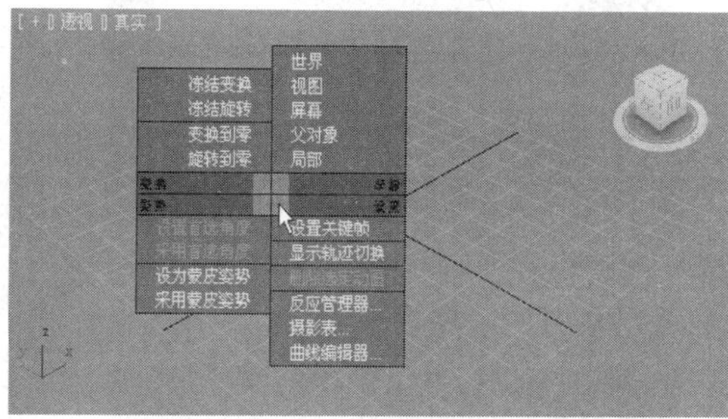

❷Alt+右击

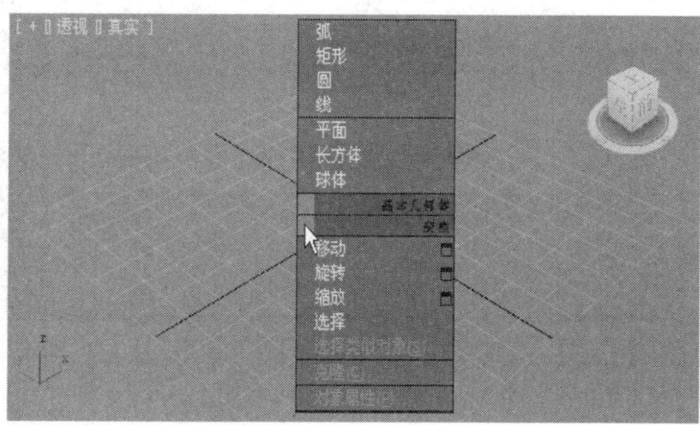

❸Ctrl+右击

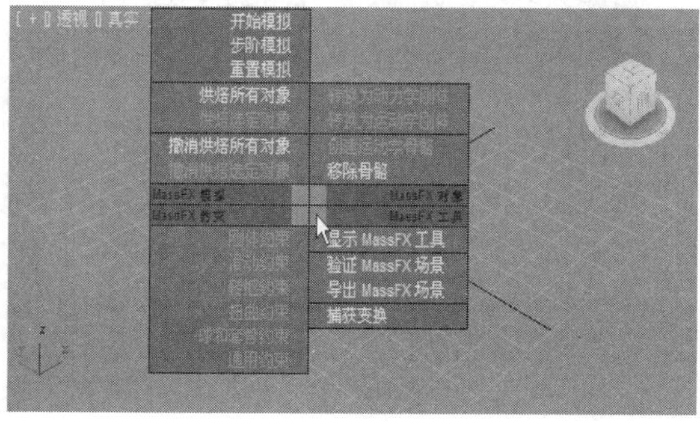

❹Shift+Alt+右击

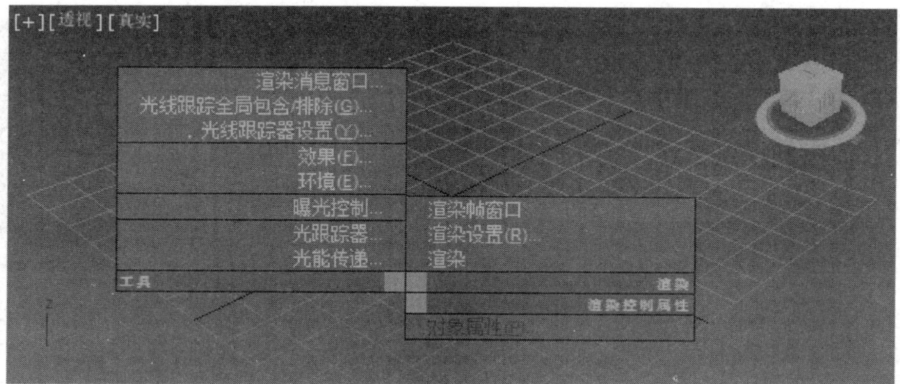

❺Ctrl+Alt+右击

2.2.4 卷展栏控制

在3ds Max的用户界面中，大多数具体的参数都被归纳到卷展栏中，卷展栏主要集中在命令面板和各种对话框中。在特定参数环境下，会有大量的参数和卷展栏，控制好卷展栏将是提高工作效率的关键。卷展栏的控制主要通过参数面板上的快捷菜单实现。

关闭卷展栏
全部关闭
全部打开
✔ 对象类型
✔ 名称和颜色
重置卷展栏顺序

控制卷展栏的快捷菜单

2.2.5 实战：控制卷展栏

步骤1 在命令面板中右击，开启控制卷展栏的快捷菜单。

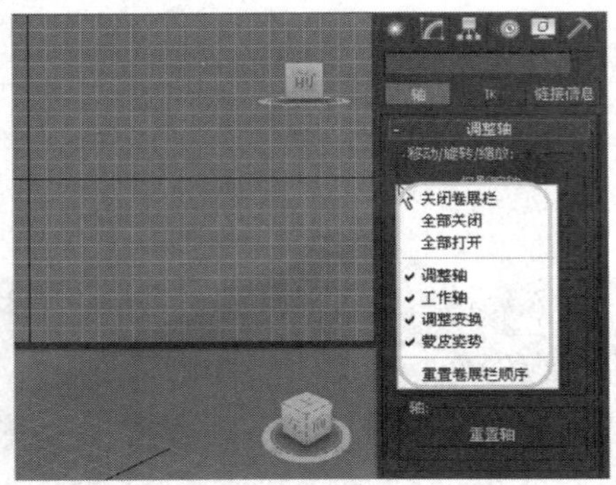

步骤2 在快捷菜单中选择中间部分命令中的一项，可快速访问相应的卷展栏。

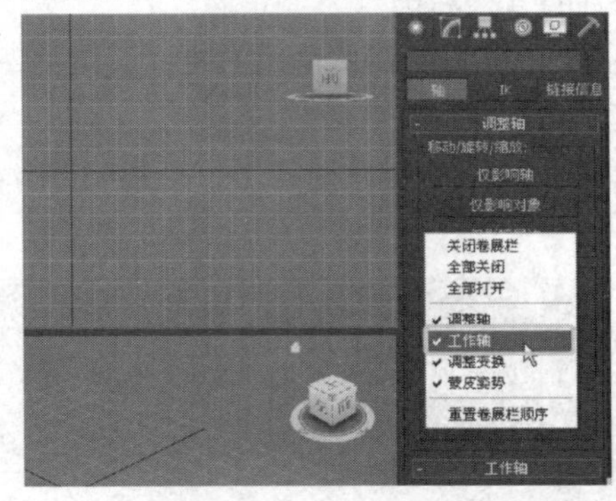

步骤3 再次打开快捷菜单，选择“关闭卷展栏”命令，当前展开的卷展栏被收起。

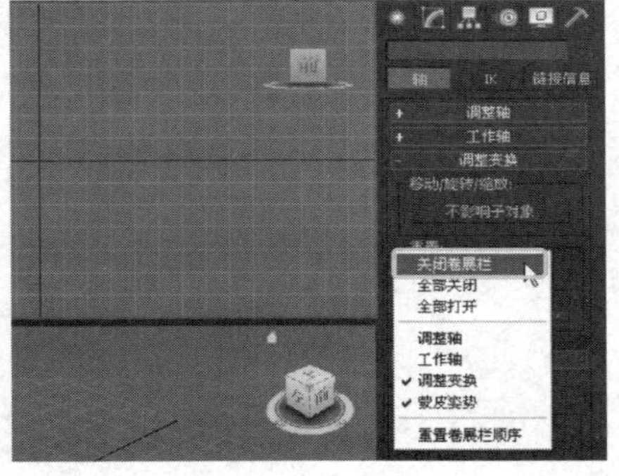

步骤4 在参数面板中，可以对卷展栏的标题进行拖动操作，以更改卷展栏的顺序。

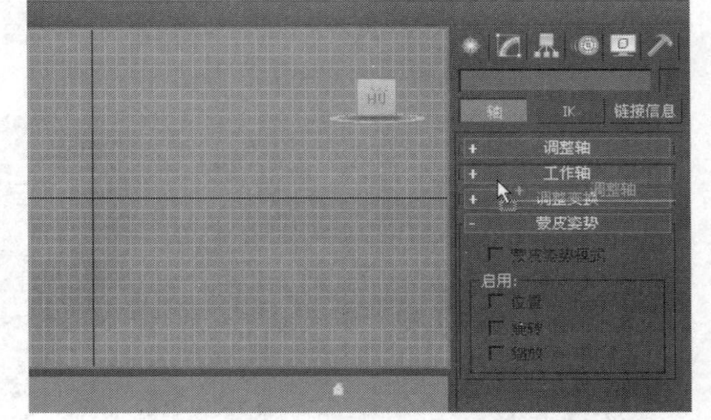

2.3 视口

视口占据了工作界面的大部分区域，在视口中可以查看和编辑场景，它不仅是3ds Max主要的操作区域，更是三维空间的开口。用户在创建场景时，可以通过其动态和灵活的工具来了解对象间的三维关系。

2.3.1 视口与视图的概念

视口实际上就是3ds Max程序中的一个窗口，用于观察虚拟的三维世界场景。3ds Max最多允许同时使用4个视口，默认界面中，4个视口被平均划分。

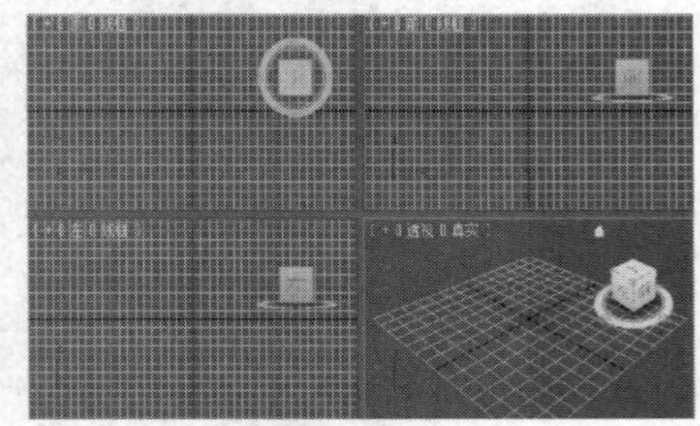

默认界面

视图则是一种显示方式，包括三向投影视图和透视图，其中三向投影视图是指从对象的一面到三面进行显示的三维空间的投影视图。

在三向投影视图中，特殊的观察角度会造成两个特例，即正交视图和等距视图。其中正交视图是平面视图，而每一个正交视图由两个世界坐标轴定义，这些轴的不同组合产生上下、左右、前后等三对正交视图组合；等距视图则是将对象的侧面与屏幕等距离倾斜，并沿着边进行相应的收缩。在3ds Max中，可以通过旋转正交视图产生等距视图。

“透视”视口则非常类似于人的视觉效果，使对象看上去向远方后退，具有深度感和空间感。

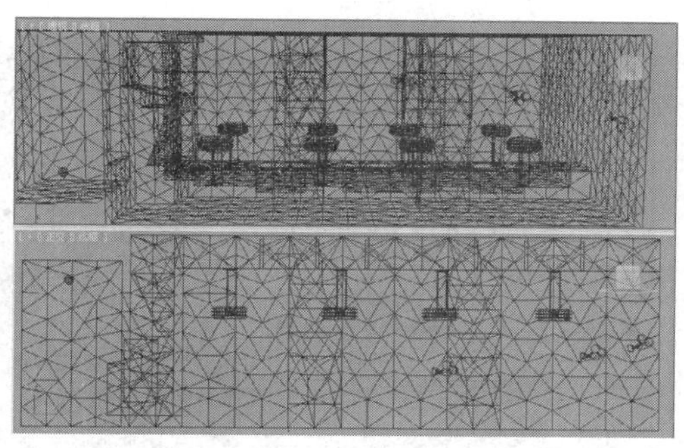

正交视图和等距视图对比

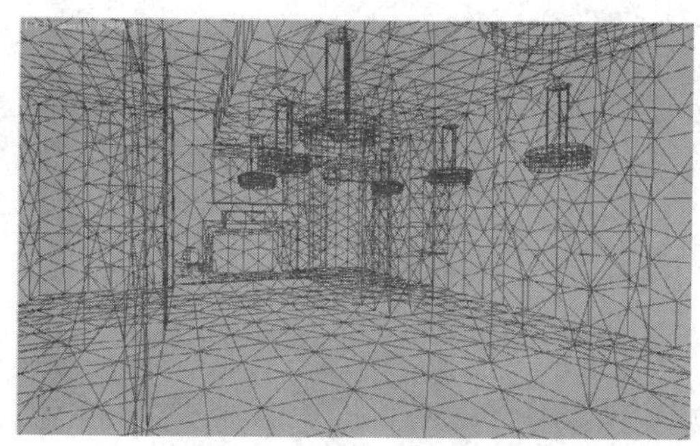

透视图

2.3.2　视图控制工具的应用

视口可以切换显示不同的视图，并可以通过视图快捷菜单和视口控制工具进行显示调整。

1. 视图快捷菜单

在视口左上角的标签处右击，可开启视图快捷菜单，在菜单中可进行视图转换。

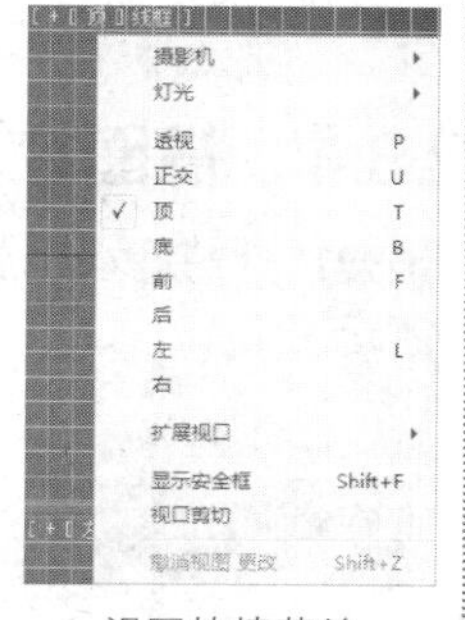

视图快捷菜单

2. 视图控制工具

视口控制工具位于3ds Max用户界面的右下角，用于控制视图的显示和进行视图导航。

部分工具按钮是用于对摄影机和灯光视图进行操作的，只有在激活这些视图时才能使用相应的控制工具。

右下角带有白色三角的按钮含有子选项，点击鼠标左键不放可看到其他按钮选项。

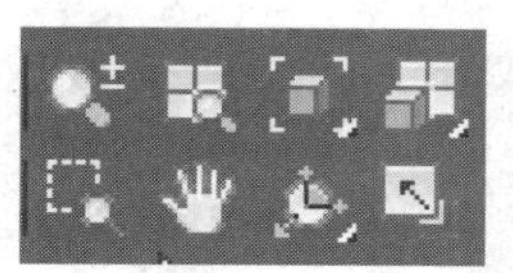

视图控制工具图

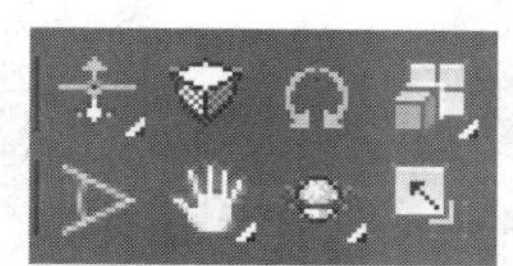

摄影机和灯光的控制工具

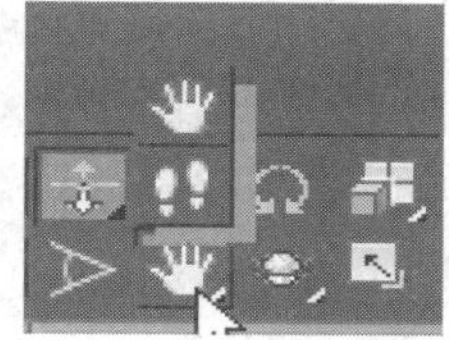

按钮子选项

2.3.3　实战：切换视图

步骤1　打开任意一个场景，在视口左上方的标签处右击，在弹出的快捷菜单中选择“前”命令。

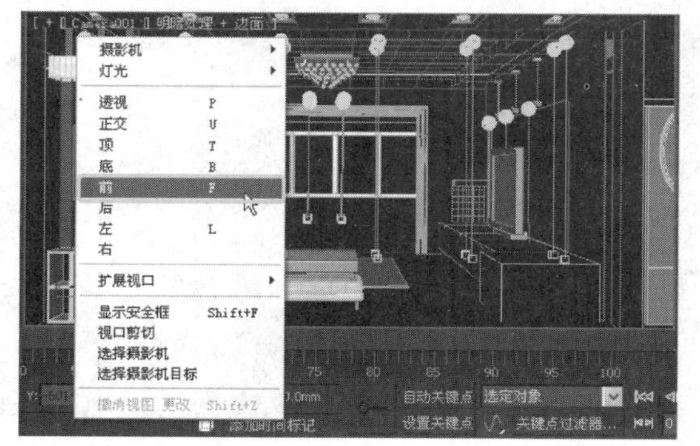

步骤2　通过选择“前”命令，可将视口显示快速切换至“前”视口。

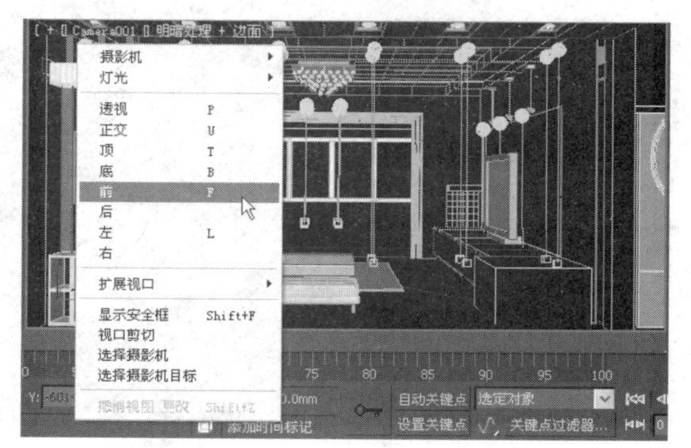

步骤3 如果场景中有摄影机对象，在快捷菜单中将出现摄影机的名称。

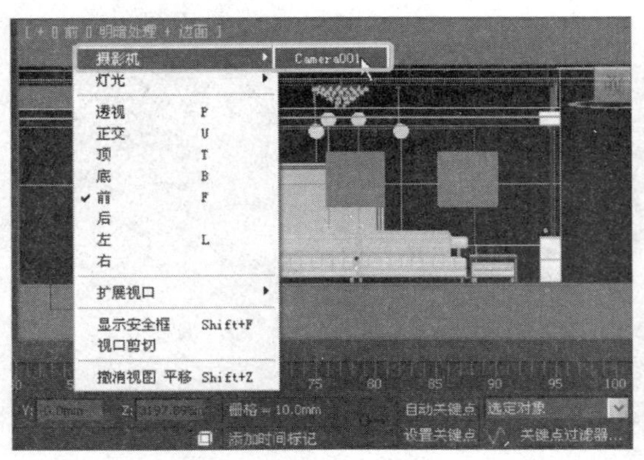

步骤4 选择摄影机名称的选项，当前视口显示将切换至对应的摄影机视图。

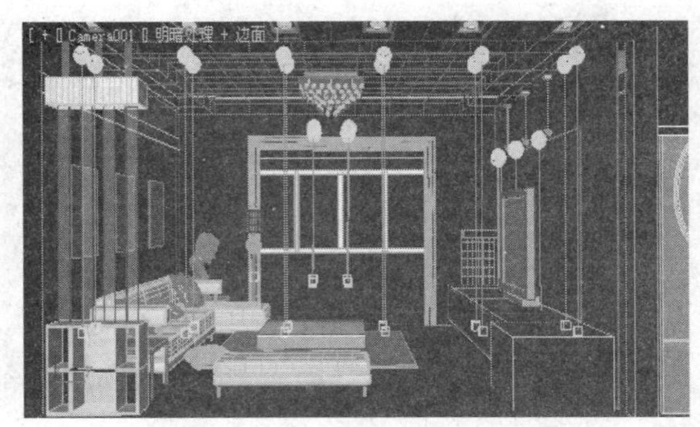

提示： 可按下快捷键C快速切换到摄影机视口。

提示： 如果要切换的视图已存于用户界面的视口中，也可以直接单击该视口进行切换。

2.3.4 视图控制工具的使用

步骤1 打开3ds Max 2014，默认的视口视图如图所示。

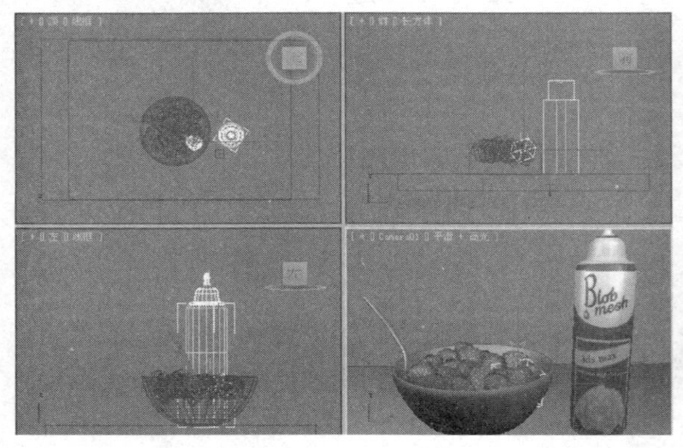

步骤2 激活“顶”视口，单击“缩放”按钮，然后在视口中按住鼠标左键向上拖动，视图显示将被放大。

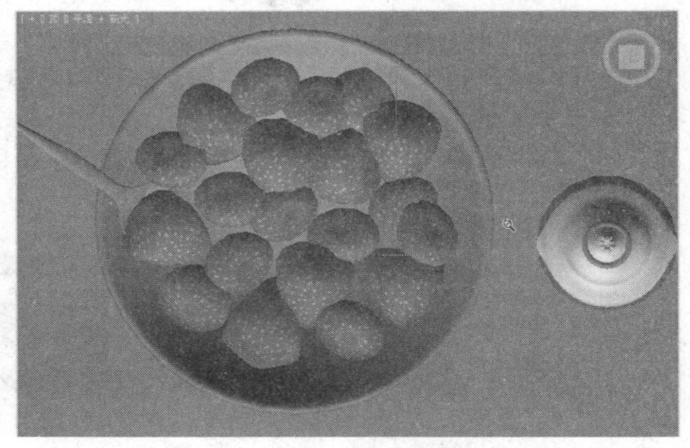

步骤3 如果将鼠标向下拖动，视图显示将被缩小。

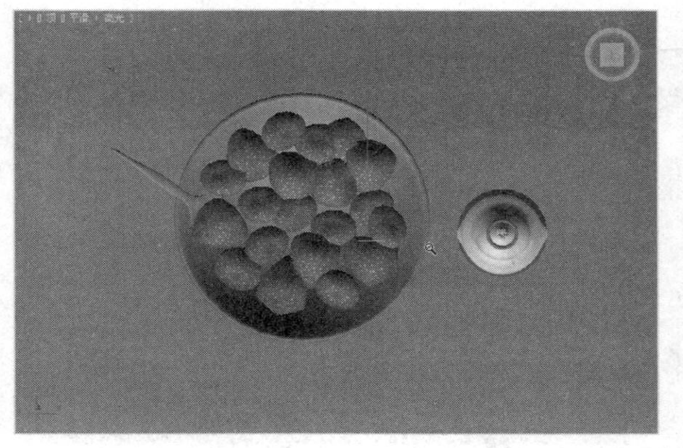

步骤4 单击“缩放所有视图”按钮，在任意视口中进行拖动操作，可同时缩放所有视图显示。

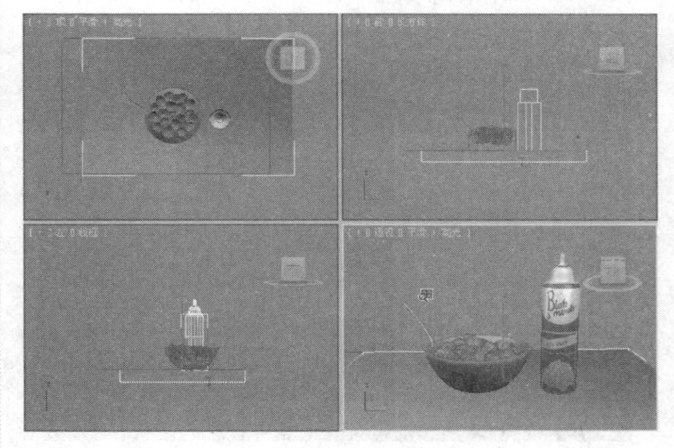

步骤5　单击"最大化显示"按钮，当前激活视口将最大化显示场景中的所有对象。

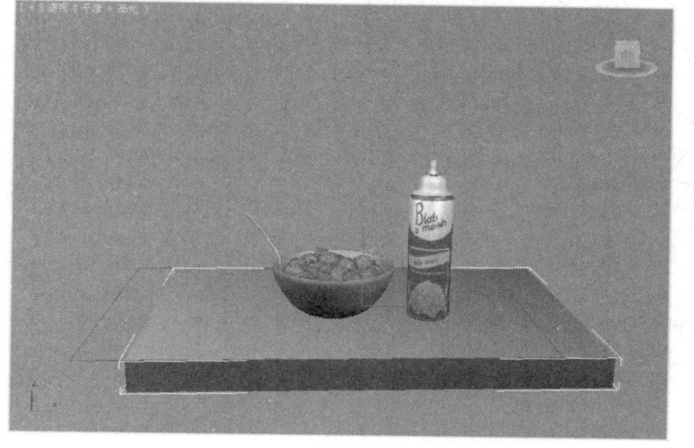

步骤6　单击"最大化显示选择对象"按钮，当前激活视口将最大化显示当前所选对象。

步骤7　单击"所有视图最大化显示"按钮，所有视口将最大化显示场景中的所有对象。

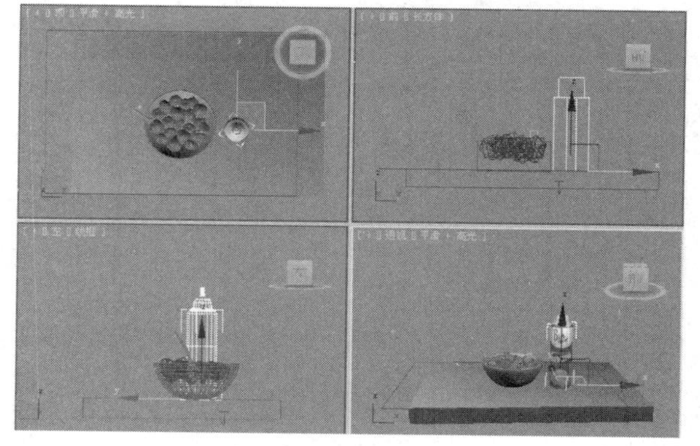

步骤8　单击"视野"按钮，可调整视口中可见的场景数量和透视张角量。

步骤9　单击"缩放区域"按钮，可以在视口中创建一个区域。

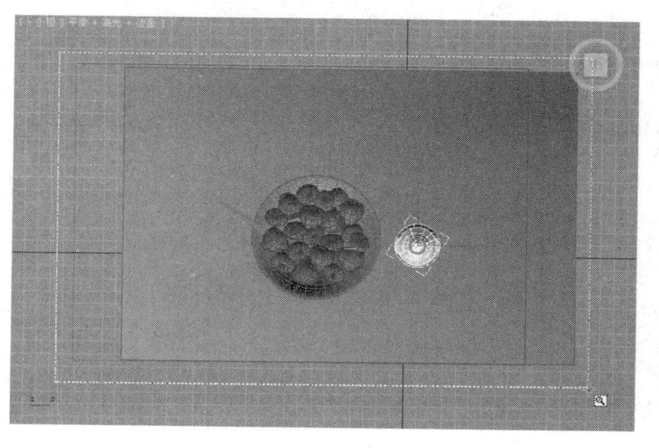

步骤10　使用"缩放区域"工具创建区域后，该区域将在当前视口中最大化显示。

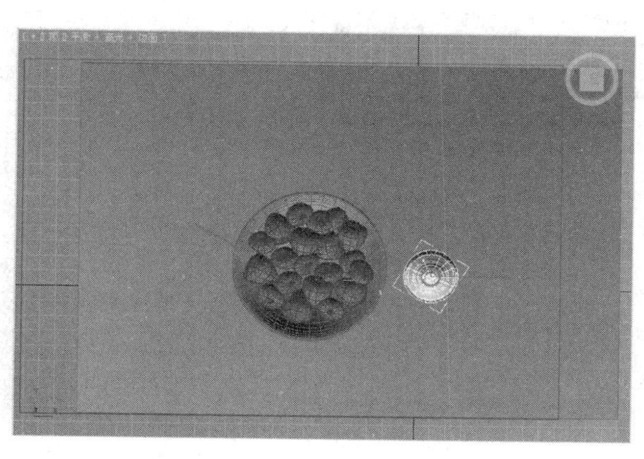

步骤11 单击"平移视图"按钮，可在单个视口中通过拖动鼠标平移显示。

步骤12 单击"环绕"按钮，当前激活视口将显示旋转框，可以以视口为中心进行视图旋转。

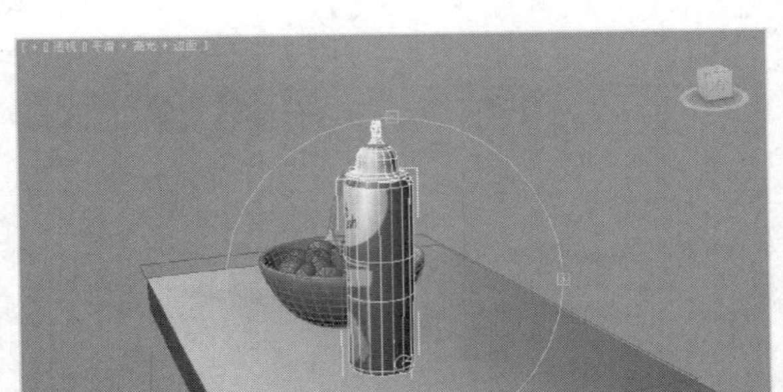

步骤13 单击"最大化视口切换"按钮，可控制视口是否最大化显示。

步骤14 在场景中创建摄影机，并激活摄影机视口。

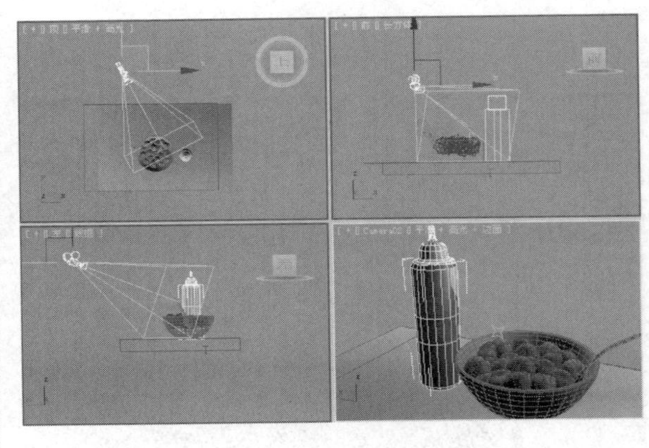

步骤15 单击"推拉摄影机"按钮，可以在视口中对摄影机进行推拉操作。

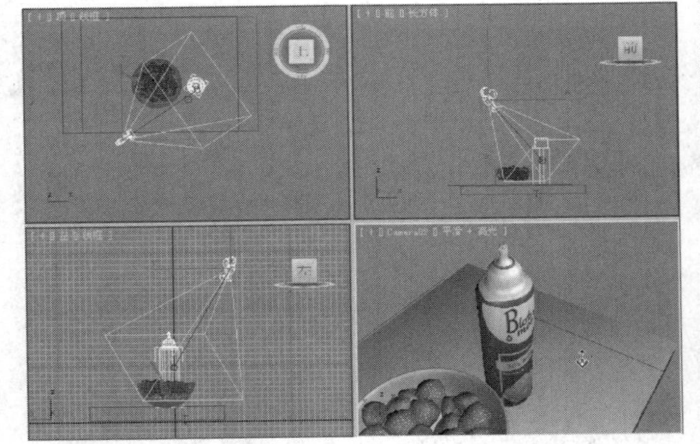

步骤16 如果单击"推拉目标"按钮，可以在视口中对摄影机的目标点进行推拉操作。

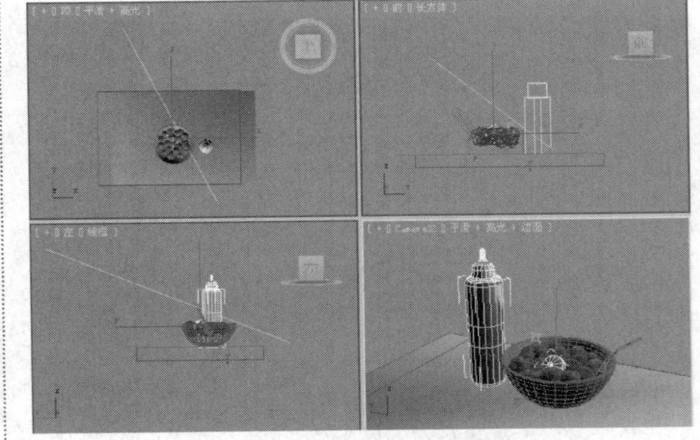

步骤17　如果单击“推拉摄影机+目标”按钮，可以在视口中同时将目标和摄影机移向和移离摄影机。

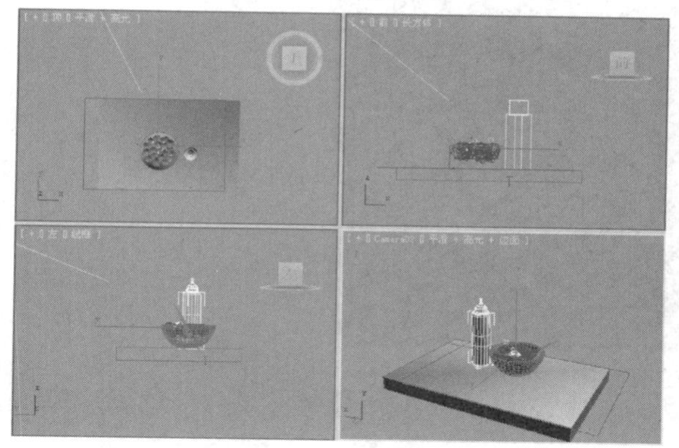
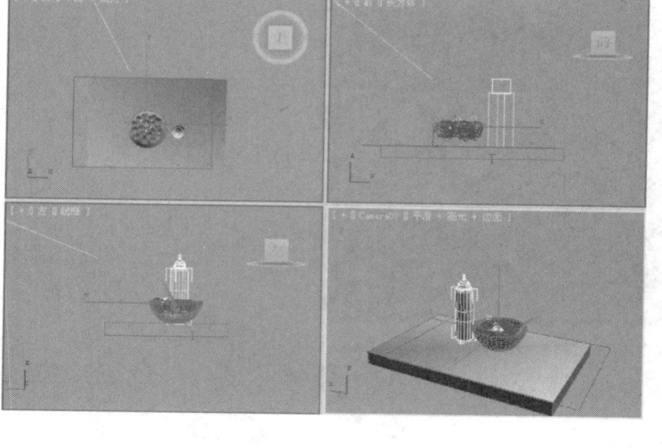

步骤18　单击“透视”按钮，可保持场景构图，增加透视张角量。

步骤19　单击“侧滚摄影机”按钮，可对摄影机进行翻转操作。

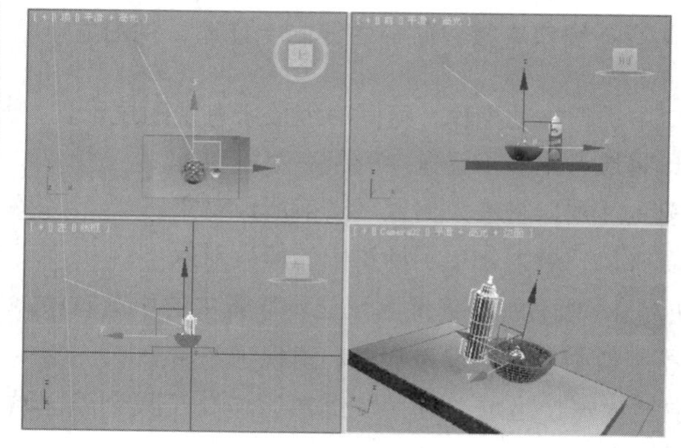

步骤20　单击“穿行”按钮，可在视口中利用方向键进行移动，如在3D游戏中进行导航。

步骤21　单击“环游摄影机”按钮，可将摄影机进行弧形旋转。

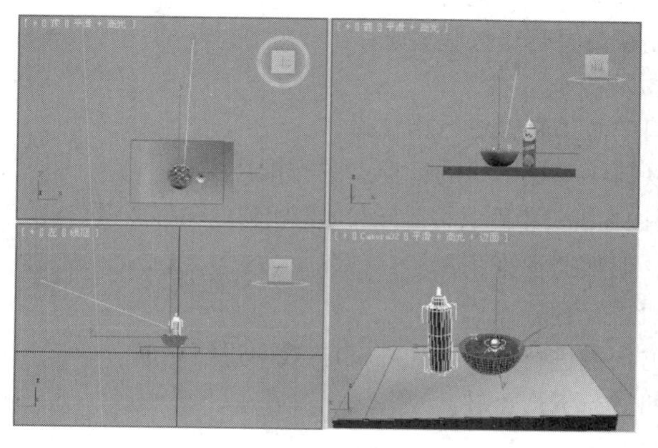

步骤22　单击“摇移摄影机”按钮，可以在视口中围绕摄影机进行旋转。

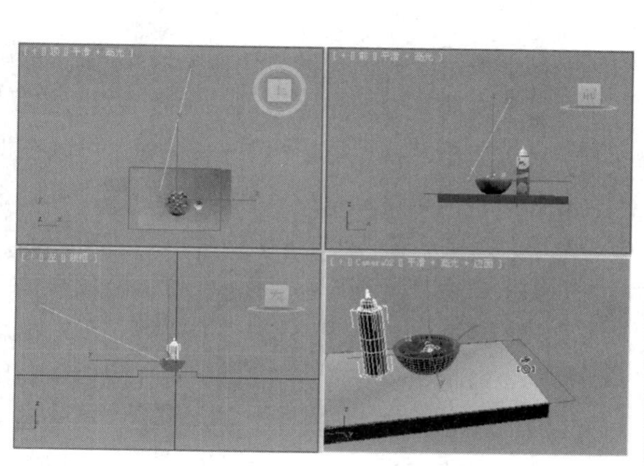

步骤23 如果按住Shift键使用“摇移摄影机”工具，可以垂直或水平进行旋转。

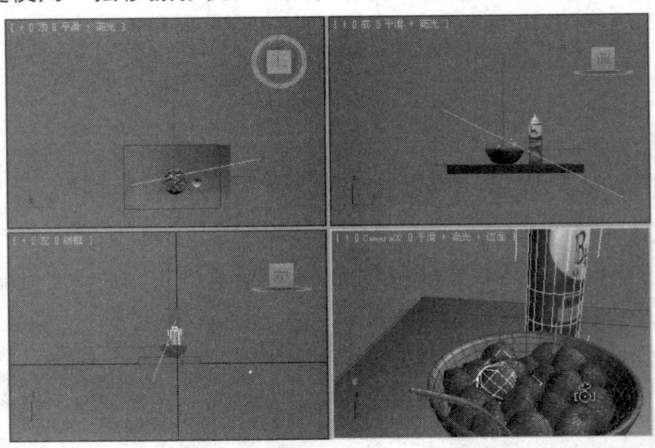

提示： 按下快捷键Z可以使所有视图最大化显示。

提示： 视野工具只能应用到“透视”视口。

提示： 如果按住Shift键使用“摇移摄影机”工具，可以垂直或水平进行旋转。

2.3.5 实战：视口控制工具的使用

（1）用3ds Max 2014任意打开一个场景文件。

（2）激活“顶”视口，单击“缩放”按钮，然后在视口中按住鼠标左键向上拖动，视图显示将被放大。如果将鼠标向下拖动，视图显示将被缩小。

（3）单击“缩放所有视图”按钮，在任意视口中进行拖动操作，可同时缩放所有视图显示。

（4）单击“最大化显示”按钮，当前激活视口将最大化显示场景中的所有对象。

（5）单击“最大化显示选择对象”按钮，当前激活视口将最大化显示当前所选对象。

（6）单击“所有视图最大化显示”按钮，所有视口将最大化显示场景中的所有对象。

（7）单击“所有视图最大化显示选定对象”按钮，所有视口将最大化显示场景中的所选对象。

（8）单击“视野”按钮，通过拖动鼠标可调整视口中可见的场景数量和透视张角量。

（9）单击“缩放区域”按钮，可以在视口中创建一个区域。使用“缩放区域”工具创建区域后，该区域将在当前视口中最大化显示。

（10）单击“平移视图”按钮，可在单个视口中通过拖动鼠标平移显示。

（11）单击“环绕”按钮，当前激活视口将显示旋转框，可以以视口为中心进行视图旋转。

（12）单击“环绕子对象”按钮，可以以当前选定子对象的中心进行视图旋转。

（13）单击“选定的环绕”按钮，可以以当前选择的中心进行视图旋转。

（14）单击“最大化视口切换”按钮，可控制视口是否最大化显示。

（15）在场景中创建摄影机，并激活摄影机视口。

（16）单击“推拉摄影机”按钮，可以在视口中对摄影机进行推拉操作。

（17）如果单击“推拉目标”按钮，可以在视口中对摄影机的目标点进行推拉操作。

（18）如果单击“推拉摄影机+目标”按钮，可以在视口中同时将目标和摄影机移向和移离摄影机。

（19）单击“透视”按钮，可保持场景构图，增加透视张角量。

（20）单击“侧滚摄影机”按钮，可对摄影机进行翻转操作。

（21）单击“穿行”按钮，可在视口中利用方向键进行移动，如在3D游戏中进行导航。

（22）单击“环游摄影机”按钮，可将摄影机进行弧形旋转。

（23）单击“摇移摄影机”按钮，可以在视口中围绕摄影机进行旋转。

2.3.6　视口渲染方法

3ds Max 2014支持不同的场景显示方式，既可将场景对象显示为线框，也可以以真实着色和纹理贴图的方式进行显示。在不同的视口中可以用不同的渲染方法。其中，视口的渲染方法可以在“视口配置”对话框的“视觉样式和外观”选项卡下进行设置。

相关选项组解读如下：

❶**渲染级别：**在该选项组中，可以选择不同渲染级别，使对象以不同的方式显示在视口中。

❷**选择：**该选项组用于控制选定对象在视口中的显示方式。

❸**透视用户视图：**该选项组提供了一个参数，用于控制“透视”视口的视野角度。

❹**照明和阴影：**该选项组用于控制场景的照明与阴影。

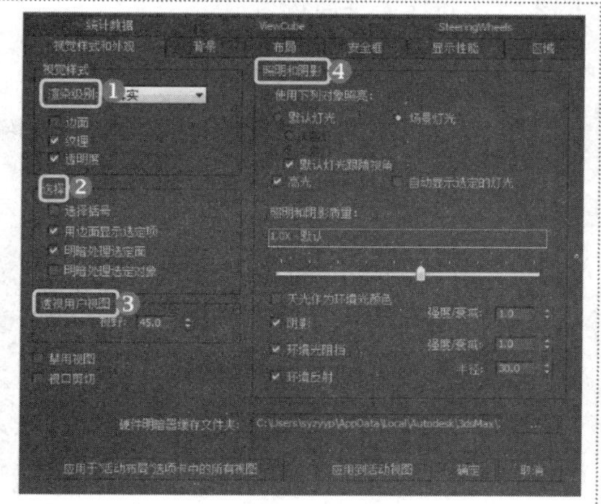

视觉样式和外观

2.3.7　实战：不同视口的渲染方法

步骤1　打开3ds Max 2014，使用任意一个场景。

步骤2　在菜单栏中执行“视图 | 视口配置”命令，弹出相应的对话框后，在“视觉样式和外观”选项卡下的“渲染级别”右侧下拉菜单中选择“真实”选项。

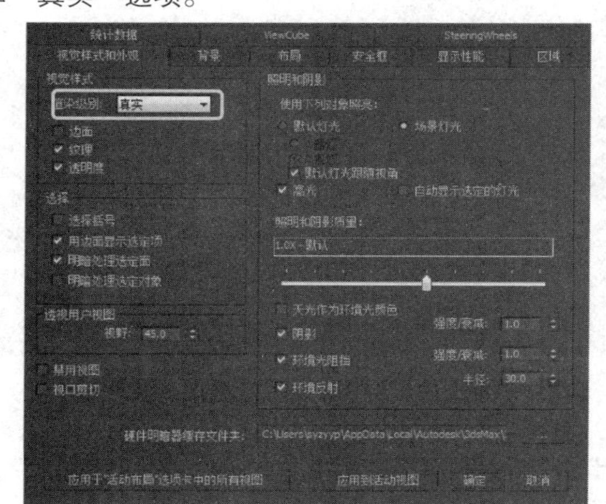

步骤3　选择“真实”选项后，将使用高质量明暗处理和照明为几何体增加逼真纹理，使场景对象显示照明和阴影并呈现出真实的效果。

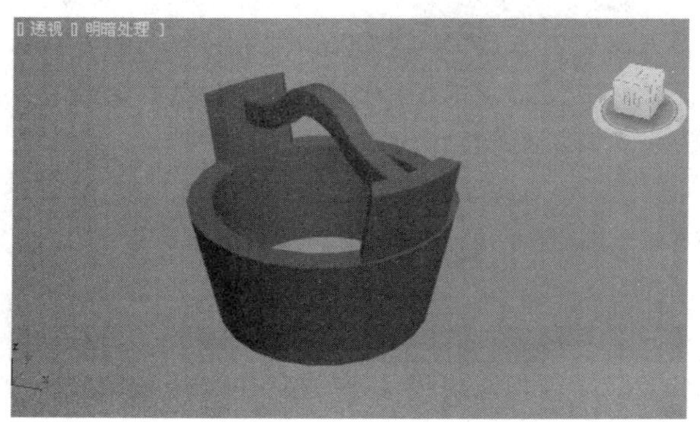

步骤4　如果选择“明暗处理”选项，将对几何体进行平滑明暗处理，使场景对象显示明暗对比的效果。

步骤5 如果选择“一致的色彩”选项，场景对象的多边形将作为平面进行渲染。

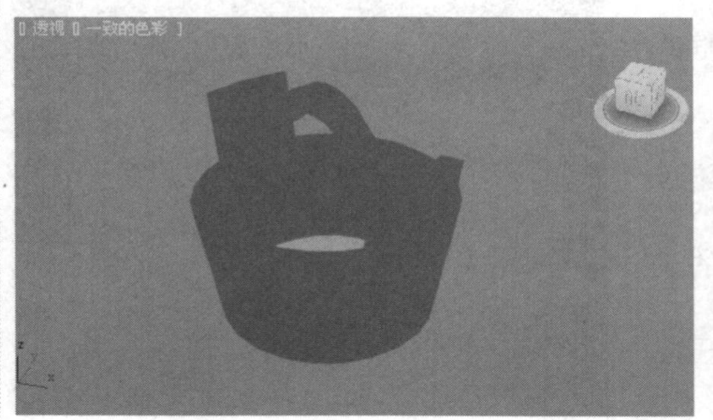

步骤6 如果选择“隐藏线”选项，对象以线框模式隐藏法线指向偏离视口的面和顶点，以及被附近对象模糊的对象的任一部分。

步骤7 选择“线框”选项，将对象绘制为线框显示，并不应用着色。

步骤8 如果选择“边界框”选项，将以边界框绘制对象，并不应用着色。

步骤9 分别选择“墨水”“彩色墨水”“亚克力”“Graphite”“工艺”“彩色铅笔”“彩色蜡笔”选项，可观察到不同的应用效果。下图分别为选择“墨水”和“彩色墨水”选项的场景对象显示效果。

2.3.8　视口盒

视口盒是3ds Max 2014版本开始新增的功能，是一个三维导航工具，用户可以通过该工具快速切换标准和等距视口。在默认情况下，视口盒在视口的右上角，不属于场景，只能辅助控制视图观察方向。

当光标靠近视口盒时，视口盒会被激活，以高亮显示。用户可以单击辅助图标切换视口，也可以通过拖动视口盒将对象旋转到需要的观察角度。

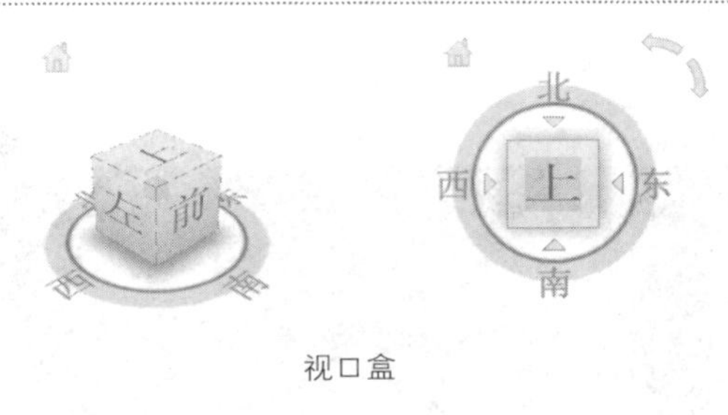

视口盒

2.3.9　实战：操作视口盒

步骤1　在3ds Max 2014的默认用户界面中，激活"透视"视口，将光标靠近视口盒，视口盒将高亮显示。将光标在视口盒上移动，会自动捕捉激活相应的方向快捷区域。

步骤2　在视口盒上单击"上"区域后，将在"透视"视口中显示上视图。

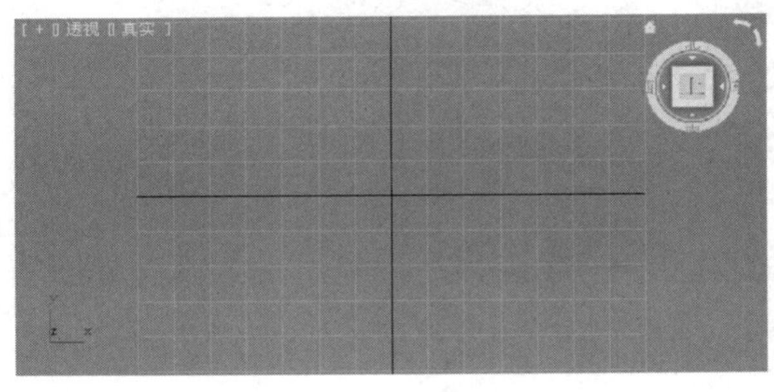

步骤3　在激活视口显示正交视图时，视口盒将出现箭头辅助图标，单击该图标会按照图标所示方向，以顺时针或逆时针旋转视图。

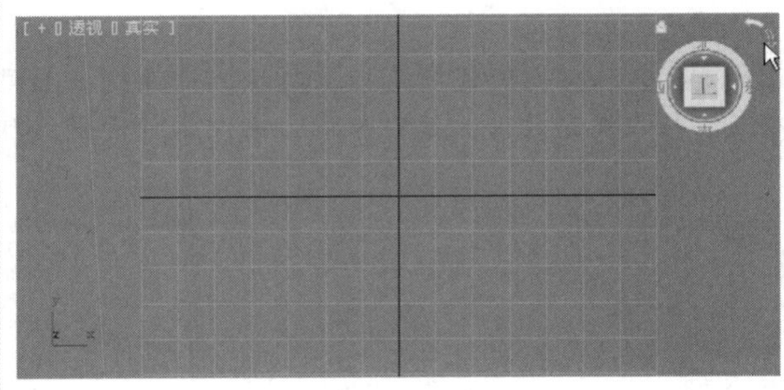

步骤4　视口盒还有指北功能，单击"南"图标即可使用该功能。

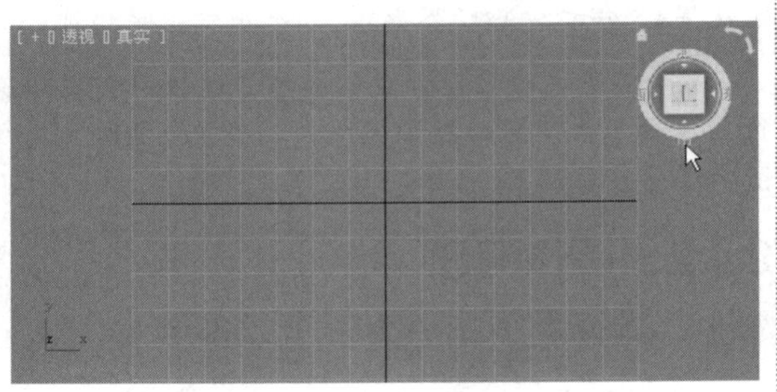

步骤5 单击“南”图标后，将正南方作为观察方向显示视图，即“前”视图。

步骤6 单击视口盒上的房屋图标，将返回到“透视”视口的初始角度。

步骤7 将光标靠近视口盒顶点处，会高亮显示顶点。

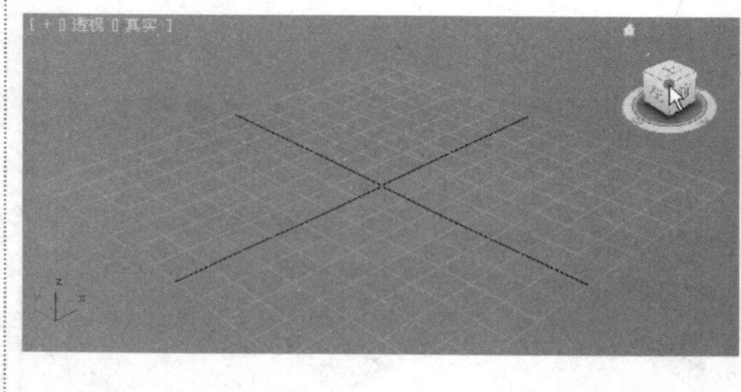

步骤8 拖动该顶点，视图会随着视口盒的旋转方向而改变视角。

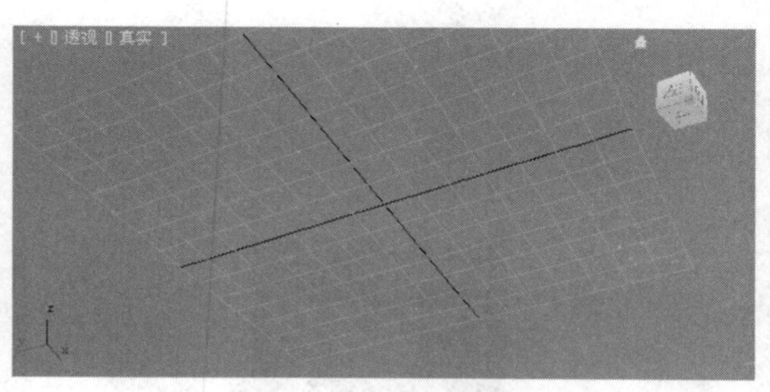

2.4 操作答疑

2.4.1 专家答疑

（1）3ds Max 2014的用户界面主要分几部分?

答：3ds Max 2014的用户界面主要由菜单栏、主工具栏、视口、命令面板、状态栏及各种控制工具区组成。

（2）3ds Max 2014视口与视图的概念?

答：视口实际上就是3ds Max程序中的一个窗口，用于观察虚拟的三维世界场景。3ds Max最多允许同时使用4个视口，默认界面中，4个视口被平均划分。

视图则是一种显示方式，包括三向投影视图和透视图，其中三向投影视图是指从对象的一面到三面进行显示的三维空间的投影视图。“透视”视口则非常类似于人的视觉效果，使对象看上去向远方后退，具有深度感和空间感。

2.4.2 操作习题

1. 选择题（选项为一个或多个）

（1）在3ds Max中，（　　）是用来切换各个模块的区域。

A. 视图　　B. 工具栏　　C. 命令面板　　D. 标题栏

（2）（　　）是对视图进行显示操作的按钮区域。

A. 视图　　B. 工具栏　　C. 命令面板　　D. 视图导航

（3）以下属于3ds Max 默认的视图形式是（　　）。

A. 顶视图　　B. 前视图　　C. 左视图　　D. 透视图

（4）建模过程中，经常使用的工具是（　　）。

A. 移动　　B. 旋转　　C. 缩放　　D. 以上说法都不正确

（5）3ds Max提供的摄像机类型有（　　）。

A. 动画摄像机　　B. 目标摄像机　　C. 自由摄像机　　D. 漫游摄像机

2. 填空题

（1）主工具栏中的三个标准工具是________、________、________。

（2）3ds Max的工作界面的主要特点是在界面上以________的形式表示各个常用功能。

3. 操作题

参照2.3.7实战：不同视口的渲染方法，制作图形的不同视口渲染方式。

操作提示：

（1）打开3ds Max 2014，使用任意一个场景。

（2）根据2.3.7 实战：不同视口的渲染方法，按步骤显示不同的视口渲染方式。

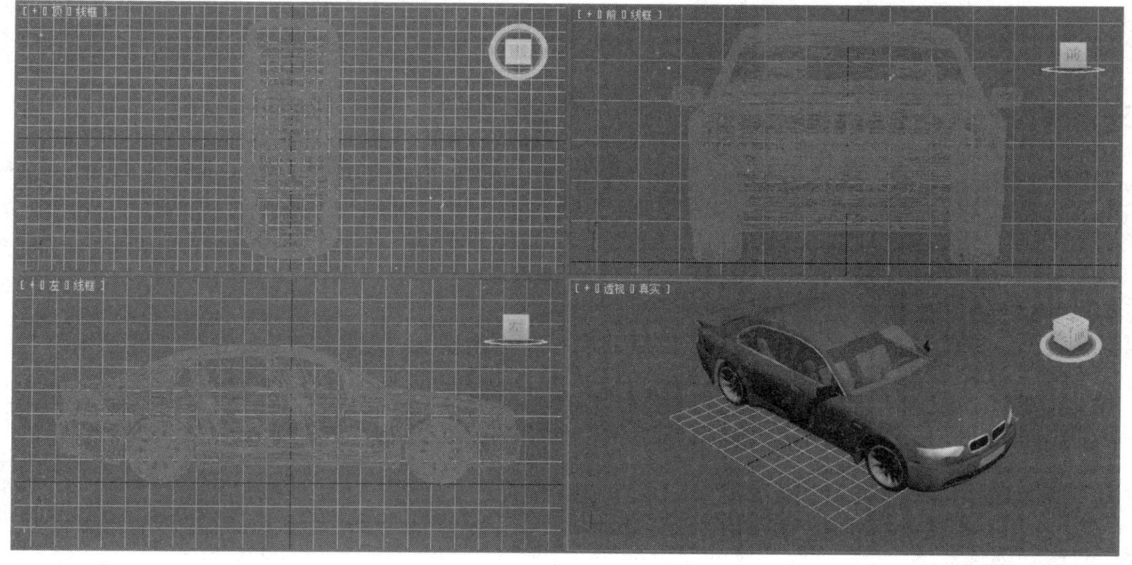

第3章

场景对象

本章重点：

本章将介绍3ds Max 2014的常用场景对象，包括几何体对象和图形对象，还将介绍对象的属性控制和选择方法，并通过一个简单的例子介绍如何通过预置场景对象堆栈出完整的模型。

学习目的：

通过对本章节的学习，使读者掌握几何体对象和图形对象，对象的属性控制和选择方法。

参考时间：38分钟

主要知识	学习时间
3.1　创建简单对象	5分钟
3.2　对象的属性	8分钟
3.3　对象的选择	10分钟
3.4　使用预置对象创建哑铃	15分钟

3.1 创建简单对象

在3ds Max 2014中，可以直接在场景中创建三维实体模型和曲线，通过“创建”菜单下的命令或“创建”命令面板中的“几何体”和“图形”按钮，可创建多种形态的对象模型。

3.1.1 创建三维模型

通常情况下，实体三维模型是组成场景主题和渲染的基本元素，3ds Max 2014中常用的三维模型主要包括标准基本体、扩展基本体、复合对象、面片栅格、AEC扩展、门、窗和楼梯等。要创建这些类别的对象，可在“创建”命令面板中的下拉列表里进行选择。

❶**标准基本体**：标准基本体提供了现实世界中最常见、最基础的三维实体模型，如长方体、球体、圆柱体等。在3ds Max中，通过创建标准基本体，可以完成大型场景的拼凑，或将其结合到更复杂的对象中，进一步细化。

❷**扩展基本体**：扩展基本体是由标准基本体衍变而来的复杂三维模型和属性特殊的三维模型，如长方体衍变生成切角长方体，圆柱体衍变出切角圆柱体、油罐等，3ds Max 2014共提供了13种扩展基本体。

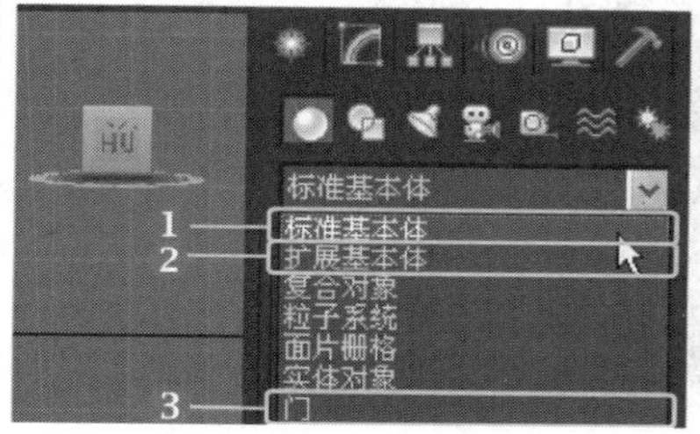

下拉列表

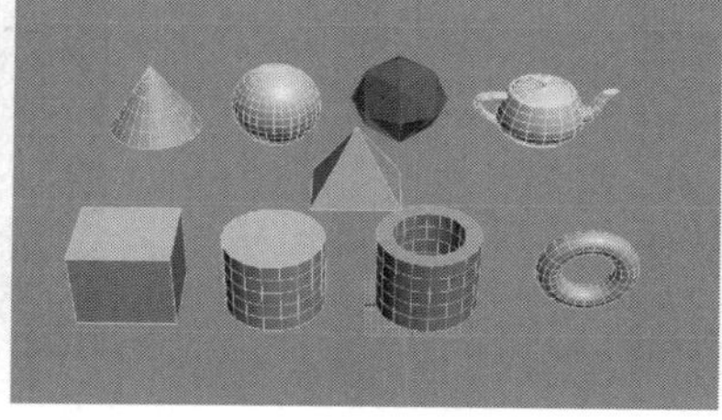
标准基本体模型

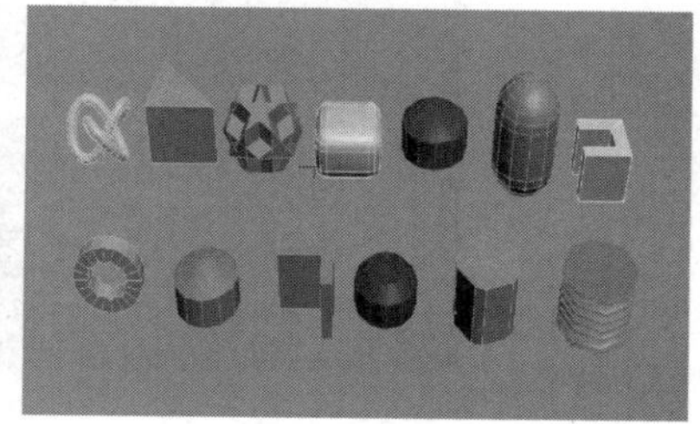
扩展基本体

❸**建筑对象**：AEC扩展、门、窗和楼梯等模型都具有真实世界的属性，如门框的参数、窗户的打开方向等。其中AEC扩展包括了栏杆、墙和植物三种建筑物件。

3.1.2 实战：创建模型

光盘路径：第3章\3.1\创建切角圆柱体（最终文件）.max

步骤1 在“创建”命令面板中，选择“扩展基本体”项。

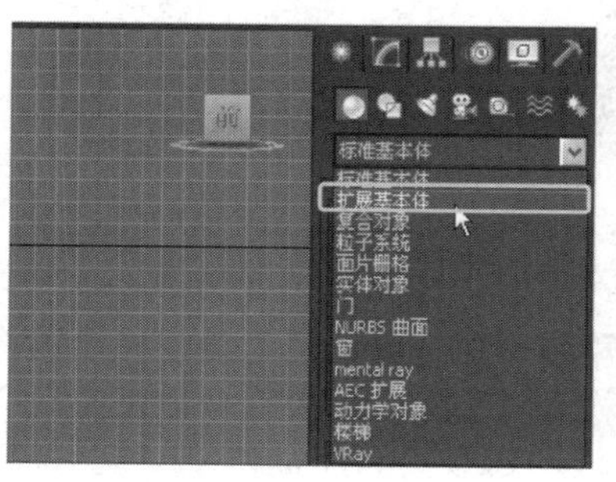

步骤2 在命令面板中单击“切角圆柱体”按钮。

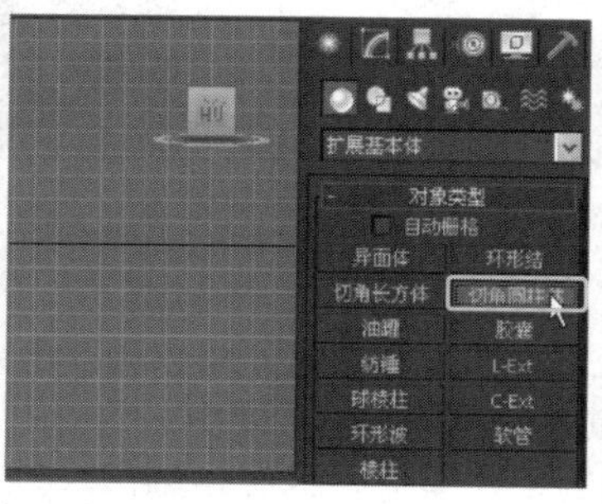

步骤3 在“透视”视口中进行拖动操作，开始创建切角圆柱体的底面。

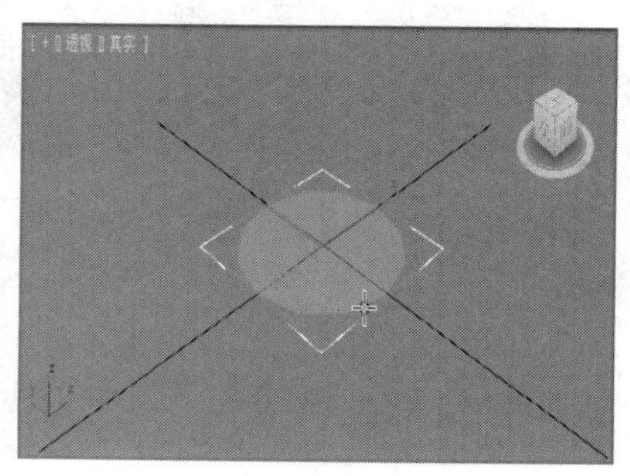

步骤4 确定切角圆柱体的底面积后，向上移动鼠标，可确定圆柱体的正向高度。

步骤5 通过上下移动鼠标，可调整切角圆柱体边缘的圆滑半径，最终完成切角圆柱体的创建。

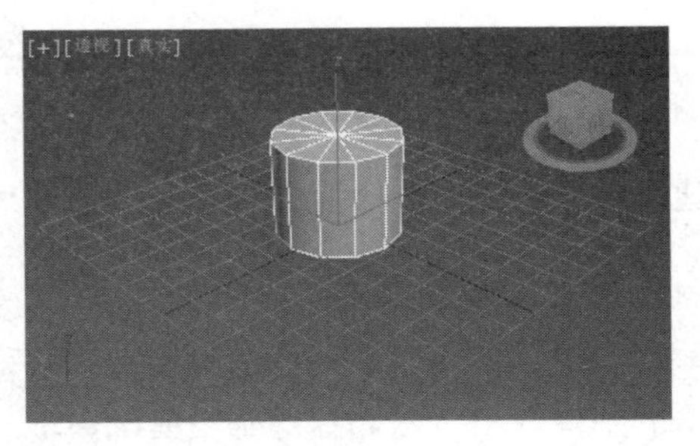
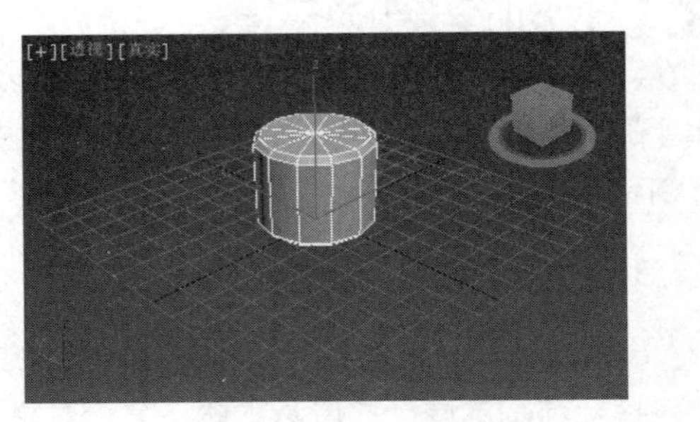

3.1.3 实战：创建植物

光盘路径：第3章\3.1\创建植物（最终文件）.max

步骤1 单击“植物”按钮。

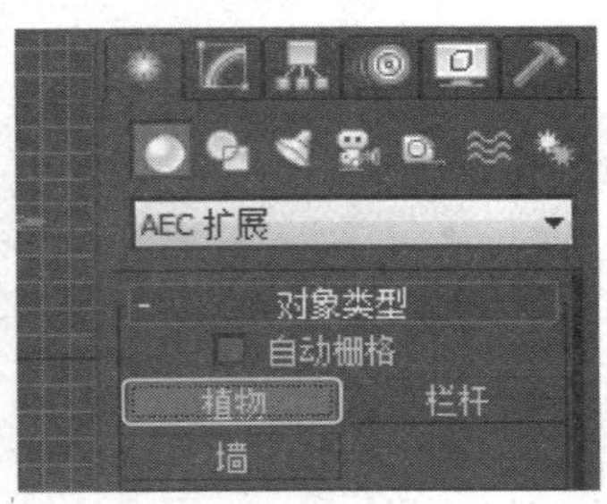

步骤2 在“收藏的植物”卷展栏下的列表中选择一种植物的缩略图。

步骤3 在“透视”视口中单击，即完成植物的创建。

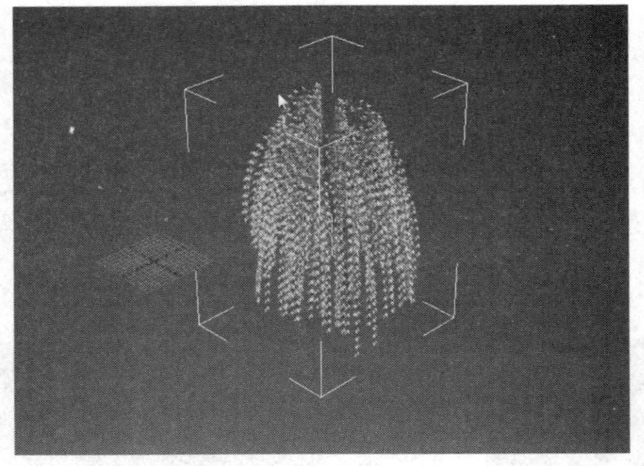

步骤4 在视图中完成多个植物的创建后，可以观察到，系统为了节省资源，只对当前选择的植物进行完全显示，其他的则以“树冠模式”进行显示。

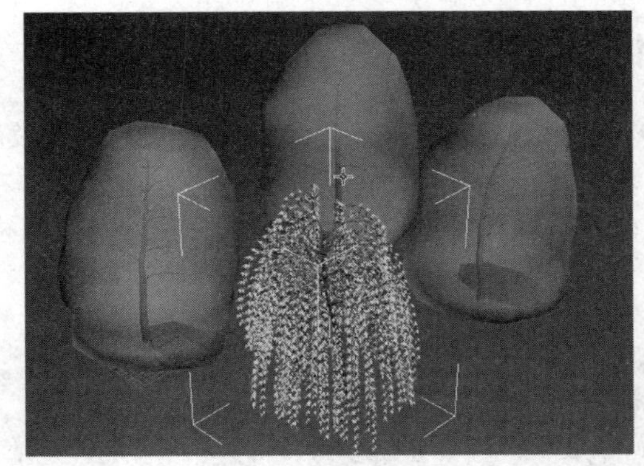

提示： 3ds Max允许用户添加其他的植物到“收藏的植物”卷展栏中。

利用3ds Max 2014提供的“门”和“窗”功能，可以创建出各种参数化的窗和门对象，并可以将其合并到“墙”对象的开口中，使创建建筑模型更加便捷。

3ds Max 2014共提供了3种门的创建模型，包括枢轴门、推拉门和折叠门。还提供了6种类型的窗，包括遮篷式窗、平开窗、固定窗、旋开窗、伸出式窗和推拉窗等。在建筑场景中创建这些可以控制外观细节的窗口，可以非常方便地设置窗口的开启或关闭动画。

真实世界中，楼梯是建筑物的主要构件，使用3ds Max提供的4种楼梯模型，能满足大多数楼梯的外观和使用要求，这些楼梯包括L型楼梯、螺旋楼梯、直线楼梯和U型楼梯。

3.1.4　实战：创建墙体

光盘路径：第3章\3.1\创建墙体和门窗（最终文件）.max

步骤1　在创建面板中单击“墙”按钮并在“透视”视口中进行单击操作，确定墙的位置。移动并单击鼠标，可确定墙的长度。

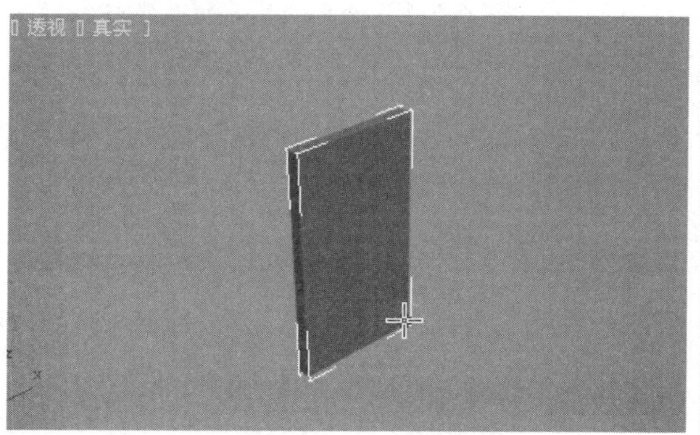

步骤2　重复上步操作，完成其他墙体的创建。

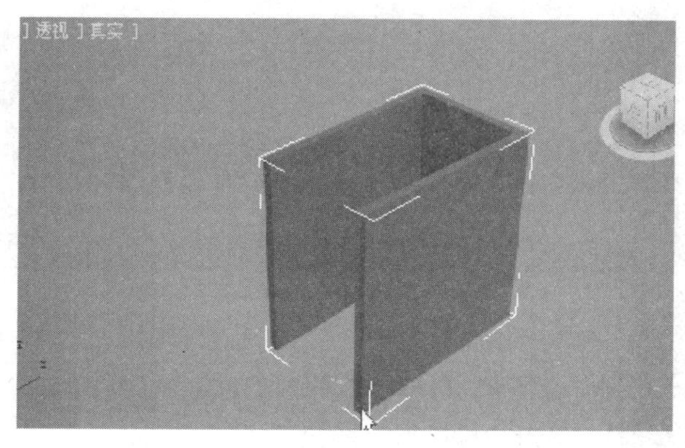

步骤3　在墙体初始点处单击，弹出“是否要焊接点”对话框，询问用户是否创建封闭的墙体。

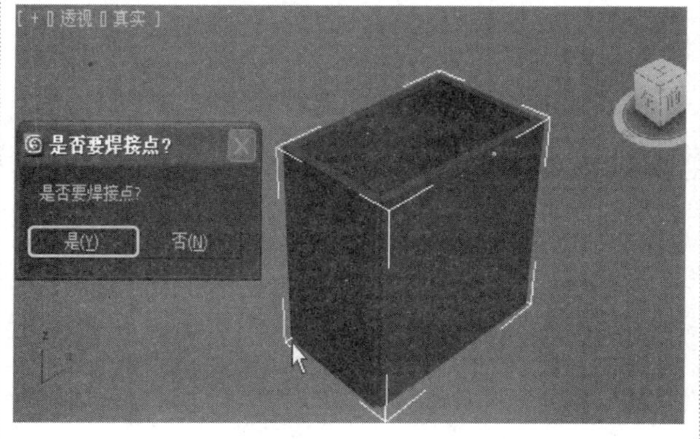

步骤4　单击“是”按钮，完成封闭墙体的创建。

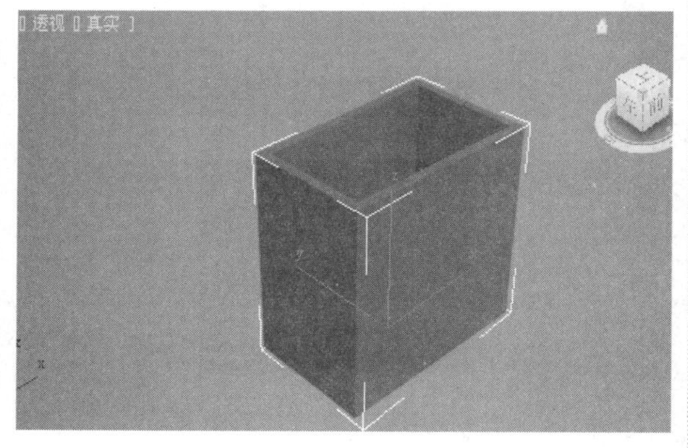

3.1.5　实战：创建门

步骤1　单击“折叠门”按钮。

步骤2　在“透视”视口中拖动鼠标，可确定折叠门的门宽。

步骤3 继续拖动并单击鼠标，可确定折叠门的高度，完成折叠门的创建。

步骤4 在折叠门的参数面板中设置“打开”参数值为70%，折叠门将开启。

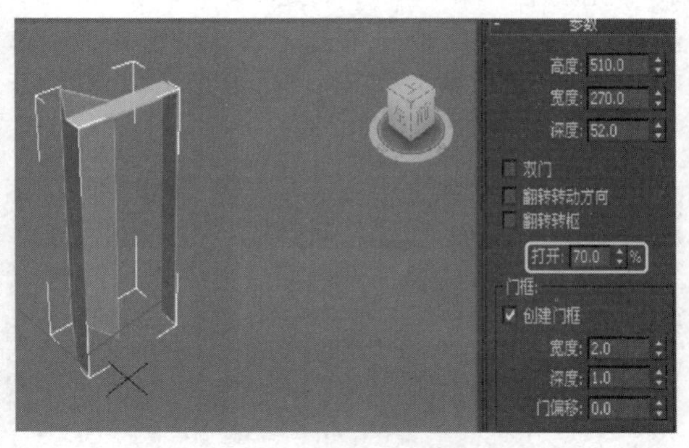

3.1.6 实战：创建窗

步骤1 单击“推拉窗”按钮。

步骤2 在“透视”视口中单击并拖动鼠标，可确定推拉窗的宽度。

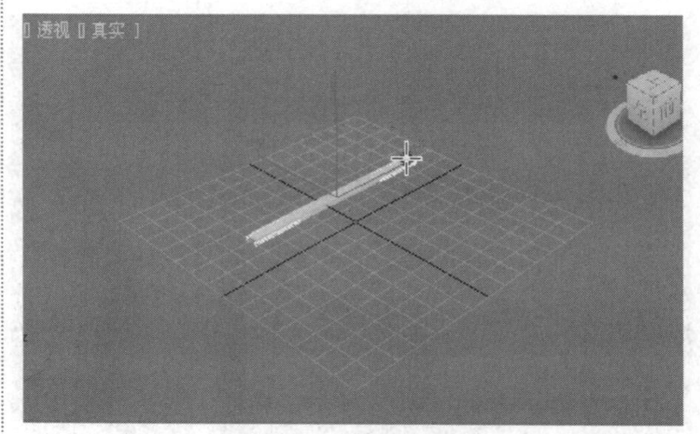

步骤3 继续拖动并单击鼠标，可确定推拉窗的高度，完成推拉窗的创建。

步骤4 在推拉窗的参数面板中设置“打开”参数为55%，推拉窗将开启。

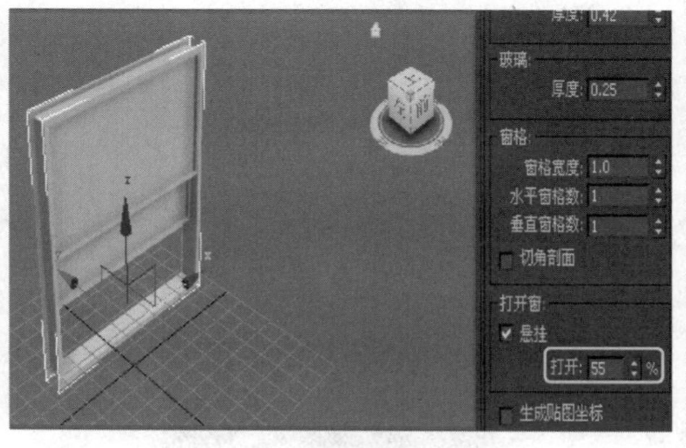

提示： 窗的创建可以控制参数的确定顺序，有宽度、深度、高度和宽度、高度、深度两种方式。

3.1.7　实战：L型楼梯

光盘路径：第3章\3.1\L楼梯造型（最终文件）.max

步骤1　在“创建”命令面板中，选择“楼梯”项，单击“L型楼梯”按钮。

步骤2　在“透视”视图中拖动鼠标，确定第一段楼梯的长度。松开鼠标，然后移动光标并单击，以设置第二段楼梯的长度、宽度和方向。

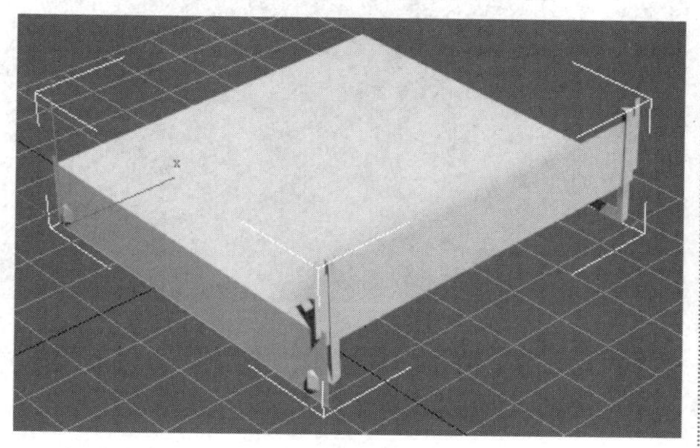

步骤3　在“类型”中选择开放式，生成几何体选项卡，都选中所有选项。

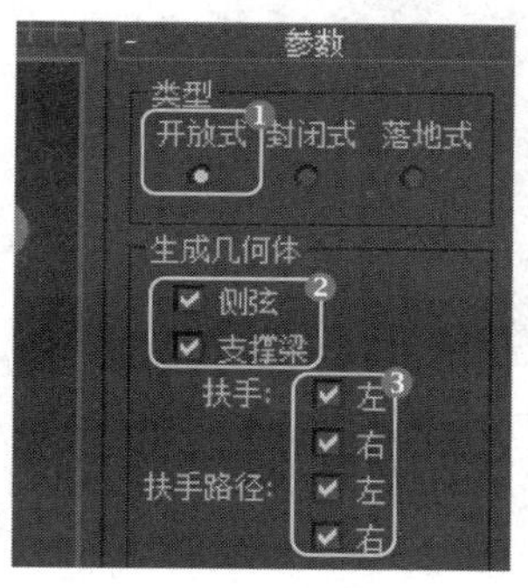

步骤4　在“布局选项组”中设置长度1：80.0，长度2：79.0，宽度：66.0，角度：-90.0，偏移：17.5。

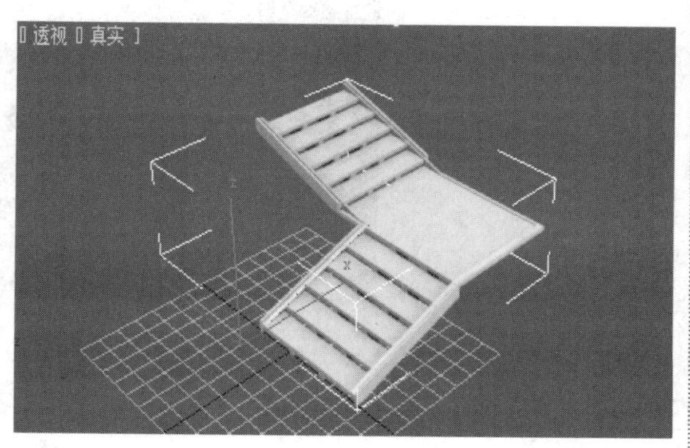

步骤5　在“梯级选项组”中设置总高：116.4，竖版高：9.7，竖板数12。

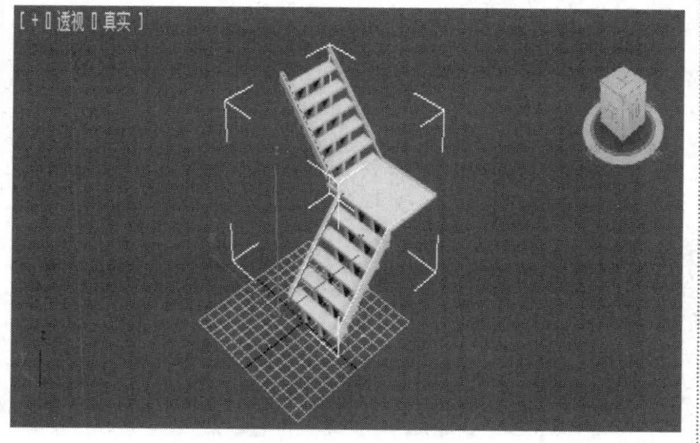

步骤6　设置“支撑梁”“栏杆”“侧弦”选项组参数。

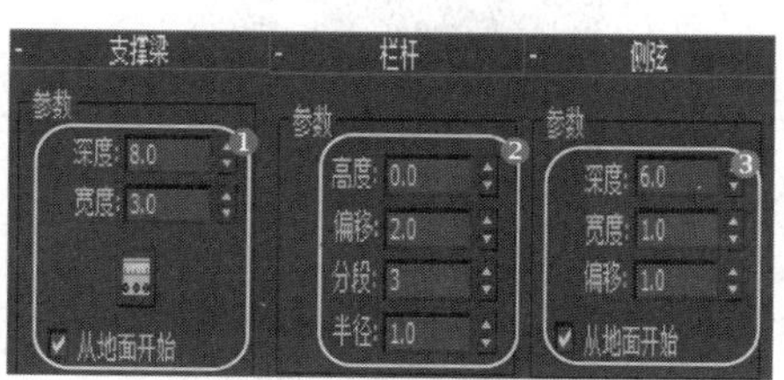

步骤7 设置“支撑梁”“栏杆”“侧弦”选项组参数后的效果。

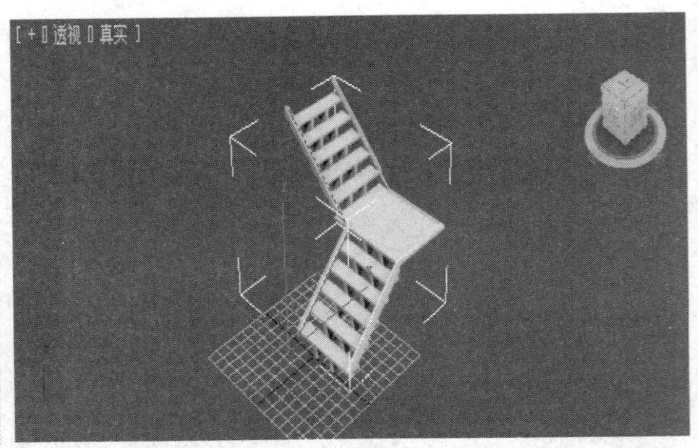

步骤8 在“创建”命令面板几何体中，选择“栏杆”项，单击“栏杆”按钮。

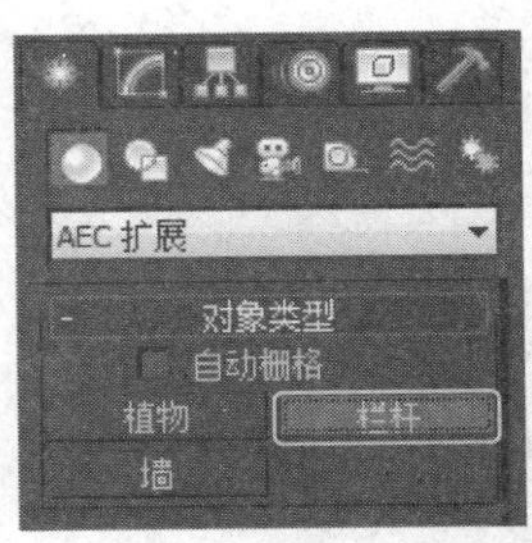

步骤9 单击“拾取栏杆路径”按钮，在楼梯两侧设置栏杆，深度：4，宽度：3，高度：36。

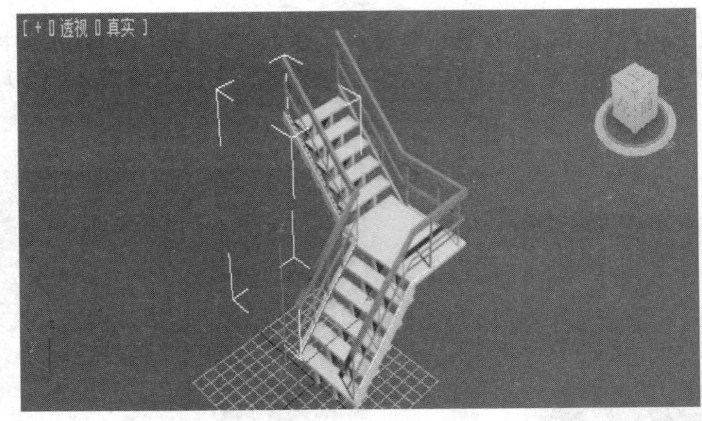

3.1.8 实战：直线楼梯

光盘路径：第3章\3.1\直线楼梯（最终文件）.max

步骤1 在“创建”命令面板中，选择“楼梯”项，单击“直线楼梯”按钮。

步骤2 在“透视”视图中拖动可设置长度，松开鼠标，然后移动光标并单击，设置楼梯的宽度。

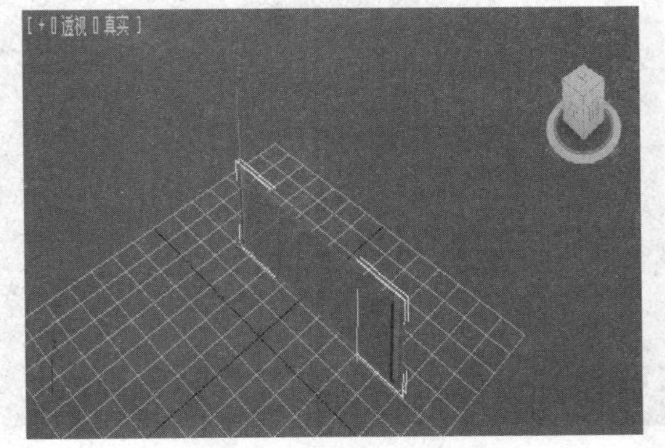

步骤3　在“类型”中选择开放式，生成几何体选项卡如图所示，选中所有选项。

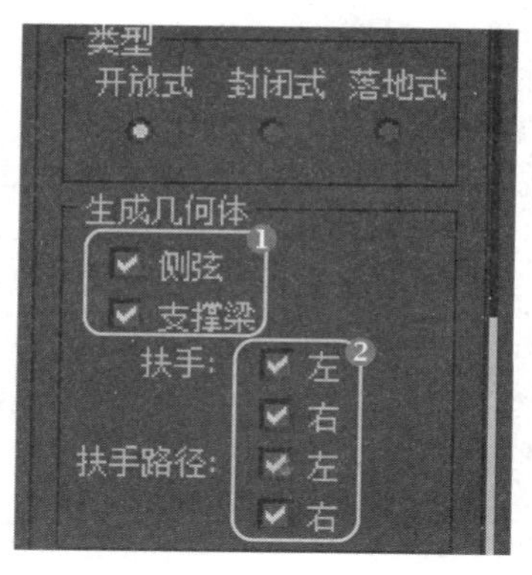

步骤4　设置“布局”“梯级”“支撑梁”“栏杆”“侧弦”参数如L行楼梯。

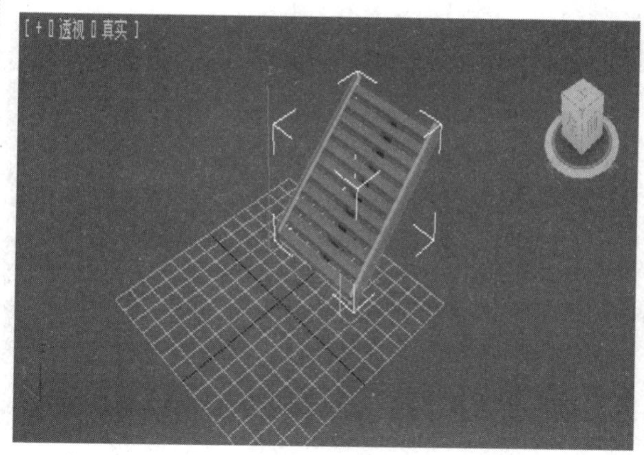

步骤5　单击“拾取栏杆路径”按钮，在楼梯两侧设置栏杆，深度：4，宽度：3，高度：36。

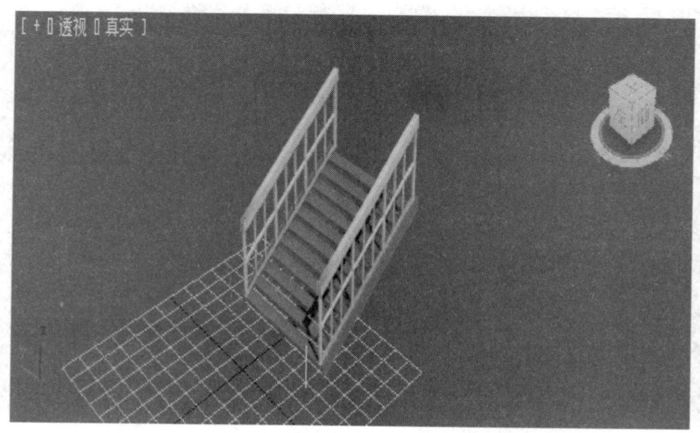

3.1.9　实战：U型楼梯

光盘路径：第3章\3.1\ U型楼梯（最终文件）.max

步骤1　在命令面板中单击“U型楼梯”按钮。

步骤2　在“透视”视口中拖动鼠标设置第一段长度，移动指针设置平台宽度或分隔两段的距离。

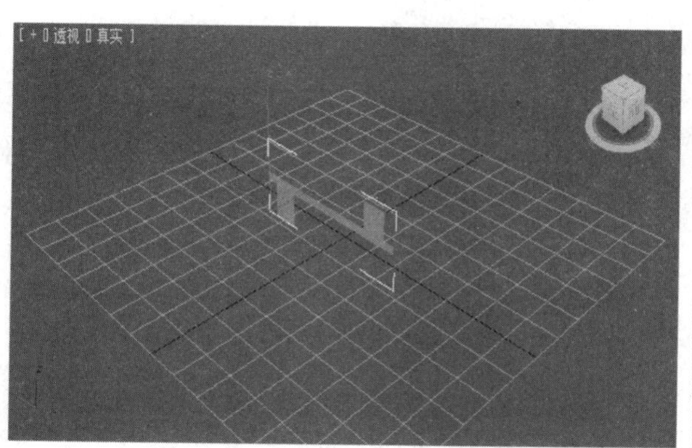

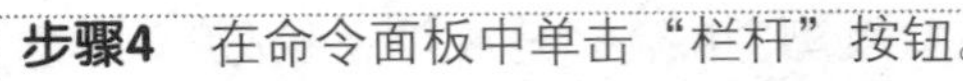

步骤3 在“布局”“梯级”“台阶”“支撑梁”“栏杆”“侧弦”选项卡中设置合适的参数。

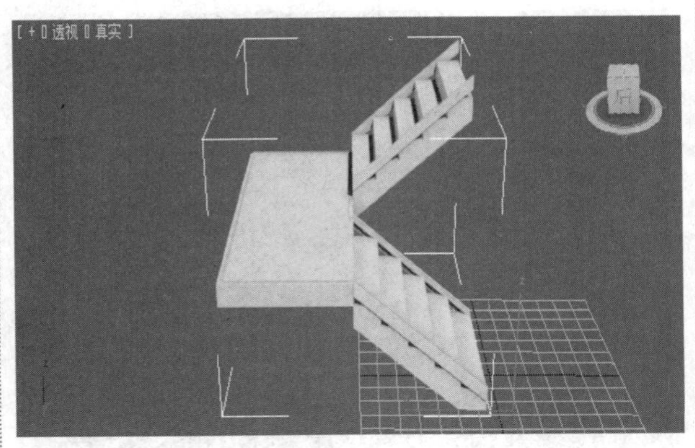

步骤4 在命令面板中单击“栏杆”按钮。

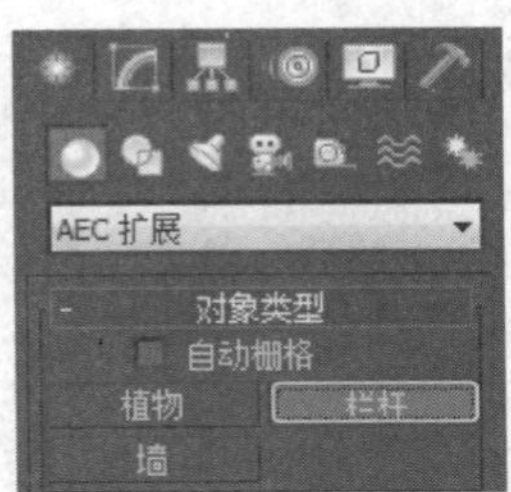

步骤5 在“栏杆”选项卡点击“拾取栏杆路径”，同时设置“围栏”、“立柱”和“栅栏”的参数。

3.1.10 实战：螺旋楼梯

光盘路径：第3章\3.1\螺旋楼梯（最终文件）.max

步骤1 在命令面板中单击“螺旋楼梯”按钮。

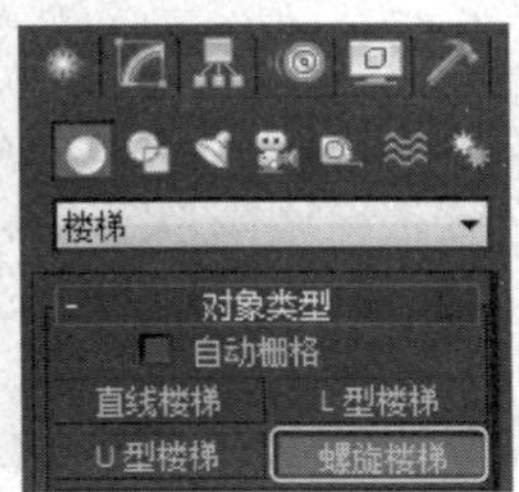

步骤2 设置“布局”“梯级”“台阶”“支撑梁”“栏杆”“侧弦”“中柱”的参数。

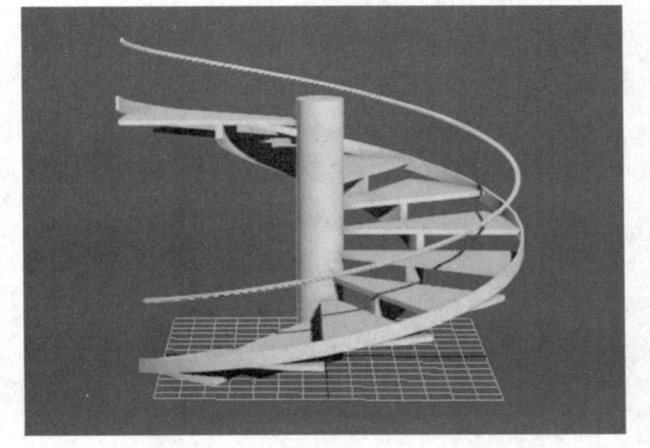

步骤3　在命令面板中单击“栏杆”按钮。

步骤4　在“栏杆”选项卡点击“拾取栏杆路径”，同时设置“围栏”、“立柱”和“栅栏”的参数。

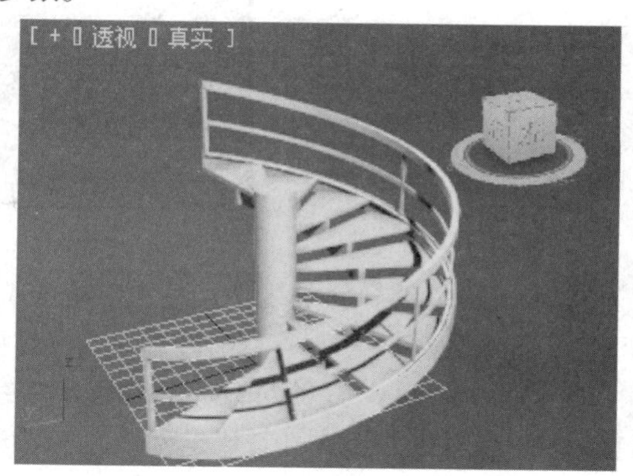

3.1.11　创建几何图形

图形是由一条（多条）曲线或直线组成的对象，通过3ds Max 2014直接创建的图形几乎都是二维对象，在“创建”命令面板下的“图形”选项面板中，可选择不同类型的几何图形预置选项，其中包括样条线、NURBS曲线和扩展样条线。

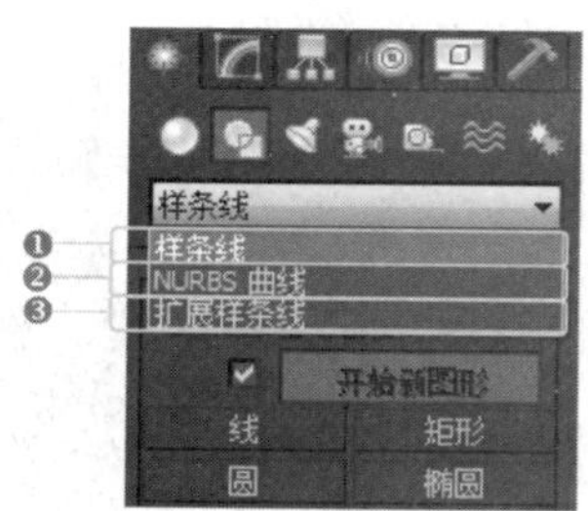

“图形”选项面板

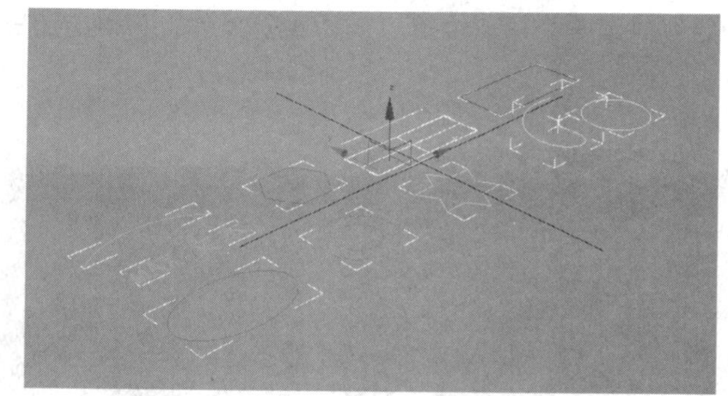

基本几何图形

❶**样条线**：样条线包括了11种基本几何图形，如线性样条线、矩形样条线、弧形样条线等。

❷**NURBS曲线**：NURBS曲线是一种特殊的图形对象，其外形与“样条线”没有区别，但具有更为复杂的控制系统。同时，在创建过程中，允许跨视口操作。NURBS曲线包括点曲线和CV曲线两种。其中点曲线上的点都被约束在曲面上，可以作为整个NURBS模型的基础。

CV曲线是由控制点控制的NURBS曲线。控制点不在曲线上，用于控制曲线或者曲面的形状，以一个小小的“方框”来表示它的存在。

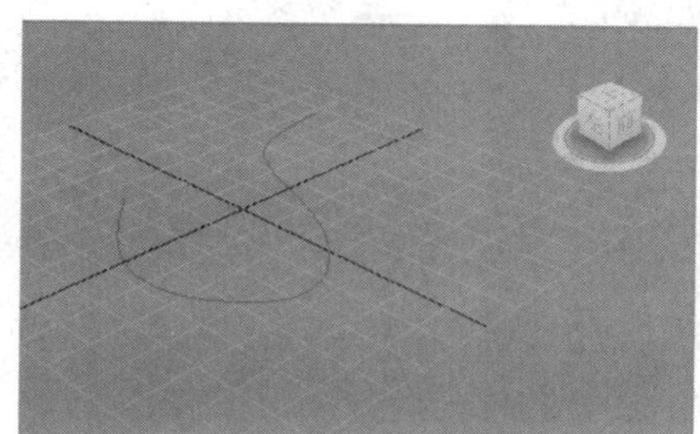

点曲线

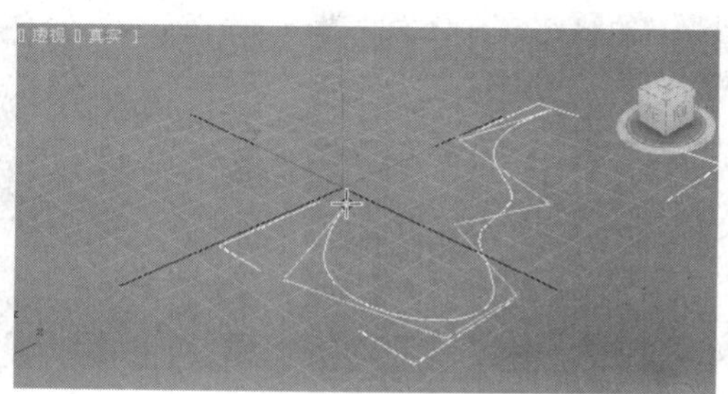

CV曲线

❸**扩展样条线**：“扩展样条线”的创建方法和属性控制方法与“样条线”的一样，其几何外观由简单的几何图形衍生而来，下图为3ds Max 2014提供的5种扩展样条线。

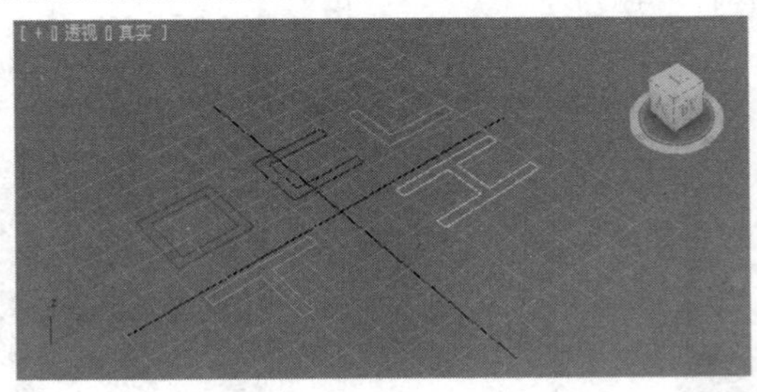

扩展样条线

提示： 除“线”样条线外，其他样条线图形都可以通过几何属性设定外形，如矩形有长宽参数、圆形有半径参数。

提示： 3ds Max 提供的NURBS曲面和曲线，尤其适合于使用复杂的曲线创建曲面，其特点是容易交互操纵、算法效率高、计算稳定性好，已成为设置和建模曲面的行业标准。

3.1.12 实战：创建简单的几何条线

光盘路径： 第3章\3.1\创建简单的样条线（最终文件）.max

步骤1 单击样条线面板上的“线”按钮，在“透视”视口中单击，确定线的第一个顶点位置。

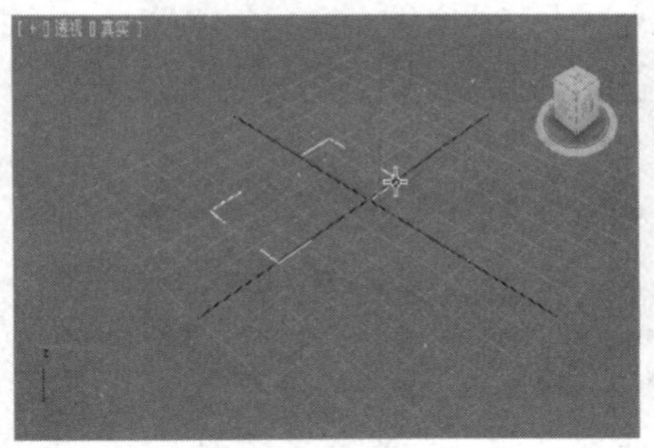

步骤2 将光标移动到其他位置单击，可确定线的第二个顶点。重复操作，可确定第三个顶点的位置。

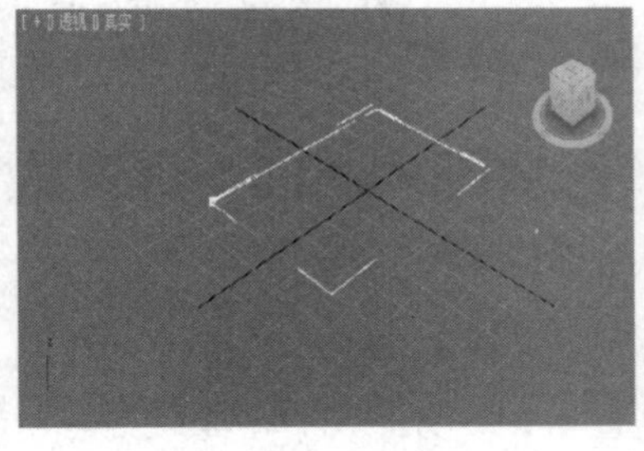

步骤3 在绘制第四个顶点时，单击按住鼠标左键不放，然后进行拖动操作，绘制的顶点将具有贝塞尔属性，其连接的线段能拖动成曲线。

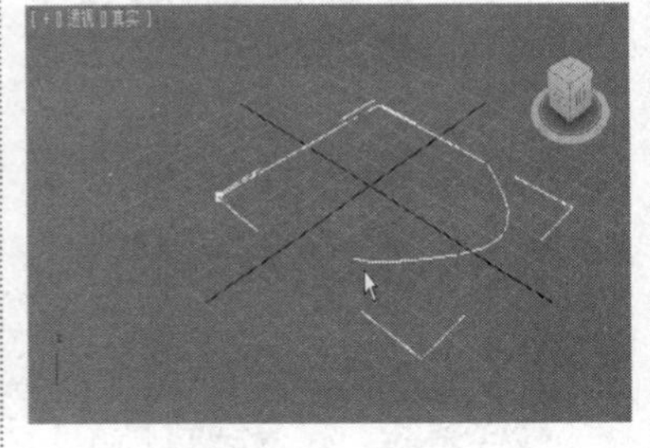

步骤4 拖动光标靠近第一个顶点处，然后单击，将弹出“样条线”对话框，询问用户是否需要封闭样条线，单击“是”按钮。

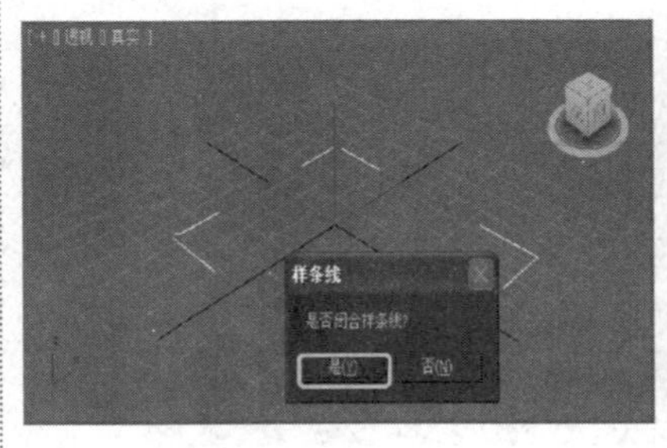

步骤5 单击“矩形”按钮。

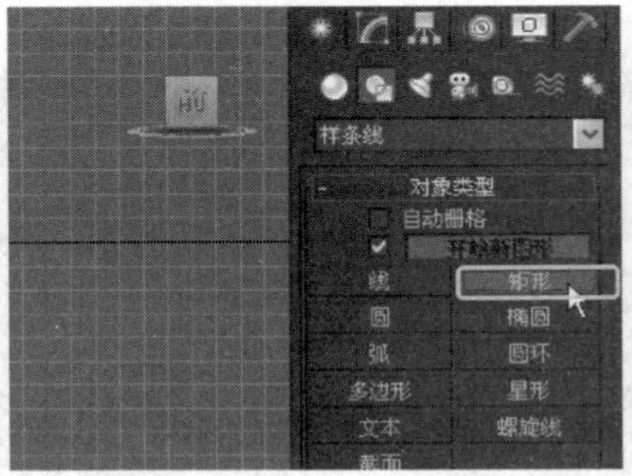

步骤6 直接在“透视”视口中单击并拖动鼠标，即可完成矩形样条线的创建。

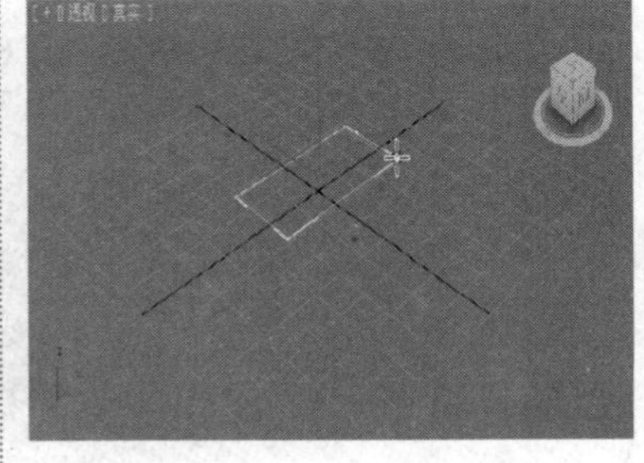

步骤7 取消对“开始新图形”选项的勾选，然后单击“星形”按钮。在曲线被选中的前提下，在视口中进行拖动操作，完成星形样条线的创建。

步骤8 完成星形的创建后可观察到，由于取消勾选了“开始新图形”选项，创建的星形与之前的曲线成为一个整体样条线。

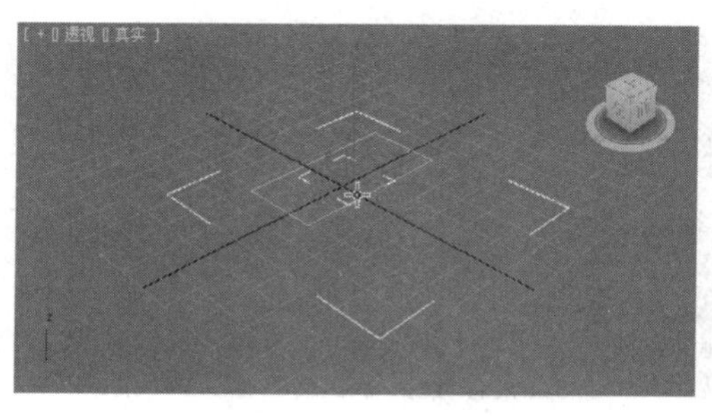

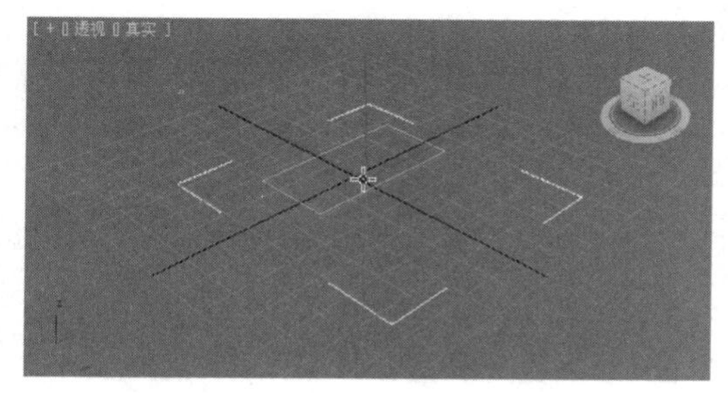

提示： 如果按住Shift键移动鼠标，下个顶点的位置将处于正交线上。

提示： 如果不封闭曲线，该点位置实际上就会有两个顶点。

3.1.13　实战：创建点曲线和CV曲线

光盘路径： 第3章\3.1\创建点曲线和CV曲线（最终文件）.max

1. 创建点曲线

步骤1　单击“点曲线”按钮，在“透视”视口中单击，创建出第一个顶点。

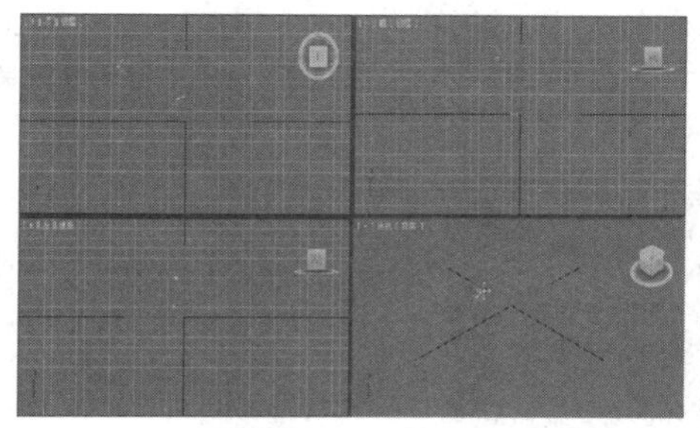

步骤2　保持创建过程，激活“前”视口，可继续创建顶点。

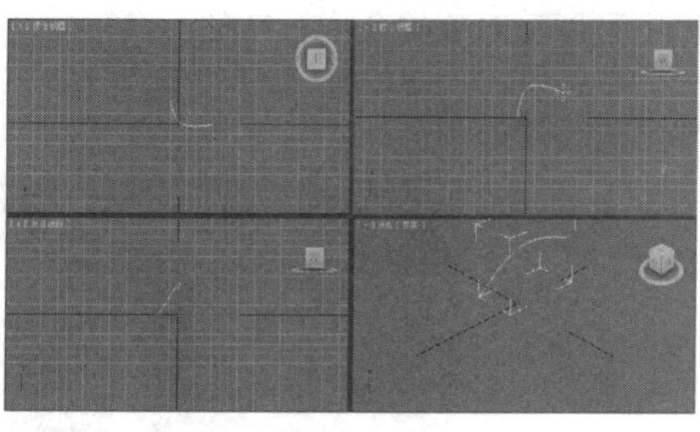

步骤3　使用相同方法激活“左”视口，创建第三个顶点。

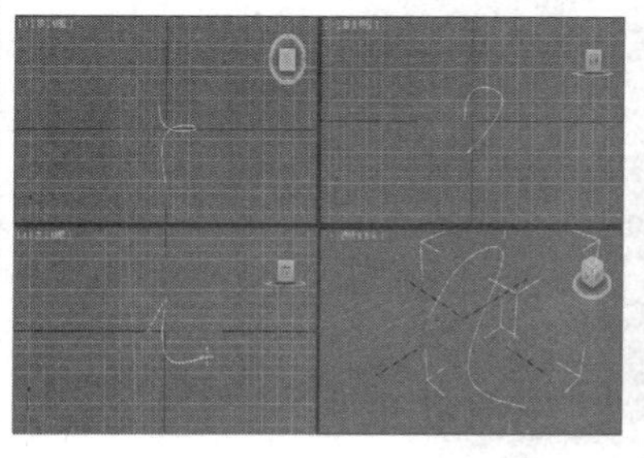

步骤4　在“顶”视口中创建一点，然后返回“透视”视口，并在第一个顶点处单击。此时将弹出对话框，询问用户是否封闭该曲线。

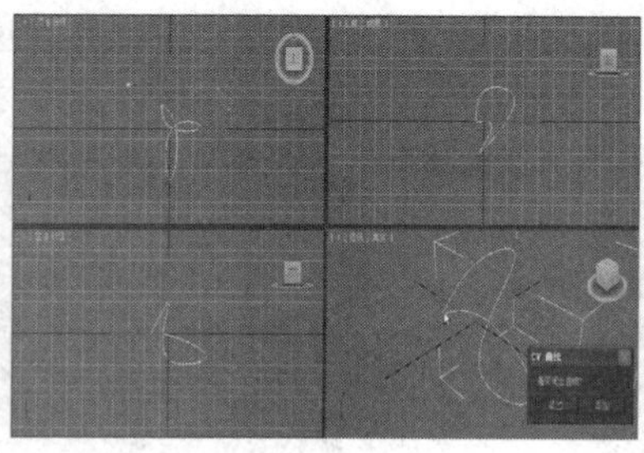

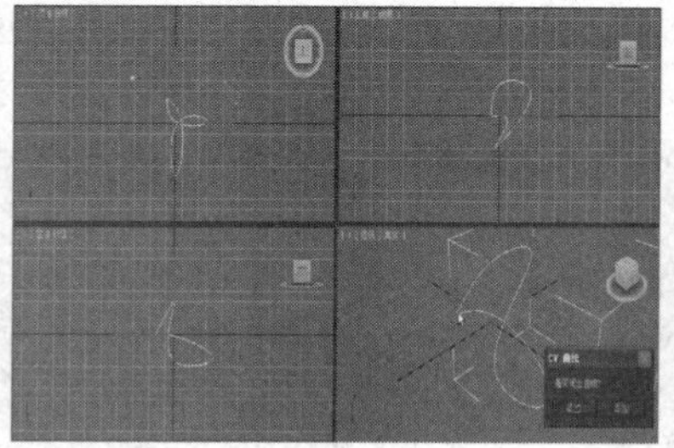

步骤5　单击“是”按钮，完成封闭“点曲线”的创建。

提示： 可以通过右击激活所需视口。

2. 创建CV曲线

步骤1　单击“CV曲线”按钮，在“透视”视口中创建第一个控制点。

步骤2　创建其他控制点，可看到所有控制点都不在曲线上，而控制点的位置决定了曲线的形状。

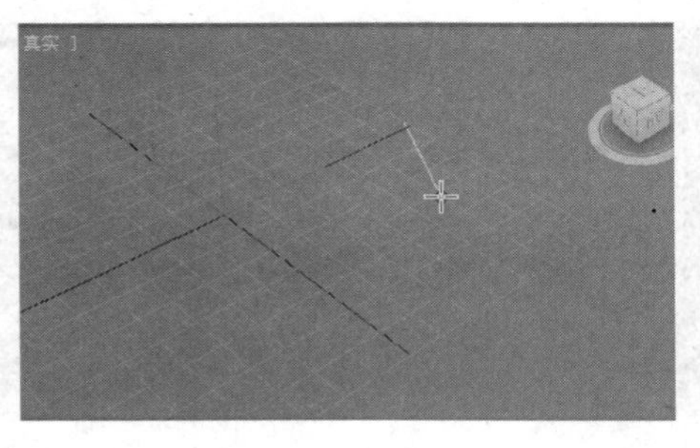

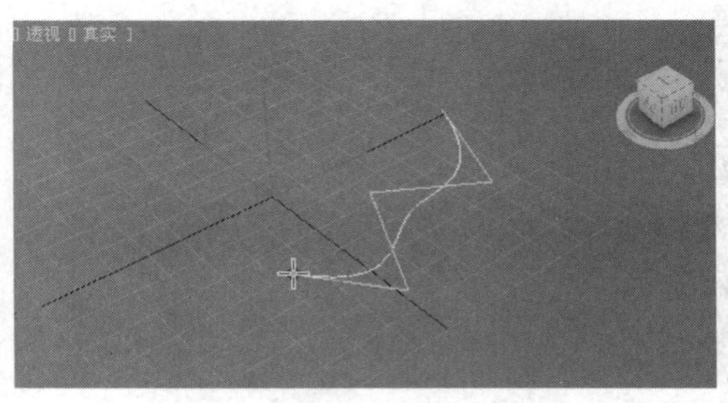

提示：CV曲线仍然可以跨视图进行创建。

3.2 对象的属性

在3ds Max 2014中，创建的对象除了自身的固有属性外，还可以通过相关命令对场景对象设置通用的属性，这些属性用于控制对象是否隐藏、是否参与渲染等全局设置。

3.2.1 基本信息

选择场景中的一个或多个对象，然后选择四元菜单中的“对象属性”命令，开启相关的对话框，在对话框中可以对对象的全局属性进行设置。

在“对象属性”对话框中的“对象信息”选项组中显示了对象的基本信息，并允许用户对对象的名称和颜色进行修改。

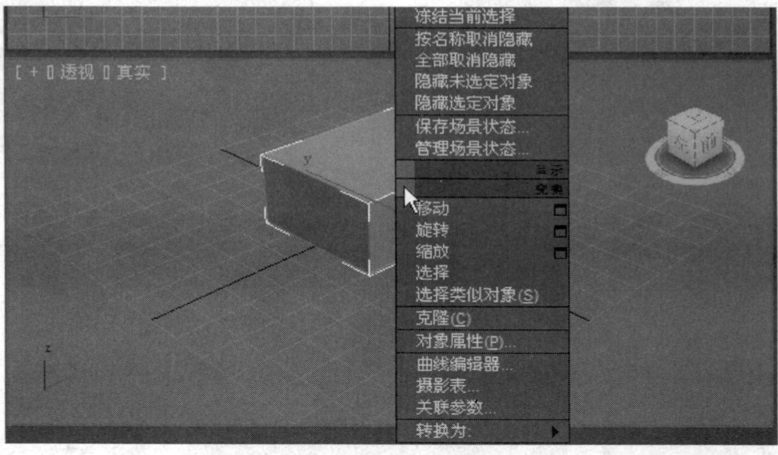

四元菜单命令

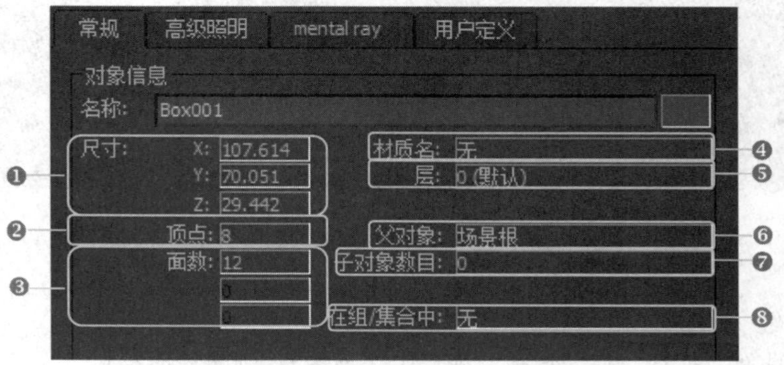

选项组参数

相关参数解读如下：

❶**尺寸**：显示对象范围在X、Y、Z轴上的尺寸。

❷**顶点**：显示对象的顶点数。

❸**面数**：显示对象的面数。

❹**材质名**：显示指定给对象的材质的名称。如果没有指定材质，则将显示为“无”。

❺**层**：显示对象被指定到的层的名称。

❻**父对象**：显示层次中对象的父对象的名称。如果对象没有层次父对象，则显示“场景根”。

❼**子对象数目**：显示按层次链接到对象的子对象的数目。

❽**在组/集合中**：显示对象所属的组或集合的名称。如果对象不是组或集合的一部分，则显示“无”。

提示：“对象属性”命令也可以在菜单栏中的“编辑”菜单下访问。

3.2.2　实战：从对象属性对话框中修改对象名称和颜色

光盘路径：第3章\3.2\从对象属性对话框中修改对象名称和颜色（原始文件）.max

步骤1　单击钟身长方体，将其选中，然后右击，在弹出的四元菜单中选择“对象属性”命令。

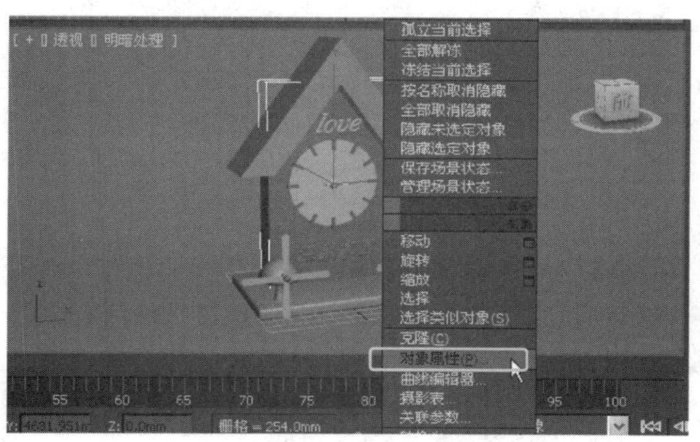

步骤2　在“对象属性”对话框中的“对象信息”选项组中可查看该对象的基本信息。在“名称”文本框中输入文字“钟身”，作为该对象的新名称。

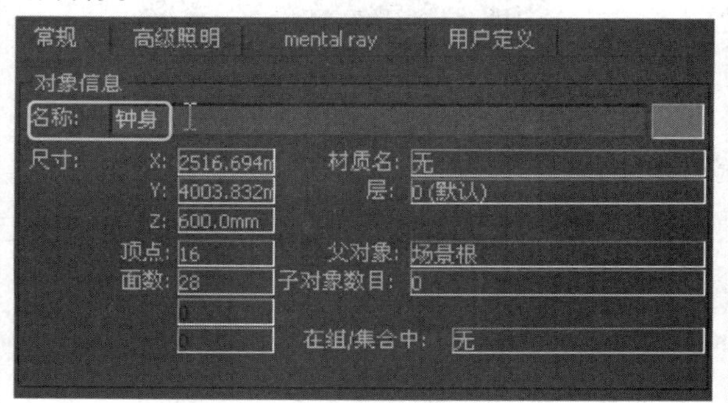

步骤3　单击名称文本框右侧的色块，开启“对象颜色”对话框，设置颜色。

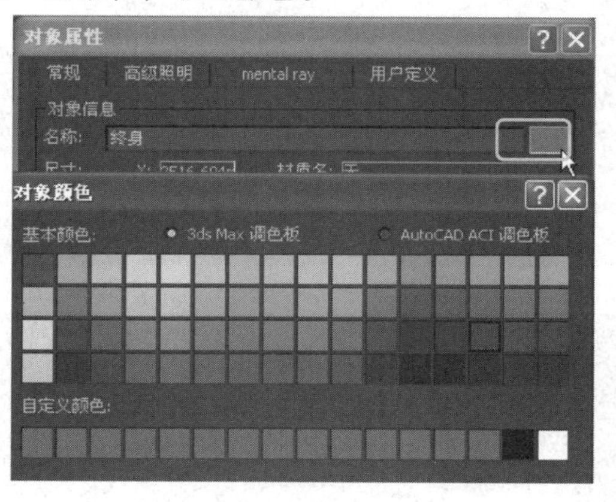

步骤4　完成对象的属性设置后，可观察该对象的新名称，在视图中也会应用新的颜色，渲染。

3.2.3　对象的交互性

在“对象属性”对话框中，“对象信息”选项组的左下方是“交互性”选项组，其中提供了对象与用户界面的交互性控制参数。

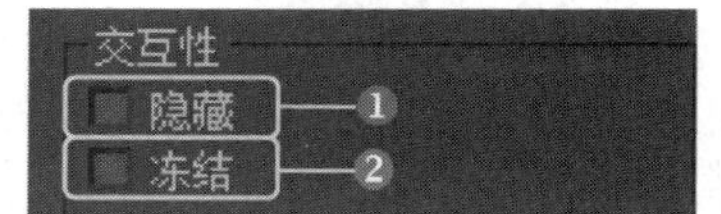

相关参数解读如下：

❶**隐藏**：勾选该复选框，将隐藏选定的一个或多个对象，隐藏的对象存在于场景中，但不在视口或渲染图像中显示。

❷**冻结**：勾选该复选框，将冻结选定的一个或多个对象，冻结对象在视口中显示，但不能被操作。使用层管理器是隐藏或冻结对象组或层的最容易的方法。

3.2.4 实战：隐藏和冻结的应用

光盘路径：第3章\3.2\隐藏和冻结的应用（原始文件）.max

步骤1 继续使用上一个范例的原始文件。选择钟身长方体对象，然后通过选择“对象属性”命令开启相关对话框，勾选“隐藏”复选框。

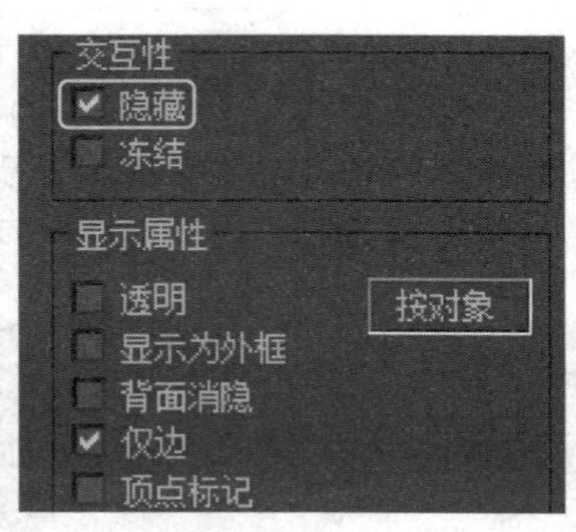

步骤2 确定对象的隐藏操作后，该对象将不在视图中显示。

步骤3 在“对象属性”对话框中重新设置“交互性”选项组中的参数。

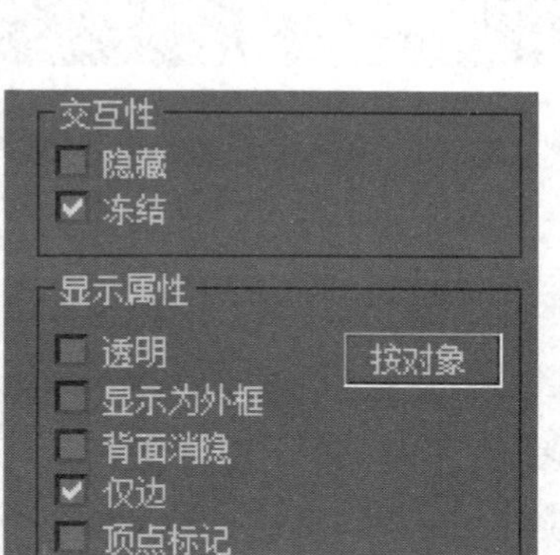

步骤4 确定对象的冻结参数后，在视图中可观察到相关对象呈灰色显示，并且不能进行任何操作。

3.2.5 显示属性

在“对象属性”对话框中，左下方是“显示属性”选项组，用于设置对象在场景中的显示方式，如设置对象是否透明、是否显示顶点等，相关参数如右图。

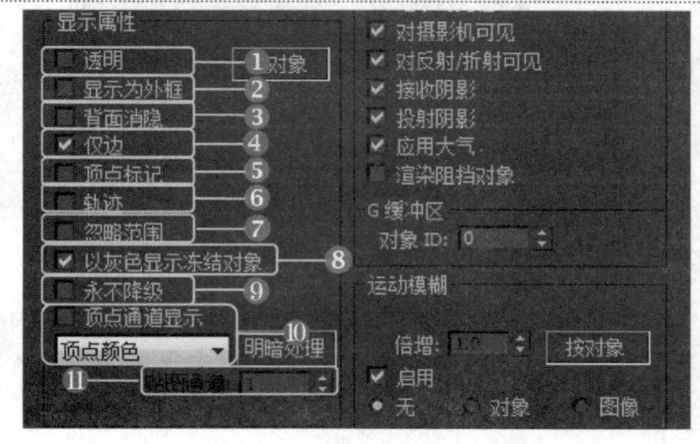

相关参数解读如下：

❶**透明**：勾选该复选框，选定对象将在视图中显示为半透明效果，该设置对渲染无影响，默认为禁用状态。

❷**显示为外框**：勾选该复选框，选定对象将显示自身的边界框，将场景几何复杂性降到最低，以便在视口中快速显示，默认设置为禁用状态。

❸**背面消隐**：勾选该复选框，可以透过线框看到对象背面，只适用于线框视口，默认设置为禁用状态。

❹**仅边**：勾选该复选框，选定对象只显示外边。

❺**顶点标记**：勾选该复选框，将选定对象的顶点显示为标记。

❻**轨迹**：勾选该复选框，将显示对象的运动轨迹。

❼**忽略范围**：勾选该复选框，在使用视口控制工具“最大化显示”和“所有视图最大化显示”时，将忽略该对象。

❽**以灰色显示冻结对象**：勾选该复选框，视口中的对象会在冻结时呈现灰色，如果取消勾选该复选框，冻结对象仍然显示原有颜色。

❾**永不降级**：该参数是3ds M
x 2014新增参数，勾选该复选框后，在使用自适应降级功能时，将忽略选定对象。

❿**顶点通道显示**：勾选该复选框后，对于可编辑网格、可编辑多边形和可编辑面片等对象，在视口中将显示指定的顶点颜色。使用下拉列表，可以选择不同的方式。

⓫**贴图通道**：为选定对象的顶点颜色设置贴图通道。

3.2.6　实战：显示属性测试

光盘路径：第3章\3.2\显示属性测试（原始文件）.max

步骤1　选择两架战斗机的机身，然后选择四元菜单中的“对象属性”命令。

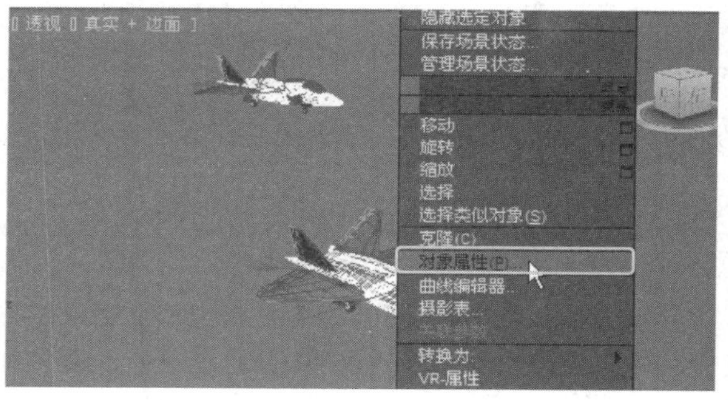

步骤2　在弹出的对话框中，如果勾选“透明”复选框，机身将显示为半透明。

步骤3　如果勾选“显示为外框”复选框，机身将只显示自身的边界框。

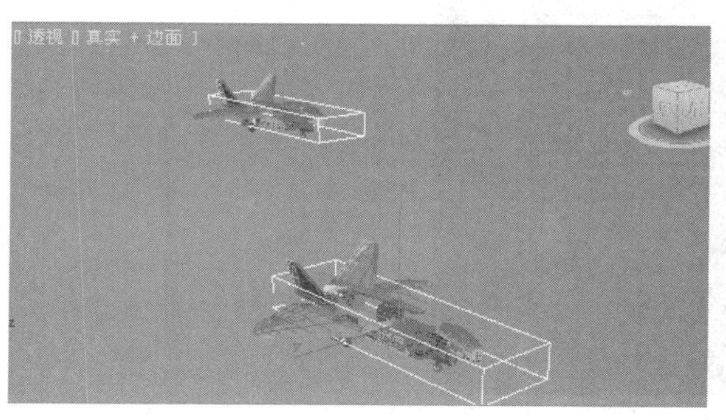

步骤4　如果勾选“背面消隐”复选框，可以看到机身背面的线框。

步骤5　如果取消勾选“仅边”项，机身上多边形的所有对角线也会被显示。

步骤6　如果勾选“顶点标记”项，机身上的所有顶点将被显示出来。

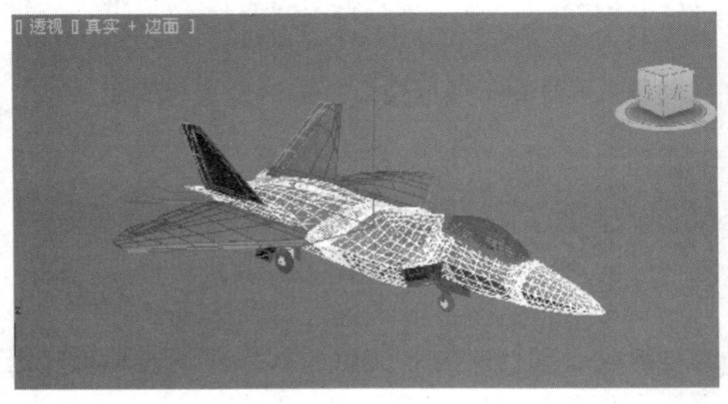

步骤7 如果勾选“轨迹”项，有动画的机身的运动轨迹将被显示出来。

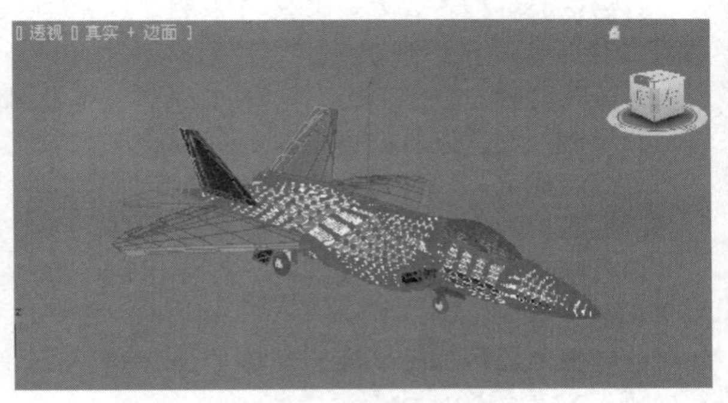

步骤8 如果勾选“顶点通道显示”项，机身将显示为红色。

> **提示：** 按住Ctrl键分别单击两个机身，可完成选择操作。
>
> **提示：** “透明”参数的快捷键为Alt+X。
>
> **提示：** “背面消隐”参数只适用于视口的线框渲染。
>
> **提示：** 也可以打开运动命令面板显示运动轨迹。

3.2.7 渲染控制

在“对象属性”对话框中的“渲染控制”选项组中，可以更改一个或多个对象的全局渲染设置，如阴影、反射/折射等。

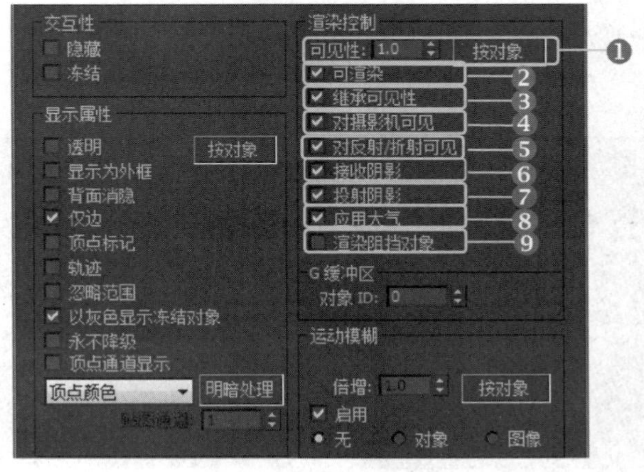

“渲染控制”选项组

相关参数解读如下：

❶**可见性：** 控制对象在场景中的可见程度，值为1时，完全可见，值为0时，完全不可见。

❷**可渲染：** 勾选该复选框，使选择对象可以被渲染，如禁用，选定对象不参与渲染。

❸**继承可见性：** 勾选该复选框，选定对象继承父对象一定百分比的可见性。

❹**对摄影机可见**：勾选该复选框，对象在场景中对摄影机是可见的。
❺**对反射/折射可见**：勾选该复选框，对象可以被反射/折射。
❻**接收阴影**：勾选该复选框，对象可以接收阴影。
❼**投影阴影**：勾选该复选框，对象可产生阴影。
❽**应用大气**：勾选该复选框，对象受大气效果影响。
❾**渲染阻挡对象**：勾选该复选框，允许特殊效果影响场景中被该对象阻挡的其他对象。

3.3 对象的选择

在学习了如何创建场景对象和了解对象的基本属性后，掌握对象的基本操作，特别是对象的选择操作显得尤为重要，本节将详细讲解对象的各种选择方法。

3.3.1 基本选择

3ds Max中的大多数操作都是针对场景中的选定对象进行的，在应用这些命令之前，也就必须要选择对象，因此，选择操作是建模和设定动画的基础。

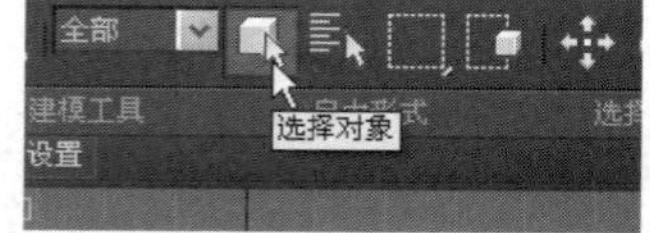

常用的选择工具

在3ds Max中进行选择操作，有很多种方法和命令可以使用。使用鼠标和键盘进行选择，配合使用各种命令，是最常用的选择方法。

在使用鼠标和键盘选择对象的过程中，通常配合使用各种区域选择工具，这些工具包括矩形选择区域、圆形选择区域、围栏选择区域、套索选择区域和绘制选择区域等。

提示：当选中对象后，按下空格键，选定对象将被锁定，只能对选定对象进行操作。

3.3.2 实战：使用鼠标和键盘进行选择

光盘路径：第3章\3.3\使用鼠标和键盘进行选择（原始文件）.max

步骤1　在主工具栏中激活“选择对象”按钮，并将光标靠近最近的一个对象，单击，相应的对象即被选中。

步骤2　启用“边面”渲染方法，可观察到对象在选择状态下，线框显示为白色。

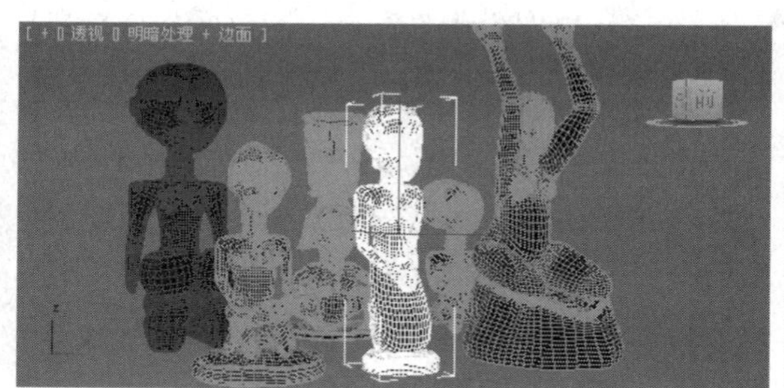

步骤3　在主工具栏中，激活“圆形选择区域”按钮。

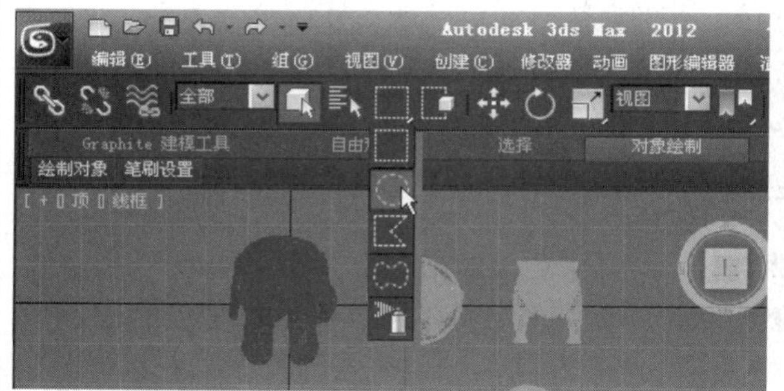

步骤4　在视口中进行拖动操作，绘制出一个圆形选区。

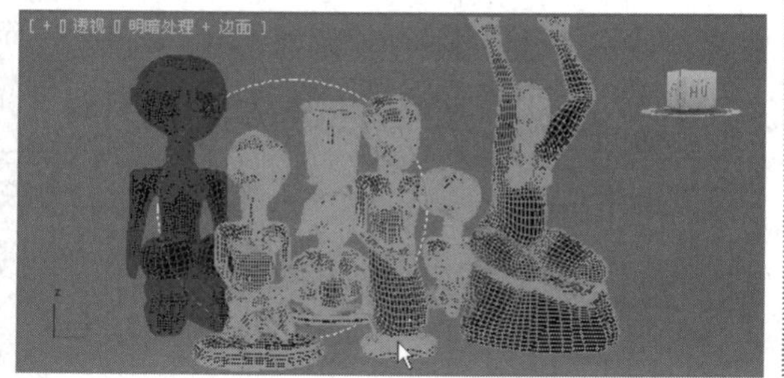

步骤5 释放鼠标后，与选区相交的对象都将被选中。

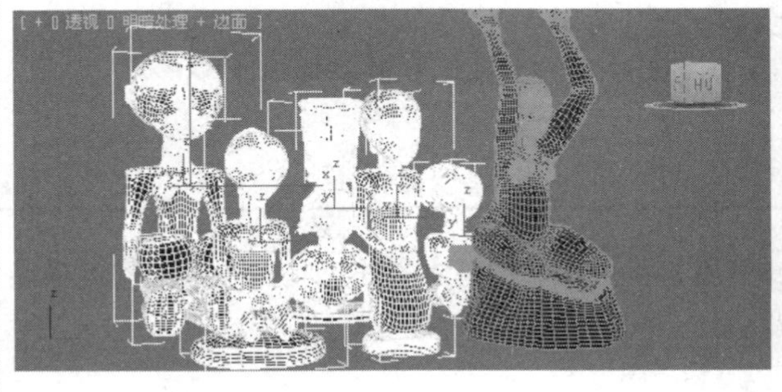

步骤6 在主工具栏中单击“窗口/交叉”按钮，其图标变成，然后在视口中绘制圆形选择区域。

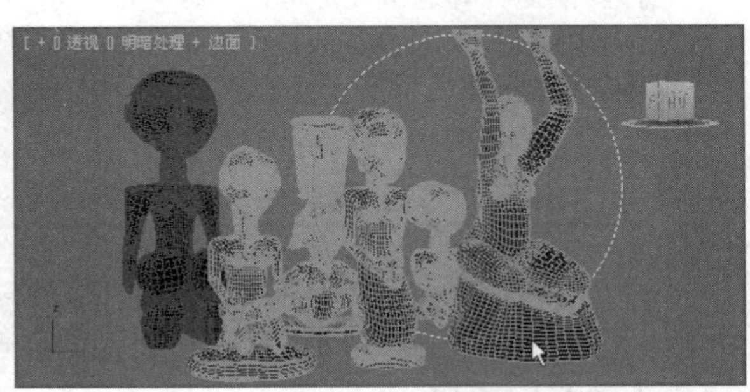

步骤7 完成圆形选择区域的绘制后，可观察到只有完全处于圆形选择区域内的对象才被选中。

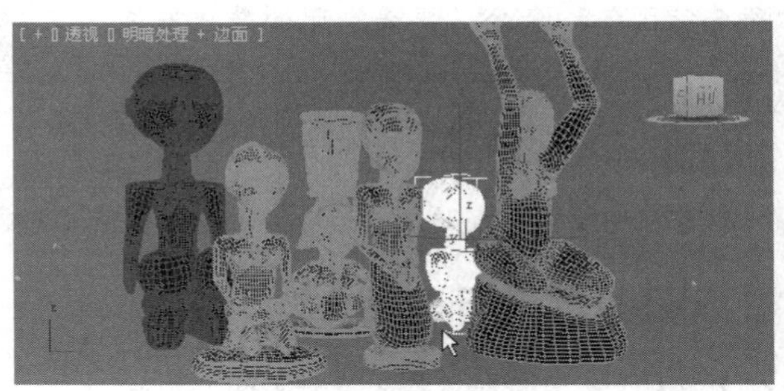

提示： 按住Ctrl键，然后单击其他对象，被单击的对象都将加入到选定状态。按住Alt键，然后单击已经被选中的对象，被单击的对象会被取消选择。按住Ctrl键单击已经被选中的对象一样可以取消选择。

提示： 如果进行的是面对象的选择，并且选择的面数超出了所需的面数，只能使用“窗口”模式。

提示： 如果在指定区域时按住Ctrl键，则影响的对象将被添加到当前选择中。反之，如果在指定区域时按住 Alt键，则影响的对象将从当前选择中移除。

3.3.3 按名称选择

当创建、编辑大型复杂场景时，如果只通过简单的鼠标和键盘进行选择操作，很难进行精确选择，在这种情形下，可以通过按名称选择的方法来完成快速、精确选择。通过“按名称选择”工具，可以通过在相应对话框中选择对象的名称来完成选择，而不用在场景中直接使用鼠标进行选择。

3.3.4 实战：按名称选择的应用

光盘路径： 第3章\3.3\按名称选择的应用（原始文件）.max

步骤1 在主工具栏中单击“按名称选择”按钮，会开启相应的对话框。

步骤2 在对话框中取消“显示辅助对象”按钮的激活状态，则列表中将不再显示辅助对象的名称。

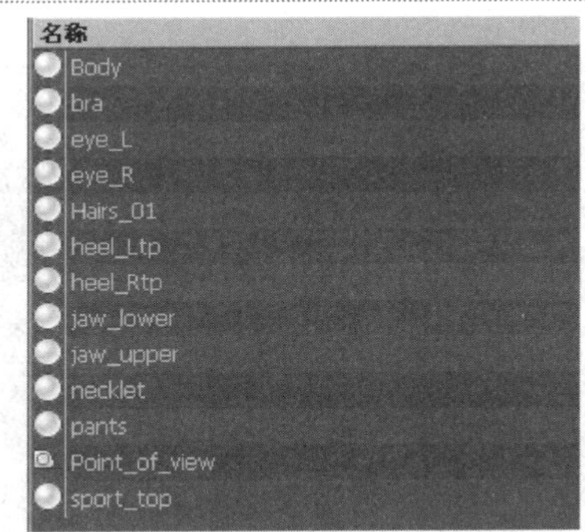

步骤3　重新开启“从场景选择”对话框，按住Ctrl键完成多个名称的选择。

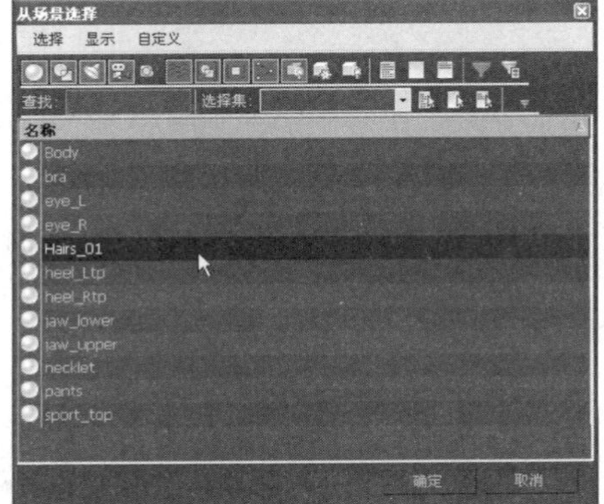

步骤4　单击“确定”按钮，完成选择，在视口中可观察到对话框中列表名称对应的场景对象被选中。

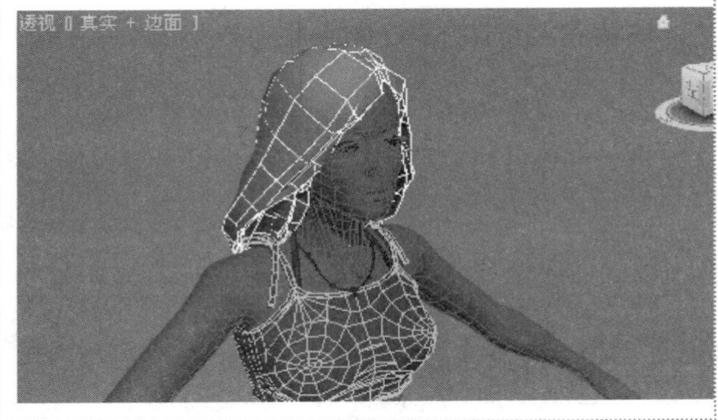

步骤5　重新开启“从场景选择”对话框，按住Ctrl键完成多个名称的选择。

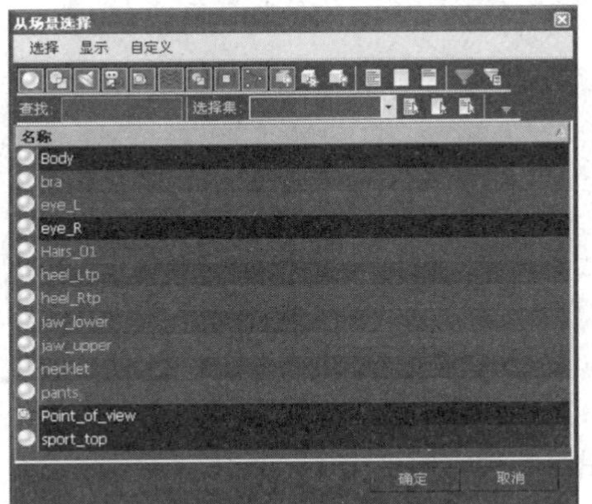

步骤6　完成选择后，可观察到人物对应的眼睛和身体都已被选中。

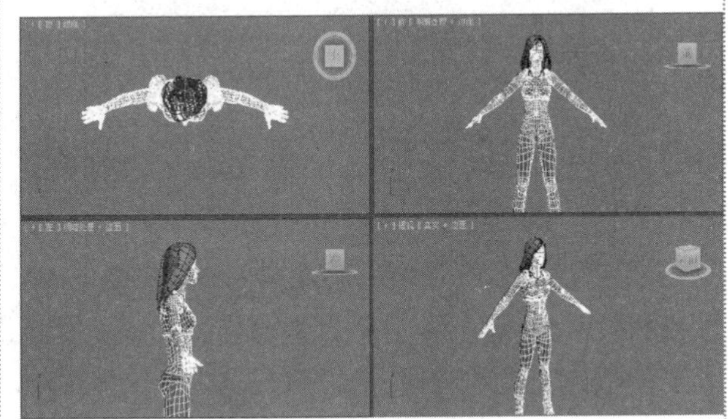

提示： 按下快捷键H，也可以开启按名称选择的相应对话框。

提示： 在“从场景选择”对话框中，还可以查看对象的部分基本属性。

提示： 按住Ctrl键单击不仅可以连续选择，也可以取消选择。

3.3.5　过滤选择

使用过滤选择方法，可以限制由选择工具选择的对象的特定类型和组合，从而准确、简洁、方便地过滤出所要选择的对象。例如，如果过滤灯光，则使用选择工具只能选择灯光对象，而其他对象将不会响应。在主工具栏的“选择过滤器”下拉列表中可以选择不同的过滤类型，如下图所示。

对于一个3ds Max场景文件，一般包括以下过滤类型：

❶**全部**：默认的过滤方式，操作或命令对所有对象有效。

❷**几何体**：选择该项，操作或命令只对几何体有效。

❸**图形**：选择该项，操作或命令只对图形有效。

❹**灯光**：选择该项，操作或命令只对灯光有效。

❺**摄影机**：选择该项，操作或命令只对摄影机有效。

❻**辅助对象**：选择该项，操作或命令只对辅助对象有效。

❼**扭曲**：选择该项，操作或命令只对空间扭曲有效。

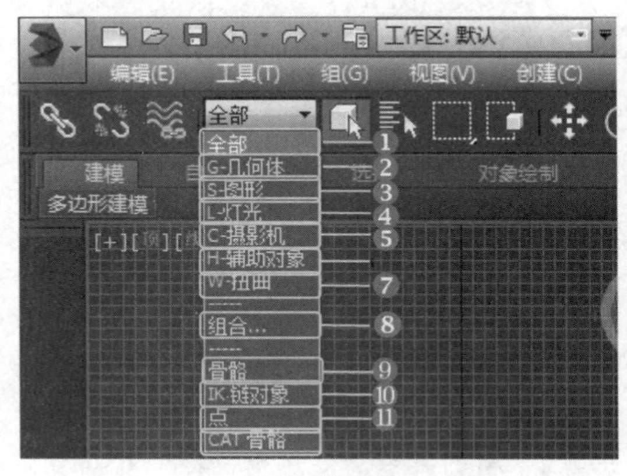

选择过滤器

❽**组合**：选择该项，操作或命令可以通过用户的组合设置来决定有效的对象，例如同时对几何体和灯光有效。

❾**骨骼**：选择该项，操作或命令只对骨骼有效。

❿**IK链对象**：选择该项，操作或命令只对IK链对象有效。

⓫**点**：选择该项，操作或命令只对点有效。

除了上述常用选择方法外，用户还可以按颜色或材质进行选择，通过命名集进行选择以及使用层或场景管理器等多种方法进行选择。

3.3.6 实战：过滤和颜色选择应用

光盘路径：第3章\3.3\过滤选择应用（原始文件）.max

步骤1 在主工具栏中的“选择过滤器”下拉列表中选择“灯光”过滤方式。

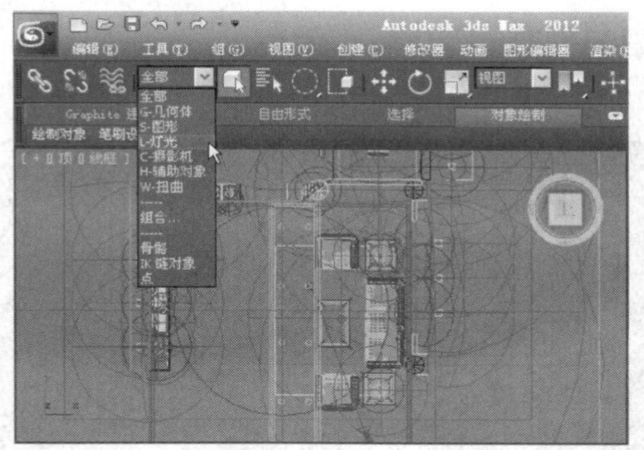

步骤2 在“顶”视口中绘制一个矩形选区。

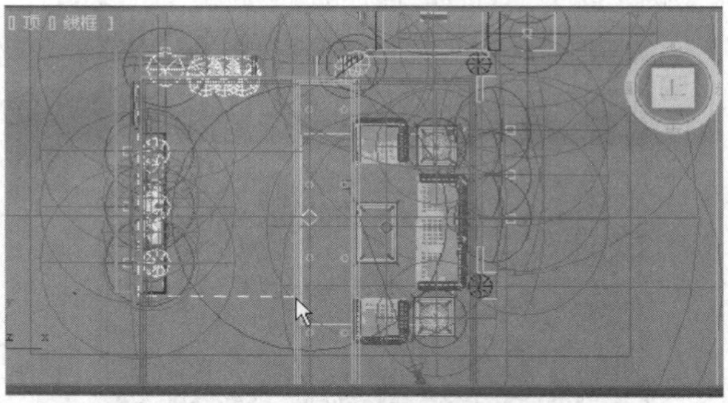

步骤3 在“透视”视口中可观察到与选区交叉的对象，只有灯光被选中。

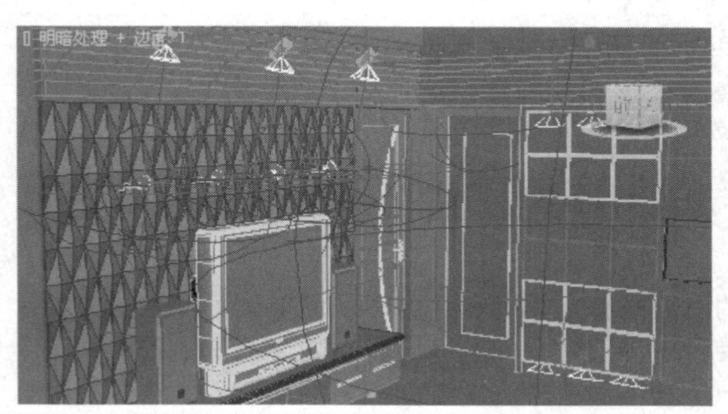

步骤4 选择“组合”过滤方式，之后会开启“过滤器组合”对话框。

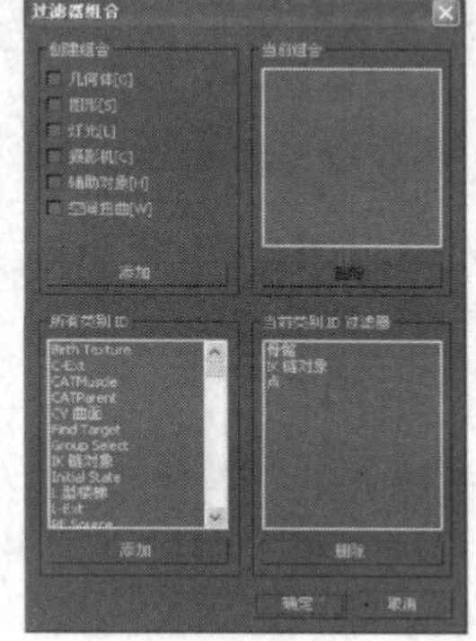

步骤5　在“创建组合”选项组中勾选“几何体”和“摄影机”复选框，然后单击“添加”按钮，完成组合过滤方式的创建。再在“顶”视口中绘制一个矩形选区。

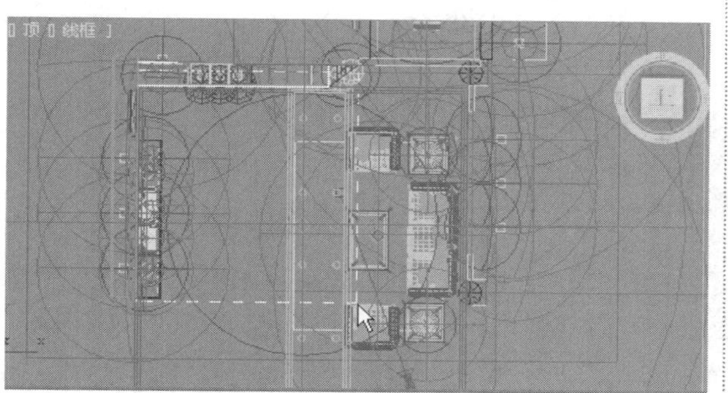

步骤6　在“透视”视口中可观察到与选区交叉的对象，只有几何体和摄影机被选中。

光盘路径：第3章\3.3\按颜色选择的应用（原始文件）.max

步骤1　在命令面板中单击色块，开启“对象选择”对话框。

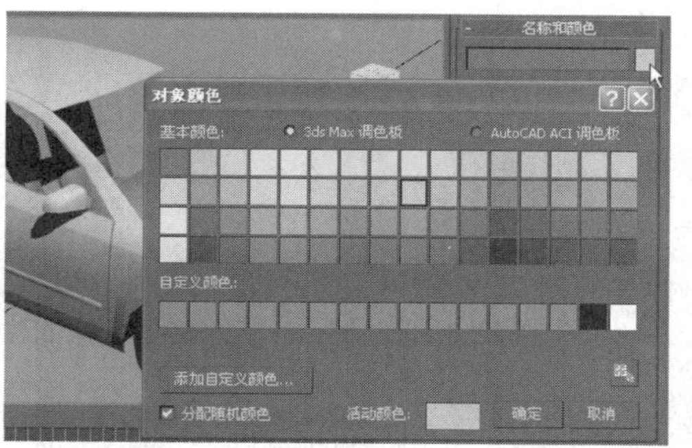

步骤2　在其中选择靛青色，并单击“按颜色选择”按钮。

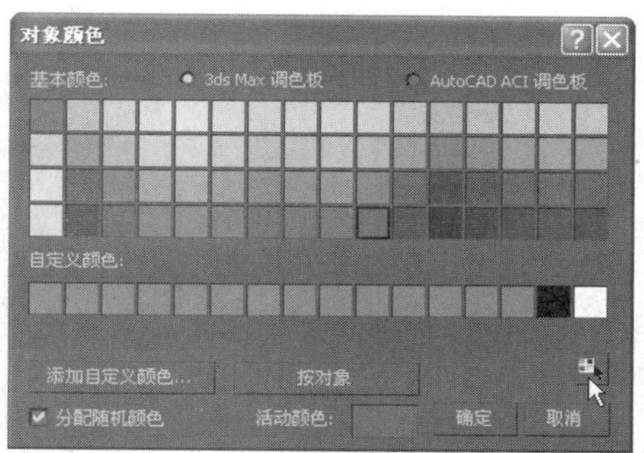

步骤3　单击“按颜色选择”按钮后，将开启“选择对象”对话框，应用了靛青色的对象将被选中。

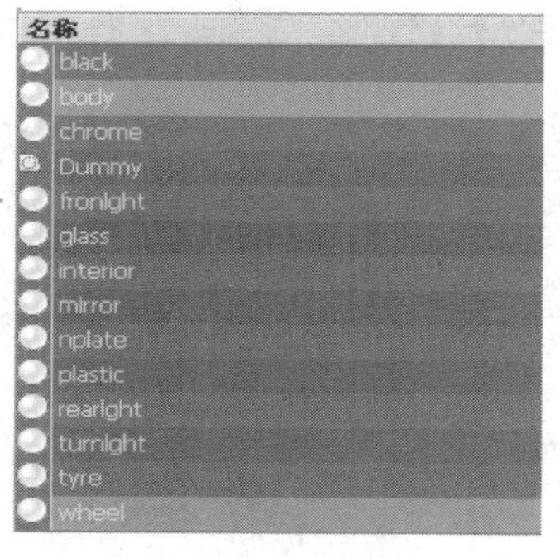

步骤4　直接在“选择对象”对话框中单击“选择”按钮，完成选择应用靛青颜色对象的操作。

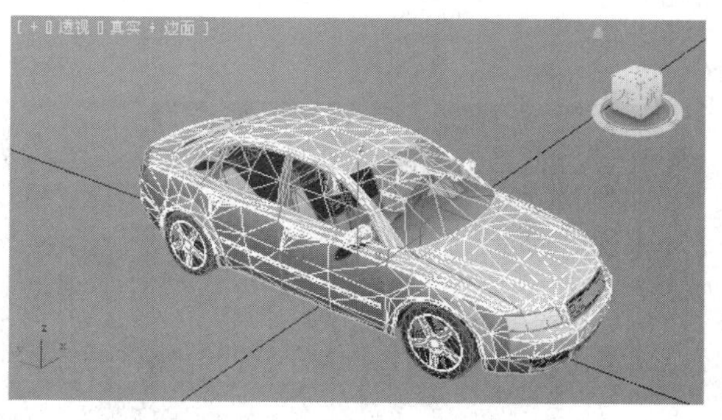

3.4 使用预置对象创建模型

本节将讲解如何利用3ds Max预置的几何体来创建出具有实际意义的模型，这是3ds Max初学者最需要掌握和熟悉的场景对象创建的基本技能。

3.4.1　实战：制作哑铃铁饼

光盘路径：第3章\3.4\使用预置对象创建哑铃.max

步骤1　打开3ds Max 2014，在“创建”命令面板的下拉列表中选择“扩展基本体”项，然后单击“切角圆柱体”按钮。

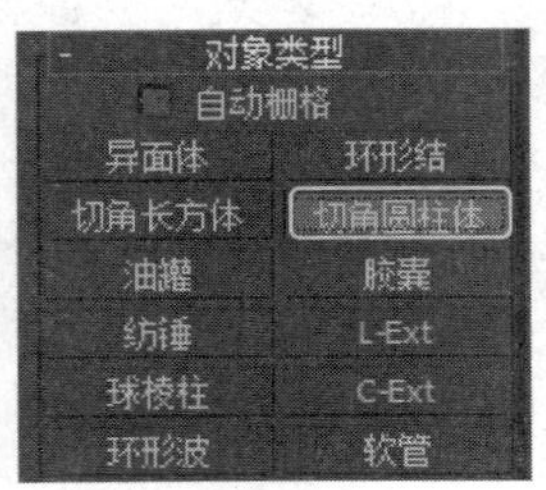

步骤2　在“左”视口中创建一个切角圆柱体。

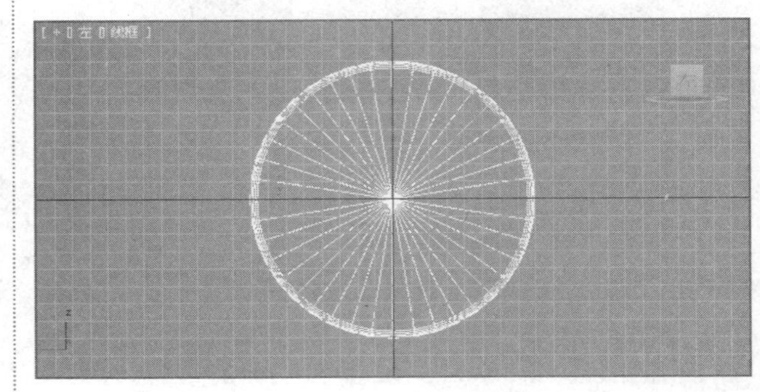

步骤3　在切角圆柱体的参数面板中设置相关参数，使其看起来更像哑铃的铁饼。

步骤4　在“创建”命令面板中勾选“自动栅格”复选框，然后单击“切角圆柱体”按钮，并将光标放置在下图所示位置。

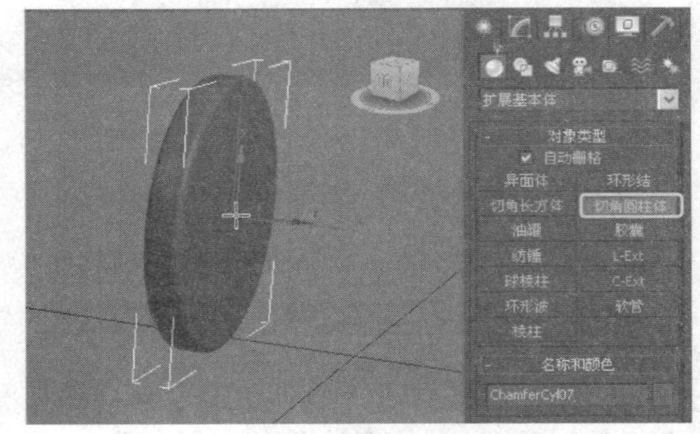

步骤5　创建出第二个切角圆柱体，并设置相关参数。

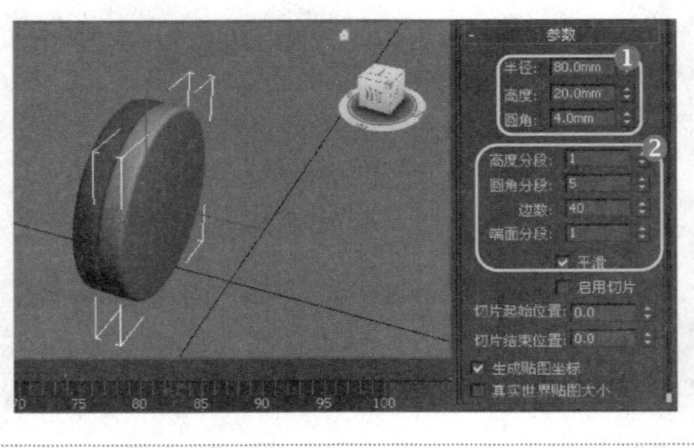

步骤6　使用相同的方法创建出第三个切角圆柱体，完成哑铃铁饼组。

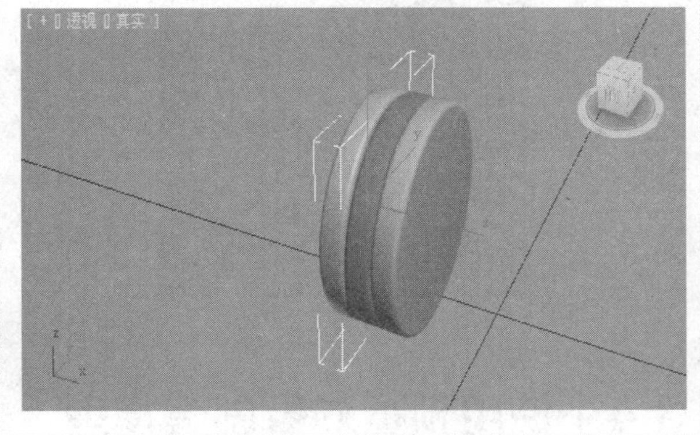

3.4.2　实战：制作哑铃固定环

哑铃的铁饼在穿过杠后，需要通过固定环进行固定，通常这些固定环是可以活动的，以方便增加或减少铁饼的数量，本节将通过圆环和管状体来模拟固定环。

步骤1　保持“自动栅格”选项的启用状态，然后单击“管状体”按钮。

步骤2　在“透视”视口中创建管状体，并设置参数。

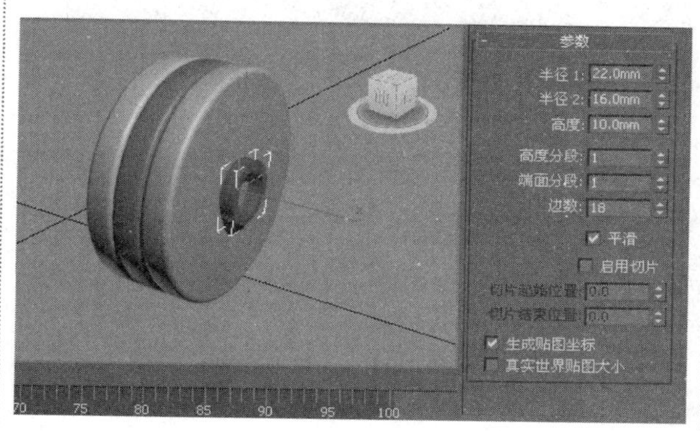

步骤3　使用相同的方法，创建另一个管状体，创建位置及参数设置。

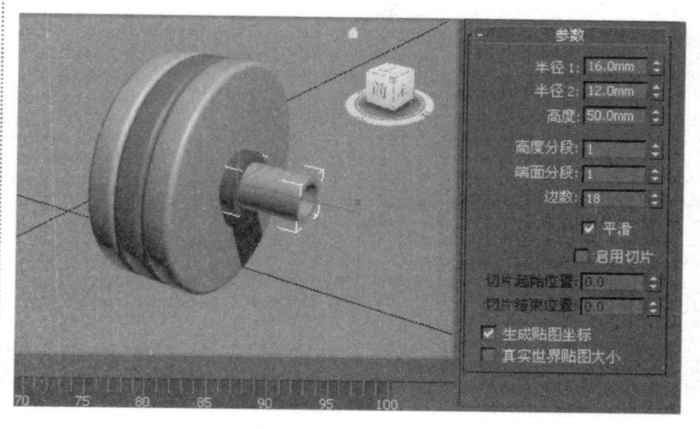

步骤4　在“创建”命令面板中单击“圆环”按钮。在应用“自动栅格”的情况下，在“透视”视口中创建圆环，创建位置及参数。

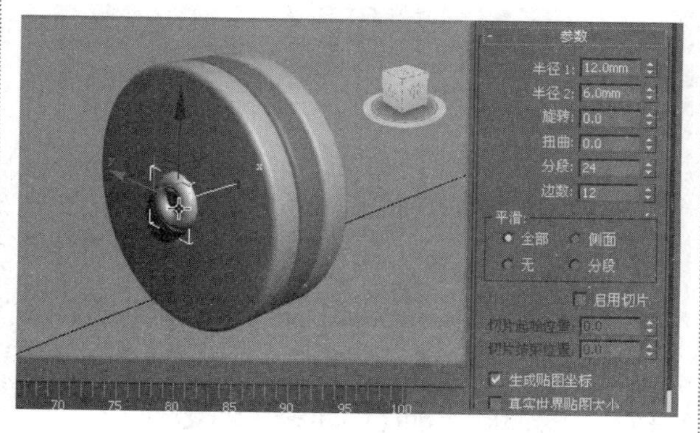

3.4.3　实战：制作哑铃杠

哑铃杠是用于举握哑铃的重要部件，通常为了防止发生滑落，其形状是不规则的或表面是部分粗糙的，本小节将讲解利用软件对象来模拟哑铃杠的方法。

步骤1　在“创建”命令面板中单击“软管”按钮。

步骤2　启用“自动栅格”功能，在视口中创建一个软管。

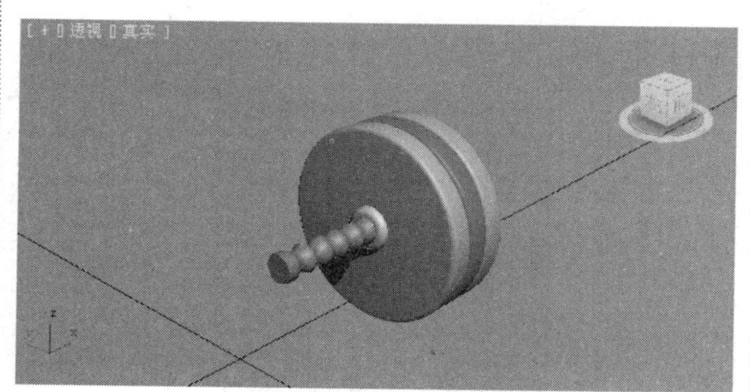

步骤3　在“自由软管参数”选项组中设置相关参数，使软管平滑。

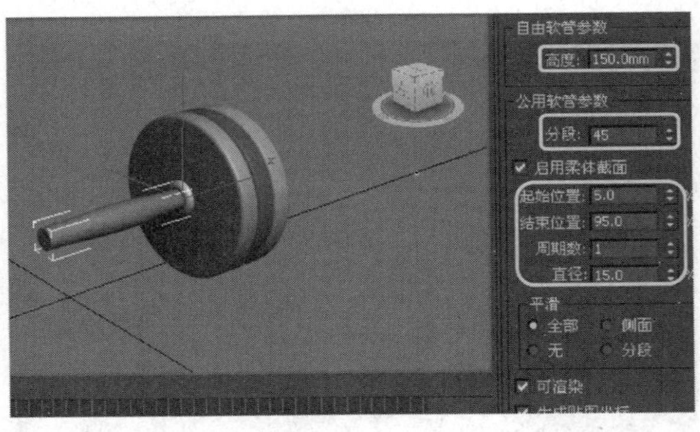

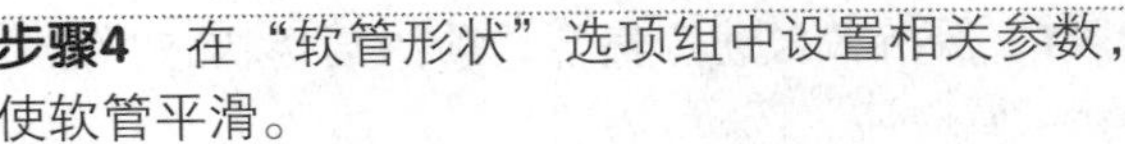
步骤4　在“软管形状”选项组中设置相关参数，使软管平滑。

步骤5　使用相同的方法在哑铃杠的另一侧创建铁饼和固定环，完成哑铃模型的创建。

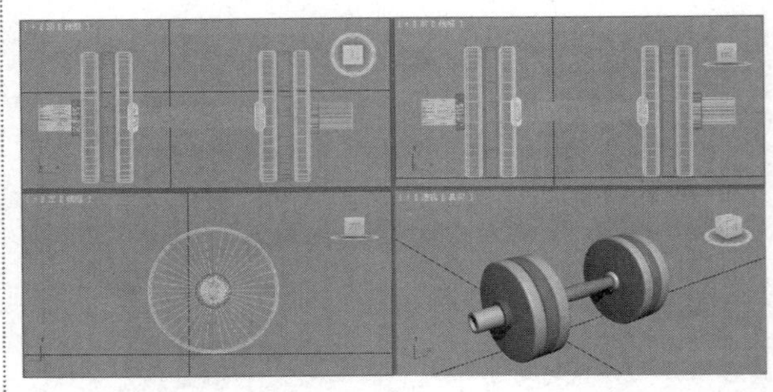

步骤6　为模型赋予材质并渲染。

3.4.4　实战：制作简易沙发

仅仅利用标准建模和扩展建模中的对象就可以创建多种多样的模型，在这个案例中，利用简单的长方体、切角长方体和胶囊体可以轻松地创建沙发。

光盘路径：第3章\3.4\制作简易沙发.max

步骤1　打开3ds Max 2014，在“创建”命令面板的下拉列表中选择“扩展基本体”项，然后单击“切角长方体”按钮。

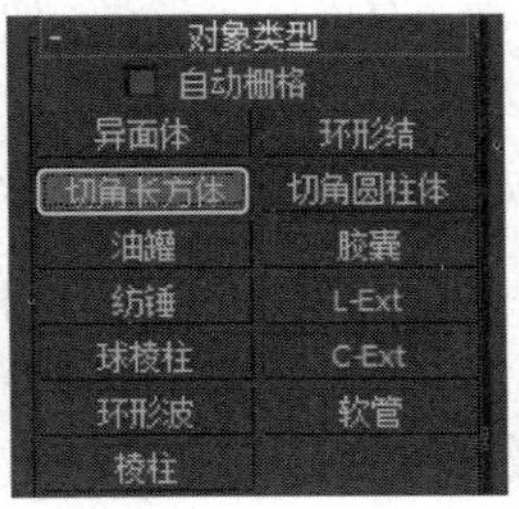

步骤2　在“左”视口中创建一个切角长方体。

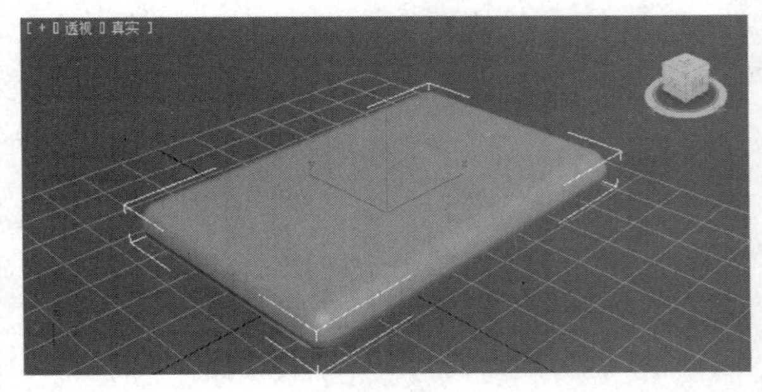

步骤3　在切角长方体的参数面板中设置相关参数，使其大小合适。

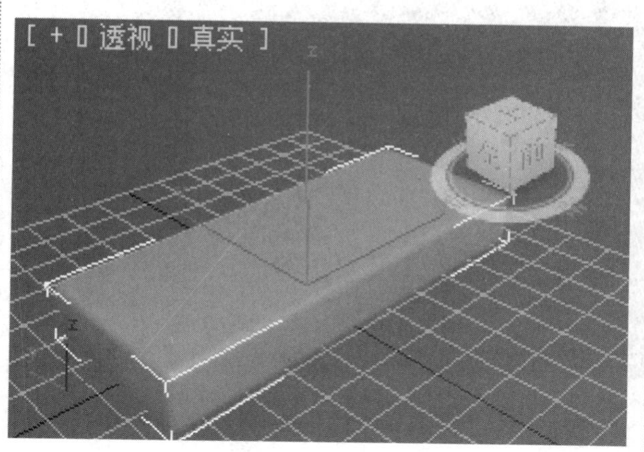

步骤4　点击选择按钮，在前视图窗口按住Shift键，将沙发模块沿着Y轴上拉复制，将一层沙发垫复制一块并移动到沙发垫上方，如图所示。

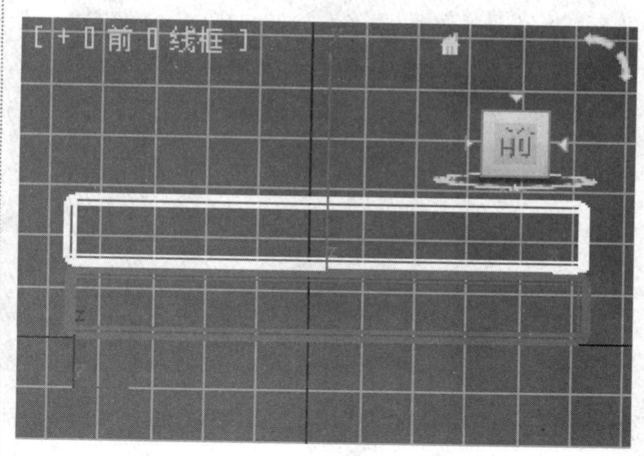

步骤5　选中上面的沙发模块，修改选项将长、宽、高分别设为50、50、16，圆角分段设为5。

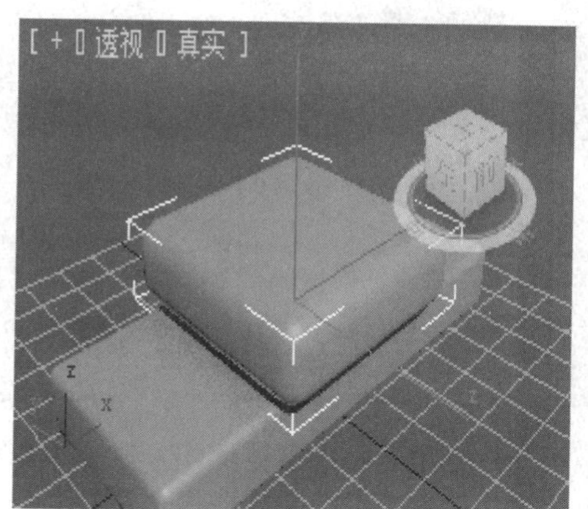

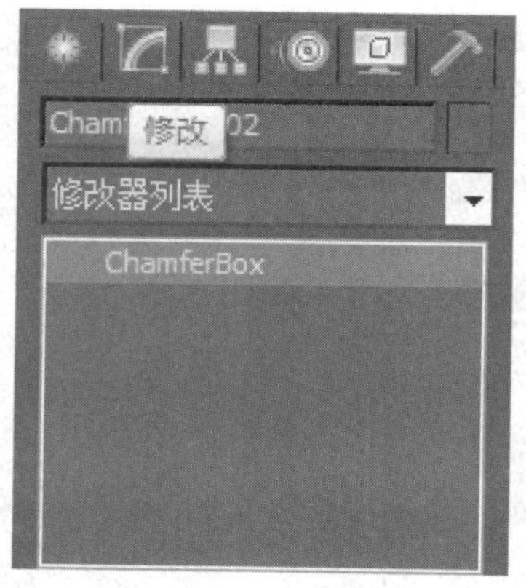

步骤6 将上面的沙发模块选择移动并放置在最左边，按住Shift键，将其往右边移动一个模块为止，弹出对话框，“副本数”选择2。

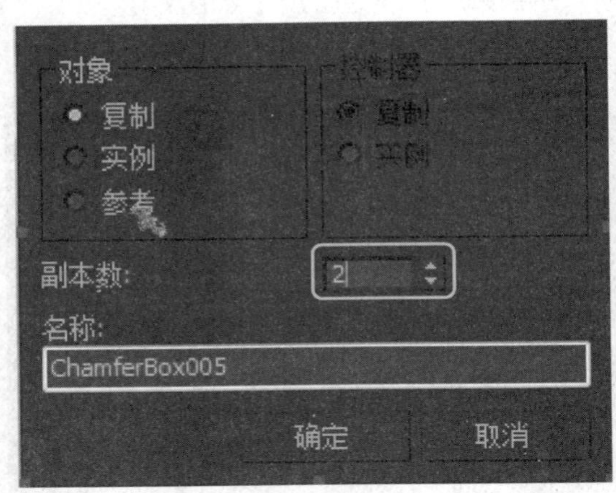

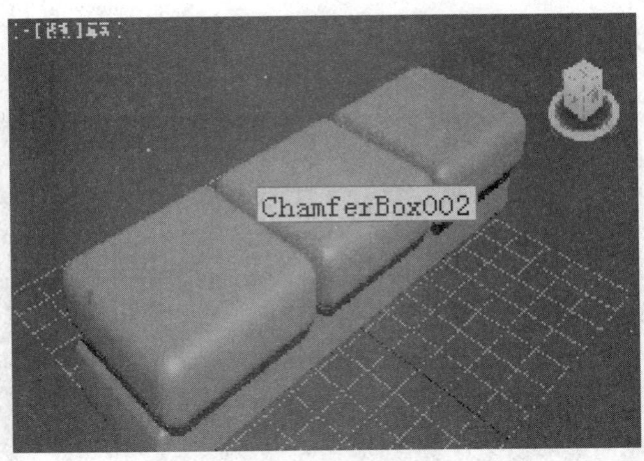

步骤7 在扩展基本体选切角长方体按钮，在顶视图使用切角长方体做出一个扶手，长宽高设置为合适的数值，圆角为3。

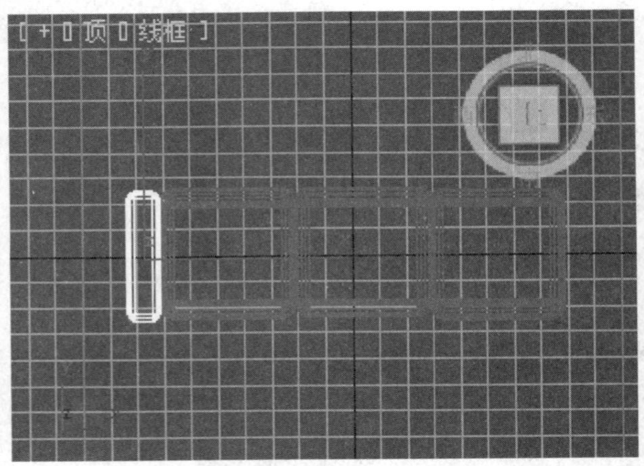

步骤8 在顶视图按住Shift键，将扶手复制到沙发右边。

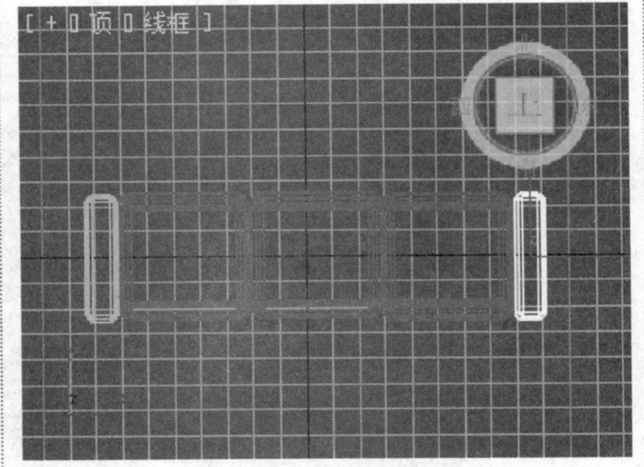

步骤9 使用命令面板在顶视图沙发后边创建一个切角长方体，长宽高设置为合适的数值，圆角设为2。

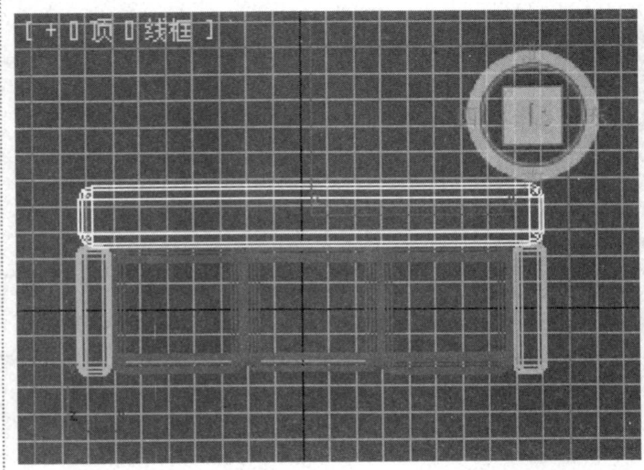

步骤10 一个简易的沙发就制作完成了，在四个视图窗口可以查看并进行调整。

3.5 操作答疑

3.5.1 专家答疑

（1）3ds Max 2014能创建的标准基本体有几种？分别是哪几种？

答：3ds Max 2014能创建的标准基本体有10种，长方体、球体、几何球体、圆柱体和管状物、圆锥体、圆环、四棱锥、茶壶、平面。

（2）创建长方体时命令面板共有哪几个卷展栏？

答：共有五个卷展栏，“对象类型”卷展栏、“名称和颜色”卷展栏、“创建方法”卷展栏、“键盘输入”卷展栏、“参数”卷展栏。

（3）3ds Max 2014能创建的扩展基本体有几种？分别是哪几种？

答：3ds Max 2014中有13种的扩展基本体，异面体、环形结、切角长方体、切角圆柱体、L-Ext和C-Ext、环形波、油罐、胶囊和纺锤、球棱柱和棱柱、软管。

（4）油罐、胶囊和纺锤有什么不同？

答：油罐、胶囊和纺锤这三种对象都是基于圆柱体的，可以理解成是在圆柱体的基础上将两端的封口作了不同的处理。油罐体将封口变化为局部的球面；胶囊的封口是两个标准的半球；纺锤的封口是两个椎体。

3.5.2 操作习题

1. 选择题（选项为一个或多个）

（1）以下不属于几何体的对象是（　　）。

A. 球体　　B. 平面　　C. 粒子系统　　D. 螺旋线

（2）以下属于标准几何体的有（　　）。

A. 长方体　　B. 球体　　C. 茶壶体　　D. 异面体

2. 填空题

（1）3ds Max中，查看或操作选中几何体的子对象，通常使用__________（创建/修改/层次/运动）面板中的命令。

（2）不同类型的几何图形预置选项，其中包括__________、__________、__________。

（3）3ds Max 2014共提供了3种门的创建模型，包括__________、__________、__________。

3. 操作题

（1）创建开口管状物，开口角度为40°，结果可以参见光盘中的文件“管状物.max”。

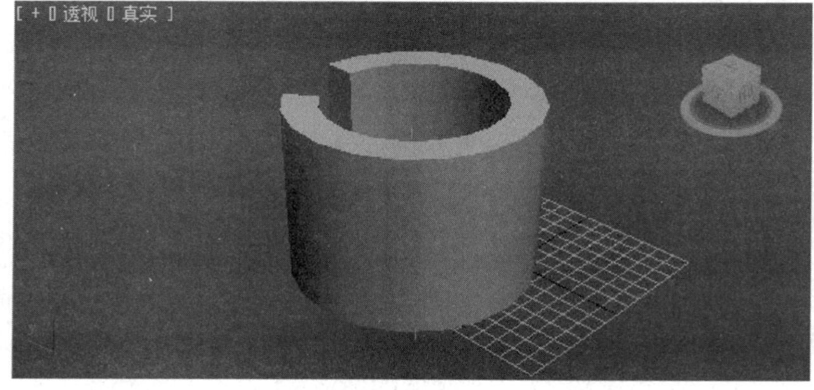

开口管状物

（2）创建球棱体，结果可以参见光盘中的文件“球棱体.max”。

球棱体

（3）创建沙发，结果可以参见光盘中的文件“沙发.max”。

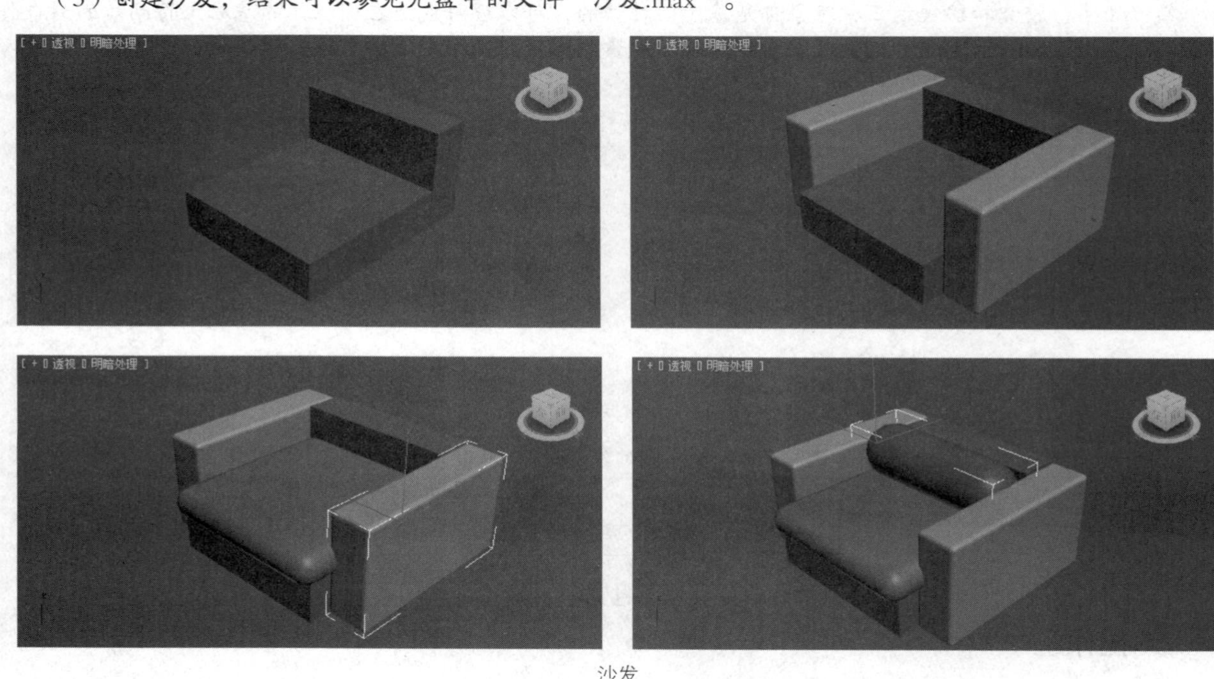

沙发

第4章

对象的变换

本章重点：

本章将主要讲解在3ds Max视口中操作对象的方法，使对象产生位置、方向上的变换，同时还将介绍在三维空间中如何利用参考坐标系辅助对象变换。章节末尾加入一个小型案例，讲解精确模型的创建方法。

学习目的：

3ds Max视口中操作对象的方法，使对象产生位置、方向上的变换，三维空间中如何利用参考坐标系辅助对象变换。

参考时间：67分钟

主要知识	学习时间
4.1　对象的基本变换	10分钟
4.2　变换工具	12分钟
4.3　捕捉工具	10分钟
4.4　坐标系统与坐标中心点	15分钟
4.5　制作精确的衣柜模型	20分钟

4.1 对象的基本变换

在三维世界中，位置、方向和比例的改变是对象的三种基本变换，主工具栏中的“选择并移动”工具、“选择并旋转”工具和“选择并均匀缩放”工具分别用于移动、旋转和缩放操作。

4.1.1 认识三轴架和Gizmo

三轴架和Gizmo是3ds Max视口中的视觉辅助标记，能提供有关工作区中当前对象的方向信息。当变换工具处于非活动状态时，选择一个或多个对象，视口中显示三轴架；反之则显示变换工具Gizmo，用于辅助用户更直观地进行变换操作。

1. 三轴架

三轴架表示三维世界中X、Y和Z方向的三条轴线，其中三条轴线的方向显示了当前参考坐标系的方向；三条轴线的交点表示选择对象的中心位置；高亮显示的红色轴线表示如果激活变换工具，变换操作将约束到该轴向或平面。

在每个视口的左下角可以查找到世界坐标轴，该坐标轴表示与世界坐标系相对的视口的当前方向。通常情况下，三轴架的方向始终与世界坐标轴一致，但由于视口可能使用不同的参考坐标系，轴向表示会有所变化。

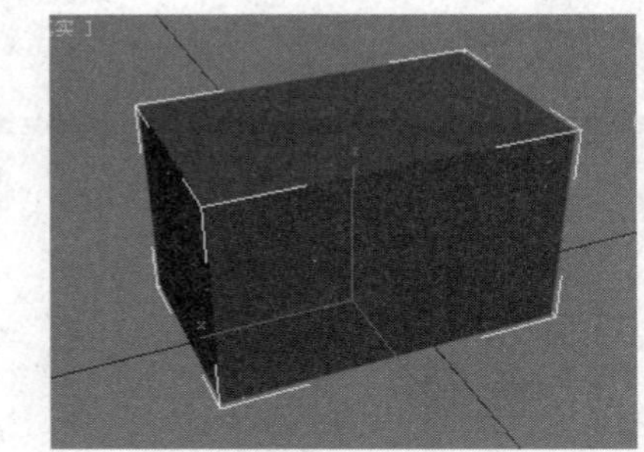

约束到平面后的三轴架显示效果

提示： 通过按下快捷键-和+可以缩小或放大三轴架。

2. 变换Gizmo

当激活任意一个变换工具时，三轴架将切换为相应的Gizmo。Gizmo作为视口图标，不同的变换命令对应不同的Gizmo，当光标靠近时，会产生相应的高亮显示效果。可以快速选择一个或两个轴，移动变换的Gizmo包括平面控制柄以及使用中心框的控制柄。

当激活旋转变换工具时，Gizmo发生相应变换，Gizmo是根据虚拟轨迹球的概念构建的，用户可以围绕X、Y或Z轴进行旋转操作，也可以自由旋转。

缩放变换的Gizmo包括平面控制柄以及通过Gizmo自身拉伸的缩放反馈。

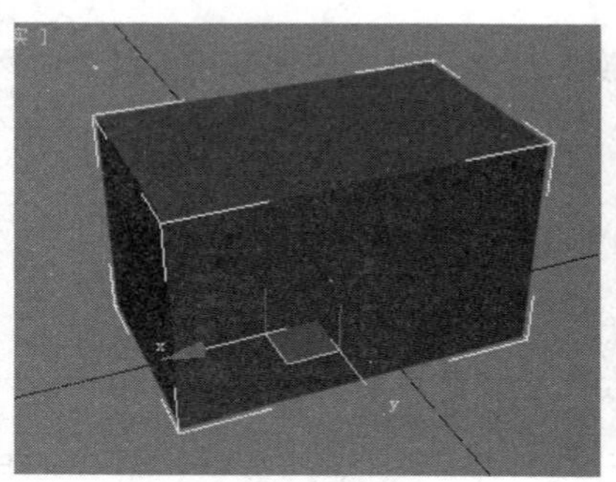

移动变换的Gizmo

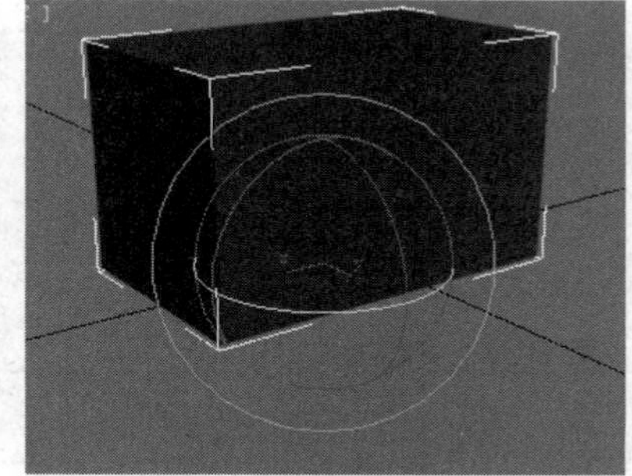

旋转变换的Gizmo

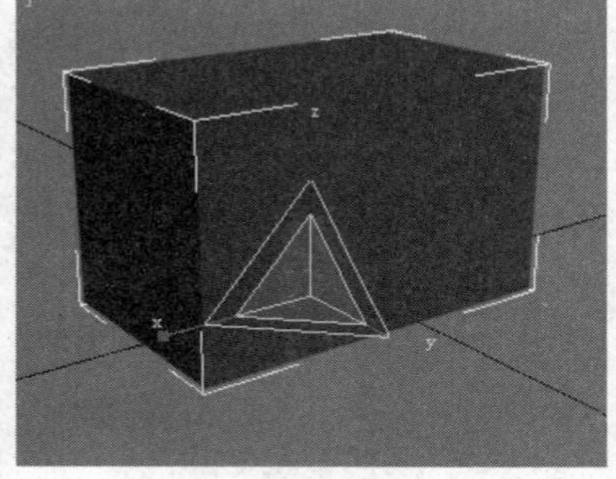

缩放变换的Gizmo

提示： 可以选择“自定义”菜单中的“首选项”命令，在打开的对话框中切换到Gizmo选项卡进行相关设置。

4.1.2 使用变换工具

通过移动、旋转和缩放等命令工具，可以使模型在位置上、方向上和比例尺寸上产生变化，并将这些变化记录成动画。

在3ds Max中，这些基本变换工具位于主工具栏中，也可以通过四元菜单快速访问。

相关按钮的解读如下：

❶**选择并移动**：当该按钮处于激活状态时，单击对象进行选择，拖动鼠标可移动该对象。

❷**选择并旋转**：当该按钮处于激活状态时，单击对象进行选择，拖动鼠标可以旋转该对象。

❸**选择并均匀缩放**：当该按钮处于激活状态时，单击对象进行选择，拖动鼠标可以沿所有三个轴以相同量缩放对象，同时保持对象的原始比例。

❹**选择并非均匀缩放**：当该按钮处于激活状态时，单击对象进行选择，拖动鼠标可以根据活动轴约束，以非均匀方式缩放对象。

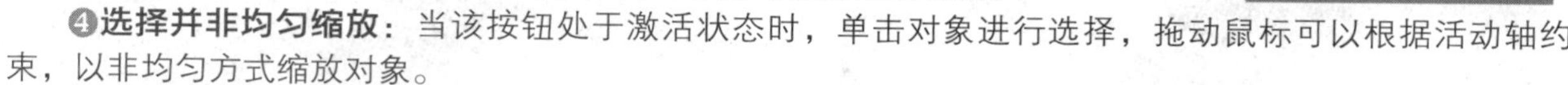

❺**选择并挤压**：当该按钮处于激活状态时，单击对象进行选择，拖动鼠标可以根据活动轴约束来缩放对象。

提示：挤压对象势必导致其在一个轴上按比例缩小，同时在另两个轴上均匀地按比例增大（反之亦然）。

4.1.3　实战：基本变换工具的使用

光盘路径：第4章\4.1\基本变换工具的使用（原始文件）.max

步骤1　打开本书配套的范例文件“基本变换工具的使用（原始文件）.max”。

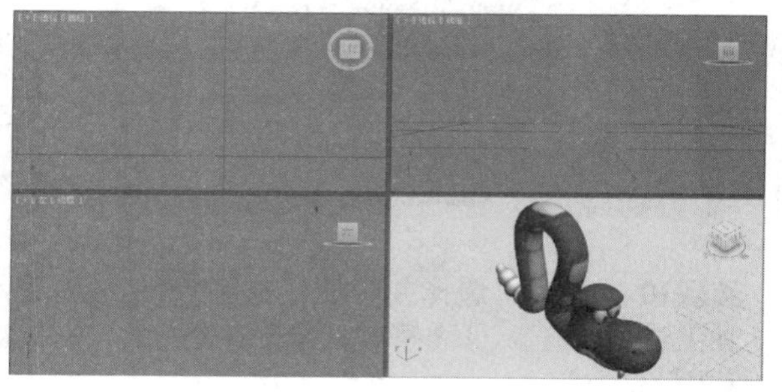

步骤2　在主工具栏中激活“选择并移动”按钮。

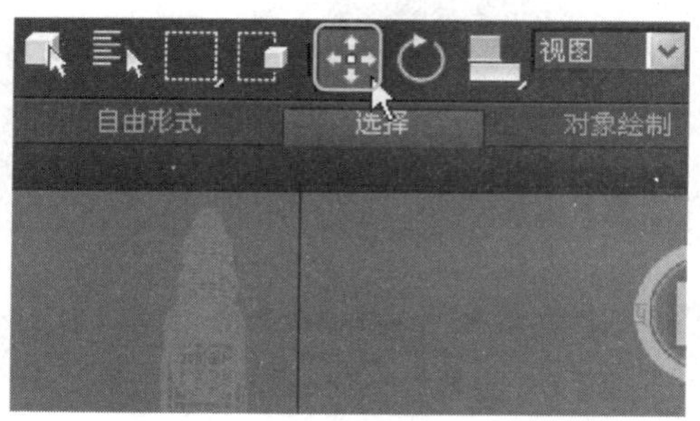

步骤3　将光标靠近场景对象，然后单击，可选中该对象，并显示移动的Gizmo。

步骤4　将光标靠近X轴，然后进行拖动操作，可将对象锁定在X轴向上移动。

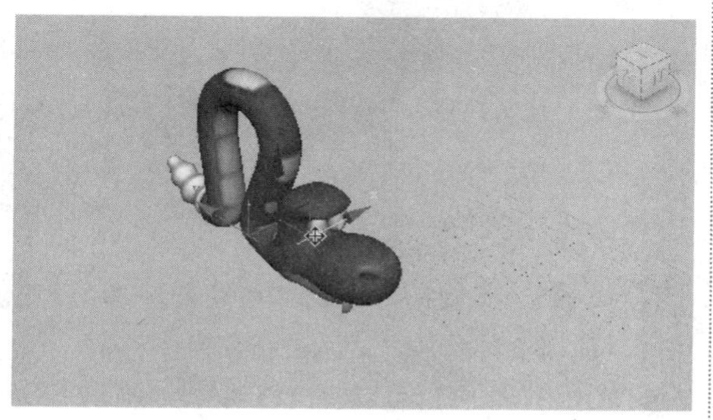

步骤5　如果将光标靠近X和Y两个轴向的交界处，相应的平面将会被激活，再次进行拖动，将使对象在XY平面上进行移动。

步骤6　在主工具栏中激活“选择并旋转”按钮，将出现旋转的Gizmo。

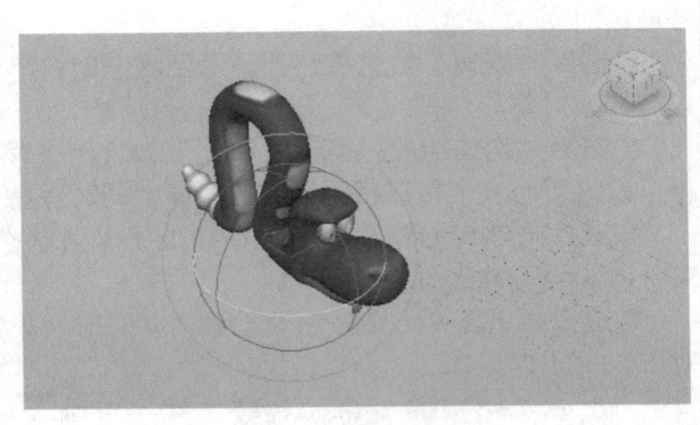

步骤7 将光标靠近蓝色的轴，根据Gizmo的箭头指示拖动鼠标，使对象绕Z轴进行旋转。

步骤8 在主工具栏中激活“选择并非均匀缩放”按钮，然后将光标置于三个轴向的中心，拖动鼠标，对象将均匀缩放。

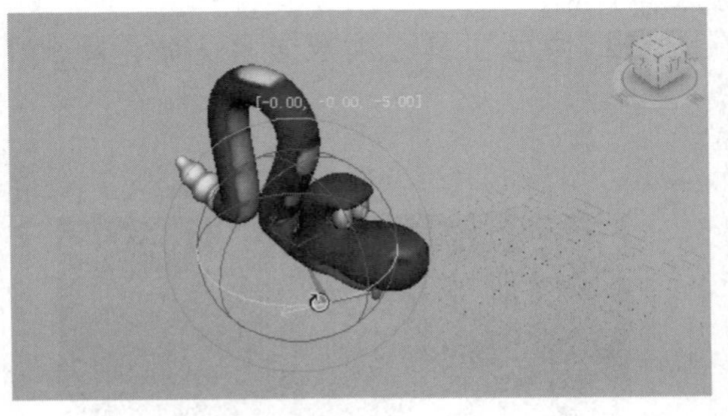

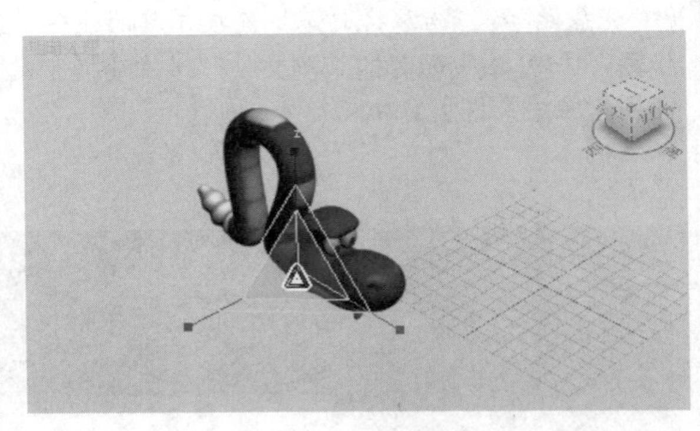

步骤9 将光标置于X和Y轴之间，该区域将高亮变黄显示，拖动鼠标，对象在XY平面上进行缩放。

步骤10 激活“选择并挤压”按钮，然后在Z轴上进行挤压，可观察到对象Z轴量变大，X轴量和Y轴量变小。

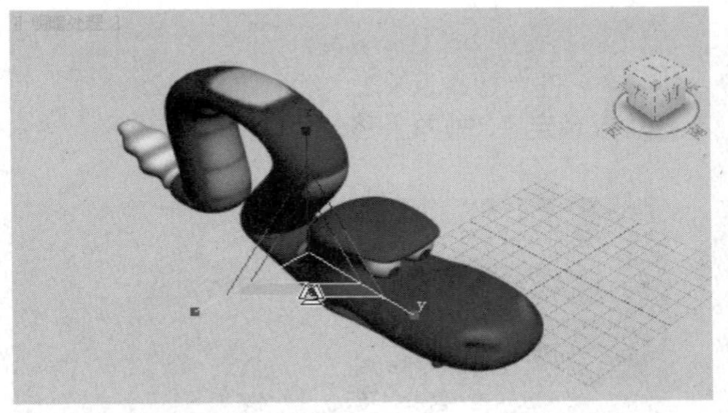

提示：“旋转并移动”按钮的快捷键为E。“选择并均匀缩放”按钮的快捷键为R，连续按下R键，可以在3种缩放方式间进行切换。

提示：这里也可以使用移动的快捷键W来快速激活“选择并移动”按钮。

4.1.4 精确变换

变换对象时，在视口中进行交互操作时很难进行精确变换，同时参照变换的对象也较少或不够参照标准，本节将介绍如何进行精确变换。

在主工具栏中的三个变换工具上分别单击鼠标右键，均可开启对应的变换输入对话框，在对话框中可以输入准确的数字，以使对象精确变化，“旋转变换输入”对话框。

相关选项组解读如下：

❶ **“绝对：世界”**：在该选项组中，X、Y、Z表示对象在三维空间中的绝对坐标值。

❷ **“偏移：屏幕”**：在该选项组中，通过在X、Y、Z文本框中输入坐标值可以使对象以当前坐标点为参照。

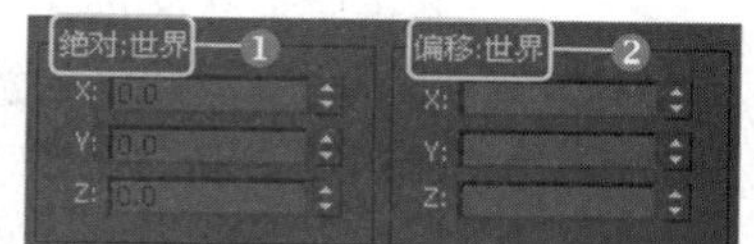

提示： 开启“变换输入”对话框的快捷键为F12。

在用户界面下方的状态栏旁，也可以通过具体的数值和绝对/相对的方法来控制对象的精确变化。

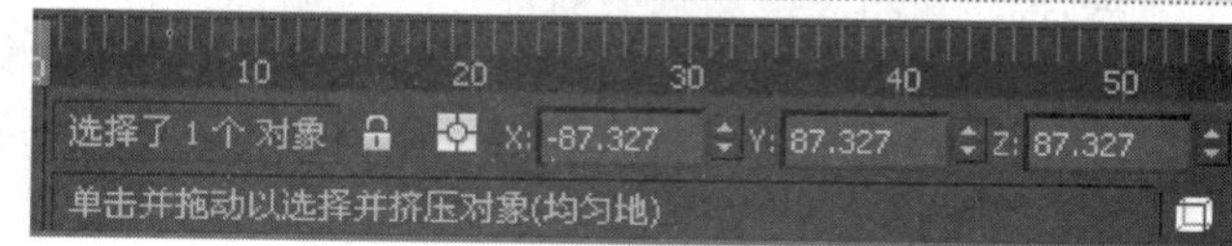

4.1.5 实战：精确变换对象

光盘路径： 第4章\4.1\精确变换对象（原始文件）.max

步骤1　激活“选择并旋转”按钮，并在按钮上右击，在弹出的对话框中可查看当前选择对象的旋转角度。

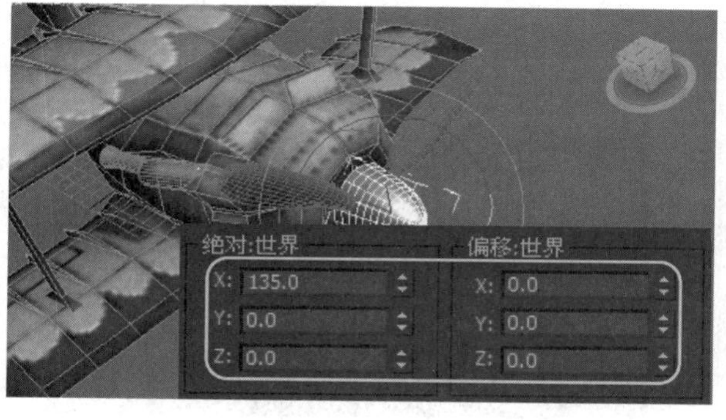

步骤2　设置“绝对：世界”的X值为90，使螺旋桨旋转至90度。

步骤3　在用户界面的状态栏旁可查到当前选定对象的世界旋转角度，该角度值与“绝对：世界”选项组的值相同。

步骤4　如果激活移动工具，状态栏旁将显示当前选定对象的世界位置坐标值。

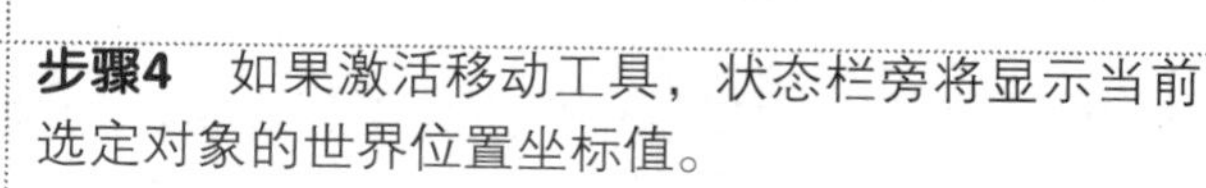

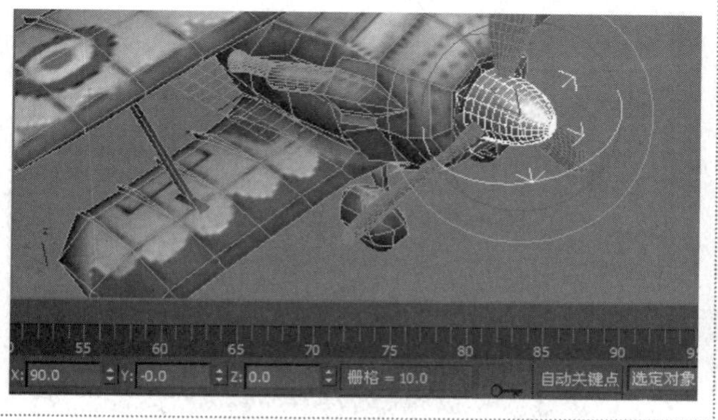

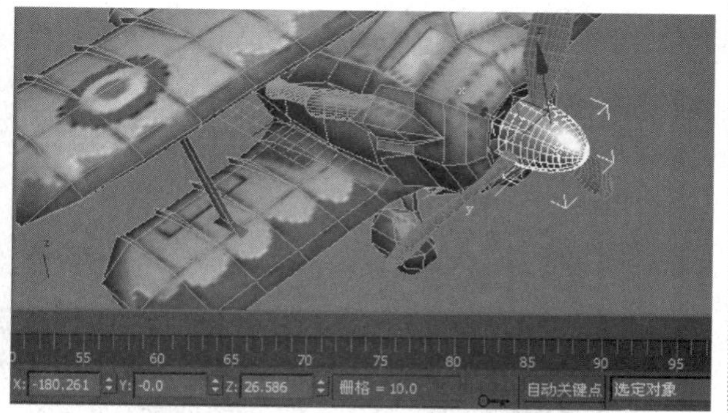

4.1.6　通过变换克隆对象

使用3ds Max，在变换对象过程中，可以快速完成对一个或多个选定对象的克隆复制。要进行克隆，只需要在移动、旋转或缩放时按住Shift键，即可完成此操作。

在克隆对象时，可以通过“克隆选项”对话框选择不同类型的克隆副本，包括“复制”、“实例”和“参照”三种类型。

相关参数解读如下：

❶**复制**：将选定对象的副本放置到指定位置。

❷**实例**：将选定对象的实例放置到指定位置。

❸**参考**：将选定对象的参考放置到指定位置。

❹**副本数**：指定要创建对象的副本数，只有按住Shift键单击变换工具克隆对象时，该选项才可用。

❺**名称**：显示克隆对象的名称。

❻**控制器**：选择用于复制和实例化原始对象的子对象的变换控制器。

提示： 克隆还可以在对象被选定状态下按下快捷键Ctrl+C实现。

4.1.7　实战：克隆对象

光盘路径：第4章\4.1\克隆对象（原始文件）.max

步骤1　打开本书配套的范例文件“克隆对象（原始文件）.max”。

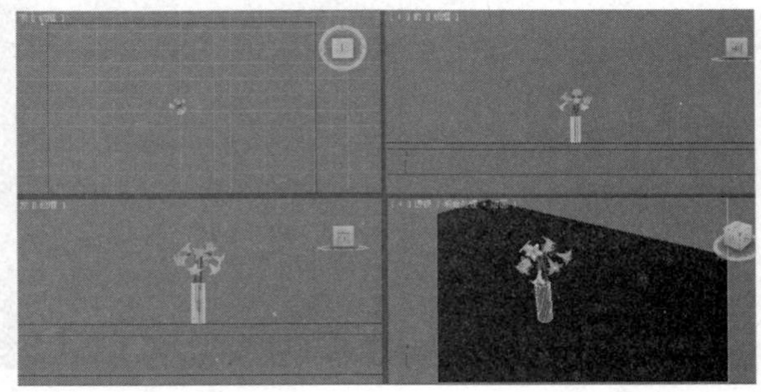

步骤2　按住Shift键，使用移动工具，将场景对象进行拖动，释放鼠标后，可开启“克隆选项”对话框，保持默认参数，完成克隆。

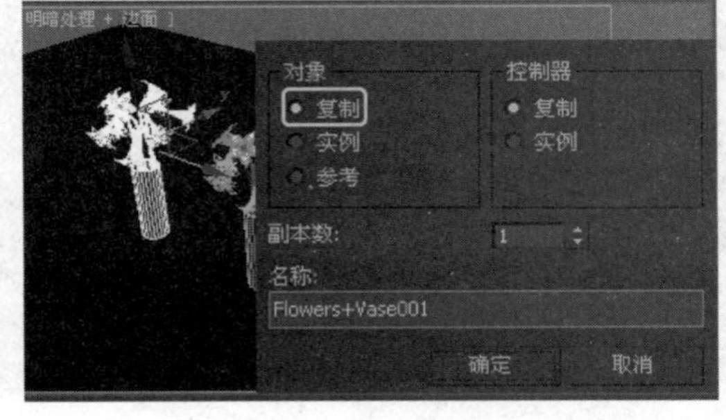

步骤3　按住Shift键，使用旋转工具旋转场景对象，完成旋转时，在“克隆选项”对话框选择“实例”方式，克隆新的副本。

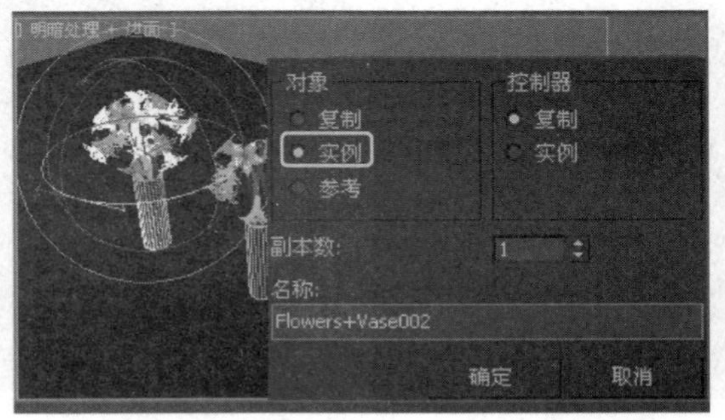

步骤4　适当移动新克隆的复制对象，可观察到原始对象保持原始方向，只有旋转克隆的副本对象具有新的方向。

步骤5　使用缩放工具对新的副本对象进行克隆，并设置“副本数”为2。

步骤6　完成缩放克隆后，适当移动副本对象的位置，可观察到缩放克隆的两个新副本对象。

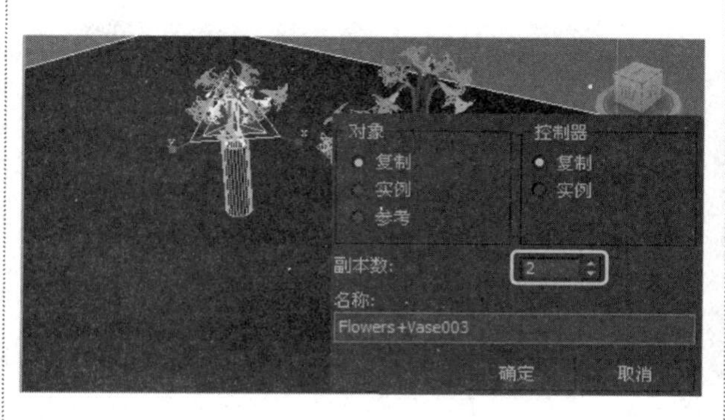

4.2 变换工具

变换工具是常用的辅助建模工具，可以使对象根据特定的条件进行移动、旋转和缩放，在变换过程中也可以创建副本，这些工具主要包括对齐、阵列、间隔和镜像等。

4.2.1　对齐工具

“对齐”工具位于主工具栏中，利用它可以将源对象边界框的位置和方向与目标对象的边界框对齐。

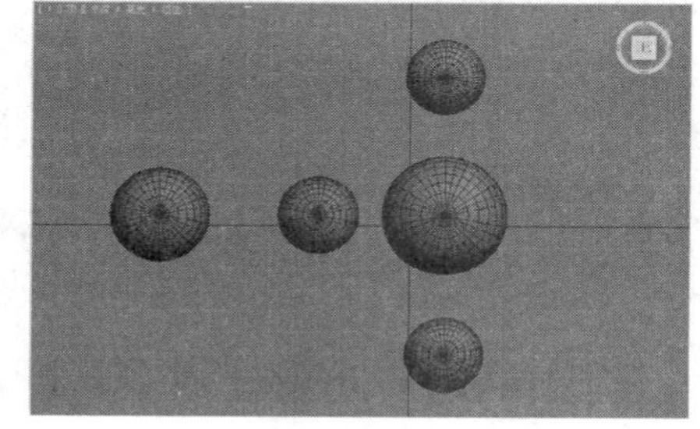
“对齐”工具应用效果

对齐工具的使用需要有两个对象，一个作为将要变换位置的原对象，一个是作为参考物的目标对象。首先选择原对象，然后激活“对齐”按钮，再拾取目标对象，在开启的对话框中进行相关设置，完成对齐操作。

相关参数解读如下：

❶**对齐位置**：指定要在其中执行对齐操作的一个或多个轴，启用所有三个选项可以将当前对象移动到目标对象位置。

❷**当前对象**：在该选项组中，可以指定当前对象边界框上用于对齐的点。

❸**目标对象**：在该选项组中，可以指定目标对象边界框上用于对齐的点。

❹**对齐方向**：该选项组可以控制在轴的任意组合上匹配两个对象之间的局部坐标系的方向。

❺**匹配比例**：该选项组可设置两个选定对象之间的缩放轴值。

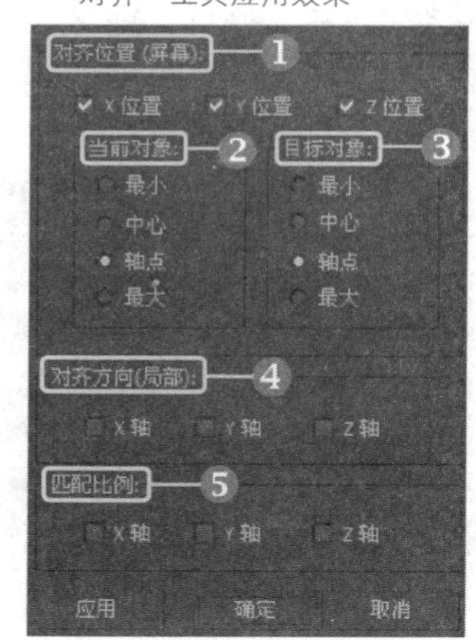

“对齐”对话框

提示：按住“对齐”按钮，可以展开其他对齐工具，包括快速对齐、法线对齐、放置高光、对齐摄影机和对齐到视图等。

提示：可以对任何可变换的对象使用“对齐”工具。如果显示三轴架，则可以将该三轴架（以及其代表的几何体）与场景中任何其他对象对齐。可以使用此方法对齐对象的轴点。

4.2.2　实战：对齐工具的使用

光盘路径：第4章\4.2\对齐工具的使用（原始文件）.max

步骤1　打开本书范例文件“对齐工具的使用（原始文件）.max”。	**步骤2**　激活“左”视口，然后选择画框对象。

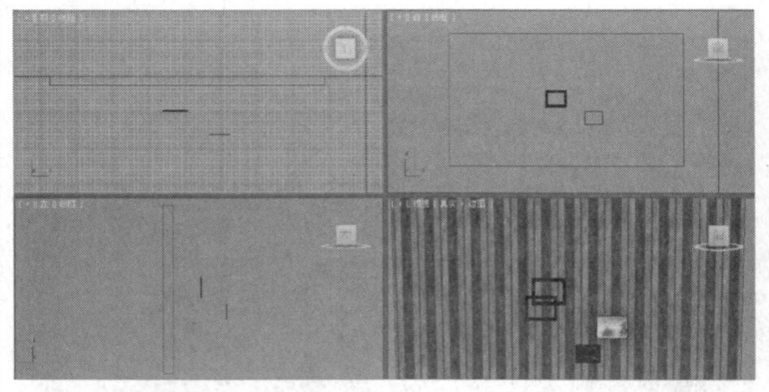

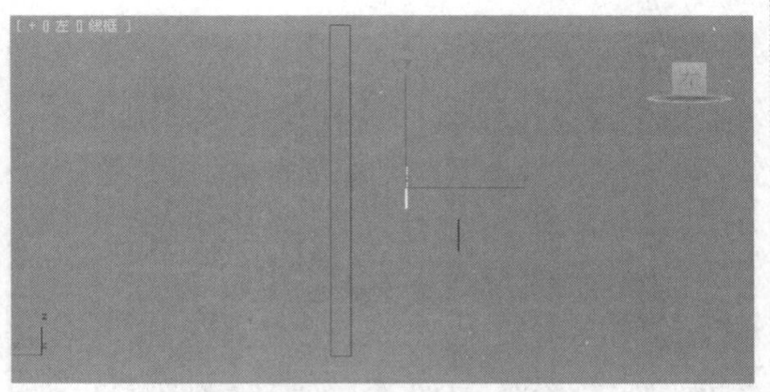

步骤3　保持画框对象处于被选定状态，然后在主工具栏中单击“对齐”按钮。

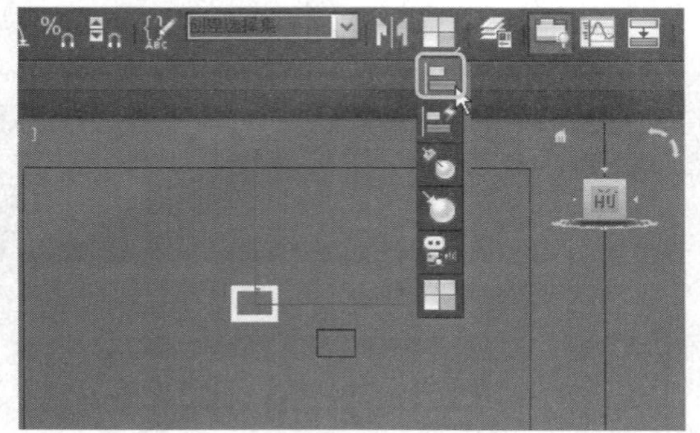

步骤4　单击“对齐”按钮后，在“左”视口中拾取墙体对象，然后在对话框中设置对齐的参数，在X轴上，将画框最小点与墙体的最大点进行对齐。

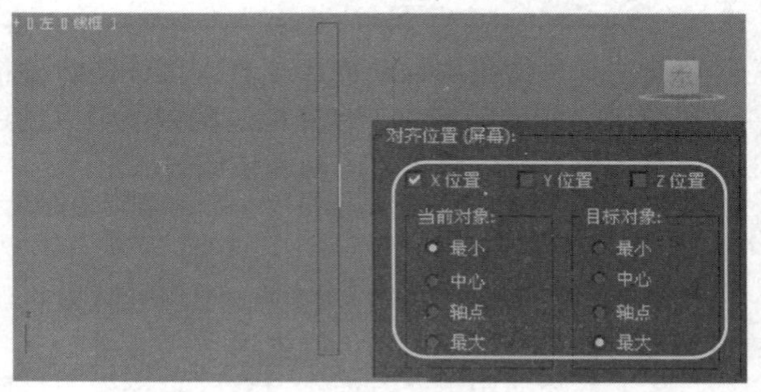

步骤5　在“透视”视口中观察，可观察到画框与墙体的对齐效果。

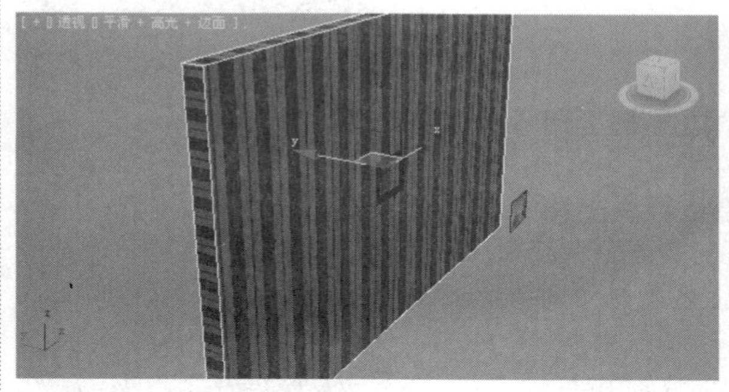

步骤6　在“透视”视口中选择画对象，然后使用“对齐”工具，并以画框作为目标对象进行拾取。

步骤7　在对话框中设置X和Z轴上画与画框的中心点进行对齐。

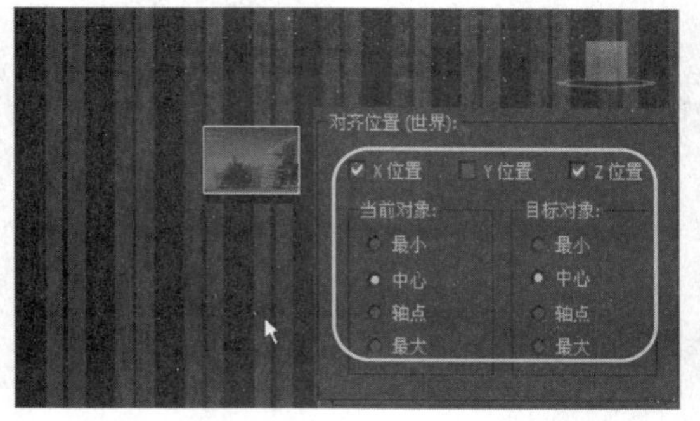

步骤8　再次使用“对齐”工具，将画与画框在Y轴上进行中心点的对齐。

4.2.3　阵列工具

“阵列”工具位于“附加”浮动工具栏中，是专门用于克隆、精确变换和定位很多组对象的一个或多个空间维度的工具，使用该工具可以获得的很多效果是配合Shift键使用克隆工具无法获得的。

多维阵列

4.2.4　实战：阵列工具的测试应用

光盘路径：第4章\4.2\阵列工具的测试应用（原始文件）.max

步骤1　在主工具栏中右击，在弹出的快捷菜单中勾选“附加”项，开启相应的浮动工具栏。

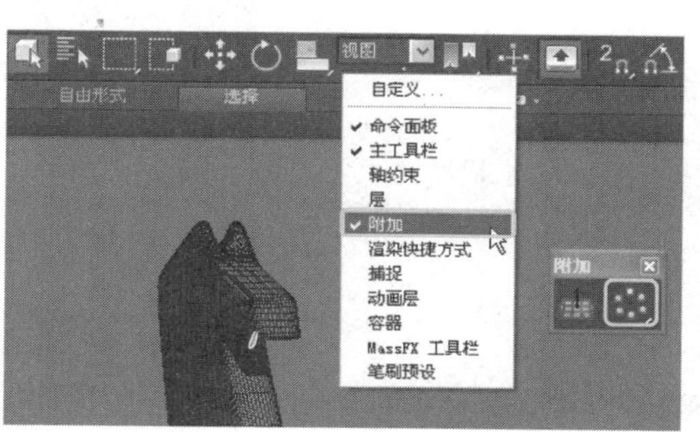

步骤2　在“透视”视口中选择场景对象，然后在“附加”浮动工具栏中单击“阵列”按钮，开启相应对话框。

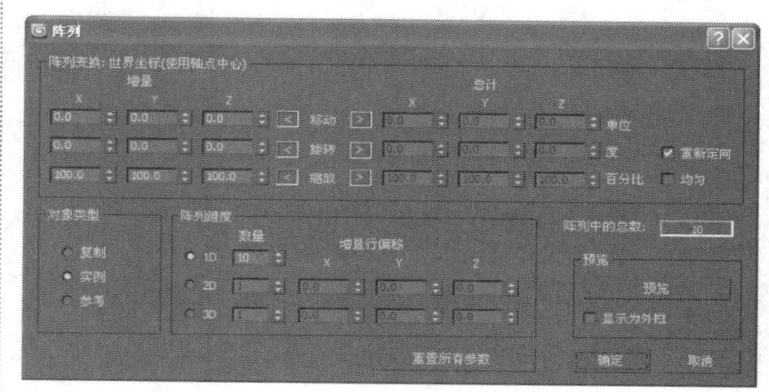

步骤3　在“阵列”对话框中设置“增量”和“阵列维数”参数，并激活“预览”按钮，可在场景中查看到在当前参数设置下的一维阵列效果。

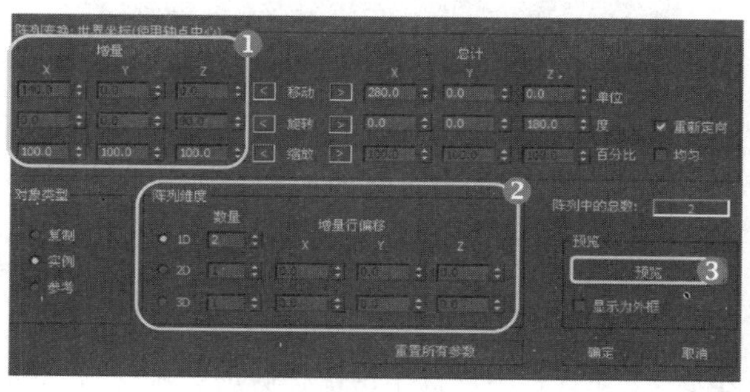

步骤4　选择2D项，并设置相应的参数，将第一次阵列克隆出的对象作为一组再次进行克隆。

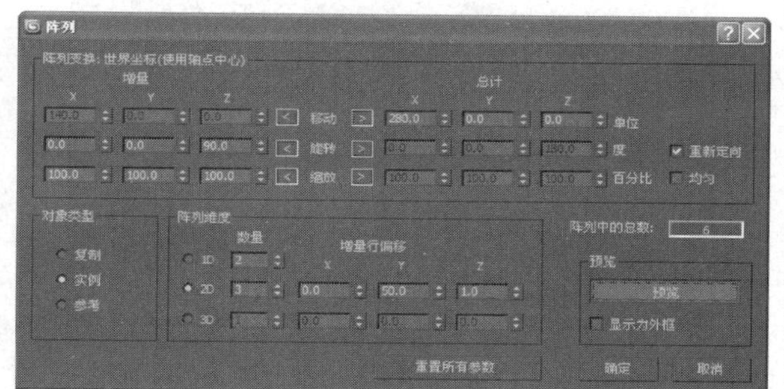

步骤5　选择3D项，再设置相关参数，可以将通过2D阵列克隆的对象作为一组再次进行克隆。

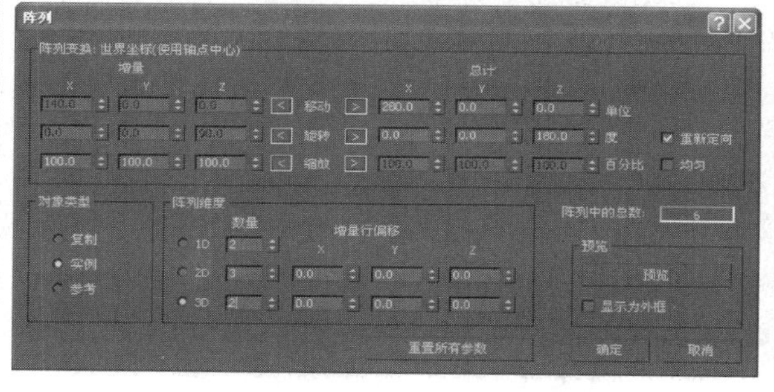

步骤6　完成所有设置后，可观察到由一个象棋克隆出了多个具有其他变换效果的效果群。

4.2.5 间隔工具

"间隔工具"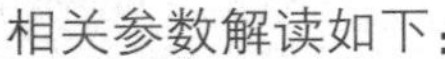可以使一个或多个对象分布在一条样条线或两个点定义的路径上，分布的对象可以是当前选定对象的副本、实例或参考。

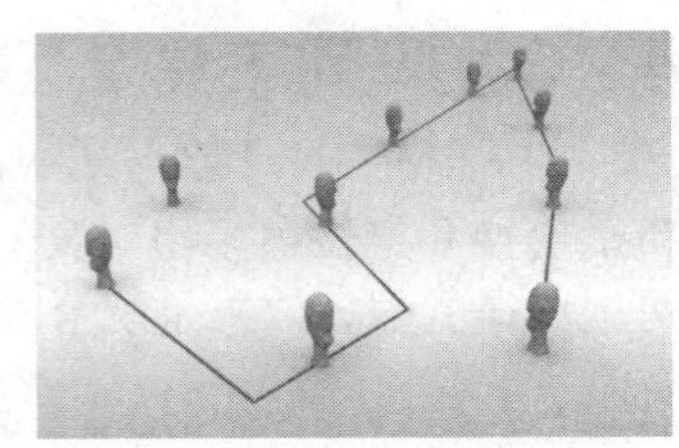

"间隔工具"的应用效果

当选定对象后，使用间隔工具，并在视图中拾取作为路径的样条线，这时会开启相应的对话框，在对话框中可以设置克隆的数量和在样条线上的分布状态。

相关参数解读如下：

❶**拾取路径**：单击该按钮，然后单击视口中的样条线将其作为路径。

❷**拾取点**：单击该按钮，然后单击起点和终点，在构造栅格上定义路径，也可以使用对象捕捉指定空间中的点。

❸**参数**：在选项组中，可以设置对象的具体分布的状态。

❹**前后关系**：在该选项组中，可以设置对象之间的关系。

❺**对象类型**：在该选项组中，可以确定由间隔工具创建的副本类型。

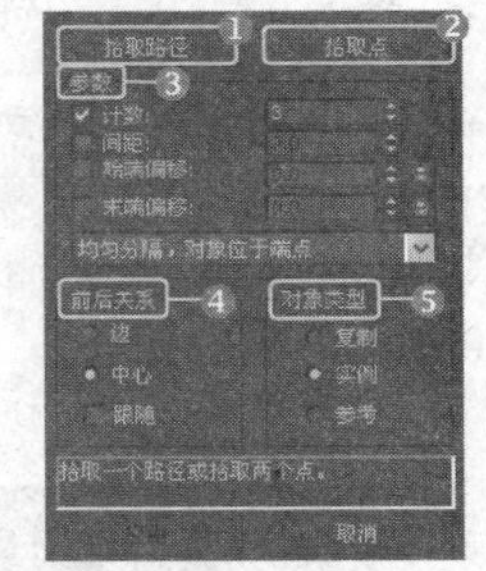

"间隔工具"对话框

提示：使用"间隔工具"时，可以在浮动工具栏中的"附加"工具栏中找到。

4.2.6 实战：间隔工具应用

光盘路径：第4章\4.2\间隔工具的测试应用（原始文件）.max

步骤1 打开本书配套光盘中的原始文件。

步骤2 选中场景中的植物对象，然后使用"间隔工具"，如图所示。

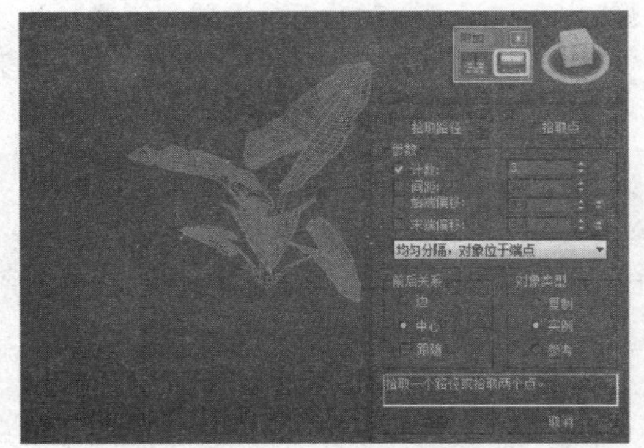

步骤3 切换到"透视"视口，然后在"间隔工具"对话框中单击"拾取点"按钮。

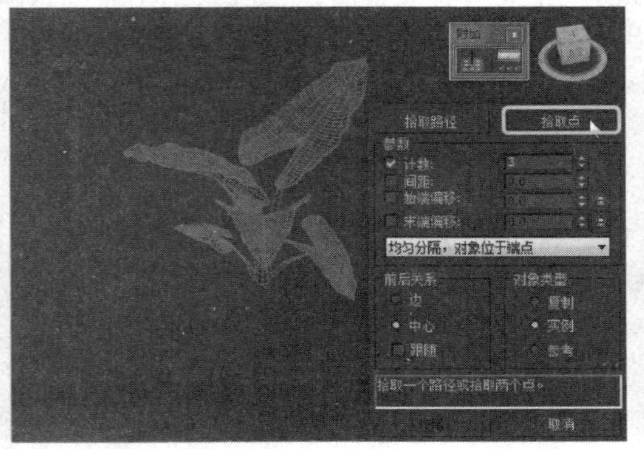

步骤4 在视口中通过单击鼠标确定两点绘制一条直线，作为路径。

步骤5　释放鼠标后，可预览到被选择对象根据参数设置在路径上的分布效果。

步骤6　在“透视”视图中创建一个矩形图形。

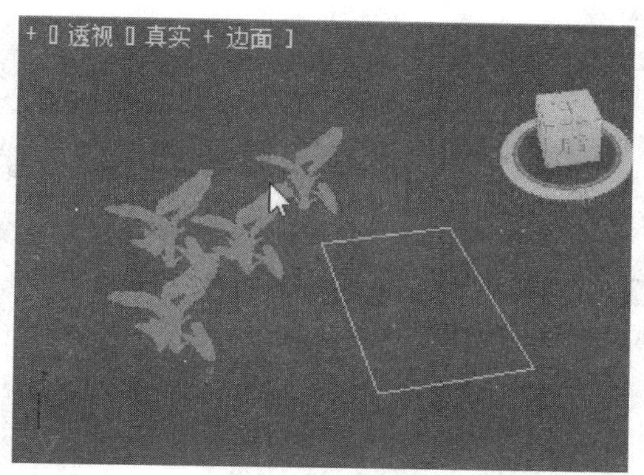

步骤7　单击“拾取路径”按钮，然后在视图中拾取矩形，选择的植物将以矩形为路径进行克隆分布，可自行设置相关参数。

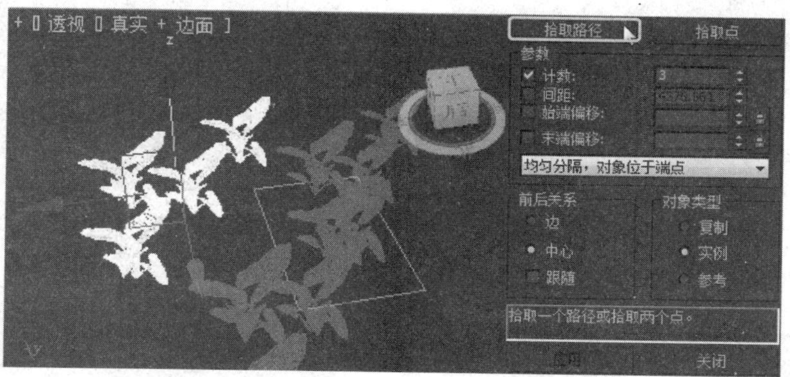

4.2.7　镜像工具

“镜像”工具可以将当前选择对象镜像克隆，或在不创建克隆的情况下镜像对象的方向。在提交操作之前，可以预览设置的效果。

镜像的应用可以针对单个或多个对象，在主工具栏中单击“镜像”按钮后，在开启的对话框中可以设置对象镜像的轴向或平面。

镜像效果

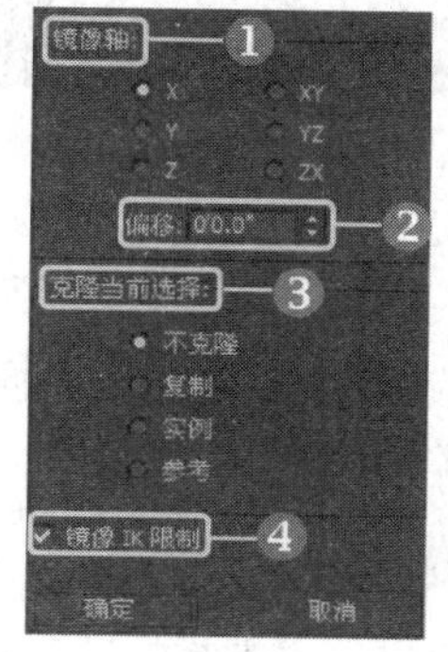

“镜像”对话框

相关参数解读如下：

❶**镜像轴**：在该选项组中，提供了可供选择的镜像轴或界面X、Y、Z、XY、YZ和ZX，选择其中一项可指定镜像的方向。

❷**偏移**：该参数可以控制镜像对象与原始位置相对的偏移距离。

❸**克隆当前选择**：确定由镜像功能创建的副本的类型，默认设置为“不克隆”。

❹**镜像IK限制**：勾选该复选框，当围绕一个轴镜像几何体时，会导致镜像IK约束（与几何体一起镜像）。

提示：要使用“间隔工具”时，可以在浮动工具栏中的“附加”工具栏中找到。

4.2.8 实战：镜像工具测试

光盘路径：第4章\4.2\镜像工具测试（原始文件）.max

步骤1 打开本书配套的范例文件“镜像工具测试（原始文件）.max”。

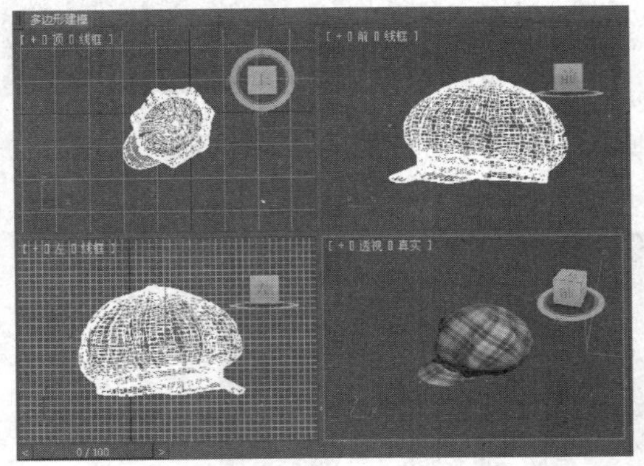

步骤2 激活“透视”视口，选择场景对象，然后使用“镜像”工具，设置其在X轴上进行镜像。

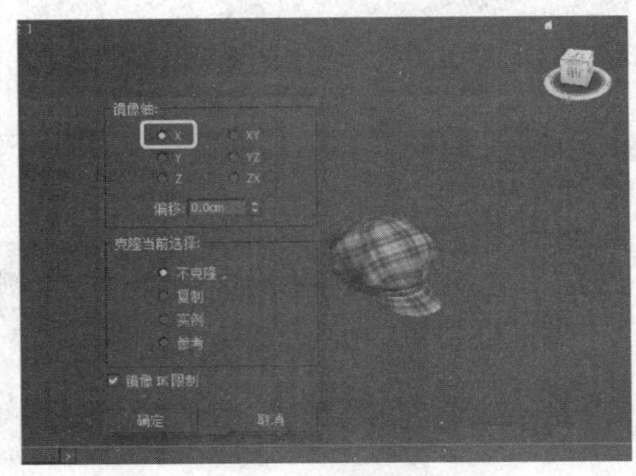

步骤3 切换到“顶”视口，再次使用“镜像”工具，对场景对象进行克隆镜像。

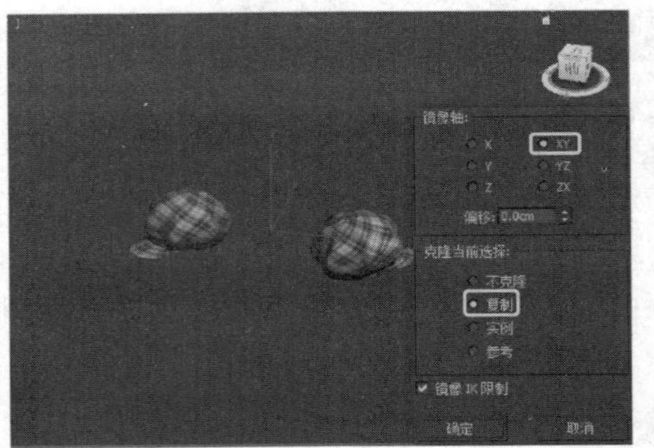

步骤4 切换到“前”视口，使用“镜像”工具对场景对象在YZ平面上进行偏移克隆镜像。

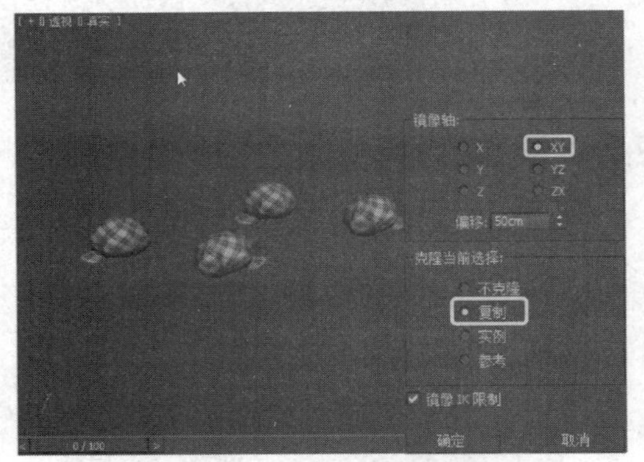

4.3 捕捉工具

捕捉工具有助于在创建或变换对象时精确控制对象的尺寸和放置，该功能也有相应的参数对话框，用于设置参数值。

4.3.1 维数捕捉

3ds Max提供的维数捕捉功能在创建或移动对象时能够根据相对的参照物进行精确操作，包括维数捕捉等捕捉工具都可以在主工具栏中进行选择。

“维数捕捉”卷展栏

维数捕捉共有三种模式，包括2D捕捉、2.5D捕捉和3D捕捉，当使用2D捕捉时，光标仅捕捉到活动构建栅格，包括该栅格平面上的任何几何体，而忽略Z轴或垂直尺寸；使用2.5D捕捉时，光标仅捕捉活动栅格上对象投影的顶点或边缘；使用3D捕捉时，光标直接捕捉到3D空间中的任何几何体。3D捕捉用于创建和移动所有尺寸的几何体，而不用考虑构造平面。

4.3.2　实战：维数捕捉的应用

光盘路径：第4章\4.3\维数捕捉的应用（最终文件）.max

步骤1　打开3ds Max 2014，在视口中创建一个长方体。

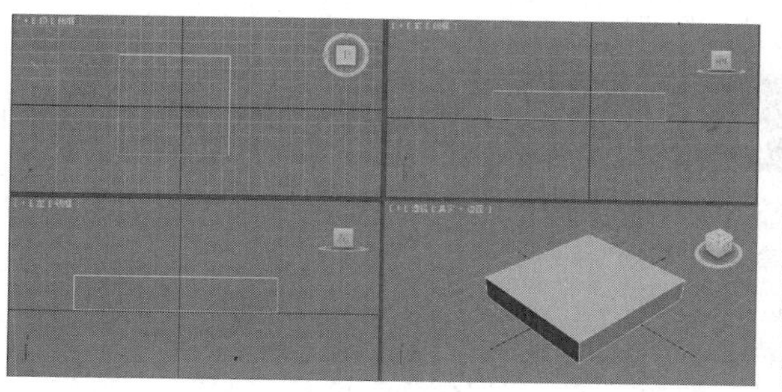

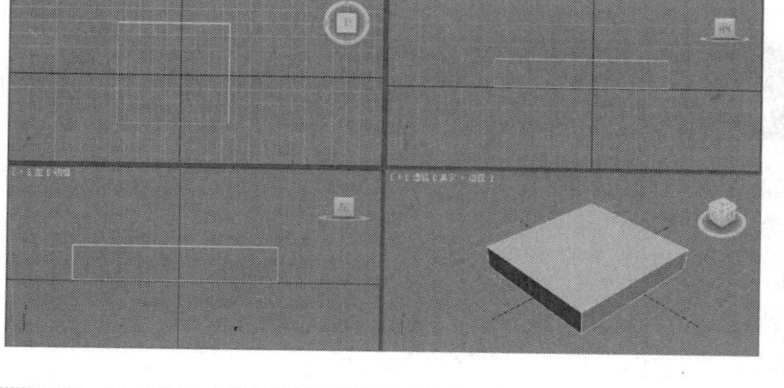

步骤2　在主工具栏中激活3D捕捉工具，通过默认的捕捉端点功能进行捕捉，根据长方体的四个端点创建一段样条线。

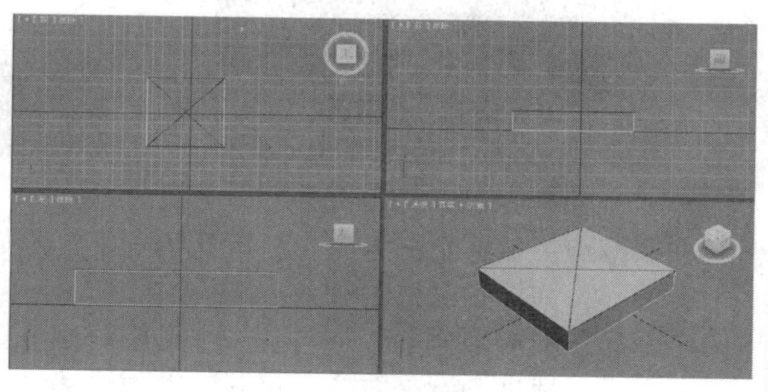

步骤3　激活2.5D捕捉工具，然后通过捕捉长方体顶部的端点，在底部原点创建一段弧形。

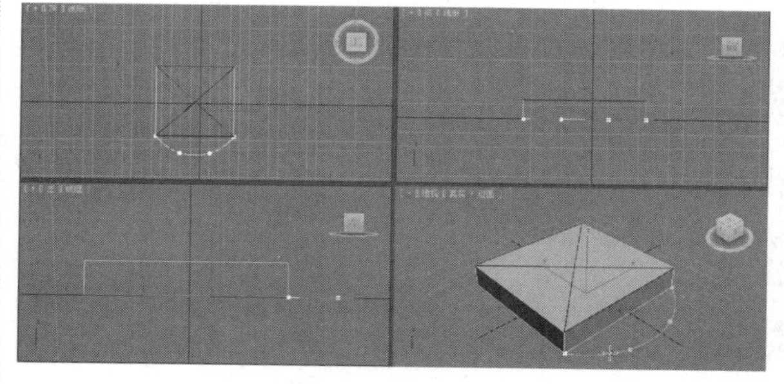

步骤4　激活2D捕捉工具，此时只能捕捉到长方体底部的顶点，创建一个矩形。

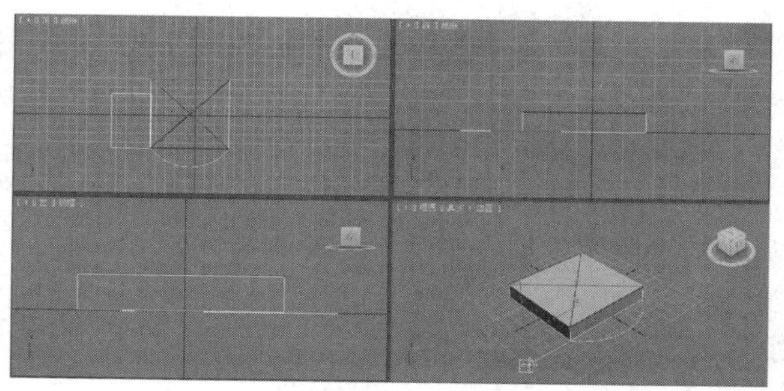

步骤5　再次激活3D捕捉工具，使用移动工具，通过捕捉端点将长方体顶的样条线移动至长方体底的矩形上，并使其顶点重合。

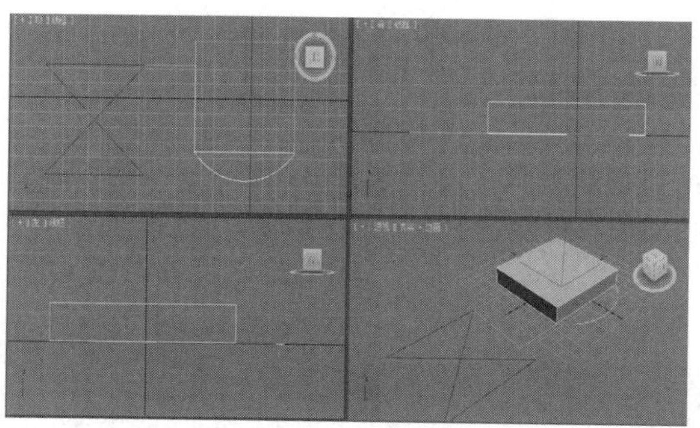

提示：“捕捉开关”的快捷键为S，只能启用或禁用捕捉功能，不能在不同捕捉模式间切换。

4.3.3　捕捉类型

捕捉工具可以捕捉对象自身的具体元素或视口栅格，如对象的顶点、中心等，这些是标准捕捉类型，用于栅格、网格和图形对象，优先于“栅格点”和“栅格线”捕捉。如果鼠标与栅格点和某些其他捕捉类型同等相近，则将选择其他捕捉类型。

在“捕捉”浮动工具栏中，3ds Max整合了一些常用的捕捉类型，并添加了用于控制捕捉冻结对象和轴约束的工具。

相关捕捉类型解读如下：

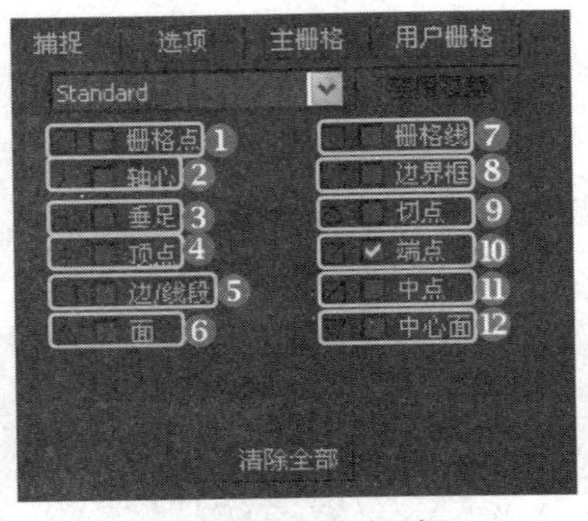

选择捕捉类型对话框

“捕捉”浮动工具栏

❶**栅格点**：捕捉到栅格交点，默认情况下，此捕捉类型处于启用状态。
❷**轴心**：捕捉到对象的轴点。
❸**垂足**：捕捉到样条线上与上一个点相对的垂直点。
❹**顶点**：捕捉到网格对象或可以转换为可编辑网格对象的顶点，捕捉到样条线上的分段。
❺**边/线段**：捕捉边（可见或不可见）或样条线分段上的任何位置。
❻**面**：捕捉到曲面上的任何位置。
❼**栅格线**：捕捉到栅格线上的任何点。
❽**边界框**：捕捉到对象边界框的八个角中的一个。
❾**切点**：捕捉到样条线上与上一个点相对的相切点。
❿**端点**：捕捉到网格边的端点或样条线的顶点。
⓫**中点**：捕捉到网格边的中点或样条线分段的中点。
⓬**中心面**：捕捉到三角形面的中心。

4.3.4 角度捕捉

“角度捕捉切换”用于确定多数功能的旋转增量，包括标准“旋转”变换。对象以设置的增量围绕指定轴旋转，在“栅格和捕捉设置”对话框中的“选项”选项卡中，可以对角度捕捉的相关参数进行设置。

4.3.5 实战：角度捕捉的应用

光盘路径：第4章\4.3\角度捕捉的应用（原始文件）.max

步骤1 打开本书配套的范例文件“角度捕捉的应用（原始文件）.max”。

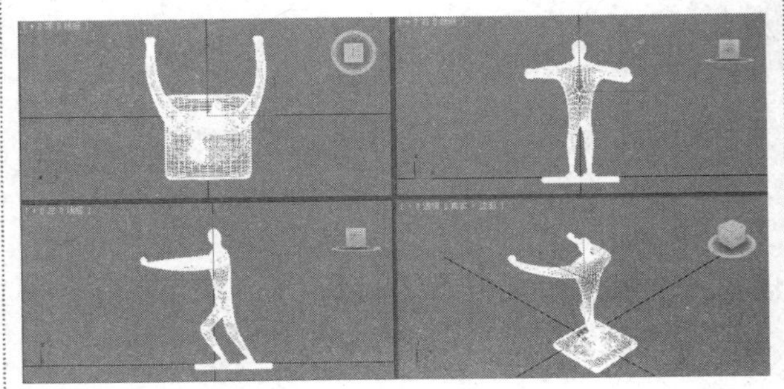

步骤2 选择场景对象，然后直接使用旋转工具进行旋转操作，使对象围绕Z轴进行旋转。

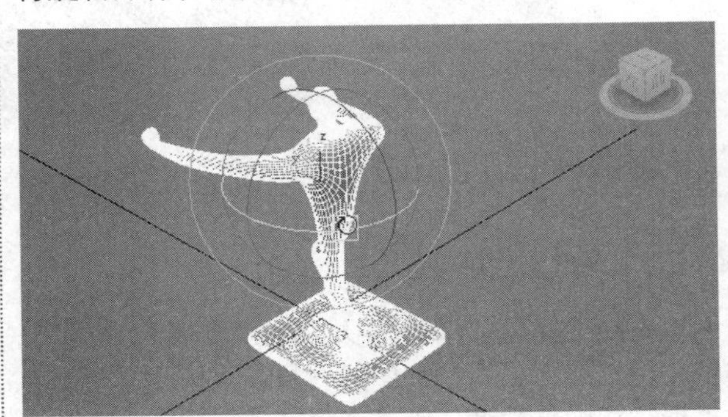

步骤3　在主工具栏中激活“角度捕捉切换”按钮，并在该按钮上右击，开启“栅格和捕捉设置”对话框，在“选项”选项卡中设置“角度”的参数为20。

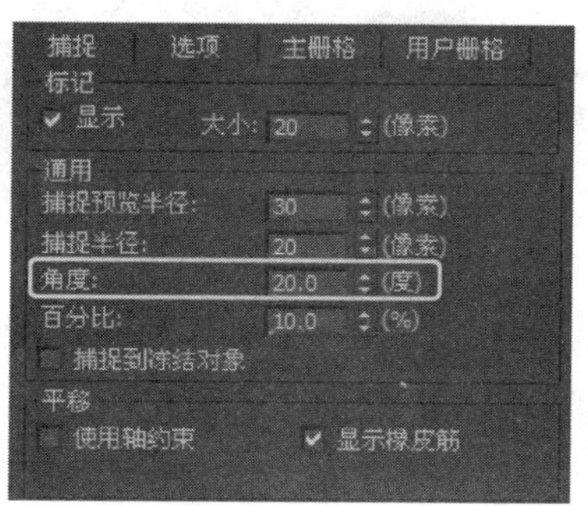

步骤4　再次旋转对象，可观察到对象每次都以20°角进行旋转。

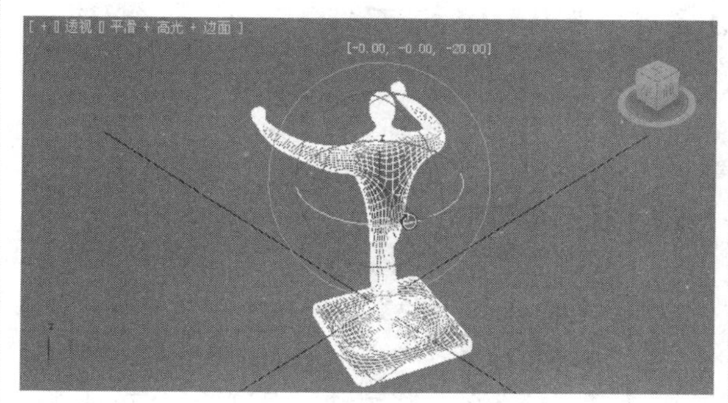

提示： 默认情况下，使用旋转工具进行旋转操作时，旋转参数可精确到小数点后两位。

4.3.6　百分比捕捉

“百分比捕捉切换”以指定的百分比对对象进行缩放，该捕捉为通用捕捉系统，应用于涉及百分比的任何操作，如缩放或挤压，默认的设置为10%。

提示： 百分比捕捉的相关参数也在“栅格和捕捉设置”对话框中进行设置。

4.3.7　实战：捕捉百分比应用

步骤1　打开本书配套光盘中的原始文件。

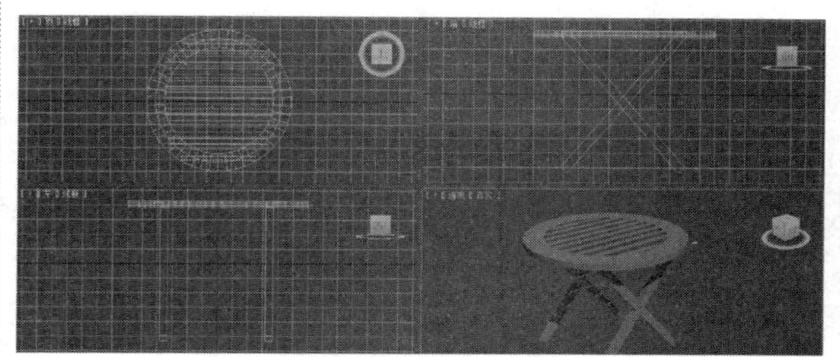

步骤2　选择场景对象，使用等比缩放工具进行缩放操作。

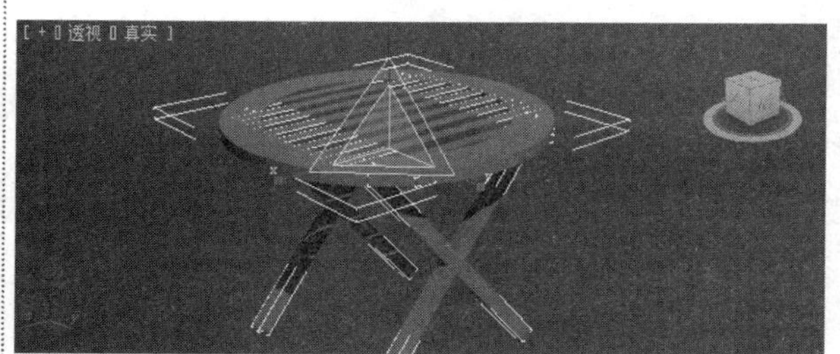

步骤3　右击“百分比捕捉切换”按钮弹出栅格和捕捉设置对话框，查看缩放的具体比例值。

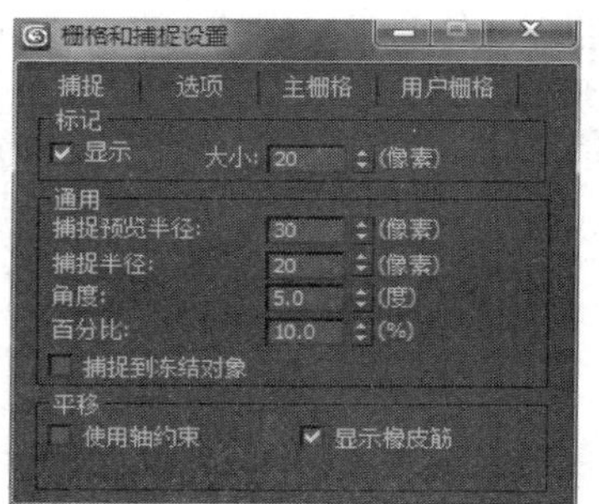

步骤4　选择场景对象圆桌外圈，启用“百分比捕捉切换”工具，再进行缩放，可观察到缩放是按10%的增量进行的。

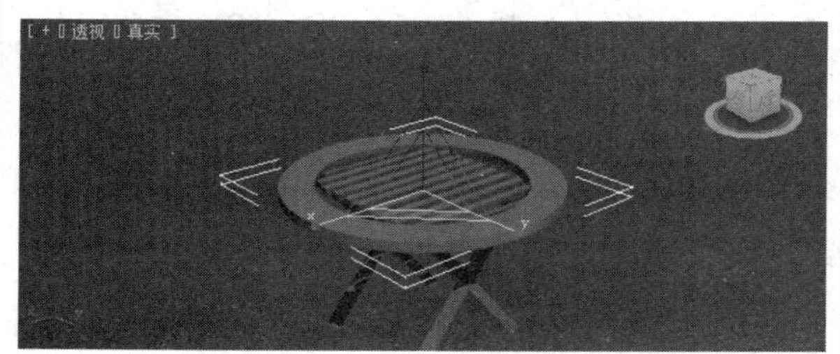

4.4 坐标系统与坐标中心点

3ds Max提供了多种参考坐标系和变换中心控制工具，以用于设置场景对象参考坐标和活动中心，这些控件和工具位于主工具栏中。

参考坐标系

4.4.1 空间坐标系统

在主工具栏中的“参考坐标系”下拉列表中，可以选择3ds Max提供的9种参考坐标系，包括视图、屏幕、世界、父对象、局部、万向、栅格、工作和拾取等。

1. 视图坐标系

“视图”为默认的坐标系，在所有正交视口中的X、Y和Z轴都相同，其中X轴始终朝右，Y轴始终朝上，Z轴始终垂直于屏幕，使用该坐标系移动对象时，会相对于视口空间移动对象。

2. 屏幕坐标系

选择“屏幕”，将活动视口屏幕用作坐标系参考。在“屏幕”模式下，坐标取决于其方向的活动视口，所以非活动视口中三轴架上的X、Y和Z标签显示当前活动视口的方向。

3. 世界坐标系

无论在哪个视口，使用“世界”坐标系时，坐标轴固定不变。

4. 父对象坐标系

选择“父对象”坐标系时，使用选定对象的父对象的坐标系。

视图坐标系　　屏幕坐标系　　父对象坐标系

5. 局部坐标系

“局部”使用选定对象的坐标系，对象的局部坐标系由其轴点支撑。使用“层次”命令面板上的选项，可以相对于对象调整局部坐标系的位置和方向。

6. 万向坐标系

“万向”坐标系与Euler XYZ旋转控制器一同使用。它与“局部”坐标系类似，但其三个旋转轴互相之间不一定成直角。

使用“局部”和“父对象”坐标系围绕一个轴旋转时，会更改两个或三个Euler XYZ轨迹。“万向”坐标系可避免这个问题：围绕一个轴的Euler XYZ旋转仅更改该轴的轨迹。这使得曲线编辑功能更为便捷。此外，利用“万向”坐标的绝对变换输入会将相同的Euler角度值用作动画轨迹（按照坐标系要求，与相对于“世界”或“父对象”坐标系的Euler角度相对应）。

对于移动和缩放变换，“万向”坐标与“父对象”坐标相同。如果没有为对象指定Euler XYZ旋转控制器，则“万向”旋转与“父对象”旋转相同。

7. 栅格坐标系

选择“栅格”将使用活动栅格的坐标系。

8. 工作坐标系

选择“工作”项，在使用该坐标系统时，无论工作支点是否被激活，将以坐标系统的工作支点作为参考坐标。

9. **拾取坐标系**

选择“拾取”项后，单击以选择变换使用其坐标系的单个对象。对象的名称会显示在“变换坐标系”列表中，同时使用该对象的坐标系。

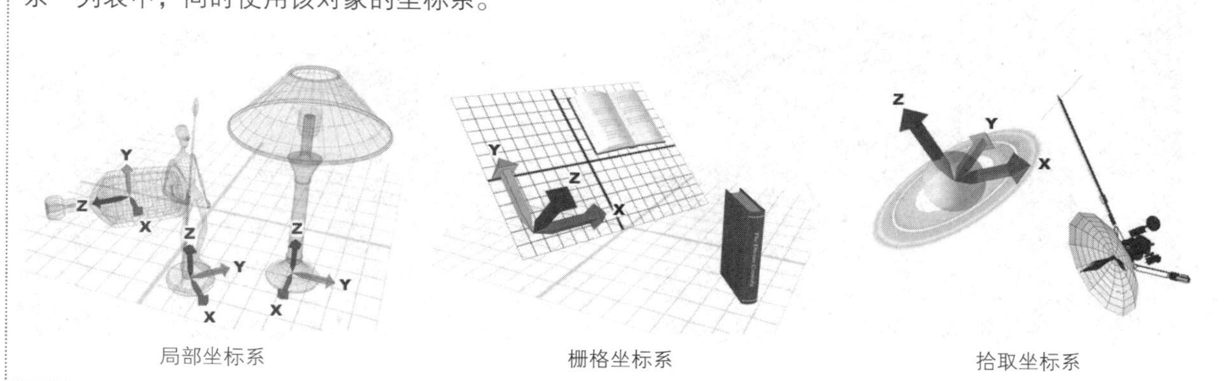

局部坐标系　　栅格坐标系　　拾取坐标系

4.4.2　变换中心

在主工具栏中，可以选择三种不同的变换中心控制，用于确定缩放和旋转操作的几何中心。

3ds Max共提供了三种变换中心，包括“使用轴心点中心”、“使用选择中心”和“使用变换坐标中心”。

1. **使用轴心点中心**

选择“使用轴心点中心”时，场景对象将围绕其各自的轴点进行旋转或缩放。

2. **使用选择中心**

选择“使用选择中心”时，可以围绕其共同的几何中心旋转或缩放一个或多个对象。

3. **使用变换坐标中心**

选择“使用变换坐标中心”时，可以围绕当前坐标系的中心旋转或缩放一个或多个对象。当使用“拾取”功能将其他对象指定为坐标系时，坐标中心是该对象轴的位置。

4.4.3　实战：坐标系统和坐标中心的应用

光盘路径：第4章\4.4\坐标系统和坐标中心的应用（最终文件）.max

步骤1　在场景中创建一个茶壶对象，并在主工具栏中单击“使用变换坐标中心”按钮。

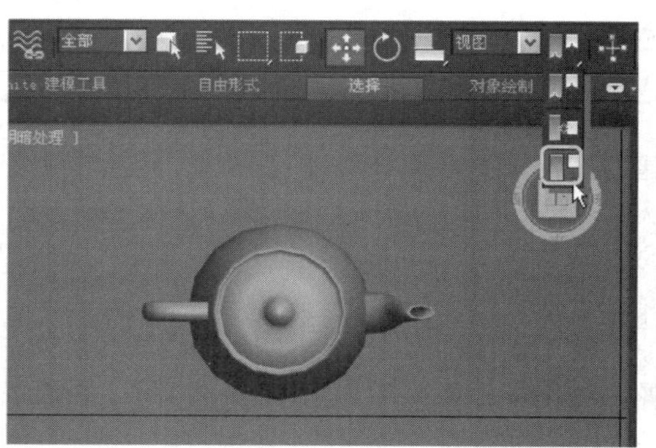

步骤2　通过旋转工具，以视图坐标中心为变换中心对茶壶进行旋转克隆。

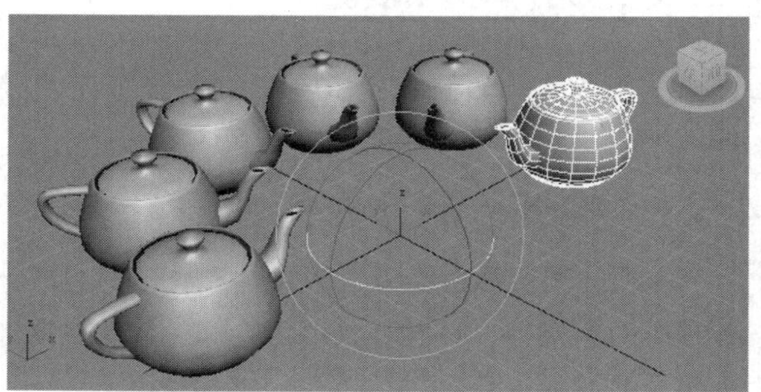

步骤3　使用缩放工具，然后选择“局部”坐标系，并单击“使用轴心点中心”按钮。

步骤4　在缩放过程中，可观察到选择的多个茶壶以自身坐标系统为中心进行缩放。

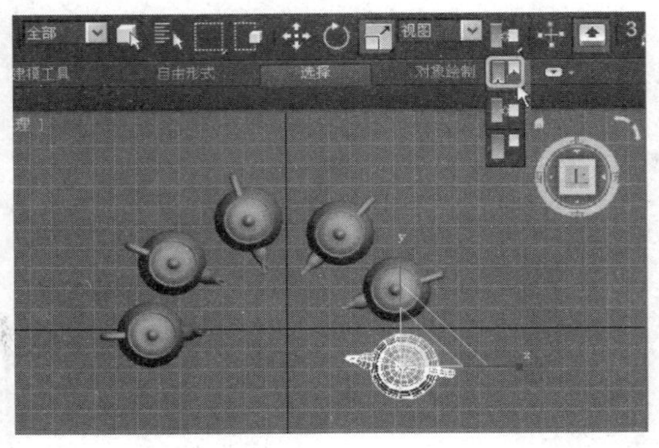

步骤5 使用旋转工具，然后选择单击“使用选择中心”按钮。

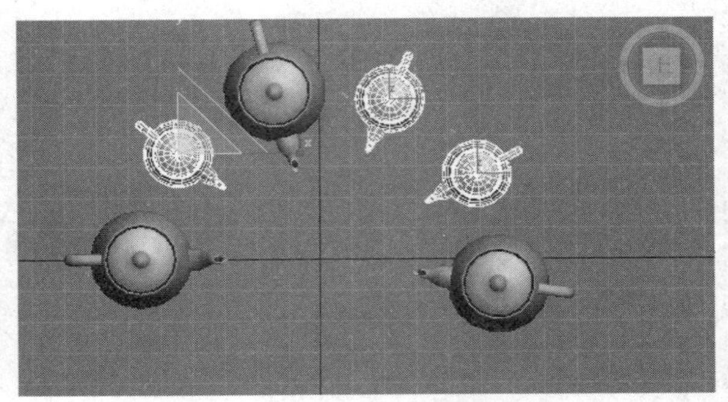

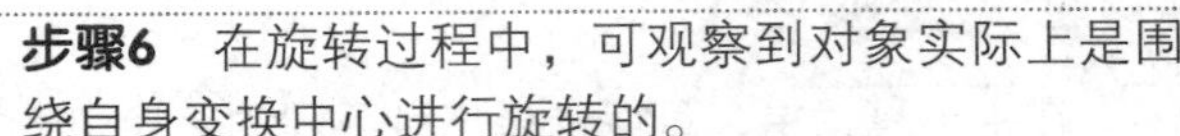

步骤6 在旋转过程中，可观察到对象实际上是围绕自身变换中心进行旋转的。

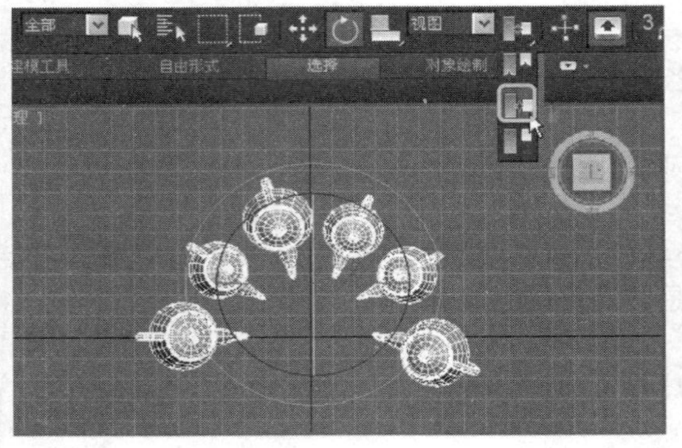

提示： 先选择变换工具，再选择坐标系统和变换中心。

4.5 制作精确模型

本节将讲解如何利用3ds Max的变换工具使创建的几何体更准确地拼凑在一起，组合成完整精确的模型。

4.5.1 实战：制作衣柜外围

衣柜外围主要由板面、边缘柱和衣柜门组成，本小节要创建的这些部件可以通过简单的长方体、圆体柱等对象模拟，这些部件的组合和衔接主要通过镜像、对齐等变换来实现，在特定环境下会配合使用坐标系和变换中心。

光盘路径： 第4章\4.5\制作精确的矮柜模型.max

步骤1 在“透视”视口中创建一个长方体，并设置创建参数。

步骤2 在“透视”视口中再创建一个长方体，确定创建参数及位置。

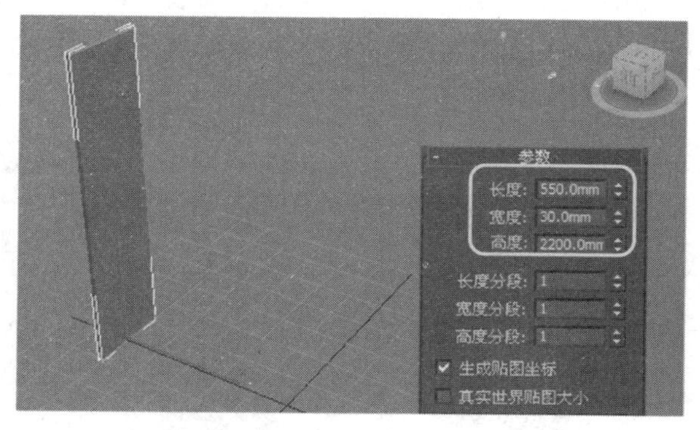

步骤3　使用“对齐”工具，将两长方体在“顶”视口中，以X和Y轴进行对齐，并设置对齐参数。

步骤4　将两个长方体隐藏，然后创建圆柱体，并设置参数。

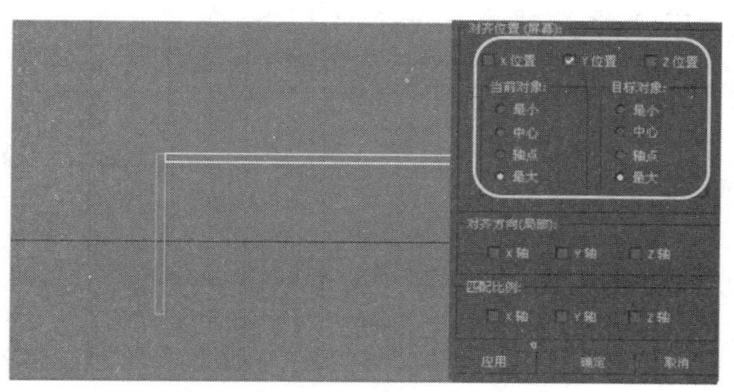

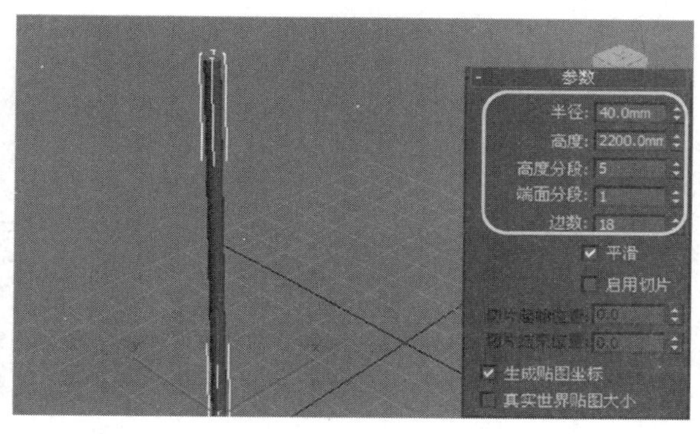

步骤5　取消两个长方体的隐藏，在“透视”视口中分别将各轴进行对齐，并设置对齐参数。

步骤6　在“透视”视口中选择圆柱体，单击“镜像”按钮，设置参数。

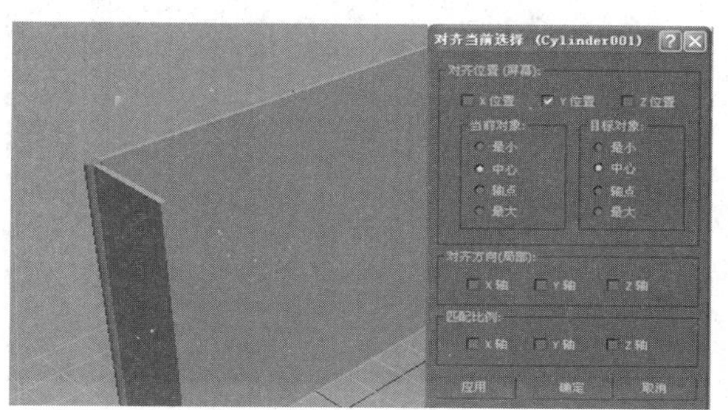

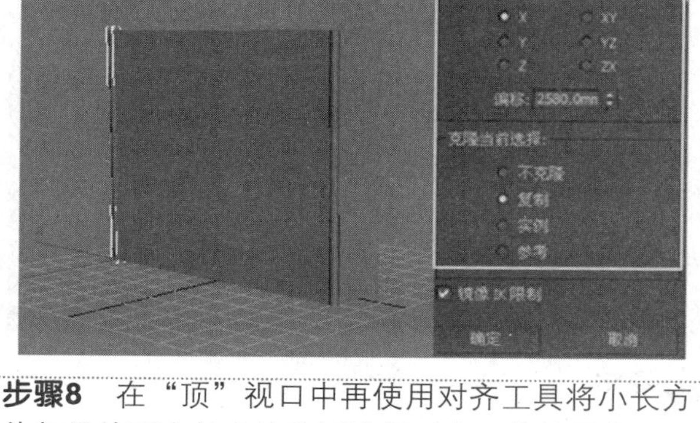

步骤7　在“顶”视口中创建一个较小的长方体对象，并设置创建参数。

步骤8　在“顶”视口中再使用对齐工具将小长方体与另外两个长方体分别进行对齐，使其居中。

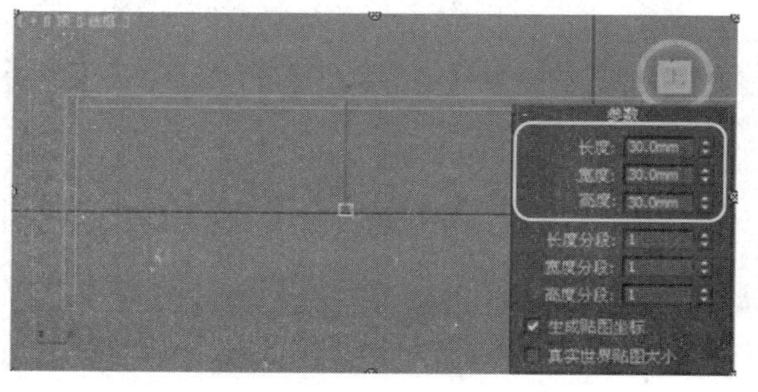

步骤9 在主工具栏中选择“拾取”坐标系统，然后在视图中拾取小长方体对象，使其作为视图的参考坐标系。

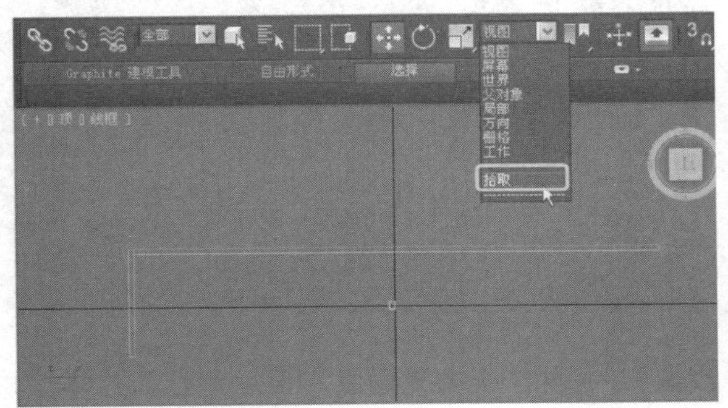

步骤10 选择除了小长方体之外的所有对象，按住Shift键，使用旋转工具进行旋转克隆操作，完成衣柜基本外围的创建。

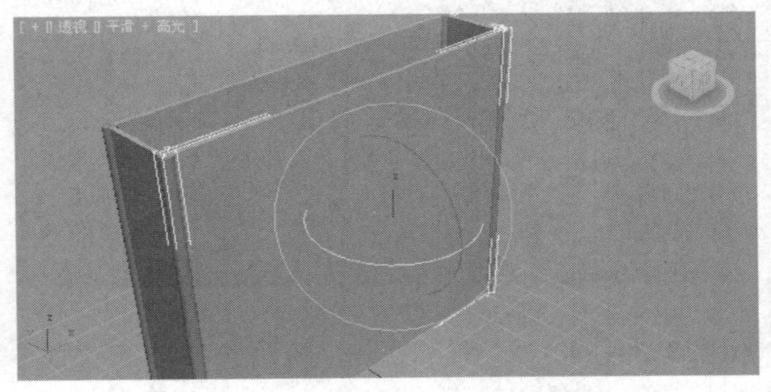

步骤11 在“顶”视口中创建长方体，确定创建参数及位置。

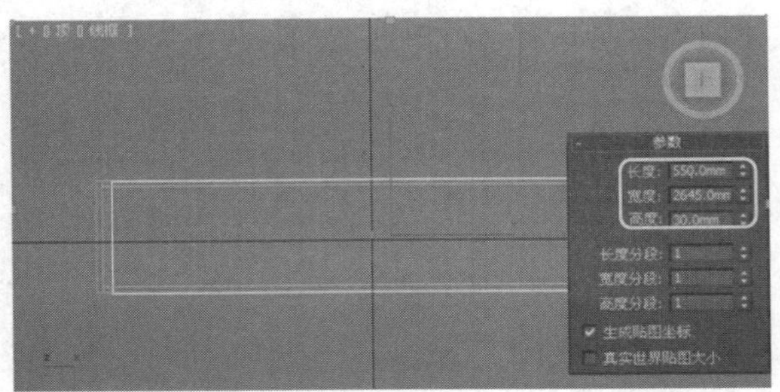

步骤12 在视口中使用对齐工具，分别将X、Y、Z轴与之前的长方体进行对齐。

步骤13 在“透视”视口中创建一长方体，设置参数。

步骤14 在“顶”视口中将刚刚创建的长方体与之前的长方体进行对齐，确定对齐参数。

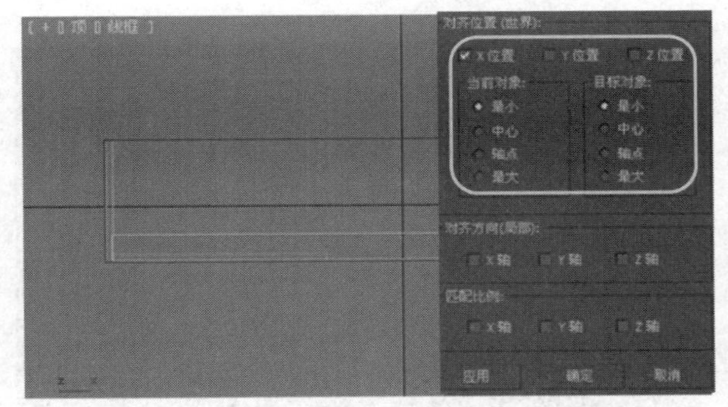

步骤15 在“透视”视口中再次进行对齐，确定对齐参数。

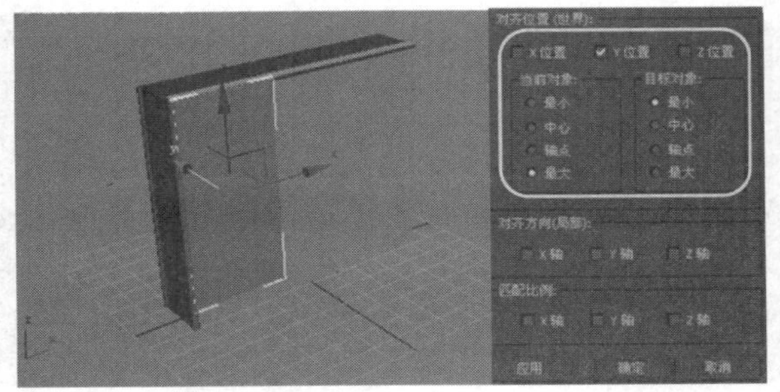

步骤16 在“透视”视口中将此长方体镜像，确定镜像参数。

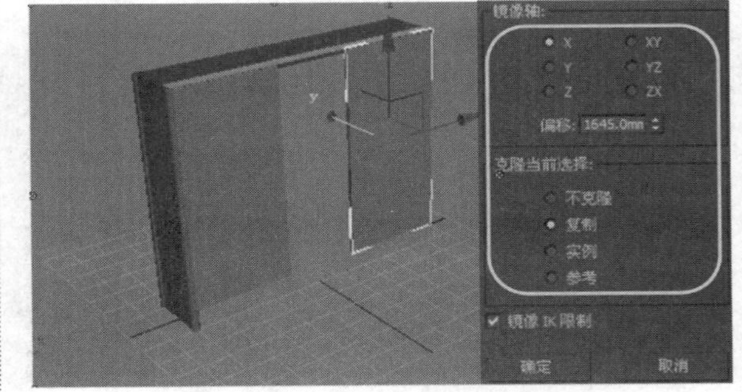

4.5.2　实战：制作衣柜细节

柜体主要由长方体和圆柱体组成，制作时除了利用要使用本章学习的内容，还要利用布尔计算和挤出命令。

步骤1　在视口中将所示长方体的高度修改成300，移动位置。

步骤2　在“透视”视口中创建一个长方体，设置参数。

步骤3　在“透视”视口中选择大的长方体，然后单击“复合对象”的“布尔”按钮。

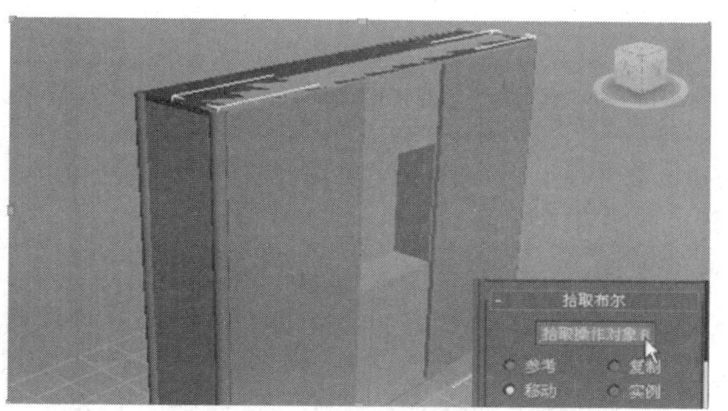

步骤4　在弹出的“拾取布尔”卷展栏中单击“拾取操作对象B”按钮，返回到“透视”视口，选择较小的那个长方体。

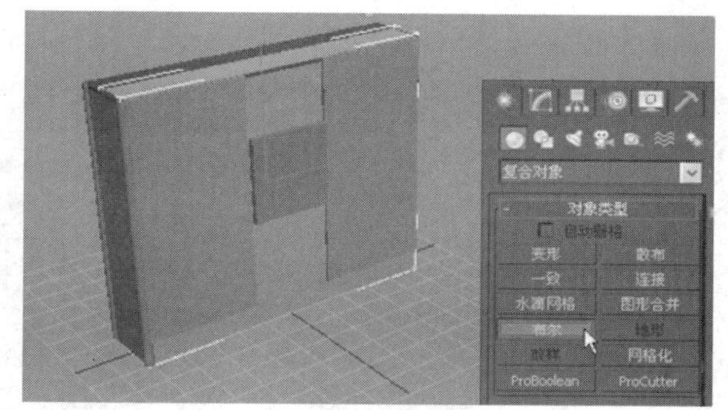

步骤5　在“左”视口中创建一个圆柱体，设置参数。

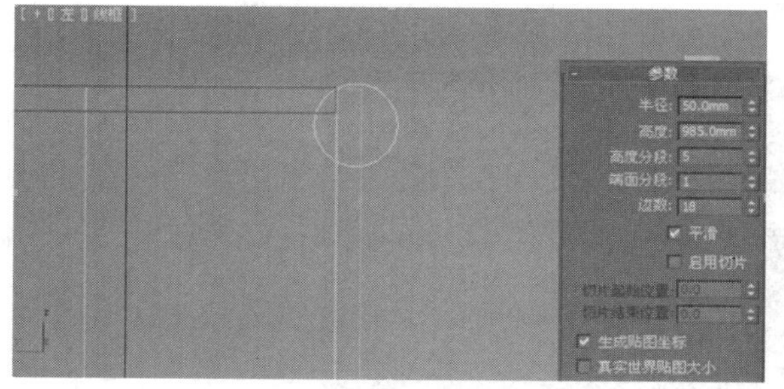

步骤6　在“透视”视口中选择圆柱体移动复制。

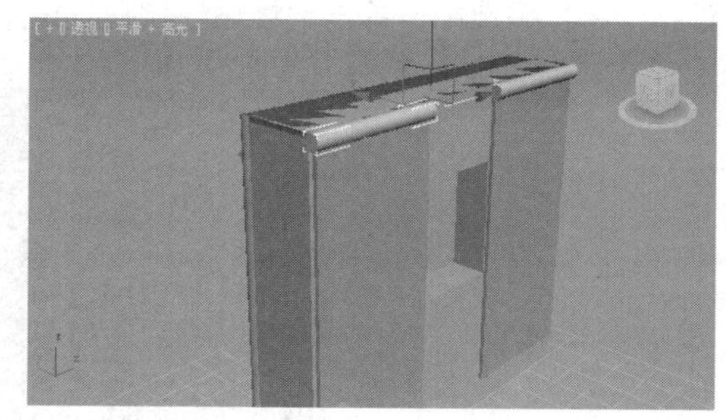

步骤7　在“前”视口中再次创建一个圆柱体，确定创建的参数、位置。

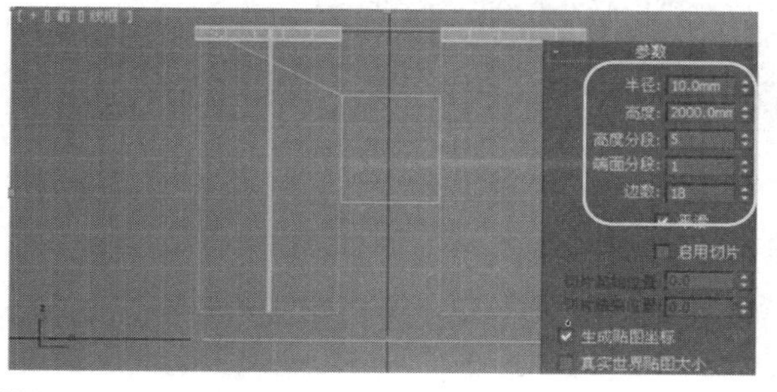

步骤8　在“透视”视口中选择圆柱体，移动复制。

步骤9 在“透视”视口中选择作为门的长方体，单击“布尔”按钮，再单击“拾取操作对象B”按钮，选择圆柱体。

步骤10 创建T形线条，设置参数。

步骤11 在修改器列表中选择“挤出”修改器，设置参数。

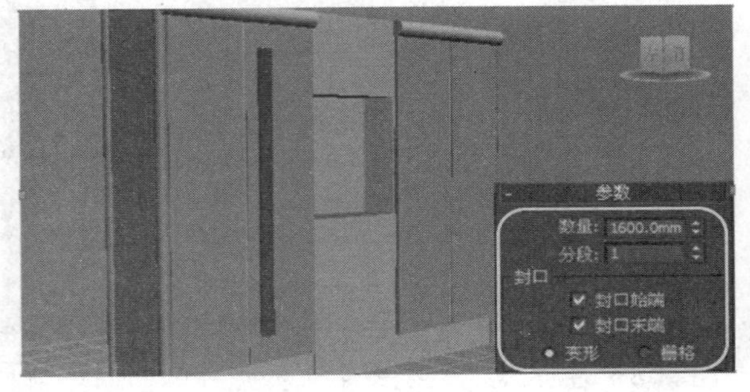

步骤12 激活“选择并移动”按钮，并按住Shift键进行拖动复制。

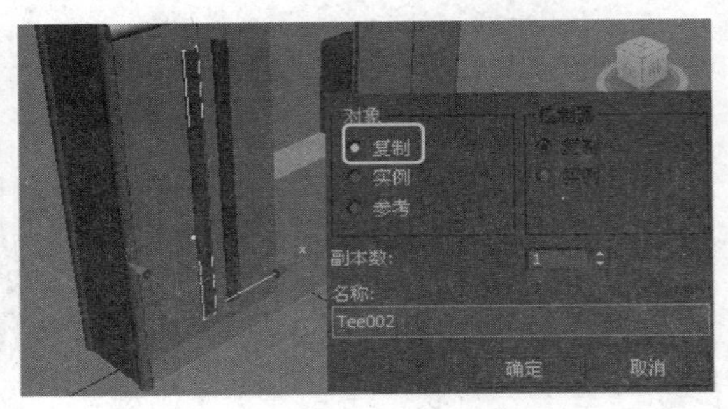

步骤13 将把手选中，单击“镜像”按钮，设置参数。

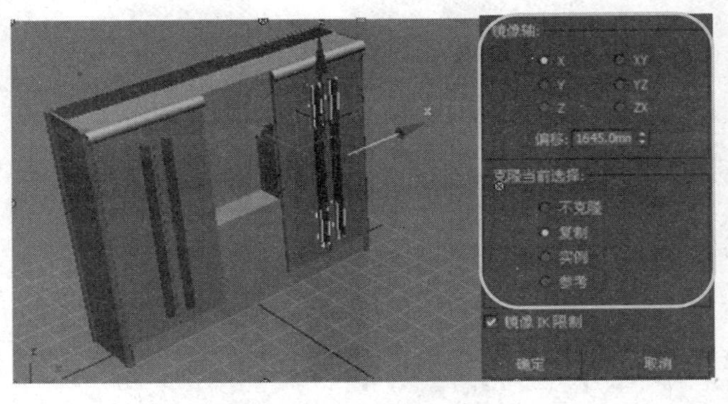

提示： 镜像时可以通过偏移适当调整得到的对象与源对象之间的距离，使把手看上去更接近真实。

4.5.3 实战：制作抽屉和把手

抽屉和把手的制作非常简单，通过间隔工具和布尔计算等操作即可完成。

步骤1 在“前”视口中创建一个半径为10mm的圆柱体。

步骤2 在“前”视口中创建一条直线。

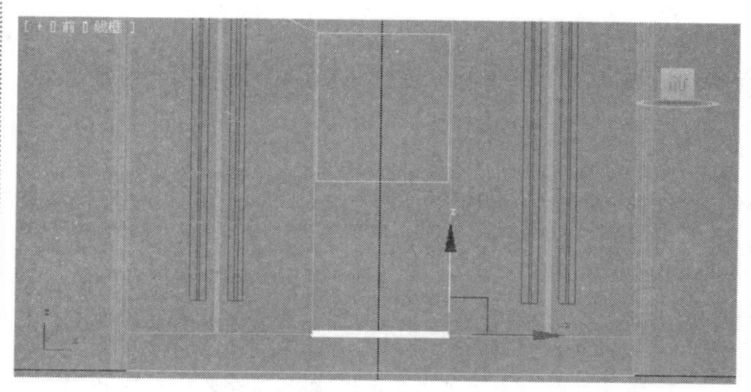

步骤3　使用“间隔工具”并设置参数，单击“拾取路径”按钮拾取圆柱体，设置参数。

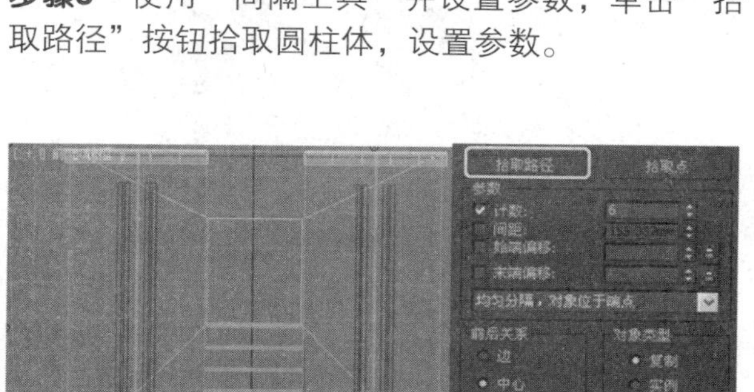

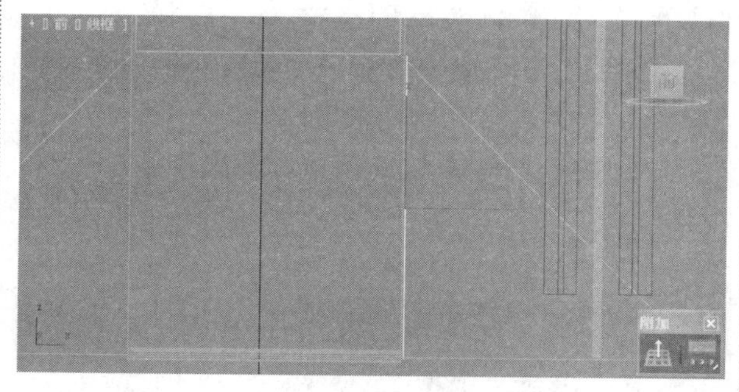

步骤4　选中柜面长方体，进行布尔计算。单击“拾取操作对象B”按钮，选择一个小圆柱体。重复此操作。

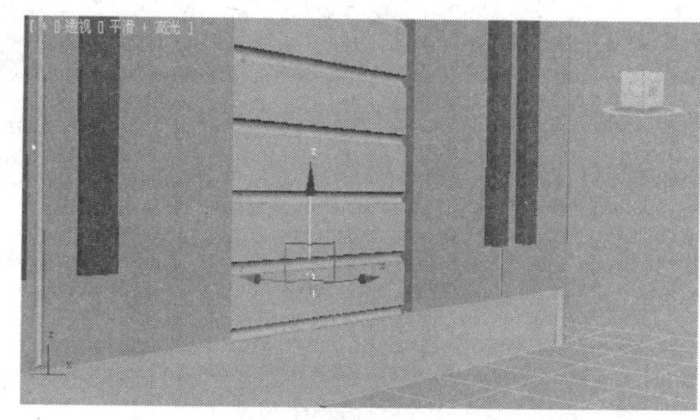

步骤5　利用上一节中创建衣柜把手的方法，创建抽屉的把手，确定“挤出修改器”的参数、把手的位置。

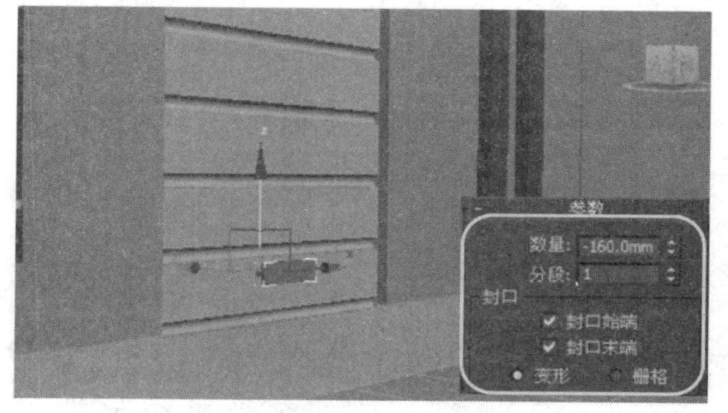

步骤6　单击“选择并移动”按钮，并按住shift键进行复制，“副本数”设置为4。

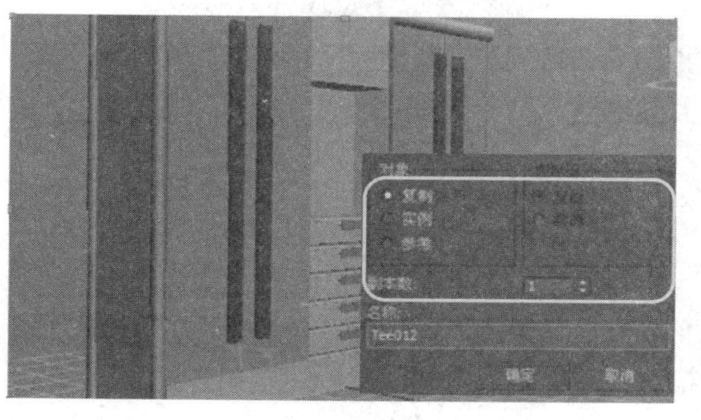

步骤7　经过渲染，得到完成效果。

4.5.4 实战：制作房屋及外围

本节将使用3ds Max中的建筑场景模型功能，制作一组室外场景模型。以下内容，简要为读者叙述了实例的技术要点和制作预览。

光盘路径： 第4章\4.5\制作房屋及外围.max

步骤1 在"顶"视口中创建一个平面，调整创建参数。

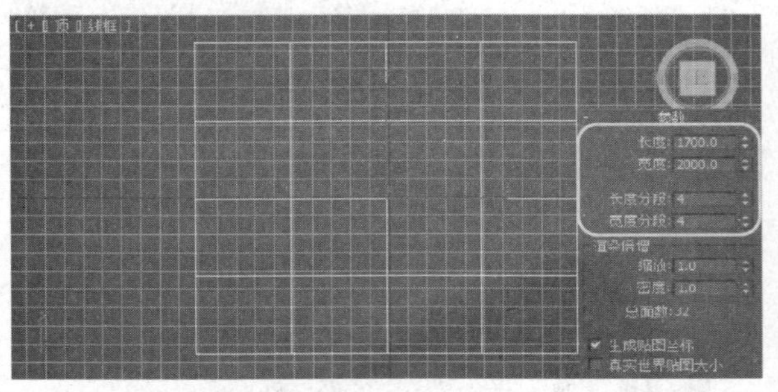

步骤2 在"顶"视口平面创建一个长方体，调整创建参数。

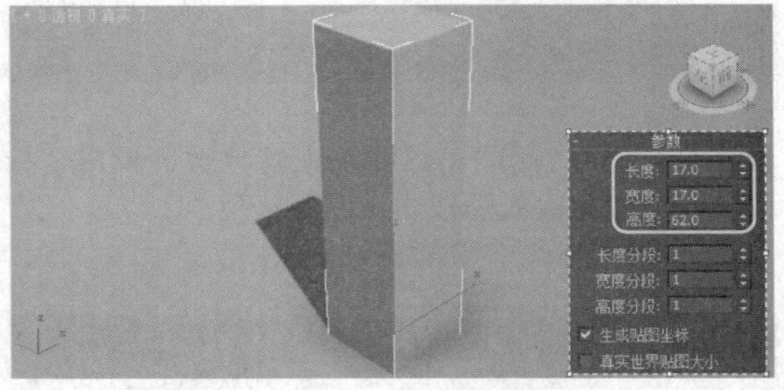

步骤3 在"前"视口移动长方体进行复制，弹出克隆选项对话框，调整参数。

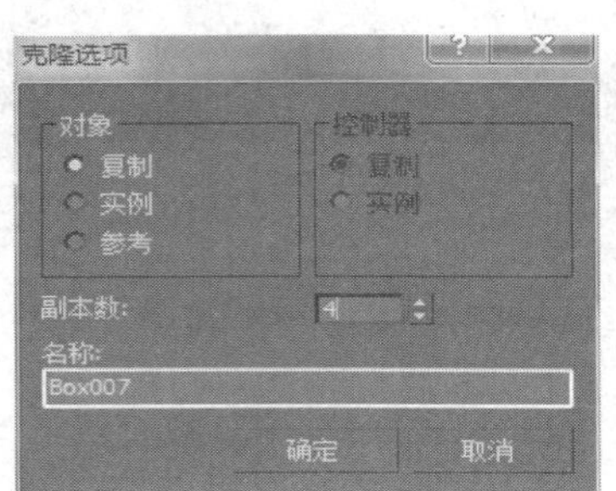

步骤4 在"顶"视口平面创建一个长方体，调整创建参数。

步骤5 在"顶"视口移动长方体进行复制，并调整复制对象的参数。

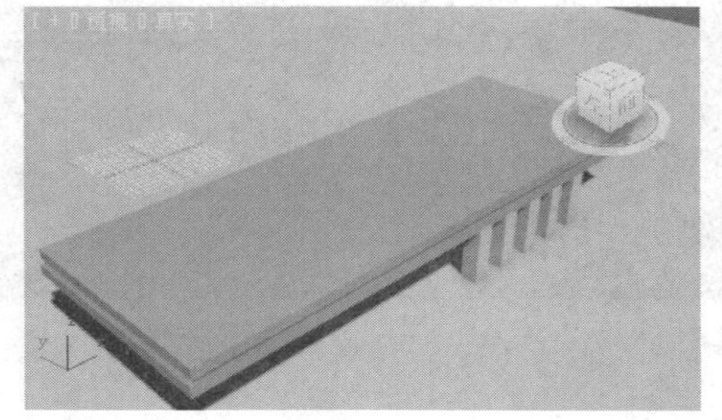

步骤6 在"前"视口创建长方体对象，并调整对象的参数。

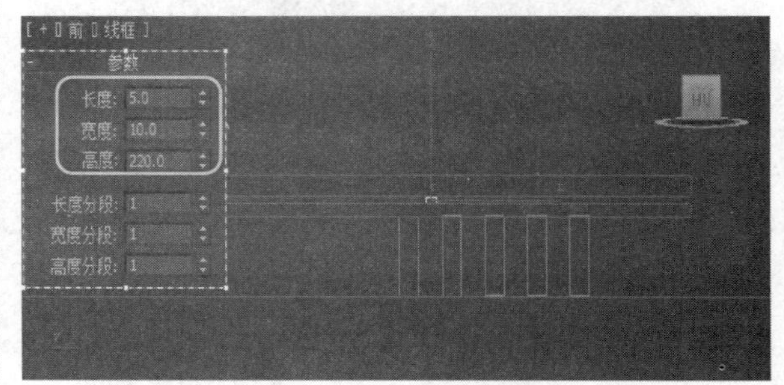

步骤7 在"前"视口移动长方体进行复制，并调整复制对象的位置。

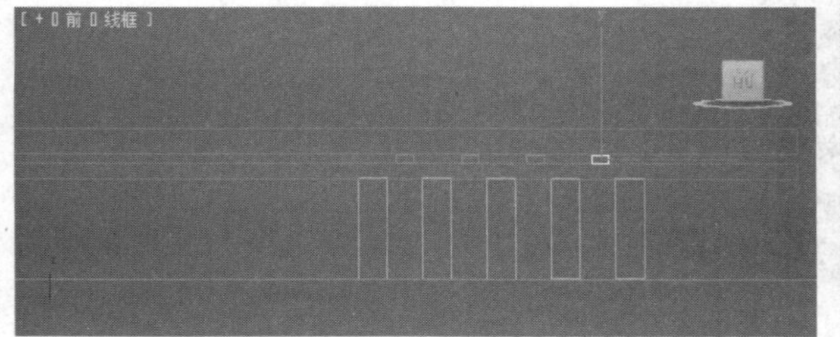

步骤8 在"前"视口创建墙对象，并调整对象的参数。

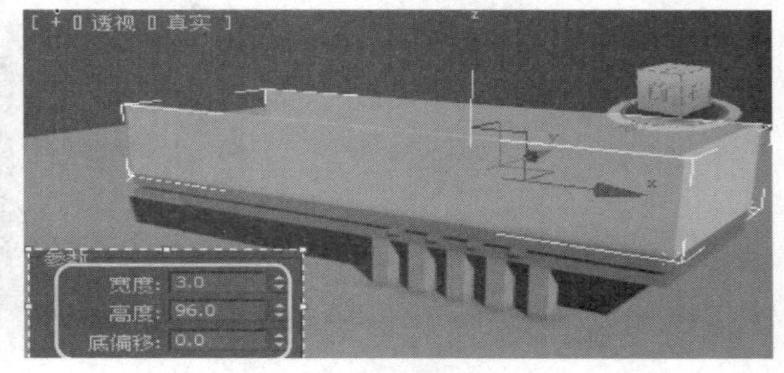

步骤9　在“透视”视口选择围墙，同时在修改界面选择剖面点击创建山墙设置参数。

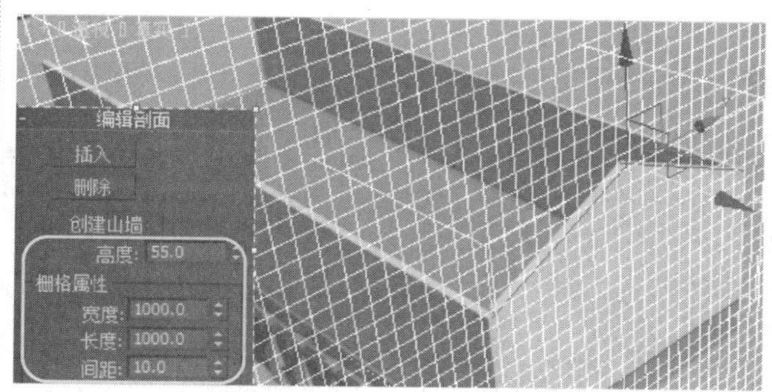

步骤10　在“左”视口创建墙，创建后修改参数。

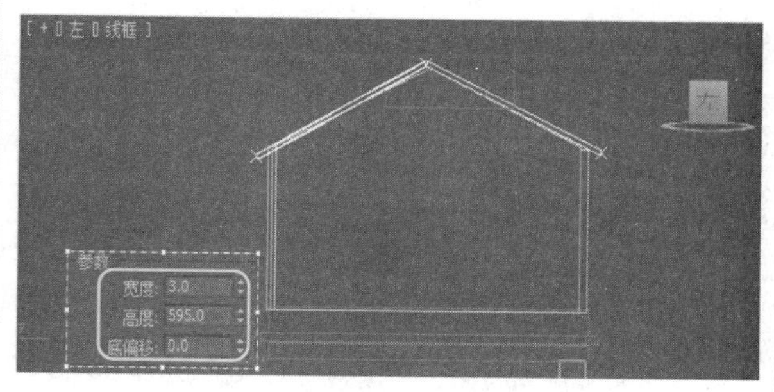

步骤11　在创建窗之前，单击“捕捉开关”按钮，选择边/线段，设置参数。

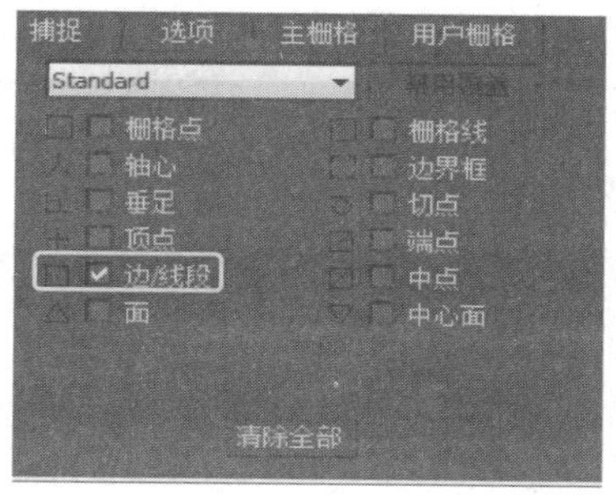

步骤12　在“顶”视口墙内创建固定窗，设置参数调整窗的位置。

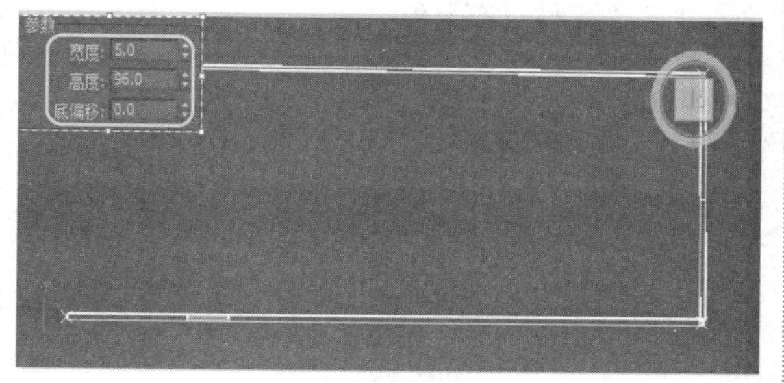

步骤13　在“前”视口调整窗户的位置并移动固定窗进行复制。

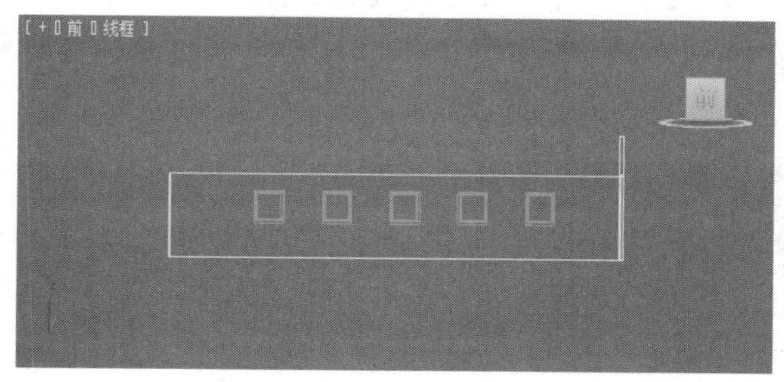

步骤14　在“顶”视口墙内创建折叠门，设置参数调整窗的位置。

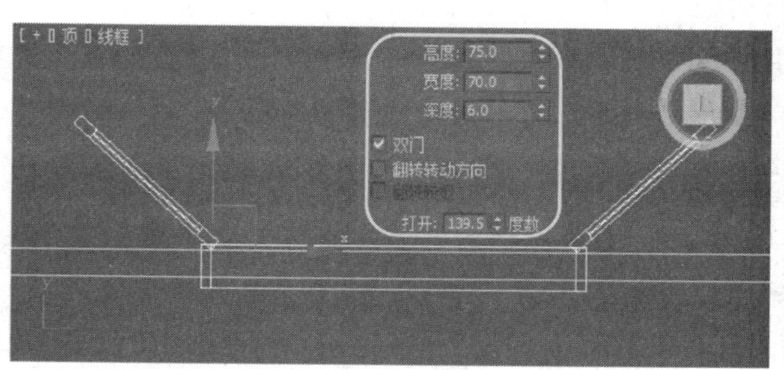

步骤15　在“左”视口中屋顶内创建遮棚式窗，设置各项参数并单击环绕子对象按钮调整窗的位置。

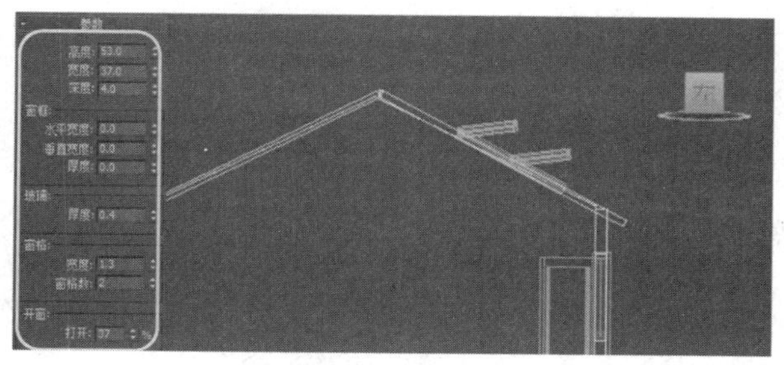

步骤16　在“透视”视口调整窗户的位置并移动遮棚式窗进行复制。

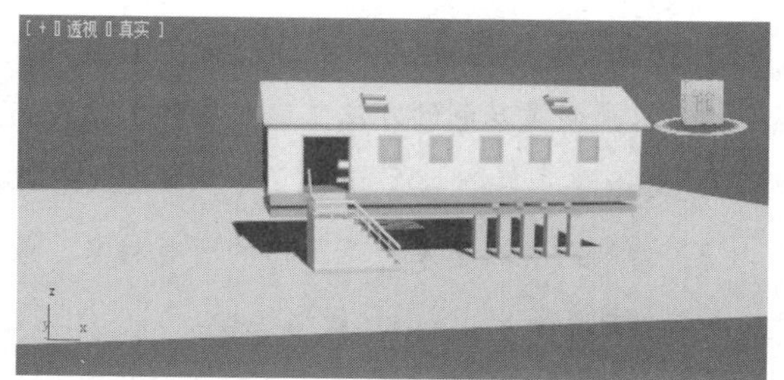

步骤17 在“透视”视口创建植物并调整植物的位置。

步骤18 查看四个视口的最终效果。

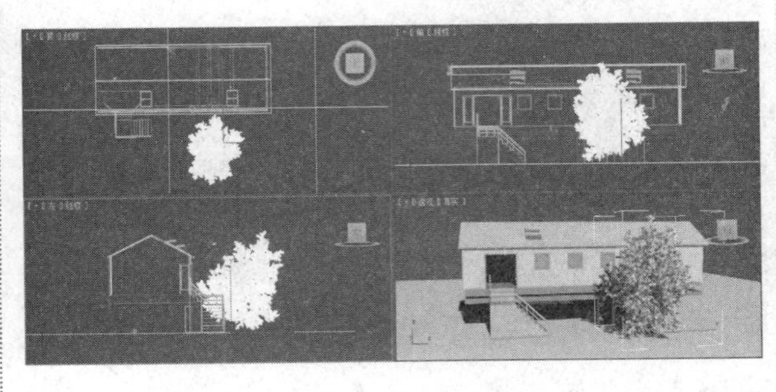

4.6 操作答疑

4.6.1 专家答疑

（1）三维世界中，位置、方向和比例的改变是对象的三种基本变换，3ds Max 2014中是怎么进行这三种变换的?

答：主工具栏中的“选择并移动”工具、“选择并旋转”工具和“选择并均匀缩放”工具分别用于移动、旋转和缩放操作。

（2）3ds Max 2014维数捕捉共有几种模式和运用方法?

答：维数捕捉包括2D捕捉、2.5D捕捉和3D捕捉，当使用2D捕捉时，光标仅捕捉到活动构建栅格，包括该栅格平面上的任何几何体，而忽略Z轴或垂直尺寸；使用2.5D捕捉时，光标仅捕捉活动栅格上对象投影的顶点或边缘；使用3D捕捉时，光标直接捕捉到3D空间中的任何几何体。3D捕捉用于创建和移动所有尺寸的几何体，而不用考虑构造平面。

（3）主工具栏中的“参考坐标系”下拉列表中，9种参考坐标系分别是什么?

答：主工具栏中的“参考坐标系”下拉列表中，3ds Max提供的9种参考坐标系，包括视图、屏幕、世界、父对象、局部、万向、栅格、工作和拾取。

（4）3ds Max共提供了三种变换中心，分别是什么?

答：3ds Max共提供了三种变换中心，包括“使用轴心点中心”、“使用选择中心”和“使用变换坐标中心”。

4.6.2 操作习题

1. 选择题（选项为一个或多个）

（1）采用键盘复制的方法复制对象时，须按住键盘上的（　　）键。

A. Shift　　B. Ctrl　　C. Alt　　D. Shift+Ctrl

（2）如果需要选中某一范围内的所有对象，最好的方法是（　　）。

A. 单击选择　　B. 区域选择　　C. 名称选择　　D. 主菜单选择

（3）在复制方法中，（　　）可以将当前选择的对象沿样条线或一对点定义的路径分布。

A. 间隔复制　　B. 快照复制　　C. 镜像复制　　D. 阵列复制

（4）在复制方法中，（　　）是专门用于复制、精确变换和定位很多组对象的一个或多个空间维度的工具。

A. 间隔复制　　B. 镜像复制　　C. 阵列复制　　D. 快照复制

（5）在对齐工具中，（　　）基于每个对象上的面或选择的法线方向将两个对象对齐。

A. 对齐　　B. 法线对齐　　C. 摄像机对齐　　D. 放置高光

2. 填空题

（1）处于选中状态的对象，周围会出现____________。

（2）如果要精确移动对象，可以使用“移动变换输入”对话框，打开该对话框的方法是____________。

（3）单击____________菜单下的____________命令可以执行阵列复制操作。

（4）在“移动变换输入”对话框中有两个选项组，分别为____________和____________。

（5）3ds Max提供了6种对齐工具，分别是：对齐、快速对齐、____________、____________、放置高光和对齐到视图。

3. 操作题

（1）练习视图布局的更改。

（2）练习镜像复制物体的方法。

（3）练习阵列在不同维度空间中复制物体的方法。

（4）练习不同对齐方法的使用。

第5章

文件与场景管理

本章重点：

3ds Max的场景和场景文件都需要合理的管理，本章将详细介绍3ds Max场景和场景文件的具体管理方法和常用管理工具，如资源浏览器、MAX文件查找工具等。

学习目的：

掌握3ds Max的场景和场景文件的具体管理方法和常用管理工具的使用。

参考时间：35分钟

主要知识	学习时间
5.1 场景文件处理	10分钟
5.2 常用文件处理工具	10分钟
5.3 场景的管理应用	15分钟

5.1 场景文件处理

当完一个作品时，需要对场景文件进行保存或另存等操作，本节将详细介绍处理场景文件和各种三维模型文件的相关命令和应用方法。

5.1.1 项目文件夹解读

安装好3ds Max 2014后，会在所在安装盘的My Documents/3dsMax路径下自动生成各种文件夹，这些文夹包括archives、autobck等，当在使用3ds Max 2014时，特定的操作会将文件默认应用到这些文件夹中。

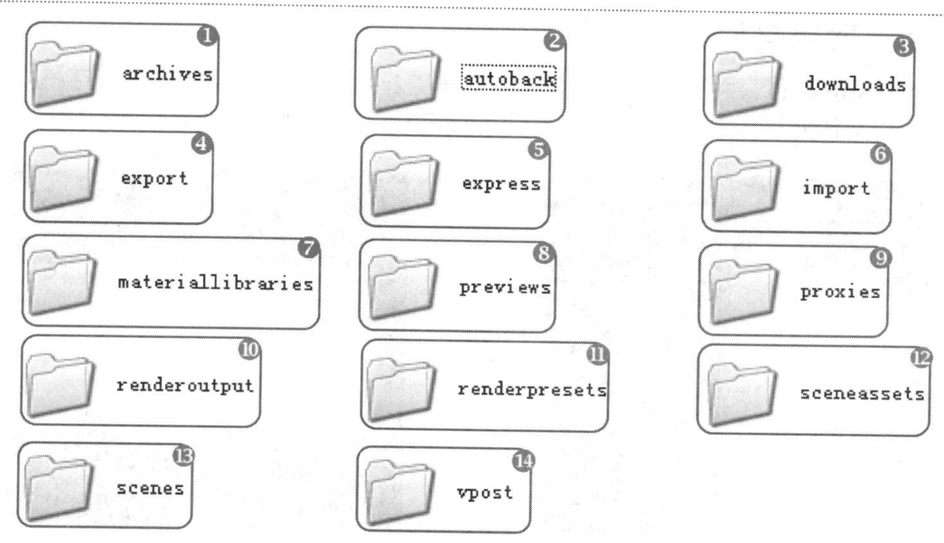

各项目文件夹

相关项目文件夹解读如下：

❶archives（**存档**）：存档文件的路径。

❷autoback（**自动备份**）：为自动备份文件设置的默认路径，如果使用了“自动备份”功能，则可以使用该目录。

❸downloads（**下载**）：i-drop文件的路径。

❹export（**导出**）：导出文件的路径。

❺express（**表达式**）：表达式控制器使用的文本文件的路径。

❻import（**导入**）：导入文件的路径。

❼materiallibraries（**材质库**）：材质库（MAT）文件的路径。

❽previews（**预览**）：预览渲染的路径。

❾proxies（**代理**）：代理位图的路径。

❿renderoutput（**渲染输出**）：渲染输出的路径。

⓫renderpresets（**渲染预设**）：渲染预设文件的路径。

⓬sceneassets（**场景资源**）：场景资源放置的路径。

⓭scenes（**场景**）：MAX 场景文件的路径。

⓮vpost（Video Post）：加载和保存 Video Post 队列的路径。

在默认情况情况下，项目文件夹与文件I/O输出有关，包括了用户在其中存储文件的大多数文件目录，文件夹的I/O输出可以通过执行“自定义 | 配置用户路径”命令来设置。

在该对话框中，可以观察到I/O输出的大多数文件夹与项目文件夹一致，并且比项目文件夹更多。

❶Animations（**动画**）：动画 (ANM) 文件的路径。

❷BitmapProxies（**位图代理**）：代理位图的路径。

❸Images（**图像**）：图像文件的路径。

❹MaxStart：maxstart.max的路径，该文件提供初始 3ds Max 场景设置。

❺Photometric（光度学）：光度学文件的路径，用于定义光度学灯光的各种特性。

❻RenderAssets（渲染资源）：mental ray 和其他渲染资源文件的路径，包括阴影贴图、光子贴图、最终积聚贴图、MI 文件和渲染通道。

❼Sounds（声音）：加载声音文件的路径。配置了用户路径后，其设置将写入3dsmax .ini 文件，使其立即生效。

配置用户路径

5.1.2 实战：项目文件夹的设置

步骤1 单击左上角的按钮，在弹出的菜单栏执行“管理 | 设置项目文件夹”命令。

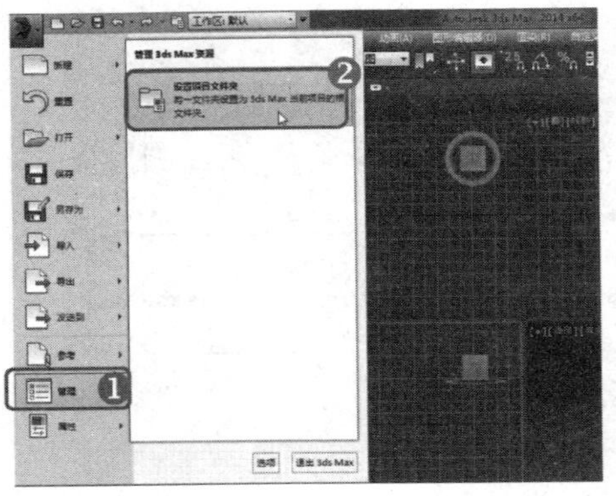

步骤2 弹出“浏览文件夹”对话框，可查看默认的项目文件夹所在位置。

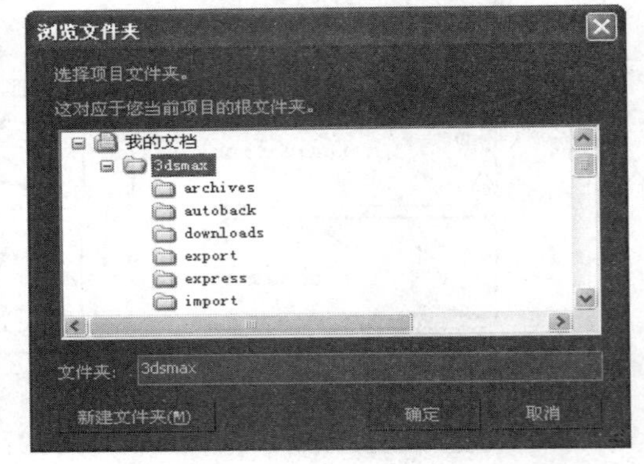

步骤3 重新选择路径，并修改项目文件夹原有的名称。

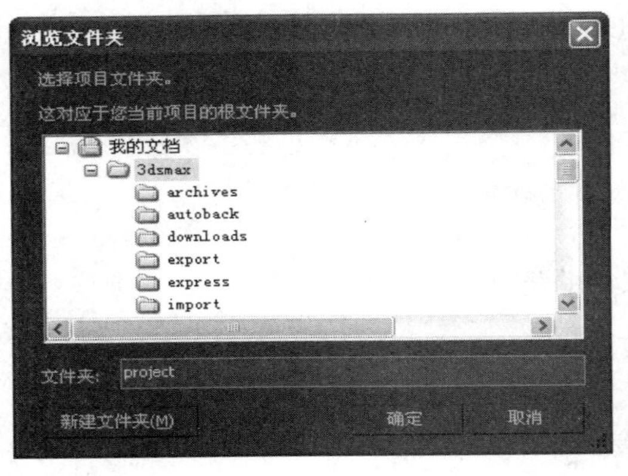

步骤4 在计算机操作系统的资源浏览器中可访问新的项目文件夹设置路径。

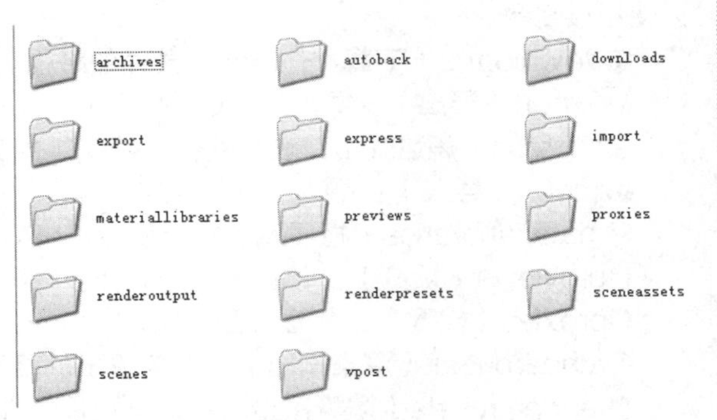

提示： 合理进行路径的配置工作，可以使内容创建团队轻松地为所有要使用的团队成员设置相同的文件夹。

5.1.3 文件操作命令

3ds Max的默认场景文件格式为.max，通过程序直接保存得来，3ds Max的保存、合并等命令直接支持默认文件格式，也可以通过导入等命令将其他格式的几何体文件转换保存为.max格式。

1. 保存

保存场景可以使用“保存”、“另存为”、“另存复制为”和“保存选定对象”等菜单命令实现。

“保存”的菜单命令

2. **合并**

使用“合并”菜单命令，可以将其他场景文件中的对象或整个场景引入到当前场景中。

3. **导入和导出**

使用“导入”命令可以加载或合并不是 3ds Max 场景文件的几何体文件，而使用“导出”命令可以采用各种格式转换和导出 3ds Max 场景，下面是常用导入或导出的文件类型。

（1）**3DS（3D Studio 网格）**：3DS 是3D Studio（DOS）网格文件格式。

（2）**PRJ（3D Studio 项目）**：PRJ 是3D Studio（DOS）项目文件格式。

（3）**SHP（3D Studio 图形）**：SHP 是3D Studio（DOS）图形文件格式。

（4）**AI（Adobe Illustrator）**：AI是Adobe Illustrator（AI88）文件。

（5）**DWG、DXF（AutoCAD）**：AutoCAD、Architectural Desktop 或 Revit 对象的子集转换为相应的3ds Max 对象。

（6）**IPT、IAM（Autodesk Inventor）**：IPT 和 IAM 是用于部分（IPT）和集合（IAM）的固有Autodesk Inventor文件格式。

（7）**IGES（初始化图形交换标准）**：IGES 文件用于从3ds Max（及支持该文件格式的其他程序）导入和导出NURBS对象。

（8）**DEM、XML、DDF（LandXML /DEM /DDF）**：在“LandXML/DEM 模型生成器”中，可以决定将哪些部分的土地开发数据导入到 3ds Max中。3ds Max随后将针对每个土地特性创建单独的对象，包括地形曲面、道路对齐和包裹。

（9）**LS、LP、VW（Lightscape解决方案、Lightscape准备、Lightscape视图）**：可以导入Lightscape准备文件、Lightscape解决方案和Lightscape视图文件。

（10）**HTR（运动分析层次平移旋转）**：运动分析HTR（层次平移旋转）运动捕捉文件格式是BVH格式的另一种选择，这是因为它具备数据类型和排序方面的灵活性。它还具有完整的基础姿势规范，由表示旋转和平移的起始点组成。

（11）**TRC（运动分析）**：“运动分析TRC”运动捕捉文件格式代表跟踪输出的原始形式（ASCII）。

（12）**STL（Stereolithography）**：STL 文件以用于stereolithography 的格式保存对象数据。

（13）**WRL、WRZ（VRML）**：可以将VRML1.0、VRBL和VRML 2.0/VRML 97文件导入到3ds Max。

提示：在场景中任意选择部分对象，然后在菜单栏中执行“另存为 | 保存选定对象”命令，打开另存的场景文件时，可观察到场景中只有保存时所选择的对象。

提示：使用“合并”对话框，无论是否使用从属对象，均可加载并保存影响。

提示：通常会使用文件链接管理器连接到DWG或DXF绘图文件，但是也可以使用“导入”命令立即绑定到绘图文件。

5.1.4　实战：打开和保存场景文件

光盘路径：第5章\5.1\打开和保存场景文件（原始文件）.max

步骤1 在菜单栏执行“文件 | 打开”命令。

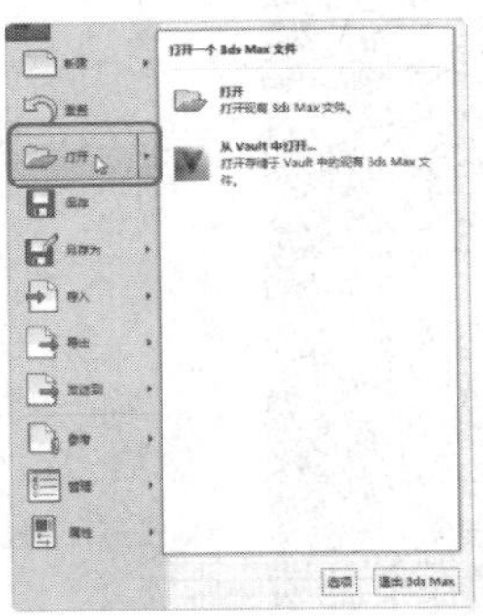

步骤2 在“打开文件”对话框中选择“电饭煲”场景文件。

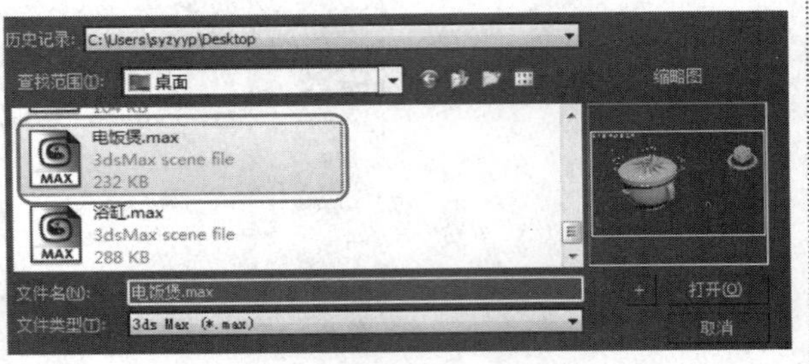

步骤3 单击“打开”按钮，打开选择的场景文件，可观察到该场景文件中包含的3ds Max对象。

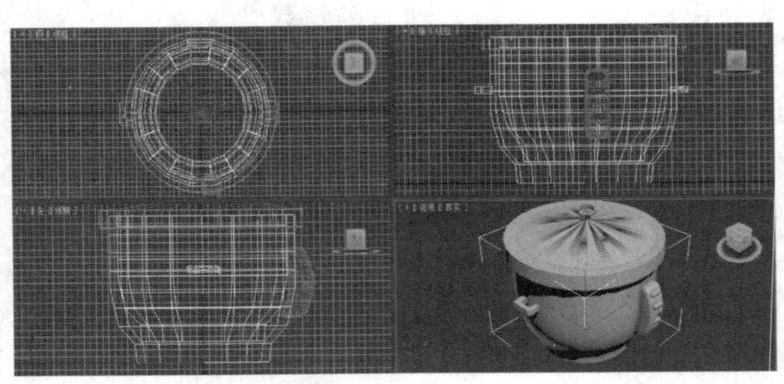

步骤4 在菜单栏中执行“另存为”命令。

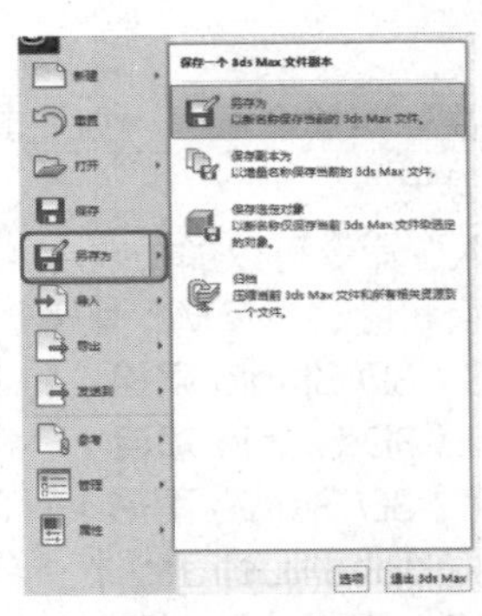

步骤5 在“文件另存为”对话框中，可将当前场景文件进行重新命名并保存。

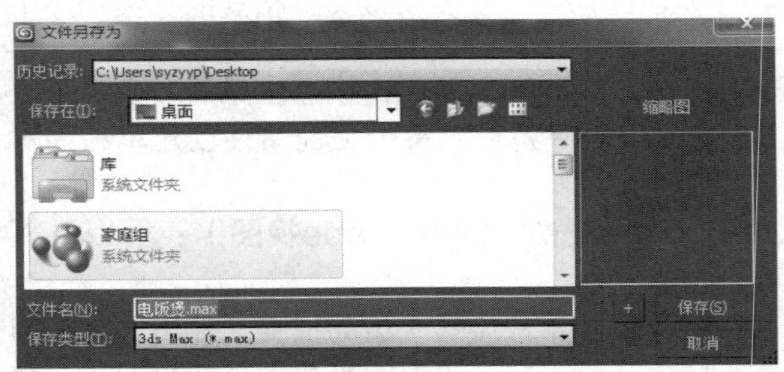

步骤6 在场景中任意选择部分对象，然后在菜单栏中执行“另存为 | 保存选定对象”命令。

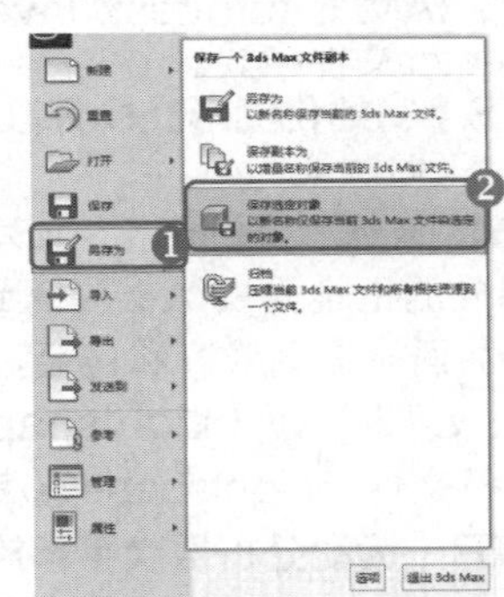

步骤7 在“文件另存为”对话框中对场景文件重新命名，并进行保存。

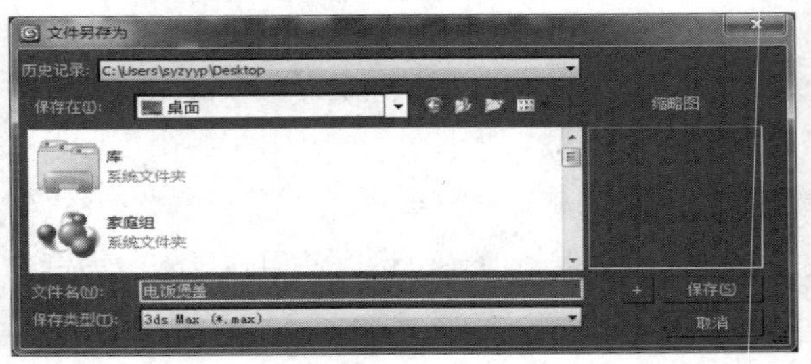

步骤8 打开另存的“餐具盘”场景文件，可观察到场景中只有保存时所选择的对象。

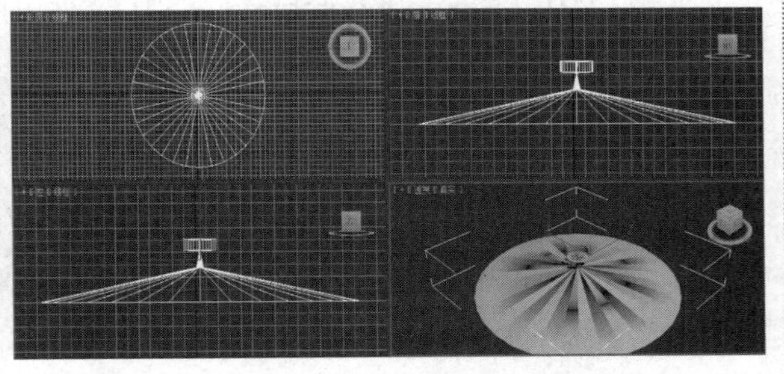

提示： “文件另存为”对话框具有标准的Windows文件保存控件。右边的缩略图区域显示场景预览，该场景的文件名在左边的列表中高亮显示。

5.1.5　实战：合并对象

光盘路径：第5章\5.1\合并对象（原始文件）.max

步骤1　单击左上角的按钮，在弹出的菜单中执行“导入 | 合并”命令。

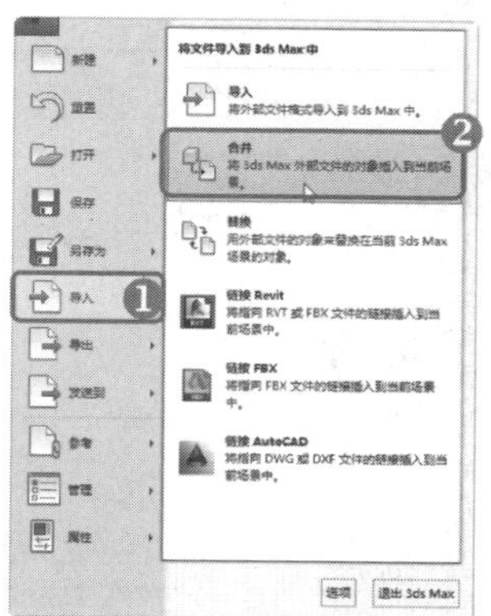

步骤2　在“合并文件”对话框中选择要合并的场景文件“合并对象.max”。

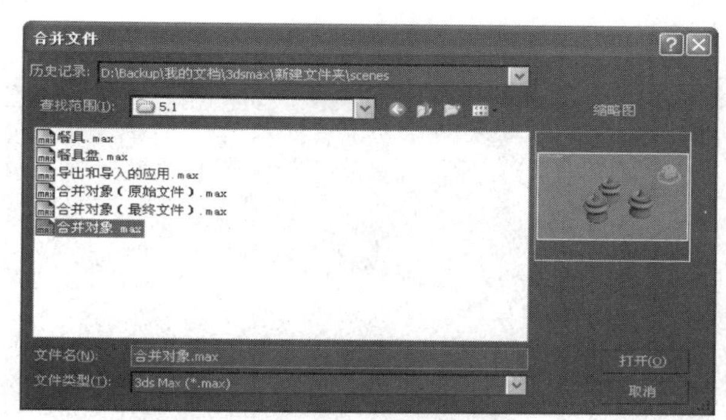

步骤3　在“合并”对话框中，可以在列表框中选择需要合并的场景对象。

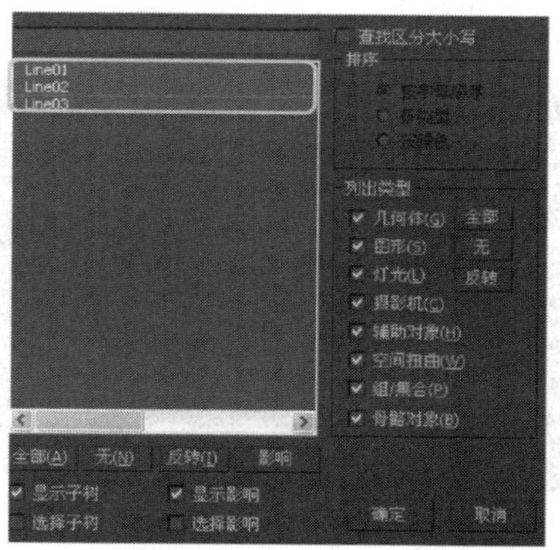

步骤4　如果要合并的对象与当前场景中的对象发生了重名现象，将弹出“重复命名”对话框，可进行设置和操作。

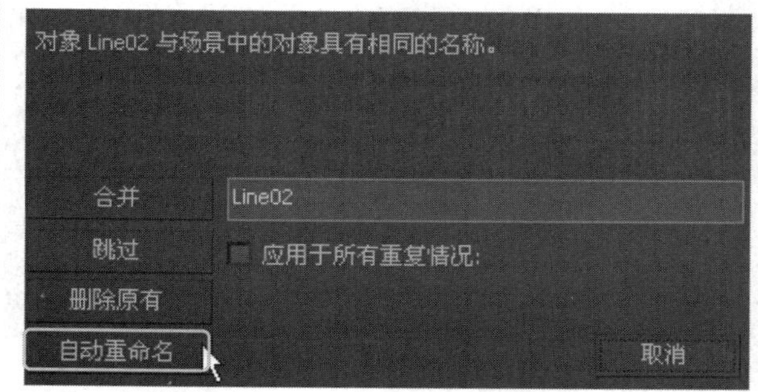

步骤5　如果材质有重命，会弹出“重复材质名称”对话框。

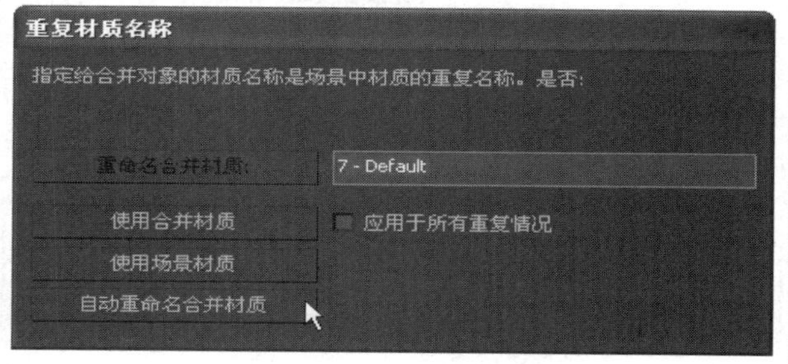

步骤6　完成所有操作后，选择的场景对象合并到当前场景中。

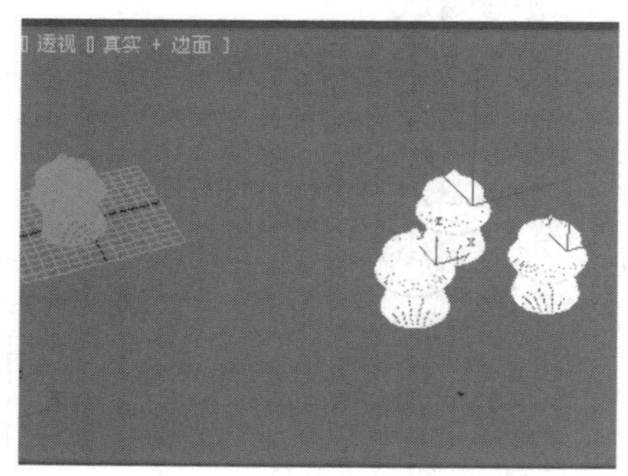

提示： 单击“合并”需要在文本框中进行命名，单击“跳过”将不合并该对象，单击“删除原有”将删除场景中的相应对象，单击“自动重命名”将以数字序号的方式重新命名。

提示： 当出现重复的材质名称时，处理方式与重复对象名称一样，可以重新命名、都使用当前材质、都使用场景材质或自动重命名。

5.1.6 实战：导出和导入的应用

光盘路径：第5章\5.1\导出和导入的应用（原始文件）.max

步骤1 打开本书配套光盘中的原始文件。

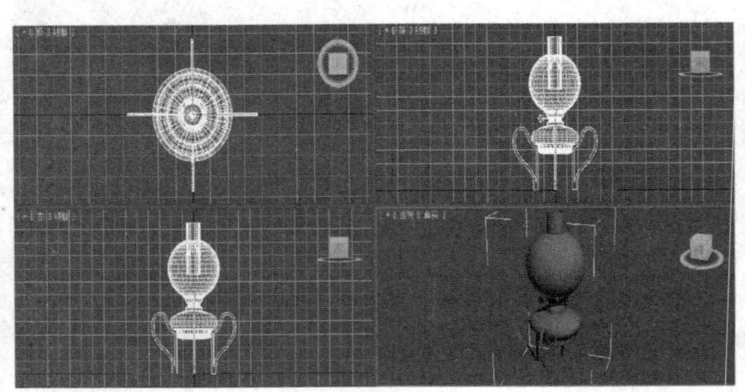

步骤2 在菜单栏中执行“导出”命令。

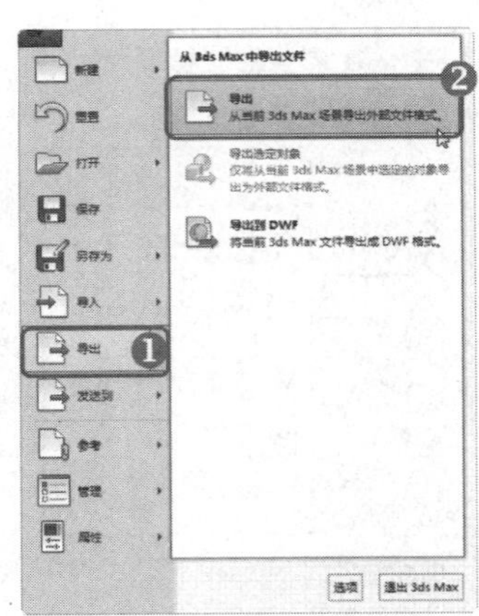

步骤3 在“选择要导出的文件”对话框中选择导出的文件格式和保存路径。

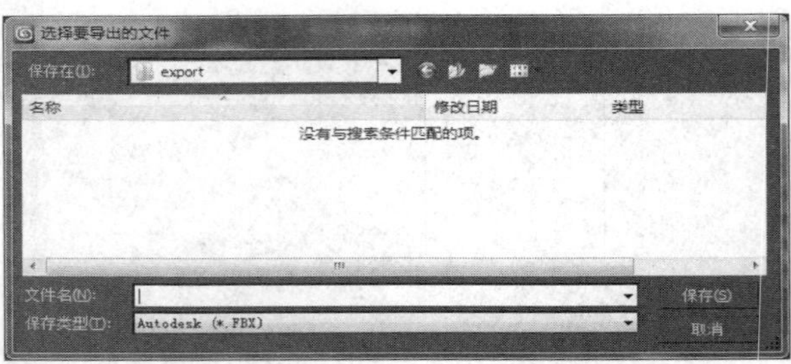

步骤4 确定导出后，由于选择的是3DS格式，开启相应的对话框，保持Max的纹理坐标，单击“确定”按钮完成导出。

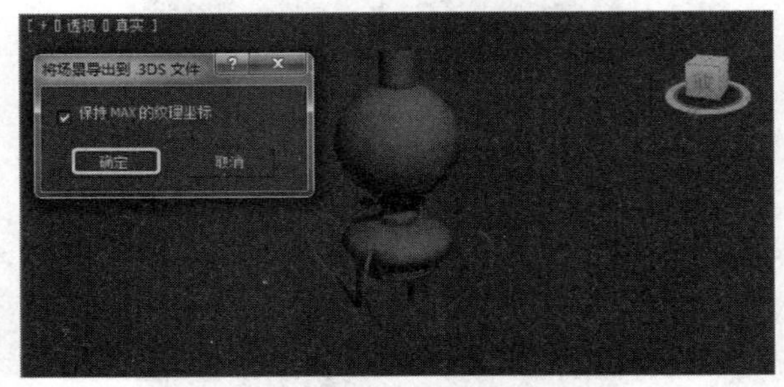

步骤5 在菜单栏执行“新建 | 新建全部”命令，新建一个场景。

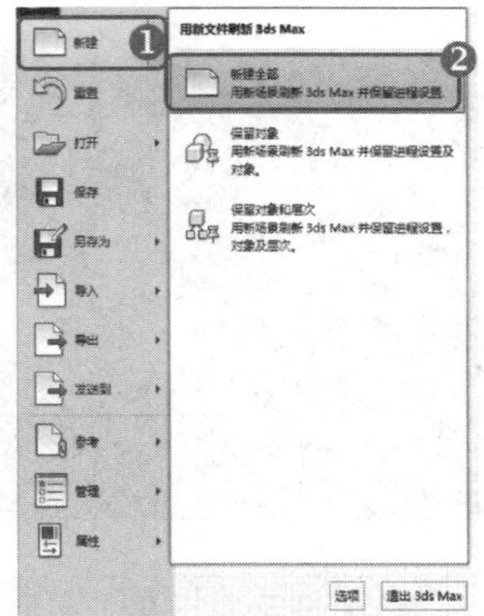

步骤6 在菜单栏执行“导入”命令。

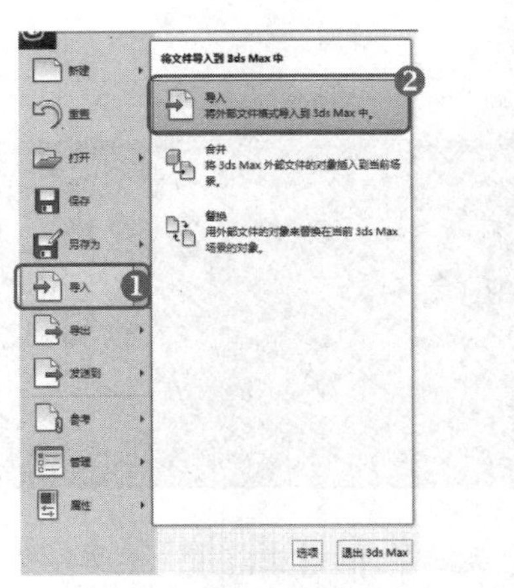

步骤7 在相应的对话框中选择之前导出的3DS格式文件。

步骤8 导入3DS文件时，开启“3DS导入”对话框，保持对话框中的默认参数，单击“确定”按钮。

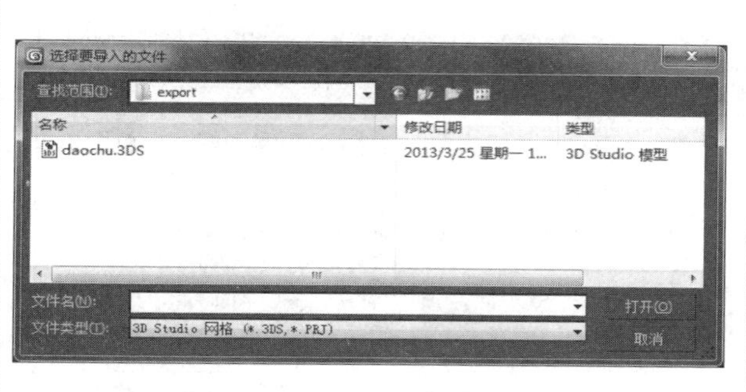

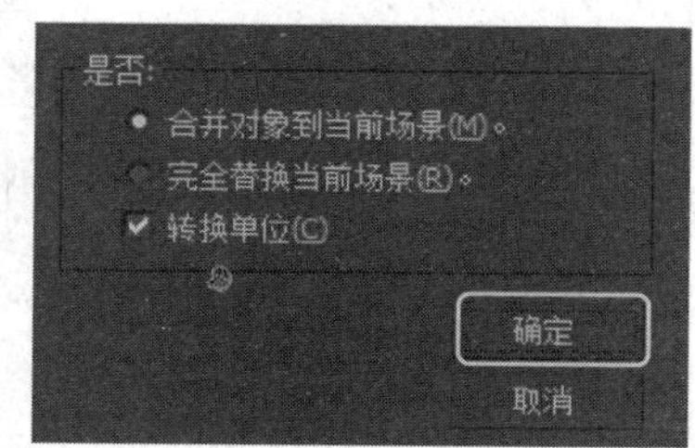

步骤9　完成导入后，可观察到之前导出的轮胎模型被引入到场景中。

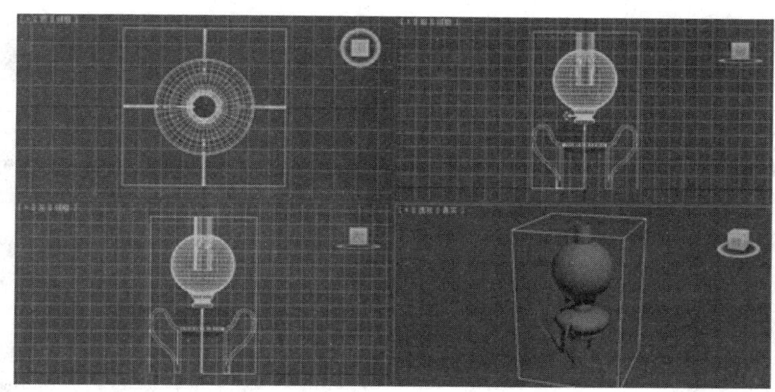

提示： AutoCAD和AutoCAD纵向应用程序如Architectural Desktop（ADT）都有产品唯一的自定义对象。要在3ds Max中查看它们，就需要相应的“对象启用器”（OE）。

5.2 常用文件处理工具

在3ds Max中，可以通过一系列文件处理工具来操作、管理场景文件，如资源浏览器工具、位图分页程序统计等。

5.2.1 资源浏览器工具

“资源浏览器”可以从桌面或网络计算机访问路径，也可以在Internet网络上查找纹理示例或产品模型，资源浏览器可以对文件类型进行过滤显示，包括BMP、JPG、MAX、DWG等格式。

在使用资源浏览器浏览网页时，用户可以将嵌入在网页中的大多数图像拖动到场景中。如果网页的图像或区域被标记为超链接或其他HTML类型，则不能拖放。

“资源浏览器”窗口

5.2.2 实战：资源浏览器的应用

步骤1　打开3ds Max 2014，在用户界面中切换到“实用程序”命令面板。

步骤2　单击“资源浏览器”按钮，可开启相应的对话框。

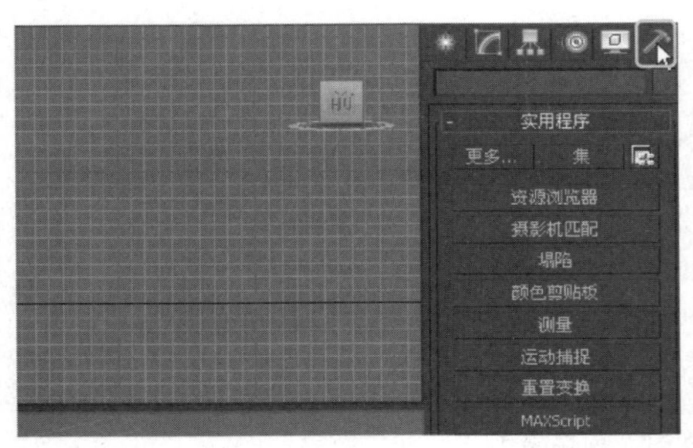

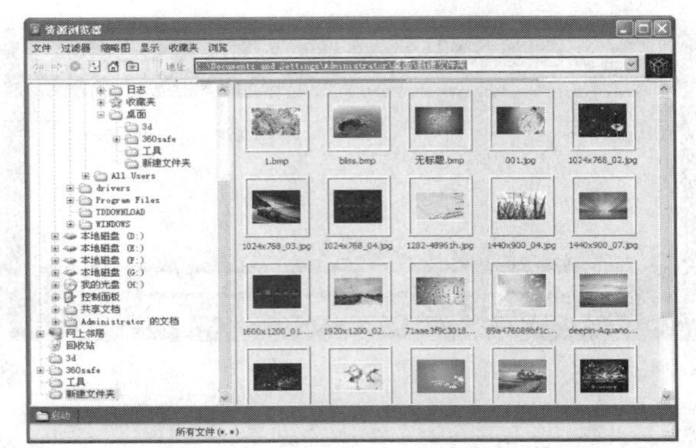

步骤3 在打开的“资源浏览器”对话框的左侧目录中，可以选择本地或网络计算机的访问路径。

步骤4 选择“资源浏览器”中的一个图像文件，并右击，在弹出的快捷菜单中选择“查看”命令。

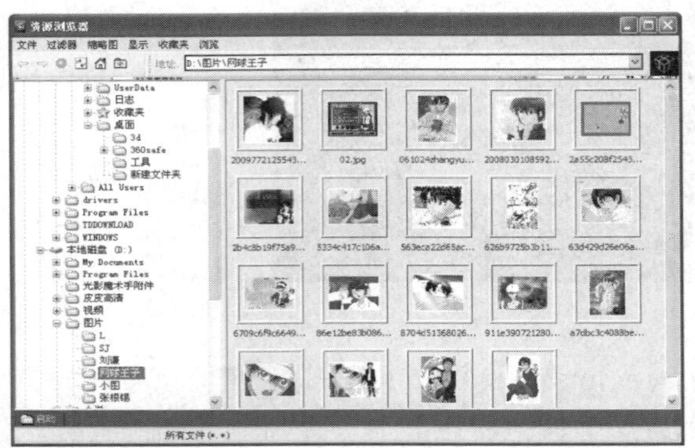

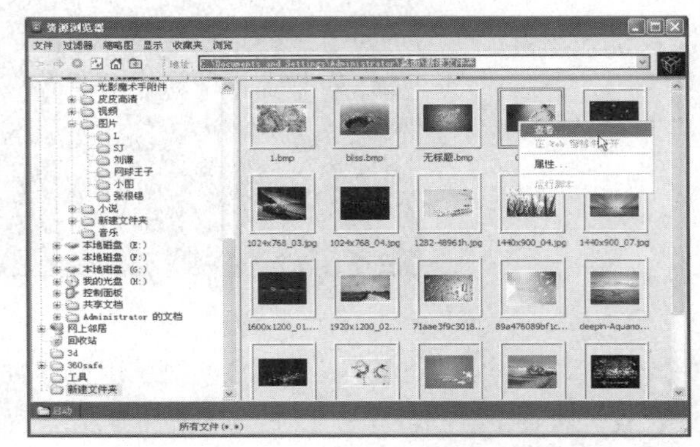

步骤5 选择快捷菜单命令后，选择的图像文件会通过帧缓存器打开。

步骤6 选择图像文件，并将其拖动到视口中，会开启“位图视口放置”对话框。

步骤7 保持“位图视口放置”对话框中的默认参数，图像文件将作为环境和视口背景的贴图。

步骤8 在“资源浏览器”的“地址”文本框中输入网址，可通过“资源浏览器”访问Internet。

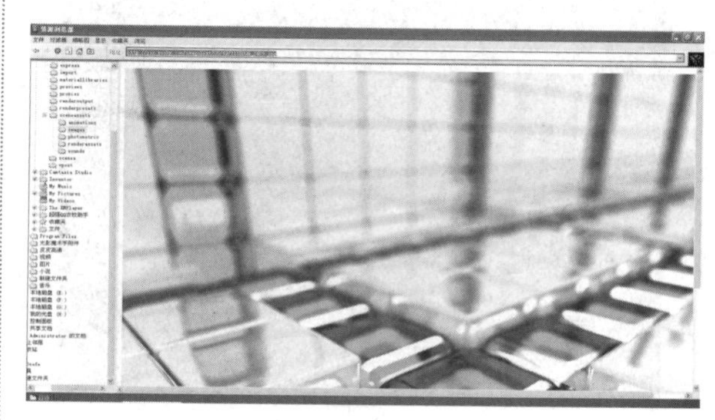

提示：通过在“资源浏览器”的各部分或3ds Max用户界面上拖动缩略图，可以指定由缩略图表示的文件。

提示：当拖动场景文件到当前场景中时，可以使用自动栅格在对象上定位几何体文件。

提示：下载的内容可能受站点所有者的使用限制或许可证的约束。用户需要获得所有内容的许可权。

5.2.3　位图/光度学路径编辑器工具

使用“位图/光度学路径编辑器”可以更改或移除场景中使用的位图和光度学分布文件（IES）的路径。此命令也可用来查看那些对象使用出现问题的资源。

相关参数解读如下：

❶**编辑资源**：单击该按钮，可开启“位图/光度学路径编辑器”对话框。

❷**包括材质编辑器**：勾选该复选框，“位图/光度学路径编辑器”对话框显示“材质编辑器”中的材质以及指定给场景中对象的材质，默认设置为启用。

❸**包括材质库**：勾选该复选框，“位图/光度学路径编辑器”对话框显示当前材质库中的材质以及指定场景中对象的材质。

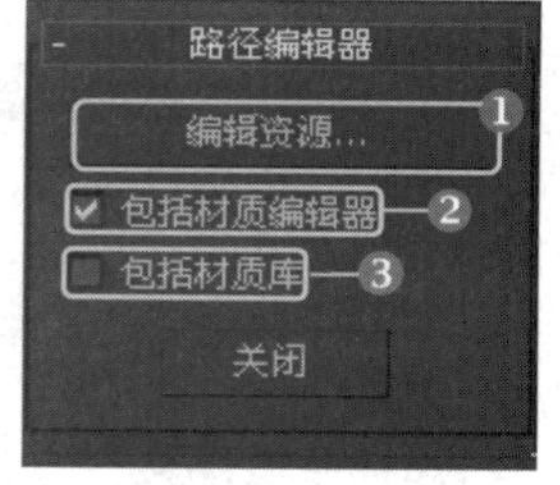

“位图/光度学路径编辑器”工具参数卷展栏

5.2.4　实战：位图/光度学路径编辑器工具的使用

步骤1　在“实用程序”命令面板中单击“更多”按钮。

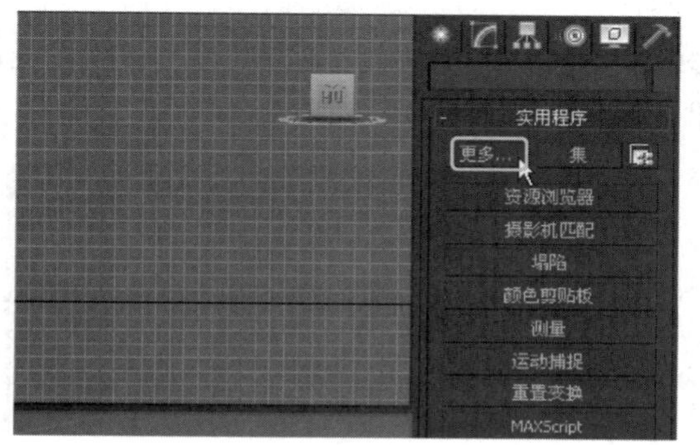

步骤2　开启“实用程序”对话框，在列表框中选择“位图/光度学路径”项。

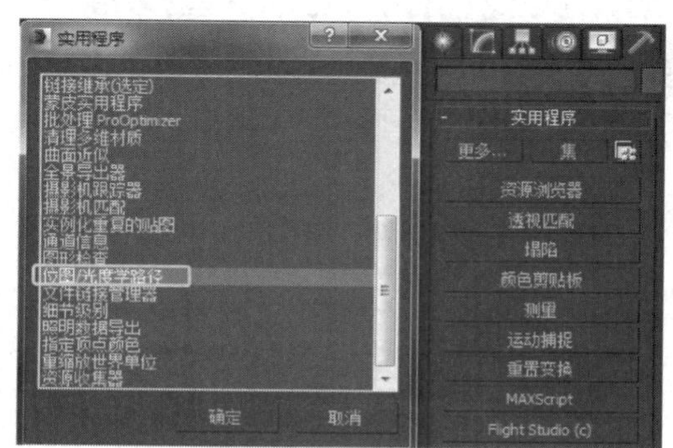

步骤3　通过选择列表框中的工具，在“命令”面板中可开启新的“路径编辑器”卷展栏。

步骤4　选择单击“编辑资源”按钮，可开启相应的对话框。在该对话框中可对具体位图或光度学文件的详细信息进行查看和编辑。

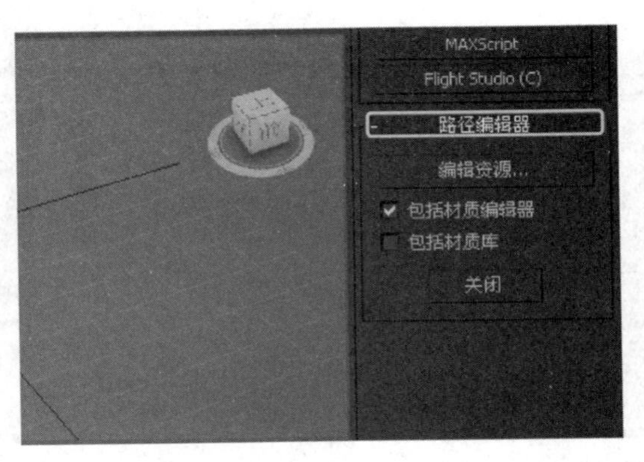

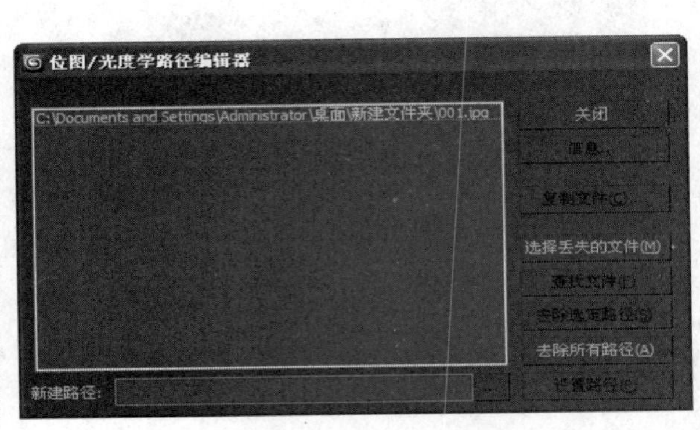

提示：3ds Max只有常用的工具被列入了“实用程序”卷展栏，用户可以通过对话框进行选择，也可以重新配置按钮集。

5.2.5 MAX文件查找程序工具

“MAX文件查找”工具可以用于搜索包括特定属性的MAX场景文件，如在D盘搜索包括“金属”材质的所有MAX文件。

窗口相关内容解读如下：

❶**搜索文本**：指定要搜索的文本。如果将此字段留为空白，则将查找包含指定属性的所有文件。

❷**文件规格**：指定要搜索的文件类型。预定义的文件类型是*.max，用户可以输入不同的文件类型，如*.jpg，要搜索所有文件，可以选择*.*。

❸**属性**：指定要搜索的属性，使用All（全部）可搜索任何属性。

❹**开始**：单击该按钮，开始搜索，在搜索过程中，再次单击该按钮可停止搜索。

❺**浏览**：单击该按钮，弹出“浏览文件夹”对话框，在其中可以指定搜索目录。

❻**包括子文件夹**：勾选该复选框，查找器将搜索当前目录和所有子目录。

❼**列表**：列出找到的匹配当前搜索标准的所有文件。

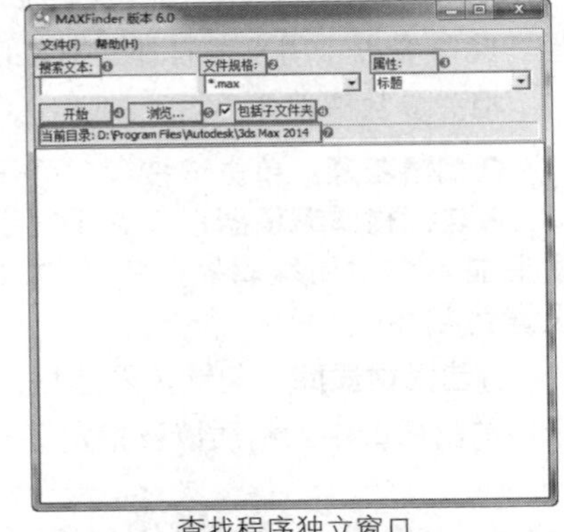

查找程序独立窗口

提示：“MAX文件查找”工具需要在3ds Max 2014的程序目录下选择。

5.2.6 实战：MAX文件查找程序工具案例

步骤1 打开操作系统的“开始”菜单，在3ds Max 2014的程序目录下选择“Max查找”工具选项。

步骤2 打开“Max查找”程序，在打开的对话框中单击“浏览”按钮。

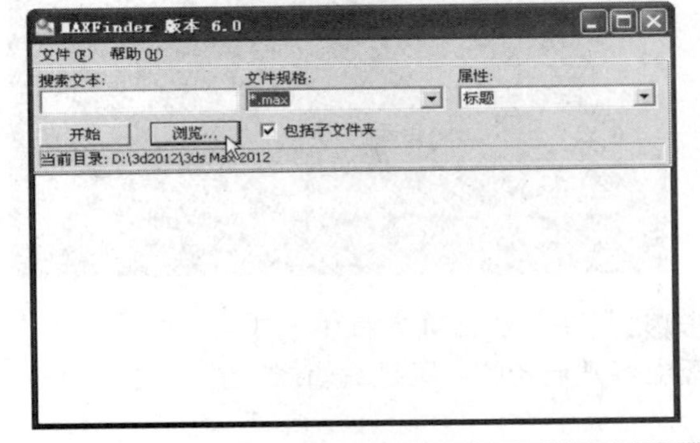

步骤3　在弹出的“浏览文件夹”对话框中，选择本地计算机中的一个文件夹。

步骤4　单击“开始”按钮，开始在选择的文件夹中查找Max场景文件。

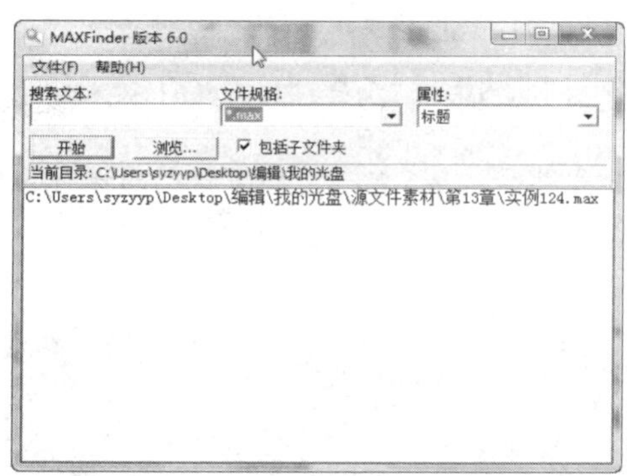

步骤5　双击任意一个搜索结果，可开启相应的对话框，在对话框中可查看到该场景文件的基本信息和具体信息。

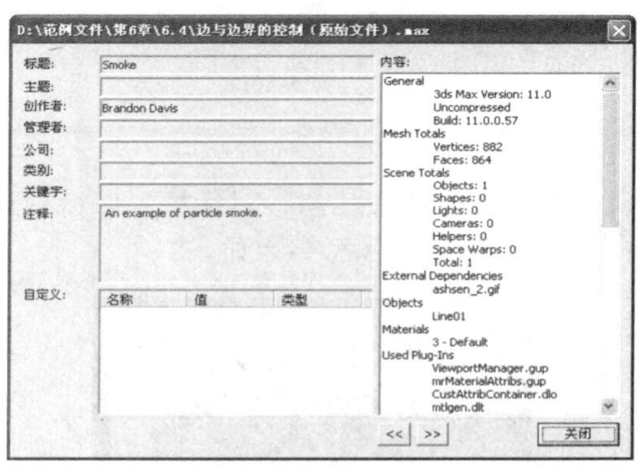

步骤6　在“文件规格”下拉列表中选择文件格式为*.tif，然后再次搜索。可查看到，搜索结果都是TIF图像格式文件。

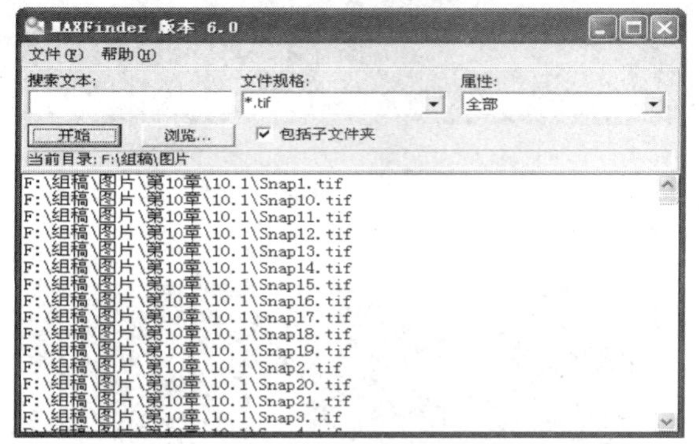

5.3　场景的管理应用

场景通常通过层来管理，通过运用3ds Max 2014中的场景管理器，再复杂的场景都会变得容易管理。

5.3.1　场景状态应用

场景状态是3ds Max一种快速保存场景的方法，可以将灯光、摄影机、对象属性、材质和环境等进行保存，并能随时恢复并进行渲染，从而为模型提供了多种插值。场景状态的保存与管理，需要通过四元菜单进行选择。

对话框相关内容解读如下：

❶**灯光属性**：选择该项，灯光的颜色、强度、阴影等各种参数都将被保存。

❷**灯光变换**：选择该项，场景中所有灯光的变换将被记录保存。

❸**对象属性**：选择该项，为每个对象记录当前对象属性值，包括高级照明和mental ray的设置。

❹**摄影机变换**：选择该项，为每个摄影机记录摄影机变换参数。

❺**摄影机属性**：选择该项，为每个摄影机记录摄影机参数，包括摄影机校正修改器所做的任何校正。

❻**层属性**：选择该项，记录保存场景状态时“层属性”对话框中每个层的设置。

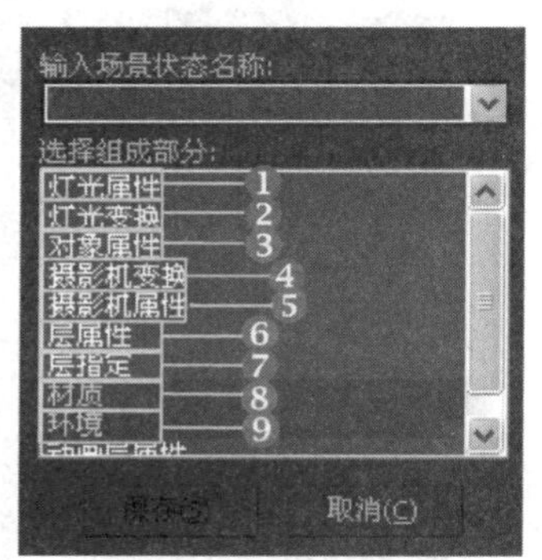

保存场景状态

❼**层指定**：选择该项，记录每个对象的层指定。
❽**材质**：选择该项，记录场景中使用的所有材质和材质指定的应用对象。
❾**环境**：选择该项，记录环境设置，包括背景、环境贴图、曝光控制等。

5.3.2 实战：场景状态的保存

光盘路径：第5章\5.3\场景状态的保存（原始文件）.max

步骤1 打开本书配套光盘中的原始文件。

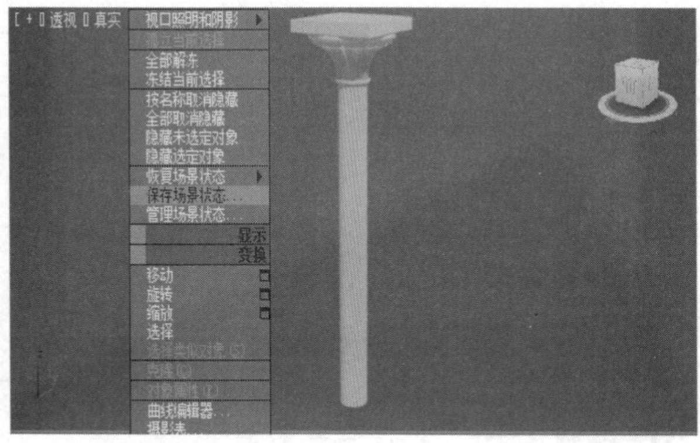

步骤2 激活"透视"视图，按下快捷键Shift+Q进行快速渲染。

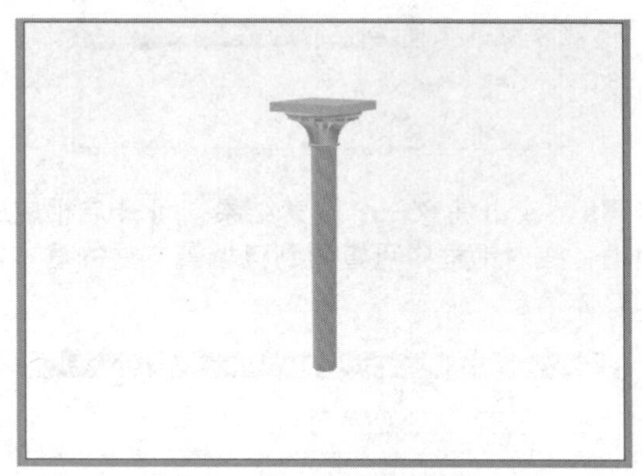

步骤3 在场景中右击，开启四元菜单，选择"保存场景状态"命令。

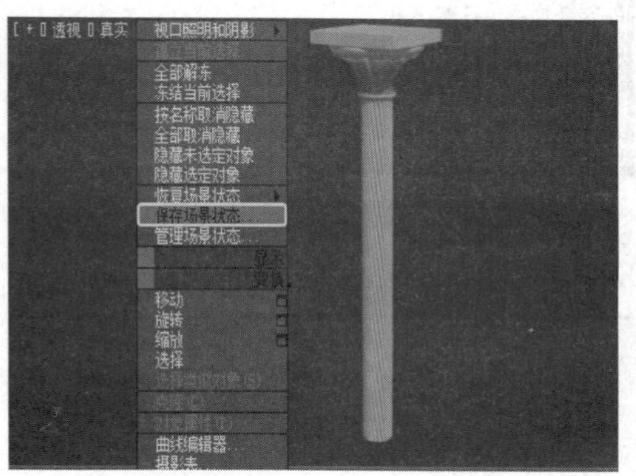

步骤4 在"保存场景状态"对话框中保持默认的参数，并为当前状态保存结果命名。

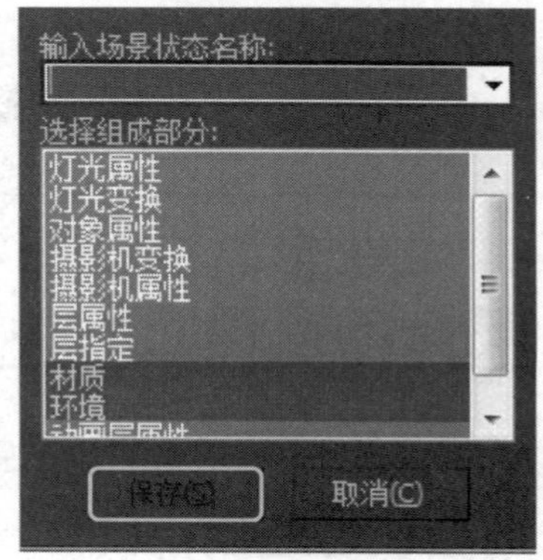

步骤5 选择场景中的灯光对象，在参数面板中禁用"阴影"选项组中的选项。

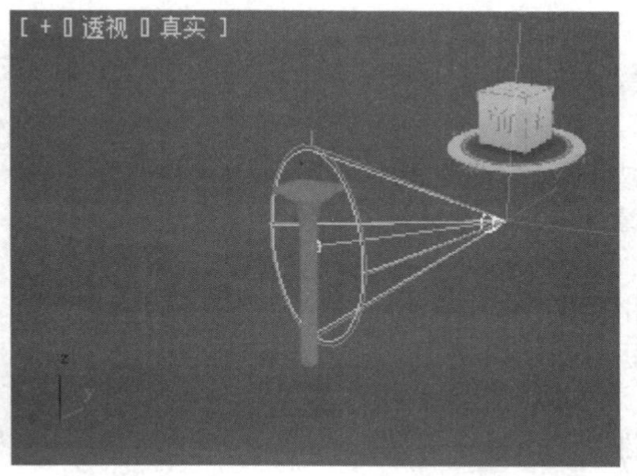

步骤6 再次通过快捷键进行快速渲染，可观察到场景的渲染效果。

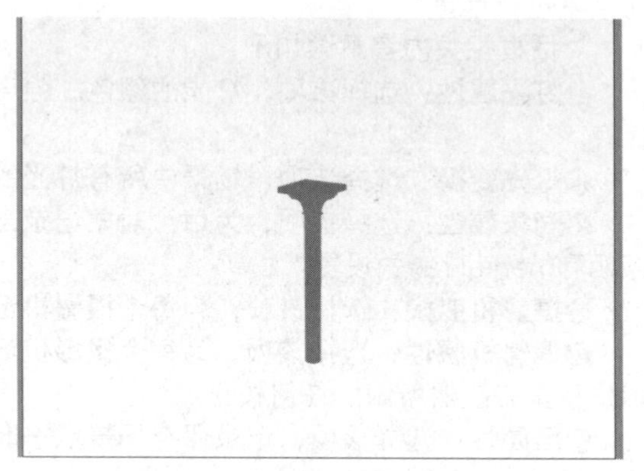

步骤7　选择四元菜单中的“恢复场景状态”命令，选择之前保存过的场景状态。

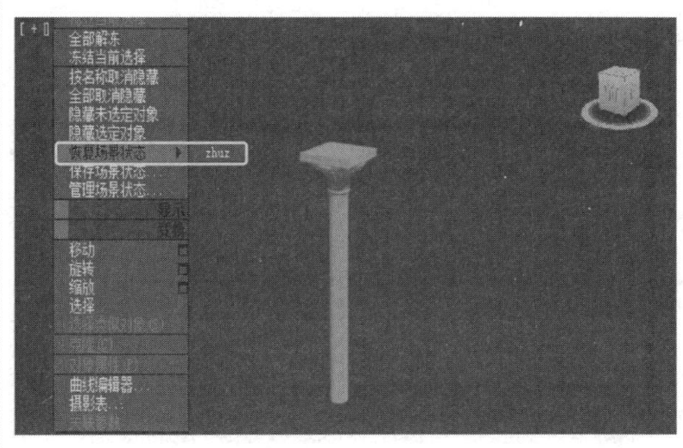

步骤8　经过再次渲染，可观察到场景再次恢复了灯光阴影的效果。

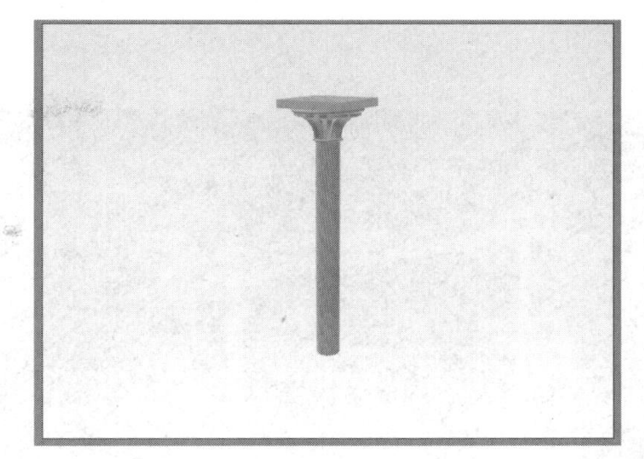

5.3.3　层的应用

使用“层”可以有效地组织和管理场景，对象的常用属性包括颜色、渲染性、显示状态等都可以通过层来控制，使用层可以使管理场景中的信息变得更容易，这些功能都通过“层”浮动工具栏和层管理器来实现。

“层”浮动工具栏相关元素及按钮含义如下。

相关浮动工具栏

❶**层列表**：显示存在的层。

❷**层管理器**：单击该按钮，将开启层管理器。

❸**创建新层**：单击该按钮，将创建一个新层。

❹**将当前选择添加到当前层**：单击该按钮，将当前对象选择移动至当前层。

❺**选择当前层中的对象**：单击该按钮，将选择当前层中包含的所有对象。

❻**设置当前层为选择的层**：单击该按钮，将当前层更改为包含当前选定对象的层。

提示：默认 UI 并不显示该工具栏，要查看该工具栏，请右击任何工具栏的空白部分，然后在弹出的快捷菜单中选择“层”命令。

5.3.4　实战：利用层管理场景

光盘路径：第5章\5.3\利用层管理场景（原始文件）.max

步骤1　打开本书配套的范例文件“利用层管理场景（原始文件）.max”。

步骤2　在主工具栏空白部分右击，在弹出的快捷菜单中勾选“层”项，在“层”工具栏中，打开列表可观察到场景中已经建立的层。

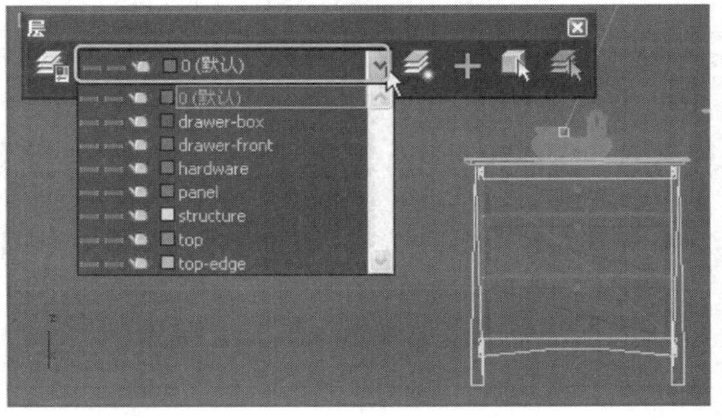

步骤3 在列表中任意启用一个层的“隐藏”参数，该层所有对象将在场景中隐藏。

步骤4 打开“层”管理器，在层级管理器可以查看到场景中所有对象的基本属性以及各个层的状态，单击“创建新层”按钮，创建一个新层，并可以重命名。

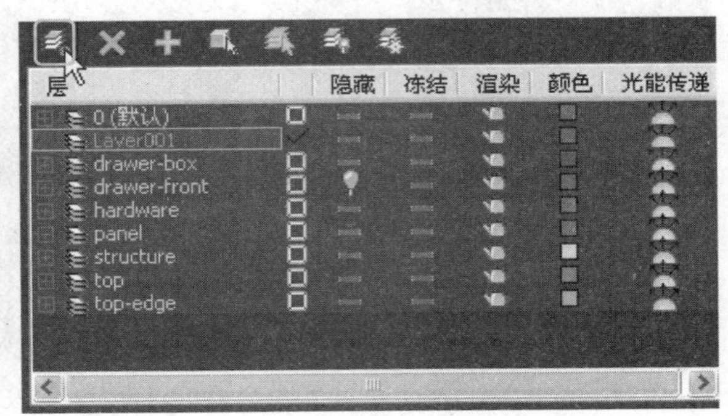

步骤5 在层管理器中选择对象的名称，然后单击“选择高亮对象和层”按钮，在场景中选择相应的对象。

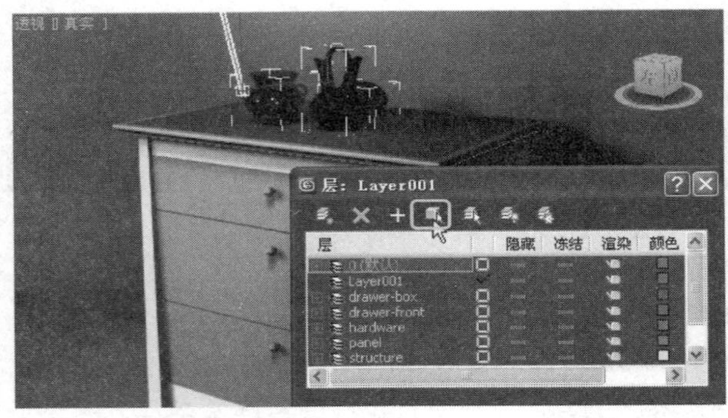

步骤6 保持场景对象的选择状态，在创建的“新层”中单击“添加选定对象到高亮层”按钮，将相应的对象加入到该层中。

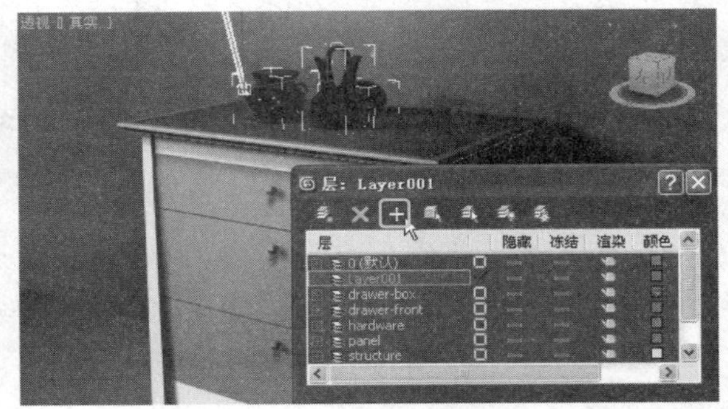

提示： 在新建场景时，默认会创建一个名字为“0”的层。

提示： “层列表”与层工具栏上可用的其他工具结合使用时用途广泛。

提示： 如果高亮显示“无”，则此按钮不可用。

5.3.5 场景资源管理器的应用

“场景资源管理器”提供场景数据的分级视图和快速的场景分析以及简化物体众多的复杂场景处理的编辑工具。通过该工具可以使用可堆迭的过滤、分类和搜索标准，根据任何物体类型或属性（包括元数据）来分类、过滤和搜索场景。这个新工具还能让您保存和存储多个Explorer引用，关联、解除关联、重命名、隐藏、冻结和删除物体，而不管场景中当前选择的物体是什么。

5.3.6 实战：场景管理器的基本使用

光盘路径： 第5章\5.3\场景管理器的基本使用（原始文件）.max

步骤1 打开本书配套的范例文件“场景管理器的基本使用（原始文件）.max”。

步骤2 在菜单栏执行“工具 | 新建场景资源管理器”命令。

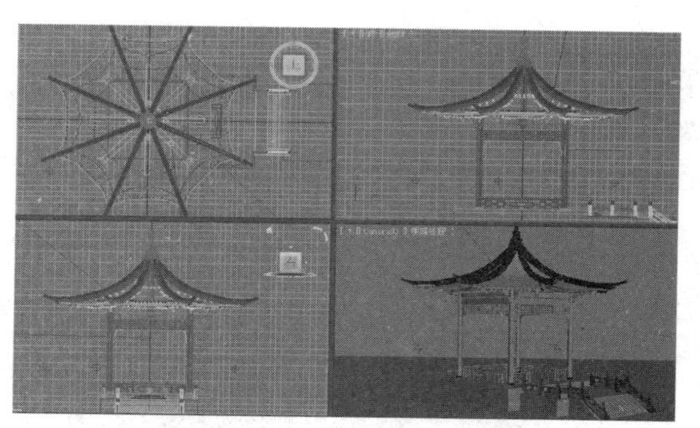

步骤3　开启“场景资源管理器”窗口。

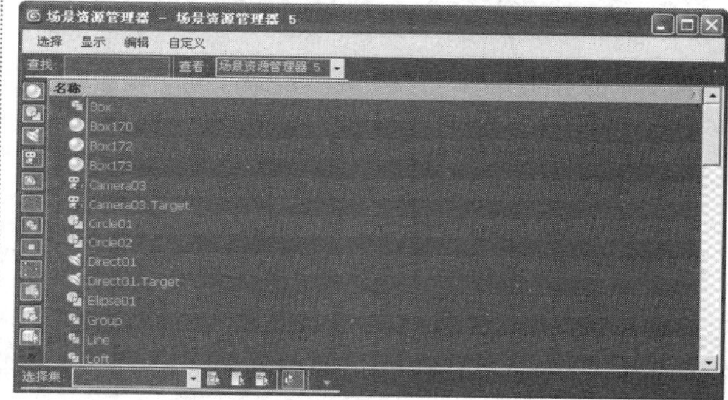

步骤4　在“场景资源管理器”窗口中，取消“显示摄影机”按钮和“显示辅助对象”按钮的激活，相应的对象将不被显示。

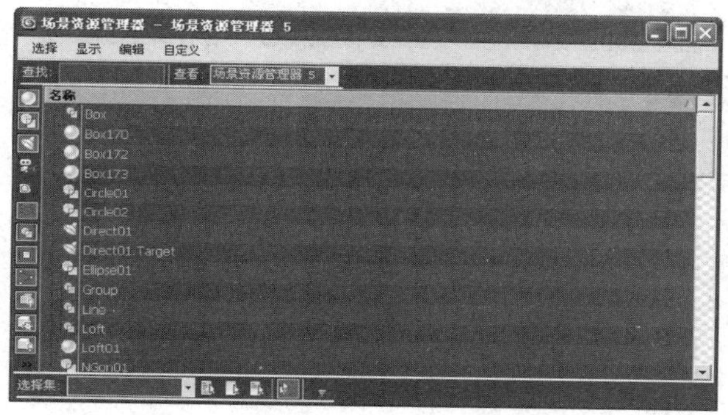

步骤5　在列表中选择对象名称后单击，可直接更改对象的名称。

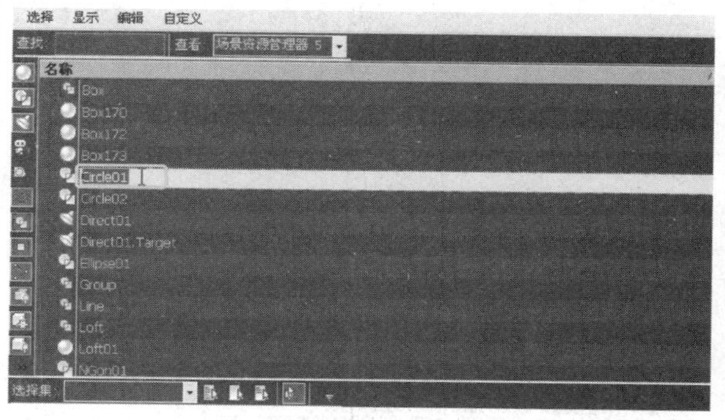

步骤6　如果创建了多个场景管理器，可以在对话框中进行切换，在场景管理器中只保持场景对象显示参数的控制，不会影响场景对象的设置。

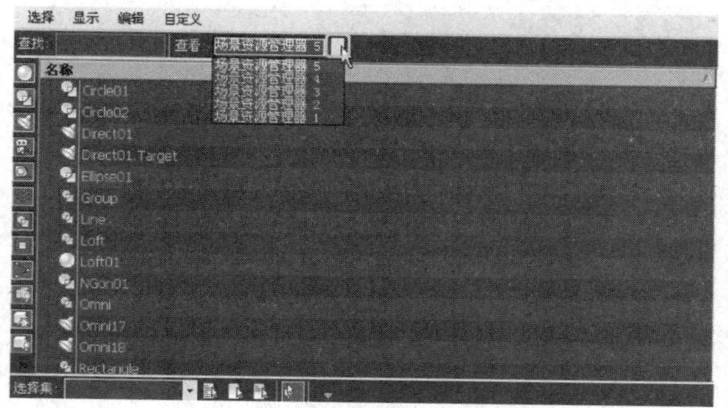

提示：如果已创建了场景管理器，菜单中将出现最后一次创建的管理器名称。

提示：在场景管理器中，允许通过右击直接选择或删除场景对象。

5.3.7　实战：音响产品制作效果图

为了熟练掌握所学内容，这里为读者安排一组实例。在实例操作中，将综合应用3ds Max基础模型创建功能，制作一幅音响产品效果图。以下内容简要为读者叙述实例的技术要点和制作概览，具体操作按照下列步骤制作。

光盘路径：第5章\5.3\音响产品制作（原始文件）.max

1. 液晶电视

步骤1 打开本书配套的范例文件“房间角落.max”。

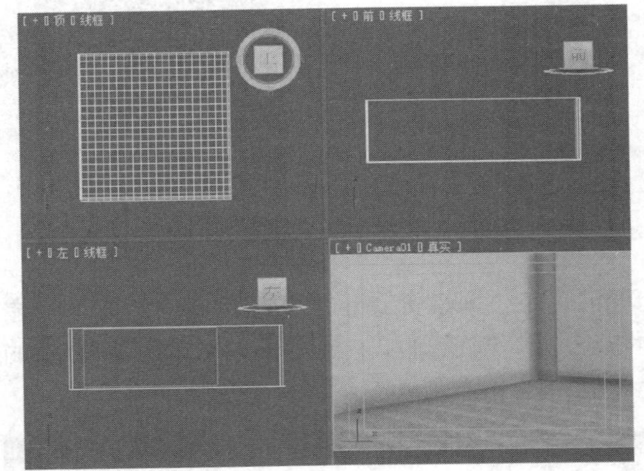

步骤2 在“前”视口中创建一个长方体，确定创建参数及位置。

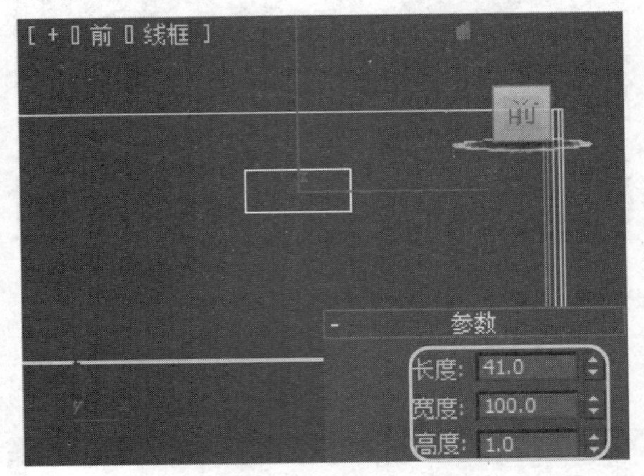

步骤3 在“前”视口中再创建一个长方体，确定创建参数及位置。

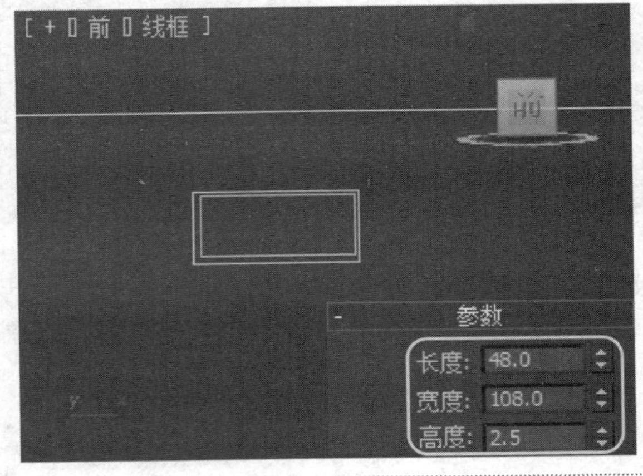

步骤4 在“顶”和“前”视口移动两个长方体的位置，并调整其颜色。

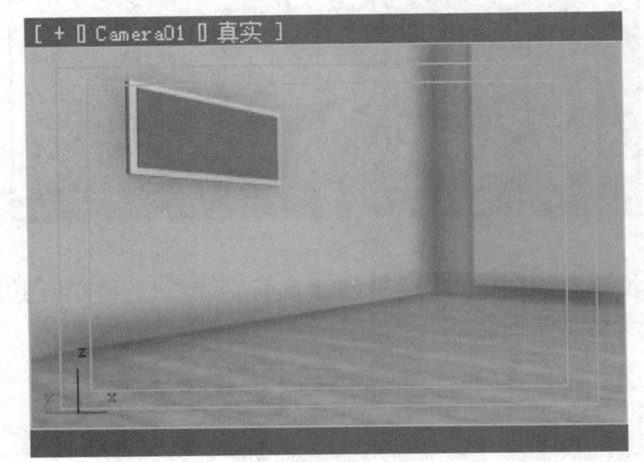

2. 置物台

步骤1 进入创建几何体面板选择扩展基本体，在“顶”视口中创建切角长方体，确定创建参数及位置。

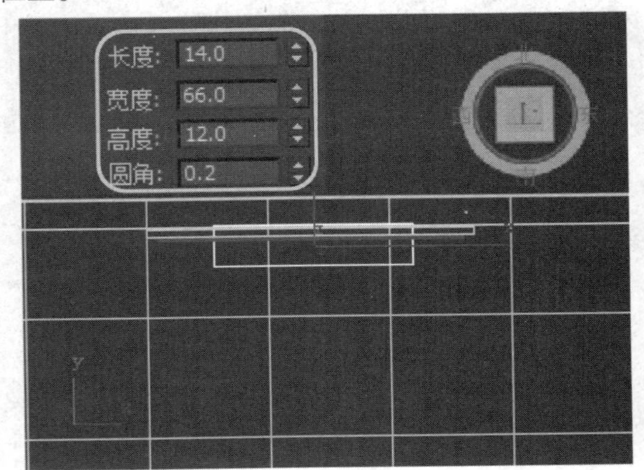

步骤2 在“顶”视口中再创建一个切角长方体，确定创建参数及位置。

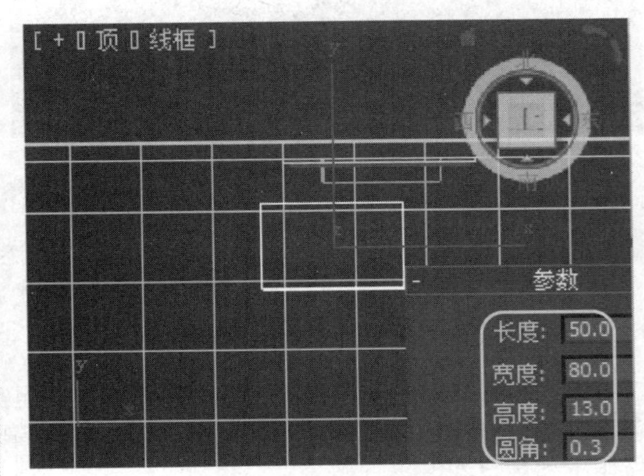

步骤3　在"顶"视口中再创建两个切角长方体对象并调整其位置，设置创建参数。

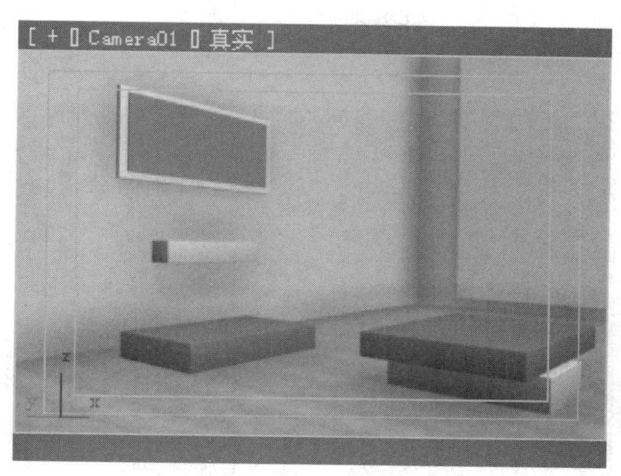

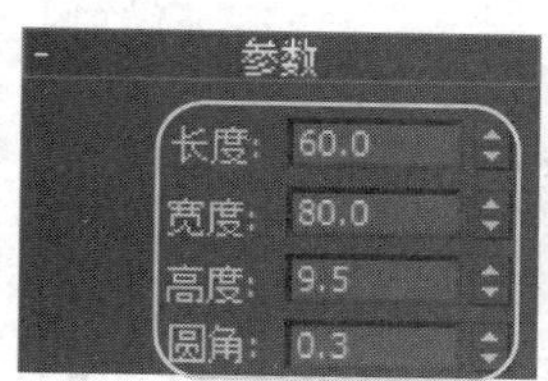

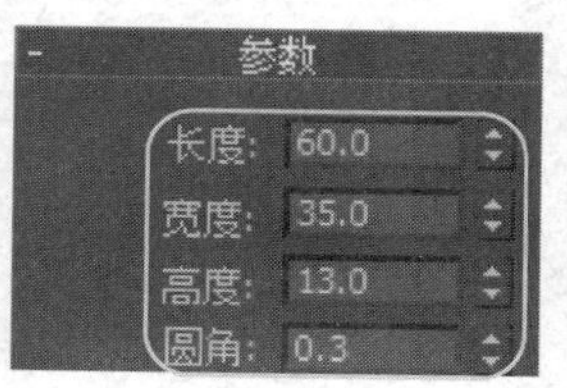

3. **音响制作**

步骤1　在"顶"视口中创建切角圆柱体对象并调整其参数。

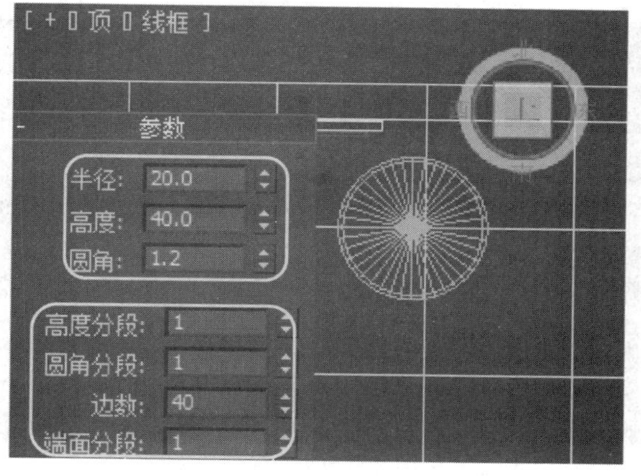

步骤2　在"顶"视口中创建圆柱体对象并调整其参数。

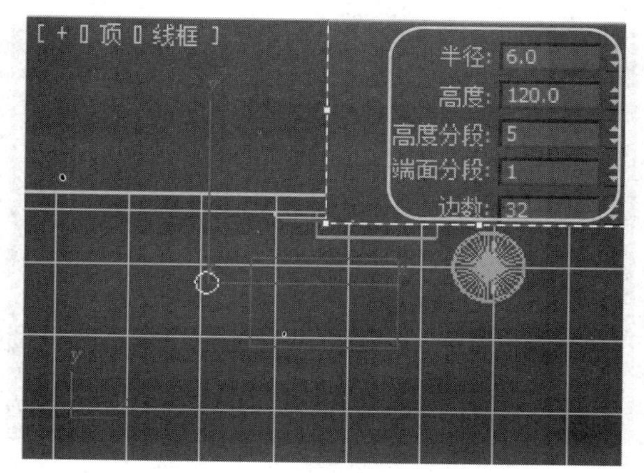

步骤3　在"左"视口中创建圆柱体对象并调整其参数和位置。

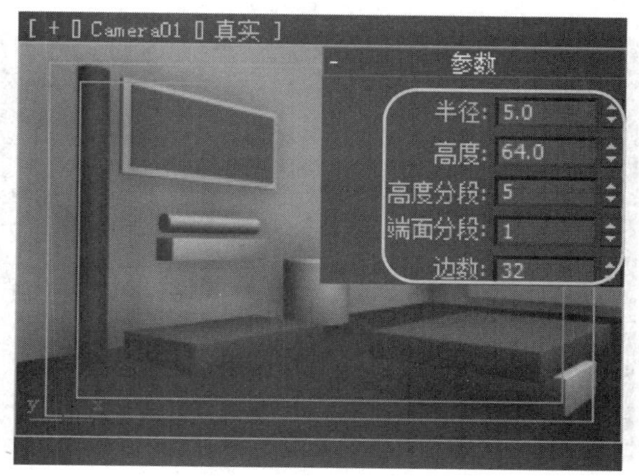

步骤4　在"顶"视口中创建胶囊体对象并调整其参数和位置。

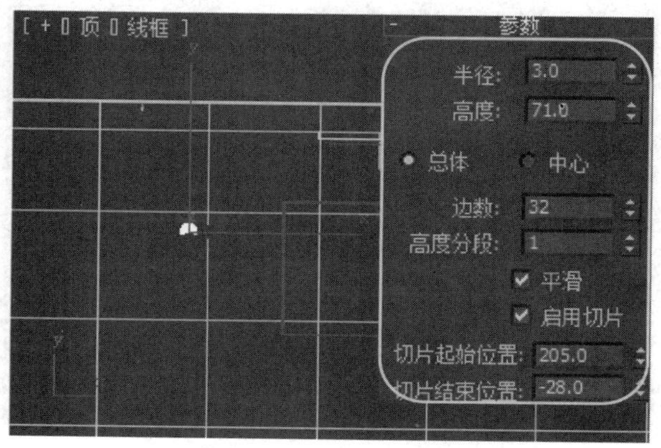

步骤5 单击旋转按钮，右击弹出旋转变换输入对话框设置参数，并调整其位置。

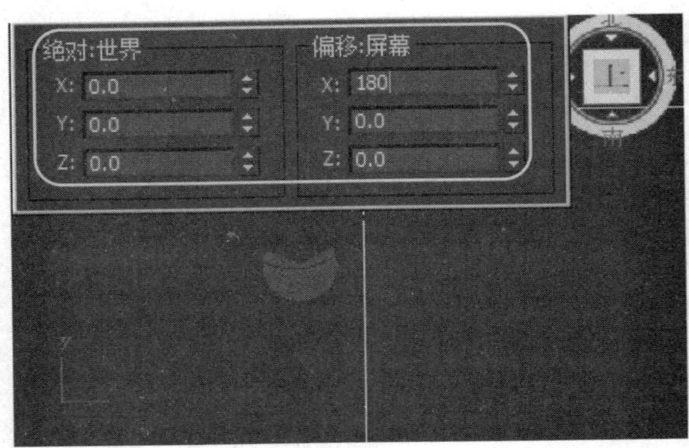

步骤6 单击选择并非均匀压缩按钮，在“左”视口中压缩选中对象到合适形状。

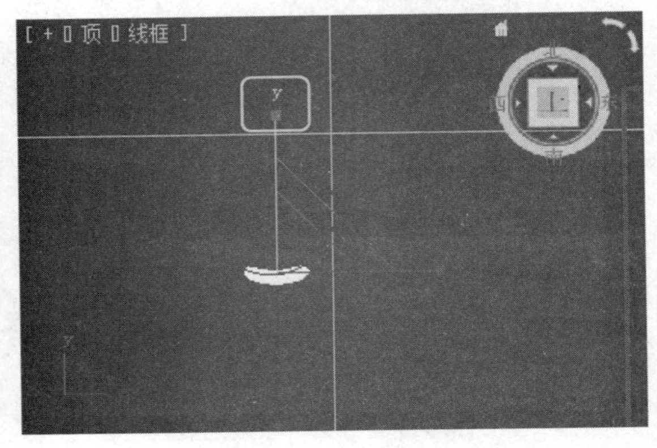

步骤7 在“顶”视口创建切角圆柱体对象并调整其参数和位置。

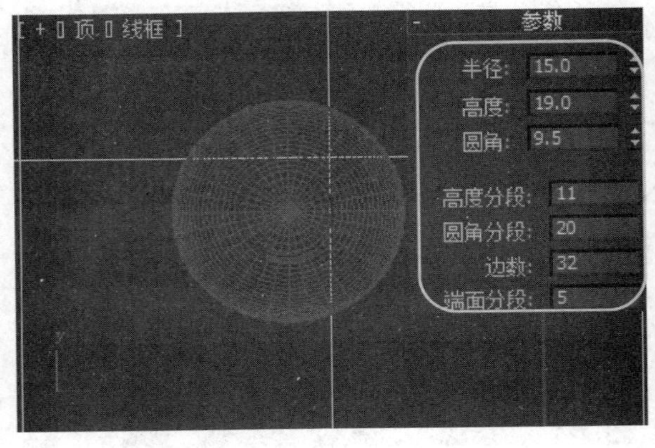

步骤8 单击选择并均匀压缩按钮，在“前”视口中压缩选中对象到合适形状。

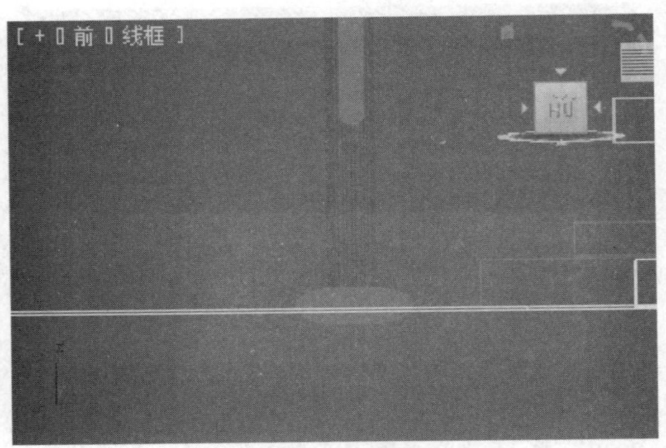

步骤9 在“顶”视口创建圆环对象并调整其参数和位置。

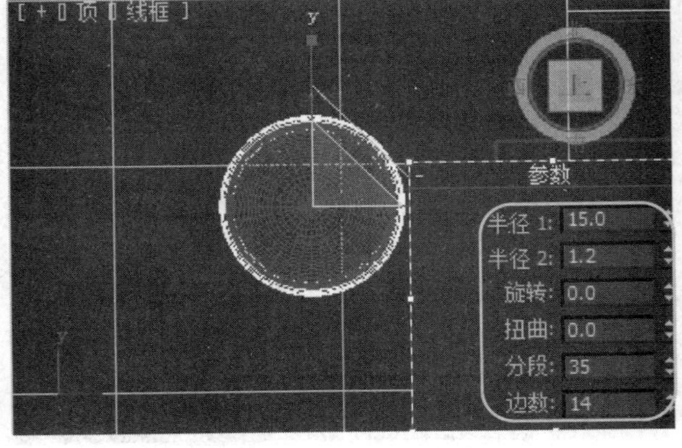

步骤10 在“顶”视口创建管状体对象并调整其参数和位置，同时复制一个管状体并调整其位置。

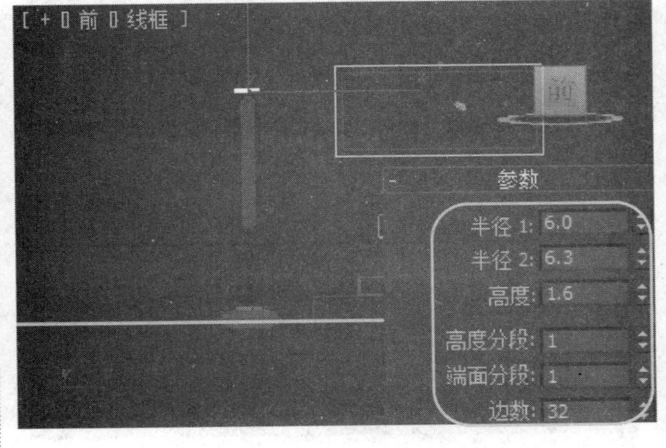

步骤11　在“顶”视口全选音箱，选择并移动复制，调整位置。

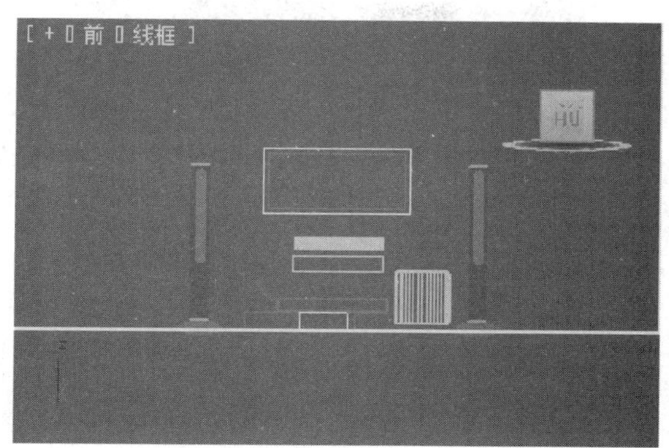

步骤12　液晶电视下主音箱的设置参照前面音箱的设置方法，进行调整设置。

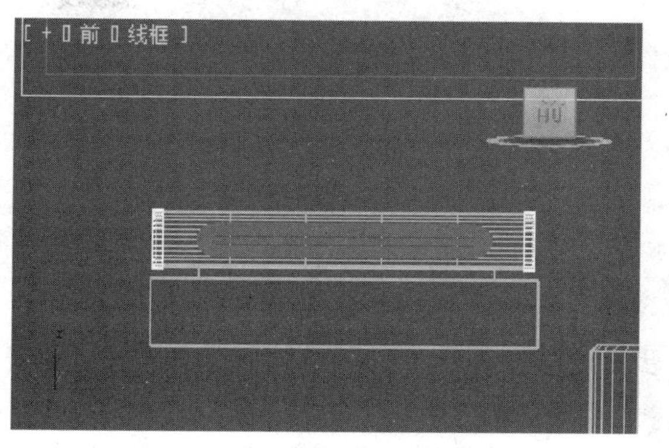

步骤13　在“顶”视口创建管状体对象并调整其参数和位置。

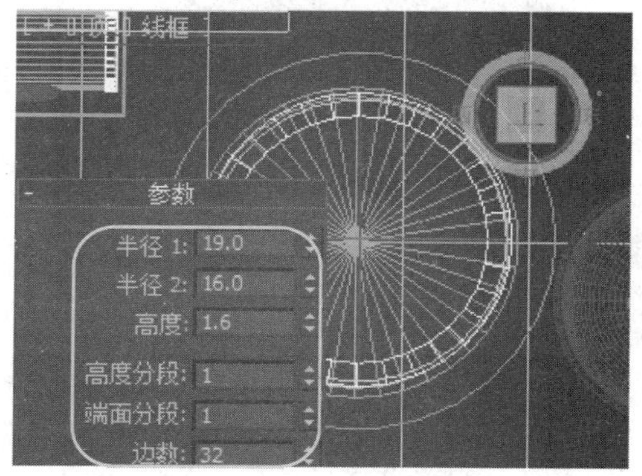

步骤14　在“前”视口单击选择并移动按钮，移动并复制管状体，在修改面板修改参数并调整位置。

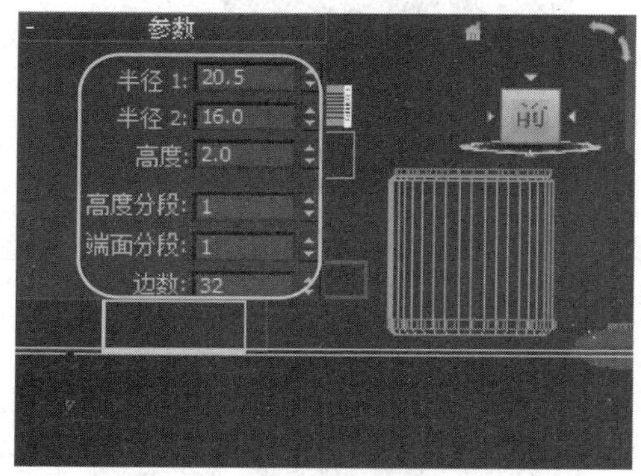

步骤15　在“顶”视口创建3个圆锥体对象并调整其参数和位置。

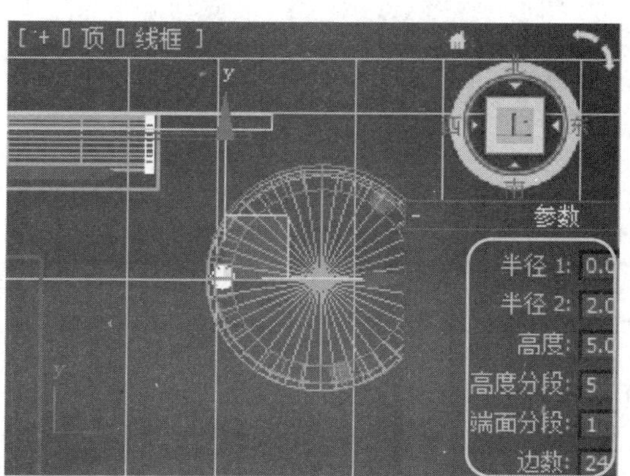

步骤16　在“顶”视口创建切角长方体对象并调整其参数和位置。

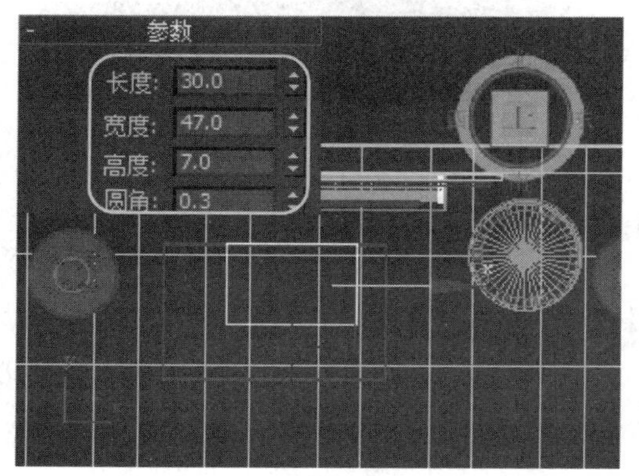

步骤17　在“顶”视口中创建圆柱体对象并调整其参数和位置。

步骤18　单击选择并非均匀压缩按钮，在“左”视口中压缩选中对象到合适形状。

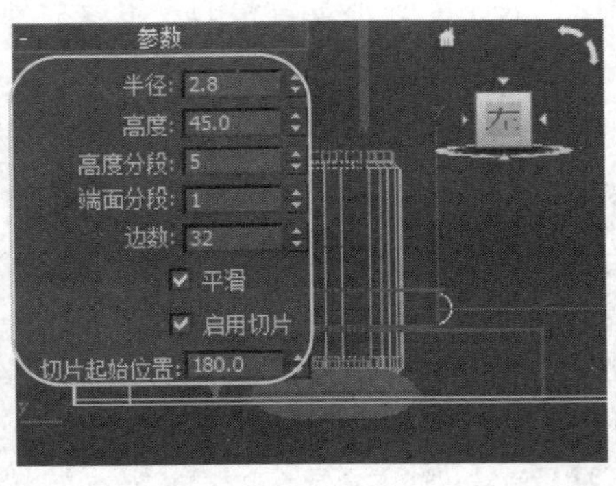

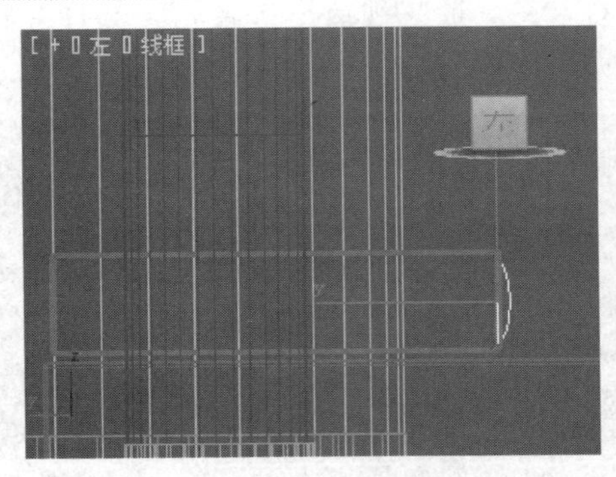

步骤19 在“左”视口中创建胶囊体对象并调整其参数和位置。

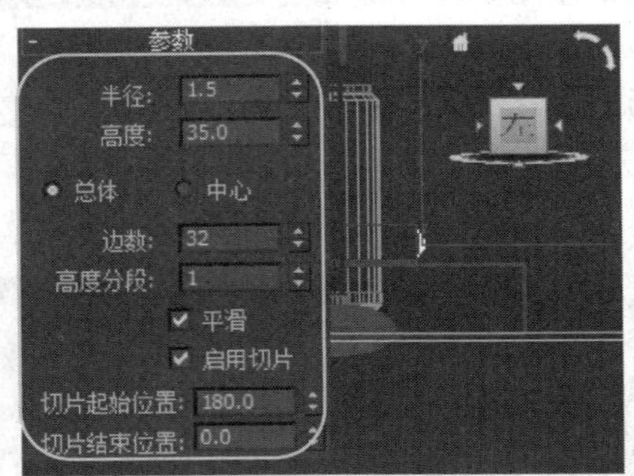

步骤20 点击选择并非均匀压缩按钮，在“左”视口中沿x轴压缩选中对象到合适形状。

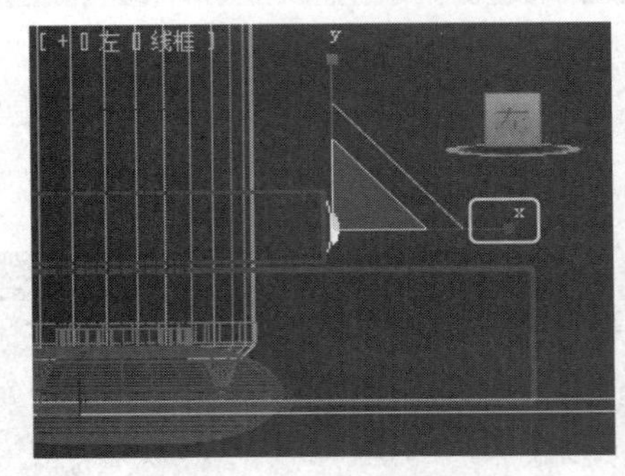

步骤21 在“前”视口中创建油罐对象并调整其参数和位置。

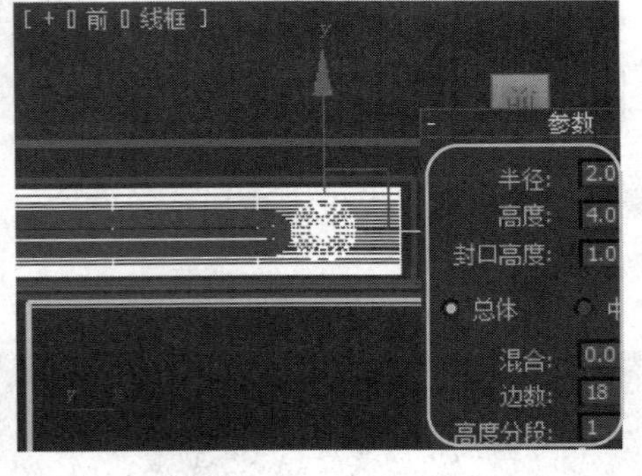

步骤22 在“透视”视口选择摄影机camera01，完成最终音响产品制作。

5.4 操作答疑

5.4.1 专家答疑

（1）安装完3ds Max 2014，产生的默认文件夹都有哪些，代表什么含义？

答：1）archives（存档）：存档文件的路径。

2）autoback（自动备份）：为自动备份文件设置的默认路径，如果使用了“自动备份”功能，则可以使用该目录。

3）downloads（下载）：i-drop文件的路径。

4）export（导出）：导出文件的路径。

5）express（**表达式**）：表达式控制器使用的文本文件的路径。

6）import（**导入**）：导入文件的路径。

7）materiallibraries（**材质库**）：材质库（MAT）文件的路径。

8）previews（**预览**）：预览渲染的路径。

9）proxies（**代理**）：代理位图的路径。

10）renderoutput（**渲染输出**）：渲染输出的路径。

11）renderpresets（**渲染预设**）：渲染预设文件的路径。

12）sceneassets（**场景资源**）：场景资源放置的路径。

13）scenes（**场景**）：MAX 场景文件的路径。

14）vpost（Video Post）：加载和保存 Video Post 队列的路径。

（2）如何理解层的含义？层的具体应用都有哪些？

答："层"可以有效地组织和管理场景，对象的常用属性包括颜色、渲染性、显示状态等都可以通过层来控制，使用层可以使管理场景中的信息变得更容易，这些功能都通过"层"浮动工具栏和层管理器来实现。

5.4.2　操作习题

1. 选择题（选项为一个或多个）

（1）3ds Max 2014常用导入或导出的文件类型是（　　）。

A. 3DS　　B. PRJ　　C. SHP　　D. DOB

（2）下列相关项目文件夹解读错误的是（　　）。

A. express（表达式）　B. renderoutput（渲染预设）　C. previews（预览）　D. autoback（自动备份）

2. 填空题

（1）"管理场景"对话框是无模式对话框，其中可以________、________、________和________状态。

（2）场景状态的________与________，需要通过四元菜单进行选择。

3. 操作题

（1）熟悉文件的打开和保存场景文件的基本操作方法。

（2）练习文件的导出和导入的基本操作方法。

第6章

复杂对象的创建与修改

本章重点：

本章将详细介绍如何创建具有复杂外形的对象，包括复合对象的创建、如何使用修改器以及可编辑对象的操作等建模的关键方法，并重点讲解了常用的方法，在章节最后添加一个小型实例综合应用本章所讲的建模知识。

学习目的：

掌握创建复杂外形对象，包括复合对象的创建、如何使用修改器以及可编辑对象的操作等建模的关键方法。

参考时间：50分钟

主要知识	学习时间
6.1 创建复合模型	10分钟
6.2 修改器基本知识	5分钟
6.3 常用修改器	10分钟
6.4 可编辑对象	10分钟
6.5 制作小酒坛场景	15分钟

6.1 创建复合模型

在“创建”命令面板中，可以在“几何体”选项面板中创建更复杂的“复合”模型，这些模型是由两个或两个以上的几何体或图形组合合成的。本节将具体介绍创建放样对象、布尔对象及切割对象的相关知识。

6.1.1 创建放样对象

“放样”是创建复杂三维模型的重要方法之一，是由两个或多个二维图形对象合成得来，主要由一个且只能由一个图形对象作为放样路径构成框架，由多个图形对象作为插入路径的横截面。

放样作为由二维图形转换成三维图形的重要方法之一，需要在前期计算设计好模型基本雏形的二维图形，同时需要注意路径与图形的设置、多重放样的方法和放样的变形控制。

放样的原理示意图

1. **基本放样**

要创建放样对象，需要一个样条线对象作为路径，并需要一个或多个样条线作为放样的截面。

2. **放样的路径和截面**

放样完成后，可以通过各种参数设置路径和截面，以控制放样对象网格的复杂性以及优化方法。

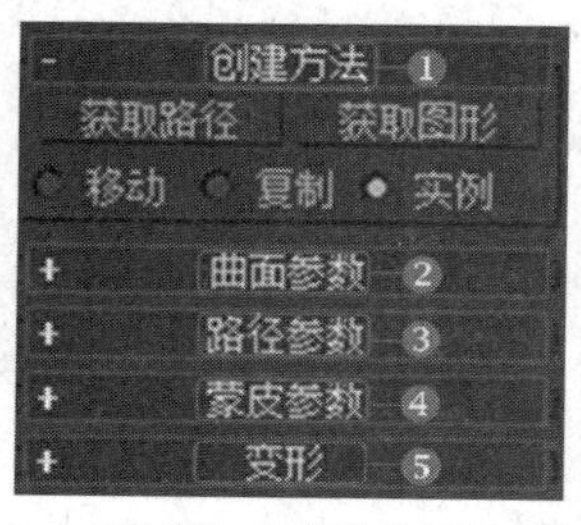

“放样”的参数卷展栏

❶**创建方法**：在图形或路径之间选择，用于使用选择创建放样对象以及放样对象操作类型。

❷**曲面参数**：可以控制放样曲面的平滑以及指定是否沿着放样对象应用纹理贴图。

❸**路径参数**：可以控制沿放样对象路径在各个间隔期间的图形位置。

❹**蒙皮参数**：可以调整放样对象网格的复杂性，还可以通过控制面数来优化网格。

❺**变形**：变形控件用于沿着路径缩放、扭曲、倾斜、倒角或拟合形状。

3. **多截面放样**

多截面放样即放样对象由多条形状不一的样条线作为截面，由一条路径生成，产生具有多种截面的对象。

4. **放样变形**

放样变形可以使放样对象沿着路径缩放、扭曲、倾斜或倒角，也可以拟合更复杂的形状，变形的控制为交互式图形界面，图形上的点表示沿路径上的控制点。

相关参数解读如下：

（1）**缩放**：可以从单个图形中放样对象，该图形在沿着其路径移动时只进行缩放。

（2）**扭曲**：使用变形扭曲可以沿着对象的长度创建盘旋或扭曲的对象。

（3）**倾斜**：该工具可以围绕局部X轴和Y轴旋转图形。

（4）**倒角**：使用倒角变形可以模拟切角化、倒角和减缓的边等效果。

（5）**拟合**：使用拟合变形可以使用两条“拟合”曲线来定义对象的顶部和侧剖面。

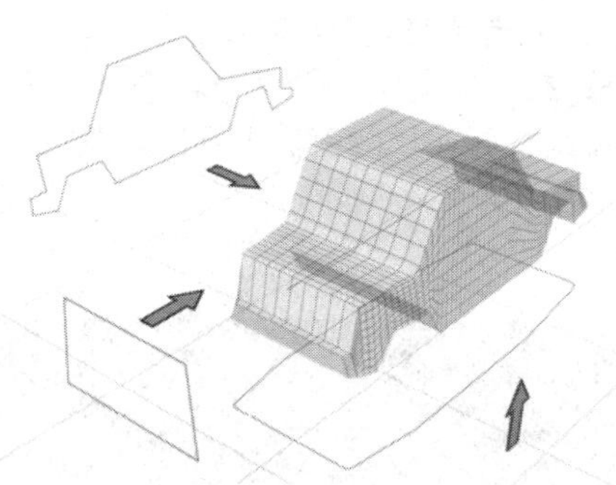

拟合放样原理示意图

6.1.2 实战：放样的基本操作

光盘路径：第6章\6.1\放样的基本操作（最终文件）.max

步骤1 在视口中创建一个“T型”样条线和“星形”图形对象。

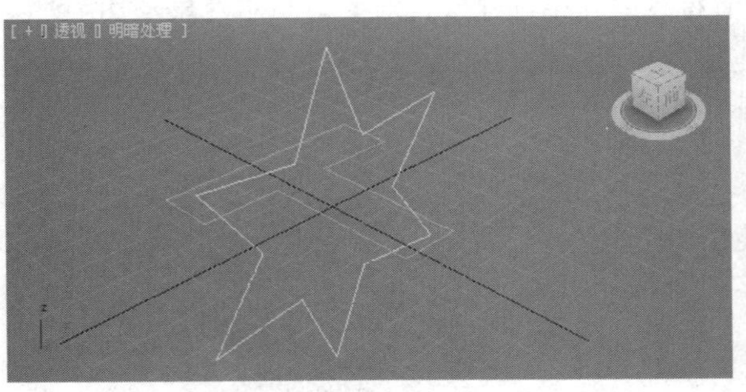

步骤2 选择星形，然后在“复合对象”层级中单击“放样”按钮。

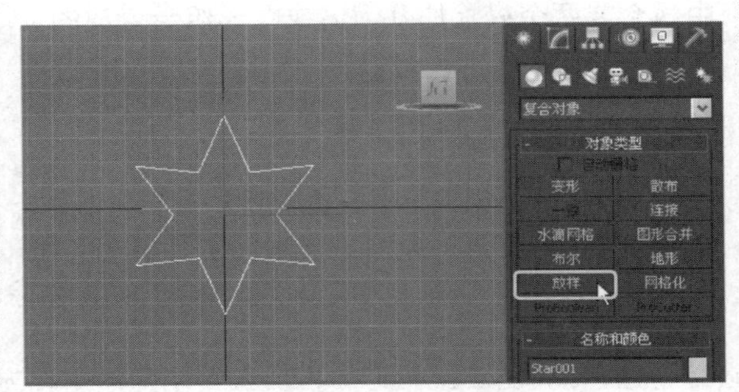

步骤3 在放样的参数面板中单击“获取图形”按钮，并在视口中将光标靠近“T型”图形对象。

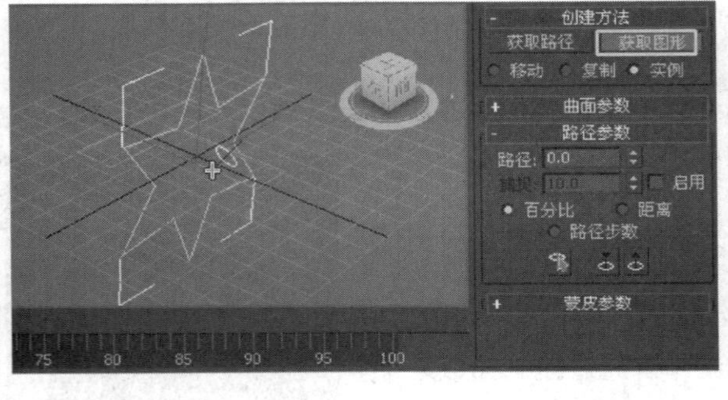

步骤4 拾取三通图形对象后，新的放样对象将生成在视口中。

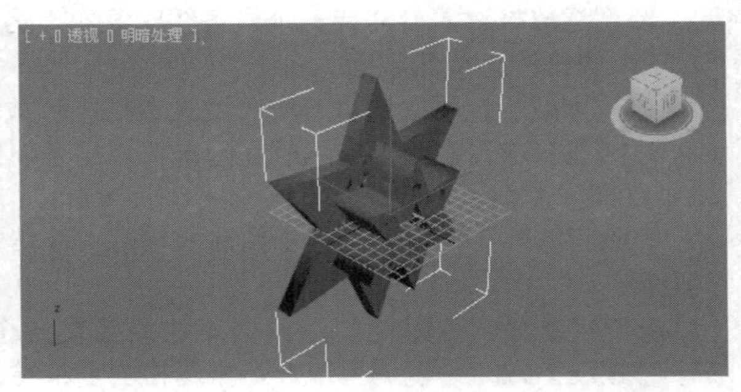

提示： 放样的截面可以是封闭的，也可以是未封闭的。使用封闭的路径时，建议截面的大小比路径小。

6.1.3 实战：蒙皮参数的调整

光盘路径：第6章\6.1\蒙皮参数的调整（最终文件）.max

步骤1 使用范例“放样的基本操作”创建的放样对象，并在参数面板中展开“蒙皮参数”卷展栏。

步骤2 在“设置”选项组中设置“图形步数”参数值为0，观察到放样对象在截面上没有分段数。

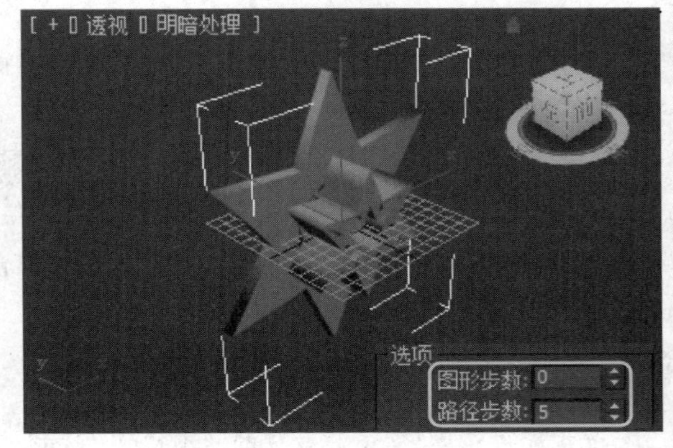

步骤3　设置“路径步数”参数值为20，可观察到放样对象的路径上增加了分段数，使放样对象更加圆滑。

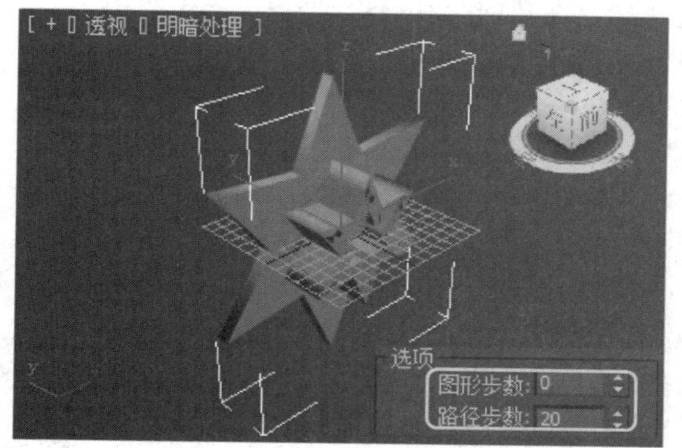

步骤4　勾选“优化图形”复选框，观察到截面上的分段数被自动优化了。

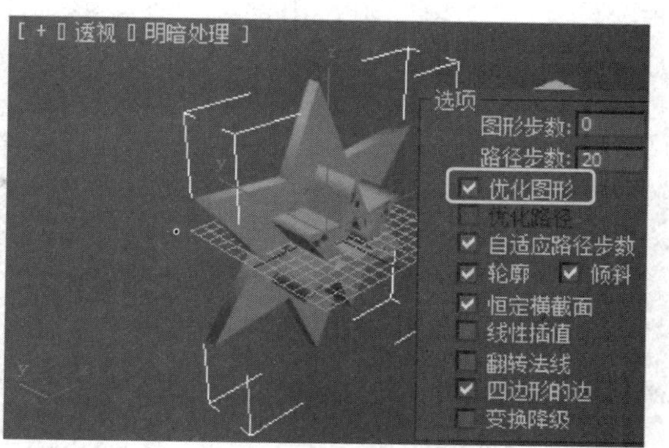

步骤5　取消“轮廓”复选框的勾选，放样对象的外轮廓将消失。

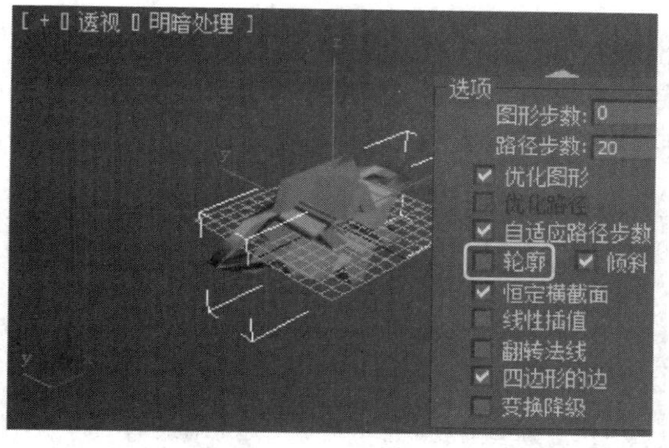

步骤6　勾选“翻转法线”复选框，放样对象的法线将被翻转。

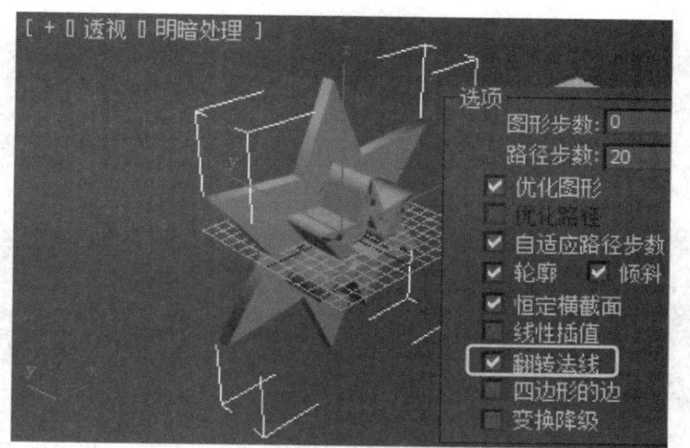

步骤7　取消勾选“四边形的边”复选框，放样对象的两部分具有相同数目的边，将两部分缝合到一起的面将显示为四方形。

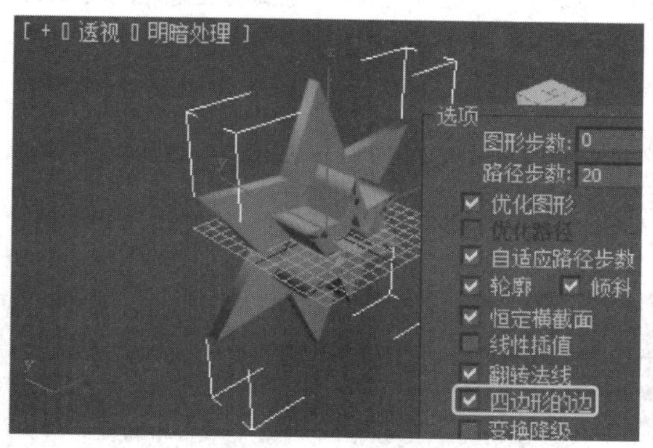

提示：“封口”选项主要应用在未封闭路径的放样对象，可以对路径的两端进行封口处理。

提示：如果路径上有多个图形，只优化在所有图形上都匹配的直分段。

提示：法线是定义面或顶点指向方向的向量。法线的方向指示了面或顶点的前方或外曲面。

提示：具有不同边数的两部分之间的边将不受影响，仍与三角形连接。默认设置为禁用状态。

6.1.4 实战：创建多截面放样对象

光盘路径：第6章\6.1\创建多截面放样对象（最终文件）.max

步骤1 在“透视”视口中创建一个矩形，作为放样截面，再创建一个圆形，作为放样的另一个截面。

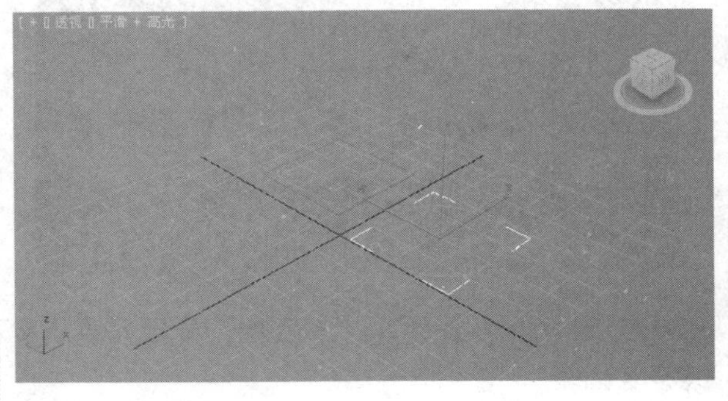

步骤2 在“前”视口中创建一段未封闭的曲线，作为放样的路径。

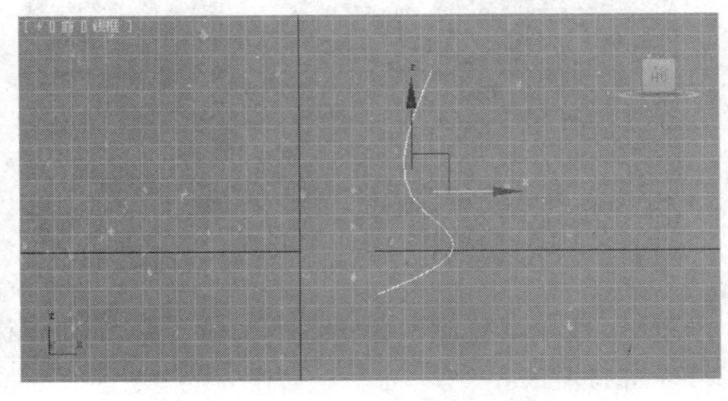

步骤3 首先以矩形为截面进行放样，生成放样对象。

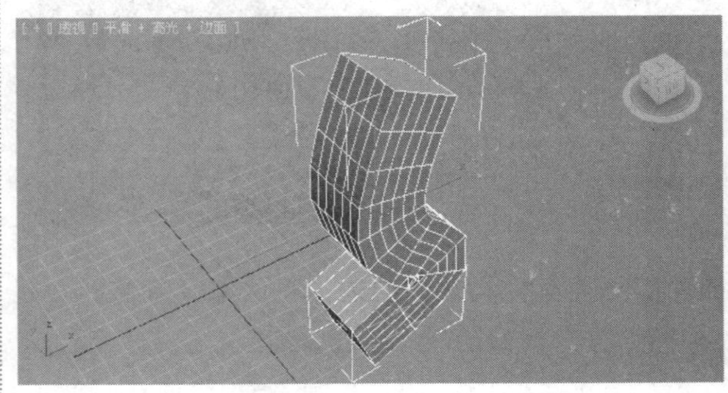

步骤2 在放样对象的参数面板中展开“路径参数”卷展栏，设置“路径”值为100，然后准备拾取圆形对象。

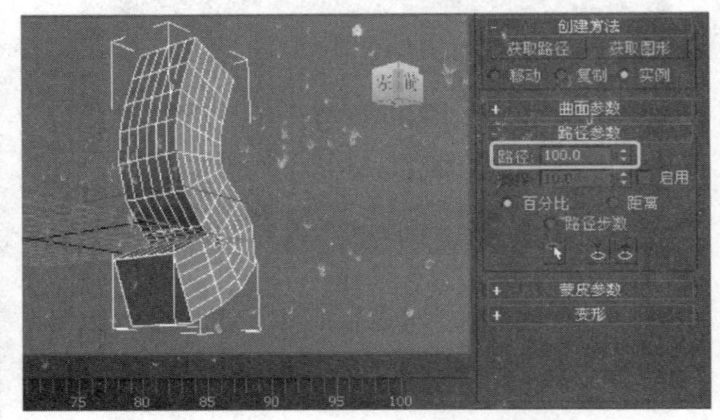

步骤5 拾取圆形对象后，曲线的终点处将为圆形，起点与终点之间将是矩形与圆形的过渡。

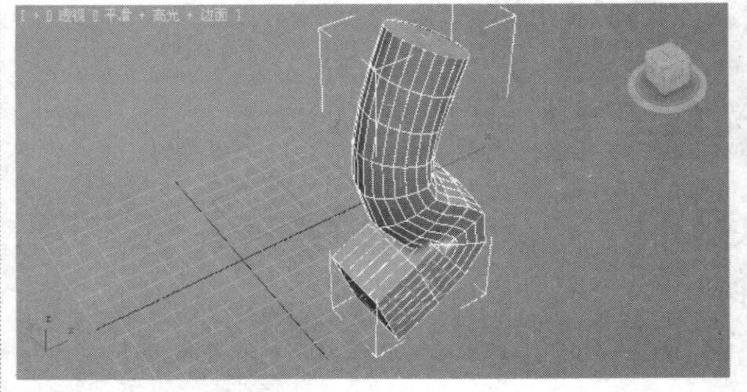

步骤6 选择放样对象，在修改器堆栈中选择“图形”层级。

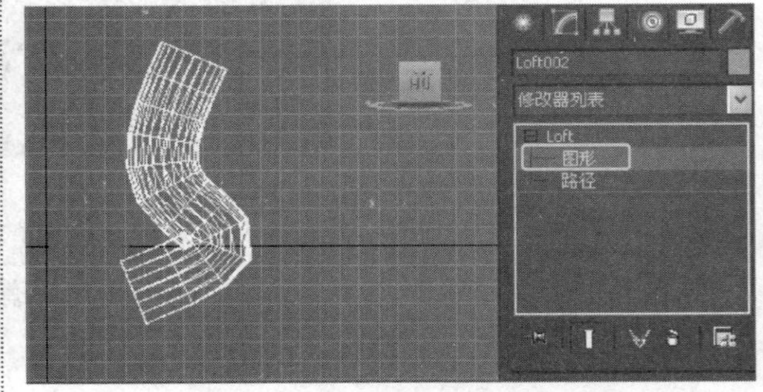

步骤7　在参数面板中单击“比较”按钮。

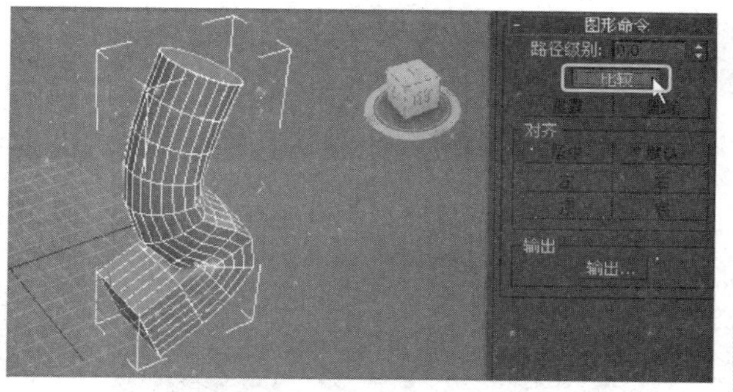

步骤8　开启相应的对话框，然后在视口中拾取放样对象上的矩形截面。

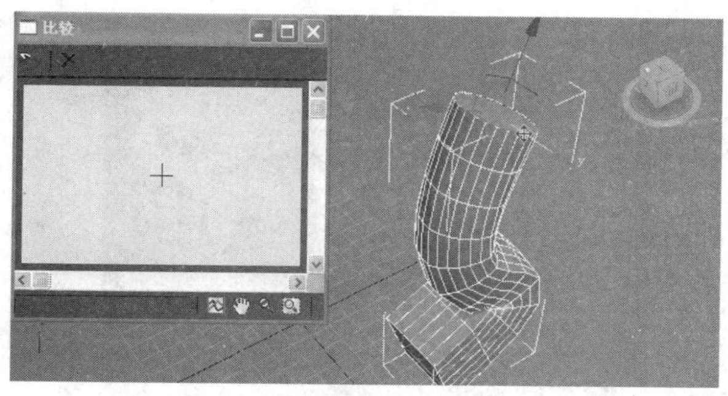

步骤9　拾取矩形截面后，可以通过移动工具在路径上对截面进行移动。

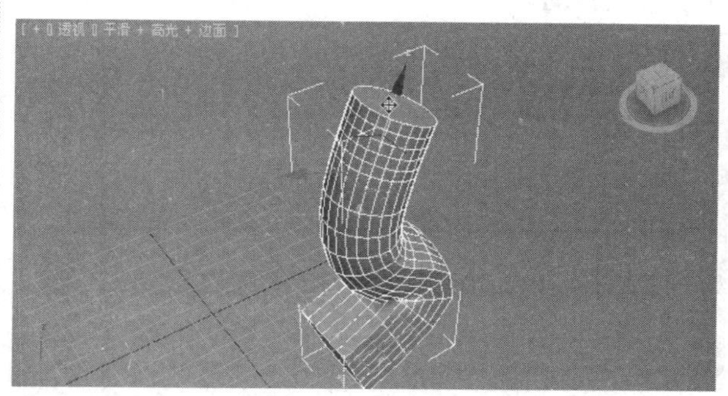

步骤10　用旋转工具，可以对矩形截面进行旋转，旋转后，“比较”对话框中矩形也会产生相应的旋转。

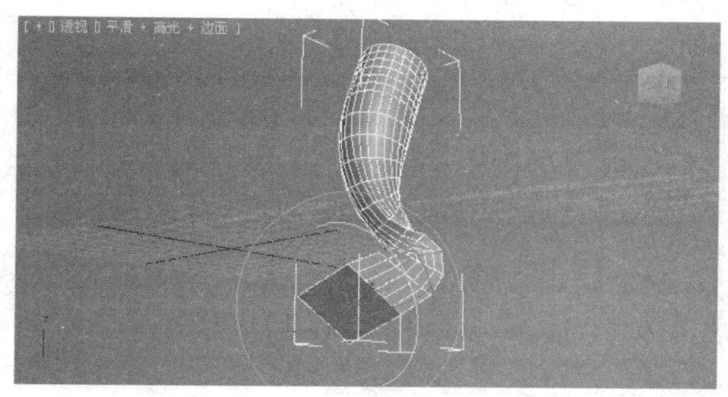

提示： 创建多截面放样对象时，允许同时使用封闭曲线和未封闭曲线作为放样截面。

提示： 当使用“获取图形”时，可以通过按住Ctrl键沿着路径翻转图形。

提示： 当将光标移动到有效的路径图形上时，光标会变为“获取路径”的光标。如果光标在图形上未改变，那么该图形是一个无效的路径图形并且不能被选中。

提示： 通过“比较”按钮开启对话框，可以拾取所有放样的截面。

提示： 比较对话框中截面上的点表示截面的起点。

6.1.5　实战：将放样对象进行变形

光盘路径：第6章\6.1\将放样对象进行变形（最终文件）.max

步骤1　在场景中创建一个“螺旋线”二维图形。

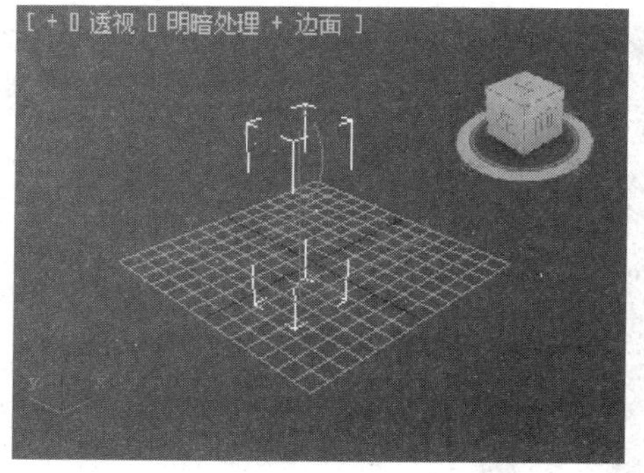

步骤2　在场景中创建一个矩形对象作为放样的截面图形。

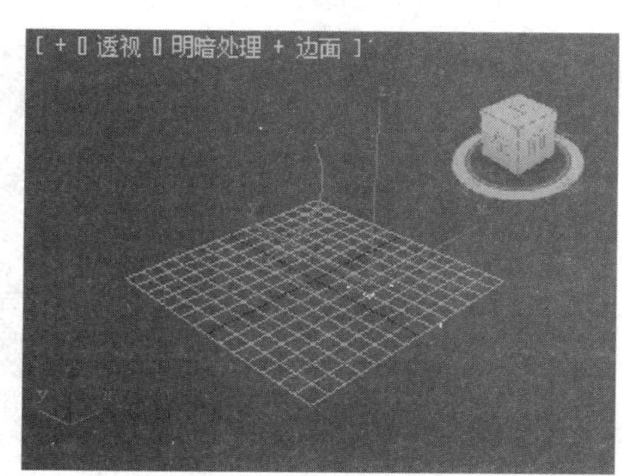

步骤3 通过螺旋线和矩形创建放样对象。

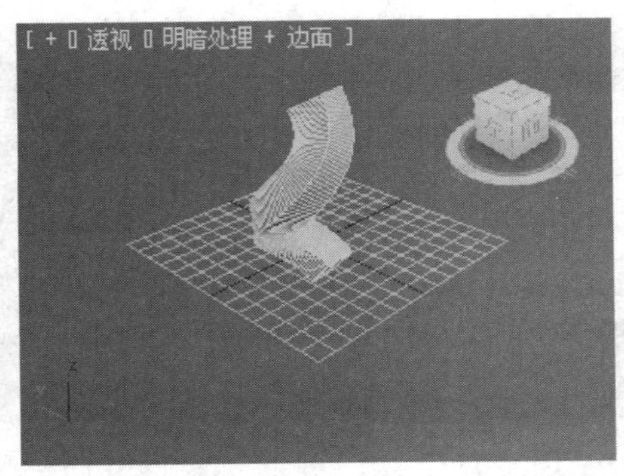

步骤4 在放样对象的参数面板中展开“变形”卷展栏，并单击“缩放”按钮。

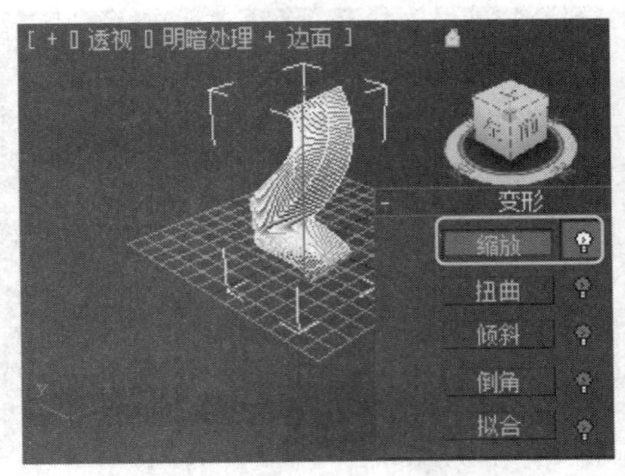

步骤5 在“缩放变形”对话框中，可观察到表示路径的曲线和各种控制工具。

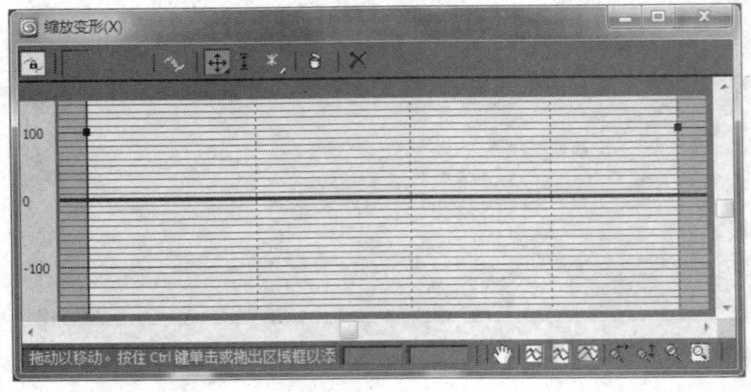

步骤6 使用对话框中的“移动控制点”工具，根据示意图移动控制点。

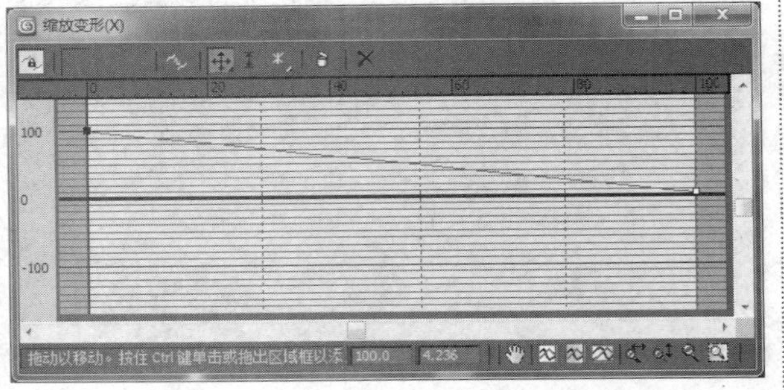

步骤7 将其中一个控制点移动至接近0的位置，放样对象的一端也被缩放至接近最小。

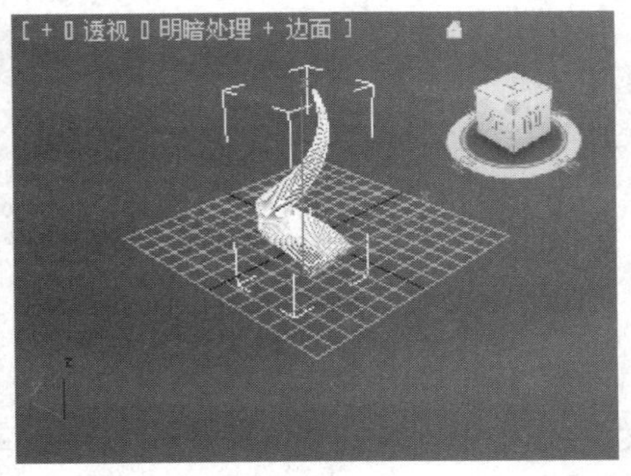

步骤8 使用相同的方法打开“扭曲变形”对话框，并调整曲线。

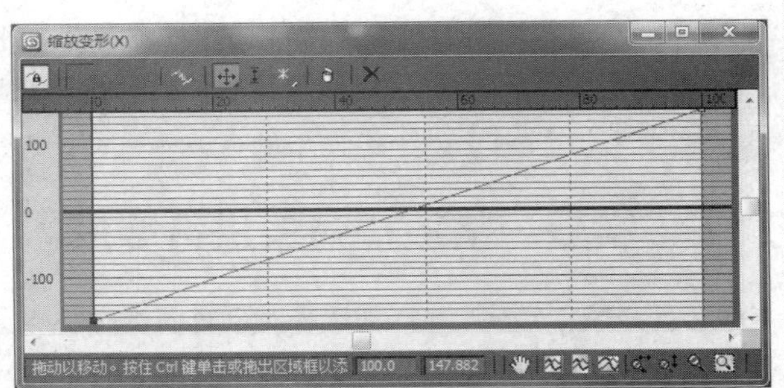

步骤9 调整扭曲的曲线后，放样对象将产生扭曲效果。

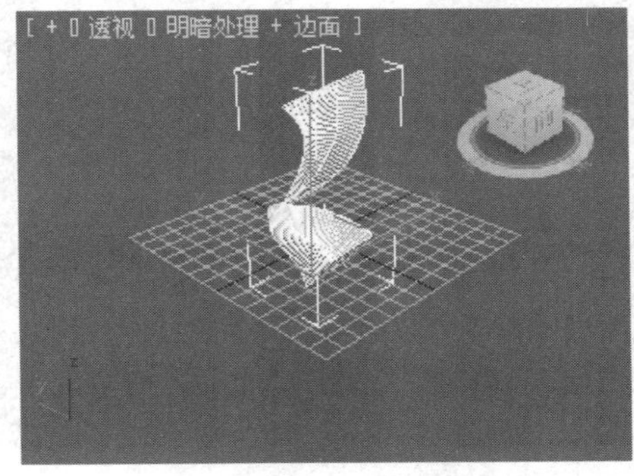

提示：通过设置缩放的动画，放样对象可以沿着路径移动。采用此技术，用户可以创建动画，并可以将字母或线写到屏幕上。

6.1.6 创建超级布尔

在3ds Max增加“超级布尔”工具后，原有的“布尔”工具很少再使用了。“超级布尔”采用了3ds Max网格并增加了额外的智能，使运算可靠性提高，也产生更少的小边和三角形，输出效果也更清晰，如图所示为“超级布尔”的应用效果。

“超级布尔”对象通过对两个或多个其他对象执行布尔运算将它们组合起来，超级布尔将大量功能添加到传统的3ds Max布尔对象中，如每次使用不同的布尔运算，立刻组合多个对象的能力。超级布尔还可以自动将布尔结果细分为四边形面，这有助于得到网格平滑和涡轮平滑效果。

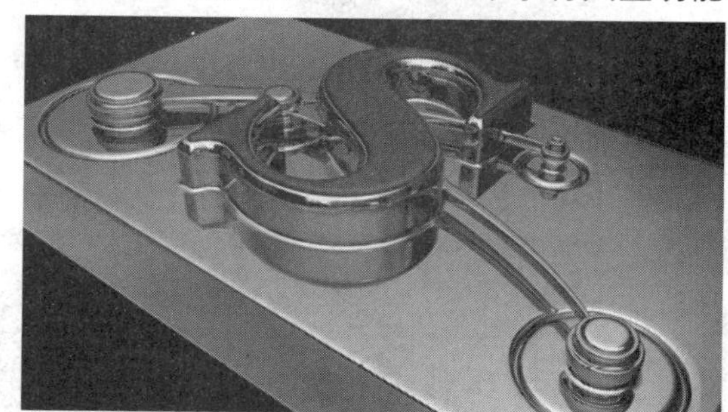
“超级布尔”应用效果

创建“超级布尔”对象的几何体通常被称为对象A和对象B，支持“并集”“交集”“差集”“合集”等运算方式。

相关元素解读如下：

（1）**并集**：将两个或多个单独的实体组合到单个布尔对象中。

（2）**交集**：从原始对象之间的物理交集中创建一个“新”对象，移除未相交的体积。

（3）**差集**：从原始对象中移除选定对象的体积。

（4）**合集**：将对象组合到单个对象中，而不移除任何几何体，在相交对象的位置创建新边。

（5）**对象A**：选择的源对象，用于执行“超级布尔”命令的原型对象。

（6）**对象B**：目标对象，通过A对象执行了“超级布尔”命令后需要拾取的对象。

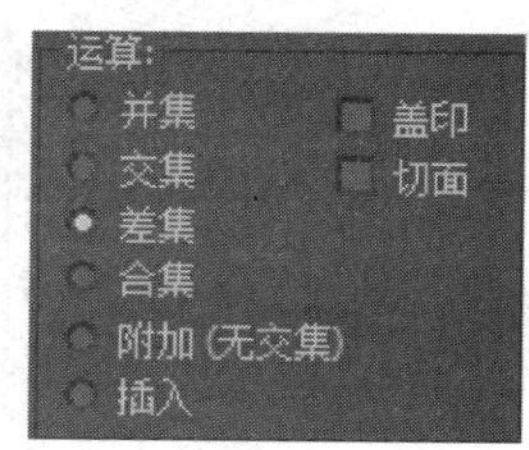

“超级布尔”对象的运算方式

6.1.7 实战：布尔运算的基本应用

光盘路径：第6章\6.1\布尔运算的基本应用（原始文件）.max

步骤1 在视口中创建四个参数相同的长方体，作为布尔运算的辅助对象。

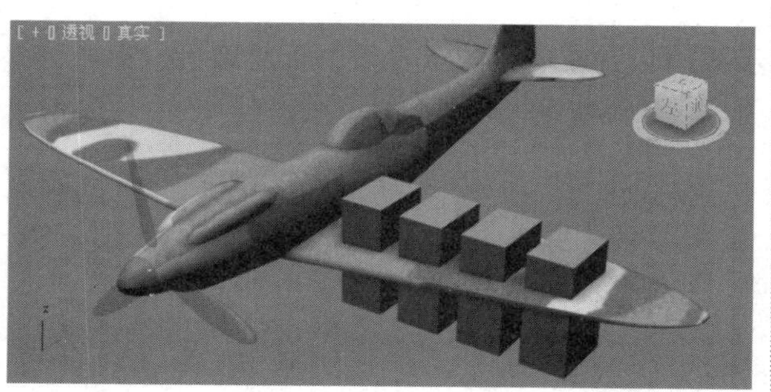

步骤2 选择机身模型作为布尔运算的A对象，然后单击“超级布尔”按钮。

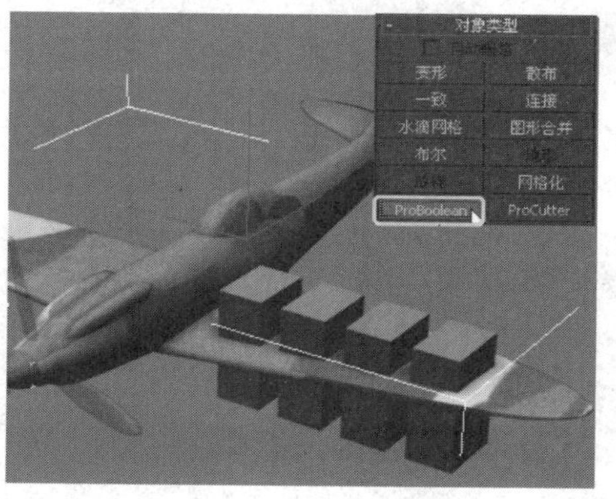

步骤3 在“超级布尔”的参数面板中单击“开始拾取”按钮，然后准备在视图中拾取第一个长方体。

步骤4 拾取长方体后，通过默认的“差集”运算，用机身模型减去长方体模型。

步骤5 选择“并集”方式，然后再单击“开始拾取”按钮，准备拾取第二个长方体。

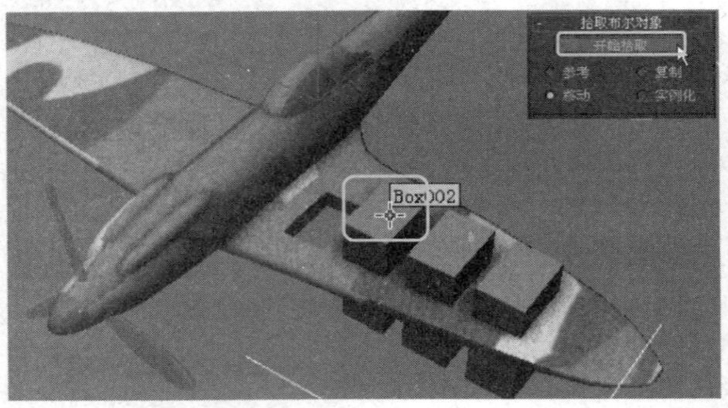

步骤6 拾取第二个长方体后，长方体将与机身模型合并成一个整体对象，并应用机身模型的材质贴图。

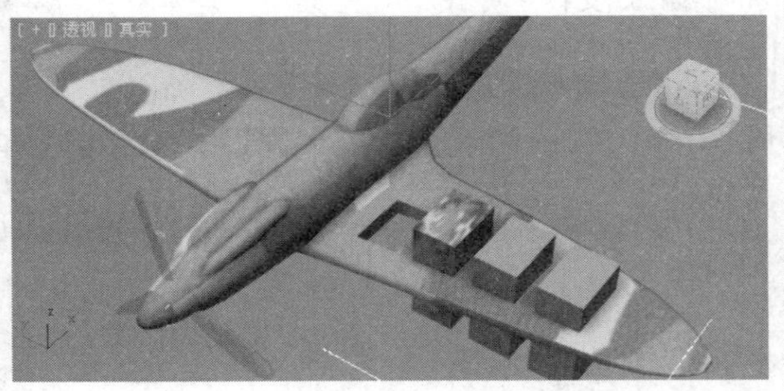

步骤7 选择“合集”方式，然后再单击“开始拾取”按钮，准备拾取第四个长方体。

步骤8 在场景中拾取最后一个长方体，该长方体将与将机身对象组合到单个对象中，而不移除任何几何体。

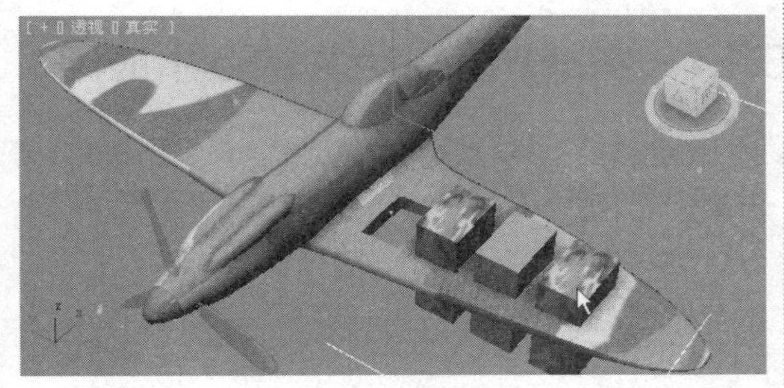

步骤9 选择“交集”方式，再拾取第三个长方体。

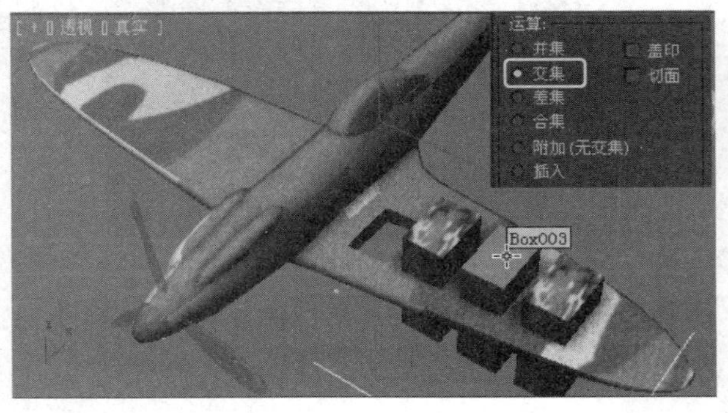

步骤10 完成交集的运算后，可观察到只有长方体与机身模型相交的部分存在。

> **提示：** 要创建布尔对象，一定要使两个对象具有交叉的部分。
>
> **提示：** 每次拾取一个对象时，计算结果可能会降低该过程的速度。
>
> **提示：** 由并集产生的布尔运算对象，材质贴图的坐标会应用独立的贴图坐标。
>
> **提示：** 在运算差集时，如果启用“盖印”参数，会将图形轮廓（或相交边）印到原始网格对象上。

6.1.8　创建超级切割对象

“超级切割器”是一个用于爆炸、断开、装配、建立截面或将对象（如3D拼图）拟合在一起的工具。该工具是一种特殊的布尔运算工具，可以分裂或细分体积，适合在动态模拟中使用。

使用“超级切割器”时，可以将对象断开为可编辑网格的元素或单独对象，也可以同时使用一个或多个剪切器，当多次使用一个剪切器时，不需要保持历史。

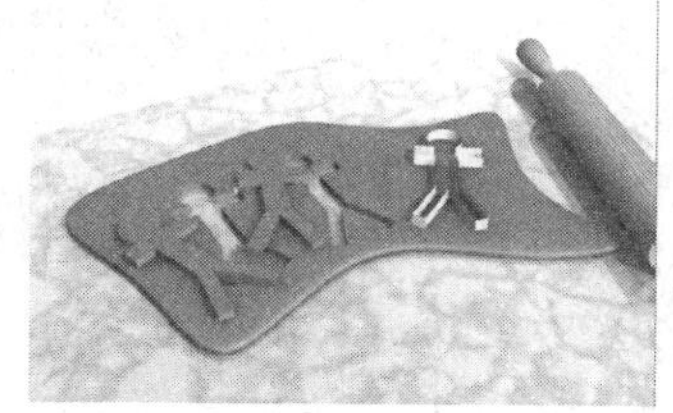

超级切割器应用效果

6.1.9　实战：切割器的应用

光盘路径：第6章\6.1\切割器的应用（原始文件）.max

步骤1　打开本书配套的范例文件“切割器的应用（原始文件）.max”。

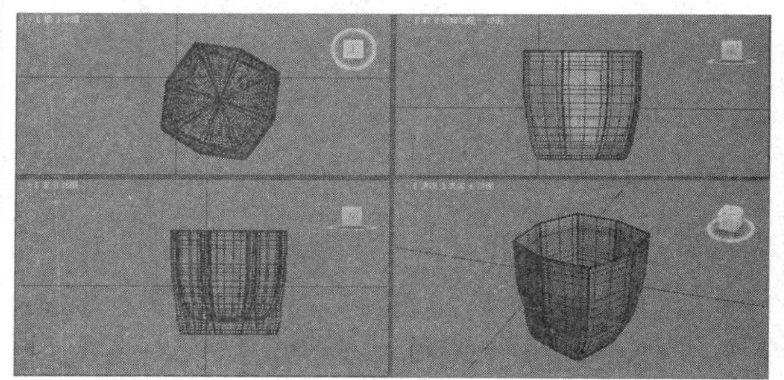

步骤2　在场景中创建两个平面对象，用作创建超级切割器的辅助对象。

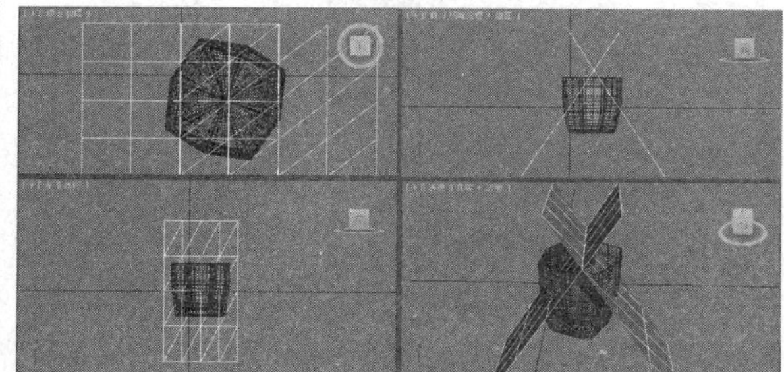

步骤3　选择其中一个平面对象，然后单击“超级切割器”按钮。

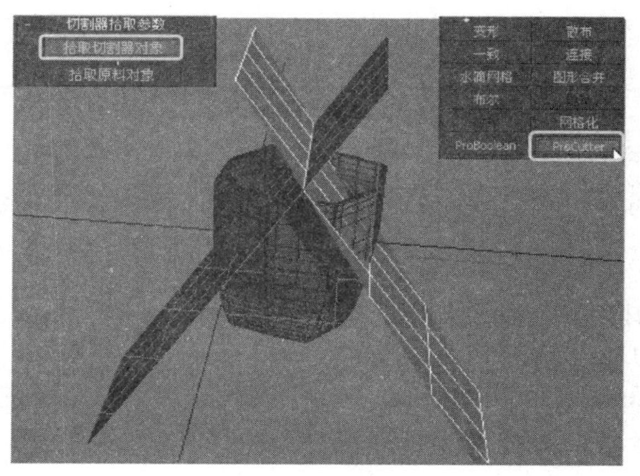

步骤4　单击“拾取切割器对象”按钮，然后在视口中拾取另一个平面，使两个平面组合成一个切割器。

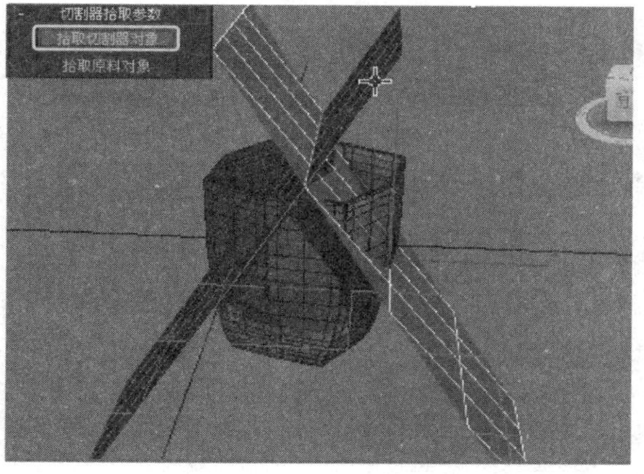

步骤5　然后单击“拾取原料对象”按钮，并准备在视口中拾取杯子对象。

步骤6　在视口中拾取杯子对象后，可观察到杯子表面被切割出了相应的边。

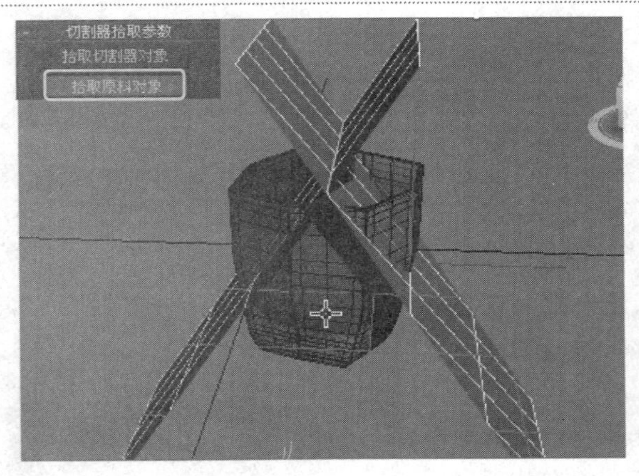

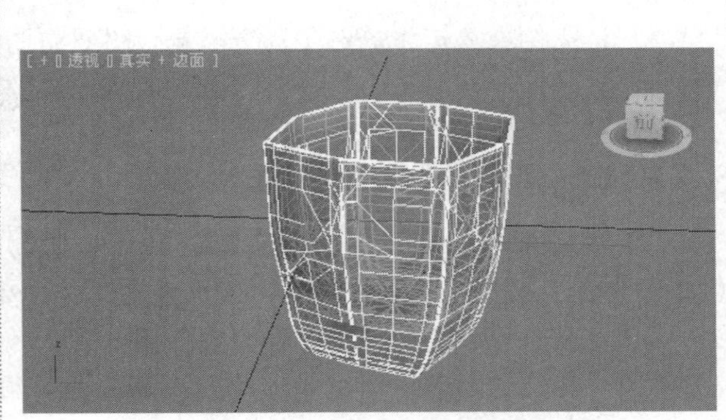

步骤7 在主工具栏中单击“重做”按钮，返回到拾取原料前的操作，然后设置“切割器参数”卷展栏中的参数。

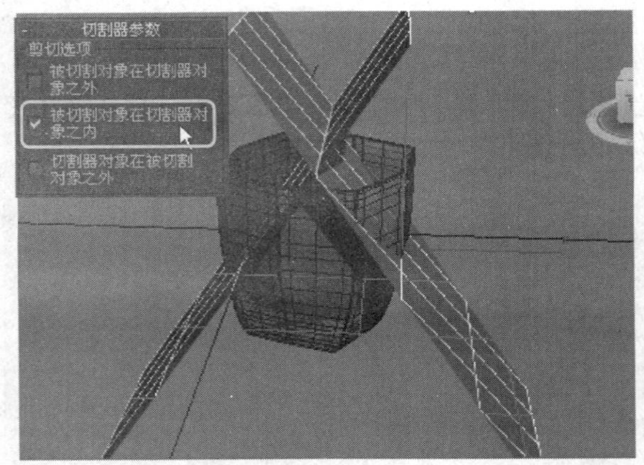

步骤8 再次拾取杯子对象，可观察到对象只保留了切割器内部的原料。

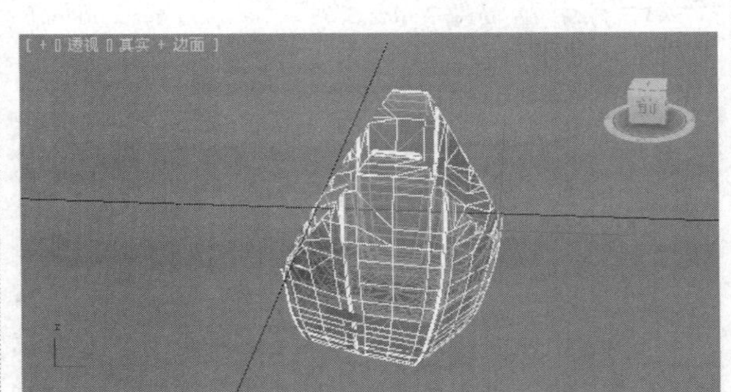

提示： 可以使用多个几何体来组成切割器，但切割器一定要和原料对象交叉，才会对原料对象产生影响。

提示： 勾选“切割器外的原料”复选框，将包含所有切割器外部的原料对象。

提示： 重做的快捷键为Ctrl+Z，默认情况下允许重做20步。

6.2 修改器基本知识

从“创建”面板中添加对象到场景中之后，通常会切换到“修改”面板，来更改对象的原始创建参数，并应用修改器。修改器是整形和调整基本几何体的基础工具。

6.2.1 认识修改器堆栈

应用于对象的修改器存储在修改器堆栈中，而且所有修改器都根据应用顺序从下至上排列，通过在堆栈中上下导航，可以更改修改器的效果，或者将其从对象中移除。

修改器堆栈上方是选择修改器的下拉列表，修改器堆栈列表框则列出了应用的修改器名称，下方是修改器堆栈的应用工具按钮。

相关元素解读如下：

（1）**修改器列表：** 打开该下拉列表，其中有可以应用于当前选定对象的所有修改器。

（2）**堆栈：** 是“修改”面板上的列表框，包含有累积历史记录，上面有选定的对象以及应用于它的所有修改器。

（3）**锁定堆栈**：将堆栈和所有“修改”面板控件锁定到选定对象的堆栈。即使在选择了视口中的另一个对象之后，也可以继续对锁定堆栈的对象进行编辑。

（4）**显示最终结果开/关切换**：激活该按钮后，会在选定的对象上显示整个堆栈的效果。

（5）**使唯一**：使实例化对象成为唯一的，或者使实例化修改器对于选定对象是唯一的。

（6）**从堆栈中移除修改器**：从堆栈中删除当前的修改器，消除该修改器的所有更改效果。

（7）**配置修改器集**：单击可弹出菜单，用于配置在“修改”面板中怎样显示和选择修改器。

修改器堆栈及其编辑对话框是管理所有修改器的关键，使用这些工具可以执行以下操作。

（1）找到特定修改器，并调整其参数。

（2）查看和操纵修改器的顺序。

（3）在对象或对象集合之间对修改器进行复制、剪切和粘贴。

（4）在堆栈、视口显示或取消激活修改器的效果。

（5）选择修改器的组件，如gizmo或中心。

（6）删除修改器。

6.2.2　实战：配置修改器堆栈

步骤1　在修改命令面板中的修改器堆栈上单击“配置修改器集”按钮，开启修改器集的快捷菜单。

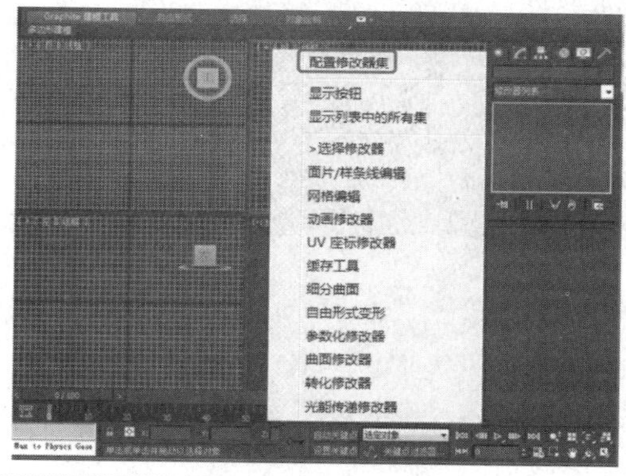

步骤2　在菜单中选择“显示按钮”命令，当前修改器集中的修改器将以按钮形式显示在命令面板中。

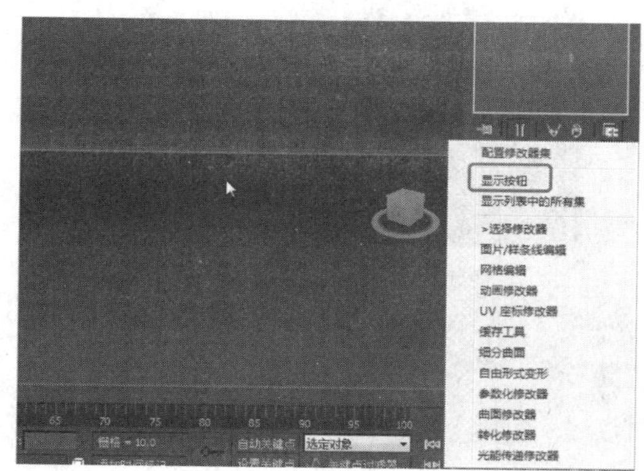

步骤3　再次开启选择修改器集的快捷菜单，并选择“曲面修改器”命令。

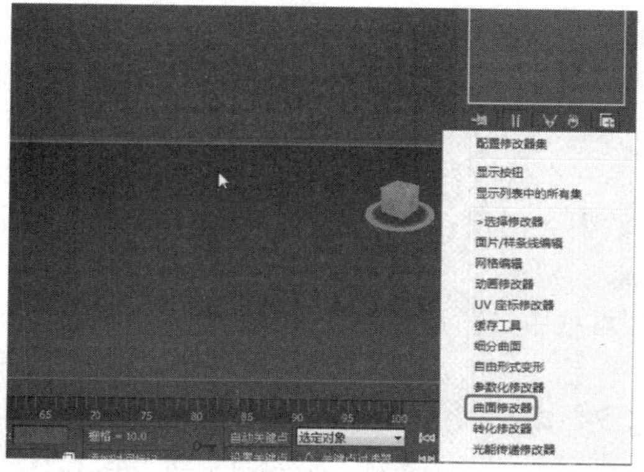

步骤4　选择“曲面修改器”后，该修改器集的所有修改器将以按钮形式出现在命令面板中。

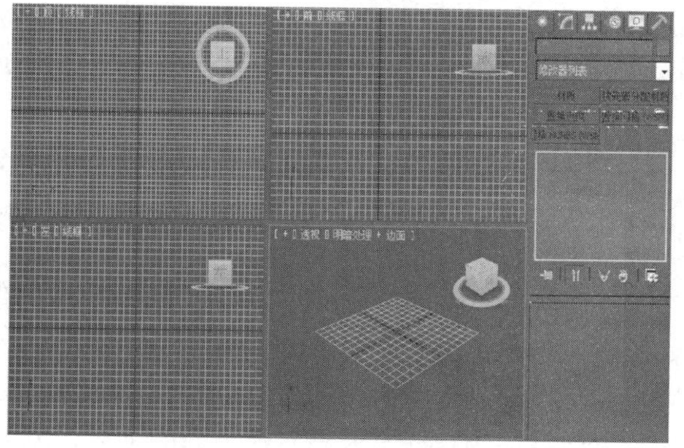

步骤5　如果选择“配置修改器集”命令，会开启相应的对话框，在对话框中，用户可以修改或创建修改器集。

步骤6　在对话框中的右侧可选择各种修改器，使用鼠标拖动的方法可将选择修改器指定到右侧的按钮中。

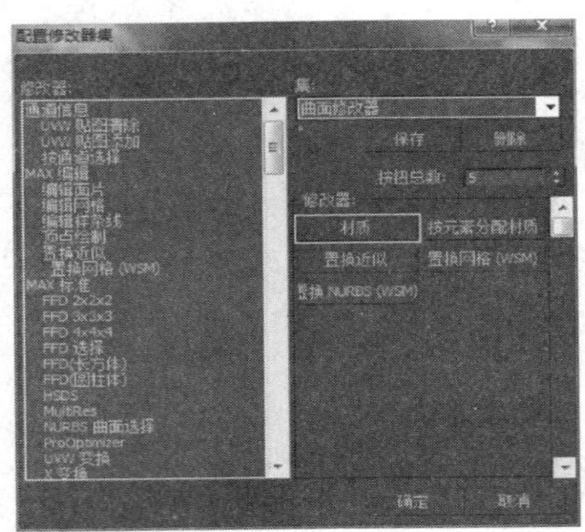

步骤7　完成按钮的设置并为该修改器集命名后，单击“保存”按钮保存该按钮集。

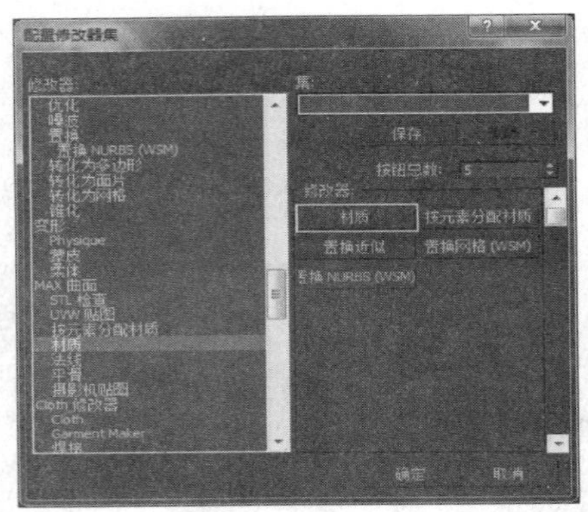

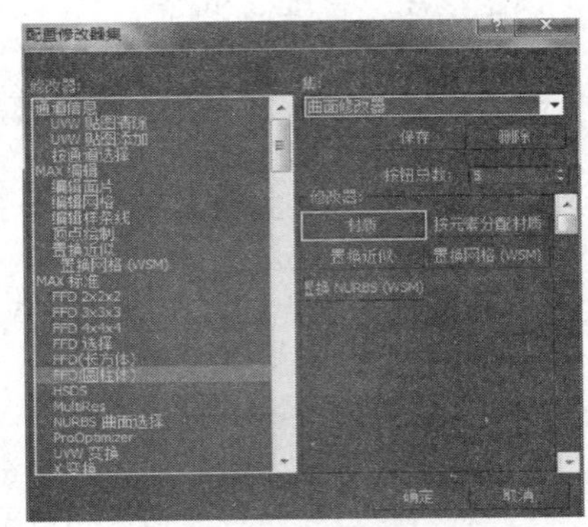

步骤8　在修改命令面板中，重新打开选择修改器集的菜单，可观察到新创建的修改器集被添加到其中。

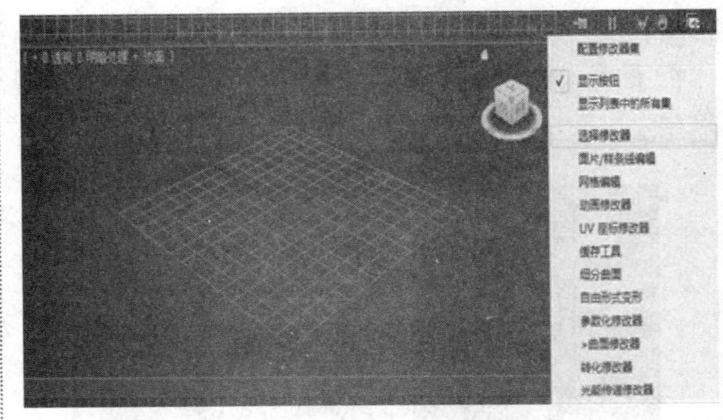

提示： 显示常用修改器集中的按钮，可以有效地提高工作效率。

提示： “修改”每次只显示16个按钮，使用右侧的滚动条可以看到其余的按钮。

提示： 3ds Max系统预置的各种修改器集，都是根据不同的操作环境而设定的，用户可以在不同的制作阶段使用不同的修改器集。系统预置的各个修改器集可以被删除、修改保存。

6.2.3　修改器堆栈的应用

堆栈的功能是不需要做永久修改的。单击堆栈中的项目，就可以返回到进行修改的那个点。然后可以重作决定，暂时禁用修改器、删除修改器或完全丢弃它。也可以在堆栈中的该点插入新的修改器。所做的更改会沿着堆栈向上摆动，更改对象的当前状态。

1. 添加多个修改器

可以对对象应用任意数目的修改器，包括重复应用同一个修改器。当开始向对象应用对象修改器时，修改器会以应用它们时的顺序“入栈”。第一个修改器会出现在堆栈底部，紧挨着对象类型出现在它上方。

添加新的修改器时，3ds Max会将新的修改器插入到堆栈中当前选择的修改器上面，紧挨着当前的修改器，但是总是会在合适的位置。

当在堆栈中选择了对象类型并应用了新的对象空间修改器之后，修改器会出现在紧挨着对象类型的上面，成为第一个要计算的修改器。

堆栈的应用效果

2. 堆栈顺序的效果

系统会以修改器的堆栈顺序应用它们（从底部开始向上执行，

变化一直积累），所以修改器在堆栈中的位置是很关键的。

如果堆栈中的两个修改器执行顺序颠倒过来，那么对象最终产生的效果也会不一样，图中为两个长方体应用“锥化”修改器和“弯曲”修改器时，顺序不一样产生的效果。

6.2.4　实战：修改器堆栈的应用

光盘路径：第6章\6.2\修改器堆栈的应用（最终文件）.max

步骤1　打开本书配套光盘中的原始文件。

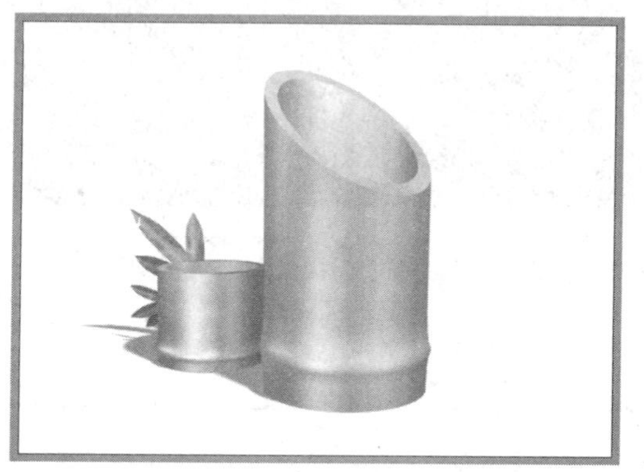

步骤2　在场景中选择一个竹子对象，然后在修改命令面板的修改器堆栈中选择元素。

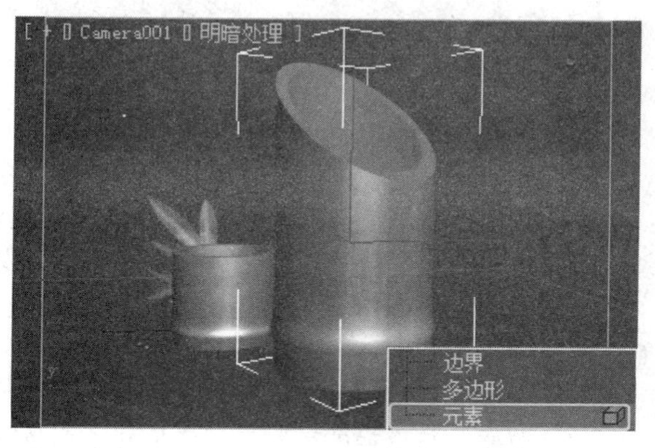

步骤3　打开修改器列表，然后根据示意图选择“弯曲”修改器。

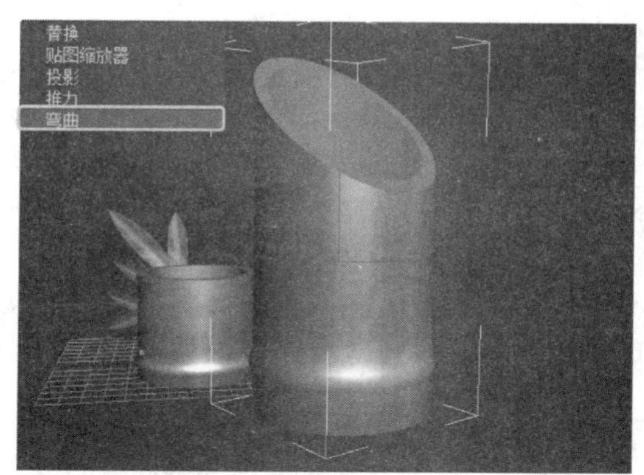

步骤4　在“弯曲”修改器的参数面板中设置参数，使对象产生弯曲效果。

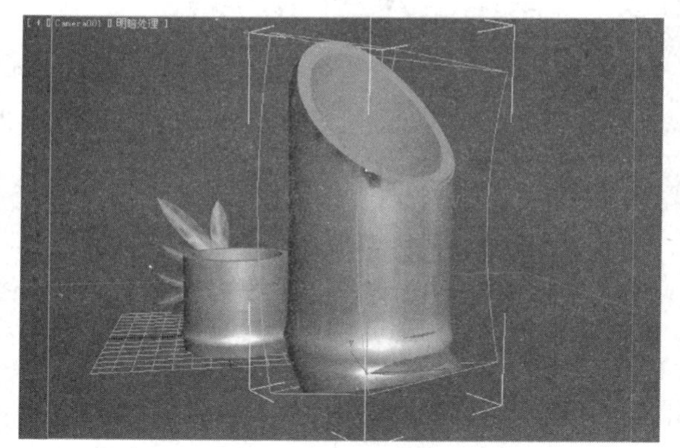

步骤5　完成弯曲修改器的设置后，继续添加“扭曲”修改器。

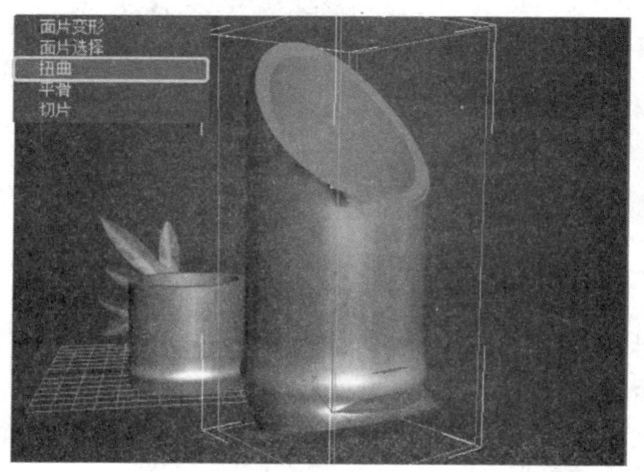

步骤6　在“扭曲”修改器的参数面板中设置参数，使对象产生扭曲形变。

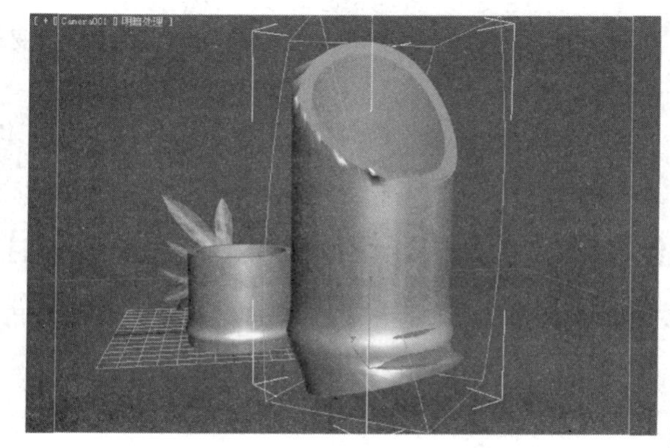

步骤7 在修改器堆栈中，通过鼠标拖动的方法将“弯曲”修改器拖曳到最顶部，对象的最终效果会产生新的变化。

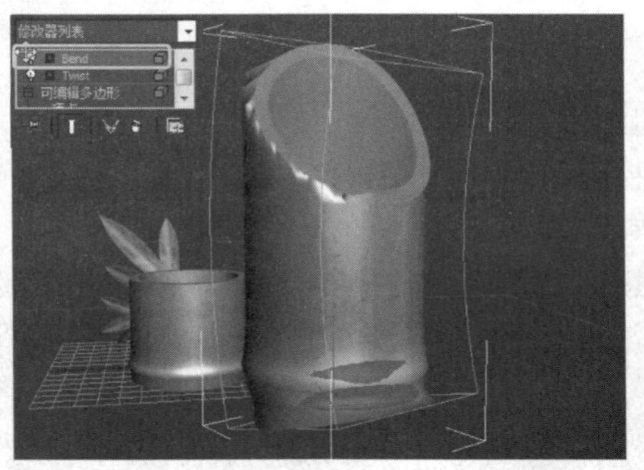

步骤8 添加一个“锥化”修改器，并适当设置参数，可观察到作为实例对象产生了相应的变化。

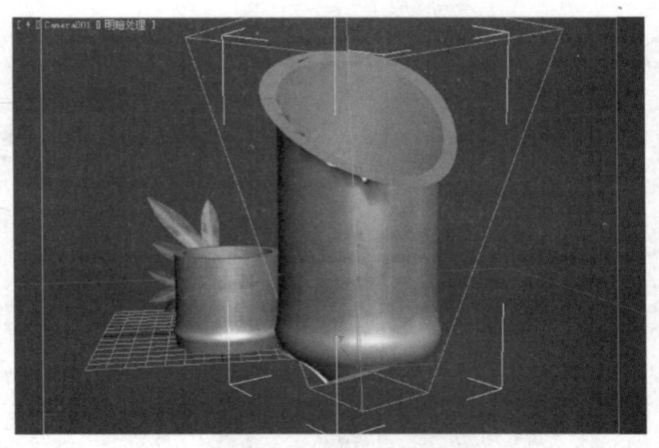

提示： 在添加修改器时，可以通过修改器开头字母作为快捷键来快速选择。

6.3 常用修改器

“修改器”与变换的差别在于它们影响对象的方式，使用修改器不能变换对象的当前状态，但可以塑形和编辑对象，并能更改对象的几何形状及属性。

6.3.1 常用世界空间修改器

“世界空间修改器”的行为与特定对象空间扭曲一样，将世界空间修改器指定给对象之后，该修改器显示在修改器堆栈的顶部，当空间扭曲绑定时相同区域作为绑定列出。常用的世界空间修改器主要包括摄影机贴图、头发和毛发、路径变形等。

提示： 世界空间修改器在名称后附加了缩写字母WSM。

1. 摄影机贴图修改器

“摄影机贴图”基于指定摄影机将 UVW 贴图坐标应用于对象，如果在应用于对象时将相同贴图指定为背景的屏幕环境，则在渲染的场景中该对象将不可见。

2. Hair和Fur修改器

“Hair和Fur”修改器可用于生长毛发的任意对象，也可以应用于几何体对象和图形对象。当选择“Hair和Fur”修改的对象时，会在视口中显示头发。

“Hair和Fur”修改器应用效果

3. 路径变形

“路径变形”世界空间修改器根据图形、样条线或NURBS曲线路径变形对象，世界空间修改器与对象空间路径变形修改器工作方式完全相同。

注意： “Hair和Fur”仅可在“透视”和“摄影机”视图中渲染。如果尝试渲染正交视图，则 3ds Max 会显示一条警告，说明不会出现头发。

6.3.2 实战：Hair和Fur的基本应用

光盘路径： 第6章\6.3\头发和毛发的基本应用（原始文件）.max

步骤1 打开本书配套的范例文件“头发和毛发的基本应用（原始文件）.max”。

步骤2 单击“线”按钮，围绕人物头部一圈创建几条样条线，并将它们附加为一个整体，用作头发生成的曲线。

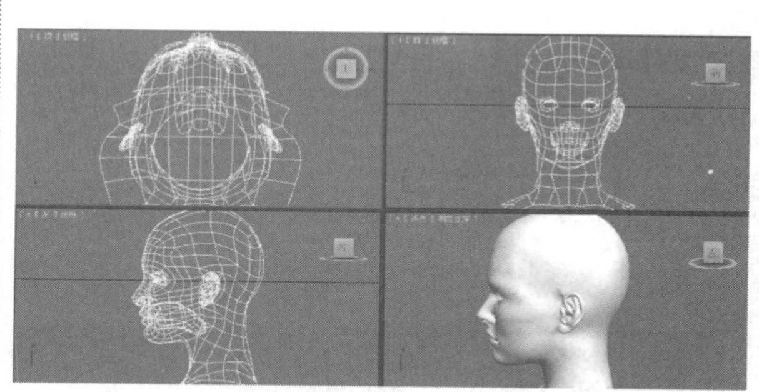

步骤3　为选择对象添加“Hair和Fur”修改器后，在视口中可观察到毛发的默认状态。

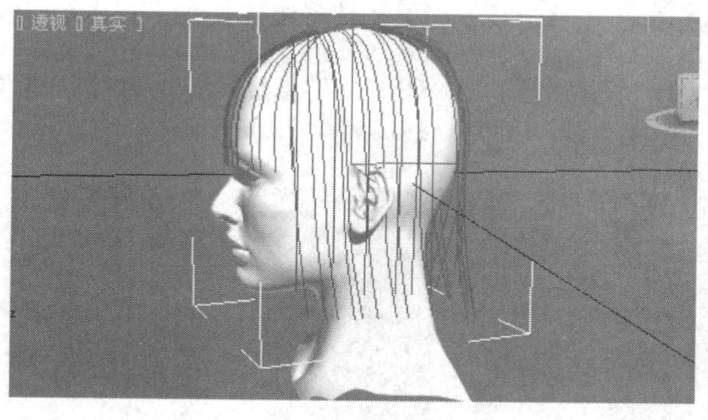

步骤4　渲染场景，可观察到对象在应用了“Hair和Fur”修改器后的效果，并在“常规参数”卷展栏中将比例设置为100，让头发显得完整些。

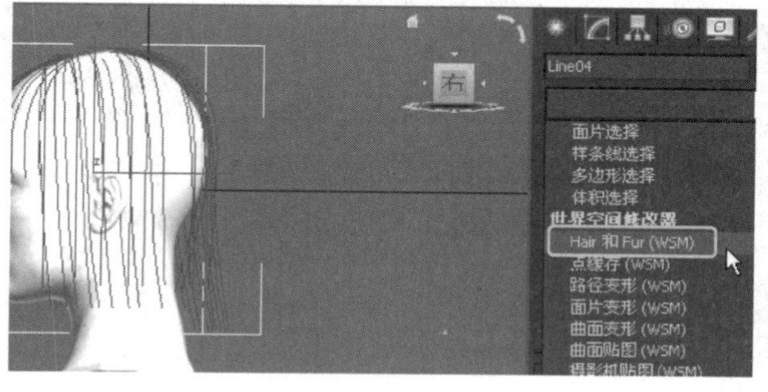

步骤5　在“Hair和Fur”修改器的常规参数中设置参数。

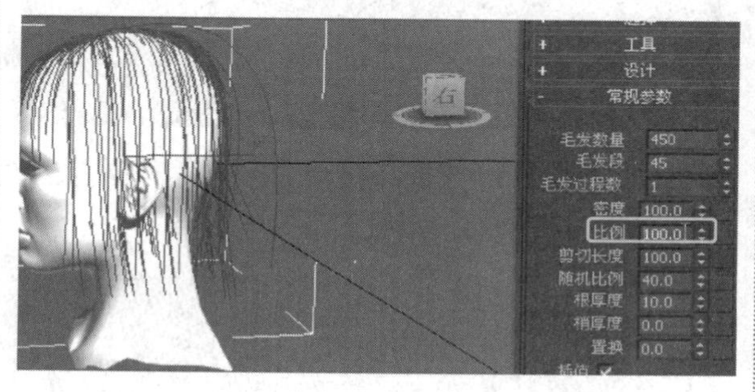

步骤6　在“卷发参数”和“多股参数”卷展栏中设置参数。

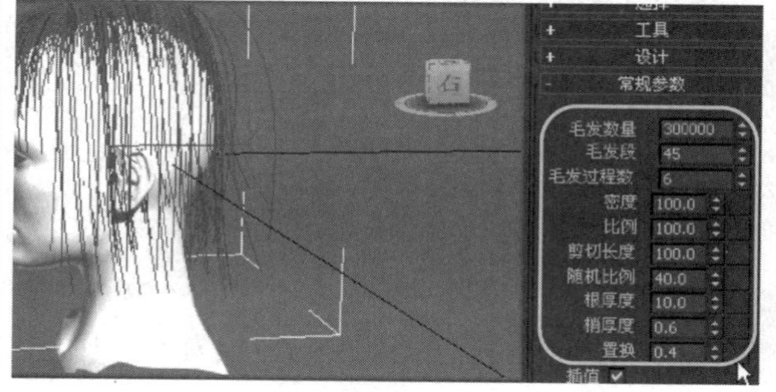

步骤7　应用新的预置毛发后，再次渲染，可观察到预置毛发的应用效果。

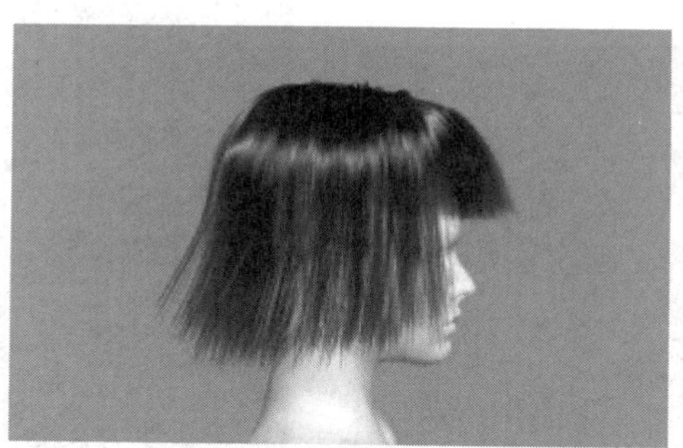

提示： 添加头发和毛发修改器后，同时也应用了相应环境和特效效果。

提示： 一般而言，“路径变形”世界空间修改器将对象移动向路径的同时保持路径在原地不动，而“路径变形”对象空间修改器将路径移动向对象的同时保持对象在原地不动。

6.3.3 实战：模拟绕地球的月球轨道

光盘路径：第6章\6.3\模拟绕地球的月球轨道（原始文件）.max

步骤1 在“创建”命令面板中单击“椭圆”按钮。

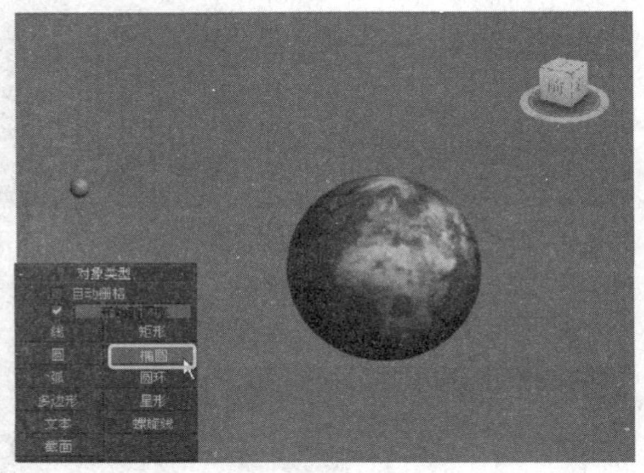

步骤2 在“顶”视口中创建一个椭圆图形对象。

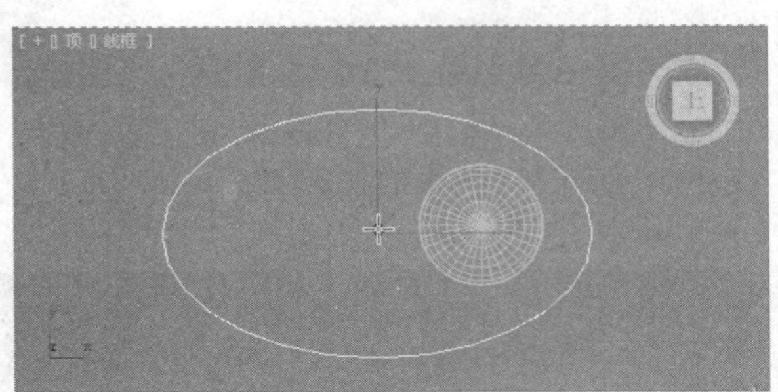

步骤3 选择模拟月球的对象，然后在“修改”命令面板中为其添加“路径变形”修改器。

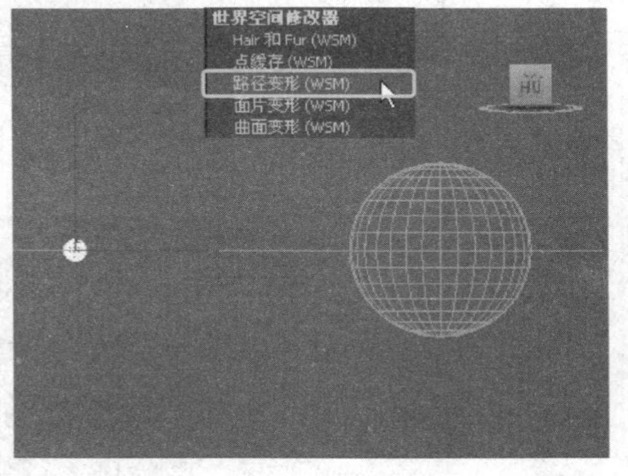

步骤4 在修改器的参数面板中单击“拾取路径”按钮，然后准备在视口中进行拾取操作。

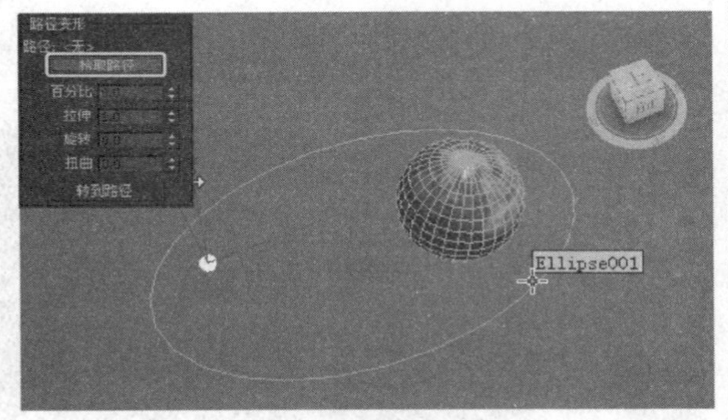

步骤5 拾取作为路径的椭圆形对象后，模拟月球的对象将产生位置变换。

步骤6 单击“转到路径”按钮，月球将移动至椭圆对象上。

步骤7 设置“百分比”参数的值为60，月球将移动至路径的60%处。

步骤8 设置“拉伸”参数的值为10，月球将沿着Gizmo路径进行缩放。

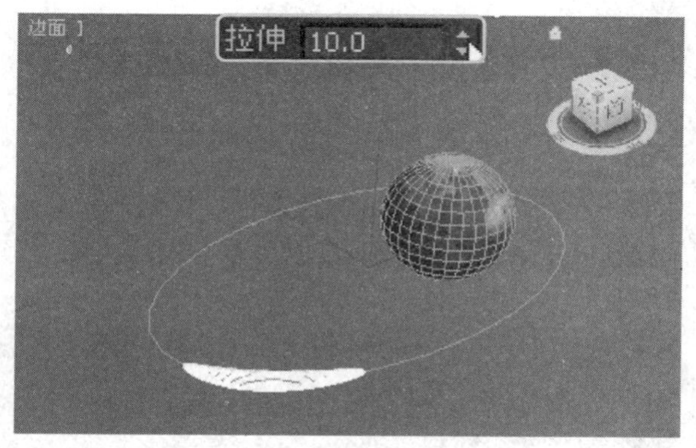

提示： 只能以二维图形对象作为变形路径。使用“转到路径”按钮会将变换应用到对象上，如果后面将“转到路径”绑定从对象上移除，该变形效果也不会删除。

6.3.4　常用对象空间修改器

对象空间修改器直接影响对象空间中对象的几何体，在应用对象空间修改器时，对象空间修改器直接显示在对象的上方，堆栈中的修改器顺序也会影响几何体效果。常用的对象空间修改器中，有些能使二维图形转化为几何体，有些能同时应用于几何体和图形，使其都能产生变化。

1. 常用修改器

在场景中选定几何体对象时，打开修改器的列表，列表中列出了能应用于该几何体对象的所有修改器，如常用的弯曲、扭曲、锥化、倾斜、FFD、晶格和噪波等修改器。

常用修改器解读如下：

（1）**弯曲**：允许将当前选中对象围绕单独轴弯曲360°，在对象几何体中产生均匀弯曲。可以在任意三个轴上控制弯曲的角度和方向，也可以对几何体的一段限制弯曲。

（2）**扭曲**：在对象几何体中产生旋转效果，可以控制任意三个轴上扭曲的角度，并设置偏移来压缩扭曲对象相对于轴点的效果，也可以对几何体的一段限制扭曲。

（3）**锥化**：通过缩放对象几何体的两端产生锥化轮廓，一端放大而另一端缩小，可以在两组轴上控制锥化的量和曲线，也可以对几何体的一段限制锥化。

（4）**倾斜**：可以在对象几何体中产生均匀的偏移，控制在三个轴中任何一个轴上的倾斜的量和方向，还可以限制几何体部分的倾斜。

（5）**FFD**：FFD 修改器使用晶格框包围选中的几何体，通过调整晶格的控制点，可以改变封闭几何体的形状。

（6）**晶格**：将图形的线段或边转化为圆柱形结构，并在顶点上产生可选的关节多面体，使用它可基于网格拓扑创建可渲染的几何体结构，或作为获得线框渲染效果的另一种方法。

（7）**噪波**：沿着三个轴的任意组合调整对象顶点的位置，是模拟对象形状随机变化的重要动画工具。

2. 将二维图形转化为几何体的修改器

当在场景中创建一个二维图形时，要将该二维图形作为几何体的截面进行转化，可以使用如挤出、倒角、倒角剖面、壳和车削等修改器。

相关修改器解读如下：

（1）**挤出**：该修改器将深度添加到图形中，并使其成为一个参数对象。

（2）**倒角**：该修改器将图形挤出为3D对象并在边缘应用平或圆倒角。

（3）**倒角剖面**：“倒角剖面”修改器使用另一个图形路径作为“倒角截剖面”来挤出一个图形。

（4）**壳**：通过添加一组朝向现有面相反方向的额外面，“壳”修改器“凝固”对象或者为对象赋予厚度，无论曲面在原始对象中的任何地方消失，产生的边将连接内部和外部曲面。可以为内部和外部曲面、边的特性、材质ID及边的贴图类型指定偏移距离。

（5）**车削**：“车削”修改器通过绕轴旋转一个图形或NURBS曲线来创建几何体对象。

提示： 当应用扭曲修改器时，会将扭曲Gizmo的中心放置于对象的轴点，并且Gizmo与对象局部轴排列成行。

6.3.5 实战：通过修改器制作软垫

光盘路径： 第6章\6.3\通过修改器制作软垫（最终文件）.max

步骤1 在场景中创建一个切角长方体，确定创建参数。

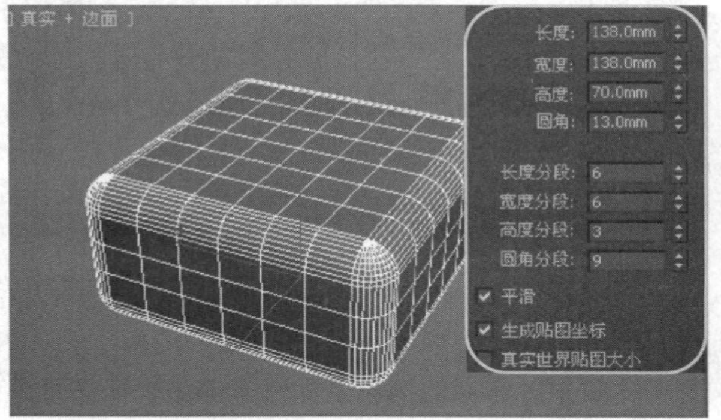

步骤2 选择切角长方体，为长方体添加“FFD（长方体）”修改器。

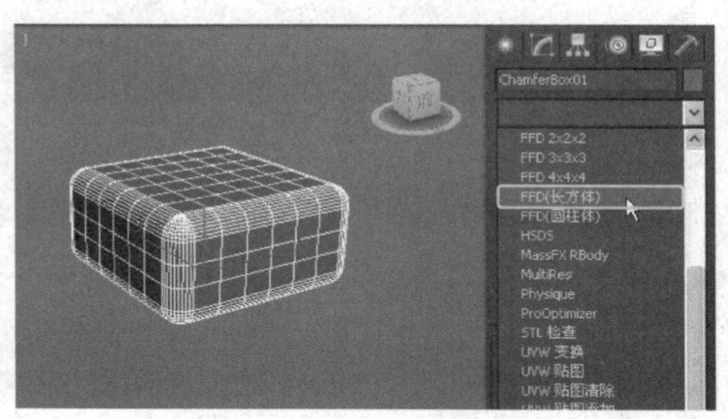

步骤3 添加“FFD（长方体）”修改器后，对象上会出现修改器的控制晶格。

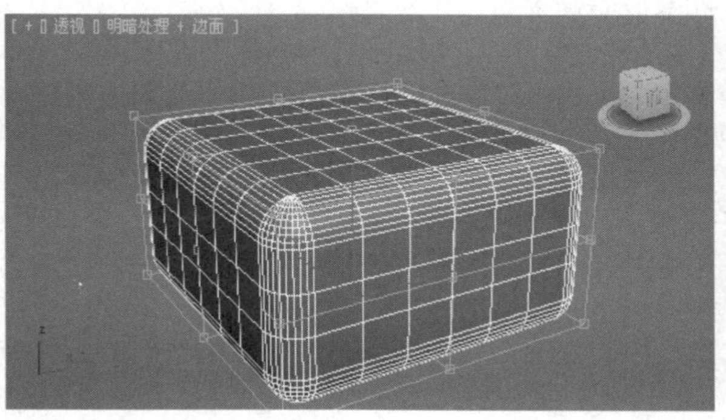

步骤4 在修改器堆栈中展开修改器，选择“控制点”层级。

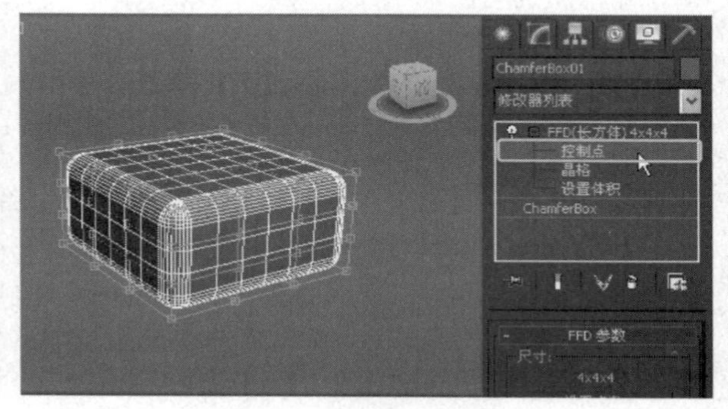

步骤5 在“透视”视口中，使用缩放工具，选择对象四边的晶格控制顶点。

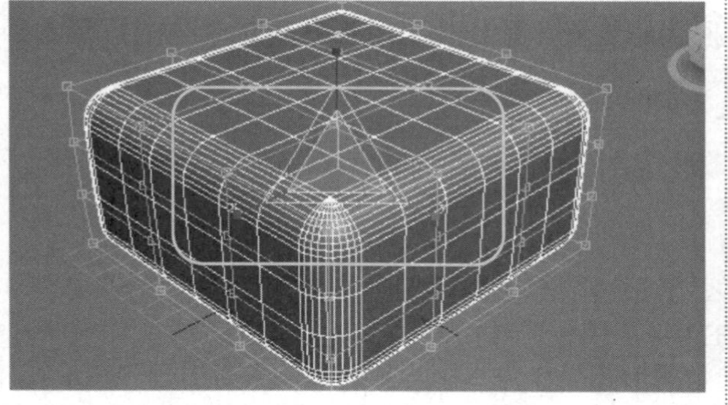

步骤6 在“透视”视口中锁定Z轴进行缩放，使晶格之间的距离变短，从而使对象产生挤压效果。

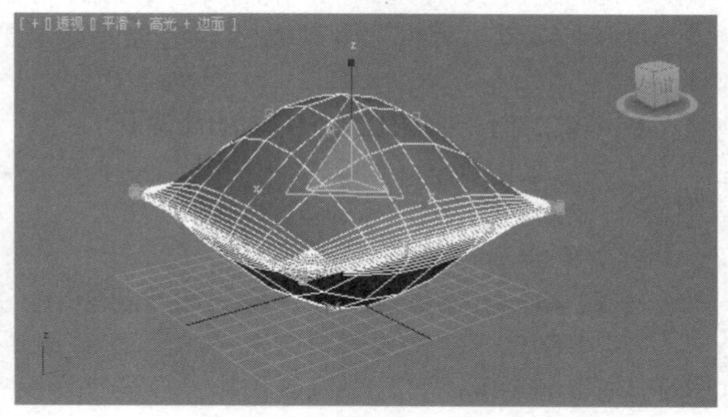

步骤7 在“前”视口中使用相同的方法，对中间的晶格控制点进行缩放处理。

步骤8 在“顶”视口中使用相同的方法将垂直方向上的晶格进行适当的缩放。

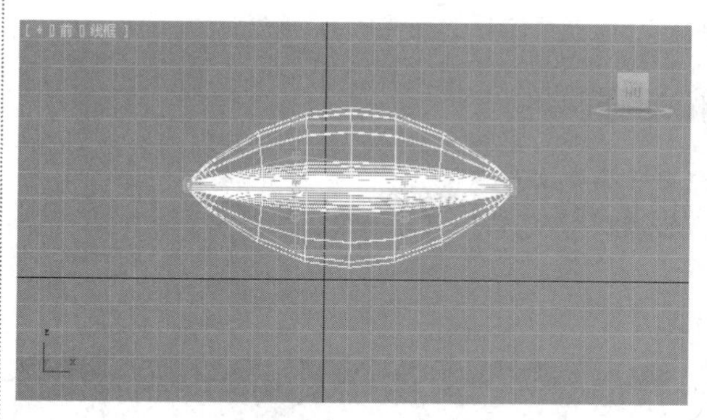

步骤9　在“透视”视口中，将另一个方向上的晶格点同样进行缩放，完成软垫的基本外型。

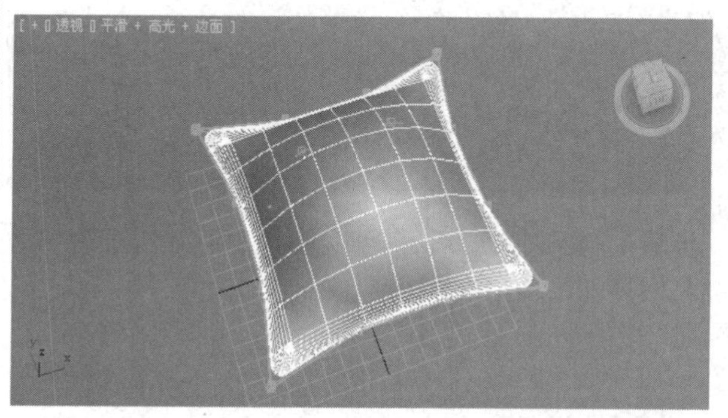

步骤11　通过添加“倾斜”修改器并设置参数，使软垫在Z轴上产生一定程度的倾斜效果。

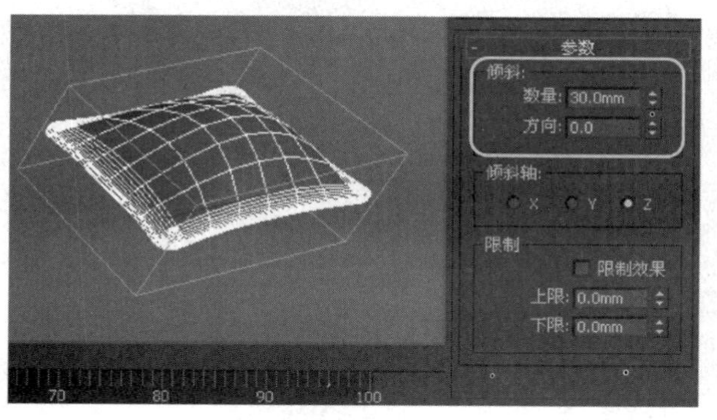

步骤13　在修改器堆栈中展开“弯曲”修改器，然后选择Gizmo层级。

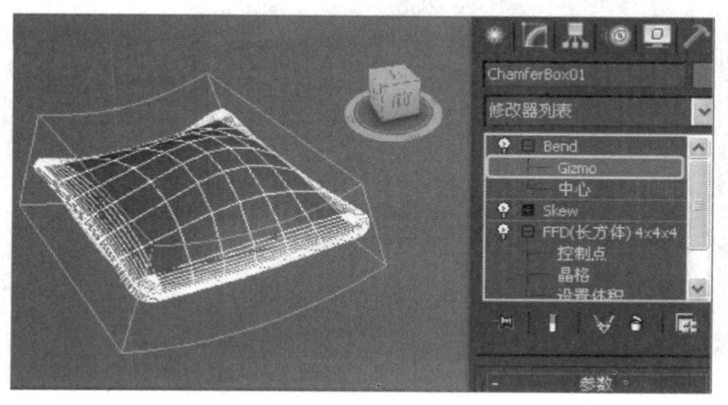

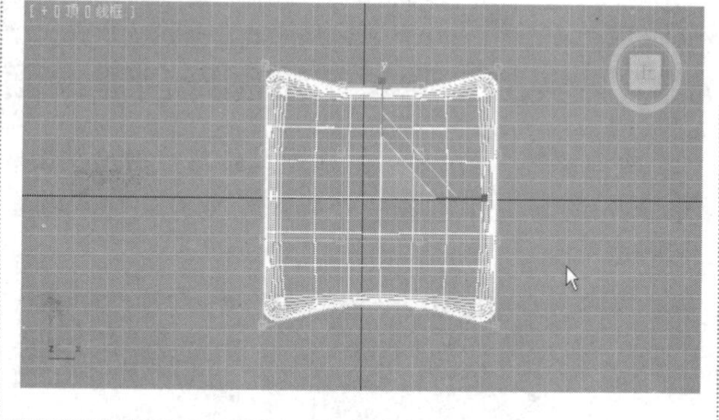

步骤10　为软垫添加“倾斜”修改器。

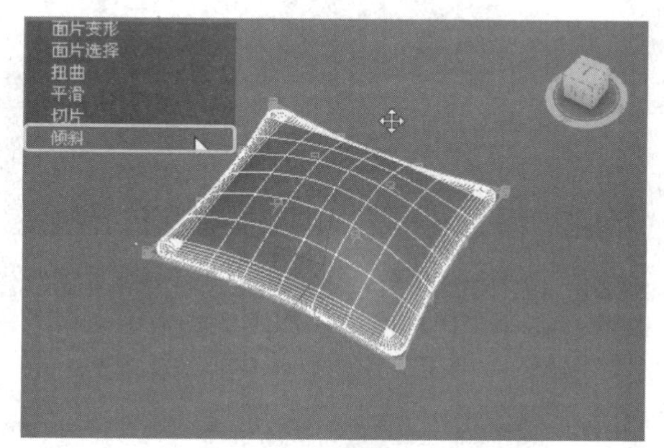

步骤12　为软垫添加“弯曲”修改器并设置参数，使其产生弯曲效果。

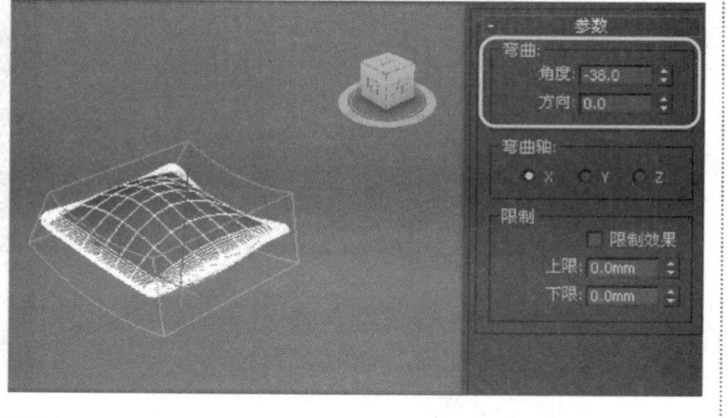

步骤14　移动Gizmo，可观察到对象也产生相应的变化。

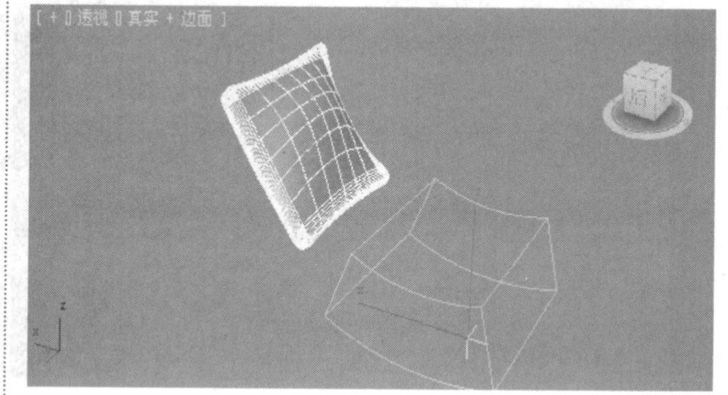

提示： 可以通过使用“限制”参数来设定“倾斜”修改器产生的倾斜范围。

6.3.6 实战：通过二维图形创建桌面和坛子

光盘路径：第6章\6.3\通过二维图形创建桌面和坛子（最终文件）.max

步骤1 在场景中创建一个矩形对象，并应用角半径参数。

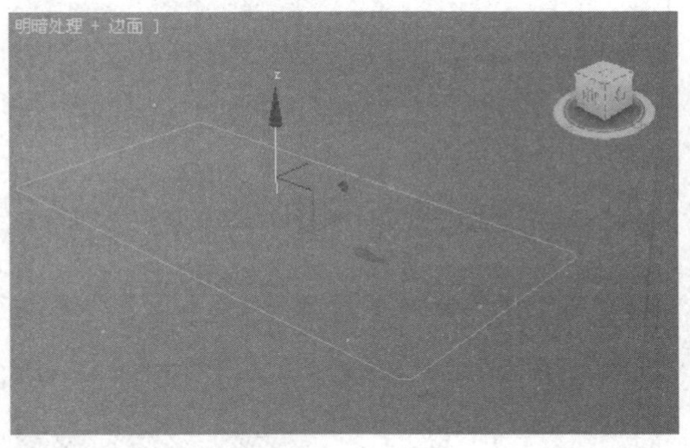

步骤2 在场景中创建一个弧形对象。

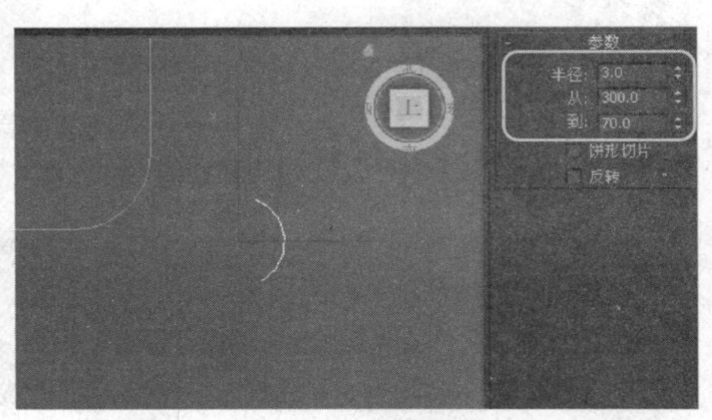

步骤3 选择矩形对象，为其添加“倒角剖面”修改器。在“倒角剖面”修改器的参数面板中单击“拾取剖面”按钮，然后在视口中拾取弧形。

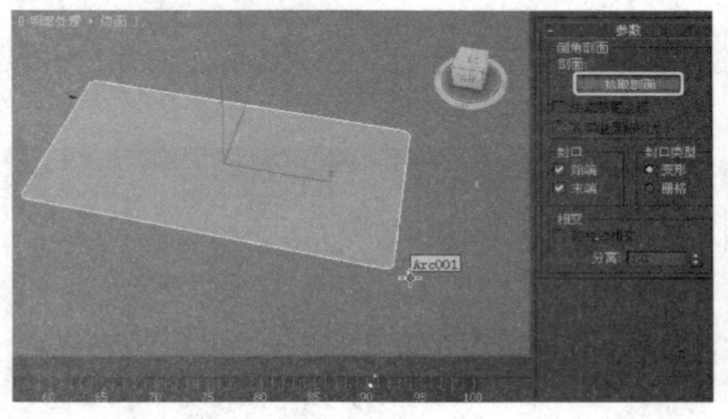

步骤4 拾取弧形后，矩形将以弧形为剖面转化为几何体。

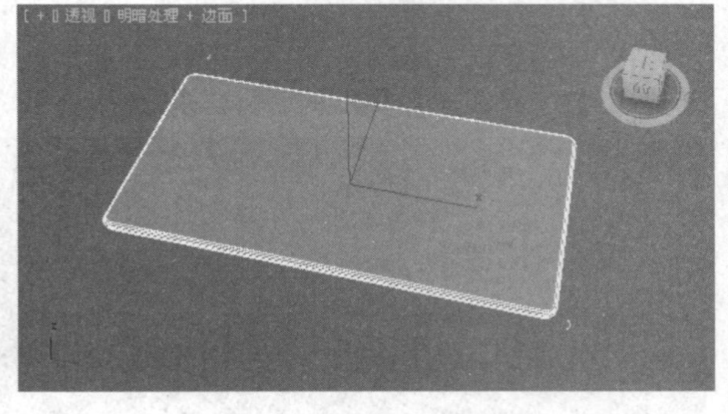

步骤5 选择之前创建的弧形对象，展开“插值”卷展栏，设置“步数”参数值为1，减小倒角剖面对象剖面的分段数。

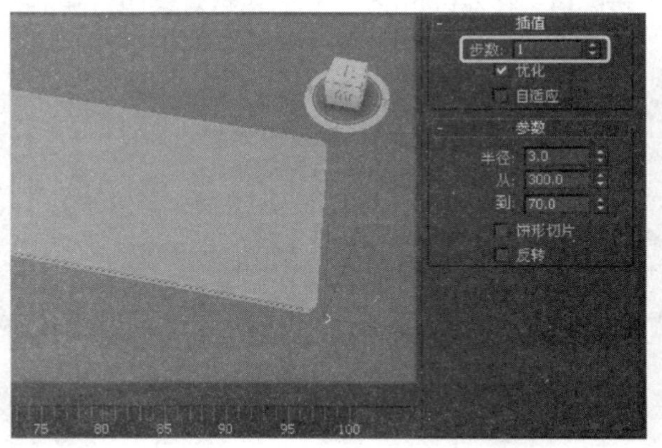

步骤6 在“前”视口中创建一段未封闭的曲线，并在“修改”命令面板中为曲线添加“车削”修改器。

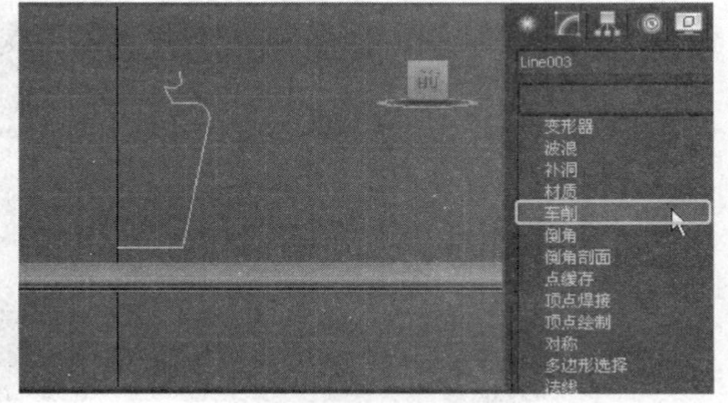

步骤7　添加“车削”修改器后，将曲线进行车削旋转，转化为几何体。

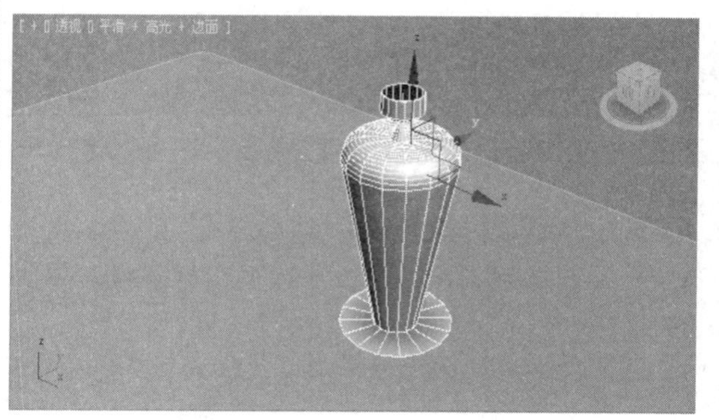

步骤8　在“车削”修改器参数面板中单击“最小”按钮，可将图形沿Z轴进行车削。

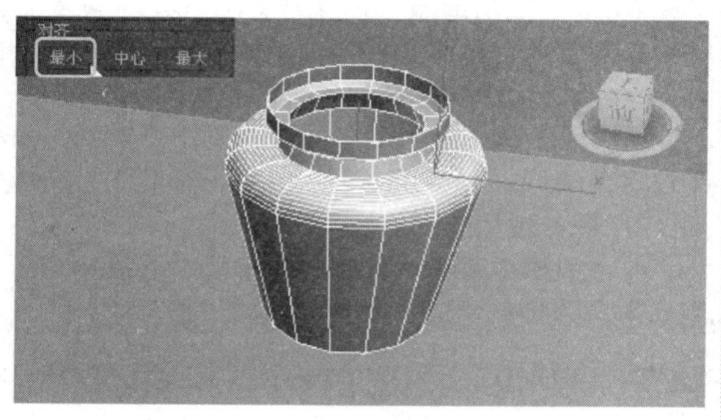

步骤9　为酒瓶对象添加“壳”修改器。

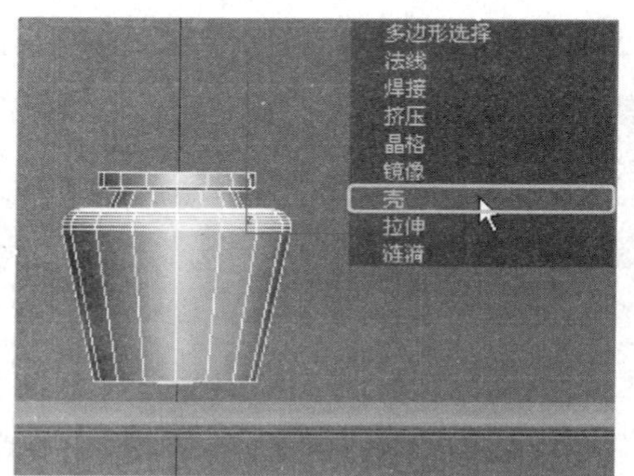

步骤10　设置“内部量”的值为2，使单面几何体具有厚度。

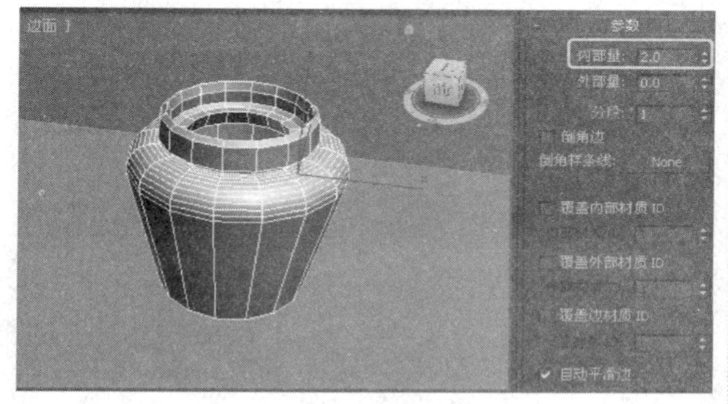

6.4　可编辑对象

要为对象进行更为详细的模型效果修改，可以通过各种可编辑修改器对模型的各种组成元素进行调整。要调整图形或几何体的组成元素，除了其本身就是可编辑的对象外，还要通过修改器来实现，常用可编辑修改器主要包括编辑样条线、编辑多边形和编辑网格等。

6.4.1　可编辑样条线

“编辑样条线”可通过顶点、线段和样条线三个子对象操纵图形，可以对图形的细分程度、组成曲线的基本元素和可渲染特性进行控制，使图形的外形编辑更加精确和自由。

1. 样条线的可渲染性

所有二维图形都是由样条线组成的，通过创建预置的几何图形，在没有添加“编辑样条线”修改器或转换为可编辑样条线对象时，仍然可以控制曲线的可渲染性。

2. 可编辑样条线对象的编辑

在没有选择子对象层级时，即处在可编辑样条线对象层级时，大部分可用的功能也可以在所有子对象层级使用，并且在各个层级的作用方式完全相同。

3. 顶点层级的编辑

在可编辑样条线的“顶点”层级下，可以使用标准方法选择一个或多个顶点，并允许变换操作。顶点包括角线、光滑、贝塞尔和贝塞尔角点4种属性，可以通过四元菜单重置控制柄或切换顶点类型。

相关顶点类型解读如下：

（1）**角点**：创建锐角转角的不可调整的顶点。

（2）**平滑**：创建平滑连续曲线的不可调整的顶点，平滑顶点处的曲率是由相邻顶点的间距决定的。

（3）贝塞尔： 创建带有锁定连续切线控制柄的不可调整的顶点，用于创建平滑曲线。顶点处的曲率由切线控制柄的方向和量级确定。

（4）贝塞尔角点： 创建带有不连续的切线控制柄的不可调整的顶点，用于创建锐角转角。线段离开转角时的曲率是由切线控制柄的方向和量级决定的。

4. 线段层级的编辑

“线段”是样条线的一部分，两个顶点确定一条线段，在可编辑样条线的线段层级中，可以选择一条或多条线段，并使用变换工具进行移动、旋转或缩放操作。

5. 样条线层级的编辑

在可编辑样条线对象的“样条线”层级中，可以选择一个样条线对象中的一个或多个样条线，并使用标准方法进行移动、旋转和缩放操作。

6.4.2 实战：图形的可渲染性应用

光盘路径： 第6章\6.4\图形的可渲染性应用（原始文件）.max

步骤1 打开本书配套的范例文件“图形的可渲染性应用（原始文件）.max”。

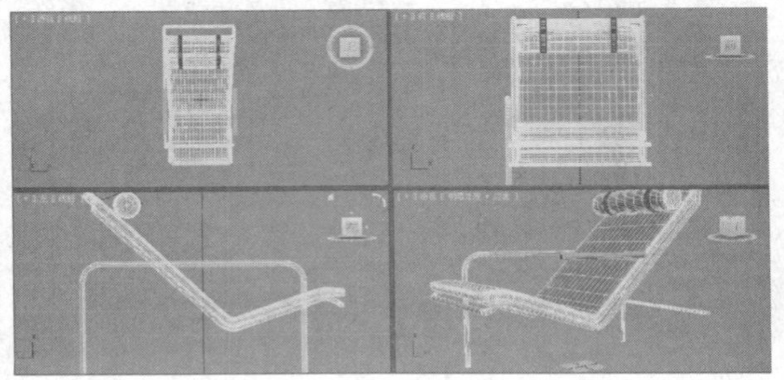

步骤2 根据一侧的支脚，创建一段未封闭曲线。

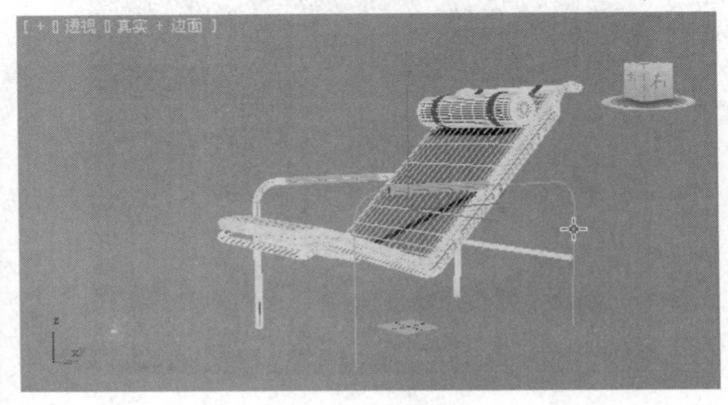

步骤3 在曲线的参数面板中展开“渲染”卷展栏，勾选“在渲染中启用”复选框。

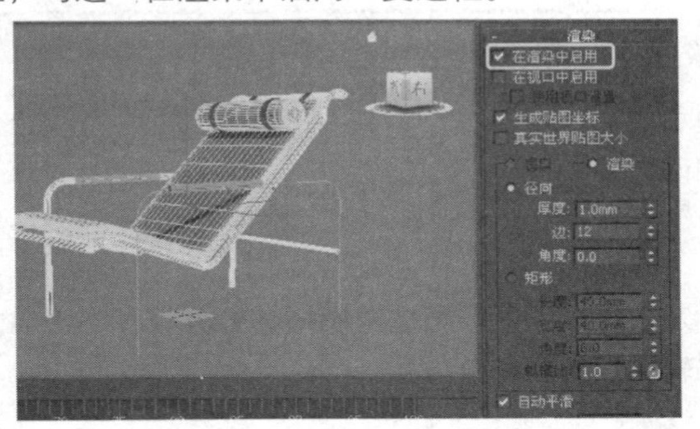

步骤4 快速渲染“透视”视口，可观察到只有1mm半径大小的样条线几何体形态。

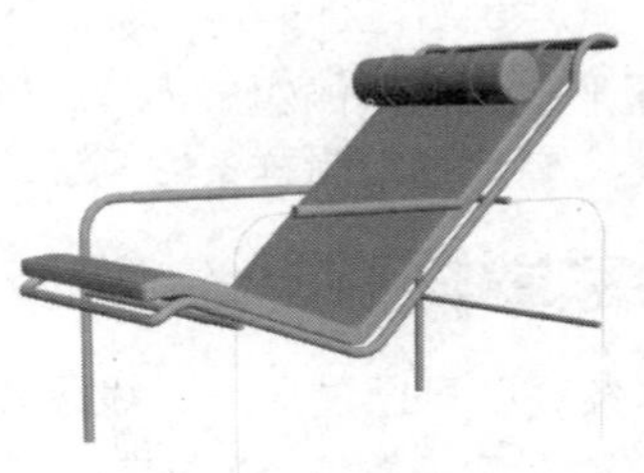

步骤5 设置“径向”的“厚度”值为20mm。

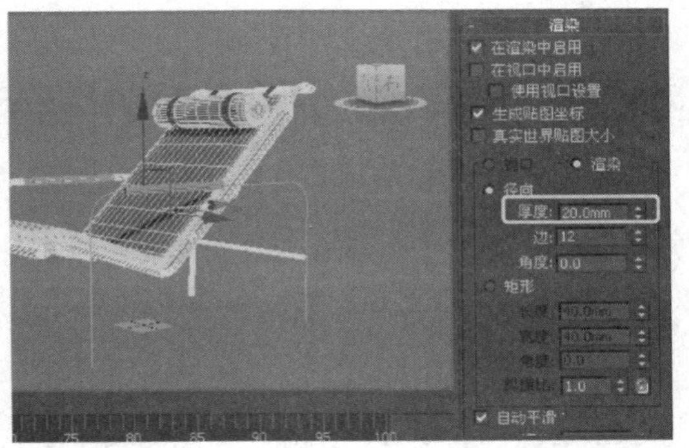

步骤6 渲染场景，可观察到样条线的半径变粗。

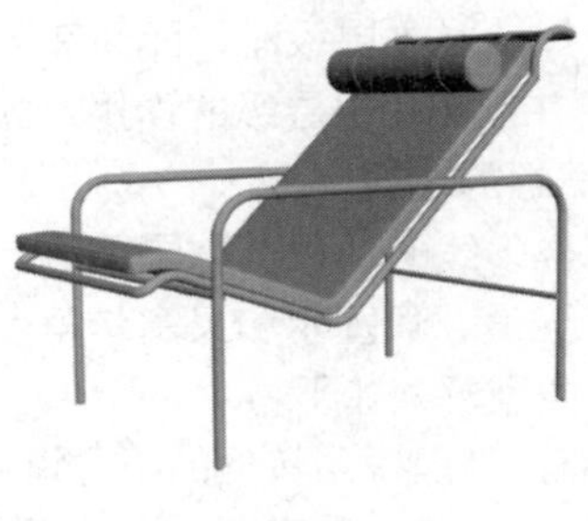

步骤7　勾选“在视口中启用”复选框，将可以通过视图观察到样条线的几何体形态。

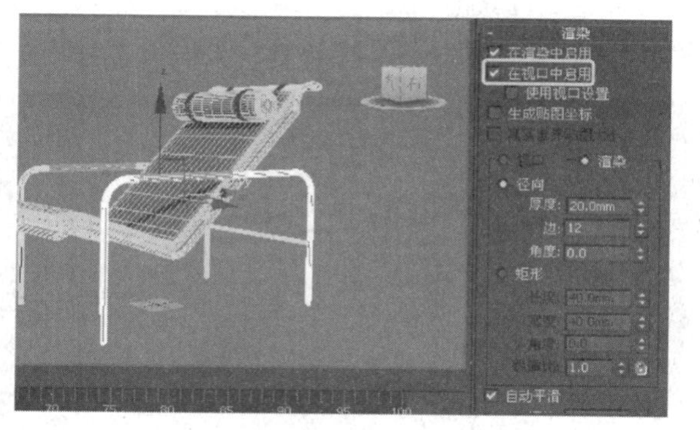

步骤8　选择“矩形”方式并设置相关参数，可观察到样条线的几何体形态的截面为矩形。

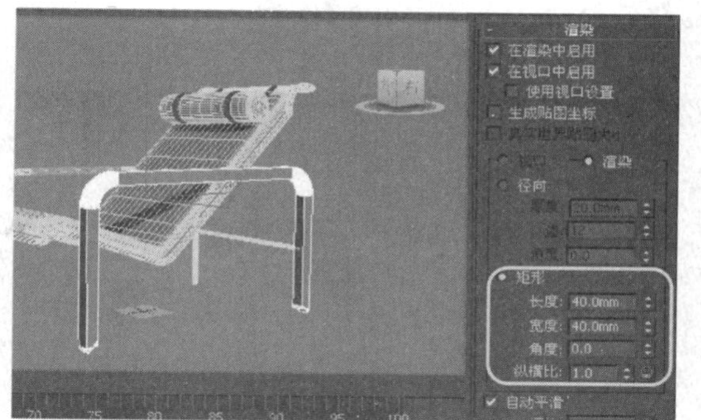

提示： 在渲染中启用样条线的可渲染性，只能在渲染时观察到样条线的几何体形态，在视口中仍然显示样条线。

提示： 径向可指定视口或渲染样条线网格的直径。默认设置为1.0，范围为0.0至100,000,000.0。

6.4.3　实战：使多个图形对象附加为可编辑样条线

光盘路径：第6章\6.4\使多个图形对象附加为可编辑样条线（最终文件）.max

步骤1　在场景中创建一个矩形图形对象。

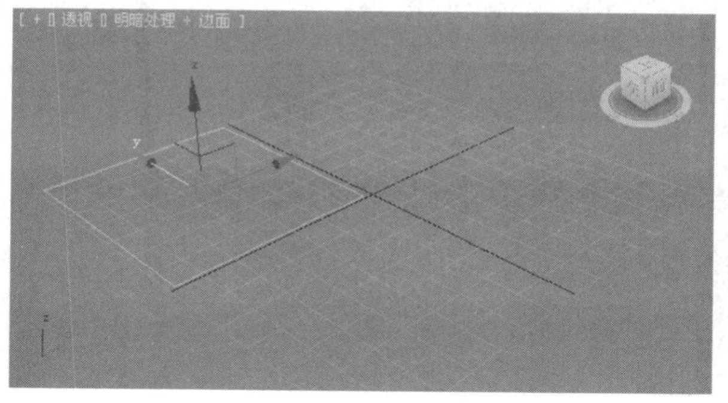

步骤2　在场景中再创建一个圆形和多边形图形对象。

步骤3　选择其中一个图形对象，在修改器堆栈中右击，在弹出的快捷菜单中，若选择“转换为：可编辑样条线”命令，可转化圆形。

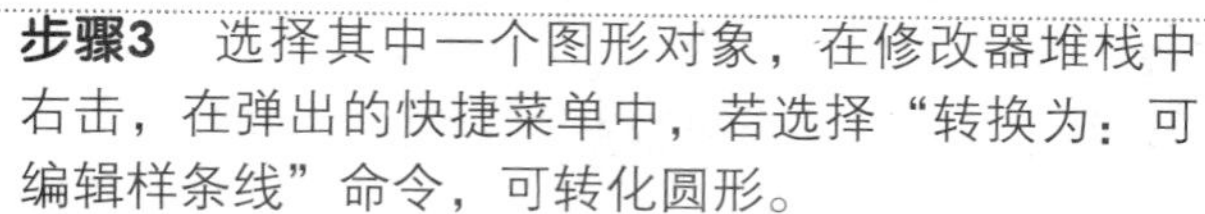

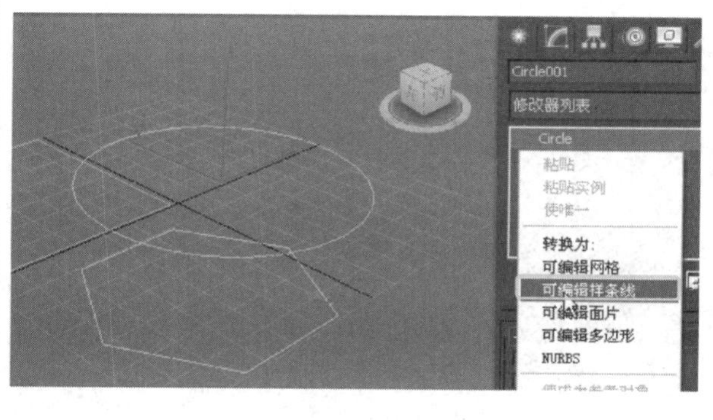

步骤4　选择矩形，在“修改”命令面板中为其添加“编辑样条线”修改器。

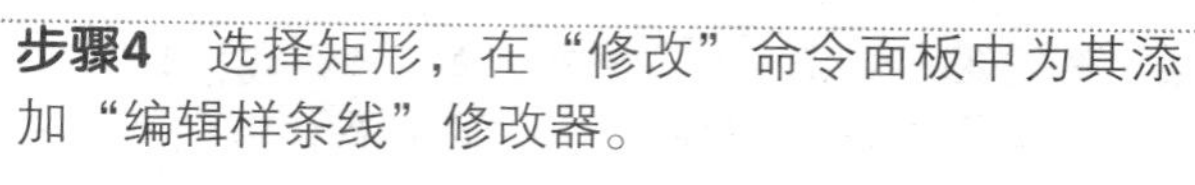

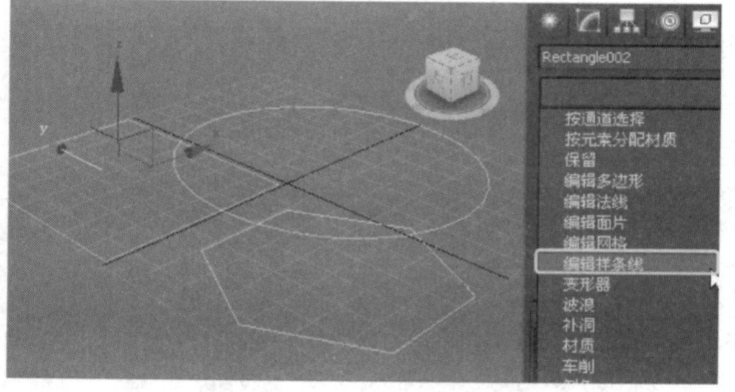

步骤5 选择矩形，在视图中开启四元菜单，可以选择将图形“转换为可编辑样条线”的命令。

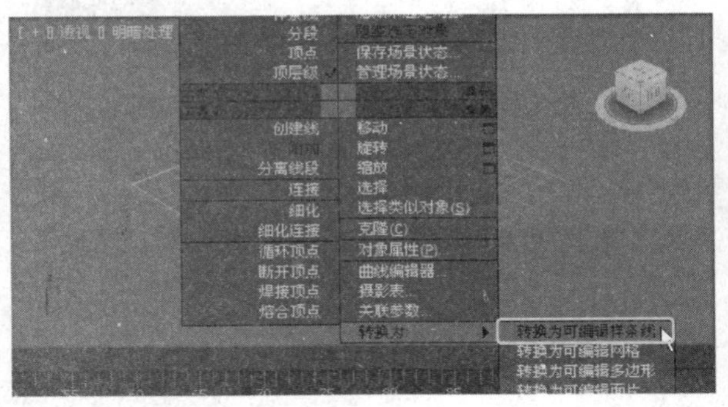

步骤6 使用前面任意一种方法将矩形转化为可编辑样条线后，在参数面板中单击“附加”按钮，并在视口中靠近其他图形，当光标变为空心十字形状时，可以附加图形到当前可编辑样条线。

步骤7 完成附加后，在修改器堆栈中可观察到只有“可编辑样条线”层级。

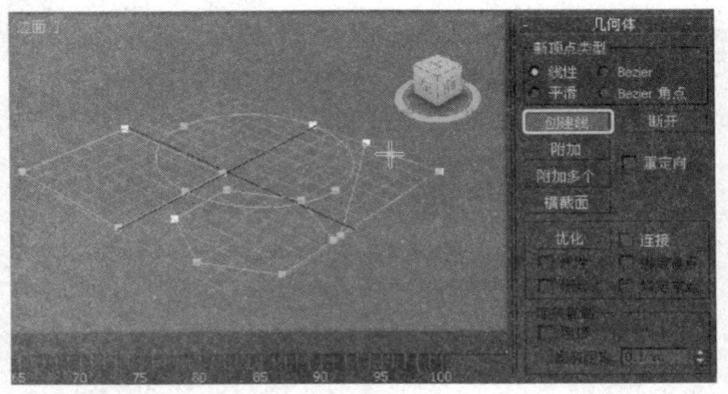

步骤8 单击“创建线”按钮，可在场景中绘制新的曲线，但该曲线仍属于可编辑样条线的层级。

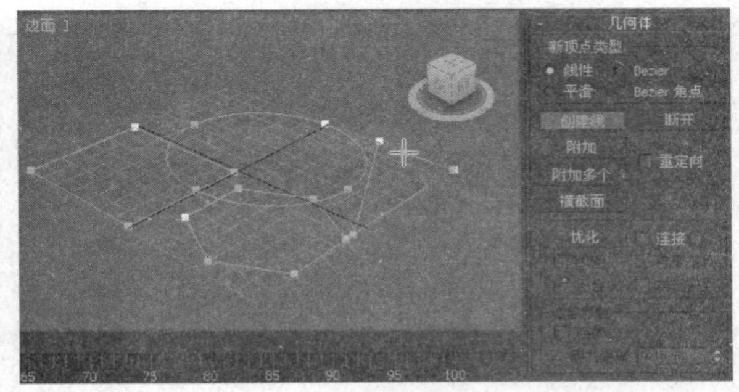

提示： 将图形转化或塌陷为可编辑样条，将不能返回到图形的基本层级进行参数设置。

提示： 如果单击“附加多个”按钮，会开启选择对象的对话框，可以在对话框中选择多个图形对象进行附加。

6.4.4 实战：顶点的测试与应用

光盘路径： 第6章\6.4\顶点的测试与应用（最终文件）.max

步骤1 在场景中创建一个矩形图形，再通过四元菜单将矩形图形转换可编辑样条线对象。

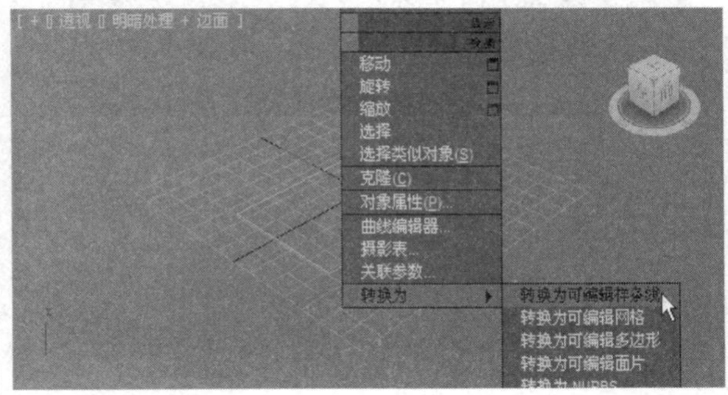

步骤2 在“选择”卷展栏中激活“顶点”按钮，并勾选“显示顶点编号”复选框，在视图中显示顶点以及面点的序号。

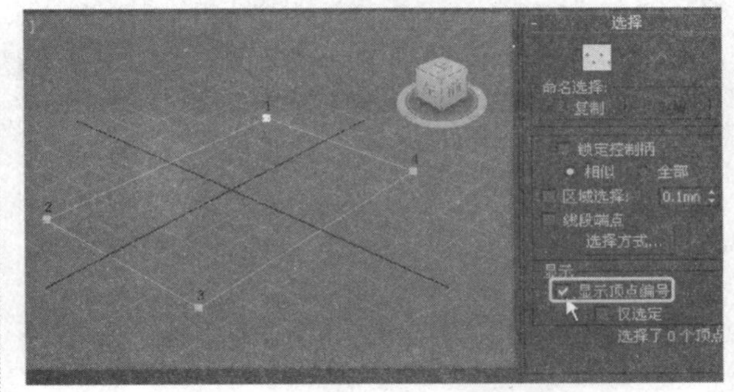

步骤3 选择所有顶点，然后开启四元菜单，选择“角点”命令。

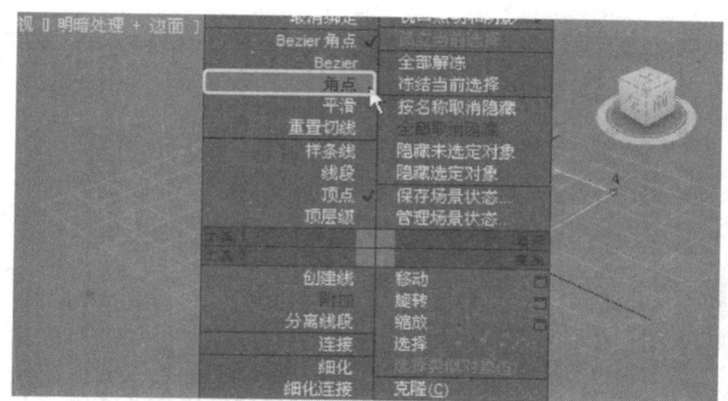

步骤4 选择左上角的顶点，然后在“几何体”卷展栏中单击“设为首顶点”按钮，该顶点将成为图形的起点。

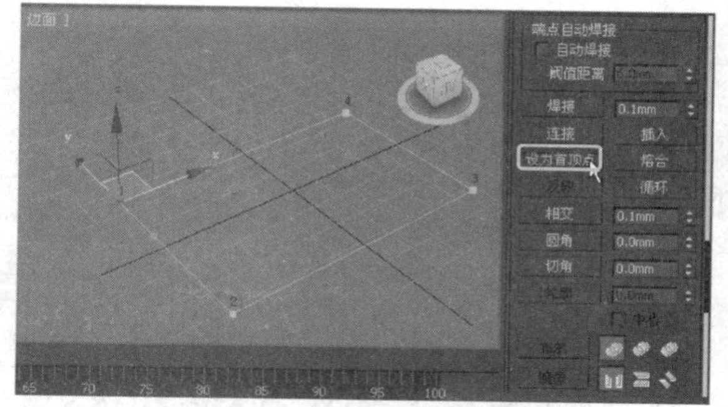

步骤5 选择右上角的顶点，单击“断开”按钮，该顶点将断开为两个顶点。

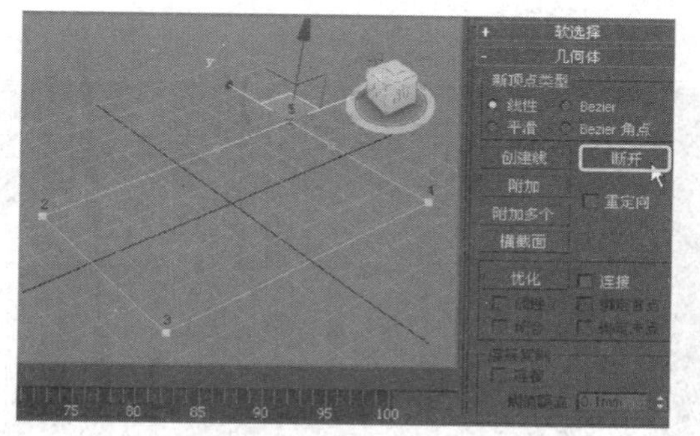

步骤6 使用移动工具，对断开的顶点进行适当移动。

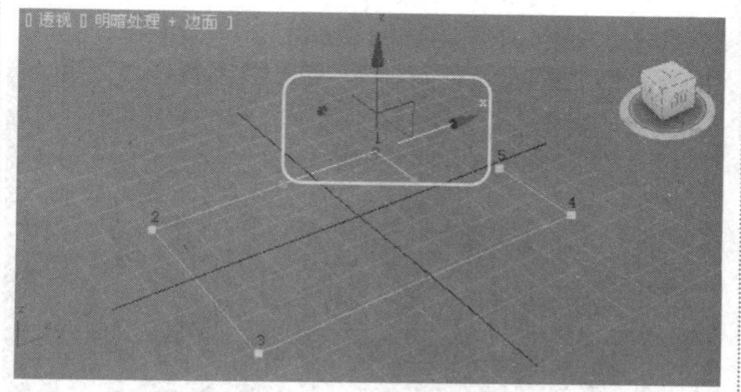

步骤7 在参数面板中激活“连接”按钮，然后通过鼠标拖动的方式，在开放端的顶点处绘制一条虚线，释放鼠标后两个顶点将被线段连接。

步骤8 选择左侧的两个顶点，然后单击“切角”按钮，并在视口中进行拖动操作，选择的顶点将进行切角处理。

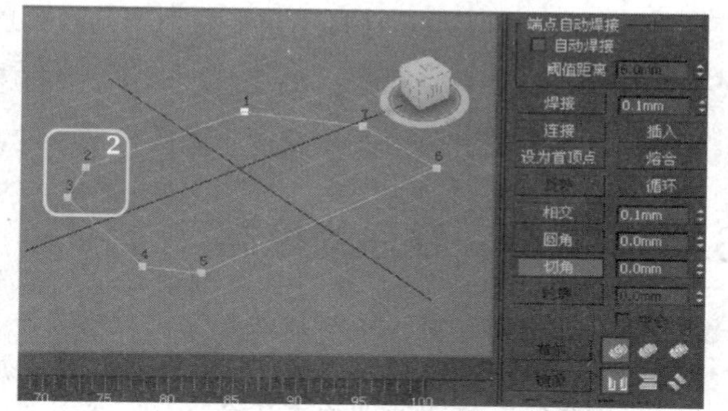

步骤9 选择最左侧的两个顶点，然后单击“熔合”按钮。

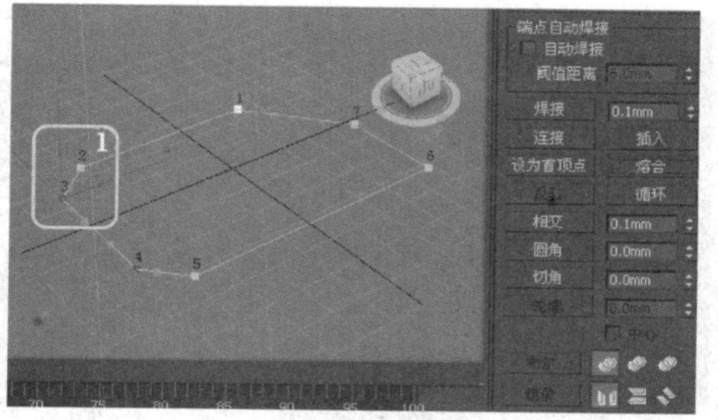

步骤10 激活“熔合”按钮后，选择的两个点将移动到同一坐标位置上。

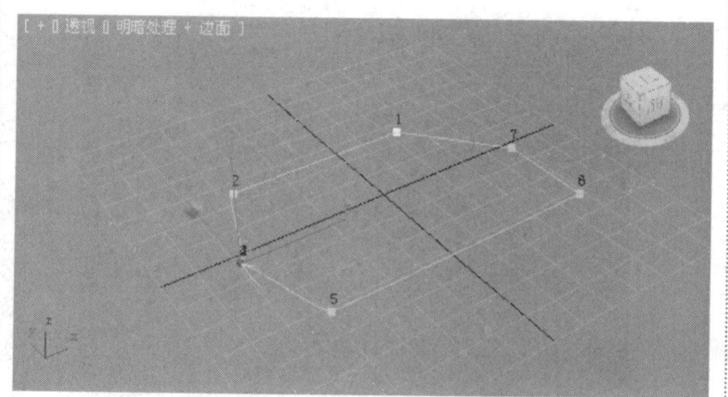

步骤11 保持熔合后两个重合顶点的选定状态，然后单击“焊接”按钮，两个顶点将焊接成一个顶点。

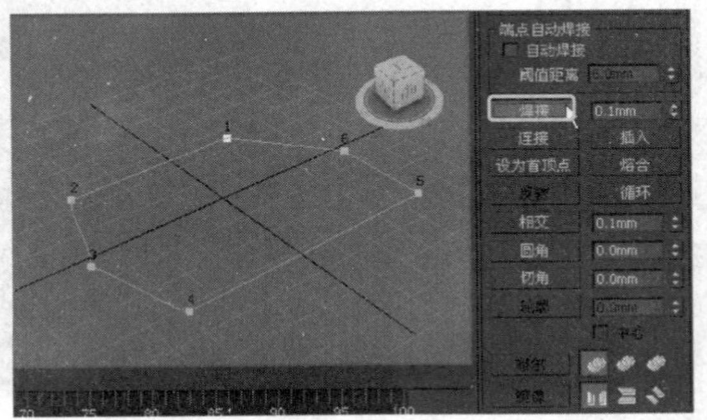

步骤12 选中焊接前的2号和4号顶点，然后激活“圆角”按钮，并在视口中上下拖动鼠标，使顶点圆角化。

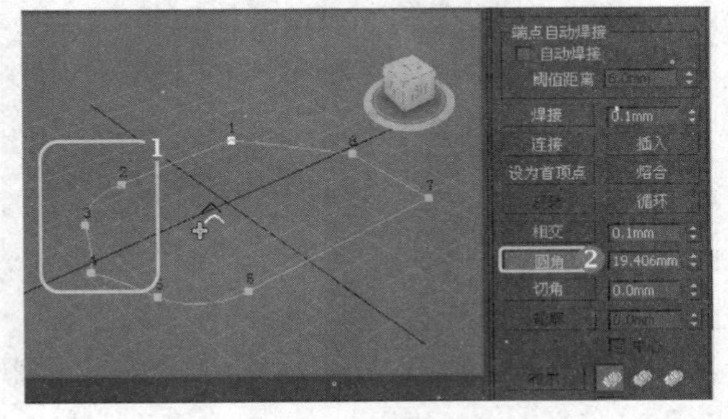

步骤13 单击“优化”按钮，然后移动光标靠近样条线，当光标变为空心十字形状时，进行单击操作，可在线段上添加新的顶点。

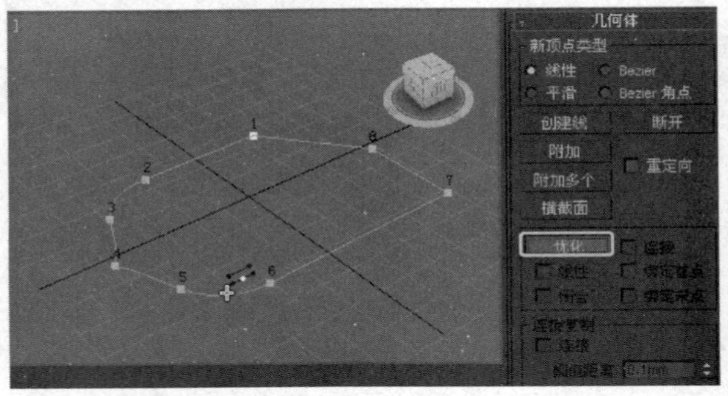

步骤14 单击“插入”按钮，可以插入一个或多个顶点，以创建其他线段。

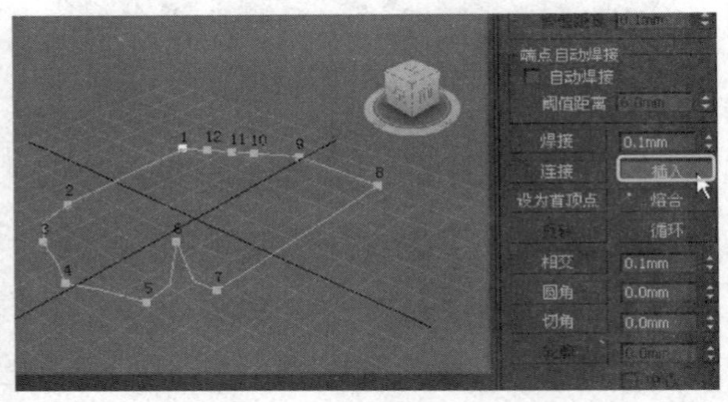

提示： 全选顶点时，可以在该层级处于激活状态时，使用快捷键Ctrl+A。

提示： Connect（连接）只能在两个开放的顶点处应用。

提示： 在焊接顶点时，可以通过调整后面的参数值来控制焊接时允许的最大距离。

提示： 优化允许添加顶点而不更改样条线的曲率值，且可以连续添加，右击完成。

6.4.5 实战：线段的控制

光盘路径：第6章\6.4\线段的控制（最终文件）.max

步骤1 在场景中创建一个星形图形，为其添加“编辑样条线”修改器，并展开修改器，选择“分段”子层级。

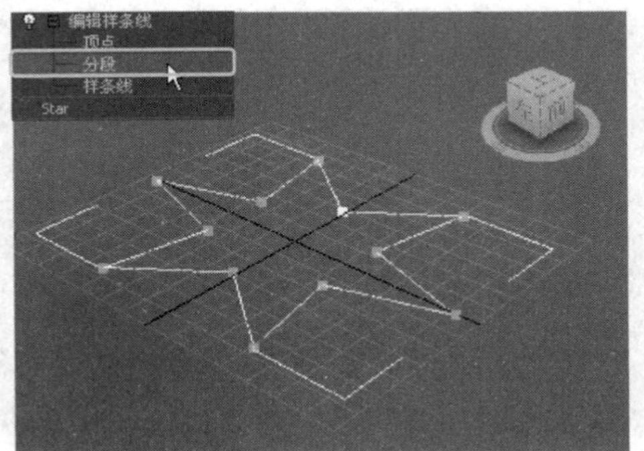

步骤2 在参数面板中单击“断开”按钮，光标将变为空心十字形状，在线段上单击，将添加顶点，且从顶点处断开。

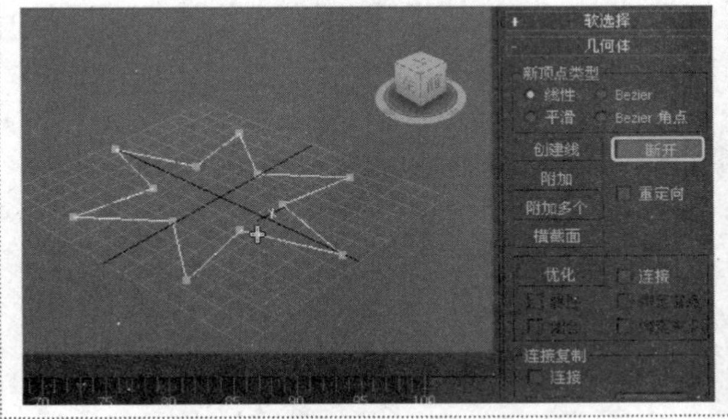

步骤3　选择两条线段，然后设置“拆分”的参数值为1。

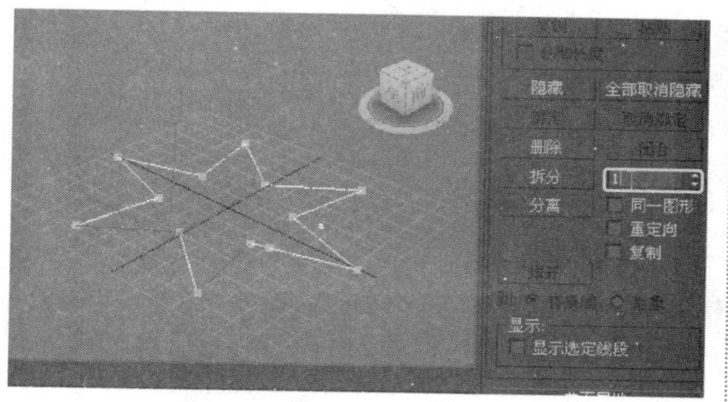

步骤4　单击“拆分”按钮，所选择线段将被1个顶点平均拆分。

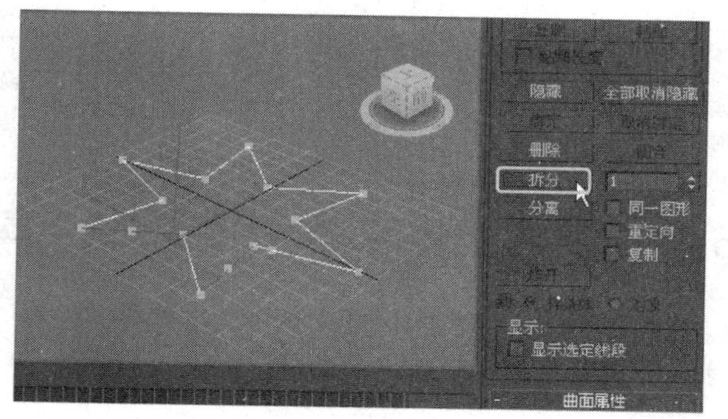

步骤5　选择星形一角的线段，然后勾选“同一图形”复选框，并单击“分离”按钮。

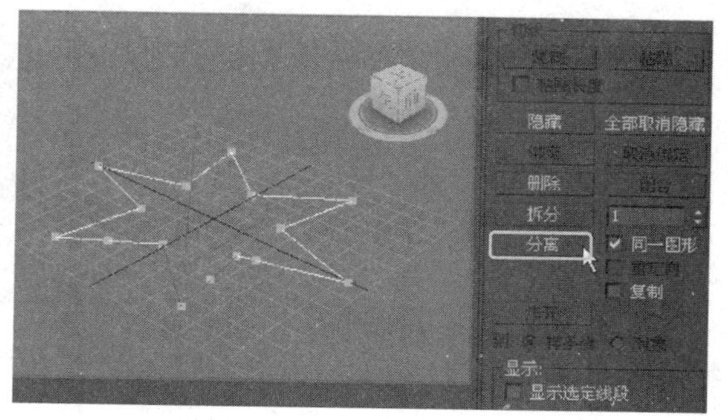

步骤6　所选择的线段将被分离，但线段仍属于星形可编辑样条线的子层级。

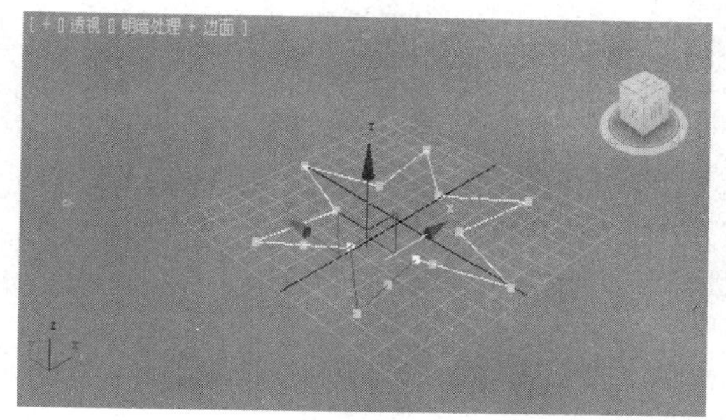

步骤7　重新选择线段，勾选“重定向”复选框，然后单击“分离”按钮，会开启相应的对话框，在对话框中为分离的新对象命名。

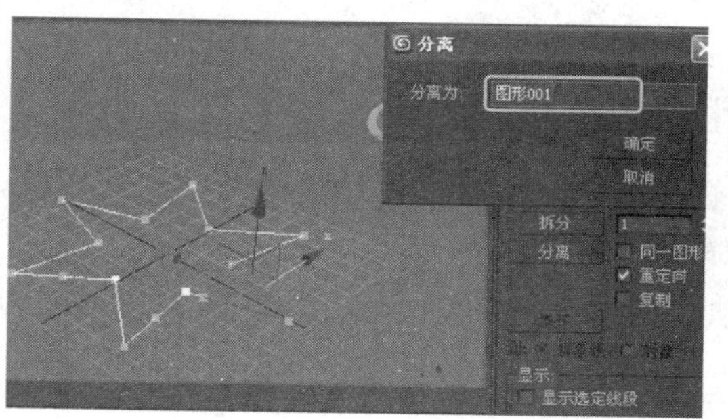

步骤8　由于勾选了“重定向”复选框，分离出的新对象将产生位置上的变化。

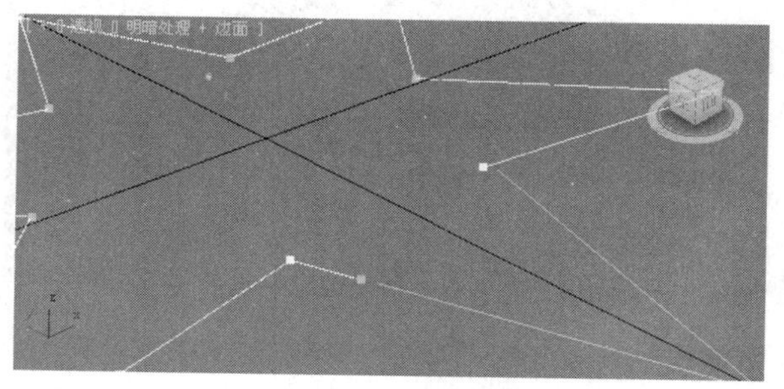

步骤9　重新选择线段，勾选“复制”复选框，再次单击“分离”按钮。

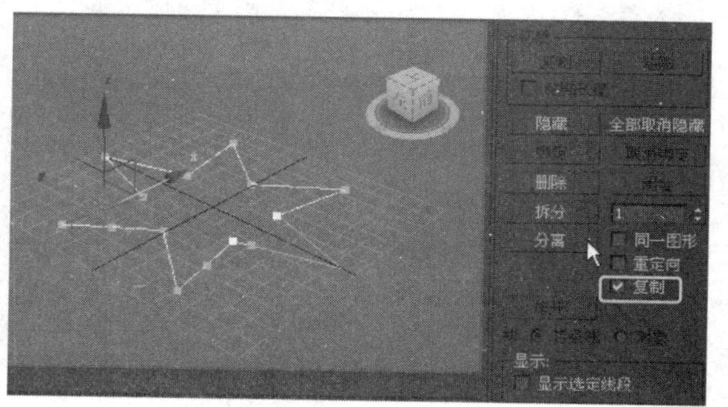

步骤10　通过“复制”的方式进行分离后，分离的新对象将与原始对象位置重合，可通过变换工具选择并变换查看复制的对象。

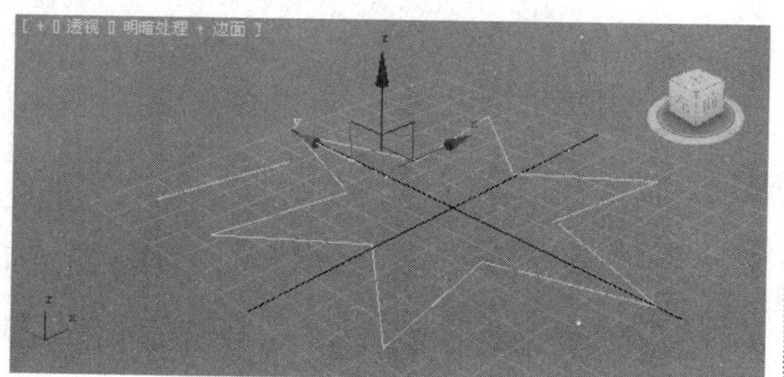

提示： 分离允许选择不同样条线中的几个线段，然后将它们拆分，以构成一个新图形或样条线。

提示： 在选定可编辑样条线对象时，当选择线段子层级时，可以使用快捷键2。

提示： 拆分可以通过添加由微调器指定的顶点数来细分所选线段。

提示： 启用重定向功能，分离的线段复制源对象创建局部坐标系的位置和方向。此时，将会移动和旋转新的分离对象，以便对局部坐标系进行定位，并使其与当前活动栅格的原点对齐。

6.4.6 实战：常用样条线的编辑工具

光盘路径：第6章\6.4\常用样条线的编辑工具（最终文件）.max

步骤1 在场景中创建两个大小不一的矩形图形。

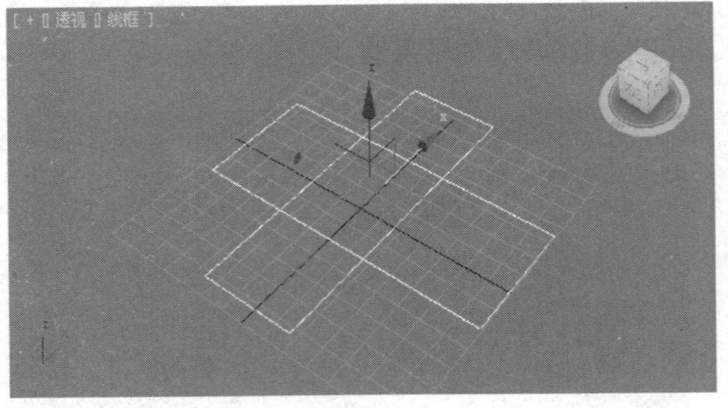

步骤2 将其中一个矩形转化为可编辑样条线，并另附加另一个矩形，然后选择“样条线”子层级。

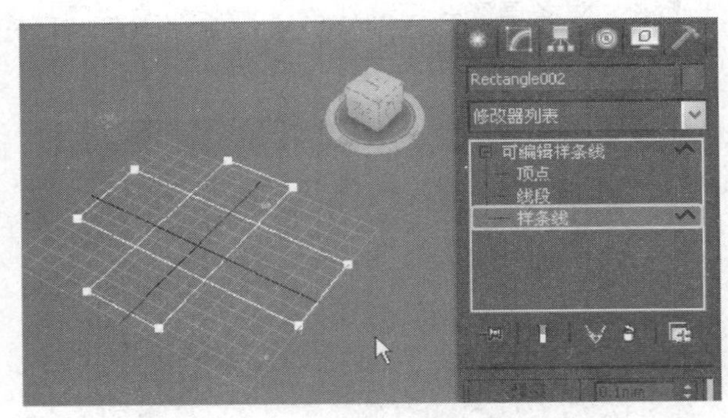

步骤3 选择其中一条样条线，然后单击“轮廓”按钮，将光标靠近选择的样条线。

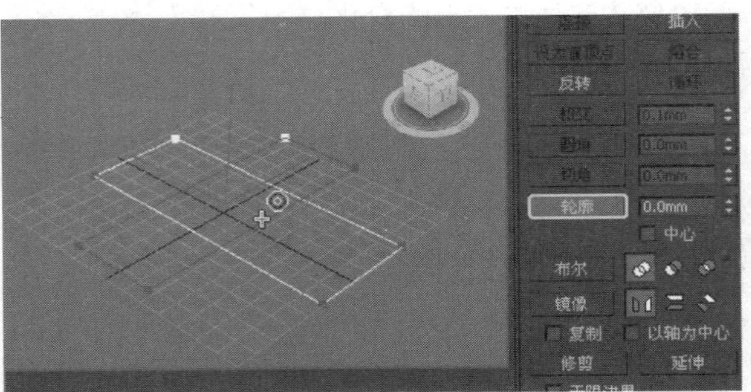

步骤4 在视口中拖动鼠标，可以为选择的样条线添加轮廓。

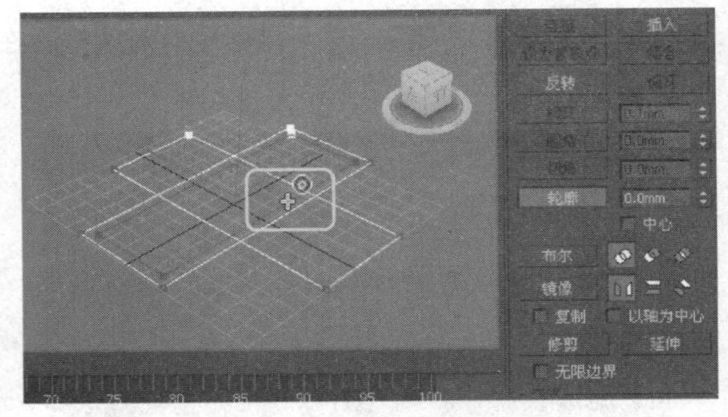

步骤5 重新选择样条线，并激活“并集”按钮，然后单击“布尔”按钮。

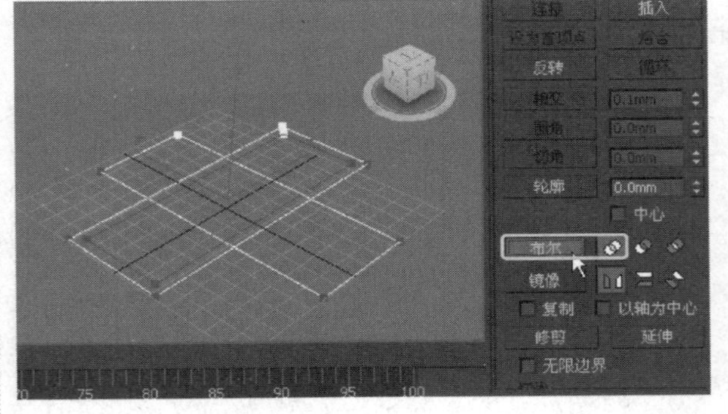

步骤6 在视口中拾取样条线，该样条线将与选择的样条线合并。

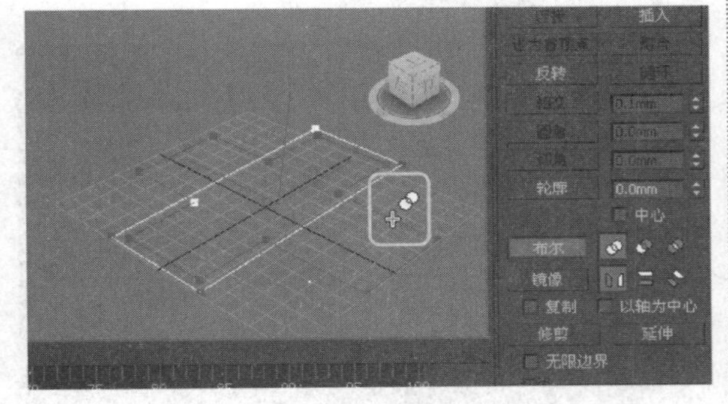

步骤7　激活“差集”按钮，并对另一个矩形样条线进行布尔运算。

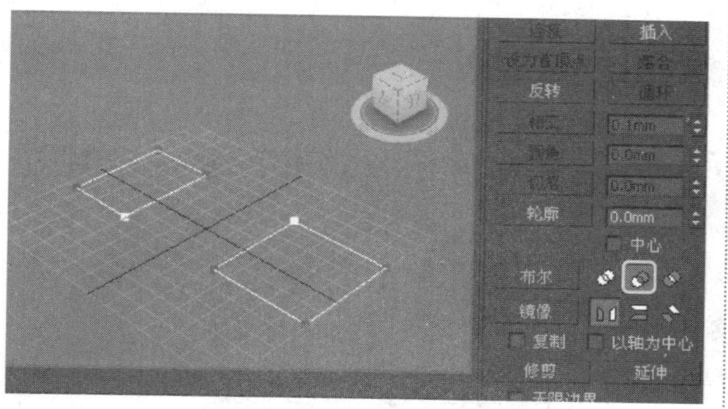

步骤8　激活“交集”按钮，进行布尔运算。

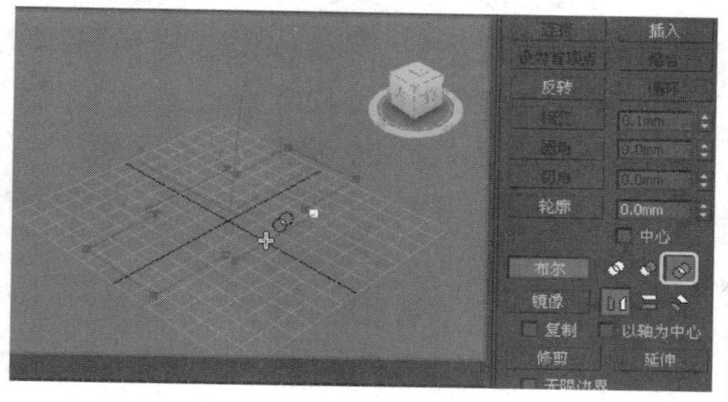

步骤9　撤销到执行差集运算的操作，然后单击“修剪”按钮，并将光标靠近样条线。

步骤10　单击鼠标，光标所在线段将被修剪掉，使用相同方法修剪样条线。

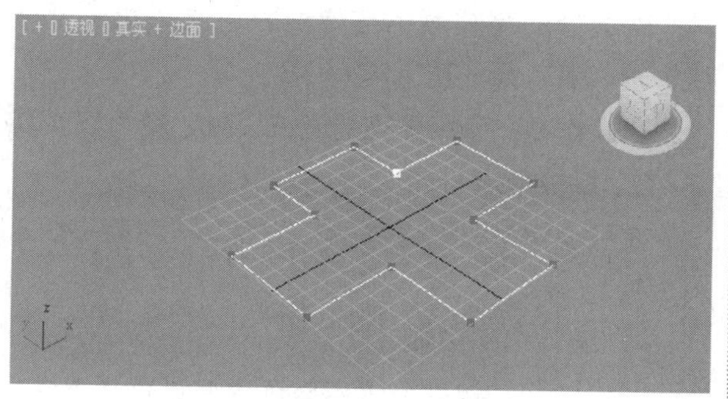

步骤11　在“命令”面板中单击“延伸”按钮，然后将光标靠近样条线的顶点处。

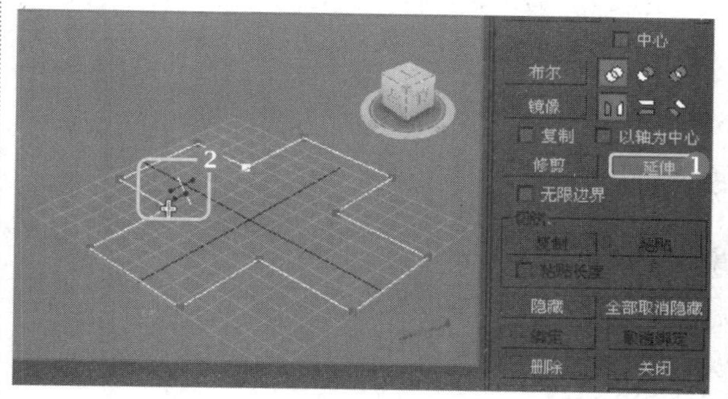

步骤12　选择最下方的样条线，然后激活“垂直镜像”按钮，再单击“镜像”按钮，该样条线将垂直镜像。

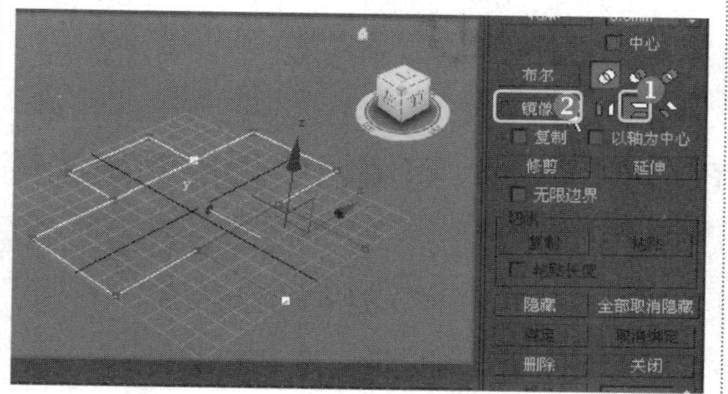

6.4.7　可编辑多边形

在操作“编辑多边形”修改器或“可编辑多边形”对象时，主要需要掌握选择的技巧和各个子层级对象的应用命令以及几何体的编辑方法如下。

1. 不同的子对象

“编辑多边形”修改器与“可编辑多边形”对象都提供用于对象的不同子对象层级的显示编辑工具，包括顶点、边、边界、多边形和元素。

相关子对象解读如下：

（1）**顶点**：用于定义组成多边形对象的其他子对象的结构。当移动或编辑顶点时，它们形成的几何体也会受影响。

（2）**边**：边是连接两个顶点的直线，可以形成多边形，边不能由两个以上多边形共享。

（3）**边界**：边界是网格的线性部分，可以描述为孔洞的边缘，通常是多边形仅位于一面时的边序列。

（4）**多边形**：多边形是通过曲面连接的三条或多条边的封闭序列。

（5）**元素**：元素与多边形类似，是一组连续的多边形。

2. 选择与软选择

在“选择”卷展栏中，提供了访问不同子层级的显示工具和各种选择控制工具，而在“软选择”卷展栏中，允许部分显示选择邻接处的子对象。

在“软选择”卷展栏中启用相应的参数，选择多边形子层级时，部分子对象就会平滑地进行绘制，这种效果随着距离或部分选择的“强度”减少而衰减，并通过颜色在视口中表现，其中红色选择值最强，蓝色表示选择值最弱。

软选择的衰减颜色与标准彩色光谱第一部分一致，为红、橙、黄、绿、蓝（ROYGB）。

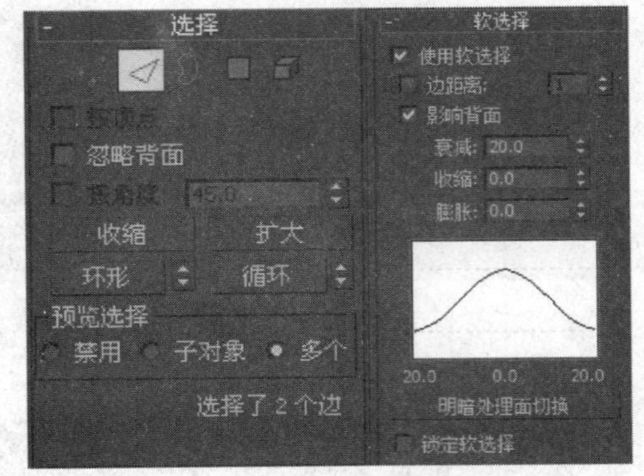

“选择”卷展栏

在操作中，使用更高的衰减设置，就可以实现更平缓的斜坡，具体情况取决于几何体的单位比例。

3. 编辑顶点

在可编辑多边形对象的“顶点”子对象层级上，可以选择单个或多个顶点，并允许使用变换工具进行变换。

4. 编辑边和边界

“边”和“边界”可以被选择并进行基本变换操作，3ds Max 2014同时提供了多种命令用于边的连接或对边界进行封口处理。

5. 编辑多边形和元素

在编辑“多边形”和“元素”时，可以对多边形进行挤出、倒角等多种操作，这是修改对象外形的重要方法之一。

6.4.8 实战：可编辑多边形对象的简单操作

光盘路径：第6章\6.4\可编辑多边形对象的简单操作（原始文件）.max

步骤1 打开本书配套光盘中的原始文件。

步骤2 选择身体对象，然后通过四元菜单将其“转化为可编辑多边形”对象。

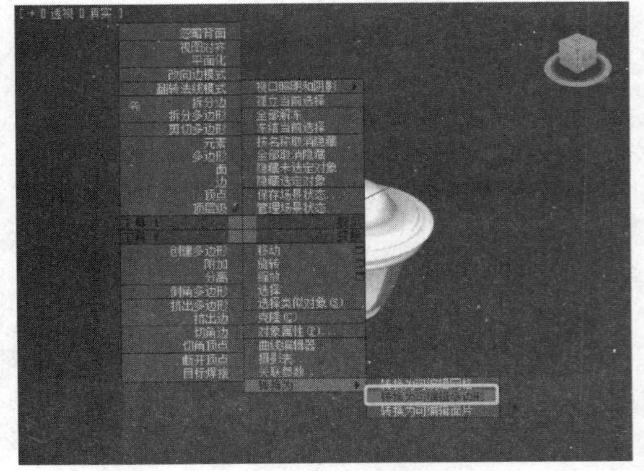

步骤3　在修改器堆栈中展开“可编辑网格”，选择“顶点”层级，然后可以在视口中选择顶点。

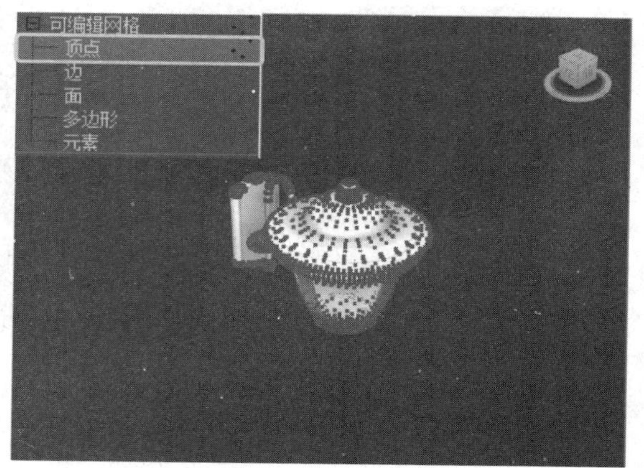

步骤4　选择“边”层级，同时可以在视口中选择边。

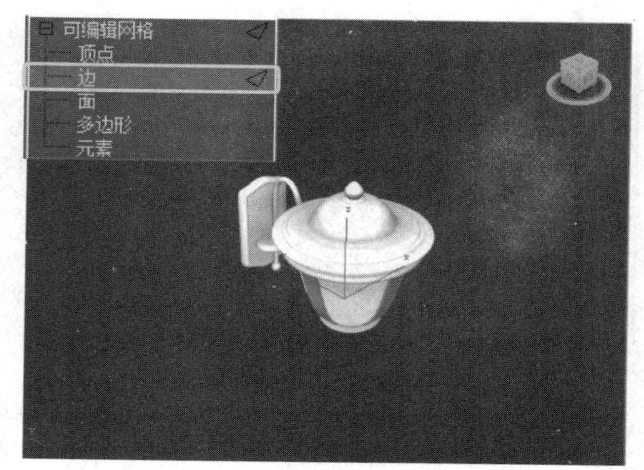

步骤5　当选择“面”层级时，在视口中只能选择开启的边。

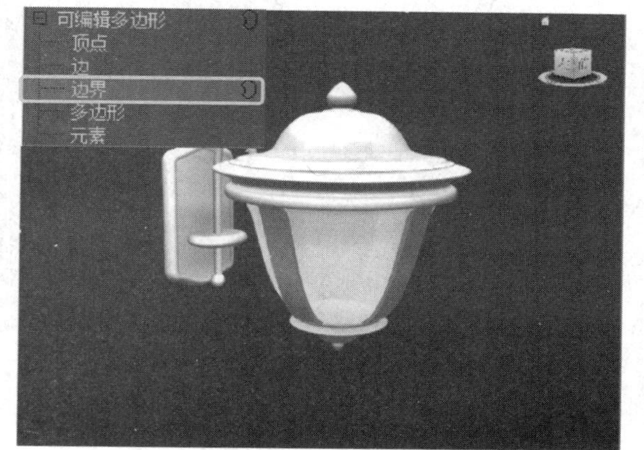

步骤6　选择“多边形”层级后，可以选择对象表面具体的面。

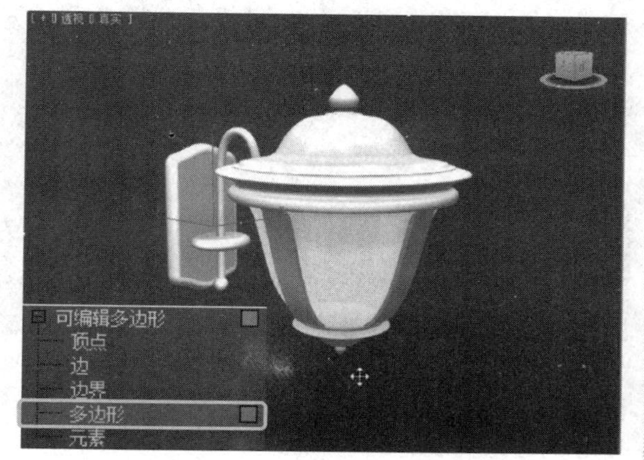

步骤7　选择“元素”层级后，可以在视口中选择一个整体层级。

6.4.9　实战：选择卷展栏应用

光盘路径：第6章\6.4\选择卷展栏应用（原始文件）.max

步骤1 打开本书配套的范例文件“选择卷展栏应用（原始文件）.max”。

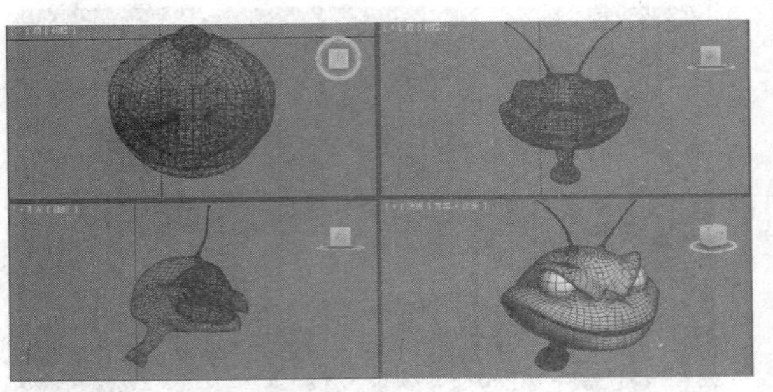

步骤2 选择可编辑多边形对象的“边”层级，然后在视口中选择两条边。

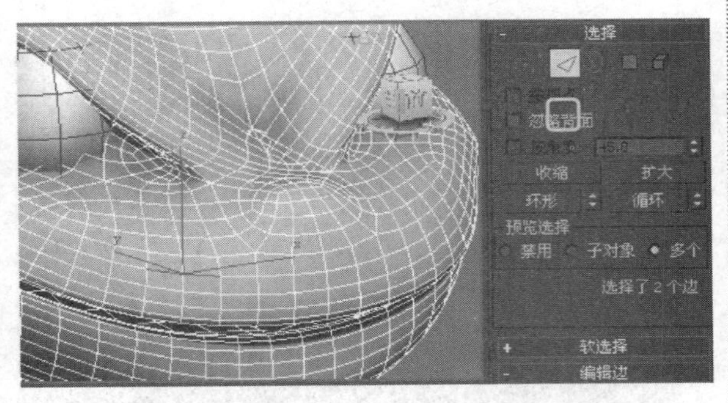

步骤3 单击“扩大”按钮，可以将选择的边放射性扩大并添加到当前选择。如果单击“收缩”按钮，将以选择中心收缩减少选择的边。

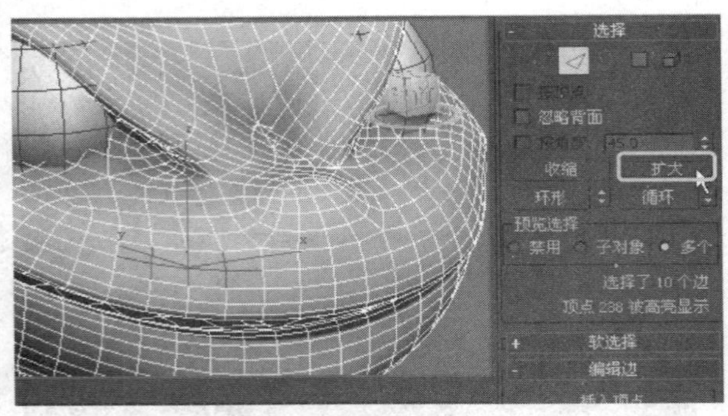

步骤4 在对象表面选择任意一条边。

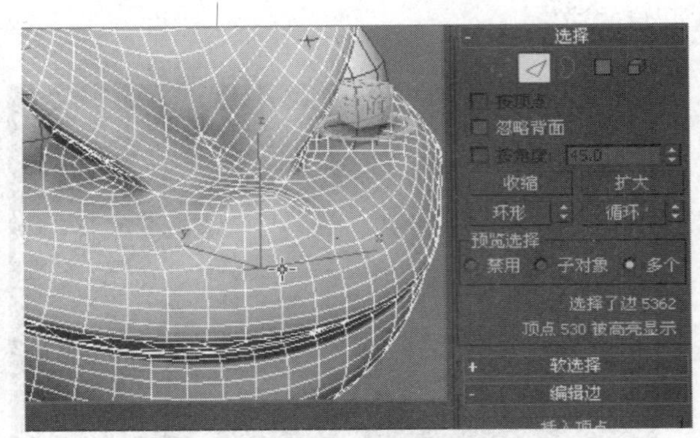

步骤5 单击“环形”按钮，将选择所有平行于选中边的边来扩展边的选择。

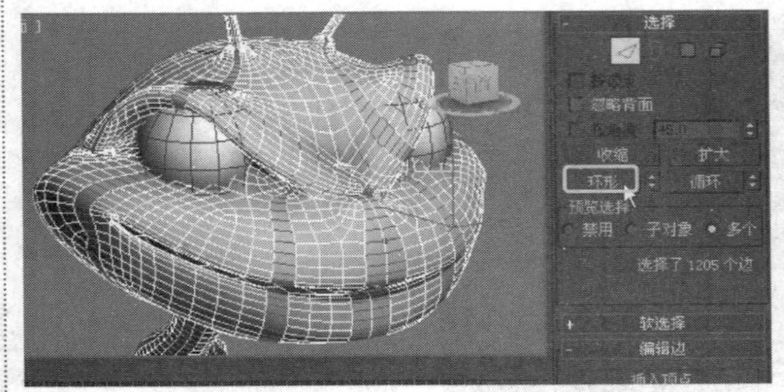

步骤6 重新选择一条边，然后单击“循环”按钮，将选择与选中边相对齐的扩展边。

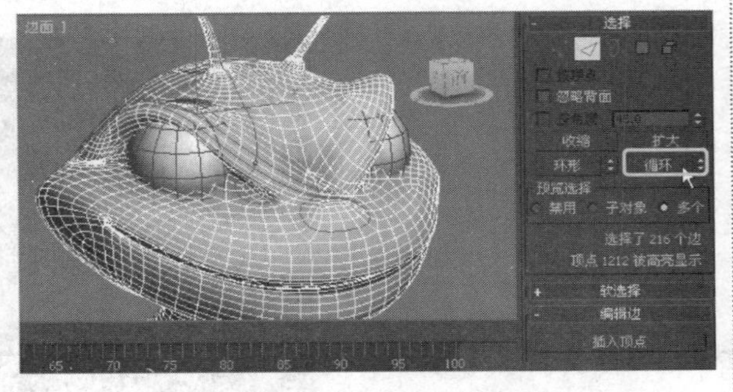

提示： 如果勾选“按顶点”复选框，在选择边的时候，将选择所有与顶点相连的边。如果勾选“忽略背面”复选框，通过选取框进行选择，只能选择当前视图可见的边，背面的边则不会被选中。

6.4.10 实战：软选择的简单应用

光盘路径： 第6章\6.4\软选择的简单应用（原始文件）.max

步骤1　打开本书配套光盘中的原始文件。

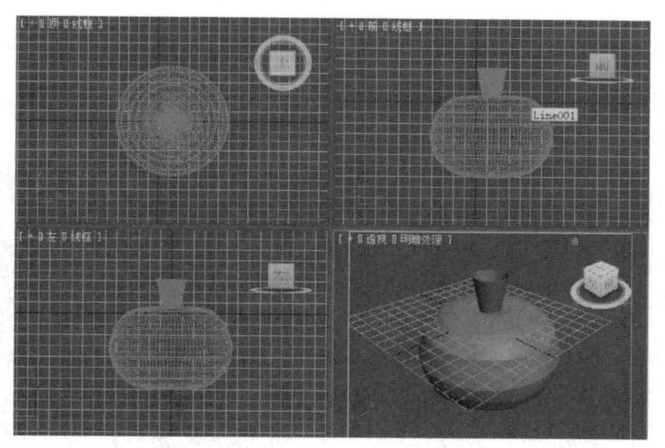

步骤2　选择可编辑多边形对象，并进入其“顶点”子层级，然后选择一个顶点。

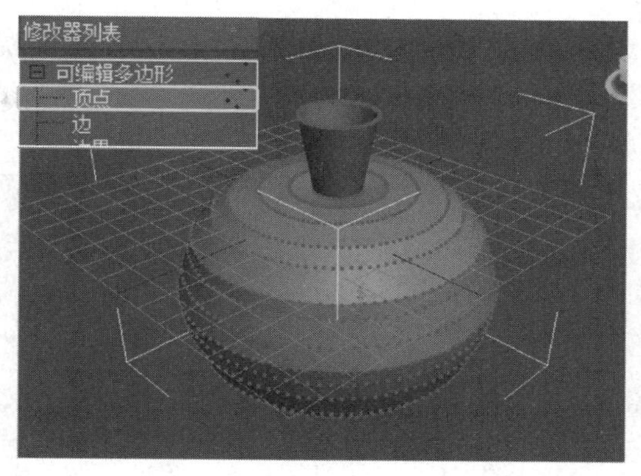

步骤3　在可编辑多边形对象的参数面板中展开“软选择”卷展栏，并勾选“使用软选择”复选框，当前选择顶点将产生如图所示的效果。

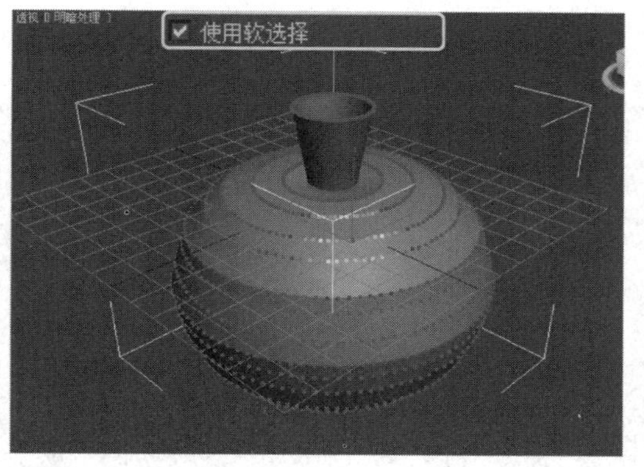

步骤4　勾选“边距离”复选框，可观察到新的软选择范围。

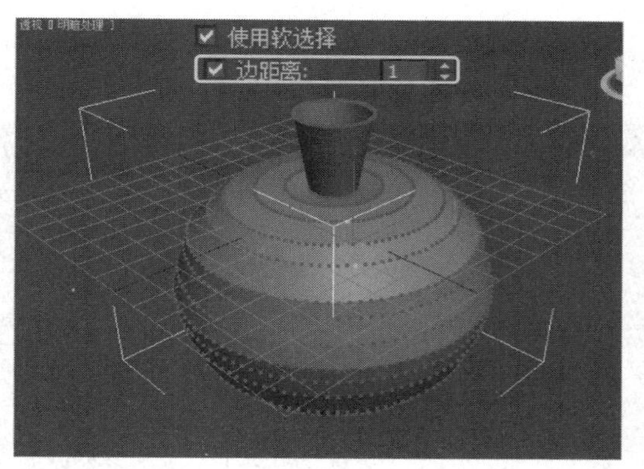

步骤5　取消“边距离”复选框的勾选，然后设置“衰减”的值为10，可观察到软选择的影响更小了。

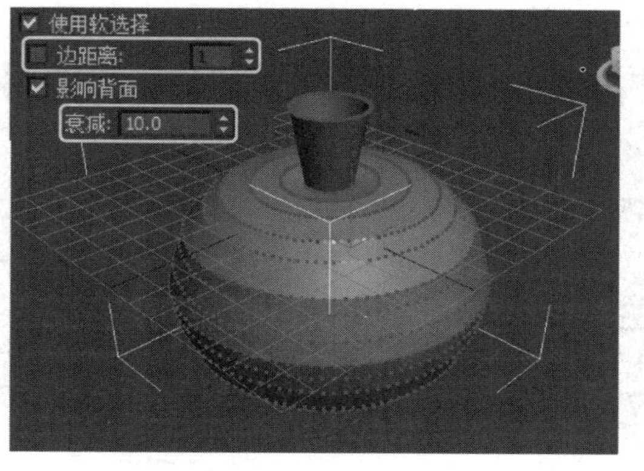

步骤6　使用移动工具适当移动选择的顶点，可观察到软选择所影响区域都会产生一定的变换效果。

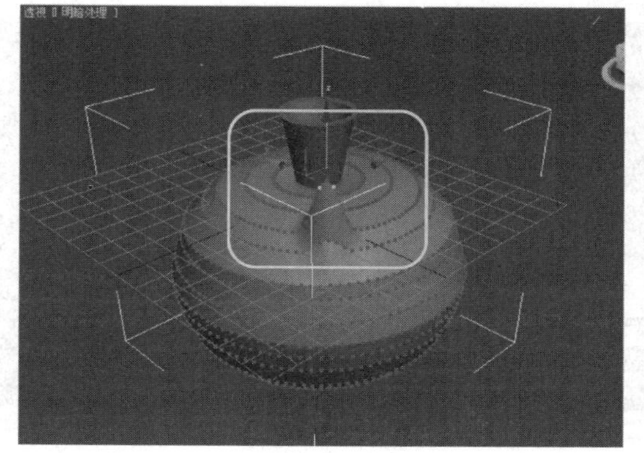

提示： 使用更高的衰减设置，就可以实现更平缓的斜坡，具体情况取决于几何体的单位比例。

提示： 如果启用了边距离，“边距离”设置就限制了最大的衰减量。

6.4.11 实战：顶点的编辑

光盘路径：第6章\6.4\顶点的编辑（原始文件）.max

步骤1 打开本书配套的范例文件“顶点的编辑（原始文件）.max”。

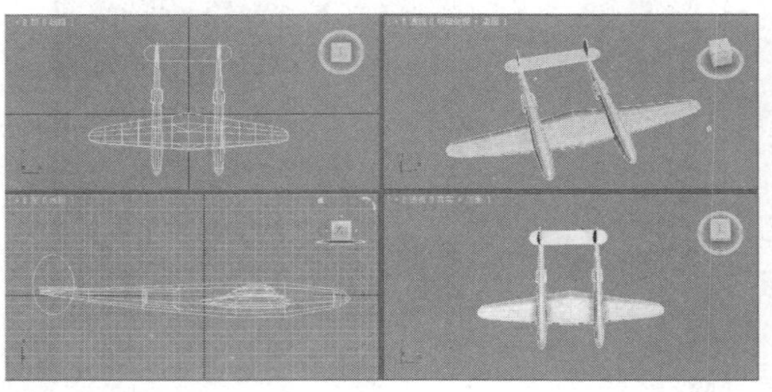

步骤2 进入对象的“顶点”子层级，并选择顶点。

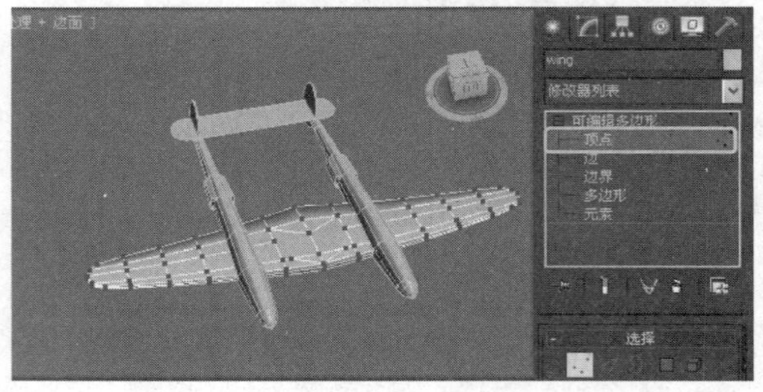

步骤3 保持顶点被选定状态，然后在参数面板中单击“断开”按钮，使顶点断开。

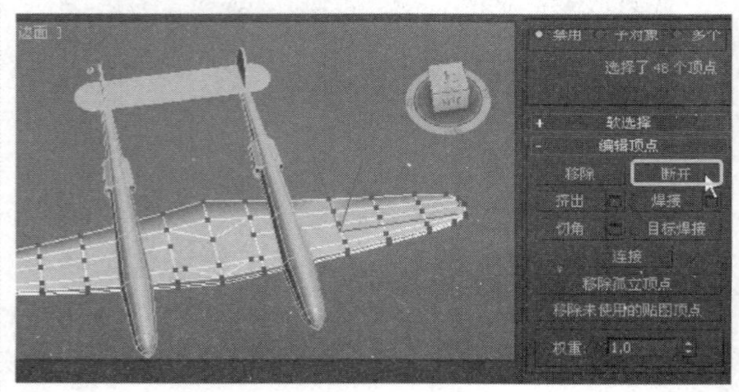

步骤4 进入“多边形”层级，并选择如图所示的面，然后进行移动，可观察到由于点的断开，机翼被拆分成两个。

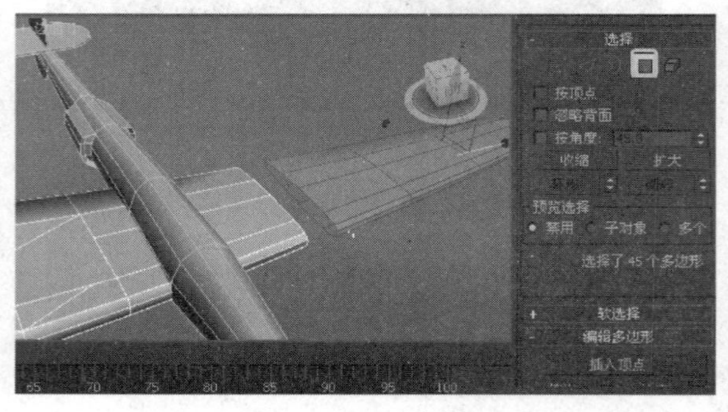

步骤5 返回到“顶点”子层级，选择其中一个顶点，单击“移除”按钮，可删除选定顶点。

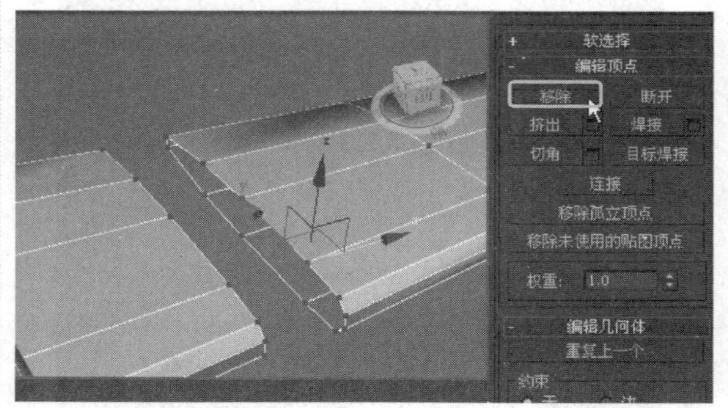

步骤6 选择一个顶点，然后单击“切角”按钮，并将光标靠近顶点进行拖动操作，使顶点产生切角效果。

步骤7 选择一个顶点，然后单击“目标焊接”按钮，在视口进行鼠标拖动操作。

步骤8 释放鼠标后，可观察到第一点焊接到第二点上。

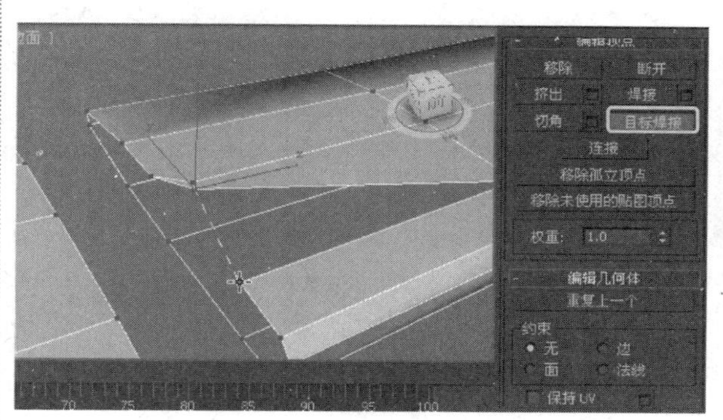

步骤9　选择一个顶点，然后单击“挤出”按钮，将光标靠近顶点，直至出现图中所示形状时，进行拖动操作，可完成顶点的挤出。

步骤10　选择不在同一条线段上的两个顶点，在参数面板中单击“连接”按钮，则会创建出一条边连接两点。

提示： 在删除顶点时，需要使用“移除”命令，不能使用“删除”快捷键进行删除。

6.4.12　实战：边与边界的控制

光盘路径：第6章\6.4\边与边界的控制（原始文件）.max

步骤1　选择物体并选择“边”层级，之后选择多条连续的边。

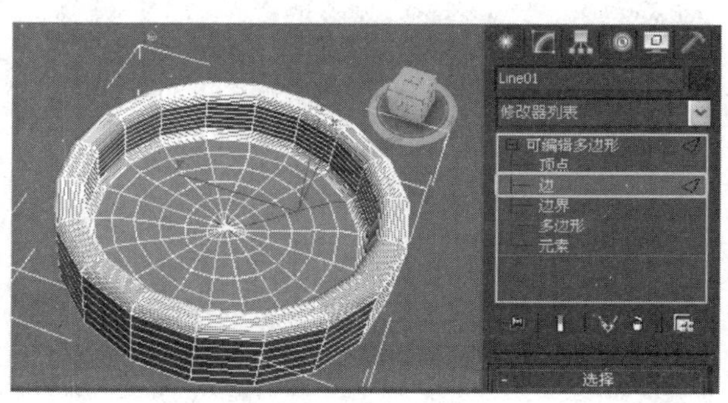

步骤2　按下快捷键Delete，将选择的边删除，与边相连的面也将被删除。

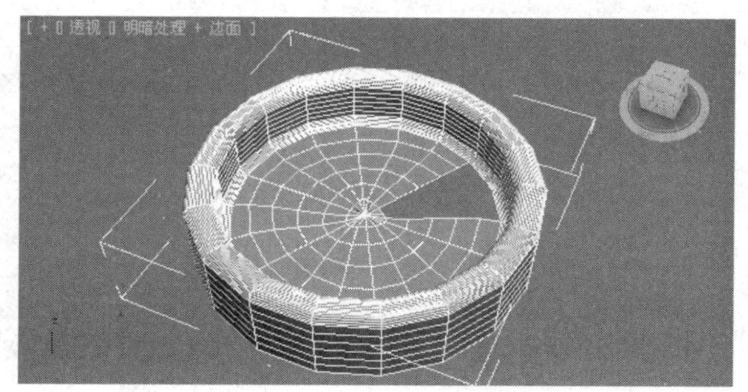

步骤3　选择“边界”层级，并选择如图所示的边界。

步骤4　单击“封口”按钮，边界上将创建封口的面。

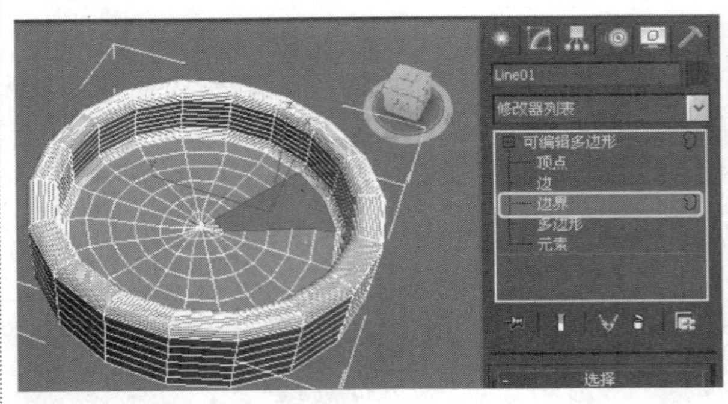

步骤5 回到“边”层级，并选择两条边，然后单击“连接”命令右侧的方形按钮。

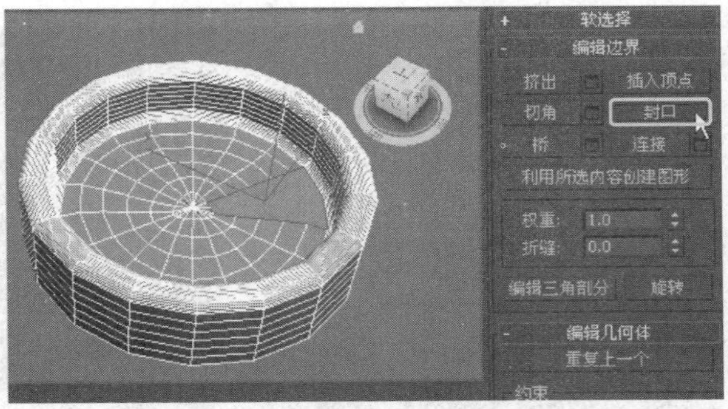

步骤6 在“连接边”对话框中保持默认参数，可创建一条新边来连接之前选择的两条边。

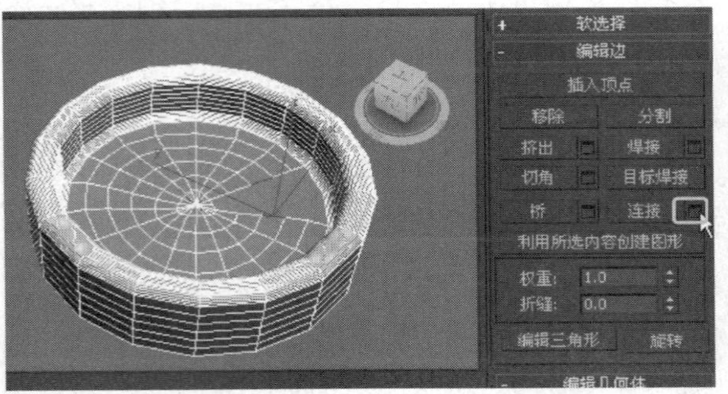

步骤7 选择新创建的边，然后在参数面板中单击“插入顶点”按钮。

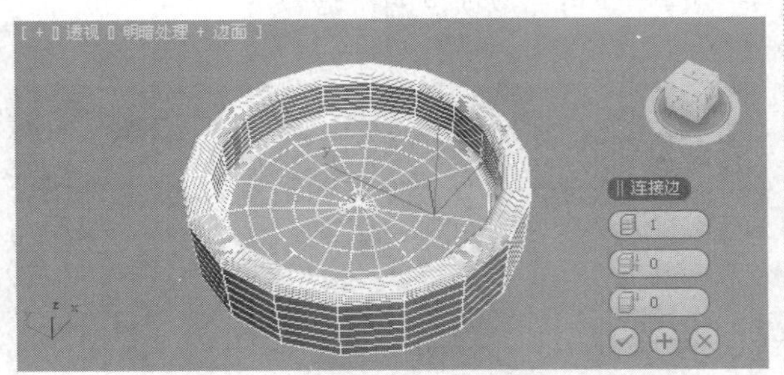

步骤8 将光标靠近边，然后单击鼠标，可在边上创建一个顶点。

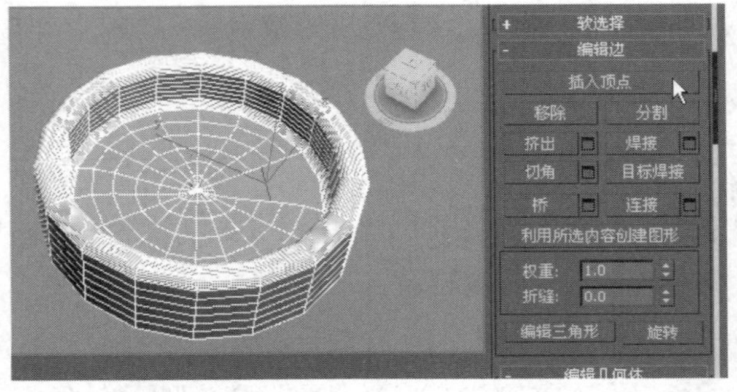

步骤9 对顶点进行移动操作，可观察到顶点的移动将影响边。

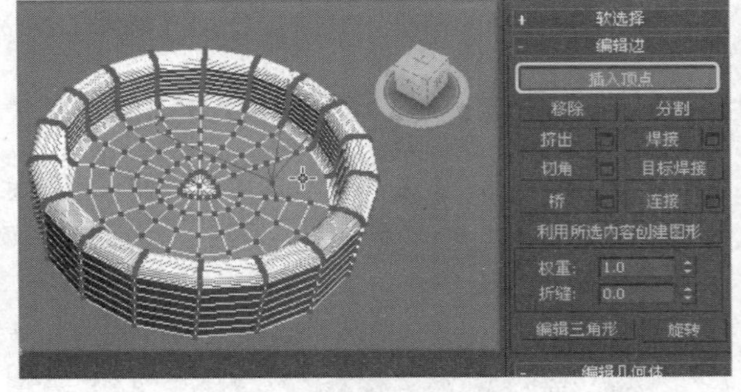

步骤10 在对象的侧面选择一条边，然后单击“循环”按钮，选择一圈边。

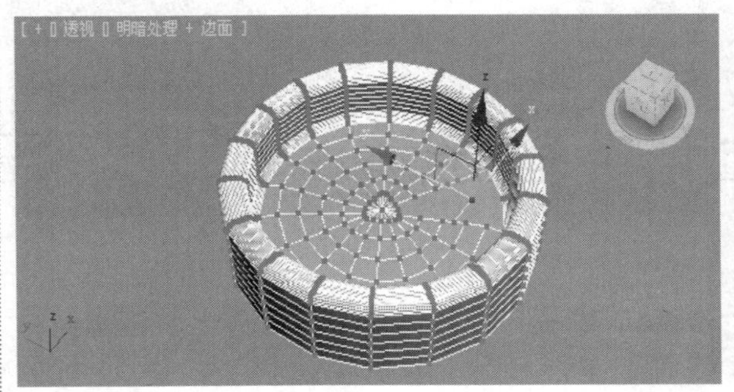

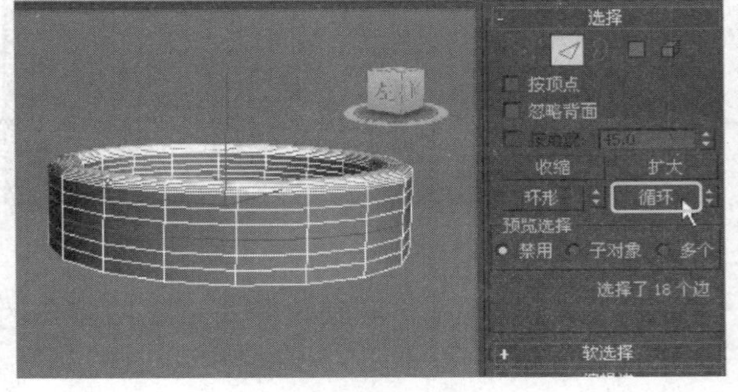

步骤11　按下快捷键Delete，删除选择的边和其影响的面。

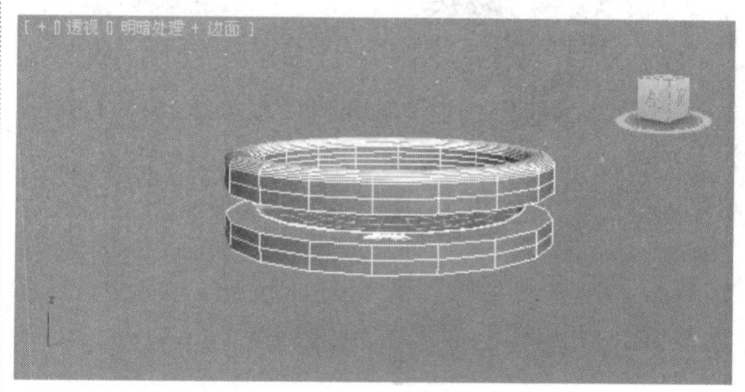

步骤12　选择两条边，然后单击“桥”命令右侧的相应的方形按钮，开启相应对话框，保持默认参数，可观察到两条没有共面共点的开放线段通过面进行了连接。

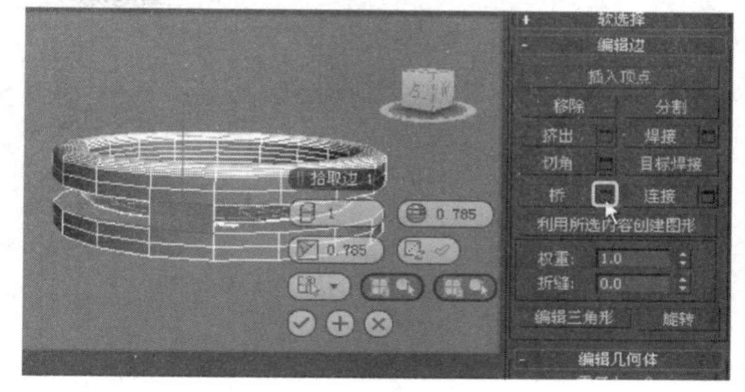

步骤13　在对象表面选择一些边，单击“利用所选内容创建图形”按钮，并保持对话框中的默认参数不变。

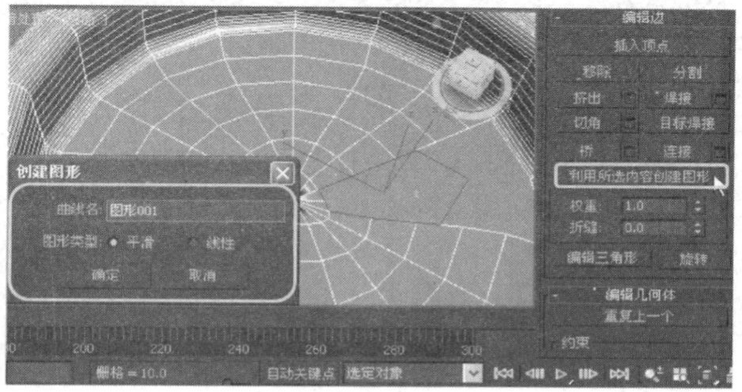

步骤14　确定参数后，可观察到选择的边创建的新图形对象。

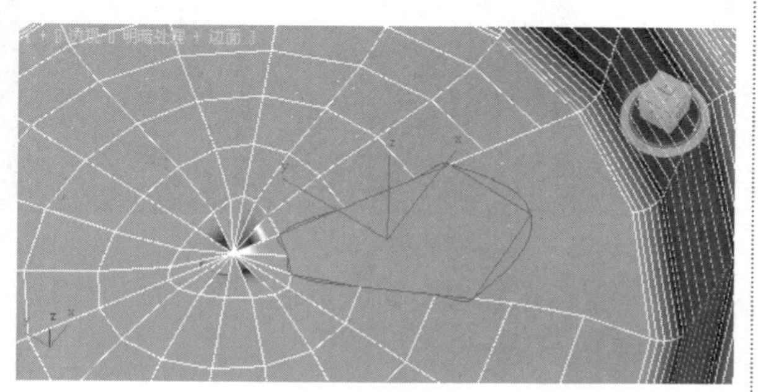

提示：在选择边时，最好启用“忽略背面”参数，这样可避免误操作。

6.4.13　实战：多边形与元素的编辑

光盘路径：第6章\6.4\多边形与元素的编辑（原始文件）.max

步骤1　打开本书配套的范例文件“多边形与元素的编辑（原始文件）.max”，然后选择指定的对象的面。

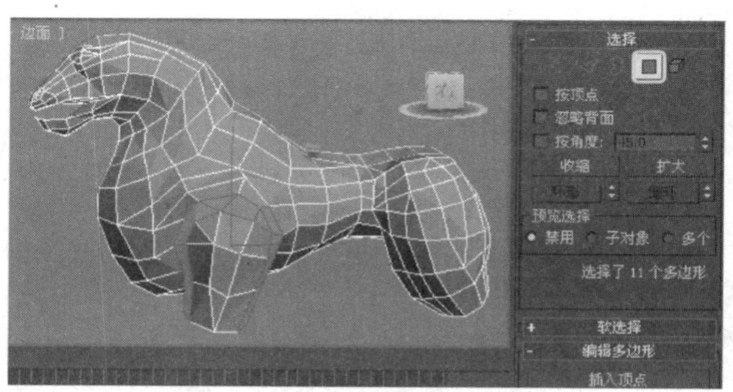

步骤2　在参数面板中单击“轮廓”按钮，然后将光标靠近选中的面进行拖动操作，可以增加或减小每组连续的选定多边形的外边。

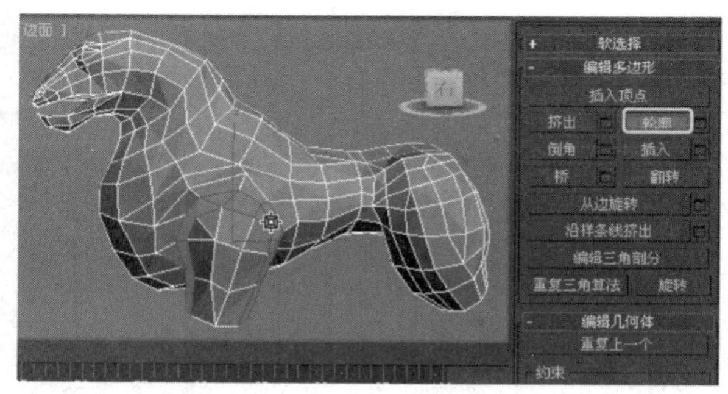

步骤3　然后单击“插入”右侧的方形按钮，开启相应的对话框。

步骤4　在“插入多边形”对话框中设置参数，更改插入的效果。

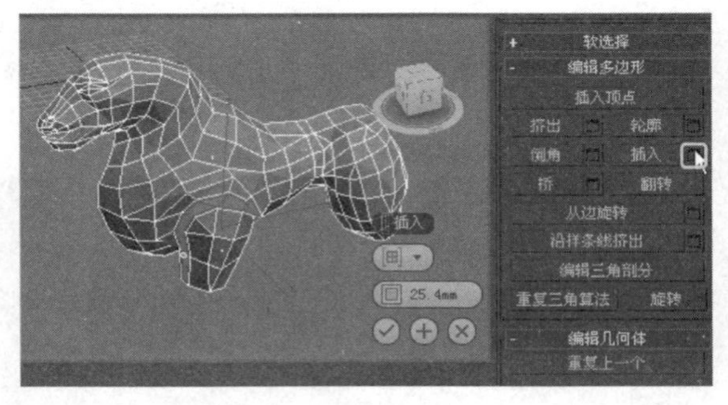

步骤5 在视口中重新选择两个面。

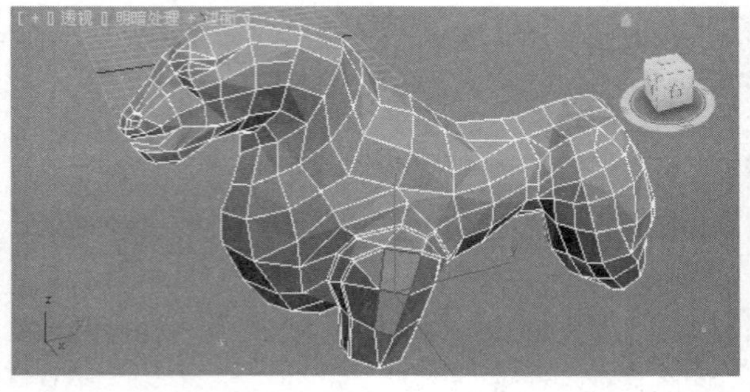

步骤6 单击“倒角”旁的方形按钮，然后设置倒角参数，使选择的面产生倒角效果。

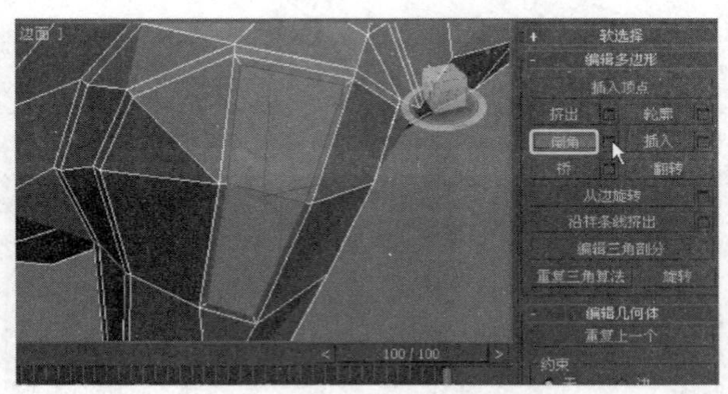

步骤7 重新选择一个面，然后单击“从边旋转”右侧的方形按钮。

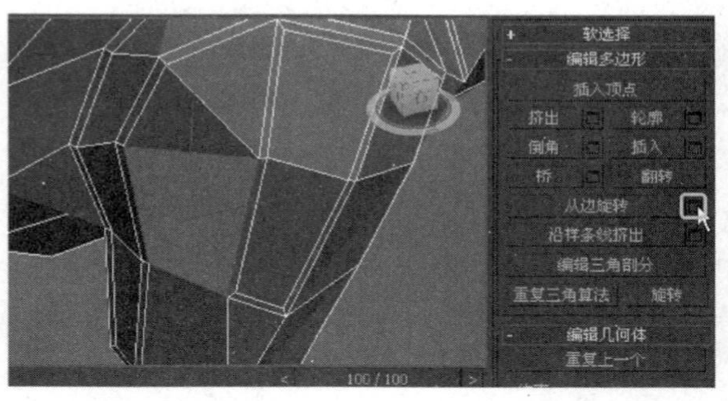

步骤8 在“从边旋转多边形”对话框中单击“拾取转枢”按钮，并设置参数，然后在视口中将光标靠近边。

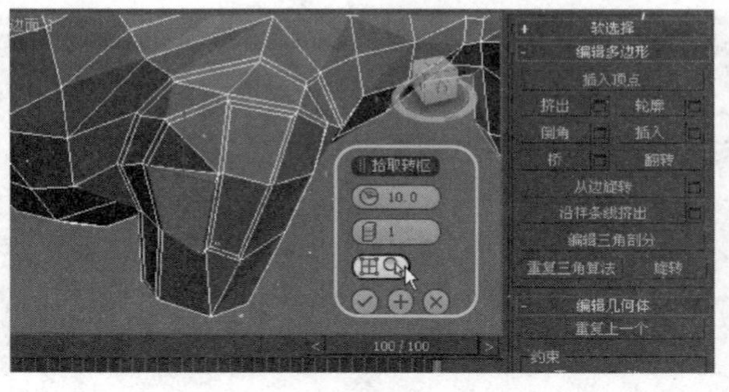

步骤9 拾取边后，可观察到选择的面将绕转枢旋转生成。

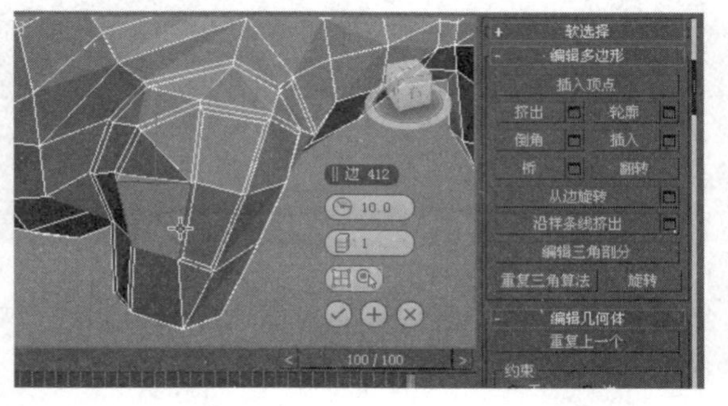

步骤10 在“左”视口中创建一条未封闭的样条线。

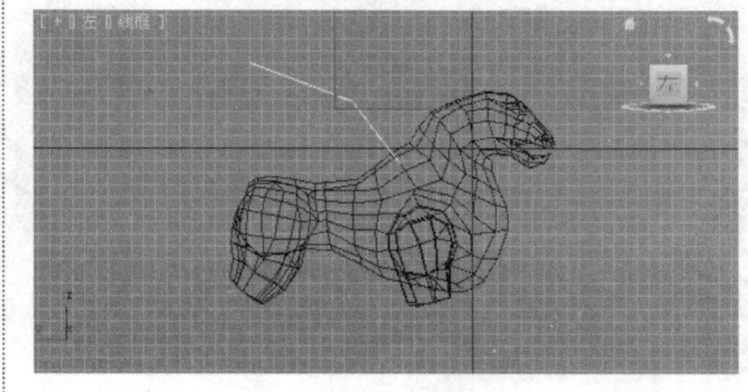

步骤11　选择一个面，然后单击“沿样条线挤出”右侧的方形按钮。

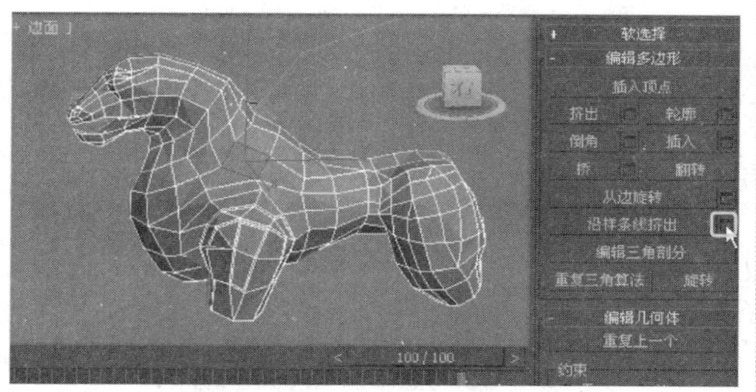

步骤12　在相应的对话框中设置参数，并激活“拾取样条线”按钮，然后在视口拾取样条线，使该面以样条线的形状挤出。

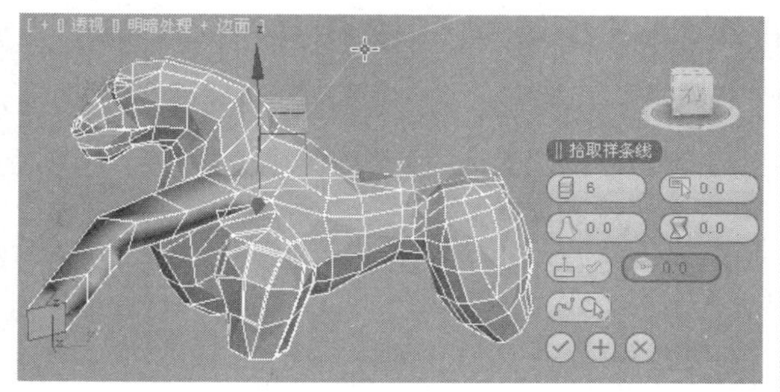

步骤13　在参数面板中单击“切割”按钮，当光标变为如图所示形状时，可以在任意的多边形面上绘制边。

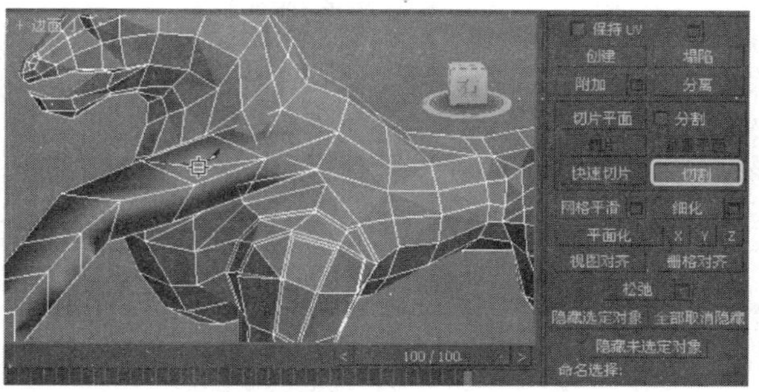

步骤14　当光标变为如图所示形状时，可以在任意的边上添加顶点，并使之前绘制的边与该顶点相连。

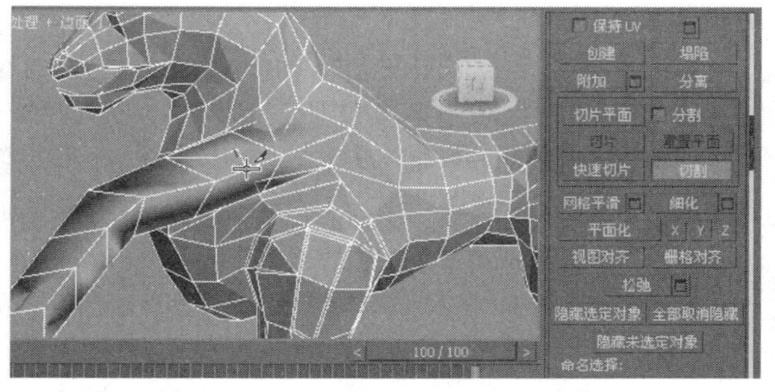

步骤15　当光标变为如图所示的形状时，绘制的边将可以刚好与顶点相连。

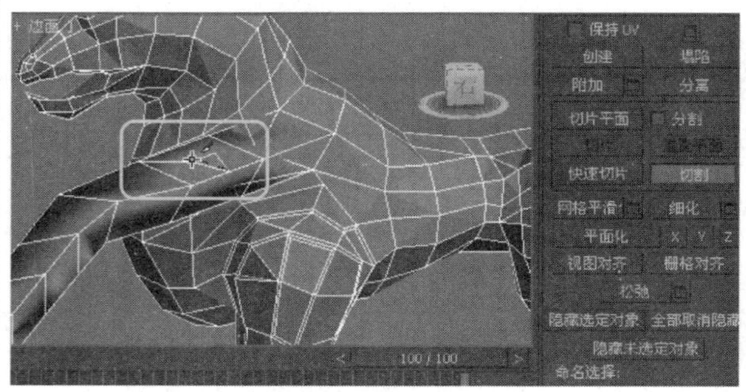

步骤16　在“多边形”层级下切换到“上”视图，然后选择所有面。

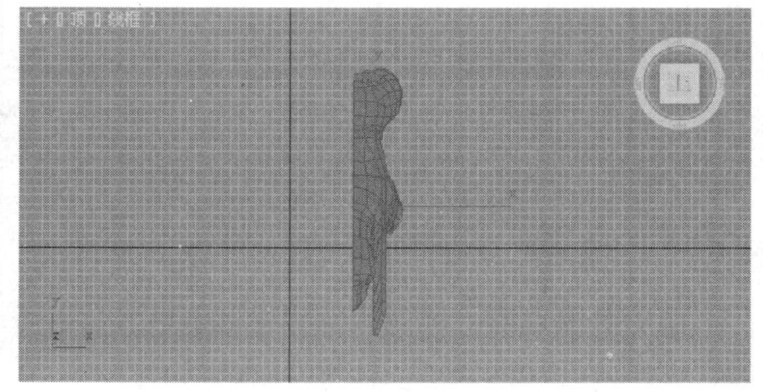

步骤17　选择“元素”并在“细分曲面”卷展栏中勾选“使用NURMS细分”复选框。

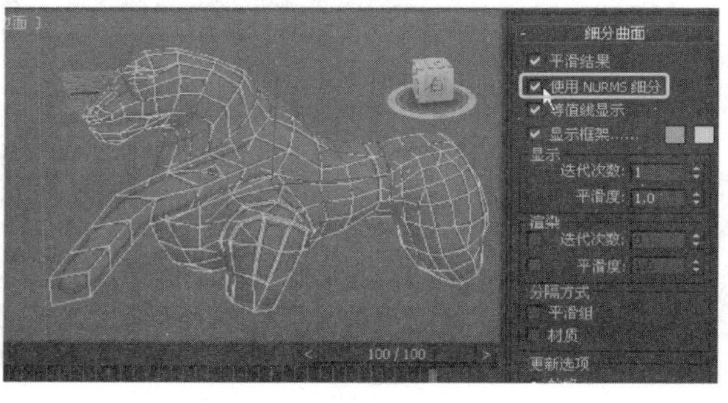

步骤18　使用“镜像”工具对多边形对象进行镜像克隆。

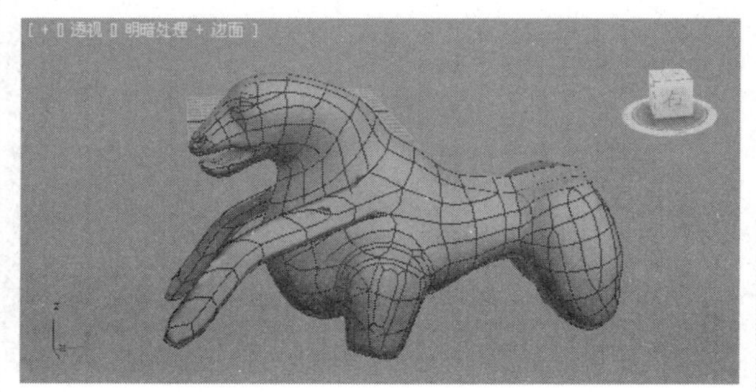

提示： 执行挤出或倒角操作后，通常可以使用“轮廓”调整挤出面的大小。

提示： 启用“忽略背面”，以免无意中绕着背面边旋转。

6.4.14 可编辑网格和片面

“编辑网格”修改器或“可编辑网格”对象提供由三角面组成的网络对象进行操纵控制的方法，包括顶点、边、面、多边形和元素。

“编辑面片”修改器或“可编辑面片”对象可以将对象作为面片对象进行操纵，且可以在下面五个子对象层级进行操纵：顶点、边、面片、元素和控制柄。

可编辑片面对象

1. 可编辑网络的特点

在可编辑网格对象上主用是对顶点、边和面进行操纵，其特点如下：

（1）大部分功能命令都和可编辑多边形一样，操纵方法也类似。

（2）在活动视口中右击就可以退出大多数可编辑网格命令模式。

（3）可编辑网格对象使用三角面多边形，称为Trimesh。

（4）可编辑网格适用于创建简单、少边的对象或用于MeshSmooth和 HSDS建模的控制网格。

（5）可编辑网格应用内存很少，是使用多边形对象进行建模的首选方法。

2. 可编辑片面的特点

3ds Max可以将几何体转化为单个Bezier（贝塞尔）面片的集合，每个面片由顶点和边的框架和曲面组成，其操作特点如下：

（1）控制顶点的框架和连接切线可以定义曲面，变换该框架的组件是重要的面片建模方法。

（2）曲面是Bezier（贝塞尔）曲面，形状由顶点和边共同控制。

6.5 制作小酒坛场景

本节将通过制作简单的小酒坛模型来熟悉各种模型的高级修改方法，主要包括复合模型和修改器的使用。

6.5.1 实战：制作木桶

在创建木桶时，熟练掌握利用各种修改器修改二维和三维对象的技巧。

光盘路径： 第6章\6.5\小酒坛场景.max

步骤1 在“透视”视口中创建一个长方体作为地面。

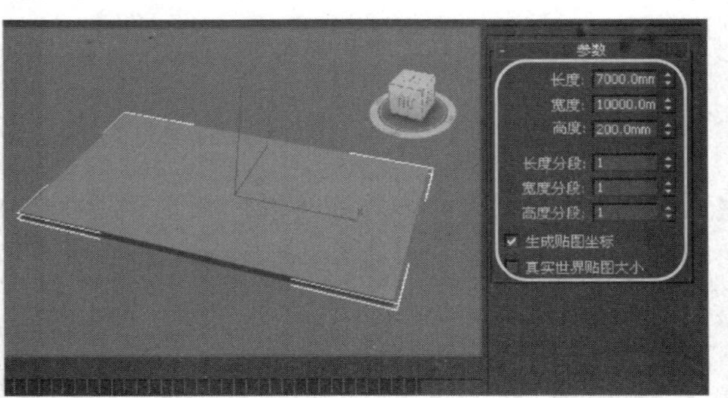

步骤2 在“透视”视口中创建一个圆锥体。

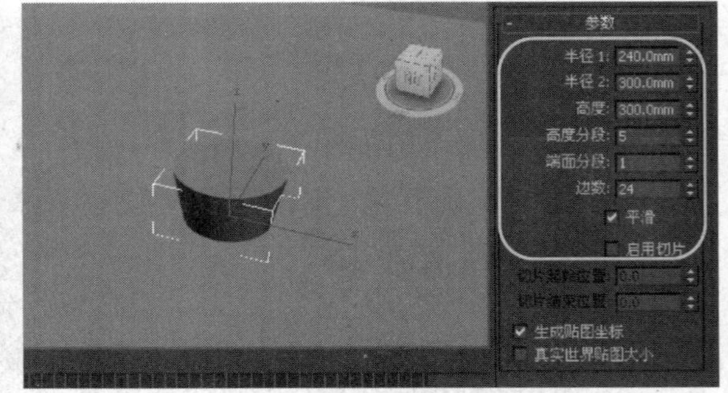

步骤3 将圆锥体转换为可编辑多边形，进入编辑模式，删除顶面和底面。

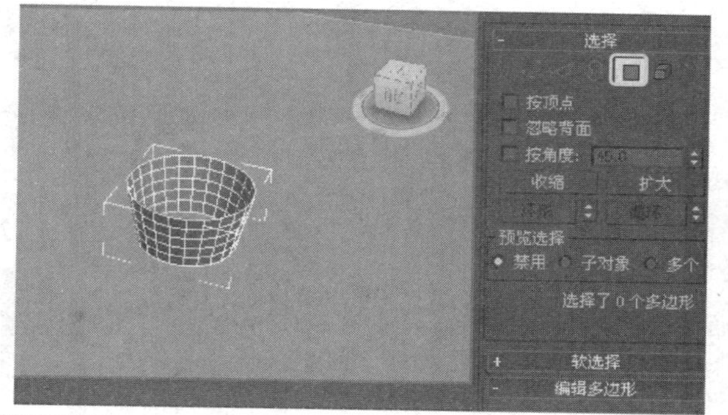

步骤4 在“修改器列表”下拉列表中选择“壳”修改器，在卷展览中设置参数。

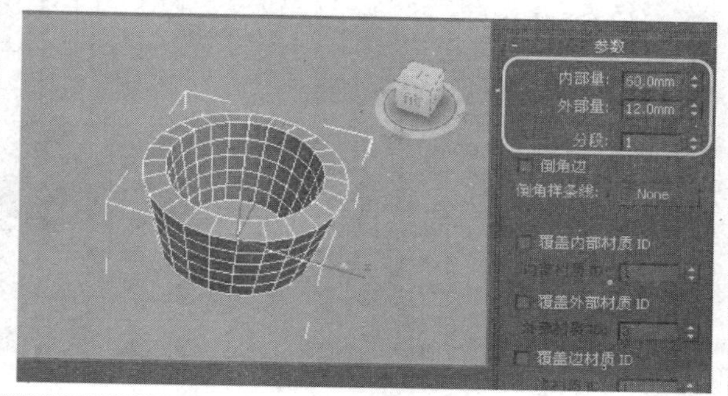

步骤5 在“创建”命令面板中单击“圆柱体”按钮，在视口中创建一个圆柱体，作为木桶的底面。

步骤6 单击“圆弧”按钮，在“上”视图中创建一段圆弧，作为木桶的桶沿，确定参数。

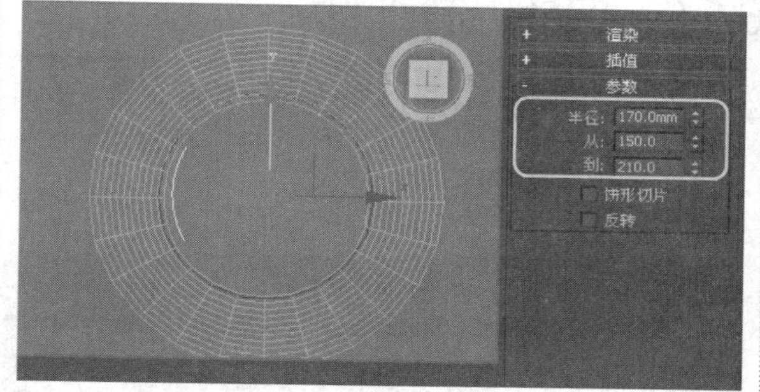

步骤7 在“修改器列表”下拉列表中选择“挤出”命令，确定参数。

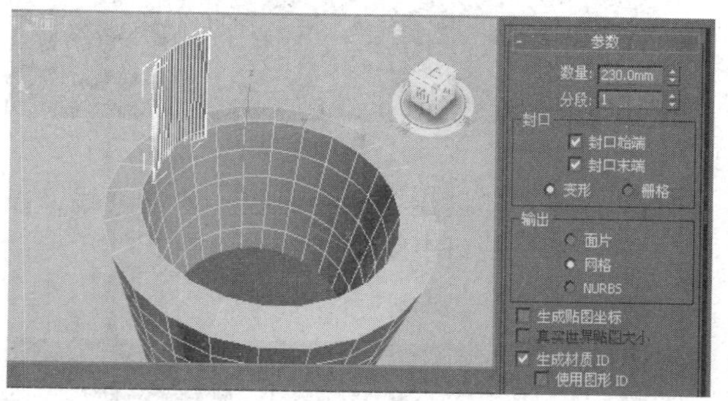

步骤8 在“修改器列表”下拉列表中选择“壳”修改器，在卷展栏中设置参数。

步骤9 单击主工具栏中的“镜像”按钮，复制一个到桶的另一边。

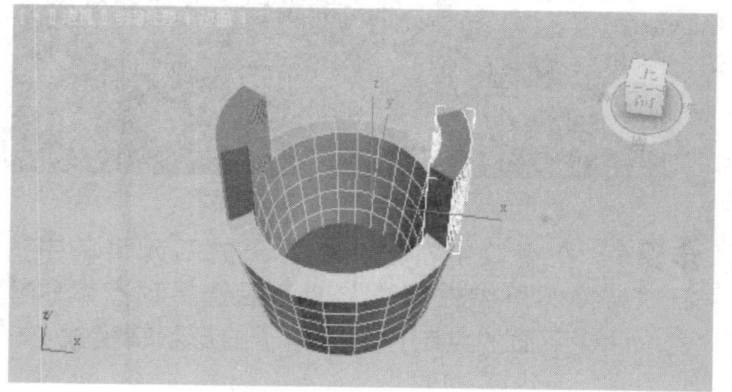

步骤10 单击“长方体”按钮，在视口中创建一个长方体，作为木桶的提手，确实参数。

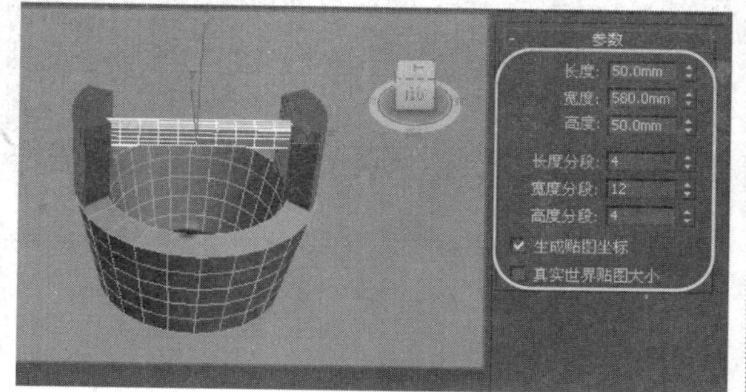

步骤11 进入“修改”命令面板，选择“FFD”修改器，在卷展览中设置控制顶点的数量。

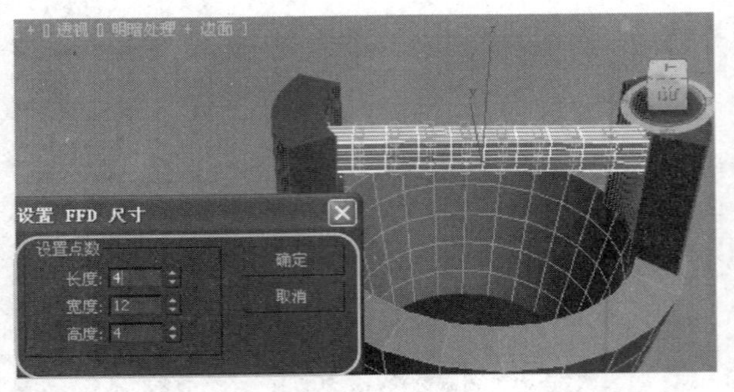

步骤12 进入控制顶点编辑模式对对象进行调整。

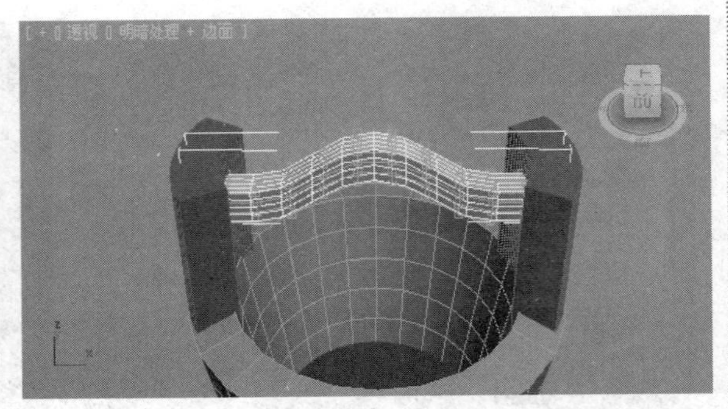

提示：在“挤出”命令时，必须确保所要挤出的图形的线条没有交叉。

6.5.2 实战：制作酒坛

在创建酒坛时，可以默认酒坛是左右对称物体，通过创建曲线来模拟右侧的截面。

步骤1 单击“线”按钮，在“前”视口中创建一个酒坛轮廓的样条线。

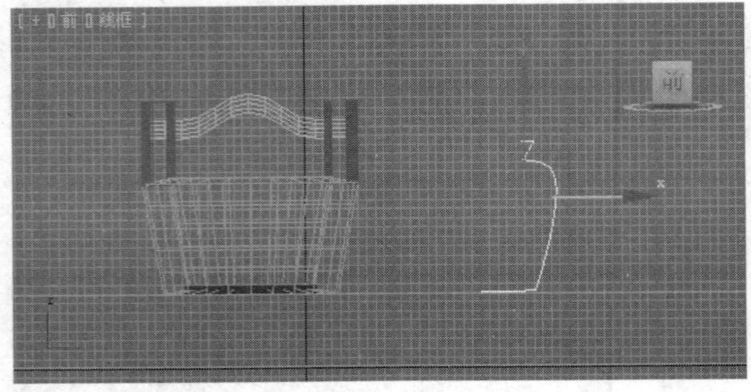

步骤2 进入“修改”命令面板，在修改器下拉列表中选择“车削”修改器，确定参数。

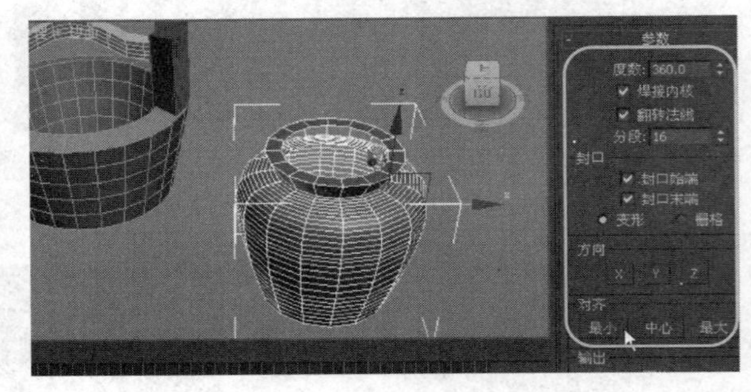

步骤3 进入“修改”命令面板，在修改器下拉列表中选择“壳”修改器，确定参数。

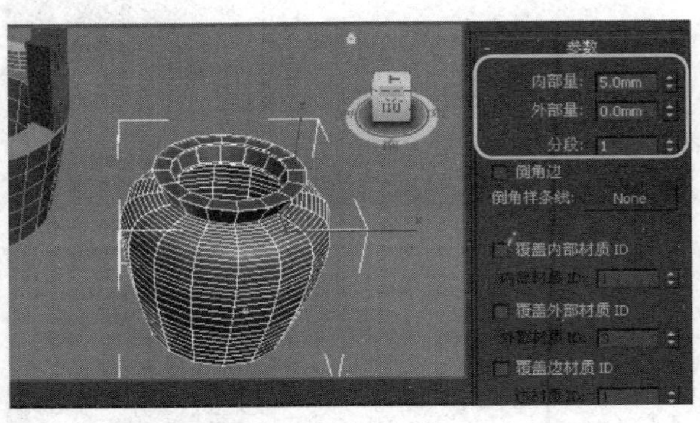

步骤4 进入“创建”命令面板，单击“线”按钮，在“前”视口中创建一个样条线。

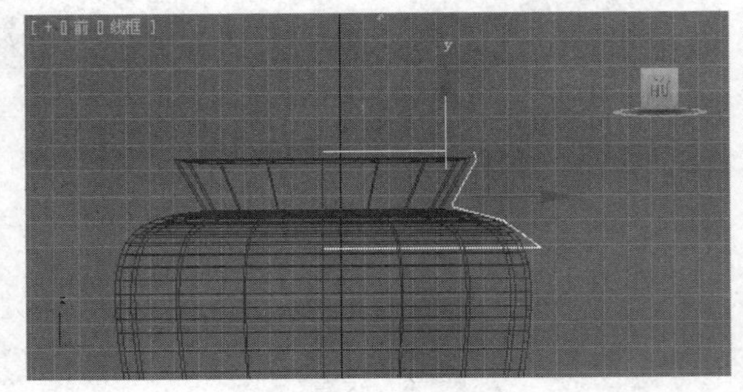

步骤5 进入“修改”命令面板，在修改器下拉列表中选择“车削”修改器，确定参数。

步骤6 在视口中右击，在弹出的四元菜单中执行“转换为可编辑面片”，之后选择顶点编辑模式，调整下面的点制作酒坛盖子的形状辑模式。

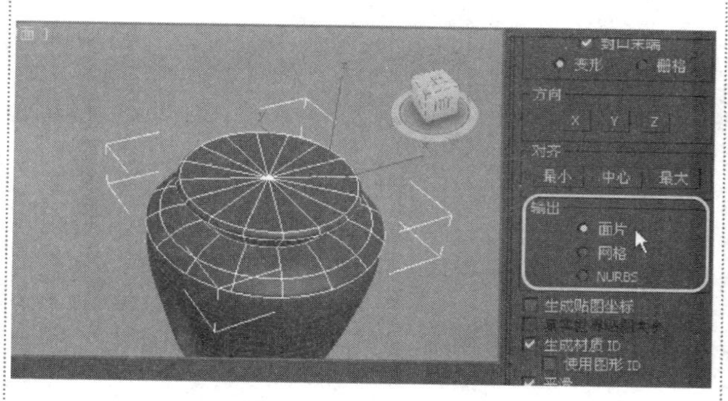

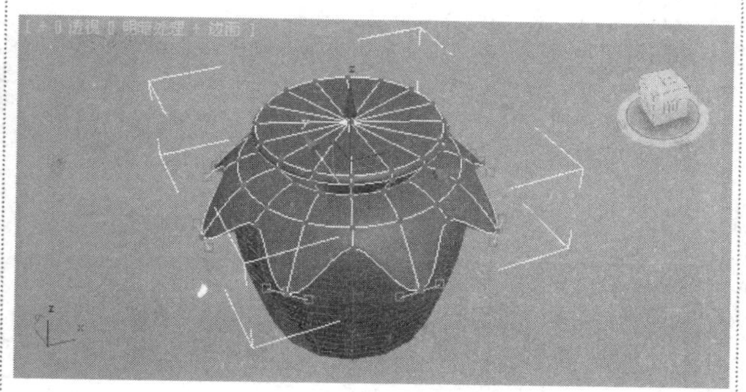

提示： 在创建酒坛盖时，将起点和终点处于垂直线上，可以在应用车削修改器时，避免产生不必要的模型错误。

6.5.3　实战：制作小火车

在创建小火车模型的时候，主要熟悉使用修改器堆栈为对象添加不同的修改器，以创建出实物的形状。

步骤1　在视口中创建一个圆柱体，确定参数。

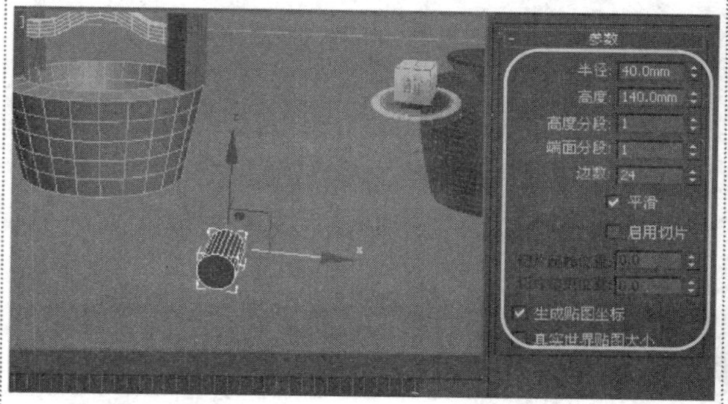

步骤2　在视口中创建一个半球体，确定参数。

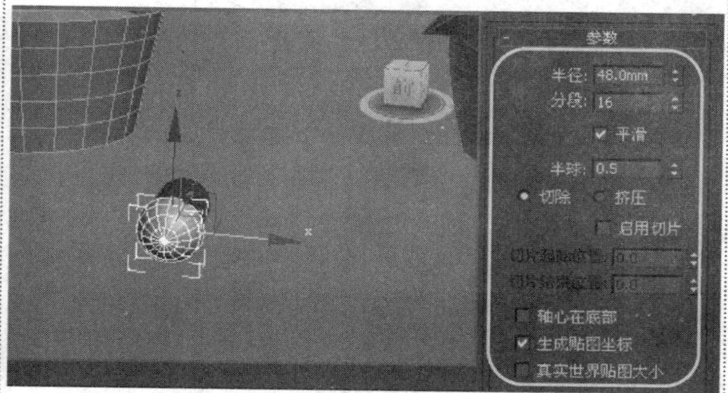

步骤3　在“修改器列表”下拉列表中选择“拉伸”修改器，在参数卷展栏中进行参数设置，观察对象的拉伸效果。

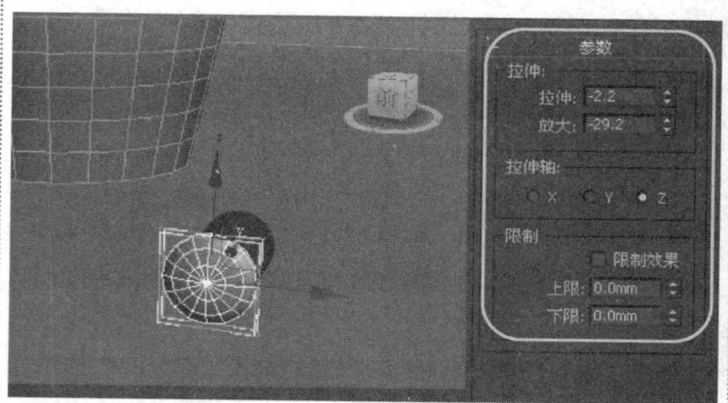

步骤4　在“前”视口中创建一个矩形，确定参数。

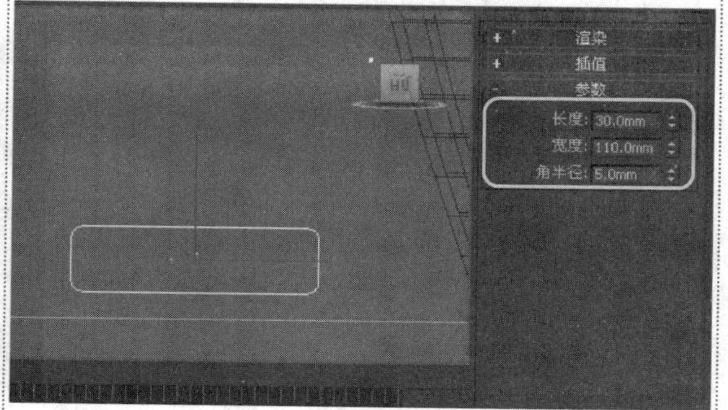

步骤5　在“前”视口中创建另一个矩形，确定位置、参数。

步骤6　在“前”视口中用“线”命令创建一个弧线，确定其位置、大小。

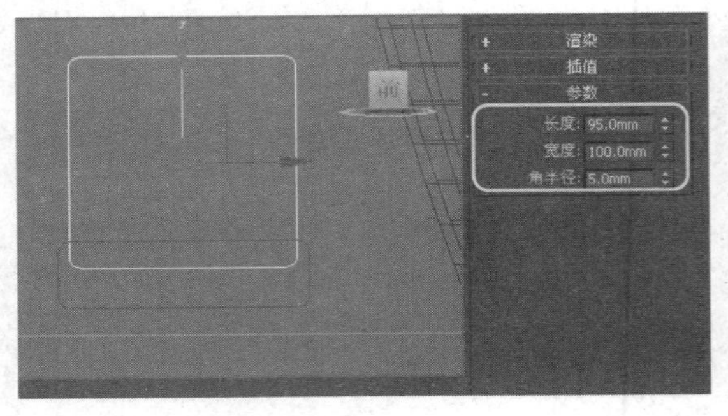

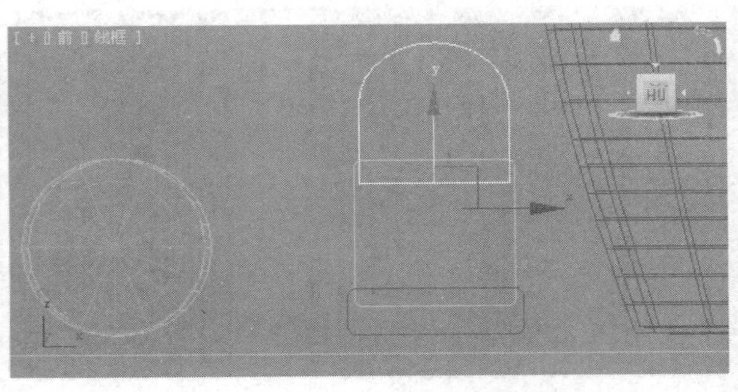

步骤7 分别为三个二维图形添加“挤出”修改器，设置的数量分别为72、72、100。

步骤8 选择最上面的挤出对象，添加“锥化”修改器，在其参数卷展栏中设置参数。

步骤9 在“左”视口中创建一个矩形，确定参数。

步骤10 在“修改”命令面板中添加“挤出”修改器，并使用旋转工具旋转调整对象的位置。

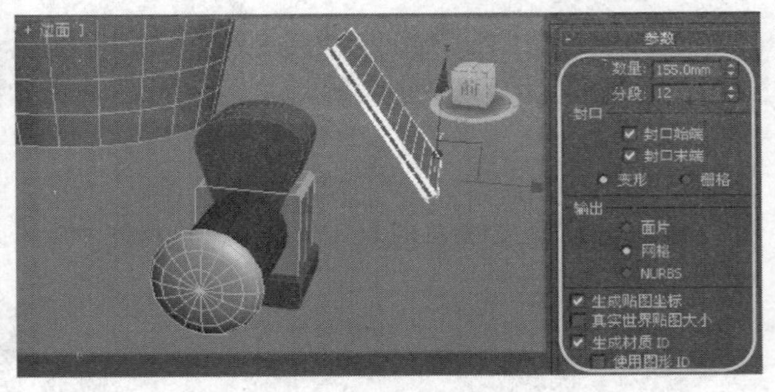

步骤11 继续为该对象添加“弯曲”修改器，在参数卷展栏中设置参数。

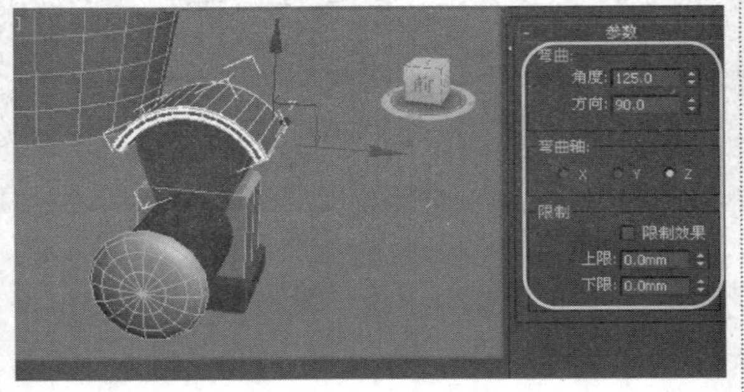

步骤12 在“透视”视口中创建一个管状体，确定创建位置及参数。

步骤13　在视口中将管状体复制一个。

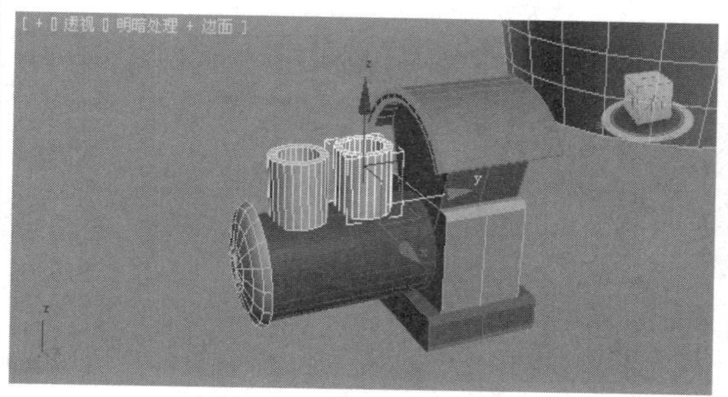

步骤14　在视口中创建一个圆柱体，作为小车模型的轮胎，确定创建位置及参数。

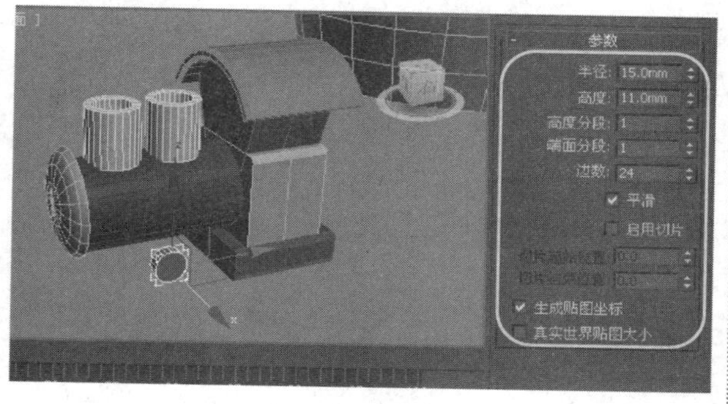

步骤15　在视口中将轮胎模型再复制三个。

步骤16　在视口中再次创建一个圆柱体，作为后面的轮胎，并复制一个，确定位置及参数。

步骤17　在场景中创建一个长方体，确定位置及参数。

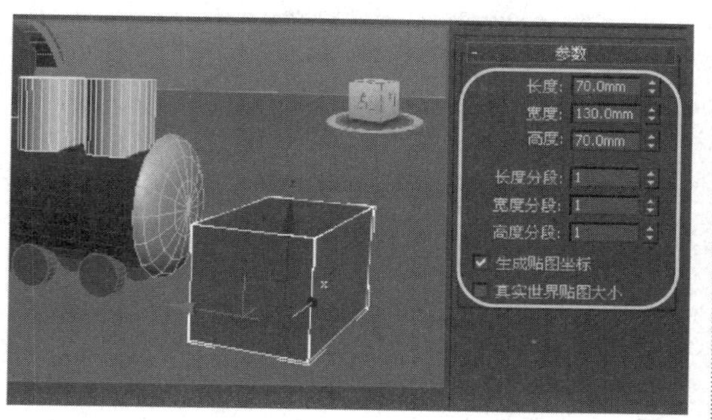

步骤18　将长方体转化为可编辑多边形，进入顶点编辑模式，将长方体的形状进行调整。

提示： 创建的是半球，注意参数的设置。

提示： 在创建“矩形”时，注意“角半径”的设置。

提示： 曲线参数是控制对锥化的侧面应用曲率，因此影响锥化对象的效果。参数为正值，会沿着锥化侧面产生向外的曲线；参数为负值，会产生向内的曲线；参数为0时，侧面不变。默认值为0。

提示： 弯曲轴和方向的选择同时影响弯曲的效果。

6.5.4　实战：制作斧子

斧子的制作很简单，包括斧头和斧把，斧头的制作是通过FFD来调节变形，而制作斧把主要是对放样的练习。

步骤1 在场景中创建一个长方体，作为斧头，确定位置及参数。

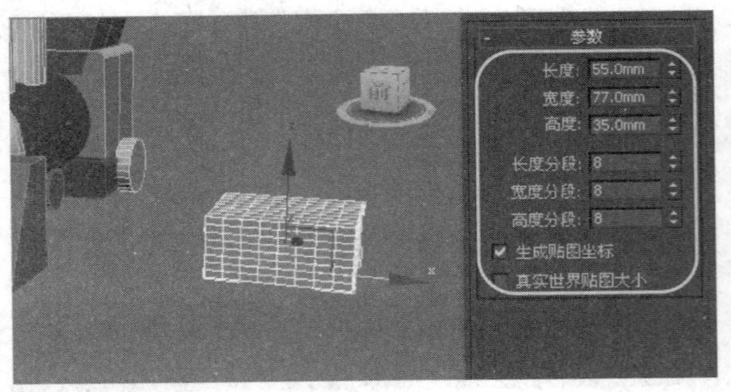

步骤2 将其他对象隐藏，在修改列表下拉列表中选择FFD修改器，设置控制点数为8×8×8。

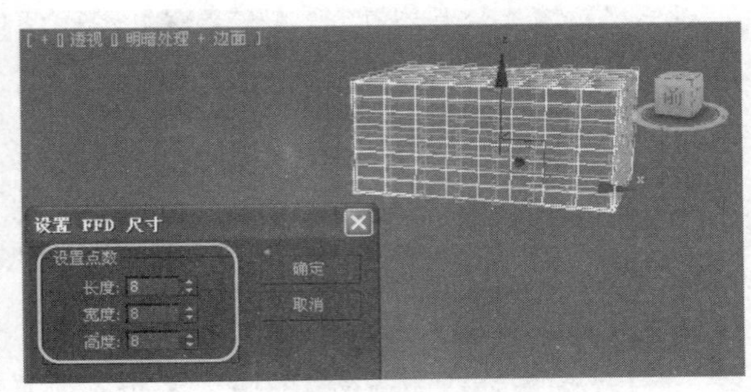

步骤3 进入控制点编辑模式，选择点调整对象的形状。

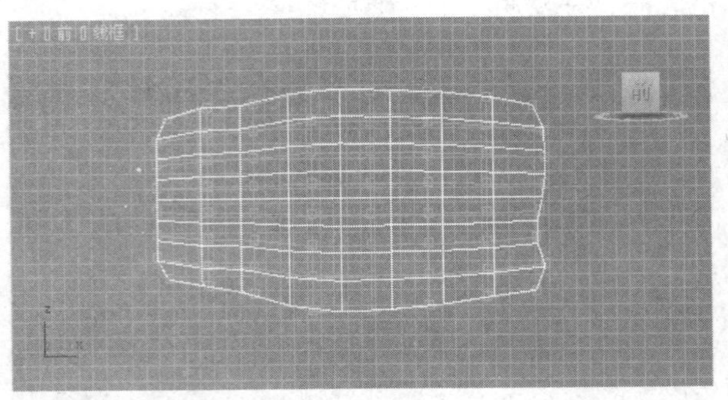

步骤4 将对象转换为可编辑多边形，进入多边形编辑模式，选择侧面的中间部分的面。

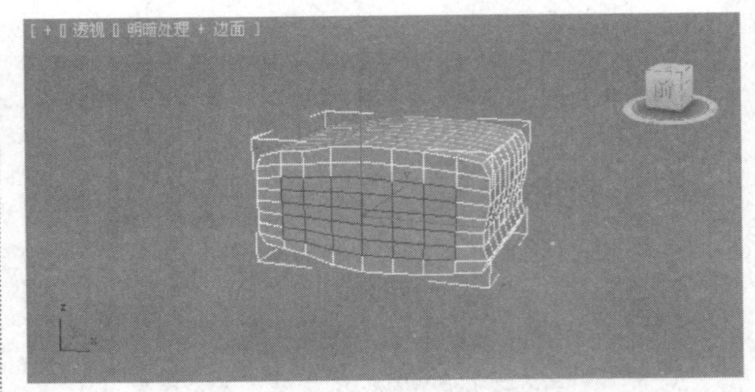

步骤5 在“编辑多边形”卷展栏中单击“挤出”按钮，将选择的面挤出3次，使用缩放工具缩放调整模型，实现一个从厚到薄的过程。

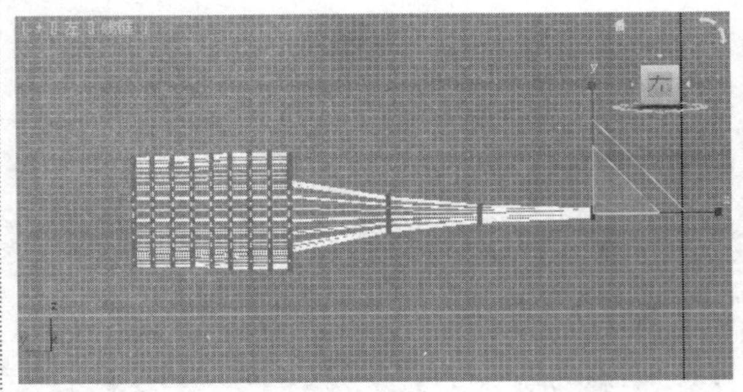

步骤6 在编辑多边形中选择顶点，并调整模型。

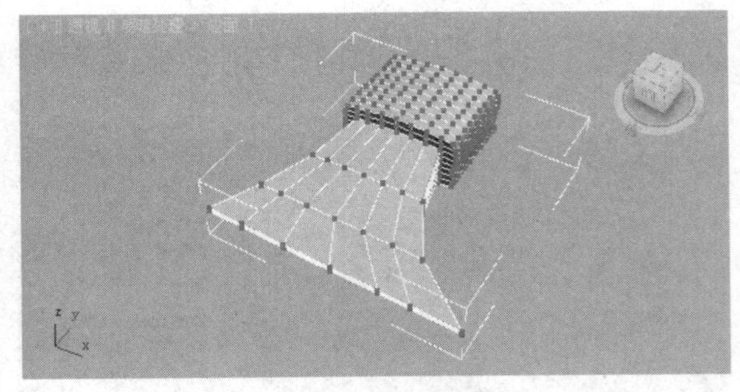

步骤7 在“修改”命令面板中，选择添加“网格平滑”修改器，得到斧头的最终效果。

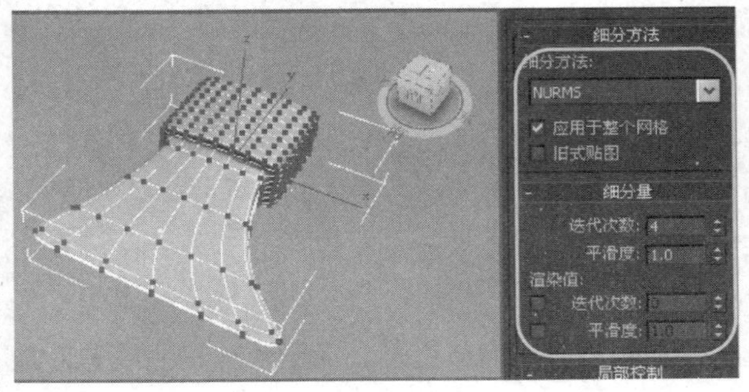

步骤8 在视口中创建一条线和一个圆，用来做斧头的把手。

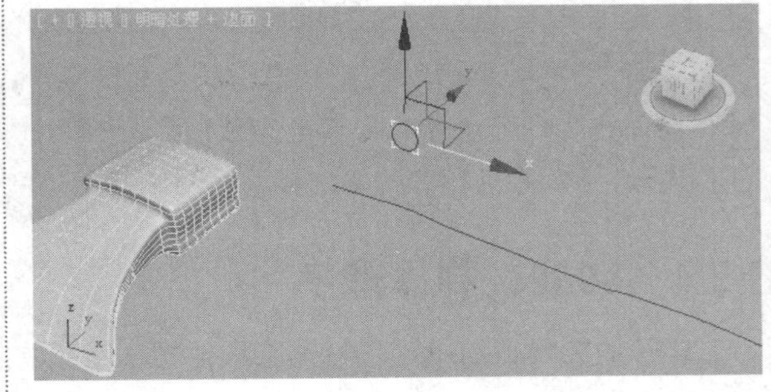

步骤9　选中线，单击“复合对象”下的“放样”按钮，然后选择“获取图形”按钮，单击圆。

6.6 制作软体躺椅效果图

本节为读者安排一组软体躺椅效果图的制作实例，实例演示了多变性建模的操作方法与编辑技巧，该实例可以使读者更为熟练地掌握本章知识，更好地应用于实例工作中。

光盘路径：第6章\6.6\软体躺椅效果图.max

步骤1　打开本书配套的范例文件“阳台场景.max”。

步骤2　在“底”视口中创建一个长方体，确定创建参数及位置。

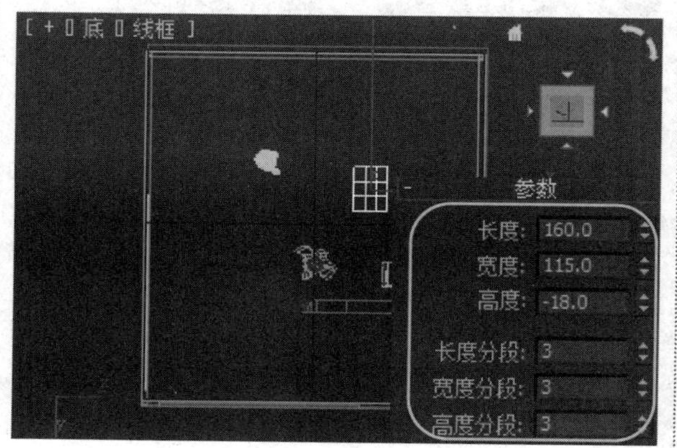

步骤3　进入“修改”面板，将创建的长方体转换为“可编辑多边形”对象，同时选择“顶点”子对象。

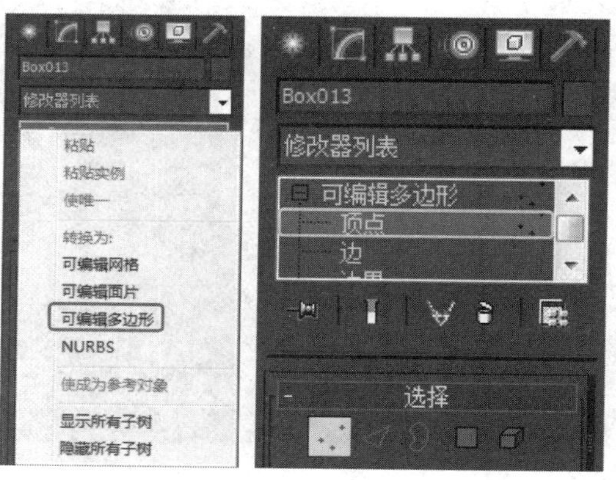

步骤4　单击“选择并移动按钮”，在“底”视口中移动长方体内边的位置。

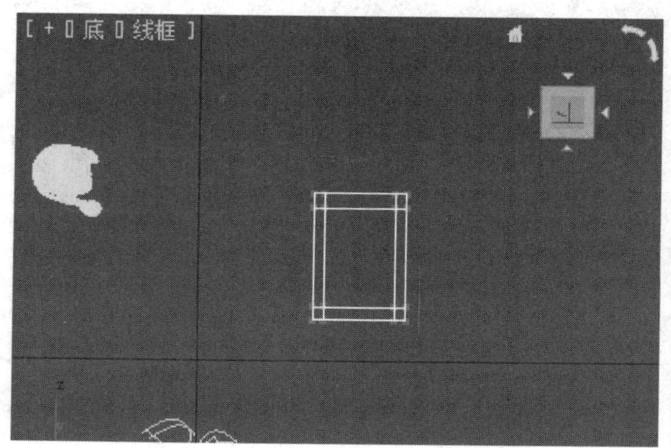

步骤5 单击“选择并移动按钮”，在“顶”视口中移动长方体内边的位置。

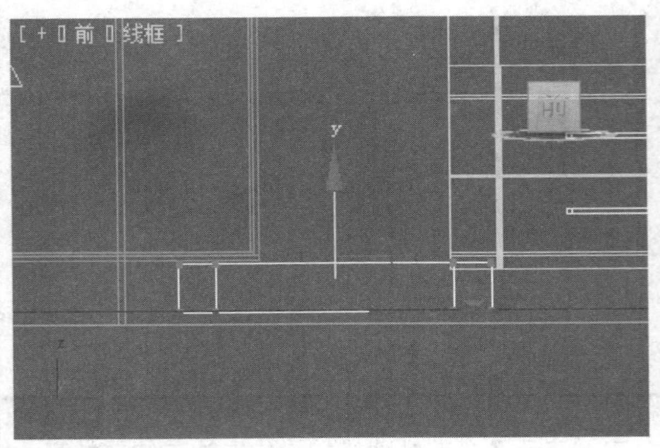

步骤6 在设置中选择“多边形”子对象，在“底”视口选择长方体的四个多边形。

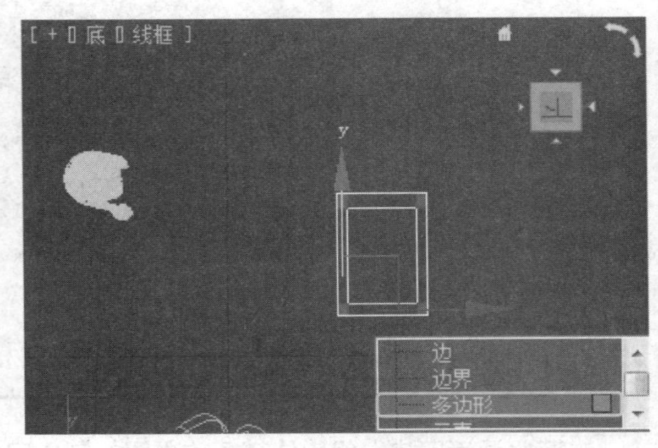

步骤7 单击“挤出”按钮右侧的设置按钮，在“底”视口设置高度参数为35。

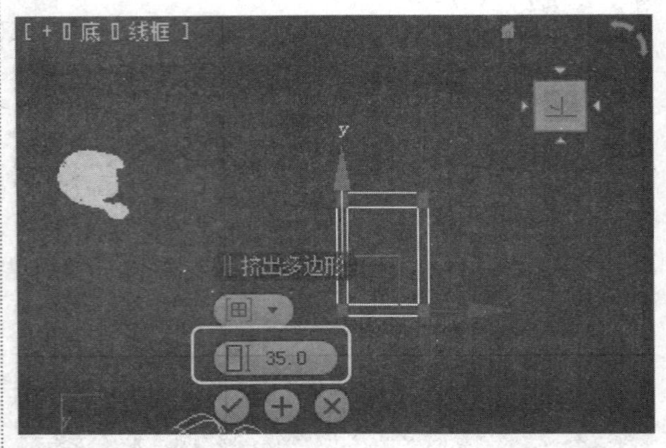

步骤8 在“顶”视口调整多边形的位置，选择“边”子对象，单击“切片平面”按钮，在“前”视口调整切片位置。

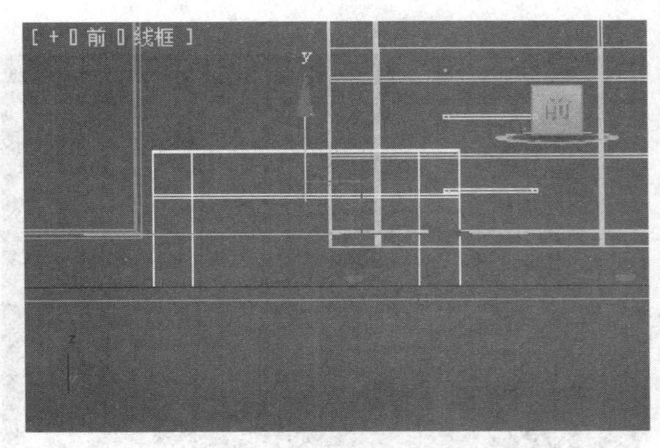

步骤9 单击控制面板“切片”按钮，调整切片平面位置，然后再单击“切片”按钮，然后单击“切片平面”按钮完成操作。

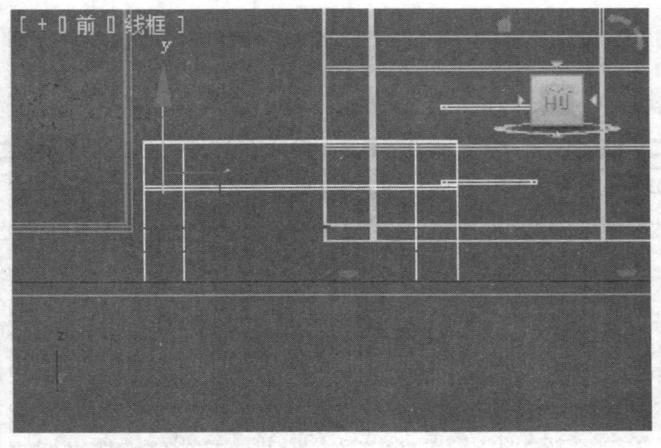

步骤10 单击“多边形”子对象，在“透视”视口选择切片多边形，然后点击“桥”按钮 桥 。

步骤11 在“透视”视口选择桥内侧的四个多边形子对象，进行切片操作对多边形四个角进行切片。

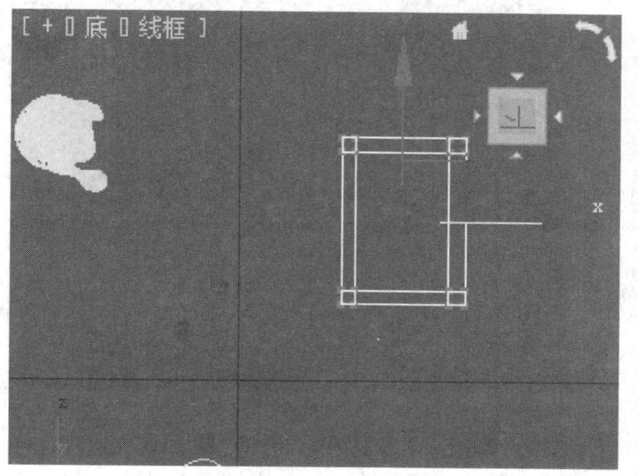

步骤12 单击“顶点”子对象，在“底”视口对切片的四个切点进行拖曳。

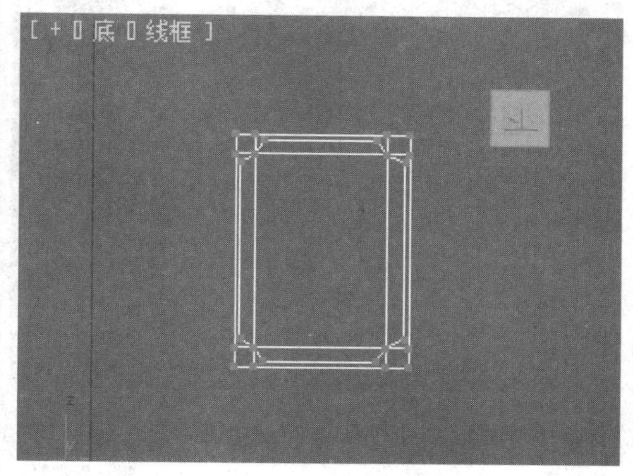

步骤13 在“底”视口选择多边形，进行复制，同时隐藏新复制的多边形。

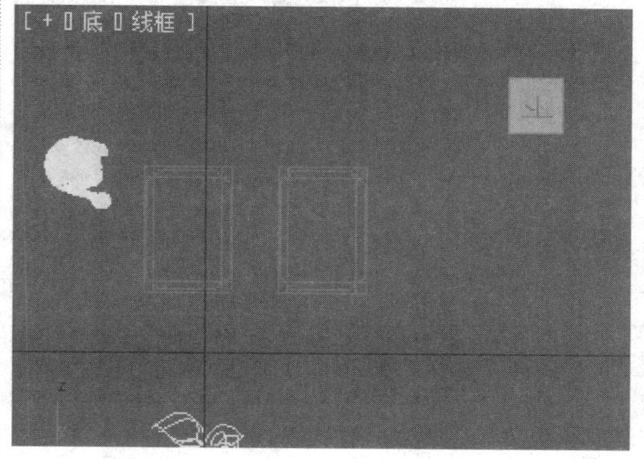

步骤14 在“左”视口选择多边形，执行“快速切片”对多边形进行切片。

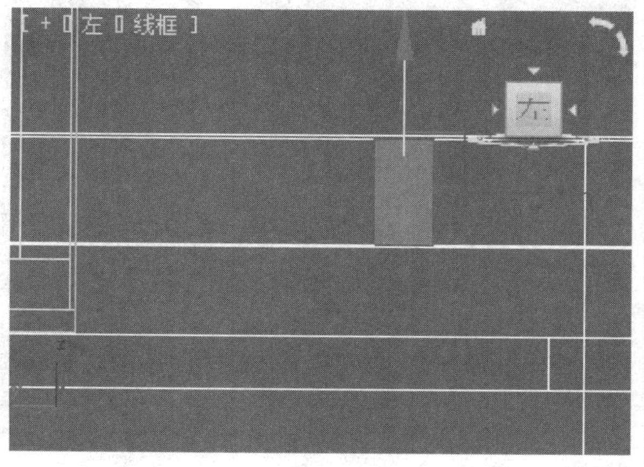

步骤15 在“右”视口也执行“快速切片”。

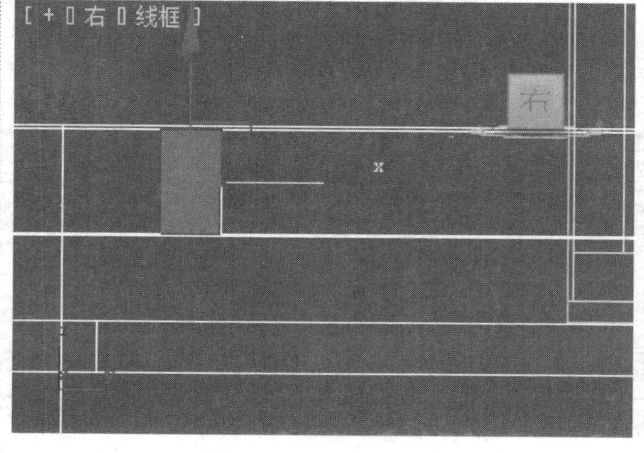

步骤16 分别在“左”和“右”视口切出的多边形进行“挤出”操作，确定参数。

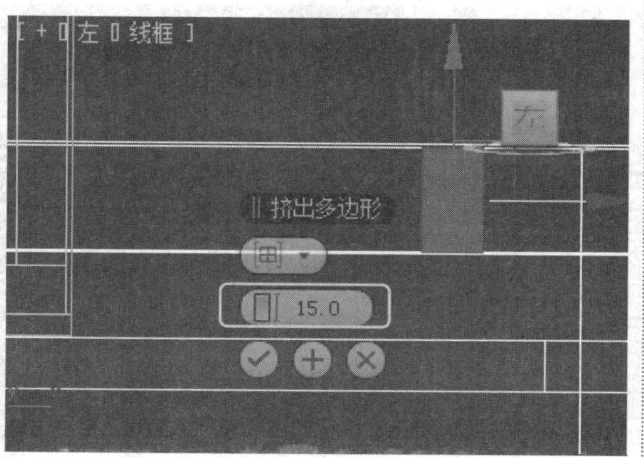

步骤17 在“透视”视口选择如图所示的多边形，进行“挤出”操作，确定参数。

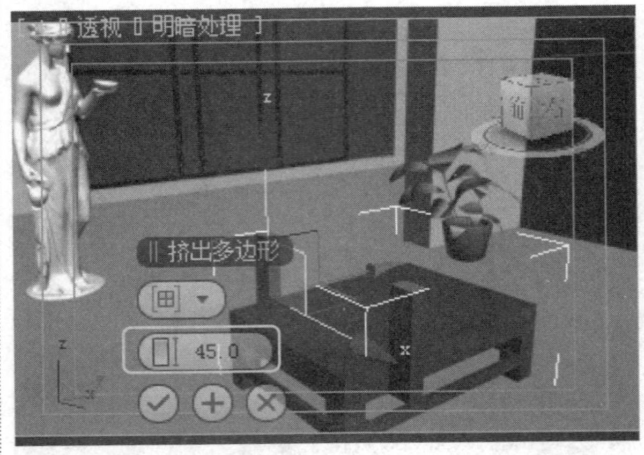
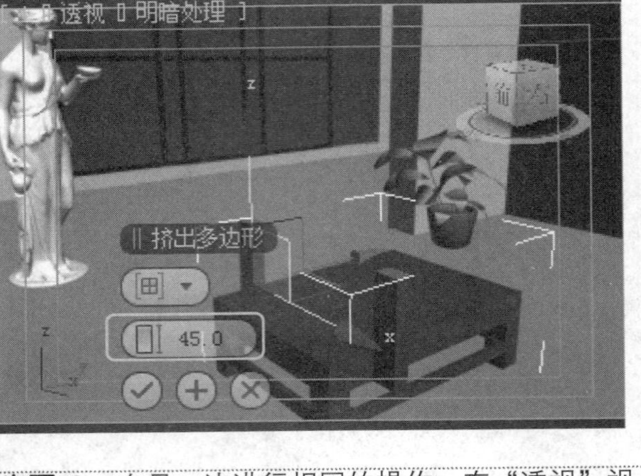

步骤18 单击“顶点”子对象，在“右”视口对所选多边形各点进行调整。

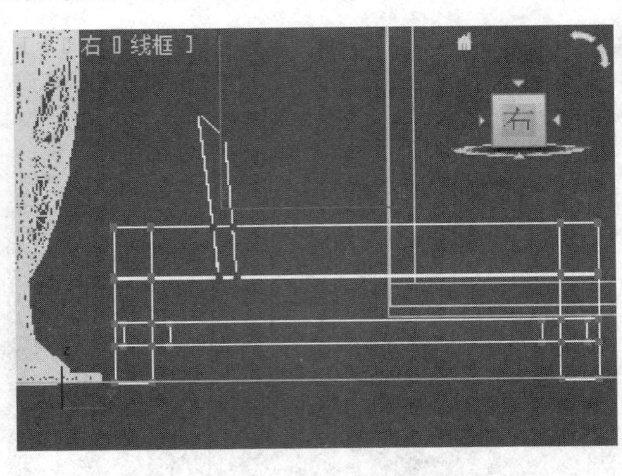

步骤19 在另一边进行相同的操作，在“透视”视口选择切片多边形，然后单击“桥”按钮 桥 。

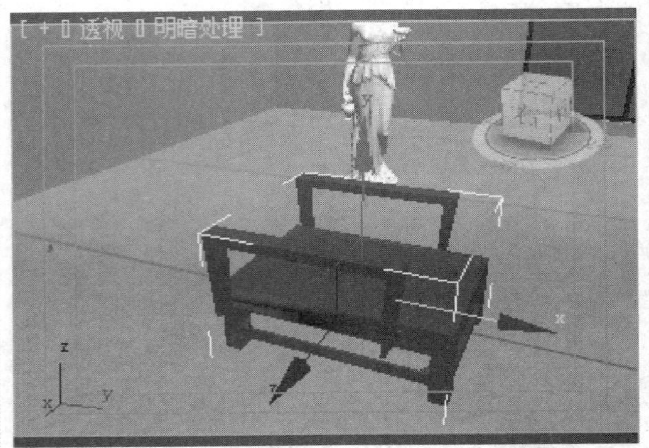

步骤20 单击“多边形”子对象，单击多边形如图所示，然后进行“快速切片”操作，确定参数。

步骤21 单击“顶点”子对象，在“右”视口选择每个顶点逐一进行“切角”操作。

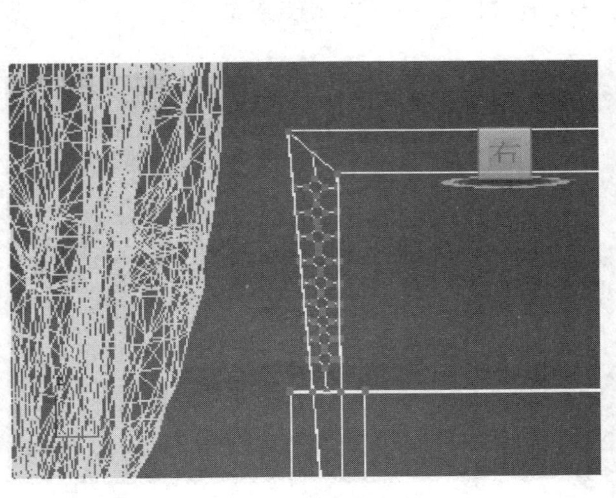

步骤22 单击“多边形”子对象，单击多边形如图所示，然后单击“桥”按钮进行逐一的连接。

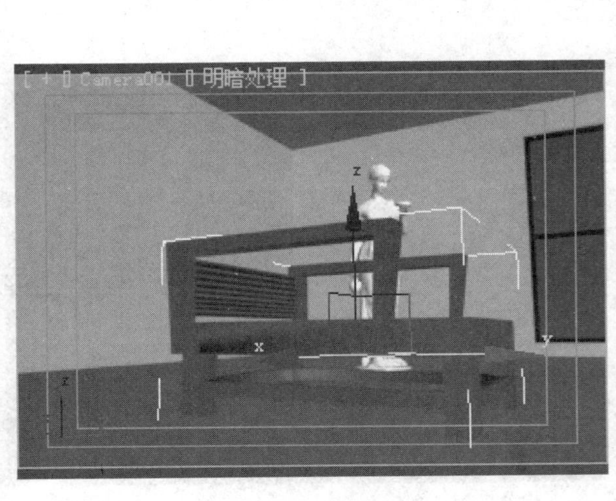

步骤23　单击"多边形"子对象，在"透视"视口对所选多边形进行"挤出"操作，设置参数，其他平面也进行挤出操作。

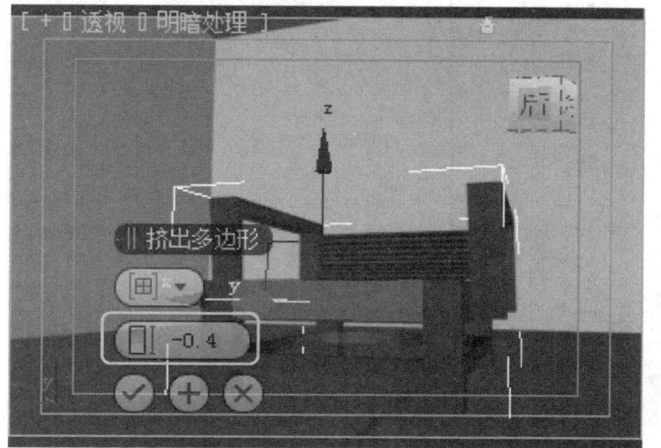

步骤24　单击"顶点"子对象，在"右"视口对椅子角进行调整。

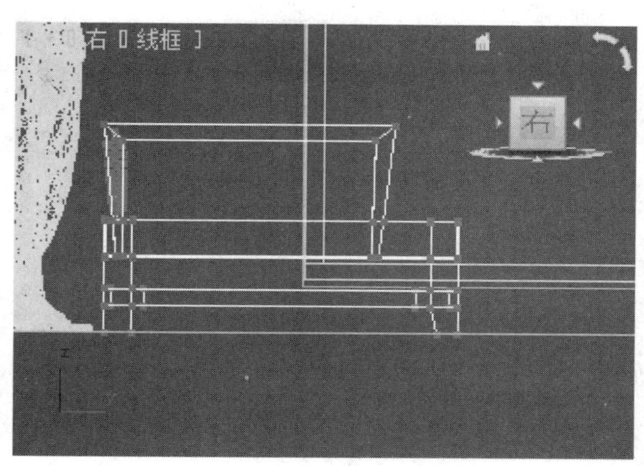

步骤25　在"底"视口进行"全部取消隐藏"操作。

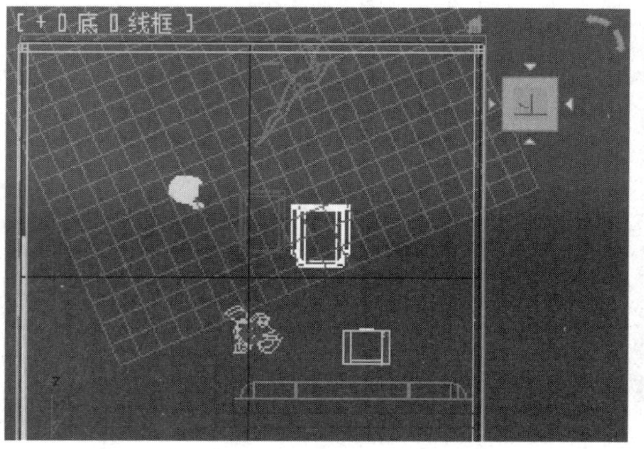

步骤26　在"底"视口调整模型的位置。

步骤27　在"底"视口单击"选择并均匀缩放"按钮，对模型的大小进行调整。

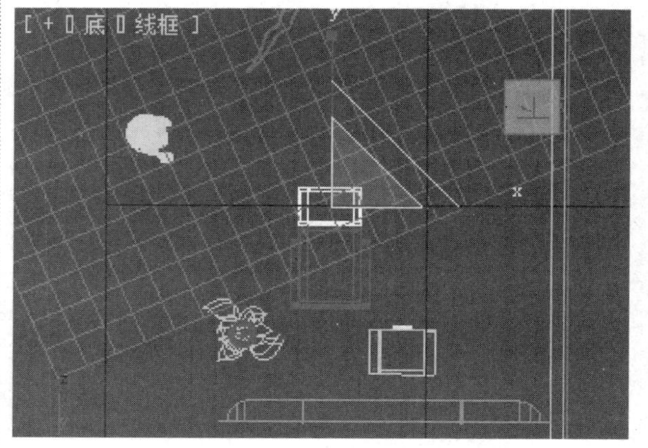

步骤28　选择模型对象对其进行隐藏，然后创建一个"长方体"模型，设置其参数。

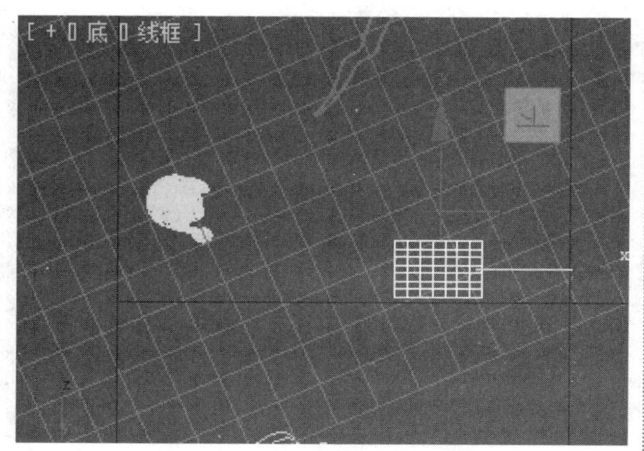

步骤29 进入“修改”面板，将创建的长方体转换为“可编辑多边形”对象，同时选择“顶点”子对象。

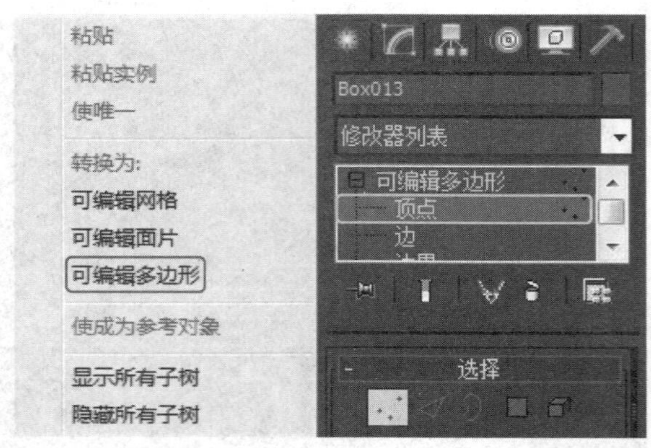

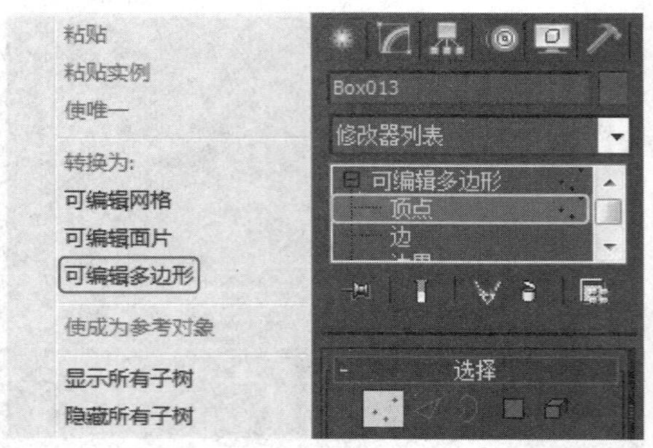

步骤30 单击“选择并移动按钮”，在“底”视口中移动长方体内的位置。

步骤31 单击“多边形”子对象，在“透视”视口对长方体表面多边形进行选择。

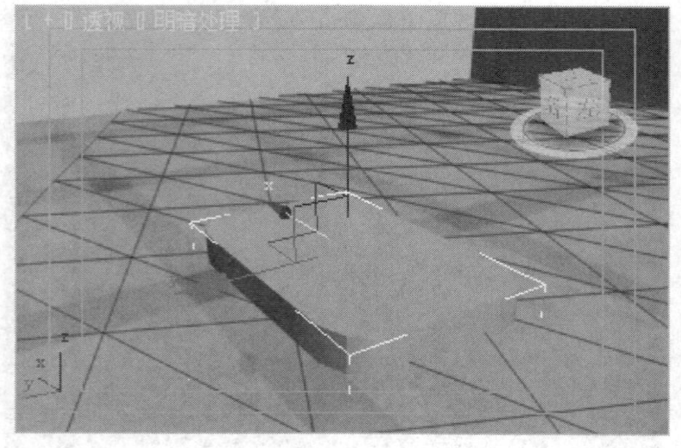

步骤32 单击“倒角”右侧的“方框设置”按钮，对所选多边形进行参数设置。

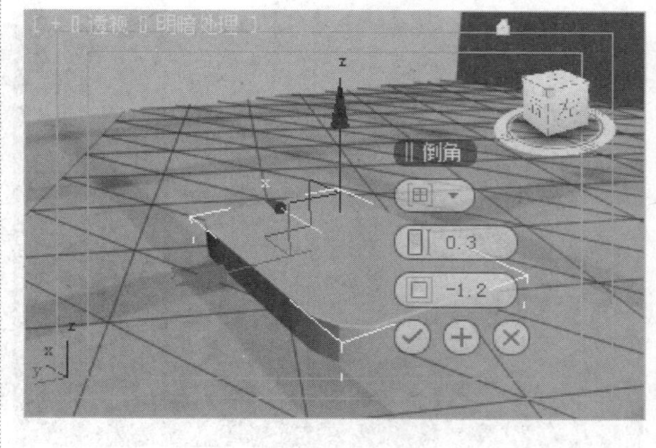

步骤33 设置完倒角高度和半径后，单击“设置并继续”按钮，继续设置倒角参数分别为（0.5,0.3）、（0.8，–1.0）和（–0.7，–1.8）。

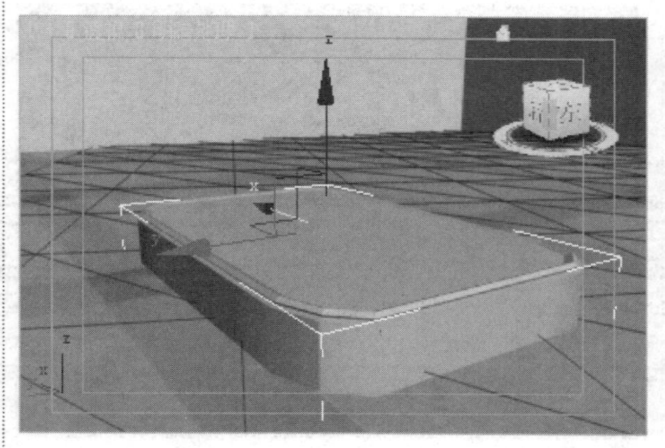

步骤34 进入“顶点”子对象，在“底”视口对多边形顶点进行选择，同时在前视口调整其高度。

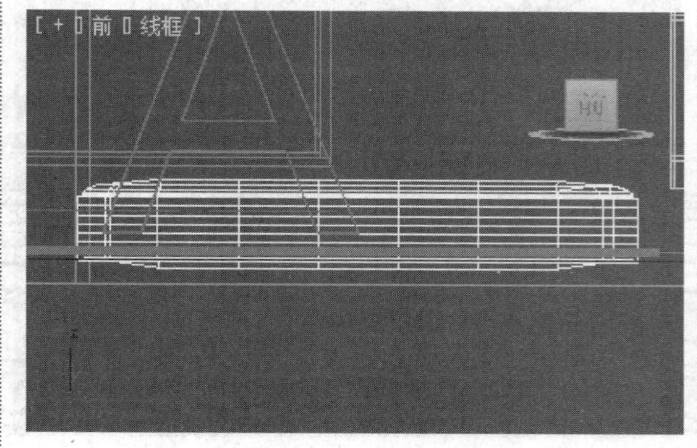

步骤35　在“编辑修改器”下拉列表中选择“网格平滑”编辑修改器，在细分量中设置参数。

步骤36　在“编辑修改器”下拉列表中选择“燥波”编辑修改器，设置相关参数。

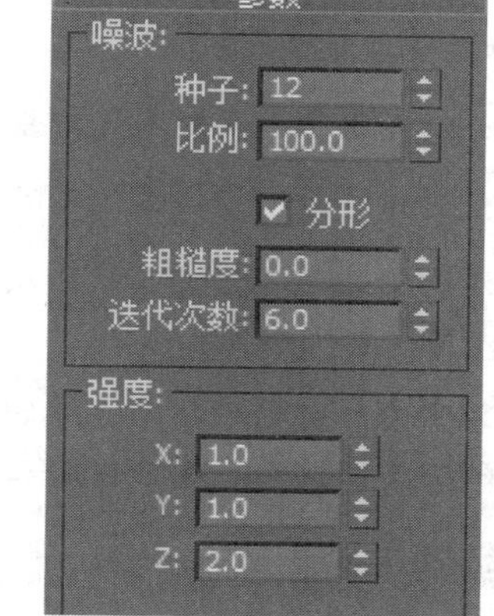

步骤37　至此坐垫制作完成，在透视窗口把所有模型都显示出来，然后调整坐垫的位置。

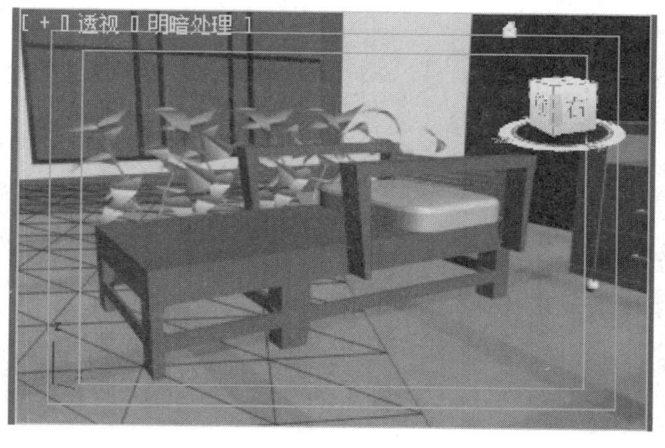

步骤38　单击“选择并移动按钮”，在“透视”视口中移动并复制坐垫，调整每个坐垫的位置。

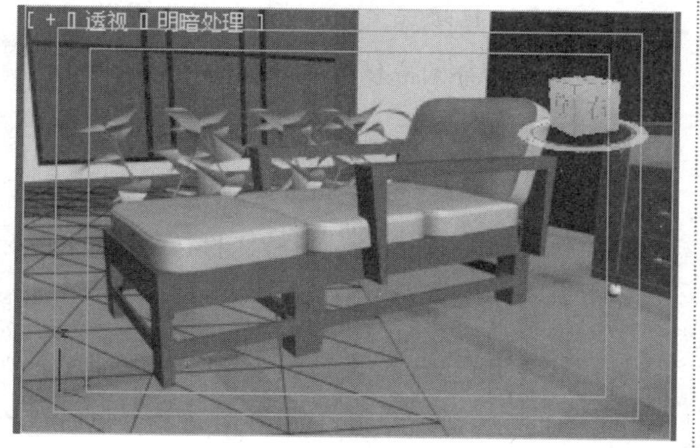

6.7 操作答疑

6.7.1 专家答疑

（1）简单说下放样变形。

答：放样变形可以使放样对象沿着路径缩放、扭曲、倾斜或倒角，也可以拟合更复杂的形状，变形的控制为交互式图形界面，图形上的点表示沿路径上的控制点。

相关参数解读如下：

1）**缩放**：可以从单个图形中放样对象，该图形在沿着其路径移动时只进行缩放。

2）**扭曲**：使用变形扭曲可以沿着对象的长度创建盘旋或扭曲的对象。

3）**倾斜**：该工具可以围绕局部X轴和Y轴旋转图形。

4）**倒角**：使用倒角变形可以模拟切角化、倒角和减缓的边等效果。

5）**拟合**：使用拟合变形可以使用两条“拟合”曲线来定义对象的顶部和侧剖面。

（2）顶点层级的编辑是什么并介绍相关参数。

答：顶点层级的编辑在可编辑样条线的“顶点”层级下，可以使用标准方法选择一个或多个顶点，并允许变换操作。顶点包括角线、光滑、贝塞尔和贝塞尔角点4种属性，可以通过四元菜单重置控制柄或切换顶点类型。

相关顶点类型解读如下：

1）**角点**：创建锐角转角的不可调整的顶点。

2）**平滑**：创建平滑连续曲线的不可调整的顶点，平滑顶点处的曲率是由相邻顶点的间距决定的。

3）**贝塞尔**：创建带有锁定连续切线控制柄的不可调解的顶点，用于创建平滑曲线。顶点处的曲率由切线控制柄的方向和量级确定。

4）**贝塞尔角点**：创建带有不连续的切线控制柄的不可调整的顶点，用于创建锐角转角。线段离开转角时的曲率是由切线控制柄的方向和量级决定的。

6.7.2 操作习题

1. 选择题（选项为一个或多个）

（1）关于“可编辑样条线(Convert to Editable Spline)”命令，下列说法错误的是（　　）。

A. 具备“软选择(soft selection)”功能

B. 具备“区域选择(area selection)”功能

C. 具备“命名选择(Named selections)”功能

D. 不具备以上三种功能

（2）下面关于“图形(Shapes)”说法错误的是（　　）。

A. 创建“椭圆(Ellipse)”时，按住Ctrl键，同时拖动鼠标，可以创建正圆形

B. 创建“文本(text)”时，可以通过选择特殊的字体来创建特殊的图形或符号

C. “星形(Stars)”最多可以创建100个点

D. “矩形(Rectangle)”自身不具备类似圆角的功能

（3）下列关于“挤出(Extrude)”修改器说法错误的是（　　）。

A. 该修改器的“分段数(Segments)”值最多可设置为1000

B. 该修改器具备“封口(Capping)”功能。

C. 该修改器具有“自动生成材质ID(Generate Materials IDs)”功能

D. 该修改器并不具备以上三种功能

（4）下列关于“倒角剖面(Bevel Profile)”修改器的说法错误的是（　　）。

A. 在使用“倒角剖面(Bevel Profile)”修改器之前，必须要有一条路径和一个剖面

B. 如果删除原始的倒角剖面，倒角剖面效果会失效

C. 在为样条线对象添加了“倒角剖面(Bevel Profile)”修改器后，产生的模型自身具备贴图坐标

D. 倒角剖面不具备“封口(Capping)”功能

（5）关于“倒角(Bevel)”修改器的解释，下面说法错误的是（　　）。

A. 该修改器将图形挤出为3D对象并在边缘应用平或圆的倒角

B. 该修改器将图形作为一个3D对象的基部，然后将图形挤出为四个层次并对每个层次指定轮廓量

C. 该修改器的一个常规用法是创建3D文本和徽标

D. 阵修改器，具有封口功能及自动生成贴图坐标功能，但不具备真实世界贴图大小功能

（6）关于“多分辨率(MultiRes)”修改器的解释，下面说法错误的是（ ）。

A. “多分辨率(MultiRes)”修改器通过降低顶点和多边形的数量来减少渲染模型所需的内存开销

B. “多分辨率(MultiRes)”比“优化(Optimize)”修改器的优点多，包括操作更快以及以精确的百分比或顶点数指定减少量的能力。

C. 当面数增加或减少时，“多分辨率(MultiRes)”修改器支持贴图通道的保存

D. “多分辨率(MultiRes)”修改器，具备增加模型的多边形和顶点数量的能力

（7）对“可编辑样条线(Convert to Editable Spline)”进行修改时，下列说法正确的是（ ）。

A. “相交(Cross Insert)”可连接两条线的顶点

B. “熔合(Fuse)”命令可以焊接所有顶点

C. 对样条线顶点所进行的移动不可以生成动画

D. “设为首顶点（Make first）”命令可以影响放样路径的起始端

2. 填空题

（1）“放样”是创建复杂三维模型的重要方法之一，是由__________二维图形对象合成得来，主要由__________图形对象作为放样路径构成框架，由多个图形对象作为插入路径的横截面。

（2）常用可编辑修改器主要包括__________、__________和__________等。

（3）“编辑样条线”可通过__________、__________和__________三个子对象操纵图形，可以对图形的细分程度、组成曲线的基本元素和可渲染特性进行控制，使图形的外形编辑更加精确和自由。

3. 操作题

实例制作：太空战舰效果图

（1）通过“附加”操作，将主舰体、喷射器1和2对象合并，结合“桥”功能，连接这3个对象。

（2）依次使用“倒角”、“插入”和“挤出”功能，对模型相应的多边形进行操作，完成本实例的制作。

制作前

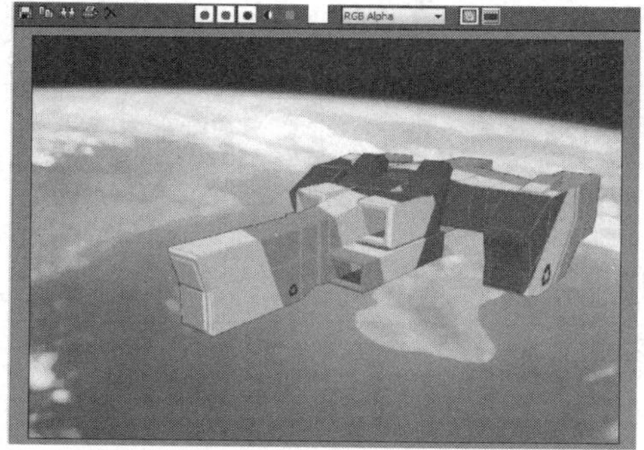

完成后

第7章

材质与贴图

本章重点：

本章将介绍3ds Max 2014的材质，包括材质编辑器、材质/贴图浏览器等控件，重点讲解材质的基本意义、材质类型和材质贴图的应用方法，并在章节末尾加以小型实例讲解如何在场景中为对象制作最合适的材质。

学习目的：

掌握材质编辑器、材质/贴图浏览器等控件，重点掌握材质的基本意义、材质类型和材质贴图的应用方法。

参考时间：40分钟

主要知识	学习时间
7.1　材质基础知识	10分钟
7.2　材质类型	10分钟
7.3　贴图	10分钟
7.4　制作生锈铁丝	10分钟

7.1 材质基础知识

材质用于描述对象与光线的相互作用，在材质中，通常使用各种贴图来模拟纹理、反射、折射和其他特殊效果。本节中就将具体介绍有关材质的相关知识，以及材质在实际操作中的运用、管理等。

7.1.1 设计材质

在3ds Max 2014中，材质的具体特性都可以进行手动控制，如漫反射、高光、不透明度、反射/折射以及自发光等，并允许用户使用预置的程序贴图或外部的位图贴图来模拟材质表面纹理或制作特殊效果。

在3ds Max 2014中，材质的设计制作是通过“材质编辑器”来完成的，在材质编辑器中，可以为对象选择不同的着色类型，使用不同的材质组件，还能使用贴图来增强材质，并通过灯光和环境使材质产生更逼真的效果。

赋予材质后的对象

1. 材质的基本知识

材质详细描述对象如何反射或透射灯光，其属性也与灯光属性相辅相成，最主要的属性为漫反射颜色、高光颜色、不透明度和反射/折射。

相关属性解读如下：

（1）**漫反射**：颜色是对象表面反映出来的颜色，就是通常提及到的对象颜色，受灯光和环境的影响会产生偏差。

（2）**高光**：物体表面高亮显示的颜色，反映了照亮表面的灯光的颜色。在3ds Max中，可以对高光颜色进行设置，使其与漫反射颜色相符，能产生一种无光效果，从而降低材质的光泽性。

（3）**不透明度**：可以使3ds Max中的场景对象产生透明效果，并能够使用贴图产生局部透明效果。

（4）**反射/折射**：“反射”是光线投射到物体表面，根据入射的角度将光线反射出去，使对象表面反映反射角度方向的场景，如平面镜；“折射”则是光线透过对象，改变了原有的光线的投射角度，使光线产生了偏差，如透过水面看水底。

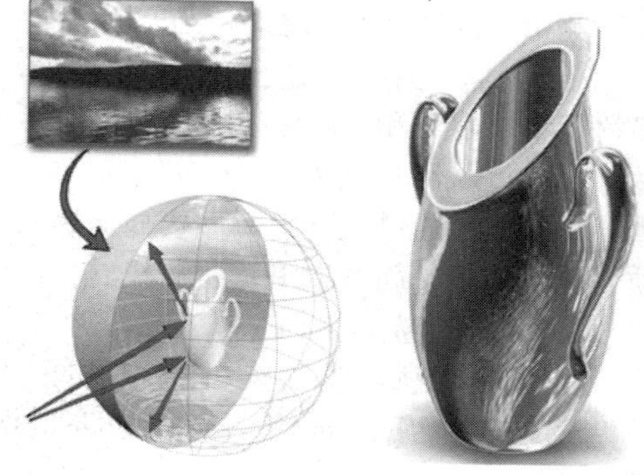

折射的原理

2. 材质编辑器

“材质编辑器”提供创建和编辑材质、贴图的所有功能，通过材质编辑器可以将材质应用到3ds Max的场景对象。

3. 材质的着色类型

材质的着色类型是指对象曲面响应灯光的方式，只有特定的材质类型才可以选择不同的着色类型。

4. 材质类型组件

每种材质都属于一种类型，默认类型为“标准”，通常，其他的材质类型都有特殊用途。

5. 贴图

使用贴图可以将图像、图案、颜色调整等其他特殊效果应用到材质的漫反射或高光等任意位置。

6. 灯光对材质的影响

灯光和材质组合在一起使用，才能使对象表面产生真实的效果，灯光对材质的影响因素主要包括灯光强度、入射角度和距离。

相关参数解读如下：

（1）**灯光强度**：灯光在发射点的原始强度。

（2）**入射角度**：物体表面与入射光线所成的角度。入射角度越大，物体接收的灯光越少，材质表面表现越暗。

（3）**距离**：真实世界中，光线随着距离会减弱，而在3ds Max中可以手动控制衰减的程度。

7. 环境颜色

在制作材质时，只有当选择的颜色和其他属性看起来如同真实世界中的对象时，材质才能给场景增加更大的真实感，特别是在不同的灯光环境下。

相关灯光和材质解读如下：

（1）**室内和室外灯光**：场景是室内或室外场景，影响选择材质颜色，同样影响设置灯光的方式。

（2）**自然材质**：大部分自然材质都具有无光表面，表面有很少或几乎没有高光颜色。

（3）**人造材质**：人造材质通常具有合成颜色，如塑料和瓷器釉料，均具有很强的光泽。

（4）**金属材质**：金属具有特殊的高光效果，可以使用不同的着色器来模拟金属高光效果。

自然材质

7.1.2 材质编辑器

“材质编辑器”是一个独立的窗口，通过材质编辑器可以将材质应用到3ds Max的场景对象。材质编辑器可以通过主工具栏中的“材质编辑器”按钮或“渲染”菜单中的“材质编辑器”命令打开。

3ds Max 2014的材质编辑器有“精简材质编辑器”和“slate材质编辑器”两种模式可供用户选择，“slate材质编辑器”模式，通过左上角的“模式”选项可更换为“精简材质编辑器”模式。

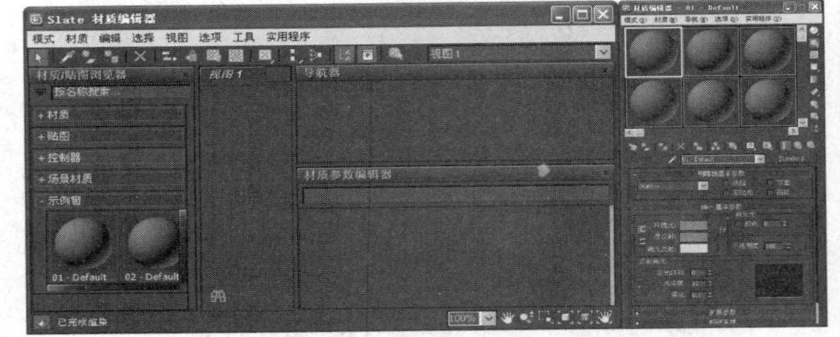

slate材质编辑器

（1）示例窗

使用示例窗可以预览材质和贴图，每个窗口可以预览单个材质或贴图。将材质从示例窗拖动到视口中的对象，可以将材质赋予场景对象。

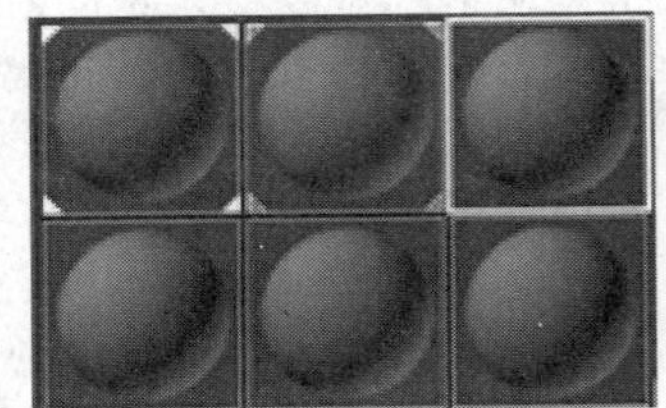

示例窗

在示例窗中的样本材质的状态主要有三种，其中实心三角形表示已应用于场景对象且该对象被选中，空心三角形则表示应用于场景对象但对象未被选中，无三角形表示材质未被应用。其中示例窗有白框表示其为当前选择的样本材质。

（2）工具

位于材质编辑器示例窗下面和右侧，用于管理和更改贴图及材质的按钮和其他控件。

其中位于右侧的工具栏主要用于对示例窗中的样本材质球进行控制，如显示背景或检查颜色等。

位于下侧的工具主要用于材质与场景对象的交互操作，如将材质指定给对象、显示贴图应用等。

（3）参数卷展栏

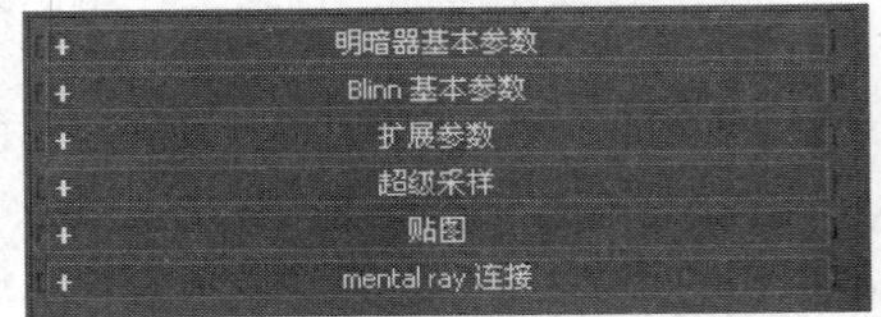

标准材质卷展栏

在示例窗的下方是材质具体的参数卷展栏，不同的材质类型具有不同的参数卷展栏，在各种贴图层级中，也会出现相应的卷展栏，这些卷展栏可以调整顺序。

提示：为了便于材质的观察，后面都将以“精简材质编辑器”模式为例来讲解材质的制作与使用。

7.1.3　实战：示例窗的操作

步骤1　打开3ds Max 2014，然后单击“材质编辑器”按钮，开启“材质编辑器”对话框，在该对话框中可以设置场景中的所有材质。

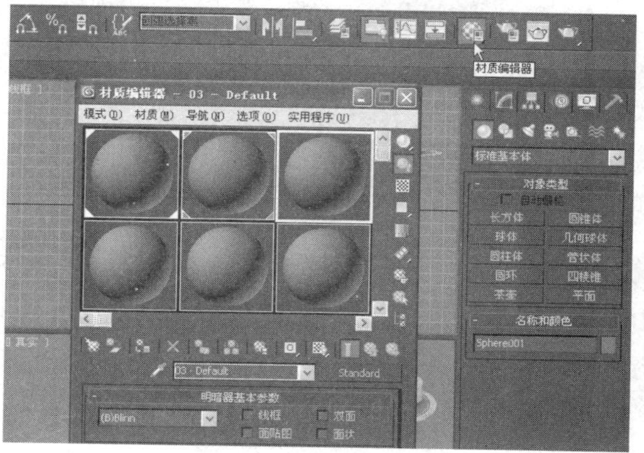

步骤2　选择第一个样本材质球，然后单击“漫反射”旁的方形按钮，开启“材质/贴图浏览器”对话框，然后选择“旋涡”程序贴图。

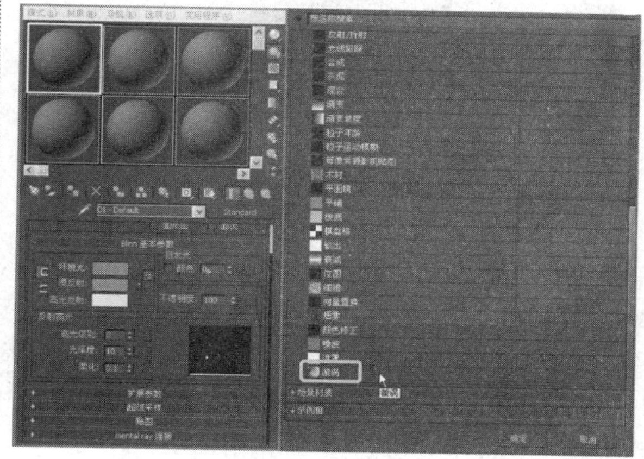

步骤3　为“漫反射”指定“旋涡”程序贴图后，样本材质球将显示该贴图的效果。

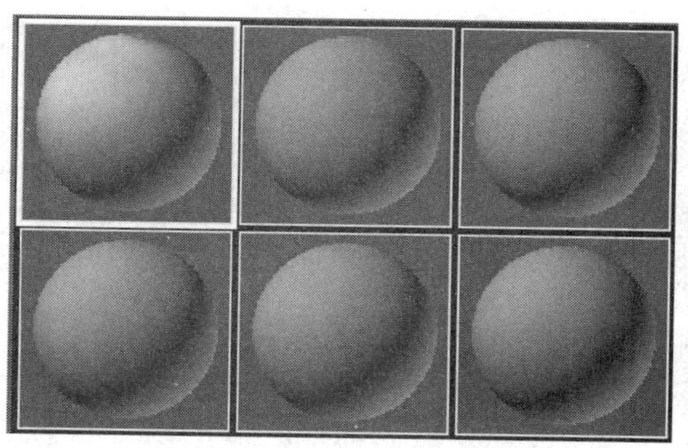

步骤4　在样本材质球上右击，在弹出的快捷菜单中选择“拖动/旋转”命令。

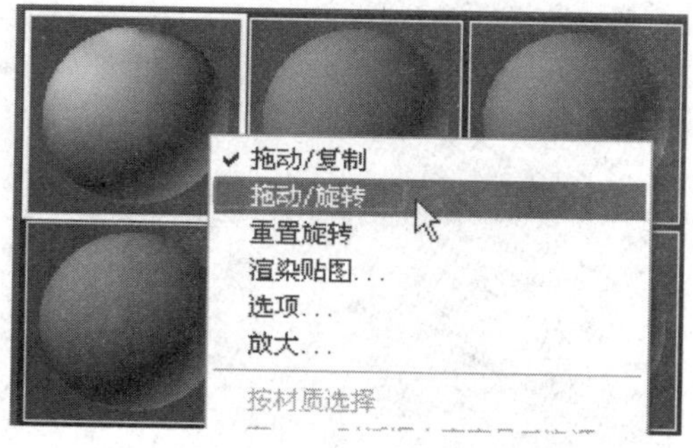

步骤5　在示例窗中拖动鼠标，可旋转相应的样本材质球。

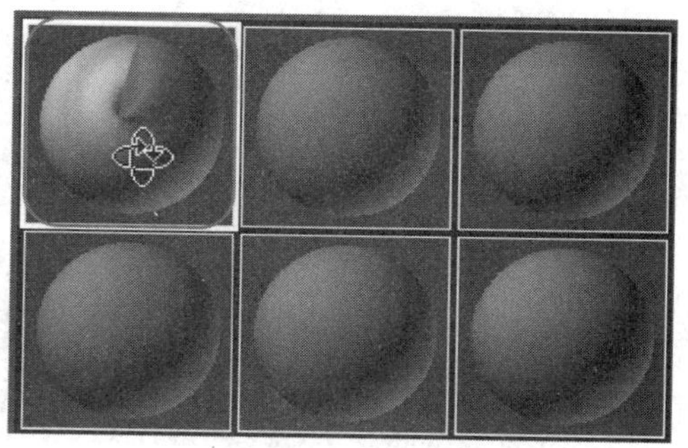

步骤6　再次在示例窗中的样本材质球上右击，在弹出的快捷菜单中选择“拖动/复制”命令。

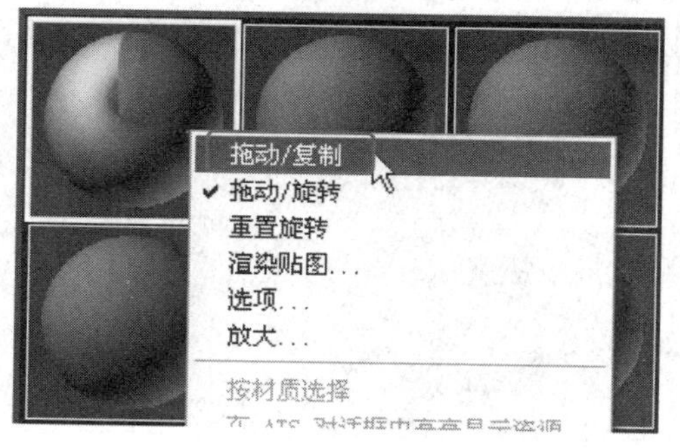

步骤7　使用鼠标将第一个样本材质球拖动到第二个样本材质球上，材质将进行复制。

步骤8　如果在右键快捷菜单中选择“6×4示例窗”，将显示所有24个样本材质球。

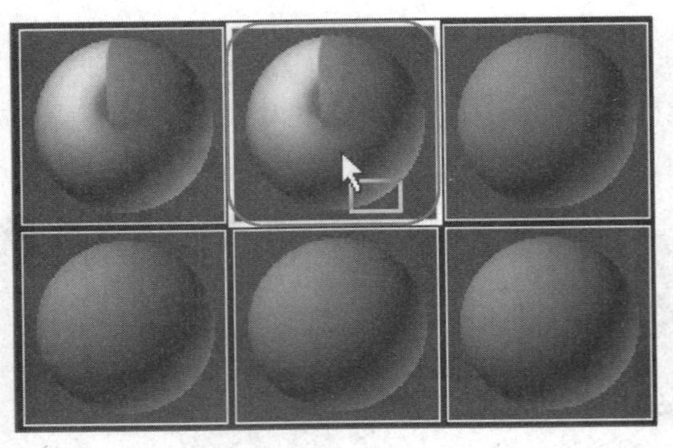

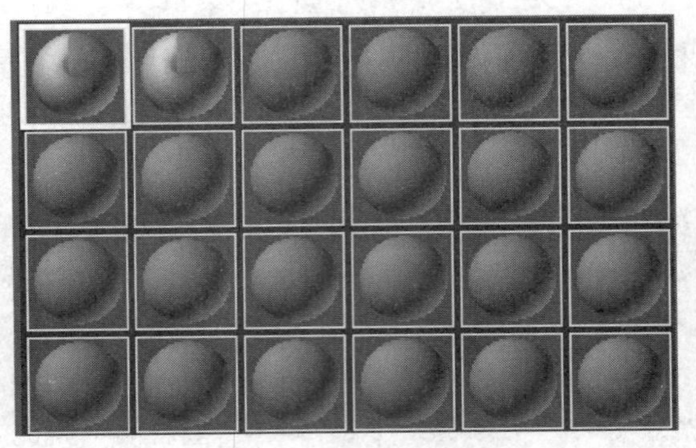

提示： 如果先按住Shift键，然后在中间拖动，那么旋转就限制在水平或垂直轴，方向取决于初始拖动的方向。

提示： 样本材质的显示共包括3×2、5×3和6×4三种方式。

7.1.4 实战：右侧工具的应用

步骤1 在材质编辑器中选择一个样本材质球，然后为“漫反射”指定“平铺”程序贴图。

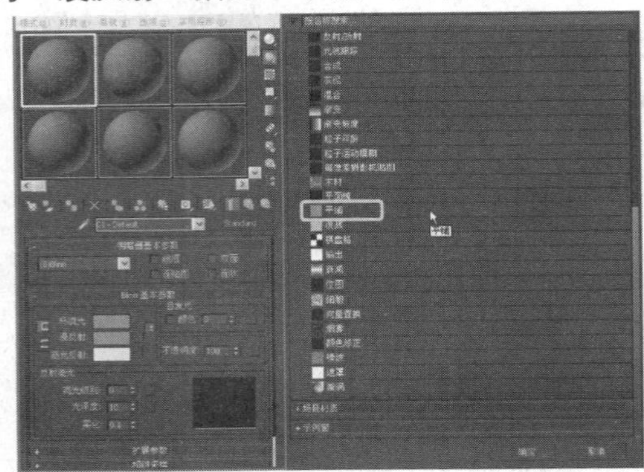

步骤2 按住“采样类型”按钮不放，在弹出的面板中单击柱体按钮。

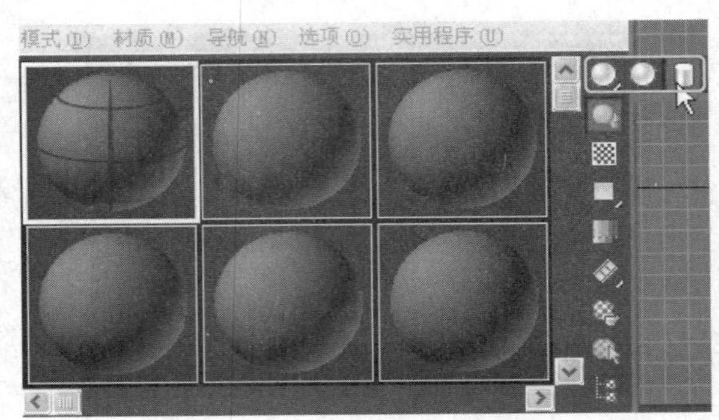

步骤3 示例窗中的样本材质球将显示为柱体。同理，如果选择方形的“采样类型”按钮，样本材质球也会相应地变为方形。

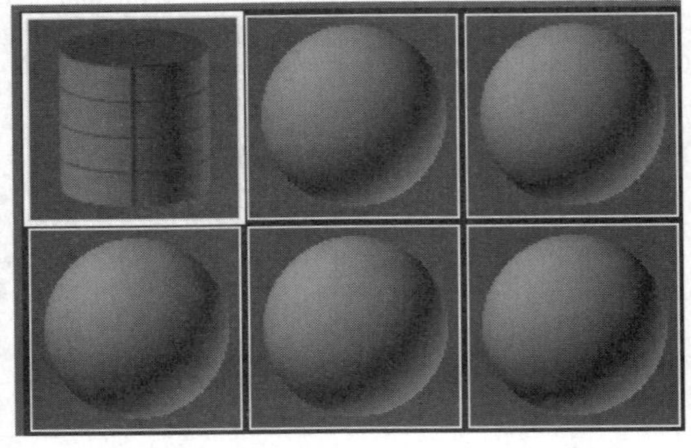

步骤4 取消右侧工具栏中“背光”按钮的激活状态，示例窗中的样本材质将不显示背光效果。

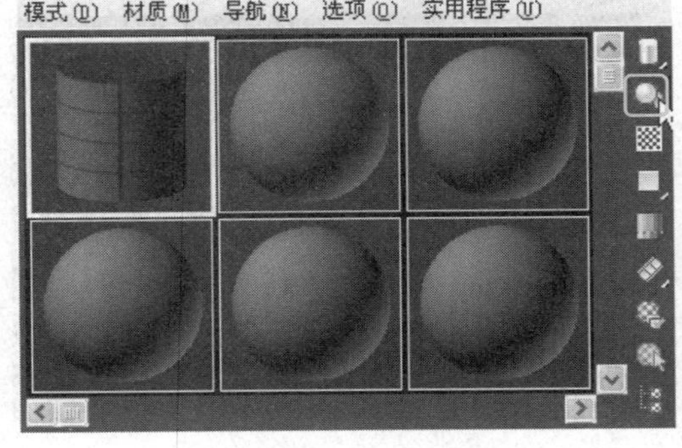

步骤5 如果材质的“不透明度”参数值小于100，激活“背景”按钮，可透过样本材质查看到示例窗中的背景。

步骤6 在右侧的工具栏中单击“采样UV平铺”的2×2按钮，贴图将平铺两次。同理，如果单击“采样UV平铺”的4×4按钮，贴图将平铺4次。

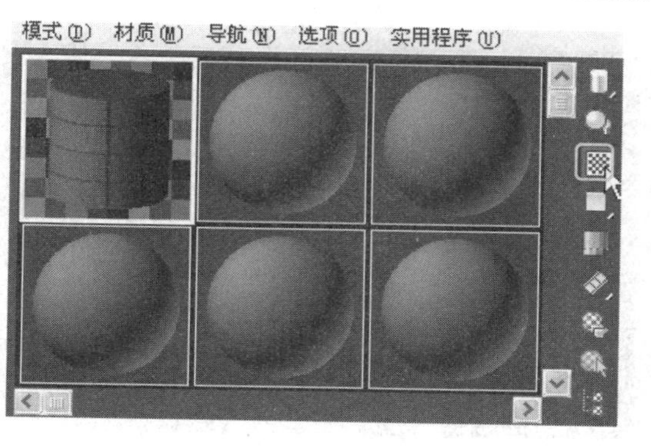

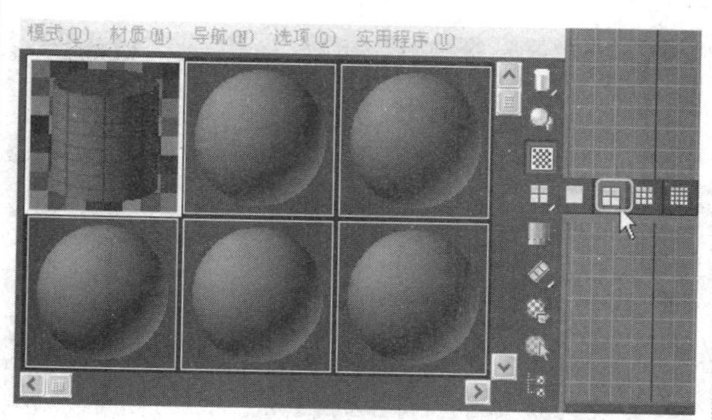

步骤7　在右侧的工具栏中单击“材质/贴图导航器”按钮，可开启相应的对话框，显示当前选择样本材质的层级。

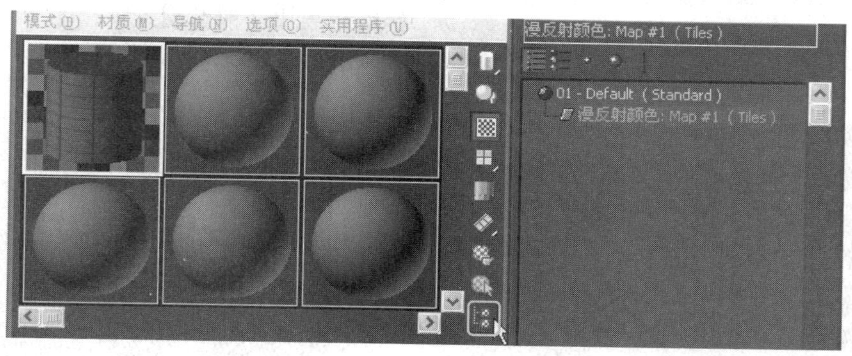

提示： 使用此选项设置的平铺图案只影响示例窗。其对场景中几何体上的平铺没有影响，效果由贴图自身坐标卷展栏中的参数进行控制。

7.1.5　实战：下方工具的应用

光盘路径： 第7章\7.1\下方工具的应用（原始文件）.max

步骤1　打开本书配套的范例文件“下方工具的应用（原始文件）.max”。

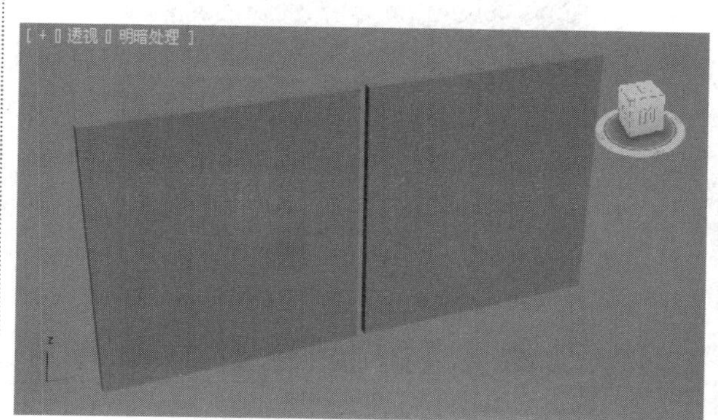

步骤2　打开“材质编辑器”，然后选择第一个样本材质球。

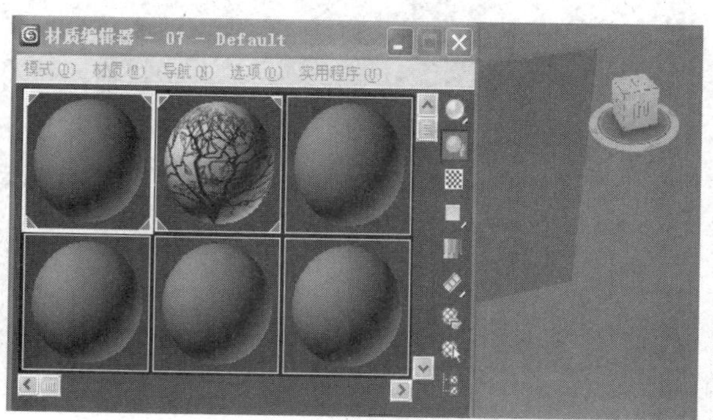

步骤3　激活“从对象拾取材质”按钮，然后在视口中进行拾取操作，对象的材质将被拾取到样本材质球上。

步骤4　激活“视口中显示明暗处理材质”按钮，对象表面将显示“漫反射”的贴图。

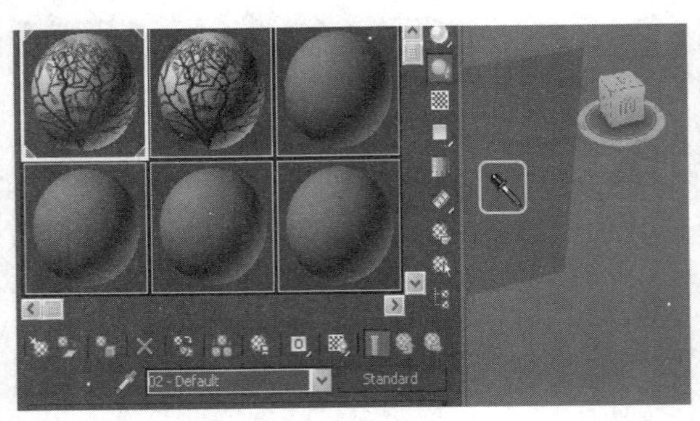

步骤5 在场景中选择另一个对象，然后单击“将材质指定给选定对象”按钮，为其赋予材质。

步骤6 在“材质编辑器”窗口中单击“显示最终结果”按钮，可以在示例窗中显示样本材质的最终结果或当前贴图效果，图中从左到右依次为未激活和激活该按钮的效果。

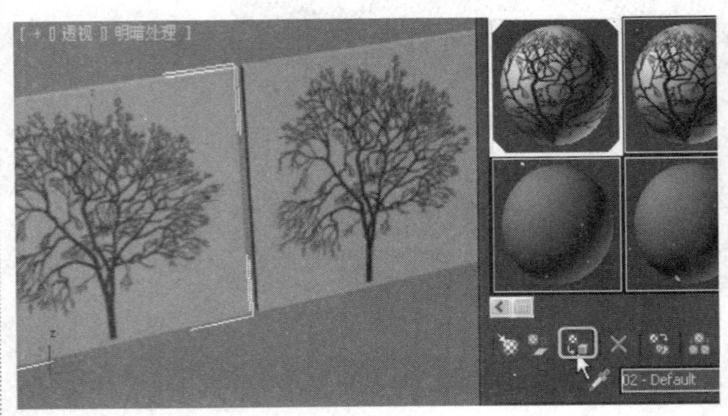

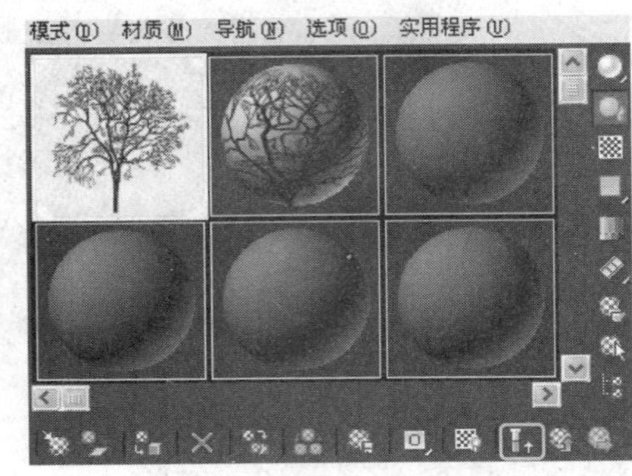

步骤7 单击“放入库”按钮，将选择的样本材质放入材质库，并可以在相应的对话框中为材质重新命名。

步骤8 单击“获取材质”按钮，可开启“材质/贴图浏览器”对话框，在对话框中选择“临时库”项，可在右侧的列表框中查看到之前存入的材质。

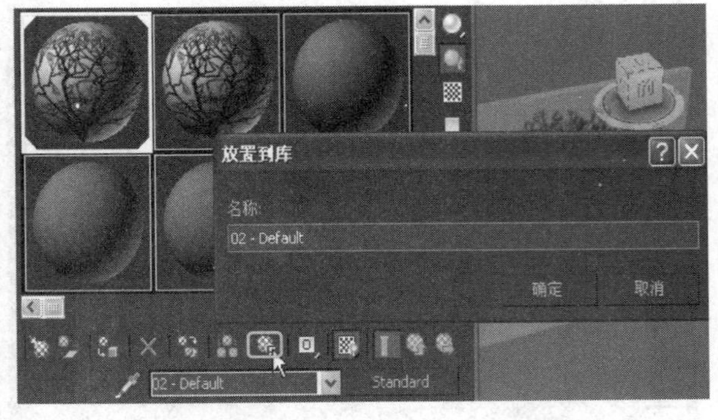

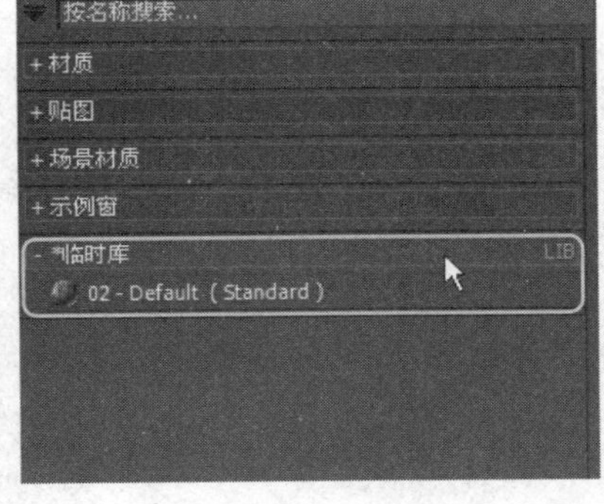

步骤9 选择第一个材质球，然后单击“重置贴图/材质为默认设置”按钮，在弹出的对话框中选择“影响场景和编辑器示例窗中的材质/贴图”选项，再单击确定按钮。

步骤10 单击确定按钮后，材质编辑器中当前选择的样本材质将被删除，同时应用了该材质的相应对象也将失去材质。

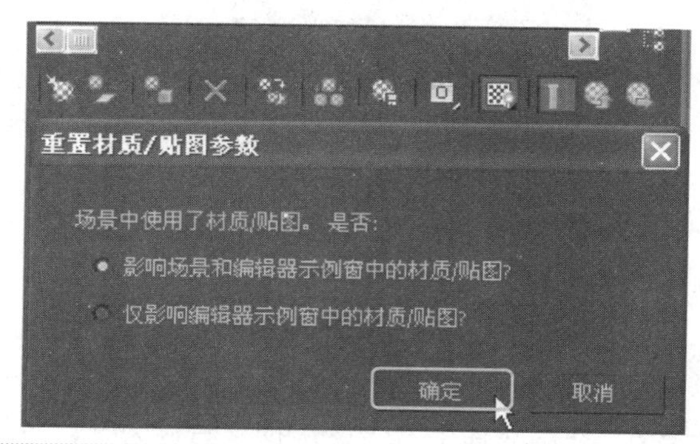

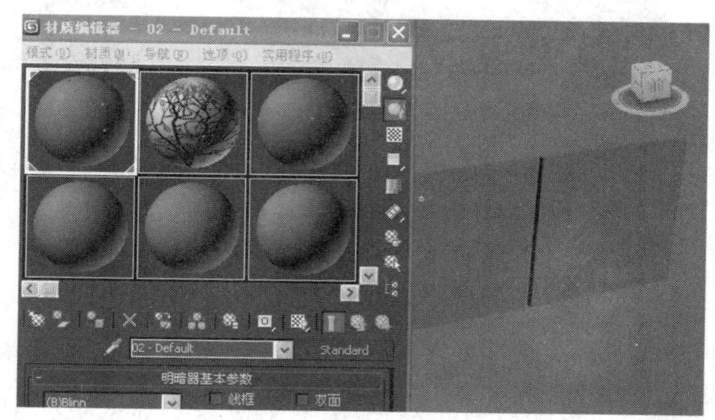

提示： 如果为材质的不同通道使用了贴图，在相应的贴图层级下激活在视口中显示贴图按钮，会显示当前层级的贴图。

提示： 可以将示例窗中的样本材质直接拖动到视口中的场景对象上，完成材质的指定操作。

提示： 当显示最终结果按钮处于禁用状态时，示例窗只显示材质的当前级别。

7.1.6　材质的管理

材质的管理主要通过“材质/贴图浏览器”窗口实现，可以进行制作副本、存入库、按类别浏览等操作。相关窗口元素解读如下：

（1）**文本框**：在文本框中可输入文本，便于快速查找材质或贴图。

（2）**示例窗**：当选择一个材质类型或贴图时，示例窗中将显示该材质或贴图的原始效果。

（3）**浏览自**：该选项组提供的选项用于选择材质/贴图列表中显示的材质来源。

（4）**显示**：通过该选项组可以过滤列表中的显示内容，如不显示材质或不显示贴图。

（5）**工具栏**：在工具栏中，第一部分按钮用于控制查看列表的方式，第二部分用于控制材质库。

（6）**列表**：在列表中将显示3ds Max预置的场景或库中的所有材质或贴图，并允许显示材质层级关系。在材质/贴图浏览器中的示例窗无法显示“光线跟踪”或“位图”之类需要环境或外部文件才有效果的材质或贴图。

7.1.7　实战：创建外部材质文件

光盘路径： 第7章\7.1\创建外部材质文件（原始文件）.max

步骤1　按下快捷键M，打开材质编辑器，并单击“获取材质”按钮，开启“材质/贴图浏览器”对话框。

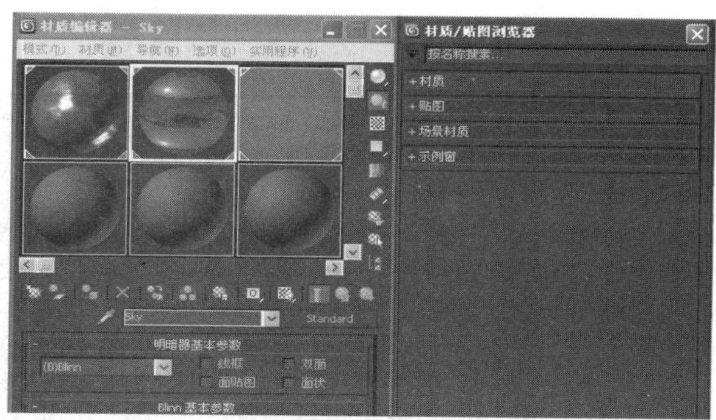

步骤2　选择“场景材质”选项，列表中将显示当前场景中所应用到的材质和贴图。

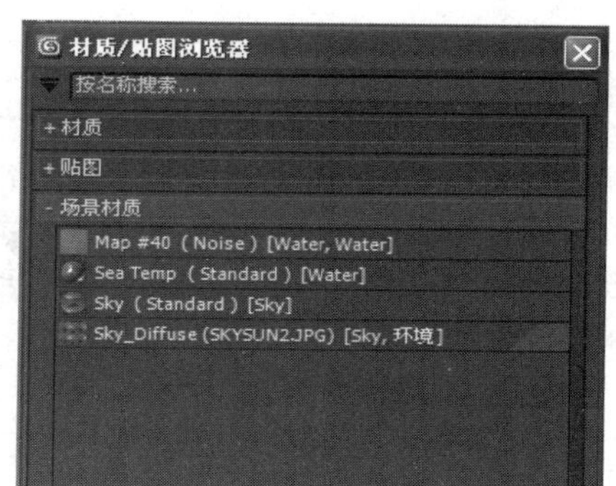

步骤3　右击，选择“显示子树”，列表中将显示材质与贴图之间的层级关系。

步骤4　在材质编辑器中，单击“放入库”按钮，将选择的样本材质放入库中，并保持原始的材质名。

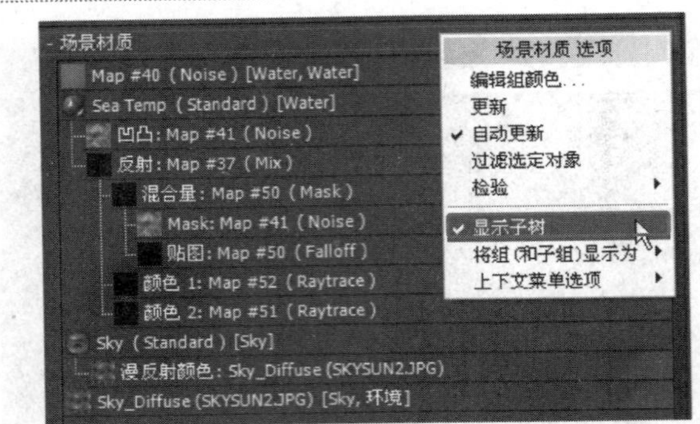

步骤5 重新打开"材质/贴图浏览器"对话框，最底端出现"临时库"卷展栏。

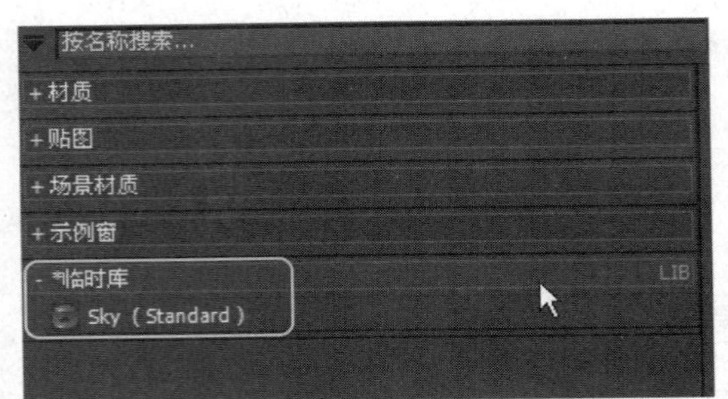

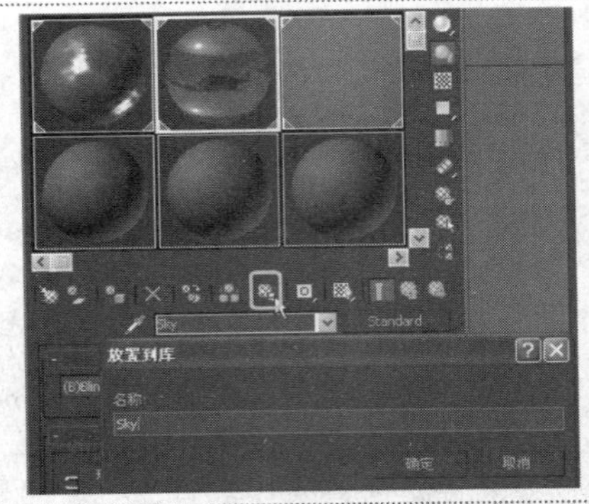

步骤6 在临时库上右击，选择"另存为"，将开启相应的对话框，用户可以将加入了场景材质的新材质库另存为.mat材质文件。

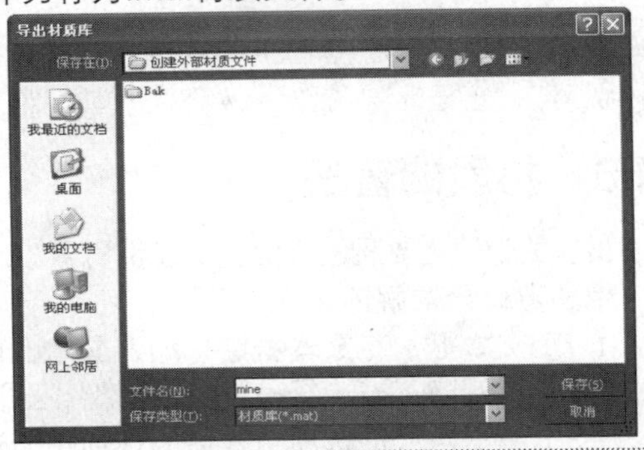

步骤7 在"材质/贴图浏览器"下的"示例窗"的材质球和材质编辑下的材质球是相对应的。在示例窗处右击，选择"复制到"，也可以将材质复制到临时库中。

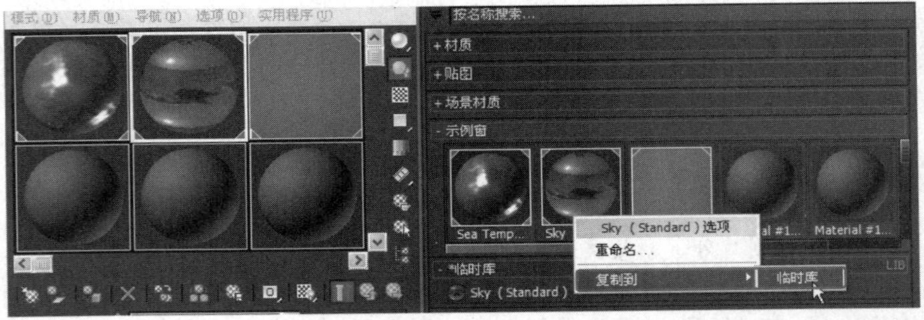

提示：适用在视口中显示贴图的材质和贴图的图标处于启用状态，并变为红色。

7.2 材质类型

3ds Max 2014共提供了16种材质类型，每一种材质都具有相应的功能，如默认的"标准"材质可以表现大多数真实世界中的材质，或适合表现金属和玻璃的"光线跟踪"材质等，本节将对部分具体材质类型进行详细讲解。

7.2.1 标准材质

"标准材质"是最常用的材质类型，可以模拟表面单一的颜色，为表面建模提供了非常直观的方式。使用标准材质时，可以选择各种明暗器，为各种反射表面设置颜色以及使用贴图通道等，这些设置都可以在参数面板的卷展栏中进行。

材质类型

1. **明暗器**

明暗器主要用于标准材质，可以选择不同的着色类型，以影响材质的显示方式，在“明暗器基本参数”卷展栏中可进行相关设置。

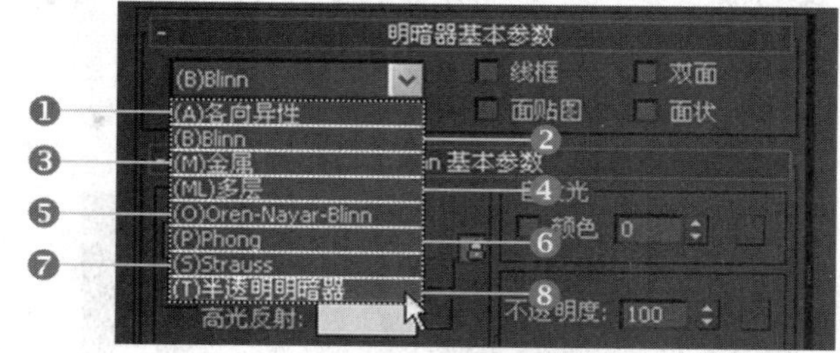

标准材质不同着色的采样

相关着色类型解读如下：

❶**各向异性**：可以产生带有非圆、具有方向的高光曲面，适用于制作头发、玻璃或金属等材质。

❷**Blinn**：与Phong明暗器具有相同的功能，但它在数学上更精确，是标准材质的默认明暗器。

❸**金属**：有光泽的金属效果。

❹**多层**：通过层级两个各向异性高光，创建比各向异性更复杂的高光效果。

❺**Oren-Nayar-Blinn**：类似Blinn，会产生平滑的无光曲面，如模拟织物或陶瓦。

❻**Phong**：与Blinn类似，能产生带有发光效果的平滑曲面，但不处理高光，适用于塑胶表面。

❼**Strauss**：主要用于模拟非金属和金属曲面。

❽**半透明明暗器**：类似于Blinn明暗器，但是其还可用于指定半透明度，光线将在穿过材质时散射。可以使用半透明来模拟被霜覆盖的和被侵蚀的玻璃。

提示：光线跟踪材质类型没有Strauss明暗器和“半透明”明暗器。

注意：更改材质的着色类型时，新明暗器不保留更改前的任何参数设置（包括指定贴图）。如果要使用相同的常规参数对材质的不同明暗器进行试验，则在更改材质的着色类型之前，将其复制到不同的示例窗。

2. **颜色**

真实世界中，对象的表面通常反射许多颜色，标准材质也使用4色模型来模拟这种现象，主要包括环境色、漫反射、高光颜色和过滤颜色。

（1）**环境色**：环境光颜色是对象在阴影中的颜色。

（2）**漫反射**：漫反射是对象在直接光照条件下的颜色。

（3）**高光颜色**：高光反射是发亮部分的颜色。

（4）**过滤颜色**：过滤是光线透过对象所透射的颜色。

3. **扩展参数**

在“扩展参数”卷展栏中，提供了透明度和反射相关的参数，通过该卷展栏可以制作更具有真实效果的透明材质。

相关参数解读如下：

（1）**高级透明**：该选项组中提供的控件影响透明材质的不透明度衰减等效果。

（2）**反射暗淡**：该选项组提供的参数可使阴影中的反射贴图显得暗淡。

（3）**线框**：该选项组中的参数用于控制线框的单位和大小。

4. **贴图通道**

在“贴图”卷展栏中，可以访问材质的各个组件，部分组件还能使用贴图代替原有的颜色。

5. **其他**

标准材质还可以通过高光控件组控制表面接受高光的强度和范围，也可以通过其他选项组制作特殊的效果，如线框等。

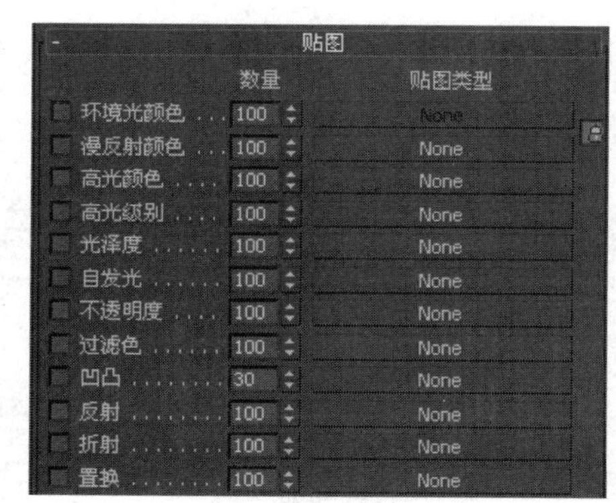

“贴图”卷展栏

7.2.2 实战：明暗器的对比效果

光盘路径：第7章\7.2\明暗器的对比效果（原始文件）.max

步骤1 打开本书配套光盘中的原始文件。

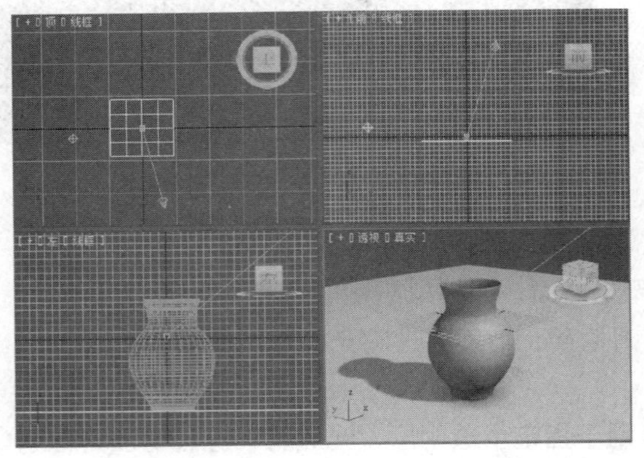

步骤2 打开材质编辑器，可观察到场景中使用到的材质应用了Oren-Nayar-Blinn明暗器。

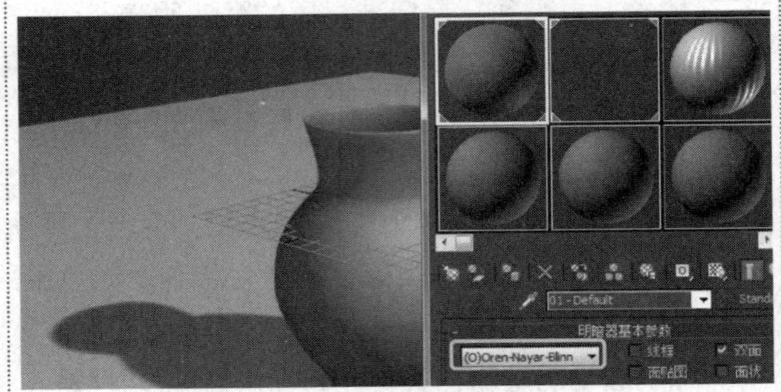

步骤3 激活“透视”视图，然后按下快捷键Shift+Q进行快速渲染，可观察到材质及明暗器的应用效果。

步骤4 在材质编辑器中选择“各向异性”明暗器，然后进行渲染，可观察到该明暗器的应用效果。

步骤5 重新选择明暗器为Blinn，然后再次渲染，可观察到该明暗器应用效果。

步骤6 重新选择明暗器为“金属”，然后再次渲染，可观察到该明暗器的应用效果。

步骤7　重新选择明暗器为“多层”，然后再次渲染，可观察到该明暗器应用效果。

步骤8　重新选择明暗器为Phong，然后再次渲染，可观察到该明暗器应用效果。

步骤9　重新选择明暗器为Strauss，然后再次渲染，可观察到该明暗器应用效果。

步骤10　重新选择明暗器为“半透明”，然后再次渲染，可观察到该明暗器的应用效果。

提示： 某些明暗器是按其执行的功能命名的，如金属明暗器。某些明暗器则是以开发人员的名字命名的，如Blinn明暗器和Strauss明暗器。

提示： Phong是一种经典的明暗方式，是第一种实现反射高光的方式，适用于塑胶表面。

提示： 半透明对象允许光线穿过，并在对象内部使光线散射，可以使用半透明明暗器来模拟被霜覆盖的和被侵蚀的玻璃。

7.2.3　实战：标准材质的应用

光盘路径： 第7章\7.2\标准材质的应用（原始文件）.max

步骤1　打开“材质编辑器”窗口，选择一个样本材质，单击“漫反射”对应的色块，然后设置颜色，并将其指定给场景中的碗对象。

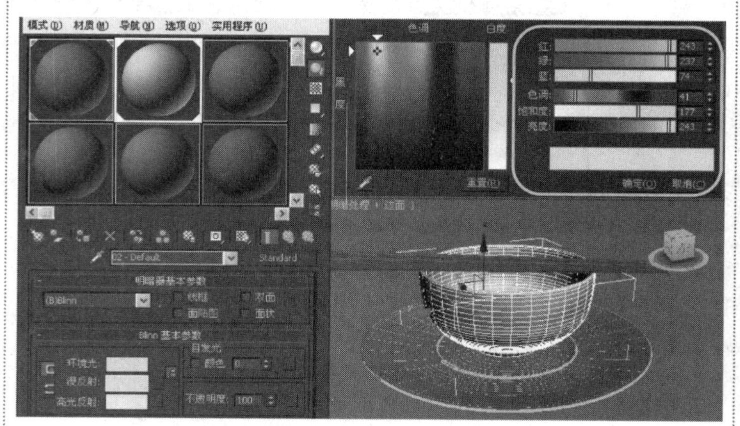

步骤2　在“反射高光”选项组中设置相关参数，使材质产生高光效果。

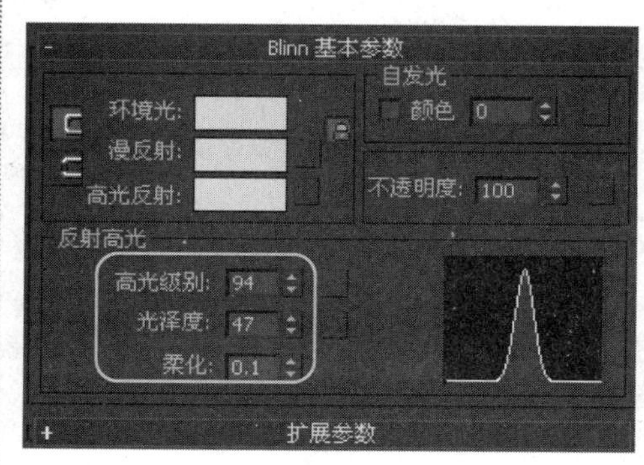

步骤3 设置高光后，在场景中可直接观察到材质表面产生的高光效果。

步骤4 在“材质编辑器”窗口的“明暗器基本参数”卷展栏中，勾选“线框”复选框。

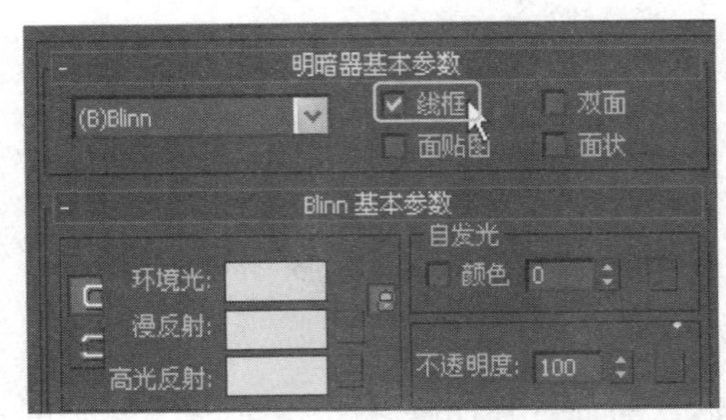

步骤5 在示例窗中可观察到由于勾选了“线框”复选框，样本材质变为线框状。

步骤6 在“透视”视口中观察场景，可查看到应用了该材质的对象，其自身的线框也被实体化。

步骤7 展开“扩展参数”卷展栏，设置“线框”中的参数。

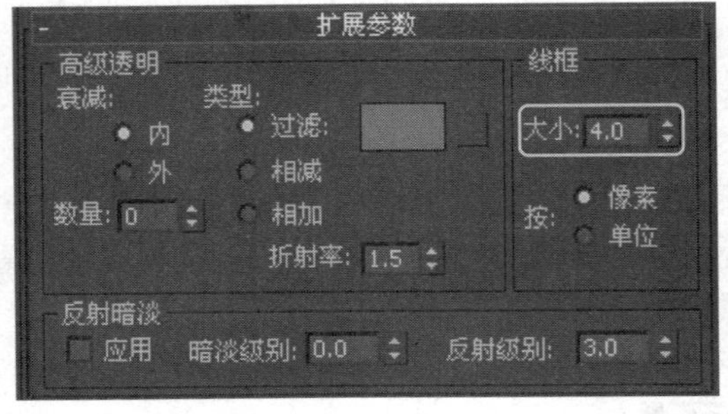

步骤8 完成参数设置后，可观察到示例窗中样本材质线框变粗。

提示：“环境光”只能在最终渲染时显示，漫反射和高光颜色则可以直接在视口中预览。

提示：使用线框，材质着色为线框形式的网格，几何体的线框部分不会更改，颜色组件、反光度等仍相同。

7.2.4 建筑材质

“建筑”材质是通过物理属性来调整控制的，与光度学灯光和光能传递配合使用能得到更逼真的效果，建筑提供了大量的模板，如玻璃、金属等。

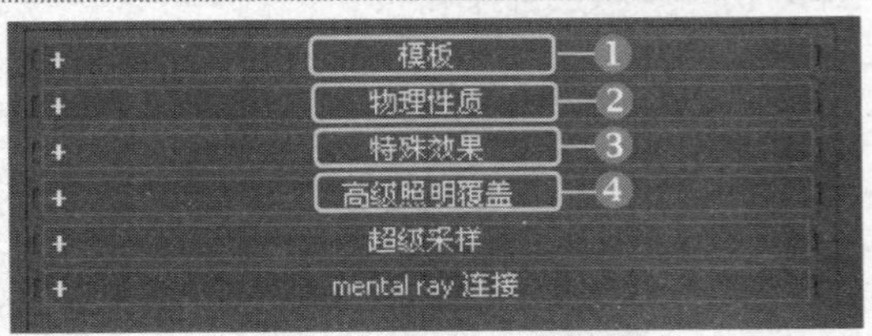

“建筑材质”的相关参数卷展栏

相关卷展栏解读如下：

❶**模板**：该卷展栏提供了可从中选择材质类型的列表，包含纸、石头等选项。

❷**物理性质**：在“模板”卷展栏中选择不同的模板，该卷展栏提供不同的参数，可以对相应的模板进行设置。

❸**特殊效果**：通过该卷展栏中的参数可以设置指定生成凹凸或位移的贴图，调整光线强度或控制透明度。

❹**高级照明覆盖**：使用该卷展栏中的参数可以调整材质在光能传递解决方案中的行为方式。

提示：如果不需要建筑材质提供很高逼真效果，则可以使用标准材质或其他材质类型。

7.2.5 实战：建筑材质的简单应用

光盘路径：第7章\7.2\建筑材质的简单应用（原始文件）.max

步骤1　打开本书配套光盘中的原始文件。

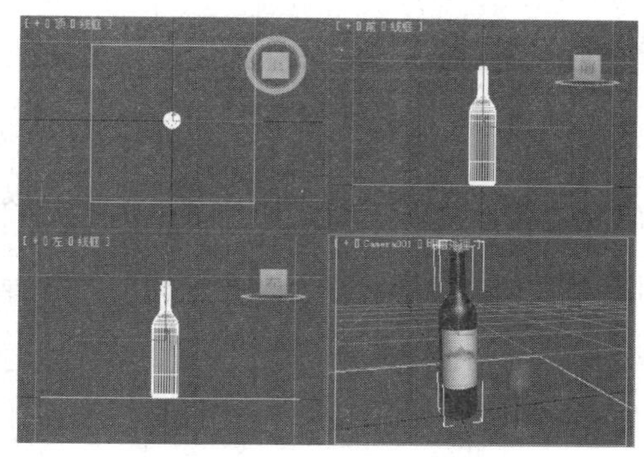

步骤2　直接渲染场景，可观察到当前场景中各种对象材质的应用效果。

步骤3　打开材质编辑器，单击“从对象拾取材质”按钮，拾取酒瓶的材质到示例窗。

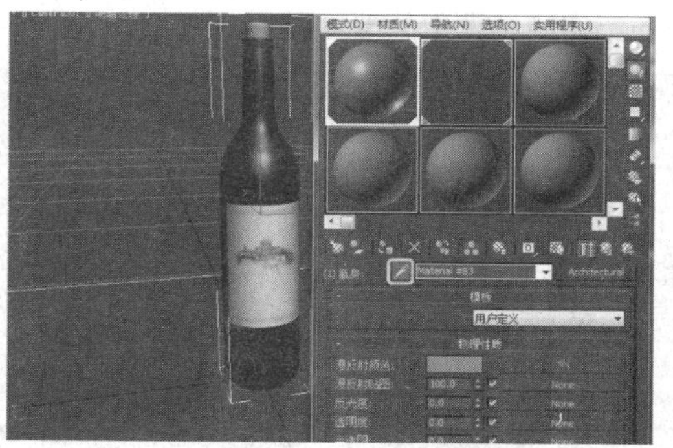

步骤4　根据示意图将酒瓶原来使用的标准材质换为“建筑”材质。

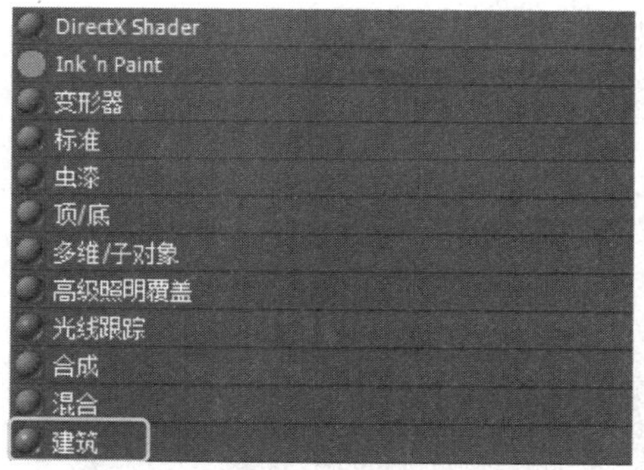

步骤5　进行渲染后，可观察到建筑材质的默认参数应用到花瓶对象。

步骤6　在“模板”卷展栏中选择“玻璃—清晰”选项。

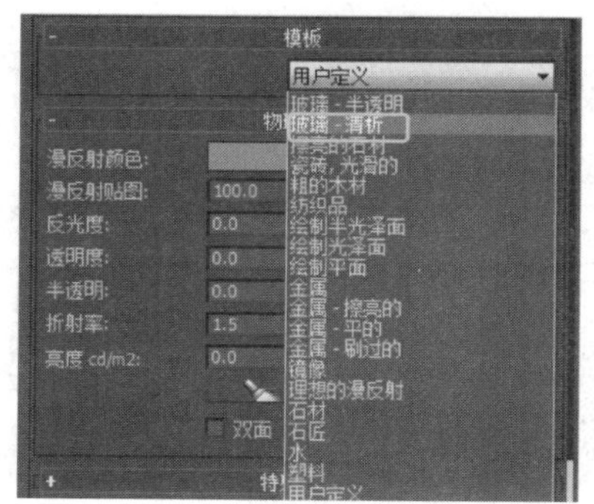

步骤7 渲染场景，可观察到预置的清晰玻璃效果。

步骤8 重新在“模板”卷展栏选择“镜像”预置类型。

提示： 为已应用在场景中的材质更换类型时，会丢失原有材质类型的所有参数设置。

提示： 透明效果在图案背景下预览效果最佳，如果材质预览没有显示彩色的图案记号，右击该材质预览或贴图预览，并从弹出的菜单中选择“背景”命令。

7.2.6 混合材质

“混合”材质可以在曲面的单个面上将两种材质进行混合，并可以用来绘制材质变形效果，以控制随时间混合两个材质的方式。

混合材质主要包括两个子材质和一个遮罩，子材质可以是任何类型的材质，并且可以使用各种程序贴图或位图制作为遮罩。

7.2.7 实战：混合材质的应用

光盘路径：第7章\7.2\混合材质的应用（原始文件）.max

步骤1 直接渲染场景，可观察到场景中墙对象材质的应用效果。

步骤2 打开“材质编辑器”窗口，将第二个样本材质指定给场景中的墙体对象。

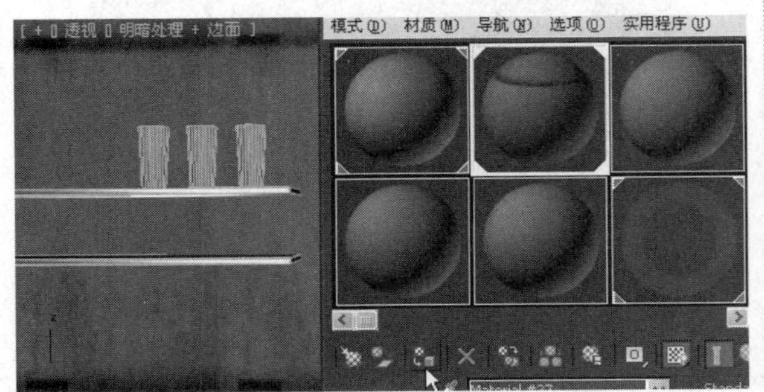

步骤3 然后再次渲染场景，可观察到新材质的应用效果。

步骤4 在“材质编辑器”窗口中选择第三个样本材质，然后使用“混合”材质替换原有的标准材质。

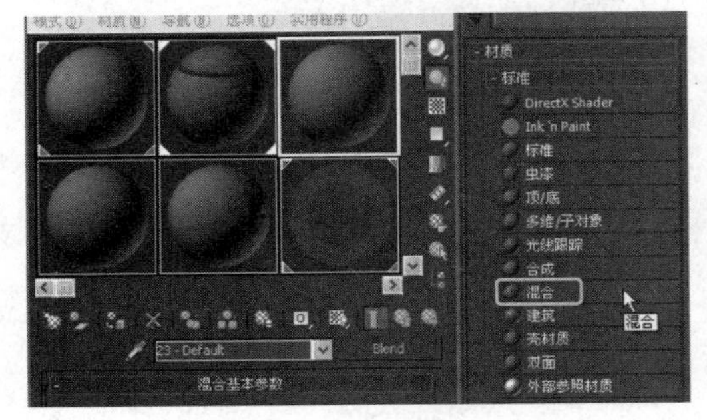

步骤5　选择第一个样本材质，然后在“标准”按钮上右击，并在弹出的快捷菜单中选择“复制”命令。

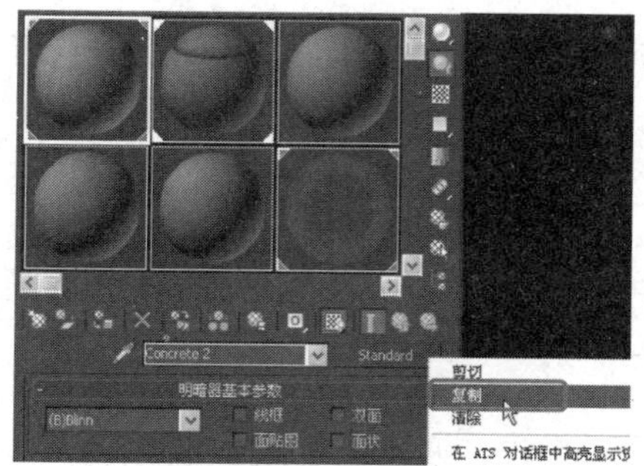

步骤6　选择“混合”材质，在第一个子材质上右击，在弹出的快捷菜单中选择“粘贴”命令，进行材质的复制。

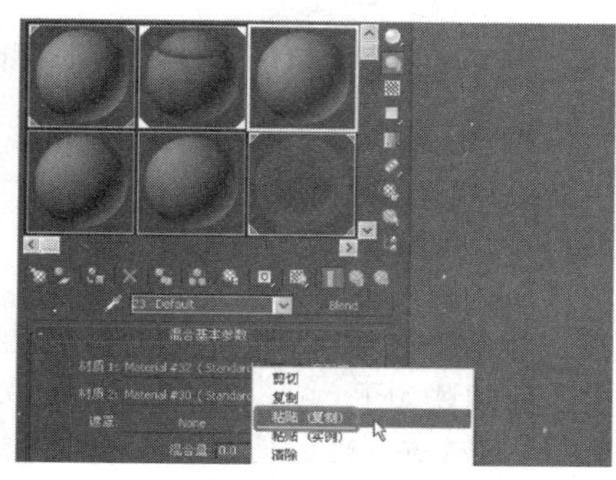

步骤7　选择第二个样本材质，通过鼠标拖动的方式将其拖到第二个子材质层级上，并选择“复制”方式。

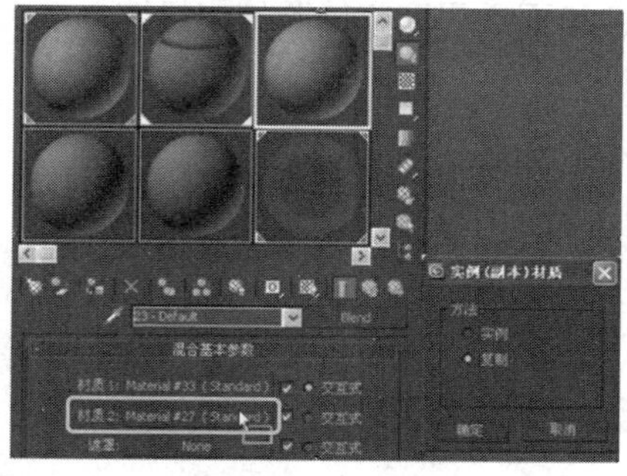

步骤8　在“混合基本参数”卷展栏中设置“混合量”参数值为50。

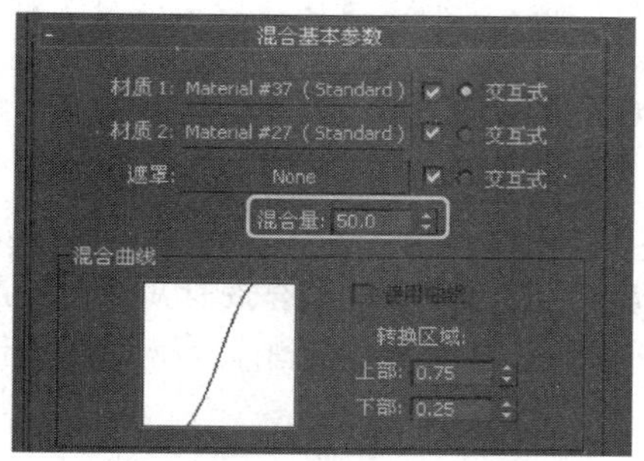

步骤9　进行渲染，可观察到两个材质混合度50%的效果。

步骤10　单击“遮罩”旁的条形按钮，在开启的对话框中选择“位图”程序贴图。

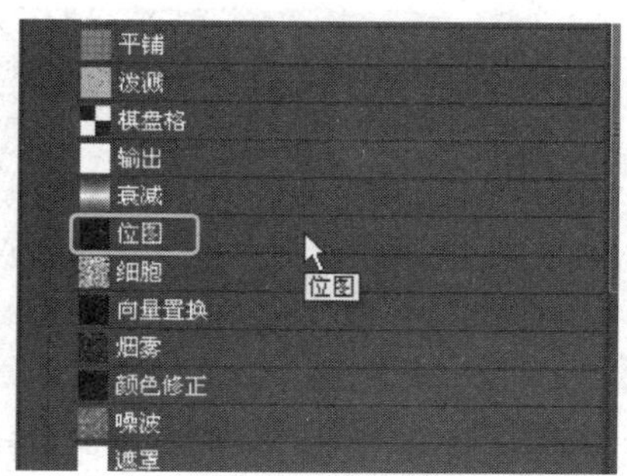

步骤11　选择“位图”程序贴图后，在“选择位图图像文件”对话框中选择指定的图像文件。

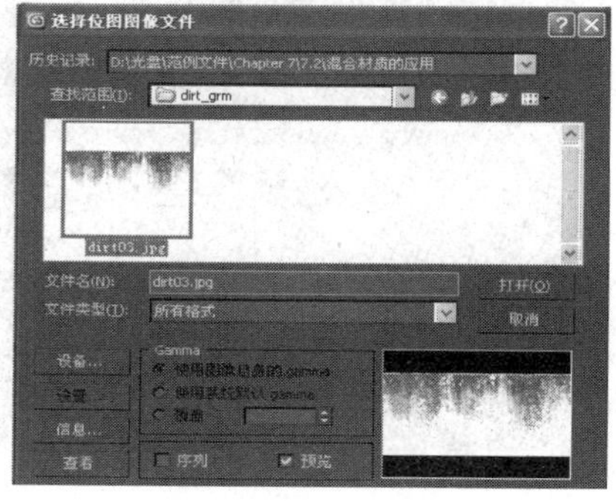

步骤12　再次进行渲染，可观察到由于应用了遮罩，墙体的混合根据遮罩图像的黑白度产生不同程度的混合效果。

提示： 如果使用了其他渲染器，材质/贴图浏览器将列出该渲染器支持的其他材质类型。

提示： 混合量用于确定混合的比例（百分比）。0表示只有第一个子材质可见，100表示只有第二个子材质可见。

提示： 为遮罩应用贴图，两个材质之间的混合度取决于遮罩贴图的强度。遮罩较明亮（较白）区域显示更多的第一个子材质，较暗（较黑）区域则显示更多的第二个子材质。

7.2.8 合成材质

“合成”材质最多可以合成10种材质，按照在卷展栏中列出的顺序，从上到下叠加材质，通过增加不透明度、相减不透明度来组合材质，或使用“数量”值来混合材质。

相关元素解读如下：

（1）**基础材质：** 指定基础材质，其他材质按照从上到下的顺序，通过叠加在此材质上合成。

（2）**材质1到材质9：** 包含用于合成材质的控件。

（3）A：激活该按钮，该材质使用增加的不透明度。材质中的颜色基于其不透明度进行汇总。

（4）S：激活该按钮，该材质使用相减不透明度。材质中的颜色基于其不透明度进行相减。

（5）M：激活该按钮，该材质基于数量混合材质。颜色和不透明度将按照使用无遮罩混合材质时的样式进行混合。

（6）**数量微调器：** 控制混合的数量，默认设置为100.0。

7.2.9 实战：合成材质应用

光盘路径： 第7章\7.2\合成材质应用（原始文件）.max

步骤1 渲染场景，可观察到沙发材质的应用效果。

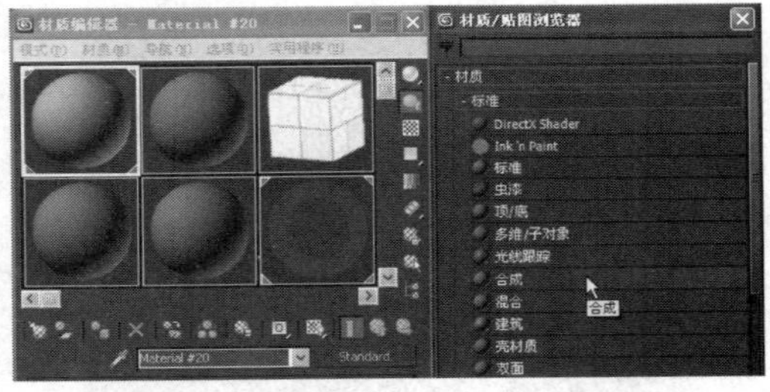

步骤2 打开“材质编辑器”窗口，然后使用“合成”材质来替换沙发默认使用的标准材质。

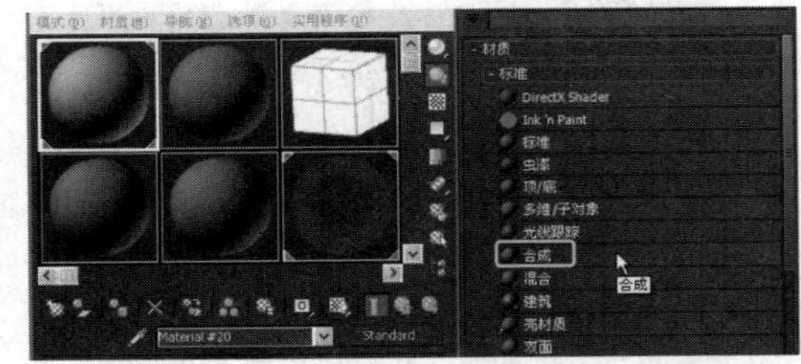

步骤3 在替换过程中，会弹出“替换材质”对话框，选择“将旧材质保存为子材质”选项。

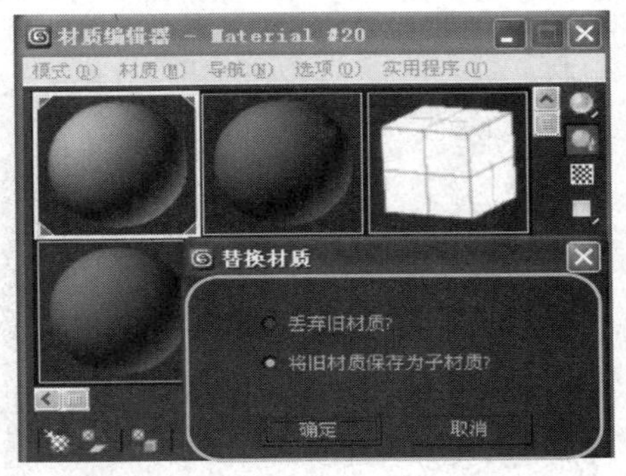

步骤4 应用“合成”材质后，可观察到原有材质作为“基础材质”级保存。

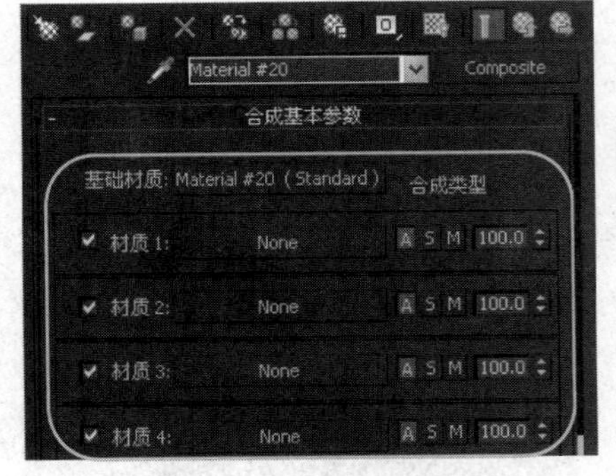

步骤5　再次渲染场景，可观察到应用合成材质后，在没有使用合成材质情况下的渲染效果。

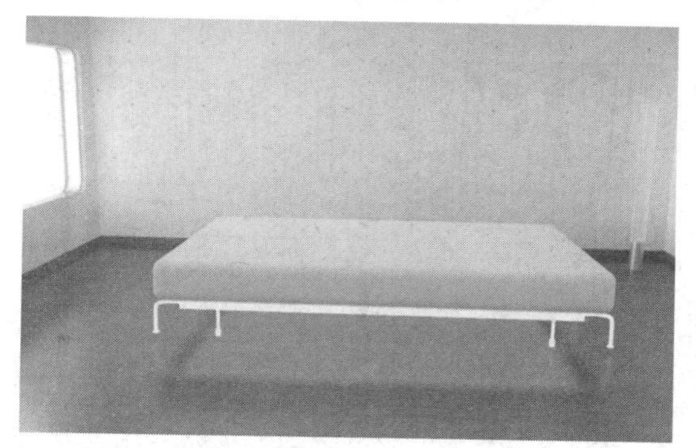

步骤6　为“材质1”使用“标准”材质类型。

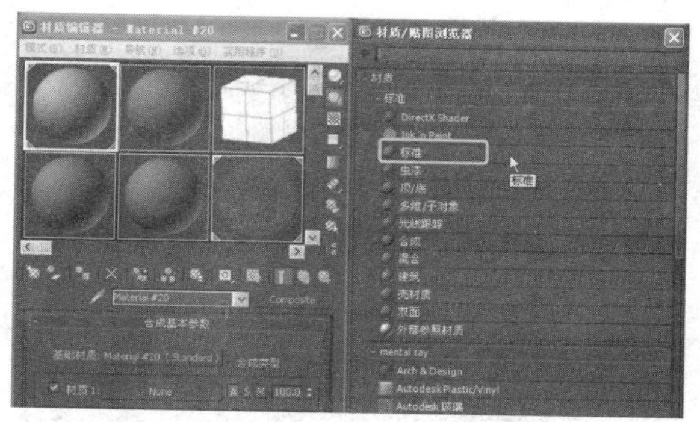

步骤7　进入标准材质层级，然后单击“漫反射”旁的色块。

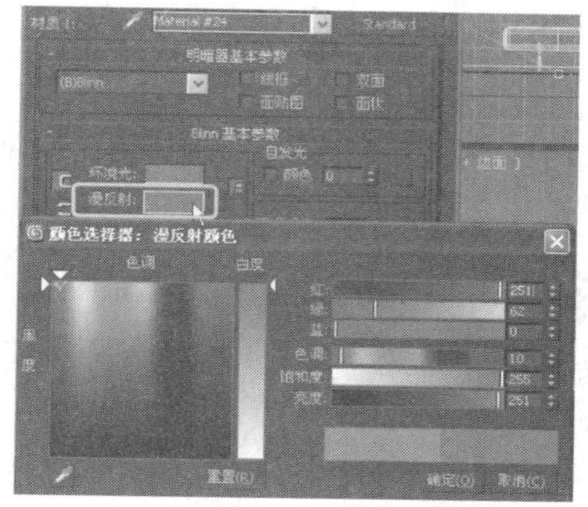

步骤8　再次渲染场景，可观察到通过增加不透明进行合成的效果。

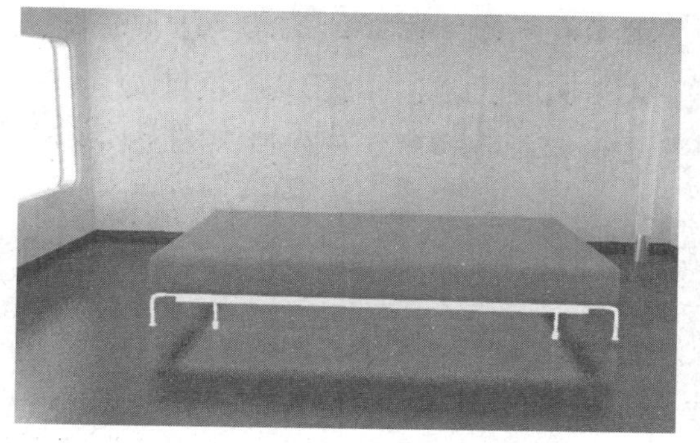

步骤9　在“合成基本参数”卷展栏中，设置合成参数值为50。

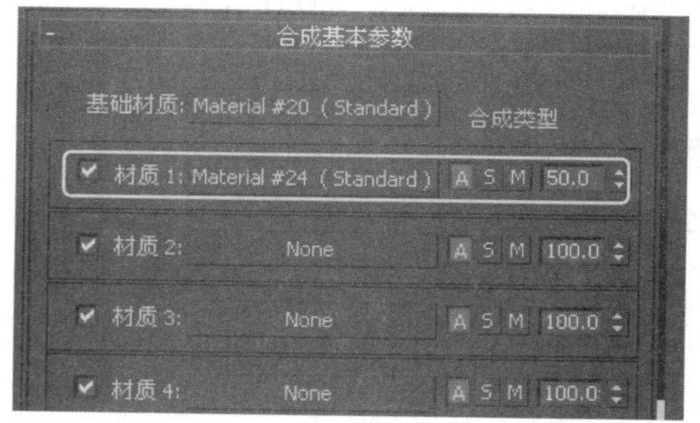

步骤10　再次渲染场景，可观察到沙发表面颜色分别应用了基础材质和合成子材质各一半颜色。

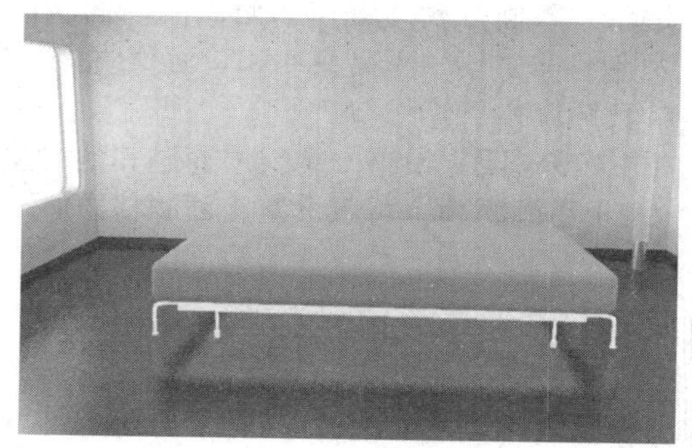

步骤11　激活S按钮，使合成方式改变为减少透明度。

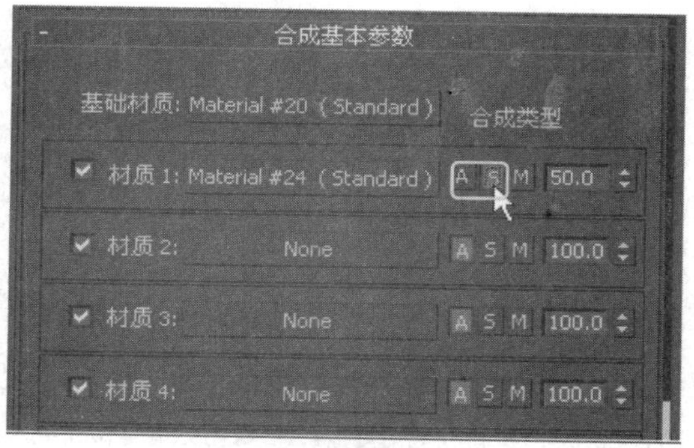

步骤12　渲染场景，可观察到基础材质将与合成子材质的颜色基于不透明度进行相减。

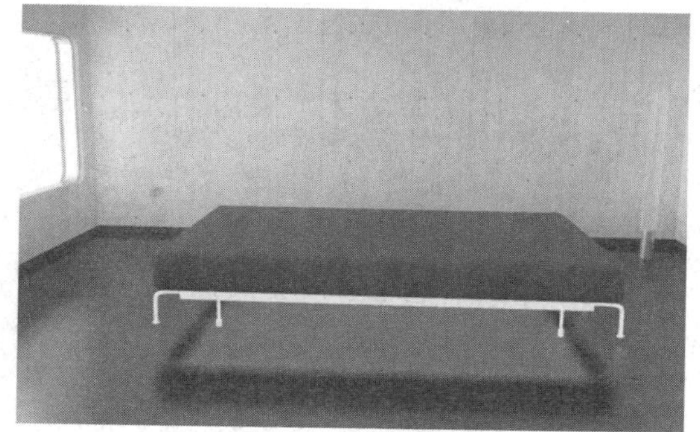

步骤13 修改参数，激活M按钮，使合成方式改变为按照使用无遮罩混合材质时的样式进行混合。

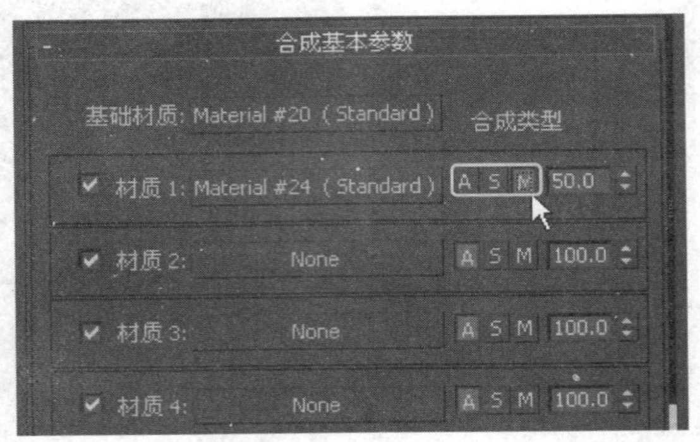

步骤14 渲染场景，可观察到基于数量混合时，沙发表面颜色的应用效果。

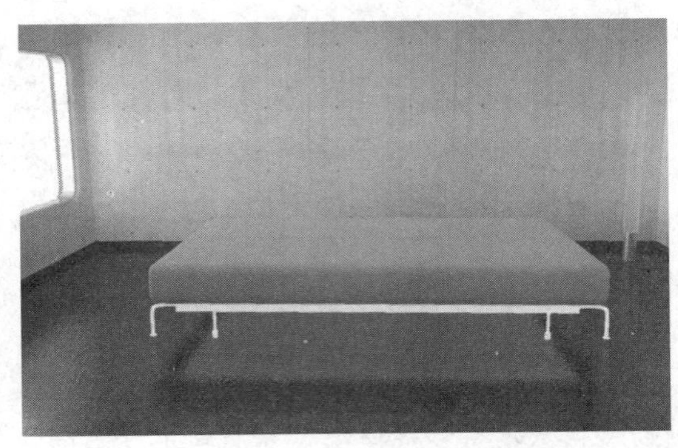

提示： 将旧材质作为子材质，可以保存原有材质的参数和贴图设置。

提示： 合成材质如果没有使用合成子材质，效果与基础材质一样。

提示： 用于合成的子层级仍然可以继续使用合成材质。

提示： 如果将一个子材质的着色设置为“线框”，此时会显示整个材质，并将其渲染为线框材质。

提示： 合成方式A是Additive（增加）的缩写、S是Subtractive（相减）的缩写、M则是Mixes（混合）的缩写。

提示： 对于混合（M）合成，数量范围从0到100。当数量为 0 时，不进行合成，下面的材质将不可见；当数量为100时，将完成合成，并且只有下面的材质可见。

7.2.10 双面材质

使用“双面”材质可以为对象的前面和后面指定两个不同的材质，在双面材质的相关参数卷展栏中，只包括半透明、正面材质和背面材质3个参数。

参数解读如下：

（1）**半透明**：设置一个材质通过其他材质显示的数量，范围是从0到100的百分比。

（2）**正面材质**：可以设置正面的材质。

（3）**背面材质**：可以设置背面的材质。

7.2.11 实战：双面材质的使用

光盘路径：第7章\7.2\双面材质的使用（原始文件）.max

步骤1 渲染场景，可观察到场景对象“金属”材质的应用效果。

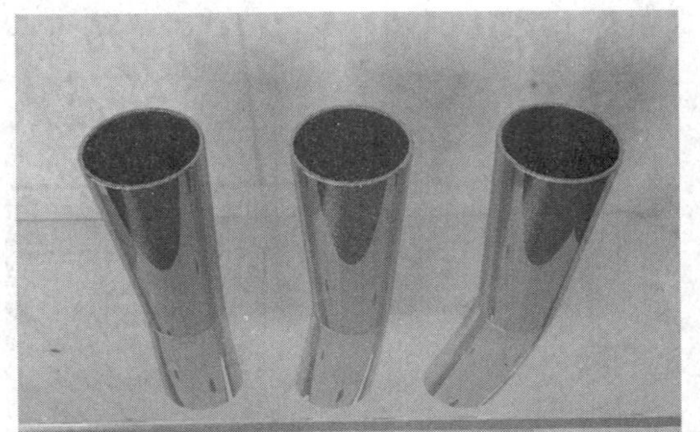

步骤2 打开“材质编辑器”窗口，将第二个样本材质指定给场景中间的对象。

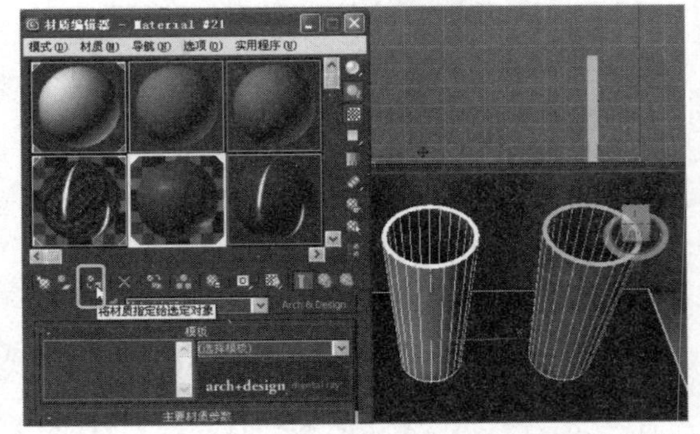

步骤3　再次渲染场景，可观察到第二个样本材质的应用效果。

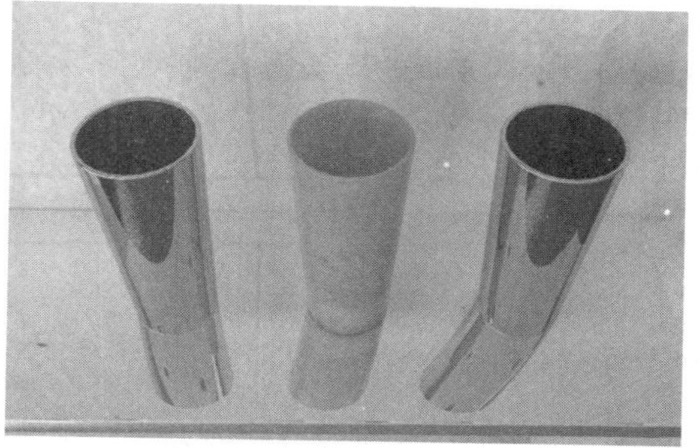

步骤4　在材质编辑器中，选择第三个样本材质球，使用“双面”材质。

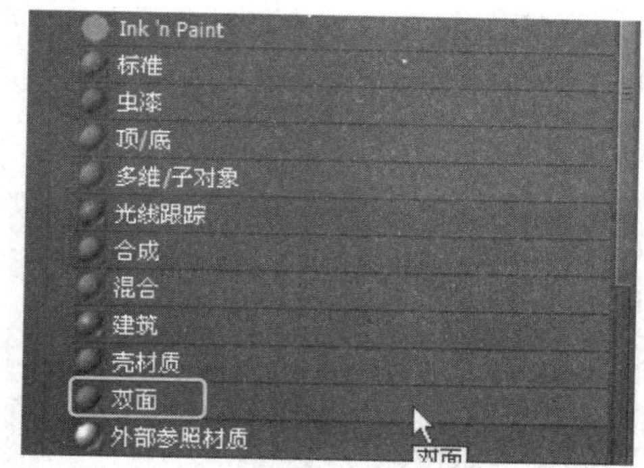

步骤5　将示例窗中已应用到场景的两个材质分别复制给“正面材质”和“背面材质”，并设置半透明参数。

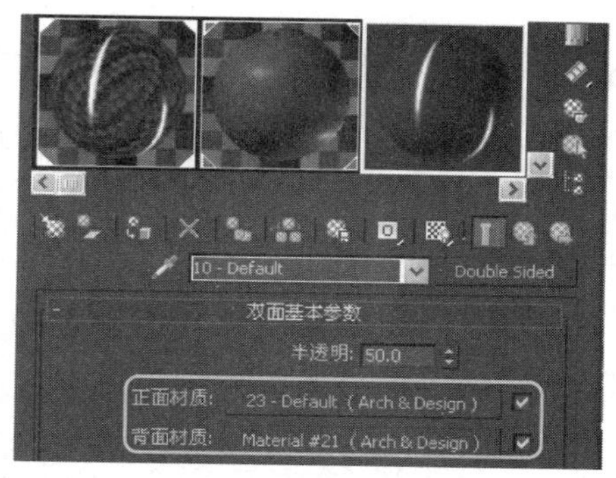

步骤6　将第三个样本材质指定给场景中间的对象，渲染场景，可观察到中间的对象应用双面材质的效果。

提示： 半透明用于设置一个材质通过其他材质显示的数量，其范围为0到100的百分比。

提示： 由于设置了半透明度，所以前面材质和后面材质产生了融合效果。

7.2.12　卡通材质

“卡通”材质可以创建卡通效果，与其他大多数材质提供的三维真实效果不同，该材质提供带有墨水边界的平面着色。

“卡通”材质提供的参数主要用于控制绘制效果和墨水效果。

相关卷展栏解读如下：

❶**基本材质扩展：** 主要提供了设置材质是否启用双面、凹凸等特殊效果的参数。

❷**绘制控制：** 在该卷展栏中可以设置绘制不同的光照区域，包括亮区、暗区和高光区等。

❸**墨水控制：** 该卷展栏中可以设置材质的轮廓和划线效果。

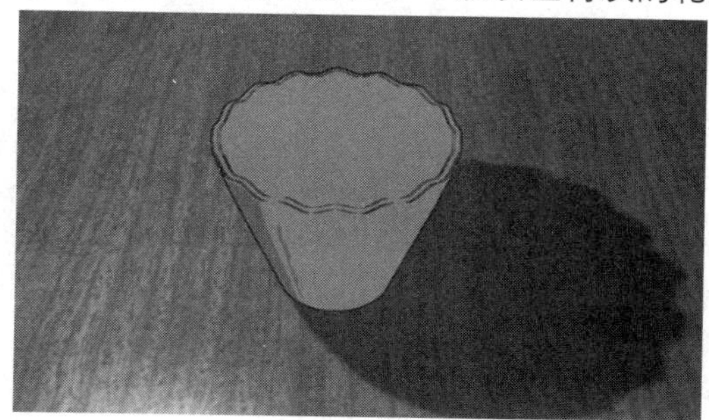

“卡通材质”应用效果

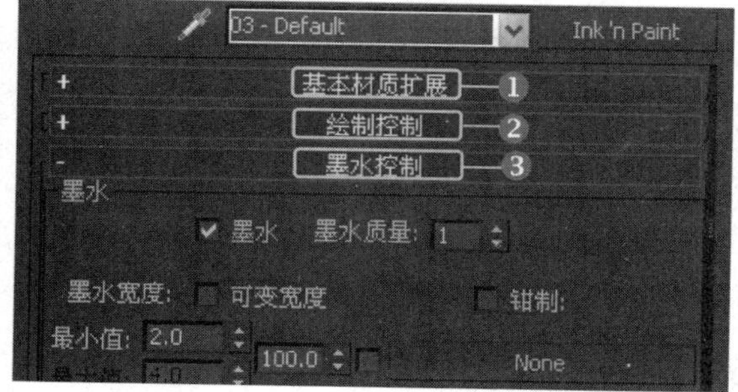

“卡通材质”参数卷展栏

提示： 材质/贴图浏览器中的Ink’n Paint材质即为卡通材质。

7.2.13 实战：卡通材质的应用

光盘路径：第7章\7.2\卡通材质的应用（原始文件）.max

步骤1 打开本书配套光盘中的原始文件。

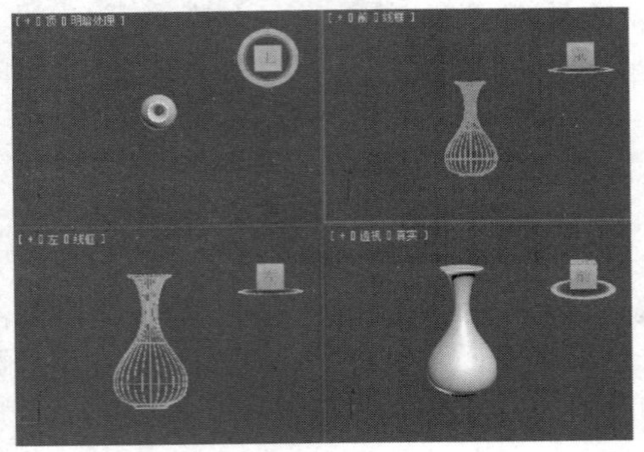

步骤2 以默认方式进行渲染，可观察到场景中模型的材质应用效果。

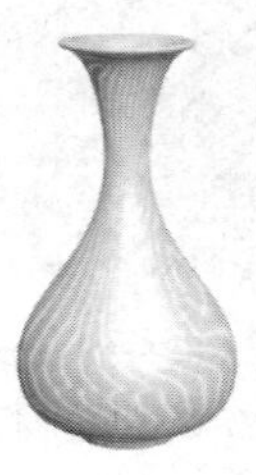

步骤3 打开材质编辑器，选择使用样本材质，并使用“卡通”材质替换标准材质。

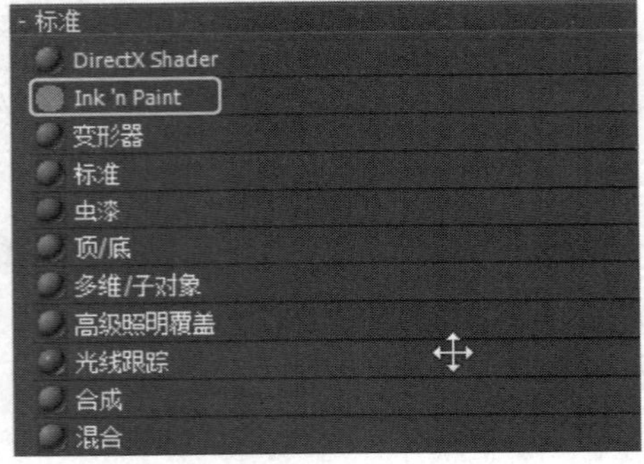

步骤4 直接进行渲染，可观察到卡通材质的默认应用效果。

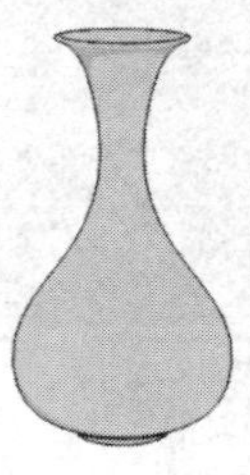

步骤5 在卡通材质的参数面板中设置“绘制级别”的值为5。

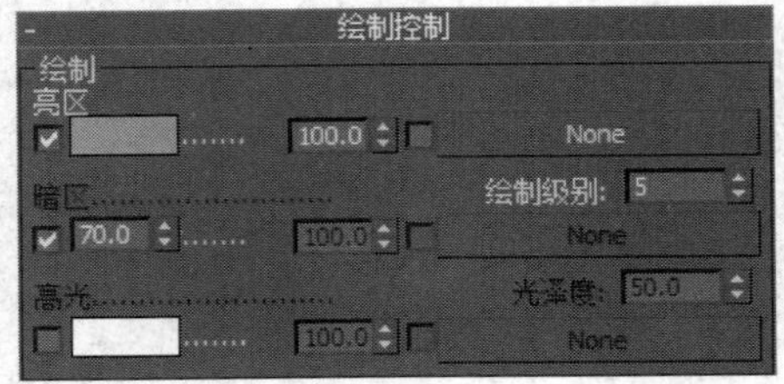

步骤6 渲染场景，可观察到“绘制级别”的值为5时，材质的应用效果。

步骤7 设置“暗区”的值为10。

步骤8 渲染场景，可观察到由于“暗区”值变低，对象较暗的区域变得更暗。

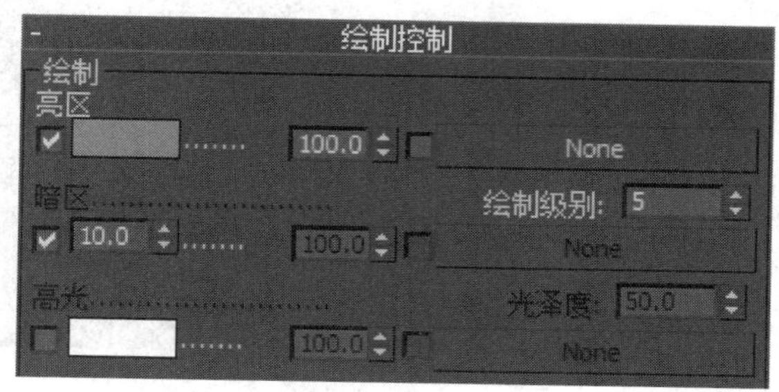

步骤9　展开“墨水控制”卷展栏，设置“轮廓”的颜色为红色。

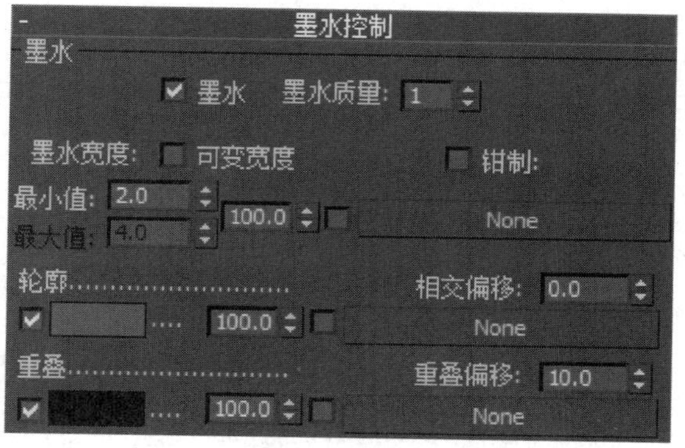

步骤10　再渲染场景，可观察到对象表面轮廓颜色变为相应的红色。

步骤11　取消对“墨水”复选框的勾选，该卷展栏中的所有参数将不可用。

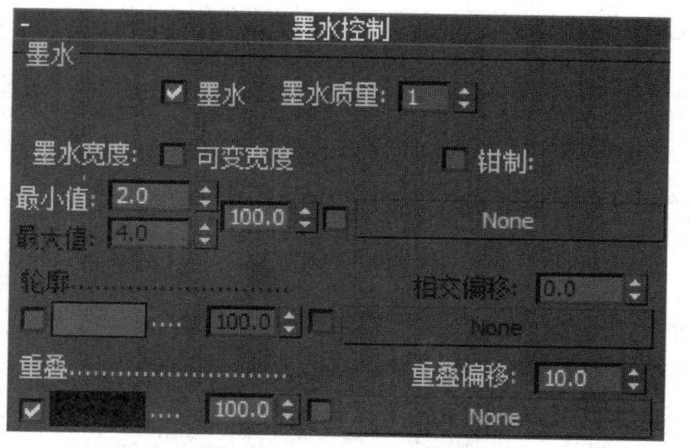

步骤12　再次渲染场景，可观察到场景对象表面没有墨水效果。

提示： 暗区值用于控制对象非亮面的亮色百分比。

提示： 轮廓是对象外边缘处（相对于背景）或其他对象前面的墨水。

7.2.14 无光/投影材质

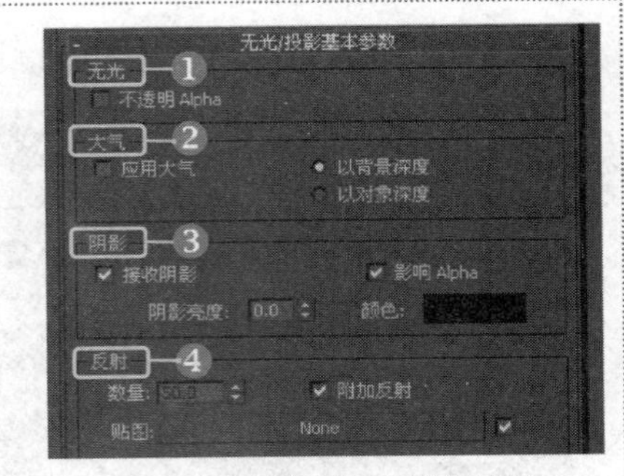

“无光/投影”材质参数卷展栏

“无光/投影”材质允许将整个对象（或面的任何一个子集）构建为显示当前环境贴图的隐藏对象。使用无光/阴影材质也可以从场景中的非隐藏对象中接收投射在照片上的阴影，还可通过在背景中建立隐藏代理对象并将其放置于简单形状对象前面，可以在背景上投射阴影。

“无光/投影”材质只有一个参数卷展栏，在卷展卷中可以控制光线、大气、阴影和反射等参数。

相关参数解读如下：

❶**无光**：确定无光材质是否显示在Alpha通道中。

❷**大气**：用于确定雾效果是否应用于无光曲面和应用方式。

❸**阴影**：用于确定无光曲面是否接收投射于其上的阴影和接收方式。

❹**反射**：用于确定无光曲面是否具有反射，是否用阴影贴图创建无光反射。

7.2.15 实战：无光/投影材质的应用

光盘路径：第7章\7.2\无光\投影材质的应用（原始文件).max

步骤1 打开本书配套光盘中的原始文件。

步骤2 直接渲染场景，可观察到场景对象在地面上产生了投影效果。

步骤3 打开材质编辑器，选择应用给酒瓶的样本材质，并使用“无光/投影”材质替换原有材质。

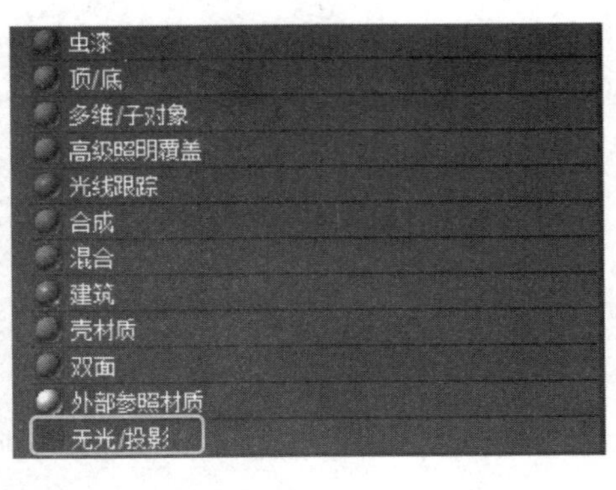

步骤4 渲染场景，可观察到酒瓶失去了纹理贴图，整个表面具有不同程度的投影效果。

提示：“应用大气”可以对无光表面在2D或3D上应用雾效果，“以背景深度”是2D方法，“以对象深度”是3D方法。

7.2.16　壳材质

"壳"材质主要用于纹理烘焙渲染技术，其将创建包含两种材质，包括在渲染中使用的原始材质和烘焙材质，通过"渲染到纹理"保存到磁盘的位图，再附加到场景中的对象上。

在"壳"材质的参数卷展栏中，可以对原始材质和烘焙材质进行设置，并允许在视口或渲染时显示。

相关参数解读如下：

❶**原始材质**：显示原始材质名称。

❷**烘焙材质**：显示烘焙材质的名称。

❸**视口**：可以选择在着色视口中出现的材质。

❹**渲染**：可以选择在渲染中出现的材质。

通常情况下，壳材质出现在渲染到纹理技术的使用过程中，可以创建光贴图，从而存储场景中投射到对象上的光线级别，可以用于游戏引擎或加速渲染。

"壳"材质参数卷展栏

7.2.17　光线跟踪材质

"光线跟踪"材质是较为复杂的高级表面着色材质类型，不仅支持各种类型的着色，还可以创建完全光线跟踪的反射和折射，甚至支持雾、荧光等特殊效果。

"光线跟踪"材质非常复杂，包括了3个主要参数卷展栏，用于控制光线跟踪的各种属性和参数。

相关卷展栏解读如下：

❶**光线跟踪基本属性**：该卷展栏控制该材质的着色、颜色组件、反射或折射以及凹凸。

❷**扩展参数**：该卷展栏控制材质的特殊效果，透明度属性以及高级反射率。

❸**光线跟踪器控制**：该卷展栏影响光线跟踪器自身的操作，可以提高渲染性能。

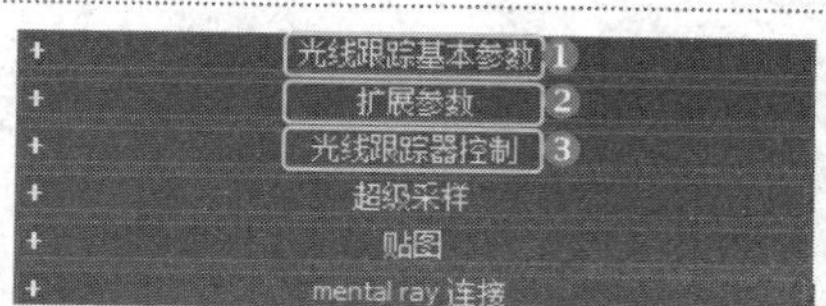

"光线跟踪"材质参数卷展栏

"光线跟踪"材质应用效果

7.2.18　实战：光线跟踪材质的使用

光盘路径：第7章\7.2\光线跟踪材质的使用（原始文件）.max

步骤1　保持场景默认设置进行渲染，可观察到各种对象的材质应用效果。

步骤2　打开"材质编辑器"窗口，使用"光线跟踪"材质替换原有的标准材质。

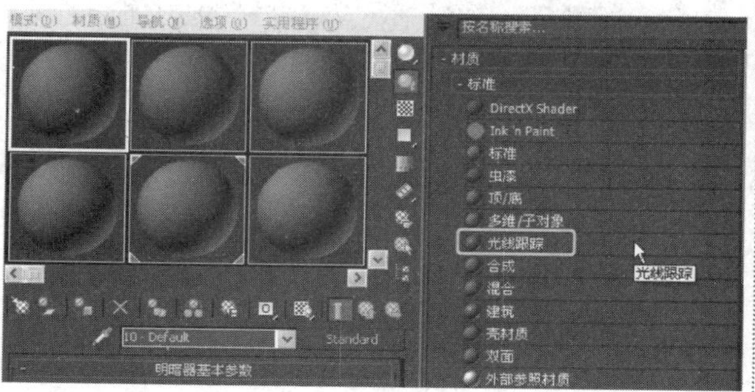

步骤3　将该材质赋予场景中最近的酒杯对象。

步骤4　渲染场景，可观察到"光线跟踪"材质的默认应用效果。

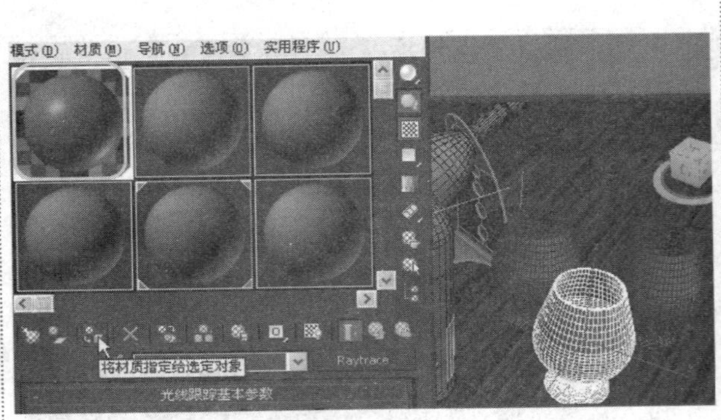

步骤5 在“光线跟踪基本参数”卷展栏中设置参数和颜色。

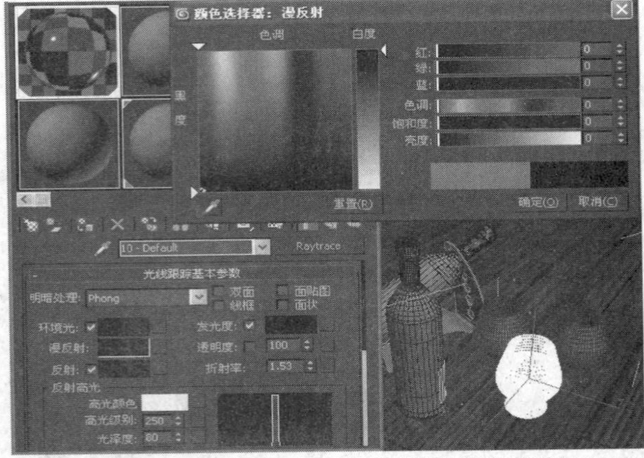

步骤7 为“反射”指定“衰减”程序贴图。

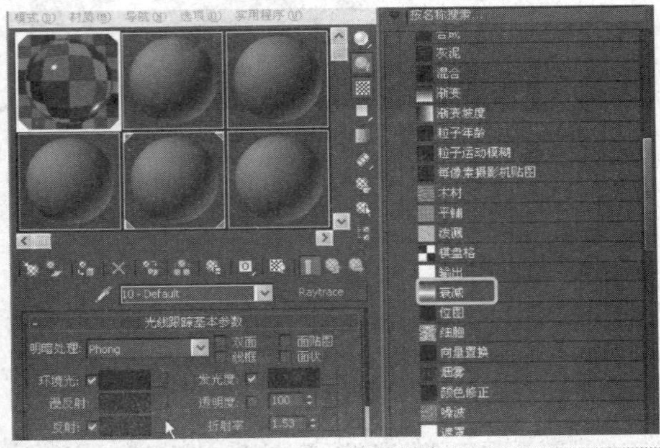

步骤6 再次渲染场景，可观察到酒杯产生了透明、反射和折射效果。

步骤8 再次渲染场景，可观察到玻璃酒杯产生的真实反射效果。

提示： 设置镜面反射颜色，此颜色使反射环境（即场景的其余部分）被过滤，该颜色的值控制反射的数量。

提示： 为任何材质的反射指定衰减，能模拟出反射的衰减过程，使反射更加真实，是模拟反射的常用方法。

提示： 最多允许使用1000个子材质作为多维子对象材质。

7.2.19 多维子对象材质

使用“多维/子对象”材质可以根据几何体的子对象级别分配不同的材质。“多维/子对象”材质的参数非常简单，只提供了预览子材质的快捷方式和设置子材质数量的参数。

7.2.20　实战：多维子对象的应用

光盘路径：第7章\7.2\多维子对象的应用（原始文件）.max

步骤1　直接渲染场景。

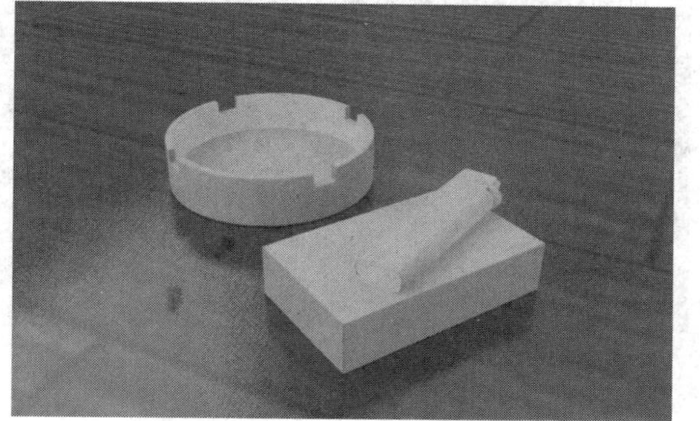

步骤2　打开“材质编辑器”窗口，用“多维/子对象”材质替换默认的标准材质。

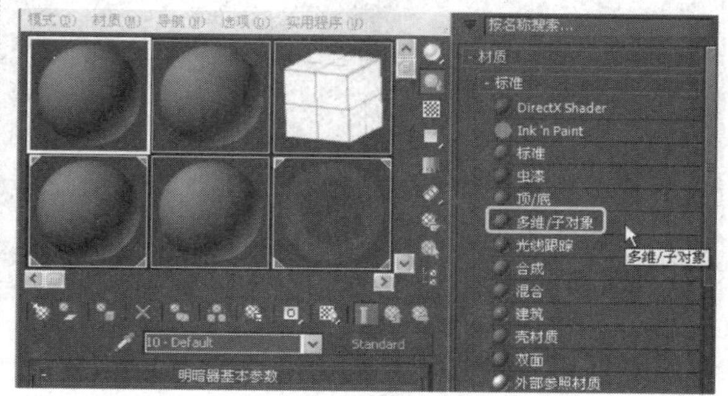

步骤3　单击“设置数量”按钮，在开启的对话框中设置子材质的数量。

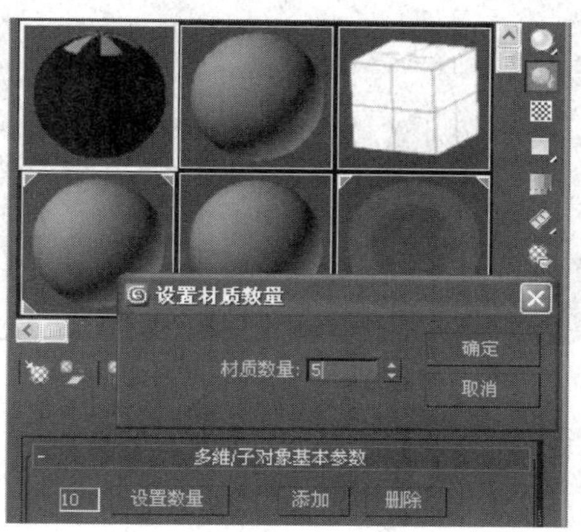

步骤3　进入第一个子材质层级，为“漫反射”指定“位图”贴图。

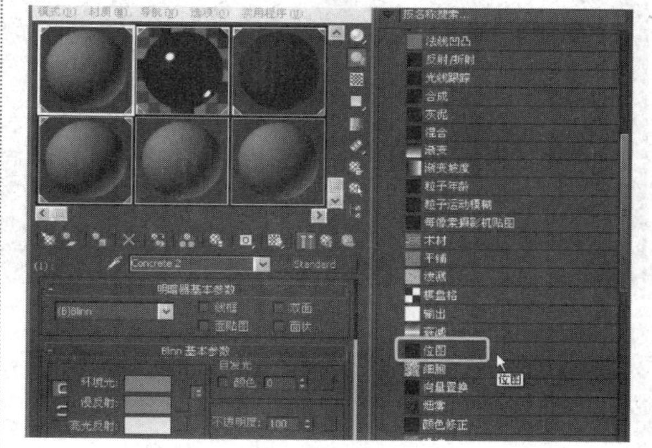

步骤4　在“选择位图图像文件”对话框中选择贴图文件。

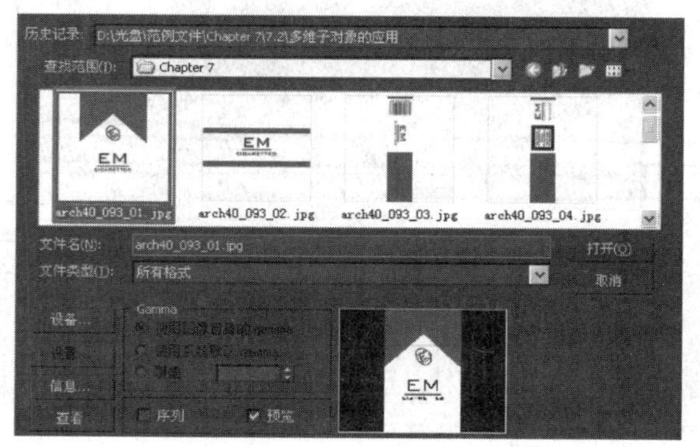

步骤5　为其他4个子材质指定标准材质。然后按照之前使用的方法为其他4个子材质的“漫反射”分别指定本书配套文件提供的相应贴图。

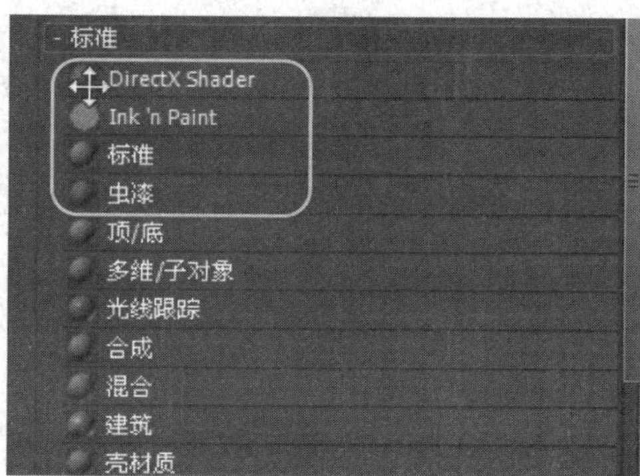

步骤6 选择烟盒对象，并进入其“多边形”子层级，然后选择面，并设置材质ID号为1。

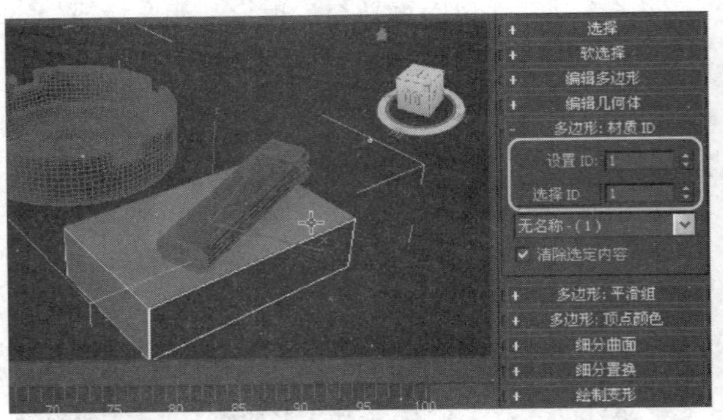

步骤7 重新选择一个面，然后设置材质ID号为2。

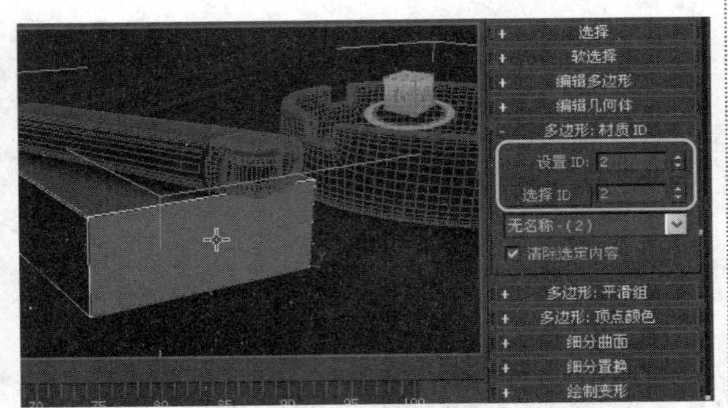

步骤8 重新选择一个面，然后设置材质ID号为3。

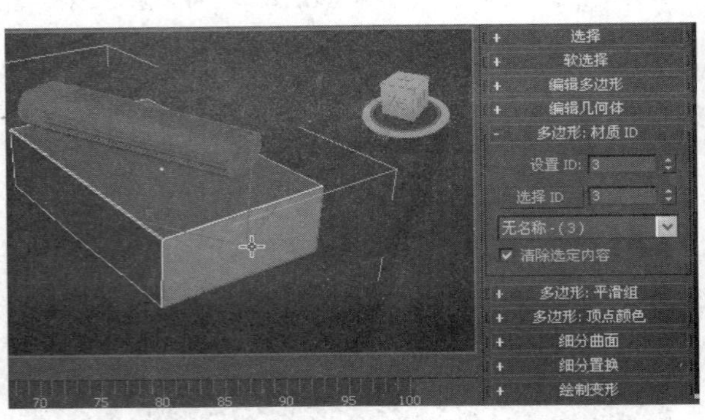

步骤9 选择侧面的边，然后设置材质ID号为4。

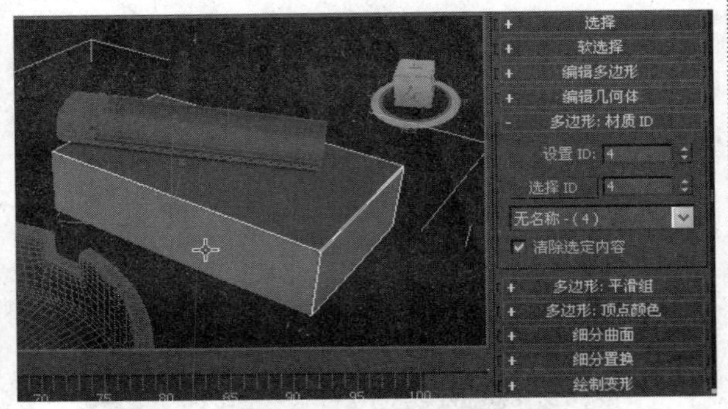

步骤10 选择另一侧的面，然后设置材质ID号为5。

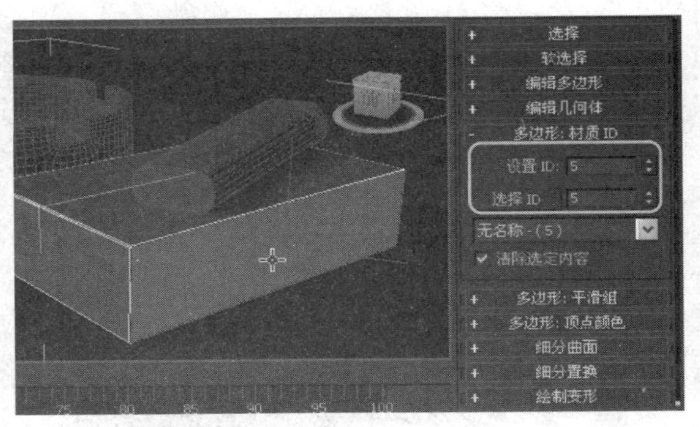

步骤11 再次渲染场景，可观察到烟盒对象不同的面应用了不同的贴图。

提示： 一些基本几何体不使用1作为默认材质 ID，而另一些，如异面体或长方体，默认设置中包含多个材质ID。

提示： 烟盒顶部或底部的材质ID号需要和表面贴图的坐标方向相符。

提示： 通过材质ID号可以快速、准确地实现多边形选择操作。

7.2.21　虫漆材质

"虫漆"材质通过叠加将两种材质进行混合，叠加材质中的颜色称为"虫漆"材质，被添加到基础材质的颜色中。

7.2.22　实战：虫漆材质的应用

光盘路径：第7章\7.2\虫漆材质的应用（原始文件）.max

步骤1　直接渲染场景，可观察到汽车对象应用标准材质的效果。

步骤2　打开"材质编辑器"窗口，使用一个新的"虫漆"材质。

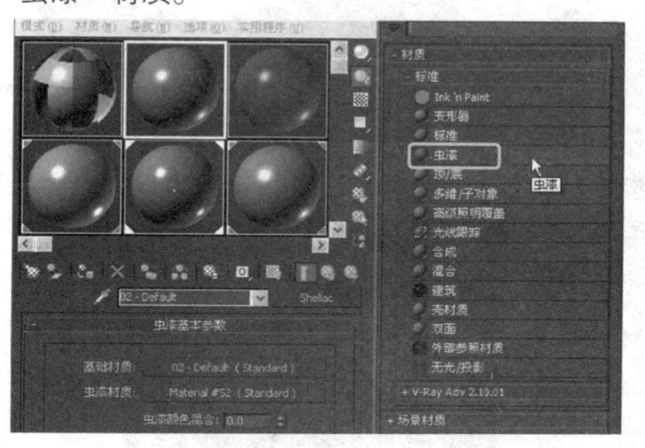

步骤3　在"虫漆"材质参数面板中，为"基础材质"应用标准材质，为"虫漆材质"应用"光线跟踪"材质。

步骤4　在"基础材质"层级中，为标准材质"漫反射"指定"衰减"程序贴图。

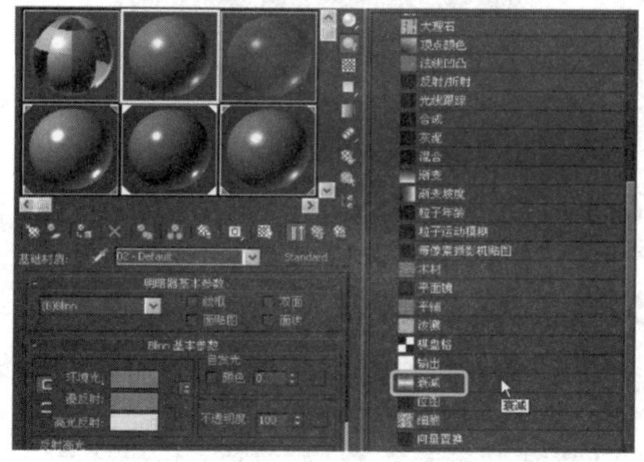

步骤5　在"衰减"程序贴图层级中，为"颜色1"指定"衰减"程序贴图，并设置"颜色2"。

步骤6　在"颜色1"的"衰减"程序贴图层级中，设置第一个颜色。

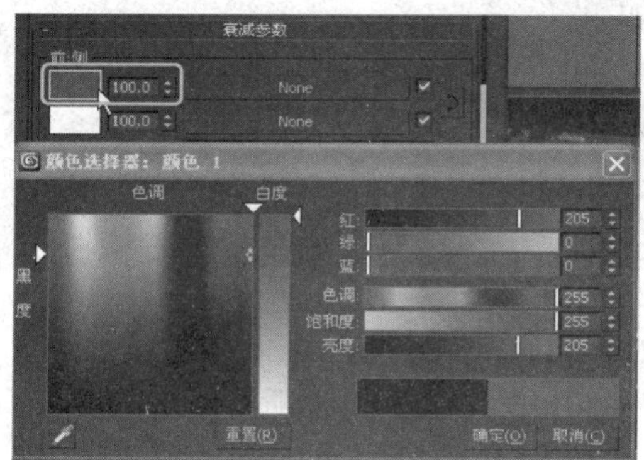

步骤7 设置第二个颜色。

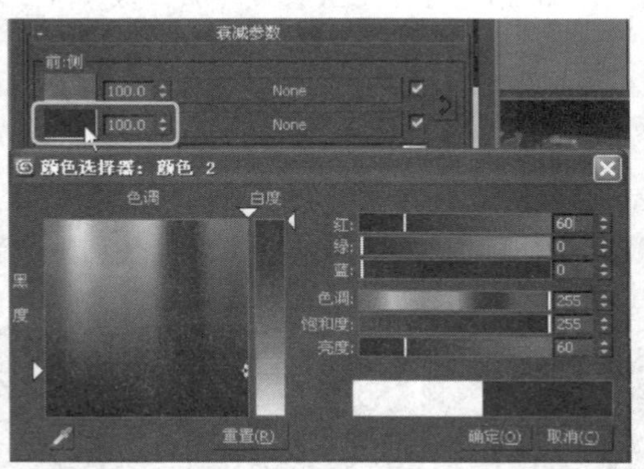

步骤8 进入“虫漆材质”层级，为“漫反射”和“反射”指定“衰减”程序贴图。

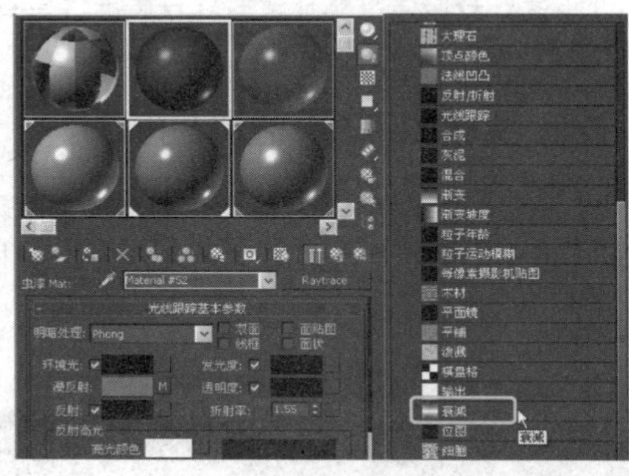

步骤9 打开“材质/贴图导航器”窗口，根据材质层级为其他贴图通道指定贴图。

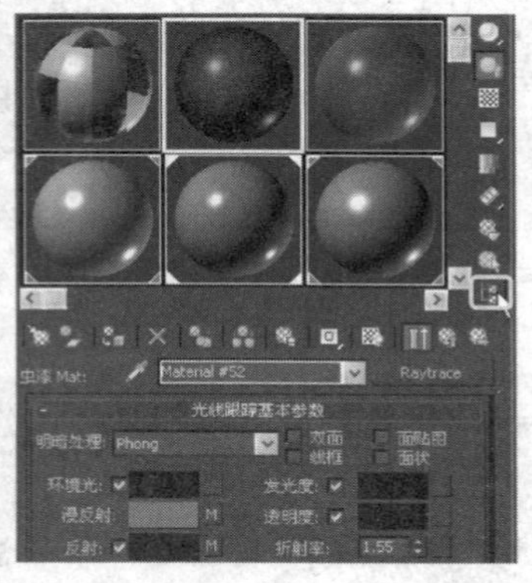

步骤10 将该材质赋予场景中的车身对象，可观察到简单的虫漆材质应用效果。

提示： 应用衰减程序贴图可以使对象表面的颜色层次更加丰富。

7.2.23 顶/底材质

使用“顶/底”材质可以为对象的顶部和底部指定两个不同的材质，并允许将两种材质混合在一起，得到类似“双面”材质的效果。

“顶/底”材质参数比较简单，提供了访问子材质、混合、坐标等参数。

顶/底材质应用效果

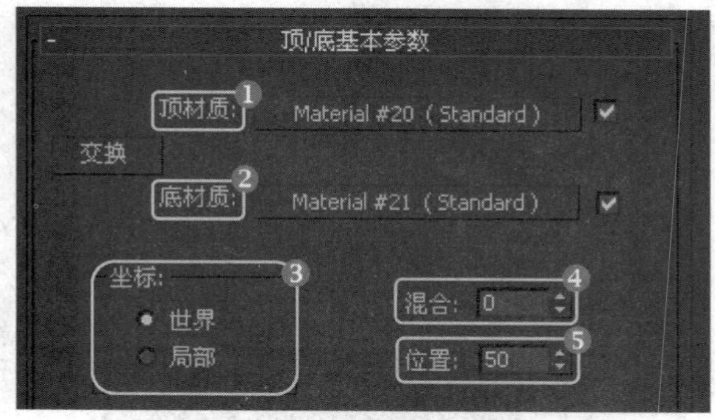

“顶/底”材质参数卷展栏

相关参数解读如下：

❶**顶材质：** 可访问顶材质按钮上显示顶材质的命令和类型。

❷**底材质：** 可访问底材质按钮上显示底材质的命令和类型。

❸**坐标**：用于控制对象如何确定顶和底的边界。

❹**混合**：用于混合顶子材质和底子材质之间的边缘。

❺**位置**：用于确定两种材质在对象上划分的位置。

7.3 贴图

贴图可以模拟纹理、反射、折射及其他特殊效果，可以在不增加材质的复杂度的前提下，为材质添加细节，有效改善材质的外观和真实感。

7.3.1　2D贴图

3ds Max的贴图可分为2D贴图、3D贴图、合成贴图等多种类型，不同的贴图类型产生不同的效果并且有其特定的行为方式，其中2D贴图是二维图像，一般将其粘贴在几何体对象的表面，或者和环境贴图一样用于创建场景的背景。

1. 位图

“位图”是指将图像以很多静止图像文件格式之一保存为像素阵列，如.tif等格式。3ds Max支持的任何位图（或动画）文件类型可以用作材质中的位图。

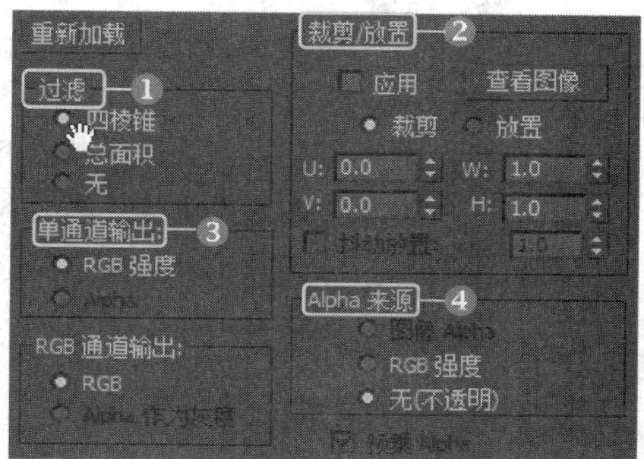

“位图”的主要参数卷展栏

位图相关参数选项组解读如下：

❶**过滤**：过滤选项组用于选择抗锯齿位图中平均使用的像素方法。

❷**裁剪/放置**：该选项组中的控件可以裁剪位图或减小其尺寸，用于自定义放置。

❸**单通道输出**：该选项组中的控件用于根据输入的位图确定输出单色通道的源。

❹**Alpha来源**：该选项组中的控件根据输入的位图确定输出Alpha通道的来源。

注意：打开所引用的位图找不到的MAX文件时，可能会弹出“缺少贴图坐标”对话框，在其中可以浏览缺失的文件。

2. 棋盘格

“棋盘格”能产生类似棋盘的由两种颜色组成的方格图案，并允许贴图替换颜色。

“棋盘格”提供了简单的参数。

相关参数解读如下：

❶**柔化**：模糊方格之间的边缘，以很小的柔化值就能生成很明显的模糊效果。

❷**交换**：单击该按钮，可交换方格的颜色。

❸**颜色**：设置方格的颜色，允许使用贴图代替颜色。

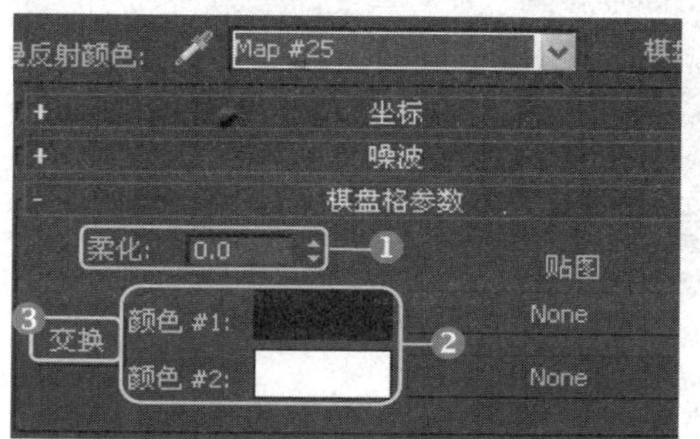

“棋盘格”应用效果

“棋盘格”的参数卷展栏

提示：为方格贴图启用“噪波”是使用自然外形创建不规则图案的有效方式。

3. Combustion

Combustion程序贴图与Autodesk Combustion产品配合使用，如果计算机未安装Autodesk Combustion程序，其参数卷展栏中将有提示。

4. 渐变

“渐变”是指从一种颜色到另一种颜色进行着色，可以创建三种颜色的线性或径向渐变效果。

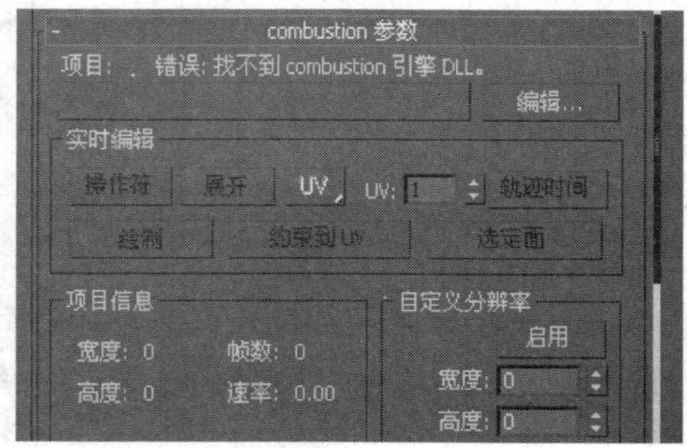

未安装提示

“渐变”贴图的应用效果

5. 渐变坡度

“渐变坡度”可以使用多种颜色、贴图和混合来创建多种渐变效果。

6. 漩涡

“漩涡”可以创建两种颜色或贴图的漩涡图案。

“渐变坡度”应用效果

“漩涡”应用效果

7. 平铺

使用颜色或材质贴图创建砖或其他平铺材质。通常包括已定义的建筑砖图案，也可以自定义图案。

8. 坐标

2D贴图都有“坐标”卷展栏，用于调坐标参数，可以相对于对其应用贴图的对象表面移动贴图，以实现其他效果。

“贴图坐标”的应用效果

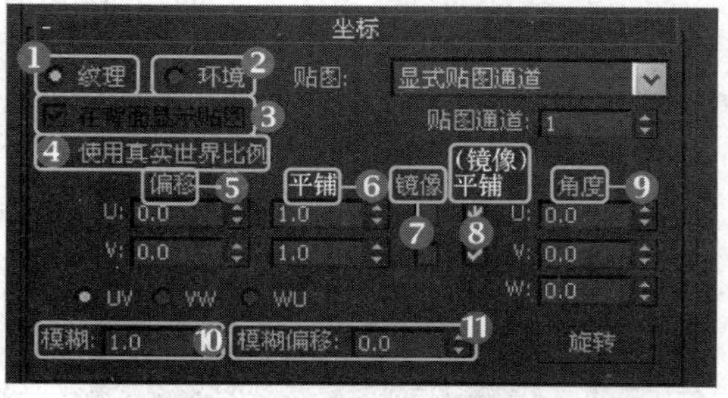

“坐标”相应的卷展栏

相关参数解读如下：

❶**纹理：**选择该项，将该贴图作为纹理贴图应用于表面。

❷**环境：**选择该项，使用贴图作为环境贴图。

❸**在背面显示贴图：**勾选该复选框，平面贴图（对象XYZ平面，或使用“UVW 贴图”修改器）穿透投影，渲染在对象背面上。

❹**使用真实世界比例**：勾选该复选框，用真实“宽度”和“高度”值而不是 UV 值将贴图应用于对象。

❺**偏移**：在UV坐标中更改贴图的位置，移动贴图以符合它的大小。

❻**平铺**：决定贴图沿每根轴平铺（重复）的次数。

❼**镜像**：从左至右（U轴）和或从上至下（V轴）进行镜像。

❽**（镜像）平铺**：在U轴或V轴中启用或禁用平铺。

❾**角度**：可以设置绕U、V或W轴旋转贴图。

❿**模糊**：以贴图离视图的距离决定贴图的锐度或模糊度。贴图距离越远，越模糊。

⓫**模糊偏移**：设置贴图的锐度或模糊度，与贴图离视图的距离无关。

提示：只有在两个维度中都禁用“平铺”时，才能使在背景显示贴图功能。只有在渲染场景时，才能看到它产生的效果。

9. 向量置换

向量置换贴图允许在三个维度上置换网格，这与之前仅允许沿曲面法线进行置换的方法形成鲜明对比。与法线贴图类似，向量置换贴图使用整个色谱来获得其效果，这与灰度图像不同。

创建向量置换贴图图像的最好方法是使用Autodesk Mudbox，它可以将贴图作为低多边形曲面体积和高分辨率曲面体积之间的差异进行提取。曲面可以是源于3ds Max的对象，也可以是完全在Mudbox中创建然后导出的对象。提取过程所用的两个对象可以是两个单独的对象，也可以是单个对象的两个不同的细分级别。但是，在后一种情况下，甚至最低细分级别也会包含一些置换，因此通常最好使用不同的对象提取贴图：未置换的“目标”模型和详细的“源”模型。

10. Substance

使用这个包含Substance参数化纹理的库，可获得各种范围的材质。这些与分辨率无关的动态2D纹理占用的内存和磁盘空间很小，因此适合于通过Allegorithmic Substance Air中间件服务导出到游戏引擎；目前为Unreal® Engine3游戏引擎、Emergent Gamebryo®游戏引擎和Unity提供了集成。另外，可以利用“渲染到纹理”将纹理转换为位图以便与某些渲染器一起使用。

一些可动态编辑和可设置动画的参数示例有：砖墙的砖块分布、表面老化和砂浆厚度；秋天树叶纹理的颜色变化、密度和树叶类型；涂漆木材纹理的木板年龄和数量。另外，每种纹理具有随机设置，可将自然变化添加到场景中。

7.3.2　实战：位图的应用

光盘路径：第7章\7.3\位图的应用（原始文件）.max

步骤1　渲染场景，可观察到场景默认渲染效果。

步骤2　选择一个新样本材质，然后为“漫反射”指定“位图”贴图。

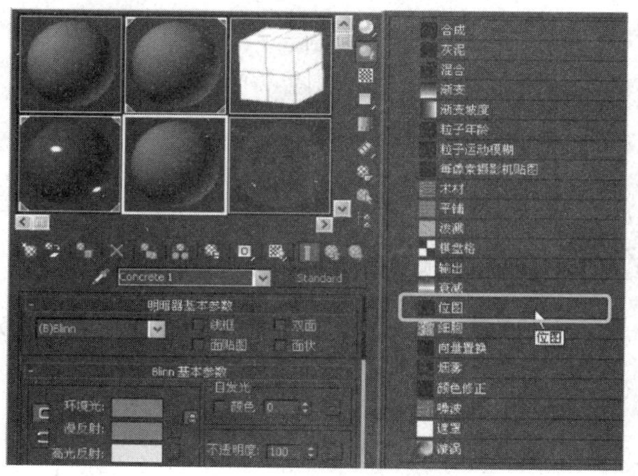

步骤3 在“选择位图图像文件”对话框中选择贴图文件。

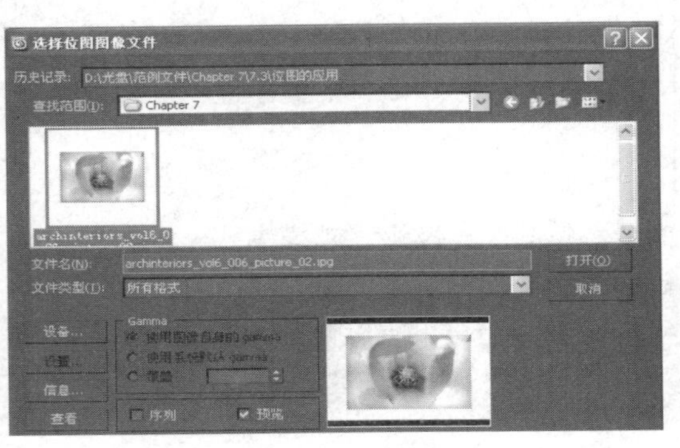

步骤4 将该材质指定给场景中的挂画对象，然后进行渲染，可观察到挂画材质应用效果。

步骤5 在“位图参数”卷展栏中勾选“应用”复选框，并单击“查看图像”按钮。

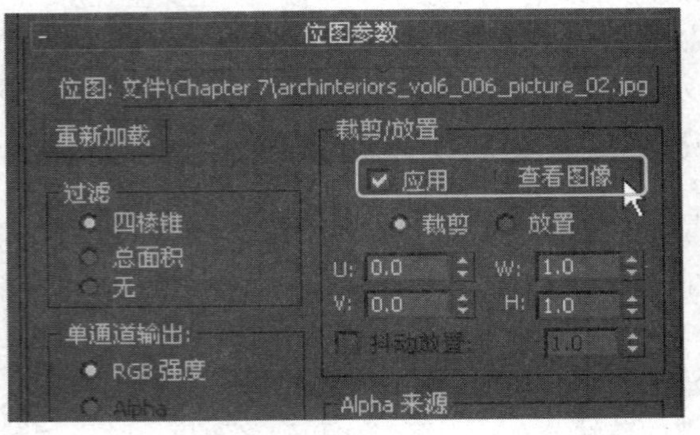

步骤6 在“裁剪/放置”对话框中设置裁剪范围框的大小。

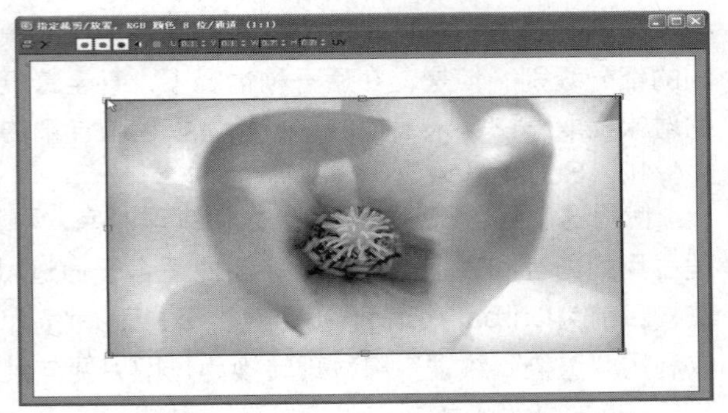

步骤7 关闭“裁剪/放置”对话框，再进行渲染，可观察到挂画只显示了裁剪范围框内的图像。

7.3.3 实战：平铺程序贴图应用

光盘路径：第7章\7.3\平铺程序贴图应用（原始文件）.max

步骤1 渲染场景，可观察到场景中墙体材质的应用效果。

步骤2 打开“材质编辑器”窗口，选择一个样本材质，然后为“漫反射”指定“平铺”程序贴图。

步骤3　将材质指定给正面的墙体，然后渲染场景，可观察到“平铺”程序贴图的默认应用效果。

步骤4　在“平铺”程序贴图参数面板中展开“标准控制”卷展栏，并选择图中所示的预设类型。

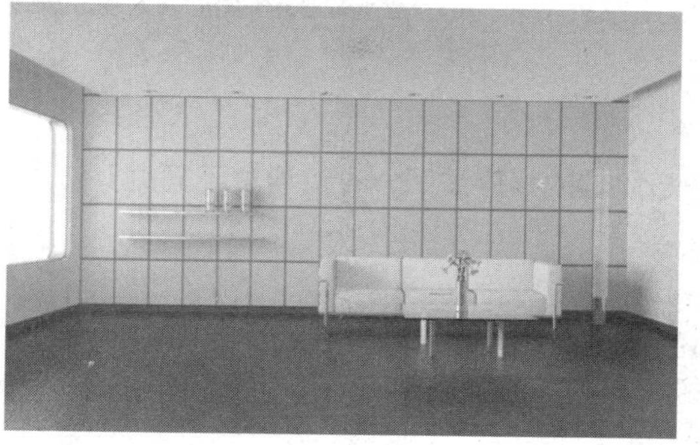

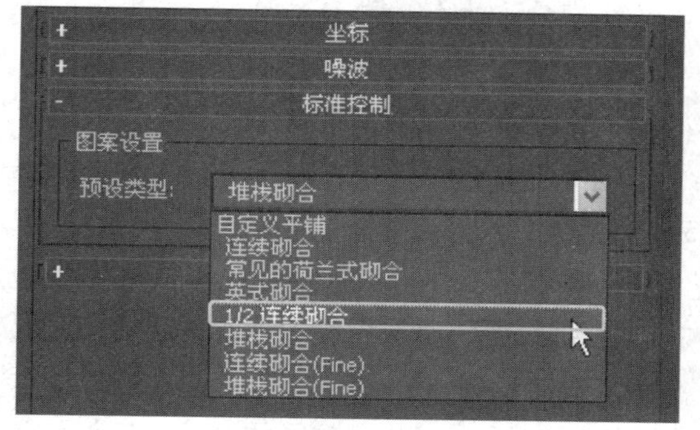

步骤5　再次渲染场景，可观察到新的预设类型应用效果。

步骤6　在“材质编辑器”窗口中，展开“高级控制”卷展栏，并如图设置颜色。再次渲染场景，可观察到改变了砖纹颜色的应用效果。

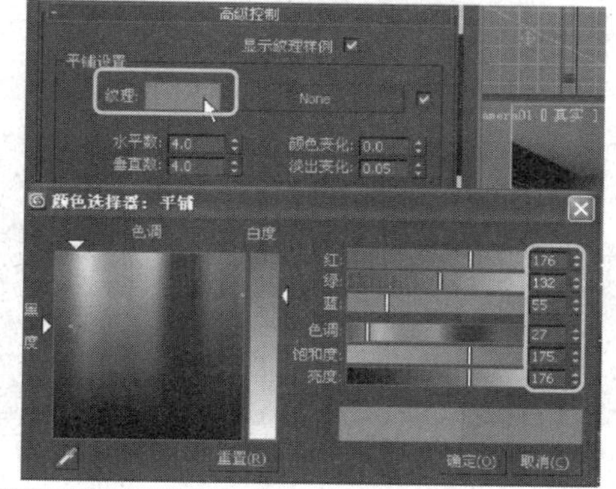

7.3.4　3D贴图

3D贴图是根据程序以三维方式生成的图案，拥有通过指定几何体生成的纹理。如果将指定纹理的对象切除一部分，那么切除部分的纹理与对象其他部分的纹理相一致。

3ds Max 2014一共提供14种预置的3D程序贴图，如凹痕、衰减等。另外，3ds Max支持安装插件提供的更多贴图。

1. 细胞

“细胞”程序贴图可生成用于各种视觉效果的细胞图案，包括马赛克瓷砖、鹅卵石表面甚至海洋表面等，如图所示为该贴图的应用效果。

2. 凹痕

"凹痕"根据分形噪波产生随机图案，在曲面上生成三维凹凸效果，图案的效果取决于贴图类型。

凹痕主要设计为用作"凹凸"贴图，其默认参数就是对这个用途的优化。用作凹凸贴图时，"凹痕"在对象表面提供了三维的凹痕效果。用户可编辑参数控制大小、深度和凹痕效果的复杂程度。

3. 衰减

"衰减"程序贴图是基于几何曲面上面法线的角度衰减生成从白色到黑色的值，在创建不透明的衰减效果时，衰减贴图提供了更大的灵活性。

细胞

凹痕

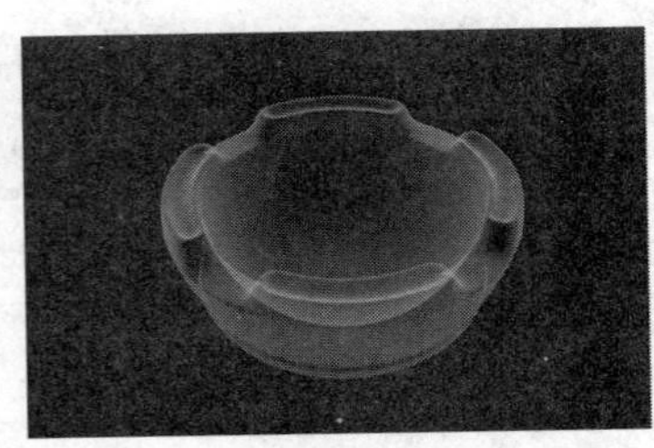
衰减

4. 大理石

3ds Max提供了大理石和Perlin大理石两种类似大理石纹理的程序贴图，可以通过不同的算法生成不同类型的大理石图案。

5. 噪波

"噪波贴图"基于两种颜色或材质的交互创建曲面的随机扰动，是三维形式的湍流图案。

6. 粒子系列

3ds Max提供了用于粒子的"粒子年龄"和"粒子模糊"两种程序贴图，可以控制粒子的漫反射效果和运动模糊效果。

粒子年龄通常和粒子运动模糊贴图一起使用，如将"粒子年龄"指定给漫反射贴图，而将"粒子运动模糊"指定为不透明贴图。

7. 行星

"行星"是可以模拟空间角度的行星轮廓，使用分形算法模拟卫星表面颜色的3D贴图。

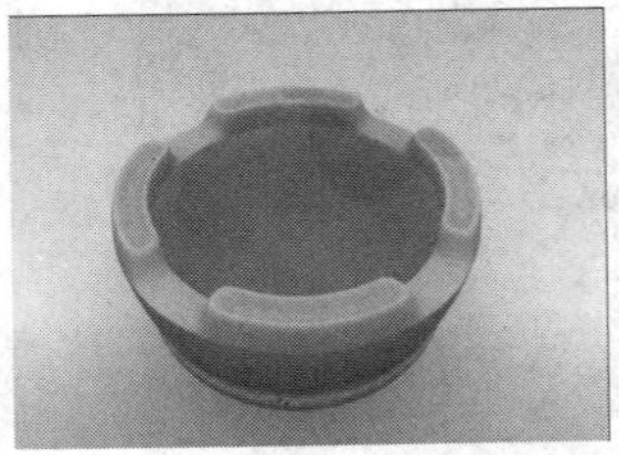
Perlin大理石

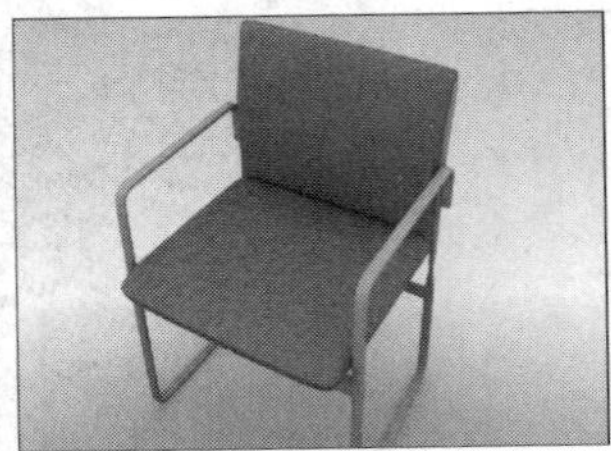
噪波

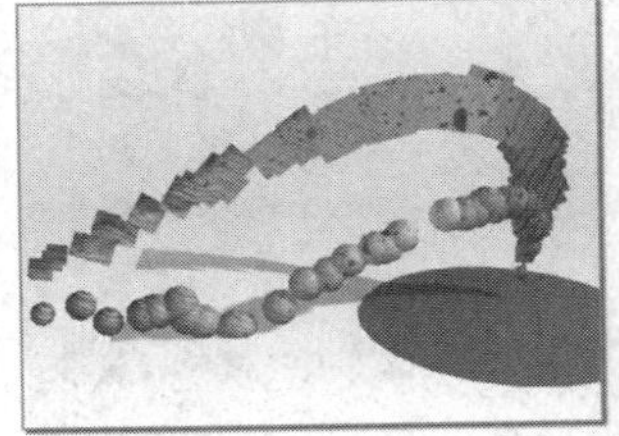
粒子年龄

行星

8. 烟雾

"烟雾"是生成无序、基于分形的湍流图案的3D贴图，其主要用于设置动画的不透明贴图，以模拟一束光线中的烟雾效果或其他云状流动贴图效果。

9. 斑点

"斑点"用于生成斑点的表面图案，该图案用于漫反射贴图和凹凸贴图以创建类似花岗岩的表面和其他图案表面的效果。

10. 泼溅

"泼溅"可生成类似于泼墨画的分形图案，对于漫反射贴图创建类似于泼溅的图案效果。

烟雾

斑点

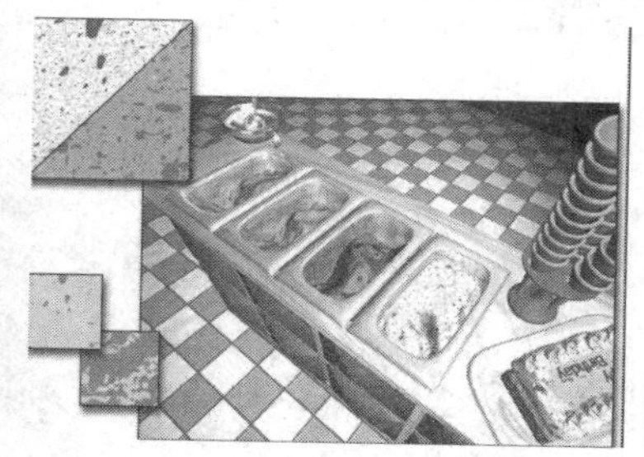
泼溅

11. **灰泥**

“灰泥”可生成类似于灰泥的分形图案，该图案对于凹凸贴图创建灰泥表面的效果非常有用。

12. **波浪**

“波浪”能够生成水花或波纹效果，生成一定数量的球形波浪中心并将它们随机分布在球体上，可以控制波浪组数量、振幅和波浪速度。

13. **木材**

“木材”可将整个对象体积渲染成波浪纹图案，可以控制纹理的方向、粗细和复杂度。

灰泥

波浪

木材

提示： 由于要将“灰泥”贴图用作凹凸贴图，通常，没有必要调整默认的颜色。

7.3.5　实战：凹痕贴图的应用

光盘路径： 第7章\7.3\凹痕贴图的应用（原始文件）.max

步骤1　直接渲染场景，可观察到场景中沙发原有材质的应用效果。

步骤2　使用一个新的样本材质，展开“贴图”卷展栏，为“凹凸”指定“凹痕”程序贴图。

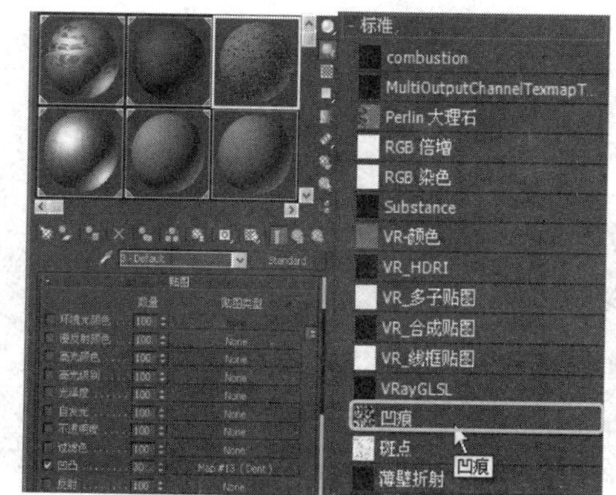

步骤3 将该材质指定给场景中的对象。

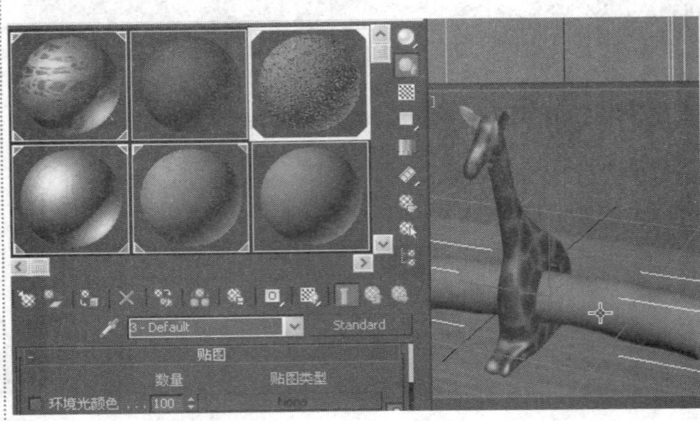

步骤4 再次渲染场景，可观察到场景对象的表面产生了凹凸效果。

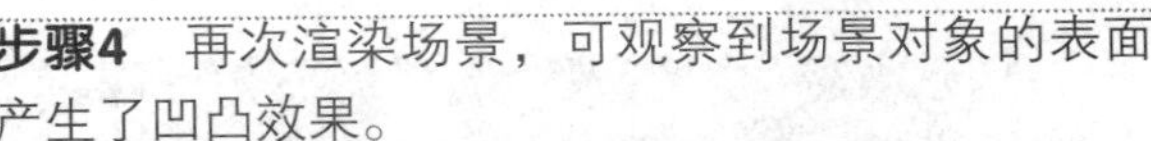

步骤5 在“凹痕”程序贴图的参数卷展栏中设置相关参数。

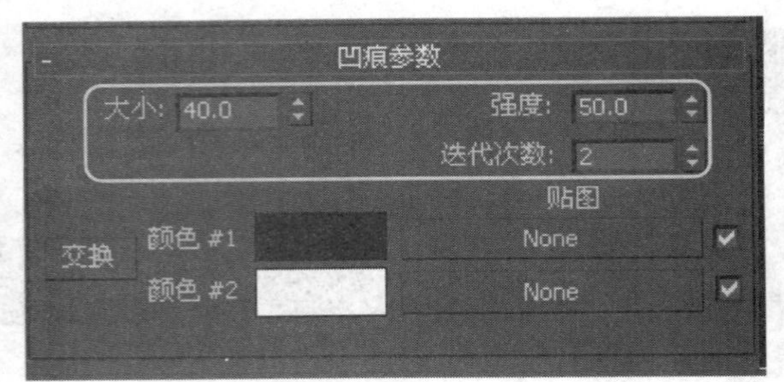

步骤6 渲染场景可观察到由于凹痕变小，对象表面的凹凸效果更加真实。

提示： 减小“大小”将创建间距相当均匀的微小凹痕。效果与“沙覆盖”的表面相似。增加“大小”在表面上创建明显的凹坑和沟壑。效果有些时候呈现“坚硬的火山岩”容貌。

7.3.6 实战：衰减贴图的应用

光盘路径：第7章\7.3\衰减贴图的应用（原始文件）.max

步骤1 直接渲染场景，可观察到场景中沙发原有材质的应用效果。

步骤2 使用一个新的样本材质，选择明暗器并解除环境光和漫反射的颜色锁定，将环境光设置为黑色。

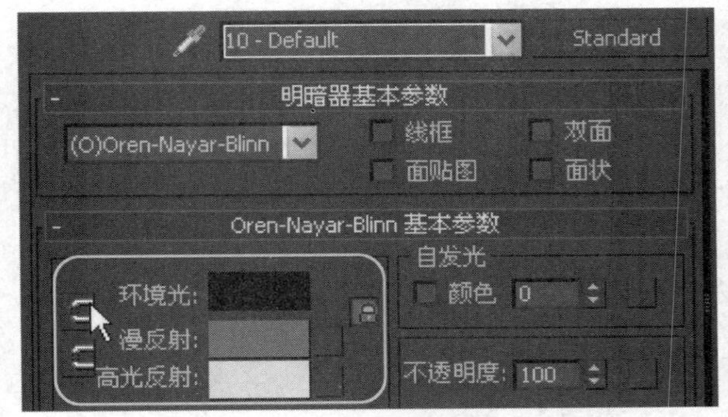

步骤3 为“漫反射”和“高光反射”分别指定颜色。

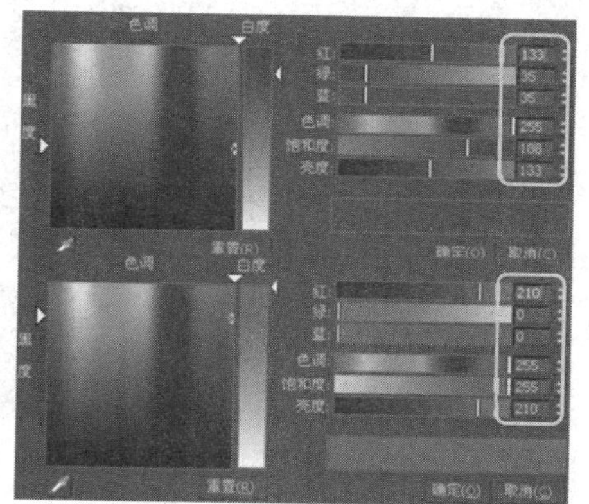

步骤4 在材质参数面板中为“漫反射”和“漫反射级别”都指定“衰减”程序贴图，并设置参数。

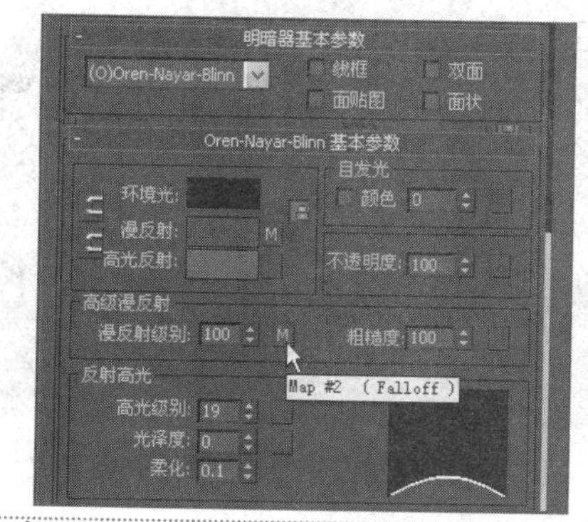

步骤5 在“漫反射”的“衰减”程序贴图层级中再次添加贴图，并设置参数、颜色等。

步骤6 在“漫反射级别”的“衰减”程序贴图层级中添加贴图和设置参数。

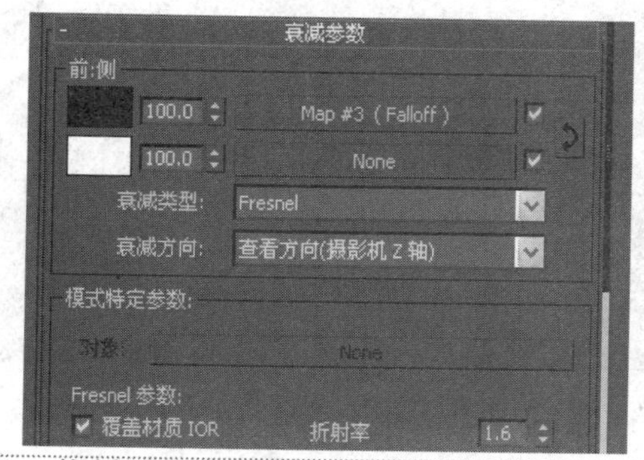

步骤7 打开材质导航器，按照图中列表为其他贴图通道指定衰减贴图，并设置适当的颜色。

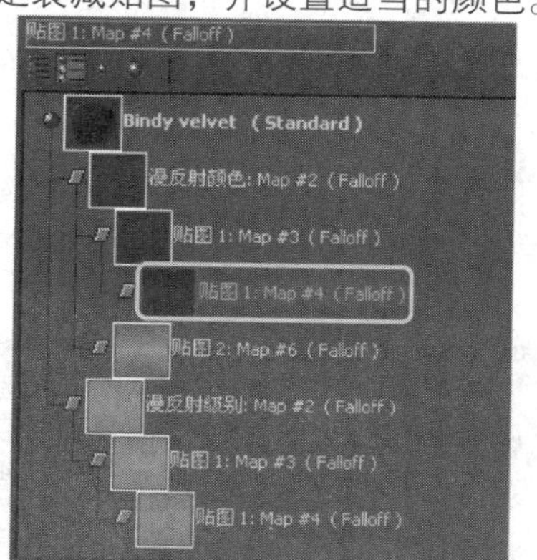

步骤8 将材质指定给场景中的沙发布体部分，渲染场景，可观察到沙发对象的布绒材质效果。

提示： Fresnel衰减类型是基于折射率（IOR）的调整。在面向视图的曲面上产生暗淡反射，在有角的面上产生较明亮的反射，创建玻璃面一样的高光。

7.3.7 实战：噪波程序贴图的应用

光盘路径：第7章\7.3\噪波程序贴图的应用（原始文件）.max

步骤1 渲染场景，可观察到场景中冰块当前材质的应用效果。

步骤2 打开“材质编辑器”窗口，选择冰块应用的材质，展开“贴图”卷展栏，为“凹凸”贴图通道指定“噪波”程序贴图并设置参数。

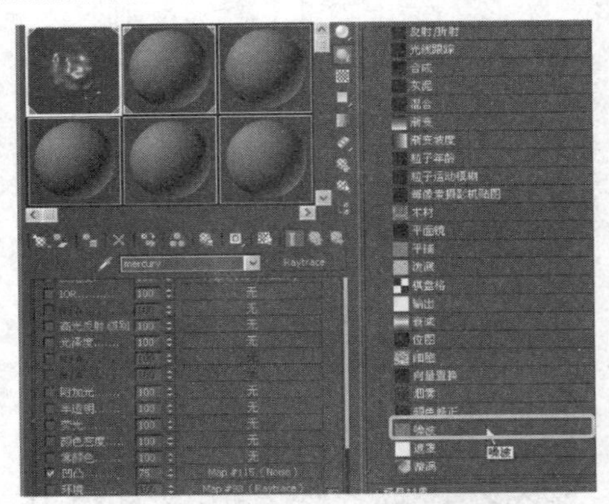

步骤3　在“噪波”程序贴图层级中设置相关参数。

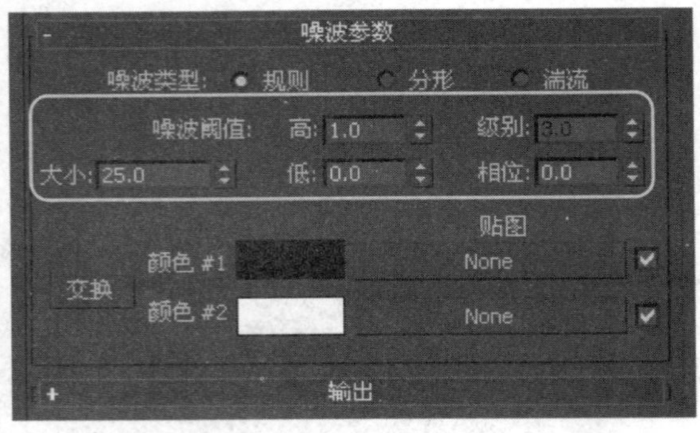

步骤4　再次渲染场景，可观察到冰块表面产生了凹凸效果。

提示：噪波的“湍流”类型用于生成应用绝对值函数来制作故障线条的分形噪波。

7.3.8　实战：烟雾贴图应用

光盘路径：第7章\7.3\烟雾贴图应用（原始文件）.max

步骤1　渲染场景，可观察到从场景中观察室外环境效果。

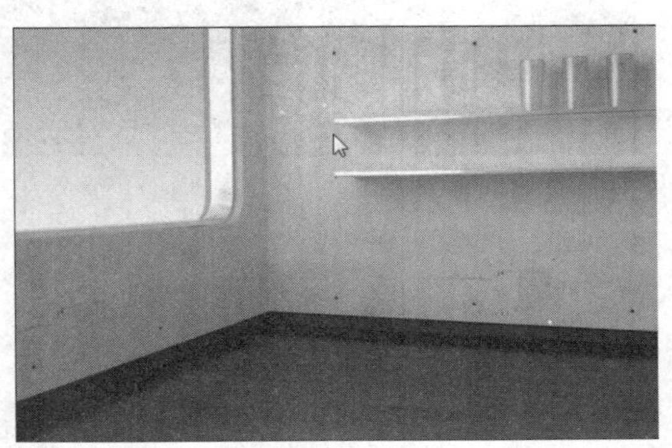

步骤2　打开材质编辑器，在应用于环境的贴图参数面板中为“颜色1”指定“烟雾”程序贴图。

步骤3　在“烟雾”程序贴图层级中设置烟雾的参数和颜色。

步骤4　再次渲染场景，可观察到使用烟雾程序贴图产生的云。

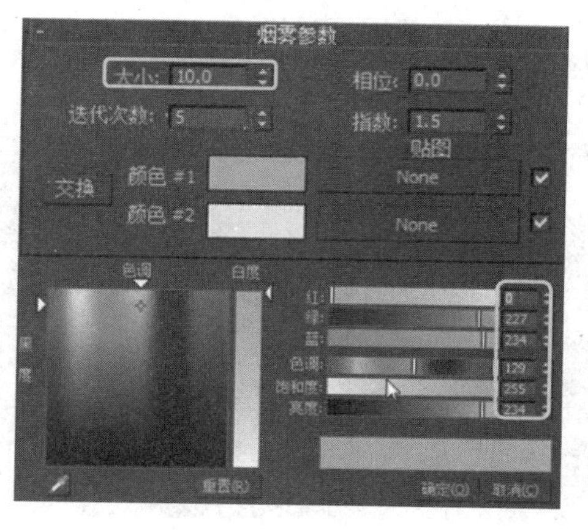

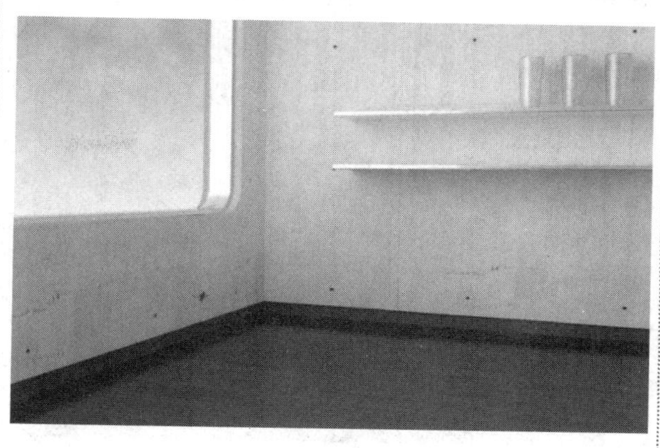

7.3.9　合成器贴图

“合成器”贴图类型专用于合成其他颜色或贴图，是指将两个或多个图像叠加以将其组合，3ds Max 2014共提供了4种该类型的3D程序贴图。

主要把木材用作漫反射颜色贴图。将指定给“木材”的两种颜色进行混合使其形成纹理图案。可以用其他贴图来代替其中任意一种颜色。

1. 合成贴图

“合成”可以合成多个贴图，这些贴图使用lph通道彼此覆盖。与“混合”不同，对于混合的量合成没有明显的控制。

2. 遮罩

使用“遮罩”贴图，可以在曲面上通过一种材质查看另一种材质，将遮罩控制应用到曲面的第二个贴图的位置。

视口可以在合成贴图中显示多个贴图。对于多个贴图显示，显示驱动程序必须是OpenGL或者Direct3D。软件显示驱动程序不支持多个贴图显示。

3. 混合

“混合”可混合两种颜色或两种贴图，将两种颜色或材质合成在曲面的一侧，可以使用指定混合级别调整混合的量。

4. RGB倍增

使用“RGB倍增”贴图可以通过RGB和lph值组合两个贴图，通常用于凹凸贴图。

“混合”应用效果

“RGB倍增”应用效果

7.3.10　实战：遮罩贴图的应用

光盘路径：第7章\7.3\遮罩贴图的应用（原始文件）.max

步骤1 渲染场景，可观察到场景中墙体已应用材质。

步骤2 打开材质编辑器，选择一个样本材质，为“漫反射”指定“遮罩”程序贴图。

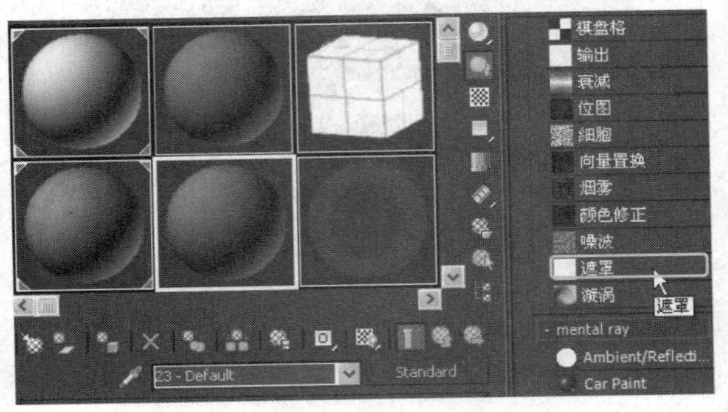

步骤3 在“遮罩”程序贴图层级为“贴图”指定“位图”，并选择贴图文件。

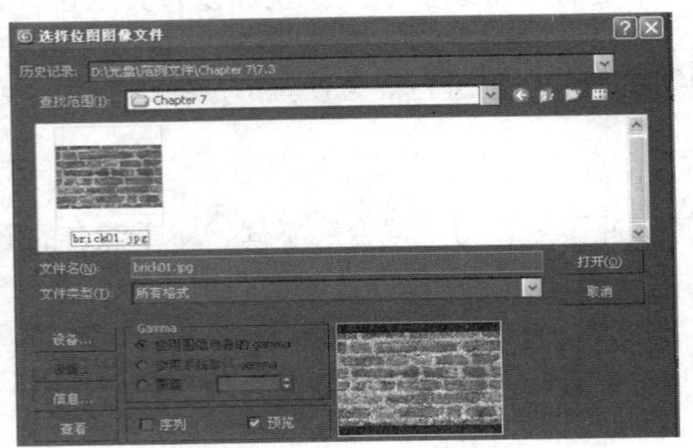

步骤4 为“遮罩”指定“棋盘格”程序贴图。

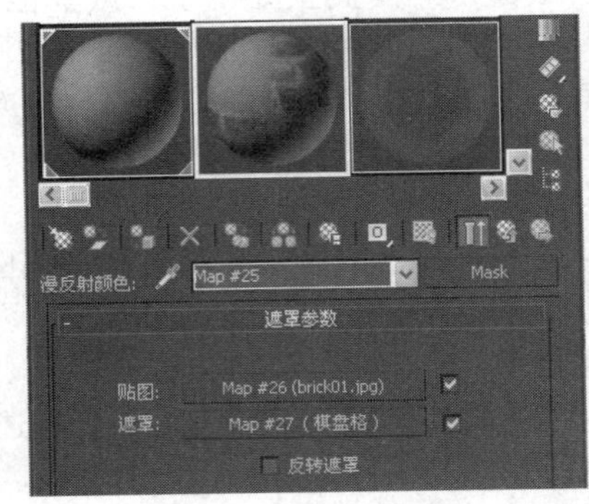

步骤5 返回到材质层级，设置“漫反射”颜色。

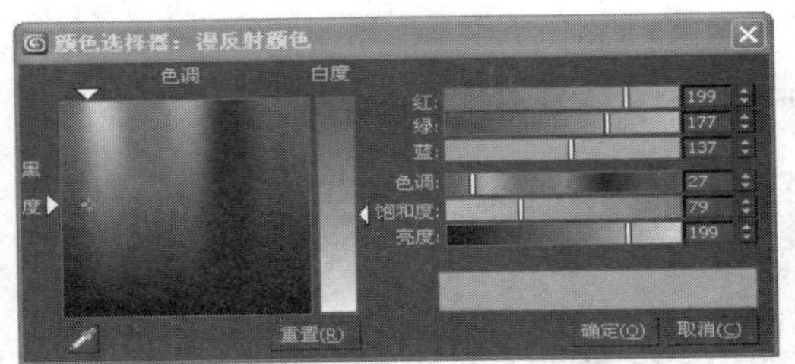

步骤6 将材质赋予墙体对象，渲染场景，可观察到棋盘格白色的格子将显示贴图，黑色的格子将显示“漫反射”颜色。

提示： 默认情况下，浅色（白色）的遮罩区域为不透明，显示贴图。深色（黑色）的遮罩区域为透明，显示基本材质。可以使用“反转遮罩”来反转遮罩的效果。

提示： 未遮罩的部分将显示材质漫反射的效果。

7.3.11 实战：混合贴图的应用

光盘路径： 第7章\7.3\混合贴图的应用（原始文件）.max

步骤1 打开本书配套光盘中的原始文件。

步骤2 打开材质编辑器，选择一个样本材质，为“漫反射”指定“混合”程序贴图。

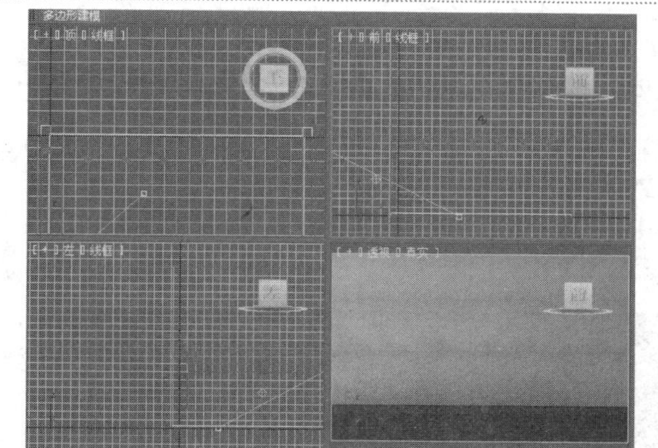

步骤3　在“混合”程序贴图层级为所有贴图通道都指定“位图”。

步骤4　为“颜色1”选择砖纹贴图，并确定混合的比例。

步骤5　为“颜色2”选择凹凸不平的墙面贴图。

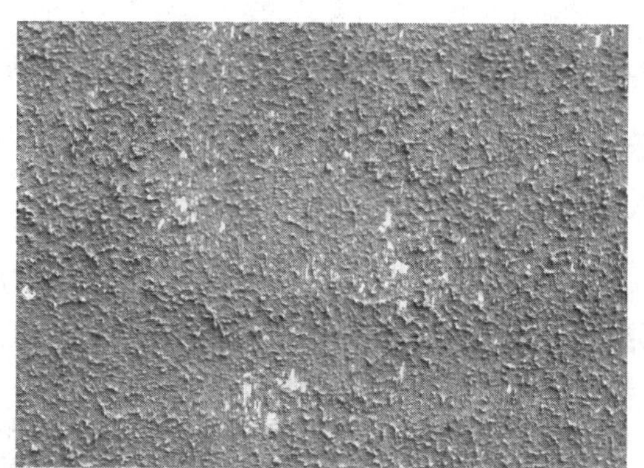

步骤6　为“混合数量”选择灰度纹理贴图。

步骤7　渲染场景，可观察到不同灰度贴图应用的位置，根据灰度强度分别显示“颜色1”和“颜色2”的贴图。

7.3.12 颜色修改器贴图

使用“颜色修改器”贴图可以改变材质中像素的颜色，3ds Max 2014共提供了4种该类型程序贴图。

1. 颜色修正

“颜色修正”是3ds Max 2014的新增贴图类型，提供了一组工具可基于堆栈的方法修改校正颜色，具有对比度、亮度等色彩基本信息的调整功能。

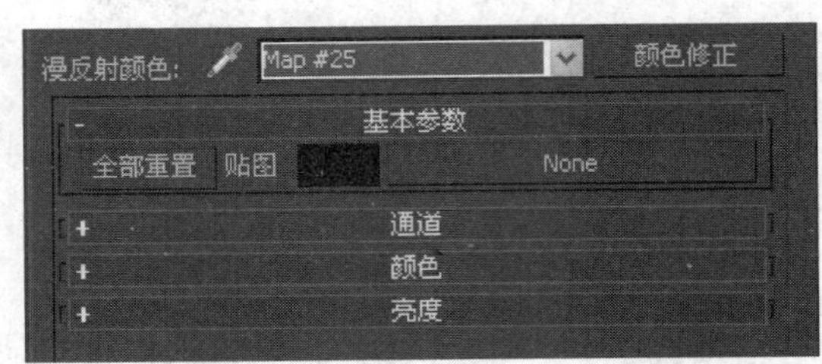

2. 输出

“输出”可将位图输出功能应用到没有这些设置的参数贴图中。

3. RGB染色

“RGB染色”可调整图像中三种颜色通道的值，三种色样代表三种通道，更改色样可以调整其相关颜色通道的值。

4. 顶点颜色

“顶点颜色”贴图可渲染对象的顶点颜色，可以使用顶点绘制修改器、指定顶点颜色工具指定顶点颜色，也可以使用可编辑网格顶点控件、可编辑多边形顶点控件或者可编辑多边形顶点控件指定顶点颜色。

提示： RGB染色贴图通道的默认颜色命名为红、绿和蓝，但是可以为它们指定任何颜色。您不必限制于红色、绿色和蓝色的变体。

提示： 如果要查看视图中的顶点颜色，右击对象，在四元菜单中选择“属性”命令，然后启用“显示属性”组中的“顶点通道显示”项。

7.3.13 实战：色彩校正贴图的应用

光盘路径： 第7章\7.3\色彩校正贴图的应用（原始文件）.max

步骤1 打开本书配套光盘中的原始文件。

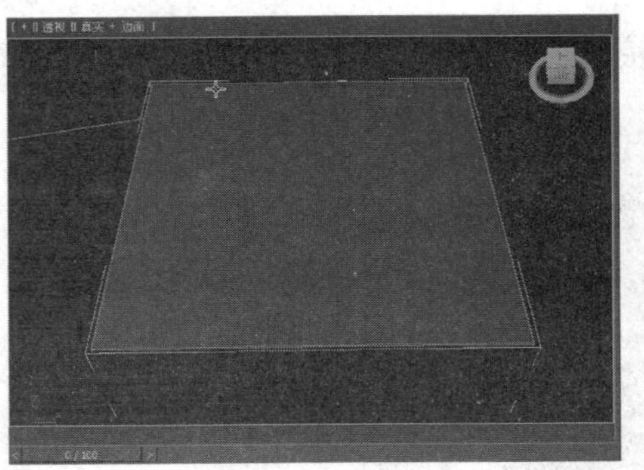

步骤2 打开材质编辑器，为对象使用的材质的“漫反射”指定“色彩校正”程序贴图。

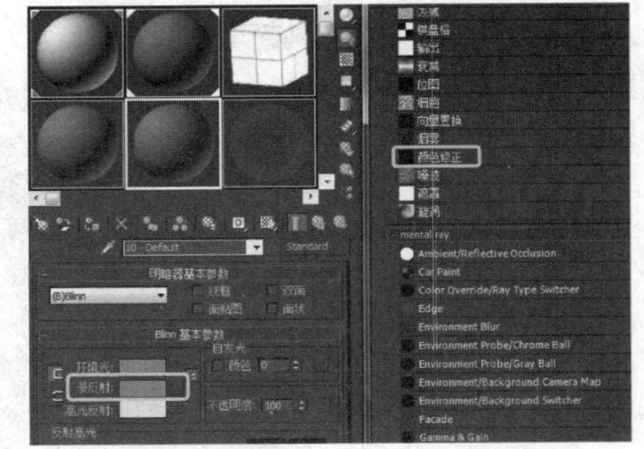

步骤3 在“色彩校正”程序贴图层级设置颜色。

步骤4 渲染场景，可观察到对象表面的颜色应用效果。

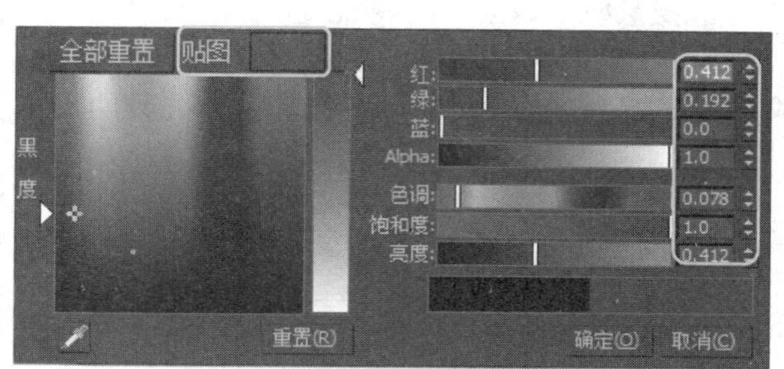

步骤5 为“色彩校正”程序贴图层级的贴图通道指定Bitmap（位图），选择指定的贴图文件。

步骤6 再次渲染场景，可观察到对象表面应用贴图的效果。

步骤7 在“基本参数”卷展栏中选择“单色”选项。

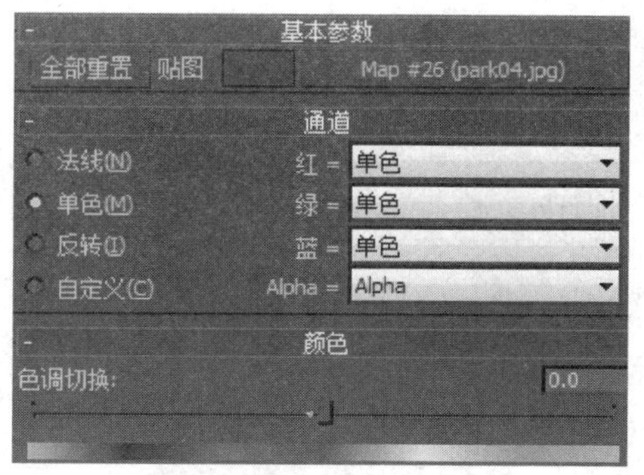

步骤8 再次渲染场景，可观察到贴图的颜色变为单色。

步骤9 展开“颜色”卷展栏，设置“色相”和“饱和度”参数。

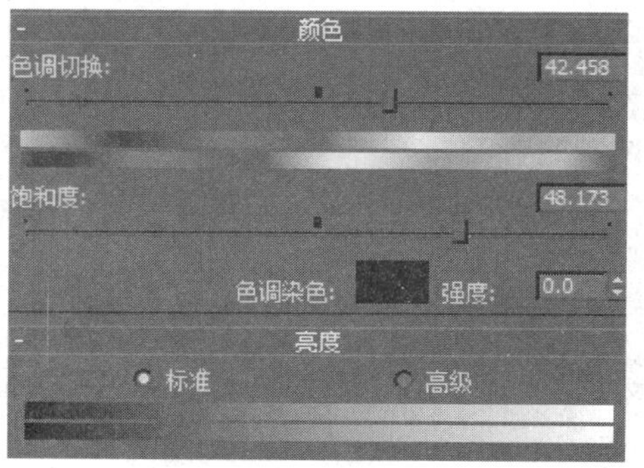

步骤10 渲染场景，可观察到贴图被更改色相和饱和度的应用效果。

7.3.14 其他贴图

“其他”类型贴图包括常用的多种反射、折射类贴图和摄影机每像素、法线凹凸等程序贴图。

1. 平面镜

“平面镜”程序贴图可应用于共面集合时生成反射环境对象的材质，通常应用于材质的反射贴图通道。

2. 光线跟踪

“光线跟踪”程序贴图可以提供全部光线跟踪反射和折射效果，光线跟踪对渲染 3ds Max 场景进行优化，并且通过将特定对象或效果排除于光线跟踪之外可以进一步优化场景。

平面镜

光线跟踪

3. 反射/折射

“反射/折射”贴图可生成反射或折射表面。要创建反射效果，将该贴图指定到反射通道；要创建折射效果，将该贴图指定到折射通道。

4. 薄壁折射

“薄壁折射”可模拟缓进或偏移效果，得到如同通过一块玻璃看到的图像。该贴图的速度更快，占用内存更少，并且提供的视觉效果要优于“反射/折射”贴图。

反射/折射

薄壁折射

5. 摄影机每像素

“摄影机每像素”可以从特定的摄影机方向投射贴图，通常使用图像编辑应用程序调整渲染效果，然后将这个调整过的图像用作投射回3D几何体的虚拟对象。

6. 法线凹凸

“法线凹凸”可以指定给材质的凹凸组件、位移组件或两者。使用位移的贴图可以更正看上去平滑失真的边缘，并会增加几何体的面。

7.3.15　实战：平面镜贴图的应用

光盘路径：第7章\7.3\平面镜贴图的应用（原始文件）.max

步骤1　以场景默认设置进行渲染，可观察到地板材质的应用效果。

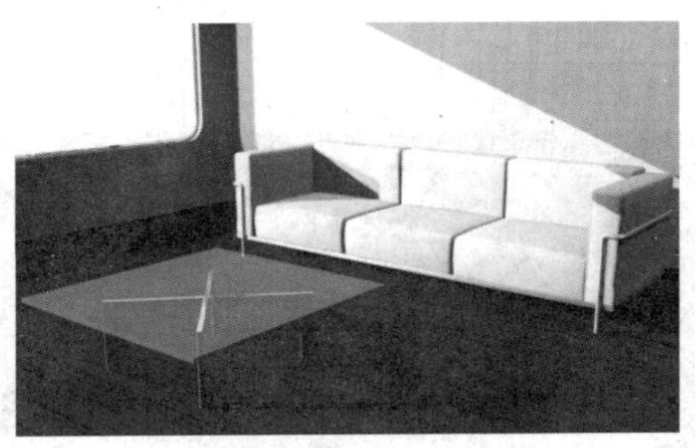

步骤2　打开“材质编辑器”窗口，为地板使用的材质“反射”贴图通道指定“平面镜”程序贴图。

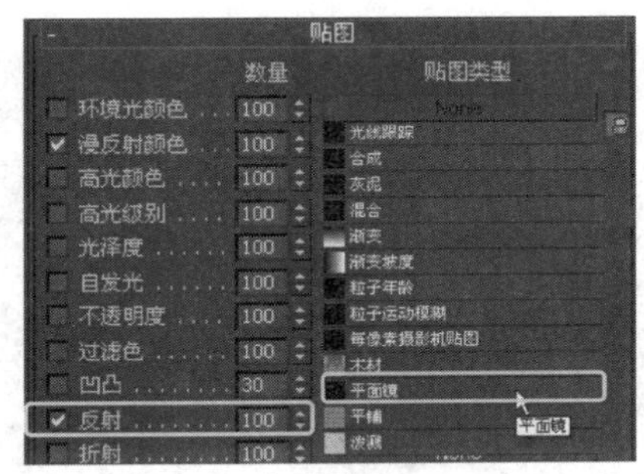

步骤3　在“平面镜”程序贴图层级中勾选“应用于带ID的面”复选框。

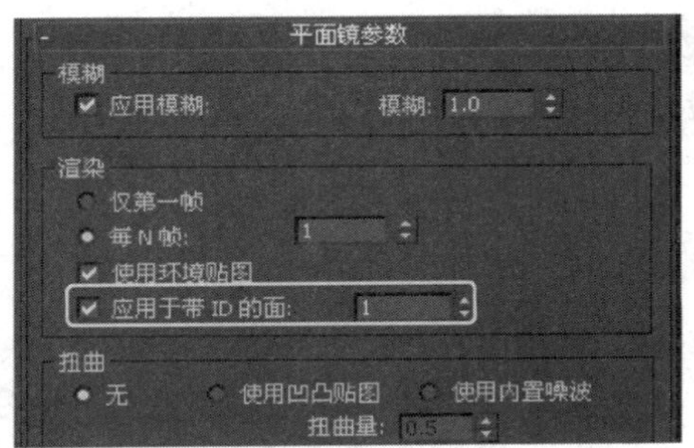

步骤4　渲染场景，可观察到平面镜程序贴图的应用效果。

步骤5　在材质的“贴图”卷展栏中设置“反射”强度为10。

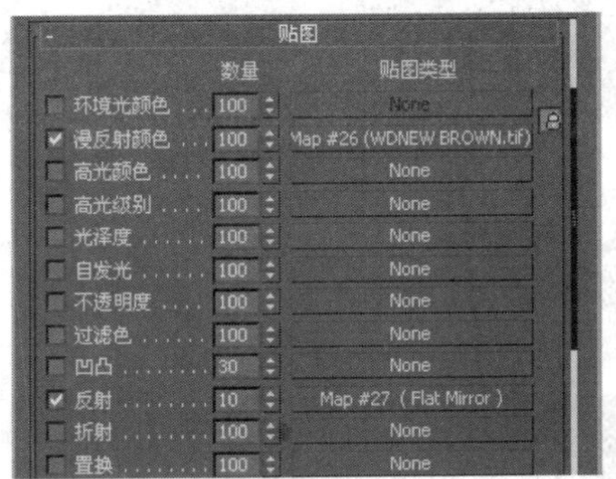

步骤6　再次渲染场景，可观察到地板产生的真实的反射效果。

7.4　制作生锈铁丝

本节将主要讲解贴图的应用，通过材质编辑器为“铁锈”场景制作生锈的铁质材质。

7.4.1　制作带漆铁锈材质

本小节将制作带漆铁锈的材质，主要通过带漆铁锈的贴图来模拟表面基本纹理效果，再通过为凹凸和反射贴图通道指定相应的灰度贴图，使带漆铁锈材质更具真实感。

7.4.2 实战：制作生锈铁丝

光盘路径：第7章\7.4\制作生锈铁丝（原始文件）.max

步骤1 直接渲染场景，可观察到场景中所有对象应用的默认标准材质。

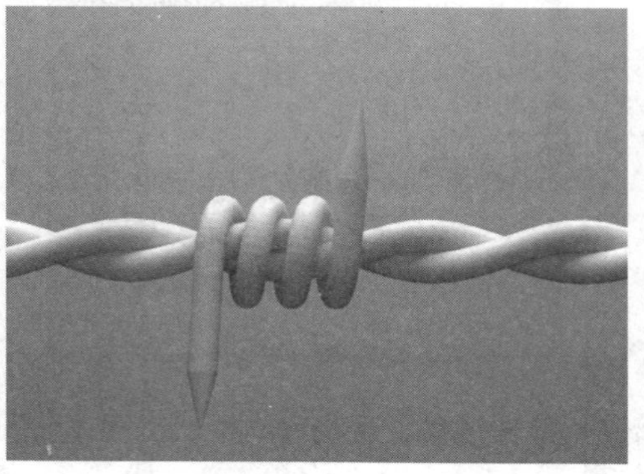

步骤2 选择一个样本材质，然后为“漫反射”指定“位图”程序贴图。

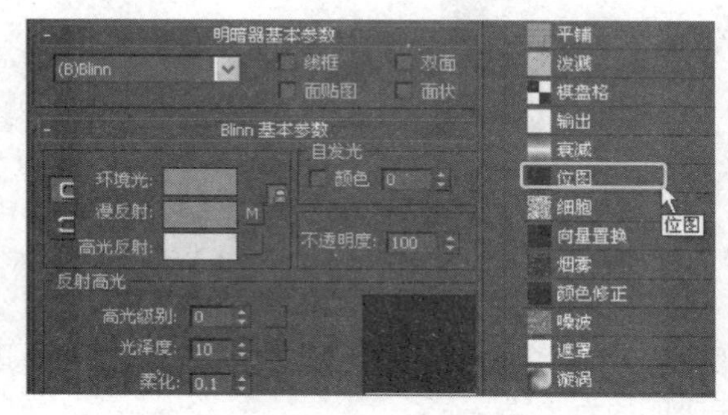

步骤3 在“位图”程序贴图层级中，选择指定的贴图文件。

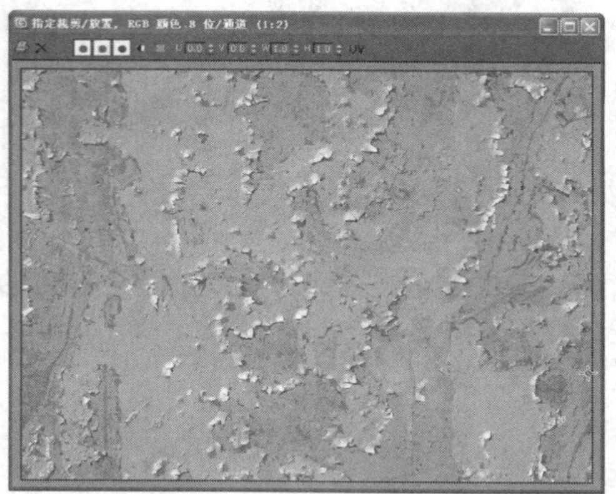

步骤4 返回到材质层级，在“反射高光”选项组中设置参数，使材质产生高光效果。

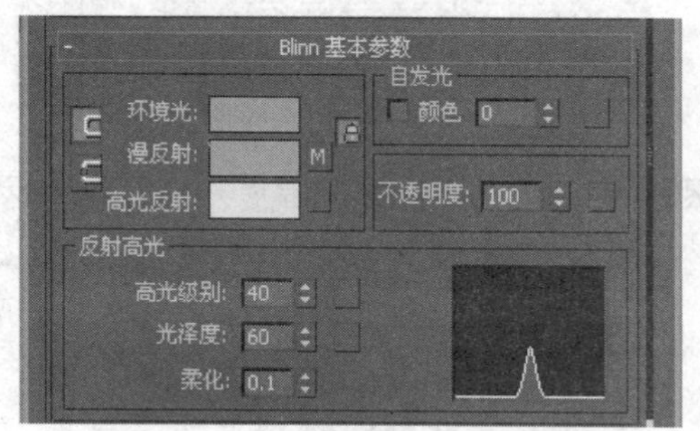

步骤5 将材质指定于中间的铁丝对象，然后渲染场景，可观察到材质贴图和高光的应用效果。

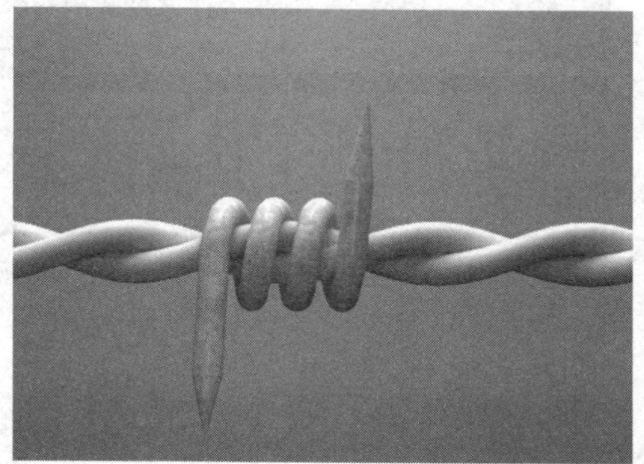

步骤6 展开“贴图”卷展栏，然后为“凹凸”贴图通道指定“位图”。

步骤7　在“位图”程序贴图层级中，选择指定的贴图文件。

步骤8　渲染场景，可观察到了在凹凸贴图通道应用贴图后，对象表面产生一定的凹凸效果。

步骤9　为“反射”贴图通道指定“位图”，并设置相应的贴图强度参数。

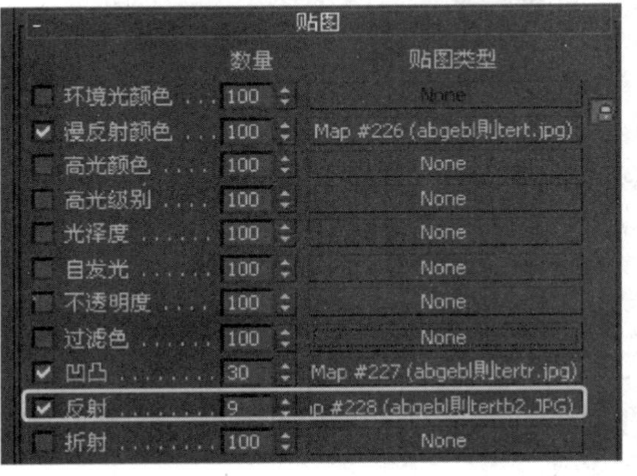

步骤10　在“位图”程序贴图层级中，选择指定的贴图文件。

步骤11　渲染场景，可观察到反射贴图通道应用贴图后对象表面整体亮度提高的效果。

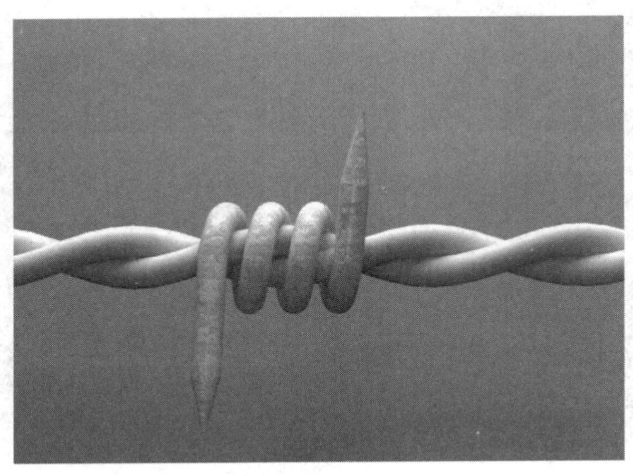

提示： 将贴图指定给外形复杂的不规则对象时，通常会使用相应的修改器来调整贴图坐标。

提示： 金属对象表面通常都能产生较强的高光，特别在漆未掉落的部分，生锈的部分表面凹凸的顶部也会产生一定的高光。

提示： 使用对比度越强的灰度贴图，产生的凹凸越明显。

提示： 对比度较低的灰度贴图通常用于控制高光反射效果。

提示： 凹凸效果与摄影机观察角度和灯光照明有关，不同环境下观察到的凹凸强度有所差别。

7.4.3 实战：制作锈迹斑驳的材质

本小节讲解锈迹斑驳的材质的制作方法，同样，位图贴图的选择和贴图通道的应用为重点，设置适当的高光，使材质与环境融合得更加自然。

步骤1 选择一个新的样本材质，展开“贴图”卷展栏，为“漫反射”、“凹凸”和“反射”等贴图通道都选择“位图”贴图。

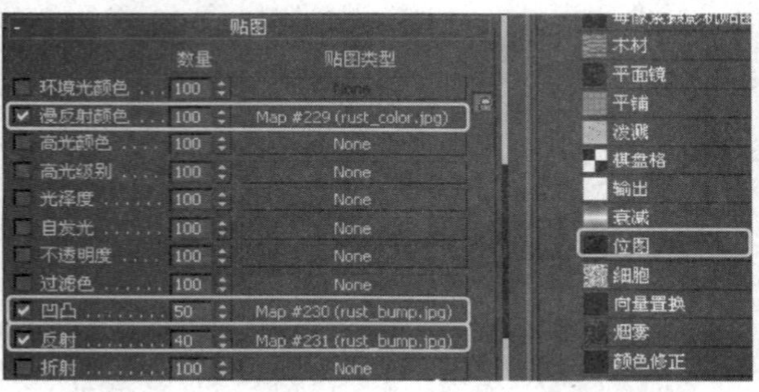

步骤2 在漫反射的贴图层级中，选择指定的位图贴图。

步骤3 在凹凸和反射的贴图层级中选择指定的位图贴图。

步骤4 返回到材质层级，然后设置材质的高光反射参数。

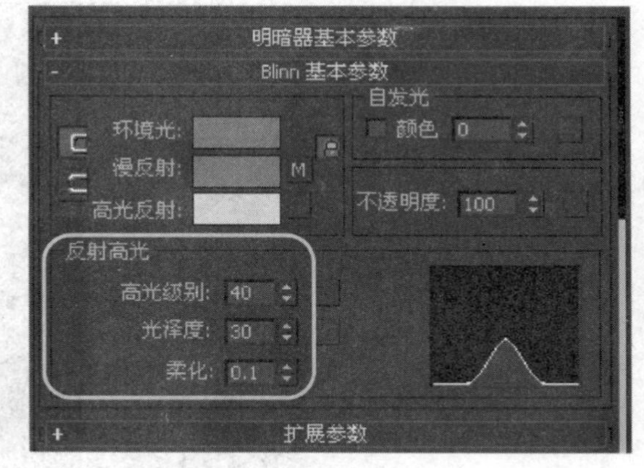

步骤5 将该材质赋予场景中的另一个铁丝对象，渲染场景，可观察到第二种铁锈材质的最终完成效果。

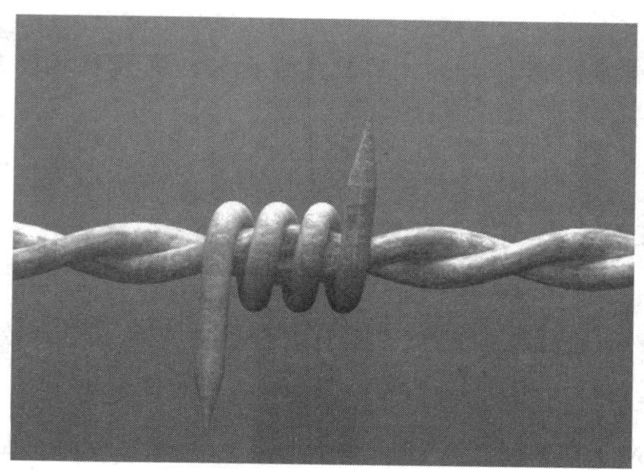

提示： 锈迹斑驳的金属通常不会产生面积较大的高光反射效果。

提示： 如果不同的贴图都指定位图，可以通过复制贴图，再更改贴图文件的方式进行操作。

提示： 如果铁锈材质在场景中的表现过暗，可以通过增大自发光值提高其亮度。

7.4.4 实战：制作其他材质

其他材质的制作非常简单，可以简单地设置颜色或高光，来模拟细小的蛛丝和虚化背景，并通过颜色设置形成强烈的对比。具体操作步骤如下：

步骤1 选择一个新的样本材质，将其制作成“漫反射”为纯白的材质。

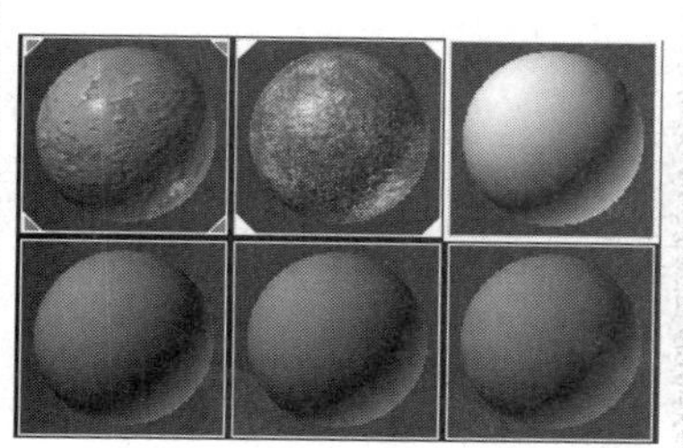

步骤2 重新选择一个样本材质，然后设置“漫反射”颜色。

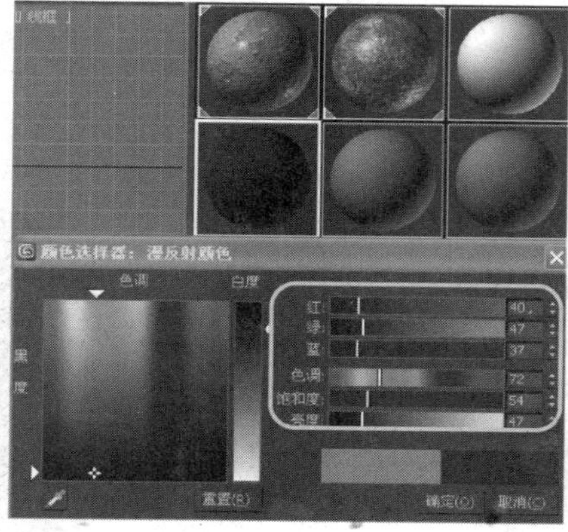

步骤3 将白色材质赋予蜘蛛丝对象，将深色材质赋予场景背景对象，然后渲染，完成整个场景的材质制作。

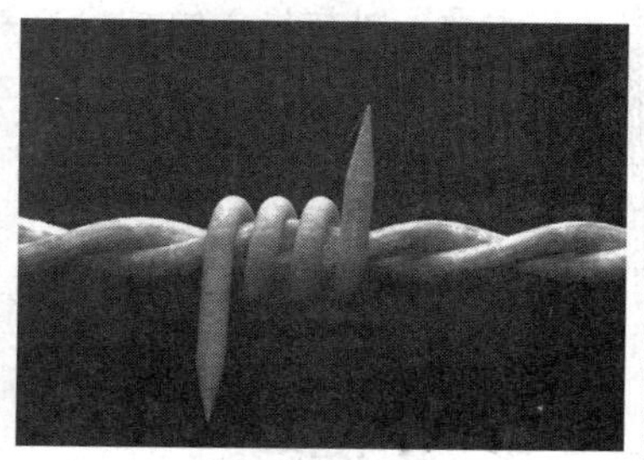

提示： 真实世界的蜘蛛丝是无色透明的，当前场景蜘蛛丝太过细小，可以直接使用白色代替或适当设置不透明度，使蜘蛛丝更加真实。

7.5 操作答疑

7.5.1 专家答疑

（1）简单介绍材质的基本知识。

答：材质详细描述对象如何反射或透射灯光，其属性也与灯光属性相辅相成，最主要的属性为漫反射颜色、高光颜色、不透明度和反射/折射。

相关属性解读如下：

1）**漫反射**：颜色是对象表面反映出来的颜色，就是通常提及的对象颜色，受灯光和环境的影响会产生偏差。

2）**高光**：物体表面高亮显示的颜色，反映了照亮表面的灯光的颜色。在3ds Max中，可以对高光颜色进行设置，使其与漫反射颜色相符，能产生一种无光效果，从而降低材质的光泽性。

3）**不透明度**：可以使3ds Max中的场景对象产生透明效果，并能够使用贴图产生局部透明效果。

4）**反射/折射**："反射"是光线投射到物体表面，根据入射的角度将光线反射出去，使对象表面反映反射角度方向的场景，如平面镜；"折射"则是光线透过对象，改变了原有的光线的投射角度，使光线产生了偏差，如透过水面看水底。

（2）简单介绍贴图的基本知识。

答：贴图可以模拟纹理、反射、折射及其他特殊效果，可以在不增加材质的复杂度的前提下，为材质添加细节，有效改善材质的外观和真实感。

3ds Max的贴图可分为2D贴图、3D贴图、合成贴图等多种类型，不同的贴图类型产生不同的效果并且有其特定的行为方式，其中2D贴图是二维图像，一般将其粘贴在几何体对象的表面，或者和环境贴图一样用于创建场景的背景。

3D贴图是根据程序以三维方式生成的图案，拥有通过指定几何体生成的纹理。如果将指定纹理的对象切除一部分，那么切除部分的纹理与对象其他部分的纹理相一致。

3ds Max一共提供14种预置的3D程序贴图，如凹痕、衰减等。另外，3ds Max支持安装插件提供的更多贴图。

（3）简单介绍卡通材质的特点。

答："卡通"材质可以创建卡通效果，与其他大多数材质提供的三维真实效果不同，该材质提供带有墨水边界的平面着色。

"卡通"材质提供的参数主要用于控制绘制效果和墨水效果。

相关卷展栏解读如下：

1）**基本材质扩展**：主要提供了设置材质是否启用双面、凹凸等特殊效果的参数。

2）**绘制控制**：在该卷展栏中可以设置绘制不同的光照区域，包括亮区、暗区和高光区等。

3）**墨水控制**：该卷展栏中可以设置材质的轮廓和划线效果。

7.5.2 操作习题

1. 选择题（选项为一个或多个）

（1）以下关于材质和贴图的说法，正确的是（　　）。

A. 在三维软件中，材质和贴图是同一个概念

B. 在三维软件中，我们所说的"金属"实际上是一种贴图

C. 纹理是指对象的表面颜色、图案、凹凸和反射等特征，在三维软件中是指“明暗模式”

D. 材质包含了“明暗模式”和“贴图”两个内容

（2）在“颜色选择器(Color Selector)”中不可以直接调节的参数是（　　）。

A. 光的三原色(红绿蓝)

B. 色调(Hue)

C. 饱和度(Sat)

D. 色彩的三原色（红黄蓝）

（3）在“颜色选择器(Color Selector)”，可以得到红色的数值组合是（　　）。

A. R 255，G 255，B 255

B. R 0，G 255，B 0

C. R 0，G 0，B 255

D. R 255，G 0，B 0

（4）在“材质编辑器(Material Editor)”中，当右击活动示例窗时，会弹出一个菜单，无法在菜单中实现的操作是（　　）。

A. “拖动/复制(Drag/Copy)”

B. “拖动/缩放(Drag/Scale)”

C. “拖动/旋转(Drag/Rotate)”

D. “渲染贴图(Render Map)”

（5）在下列选项中，对3ds Max“光线跟踪材质(Raytrace Material)”和“光线跟踪贴图(Raytrace Map)”叙述不正确的是（　　）。

A. 光线跟踪材质是一种比标准材质更高级的材质类型，它不仅包括了标准材质所具备的全部特性，还可以创建更真实的反射和折射效果

B. 光线跟踪贴图比光线跟踪材质有更多的衰减控制

C. 使用光线跟踪贴图和使用光线跟踪材质制作出的反射和折射效果完全一致

D. 在通常情况下，使用光线跟踪贴图要比使用光线跟踪材质的渲染速度快一些

（6）以下关于3ds Max“材质编辑器(Material Editor)”的示例窗和各种工具按钮的说法正确的是（　　）。

A. 在样本窗口中最多只能显示6个材质球

B. “按材质选择”工具是指在当前场景，通过材质选择对象的一种方法，它可以将场景中所有使用该材质的物体全部选择

C. 在使用“吸管”工具吸取场景中对象的材质时，当前所选的材质球中的材质将被永久覆盖，不能找回

D. “将材质指定给选定对象”工具是将当前激活示例窗中的材质指定给当前选择的对象，同时材质会变为一个同步材质

（7）以下对贴图通道指定的各种说法正确的是（　　）。

A. 在贴图通道中可执行复制、剪切、清除等操作

B. “凹凸”贴图通道和置换贴图通道实现的效果完全一样

C. 在“反射(Reflection)”贴图通道中不能实现反射衰减效果

D. 在“漫反射颜色(Diffuse Color)”通道中可以表现所有材质纹理效果

（8）以下有关贴图通道的陈述，错误的是（　　）。

A. 同一对象的贴图不论使用几个贴图通道，都必须使用同样的坐标

B. 不同的贴图通道可以有不同的U向平铺和V向平铺值，以及不同的U向偏移和V向偏移值

C. 在"UVW贴图"修改器中，也可以设置不同的贴图通道

D. 贴图通道取值范围是1到99

（9）关于"多维/子对象材质(Multi/Sub-Object Material)"，在下列说法中，不正确的是（　　）。

A. "多维/子对象(Multi/Sub-Object)"材质最多可以设置1000个子材质

B. 默认情况下，"多维/子对象(Multi/Sub-Object)"材质的子材质是具有Blinn明暗器模式的标准材质

C. 在"多维/子对象(Multi/Sub-Object)"材质级别输入的颜色可以更改各项子材质的漫反射颜色

D. 在"多维/子对象(Multi/Sub-Object)"材质级别输入的名称可以更改各项子材质的名称

（10）以下关于"材质(Material)"的叙述正确的是（　　）。

A. 物体表面越光滑，高光面积就越大，高光就越强

B. 一个RGB值为"0，0，0"的纯黑色材质不受灯光影响

C. 物体表面越光滑，反射就越强

D. 高光的颜色只能是白色

2. 填空题

（1）"合成(Composite)"材质最多可以合成____________种材质。

（2）为了得到指定的高光，我们应使用____________明暗器进行调节。

（3）在3ds Max"明暗器(Shading Type)"的选项右侧提供了____________、____________、____________和____________附属效果。

3. 操作题

实例制作：沙漠小屋效果图。

（1）使用"混合"材质类型来设置墙体材质，并分别在子材质中添加"漫反射颜色"贴图和"凹凸"贴图，其中一层材质为墙皮，另一层材质为砖块；然后在"遮罩"通道中使用贴图，使墙皮掉落的部分显出砖块。栅栏、板条门和长椅的木板部分对象同样是通过该方法来进行设置，其中一层材质为木板材质，另一层为灰尘，与墙体不同的是，该材质未使用遮蔽贴图，而是设置混合量参数，使材质呈现木材表面蒙有灰尘的效果。

（2）窗户部分使用了"多维/子材质"类型，窗框和玻璃部分使用了不同的材质，而玻璃部分使用混合材质类型设置为平面玻璃和裂纹两部分，门的材质使用了"多维/子材质"材质类型，使门框和门扇具有不同的材质。门扇使用了"合成"材质类型，包括底层木材、木材缝隙的污迹和门上便签。

（3）最后通过添加"双面"材质类型，来设置传单的材质。

以下为制作前效果图和制作完成后效果图。

制作前

完成后

第8章

摄影机和灯光

本章重点：

本章对3ds Max 2014的摄影机和各种预置灯光进行详细的讲解，包括摄影机的原理和各种灯光的技法。其中重点讲解了标准灯光的使用和光度学灯光的分布方式，并配合小型实例讲解灯光在场景中的具体使用技巧和方法。

学习目的：

掌握3ds Max 2014的摄影机和各种预置灯光，包括摄影机的原理和各种灯光的技法。重点掌握标准灯光的使用和光度学灯光的分布方式。

参考时间：80分钟

主要知识	学习时间
8.1　摄影机	15分钟
8.2　灯光的种类	10分钟
8.3　标准灯光的基本参数	10分钟
8.4　光度学灯光的基本参数	10分钟
8.5　灯光的阴影	15分钟
8.6　模拟白天街道的光照效果	20分钟

8.1 摄影机

摄影机可以从特定的观察点表现场景，模拟真实世界中的静止图像、运动图像或视频，并能够制作某些特殊的效果，如景深和运动模糊等。本节主要介绍摄影机的相关基本知识与实际应用操作。

8.1.1 摄影机的基本知识

真实世界中的摄影机是使用镜头将环境反射的灯光聚焦到具有灯光敏感性曲面的焦点平面。3ds Max的摄影机可以与真实世界中的摄影机产生的镜头效果相同，与3ds Max 2014中摄影机相关的参数主要包括焦距和视野。

1. 焦距

焦距是指镜头和灯光敏感性曲面的焦点平面间的距离。焦距影响成像对象在图片上的清晰度。焦距越小，图片中包含的场景越多；焦距越大，图片中包含的场景越少，但会显示远距离成像对象的更多细节。

2. 视野

“视野”控制摄影机可见场景的数量，以水平线度数进行测量。视野与镜头的焦距直接相关。例如，35mm的镜头显示水平线约为54°，焦距越大，视野越窄；焦距越小，视野越宽。

8.1.2 摄影机的类型

3ds Max 2014共提供了两种摄影机类型，包括目标摄影机和自由摄影机两种，前者适用于表现静帧或单一镜头的动画，后者适用于表现摄影机路径动画。

1. 目标摄影机

“目标”摄影机沿着放置的目标图标“观察”区域，使用该摄影机更容易定向。为目标摄影机及其目标制作动画，可以创建有趣的效果。

2. 自由摄影机

“自由”摄影机在摄影机指向的方向查看区域，与目标摄影机不同，自由摄影机由单个图标表示，可以更轻松地设置摄影机动画。

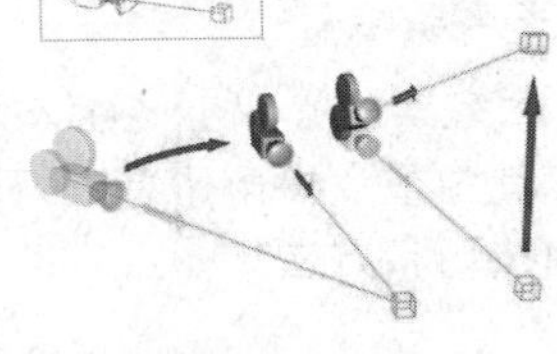

目标摄影机移动和定向的示意

提示：目标摄影机和自由摄影机的参数设置几乎完全一样，只是目标摄影机可以通过目标点来控制摄影机方向。

8.1.3 摄影机的操作

在3ds Max 2014中，可以通过多种方法快速创建摄影机，并能够使用移动和旋转工具对摄影机进行移动和定向操作，同时应用预置的各种镜头参数来控制摄影机的观察范围和效果。

提示：摄影机在场景中会显示摄影机图标和摄影范围框。它和其他对象一样，可以进行隐藏和冻结操作。

1. 摄影机的创建与变换

对摄影机进行移动操作时，通常针对“目标”摄影机类型，可以将摄影机本身与摄影机目标点分别进行移动操作；由于“目标摄影机”被约束指向其目标，无法沿着其自身的X和Y轴进行旋转，所以旋转操作主要针对“自由”摄影机类型。

2. 摄影机常用参数

摄影机的常用参数主要包括镜头的选择、视野的设置、大气范围和裁剪范围的控制等多个参数。

相关参数解读如下：

（1）**镜头：**以毫米为单位设置摄影机的焦距。

（2）**视野：**决定摄影机查看区域的宽度，可以通过水平、垂直或对角线三种方式测量应用。

（3）**备用镜头：**在该选项组中，可以选择各种常用预置镜头。

（4）**环境范围：**该选项组提供了设置大气效果的近距范围和远距范围限制参数。

（5）**剪切平面：**该选项组可以设置摄影机的观察范围。旋转时，可以右击“旋转”按钮，在弹出的对话框里输入旋转角度。

8.1.4 实战：创建与调整摄影机

光盘路径：第8章\8.1\创建与调整摄影机（原始文件）.max

步骤1 调整“透视”视口为指定的观察角度。

步骤2 按下快捷键Ctrl+C，在场景中根据“透视”视口的观察角度快速创建目标摄影机。

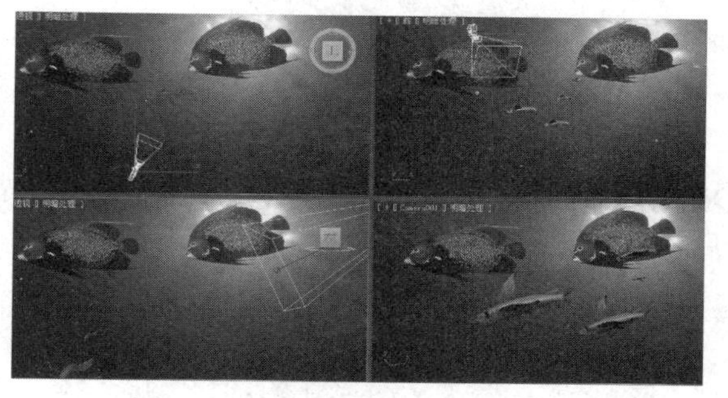

步骤3 使用移动工具移动摄影机，可观察“摄影机”视口所受到的影响。

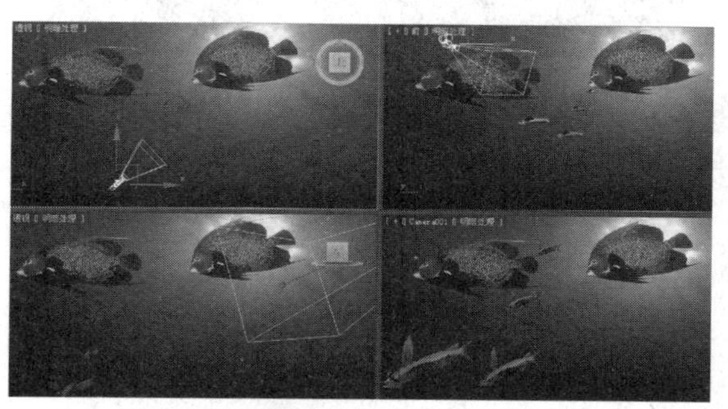

步骤4 选择摄影机的目标点，进行移动操作，可观察到目标点的移动同样改变了“摄影”视口的观察角度。

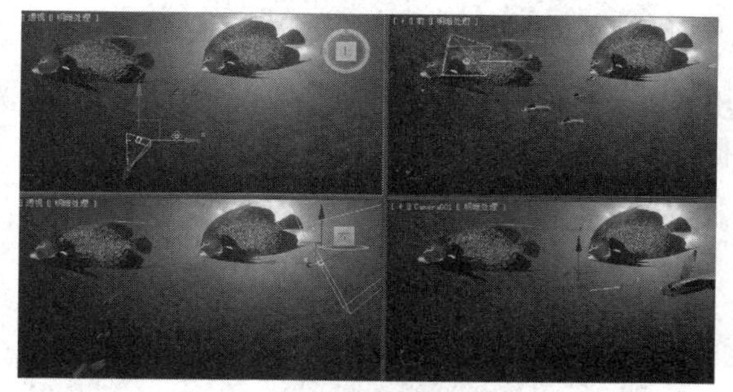

步骤5 同时选择摄影机和摄影机目标点，激活旋转工具，并在主工具栏中切换到“局部”参考坐标系。

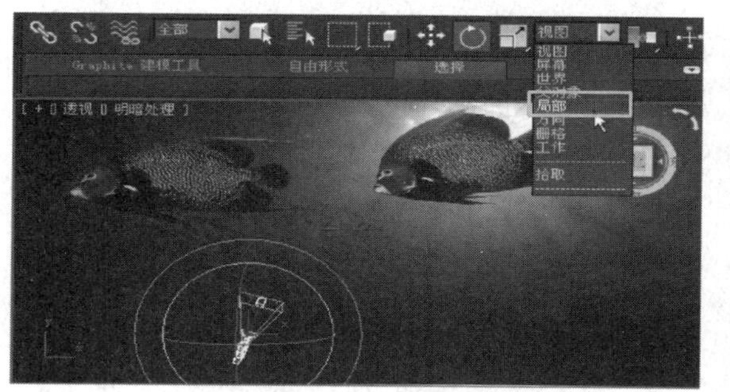

步骤6 将摄影机和目标点整体旋转180°，可观察到“摄影机”视口产生新的变化。

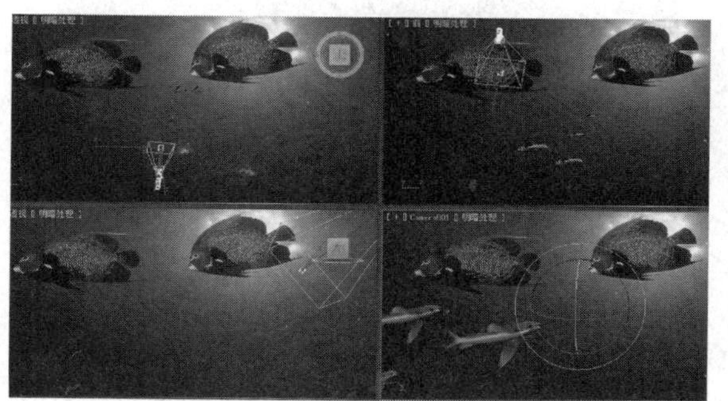

提示：摄影机视口通常和安全框配合使用，视频安全框提供了一种指导，主要用于对字幕的控制。

8.1.5 实战：摄影机的参数应用

光盘路径：第8章\8.1\摄影机的参数应用（原始文件）.max

步骤1 渲染场景，可观察到场景的渲染效果。

步骤2 选择场景中的摄影机对象，设置“镜头”焦距参数值为40mm。

步骤3 再次渲染场景，可观察到改变镜头焦距后，场景范围有所变化。

步骤4 勾选“显示地平线”复选框，可观察到场景中出现了一条黑色的地平线。

步骤5 勾选“环境范围”选项组的“显示”复选框，并设置相关参数。

步骤6 渲染场景，可观察到设置了环境范围的应用后，场景渲染效果改变。

步骤7 勾选“剪切平面”选项组的“手动剪切”复选框，并设置相关参数。

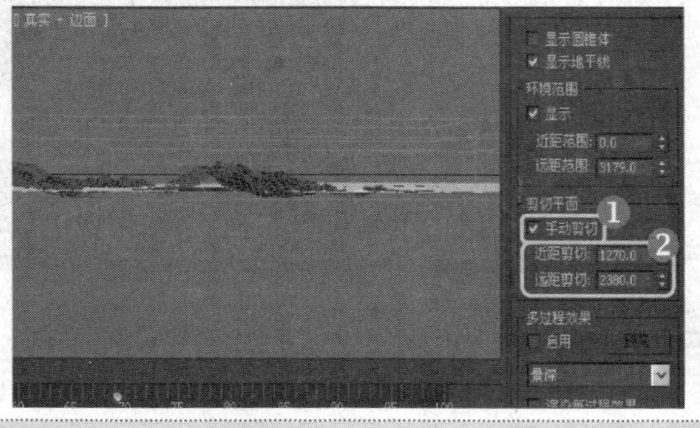

步骤8 渲染场景，可观察到应用了“剪切平面”后，摄影机只能观察特定的范围。

提示：50mm镜头所观察的范围最接近人肉眼的观察范围，所以在电影、新闻照片等行业都习惯应用该大小的镜头。

提示：要保持视口的镜头观察效果，就要避免移动摄影机或使用相应的透视导航工具。

提示：如果更改渲染的输出大小比例，相应地会更改摄影机的镜头参数。

8.1.6　景深

“景深”是多重过滤效果，通过模糊到摄影机焦点某距离处的帧的区域，使图像焦点之外的区域产生模糊效果。

景深的启用和控制主要在摄影机参数面板的“多过程效果”选项组和“景深参数”卷展栏中进行设置。

相关参数解读如下：

❶**过程总数**：用于生成效果的过程数，增加此值可以增加效果的精确性，但渲染时间也随之增加。

❷ **采样半径**：用于控制移动场景生成模糊的半径，该参数值越大，模糊效果越明显，默认值为1.0。

❸**采样偏移**：模糊靠近或远离“采样半径”的权重。增加该值将增加景深模糊的数量级，表现更均匀的效果；减小该值将减小景深模糊的数量级，表现更随机的效果。“采样偏移”值的范围是0.0 ~ 1.0。

❹**目标距离**：表示摄影机和其目标之间的距离。

提示：摄影机的景深效果是一种模拟效果，应用景深会使渲染时间成倍增长。

提示：3ds Max支持在mental ray场景中应用摄影机的景深效果。

提示：“过程总数”参数值对最终渲染的时间影响最为明显，过程总数值越大，计算次数越多，渲染时间越长。

8.1.7　实战：景深效果测试应用

光盘路径：第8章\8.1\景深效果测试应用（原始文件）.max

步骤1　打开文件，对场景进行渲染，然后观察为摄影机添加“景深”效果前的场景。

步骤2　选择场景中摄影机，然后在“修改”命令面板中启用“景深”多过程效果。

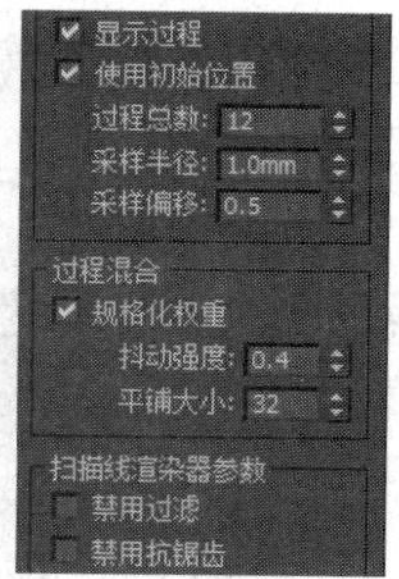

步骤3　对场景进行渲染，由于摄影机的焦点处于场景中间的苹果附近，因此处于近处的苹果和处于远处的苹果随景深的不同而呈现出不同的模糊效果。

步骤4　在“景深参数”卷展栏的“焦点深度”选项组中，默认状态为启用“使用目标距离”复选框，启用后将以摄影机目标距离作为每过程摄影机进行偏移的位置。

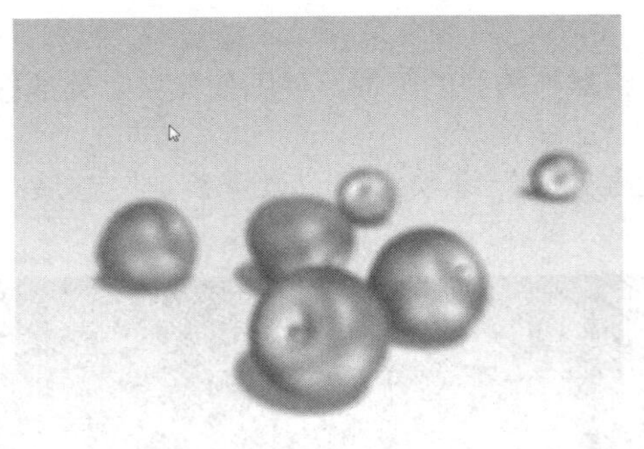

步骤5 “焦点深度”选项组可设置摄影机偏移时的深度，当设置较低的“焦点深度”值时，会产生紊乱的模糊效果。

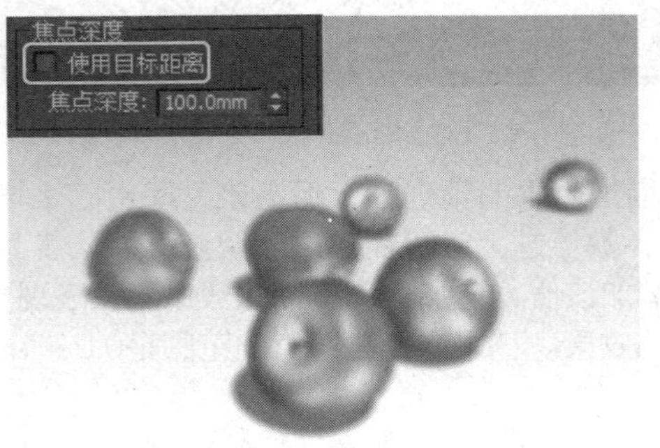

步骤6 当设置较高的值时，将模糊较远的场景部分。通常用“焦点深度”取代摄影机目标距离设置以趋于模糊整个场景。

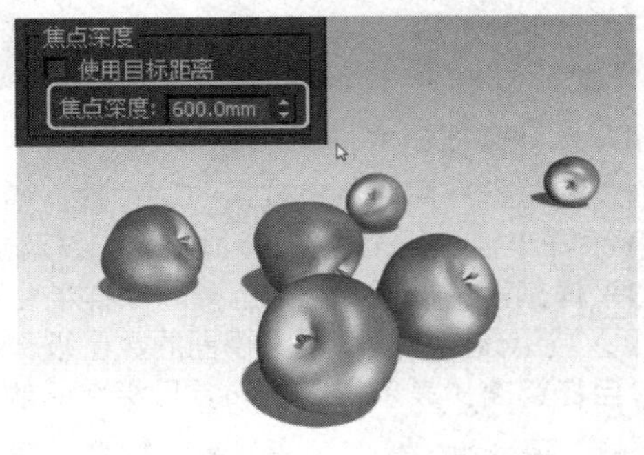

步骤7 禁用“使用初始位置”复选框后，在摄影机初始位置渲染，设置参数。

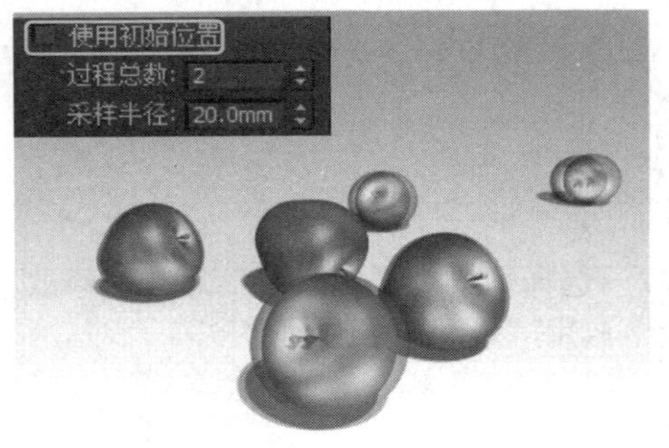

步骤8 启用“使用初始位置”复选框后，在摄影机初始位置渲染，设置参数。

步骤9 增加“过程总数”值可以增加效果的准确性，设置参数为3，渲染。

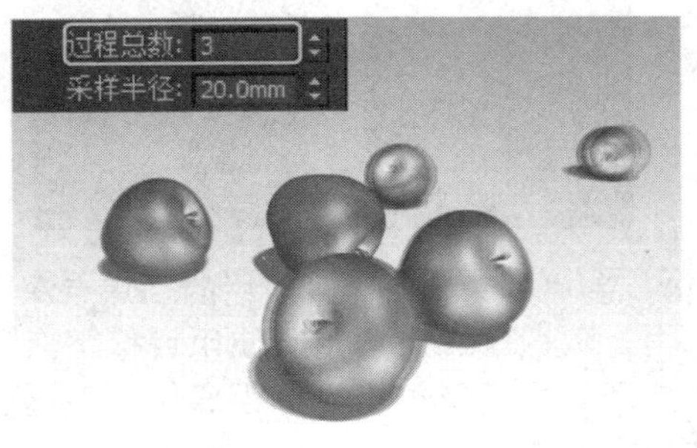

步骤10 设置参数“过程总数”值为12，渲染。

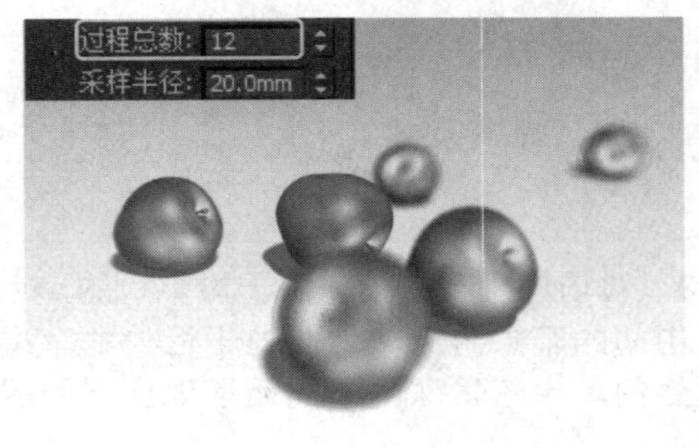

步骤11　通过“采样半径”值，可以设置为了使场景产生模糊效果而进行图像偏移的半径。提高该值可以增强模糊效果，降低该值可以减小模糊效果。

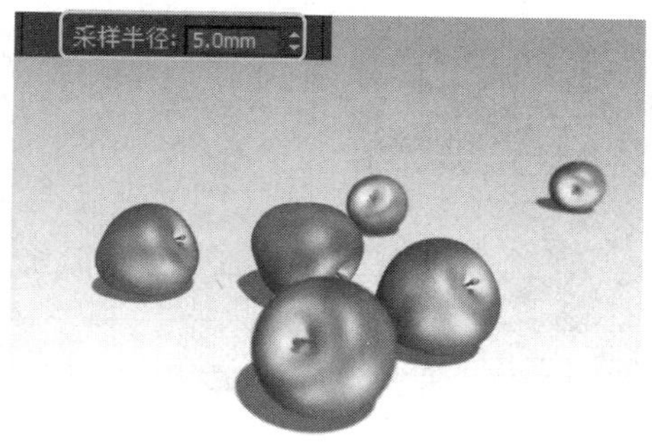

步骤12　“采样偏移”是设置模糊远离或靠近采样半径的权重值。增加该值可以增加景深模糊的数量级，产生更为一致的效果；降低该值可以减小景深模糊，产生更为随意的效果。

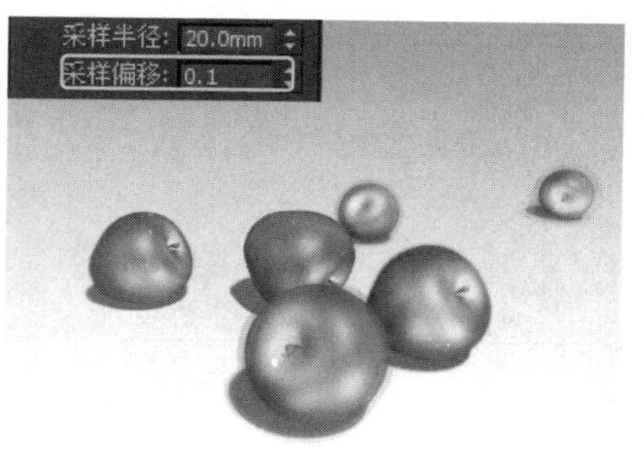

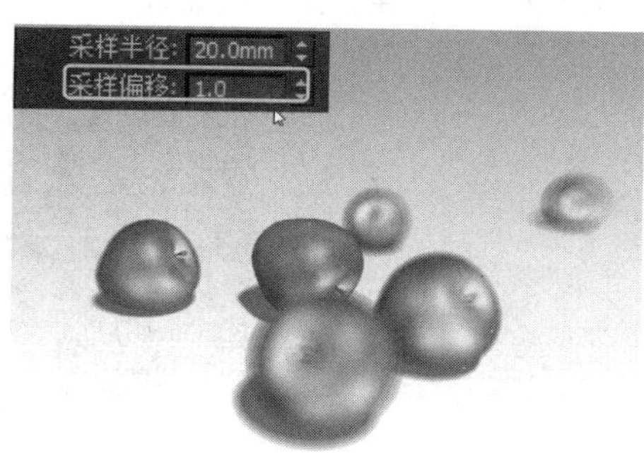

步骤13　禁用“规格化权重”复选框，效果会变得清晰一些，但颗粒状效果更明显。

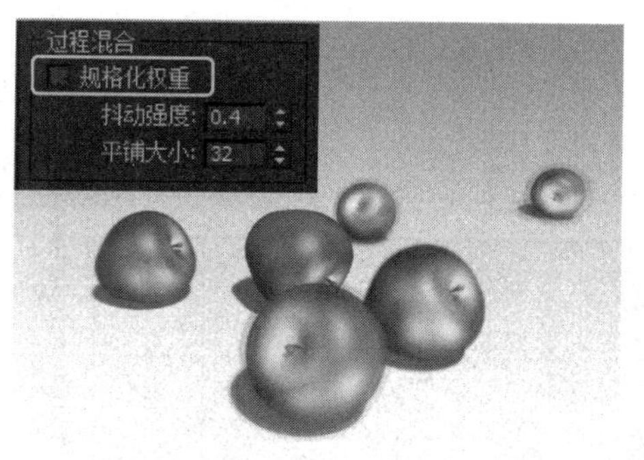

步骤14　启用“规格化权重”复选框，将权重规格化，会获得较平滑的效果。

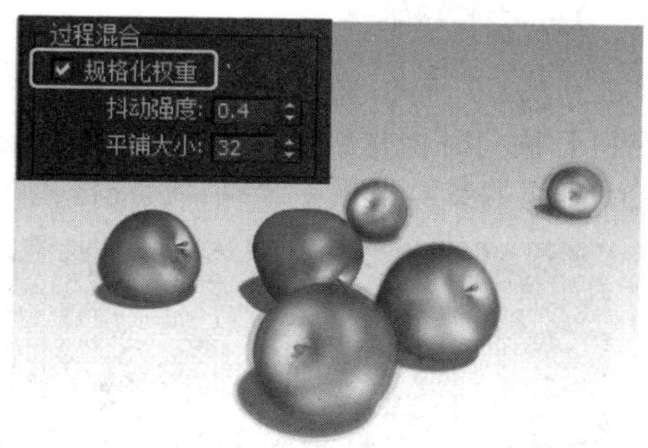

步骤15　“抖动强度”参数设置作用于周期的抖动强度。增加该值可以增加抖动的强度，产生更为颗粒化的效果。

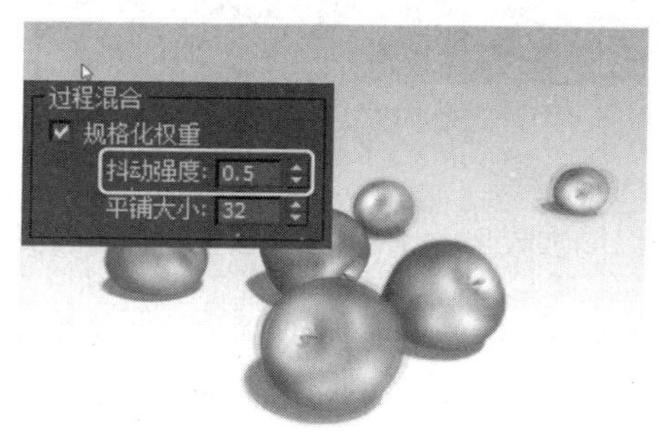

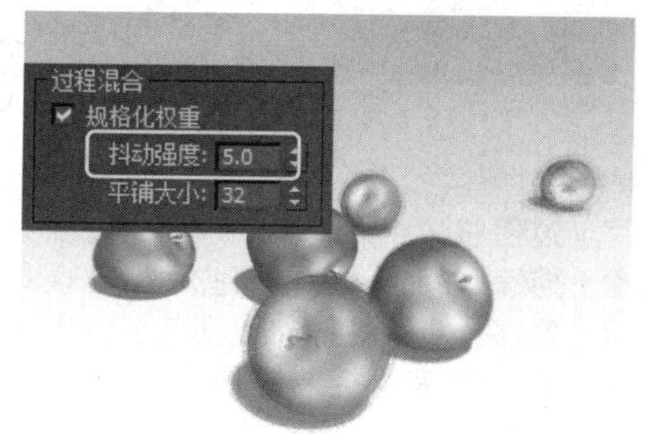

步骤16 “平铺大小”数值框以百分比设置抖动时使用重复图案的尺寸。0为最小，100为最大。

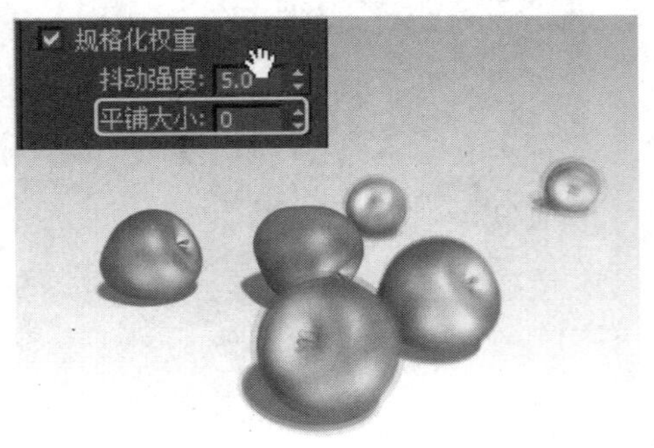

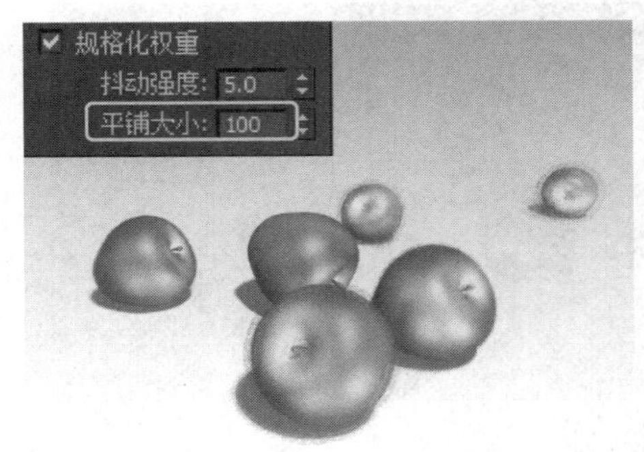

步骤17 “扫描线渲染器参数”选项组中的参数用于在渲染多过程场景时取消抗锯齿和锯齿过滤效果，以提高渲染速度。启用“禁用抗锯齿”复选框后，抗锯齿将会失效。

8.1.8 运动模糊

“运动模糊”可以通过模拟实际摄影机的工作方式，增强渲染动画的真实感。摄影机有快门速度，如果在打开快门时物体出现明显的移动情况，胶片上的图像将变模糊。

在摄影机的参数面板中选择“运动模糊”时，会打开相应的参数卷展栏，用于控制运动模糊效果。

“运动模糊”效果

“运动模糊”参数卷展栏

相关参数解读如下：

（1）**过程总数**：用于生成效果的过程数。增加此值可以增加效果的精确性，但渲染时间会更长。

（2）**持续时间**：动画中将应用运动模糊效果的帧数。

（3）**偏移**：更改模糊，以便其显示出在当前帧前后帧中更多的内容。

（4）**抖动强度**：控制应用于渲染通道的抖动程度，增加此值会增加抖动量，并且生成颗粒状效果，尤其在对象的边缘上。

（5）**平铺大小**：设置抖动时图案的大小，此参数是百分比值，0是最小的平铺，100是最大的平铺，默认设置为32。

提示：运动模糊效果仅适用于默认的扫描线渲染器，mental ray提供另一套方法来完成运动模糊效果的制作。

提示：运动模糊产生的前提是摄影机或出现在摄影机视口中的对象有运动现象。

8.1.9　实战：运动模糊测试

光盘路径：第8章\8.1\运动模糊测试（原始文件）.max

步骤1　打开本书配套光盘中的原始文件，进入“修改”命令面板，为其添加“多过程运动模糊”效果。

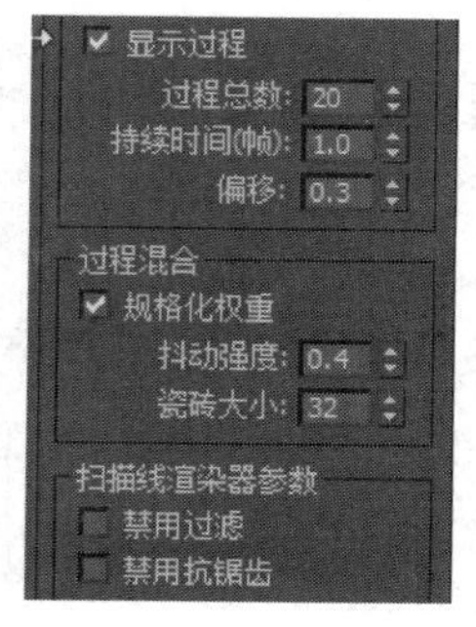

步骤2　选择摄影机，并在其参数面板中选择“运动模糊”选项。

步骤3　通过“持续时间”参数可设置动画中运动模糊效果所对应的帧数，帧数越多运动模糊重影越长，模糊效果越强烈。

步骤4　通过设置“偏移”值可以定义当前画面在进行模糊时的权重值。提高该值，模糊会向随后的两帧进行偏移；降低该值，模糊会向前两帧进行偏移。

8.2 灯光的种类

3ds Max中的灯光可以模拟真实世界中的发光效果，如各种人工照明设备或太阳，也为场景中的几何体提供照明。3ds Max 2014提供了多种灯光对象，用于模拟真实世界不同种类的光源。

8.2.1 标准灯光

“标准灯光”是基于计算机的模拟灯光对象，该类型灯光主要包括泛光灯、聚光灯、平行光、天光以及mentl ray常用区域灯光等多种类型。

1. 泛光灯

“泛光灯”从单个光源向四周投射光线，其照明原理与室内白炽灯泡等一样，因此通常用于模拟场景中的点光源。

2. 聚光灯

“聚光灯”包括目标聚光灯和自由聚光灯两种，但照明原理都类似闪光灯，即投射聚集的光束，其中自由聚光灯没有目标对象。

3. 平行光

“平行光”包括目标平行光和自由平行光两种，主要用于模拟太阳在地球表面投射的光线，即以一个方向投射的平行光。

4. 天光

“天光”是比较特别的标准灯光类型，可以建立日光的模型，配合光跟踪器使用。

提示：当泛光灯应用光线跟踪阴影时，渲染速度比聚光灯要慢，但渲染效果一致。在场景中应尽量避免这种情况。

提示：目标聚光灯或目标平行光的目标点与灯光的距离对灯光的强度或衰减没有影响。

8.2.2 实战：标准灯光的使用

光盘路径：第8章\8.2\标准灯光的使用（原始文件）.max

步骤1 渲染场景，可观察到场景的默认照明效果。

步骤2 在“灯光”对象类别下，单击“目标聚光灯”按钮。

步骤3 在“左”视口中创建一盏目标聚光灯，并对目标点进行适当的调整。

步骤4 选择灯光本身时，在“修改”命令面板中可以对灯光的参数进行设置，如设置灯光颜色。

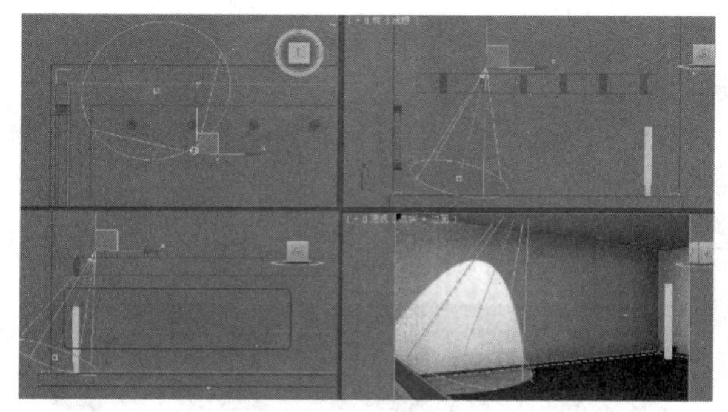

步骤5　渲染场景，可观察到目标聚光灯在场景中模拟出筒灯的照明效果。

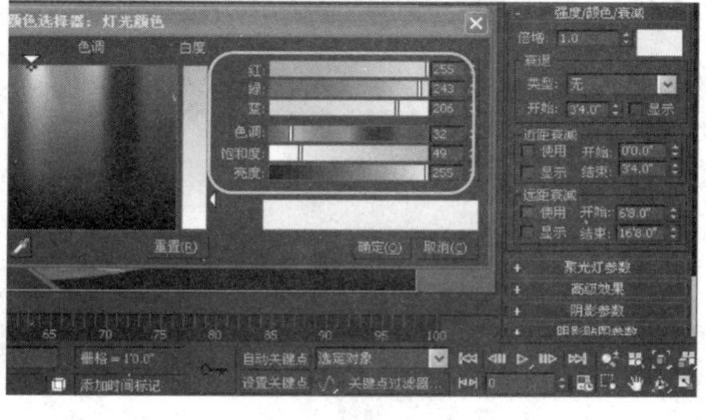

步骤6　在场景中创建一盏“泛光灯”，确定创建位置。

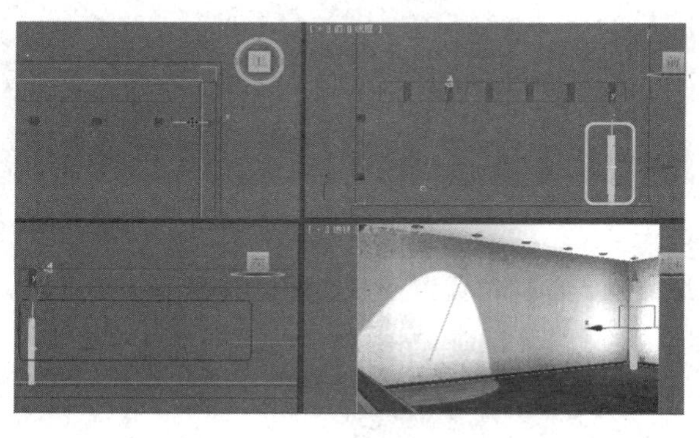

步骤7　在泛光灯的参数面板中设置基本参数。

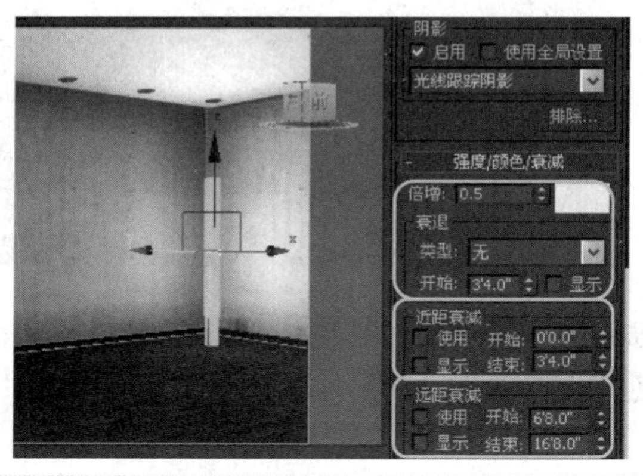

步骤8　更换一个角度渲染场景，可观察到泛光灯模拟地灯的照明效果。

提示：自由灯光和目标灯光的区别仅在于自由灯光更适合用在需要灯光动画的场景中。

8.2.3　光度学灯光

“光度学”灯光使用光度学（光能）值，通过这些值可以更精确地定义和控制灯光，用户可以通过光度学灯光创建具有真实世界中灯光规格的照明对象，而且可以导入照明制造商提供的特定光度学文件。

1. 目标灯光

3ds Max 2014将光度学灯光进行整合，将所有的目标光度学灯光合为一个对象，可以在该对象的参数面板中选择不同的模板和类型，如40W强度的灯或线性灯光类型。

2. 自由灯光

“自由灯光”与“目标灯光”参数完全相同，只是少了目标点。

提示：在场景中创建灯光对象时，建议基于真实世界中的光源的发射原理来创建。

8.2.4 实战：光度学灯光的使用

光盘路径：第8章\8.2\光度学灯光的使用（原始文件）.max

步骤1 打开本书配套的范例文件“光度学灯光的使用（原始文件）.max”。

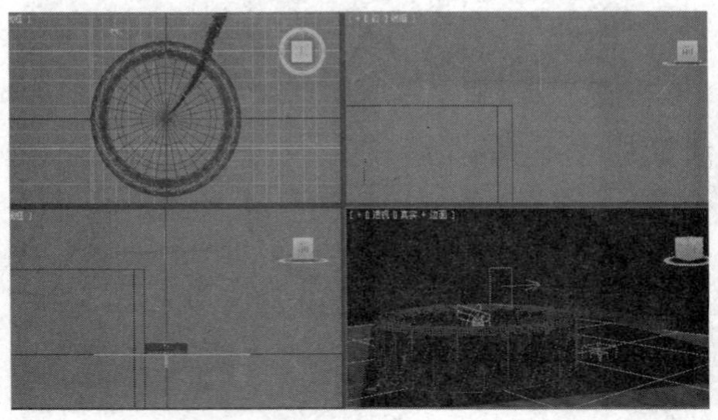

步骤2 渲染场景，可观察到场景在没有灯光照明情况下的默认渲染效果。

步骤3 在“前”视口中，创建一盏光度学目标灯，确定创建位置以及灯光阴影和强度参数设置。

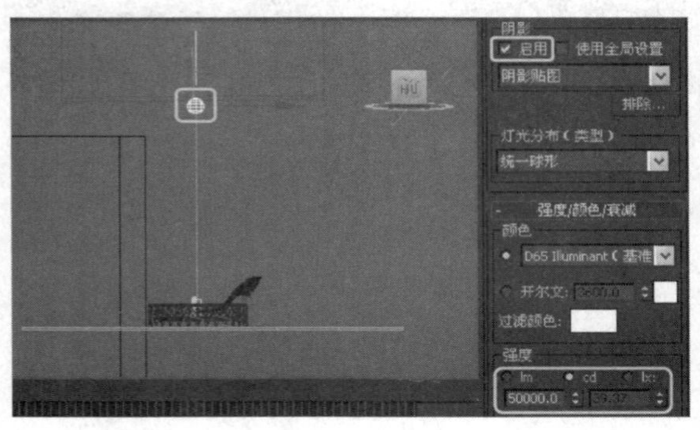

步骤4 渲染场景，可观察到该灯的应用效果。

步骤5 在光度学灯光的“图形/区域阴影”卷展栏中，选择“矩形”选项。

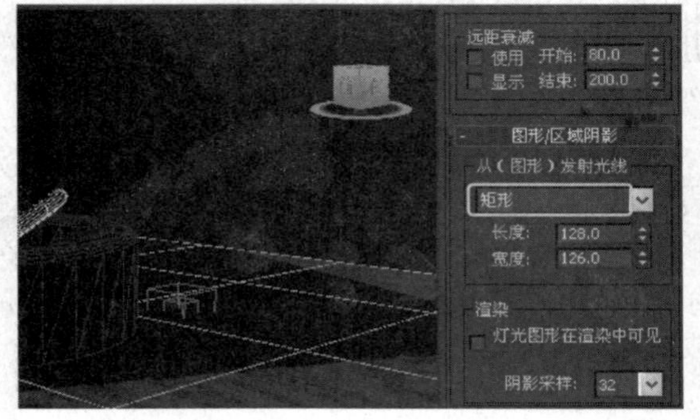

步骤6 渲染场景，可观察到矩形形状的光度学灯光对场景的照明效果。

提示：只有聚光灯和平行光灯才可以激活灯光视口。

8.3 标准灯光的基本参数

当光线到达对象的表面时，对象表面将反射这些光线，这就是对象可见的基本原理。对象的外观取决于到达它的光线以及对象材质的属性，灯光的强度、颜色、色温等属性，都会对对象的表面产生影响。

8.3.1 灯光的强度、颜色和衰减

在标准灯光的“强度/颜色/衰减”卷展栏中，可以对灯光最基本的属性进行设置。

相关参数解读如下：

（1）**倍增**：该参数可以将灯光的功率放大一个正或负的量。

（2）**颜色**：单击色块，可以设置灯光发射光线的颜色。

（3）**衰退**：该选项组提供了使远处灯光强度减小的方法，包括倒数、平方反比两种方法。

（4）**近距衰减**：该选择项组中提供了控制灯光强度淡入的参数。

（5）**远距衰减**：该选择项组中提供了控制灯光强度淡出的参数。

提示：灯光衰减时，距离灯光较近的对象可能过亮，距离灯光较远的对象表面可能过暗。这种情况可通过不同的曝光方式解决。

8.3.2 实战：灯光基本参数应用

光盘路径：第8章\8.3\灯光基本参数应用（原始文件）.max

步骤1　在场景中创建一盏“目标聚光灯”。

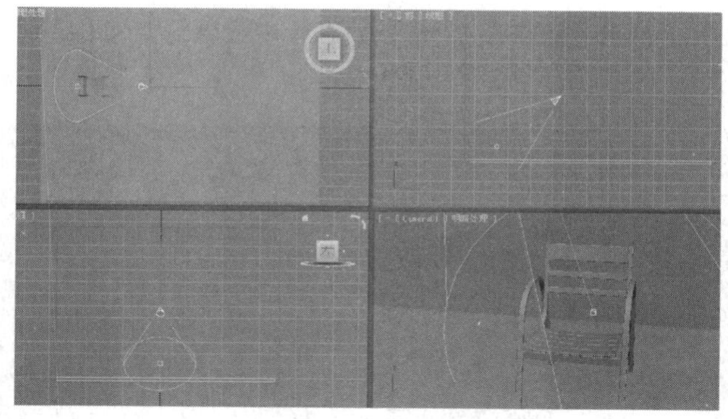

步骤2　渲染场景，可观察到该聚光灯的照明效果。

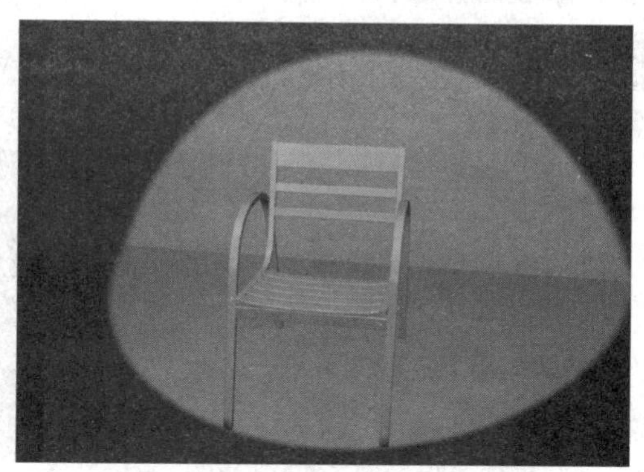

步骤3　选择聚光灯，在其参数面板中设置基本参数。

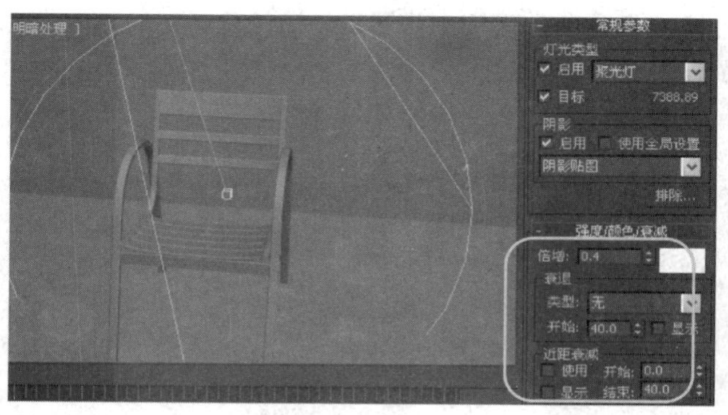

步骤4　渲染场景，可观察到灯光强度变低的照明效果。

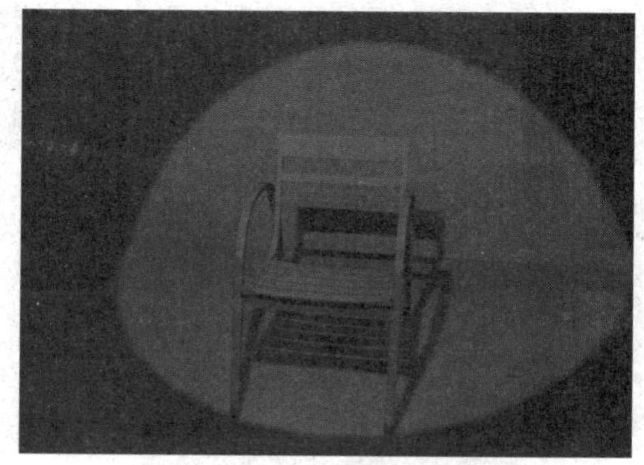

步骤5　在“顶”视口中再创建一盏目标聚光灯。

步骤6　渲染场景，可观察到该聚光灯的照射效果使场景中产生了高光。

步骤7 在该聚光灯的参数面板中单击色块，设置灯光颜色。

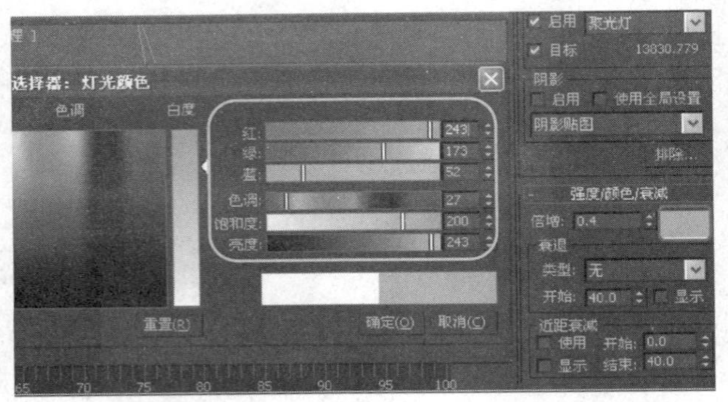

步骤8 渲染场景，可观察到黄颜色的灯光产生的高光照明效果。

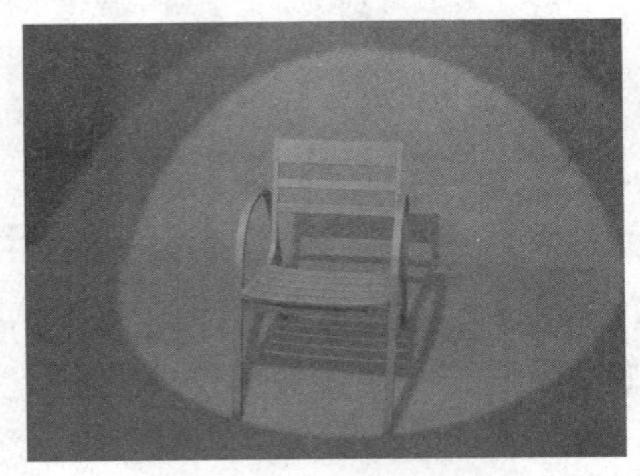

步骤9 在场景中创建一盏“泛光灯”。

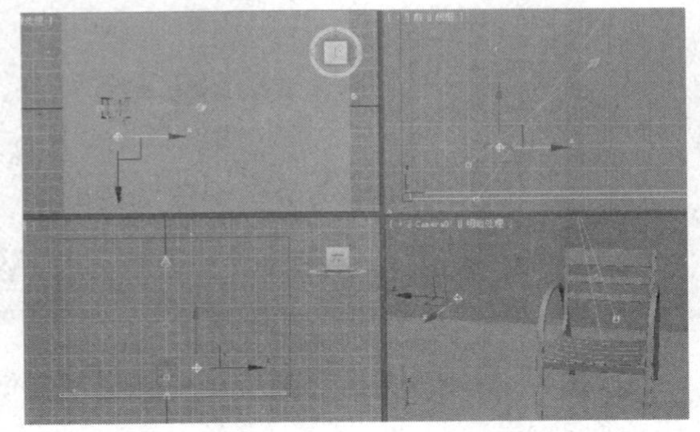

步骤10 在灯光参数面板中设置泛光灯的基本参数。

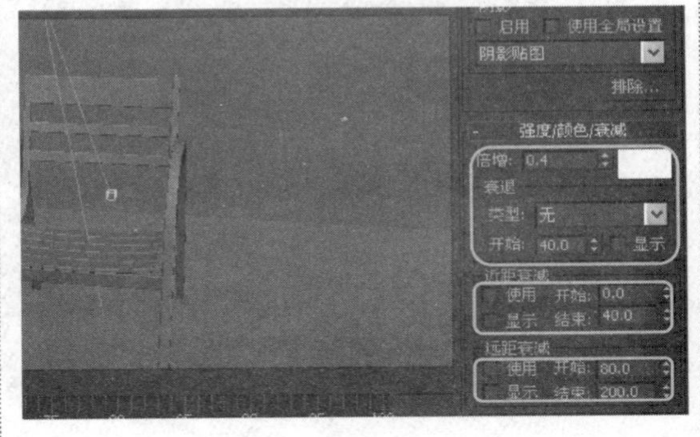

步骤11 再次渲染场景，可观察到由于创建了一盏泛光灯，整个场景变得更加明亮。

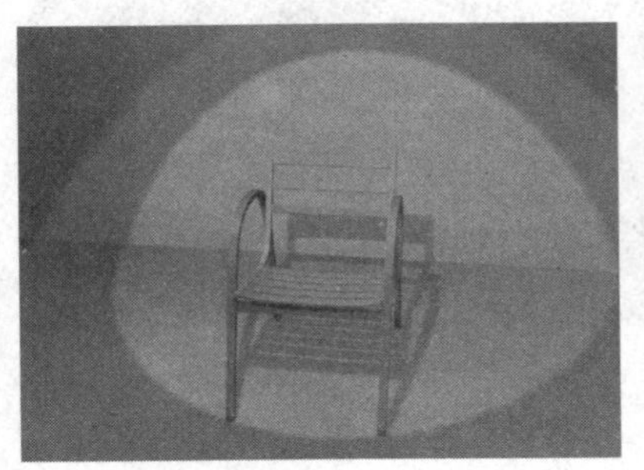

步骤12 在泛光灯的参数面板的“远距衰减”选项组中，设置相关参数。

步骤13 渲染场景，可观察到由于泛光灯应用了远距衰减，场景较远处变得较暗。

提示：聚光灯的参数将影响照明区域和非照明区域过渡是否平滑。

提示：如果勾选了“使用全局设置”复选框，可以使场景中其他灯光也应用该灯光的投射阴影参数。

提示：如果要使透明对象投射阴影，可以使用光线跟踪或高级光线跟踪阴影。

8.3.3 排除和包含

“排除/包含”功能用于控制对象被灯光照明或不被照明，同时还可以将灯光照明和阴影进行分离处理。

“排除/包含”功能主要通过相应的对话框对对象进行设置，同时也可以选择具体的照明信息参数。

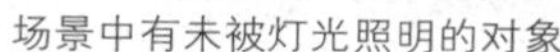
场景中有未被灯光照明的对象

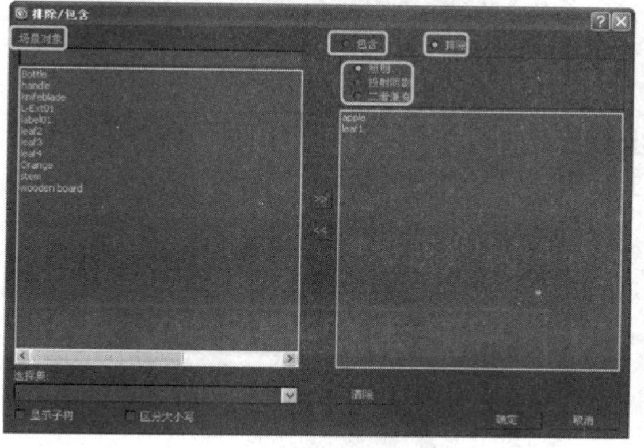

“排除/包含”对话框

提示：通过所建灯光参数面板中的“排除”按钮，可开启“排除/包含”对话框。

相关元素解读如下：

（1）**场景对象**：选中左侧场景对象列表中的对象，然后使用箭头按钮添加到右面的扩展列表中，此时排除包含功能有效。

（2）**包含**：决定灯光是否包含右侧列表中已命名的对象。

（3）**排除**：决定灯光是否排除右侧列表中已命名的对象。

（4）**照明**：排除或包含对象表面的照明。

（5）**投射阴影**：排除或包含对象阴影的创建。

（6）**二者兼有**：排除或包含照明效果和阴影效果。

提示：排除的对象仍在着色视口中被照亮。只有当渲染场景时排除才起作用。

8.3.4 实战：包含与排除的应用

光盘路径：第8章\8.3\包含与排除的应用（原始文件）.max

步骤1 打开本书配套光盘中的原始文件。

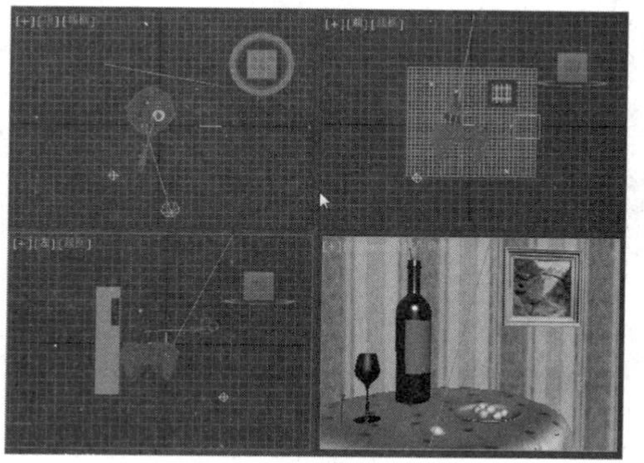

步骤2 渲染场景，可观察到场景中所有对象的照明效果。

步骤3 选择场景中的聚光灯，在参数面板中单击“排除”按钮。

步骤4 在“排除/包含”对话框中，进行参数设置。

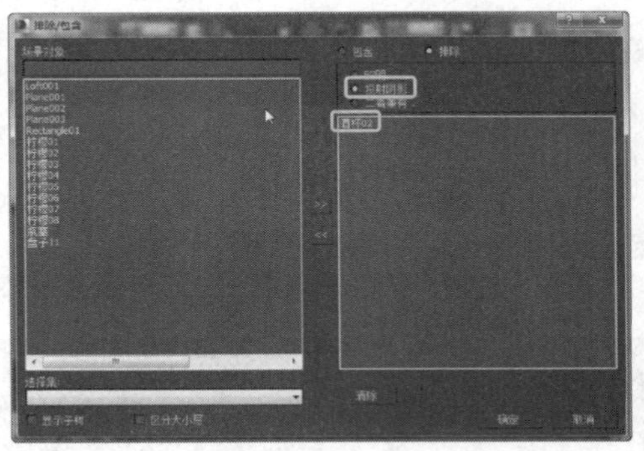

步骤5 渲染场景，可观察场景中的酒杯虽然受到了照明，但未产生阴影。

步骤6 选择泛光灯，开启“排除/包含”对话框，设置排除只对照明有效。

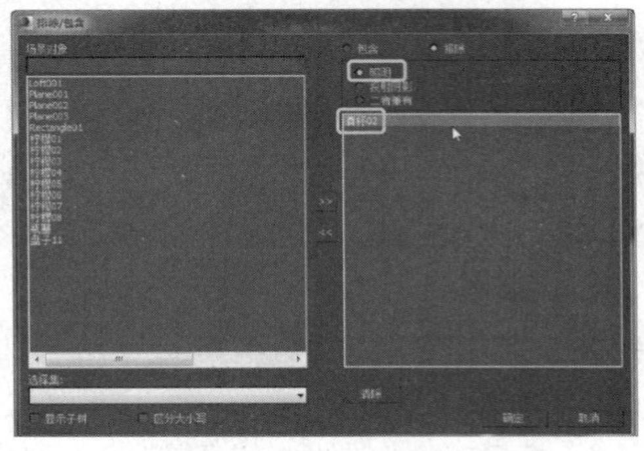

步骤7 渲染场景，可观察到被排除的酒杯没有被照明，但是产生了阴影。

提示：排除/包含功能只能将一个组合整体排除或包含，而不能排除或包含一个组合中的某一个对象。

提示：为所有泛光灯都设置排除照明。

提示：如果将阴影强度设置为负值，可以帮助模拟反射灯光的效果。

8.3.5 阴影参数

所有的标准灯光类型都具有相同的阴影参数设置，通过设置阴影参数，可以使对象投影产生密度不同或颜色不同的阴影效果。

阴影参数直接在“阴影参数”卷展栏中进行设置。

提示： 如果将阴影强度设置为负值，可以帮助模拟反射灯光的效果。

相关参数解读如下：

❶**颜色：** 单击色块，可以设置灯光投射的阴影的颜色，默认为黑色。

❷**密度：** 用于控制阴影的密度，值越小，阴影越淡。

❸**贴图：** 使用贴图可以应用各种程序贴图与阴影颜色进行混合，产生更复杂的阴影效果。

❹**大气阴影：** 应用该选项组中的参数，可以使场景中的大气效果也产生投影，并能控制投影的不透明度和颜色数量。标准灯光中天光和mental ray的相关灯光没有阴影参数。

相同环境下的不同投影效果

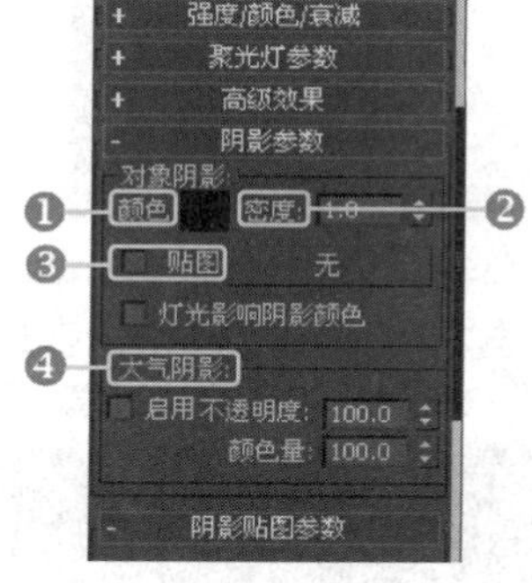

"阴影参数"卷展栏

8.3.6　实战：阴影参数的应用

光盘路径： 第8章\8.3\阴影参数的应用（原始文件）.max

步骤1　打开本书配套光盘中的原始文件。

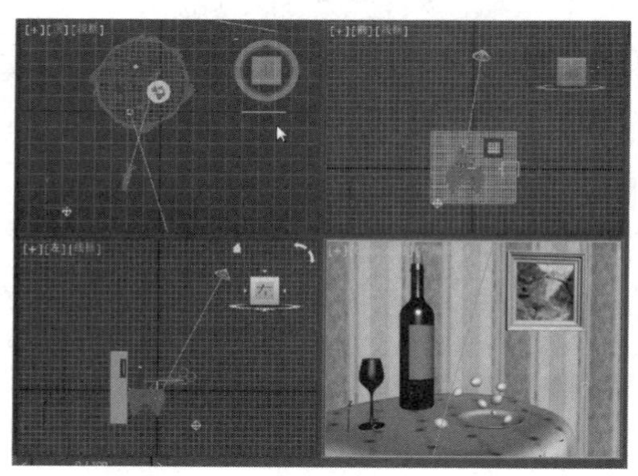

步骤2　渲染场景，可观察到场景中的灯光产生的默认投影效果。

步骤3　选择场景中的聚光灯，在参数面板中展开"阴影参数"卷展栏，设置阴影的颜色。

步骤4　渲染场景，可观察到场景对象产生的棕色阴影效果。

步骤5 在“阴影参数”卷展栏中，设置“密度”参数值为50。

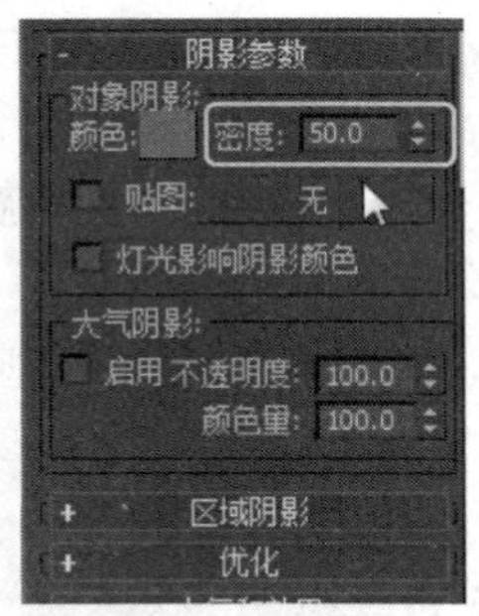

步骤6 渲染场景，可观察到场景中的阴影由于密度过大而产生过度饱和的效果。

步骤7 在“阴影参数”卷展栏中勾选“贴图”复选框，并单击右侧的贴图按钮，在打开的“材质/贴图浏览器”对话框中选择“凹痕”程序贴图。

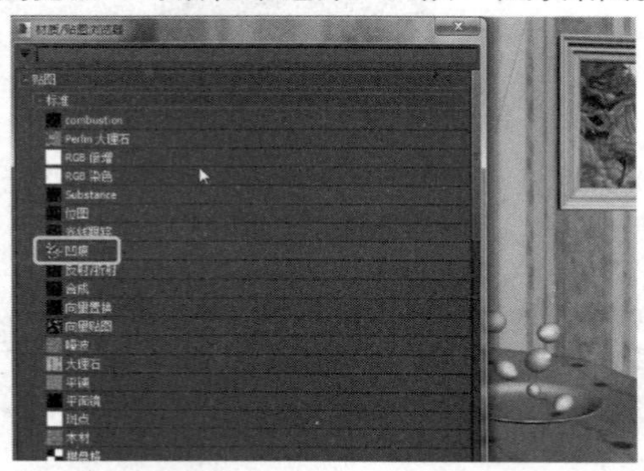

步骤8 渲染场景，可观察到应用了贴图之后，场景中的灯光投影效果与贴图纹理对比。

提示：影像的投影与灯光的照射角有关，入射角越小，阴影投射距离越长。

8.4 光度学灯光的基本参数

光度学灯光与标准灯光一样，强度、颜色等是最基本的属性，但光度学灯光还具有物理方面的参数，如灯光的分布、形状及色温等。

8.4.1 灯光的强度和颜色

在光度学灯光的“强度/颜色/衰减”卷展栏中，可以设置灯光的强度和颜色等基本参数。

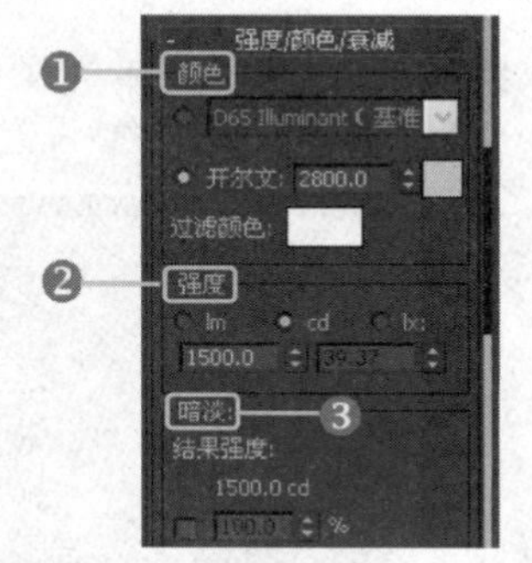

相关参数解读如下：

❶**颜色**：在该选项组中提供了用于确定灯光的不同的方式，如使用过滤颜色，或选择下拉列表中提供的灯具规格，或通过色温控制灯光颜色。

❷**强度**：在该选项组中提供了三个选项来控制灯光的强度。

❸**暗淡**：在保持强度的前提下，以百分比的方式控制灯光的强度。

提示：lm“流明”用来测量整个灯光（光通量）的输出功率。100瓦的通用灯泡约有1750lm的光通量。cd“坎迪拉”用来测量灯光的最大发光强度，通常是沿着目标方向进行测量，100瓦的通用灯泡约有139cd的光通量。lx“勒克斯”用来测量由灯光引起的照度，该灯光以一定距离照射在曲面上，并面向光源的方向。

8.4.2 实战：光度学灯光强度和颜色的设置

光盘路径：第8章\8.4\光度学灯光强度和颜色的设置（原始文件）.max

步骤1 打开本书配套光盘中的原始文件。

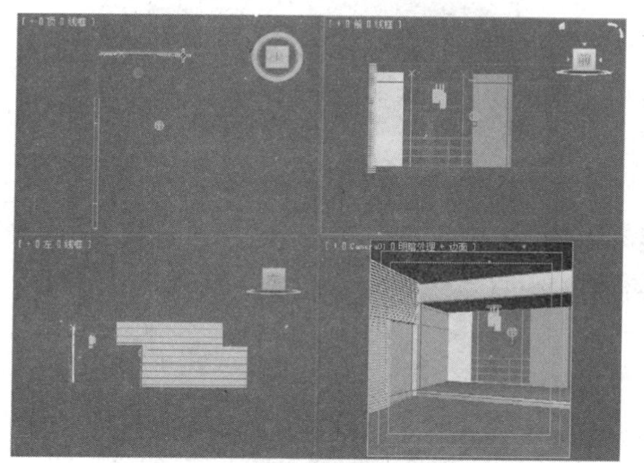

步骤2 渲染场景，可观察到场景没有灯光照明的渲染效果。

步骤3 在“前”视口中创建一盏“目标灯光”，确定创建位置。

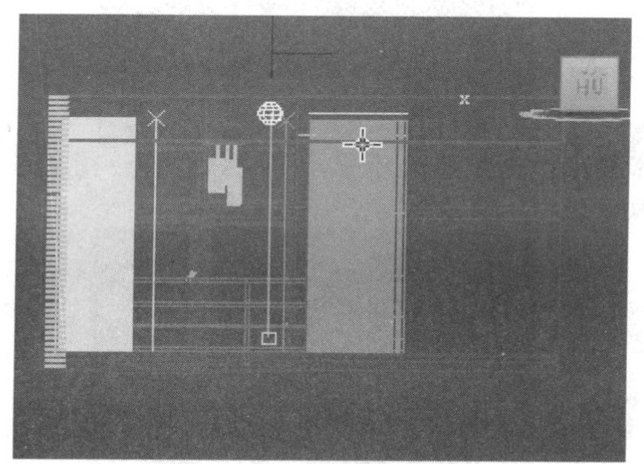

步骤4 渲染场景，可观察光度学目标灯光的默认渲染效果。

步骤5 在灯光的参数面板中，选择“颜色”选项组中的预置灯光规格。

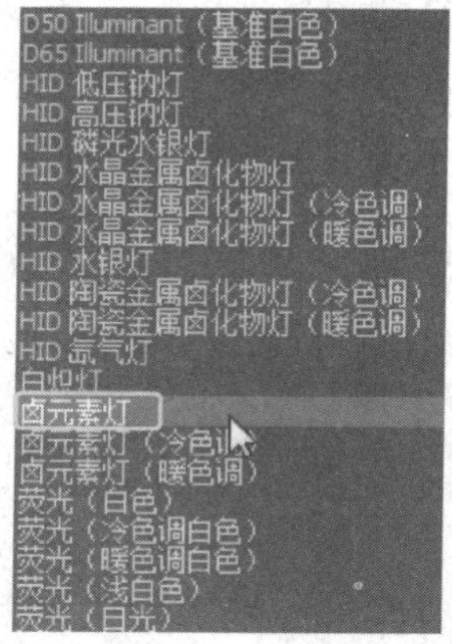

步骤6 渲染场景，可观察到“卤元素灯”规格灯光的应用效果。

步骤7 选择“开尔文”选项，设置参数1000，可观察到右侧的色块会产生相应的变化。

步骤8 渲染场景，可观察到“开尔文”参数设置后，光照范围变得过度映红。

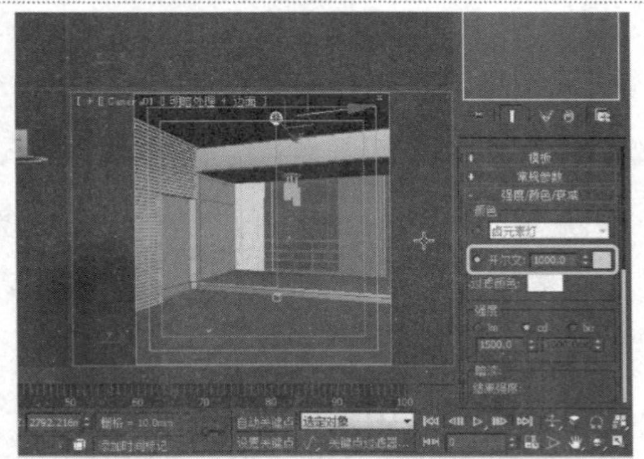

步骤9 渲染场景，可观察到“开尔文”参数设置为3000后的效果。

步骤10 渲染场景，可观察到“开尔文”参数设置为8000后的效果。

步骤11 单击“过滤颜色”旁的色块，设置颜色参数，红：200、绿：255、蓝：130。

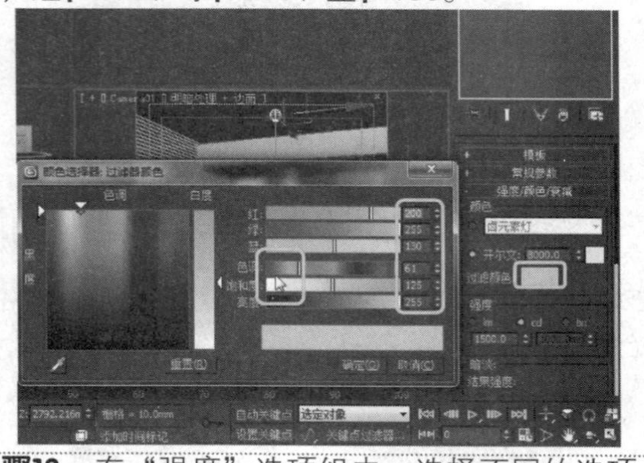

步骤12 再次渲染场景，可观察到，应用了过滤颜色之后，灰色范围变小变淡。

步骤13 在“强度”选项组中，选择不同的选项，参数值会发生相应的变化，选择lm“流明”选项，并设置参数值为1000，然后渲染场景。

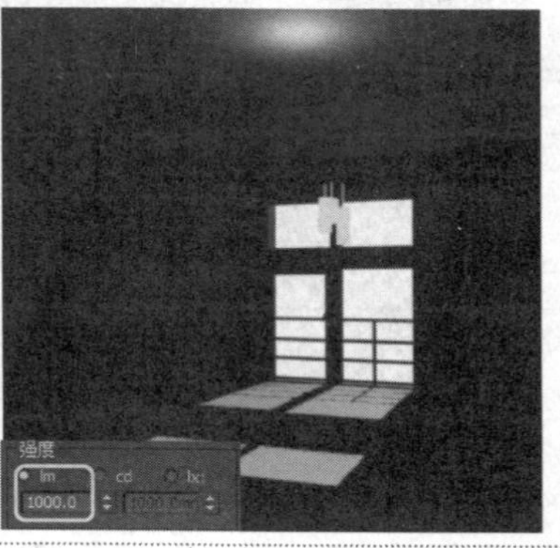

步骤14 在“暗淡”选项组中，设置相关参数再次渲染场景，可观察到由于增加了“结果强度”的百分比值，灯光的强度再次变大。

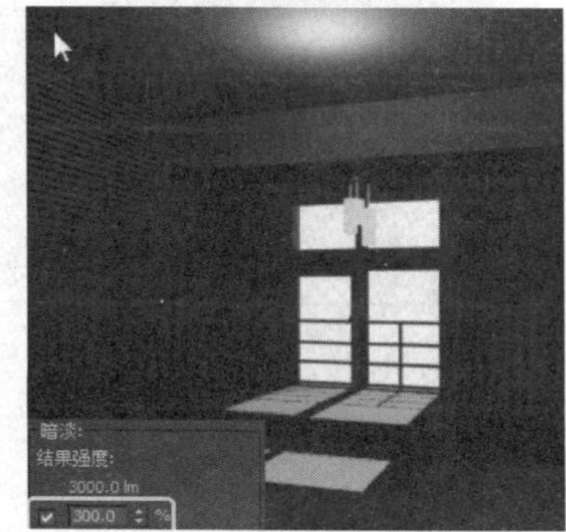

提示：可以使用颜色过滤器模拟置于光源上的过滤色的效果。例如，红色过滤器置于白色光源上就会投射红色灯光。

提示：lm“流明”测量整个灯光（光通量）的输出功率。100瓦的通用灯泡约有1750lm的光通量。

提示：cd“坎迪拉”测量灯光的最大发光强度，通常是沿着目标方向进行测量，100瓦的通用灯泡约有139cd的光通量。

提示：lx“勒克斯”测量由灯光引起的照度，该灯光以一定距离照射在曲面上，并面向光源的方向。

8.4.3　光度学灯光的分布方式

光度学灯光提供了4种不同的分布方式，用于描述光源发射光线方向。在“常规参数”卷展栏中，可以选择不同的分布方式。

1. 统一球形分布

“统一球形”分布可以在各个方向上均匀投射灯光。

2. 统一漫反射分布

“统一漫反射”分布从曲面发射光线，以正确的角度保持曲面上的灯光的强度最大。倾斜角越大，发射灯光的强度越弱。

3. 聚光灯分布

“聚光灯”分布像闪光灯一样投影聚焦的光束，就像在剧院舞台或桅灯下的聚光区。灯光的光束角度控制光束的主强度，区域角度控制光在主光束之外的“散落”。

3ds Max 2014为“聚光灯”分布提供了相应的参数控制，可以使聚光区域产生衰减。

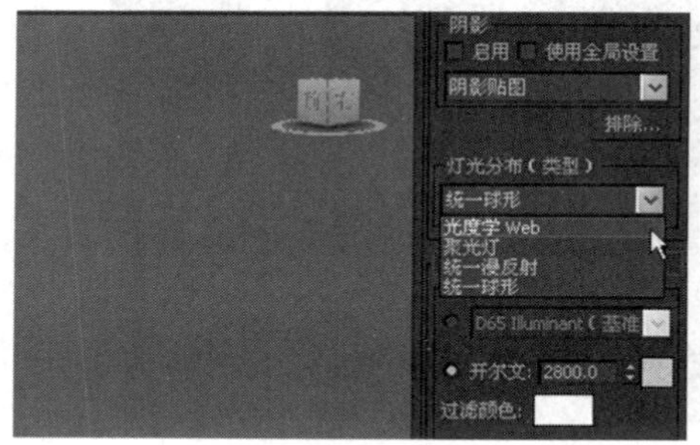

不同分布方式

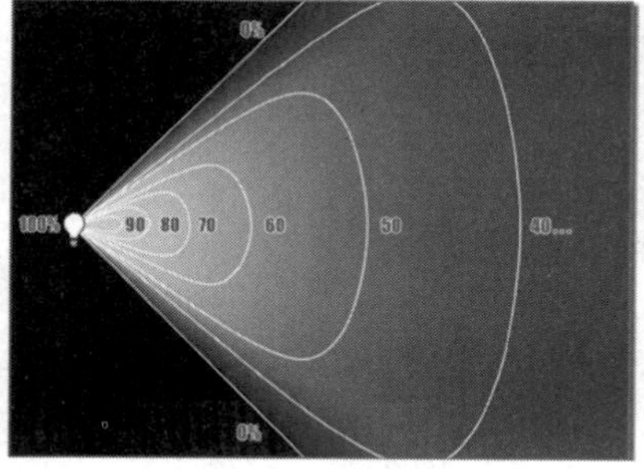

聚光灯分布原理图

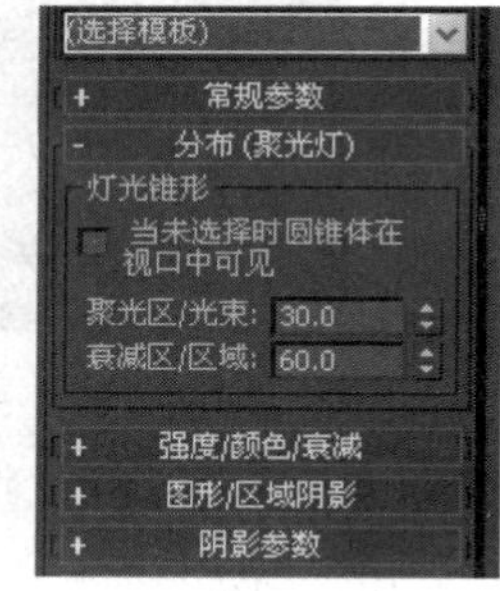

“聚光灯”分布卷展栏

4. 光度学Web分布

“光度学Web”分布方式是以3D的形式表示灯光的强度，通过该方式可以调用光域网文件，产生异形的灯光强度分布效果。

当选择“光度学Web”分布方式时，在相应的卷展栏中，可以选择光域网文件并预览灯光的强度分布图。

提示：目标点和自由点灯光可以有统一球形、聚光灯或光域网分布方式，所有其他光度学灯光使用光域网或统一漫反射分布方式。

提示：使用统一漫反射分布方式在模拟台灯、有罩吊灯的照明时很有效。

8.4.4　实战：不同分布方式的应用效果

光盘路径：第8章\8.4\不同分布方式的应用效果（原始文件）.max

步骤1　渲染场景，可观察到在默认设置为“统一球形”的情况下目标灯光的应用效果。

步骤2　在目标灯光的参数面板中，选择“聚光灯”分布方式，渲染场景，可观察到聚光灯分布方式的照明效果。

步骤3 在灯光的参数面板，重新选择“统一漫反射”分布方式，渲染场景，可观察到选择了“统一漫反射”分布方式的效果。

步骤4 在灯光的参数面板，重新选择“光度学Web”分布方式，渲染场景，可观察到选择了“光度学Web”分布方式的效果。

提示：目标灯光的分布方式影响灯光的照明范围，特别是聚光灯分布方式，照明范围只在区域内。

8.4.5 实战：光域网应用

光盘路径：第8章\8.4\光域网应用（原始文件）.max

步骤1 在场景中创建一盏“目标灯光”。

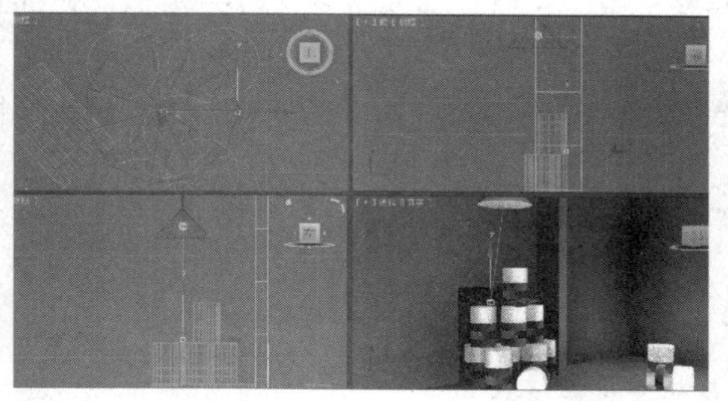

步骤2 保持目标灯光的默认参数，渲染场景。

步骤3 选择目标灯光，在参数面板中选择“光度学Web”分布方式，并在卷展栏中单击“选择光度学文件”按钮。

步骤4 在“打开光域Web文件”对话框中，选择一个光域网文件，单击“打开”按钮。

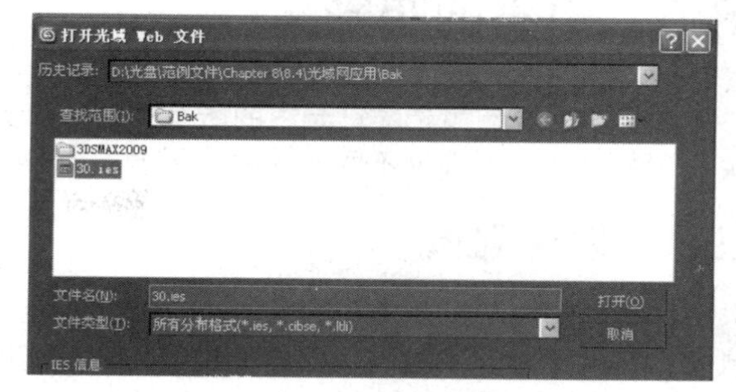

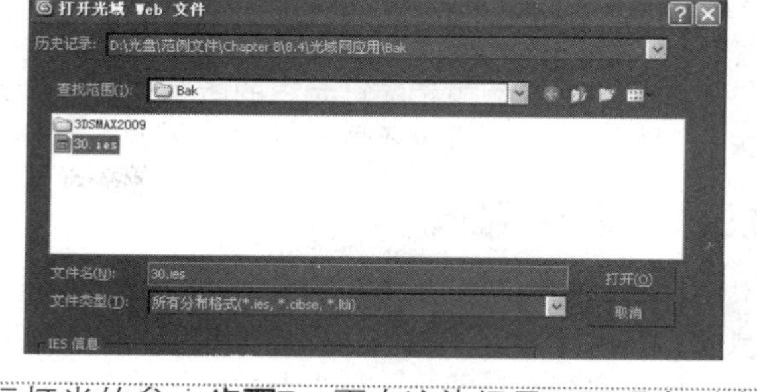

步骤5　渲染场景，可观察到加载光域网文件后，目标灯光的照明效果。

步骤6　在目标灯光的参数面板中，适当降低灯光的强度。

步骤7　再次渲染场景，可观察到该光域网的照明效果更加自然，投射在墙上的照明分布更加明显。

步骤8　在“分布”卷展栏中，设置光域网的Y轴旋转参数。

步骤9　渲染场景，可观察到由于更改了Y轴参数，照明效果发生了偏移。

提示：光域Web文件通常是IES、LTL或CIBSE格式。

8.4.6　光度学灯光的形状

由于3ds Max将光度学灯光整合为目标灯和自由灯两种类型，光度学灯光的开关可以在任何目标灯光或自由灯光中进行自由切换。

相关灯光形状解读如下：

❶**点光源**：选择该形状，灯光像标准的泛光灯一样从几何体点发射光线。

❷**线**：选择该形状，灯光从直线发射光线，像荧光灯灯管一样。

❸**矩形**：选择该形状，灯光像天光一样从矩形区域发射光线。

❹**圆形**：选择该形状，灯光从类似圆盘状的对象表面发射光线。

❺**球体**：选择该形状，灯光从具体半径大小的球体表面发射光线。

❻**圆柱体**：选择该形状，灯光从柱体形状的表面发射光线。

光度学灯光形状切换的卷展栏

提示：球体和圆柱体两种光度学灯光形状只能应用等向分布方式。

8.5 灯光的阴影

对于标准灯光和光度灯光中的所有类型的灯光，在“常规参数”卷展栏中，除了可以对灯光进行开关设置外，还可以选择不同形式的阴影方式。

8.5.1 阴影贴图

“阴影贴图”是最常用的阴影生成方式，能产生柔和的阴影，并且渲染速度快。不足之处是会占用大量的内存，并且不支持使用透明度或不透明度贴图的对象。

使用“阴影贴图”，灯光参数面板中会出现“阴影贴图参数”卷展栏。

相关参数解读如下：

（1）**偏移**：位图偏移面向或背离阴影投射对象移动阴影。

（2）**大小**：设置用于计算灯光的阴影贴图的大小。

（3）**采样范围**：采样范围决定阴影内平均有多少区域，影响柔和阴影边缘的程度。范围为0.01～50.0。

（4）**绝对贴图偏移**：勾选该复选框，阴影贴图的偏移未标准化，以绝对方式计算阴影贴图偏移量。

（5）**双面阴影**：勾选该复选框，计算阴影时背面将不被忽略。

8.5.2 实战：阴影贴图的应用

光盘路径：第8章\8.5\阴影贴图的应用（原始文件）.max

步骤1 渲染场景，可观察到场景中灯光的照明效果和无阴影投射的效果。

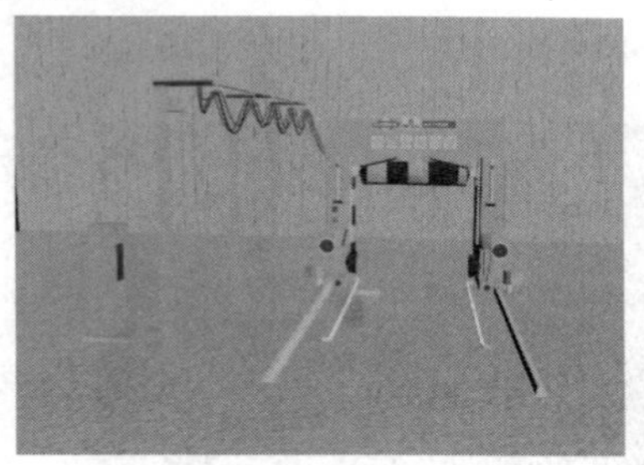

步骤2 选择场景中的光源，勾选“阴影”选项组中的“启用”复选框，选择“阴影贴图”选项。

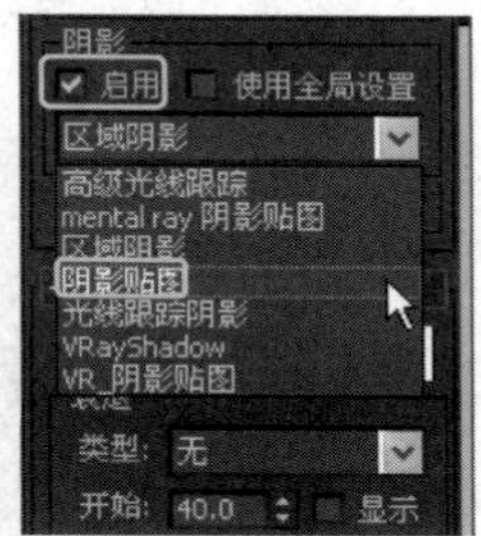

步骤3 渲染场景，可观察到“阴影贴图”的默认应用效果。

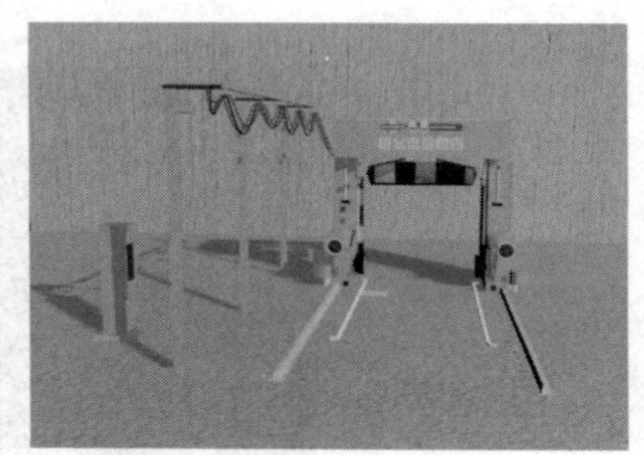

步骤4 展开“阴影贴图参数”卷展栏，设置“偏移”参数为15。

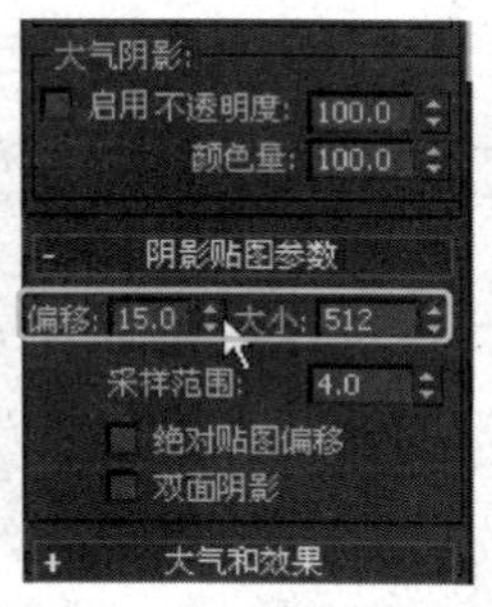

步骤5 渲染场景，可观察到由于偏移值过大，阴影与对象发生了分离。

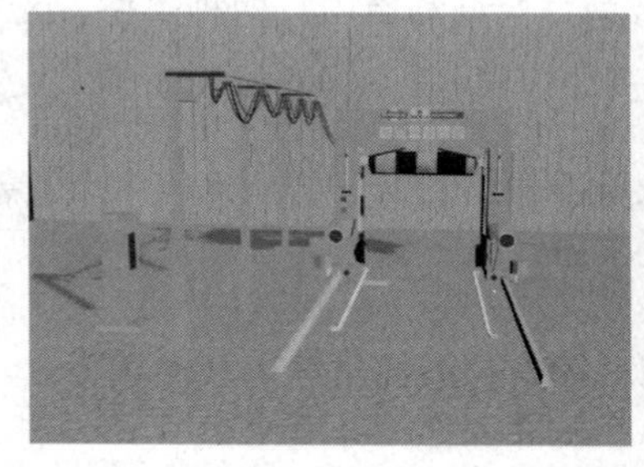

步骤6 恢复“偏移”值，设置“大小”参数值为200，渲染场景，可观察到由于“大小”值的变化，阴影变得更加模糊。

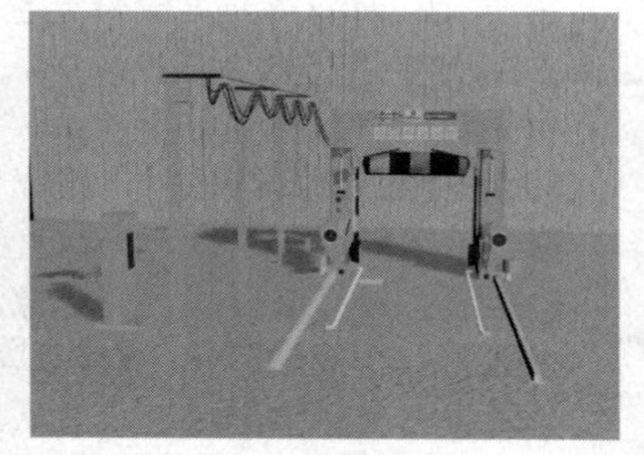

步骤7 恢复“大小”参数值，设置“采样范围”值为0.01，渲染场景，可观察到由于采样范围过低，阴影变得清晰，但阴影边缘产生了明显的锯齿。

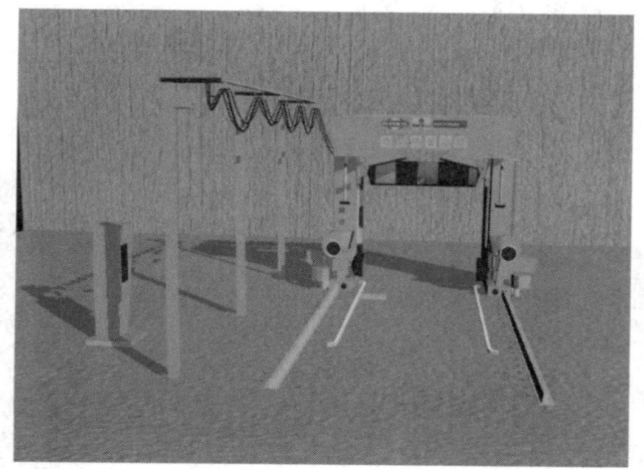

提示：如果“偏移”值太低，阴影可能在无法到达的地方“泄露”，生成叠纹图案或在网格上生成不合适的黑色区域。如果偏移值太高，阴影可能从对象中“分离”。

8.5.3　区域阴影

所有类型的灯光都可以使用“区域阴影”参数。创建区域阴影，需要设置“虚设”区域阴影的虚拟灯光的尺寸。

使用“区域阴影”后，会出现相应的参数卷展栏，在卷展栏中可以选择产生阴影的灯光类型并设置阴影参数。

相关参数解读如下：

（1）**基本选项：**在该选项组中可以选择生成区域阴影的方式，包括简单、矩形灯、圆形灯、长方体形灯、球形灯等多种方式。

（2）**阴影完整性：**设置在初始光线束投射中的光线数。

（3）**阴影质量：**设置在半影（柔化区域）区域中投射的光线总数。

（4）**采样扩散：**模糊抗锯齿边缘的半径。

（5）**阴影偏移：**该参数主要用来控制阴影和物体之间的偏移距离。

（6）**抖动量：**向光线位置添加随机性。

（7）**区域灯光尺寸：**该选项组提供尺寸参数来计算区域阴影，该组参数并不影响实际的灯光对象。

8.5.4　实战：区域阴影的应用

光盘路径：第8章\8.5\区域阴影的应用（原始文件）.max

步骤1　渲染场景，可观察到场景中没有灯光投影的效果。

步骤2　选择场景中的一盏灯光，启用并选择阴影的类型。

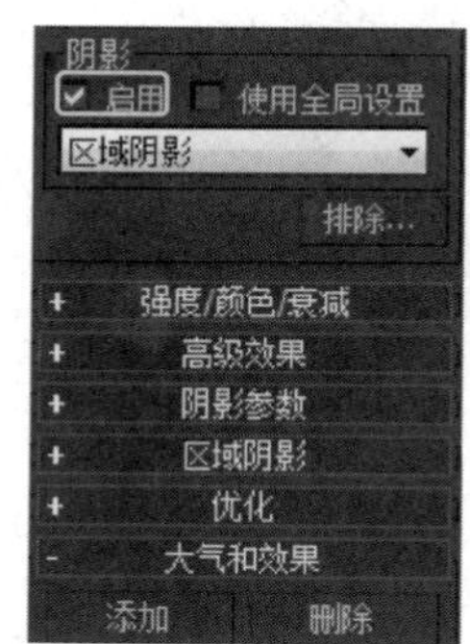

步骤3 渲染场景，可观察到“区域阴影”的默认应用效果。

步骤4 在灯光的参数面板中，展开“区域阴影”卷展栏，选择“基本选项”参数为“简单”选项。

步骤5 渲染场景，可观察到“简单”选项产生的阴影边缘清晰，但有锯齿。

步骤6 设置“阴影完整性”和“阴影质量”参数值都为1。

步骤7 渲染场景，可观察到阴影产生了大量的颗粒。

步骤8 在“区域灯光尺寸”选项组中设置参数。

步骤9 再次渲染，可观察到较小的区域灯光尺寸参数产生的阴影比较清晰。

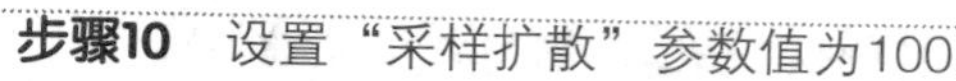

步骤10 设置“采样扩散”参数值为100。

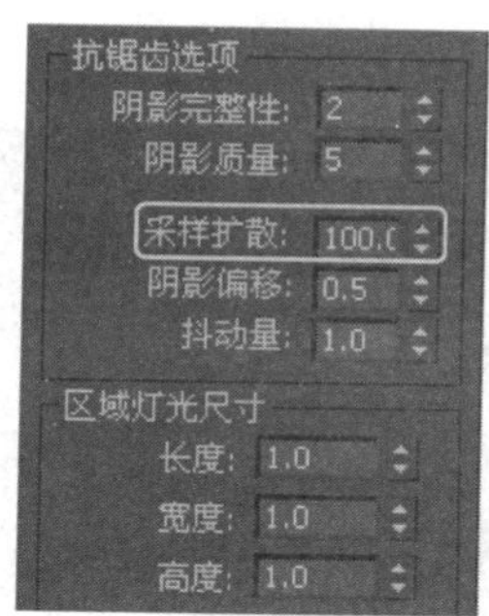

步骤11 渲染场景，可观察到由于“采样扩散”参数值过大，产生了多重投影效果。

提示：阴影质量所控制的光线从半影中的每个点，或阴影的抗锯齿边缘进行投射，可以对其进行平滑。

提示：增加采样扩展参数值，也应该增加偏移的参数值。

提示：采样扩展参数值越大，阴影模糊的质量越高。同时也会增加丢失小对象的可能性。

提示：只有在产生了非常模糊的阴影效果时，才需要抖动。推荐值为0.25～1.0。

8.5.5 光线跟踪阴影

使用“光线跟踪阴影”可以支持透明度和不透明度贴图，产生清晰的阴影，但该阴影类型渲染计算速度较慢，不支持柔和的阴影效果。

选择“光线跟踪阴影”选项后，参数面板中会出现相应的卷展栏。

相关参数解读如下：

❶光线偏移：该参数用于设置光线跟踪偏移面向或背离阴影投射对象移动阴影的多少。

❷双面阴影：勾选该复选框，计算阴影时背面将不被忽略。光线跟踪阴影类型非常适合用于模拟室外场景受到强烈太阳光照射产生的阴影效果。

❸最大四元树深度：该参数可调整四元树的深度。增大四元树深度值可以缩短光线跟踪时间，但却要占用大量的内存空间。四元树是一种用于计算光线跟踪阴影的数据结构。

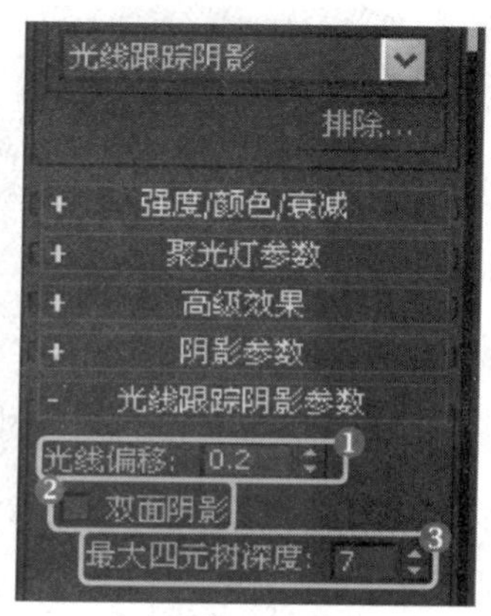

“光线跟踪阴影”卷展栏

8.5.6 实战：光线跟踪阴影测试

光盘路径：第8章\8.5\光线跟踪阴影测试（原始文件）.max

步骤1 打开本书配套光盘中的原始文件。

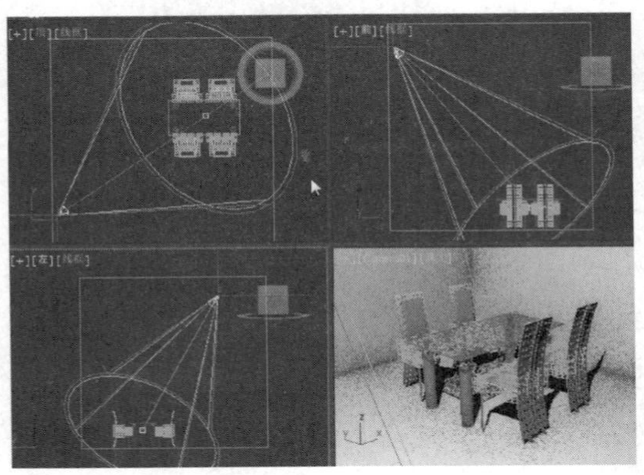

步骤2 渲染场景，可观察到场景中只有灯光照明效果，没有投影的效果。

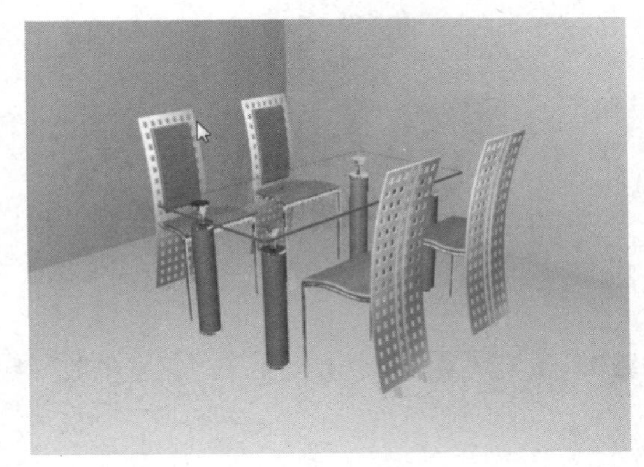

步骤3 选择灯光，在灯光的参数面板中启用并选择“光线跟踪阴影”选项。

步骤4 渲染场景，可观察到场景中光线跟踪阴影的默认效果。

步骤5 在光线跟踪阴影的参数卷展栏中，设置“光线偏移”值为30。

步骤6 渲染场景，可观察到产生的阴影发生了偏移。

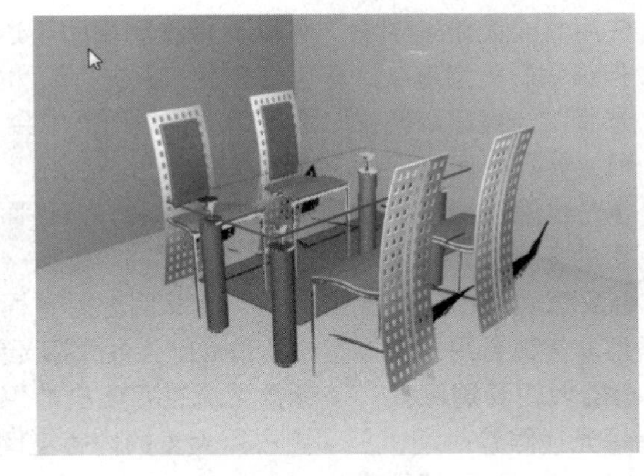

提示：深度参数可以改善阴影效果，但是根据场景中的几何体数量，生成四元树需要与之匹配的时间。

8.5.7　高级光线跟踪阴影

“高级光线跟踪阴影”有着与“光线跟踪阴影”类似的特点，但该阴影具有更强的控制能力。

选择“高级光线跟踪阴影”选项后，会出现相应的参数卷展栏，用于控制该阴影的具体效果。

相关阴影效果解读如下：

❶**简单**：向曲面投射单个光线，未执行锯齿。

❷**单过程抗锯齿**：从每一个照亮曲面中投射的光线数量都相同。

❸**双过程抗锯齿**：第一批光线要确定是否完全照亮出现问题的点，是否向其投射阴影或其是否位于阴影的半影（柔化区域）中。如果点在半影中，则第二批光线束将被投射，来进一步细化边缘。

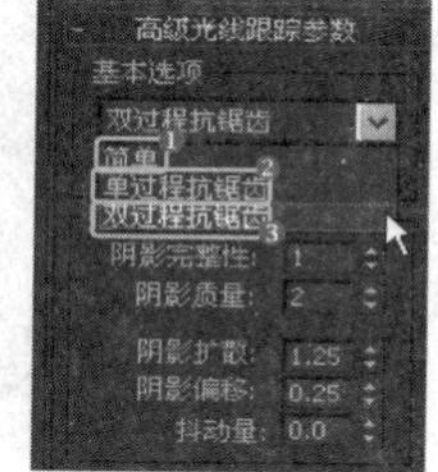

“高级光线跟踪阴影”卷展栏

8.6　模拟白天街道的光照效果

本节将通过创建各种3ds Max的预置灯光，来完成对场景白昼的照明模拟。

8.6.1　实战：模拟天光

本小节将通过创建泛光灯来模拟天光的环境照明效果，具体操作步骤如下：

光盘路径：第8章\8.6\场景（原始文件）.max

步骤1　在场景中创建一盏“泛光灯”。

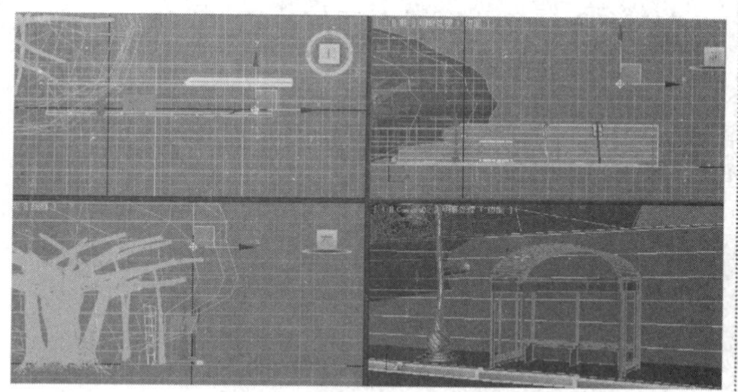

步骤2　渲染场景，可观察到该灯光的默认照明效果。

步骤3　在泛光灯的参数面板中，设置灯光的颜色和衰减参数。

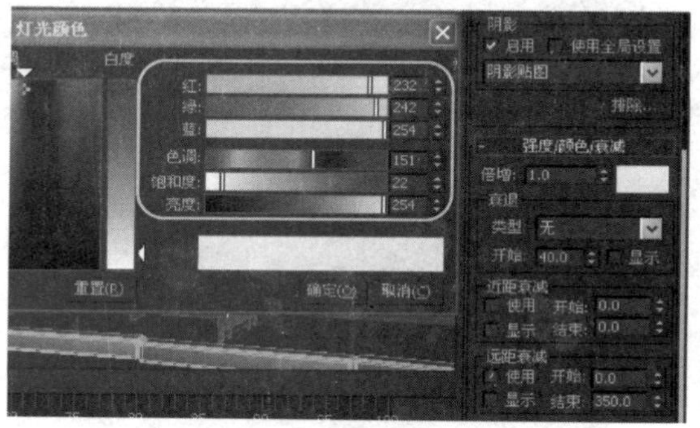

步骤4　渲染场景，可观察到该泛光灯的在启用阴影、修改颜色和应用衰减后的照明效果。

步骤5　将泛光灯在场景中以“实例”的方式进行克隆。

步骤6　再次渲染场景，可观察到由于灯光过多，场景有过度曝光的现象。

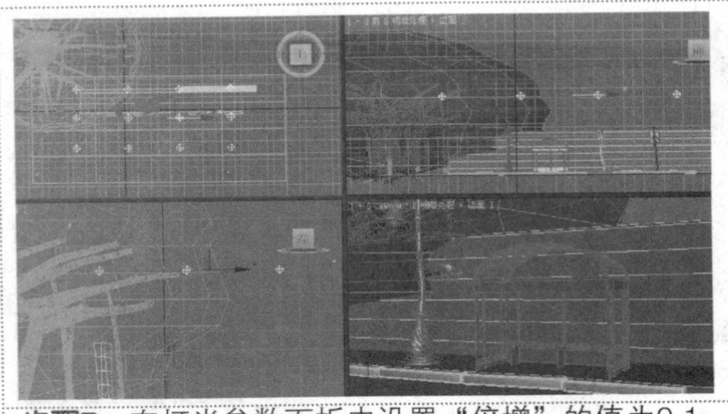

步骤7 在灯光参数面板中设置“倍增”的值为0.1，并取消勾选“高光反射”复选框。

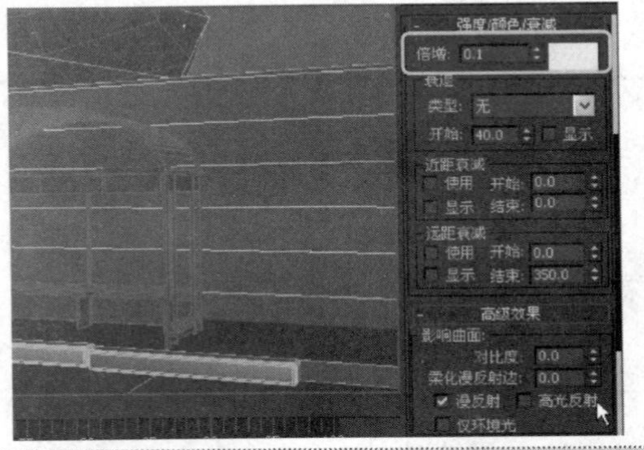

步骤8 渲染场景，可观察到整个场景被受到均匀的光线照明，并具有柔和的阴影。

提示： 以实例方式克隆的灯光，修改其中一盏灯光的参数，其他灯光参数会同步更新。

8.6.2 实战：补光的应用

本小节将模拟场景中的地面反射阳光，创建使场景变亮的补光，具体操作步骤如下：

步骤1 将模拟天光的灯光进行组合，然后以“复制”的方式进行克隆，并确定放置位置。

步骤2 渲染场景，可观察到多增加一组补光灯光的场景照明效果。

步骤3 选择模拟补光的灯光组合，在参数面板中设置灯光的基本参数。

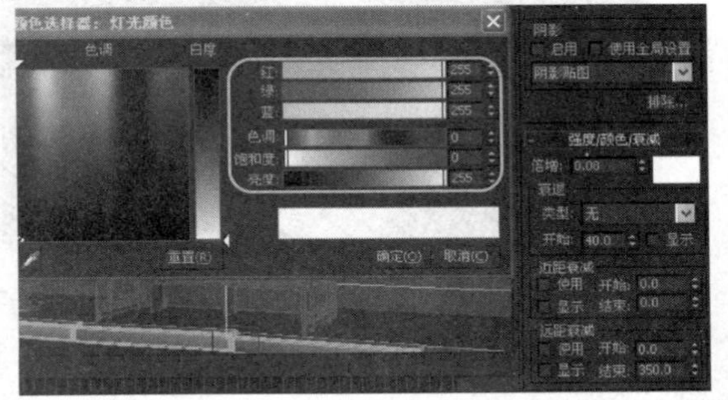

步骤4 渲染场景，可观察到取消阴影投射并降低了灯光的倍增等参数后，场景变得更有层次。

步骤5　在补光的参数面板中，设置衰减和高级效果等参数。

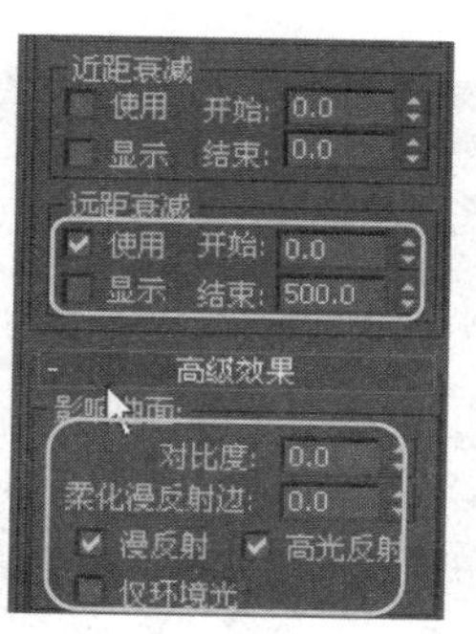

步骤6　再次渲染场景，可观察到由于远处衰减值变大，场景亮度有所提高。

提示：场景中地面占了较大的面积，补光通常根据地面反射阳光的原理来放置。

提示：远距衰减的值越大，衰减过程越长，在场景同一位置处，衰减值较大情况下场景会显得更为明亮。

8.6.3　实战：太阳光照明

本小节将通过目标平行光来模拟太阳光直射的效果。具体操作步骤如下：

步骤1　在场景中创建一盏“目标平行光”，用于模拟阳光。

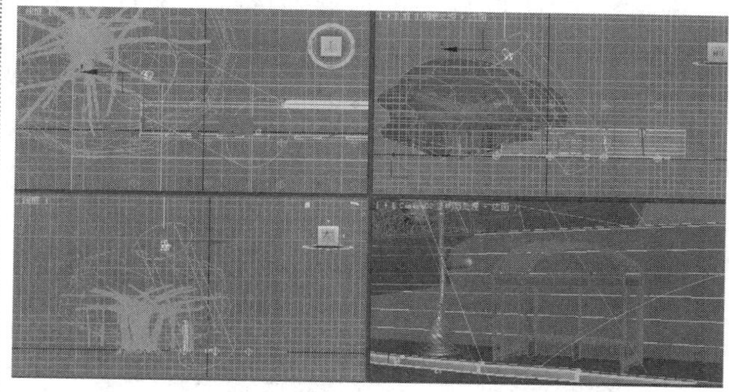

步骤2　渲染场景，可观察到目标平行光的默认照射效果。

步骤3　在目标平行光的参数面板中，设置平行光影响范围参数值。

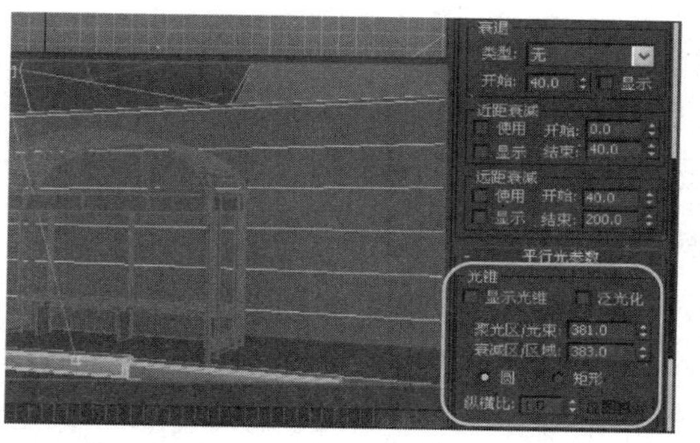

步骤4　渲染场景，可观察到整个场景都受到了相同强度光照的效果。

步骤5 设置目标平行光的阴影、倍增、颜色等参数。

步骤6 渲染场景，可观察到场景受到模拟太阳的目标平行光照射，生成了清晰的阴影，场景也变得足够明亮。

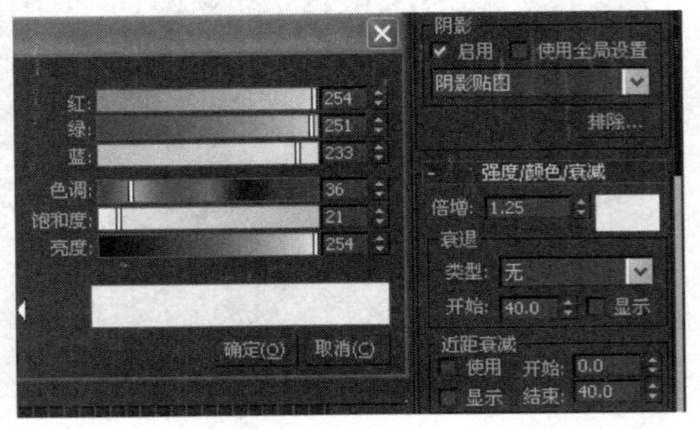

提示： 如果在晴朗的夜间，建议使用泛光灯来模拟月光的照明。

提示： 在使用目标平行光模拟太阳光时，建议为灯光设置足够大的照射范围，这样才能使整场景都受到相同强度的光线照明，也更接近真实世界太阳的照明原理。

提示： 越是晴朗的天气，太阳光照射强度越大，产生的阴影也越清晰，如果是阴天，场景中可以不创建模拟太阳光的灯光。

8.6.4 实战：人工照明

本小节将模拟路灯的人工照明效果，通过光度学灯光，可以有效地控制灯光的强度、颜色和照明范围等，具体操作步骤如下：

步骤1 在场景中创建一盏光度学"目标灯光"。

步骤2 渲染场景，可观察到该灯光的默认照明效果。

步骤3 在灯光参数面板中，设置灯光的各种参数。

步骤4 渲染场景，可观察到该灯光的照明效果和范围。

提示： 在白昼表现路灯等人工照明光源，可以适当提高灯光强度，避免灯光倍增过低，在场景中不明显。

8.7 操作答疑

8.7.1 专家答疑

（1）试述灯光对场景有什么影响。

答：灯光的位置直接影响场景的光能传递效果。效果图和动画的目的就是在电脑中模拟出真实的光照和材质效果，那么灯光的位置就要尽量和现实中的光源进行匹配，这样才能尽可能真实地模拟出应有的光照。

（2）说说灯光的几种阴影类型的优缺点。

答：高级光线跟踪阴影类型：

优点： 支持透明度和不透明度贴图。使用不少于系统内存的标准光线跟踪阴影。

缺点： 比阴影贴图更慢，不支持柔和阴影，边角相对比较硬。

区域阴影类型：

优点： 支持透明度和不透明度贴图，使用很少的系统内存，建议对复杂场景使用一些灯光或面。

缺点： 比阴影贴图更慢。

mental ray阴影类型：

优点： 使用 mental ray 渲染器可能比光线跟踪阴影更快。

缺点： 不如光线跟踪阴影精确。必须与mental ray 渲染器结合使用。

光线跟踪阴影：

优点： 支持透明度和不透明度贴图，如果不存在对象动画，则只处理一次。

缺点： 可能比阴影贴图更慢，不支持柔和阴影。

阴影贴图类型：

优点： 只产生柔和阴影，如果不存在对象动画，则只处理一次，最快的阴影类型。

缺点： 使用很多系统内存。不支持使用透明度或不透明度贴图的对象。

（3）通过本章的学习，说说标准灯光和光度学灯光的区别。

答：3ds Max 提供两种类型的灯光：标准和光度学。所有类型在视口中显示为灯光对象。它们共享相同的参数，包括阴影生成器。

标准灯光是基于计算机的模拟灯光对象，如家用或办公室灯、舞台和电影工作时使用的灯光设备和太阳光本身。不同种类的灯光对象可用不同的方法投射灯光，模拟不同种类的光源。与光度学灯光不同，标准灯光不具有基于物理的强度值。

光度学灯光使用光度学（光能）值，可以更精确地定义灯光，就像在真实世界一样。可以设置它们分布、强度、色温和其他真实世界灯光的特性，也可以导入照明制造商的特定光度学文件以便设计基于商用灯光的照明。将光度学灯光与光能传递解决方案结合起来，可以生成物理精确的渲染或执行照明分析。

8.7.2 操作习题

1. 选择题（选项为一个或多个）

（1）以下对3ds Max中标准灯光的强度分析不正确的是（　　）。

A. 灯光的强度只和它的强度倍增有关系

B. 灯光的强度在某种情况下会和灯光的颜色有关系

C. 灯光的强度与灯光的衰减范围有关

D. 灯光的强度在某种情况下会与灯光到物体之间的距离有关

（2）下列选项中关于灯光的亮度对场景的影响，叙述正确的是（　　）。

A. 可以对灯光的倍增参数指定Euler XYZ控制器

B. 灯光的倍增如果设置为负值，那么将会产生吸光的效果

C. 如果灯光的强度使场景产生了曝光效果，那么只能靠修改灯光的强度倍增来改变场景的光照效果

D. 一个强度为1的光源一定会比一个强度为0.5的光源对场景的光照效果强

（3）下列选项中对灯光的各类型阴影说法错误的是（　　）。

A. “阴影贴图”是一种渲染器在预渲染场景通道时生成的位图。阴影贴图不会显示透明或半透明对象投射的颜色

B. “光线跟踪阴影”是通过跟踪从光源采样出来的光线路径所产生的阴影效果。比“阴影贴图”更精确。对于透明或半透明对象，它能产生更逼真的阴影效果

C. “区域阴影”实际上是通过设置一个虚拟的灯光维度空间来伪造区域阴影的效果，它只适用于标准灯光类型

D. “高级光线跟踪阴影”与“光线跟踪阴影”类似，但它提供更多的控制参数

（4）以下标准灯光类型中，（　　）灯光类型不能选择投影类型。

A. 天光(Sky)

B. 目标聚光灯(Spot)

C. 平行光(Directional)

D. 泛灯光（Omni）

（5）下列关于“光度学”(Photometric)灯光叙述正确的是（　　）。

A. 光度学(Photometric)灯光不依赖于实际单位的场景

B. 光度学(Photometric)灯光符合平方反比衰减规律

C. 光度学(Photometric)灯光与曝光控制没有关系

D. 光度学(Photometric)灯光不能调节衰减

（6）摄影机参数中，以下哪个选项的描述是正确的（　　）。

A. 当“显示圆锥体(Show Cone)”复选框被勾选后，摄影机能够被渲染

B. 当“显示地平线(Show Horizon)”复选框被勾选后，该摄影机视图一定能够看见“地平线”

C. 即使同时勾上“显示圆锥体(Show Cone)”与“显示地平线(Show Horizon)”复选框，最终渲染的结果不会受到这两个选项的影响

D. 如果同时勾上“显示圆锥体(Show Cone)”与“显示地平线(Show Horizon)”复选框，最终渲染的结果将会显示摄像机的“圆锥体”以及一条可见“地平线”

2. 填空题

（1）在“标准灯光(Standard Lights)”的强度/颜色/衰减(Intensity/Color/Attenuation Rollout)卷展栏中，提供了____________种衰减类型。

（2）在“标准灯光(Standard Lights)”中，____________灯光在创建的时候不需要考虑位置的问题。

3. 操作题

高级光照还有光线追踪，模拟天光，全局照明和辐射度等功能，可以模拟出非常真实自然的效果。

辐射度渲染室内场景的前后效果比较

全局照明渲染室内场景的前后效果比较

第9章

环境与效果

本章重点：

本章主要介绍了环境和效果对话框中提供的各种控件，重点讲解背景环境的应用、大气效果的使用以及镜头特效、模糊和类似于图像后期处理的各种效果，最终配以实例讲解环境效果如何添加到场景中，使场景更具有气氛。

学习目的：

掌握环境和效果对话框中提供的各种控件，重点掌握背景环境的应用、大气效果的使用以及镜头特效、模糊和类似于图像后期处理的各种效果。

参考时间：60分钟

主要知识	学习时间
9.1　背景与环境	15分钟
9.2　大气效果	10分钟
9.3　特效	10分钟
9.4　曝光控制	10分钟
9.5　浓雾中的建筑	15分钟

9.1 背景与环境

3ds Max的虚拟三维空间世界中，允许用户设置场景的背景和环境，如使用贴图或雾效果作为环境，还提供了如镜头光晕等各种特效作为渲染效果。本节就将详细介绍有关背景和全局照明环境的相关知识。

9.1.1 背景

"背景"是指场景中的背景颜色或背景动画，在3ds Max的"环境和效果"窗口中，可以更改背景颜色或使用贴图代替颜色。

相关参数解读如下：

❶**颜色**：单击色块，可设置场景背景的颜色，并允许记录为动画。

❷**环境贴图**：勾选"使用贴图"复选框，此时应用的贴图才能生效。

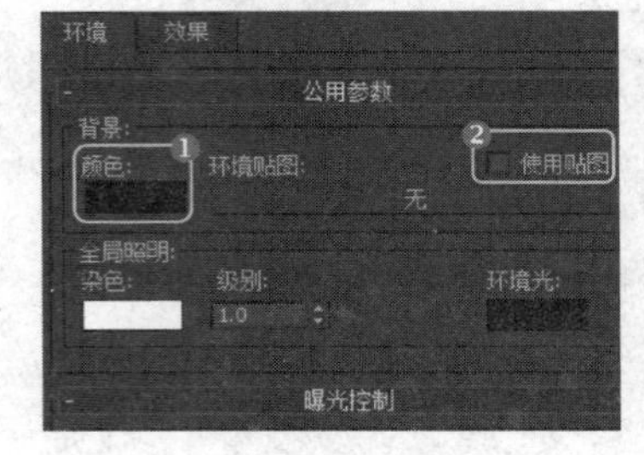

"环境和效果"窗口

9.1.2 实战：环境的应用

光盘路径：第9章\9.1\环境的应用（原始文件）.max

步骤1 渲染场景，可观察到场景的黑色背景应用效果。

步骤2 按下键盘快捷键8，开启"环境和效果"窗口，单击"背景"选项组中的色块，设置颜色。

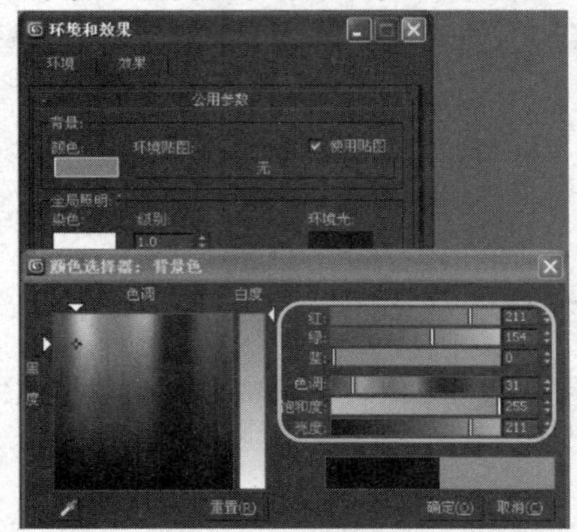

步骤3 渲染场景，可观察到设置的黄色背景在场景中的渲染效果。

步骤4 单击"背景"选项组中的"无"按钮，在打开的"材质/贴图浏览器"面板中选择"位图"贴图选项。

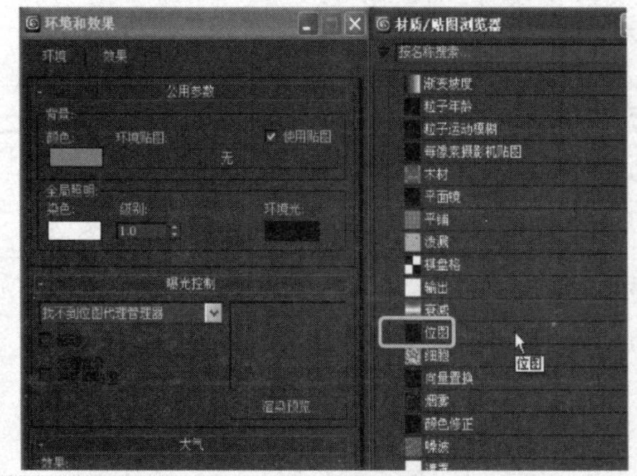

步骤5 在选择位图文件的对话框中，选择贴图文件。

步骤6 渲染场景，可观察到场景中应用了贴图的效果。

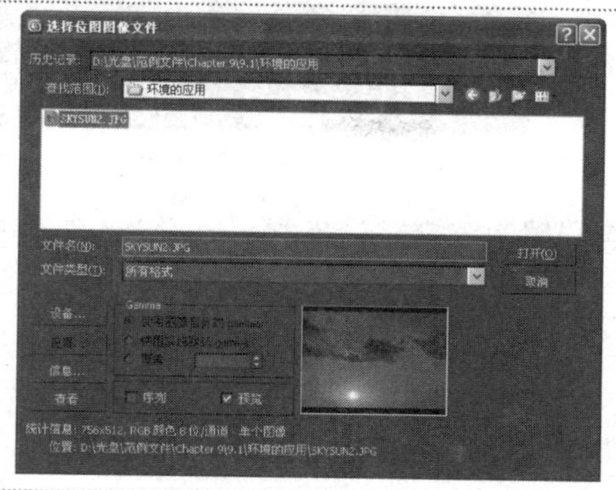

步骤7　在场景中创建一个足够大的半球对象来模拟背景环境。

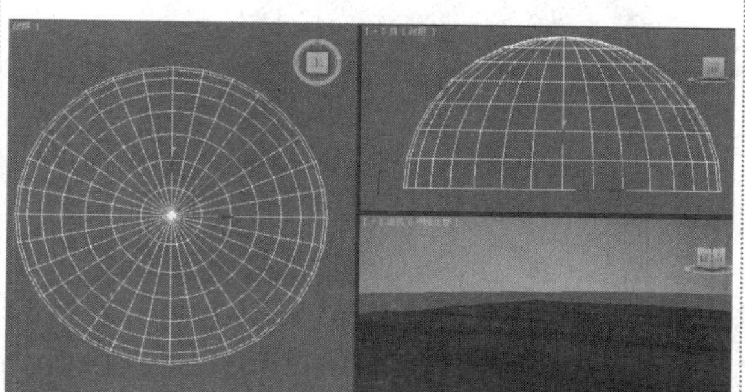

步骤8　使用一个新材质，为“漫反射”指定“位图”程序贴图，以背景使用的贴图作为贴图文件，然后赋予该对象。

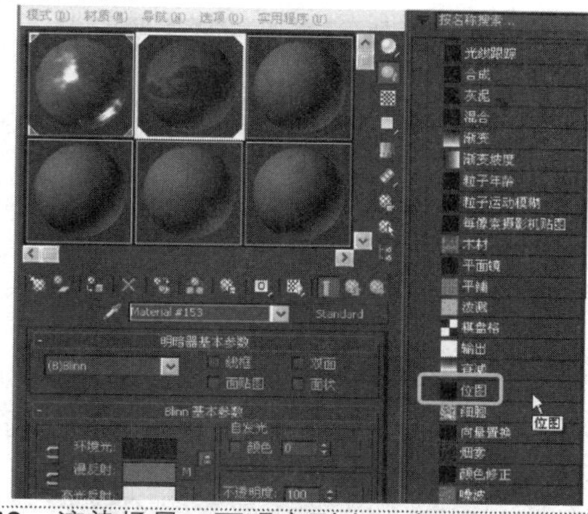

步骤9　为半球对象添加一个“法线”修改器。

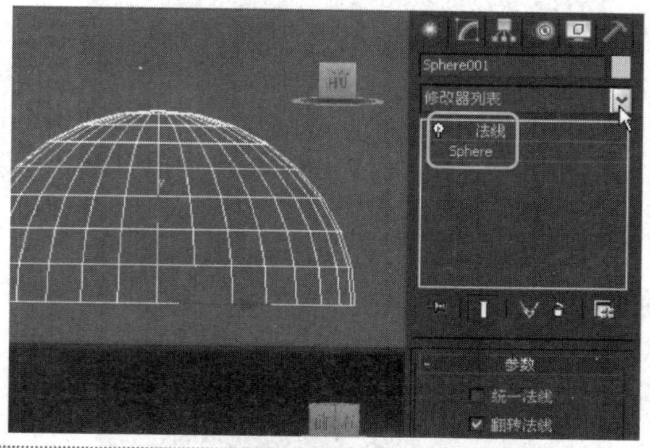

步骤10　渲染场景，可观察到由于半球模拟了背景的环境空间，加上贴图的应用，使环境贴图与场景结合得更加自然。

提示： 为环境指定的贴图可以是程序贴图、外部的图像文件或动画视频文件。默认的背景环境为黑色，背景环境使用的贴图可以显示在视口背景中。

提示： 使用半球来模拟背景环境是常用的环境应用方法之一，半球对象通常被称为球天。

提示： 此处“法线”修改器的作用是将半球外表面的贴图转移到内表面上。

9.1.3　全局照明

在“全局照明”选项组中，可以设置颜色参数使整个场景染色或更改整个场景的环境颜色。相关参数解读如下：

❶**染色**：设置该参数的颜色，可以为场景中的灯光（环境光除外）染色。

❷**级别**：该参数可以增强或减弱场景中的所有灯光。

❸**环境光**：该参数可以设置场景的环境光颜色。

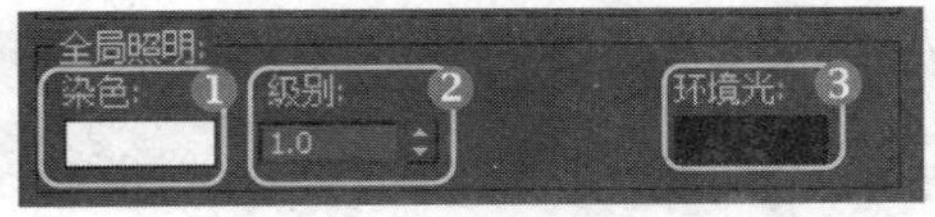

“全局照明”选项组

提示：全局照明选项组中的参数设置并非现在常用的全局照明渲染引擎技术，3ds Max的全局照明参数只能对场景设置简单的颜色和强度。

9.1.4 实战：全局照明应用

光盘路径：第9章\9.1\全局照明应用（原始文件）.max

步骤1 渲染场景，可观察到场景在默认环境参数下的应用效果。

步骤2 打开“环境和效果”窗口，设置“染色”的颜色。

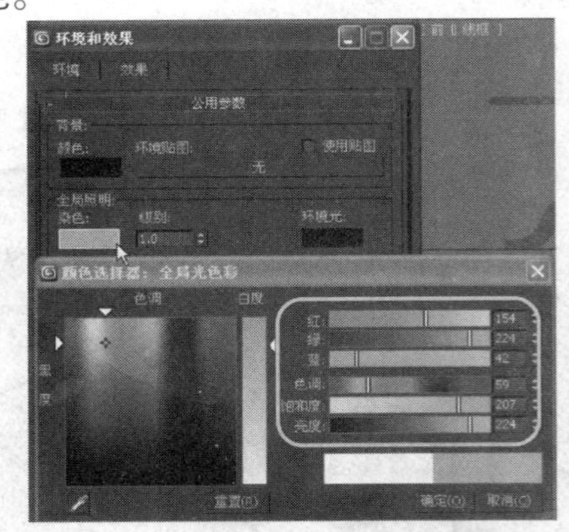

步骤3 渲染场景，可观察到由于改变了默认的白色“染色”参数，整个场景的颜色都略为偏向绿色。

步骤4 在“环境和效果”窗口中，设置“级别”的参数值为3。

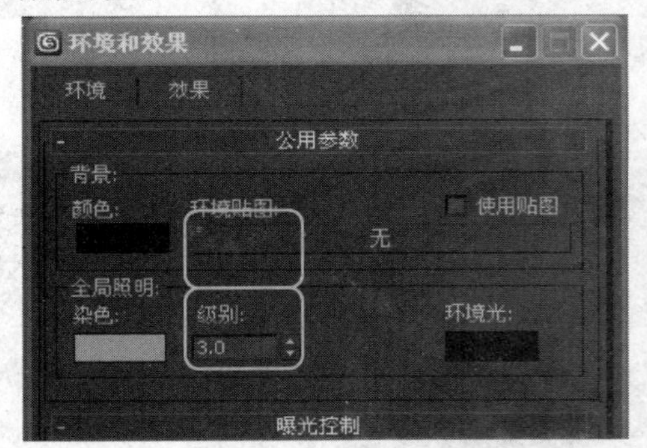

步骤5 渲染场景，可观察到由于“级别”参数值增大，整个场景的灯光强度也发生了相应的变化，场景渲染效果变得更亮。

步骤6 在“环境和效果”窗口中，降低“级别”参数值，并设置“环境光”为红色。

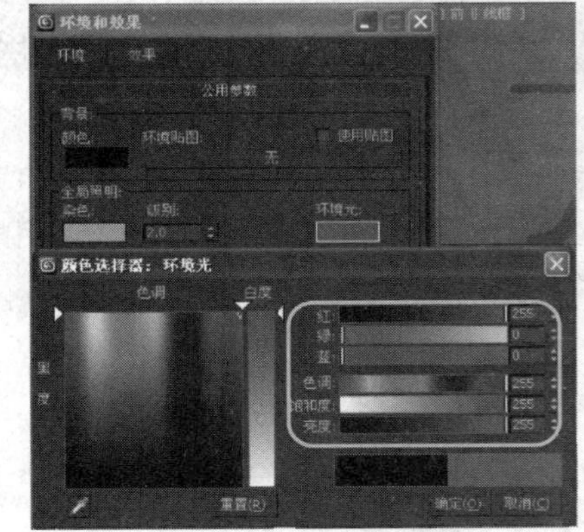

步骤7　渲染场景，可观察到较低的“级别”参数对场景亮度以及红色环境光对场景的影响。

提示： 当染色颜色不是白色时，才会为场景中的所有灯光染色。

提示： 如果级别参数设置值为1.0，则保留各个灯光的原始设置。增大级别将增强总体的场景照明，减小级别将减弱总体照明。

9.2 大气效果

在“大气”卷展栏中，提供了各种创建照明效果的插件组件，包括雾、体积雾、体积光和火效果等。

9.2.1 雾

“雾”组件可以模拟真实世界中的雾或烟等效果，可以使对象随着与摄影机距离的增加而逐渐褪光（标准雾），也可以提供分层雾效果，使所有对象或部分对象被雾笼罩。

相关参数解读如下：

（1）**颜色**：设置雾的颜色，可以使用贴图。

（2）**环境颜色贴图**：可以通过贴图导出雾的颜色。

（3）**环境不透明度贴图**：可以通过贴图改变雾的密度。

（4）**雾化背景**：勾选该复选框，可以将雾功能应用于场景的背景。

（5）**类型**：可以选择雾的类型，共有标准雾和分层雾两种类型。

雾效果图

提示： 雾效果只能通过“摄影机”视口或“透视”口渲染，“正交”视口或“用户”视口不能渲染雾效果。

1. 标准雾

“标准雾”可以控制距离摄影机近处和远处雾的浓度，使雾在摄影的观察距离上产生变化。

相关参数解读如下：

❶**指数**：雾的密度随距离按指数增大。不勾选时，雾的密度随距离线性增大。

❷**近端**：设置雾在近距范围内的密度。

❸**远端**：设置雾在远距范围内的密度。

如果启用雾的“指数”参数，建议增大“步长大小”的值，避免出现条带。

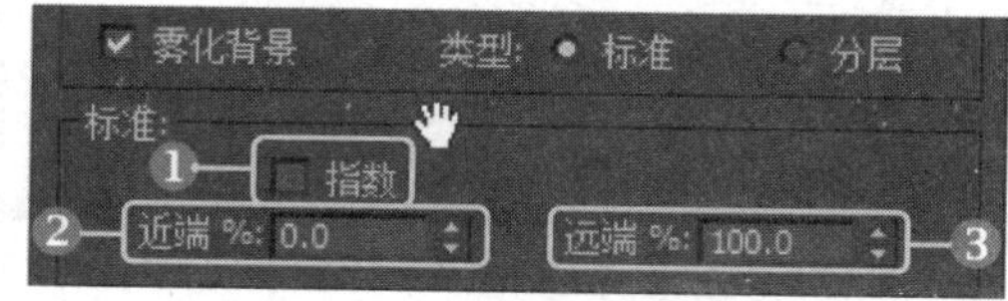

“标准雾”相关参数卷展栏

2. 分层雾

“分层雾”可以使雾在上限和下限之间变薄或变厚，可以添加多个雾项目，也可以设置雾上升和下降、更改密度和颜色的动画，并添加地平线噪波。

相关参数解读如下：

❶**顶**：设置雾层的上限。

❷**底**：设置雾层的下限。

❸**密度**：设置雾的总体密度。

❹**衰减**：添加指数衰减效果，使密度在雾范围的“顶”或“底”减小到0。

❺**地平线噪波**：勾选该复选框，可以启用地平线噪波系统。

❻**角度**：确定受影响的与地平线的角度。

❼**大小**：应用于噪波的缩放系数。缩放系数值越大，雾卷越大。默认设置为20。

❽**相位**：此参数可设置噪波的动画。

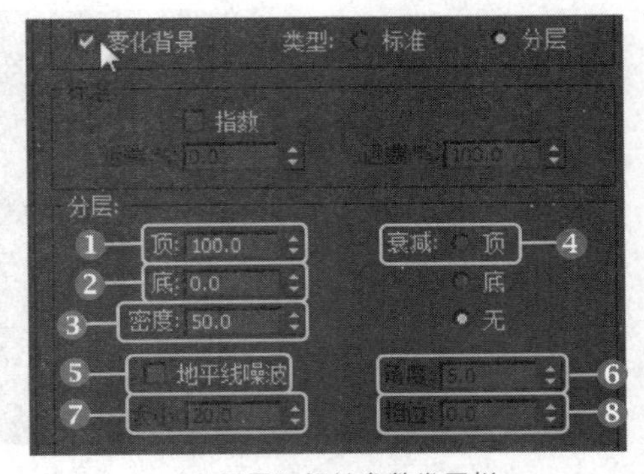

“分层雾”相关参数卷展栏

9.2.2 实战：创建标准雾效果

光盘路径：第9章\9.2\创建标准雾效果（原始文件）.max

步骤1 渲染场景，可观察到场景中没有应用大气环境时的效果。

步骤2 打开“环境和效果”窗口，在“大气”卷展栏中单击“添加”按钮，在开启的对话框中选择“雾”选项。

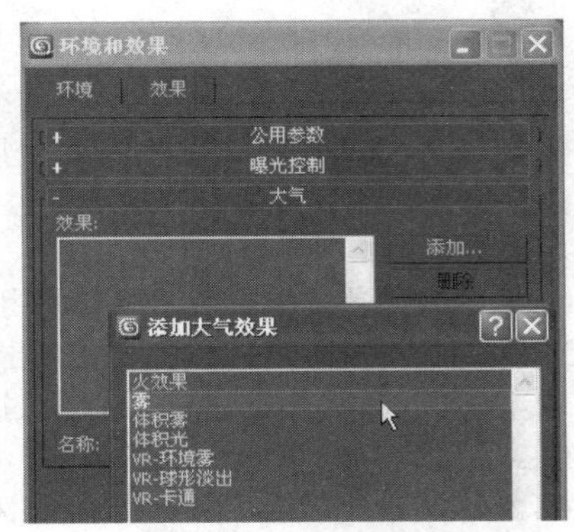

步骤3 渲染场景，可观察到由于雾效果没有设置，整个场景出现了密度最大的白色雾。

步骤4 在“雾参数”卷展栏中，设置“远端”的参数值为30%。

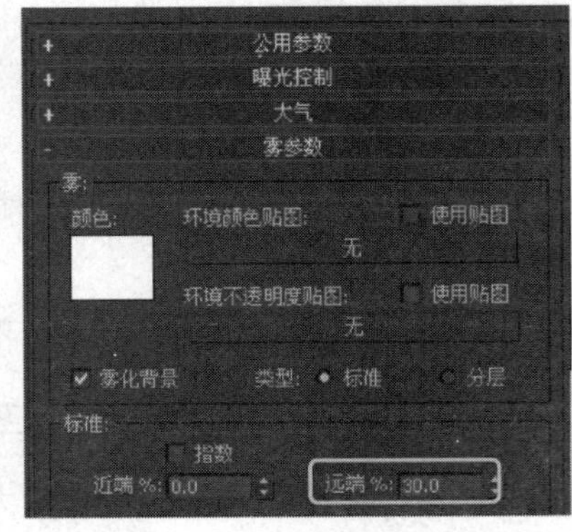

步骤5 渲染场景，可观察到场景被笼罩在一层薄雾之中。

步骤6 在“雾”选项组中，设置“颜色”为蓝色。

步骤7　渲染场景，可观察到场景中的雾变成了蓝色。

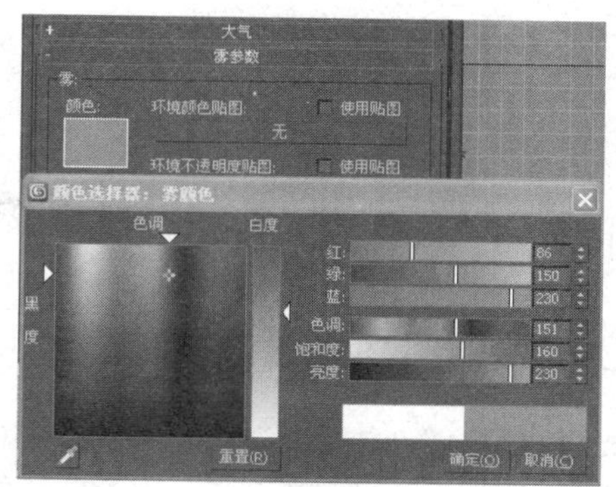

步骤8　单击“环境颜色贴图”按钮，在打开的对话框中选择“棋盘格”程序贴图。

步骤9　渲染场景，可观察到场景中雾的效果受到棋盘格贴图的影响，出现了棋盘格效果。

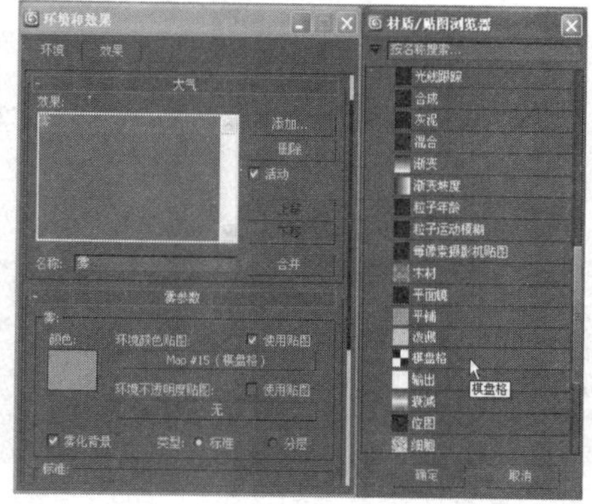

步骤10　为“环境不透明度贴图”指定“棋盘格”程序贴图。

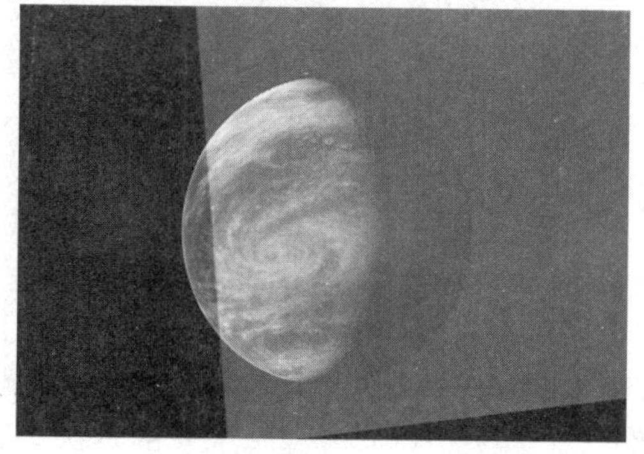

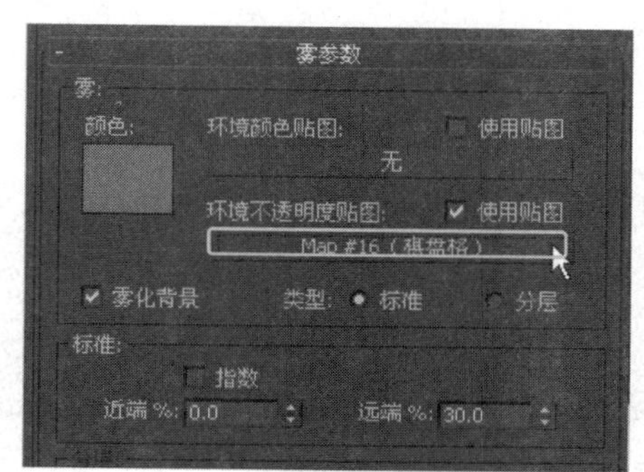

步骤11　渲染场景，可观察到由于棋盘格贴图的应用，棋盘格黑色区域在场景中显示雾的效果，白色区域则显示原有场景。

提示： 在大气参数栏中选择了具体的大气效果后，才会出现相应的参数卷展栏。

提示： 雾颜色的饱和度越大，雾越不透明，反之则越透明。

提示： 使用棋盘格贴图作为环境颜色，黑色区域将完全没有雾，白色区域将和颜色混合。

提示： 为环境不透明度使用贴图时，雾的透明度将根据颜色的灰度决定，黑色为完全透明，白色为不透明。

9.2.3 实战：为场景添加层雾

光盘路径：第9章\9.2\为场景添加层雾（原始文件）.max

步骤1 渲染场景，可观察到当前场景在没有添加雾时的效果。

步骤2 打开“环境与效果”窗口，添加“雾”大气效果，并选择“分层”类型。

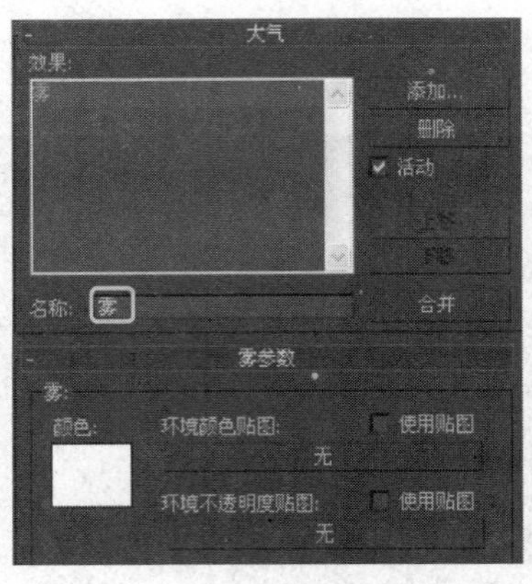

步骤3 渲染场景，可观察到分层雾的默认渲染效果。

步骤4 在“分层”选项组中，设置相关参数。

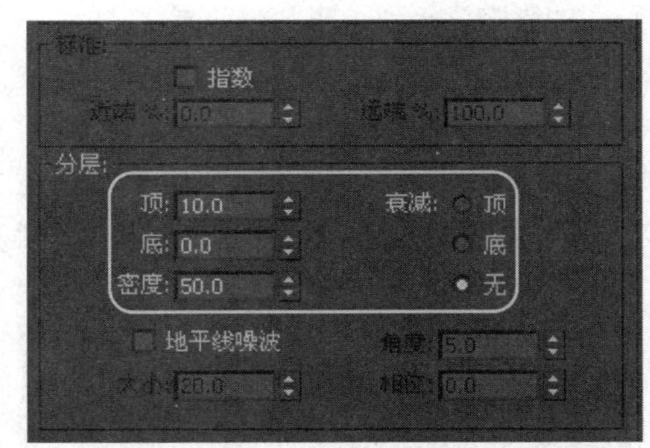

步骤5 渲染场景，可观察到“顶”和“底”参数限制了雾产生的范围。

步骤6 在参数面板中，重新设置雾的限制范围以及“密度”参数和“衰减”方式。

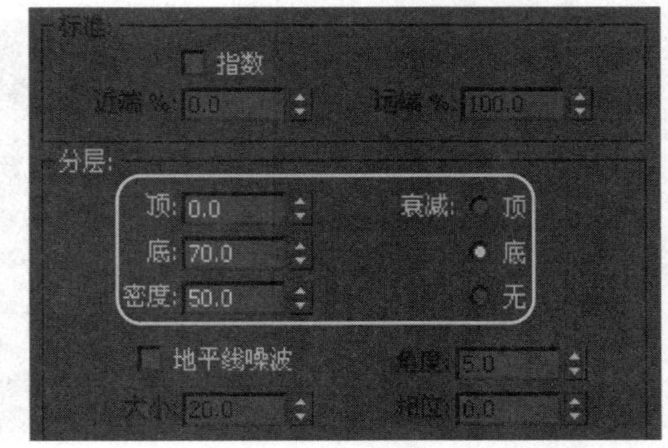

步骤7　渲染场景，可观察到密度较低和具有衰减效果的分层雾效果。

步骤8　在参数面板中勾选“地平线噪波”复选框，设置相关参数。

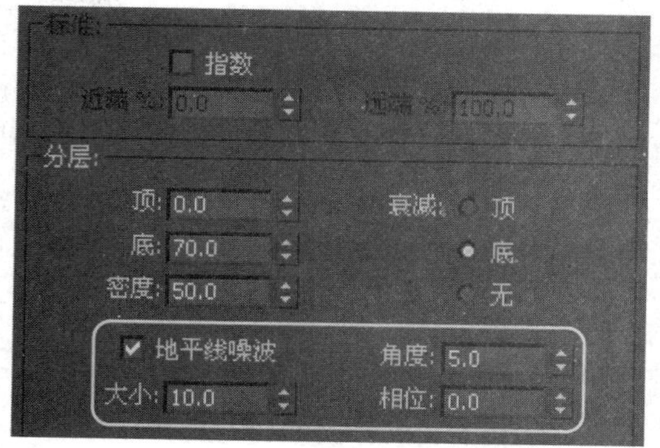

步骤9　渲染场景，可观察到应用了地平线噪波的分层雾效果。

提示： 大气效果参数允许用户添加多个相同的大气效果，如添加一个雾大气效果制作标准雾，再添加一个雾大气效果制作层雾。

提示： 地平线效果在地平线以上和地平线以下镜像，如果雾层高度穿越地平线，可能会产生异常结果。

9.2.4　体积雾效果

“体积雾”的创建需要大气装置辅助对象来限制雾的范围，并可以使用噪波使雾的密度在场景中非恒定。

体积雾的创建主要通过大气装置、体积和噪波等参数来设置完成。

1. 大气装置

“大气装置”是一种辅助对象，用于限制特定大气效果的应用范围，3ds Max 2014提供了长方体Gizmo、球体Gizmo和圆柱体Gizmo三种大气装置。

2. 体积

在“体积”选项组中，可对体积雾的颜色、密度、步长等属性进行参数设置，这些参数直接影响雾的基本外观。

相关参数解读如下：

❶**密度：** 用于设置雾的密度。

❷**步长大小：** 该参数确定雾采样的粒度。

❸**最大步数：** 该参数可以限制采样量。

❹**雾化背景：** 勾选该复选框，可以将雾功能应用于场景的背景。

“体积雾”的应用效果

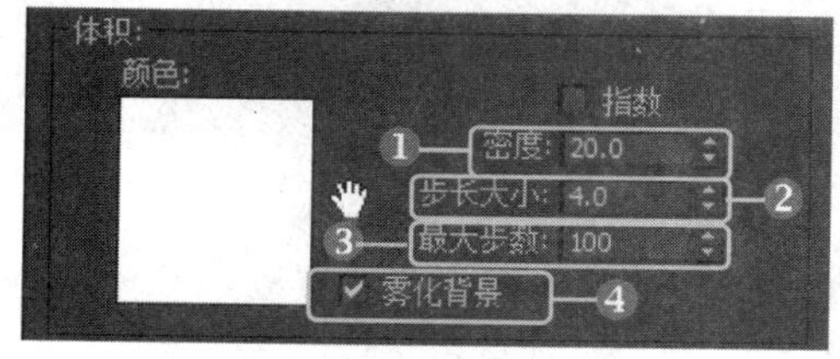

“体积”选项组

3. **噪波**

在“噪波”选项组中提供了使体积雾中产生各种噪波形状的参数，并可以模拟风力方向，使体积雾产生方向。

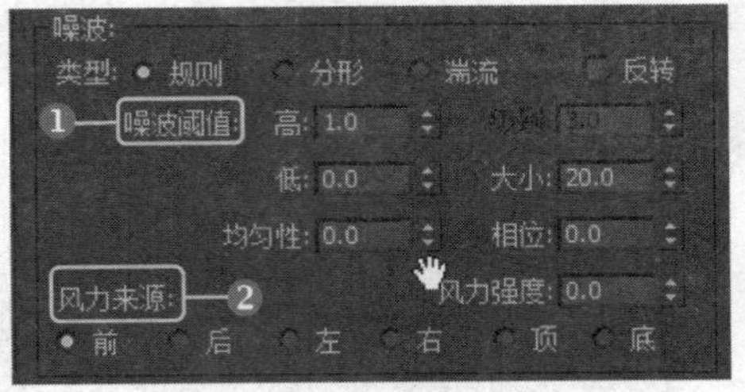

“噪波”选项组

相关参数解读如下：

类型：体积雾提供了规则、分形和湍流三种噪波方式。

❶**噪波阈值**：设置噪波的基本外形，如大小范围等。

❷**风力来源**：可以选择不同方向的风力并设置风力强度。

9.2.5 实战：体积雾的应用

光盘路径：第9章\9.2\体积雾的应用（原始文件）.max

步骤1 渲染场景，可观察到场景中未应用任何大气装置的效果。

步骤2 在“创建”命令面板中选择“辅助对象”按钮，在“大气装置”下的“对象类型”选项组中单击“长方体Gizmo”按钮。

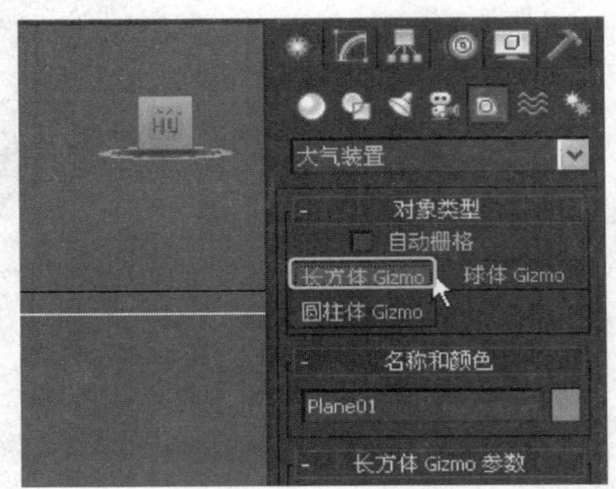

步骤3 在视口中创建长方体大气装置。

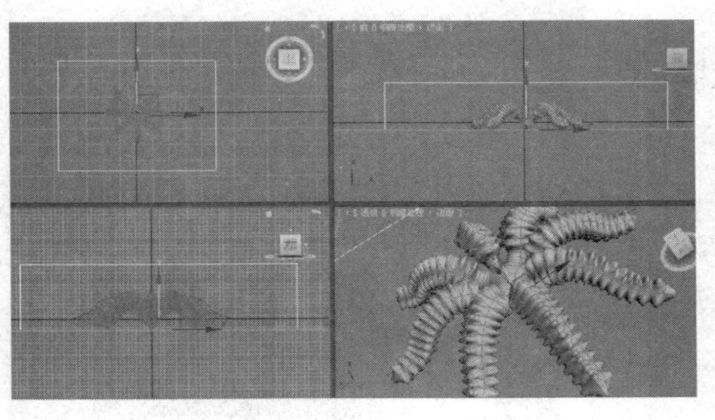

步骤4 打开“环境和效果”窗口，并添加“体积雾”大气效果。

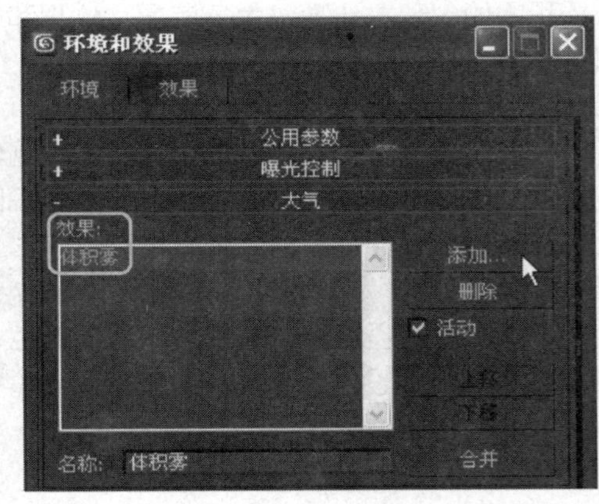

步骤5 在“体积雾参数”卷展栏中，单击“拾取线框”按钮，在视口中拾取大气装置。

步骤6 渲染场景，可观察到体积雾的默认设置应用效果。

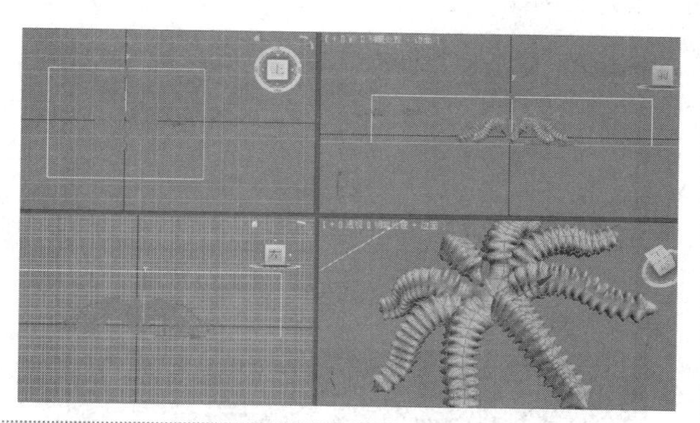

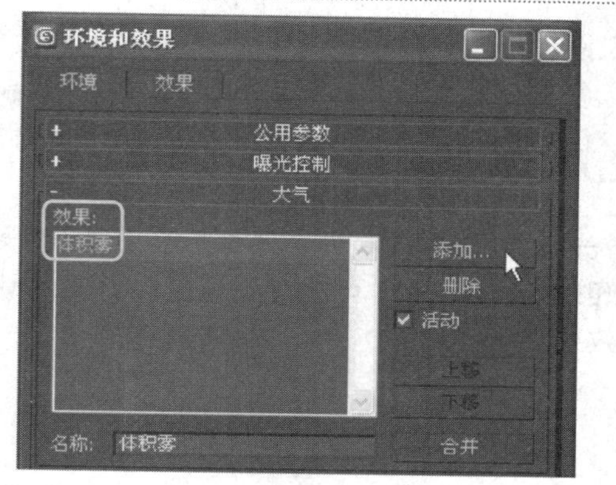

提示： 如果更改线框的尺寸，会同时更改雾影响的区域，但是不会更改雾和其噪波的比例。例如，如果减小球体线框的半径，将裁剪雾，如果移动线框，将更改雾的外观。单个体积雾可以拾取多个线框，在拾取过程中，使用快捷键H，此时会开启相应对话框，可以从列表中选择多个对象。

提示： 步数大小参数值较大，会使雾变得粗糙，如果达到一定大的数值，雾的效果会出现锯齿。

9.2.6　体积光效果

"体积光"根据灯光与大气的相互作用提供灯光效果。该效果可以使泛光灯产生径向光晕、聚光灯产生锥形光晕和平行光产生平行雾光束等效果。

体积光虽然属于大气效果类型，但只能依附灯光对象来表现，在相关的参数面板中可以拾取灯光，设置体积光参数、衰减参数和噪波参数。

相关参数解读如下：

"体积光"应用效果

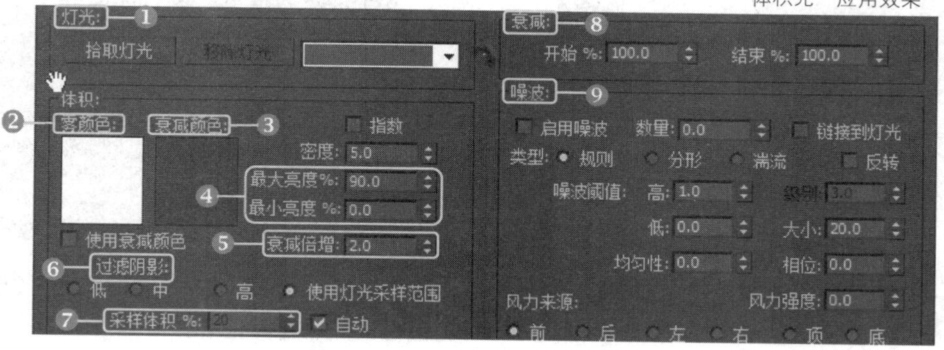

"体积光"参数面板

❶**灯光：** 通过选项组中提供的参数控件，可在任意视口中选择要为体积光启用的灯光。

❷**雾颜色：** 用于设置组成体积光的雾的颜色。

❸**衰减颜色：** 用于设置衰减颜色。体积光经过灯光的近距衰减距离和远距衰减距离，从"雾颜色"渐变到"衰减颜色"。

❹**最大亮度/最小亮度：** 用于设置可以达到的最大/最小的光晕效果。

❺**衰减倍增：** 调整衰减颜色的效果。

❻**过滤阴影：** 可以用于通过提高采样率获得更高质量的体积光渲染。

❼**采样体积：** 控制体积的采样率。

❽**衰减：** 该选项组用于控制单个灯光的"开始范围"和"结束范围"的衰减参数。

❾**噪波：** 通过噪波选项组中提供的参数可以使体积光中产生细小的灰尘效果。

提示： 与其他雾效果不同，体积光效果的雾颜色与灯光的颜色组合使用。最佳的效果是使用白色雾，然后使用彩色灯光着色。

9.2.7 实战：体积光的应用

光盘路径： 第9章\9.2\体积光的应用（原始文件）.max

步骤1 渲染场景，可观察到场景中灯光的默认渲染效果。

步骤2 在“环境和效果”窗口中，添加“体积光”大气特效，并在“灯光”选项组中，拾取一盏聚光灯。

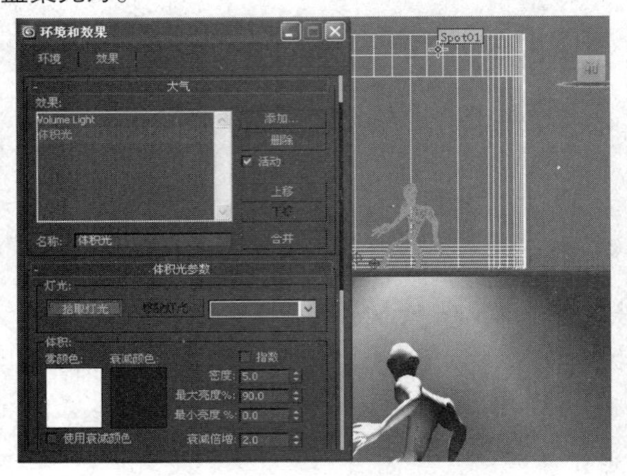

步骤3 渲染场景，可观察到默认的体积光大气效果。

步骤4 设置“体积”选项组中的参数。

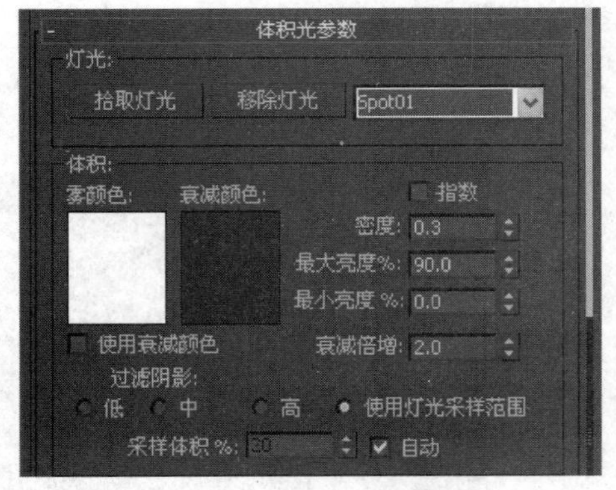

步骤5 渲染场景，可观察到更改了体积光密度的应用效果。

步骤6 在“噪波”选项组中，勾选“启用噪波”复选框，并设置其他参数。

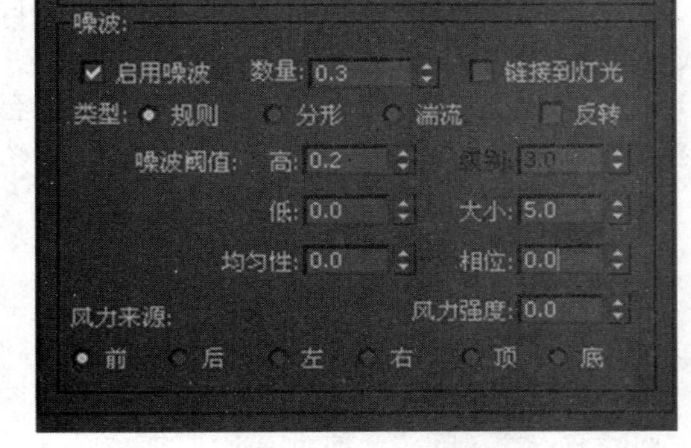

步骤7　渲染场景，可观察到体积光中添加了噪波后的应用效果。

提示： 如果场景的体积光内包含透明对象，请将最大亮度参数值设置为100%。

提示： 如果雾后面没有对象，且最小亮度大于0，无论实际值是多大，场景效果将总是像雾颜色一样明亮。

提示： 在使用灯光采样范围选项中，灯光的采样范围值越大，渲染速度越慢。通常较低的参数值设置可以缩短渲染时间。

提示： 以某些角度渲染体积光可能会出现锯齿。要消除锯齿问题，要在应用体积光的灯光对象中激活近距衰减选项和远距衰减选项。

9.2.8　火焰效果

“火焰特效”效果可以生成动态的火焰、烟雾和爆炸等效果。

“火焰特效”效果可以生成动态的火焰、烟雾和爆炸等效果。“火焰效果”需要大气装置的支持，在其参数面板中还提供了颜色、图形、特性、动态和爆炸等控件参数。

“火焰特效”的应用效果

相关参数解读如下：

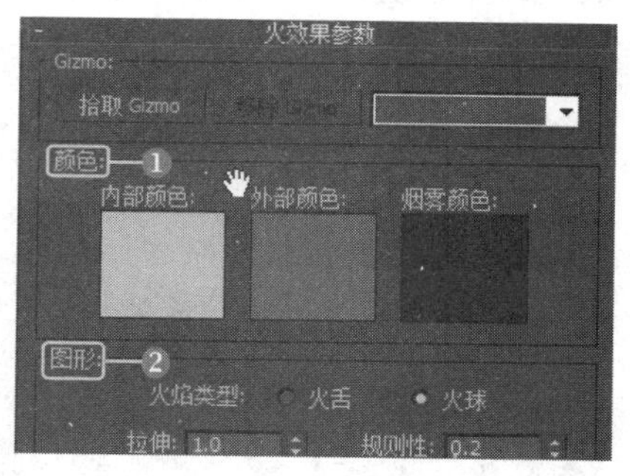

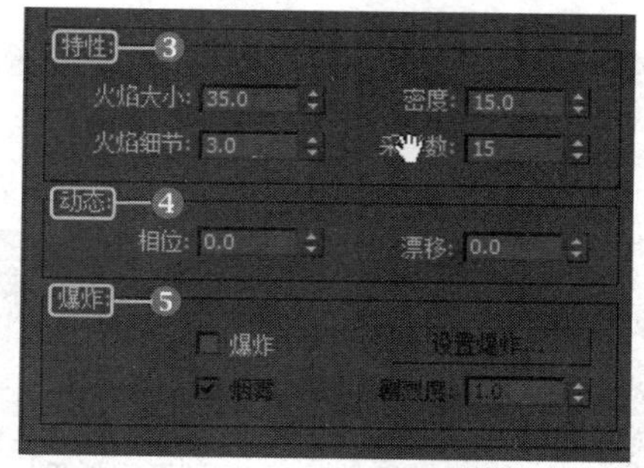

“火焰效果”参数卷展栏

❶**颜色**：该选项组可以设置火焰的内部、外部和烟雾的颜色。

❷**图形**：该选项组可以控制火焰的形状、缩放和图案。

❸**特性**：该选项组用于控制火焰的大小和外观。

❹**动态**：该选项组可以设置火焰的涡流和上升的动画。

❺**爆炸**：该选项组主要用于自动设置爆炸动画。

提示： 火焰效果不支持完全透明的对象，需要设置火焰对象的透明度。要使火焰对象消失，应使用可见性选项，而不要使用透明度参数。

9.2.9 实战：火焰效果的应用

光盘路径：第9章\9.2\火焰效果的应用（原始文件）.max

步骤1 渲染场景，可观察到场景中没有任何火焰效果的应用效果。

步骤2 在场景中创建“球体Gizmo”，并创建成半球状。

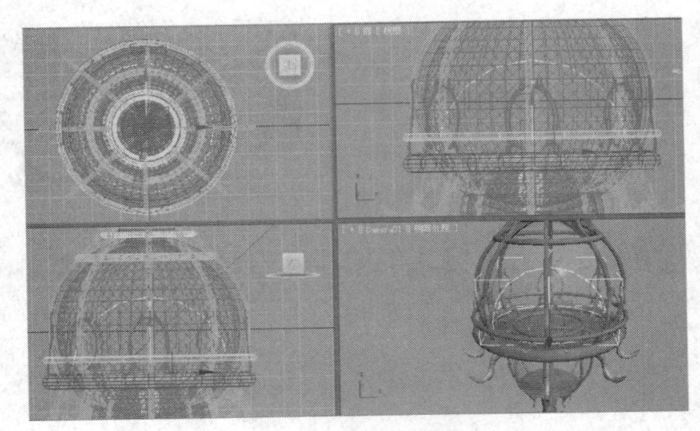

步骤3 打开环境和效果对话框，添加“火焰效果”，并拾取球体线框作为依附。

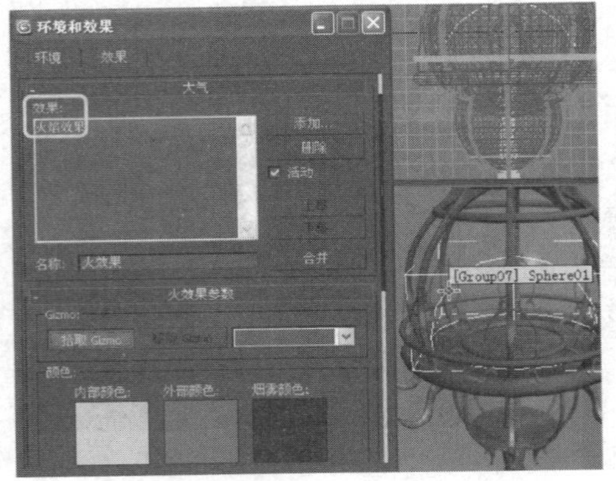

步骤4 渲染场景，可观察到默认的火焰参数设置效果在场景中的应用。

步骤5 在“火焰效果”参数面板中，设置相关参数。

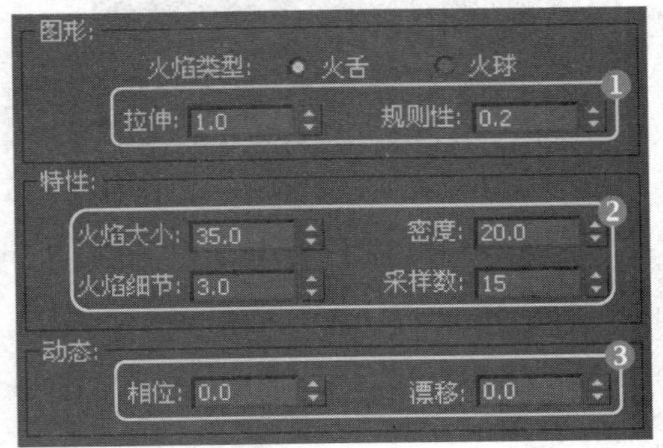

步骤6 渲染场景，可观察到增加了“密度”参数后，火焰变得更明显。

步骤7 使用缩放工具，对半球线框进行缩放和拉伸。

步骤8 再次渲染场景，可观察到由于大气装置的外形发生了变化，火焰的外形也产生相应的变化。

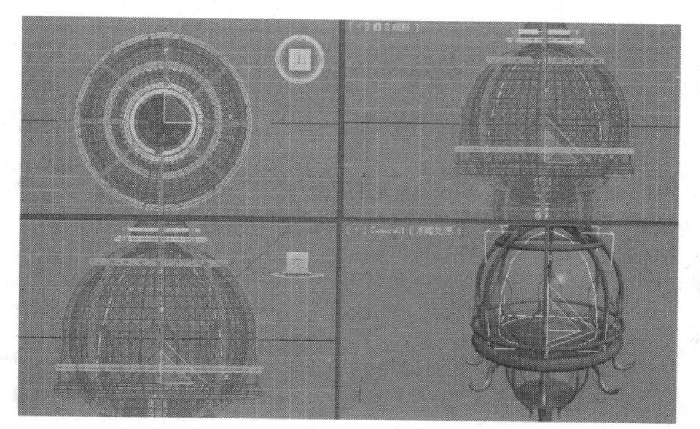

步骤9　在火焰效果的参数面板中，设置其他参数。

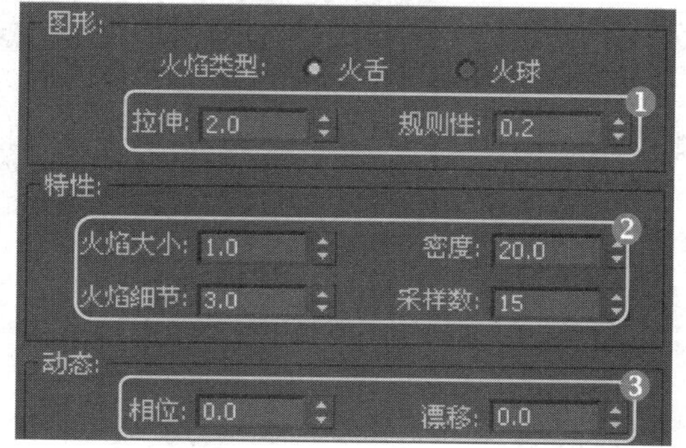

步骤10　渲染场景，可观察到火焰的细节变得更多，拉伸效果也更加真实。

步骤11　在“颜色”选项组中，将“内部颜色”设置为白色，然后单击“外部颜色”的色块，设置颜色。

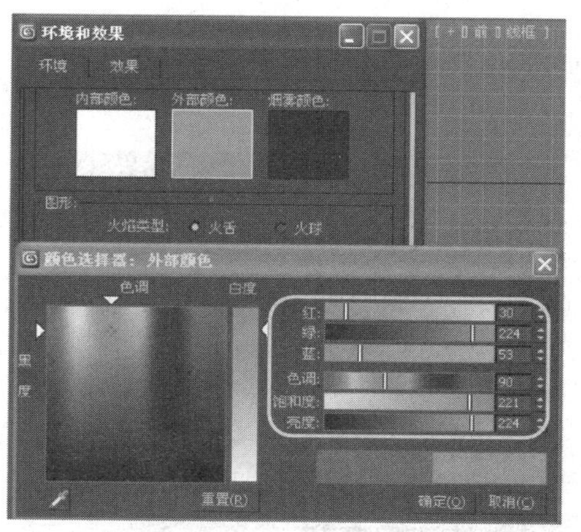

步骤12　渲染场景，可观察到改变了火焰的内焰和外焰颜色后，火焰产生了相应的变化。

提示： 火焰效果在场景中不能发光也不能投射阴影。如果要模拟火焰的发光效果，必须同时创建灯光，要投射阴影，需要转到灯光的阴影参数卷展栏，启用大气阴影选项。

提示： 较低的密度值会降低效果的不透明度，效果会更多地使用外部颜色；较高的密度值会提高效果的不透明度，并逐渐使用白色替换内部颜色，加亮效果。

注意： 相位值为0~100时，爆炸效果为爆炸开始并到达峰值密度 100；值为100~200时，效果为爆炸开始燃烧，如果启用了“烟雾”，效果变为烟雾；值为200~300时，效果为爆炸在 300 结束，完全消失；值大于300时，无爆炸效果。

9.3 特效

“镜头效果”的应用效果

在“环境与效果”对话框中切换至“效果”选项卡，在该选项卡中可以添加各种特效，如“镜头效果”、“模糊”等9种预置效果。

9.3.1 镜头特效

“镜头效果”可以模拟真实光源产生的特殊效果，并提供了相应的具体效果设置，如光晕、光环等7种特效。

“镜头效果”除了单独的效果参数设置外，还可以在“镜头效果全局”卷展栏中进行全局控制。

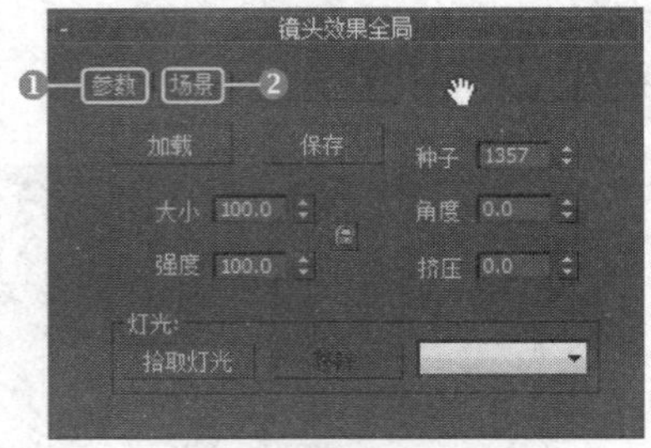

“镜头效果全局”卷展栏

相关选项卡解读如下：

❶**参数**：在该选项卡中，可以设置镜头特效的全局强度、大小以及灯光的拾取等。

❷**场景**：在该选项卡中，可以设置镜头特效对Alpha通道的影响方式和阻光。

提示：镜头特效是不支持mental ray渲染器的。

1. 光晕

“光晕”可以在指定对象的周围添加光环。例如，对于爆炸粒子系统，给粒子添加光晕使它们看起来感觉更明亮而且更热。

添加“光晕”特效后，会出现相应的参数卷展栏，用于设置光晕的具体属性以及应用范围。

2. 光环

“光环”是环绕源对象中心的环形彩色条带。添加该特效后，会出现相应的参数卷展栏。

相关参数解读如下：

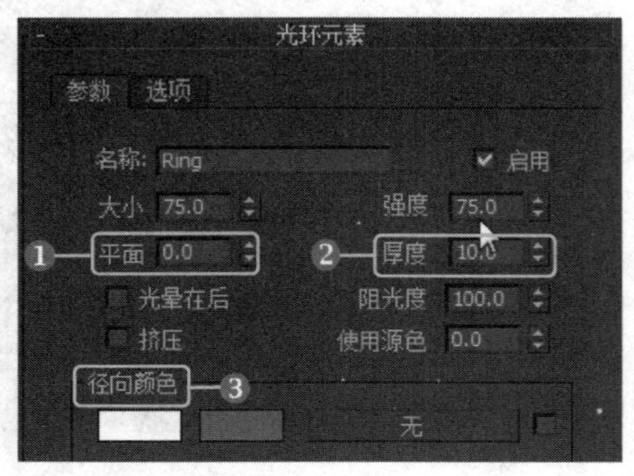

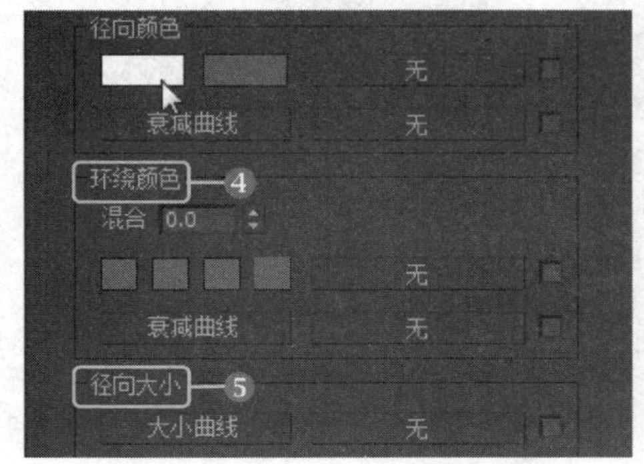

“光环”效果相关参数卷展栏

❶**平面**：沿效果轴设置效果位置，该轴从效果中心延伸到屏幕中心。

❷**厚度**：以像素为单位确定效果的厚度。

❸**径向颜色**：在该选项组中，可以设置影响效果的内部颜色和外部颜色。

❹**环绕颜色**：在该选项组中，通过使用四种与效果的四个四分之一圆匹配的不同色样确定效果的颜色。

❺**径向大小**：在该选项组中，可确定围绕特定镜头效果的径向大小。

提示：阻光度用于确定镜头场景阻光度参数对特定效果的影响程度。

3. 射线

“射线”是从源对象中心发出的明亮的直线，为对象提供亮度很高的发光效果。

添加“射线”后，会出现相应的参数卷展栏。射线所提供的参数与光晕和光环类似。

“射线”的应用效果

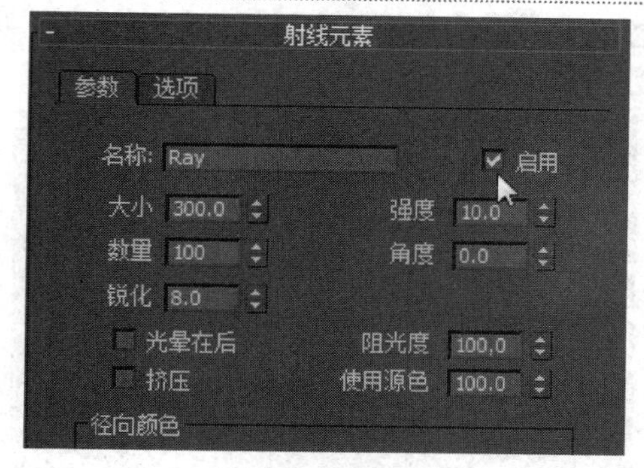

“射线”卷展栏参数

提示： 使用射线可以模拟摄影机镜头元件的划痕效果。

4. 自动二级光斑

“自动二级光斑”是指可以正常看到的一些小圆光斑，沿着与摄影机位置相对的轴从镜头光斑源中发出。

在“自动二级光斑元素”卷展栏中，可以设置光斑的大小、轴等参数。

“自动二级光斑”的应用效果

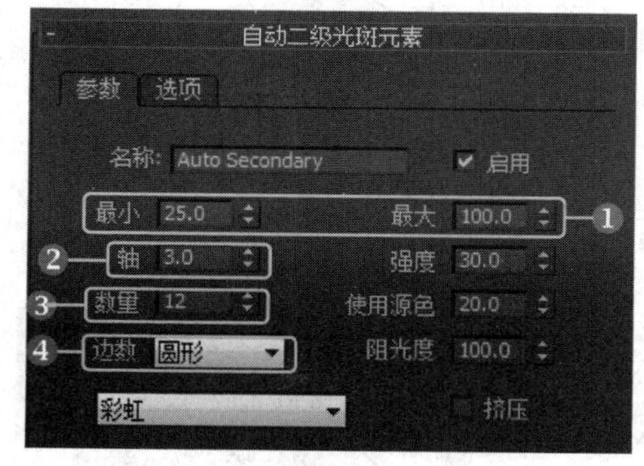

“自动二级光斑元素”卷展栏

相关参数解读如下：

❶最小/最大： 控制当前二级光斑的最小或最大，该参数为整个图像的百分比进行定义。只有自动二级光斑具有该参数。

❷轴： 定义自动二级光斑沿其进行分布的轴的总长度。只有自动二级光斑有该参数。

❸数量： 控制自动二级光斑中集中出现的二级光斑数。只有自动二级光斑有该参数。

❹边数： 控制当前二级光斑的形状。

5. 手动二级光斑

“手动二级光斑”是单独添加到镜头光斑中的附加二级光斑，其应用效果和自动光斑一样，参数卷展栏也类似。

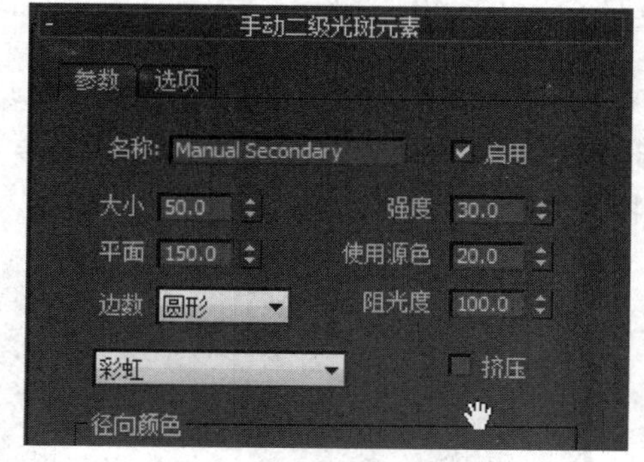

“手动二级光斑元素”展卷栏

提示： 如果要添加不希望重复使用的唯一光斑，应使用手动二级光斑。

6. 星形

“星形”比“射线”效果要大，由0～30个辐射线组成。

在“星形”参数卷展栏中，可以设置产生的星形的锥化程度、数量、角度等参数。

相关参数解读如下：

❶**宽度**：该参数用于指定单个辐射线的宽度，以占整个帧的百分比表示。

❷**锥化**：该参数用于控制星形的各辐射线的锥化。

❸**角度**：该参数用于设置星形辐射线点的开始角度。

❹**锐化**：该参数用于控制星形的总体锐度。

"星形"应用效果

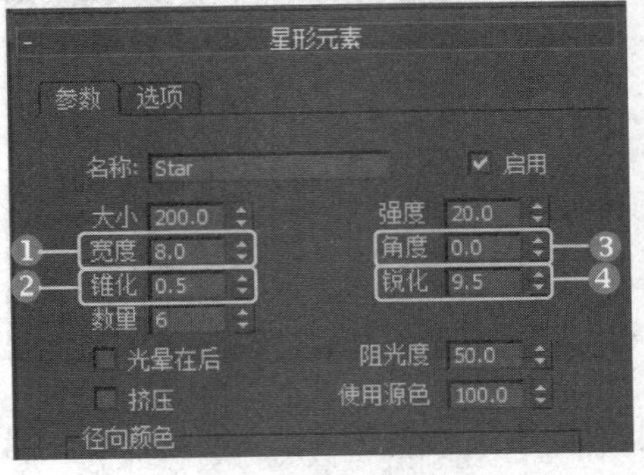

"星形元素"卷展栏

提示： 锥化使各星形点的末端变宽或变窄。参数值较小，末端较尖，而参数值较大，则末端较平。

7. 条纹

"条纹"是穿过源对象中心的条带。在实际使用摄影机时，使用失真镜头拍摄场景时会产生条纹。

"条纹"和"星形"类似，可以看成是星形的一个角，因此其参数也和星形一致，可以设置锥化、宽度等参数。

"条纹"的应用效果

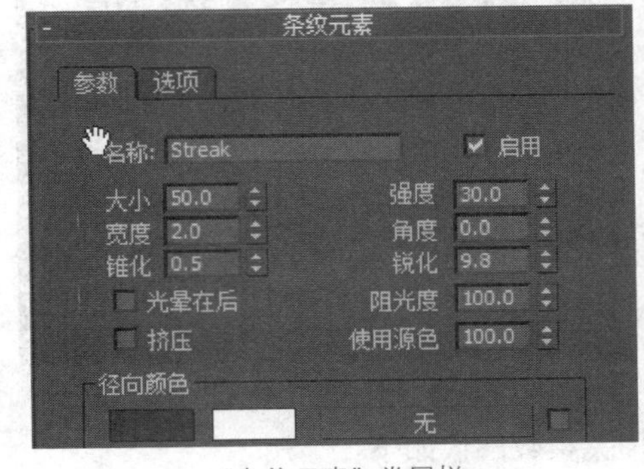

"条纹元素"卷展栏

9.3.2 实战：为场景添加镜头光晕

光盘路径： 第9章\9.3\为场景添加镜头光晕（原始文件）.max

步骤1 渲染场景，可观察到场景中没有应用任何特效的效果。

步骤2 打开"环境和效果"窗口，切换到"添加效果"选项卡，添加"镜头效果"。

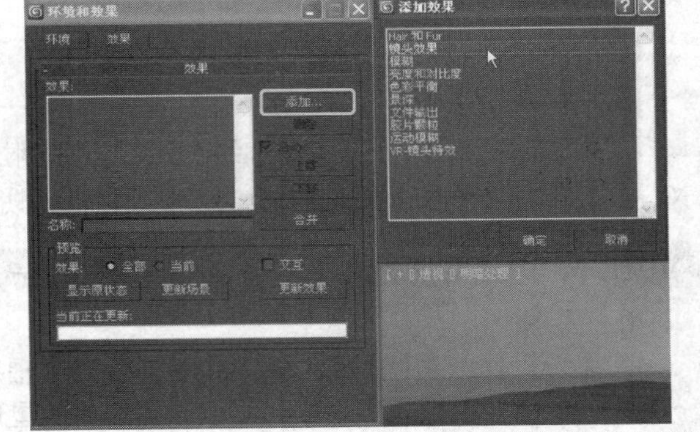

步骤3　在“镜头效果参数”卷展栏中，添加Ray（线），并拾取场景中选择的灯光。

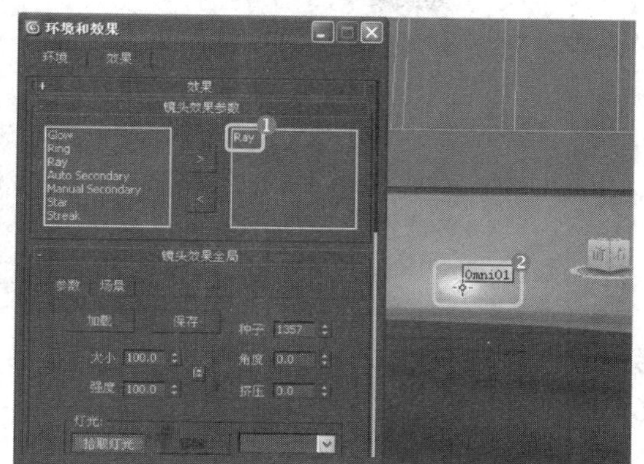

步骤4　渲染场景，可观察到模拟太阳照亮场景的灯光产生了射线。

步骤5　单击“加载”按钮，在开启的对话框中选择文件。

步骤6　渲染场景，可观察到加载预置文件后，灯光产生了新的镜头光晕效果。

步骤7　在“镜头效果全局”卷展栏中，设置“强度”参数值为500。

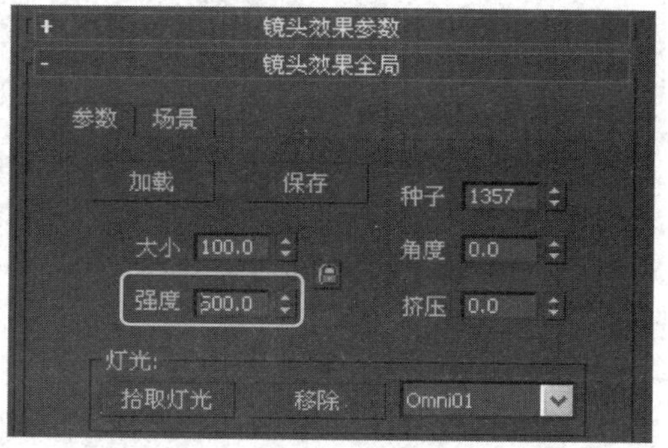

步骤8　渲染场景，可观察到镜头光晕的强度都增强了。

提示： 控制镜头光晕效果的总体亮度和不透明度。值越大，效果越亮越不透明，值越小，效果越暗越透明。

9.3.3　实战：为场景添加光环

光盘路径：第9章\9.3\为场景添加光环（原始文件）.max

步骤1　渲染场景，可观察到场景中未添加镜头特效的渲染场景效果。

步骤2　在模拟地球的球体中心位置创建一盏泛光灯。

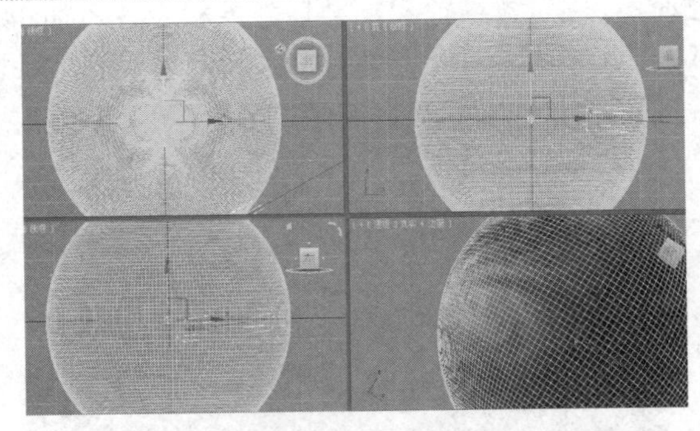

步骤3 打开“环境与效果”对话框，添加“镜头效果”，选择Ring（光环），同时拾取地球内部的泛光灯作为效果的依附对象。

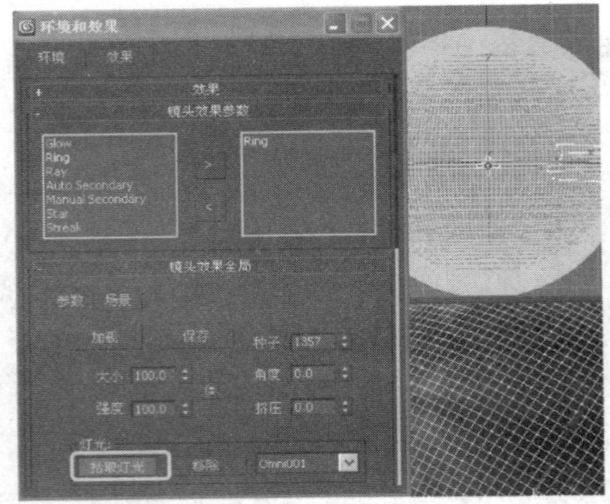

步骤4 渲染场景，可观察到在默认的参数设置下光环的应用效果。

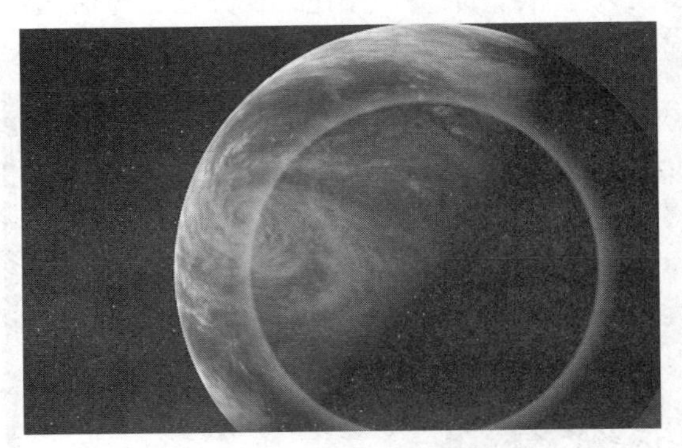

步骤5 在光环的参数面板中，设置参数。

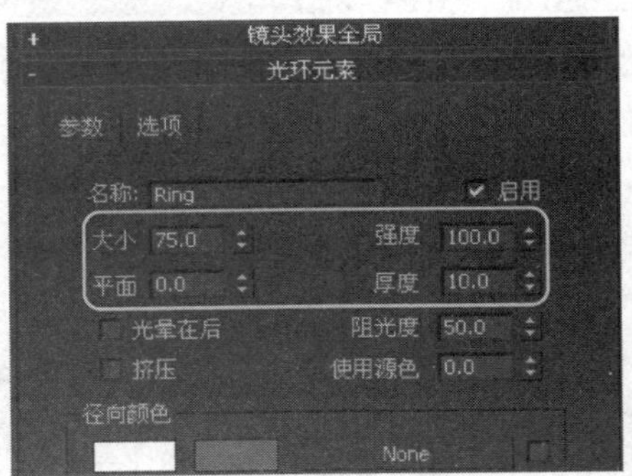

步骤6 渲染场景，可观察到光环的变化。

步骤7 在光环的参数面板中，勾选“光晕在后”复选框并设置参数。

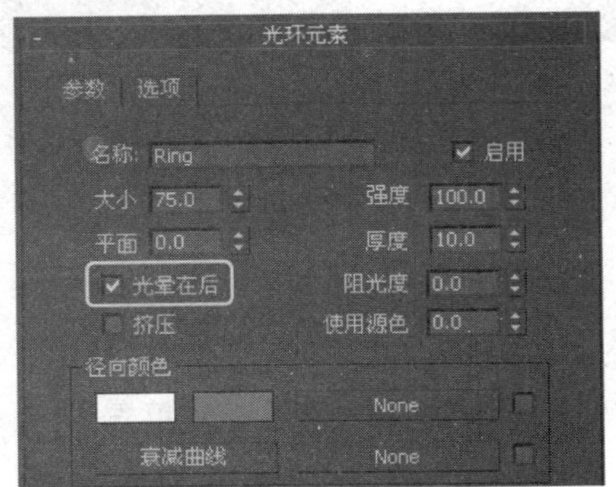

步骤8 渲染场景，可观察到光晕从地球背面产生。

步骤9　在“径向颜色”选项组中，单击第二个色块，设置颜色。

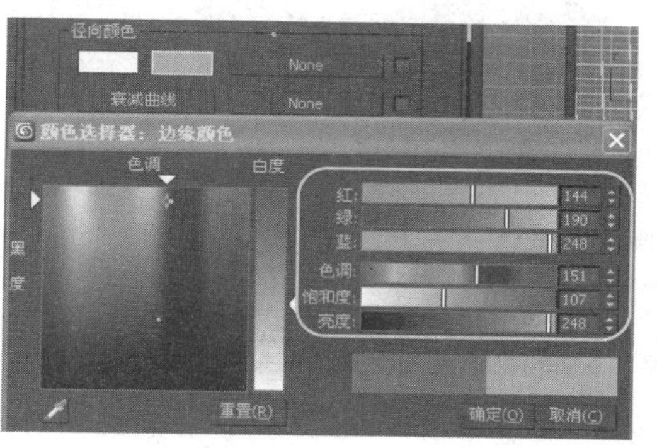

步骤10　渲染场景，可观察到改变了颜色后，地球背后产生的光晕为偏蓝色。

提示： 通过设置“光环元素”卷展栏下的“大小”的参数，可以调整光环的大小，从而使光环的大小和地球的大小适配。

提示： 如果使用源色值为0，则只能使用“径向颜色”或“环绕颜色”参数中设置的值；而如果源色值为100，则可以使用灯光或对象的源色。

9.3.4　实战：为场景添加光斑

光盘路径：第9章\9.3\为场景添加光斑（原始文件）.max

步骤1　打开本书配套光盘中的原始文件。

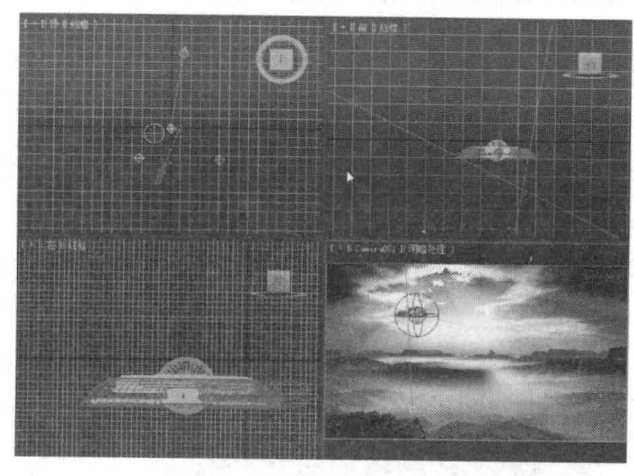

步骤2　渲染场景，可观察到场景中未添加镜头光晕特效时的渲染效果。

步骤3　在场景中创建一盏泛光灯，创建位置。

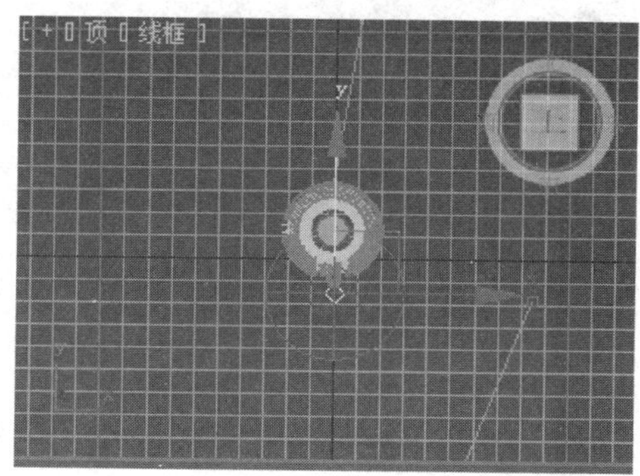

步骤4　打开该泛光灯“排除/包含”对话框，将所有对象设置为被灯光排除照明。

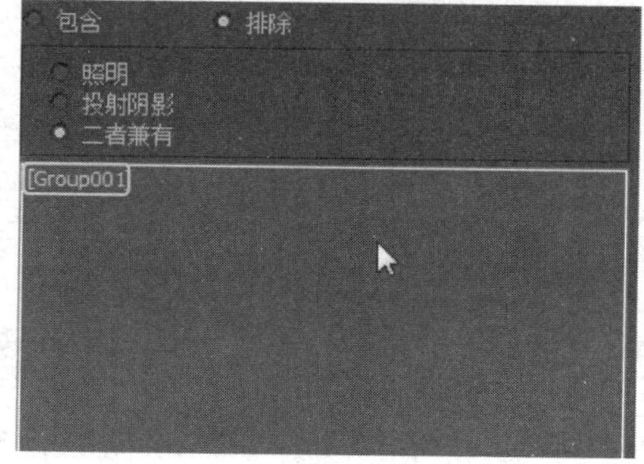

步骤5　在“环境和效果”对话框中添加“镜头效果”，然后选择“手动二级光斑”特效，并拾取场景中的泛光灯作为特效的产生对象。

步骤6　渲染场景，可观察到默认的“手动二级光斑”特效产生的效果。

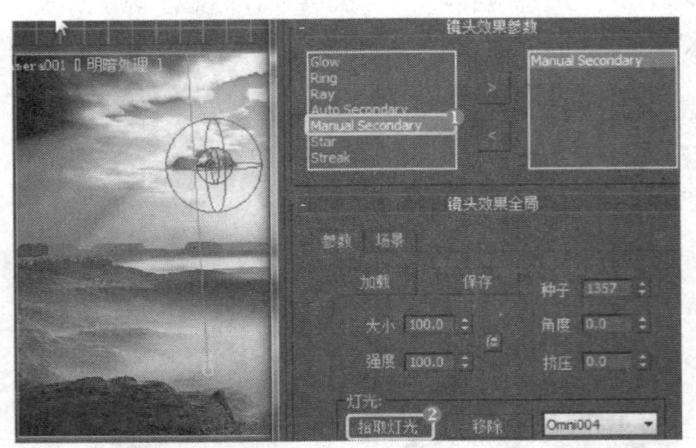

步骤7 在手动二级光斑的参数面板中，选择预置的“绿色彩虹”选项。

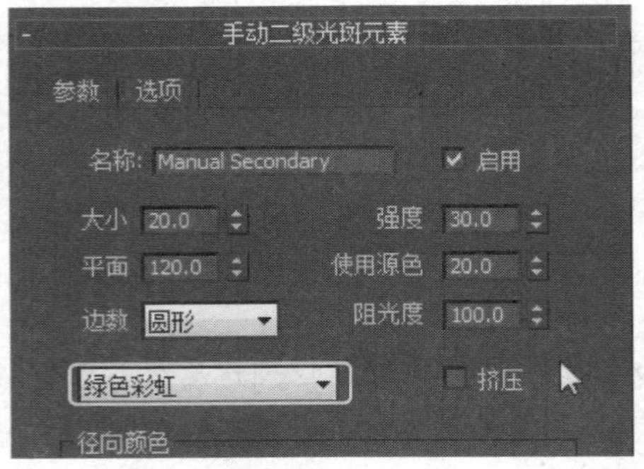

步骤8 渲染场景，可观察到重新生成的光斑效果。

步骤9 再次在参数面板中设置光斑的大小、强度等参数。

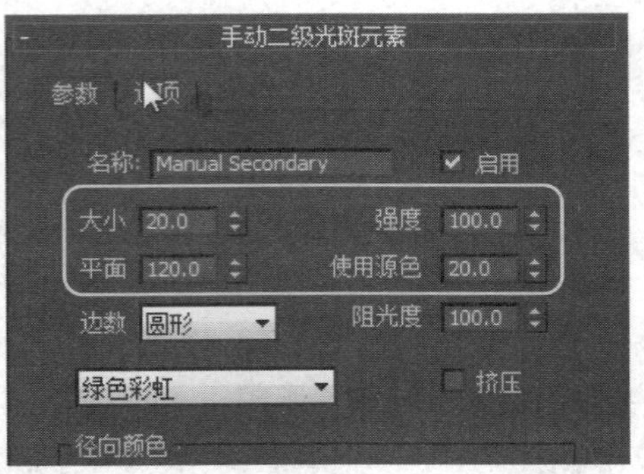

步骤10 渲染场景，可观察到光斑变大、变亮的效果。

提示： 自动二级光斑和手动二级光斑都预置了七种参数设置，这些预置都接近真实世界中摄影机产生的各种光斑效果。

提示： 曲面法线是根据摄像机曲面法线的角度，将镜头效果应用于对象的一部分，如果参数值为0，则二者共面，即对象与摄像机屏幕平行。

9.3.5 实战：为场景添加条纹效果

光盘路径： 第9章\9.3\为场景添加条纹效果（原始文件）.max

步骤1 打开本书配套光盘中的原始文件，渲染场景，可观察到场景中没有添加镜头效果时的渲染效果。

步骤2 在“镜头效果参数”卷展栏中双击streak选项，添加条纹镜头效果。

步骤3 渲染场景，可观察条纹特效的默认应用效果。

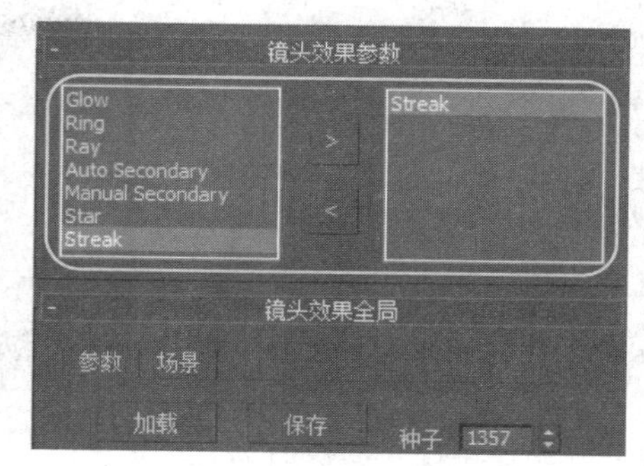

步骤4 在条纹特效的参数面板中，设置“大小”参数值，调整光芒的大小；设置“强度”参数值，调整光芒强度。

步骤5 在条纹特效的参数面板中，设置“宽度”参数值，调整光芒的宽度，设置“角度”参数值，调整光芒的角度。

步骤6 设置“锥化”参数值，可以控制条纹点的末端变宽或变窄。该数值越小末端越尖；该数值越大，末端越宽。观察设置“锥化”为0的效果。

步骤7 设置“锥化”参数值为10。

步骤8 设置“锐化”参数值，可以控制条纹的总体锐度。该数值越大生成的条纹越清晰；该数值越小，二级光晕越多越模糊。

步骤9 设置“锐化”参数值为10。

9.3.6 模糊特效

“模糊”效果可以通过三种不同的方法对渲染图像进行模糊处理，包括均匀、方向和径向三种类型。“模糊”效果的所有参数被整合在“模糊类型”和“像素选择”选项卡中。

1. 模糊类型

在“模糊类型”选项卡中，选择“均匀型”，可以将模糊效果均匀应用于整个渲染图像；选择“方向型”，可以生成具有方向的模糊效果；选择径向型，则可以生成径向模糊效果。

应用“模糊”效果前后对比

相关参数解读如下：

❶**像素半径**：该参数用于确定模糊效果的强度。

❷**影响Alpha**：勾选该复选框，将均匀地把模糊效果应用于Alpha通道。

❸**旋转**：将通过“像素半径”应用模糊效果的U向像素或V向像素的轴旋转。

❹**拖痕**：为U/V轴的某一侧分配更大的模糊权重。

❺**原点**：以像素为单位，设置渲染输出的尺寸指定模糊的中心。

❻**使用对象中心**：勾选该复选框，可以在场景中拾取对象，并使用该对象的中心作为对象中心。

“模糊类型”选项卡

提示：模糊效果是渲染对象或摄影机移动产生的幻影，可以提高动画的真实感。

2. 像素选择

在“像素选择”选项卡中，可以设置各个像素的具体应用方式。例如，使非背景场景变模糊，按亮度值使图像模糊或使用贴图遮罩使图像变模糊等。

相关应用方式解读如下：

❶**整个图像**：勾选该复选框，模糊效果将影响整个渲染图像。

❷**非背景**：勾选该复选框，将影响除背景图像或动画以外的所有元素。

❸**亮度**：勾选该复选框，将通过一定范围的亮度来产生模糊。

❹**贴图遮罩**：勾选该复选框，根据通过材质/贴图浏览器选择的通道和应用的遮罩产生模糊效果。

❺**对象ID**：勾选该复选框，将模糊效果应用于对象或对象中具有特定对象ID的部分。

❻**材质ID**：勾选该复选框，将模糊效果应用于该材质或材质中具有特定材质效果通道的部分。如果使用亮度像素选择，模糊效果可能会产生清晰的边界，使用羽化模糊效果，可消除清晰边界。

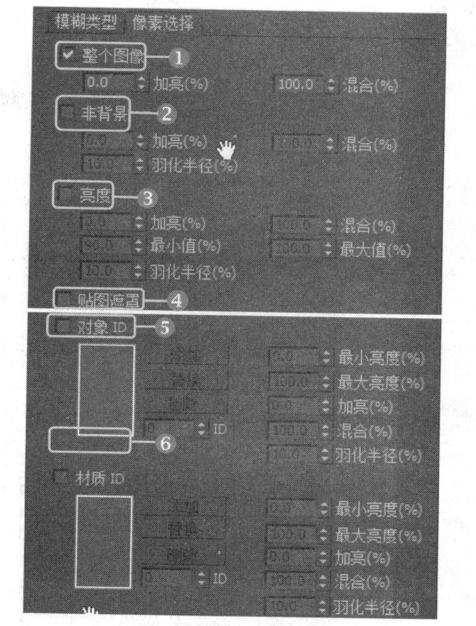

“像素选择”选项卡

9.3.7 实战：不同的模糊类型

光盘路径：第9章\9.3\不同的模糊类型（最终文件）.max

步骤1 打开3ds Max 2014并开启“环境和效果”窗口，为背景指定一张位图贴图。

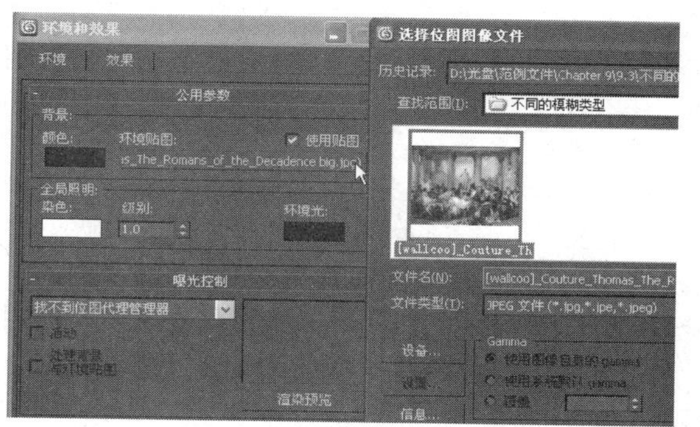

步骤2 渲染场景，可观察到渲染图像没有任何模糊效果。

步骤3 在“环境和效果”窗口中，添加“模糊”特效。

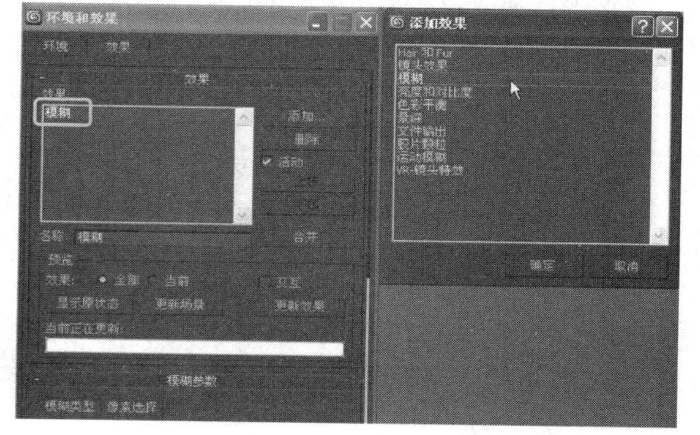

步骤4 渲染场景，可观察到“均匀型”模糊类型的默认参数应用效果。

步骤5 选择“方向型”模糊类型，并设置该选项组参数。

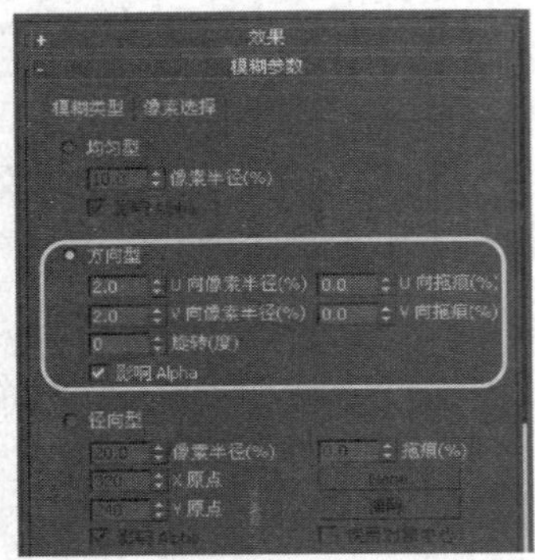

步骤6 渲染场景，可观察到“方向型”模糊类型的应用效果。

步骤7 选择“径向型”模糊类型，并设置该选项组参数。

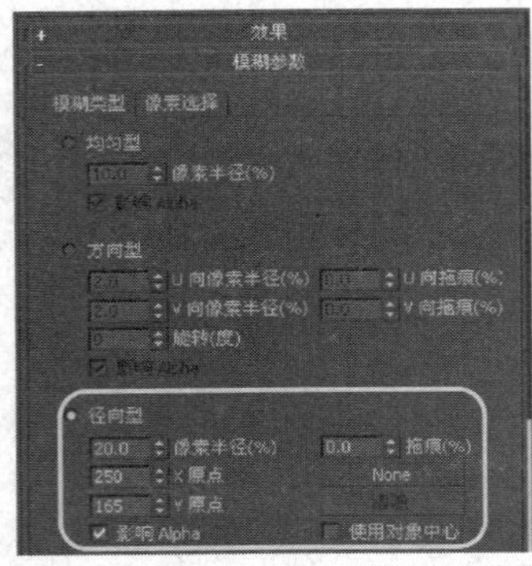

步骤8 渲染场景，可观察到渲染图像被径向模糊处理后的效果。

提示： 如果增大像素半径值，将增大每个像素计算模糊效果时使用的周围像素数。像素越多，图像越模糊。

提示： 径向模糊类型对效果的中心原点应用最弱的模糊效果，像素距离中心越远，应用的模糊效果越强。此设置可以用于模拟摄影机变焦产生的运动模糊效果。

9.3.8 实战：模糊效果的像素选择应用

光盘路径： 第9章\9.3\模糊效果的像素选择应用（原始文件）.max

步骤1 渲染场景，可观察到场景中未应用任何特效的渲染效果。

步骤2 为场景添加一个“模糊”效果，并选择“径向”类型，勾选“使用对象中心”复选框，并在视口中拾取蝴蝶。

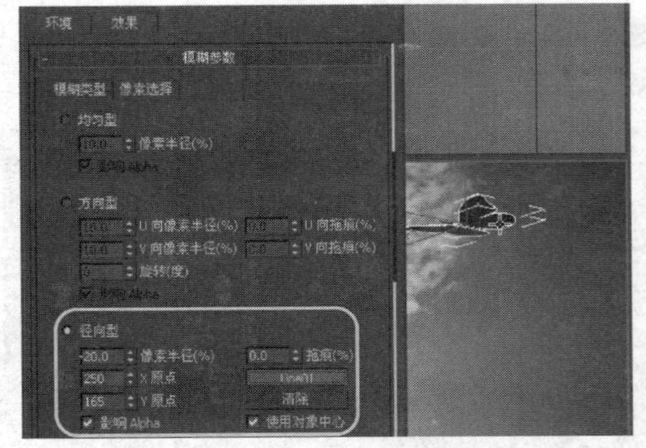

步骤3 渲染场景，可观察到渲染图像以蝴蝶为中心产生了径向模糊。

步骤4 在“模糊参数”面板中，切换到“像素选择”选项卡，勾选“整个图像”复选框并设置“加亮”参数值为10。

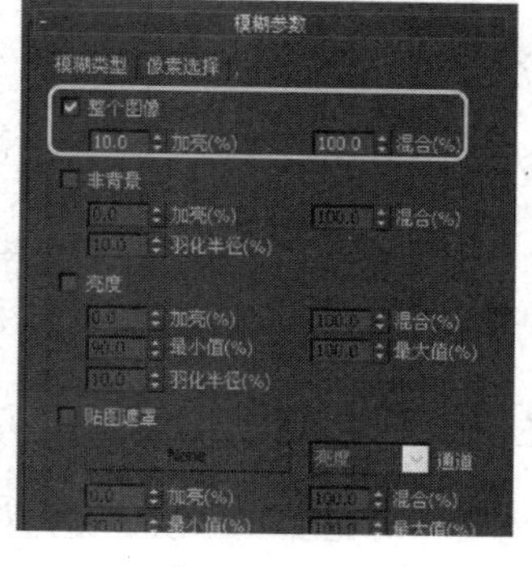

步骤5　渲染场景，可观察到渲染图像的亮度增加了。

步骤6　仅勾选“非背景”复选框，并设置其他参数。

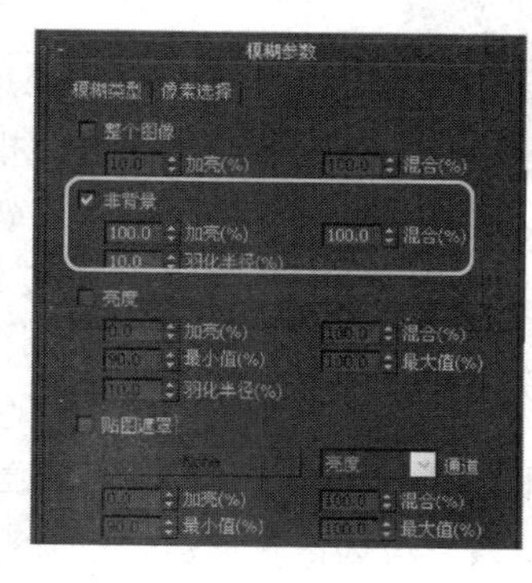

步骤7　再次渲染场景，可观察到渲染图像中场景对象亮度增加，并羽化影响了一定范围内的背景图像。

步骤8　仅勾选“亮度”复选框，设置该选项组参数。

步骤9　渲染场景，可观察到设置亮度参数的范围内的图像亮度有所增加。

提示： 如果模糊效果使渲染图像变模糊，可以勾选整个图像复选框，使用加亮和混合选项可以保持场景的原始颜色。

提示： 加亮参数可以使图像中应用模糊效果的部分亮度增加。

提示： 如果模糊效果使场景对象变模糊，而没有使背景变模糊，可以勾选非背景复选框。

提示： 使用羽化衰减曲线可以确定基于图形的羽化衰减模糊效果。可以向图形中添加点，创建衰减曲线，然后调整这些点的插值。

9.3.9 亮度对比度

使用"亮度和对比度"可以调整渲染图像的亮度和对比度。通常用于将渲染场景对象与背景图像或动画进行匹配。

应用"亮度和对比度"前后对比

"亮度和对比度"只提供了简单的参数，参数的更改都将应用到整个渲染图像。

相关参数解读如下：

❶**亮度：** 增加或减少所有色元，范围值从0～1.0。

❷**对比度：** 压缩或扩展最大黑色和最大白色之间的范围，范围值为0～1.0。

❸**忽略背景：** 勾选该复选框，效果将应用于 3ds Max 场景中除背景以外的所有元素。

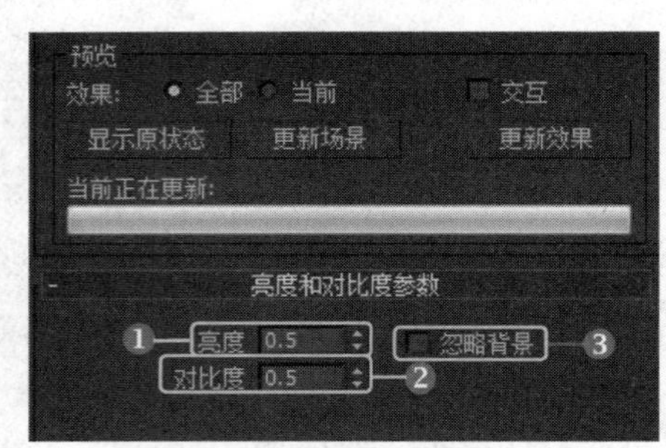

"亮度和对比度"相关参数卷展栏

9.3.10 实战：亮度对比度的应用

光盘路径： 第9章\9.3\亮度对比度的应用（最终文件）.max

步骤1 打开 3ds Max 2014，为背景环境指定一张位图贴图。

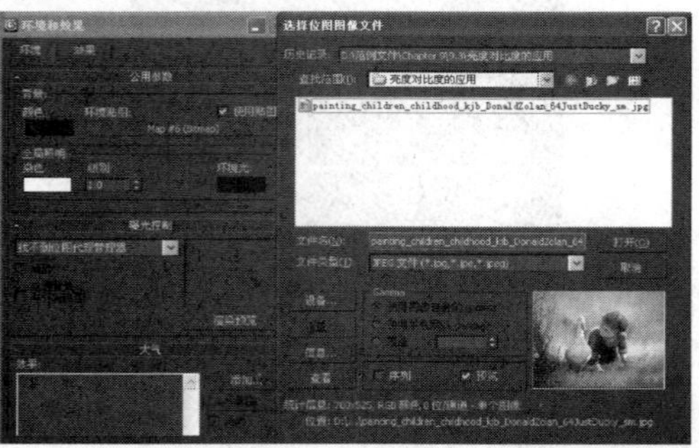

步骤2 渲染场景，可观察到渲染图像中只有环境贴图的效果。

步骤3 打开"环境和效果"窗口，添加"亮度和对比度"特效。

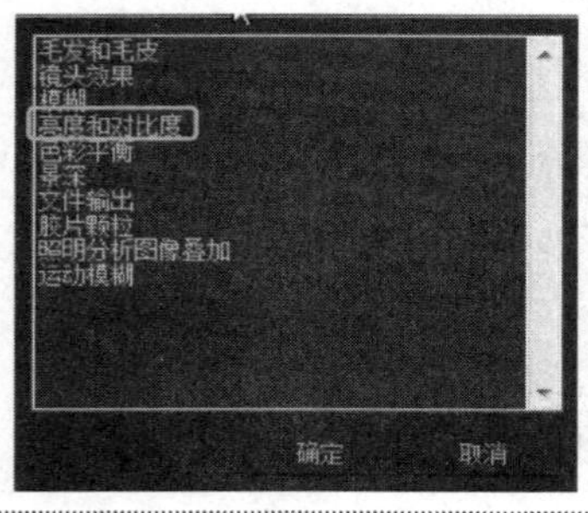

步骤4 设置"亮度"参数值为1，勾选"交互"复选框。

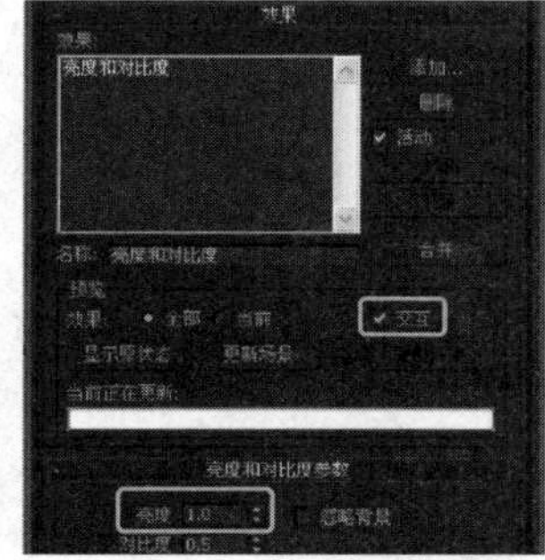

步骤5　勾选了“交互”复选框后，软件将自动渲染场景，并应用特效。

步骤6　恢复“亮度”参数值为0.5，然后设置“对比度”参数值为1。

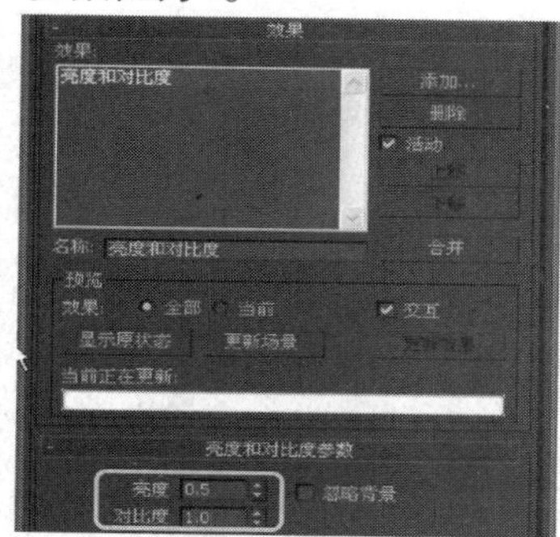

步骤7　渲染图像的面板中将不再进行渲染，而直接应用新的效果，观察对比度为1的效果。

9.3.11　色彩平衡

使用“色彩平衡”可以通过独立控制RGB通道进行颜色的相加或相减操作。该效果只提供了简单的颜色参数设置。

相关颜色参数解读如下：

❶**青色/红色**：可以通过滑块或数值来调整红色通道。

❷**洋红色/绿色**：可以通过滑块或数值来调整绿色通道。

❸**黄色/蓝色**：可以通过滑块或数值来调整蓝色通道。

❹**保持发光度**：勾选该复选框，可以在修正颜色的同时保留图像的发光度。

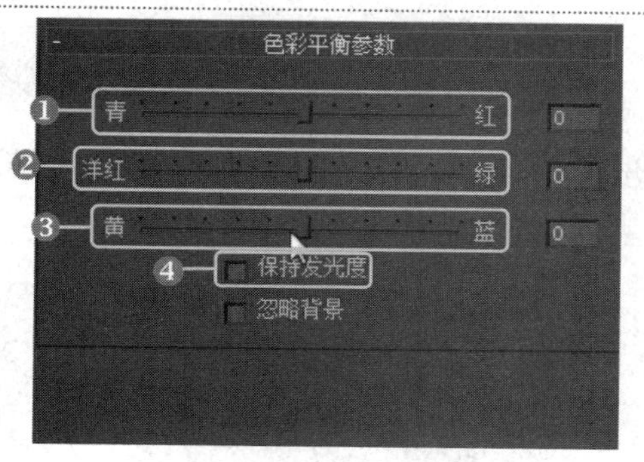

“色彩平衡参数”卷展栏

9.3.12　实战：色彩平衡的调整

光盘路径：第9章\9.3\色彩平衡的调整（最终文件）.max

步骤1　打开3ds Max 2014，为背景环境指定一张位图贴图。

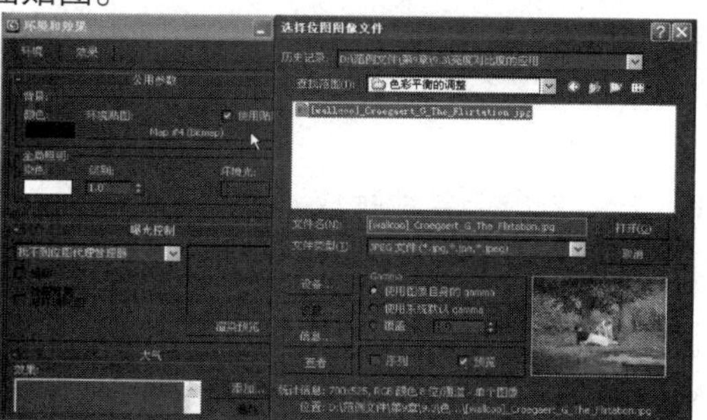

步骤2　渲染场景，可观察到渲染图像中只有环境贴图的效果。

步骤3 打开“环境和效果”窗口，添加“色彩平衡”特效。

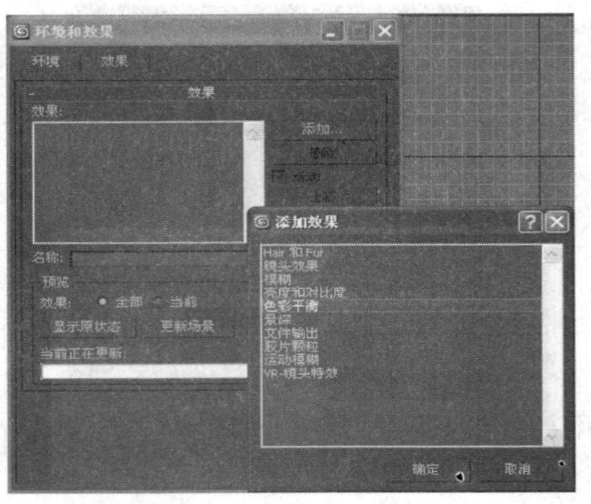

步骤4 在“色彩平衡参数”卷展栏中，移动色彩滑块。

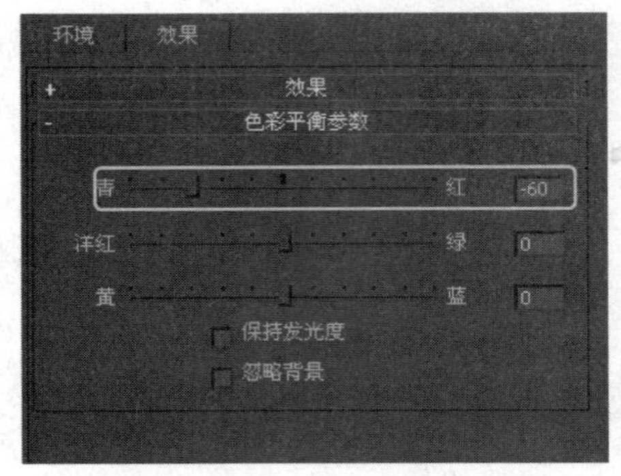

步骤5 渲染场景，可观察到由于色彩滑块偏向“青色”，渲染图像效果偏向青色色调。

步骤6 在“色彩平衡参数”卷展栏中，调整所有的色彩滑块。

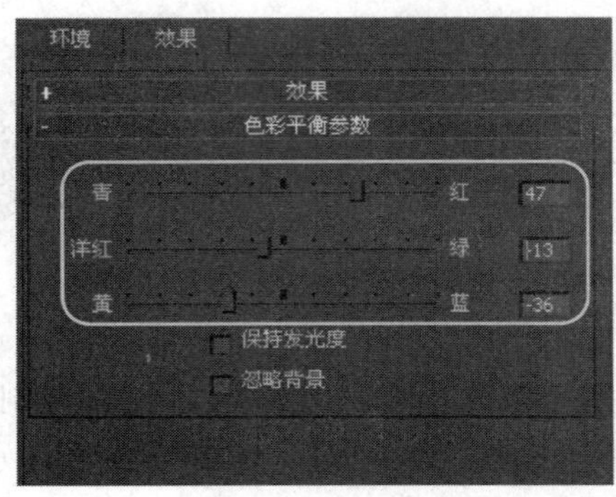

步骤7 渲染场景，可观察到由于色彩滑块的位置变动，图像效果产生了新的色调。

步骤8 如果勾选“保持发光度”复选框，那么渲染图像只有色调改变，亮度将保持不变。

提示： 可以添加多个色彩平衡特效来调整图像颜色，还可以和亮度对比度特效配合使用。

9.3.13 其他

3ds Max 2014 还提供了景深、运动模糊、文件输出及胶片颗粒等其他特效，并且这些特效的参数设置和应用都比较简单。

1. 景深

“景深”特效不同于摄影的多重过滤景深，该原理是将场景沿 Z 轴按次序分为前景、背景和焦点图像，然后根据在景深效果参数中设置的值，使前景和背景图像模糊，最终的图像由经过处理的原始图像合成。

在“景深”效果的相应参数面板中，可以对摄影机进行拾取、定位焦点以及焦点参数的设置。

相关选项组解读如下：

❶**摄影机**：在该选项组中，可以拾取场景中的摄影机对象。

❷**焦点**：在该选项组中，可以设置焦点为摄影机的目标点或是场景中的对象。

❸**焦点参数**：在该选项组中，可以选择焦点和设置焦点的损失、范围等参数。

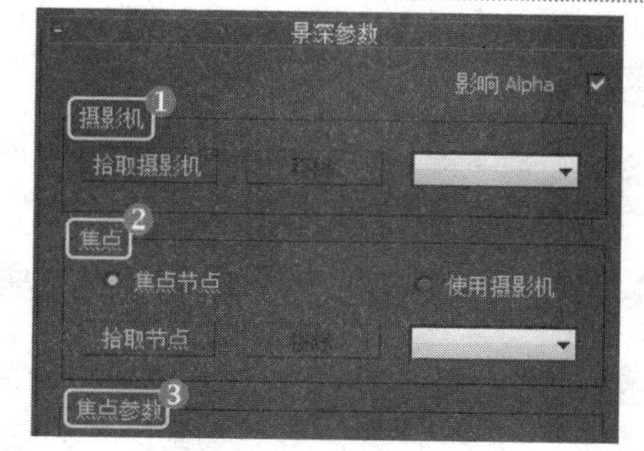

“景深参数”卷展栏

提示： 景深效果可模拟当通过摄影机镜头观看时，前景和背景的场景元素的自然模糊效果。

2. 运动模糊

“运动模糊”通过使移动的对象或整个场景变模糊，将图像运动模糊应用于渲染场景。该效果参数非常简单，通常用“持续时间”来控制模糊程度。

相关参数解读如下：

❶**处理透明**：勾选该复选框，运动模糊效果会应用于透明对象后面的对象。

❷**持续时间**：该参数用于虚拟摄影机镜头快门打开的时间。

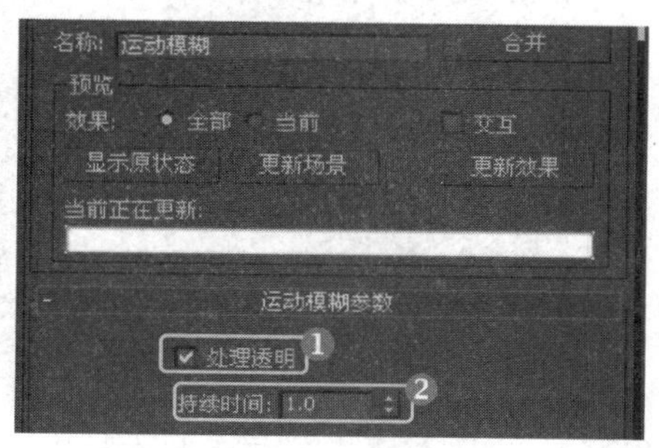

“运动模糊参数”卷展栏

3. 文件输出

“文件输出”可以根据效果堆栈的应用位置，在应用部分或所有其他渲染效果之前，获取渲染的“快照”。

相关选项组解读如下：

❶**目标位置**：在该选项组中，可以设置渲染图像或动画保存在计算机中。

❷**驱动程序**：当选择的设备用作图像源时，在该选项组中，可以设置设备的驱动。

❸**参数**：在该选项组中，可以选择保存或发送回渲染效果堆栈的通道。

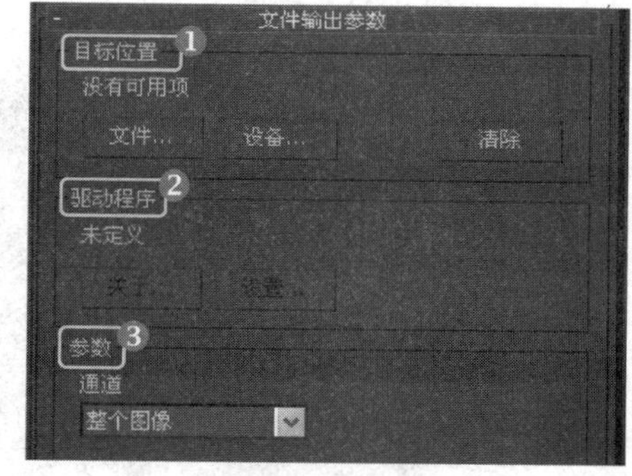

“文件输出参数”卷展栏

提示： 使用运动模糊特效，必须通过“对象属性”对话框，为要模糊的对象设置运动模糊属性。

提示： 可以使用文件输出将RGB图像转换为不同的通道，并将该图像通道发送回渲染效果堆栈，然后再将其他效果应用于该通道。

4. 胶片颗粒

“胶片颗粒”应用效果

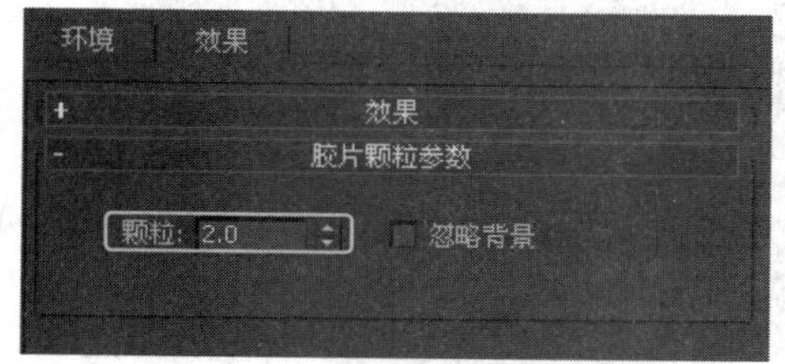

“胶片颗粒参数”卷展栏

“胶片颗粒”用于在渲染场景中重新创建胶片颗粒的效果，通常将作为背景使用的源材质中的胶片颗粒与在创建的渲染场景匹配。

选择深度作为通道时，可以提供特定参数，用于确定场景中的哪些部分可以渲染为深度通道图像。

“胶片颗粒”的参数也非常简单，主要通过“颗粒”值来控制图像中的颗粒效果。

提示： 在模拟电视机屏幕效果时，可以选择使用胶片颗粒特效。

9.3.14 实战：图像景深效果应用

光盘路径：第9章\9.3\图像景深效果应用（原始文件）.max

步骤1 渲染场景，可观察到场景未应用特效的默认渲染效果。

步骤2 在“环境和效果”窗口中添加“景深”效果。

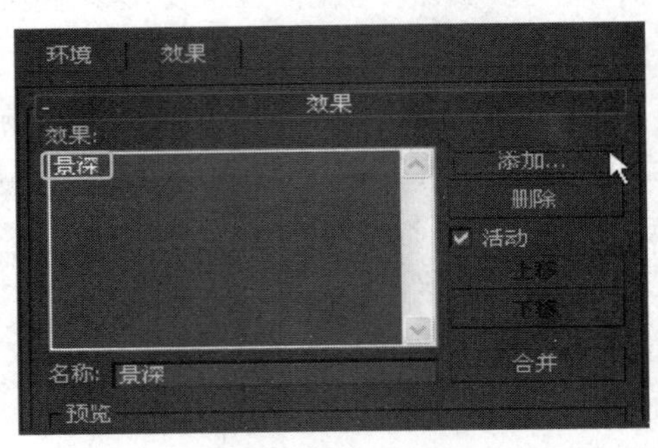

步骤3 在“景深”效果参数面板中，单击“拾取摄影机”按钮，然后在视口中拾取摄影机。

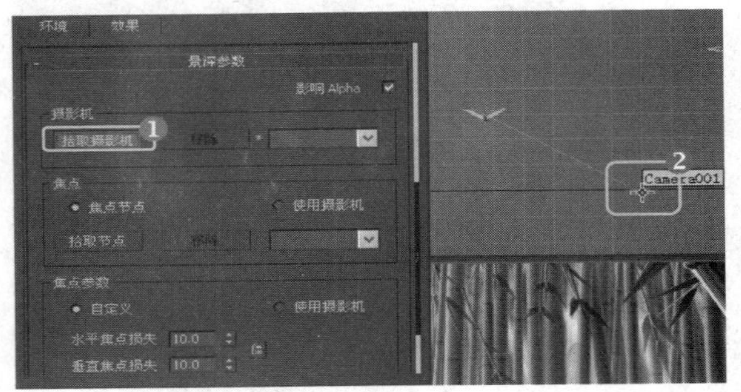

步骤4 在“景深参数”卷展栏中，勾选“影响Alpha”复选框，选择“使用摄影机”选项。

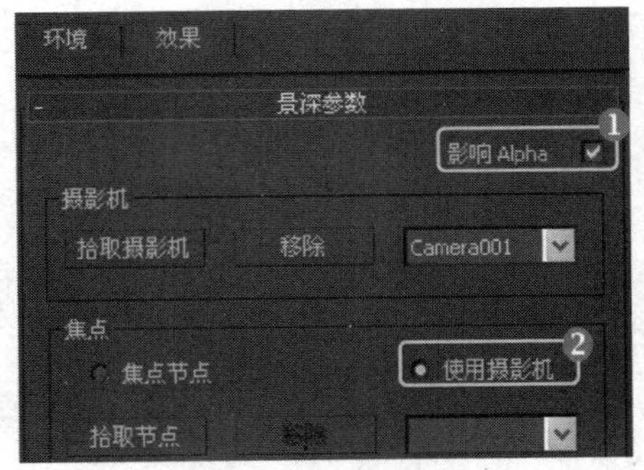

步骤5 渲染场景，可观察到图像以摄影机目标点为焦点中心进行景深模糊处理。

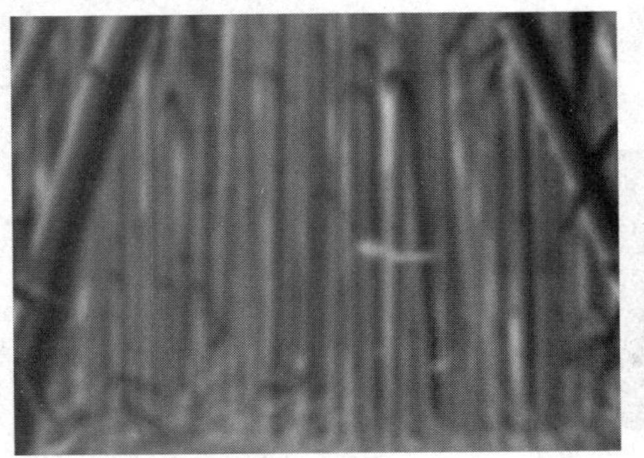

步骤6 选择“焦点节点”选项，单击“拾取节点”按钮，在视口中拾取蜻蜓对象。

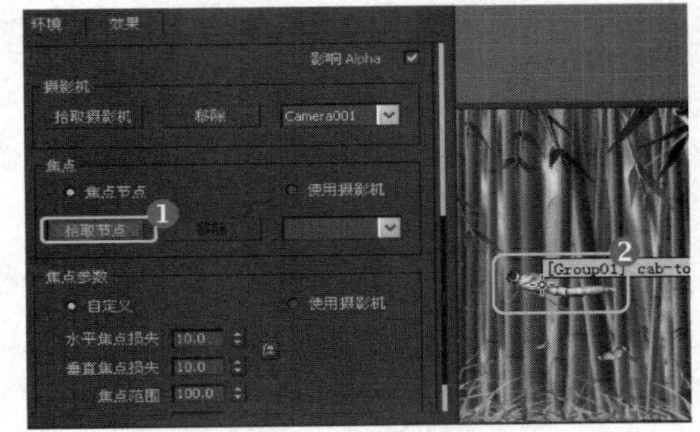

步骤7 渲染帧窗口更新景深效果后，可观察到景深以蜻蜓为焦点进行模糊处理。

步骤8 设置“水平焦点损失”参数值为50。

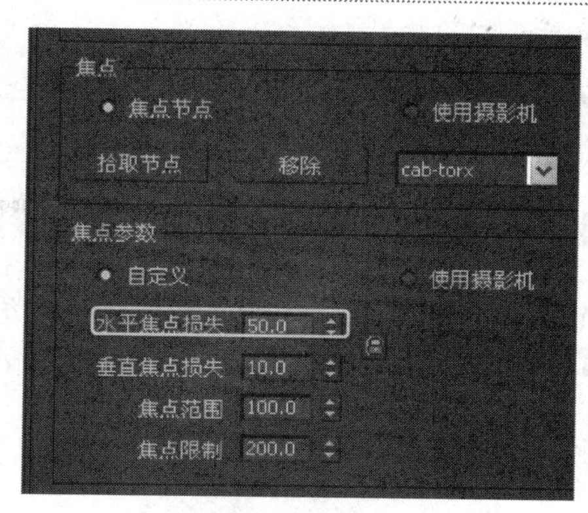

步骤9　由于“水平焦点损失”参数增大，在水平方向上的模糊效果更为明显。

步骤10　在“焦点参数”选项组中设置“焦点范围”和“焦点限制”等参数。

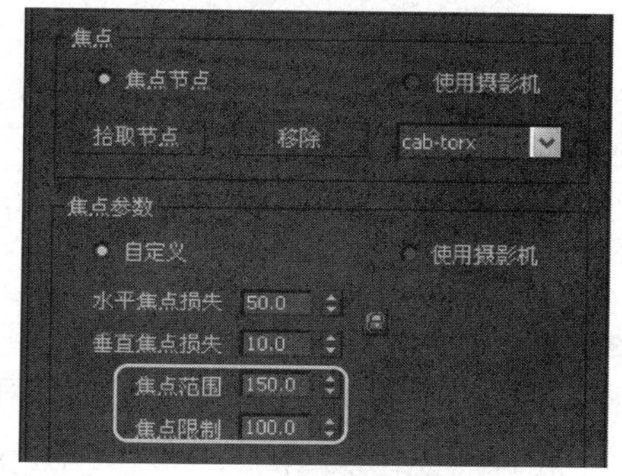

步骤11　渲染窗口更新效果后，可明显观察到景深效果的限制范围发生了变化。

步骤12　选择“使用摄影机”选项，使焦点范围等参数应用到摄影机参数上。

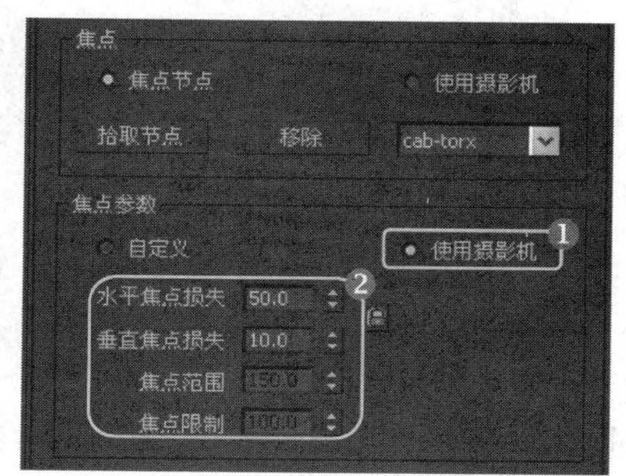

步骤13　再次渲染，可观察到摄影机本身对焦点范围的应用和限制效果。

提示： 焦点范围用于设置到焦点任意一侧的Z轴向的距离，在该距离内图像将仍然保持聚焦效果。

提示： 使用摄影机的焦点参数，可在选择列表中高亮显示的摄影机确定焦点范围、限制和模糊效果的值。

9.3.15 实战：使用胶片颗粒效果

光盘路径： 第9章\9.3\图像景深效果应用（原始文件）.max

步骤1 打开 3ds Max 2014，渲染后观察效果。

步骤2 打开“环境和效果”对话框，添加“胶片颗粒”特效。

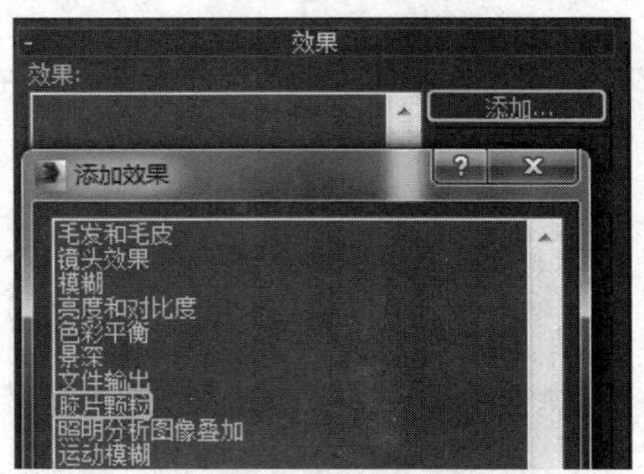

步骤3 在“胶片颗粒参数”卷展栏中，设置“颗粒”参数值可以控制添加到图像中的颗粒数。观察设置不同“颗粒”参数值并渲染场景后的画面效果。

步骤4 在选项组中启用“忽略背景”复选框，可以屏蔽背景，使颗粒仅应用于场景的几何体对象。

提示： 胶片颗粒的数量越多，渲染图像上噪点越明显。

提示： 使用光能传递高级照明进行渲染，对曝光控制尤其有用。

9.4 曝光控制

“曝光控制”是用于调整渲染的输出级别和颜色范围的插件组件，类似调整胶片曝光效果。

9.4.1 自动曝光

“自动曝光控制”从渲染图像中采样，并且生成一个直方图，以便在渲染的整个动态范围提供良好的颜色分离，可以增强某些照明效果。

自动曝光可以通过亮度、对比度、曝光量等参数来控制曝光效果。

相关参数解读如下：

❶**亮度**：用于调整转换颜色的亮度。

❷**对比度**：用于调整转换颜色的对比度。

❸**曝光值**：用于调整渲染的总体亮度，参数为负值使图像更暗，参数为正值使图像更亮。

❹**物理比例**：设置曝光控制的物理比例，用于非物理灯光。可以调整渲染，使其与眼睛对场景的反应相同。

❺**颜色修正**：勾选该复选框，颜色修正会改变所有的颜色。

❻**降低暗区饱和度级别**：勾选该复选框，渲染器会使颜色变暗淡。

使用自动曝光前后的对比

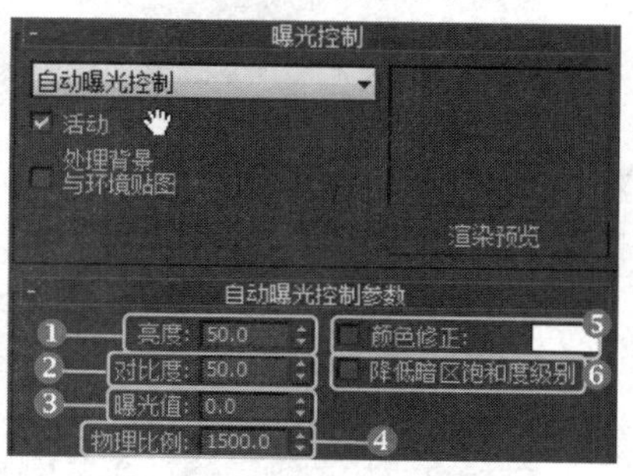

“曝光控制”卷展栏

提示： 渲染静止图像时，应使用自动曝光控制。自动曝光控制也适用于初始草稿级渲染。

9.4.2 实战：自动曝光测试

光盘路径： 第9章\9.4\自动曝光测试（原始文件）.max

步骤1 渲染场景，可以观察到场景中未应用任何曝光控制的渲染效果。

步骤2 打开“环境和效果”窗口，在“曝光控制”卷展栏中，单击“渲染预览”按钮，可在小窗口预览曝光应用效果。

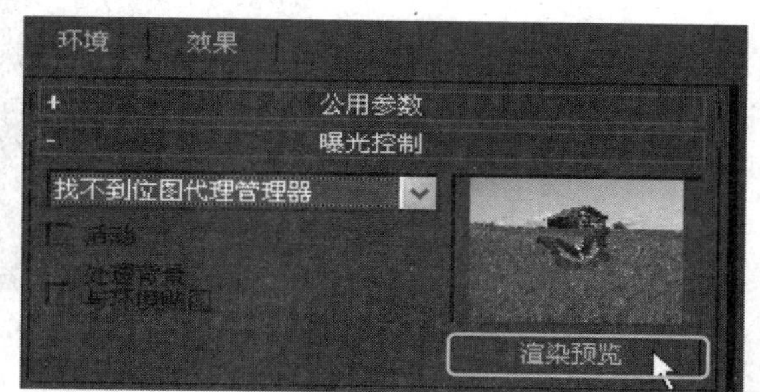

步骤3 在列表中选择“自动曝光控制”选项，可在小窗口简单预览曝光效果是否有效。

步骤4 在自动曝光控制的参数卷展栏中，设置“亮度”参数值为20。

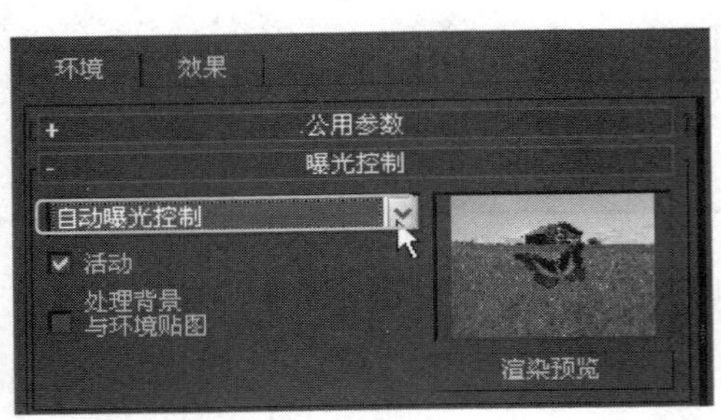

步骤5 渲染场景，可观察到渲染图像的整体亮度被降低。

步骤6 恢复自动曝光的默认设置，设置“曝光值”参数值为1.5。

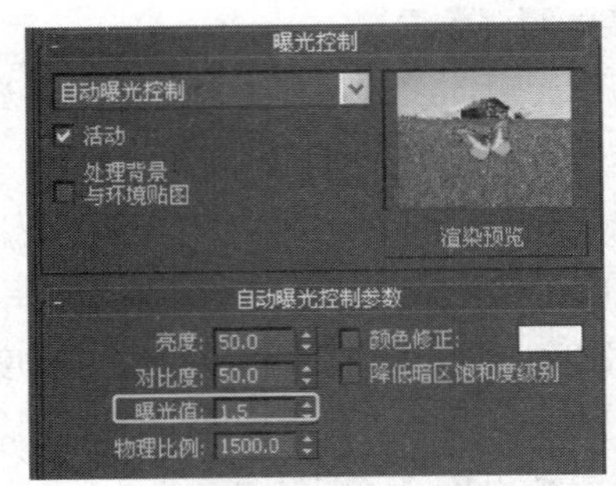

步骤7 渲染场景，可观察到由于曝光量的增加，场景曝光过度。

步骤8 勾选“颜色修正”复选框，设置修正颜色为偏蓝的颜色。

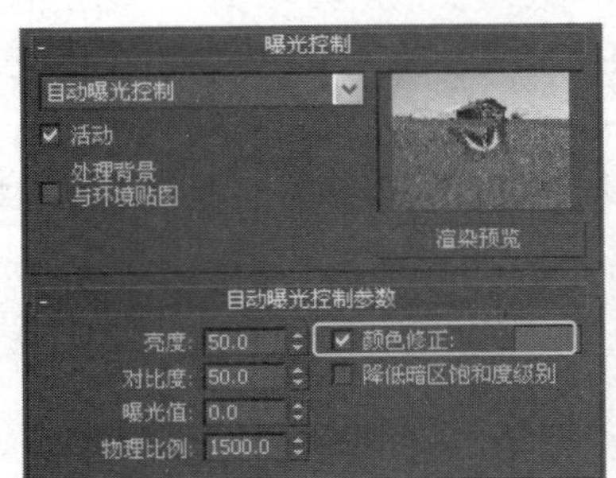

步骤9 渲染场景，观察到渲染图像的色调加上蓝色后略为偏黄。

提示： 在动画中不应使用“自动曝光控制”选项，因为每个帧将使用不同的柱状图，可能会使动画出现闪烁现象。

提示： 为了获得最佳效果，可以使用很淡的颜色来作为修正色，如淡蓝色或淡黄色。

9.4.3　线性曝光

"线性曝光控制"从渲染中采样，并且使用场景的平均亮度将物理值映射为 RGB 值。线性曝光控制最适合动态范围很低的场景，其参数与自动曝光一样。

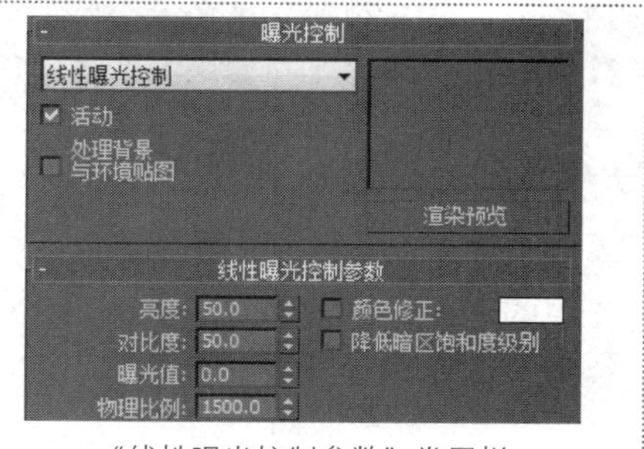

"线性曝光控制参数"卷展栏

9.4.4　实战：线性曝光和自动曝光的对比

光盘路径：第9章\9.4\线性曝光和自动曝光的对比（原始文件）.max

步骤1　渲染场景，可观察场景的默认渲染效果。

步骤2　在环境和效果窗口中使用"自动曝光控制"方式。

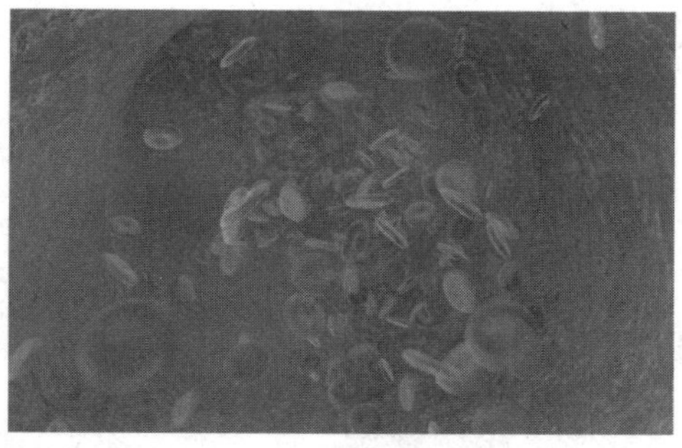

步骤3　将曝光方式转换为"线性曝光控制"，再次渲染，可观察到线性曝光的应用效果。

步骤4　由于自动曝光和线性曝光的参数完全一样，分别在两种不同的曝光方式下设置"曝光值"为1.5。

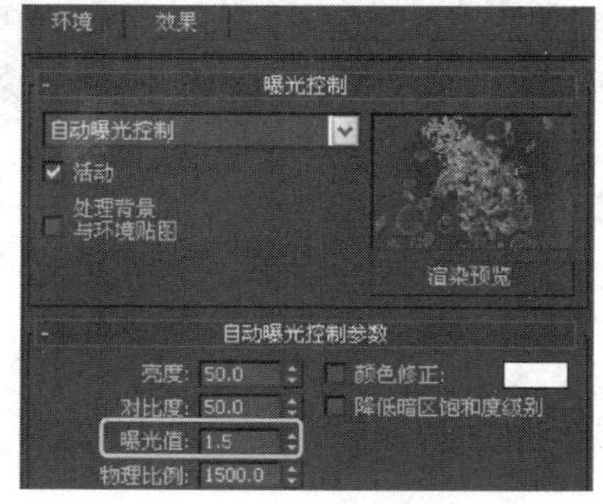

步骤5　在自动曝光方式下渲染场景，可观察到"曝光值"为1.5时的应用效果。

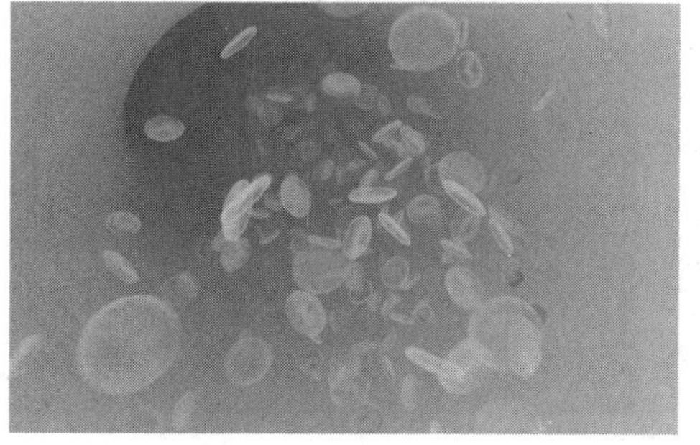

步骤6　在线性曝光方式下渲染场景，可观察到"曝光值"为1.5时的应用效果。

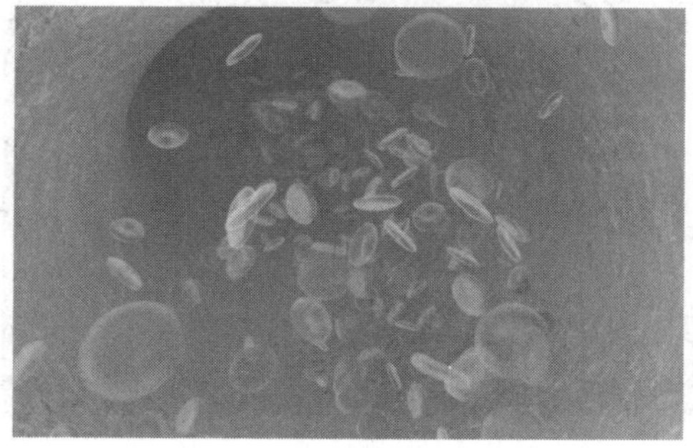

提示：“降低暗区饱和度级别”能够模拟眼睛对暗淡照明的反应。在暗淡的照明下，眼睛不能感知颜色，只能看到灰色色调。除非灯光照度非常低，如低于5.62尺烛光，否则，降低暗区饱和度级别参数值效果将不明显。如果照度低于0.00562尺烛光，眼睛看场景将完全成为灰色。

9.4.5 对数曝光

“对数曝光控制”使用亮度、对比度以及场景是否是日光中的室外，将物理值映射为 RGB 值。对数曝光控制比较适合动态范围很高的场景。

相关参数解读如下：

❶**中间色调**：用于调整转换的颜色的中间色调值。

❷**仅影响间接照明**：勾选该复选框，曝光控制仅应用于间接照明的区域。

❸**室外日光**：勾选该复选框，转换成适合室外场景的颜色。对于使用“日光”系统的室外场景，启用“室外”选项切换可以避免曝光过度。

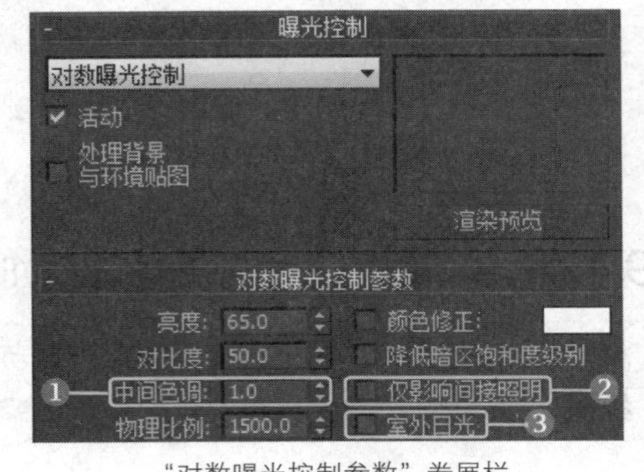

“对数曝光控制参数”卷展栏

9.4.6 实战：对数曝光的应用

光盘路径：第9章\9.4\对数曝光的应用（原始文件）.max

步骤1 渲染场景，可观察到由于场景中灯光强度较大，并且未应用任何曝光控制，场景的渲染效果并不理想。

步骤2 在“环境和效果”窗口中，选择“对数曝光控制”选项。

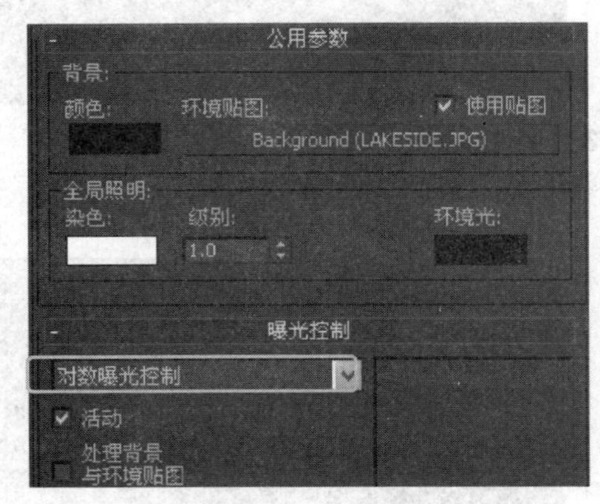

步骤3 渲染场景，可观察到由于对数曝光方式的应用，场景的光照效果趋于真实。

步骤4 在对数曝光控制的参数卷展栏中，设置“中间色调”的参数值为5。

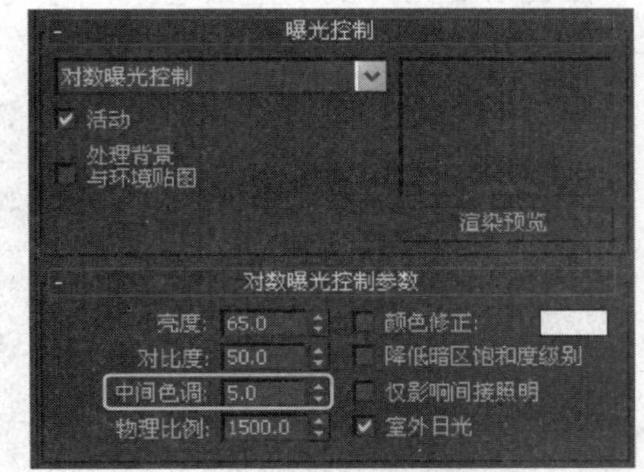

步骤5　渲染场景，可观察到由于“中间色调”值增大，渲染图像中颜色的中间色调值变亮。

步骤6　恢复“中间色调”默认值，在对数曝光控制的参数卷展栏中，取消勾选“室外日光”复选框。

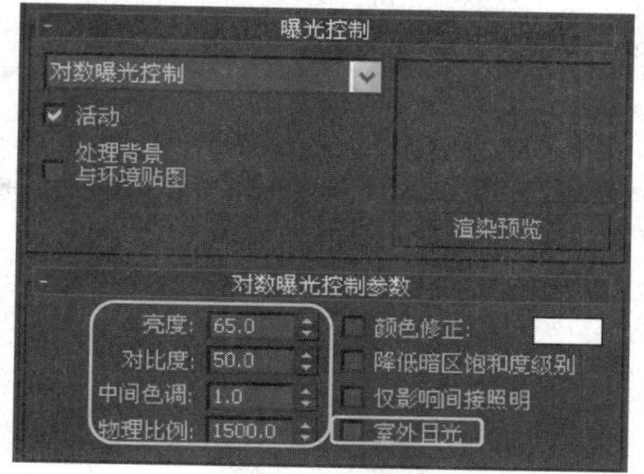

步骤7　渲染场景，可观察到“室外日光”禁用后，整个场景受到了均匀的光照。

提示： 灯光衰减时，近距曲面上的灯光可能过亮，远距曲面上的灯光可能过暗。

提示： 当灯光过暗时，建议使用自动曝光控制，这样可以将较大的物理场景动态范围调整为较小的显示动态范围。

9.4.7　伪色彩曝光

“伪色彩曝光控制”实际上是一个照明分析工具，可以将亮度映射为显示转换值的亮度的伪彩色。

在伪色彩曝光控制的参数卷展栏中，可以设置曝光的显示类型和显示范围。

相关参数解读如下：

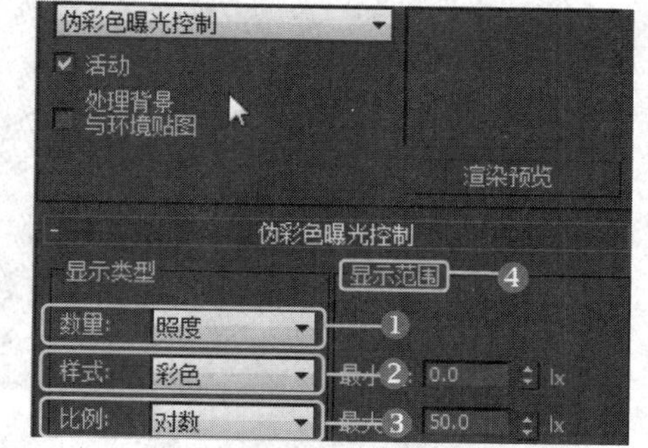

“伪彩色曝光控制”卷展栏

❶**数量**：可以选择所测量的值，包括照度和亮度两种方式。

❷**样式**：可以选择显示值的方式，包括彩色和灰度两种方式。

❸**比例**：可以选择用于映射值的方法，包括线性和对数两种方式。

❹**显示范围**：在该选项组中，可以设置在渲染中要测量和表示的最低值和最高值。

提示： 如果在尝试渲染伪彩色图像时出现文件写入错误，需要检查照度元素的路径和文件名，或用于保存照度数据的PNG 文件的权限。

9.4.8 实战：伪色彩曝光控制

光盘路径：第9章\9.4\使用伪色彩曝光控制（原始文件）.max

步骤1 渲染场景，可观察到场景没有应用曝光控制的应用效果。

步骤2 选择伪色彩曝光方式，渲染场景，完成渲染后，除了渲染帧窗口外，还多出一个“照度”对话框，显示当前的曝光效果。

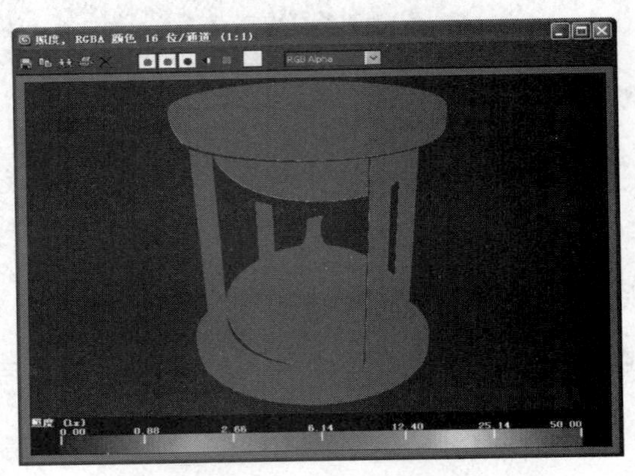

步骤3 在伪色彩曝光的参数卷展栏中，将“数量”选为“亮度”方式。

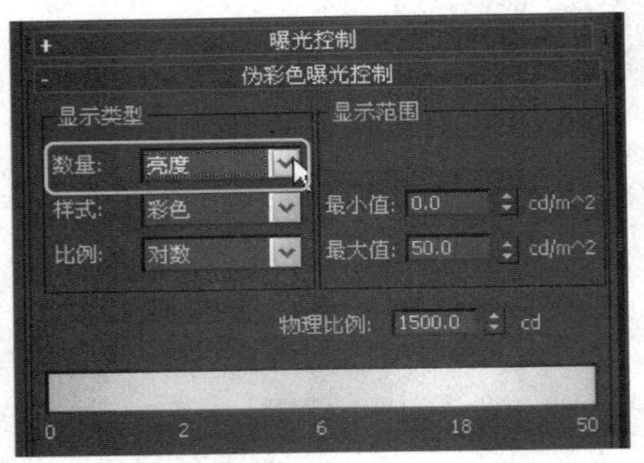

步骤4 渲染场景，将显示另一种曝光效果。

步骤5 在伪色彩曝光的参数卷展栏中，将“样式”选为“灰度”方式。

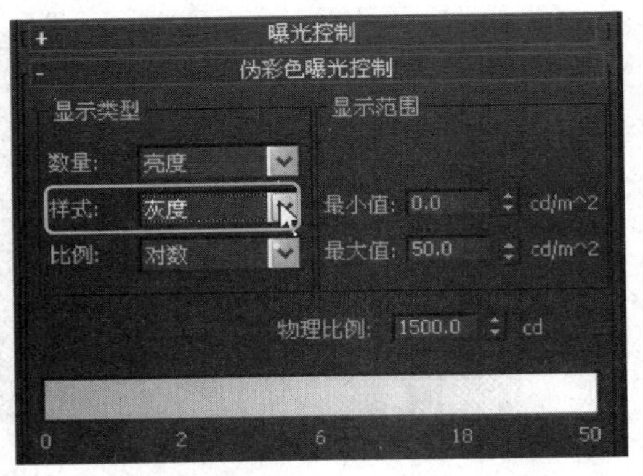

步骤6 渲染场景后，可观察到以灰色比例显示的伪色彩曝光效果。

提示： mental ray渲染器仅支持对数曝光控制和伪彩色曝光控制。

提示： 物理比例设置影响反射、自发光以及材质提供的所有其他非物理元素的转换比例。

9.5 浓雾中的建筑

本节将通过“环境和效果”窗口中提供的各种环境和特效控制，模拟建筑在浓雾中的气氛效果。

9.5.1 实战：制作环境背景

本小节首先将通过贴图来适配场景与背景的效果。具体操作步骤如下：

提示：本节案例中的场景使用了灯光阵列的方法进行照明，使场景中的阴影更加自然，受光更加均匀。

光盘路径：第9章\9.5\浓雾中的欧式建筑（原始文件）.max

步骤1　保持场景中灯光、材质等各种参数不变来渲染场景，观察场景的默认渲染效果。

步骤2　打开“环境和效果”窗口，为背景环境指定一张天空位图贴图。

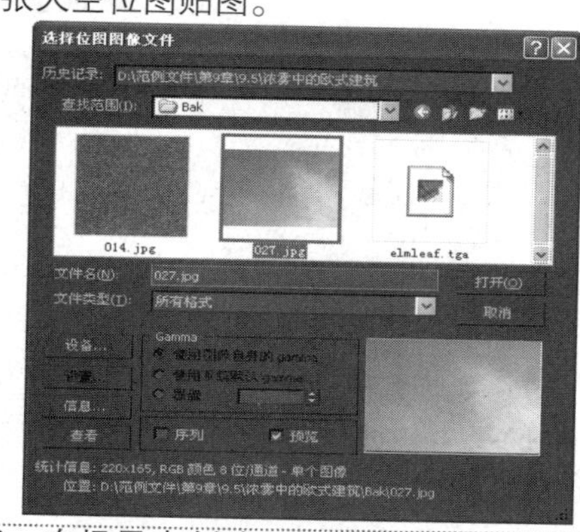

步骤3　渲染场景，可观察到背景应用了贴图的效果，但背景与场景适配并不理想。

步骤4　在场景中创建一个模拟球天的半球对象。

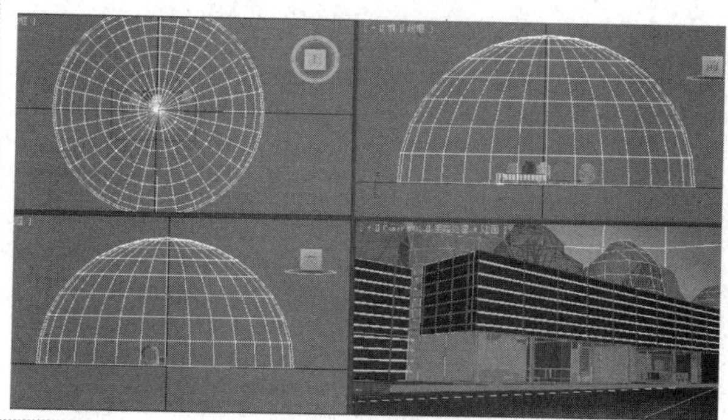

步骤5　打开“材质编辑器”窗口，将背景环境贴图复制到样本材质的漫反射贴图通道。

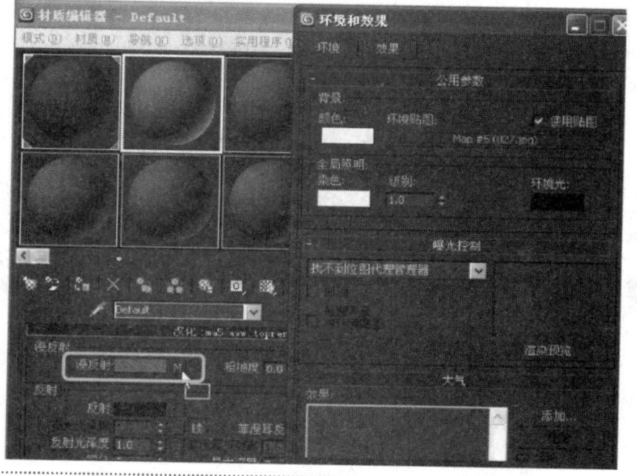

步骤6　在贴图的“坐标”卷展栏中，设置贴图坐标参数。

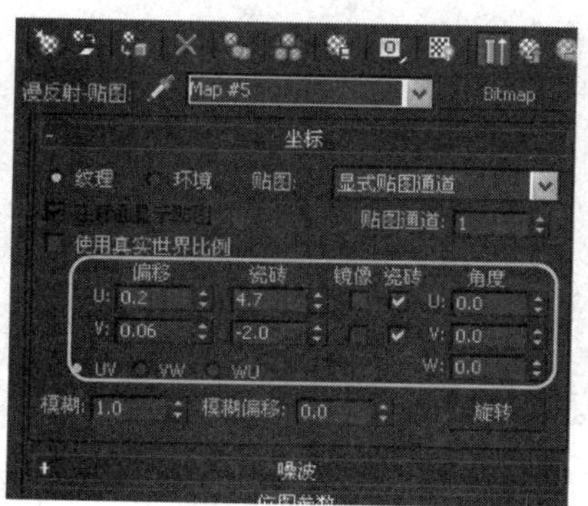

步骤7 将材质赋予模拟球天的对象，然后渲染场景，可观察到更为自然的背景效果。

提示： 因为球体更接近人眼观察天穹的效果，所以在背景环境适配不理想的情况下，使用球天是最好的选择方法。

提示： 贴图坐标可以更好地调整贴图在摄影机视口中的显示位置。

9.5.2 实战：添加体积雾

本小节将为场景模拟浓雾效果，主要通过体积雾和大气装置来完成。具体操作步骤如下：

步骤1 在场景中创建一个长方体线框大气装置对象，确定创建位置。

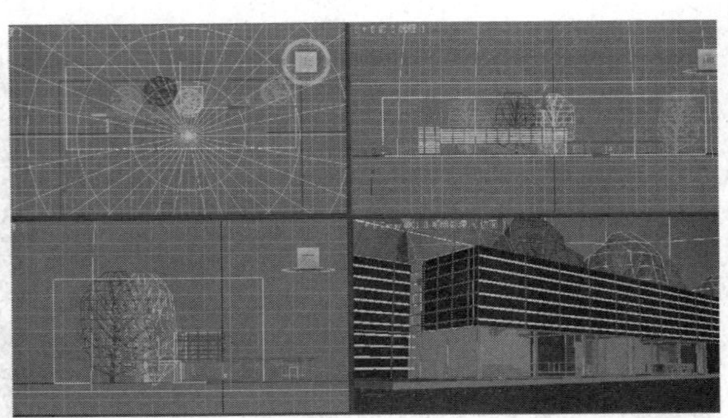

步骤2 打开“环境和效果”窗口，并添加“体积雾”大气效果。

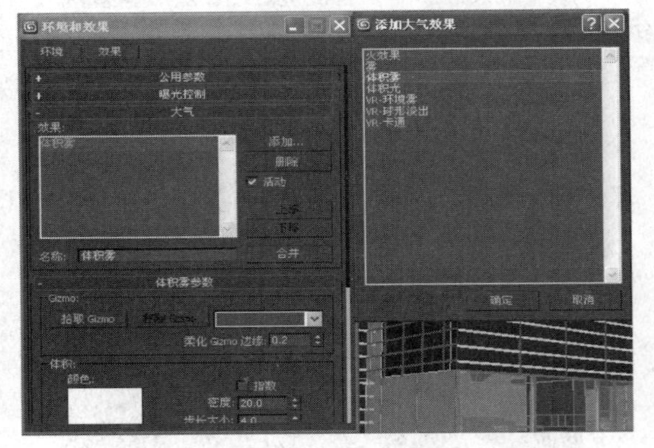

步骤3 在“体积雾参数”卷展栏中，添加长方体线框大气装置，并设置体积参数。

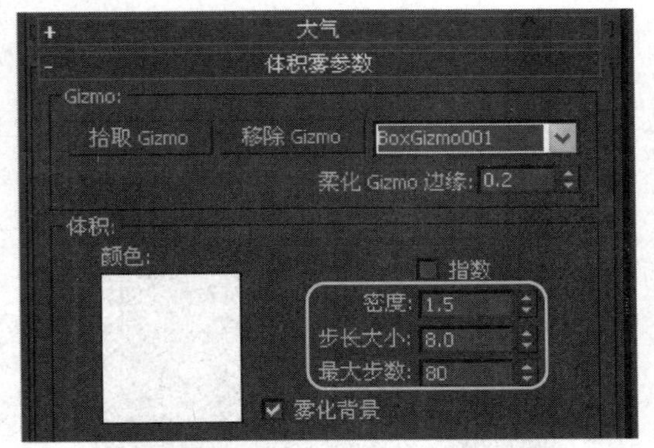

步骤4 在“噪波”选项组中，选择“湍流”类型，并设置该选项组中的参数。

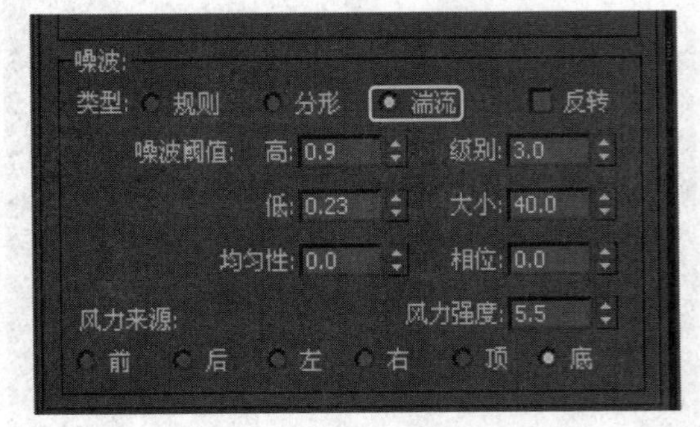

步骤5 渲染场景，可观察到体积雾的最终完成效果。

提示：在本案例场景中，应设置较低密度的体积雾，以便后期添加太阳光的效果。

9.5.3　实战：添加太阳光

本小节将通过镜头特效来模拟天空中的太阳效果。

太阳光的模拟可以使用球体对象来模拟，在本例中直接使用灯光，但产生的光晕一定要大。具体操作步骤如下：

步骤1　在场景中创建一盏泛光灯。

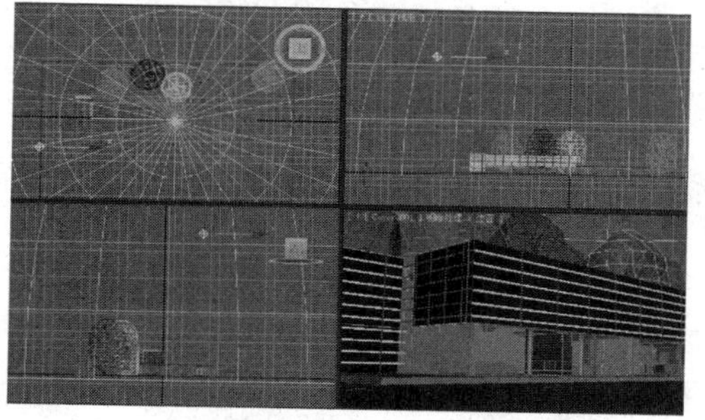

步骤2　在"效果"选项卡中，添加"镜头效果"。

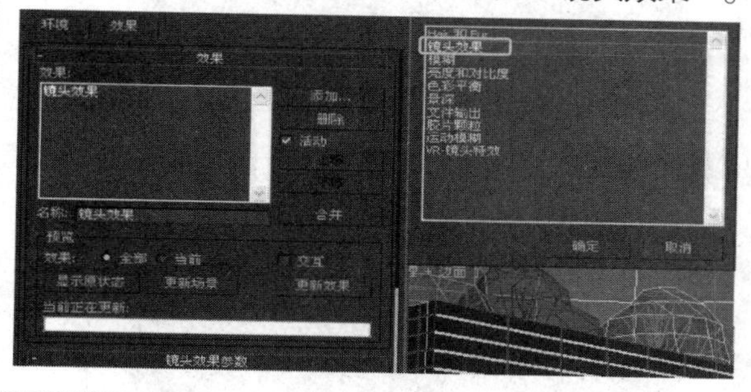

步骤3　在"镜头效果全局"的参数面板中，加载3ds Max预置的Spotlight镜头特效文件。

步骤4　拾取场景中的泛光灯并设置相应的参数。

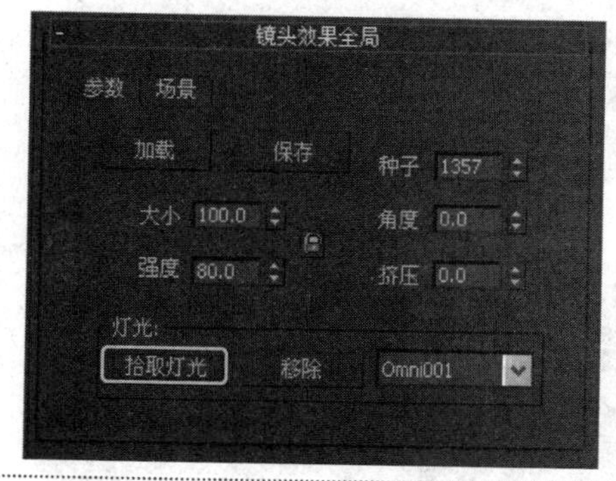

步骤5　渲染场景，可观察到场景中增加了太阳的效果。

提示： 灯光最好创建在接近摄影机视口的观察边缘，这样能使太阳光效果更加真实，同时要注意场景中平行光的照射方向。

提示： 使用聚光灯预置镜头特效，设置足够大的参数值，可以使其模拟整个太阳，而不是只有太阳产生的光晕。

9.5.4 实战：调整曝光方式

本小节将通过曝光方式来调整修正场景应有的气氛。具体操作步骤如下：

步骤1 在“环境和效果”窗口的“曝光控制”卷展栏中，选择“自动曝光控制”选项。

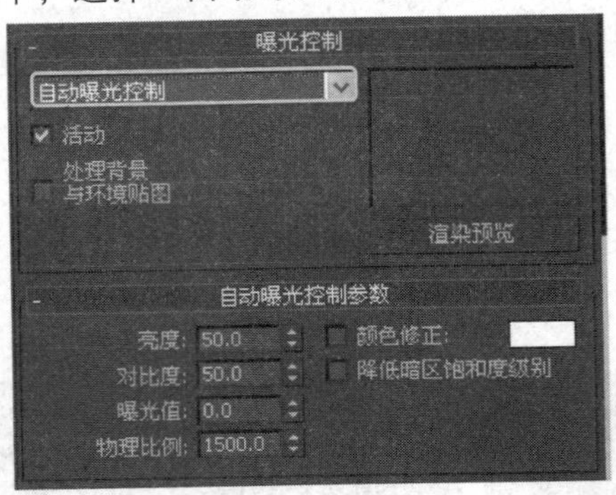

步骤2 渲染场景，可观察到自动曝光控制的默认应用效果。

步骤3 设置自动曝光的亮度、对比度等参数。

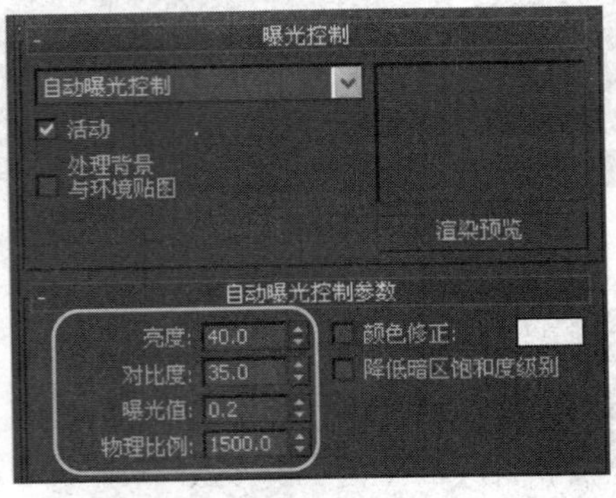

步骤4 渲染场景，可观察到新的曝光应用效果。

步骤5 启用颜色校正参数，设置颜色。

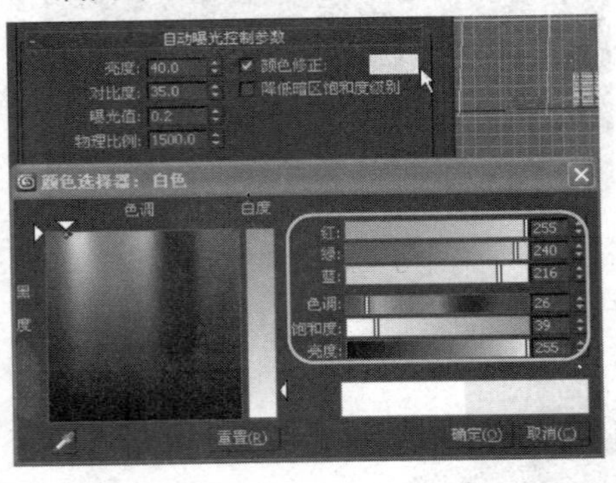

步骤6 渲染场景，可观察到颜色修正后的曝光效果。

提示： 虽然本例是室外场景但浓雾效果使其并不适合用对数曝光方式，所以在此处选择了自动曝光方式。

提示： 降低亮度可有效降低图像高光区域的强度。

提示： 默认的自动曝光参数值并不能达到理想中的曝光要求，通常需要手动调整参数值。

提示： 由于整个场景背景颜色偏蓝，场景中的对象颜色偏黄，所以设置偏黄的色彩校正颜色，使场景整体更自然。

9.5.5　实战：后期处理

在后期处理过程中，主要应用模糊和亮度对比度的调整等特效。具体操作步骤如下：

步骤1　在“效果”选项卡中，添加“亮度和对比度”效果，并设置对比度的值为0.4。

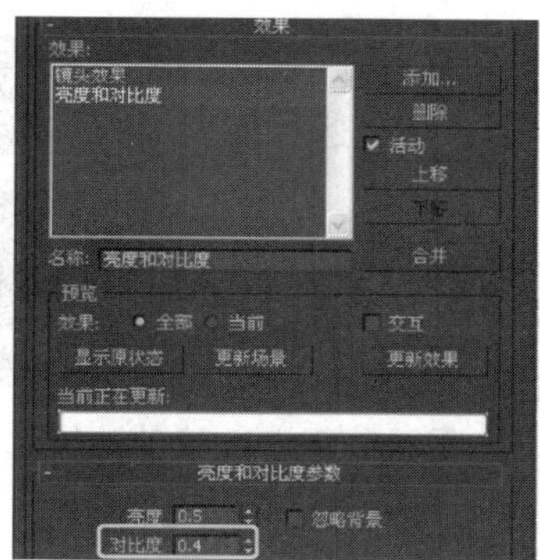

步骤2　渲染场景，可观察到对比度适当降低后的效果。

步骤3　继续为“效果”添加一个“模糊”特效。在“模糊参数”卷展栏中，设置均匀模糊参数。

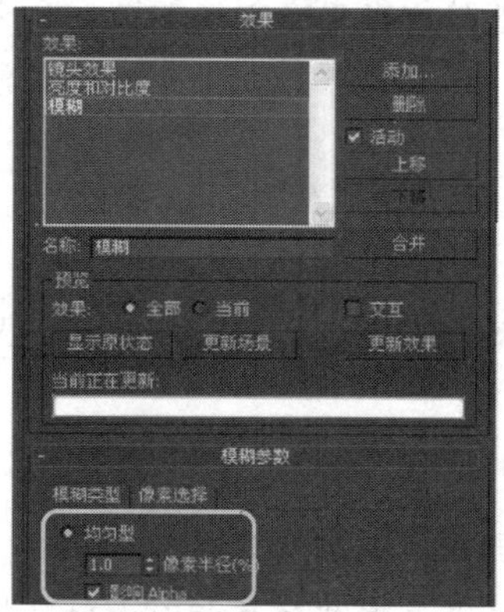

步骤4　渲染场景，可观察到渲染图像产生了轻微的模糊效果。

步骤5　切换至“像素选择”选项卡，设置参数。

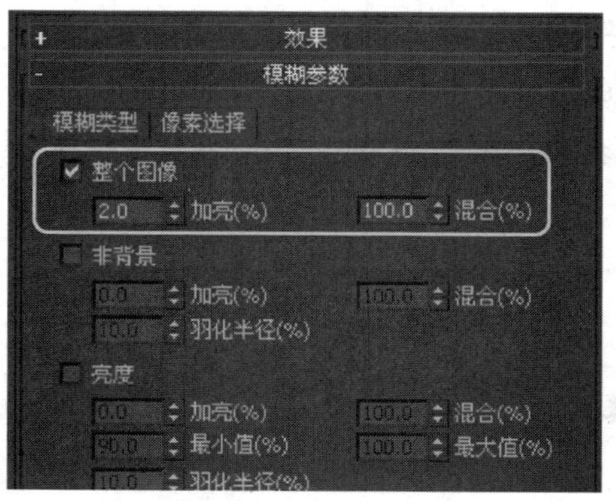

步骤6　渲染场景，可观察到欧式建筑在浓雾中的最终效果。

提示： 通过降低对比度，可以使场景更符合在浓雾中的效果。

提示： 添加模糊效果可以使渲染图像看起来不那么清晰，也更符合浓雾中神秘的气氛。

提示： 如果场景中添加了体积雾，再使用景深效果的话，体积雾容易显示错误或不显示。

提示： 应用全部图像并设置亮度参数，可以使渲染图像的最亮处显得更亮。本例增加了太阳的亮度，使其更具有穿透性。

9.6 操作答疑

9.6.1 专家答疑

（1）说说如何更改场景的环境图片。

答：在环境(Environment)面板中，单击环境贴图(Environment Map)按钮。为环境添加一张贴图。若想在视口中看到这张贴图，并且能够调节贴图，要构造“使用贴图”复选框，此时应用的贴图才能生效。

（2）如何在场景中添加一个大气效果，是否需要创建辅助物体，怎么创建?

答：在3ds Max 2014中共有4种大气效果，它们分别是火焰效果、雾、体积雾和体积光。在场景中创建体积雾、火焰、爆炸等效果时，必须先创建环境辅助对象，以确定环境设置影响的范围。环境辅助对象渲染时不可见，但可以对其进行移动、缩放、旋转等操作。创建命令面板→辅助对象→Atmospheric Apparatus（大气装置），具体操作如右图所示。

大气环境创建方法：

方法一：先创建辅助对象，在辅助对象的大气和效果栏中添加体积雾。

方法二：先创建辅助对象，点击环境菜单项，打开环境和效果对话框中添加体积雾，在参数面板中点击拾取Gizmo。

（3）说说镜头效果特效的常用类型以及它们的特性。

答：“镜头效果”可以模拟真实光源产生的特殊效果，并提供了相应的具体效果设置，如光晕、光环、射线、自动二级光斑、手动二级光斑、星形和条纹7种特效。

1）“光晕”可以在指定对象的周围添加光环。例如，对于爆炸粒子系统，给粒子添加光晕使它们看起来感觉更明亮而且更热。

2）“光环”是环绕源对象中心的环形彩色条带。

3）“射线”是从源对象中心发出的明亮的直线，为对象提供亮度很高的发光效果。

4）“自动二级光斑”是指可以正常看到的一些小圆光斑，沿着与摄影机位置相对的轴从镜头光斑源中发出。

5）“手动二级光斑”是单独添加到镜头光斑中的附加二级光斑，其应用效果和自动光斑一样。

6）“星形”比“射线”效果要大，由0～30个辐射线组成。

7）“条纹”是穿过源对象中心的条带。在实际使用摄影机时，使用失真镜头拍摄场景时会产生条纹。

9.6.2 操作习题

1. 选择题（选项为一个或多个）

（1）（　　）可以生成火焰、烟雾以及爆炸等效果如篝火、火球、火炬以及云团、星云、机械物体的尾气等。

A. 火焰效果

B. 雾效果

C. 模糊效果

D. 景深效果

（2）（　　）可以创造出密度不均匀的雾效果可以制作出各种各样的云彩效果。

A. 火焰效果

B. 雾效果

C. 体积雾效果

D. 体积光效果

（3）（　　）控制主要针对已渲染的图像采样进行控制，它可以将场景的平均亮度值应用于实际值到RG8值的映射。

A. 自动曝光

B. 线性曝光

C. 对数曝光

D. 伪彩色曝光

（4）（　　）可创建通常与摄影机相关的真实效果包括光晕、光环、射线、自动从属光、手动从属光、星形和条纹等。

A. 镜头效果

B. 模糊效果

C. 亮度和对比度

D. 色彩平衡

（5）以下操作不可以在“环境(Environment)”面板中完成的是（　　）。

A. 设置背景颜色

B. 设置背景动画

C. 为场景添加镜头效果

D. 为场景添加大气效果

（6）以下关于“环境(Environment)”面板中公共参数的描述不正确的是（　　）。

A. 背景颜色是可以设置动画的

B. 染色的颜色不是白色，则会为场景中的灯光染色

C. 级别值可以影响场景中的所有灯光。增大级别值将增强场景的总体照明，减小级别值将减弱总体照明

D. 环境光必须为黑色才能得到正确的渲染结果

（7）通过“效果(Effects)”面板可以为场景添加（　　）效果。①镜头；②色彩平衡；③体积光；④模糊；⑤景深；⑥雾

A. 1234

B. 1356

C. 1245

D. 2345

（8）（　　）通过使移动的对象或整个场景变模糊，将图像运动模糊应用于渲染场景。

A. 胶片效果

B. 景深效果

C. 运动模糊

D. 高光效果

2. 填空题

（1）要打开“环境和效果”对话框可以选择“渲染”__________命令。

（2）__________用于指定一个背景贴图。单击该按钮可以在打开的对话框中选择一种贴图，利用该贴图可以为整个场景指定背景。

（3）__________列表用于显示已添加的效果队列。在渲染期间效果在场景中按线性顺序计算。

（4）__________卷展栏主要用来控制场景的曝光程度。它是用来调整渲染的输出等级和颜色范围，就像调整照片的曝光度一样。

3. 操作题

实例制作：飞船

大气效果能够使场景变得更为厚重且具有更强的立体感和纵深感，因此比较适合应用于大型场景的环境设置。在本章的最后为读者准备了一个综合性实例，该实例为一个太空场景。在设置过程中，综合使用了雾效、体积光、爆炸等效果。通过本实例可以巩固本章所学知识，了解大气效果的实际应用方法。

（1）打开素材“空战.max”文件，在“环境和效果”对话框的环境面板中为场景添加雾效果。

（2）在“环境和效果”对话框的环境面板页再分别为场景中的Gizmo添加“体积光”和“火”效果，制作出即将爆炸的状态。

（3）为场景中其他的Gizmo对象在30~35帧添加爆炸效果。

第10章

动画

本章重点：

本章将介绍基本的关键帧动画技术、正向运动和反向运动。重点讲解动画控制器和动画约束的使用方法，同时还介绍使用轨迹视图等工具对动画进行控制。本章末尾配以实例引导读者创建一个简单的动画场景。

学习目的：

掌握基本的关键帧动画技术、正向运动和反向运动。重点掌握动画控制器和动画约束的使用方法，使用轨迹视图等工具对动画进行控制。

参考时间：40分钟

主要知识	学习时间
7.1　材质基础知识	10分钟
7.2　材质类型	10分钟
7.3　贴图	10分钟
7.4　制作生锈铁丝	10分钟

10.1 动画基础知识

动画是3ds Max的核心技术，几乎所有的3ds Max场景对象都可以进行动画设置，从而创建CG动画。该项技术最终被广泛应用于各种行业，如为游戏行业制作角色动画、为工业行业制作汽车动画等。

10.1.1 动画概念

动画是利用人类视觉滞留的原理，当快速查看一组连续相关的静态图像时，通过视觉接受到的信息使大脑感受到一个连续的动画。

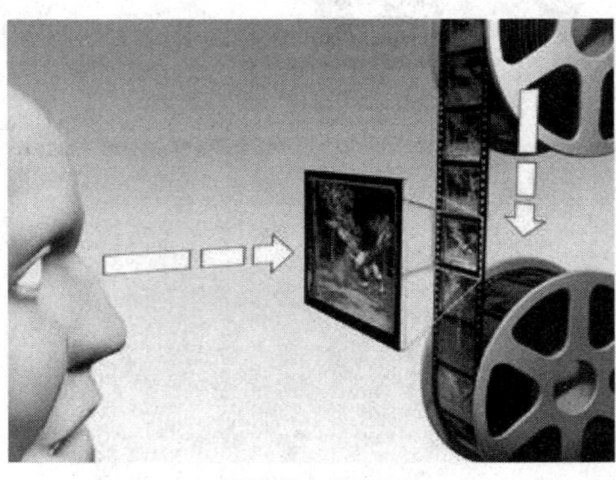

动画产生的原理

1. 传统动画方法

制作传统动画时，通常由原画师绘制关键帧，再由动画师绘制大量的中间帧，最后链接产生最终的动画。

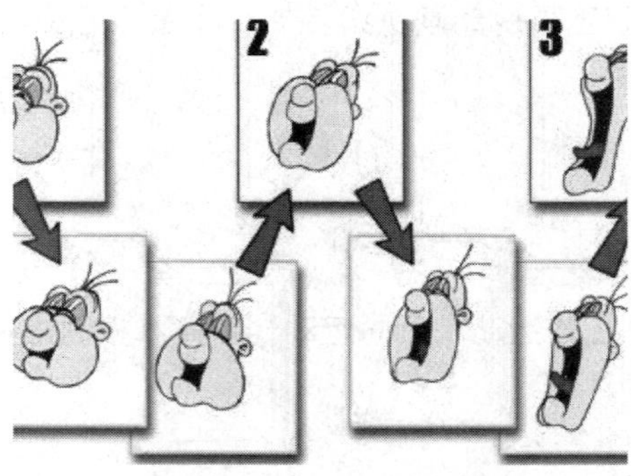

关键帧和中间帧图画的效果

2. 3ds Max动画

使用3ds Max制作动画时，用户担任了原画师的角色，为场景对象设置关键帧的状态，3ds Max将自动计算关键帧之间的插补值，从而生成完整动画。

3ds Max生成动画的示意图

提示： 构成连续动画的每一个静态图像被称为帧，在3ds Max中通过时间和帧速率来决定帧的数量。

提示： 根据动画最后输出质量不同，一分钟动画大概需要720～1800帧。

10.1.2 3ds Max制作动画的方法

3ds Max的动画方法主要包括自动关键点和设置关键点两种基本方法来创建动画，同时可以使用正向和反向运动学链接层次动画的对象，并且可以在轨迹视图中编辑动画。

1. 自动关键帧

使用自动关键帧模式，激活“自动关键点”按钮，设置当前时间，然后更改场景中对象的位置、旋转或缩放，或者可以更改几乎任何设置或参数。

提示：在自动关键点模式下，无论何时变换对象或者更改可设置动画的参数，都会创建关键帧。

2. 手动设置关键帧

手动设置关键帧模式更多的是针对专业角色动画制作，特别适合角色姿势的动画。该模式同时也适用于复杂机械集合设置和其他的简单动画设置。

10.1.3 实战：创建自动关键帧动画

光盘路径：第10章\10.1\创建自动关键帧动画（原始文件）.max

步骤1 打开本书配套的范例文件“创建自动关键帧动画（原始文件）.max”。

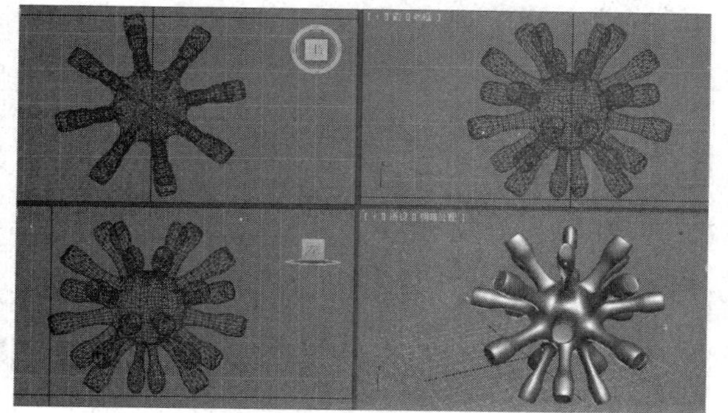

步骤2 选择场景中的对象，激活“自动关键点”按钮，并移动时间滑块到第100帧。

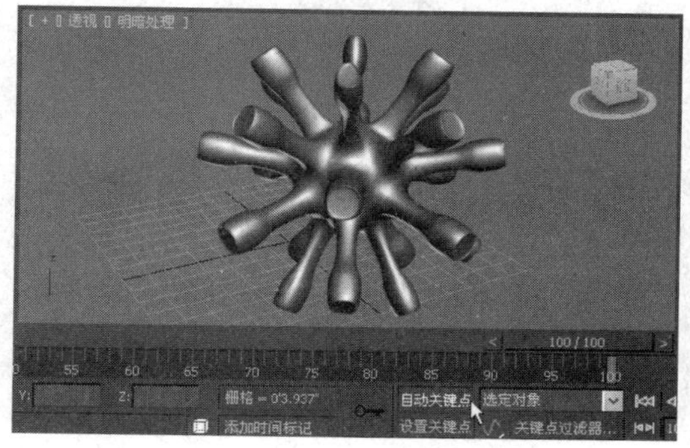

步骤3 使用移动和旋转工具对对象在“透视”视口中进行简单的移动和旋转操作。

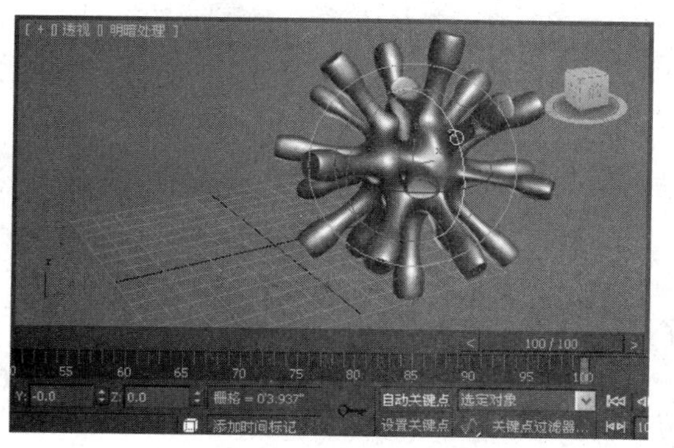

步骤4 取消“自动关键点”按钮的激活状态，使用播放工具在视口中播放动画，可观察到场景动画的运动效果。

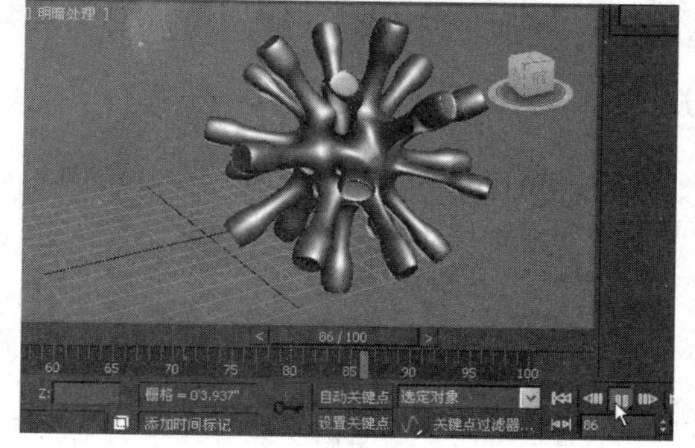

提示：自动记录动画时，当前激活视口会显示红色边框。

10.1.4 实战：创建手动关键帧动画

光盘路径：第10章\10.1\创建手动关键帧动画（原始文件）.max

步骤1 打开本书配套的范例文件“创建手动关键帧动画（原始文件）.max”。

步骤2 激活“设置关键点”按钮，选择蝴蝶一个翅膀，当时间滑块在原点时，单击“创建关键点”按钮，然后将时间滑块移动到指定位置。

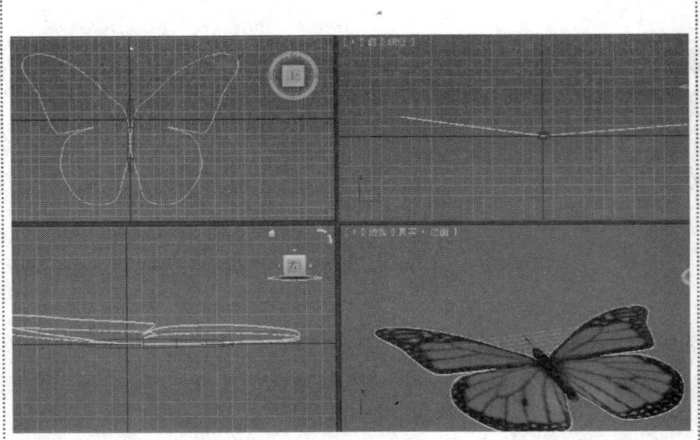

步骤3 使用旋转工具旋转蝴蝶翅膀，再次单击“创建关键点”按钮，创建新的关键帧。

步骤4 再次移动时间滑块并使用旋转工具旋转蝴蝶翅膀，再次单击“创建关键点”按钮，创建新的关键帧。

步骤5 取消“创建关键点”按钮的激活状态，使用播放工具播放，即可观察到动画效果。

提示： 一旦关键帧的角色动态设置好了，在编辑时间轴上其他帧的角色动画时，关键帧的动画不会受到影响。

提示： 如果在可设置动画的轨迹始末位置上设置了关键帧，中间帧的设置不会破坏任何姿势。

10.1.5 动画的常用工具控件

根据场景中创建的动画类型不同，会使用到各种动画的工具控件，主要包括轨迹视图、轨迹栏、层次命令面板、运动命令面板及时间控件等。

1. 轨迹视图

“轨迹视图”在几个浮动或可停靠窗口中，提供了动画细节编辑功能。

2. 轨迹栏

“轨迹栏”用于快速访问关键帧和插值控件，可以展开用于函数曲线编辑。

3. 层次命令面板

“层次”命令面板用于调整控制两个或多个对象链接的所有参数，包括反向运动学参数和轴点调整。

4. 运动命令面板

“运动”命令面板可调整影响所有位置、旋转和缩放动画的变换。

5. 时间控件

使用“时间控件”可在时间栏中移动并在视口中显示出来。可以移动到时间上的任意点，并在视口中播放动画。

10.1.6　实战：访问各种动画工具

光盘路径：第10章\10.1\访问各种动画工具.max

步骤1　打开本书配套的范例文件“访问各种动画工具.max”。

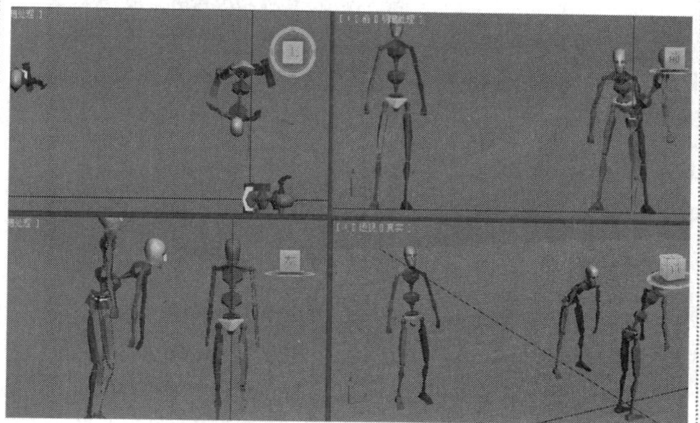

步骤2　在主工具栏中单击“曲线编辑器”按钮。

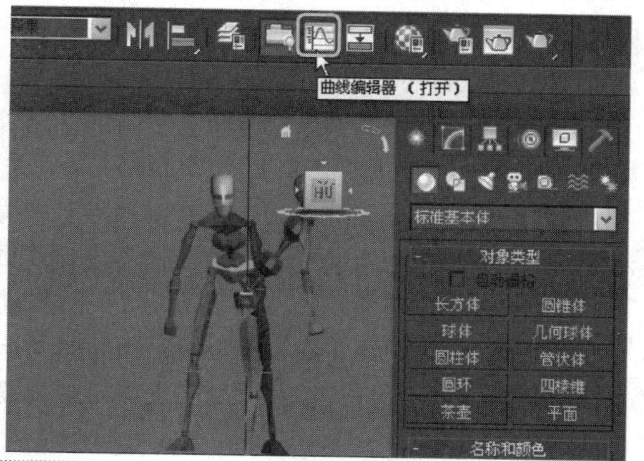

步骤3　通过单击“曲线编辑器”按钮开启“轨迹视图”对话框。

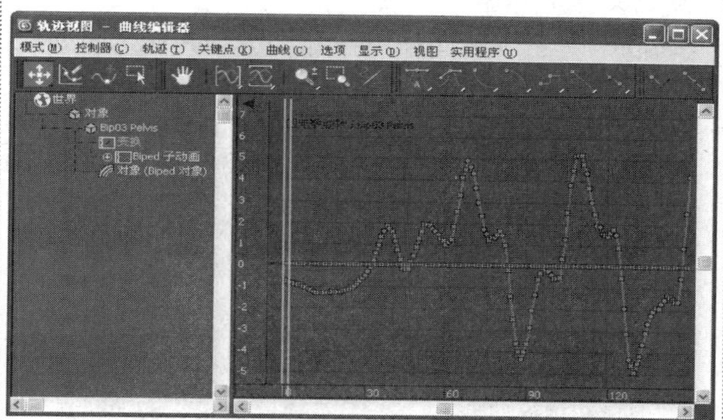

步骤4　关闭“轨迹视图”对话框，单击“打开迷你曲线编辑器”按钮。

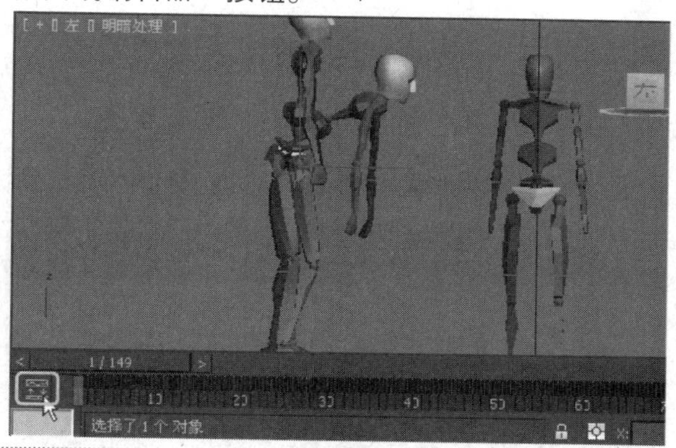

步骤5　执行上步操作后，在视口下方将出现一个小型的轨迹视图控件面板。

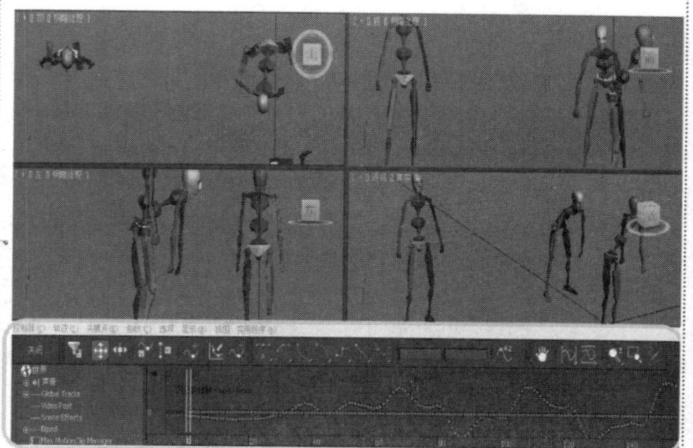

步骤6　打开“层次”命令面板和“运动”命令面板，可设置相应的层次参数和运动参数。

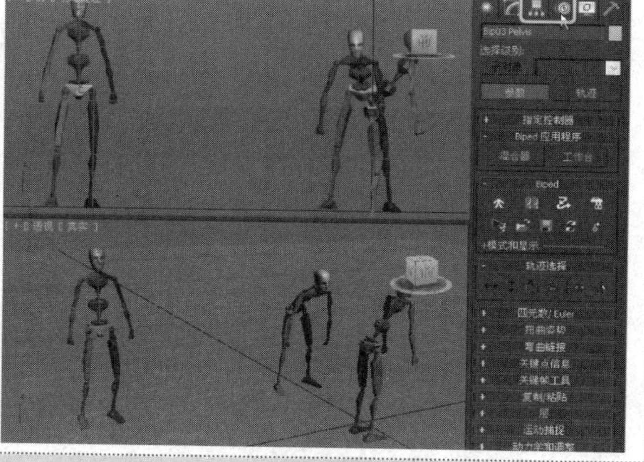

提示： 轨迹视图使用两种不同的编辑模式，包括曲线编辑器和摄影表。曲线编辑器是默认的显示模式，可以将动画显示为功能曲线。

提示： 使用时间控件在时间栏中移动，并在视口中显示出来，可以移动到时间栏上的任意点，并在视口中播放动画。

10.1.7　动画的时间与帧速率

动画的时间和帧速率决定了动画的质量，通过随时间更改场景来创建动画，可以更精确地控制时间，包括测量和显示时间、控制活动时间段的长度、控制动画中渲染的每个帧的时间长度。

相关选项组解读如下：

❶**帧速率**：在该选项组中，提供NTSC、电影、PAL和自定义四种帧速率选项。

❷**时间显示**：在该选项组中，可以指定时间滑块及整个程序中显示时间的方法，包括帧数、分钟数、秒数和刻度数等。

❸**播放**：在该选项组中，提示了设置实时播放的控制参数。

❹**动画**：该选项组主要用于设置动画的时间长度。

❺**关键点步幅**：该选项组可用来设置启用关键帧模式时的方法。

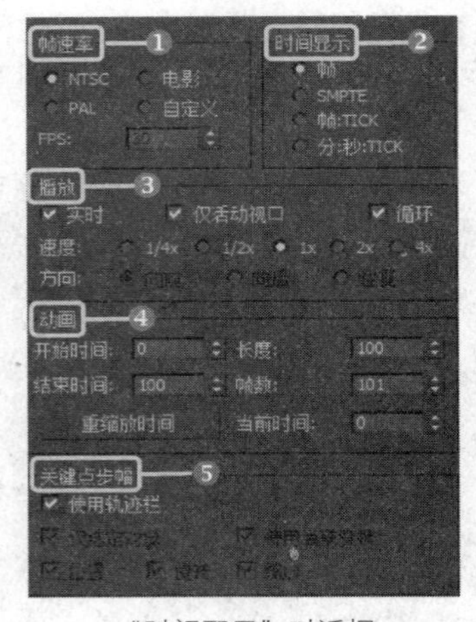

“时间配置”对话框

10.1.8　实战：简单进行动画时间设置

光盘路径：第10章\10.1\简单进行动画时间设置（原始文件）.max

步骤1　打开本书配套的范例文件“简单进行动画时间设置（原始文件）.max”。

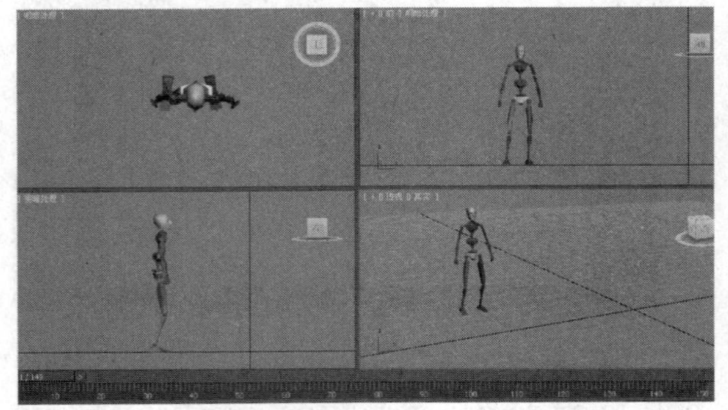

步骤2　单击“时间配置按钮”，并在“时间配置”对话框中选择“电影”帧速率选项。

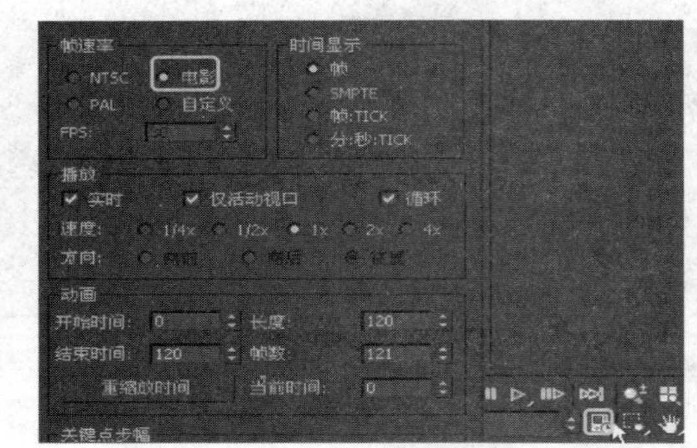

步骤3　选择“电影”帧速率，可观察到原有的150多帧变为120多帧。

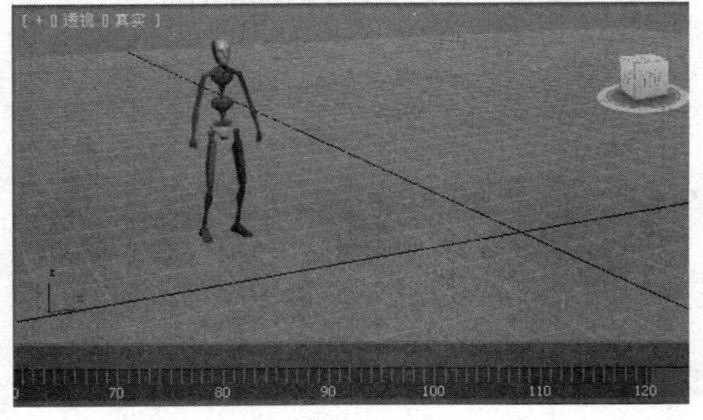

步骤4　在“时间配置”对话框中，设置参数。

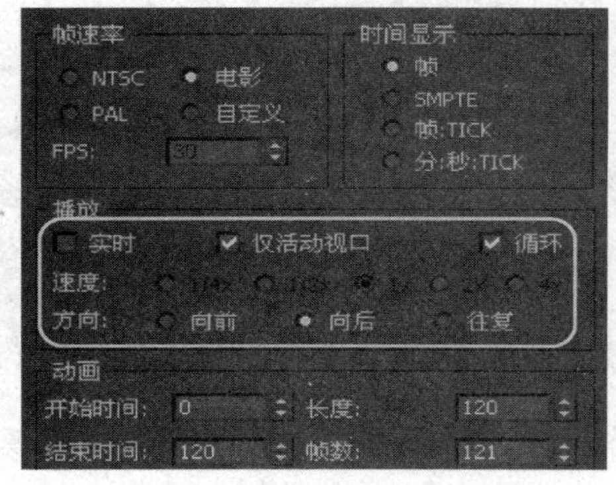

步骤5　播放动画，可在视口中观察到动画的倒放效果。

步骤6　在“时间配置”对话框中，再次设置参数。

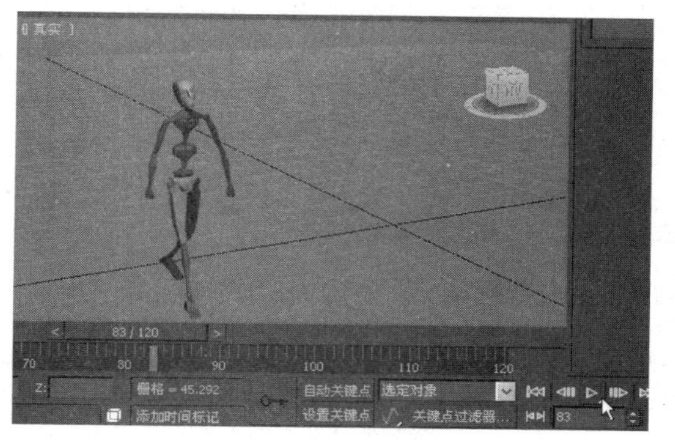

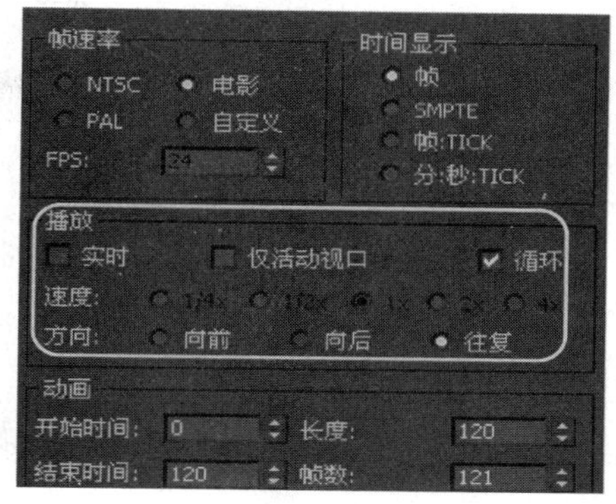

步骤7　再次播放动画，可观察到所有视口均同时播放动画。

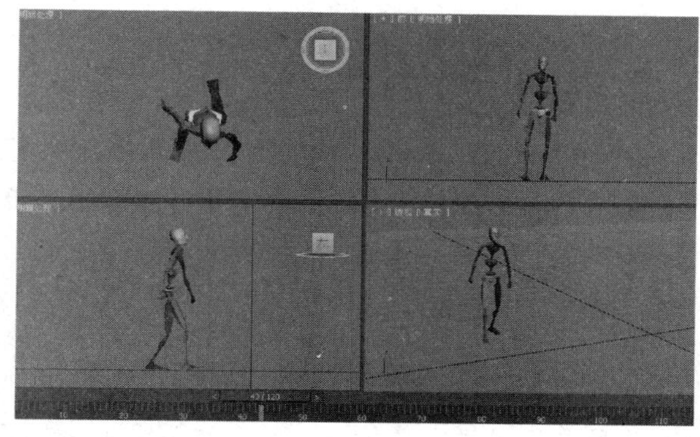

提示： 程序以指定速率播放动画的能力取决于许多因素，包括场景的复杂程度、场景中移动对象的数量、几何体的显示模式等。

提示： 通常，在4个视口中显示动画时，程序需要更多的计算时间，并且播放的平滑度会降低。

10.2 层次和运动学

在创建诸如角色、机械等复杂运动的动画时，通常将对象链接在一起以形成层次或链来简单设置过程，处于链中的某个对象的动画可能会影响链中其他对象或整个链的运动。这些运动可以是正向运动也可以是反向运动，大部分设置都在“层次”运动命令面板设置。

10.2.1 层次动画

将对象链接在一起以形成链的功能，是指通过将一个对象与另一个对象相链接，可以创建父子关系，应用于父对象的变换同时将传递给子对象。

链也称为层次，如果在场景中应用了链接或骨骼系统，可以在“层次”命令面板进行管理，该面板共包含了三个子选项卡，即轴、IK和连接信息。

1. 轴

在“轴”选项卡中，可以设置对象的轴心点位置，可以将轴点看成对象局部中心和局部坐标系。

“轴”选项卡中共提供了4个参数卷展栏，用于调整对象轴点的位置和方向。调整对象的轴点不会影响到该对象的任何子对象。

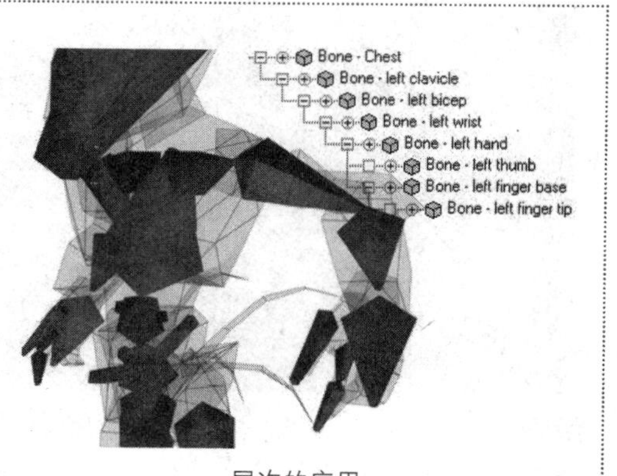

层次的应用

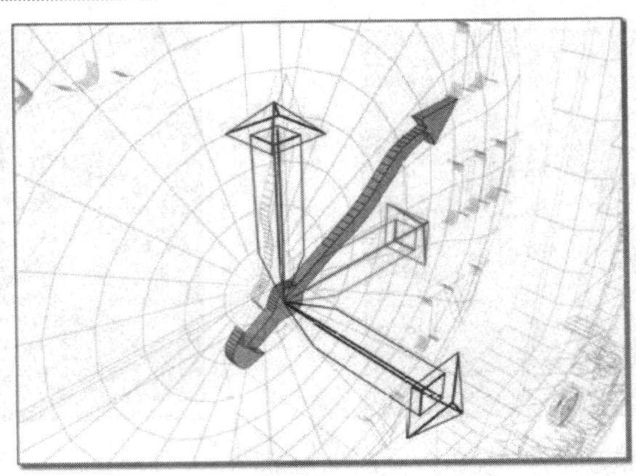

轴的变换应用

相关参数卷展栏解读如下：

（1）**工作轴**：在该卷展栏中，可以设置一个临时的轴心，来变换对象。

（2）**调整轴**：在该卷展栏中，可以随时调整一个对象的轴心位置，调整后，将永久生效。

（3）**调整变换**：在该卷展栏中，可以变换对象及其轴，而不会影响其子对象。

（4）**蒙皮姿势**：在该卷展栏中，主要可以通过复制粘贴来控制角色动画蒙皮。

提示：使用仅影响层次技术不仅可以调整链接对象之间的偏移关系，而且可以调整骨骼，使之与几何体匹配。

2. IK

IK是Inverse Kinematics（反向运动学）的缩写，是一种设置动画的方法，可以翻转链操纵的方向，如移动角色的手臂，其肩部和手都会产生运动。

提示： 使用反向运动学要设置许多IK组件的参数，然后简要地定义这些组件。

3. **链接信息**

“链接信息”只提供了两个卷展栏，包括锁定和继承。“锁定”卷展栏用于限制对象在特定轴中的移动；“继承”卷展栏用于限制子对象继承父对象的变换。

10.2.2 实战：轴的意义和调整

光盘路径：第10章\10.2\轴的意义和调整（原始文件）.max

步骤1 打开本书配套的范例文件“轴的意义和调整（原始文件）.max”。

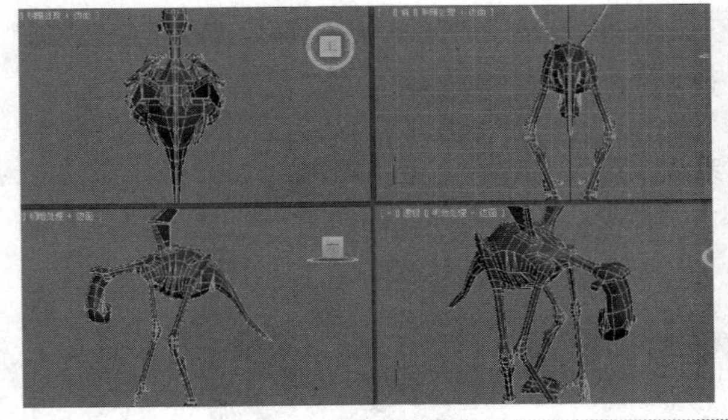

步骤2 在场景中创建一个长方体，作为辅助对象。

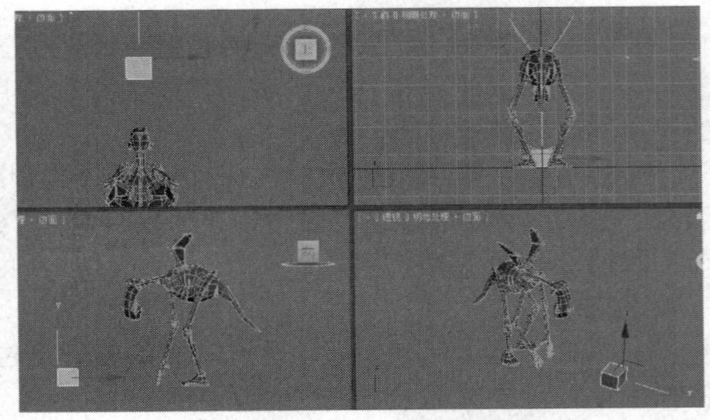

步骤3 在“层次”命令面板中，展开“工作轴”卷展栏，单击“编辑工作轴”按钮，再单击“曲面”按钮。

步骤4 将光标移动到长方体的表面，单击鼠标，可将工作轴定义到长方体的表面。

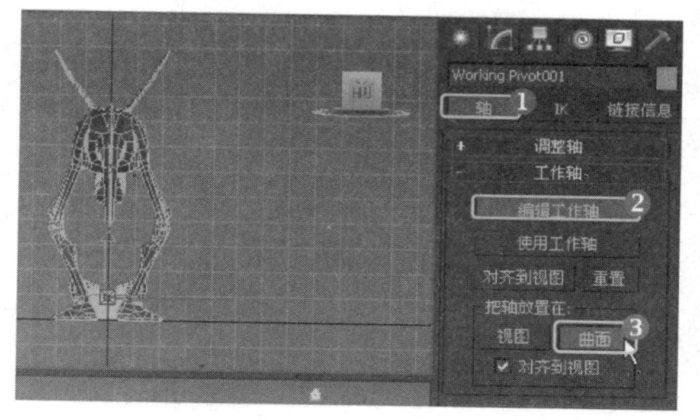

步骤5 将视口换成“前”视口，再次选择长方体并单击鼠标，可观察到工作轴以正向方向定位到长方体表面。

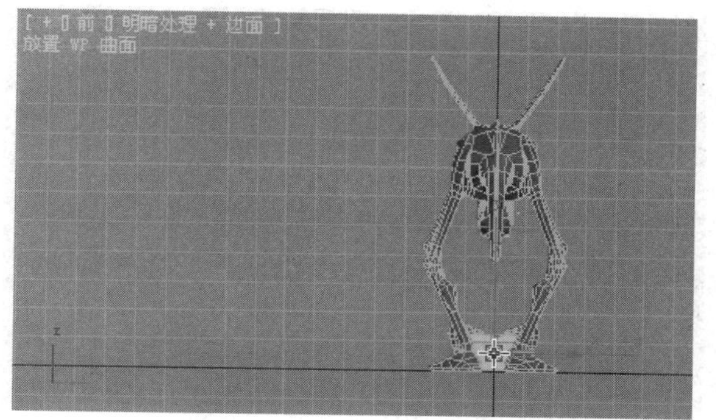

步骤7 在“调整轴”卷展栏中，单击“仅影响轴”按钮，视口中的选中对象将显示自身的坐标轴。

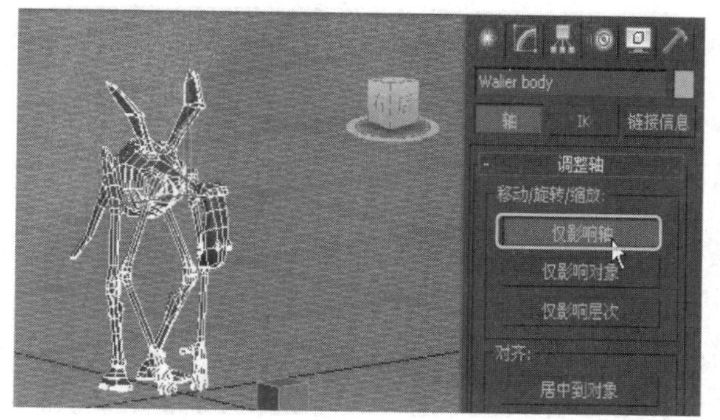

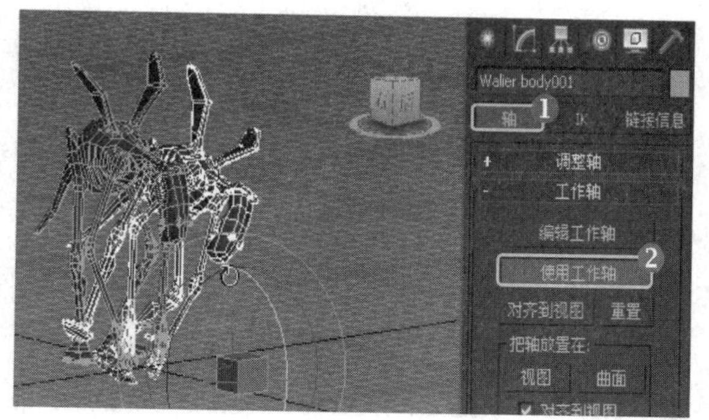

步骤6 单击“使用工作轴”按钮，使用旋转工具对场景中的对象进行旋转，可观察到对象以工具轴为中心进行变换。

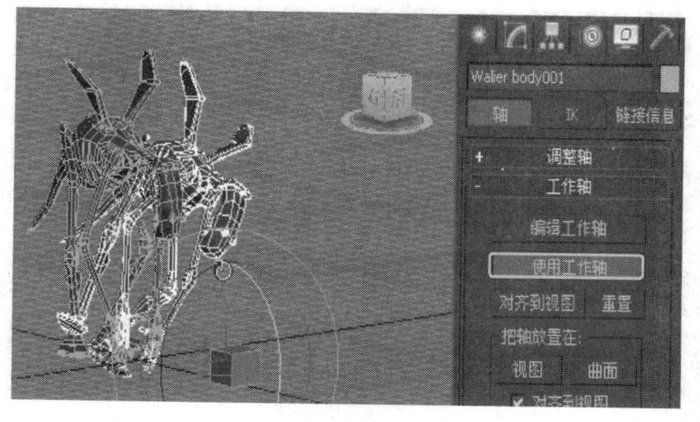

步骤8 单击“居中到对象”按钮，可观察到坐标轴与对象的中心对齐。

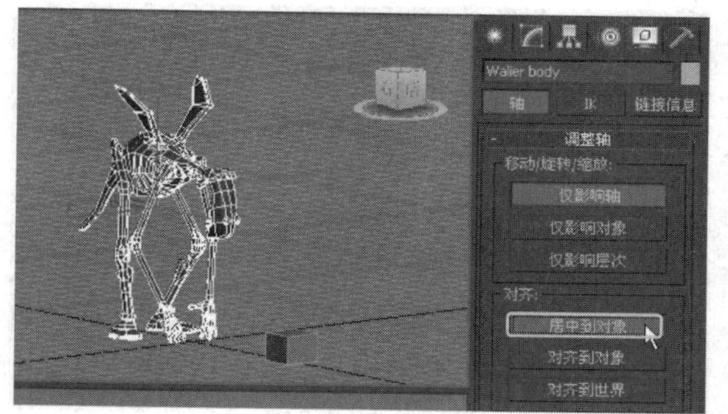

提示： 缩放或旋转对象或其派生对象的链接偏移，不会影响对象或其派生对象的几何体。缩放或旋转链接，派生对象将发生位移。

提示： 如果使用“仅影响轴”选项，移动和旋转变换只适用于选定对象的轴，并不影响对象或其子级对象。

10.2.3 实战：创建链接对象

光盘路径：第10章\10.2\创建链接对象（原始文件）.max

步骤1 打开本书配套的范例文件“创建链接对象（原始文件）.max”。

步骤2 在工具栏中单击“选择并链接”按钮。

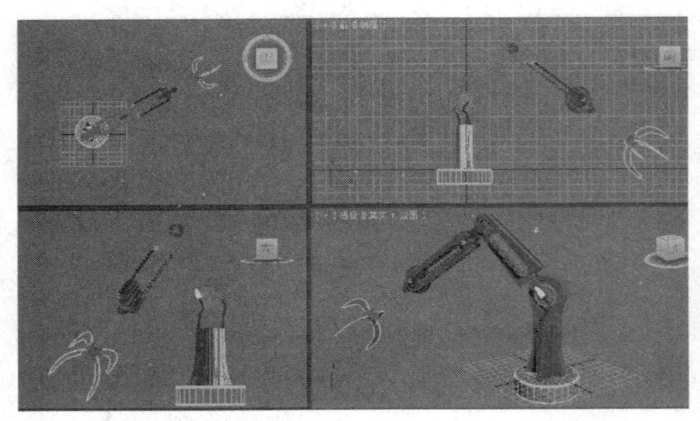

步骤3　选择垂直的支架对象，按住鼠标左键不放，将光标拖曳到底座对象上，然后释放鼠标，完成链接操作。

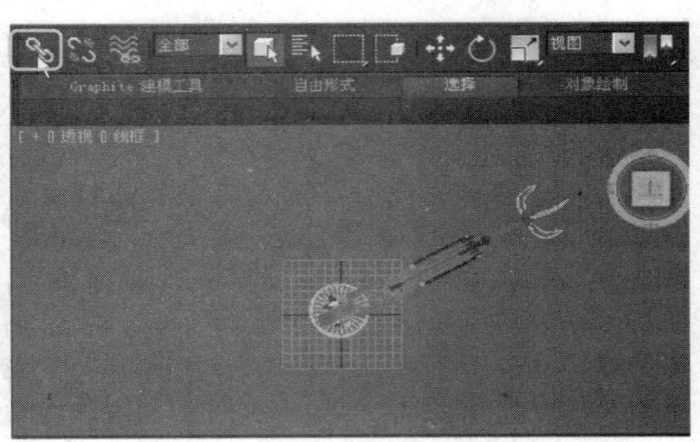

步骤4　使用旋转工具旋转底座，可观察到其链接对象也产生了相应的旋转变换。

步骤5　选择作为子对象的支架，在“层次”命令面板中，展开“继承”卷展栏，设置参数。

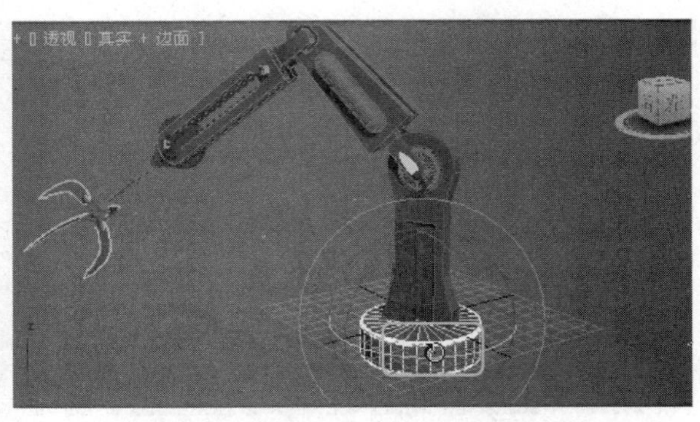

步骤6　再次旋转底座，可观察到其子对象并未继承到旋转的属性，只是略微产生了位移。

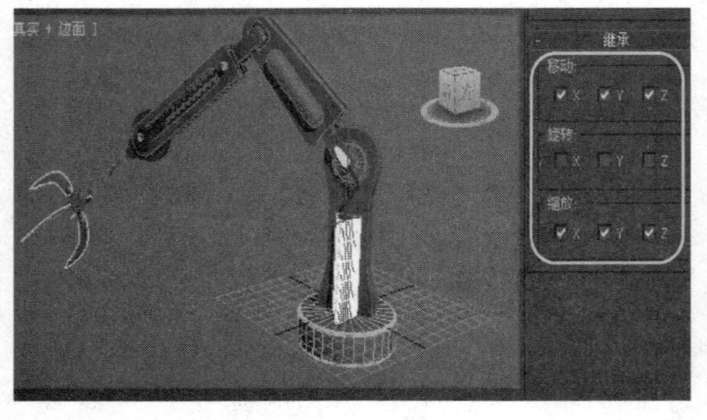

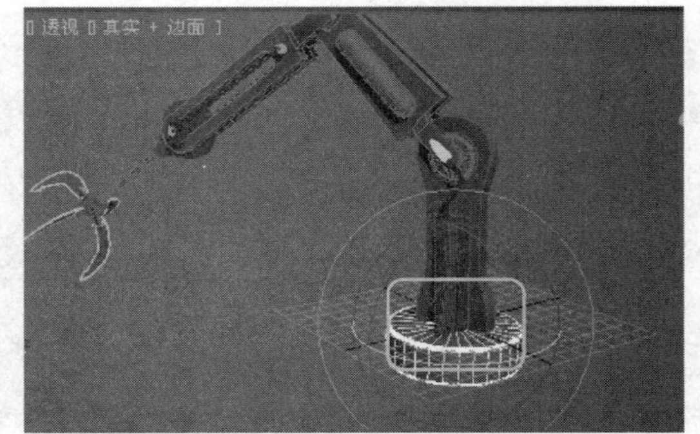

提示： 在开始链接一些较为复杂的层次之前，应该用几分钟时间计划一下链接策略。对层次根部和树干成长为叶对象的选择方法，将对模型的可用性产生重要影响。

提示： 链接对象后，应用于父对象的所有变换都将同样应用于其子对象。

提示： 用户可以将对象链接到关闭的组。执行此操作时，对象将成为组父级的子集，而不是该组的任何成员。链接后整个组会闪烁，表示已链接至该组。

10.2.4　正向运动

正向运动也是层次链接运动的一种，实际就是按默认的父层次到子层次的链接顺序处理层次之间的关系，并且轴点位置定义了链接对象的连接关节。

1. **设置父对象动画**

当设置一个层次链接中父对象的动画时，也设置了附加到父对象上的子对象动画。

2. **设置子对象动画**

正向运动中，子对象到父对象的链接不约束子对象，可以独立于父对象单独移动、旋转和缩放。

3. **设置层次对画**

在为整个层次设置动画时，子对象继承父对象的变换，父对象沿着层次向上继承其更高层次对象的变换，直到根节点。所以只需要设置根对象的动画，整个层次都会产生变换。

提示： 一般情况下，会将复杂运动划分为简单组件，使返回和编辑动画变得更容易。

10.2.5　实战：制作一个简单的正向运动

光盘路径： 第10章\10.2\制作一个简单的正向运动（原始文件）.max

步骤1　打开本书配套的范例文件“制作一个简单的正向运动（原始文件）.max”。

步骤2　删除一侧的蝴蝶翅膀，并设置简单的旋转动画。

步骤3　配合Shift键对蝴蝶翅膀进行克隆操作。

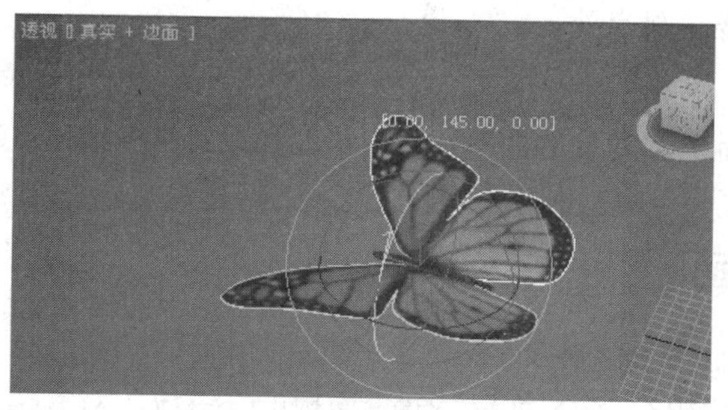

步骤4　使用“选择并链接”按钮，将蝴蝶翅膀作为子对象连接给蝴蝶身体。

步骤5　使用相同的方法将另一个蝴蝶翅膀也链接到蝴蝶身体，选择蝴蝶身体，使用自动记录关键帧的方式创建一段简单的位移动画，可观察到蝴蝶翅膀也产生了相应的位移。

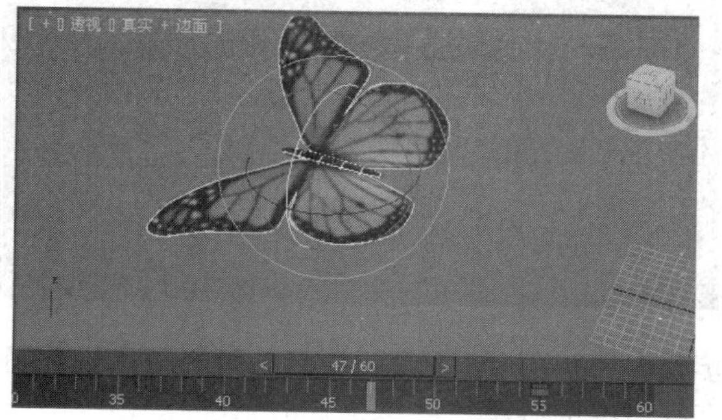

步骤6　在“场景资源管理器”对话框中，可观察到两个蝴蝶翅膀作为的子对象存在于子级树形结构中。

提示： 使用正向运动学时，子对象到父对象的链接不约束子对象，可以独立于父对象单独移动、旋转和缩放子对象。

提示： 使用正向运动学可以很好地控制层次中每个对象的确切位置。但是，在调整庞大而复杂的层次时，需要使用反向运动学。

10.2.6 反向运动

反向运动也建立在层次链接的概念上，与正向运动相反，使用目标导向的方法来定位目标对象，并且以特定的方式计算链末端位置和方向，在所有计算都完成后，层次的最终位置就被称为IK解决方案。3ds Max提供了四种类型IK解算器用于创建IK解决方案。

历史独立IK解算器应用

1. 历史独立型

历史独立IK解算器在时间上不依赖于上一个关键帧计算得到的IK解决方案。使用该解算器主要使用目标来设置链动画。

提示： 历史独立IK解算器只能用于基于当前状态下的目标和其他附带参数。

2. 历史依赖型

历史依赖IK解算器可以将滑动关节与反向运动结合使用，除了独有对弹回、阻尼和优先级属性的控制，还具有用于查看IK链的初始状态的快捷工具，通常用于冗长的场景。

提示： 历史依赖IK解算器最适合在短动画序列中使用。

3. IK分支型

IK分支解算器主要用于设置两足角色的肢体动画。要使用该解算器，骨骼链中至少需要有3个骨骼，目标放置在距离第一个所选骨骼两倍距离远的骨骼的轴点处。

4. 样条线IK型

样条线IK解算器，使用样条线确定一组骨骼或其他链接对象的曲率，可以移动和设置样条线顶点动画来更改样条线的曲率。

10.2.7 实战：制作简单的反向运动动画

光盘路径： 第10章\10.2\制作简单的反向运动动画（原始文件）.max

步骤1 打开本书配套的范例文件“制作简单的反向运动动画（原始文件）.max”。

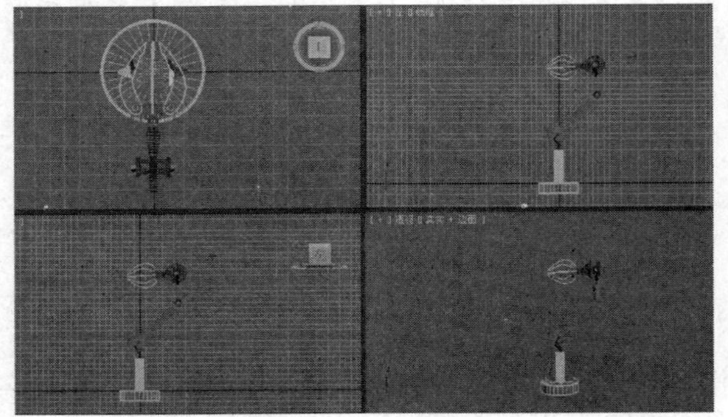

步骤2 在“创建”命令面板的“系统”对象类型中，单击“骨骼”按钮。

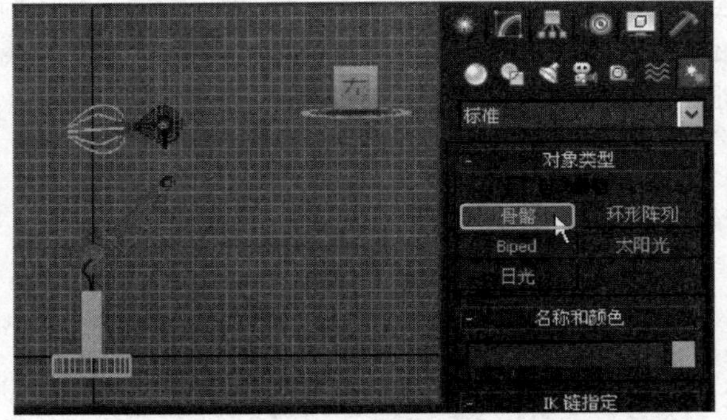

步骤3 根据机械手臂对象在“左”视口中创建连续的骨骼对象。

步骤4 选择机械手臂和相应的骨骼对象，并将其在视口中进行对齐。

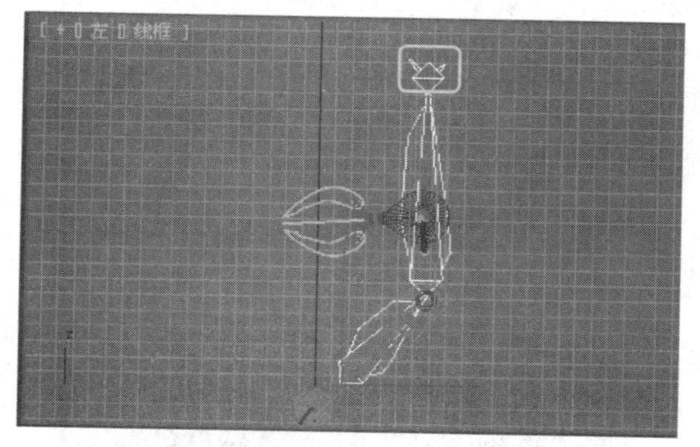

步骤5　分别给机械手臂对象添加Phsique（体格）修改器。

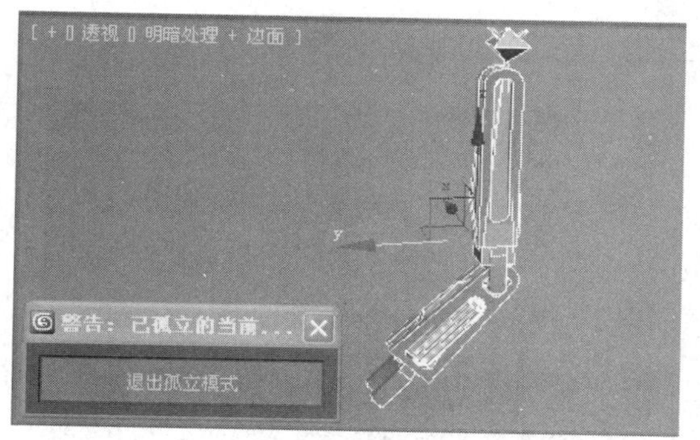

步骤6　选择下方的机械手臂对象，然后在参数面板中单击“附加到节点”按钮，然后在视口中拾取相应的骨骼。

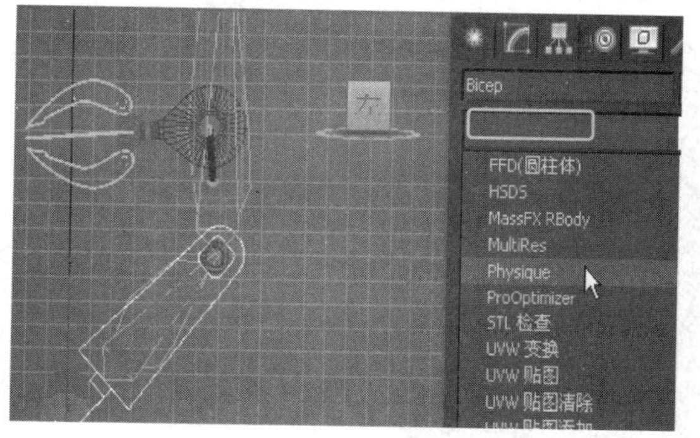

步骤7　拾取骨骼后，会弹出“Phsique格初始化”对话框，单击“初始化”按钮，应用默认参数。

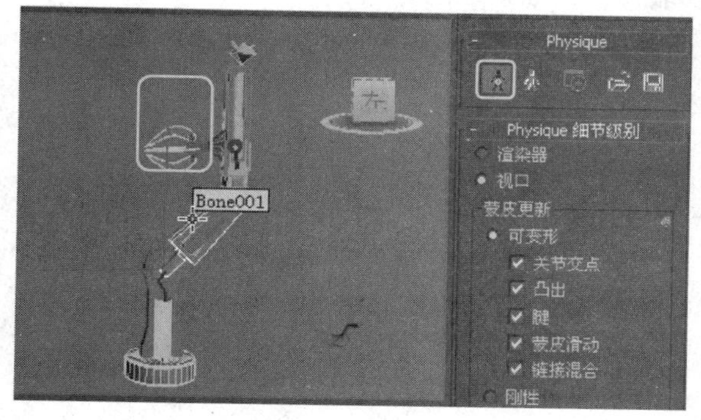

步骤8　展开“体格”修改器，选择“顶点”子层级，并全选所有顶点。

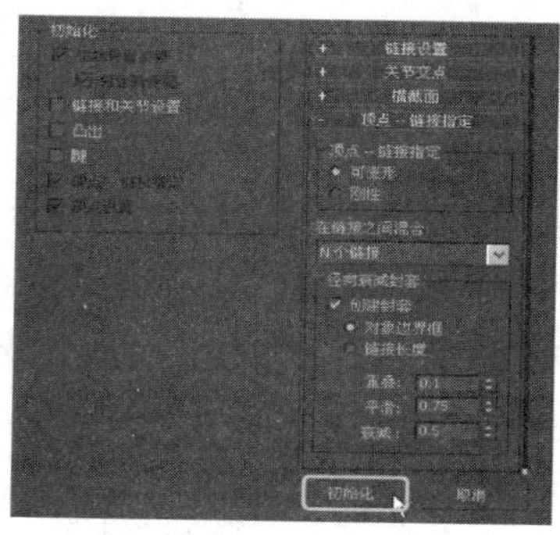

步骤9　在“体格”修改器的参数面板中，单击“从链接移除”按钮，并拾取上端的线，使机械手臂只与下方的骨骼链接。

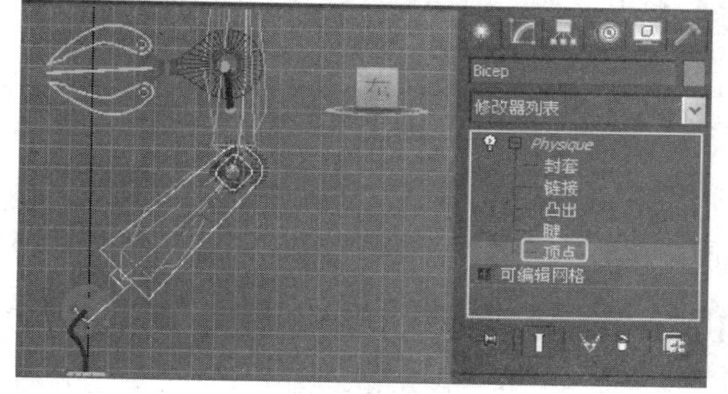

步骤10　保持顶点的选中状态，单击“指定给链接”按钮，在视口中拾取下方的骨骼线。

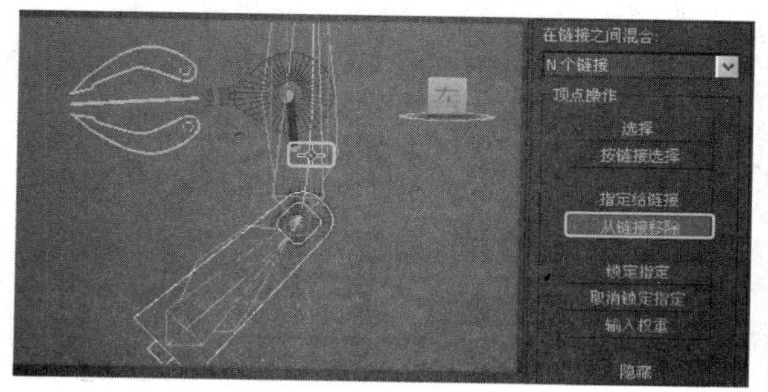

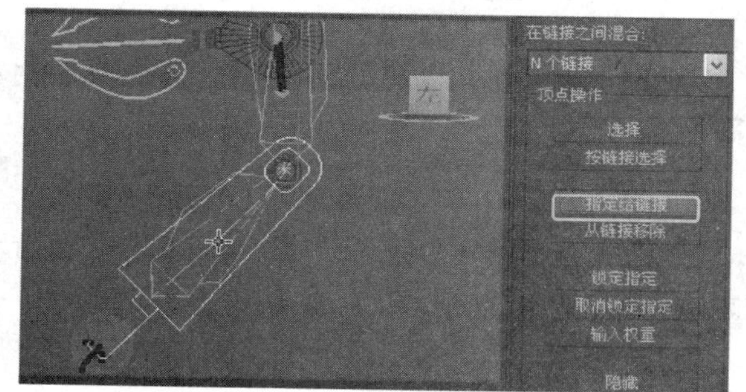

步骤11 使用相同的方法将上端的机械手臂对象与上方的骨骼进行链接。

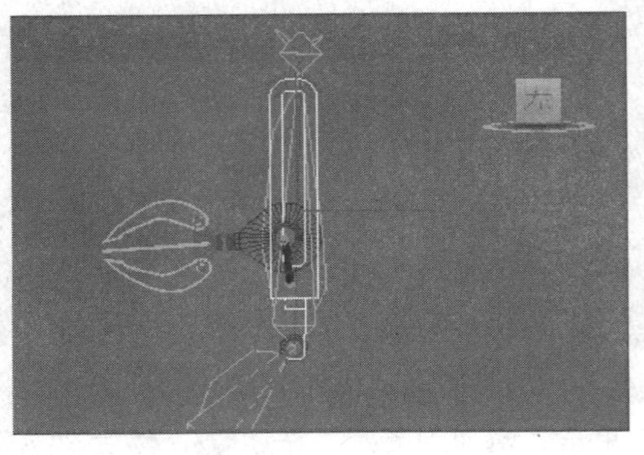

步骤12 在场景中将上端机械手臂的底座作为子对象链接到最顶端的骨骼。

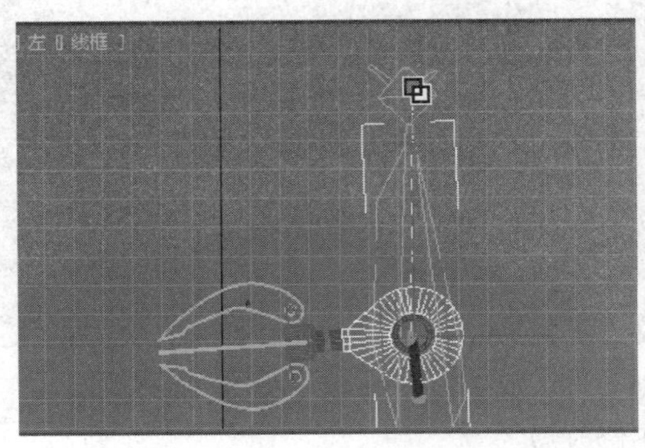

步骤13 为最顶端的骨骼创建简单的关键帧动画。当骨骼变换时，机械手臂也产生相应的运动。

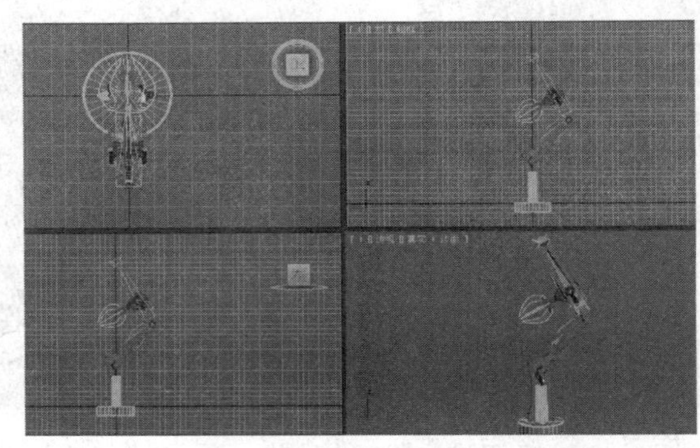

提示： 骨骼系统是一种通过关节连接的骨骼对象层次链接，骨骼可以用作链接对象的支架。

提示： 使用体格修改器可将蒙皮附加到骨骼结构上。

10.3 动画控制器和约束

3ds Max中设置动画的所有内容都通过控制器来处理，是处理所有动画值的存储和插值的插件。动画约束则可以使动画过程自动化，用于通过与其他对象的绑定关系，控制对象的位置、旋转或缩放。

10.3.1 了解运动命令面板

“运动”命令面板用于调整选定对象运动的工具，主要包括调整关键帧的时间及其缓入和缓出方式、动画控制器和约束的添加以及对象运动轨迹的调整等。

1. 参数

在“参数”选项下，可以对关键点进行控制，以及查看、编辑动画控制器和约束。

“参数”选项下相关卷展栏解读如下：

❶**指定控制器：** 在该卷展栏中，可向单个对象指定并追加不同的变换控制器。

❷**PRS参数（位置旋转缩放参数）：** 在该卷展栏中，提供了用于创建和删除关键帧的工具。

❸**关键点信息（基本）：** 在该卷展栏中，可更改一个或多个选定关键帧的动画值、时间和插值方法。

❹**关键点信息（高级）：** 在该卷展栏中，可通过不同的方法控制运动速度。

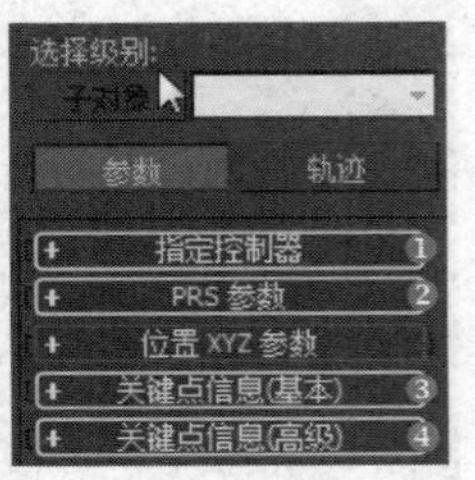

“参数”相关参数卷展栏

2. **轨迹**

在“轨迹”区中，可以显示对象的动画轨迹，并进行调整。

“轨迹”参数面板中提供了相应的参数卷展栏以及设置对象运动轨迹的各种参数。

相关选项组解读如下：

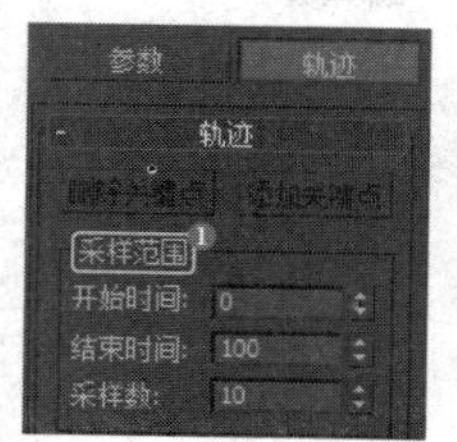

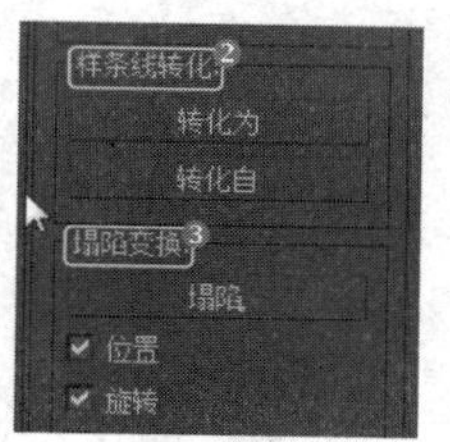

❶**采样范围**：在该选项组中，可以设置轨迹的开启时间和结束时间。

❷**样条线转换**：在该选项组中，可以将轨迹转换为样条线，或拾取样条线作为运动轨迹。

❸**塌陷变换**：在该选项组中，可以生成基于当前选中对象变换的关键帧。

提示： 在“运动”命令面板中，更多的是对于运动轨迹的设置，控制器的添加通常都在轨迹视图中完成。

10.3.2　实战：控制对象的运动轨迹

光盘路径：第10章\10.3\控制对象的运动轨迹（原始文件）.max

步骤1　打开本书配套的范例文件“控制对象的运动轨迹（原始文件）.max”。

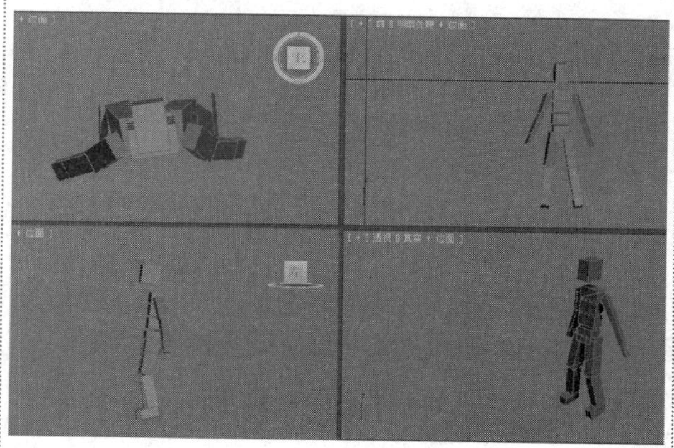

步骤2　在场景中为模型设置简单的运动动画，图为小人的运动轨迹。

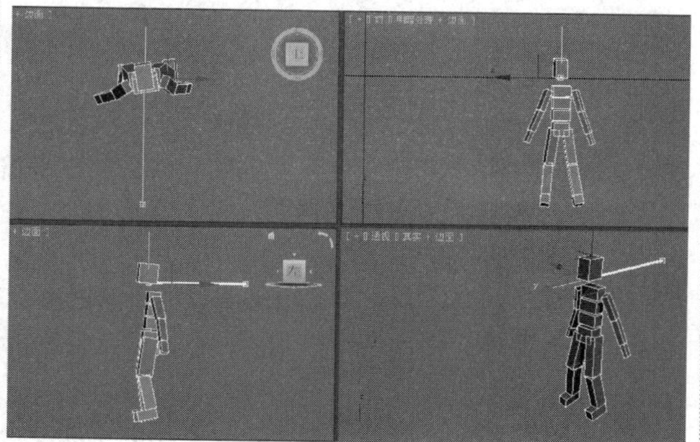

步骤3　设置“采样范围”选项组中的参数，单击“塌陷”按钮。

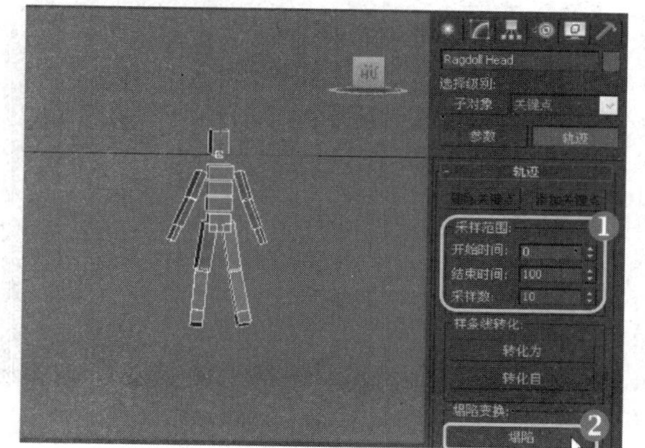

步骤4　可观察到在设定的采样范围内，出现了新的运动轨迹。

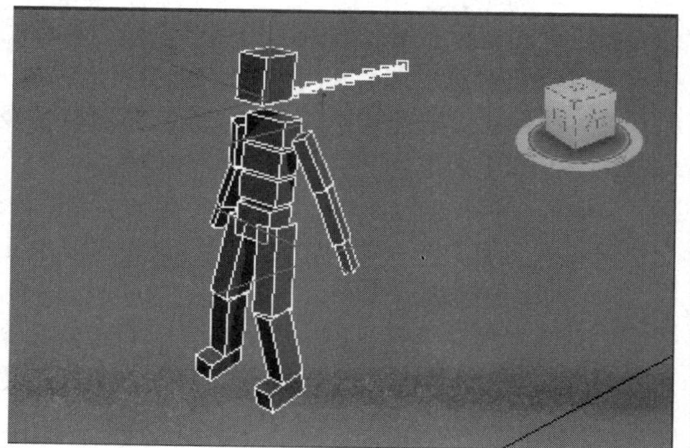

步骤5 单击“转换为”按钮，可将轨迹转换为样条线。

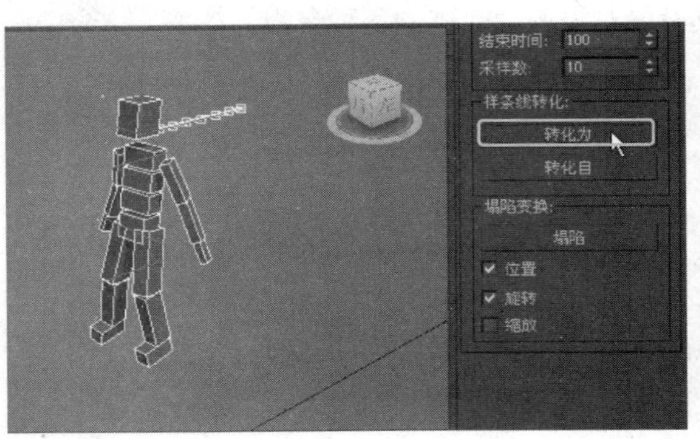

步骤6 在场景中创建一个矩形对象。

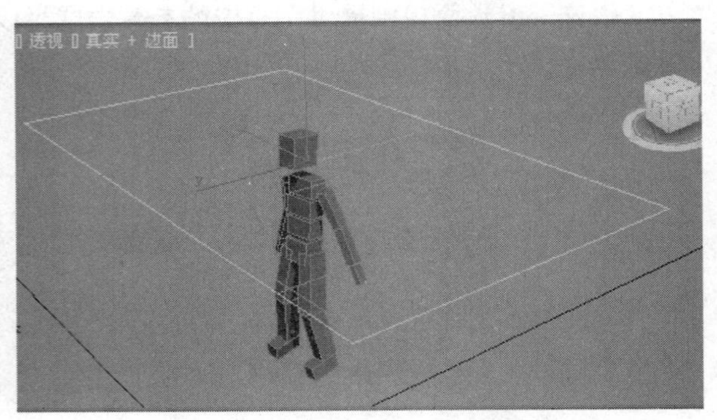

步骤7 选择小人对象，然后单击“转换自”按钮，在视口中拾取矩形。

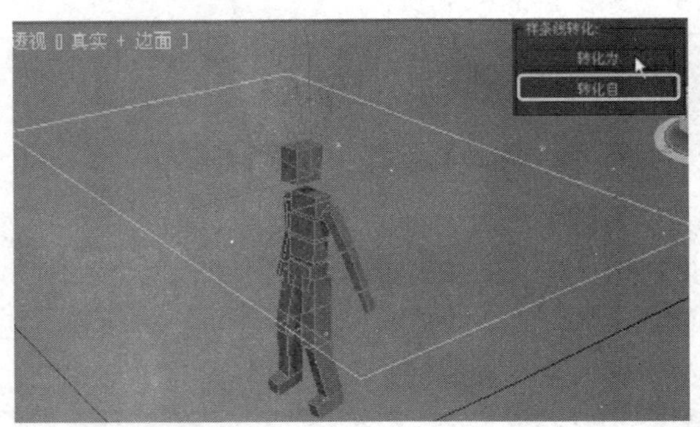

步骤8 此时，可观察到场景中的小人将以矩形为运动轨迹进行运动。

10.3.3 常用动画控制

3ds Max提供了十多种动画控制，本节将主要介绍常用的动画控制器，包括音频控制器、列表控制器、噪波控制器、波形控制器等。

1. 音频控制器

“音频控制器”几乎可以为所有参数设置动画，可以将指定的声音文件振幅或实时声波转换为可以设置动画的参数值。使用音频控制器，可以完全控制声音通道的选择、基础阈值、重复采样和参数范围。

相关选项组解读如下：

❶**音频文件**：在该选项组中，可以添加或删除声音文件，并调整振幅。

❷**实时控制**：在该选项组中，可以创建交互式动画，这些动画由捕获自外部音频源（如麦克风）的声音驱动。

❸**控制器范围**：可以输入由控制器返回的浮点的最大和最小参数值。

❹**采样**：在该选项组中，提供了含有滤除背景噪波、平滑波形以及在轨迹视图中控制显示的控件。

❺**通道**：在该选项组中，可以选择驱动控制器输出值的通道。只有选择立体声音文件时，这些选项才可用。

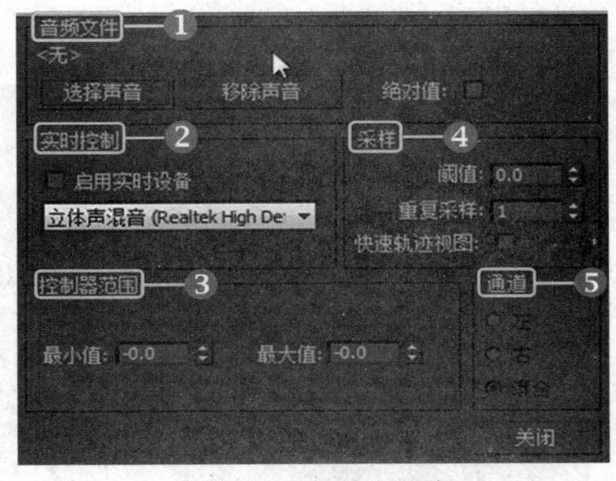

“音频控制器”相关选项组

2. 列表控制器

“列表”控制器是一个复合控制器，可以将多个控制器按从上到下的顺序计算结果，从而合成一个单独的效果。

可以对列表控制器的权重参数值设置动画来获得相当于非线性动画系统的效果。每个列表控制器轨迹都可以设置帧与帧之间不同的值。

相关参数解读如下：

❶**层**：在列表中，可以通过控制器应用的先后顺序来排列应用的控制器。

❷**权重**：在列表中，可以通过权重值的大小来排列应用的控制器。

❸**平均权重**：勾选该复选框，列表中的所有控制器的权重值被平均化。

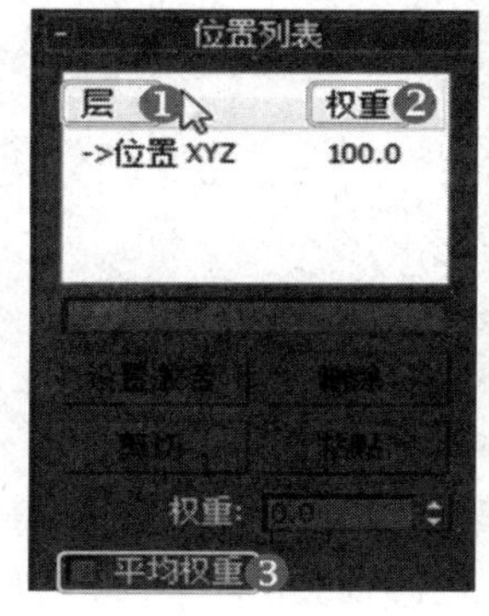

“列表控制器”相关参数卷展栏

3. 噪波控制器

“噪波”控制器会在一系列帧上产生随机的、基于分形的动画。噪波控制器可设置参数，作用于一系列帧上，但不使用关键帧。

相关参数解读如下：

❶**种子**：开始噪波计算，改变种子来创建一个新的曲线。

❷**强度**：设置噪波输出值的范围。

❸**频率**：控制噪波曲线的波峰和波谷。

❹**分形噪波**：勾选该复选框，使用分形布朗运动生成噪波。

❺**粗糙度**：改变噪波曲线的粗糙度。

❻**渐入/渐出**：设置噪波用于构建为全部强度或下落至0时的时间量。

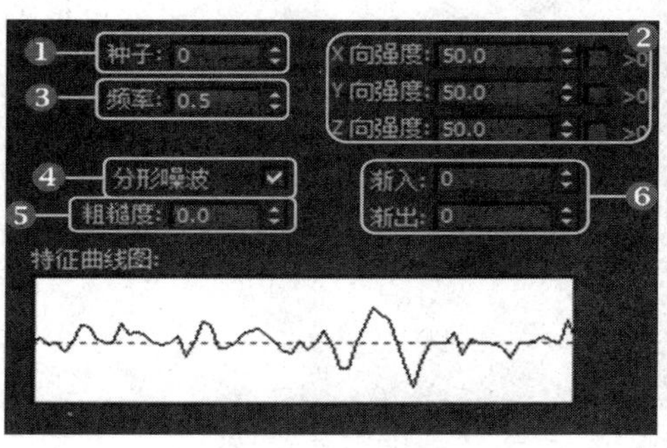

“噪波控制器”相关参数卷展栏

提示：频率有用的范围是0.01～1.0，较大的值会创建锯齿状的重震荡的噪波曲线，而较小的值会创建柔和的噪波曲线。

4. 波形控制器

“波形”控制器是浮动的控制器，提供规则和周期波形，适合用于控制闪烁的灯光等效果。

相关元素解读如下：

❶**列表窗口**：在列表中显示波形。

❷**特征曲线图**：在特征曲线图中，可显示不同的波形。

❸**周期**：设置完成一个波形图案需要的帧数。

❹**负载周期**：波形处于启用状态时指定时间的百分比。

❺**振幅**：设置波的高度。

❻**相位**：设置波的偏移。

❼**效果**：在该选项组中，可以为不同的波形选择不同的应用效果。

❽**垂直偏移**：在该选项组中，可以更改波形的输出值。

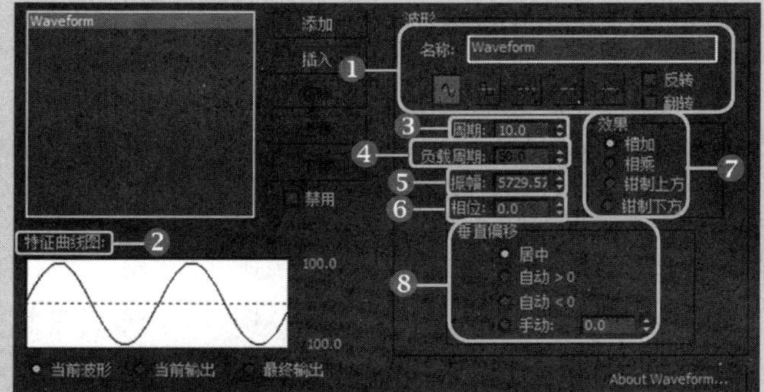

“波形控制器”相关参数卷展栏

提示：3ds Max提供了五个波形类型，包括正弦、方波、三角波、锯齿波和半正弦波。

10.3.4　实战：音频控制器的应用

光盘路径：第10章\10.3\音频控制器的应用（原始文件）.max

步骤1　打开本书配套的范例文件“音频控制器的应用（原始文件）.max”。	**步骤2**　添加音频浮点动画控制器后，会打开相应的参数对话框。

步骤3 进入"运动"命令面板，添加"音频浮点"动画控制器。

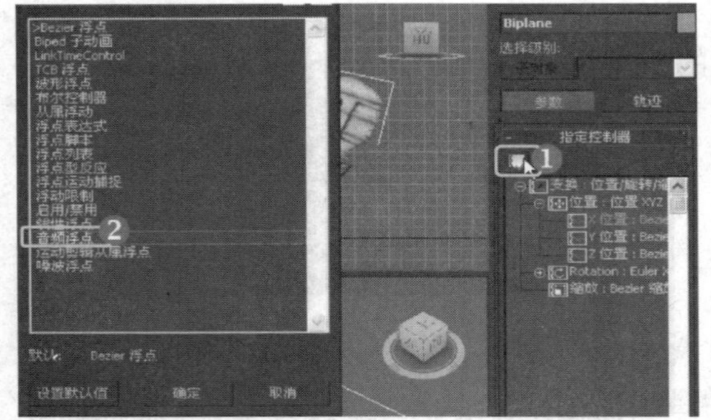

步骤4 添加音频浮点动画控制器后，会打开相应的参数对话框。

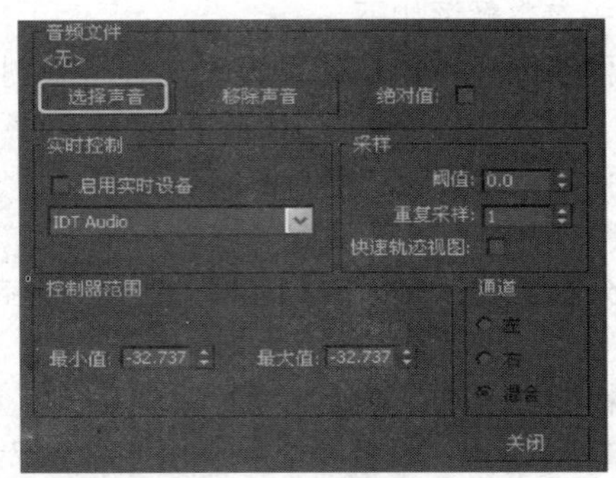

步骤5 单击"选择声音"按钮，在开启的对话框中任意选择一个声音文件。

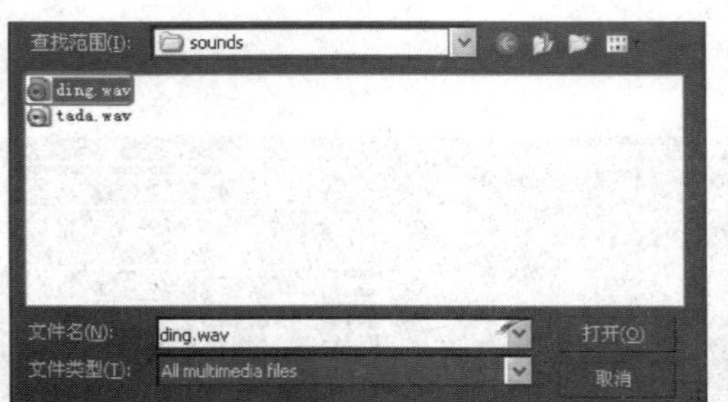

步骤6 完成声音文件的选择后，在"音频控制器"对话框中设置相关参数。

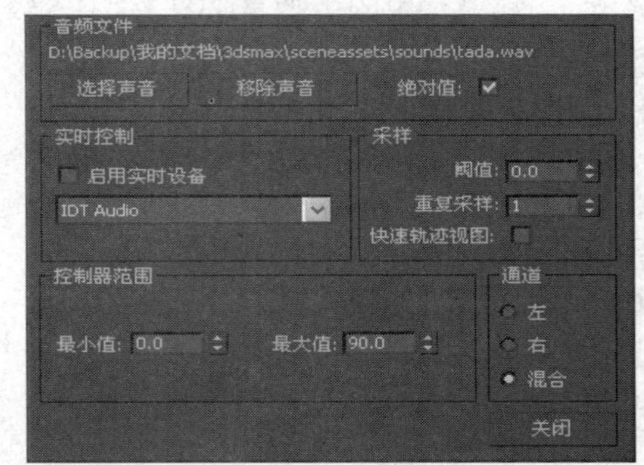

步骤7 在"运动"命令面板中，可观察到由于应用了音频浮点动画控制器，运动轨迹产生了如声波状的变化。

提示： 如果启用实时设备，需要设置声音是否捕获外部音频源。如果系统上没有安装声音捕获设备，那么该选项处于非活动状态。

提示： 默认情况下，列出的每个控制器的权重参数值为100，可以增加或减小此设置来改变控制器对对象的影响效果。

10.3.5 实战：列表控制器的应用

光盘路径：第10章\10.3\列表控制器的应用（原始文件）.max

步骤1 打开本书配套的范例文件“列表控制器的应用（原始文件）.max”。

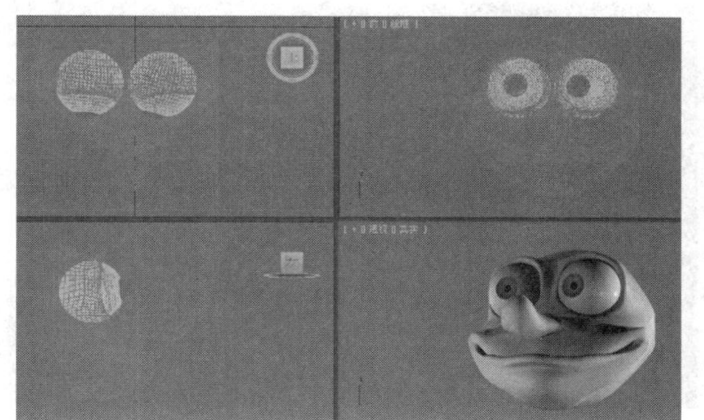

步骤2 选择一只眼球，在“运动”命令面板中添加“浮点列表”动画控制器。

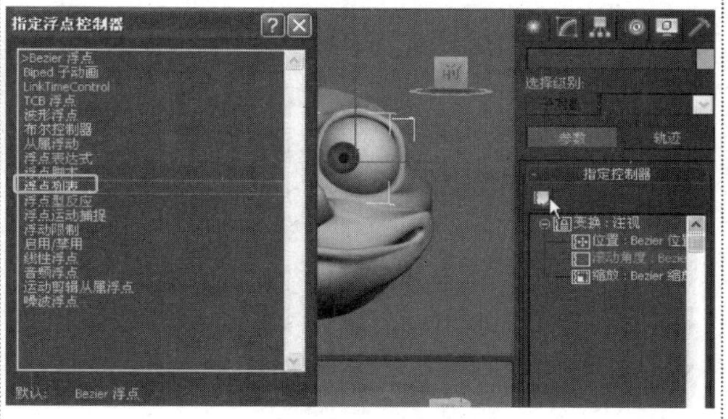

步骤3 在列表动画控制器的层级中，选择“可用”，然后再添加“噪波浮点”动画控制器。

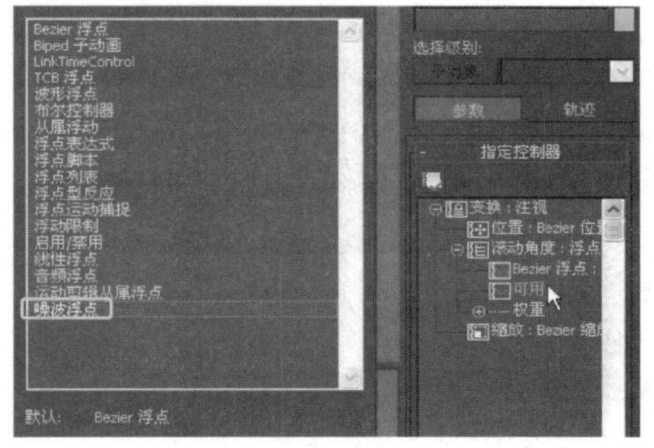

步骤4 在视口中播放动画，可观察到眼球在应用了动画控制器后，会产生非匀速的旋转。

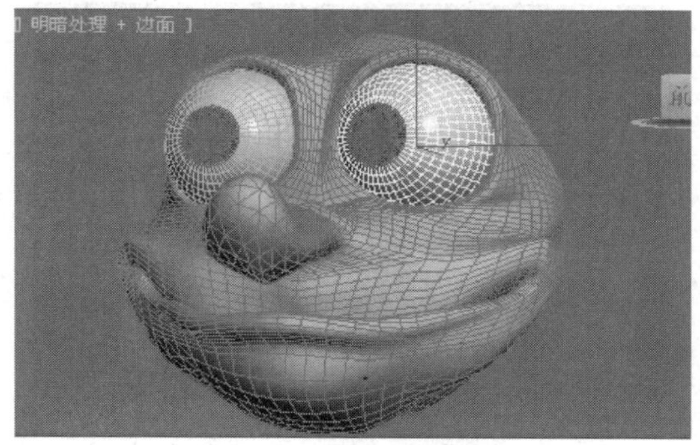

步骤5 双击“滚动角度”，可开启“列表控制器”的参数对话框，在对话框中设置“噪波浮点”的“权重”值为10。

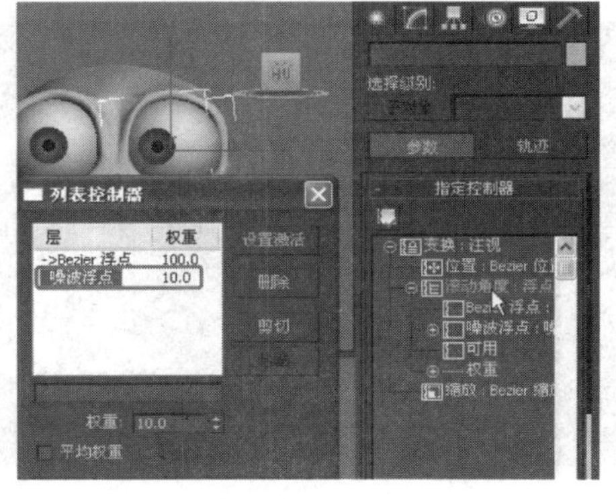

步骤6 再次播放动画，可观察到眼球的旋转速度明显变慢。

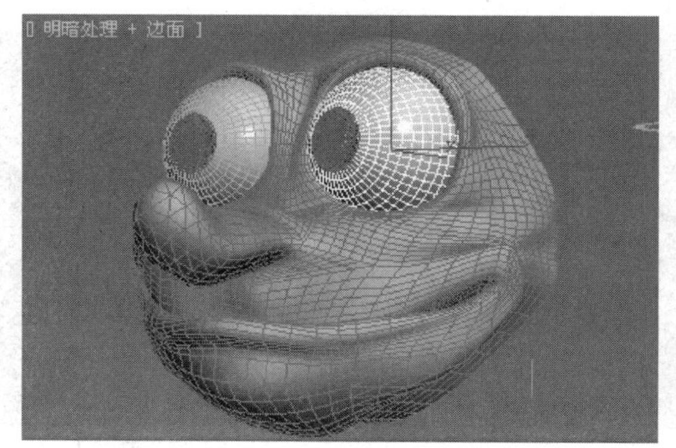

提示： 当指定了使用“动画”菜单的控制器时，默认设置将自动指定一个列表控制器，列表中的第一项会放置选择的控制器。

提示： 当对一个参数指定列表控制器时，当前控制器在列表控制器中向下移动一级。

10.3.6 实战：噪波动画控制器的应用

光盘路径：第10章\10.3\噪波动画控制器的应用（最终文件）

步骤1 在场景中创建6个大小相同的长方体对象。

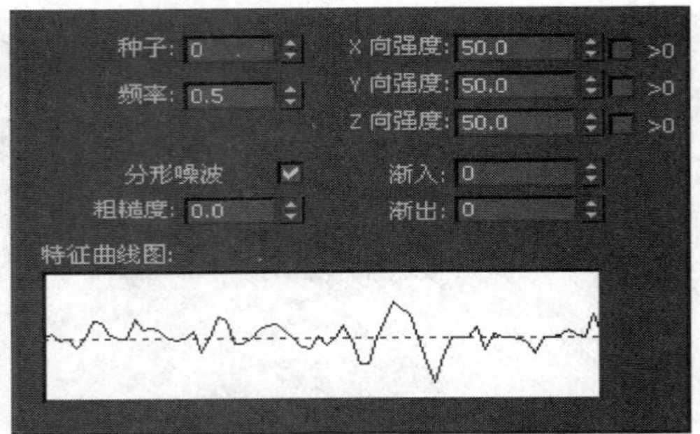

步骤2 选择一个长方体，在“运动”命令面板中，选择“缩放”选项，指定“噪波缩放”控制器。

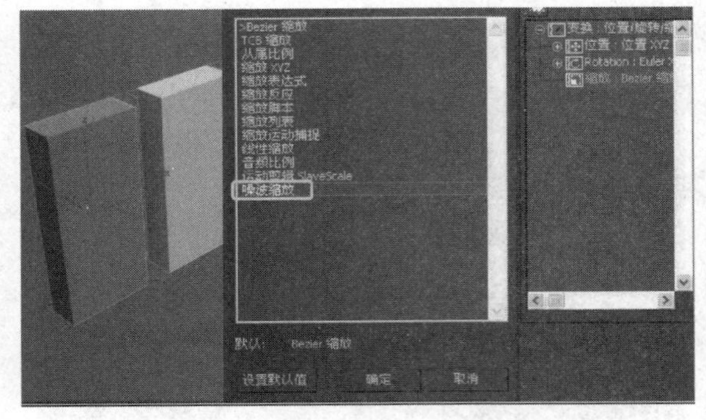

步骤3 添加“噪波缩放”控制器后，会自动弹出相应的对话框。

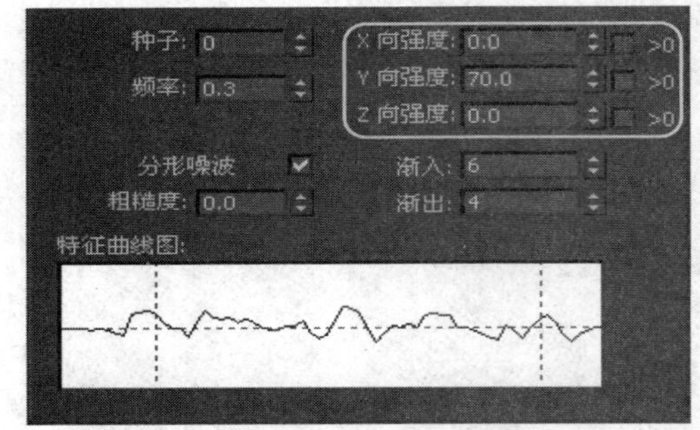

步骤4 在“噪波控制器”对话框中，设置强度等参数。

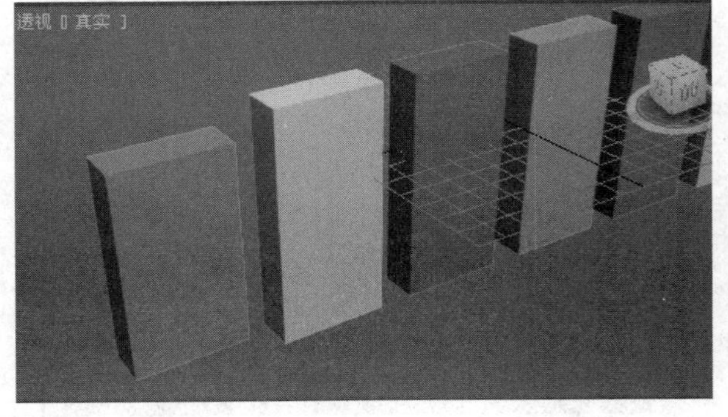

步骤5 在视口中播放动画，可观察到长方体只有在Y轴方向跟随时间的变化并依据噪波波形产生缩放变化。

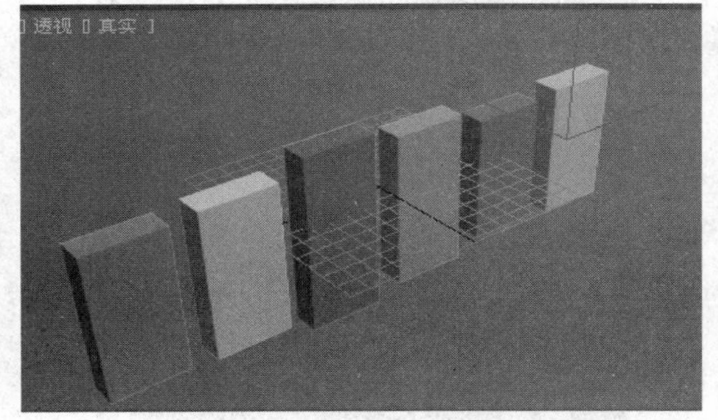

步骤6 为其他长方体都添加“噪波”控制器，并设置不同的“种子”参数值，使它们产生不一样的缩放值。预览动画，可观察到长方体的缩放动画类似音乐的节奏。

提示： 使用噪波作为复合列表控制器的一部分来对其他控制器结果应用噪波变化。

提示： 需要为某个参数值设置完整的随机增减动画时，只需使用噪波即可。例如，在想要使对象上下摇动时使用噪波旋转控制器。

10.3.7　实战：使用波形控制器

光盘路径：第10章\10.3\使用波形控制器（原始文件）.max

步骤1　渲染场景，可观察到场景中的默认灯光照明效果。

步骤2　根据路灯的位置，在场景中创建一盏目标聚光灯，并适当调整其位置。

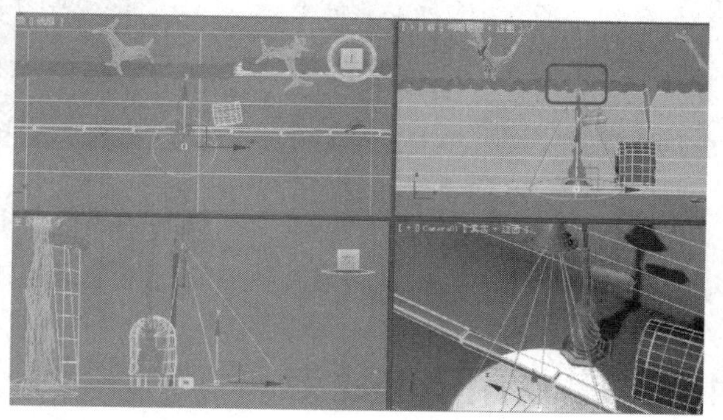

步骤3　渲染场景，可观察到聚光灯产生的照明效果。

步骤4　选择目标聚光灯的目标点，在"运动"命令面板中选择"X位置"，并添加"波形浮点"控制器。

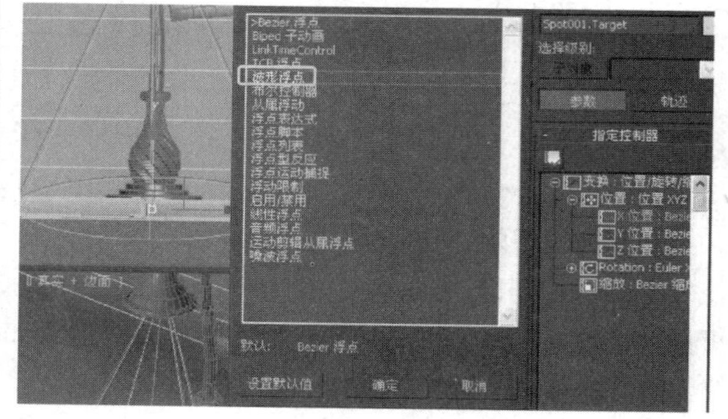

步骤5　添加"波形浮点"控制器后，将弹出相应的参数设置面板。

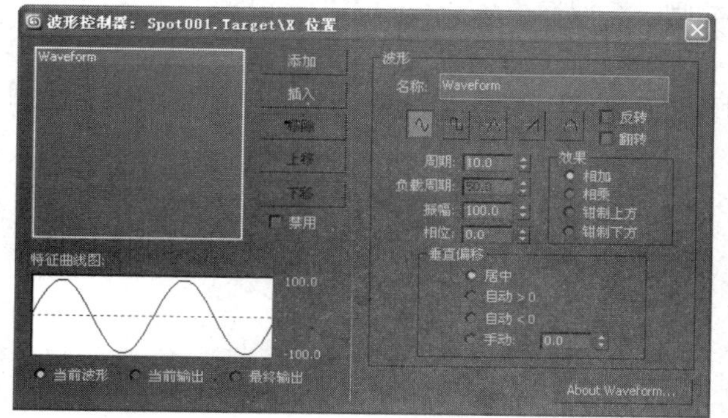

步骤6　保持控制器的参数不变，移动时间滑块调整当前时间，然后进行渲染。可观察到目标聚光灯的照明方向在X轴上产生了偏移。

步骤7　在"波形控制器"对话框中，进行参数设置。

步骤8　将时间滑块移动至较前帧，然后渲染场景。可观察到聚光灯照明方向在路灯左侧。

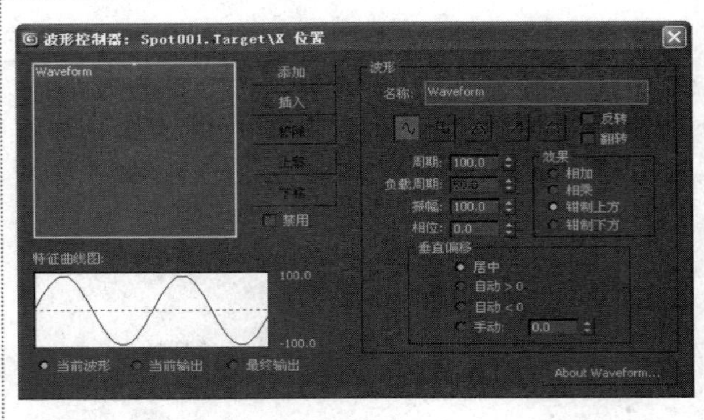

提示： 显示用实心的黑线表示控制器波形的输出图形，其中0直线是灰色续弦。

提示： 对有指定波形控制器的轨迹，启用轨迹视图的曲线编辑器显示，也可看到最终输出。

10.3.8 常用动画约束

动画约束与动画控制器类似，用于帮助动画过程自化，可以与其他对象建立绑定关系，以此来控制对象的各种变换。3ds Max共提供了7种约束类型，这些约束类型的使用方法和控制器的使用方法基本相同。

1. 附着约束

“附着约束”将一个对象的位置附着到另一个对象的表面上，通过随着时间设置不同的附着关键点，可以在另一对象的不规则曲面上设置对象位置的动画。

提示： 要完成约束，需要一个受约束对象和至少一个目标对象，目标对象对受约束的对象施加了特定的限制。

2. 曲面约束

“曲面约束”可以在选定对象的表面定位目标对象，但作为曲面的对象类型应用有限，只有球体、圆锥体、圆柱体、圆环、四边形面片、放样对象和NURBS对象才能应用该约束。

3. 路径约束

“路径约束”可以将一个对象沿着指定的样条线或多个样条线之间的平均距离间进行移动约束。

4. 位置约束

“位置约束”可以使对象跟随一个对象的位置或多个对象的位置的权重平均位置进行移动约束。

5. 链接约束

“链接约束”通常用于创建对象之间彼此链接的动画，类似对象层次动画，但没有层次关系。

6. 注视约束

“注视约束”可以使对象的方向一直注视目标对象，同时会锁定对象的旋转度，使对象的一个轴朝向目标对象。该约束通常用于制作眼睛的注视动画。

7. 方向约束

“方向约束”可以使指定对象的方向与另一个对象的方向或多个对象的平均方向保持一致。该约束通常用于约束对象的旋转变换。

10.3.9 实战：附着点约束的应用

光盘路径： 第10章\10.3\附着点约束的应用（原始文件）.max

步骤1 打开本书配套的范例文件“附着点约束的应用（原始文件）.max”。

步骤2 选择小船，执行“动画 | 约束 | 附着约束”命令。

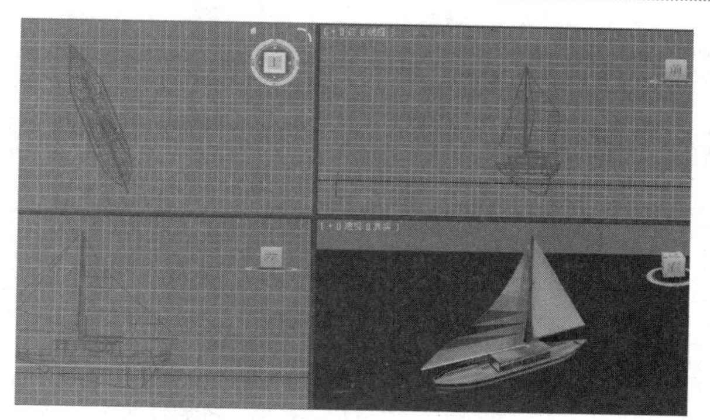

步骤3　执行命令后，对象与光标之间将出现一条虚线，用于引导选择约束的目标对象。

步骤4　将平面作为目标对象进行拾取，可观察到小船被定位到平面的端点处。

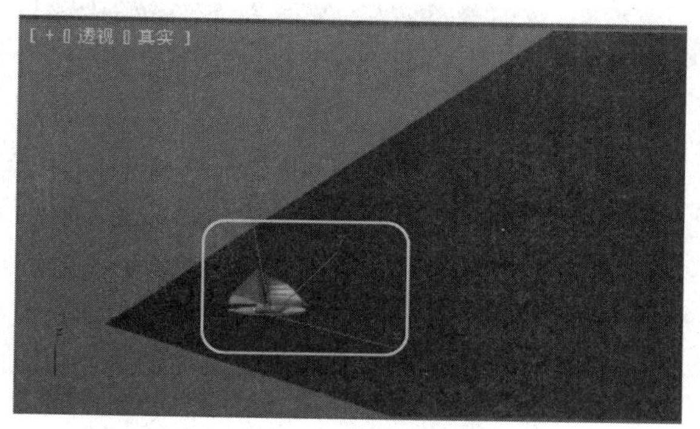

步骤5　在运动命令面板中，选择附着参数，在参数面板中单击“设置位置”按钮，然后在平面表面任意处单击鼠标，小船将被定位到该处。

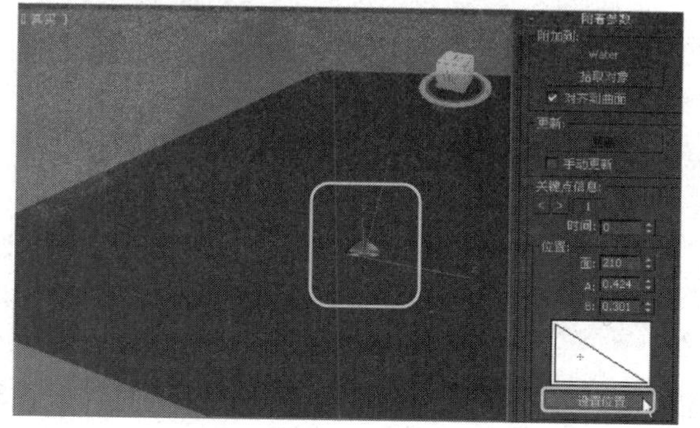

步骤6　设置“设置位置”选项组中的参数，可观察小船位置再进行精确调整。

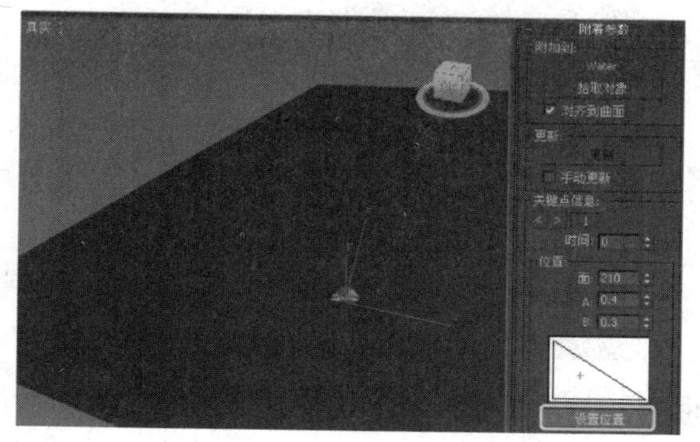

提示： 可以使用图解视图来查看场景中的所有约束关系。

提示： 只要IK控制器不控制骨骼，约束就可以应用于骨骼。如果骨骼拥有指定的IK控制器，则只能约束层次或链的根。

提示： A点位置和B点位置含有附着对象上指定面的重心坐标。取值范围为-999999至999999。

10.3.10　实战：曲面约束的应用

光盘路径： 第10章\10.3\曲面约束的应用（原始文件）.max

步骤1　打开本书配套的范例文件“曲面约束的应用（原始文件）.max”。

步骤2　在场景中创建一个圆柱体对象。

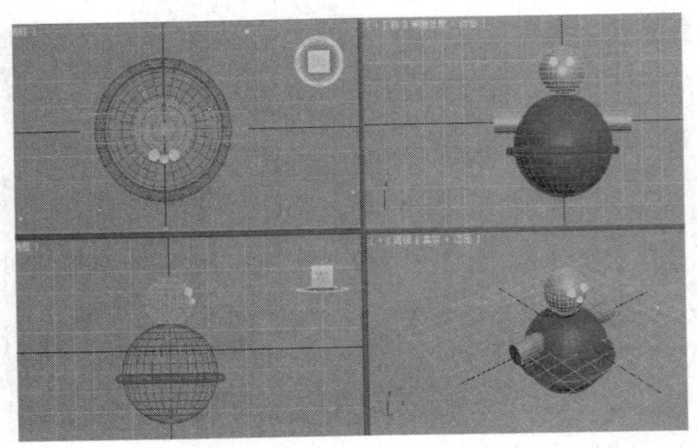

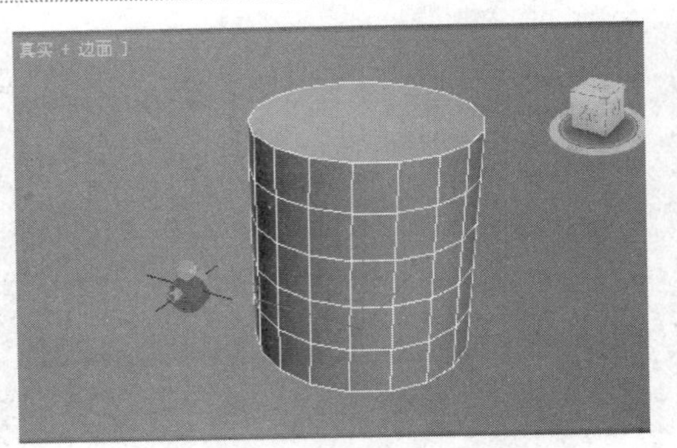

步骤3 选择小人，执行“动画 | 约束 | 曲面约束”命令。

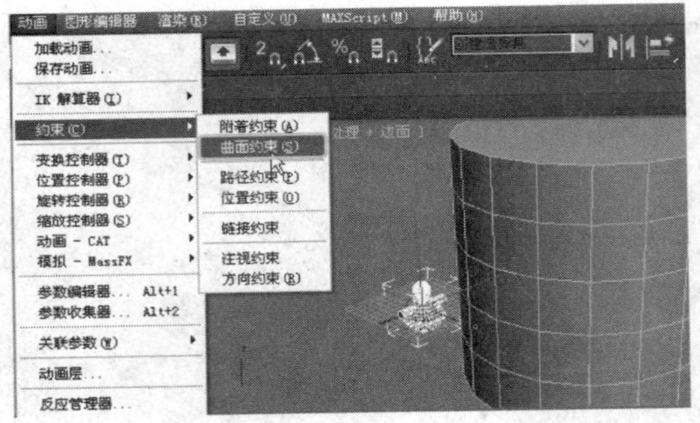

步骤4 拾取圆柱体作为曲面约束的目标对象。

步骤5 拾取圆柱体后，小人附着到了圆柱体的曲面上。

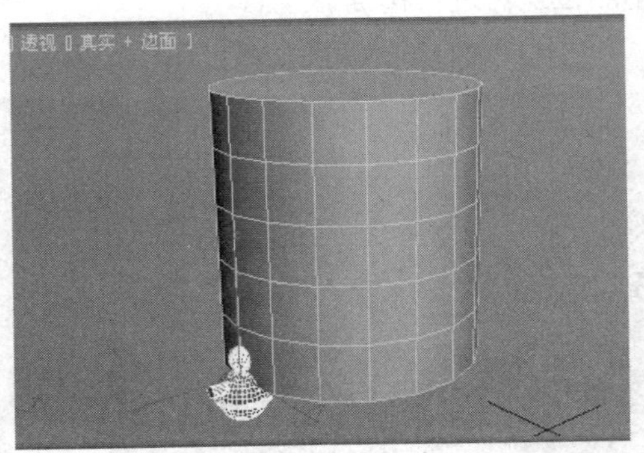

步骤6 在曲面约束参数面板中，选择“对齐到V”选项。

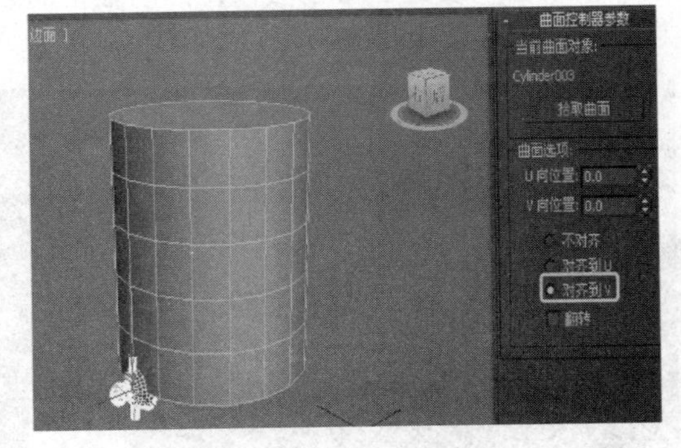

步骤7 使用自动记录关键帧的方法，在100帧处，设置“U向位置”和“V向位置”的参数值均为100。

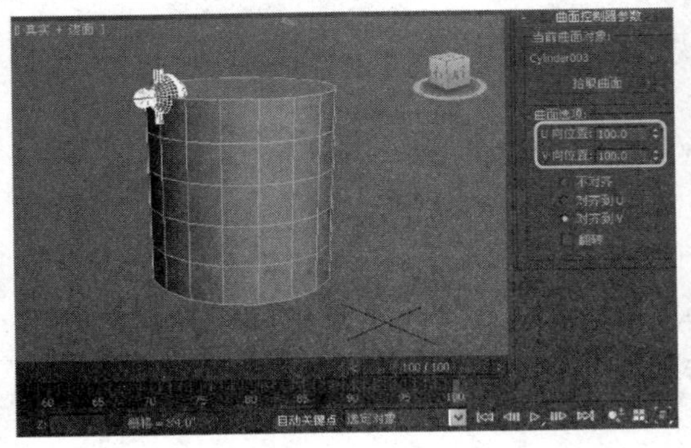

步骤8 播放动画，可观察到小人在圆柱体表面环绕向上运动。

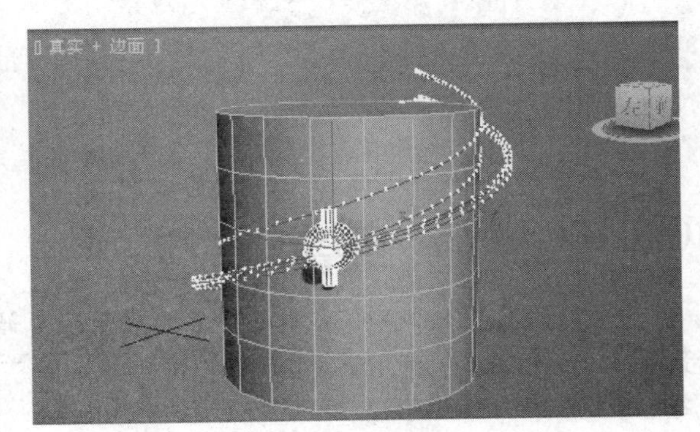

提示： 网络表面使用的表面是“虚拟”参数表面，而不是实际网格表面。只有少数几段的对象，它的网格表面可能会与参数表面截然不同。

提示： 参数表面会忽略切片和半球选项。

提示： 曲面约束只对参数表面起作用，如果应用修改器，把对象转化为网格，那么约束将不再起作用。

10.3.11　实战：路径约束的简单应用

光盘路径： 第10章\10.3\路径约束的简单应用（原始文件）.max

步骤1　打开本书配套的范例文件“路径约束的简单应用（原始文件）.max”。

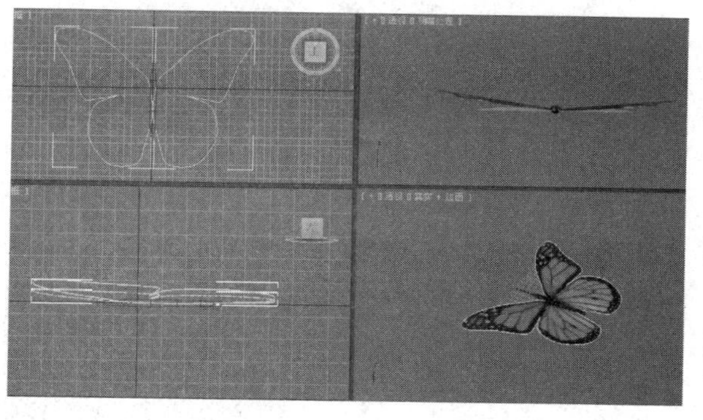

步骤2　在场景中创建一个矩形图形，作为“路径约束”将使用的路径。

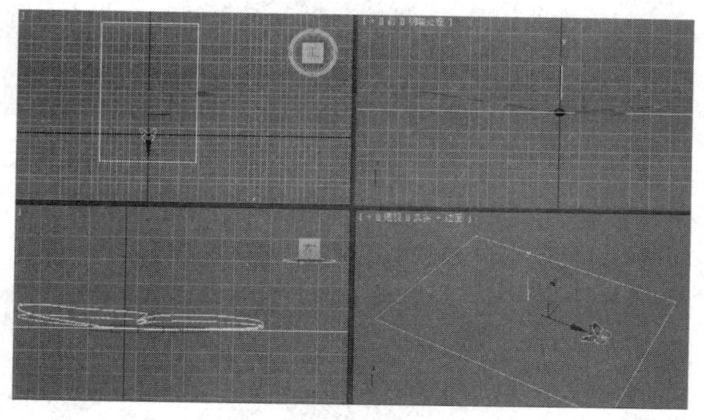

步骤3　执行“动画 | 约束 | 路径约束”菜单命令，将矩形作为路径进行约束。

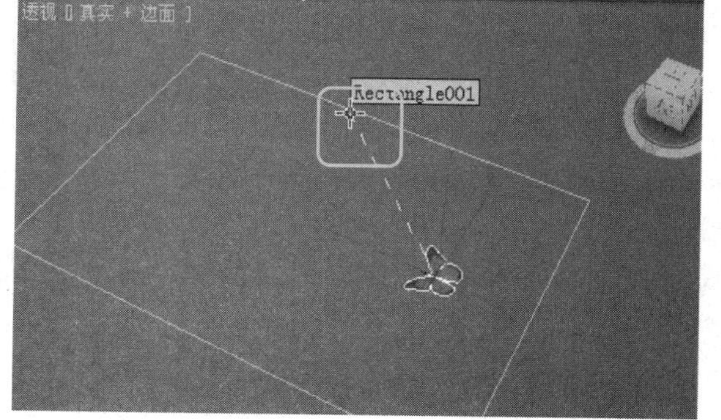

步骤4　拾取矩形后，蝴蝶的位置将被约束到矩形上，并自动创建关键帧动画。

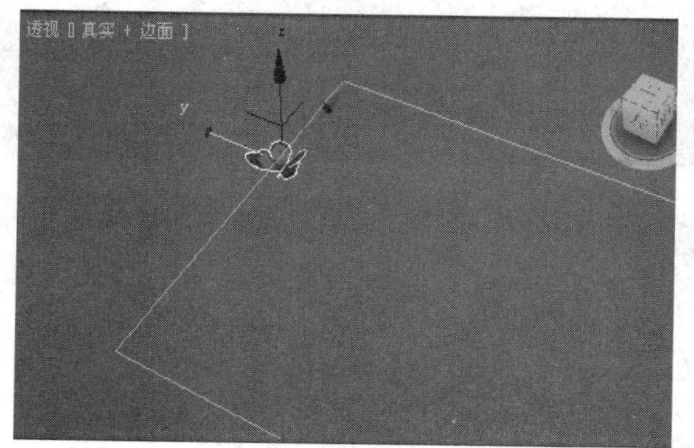

步骤5　在“路径约束”的参数面板中，设置参数，使蝴蝶具有正确的运动朝向。

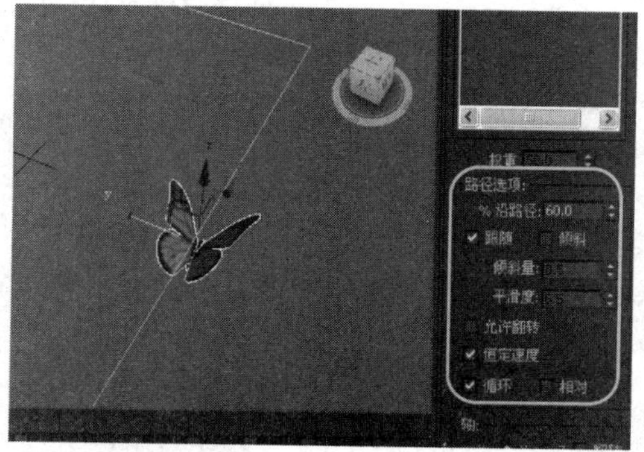

提示： 路径约束的目标可以使用任意的变换、旋转、缩放工具并设置为动画。

10.3.12 实战：位置约束的应用

光盘路径：第10章\10.3\位置约束的应用（原始文件）.max

步骤1 打开本书配套的范例文件“位置约束的应用（原始文件）.max”。

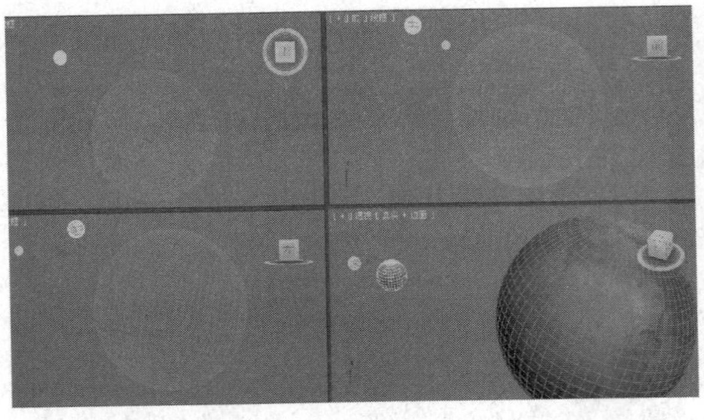

步骤2 选择最小的球体对象，执行“动画 | 约束 | 位置约束”命令，然后拾取较小的球体对象。

步骤3 在运动命令面板中，单击“添加位置目标”按钮，然后在视口中拾取较大的球体。

步骤4 设置“权重”参数值为10，较小球体的最小值受较大球体的影响将降低，对象位置将靠向较小的球体。

提示： 几个目标对象都可以影响受约束的对象。当使用多个目标时，每个目标都有一个权重值，该值定义它相对于其他目标影响受约束对象的程度。

10.3.13 实战：链接约束的应用

光盘路径：第10章\10.3\链接约束的应用（原始文件）.max

步骤1 打开本书配套的范例文件“链接约束的应用（原始文件）.max”。

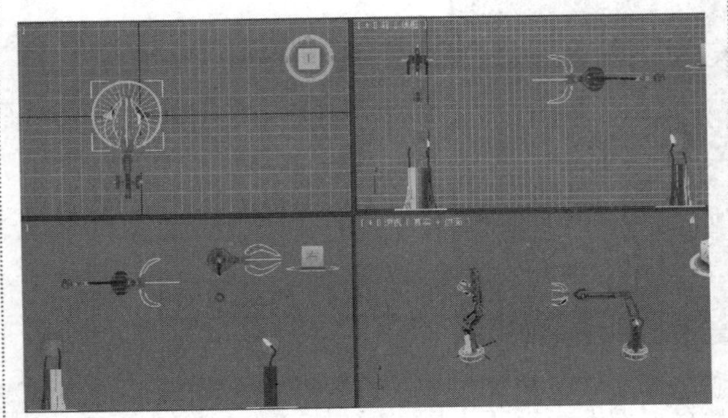

步骤2 移动时间滑块到第34帧，在场景中创建一个球体，然后在运动命令面板中，为球体添加“链接约束”。

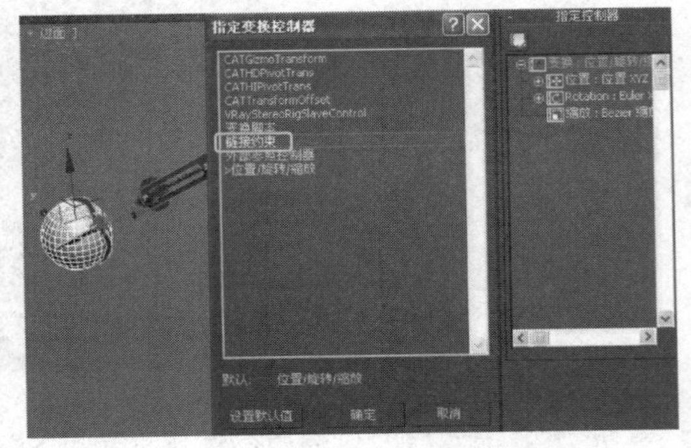

步骤3　移动时间滑块到第0帧，单击“链接到世界”按钮，球体第0帧开始将跟随世界坐标的变换而变换。

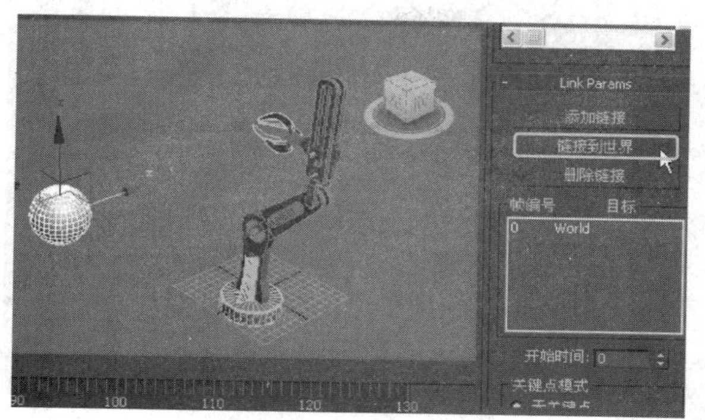

步骤4　移动时间滑块到第34帧，单击“添加链接”按钮，在视口中拾取机械手臂的抓取器。

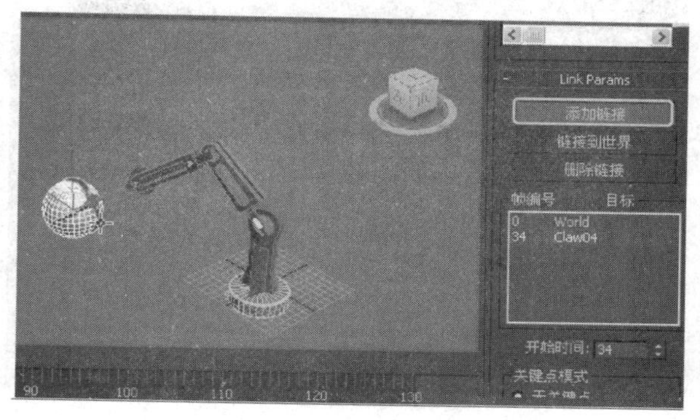

步骤5　移动时间滑块到第60帧，使用同样的方法拾取另一个机械手臂的抓取器。

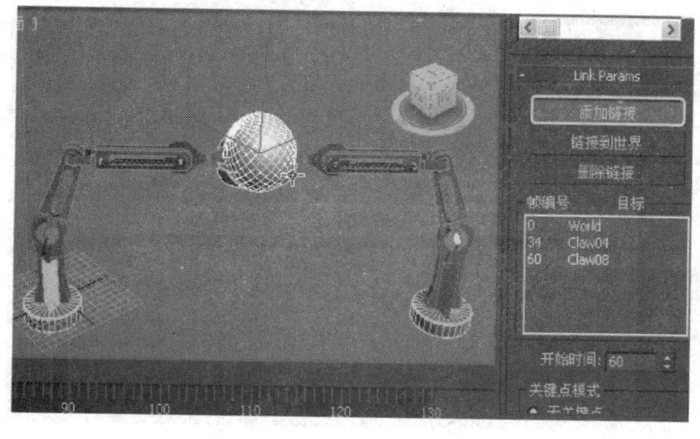

步骤6　在视口中预览动画，可观察利用“链接约束”完成的小球的传送动画。

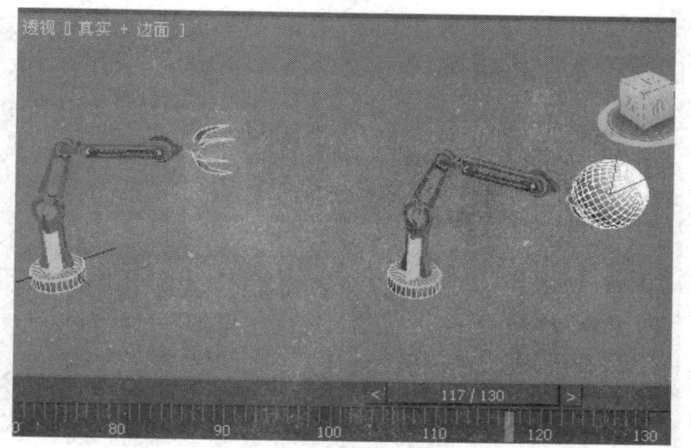

提示： 链接约束可以使受约束对象继承目标对象的位置、旋转度以及比例。

提示： 只有所约束的对象已经成为层次中的一部分，关键点节点和关键点整个层次才会起作用。

10.3.14　实战：注视约束的应用

光盘路径： 第10章\10.3\注视约束的应用（原始文件）.max

步骤1　在场景中选择一只眼球，执行“动画 | 约束 | 注视约束”命令，然后拾取苹果物体为目标对象。

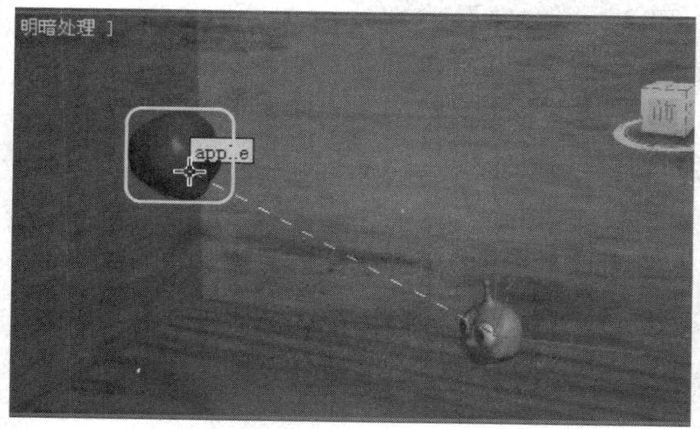

步骤2　拾取苹果物体后，眼球的方向和位置都产生了一定的变化。

步骤3 在“注视约束”的参数面板中，勾选“保持初始偏移”复选框。

步骤4 在“注视约束”的其他参数选项组中，进行对齐的参数设置。

步骤5 在“注视约束”的其他参数选项组中，进行对齐的参数设置。

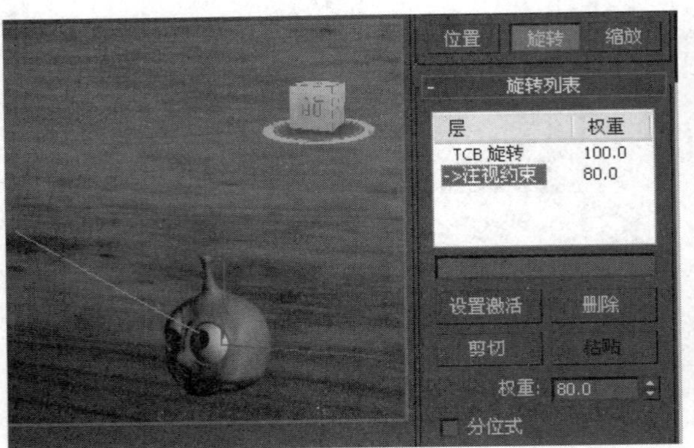

步骤6 使用相同的方法并设置参数，为另一个眼球也应用“注视约束”。

步骤7 播放动画，可观察到眼睛一直注视着苹果，随着苹果的运动而转动。

提示： 在通过动画菜单指定注视约束时，3ds Max会将一个旋转列表控制器指定到对象上。

提示： 当眼球无法准确定向注视时，可以降低“注视约束”的“权重”值或单击“设置方向”按钮后使用旋转工具把眼球旋转，使眼球注视更加准确。

提示： 如果启用绝对视线长度，每个针对目标对象的线的长度取决于其目标对象的权重设置和视线长度值。如果禁用绝对视线长度，每条线的长度取决于约束对象与每个独立目标对象间的距离和视线长度的值。

10.3.15　实战：使用方向约束

光盘路径：第10章\10.3\使用方向约束（原始文件）.max

步骤1　打开本书配套的范例文件“使用方向约束（原始文件）.max”。

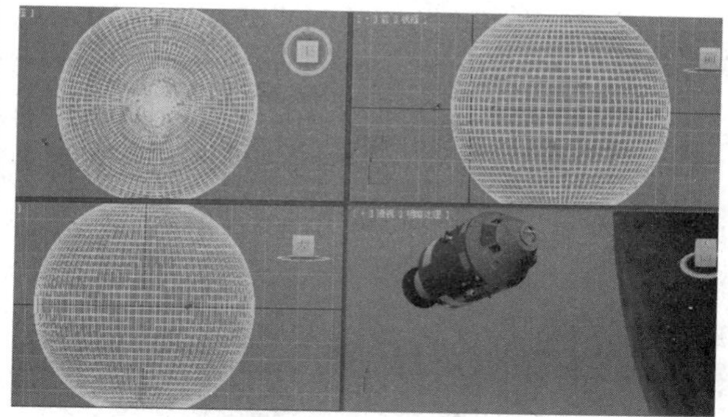

步骤2　执行“动画 | 约束 | 方向约束”命令，并拾取地球作为目标对象。

步骤3　拾取地球后，可观察到飞行器的方向已经发生了改变。

步骤4　在场景中旋转地球，可观察到飞行器也产生相应的旋转。

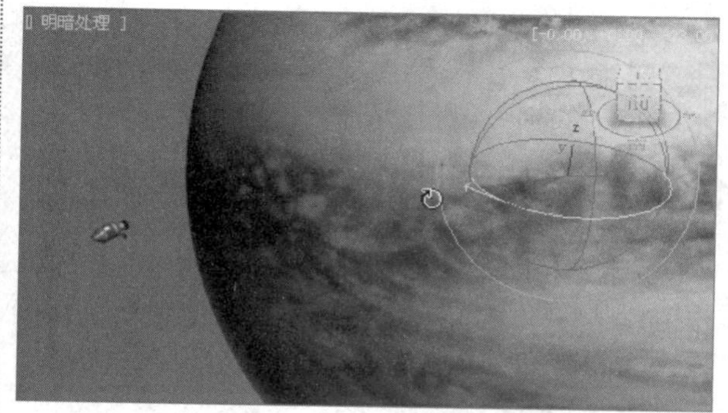

步骤5　选择飞行器，在运动命令面板中，勾选“保持初始偏移”复选框。

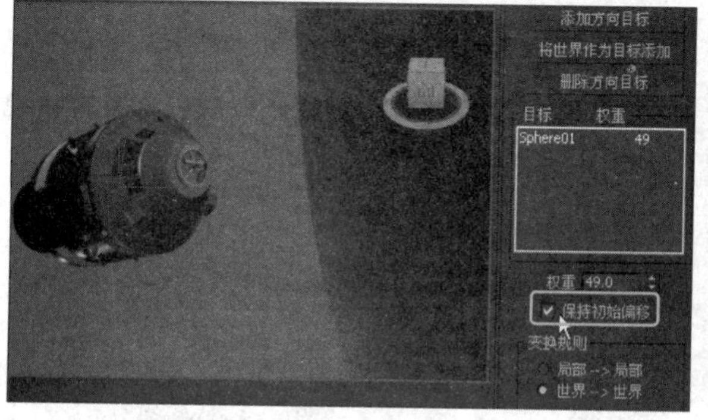

步骤6　启用“保持初始偏移”参数后，可观察到飞行器保持原有的朝向，当地球旋转时，才会产生新的方向，观察保持初始偏移的渲染效果。

提示： 目标对象可以是任意类型的对象。目标对象的旋转会驱动受约束的对象。可以使用任何平移、旋转和缩放工具来设置目标的动画。

10.4 轨迹视图

在“轨迹视图”中可以查看场景中所有对象创建的关键帧，并允许操作编辑，同时也可以为对象的各种属性添加动画控制器，以便插补或控制场景中对象的所有关键帧和参数。

10.4.1 认识轨迹视图

“轨迹视图”面板可显示在标准视图中看到的几何体运动的值和时间。“轨迹视图”包括“曲线编辑器”和“摄影表”两种模式。

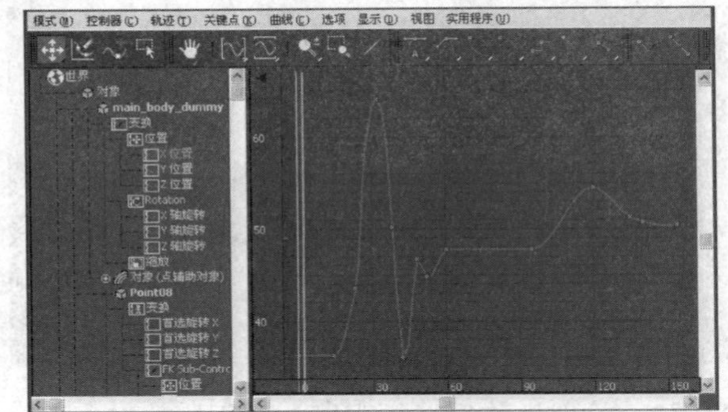

默认的曲线编辑器模式

相关元素解读如下：

（1）**菜单栏**：菜单栏显示在“轨迹视图”对话框的顶部，可以访问大多数轨迹视图中的工具命令。

（2）**工具栏**：工具栏中提供了设置关键帧和切线等工具，工具栏可以浮动、位于右侧或根据需要重新排列。

（3）**控制器窗口**：控制器窗口位于对话框左侧，能显示对象名称和控制器轨迹，还能确定哪些曲线和轨迹可以用来进行显示和编辑。

（4）**关键帧窗口**：关键帧窗口位于对话框右侧。

提示：轨迹视图中的一些功能，如移动和删除关键点，也可以在时间滑块附近的轨迹栏上实现，还可以展开轨迹栏来显示曲线。

10.4.2 实战：操作轨迹视图

光盘路径：第10章\10.4\操作轨迹视图\操作轨迹视图（原始文件）.max

步骤1 打开本书配套的范例文件“操作轨迹视图\操作轨迹视图（原始文件）.max”。

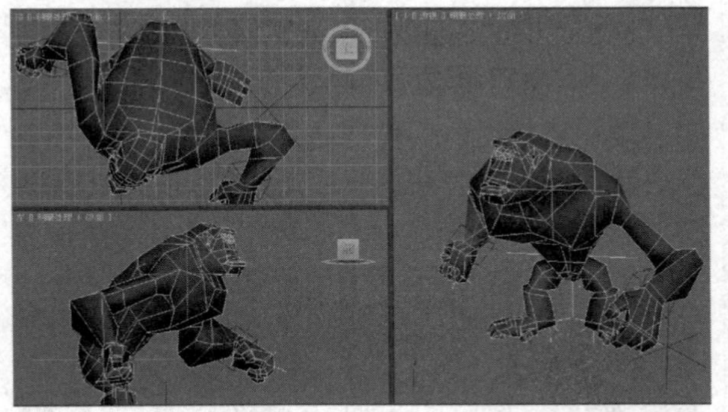

步骤2 在场景中选择所有的对象，然后在主工具栏中单击“曲线编辑器”按钮，可开启“轨迹视图”对话框。

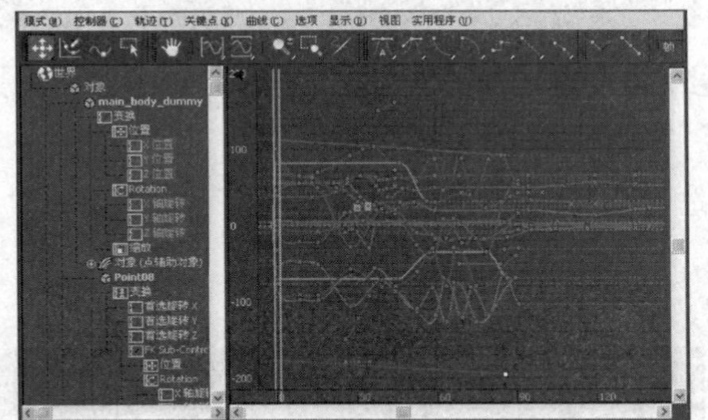

步骤3 在“轨迹视图”对话框中，可以使用鼠标拖曳工具栏。

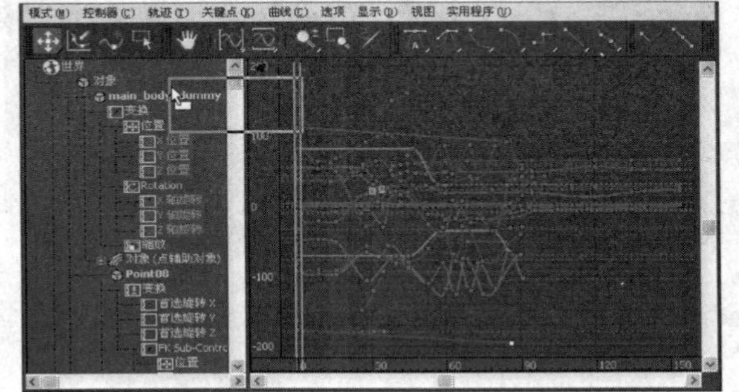

步骤4 释放鼠标后，可观察到被拖曳的工具栏变为浮动工具栏面板。

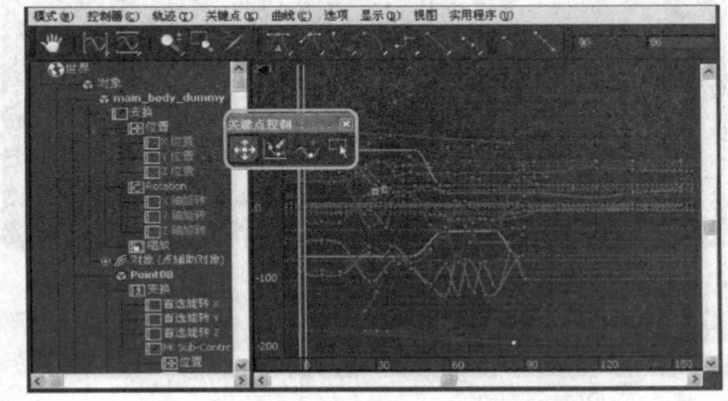

步骤5　在左侧的控制器窗口中，选择任意一项参数，右侧的关键帧窗口中将出现相应的关键帧曲线示意图。

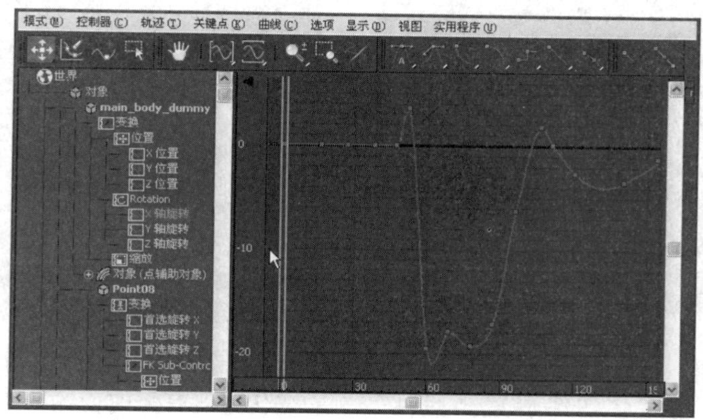

提示： 轨迹视图可以执行多种场景管理和动画控制任务，如编辑时间点、向场景中加入声音等。

10.4.3　曲线编辑器

“曲线编辑器”作为“轨迹视图”面板的默认模式，用图表的功能曲线来表示运动，同时查看运动的插值、关键帧之间创建的对象变换。在曲线上找到关键帧的切线控制柄，可以轻松查看和控制场景中各个对象的运动和动画效果。

1. 使用曲线编辑器的工具

在“曲线编辑器”模式下，使用工具栏中的工具除了可以添加、删除关键点外，还可以更改曲线的切线模式。

2. 在曲线编辑器中添加动画控制器

在曲线编辑器中，如果要设置超过动画范围的循环动画，可通过添加参数曲线超范围类型以及通过加强控制增大或减少曲线的参数到动画轨迹中，也可以快速在左侧的控制器窗口中添加动画控制器。

提示： 在关键点周围拖动选择矩形区域，可以选中多个关键点。

10.4.4 实战：使用切线工具

光盘路径： 第10章\10.4\使用切线工具（原始文件）.max

步骤1　打开本书配套的范例文件“使用切线工具（原始文件）.max”。

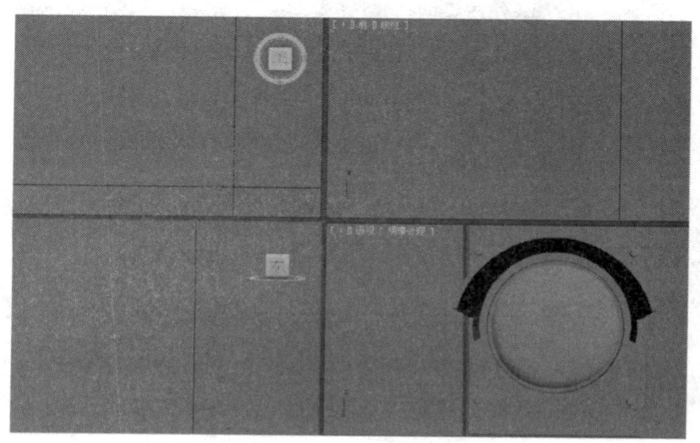

步骤2　打开“材质编辑器”窗口，将“漫反射”设置为由绿色变为红色的简单关键帧动画。

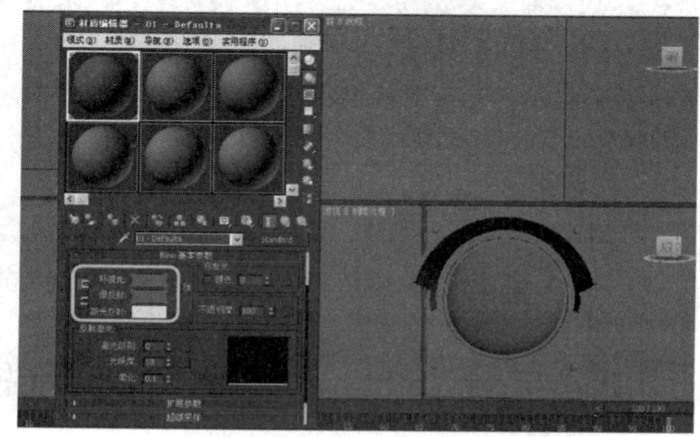

步骤3　打开“轨迹视图”面板，在左侧的控制器窗口中选择漫反射选项，右侧的关键帧窗口中将出现颜色变化的曲线。

步骤4　调整时间滑块的位置，可观察到对象由绿色到红色的渐变过程。

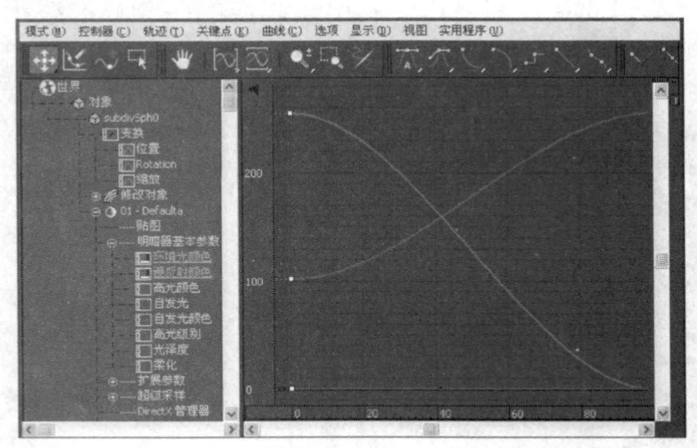

步骤5 在“轨迹视图”面板中选择漫反射的所有的关键帧，然后单击“将切线设置为线性”按钮，曲线将变为直线，颜色将匀速变化。

步骤6 移动时间滑块，可观察到对象漫反射颜色的变化速度有所改变，与之前的颜色也有所区别。

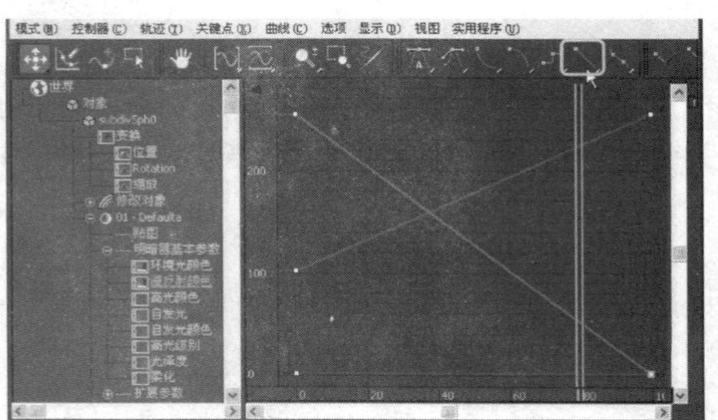

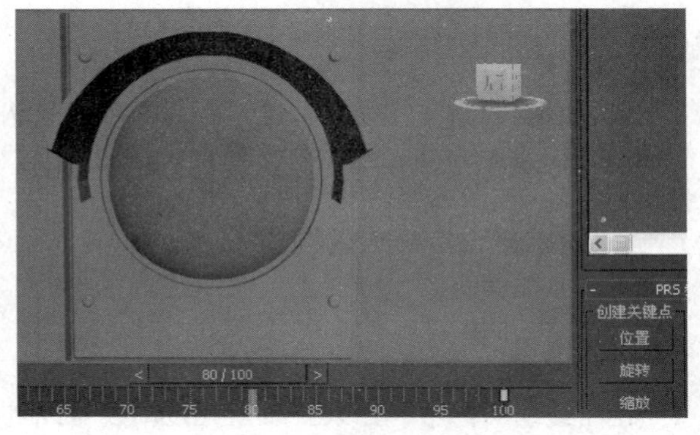

步骤7 单击“将切线设置为阶跃”按钮，颜色的曲线发生了新的变化。

步骤8 由于曲线切线为阶跃模式，对象的颜色将在第一帧到最后一帧前保持原有颜色，在最后一帧时突然变为红色。

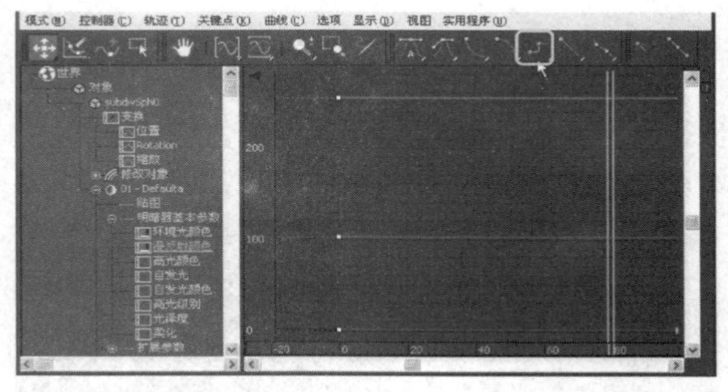

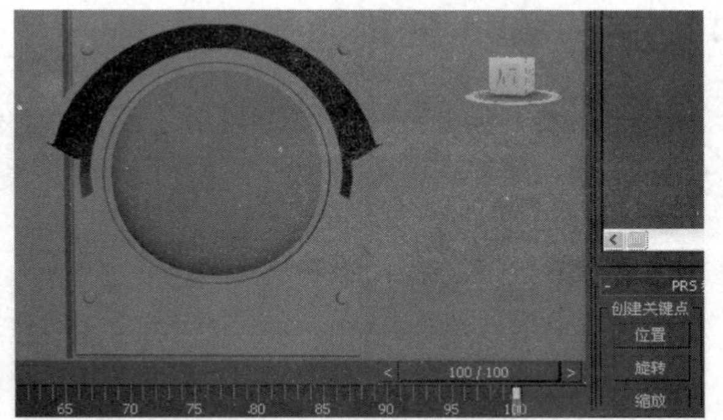

提示： 如果处于摄影表模式，那么可以通过选择时间来选中多个关键点。

提示： 关键帧窗口的组件包括时间滑块、时间标尺和缩放原点滑块。

10.4.5 实战：在曲线编辑器中应用控制器

光盘路径：第10章\10.4\曲线编辑器中应用控制器（原始文件）.max

步骤1 打开本书配套的范例文件“曲线编辑器中应用控制器（原始文件）.max”。

步骤2 选择一个小球，打开曲线编辑器，在编辑器面板左侧的控制器窗口中选择参数。

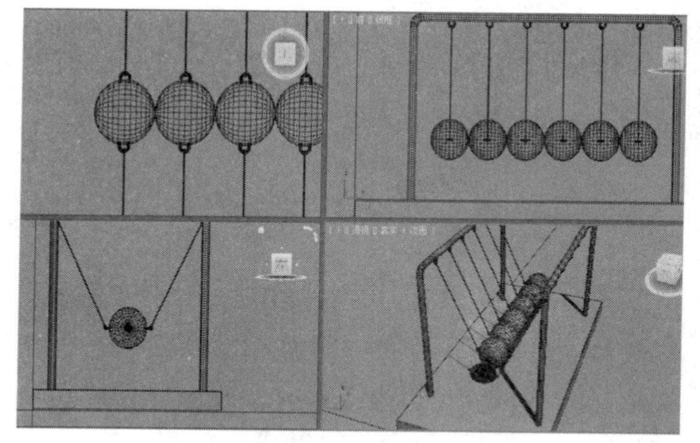

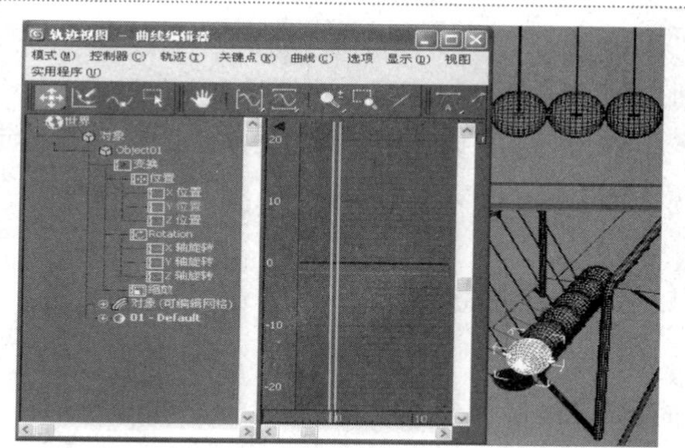

步骤3　在选择的参数上右击，开启四元菜单，选择“指定控制器”命令，在开启的对话框中选择控制器。

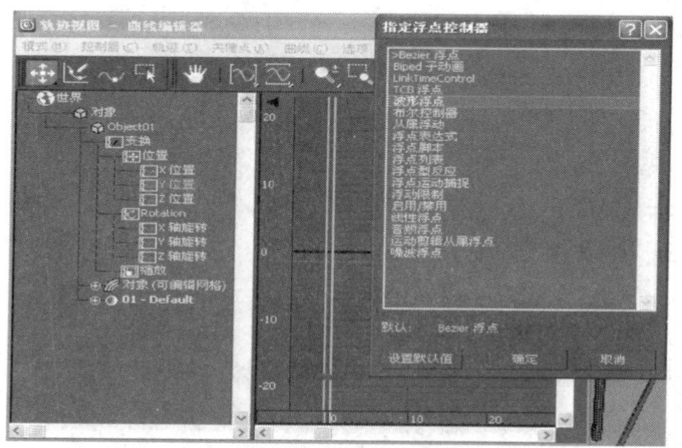

步骤4　在右侧的关键帧窗口中观察到该控制器的运动曲线。

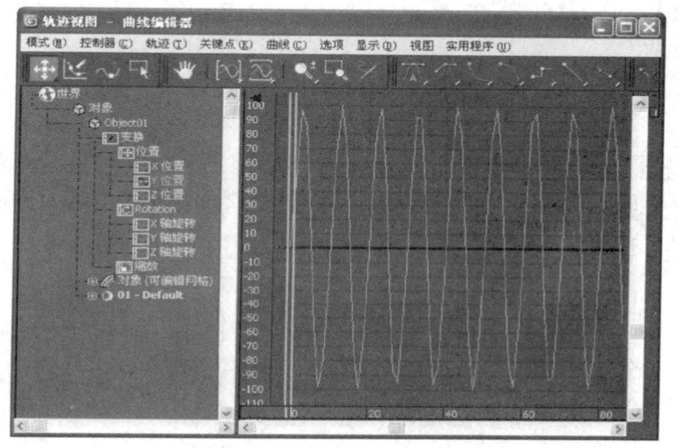

步骤5　在视口中预览动画，可观察到小球应用控制器的运动效果。

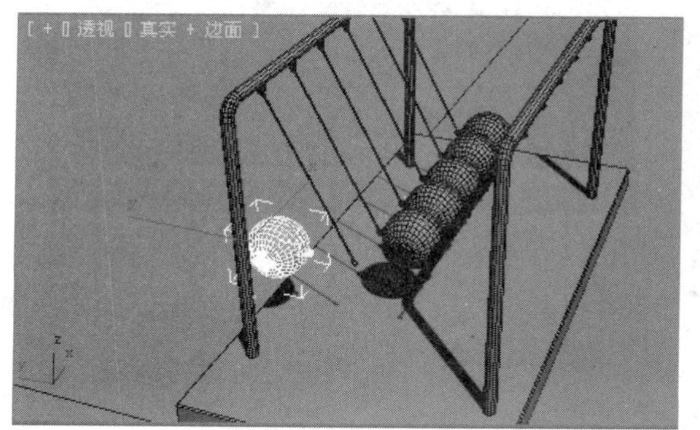

步骤6　修改“波形控制器”的参数。

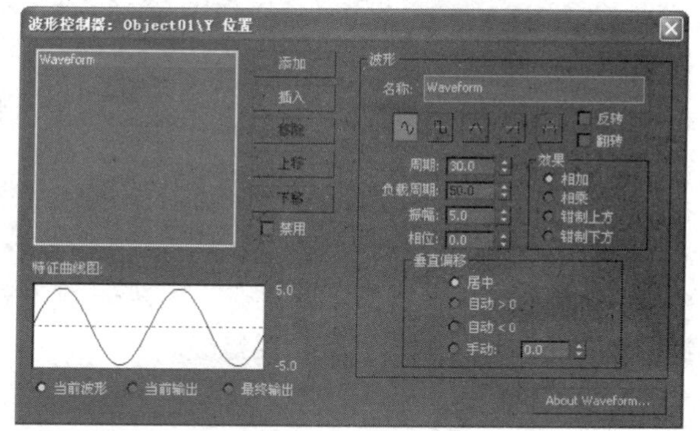

步骤7　修改控制器的参数后，运动曲线同样会产生相应的变化。

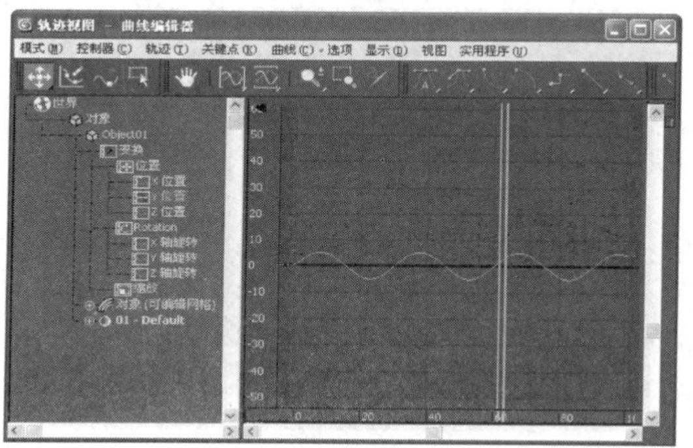

步骤8　再次预览动画，可观察到小球的运动轨迹和控制器的参数变化一致。

提示： 可以将关键点添加到尚未设置动画轨迹的功能曲线上。曲线将显示为直线。向功能曲线添加关键点时，会为该轨迹创建一个控制器。

提示： 如果在高亮显示关键点之后使用锁定当前选择，则可以在关键点窗口中的任意位置拖动，可以执行创建缩放操作。

10.4.6 摄影表

“摄影表”模式可以显示在水平曲线图上超时的关键帧，以图形的方式显示调整动画计时的简化操作。

“摄影表”提供“编辑关键帧”和“编辑范围”两种模式，可以对单个关键帧进行编辑，也可以编辑动画的长度和起始结束点。

提示： 可以使用轨迹视图工具创建超出范围关键点。

10.4.7 实战：简单使用摄影表

光盘路径：第10章\10.4\简单使用摄影表（原始文件）.max

步骤1 打开本书配套的范例文件“简单使用摄影表（原始文件）.max”。

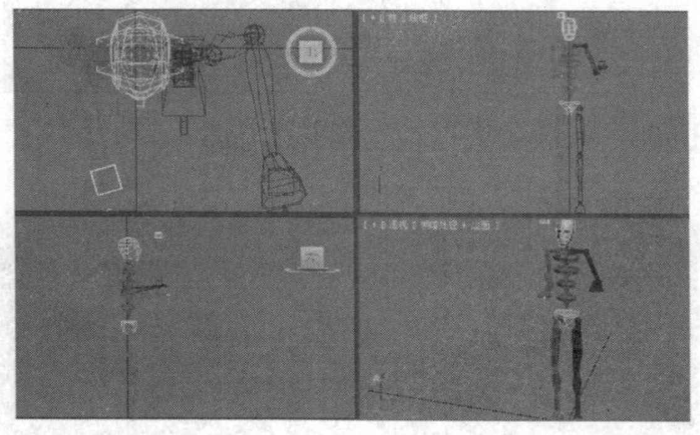

步骤2 打开“轨迹视图”面板，切换到“摄影表”模式。

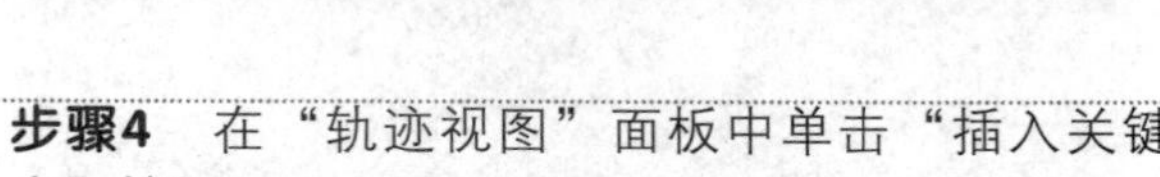

步骤3 在控制器窗口中选择参数，面板右侧的关键帧窗口中将以表格形式列出关键帧。

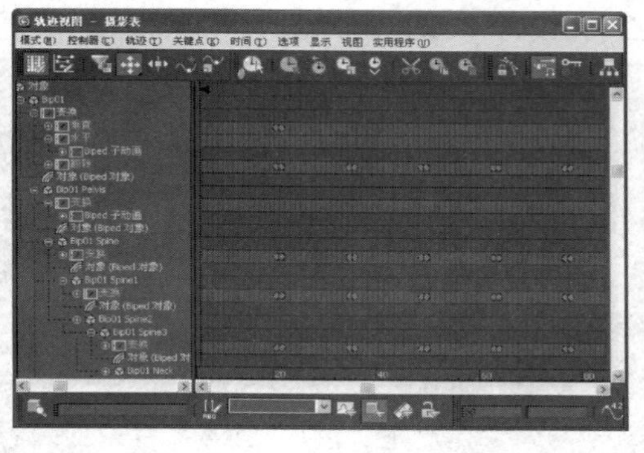

步骤4 在“轨迹视图”面板中单击“插入关键点”按钮。

步骤5　在右侧的表格中单击鼠标，可在相应的地方添加关键帧。

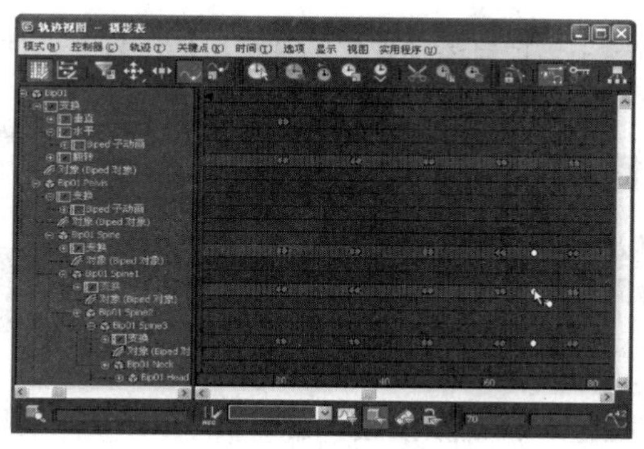

提示： 轨迹视图控制器窗口能以分层方式显示场景中的所有对象。

可设置“轨迹视图”功能的键盘快捷键如下表所示。

“轨迹视图”功能对应的键盘快捷键

轨迹视图功能	轨迹视图功能默认键盘快捷键
添加关键点	A
应用减缓曲线	Ctrl+E
应用增强曲线	Ctrl+M
指定控制器	C
复制控制器	Ctrl+C
展开对象切换	O
展开轨迹切换	ENTER，T
过滤器	Q
锁定当前选择	空格键
锁定切线切换	L
修改子树切换	U
高光下移	向下键
高光上移	向上键
移动关键点	M
向左轻移关键点	向左键
向右轻移关键点	向右键
平移	P
粘贴控制器	Ctrl+V
下滚	Ctrl+向下键
上滚	Ctrl+向上键
捕捉帧	S
缩放	Z
水平方向最大化显示	Alt+X

10.5 MassFx 刚体动力学

3ds Max的MassFX提供了用于为项目添加真实物理模拟的工具集。该插件加强了特定于3ds Max的工作流，使用修改器和辅助对象对场景模拟的各个方面添加注释。

10.5.1 MassFX工具使用

运用MassFX工具可以模拟出真实效果的下落、碰撞等效果，在后面将通过一个简单的碰撞动画来介绍MassFX工具的使用。

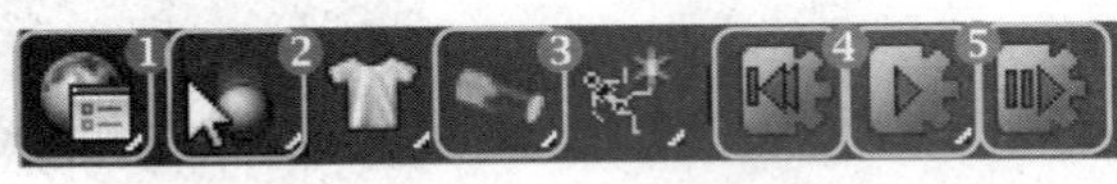

MassFX工具栏

工具栏相关按钮解读如下：

❶显示MassFX工具对话框：开启该按钮，会弹出“MassFX工具对话框”，此对话框包含世界、工具、编辑和显示四个面板，提供多种参数用于刚体设置。

❷将选定项设定为动力学刚体：该按钮用于设定刚体，并提供了三个子按钮，可根据需要将选定项设为“动力学刚体”、“运动学刚体”或“静态刚体”。

❸建立刚性约束：该按钮用于创建约束，并提供了六个子按钮，可根据需要创建“刚性约束”、“滑块约束”、“转枢约束”、“扭曲约束”、“通用约束”或“球和套管约束”。

❹重置模拟：将时间滑块返回到第一个动画帧并将任何动力学刚体移动回其初始变换。

❺开始模拟：推进时间滑块并播放动画，更新场景中动力学刚体对象的位置。在该按钮处同时提供了“开始没有动画的模拟”子按钮，仅用于模拟而不推进时间滑块，不更新运动学刚体的位置。

❻步阶模拟：用于与标准动画一起运行单个帧的模拟，然后停止。

10.5.2 实战：制作简单的碰撞动画

光盘路径：第10章\10.5\制作简单的碰撞动画（原始文件）.max

步骤1 打开本书配套的范例文件“制作简单的碰撞动画（原始文件）.max”。

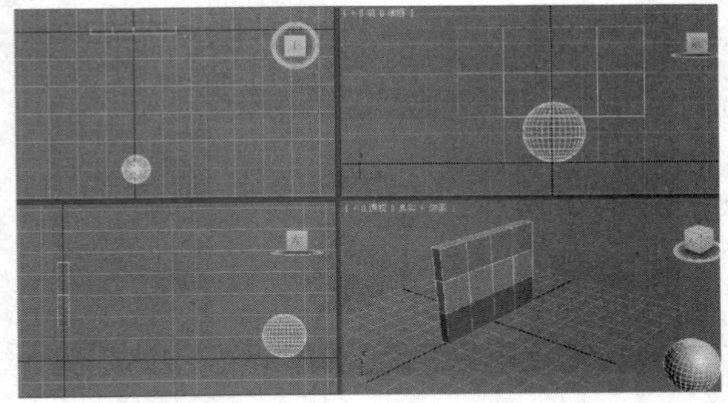

步骤2 在主工具栏上右击，在弹出的快捷菜单中选择“MassFX工具栏”命令，开启MassFX工具栏。

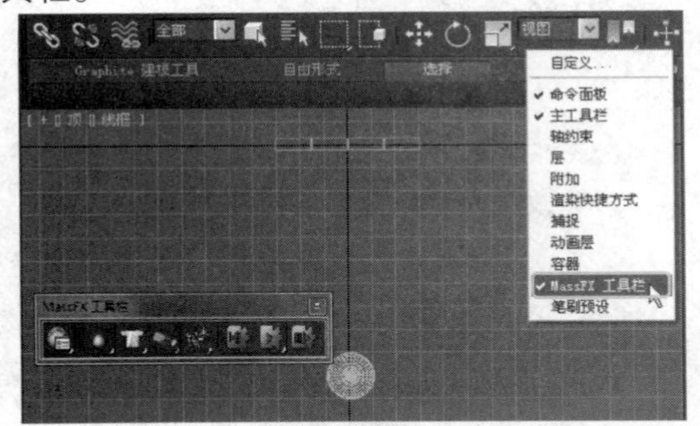

步骤3 选中场景中所有的长方体对象，并单击工具栏上的“将选定项设定为动力学刚体”按钮，将长方体设定为动力学刚体。

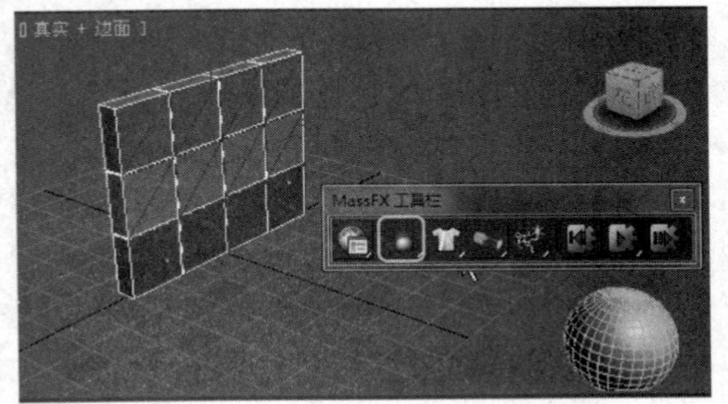

步骤4 用创建自动关键帧的方法，为球体创建简单的运动动画。

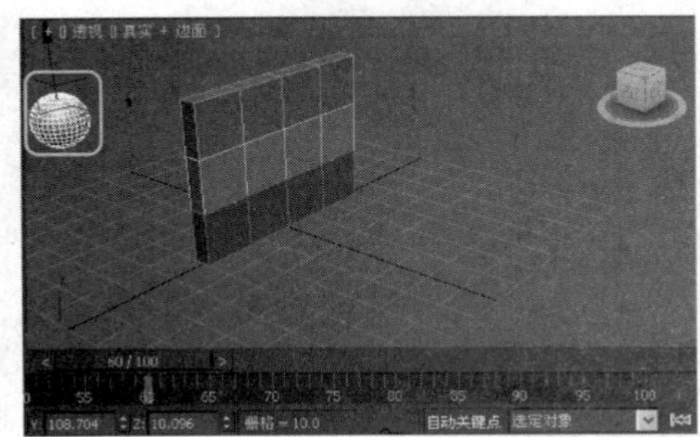

步骤5　选中场景中的球体对象，然后选择“将选定项设定为运动学刚体”按钮，将球体设定为运动学刚体。

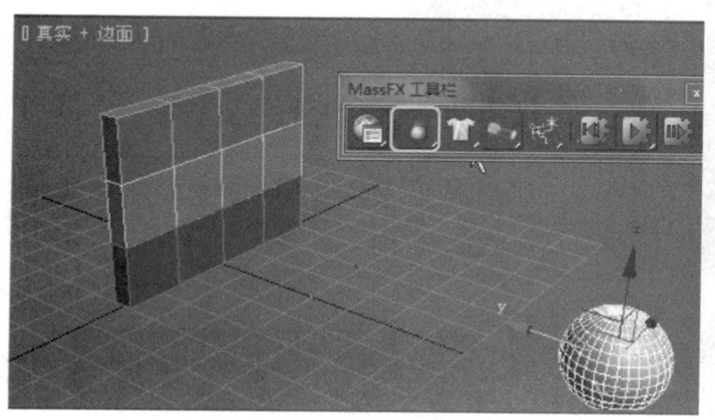

步骤6　单击“显示MassFX工具对话框”按钮，开启“MassFX工具对话框”，设置相关参数。

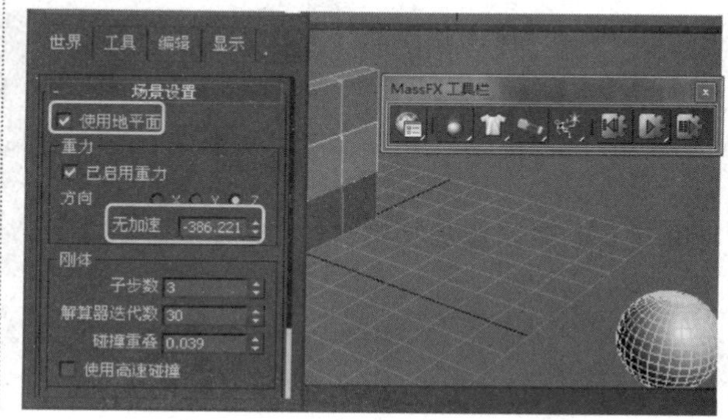

步骤7　单击MassFX工具栏上的“开始模拟”按钮，可以观察到球体与长方体发生了碰撞。虽然长方体发生位移变化但碰撞后散落的效果与现实不符。

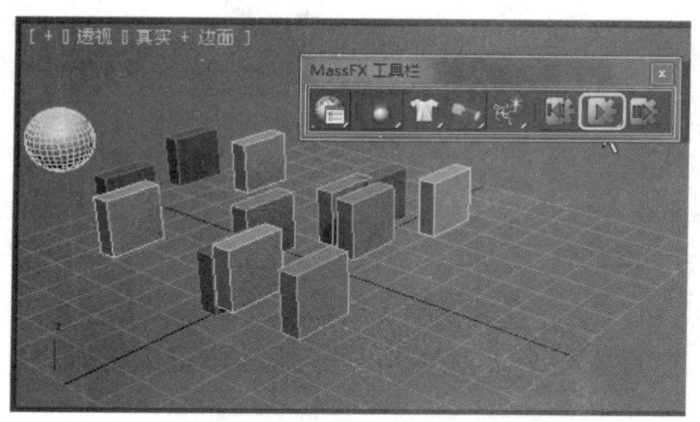

步骤8　选中所有长方体对象，在“工具”选项卡下单击“烘焙所有”按钮。

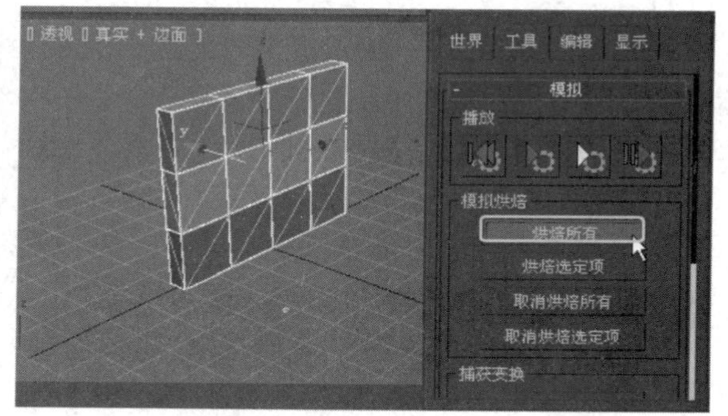

步骤9　再次进行模拟，可以观察到长方体的散落效果比较贴近现实。

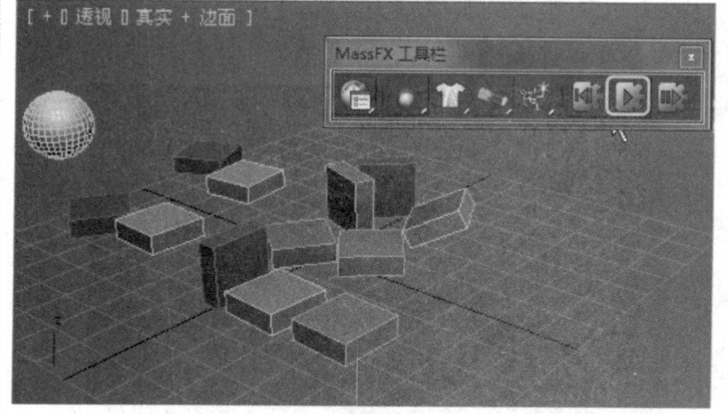

步骤10　通过滑动时间滑块可观察到在第27帧时开始发生碰撞。选中球体对象，在“刚体属性”卷展栏中勾选“直到帧”复选框，并设置为27帧，使球体在第27帧时由运动学类型转换为动力学类型。

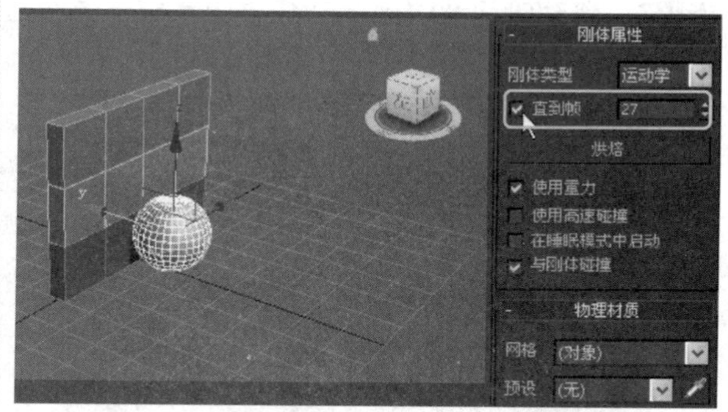

步骤11　再一次进行模拟，可以观察到碰撞后球体的运动也发生了一定的变化，更加接近现实中碰撞后的效果。

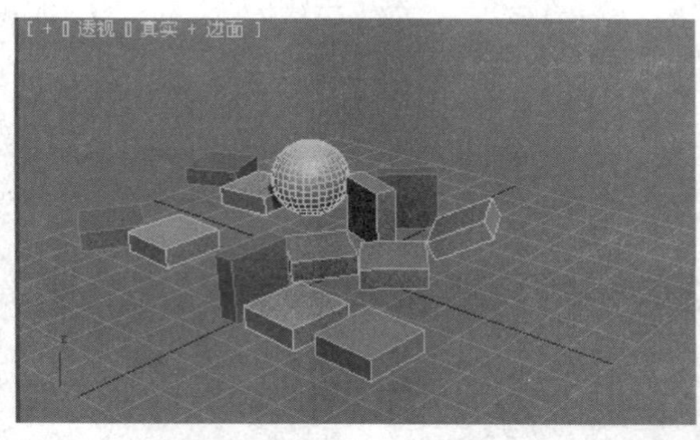

提示： 设定为运动学刚体，可以在模拟时使物体保持关键帧的设置。

10.6 制作室内场景动画

本节将通过关键帧动画、动画约束以及使用轨迹视图来创建简单的夏日场景动画。

本节案例最终完成效果

10.6.1 实战：制作栗子滚动轨迹

本小节首先制作栗子弹跳及滚动的运动。在制作时，将栗子的掉落看作匀速运动，可以通过简单的关键帧动画制作，由于每次的运动轨迹不同，不能通过复制轨迹图来完成。

光盘路径： 第10章\10.6\制作栗子滚动轨迹（原始文件）.max

步骤1 打开本书配套的范例文件“制作栗子滚动轨迹（原始文件）.max”。

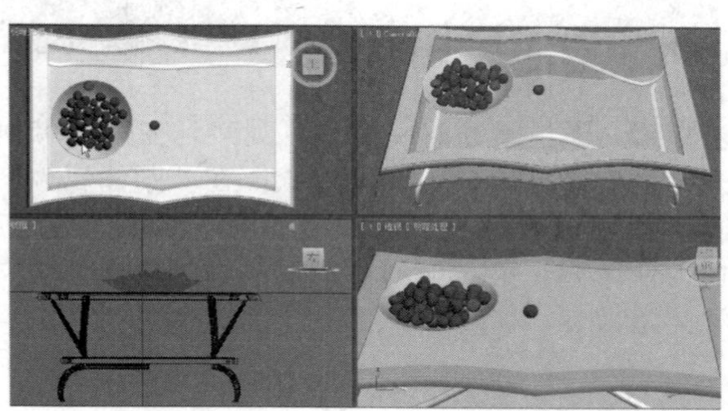

步骤2 使用自动记录关键帧的方法，记录栗子在第20帧掉到盘子中的动画。

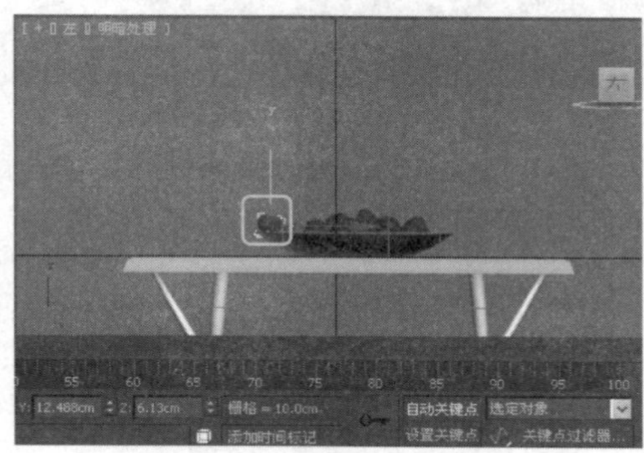

步骤3 移动时间滑块到第35帧，记录栗子弹跳起来的动画。

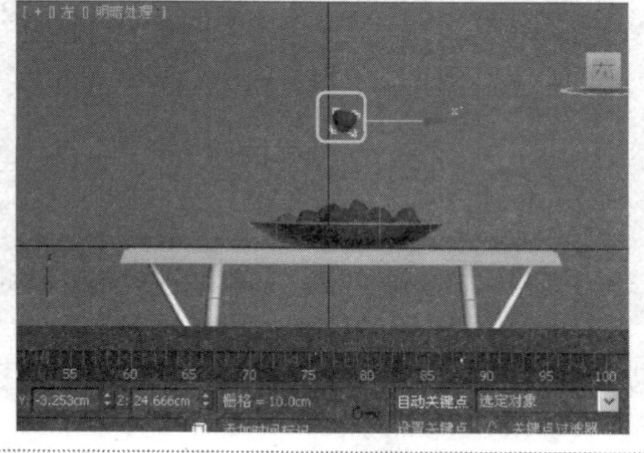

步骤4 在第50帧处，记录栗子掉落在盘子另一侧。

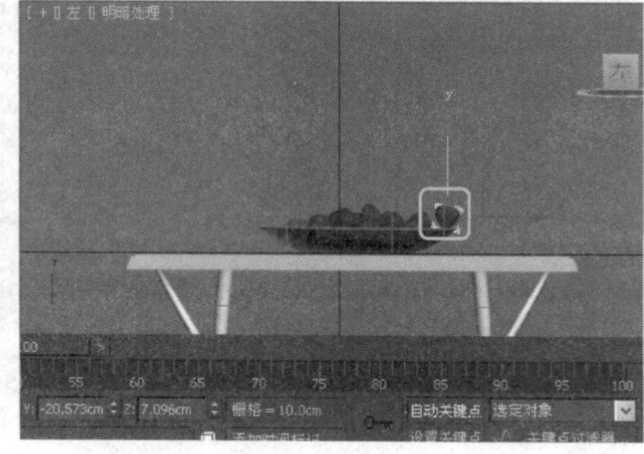

步骤5　在第55帧处，记录栗子再次弹跳起来，并有一定的旋转。

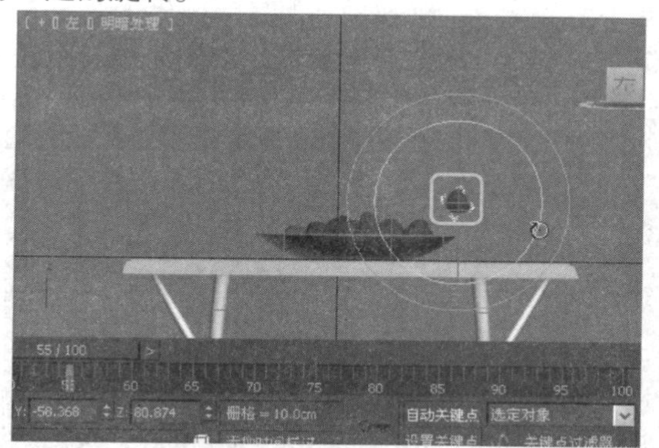

步骤6　在第63帧处，记录栗子掉到桌子上。

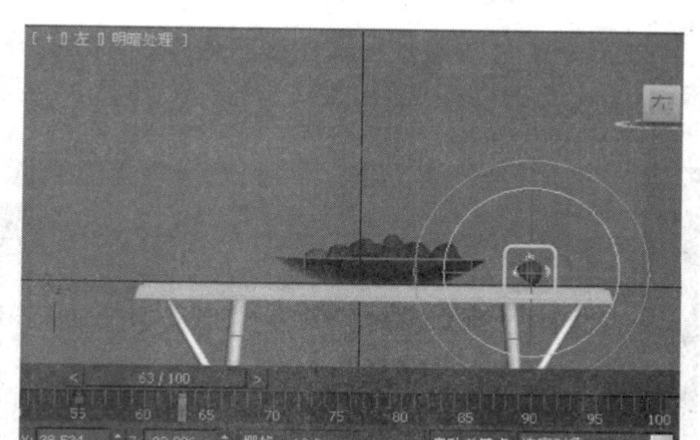

步骤7　在第70帧处，为栗子添加450°旋转到桌子边缘。

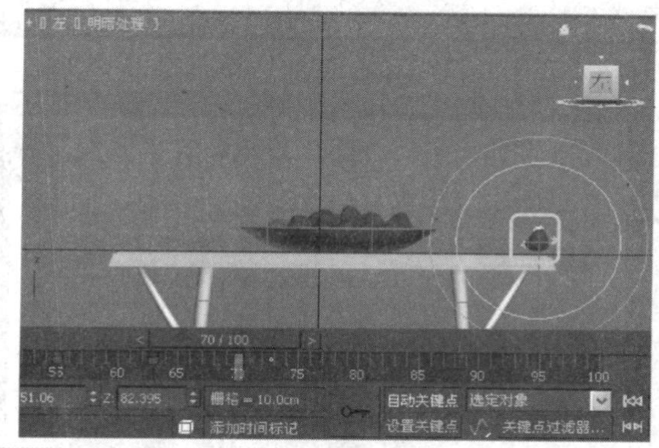

步骤8　在第80帧处，记录栗子滚落到地上。

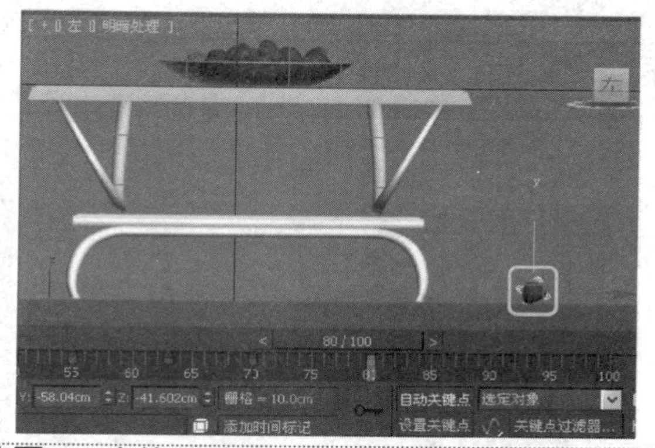

步骤9　在第95帧处，记录栗子在地上翻滚720°。

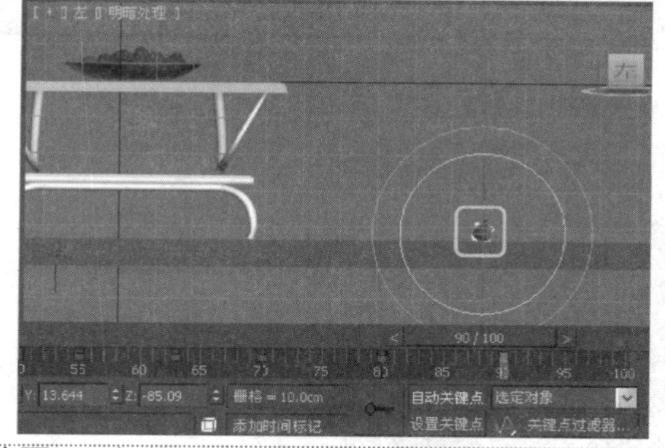

步骤10　在第100帧处，记录栗子滚停在地板上。

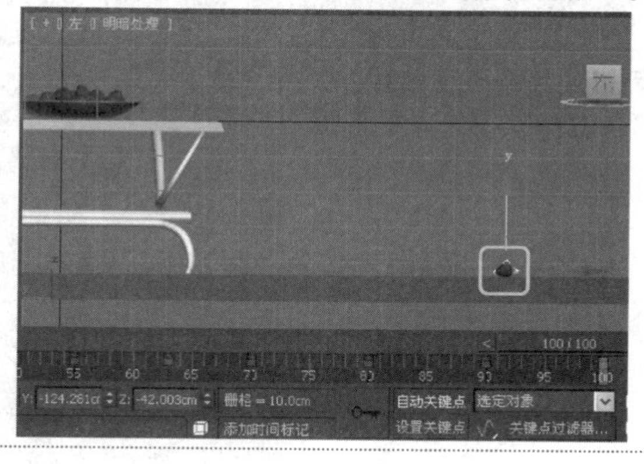

步骤11　点击时间配置按钮，设置结束时间为120。

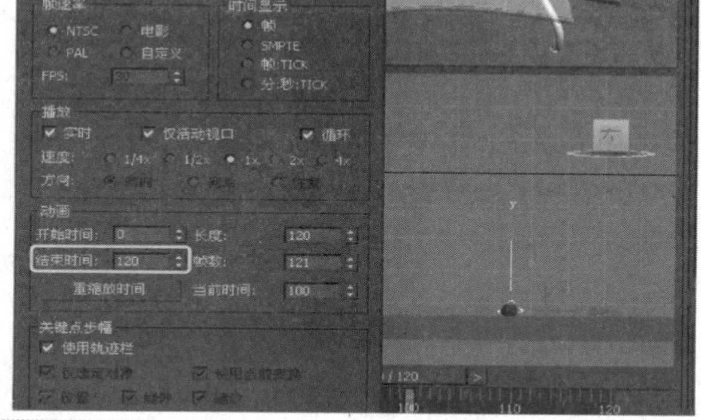

提示： 使用创建超出范围关键点工具，可以将参数超出关键点动画设为可编辑的关键帧。

10.6.2 实战：模拟加、减速运动

本节将通过轨迹视图的曲线来模拟现实中栗子掉落与上升时的加、减速运动。具体操作步骤如下：

步骤1 单击主工具栏的“曲线编辑器”按钮，打开“轨迹视图”面板。

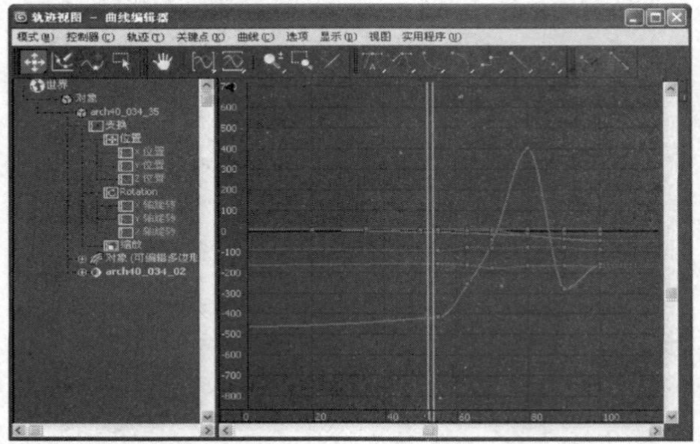

步骤2 选择“X位置”参数，右侧曲线没有任何的位置变化，将其删除。

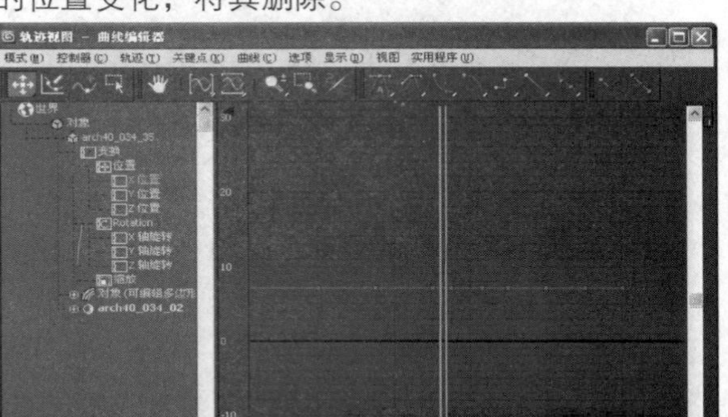

步骤3 再选择“Z位置”，观察曲线。

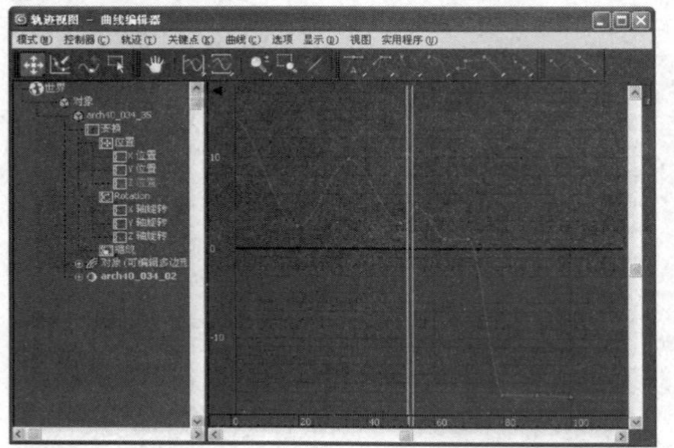

步骤4 调节关键帧点，使曲线按指定形状变化。

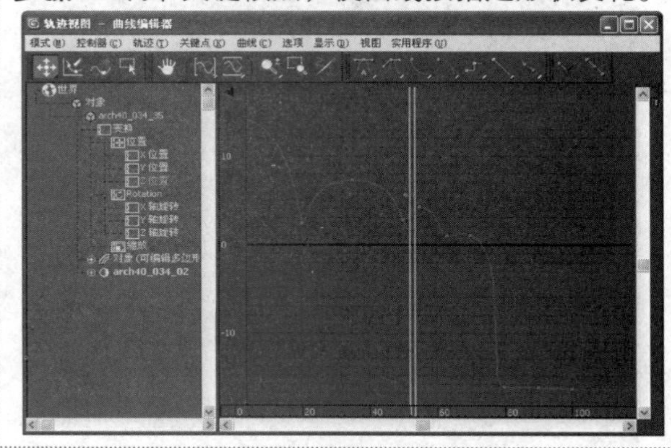

步骤5 继续调节曲线，使栗子的运动更加真实。

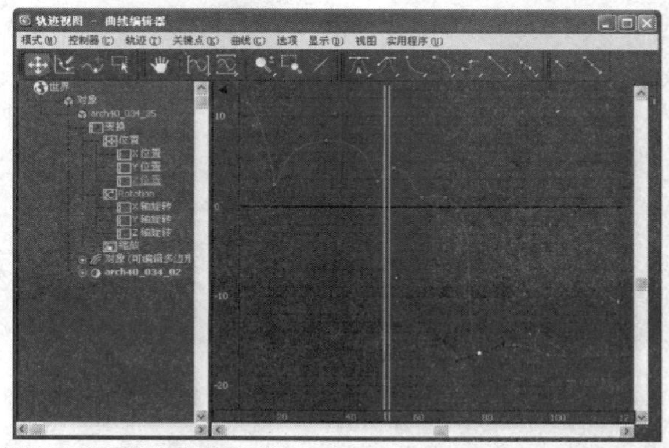

提示： 在默认情况下，轨迹视图中并不显示摄影表工具栏。

提示： 由于“X位置”没有任何动画，将其关键帧点删除，可以加快软件的运行速度。

提示： 此时是系统默认的，物体的运动是匀速运动。

提示： 这种抛物线用来模拟栗子下落和上升的加速和减速运动，可使其更加接近真实。

10.6.3 实战：制作摄像机运动和运动模糊

本节将为摄像机添加运动效果，最后为蝴蝶应用运动模糊效果，使整个场景效果更加真实。具体操作步骤如下：

光盘路径：第10章\10.6\制作摄像机运动和运动模糊.max

步骤1　选择目标点，执行“动画 | 约束 | 附着约束”命令。

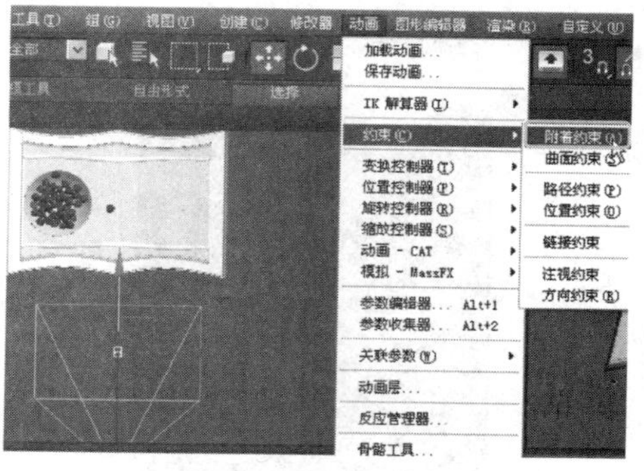

步骤2　移动光标至栗子，将目标点附着到运动的栗子上。

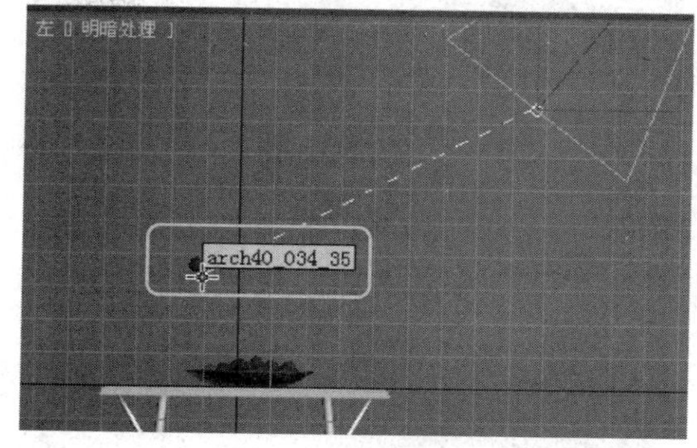

步骤3　渲染场景，观察动画。

步骤4　选择栗子，在视口中右击，开启四元菜单，执行“对象属性”命令。

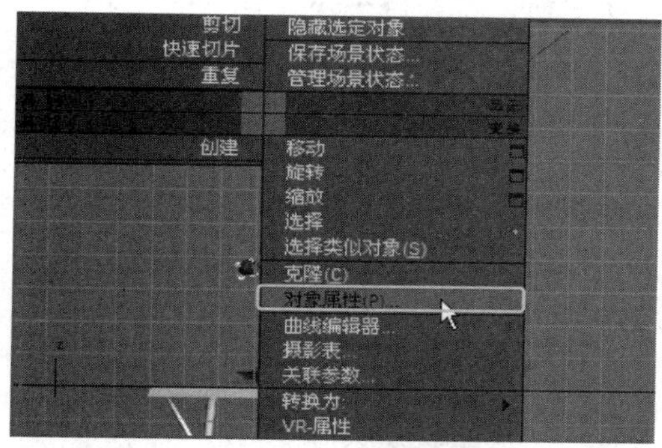

步骤5　在执行“对象属性”命令开启的相应对话框中设置参数，启用栗子的运动模糊参数。

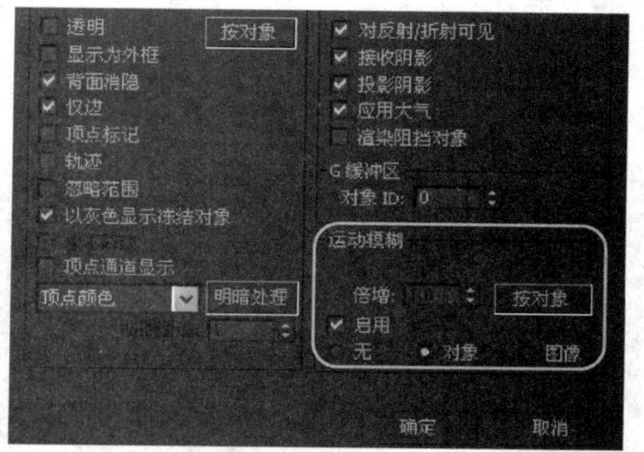

步骤6　渲染场景，可观察到动画的最后渲染效果，栗子产生了较弱的运动模糊，整个场景变得更加真实。

提示： 附着约束使摄影机追随着栗子的运动而运动。

10.6.4　综合实例：制作油灯

动画的设置，不仅可以针对对象的运动，对象的很多参数也可以被设置为动画。本实例中，动画内容为油灯的火焰跳动，光源的强度随火焰跳动而产生变化，通过本实例可以使读者巩固本章所学知识，从而更为深入地了解动画设置相关知识。

光盘路径：第10章\10.6\制作油灯（原始文件）.max

步骤1　打开本书配套的范例文件“制作油灯（原始文件）.max”。

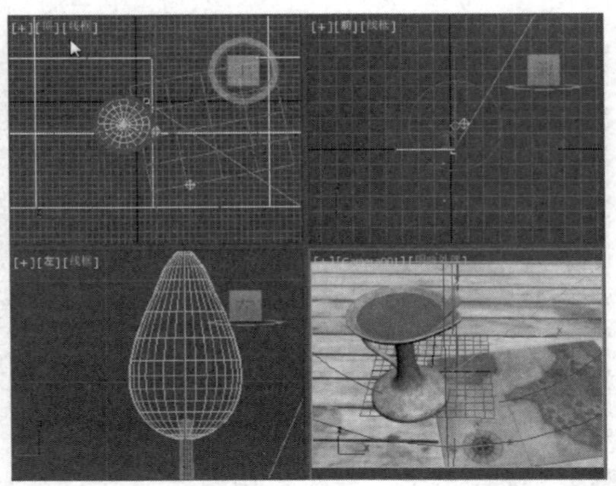

步骤2　单击“关键点过滤器”按钮，选择“对象参数”后关闭。

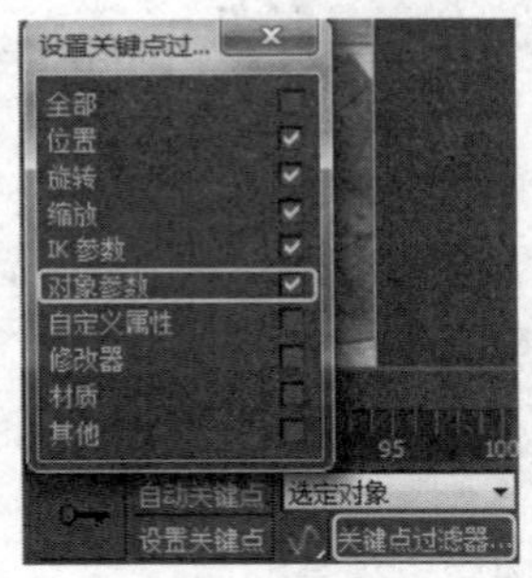

步骤3　单击“设置关键点”按钮，选择“Omni001对象”，单击“设置关键点”按钮设置0帧位置为第一个关键点。

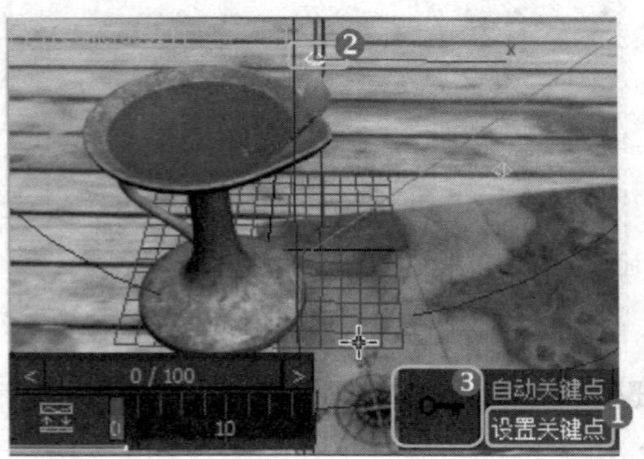

步骤4　拖动时间滑块到第10帧位置，选择“Omni001对象”。

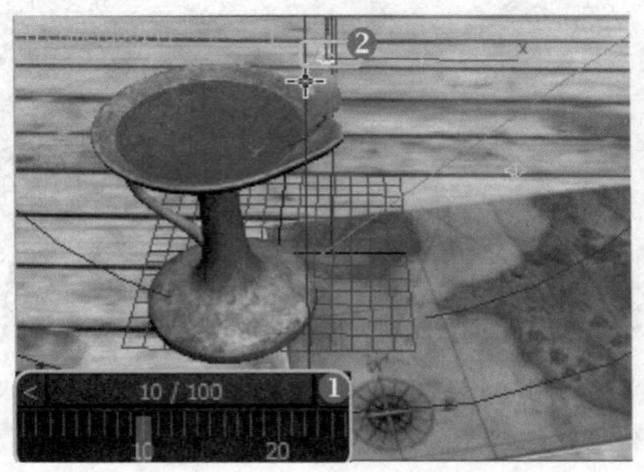

步骤5　在修改面板设置倍增参数为1.0，单击“设置关键点”按钮设置10帧位置为第二个关键点，关闭“设置关键点”按钮。

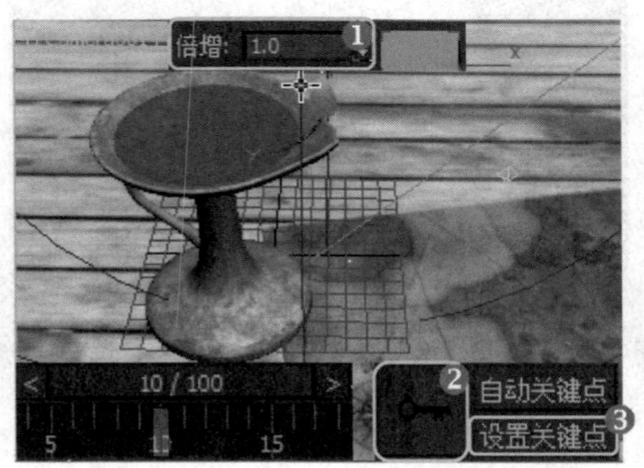

步骤6　单击主工具栏的“曲线编辑器”按钮，打开轨迹视图窗口，选择“倍增”。

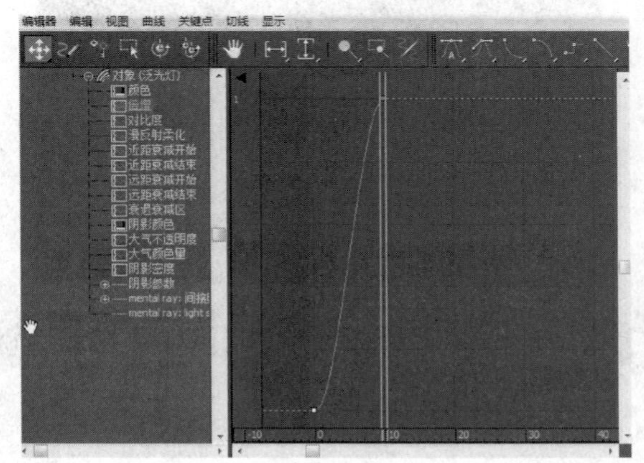

步骤7　右击0帧点弹出对话框，设置功能曲线输出、输入形态。

步骤8　右击10帧点弹出对话框，设置功能曲线输出、输入形态。

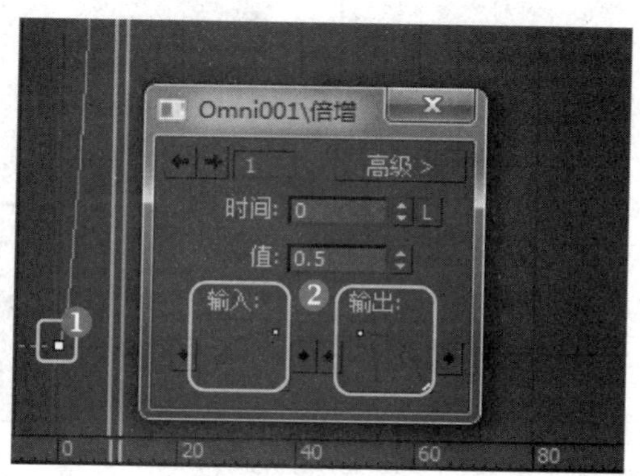

步骤9　单击轨迹视图中“参数曲线超出范围类型”按钮，弹出对话框。

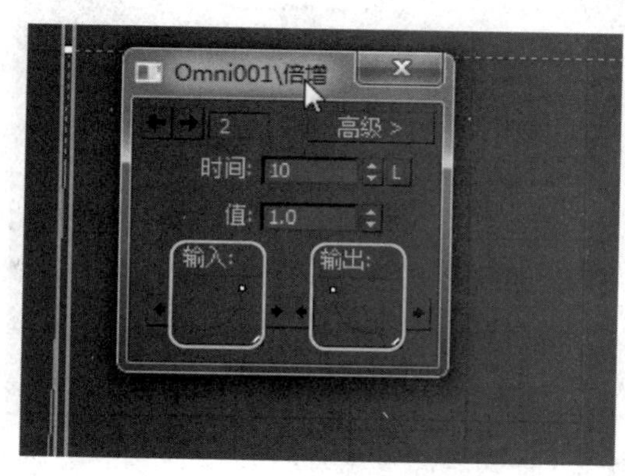

步骤10　单击往复选项右侧按钮，单击确定后关闭对话框。

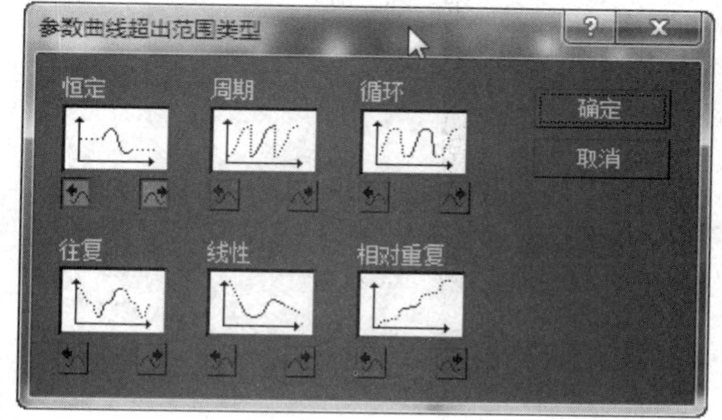

步骤11　退出对话框后，看到功能曲线发生变化。

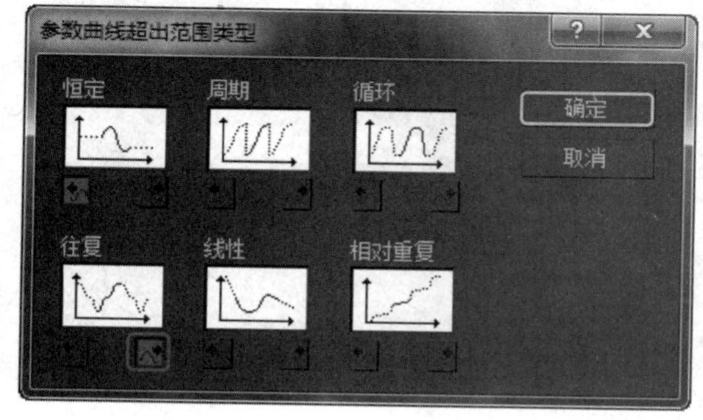

步骤12　单击“设置关键点过滤器”按钮，选择“修改器”选项后关闭。

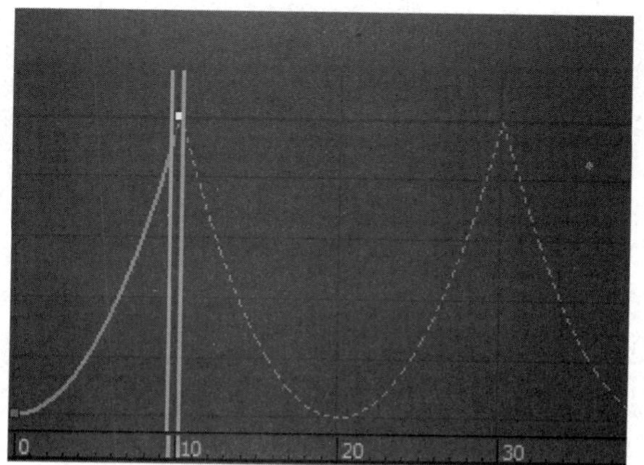

步骤13　在场景中选择“火焰”对象进入修改控制面板，添加拉伸修改器。

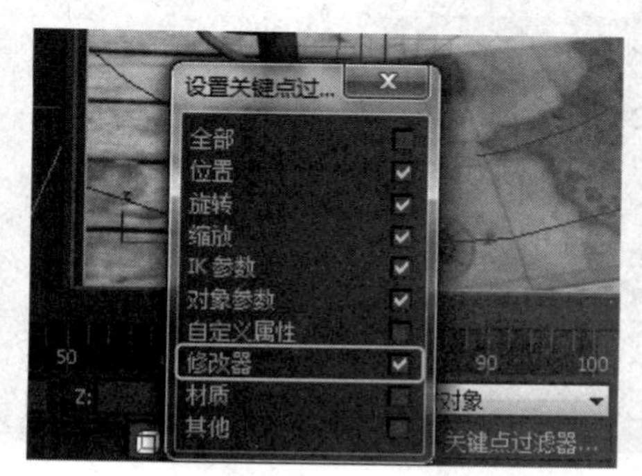

步骤14　单击动画控制窗“设置关键点”按钮，设置0帧位置为关键点，拉伸参数设为-0.2。

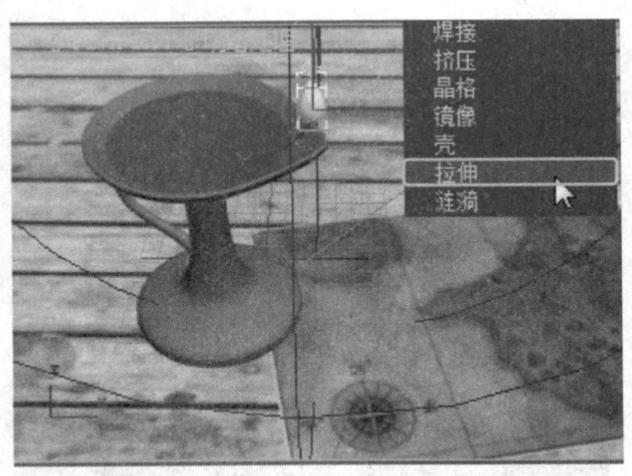

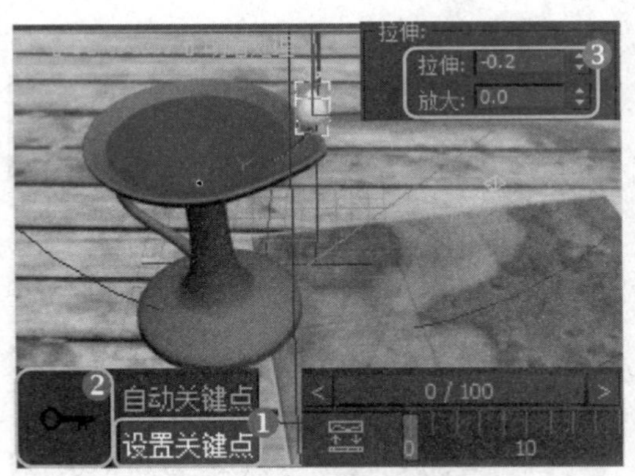

步骤15 拖动时间滑块到第10帧位置，在修改面板“拉伸”参数栏输入0.6、“放大”参数栏输入-10。

步骤16 单击“设置关键点”按钮设置第10帧为关键点，关闭设置关键点。

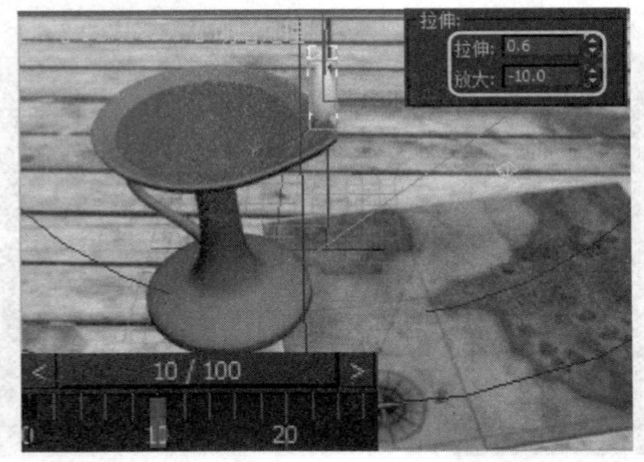

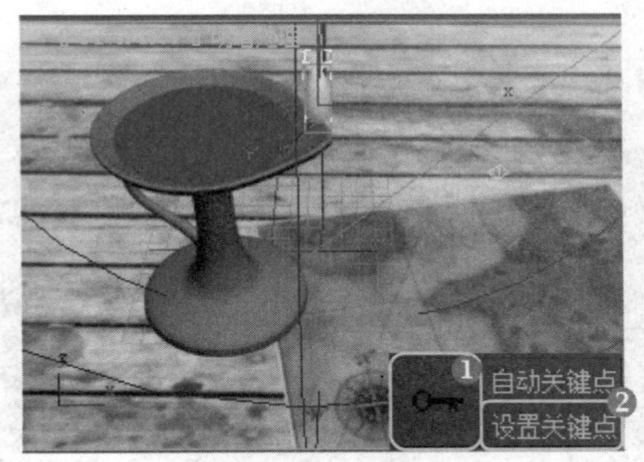

步骤17 选择拉伸修改器的中心位置，在左视图中将修改器的中心点移动到火焰底部的位置。

步骤18 单击主工具栏的“曲线编辑器”按钮，打开轨迹视图窗口，选择“拉伸”。

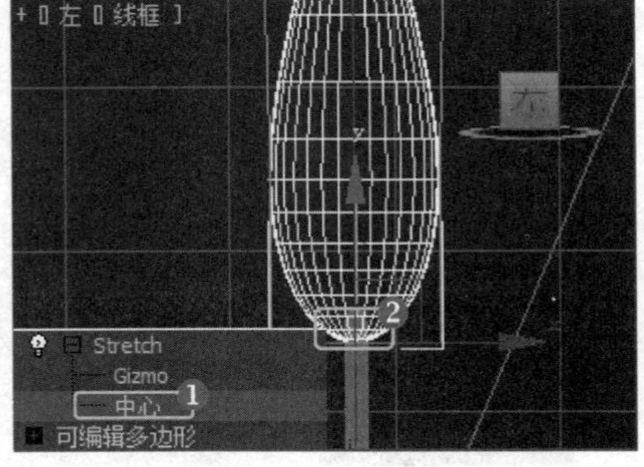

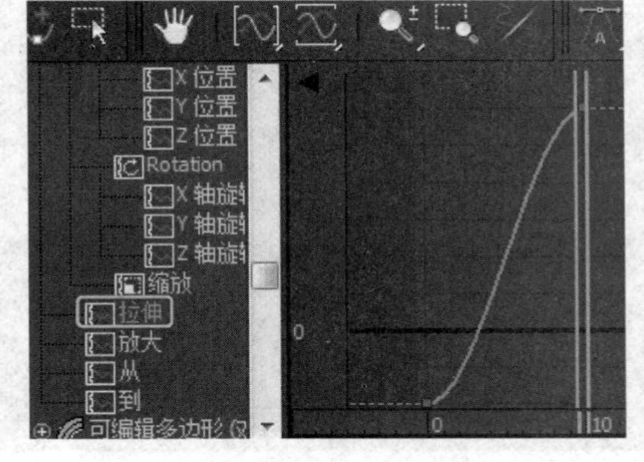

步骤19 单击轨迹视图中“参数曲线超出范围类型”按钮，单击往复选项右侧按钮，确定后关闭对话框。

步骤20 选择“放大”层。

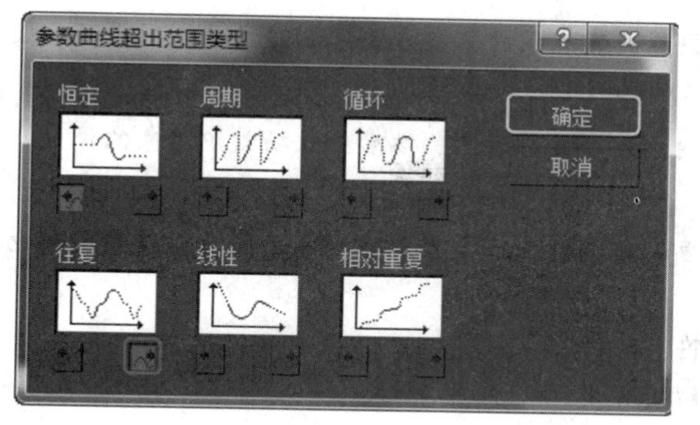

步骤21　单击轨迹视图中“参数曲线超出范围类型”按钮，单击往复选项右侧按钮，确定后关闭对话框。

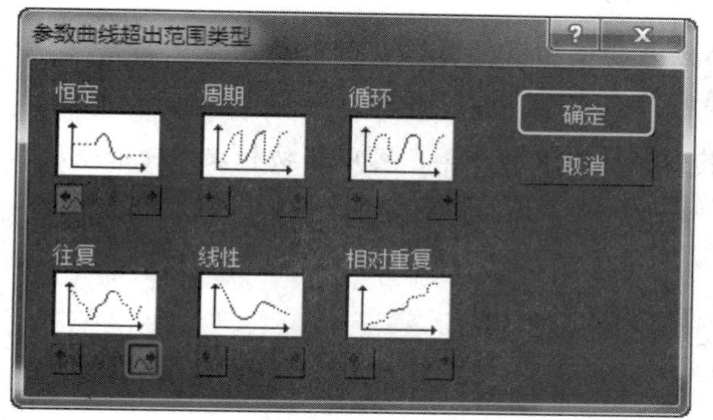

步骤22　油灯作品完成，观察渲染0帧位置效果。

步骤23　油灯作品完成，观察渲染10帧位置效果。开始动画油灯就从0帧图像到10帧图像反复运动。

10.7 操作答疑

10.7.1 专家答疑

（1）说说关于时间动画原理。

答：动画是利用人类视觉滞留的原理，当快速查看一组连续相关的静态图像时，通过视觉接受到的信息使大脑感受到一个连续的动画。制作传统动画时，通常由原画师绘制关键帧，再由动画师绘制大量的中间帧，最后链接产生最终的动画。使用3ds Max制作动画时，用户担任了原画师的角色，为场景对象设置关键帧的状态，3ds Max将自动计算关键帧之间的插补值，从而生成完整动画。

（2）说说3ds Max制作动画的方法。

答：3ds Max的动画方法主要包括用自动关键点和设置关键点两种基本方法来创建动画，同时可以使用正向和反向运动学链接层次动画的对象，并且可以在轨迹视图中编辑动画。

1）使用自动关键帧模式，激活“自动关键点”按钮，设置当前时间，然后更改场景中对象的位置、旋转或缩放，或者可以更改几乎任何设置或参数。

2）手动设置关键帧模式更多的是针对专业角色动画制作，特别适合角色姿势的动画。该模式同时也适用于复杂机械集合设置和其他的简单动画设置。

（3）说说3ds Max提供的四种类型IK解算器的特性。

答：3ds Max提供了四种类型IK解算器用于创建IK解决方案。

1）历史独立IK解算器在时间上不依赖于上一个关键帧计算得到的IK解决方案。使用该解算器主要使用目标来设置链动画。

2）历史依赖IK解算器可以将滑动关节与反向运动结合使用，除了独有对弹回、阻尼和优先级属性的控制，还具有用于查看IK链的初始状态的快捷工具，通常用于冗长的场景。

3）IK分支解算器主要用于设置两足角色的肢体动画。要使用该解算器，骨骼链中至少需要有3个骨骼，目标放置在距离第一个所选骨骼两倍距离远的骨骼的轴点处。

4）样条线IK解算器，使用样条线确定一组骨骼或其他链接对象的曲率，可以移动和设置样条线顶点动画来更改样条线的曲率。

10.7.2　操作习题

1. 选择题（选项为一个或多个）

（1）不可以改变时间轴的范围长度的操作是（　　）。

A. Ctrl+Alt+鼠标的左键在时间轴拖曳

B. Ctrl+Alt+鼠标的右键在时间轴拖曳

C. “时间配置(Time Configuration)”

D. Ctrl+Alt+鼠标的中键在时间轴拖曳

（2）关于时间动画原理说法错误的是（　　）。

A. 如果快速查看一系列相关的静态图像，那么我们会感觉到这是一个连续的运动

B. 动画中的每一个单独图像称之为1帧

C. 中国电视所使用的所使用的是PAL制

D. 电影的帧速率是29.971fps

（3）自动关键帧模式不能记录成动画的属性是（　　）。

A. 材质变化属性

B. 轴心点变化

C. 物体的变换属性

D. 修改器动画

（4）可以对关键帧进行的操作有（　　）。

A. 复制

B. 复制给其他对象的相同属性

C. 剪切

D. 更改关键帧类型(如将位置关键帧更改为旋转关键帧)

（5）无法在“时间配置(Time Configuration)”对话框中完成的操作是（　　）。

A. 更改时间显示类型

B. 改变播放速度

C. 更改时间轴的时间显示范围

D. 更改渲染输出时动画的时间长度

（6）关于帧和帧速率叙述错误的是（　　）。

A. 电影的帧速率为24fps

B. 动画中的每一个单独图像称之为1帧

C. 帧为3ds Max中时间的最小单位

D. 动画中每秒显示的图片数为帧速率，单位为fps

（7）下面关于预览动画(Make Preview)不能完成的是（　　）。

A. 可以记录材质动画

B. 在制作预览动画(Make Preview)中可以按照类别来显示或隐藏分类项目

C. 可以在预览动画中显示帧的编号

D. 生成预览动画的时间段可以自定义指定

（8）在传统手工制作动画产业中，十分依赖一种叫作（　　）的技术。

A. 视频流

B. 关键帧

C. 运动控制

D. 变形动画

（9）不能通过调节对象的轴心点来完成的操作是（　　）。

A. 制作动画

B. 更改位置

C. 对齐到指定对象

D. 将轴对齐到对象

（10）在“运动(Motion)”为物体指定动画控制器面板中不能进行的操作是（　　）。

A. 为物体指定动画控制器

B. 将运动路径转化为样条线

C. 显示对象的运动轨迹

D. 为控制器设置参数内容

2. 填空题

（1）＿＿＿＿＿＿是三维动画制作过程中的最后一个阶段。

（2）物体的段数会直接影响物体的细腻程度，同时也会间接影响物体变形修改的效果，段数过＿＿＿＿＿＿，则无法实现弯曲等变形修改；段数过＿＿＿＿＿＿，则会占用内存空间，影响操作速度。

（3）对齐工具可以准确地将一个或多个物体对齐于另一物体的＿＿＿＿＿＿，可以理解为快速

__________，比手工移动要精确得多，是非常有用的定位工具。

（4）__________命令可以将零散的物体集合成一个新的物体，对其进行修改加工以及动画制作。

（5）布尔运算是一种逻辑数学的计算方法，这种算法主要用来处理两个集合的域的运算。当两个造型__________，就可以进行布尔运算。

3. 操作题

实例制作：投石车

实例内容为一辆投石车移动并停止，然后投出石头砸碎箭楼，该动画使用了设置关键帧动画、设置关联动画、使用动画控制器等多种动画设置方法，为了便于读者学习和了解，本实例分为精确设置关键帧动画、设置关联动画和使用动画控制器3部分来完成，具体效果如图所示。

第11章

渲染

本章重点：

本章将全面讲解有关渲染的相关知识，如渲染命令、渲染类型以及各种渲染的关键设置，同时还将介绍作为高级照明技术的光跟踪器和光能传递以及mental ray插件渲染器，最后重点讲解当今的主流插件渲染器之一——VRay。

学习目的：

掌握渲染的相关知识，如渲染命令、渲染类型以及各种渲染的关键设置，高级照明技术的光跟踪器和光能传递以及mental ray插件渲染器，最后重点了解当今的主流插件渲染器之一——VRay。

参考时间：65分钟

主要知识	学习时间
11.1　渲染基础知识	10分钟
11.2　默认渲染器常用设置	15分钟
11.3　高级照明	10分钟
11.4　插件渲染器	15分钟
11.5　插件渲染器的应用	15分钟

11.1 渲染基础知识

渲染是3ds Max工作流程的最后一步，可以将颜色、阴影、大气等效果加入场景中，使场景的几何体着色。完成渲染后可以将渲染结果保存为图像或动画文件。

11.1.1 渲染帧窗口

在3ds Max中进行渲染，都是通过“渲染帧窗口”来查看和编辑渲染结果的。3ds Max 2014的渲染帧窗口整合了相关的渲染设置，渲染场景时，可观察到默认渲染帧窗口和渲染效果。

相关按钮解读如下：

❶**保存图像**：单击该按钮，允许保存在渲染帧窗口中显示的渲染图像。

❷**复制图像**：单击该按钮，将渲染图像复制到系统后台剪切板中。

❸**克隆渲染帧窗口**：单击该按钮，创建另一个包含显示图像的渲染帧窗口。

❹**打印图像**：单击该按钮，可调用系统打印机打印当前渲染图像。

❺**清除**：单击该按钮，渲染图像从渲染帧窗口中删除。

❻**颜色通道**：可控制红、绿、蓝以及单色和灰色等颜色通道的显示。

❼**切换UI叠加**：激活该按钮，当使用渲染范围类型时，可以在渲染帧窗口中渲染范围框。

❽**切换UI**：激活该按钮，渲染的类型、视口的选择等功能面板将显示。

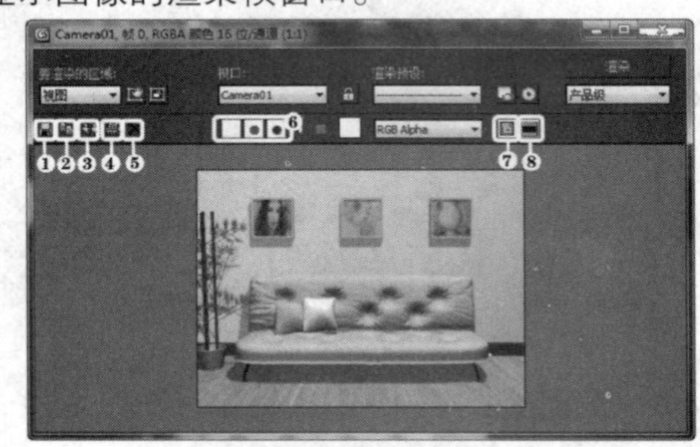

渲染帧窗口

提示：在渲染帧窗口中可以直接创建该窗口的克隆，当再次渲染时，会开启新窗口，以便于对比。

11.1.2 渲染输出设置

在“渲染设置”对话框中，不仅可以设定场景的输出时间范围、输出大小，也可以选择输出文件格式。

相关参数解读如下：

❶**时间输出**：在该选项组中可以选择要渲染的具体帧。

❷**输出大小**：在该选项组中，可选择一个预定义的输出大小或自定义大小来影响图像的纵横比。

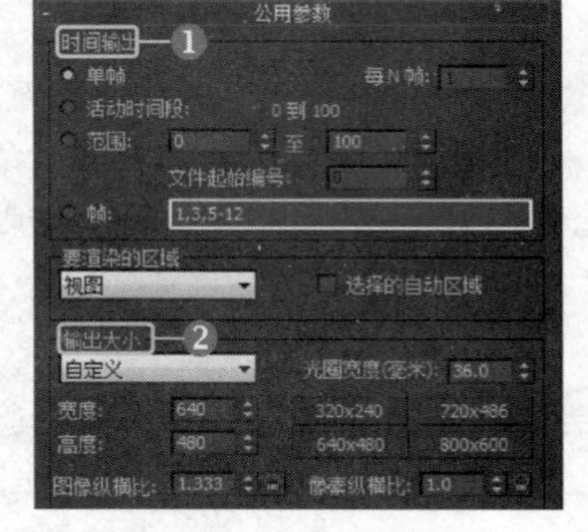

渲染设置相关参数卷展栏

11.1.3 渲染类型

在默认情况下，直接执行渲染操作，可渲染当前激活视口，如果需要渲染场景中的某一部分，可以使用3ds Max提供的各种渲染类型。

相关参数解读如下：

❶**视图**：“视图”为默认的渲染类型，执行“渲染 | 渲染”命令，或单击工具栏上的“渲染产品”按钮，可渲染当前激活视口。

❷**选择对象**：在“要渲染的区域”选项组中，选择“选定对象”选项，进行渲染，将仅渲染场景中被选择的几何体，渲染帧窗口的其他对象保持完好。

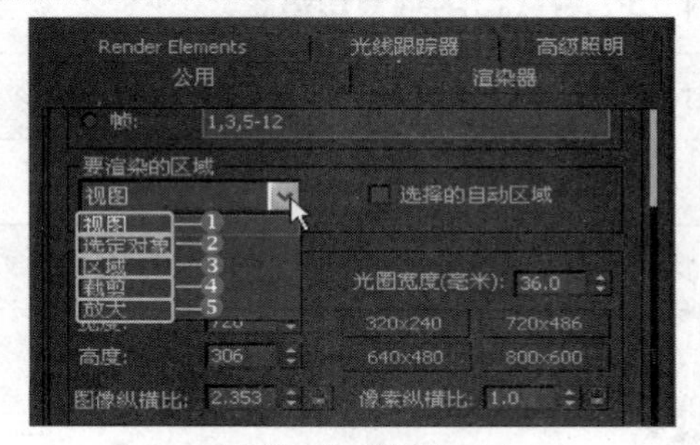

“渲染”相关参数面板

❸**区域**：选择“区域”选项，在渲染时，会在视口中或渲染帧窗口上出现范围框，此时会仅渲染范围框内的场景对象。

❹**裁剪**：选择“裁剪”选项，可通过调整范围框，将范围框内场景对象渲染输出为指定的图像大小。

❺**放大**：选择“放大”选项，可渲染活动视口内的区域并将其放大以填充渲染输出窗口。

11.1.4　实战：使用渲染帧窗口

光盘路径：第11章\11.1\使用渲染帧窗口（原始文件）.max

步骤1　打开本书配套光盘中的原始文件。

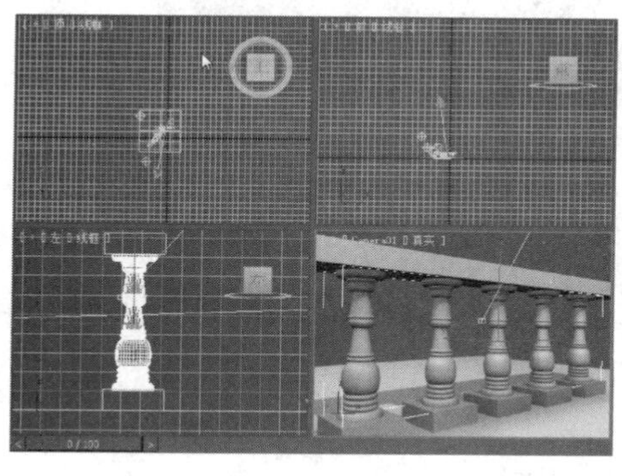

步骤2　渲染场景，可观察到默认渲染帧窗口和渲染效果。

步骤3　在渲染帧窗口中单击“保存图像”按钮，将开启相应的对话框，提示用户保存渲染图像。

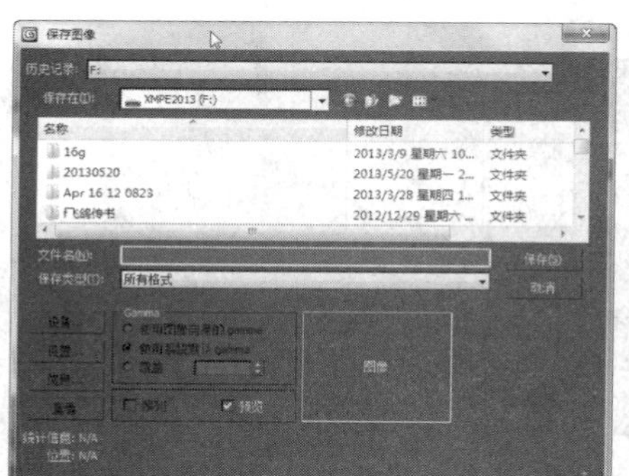

步骤4　单击“克隆渲染帧窗口”按钮，将开启一个新的渲染帧窗口，但该窗口仅有简单的操作工具。

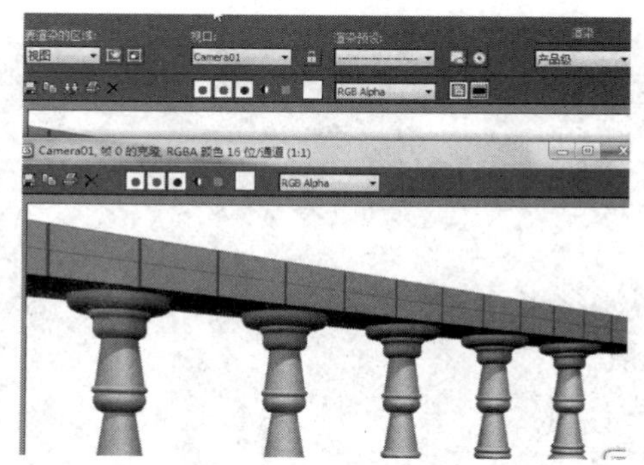

步骤5　仅激活“红色通道”，可观察到渲染图像只显示红色。

步骤6　可同时激活两个颜色通道，合成得到新的颜色，观察同时激活绿色和蓝色通道时的效果。

步骤7 如果激活“单色”按钮，将显示灰色的渲染图像。

步骤8 在渲染帧窗口中选择“区域”选项，然后单击“切换UI叠加”按钮，窗口中出现了范围框。

提示： 在从文件菜单中执行查看图像文件命令时，3ds Max也会在渲染帧窗口中显示静态图像和图像序列。

提示： 查看文件夹中按顺序编号的图像文件时，渲染帧窗口将显示可以逐幅查看图像的导航箭头。

11.1.5 实战：场景的不同输出效果

光盘路径： 第11章\11.1\场景的不同输出效果（原始文件）.max

步骤1 保持场景默认设置，渲染“透视”视口，观察渲染帧窗口效果。

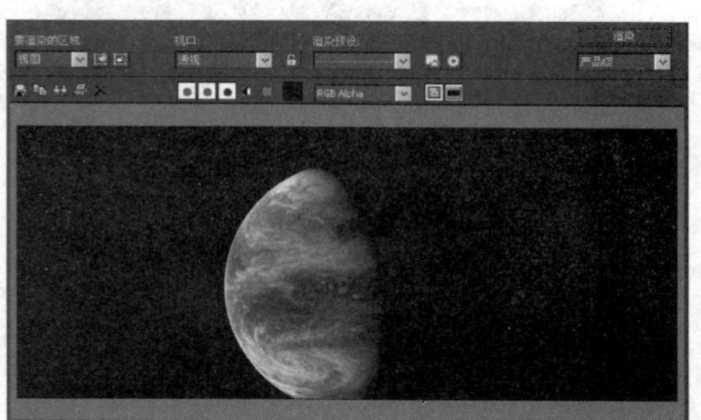

步骤2 打开“渲染设置”窗口，在“时间输出”选项组中，选择“活动时间段”选项，然后进行渲染，单击“是”按钮。

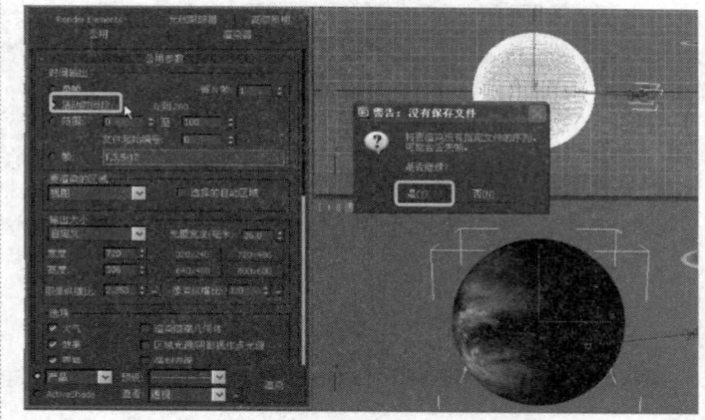

步骤3 如果要避免上述情况，可以先在“渲染输出”选项组中，设置渲染输出的保存位置及文件格式。

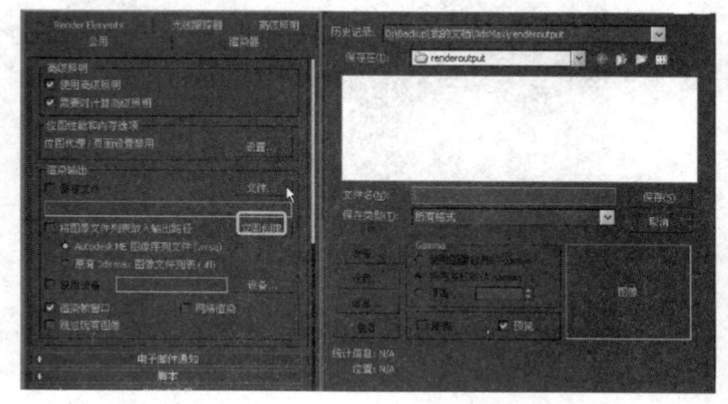

步骤4 如果直接渲染完成，则会观察到帧窗口中只保留了最后一帧的效果。从计算机中访问渲染输出的文件夹，可看到其被保存到当前文件夹中。

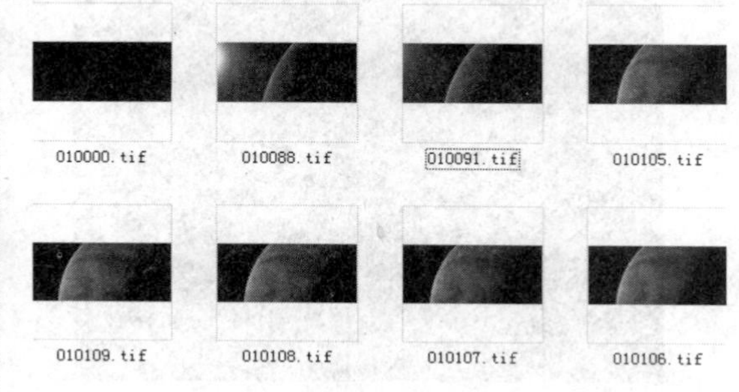

步骤5　选择“范围”选项，设置参数为第80帧到第160帧。

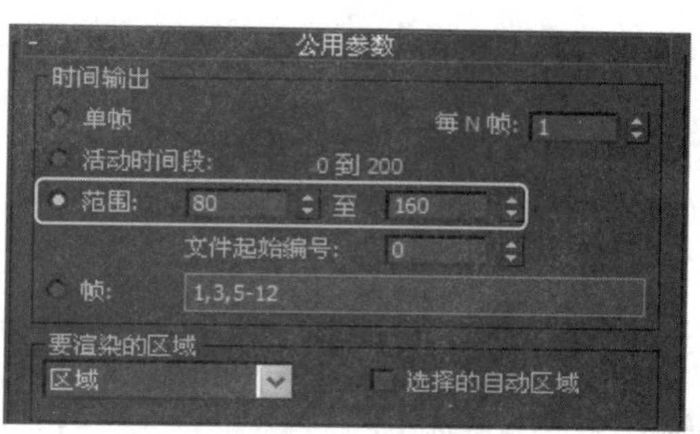

步骤6　在“输出大小”选项组中，选择预置的大小设定。

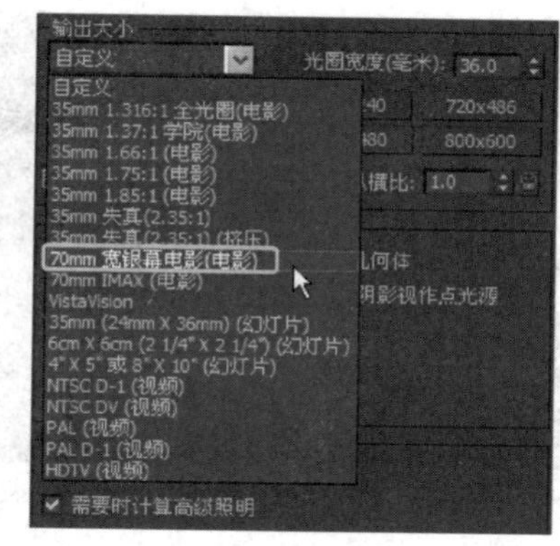

步骤7　在“渲染输出”选项组中，设定输出文件格式为AVI视频格式。激活“摄影机”视口，渲染场景，可观察到渲染帧窗口中最后只显示了最后一帧的渲染效果。

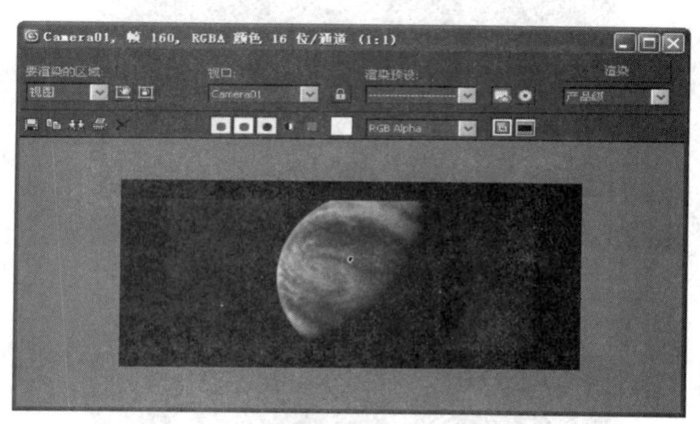

步骤8　再次访问渲染输出的保存文件夹，可观察到输出的视频文件。使用系统播放器，播放该视频文件。

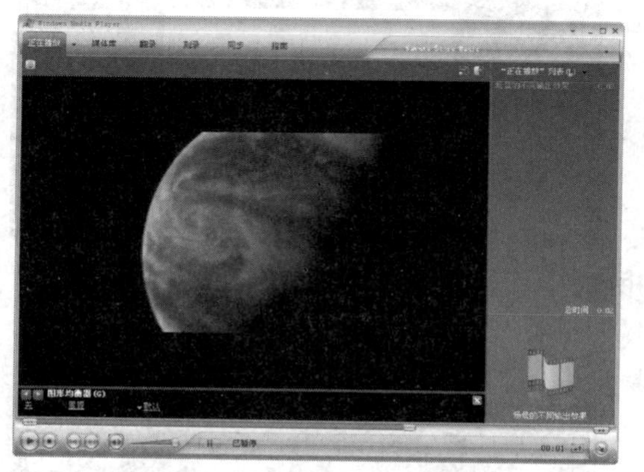

提示：图像越小，渲染速度越快。

提示：开始渲染范围帧时，如果没有指定保存动画的文件，将会出现一个警告对话框提示该问题。

提示：根据列表中选择的输出格式，图像纵横比及宽度和高度按钮的值将产生相应的变化。

11.1.6　实战：应用不同的渲染类型

光盘路径：第11章\11.1\应用不同的渲染类型（原始文件）.max

步骤1　打开本书配套光盘中的原始文件。

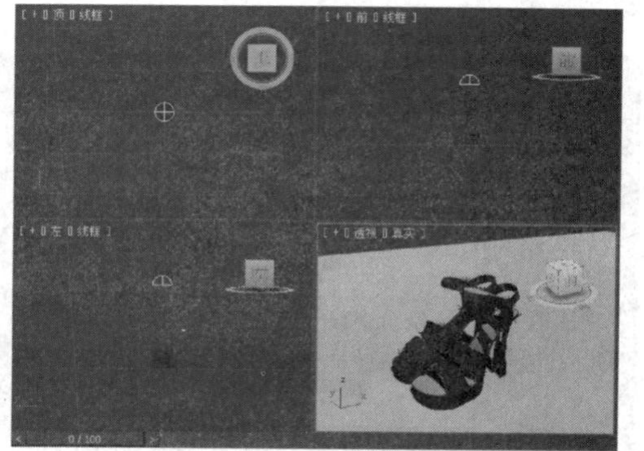

步骤2　渲染场景，可观察到渲染图像效果为当前激活的“透视”视口效果。

步骤3 在用户界面中，激活“左”视口。

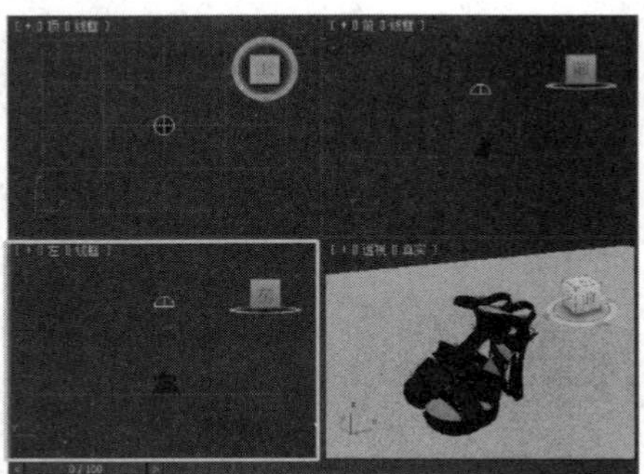

步骤4 再次渲染场景，可观察到“左”视口被渲染。

步骤5 在“要渲染的区域”选项组中，选择“选定”选项。

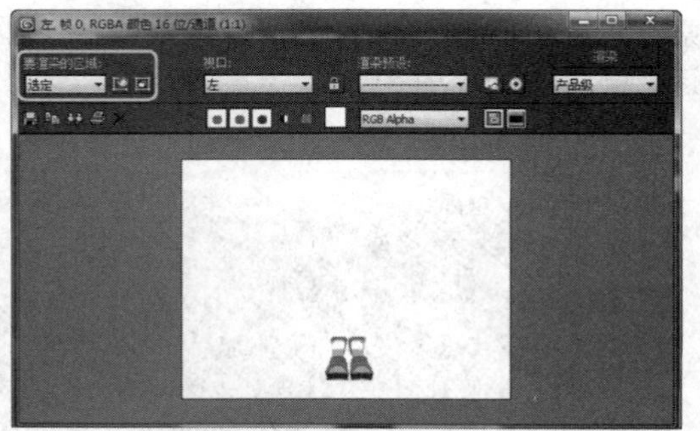

步骤6 在场景中选择高跟鞋对象，然后执行渲染操作，可观察到背景物体未被渲染出来。

步骤7 在“要渲染的区域”选项组中，选择“区域”选项。

步骤8 执行“渲染 | 渲染”命令，在激活视口上将出现一个范围框，此时需要对范围框进行大小调整。

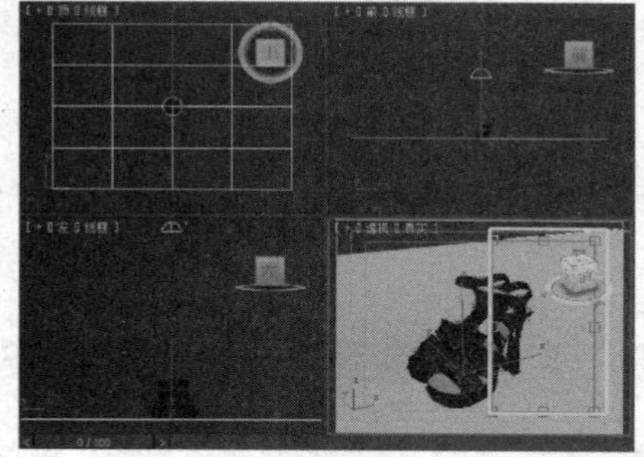

步骤9 渲染场景，可观察到渲染图像中只有范围框内场景被渲染，其余部分则保留黑色。

步骤10 在“要渲染的区域”选项组中，选择“裁剪”选项。

步骤11 执行“渲染 | 渲染”命令，可以视口中调整范围框。

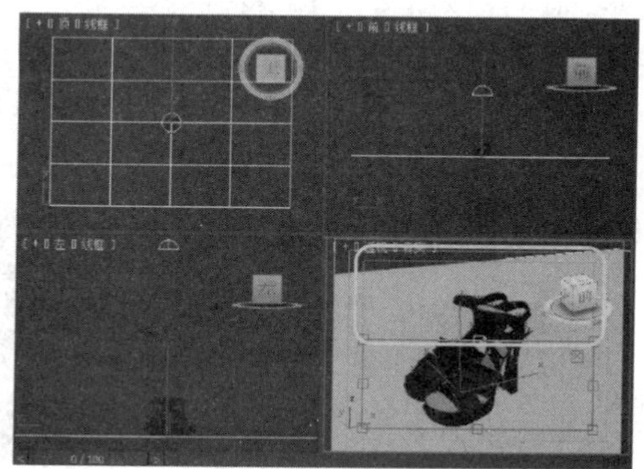

步骤12 渲染后，可观察到范围框设定的大小成为了渲染图像的最终大小。

步骤13 在“要渲染的区域”选项组中，选择“放大”选项。

步骤14 执行渲染命令后，可以对范围框进行调整。

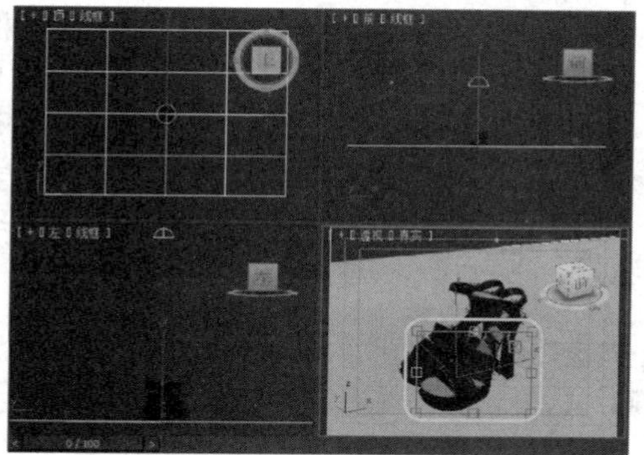

步骤15 渲染完成后，可观察到设定的范围框大小被放大至渲染输出大小，范围框内的场景显示比例也会产生相应的变化。

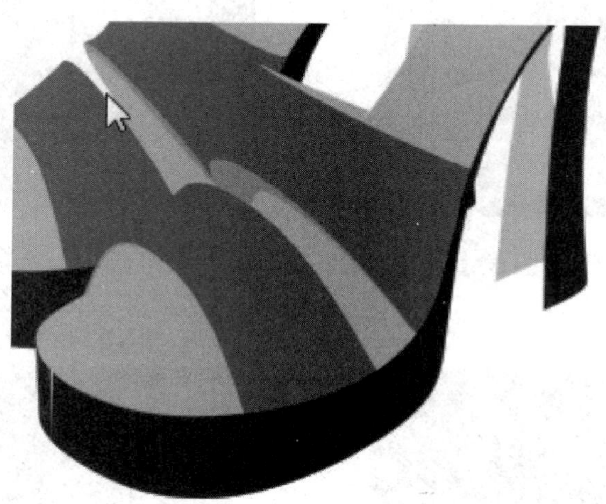

提示：渲染区域是指在创建视图选定区域内的草图渲染。

提示：如果渲染图像尺寸过大，会弹出对话框，提示创建位图时发生错误或内存不足，此时可以启用位图分页程序解决该问题。

11.2 默认渲染器常用设置

在“渲染设置”对话框中，除了提供输出的相关设置外，还可以对渲染工作流程进行全局控制，如更换渲染器、控制渲染内容等，同时还可以对默认的扫描线渲染器进行相关设置。

11.2.1 渲染选项

在“选项”选项组中，可以控制场景中的具体元素是否参与渲染，如大气效果或渲染隐藏几何体对象等。

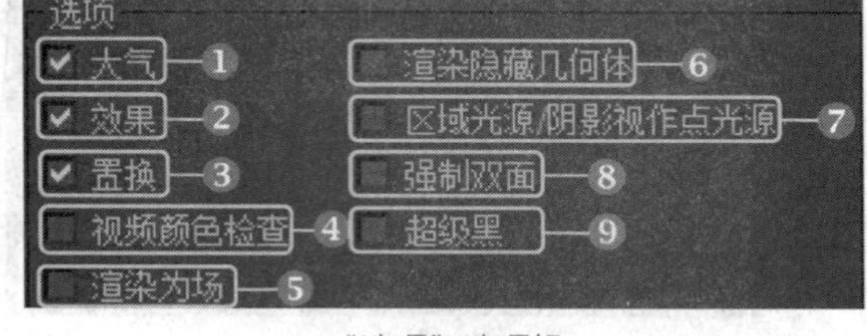

“选项”选项组

相关元素解读如下：

❶**大气**：勾选该复选框，渲染所有应用的大气效果。

❷**效果**：勾选该复选框，渲染所有应用的渲染效果。

❸**置换**：勾选该复选框，渲染所有应用的置换贴图。

❹**视频颜色检查**：勾选该复选框，检查超出NTSC或PAL安全阈值的像素颜色，标记这些像素颜色并将其改为可接受的值。

❺**渲染为场**：勾选该复选框，为视频创建动画时，将视频渲染为场。

❻**渲染隐藏几何体**：勾选该复选框，将渲染包括场景中隐藏几何体在内的所有对象。

❼**区域光源/阴影视作点光源**：勾选该复选框，将所有的区域光源或阴影当作从点对象所发出的进行渲染。

❽**强制双面**：勾选该复选框，渲染所有曲面的两个面。

❾**超级黑**：勾选该复选框，可以限制用于视频组合的渲染几何体的暗度。

提示：在完成渲染后保存文件时，只能保存各种位图格式，如果保存为视频格式，将只有一帧图画。

11.2.2 实战：渲染选项的应用

光盘路径：第11章\11.2\渲染选项应用.max

步骤1 渲染场景，可观察到场景的默认渲染效果。

步骤2 打开“渲染设置”窗口，在“选项”选项组中，勾选“渲染为场”复选框。

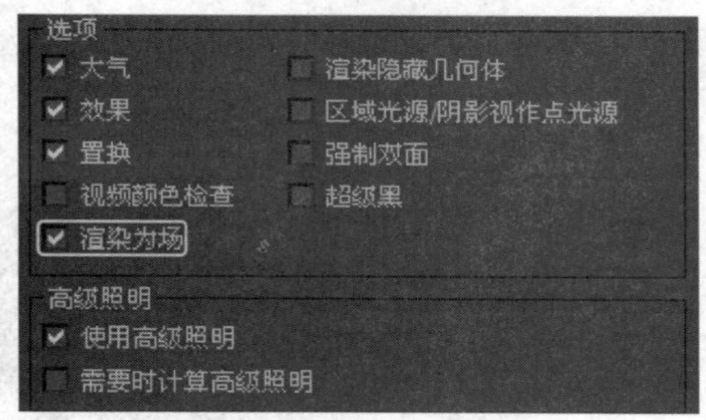

步骤3 渲染场景，可观察到将图像渲染为场的效果。

步骤4 在“选项”选项组中，勾选“渲染隐藏几何体”复选框。渲染场景，可观察到场景中被隐藏的长方体仍然被渲染出来。

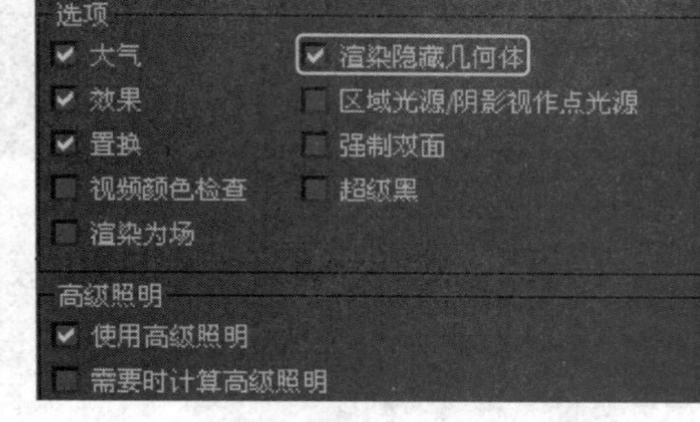

提示：默认情况下，不安全颜色渲染为黑色像素，可以在首选项设置对话框的渲染面板中更改颜色检查的显示。

提示：区域光源/阴影视作点光源参数的禁用或启用，不影响带有光能传递的场景。

提示：区域光源/阴影视作点光源参数通常应用于对草图渲染，这样可以节约大量的渲染时间。

11.2.3　抗锯齿过滤器

抗锯齿过滤器可以平滑渲染时产生的对角线或弯曲线条的锯齿状边缘。在最终渲染和需要保证图像质量的样图渲染时，都需要启用该选项。3ds Max 2014共提供了12种抗锯齿过滤器。

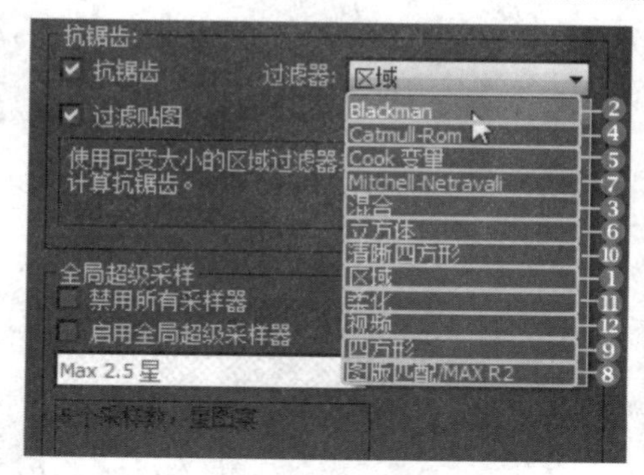

相关抗锯齿过滤器解读如下：

❶**区域**：使用可变大小的区域过滤器来计算抗锯齿。

❷**Blackman**：清晰但没有边缘增强效果的25像素过滤器。

❸**混合**：在清晰区域和高斯柔化过滤器之间混合。

❹**Catmull-Rom**：具有轻微边缘增强效果的25像素重组过滤器。

❺**Cook变量**：一种通用过滤器。参数值在1到2.5之间可以使图像清晰；更高的值将使图像模糊。

❻**立方体**：基于立方体样条线的25像素模糊过滤器。

❼**Mitchell-Netravali**：两个参数的过滤器；在模糊、圆环化和各向异性之间交替使用。

❽**图版匹配/MAX R2**：使用3ds Max R2.x的方法（无贴图过滤），将摄影机和场景或无光/投影元素与未过滤的背景图像相匹配。

❾**四方形**：基于四方形样条线的9像素模糊过滤器。

❿**清晰四方形**：来自Nelson Max的清晰9素重组过滤器。

⓫**柔化**：可调整高斯柔化过滤器，用于适度模糊。

⓬**视频**：针对NTSC和PAL视频应用程序进行了优化的25像素模糊过滤器。

提示：禁用抗锯齿后，强制线框设置将无效，几何体将根据自身指定的材质进行渲染。

11.2.4　实战：抗锯齿过滤器测试

光盘路径：第11章\11.2\抗锯齿过滤器测试.max

步骤1　打开本书配套的范例文件“抗锯齿过滤器测试.max”。

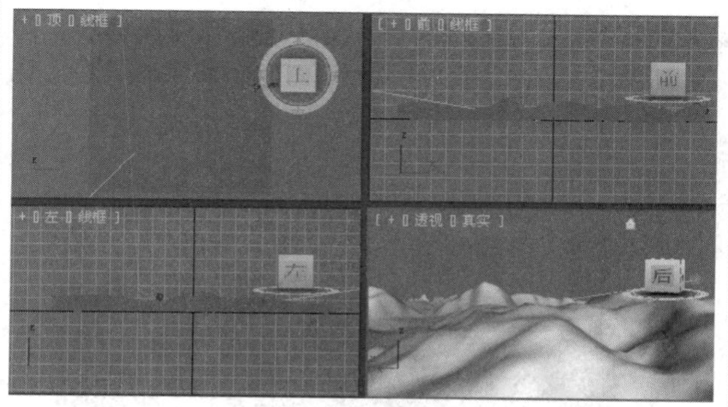

步骤2　在“要渲染的区域”中，选择“放大”选项。

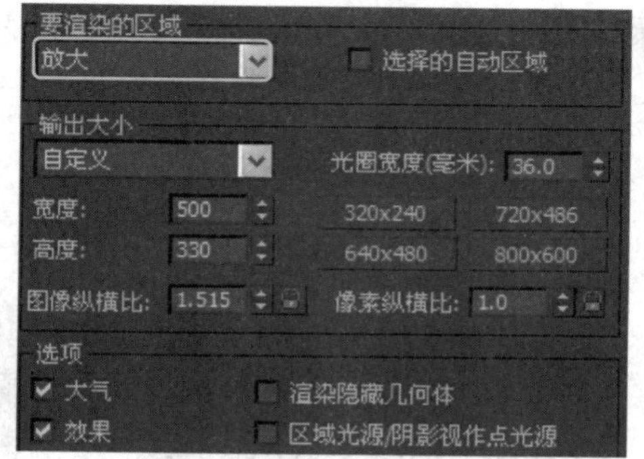

步骤3　在“透视”视口中设置范围框的位置。

步骤4　打开“默认扫描线渲染器”展卷栏，取消勾选“抗锯齿”复选框。

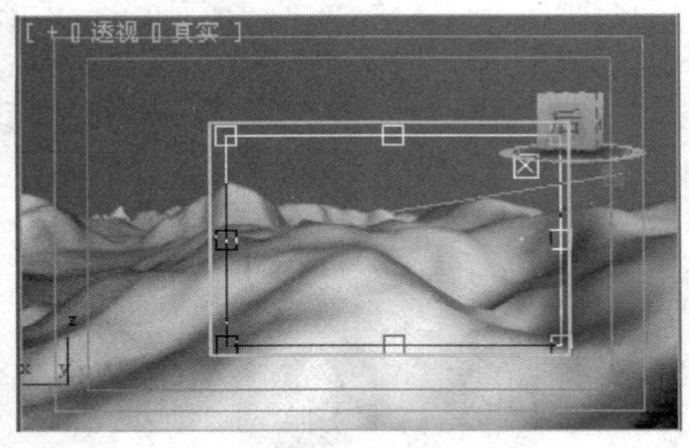

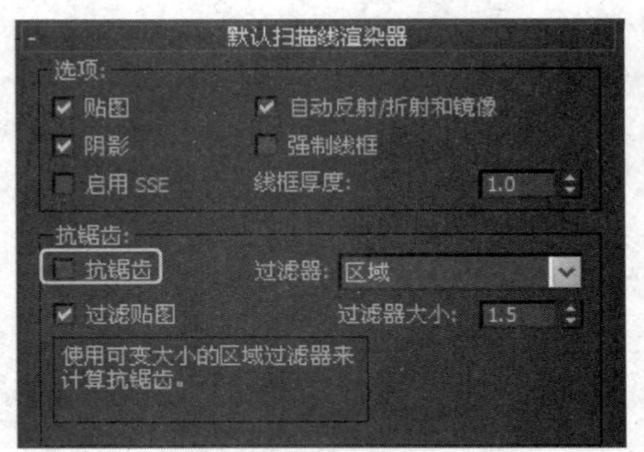

步骤5 渲染场景，可观察到场景中对象边缘处产生的锯齿形状。

步骤6 勾选“抗锯齿”复选框，并选择默认的“区域”过滤器选项。

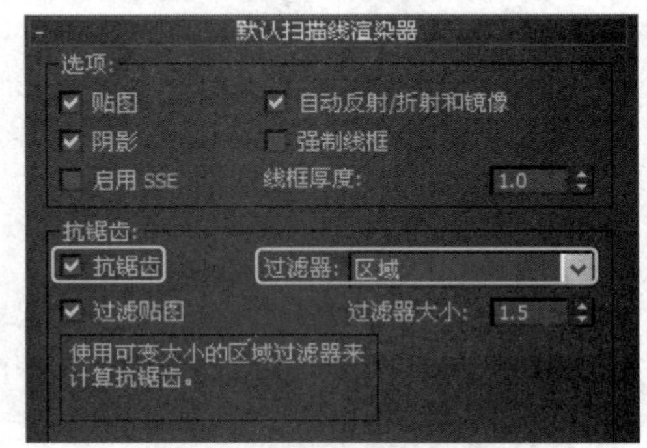

步骤7 渲染场景，并将渲染图像放大，可观察到场景对象边缘被模糊处理，锯齿状效果得到有效改善。

步骤8 选择“混合”过滤器选项，再渲染场景，可观察到场景对象的边缘产生了一定程度的模糊效果。

步骤9 选择Catmull-Rom过滤器选项，再次渲染场景，可观察到渲染图像变得非常清晰。

步骤10 选择Mitchell-Netravali过滤器选项，渲染场景，可观察到场景对象的边缘有效消除了锯齿，渲染图像也适度清晰。

提示：禁用抗锯齿参数时同时也禁用了渲染元素，如果需要渲染元素，必须使抗锯齿处于启用状态。

提示：区域渲染的范围框也可以在视口中进行调整。

提示：只有在进行测试渲染，并需要提高渲染速度和节省内存时才禁用过滤贴图。

提示：某些过滤器在过滤器大小控件的下方能显示其他过滤器指定的参数。

提示：当渲染单独元素时，可为单个元素启用或禁用活动的过滤器。

提示：过滤器大小的参数可以增加或减小应用到图像中的模糊量。

11.3 高级照明

默认的扫描线渲染器支持高级照明选项，包括光跟踪和光能传递。在“渲染设置”的“高级照明”选项卡中，可进行高级照明的应用和选择。

11.3.1 光跟踪器

“光跟踪器”为明亮场景提供柔和边缘的阴影和映色，通常和天光配合使用。在“渲染设置”对话框中，选择“光跟踪器”选项后，会出现相应的卷展栏参数。

光跟踪器的应用效果

相应参数解读如下：

❶**全局倍增**：控制总体照明级别。

❷**天光**：勾选该复选框，启用从场景中天光的重聚集，并可以控制强度值。

❸**光线/采样数**：设置每个采样（或像素）投射的光线数目。

❹**过滤器大小**：用于减少效果中噪波的过滤器大小。

❺**光线偏移**：像对阴影光线跟踪偏移一样，可以调整反射光效果的位置。

❻**对象倍增**：控制由场景中的对象反射的照明级别。

❼**颜色溢出**：控制颜色溢出的强度。

❽**颜色过滤器**：过滤投射在对象上的所有灯光。

❾**反弹**：被跟踪的光线反弹数。

❿**初始采样间距**：图像初始采样的栅格间距，以像素为单位进行衡量。

⓫**细分对比度**：确定区域是否应进一步细分的对比度阈值。

⓬**向下细分至**：细分的最小间距。

⓭**显示采样**：勾选该复选框，采样位置渲染为红色圆点。

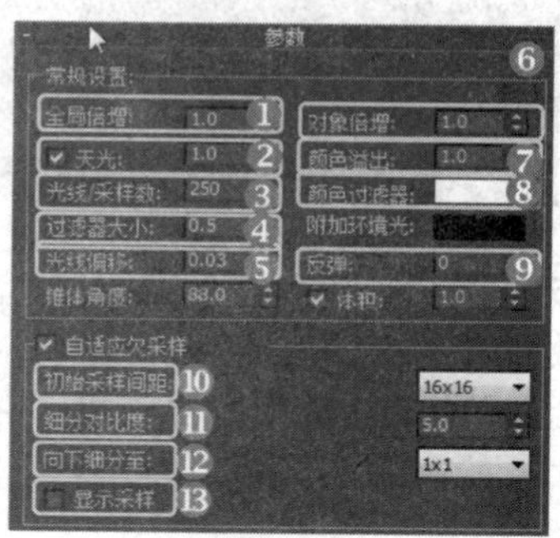

“光跟踪器”卷展栏

提示：要快速预览光跟踪器产生的效果，可通过降低光线/采样数参数值和过滤器大小的值来实现。

11.3.2 实战：光跟踪器的使用

光盘路径：第11章\11.3\光跟踪器的使用（原始文件）.max

步骤1　在场景未应用灯光的情况下进行渲染。

步骤2　在场景中任意的位置创建一盏“天光”。

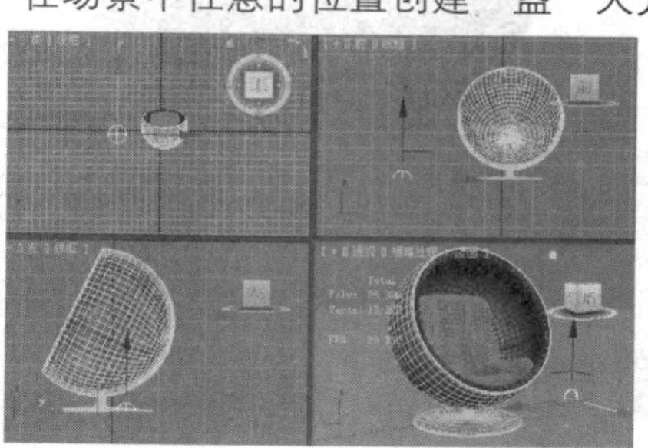

步骤3 在“渲染设置”窗口的“高级照明”面板中，选择“光跟踪器”选项。

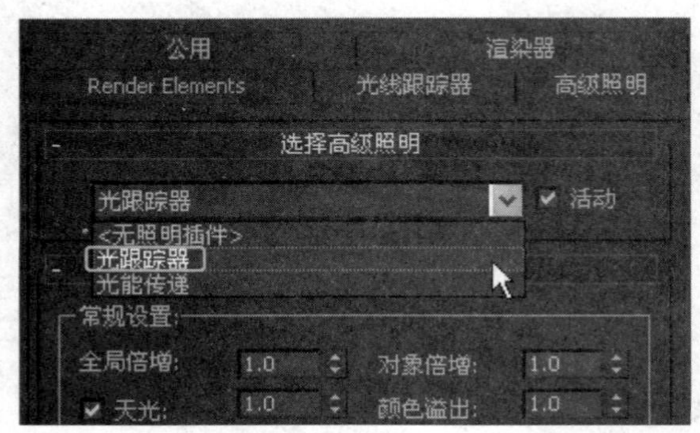

步骤4 渲染场景，可观察到天光和光跟踪器的默认应用效果。

步骤5 在“参数”卷展栏中，设置“全局倍增”参数值为2。

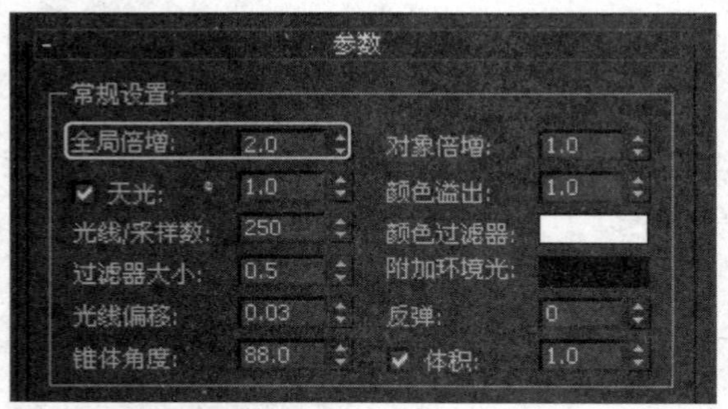

步骤6 渲染场景，可观察到“全局倍增”参数值增大，场景中对象接受的光照更强。

步骤7 恢复默认参数，设置“光线/采样数”参数值为5，渲染场景，可观察到由于光线/采样数量参数值过低，渲染图像中产生大量的噪点。

步骤8 恢复默认参数，单击“附加环境光”色块，在开启的对话框中设置颜色。

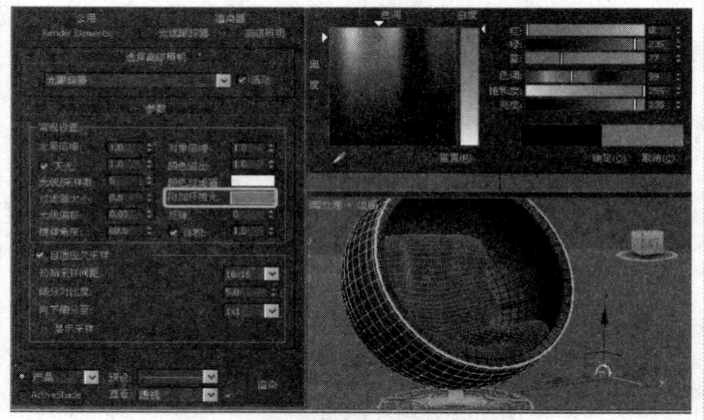

步骤9 渲染场景，可观察到环境光为绿色时对场景的全局影响。

步骤10 恢复默认参数，设置“反弹”参数值为2，渲染场景，可观察到反弹次数值增加后，场景中较暗的地方会略为变亮。

步骤11 勾选“显示采样”复选框。

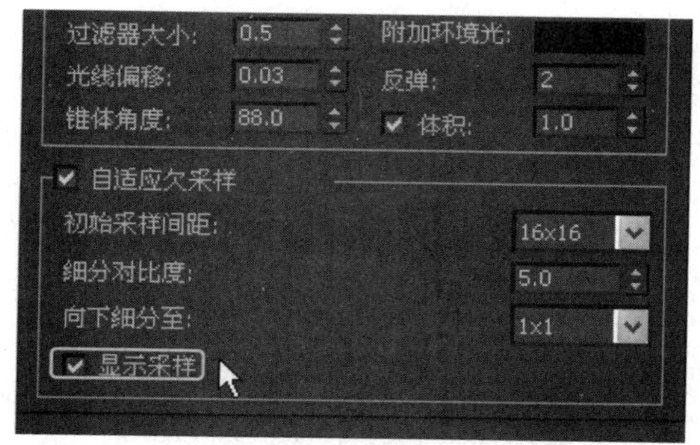

步骤12 渲染场景，则显示出红色的采样点。

步骤13 在参数面板中，设置“向下细分至”参数值为32×32。

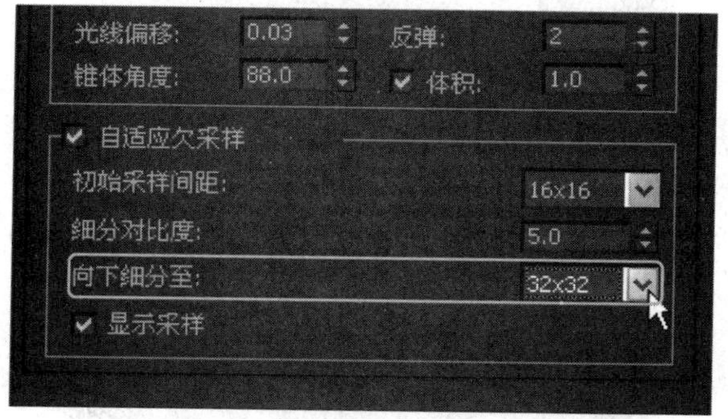

步骤14 渲染场景，可观察到场景采样细分的距离变为32×32像素后的效果。

提示： 如果使用天光并采用纹理贴图，则应在使用贴图之前用图像处理程序把贴图模糊。

提示： 如果场景中有透明对象，如玻璃等，反弹值应该大于零。

提示： 只有反弹值大于或等于2时，对象倍增等参数设置才起作用。

提示： 细分对比度用于确定区域进一步细分的对比度阈值。

11.3.3 光能传递

“光能传递”作为一种渲染技术，可以提供场景中灯光的物理性质精确模型，真实地模拟灯光在环境中相互作用效果。

光能传递的应用主要包括三个阶段：初始质量设定、细化迭代控制和重聚集设置。在计算求解的处理过程中使用前两个阶段，在最终渲染过程中使用第三个阶段。

1. 初始质量

在设置初始质量时，将通过本质上模拟真正的光子行，来计算场景中漫反射照明的分布。使用的光线数量越多，解决方案的精确性就越高，同时会建立场景照明级别的整个外观。

2. 细化迭代

初始质量阶段的采样具有随机性，往往会造成场景中较小的曲面或网络没有得到足够多的照明。使用场景产生黑斑，通过细化迭代参数设置，可以在每个曲面元素上重新聚集灯光。

3. 重聚集

重聚集可以弥补由于原始模型的拓扑造成的不真实视觉效果，如阴影的偏移，使用重聚集会明显增加最终图像的渲染时间，但会得到非常高的渲染质量。

11.3.4 实战：使用光能传递渲染场景

光盘路径：第11章\11.3\使用光能传递渲染场景（原始文件）.max

步骤1 打开本书配套光盘中的原始文件。

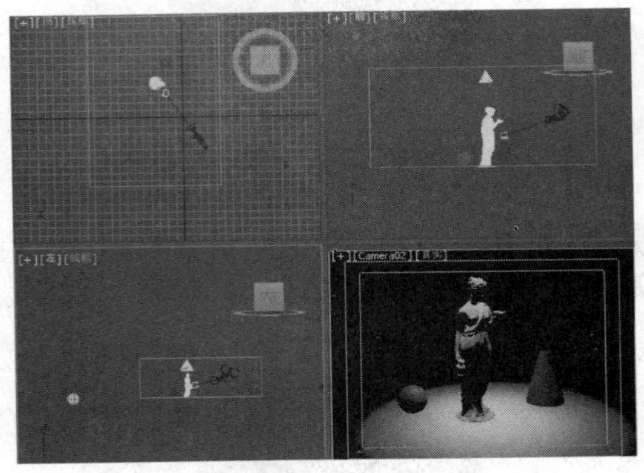

步骤2 激活“摄影机”视图，按下F9键，对当前视图进行渲染。

步骤3 打开“渲染设置”对话框，激活“高级照明”选项卡，并在“高级照明”卷展栏中选择“光能传递”选项。

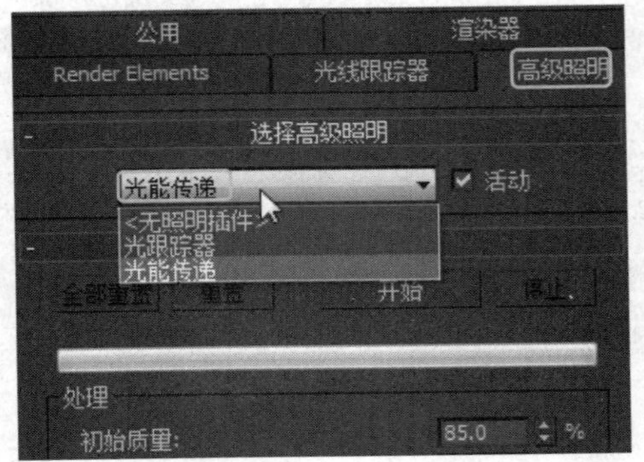

步骤4 在“光能传递处理参数”卷展栏中单击“开始”按钮进行光能传递处理。

步骤5 单击“停止”按钮，将停止光能传递处理。“开始”按钮变为“继续”。

步骤6 单击“继续”按钮，继续进行光能传递处理，当光能传递达到“初始质量”指定的百分比时自动停止。

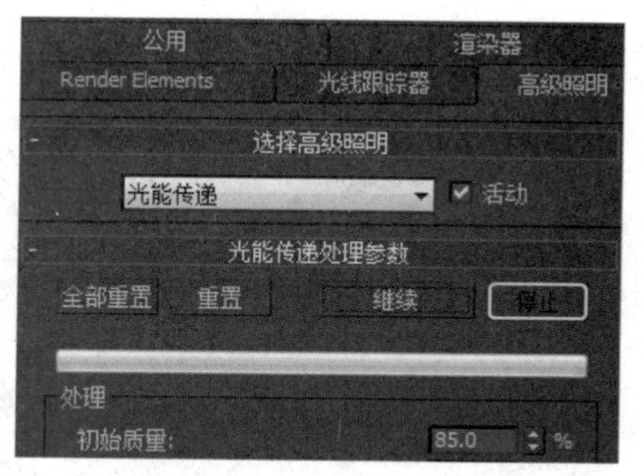

步骤7　单击“渲染”按钮对视图进行渲染。

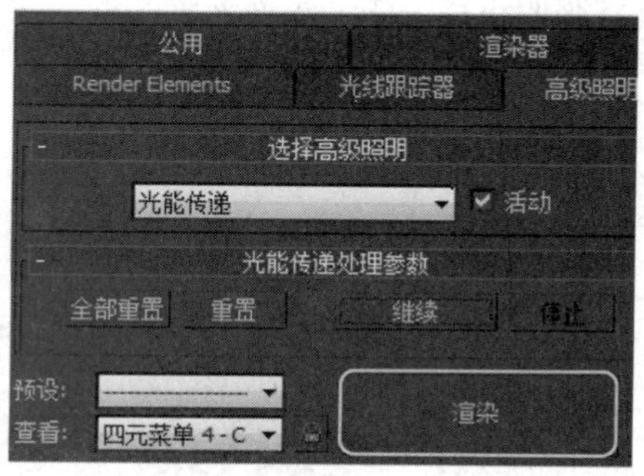

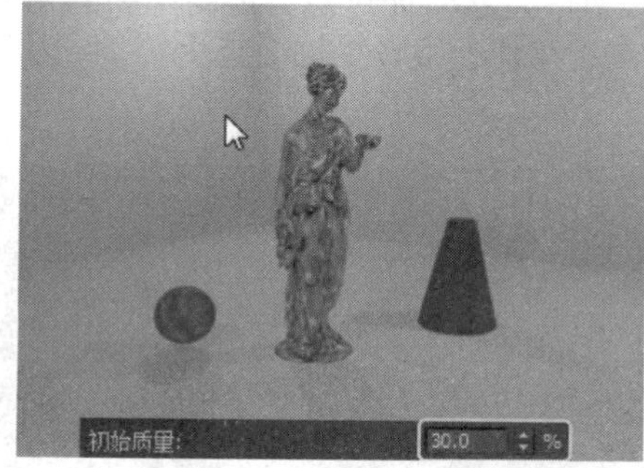

步骤8　设置“初始质量”百分比值，可以决定停止初始质量过程时的品质百分比，最高为100%。观察不同百分值得到的光能传递的对比效果。

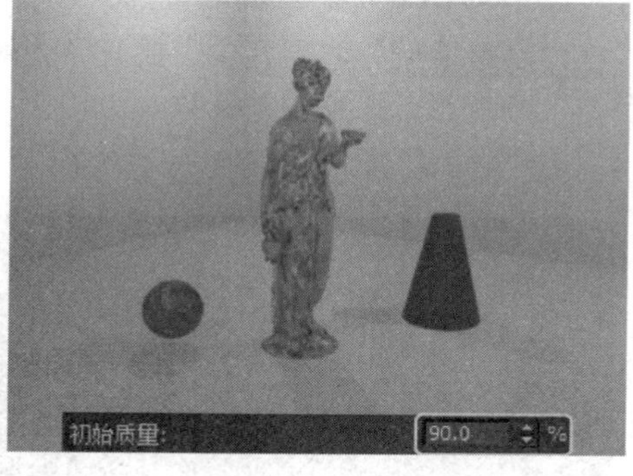

步骤9　设置“优化迭代次数”值，可以决定整个场景执行优化迭化的程度，该选项可以提高场景中所有对象的光能传递品质。

步骤10 设置“间接灯光过滤”值向周围的元素均匀化间接照明级别来降低表面元素间的噪波数量，设置数值过高，可能造成场景细节丢失。

步骤11 设置“直接灯光过滤”值向周围的元素均匀化直接照明级别来降低表面元素间的噪波数量，设置数值过高，可能造成场景细节丢失。

步骤12 在“高级照明”卷展栏中，展开“光能传递网络参数”卷展栏，设置相关参数。

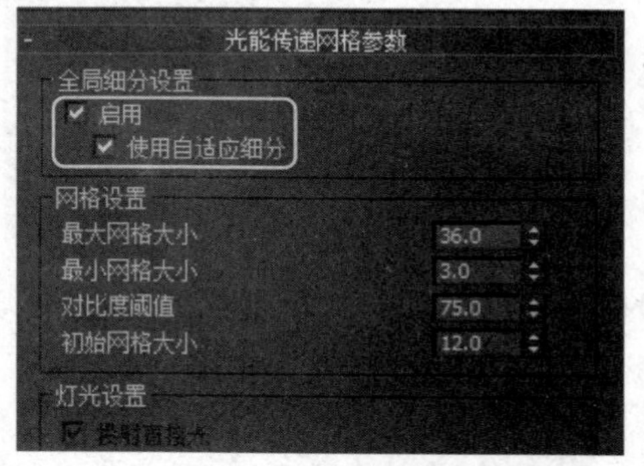

步骤13 渲染场景，可观察到场景对象受光更加均匀。

提示： 光子在曲面上反射的方式主要取决于曲面的光滑度。粗糙的曲面会向所有方向反射光子。

11.4 插件渲染器

在实际应用中，3ds Max自身的功能有时候还不能完全满足各种用户的需要，特别是渲染工作，默认的扫描线渲染器渲染的结果往往不能满足CG动画的高品质画面要求，这时就需要用到已经被整合到3ds Max中的mental ray渲染器、新增加的iray渲染器或安装其他渲染器。

11.4.1 mental ray

mental ray是一款通用渲染器，可以生成灯光效果的物理校正模拟，包括光线跟踪反射和折射，同时还可以应用全局照明和生成焦散效果。

mental ray渲染的图像

1. 简单的渲染设置

使用mental ray渲染器时，确保渲染设置的全局光照和最终聚集处于启用状态，这样可以使渲染效果得到较高的质量。

相关渲染设置元素解读如下：

（1）**全局光照**：通过在场景中模拟光能传递或来回反射灯光。

（2）**最终聚集**：是用于计算全局照明的可选附加步骤，使用光子贴图计算全局照明可能会引起渲染的人工效果，可以增加用于计算全局照明的光线数目。

2. mental ray材质

要使用mental ray渲染器，不仅需要掌握应用方法和渲染参数，还要了解相关的灯光和材质的使用。

mental ray不仅支持大多数3ds Max扫描线渲染器的材质，还提供了20余种专用材质类型。

mental ray材质的应用效果

3. mental ray灯光

mental ray不仅支持3ds Max的大多数灯光照明，还提供了专用的区域泛光灯、区域聚光和天光入口灯光等，这些灯光的使用也仅对mental ray渲染器有效，使用方法与其他灯光相似。

相关照明灯光解读如下：

（1）**mr区域泛光灯**：模拟球体或体积发射光线，类似标准的泛光灯。

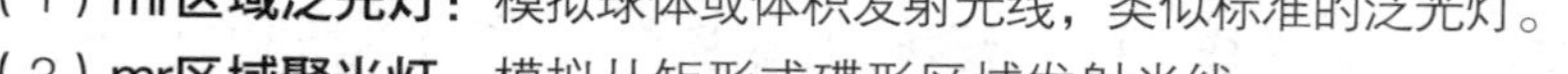

（2）**mr区域聚光灯**：模拟从矩形或碟形区域发射光线。

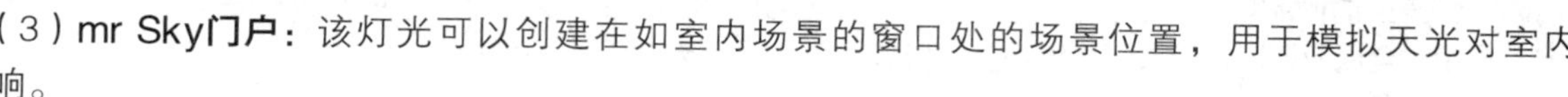

（3）**mr Sky门户**：该灯光可以创建在如室内场景的窗口处的场景位置，用于模拟天光对室内的影响。

（4）**太阳光**：和mr天光组合使用，专门为启用物理模拟日光和精确渲染日光场景而设计。

（5）**mr天光**：和mr太阳光组合使用。

（6）**mr物理天光**：模拟物理天光，大多数参数对所有太阳和天空组件是通用的。

11.4.2 实战：使用mental ray渲染场景

光盘路径：第11章\11.4\使用mental ray渲染场景（原始文件）.max

步骤1 渲染场景，可观察到使用默认扫描线渲染器渲染场景的效果。	步骤2 打开“渲染设置”对话框，在“指定渲染器”卷展栏中更换渲染器。

步骤3 更换渲染器后，直接进行渲染，可观察到场景mental ray渲染器的默认渲染效果。

步骤4 在“采样质量”卷展栏中，设置“每像素采样”选项组中的参数。

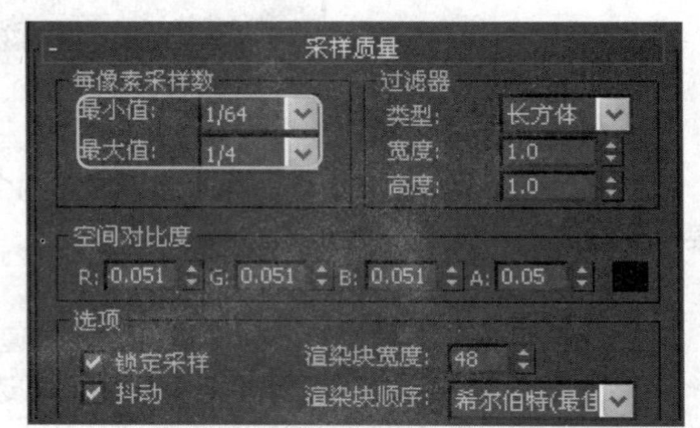

步骤5 渲染场景，可观察到渲染图像产生非常多的锯齿，画面质量非常低。

步骤6 重新设置“每像素采样”选项组中的参数，并设置“过滤器”选项组中的参数。

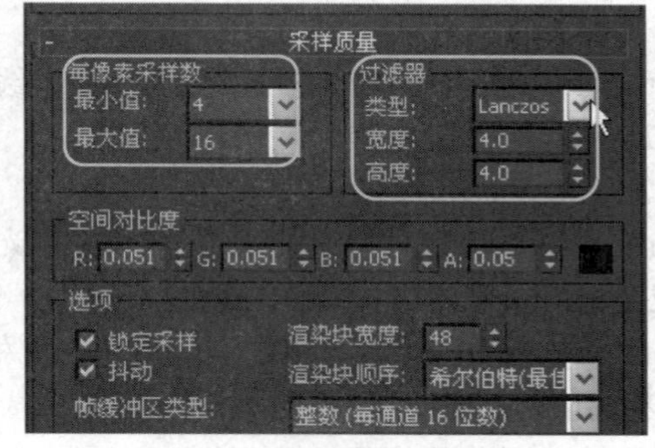

步骤7 渲染，可观察到渲染的场景对象边缘非常清晰，但渲染时间明显增加了。打开“间接照明”选项卡，启用“全局照明”，设置倍增大小参数值和颜色。

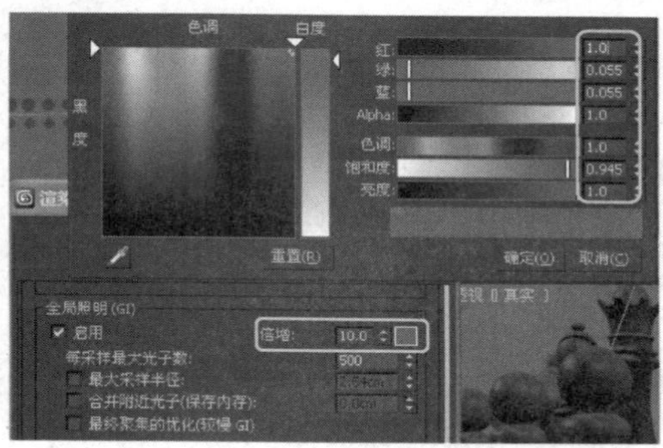

步骤8 渲染场景，可观察到场景中由于全局照明的强度较大，颜色设定为红色，整个场景都被较强的红颜色染色。

步骤9 展开“最终聚集”卷展栏，进行参数设置。

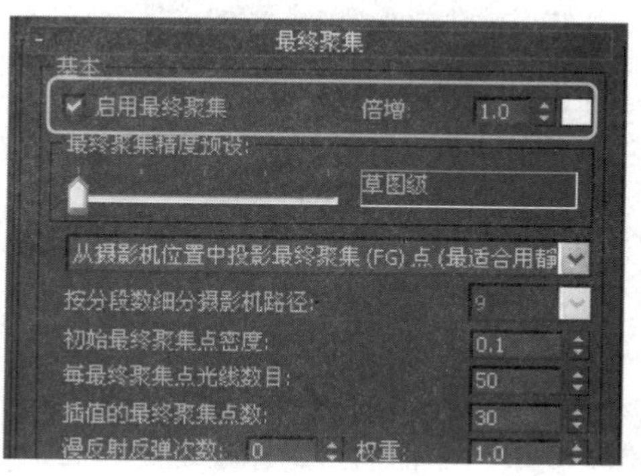

步骤10 渲染场景，可观察到最终聚集的计算结果有效改善了全局照明的应用。

提示：如果将位图用作环境（即作为背景），mental ray渲染器将对其进行采样和过滤，这样可能导致场景产生不可预计的模糊效果。

11.4.3 实战：mental ray的材质

光盘路径：第11章\11.4\使用mental ray的材质（原始文件）.max

步骤1 渲染场景，可观察到场景中装饰品使用默认材质的渲染效果。

步骤2 打开“材质编辑器”窗口，使用Car Paint的材质类型替代原始材质。

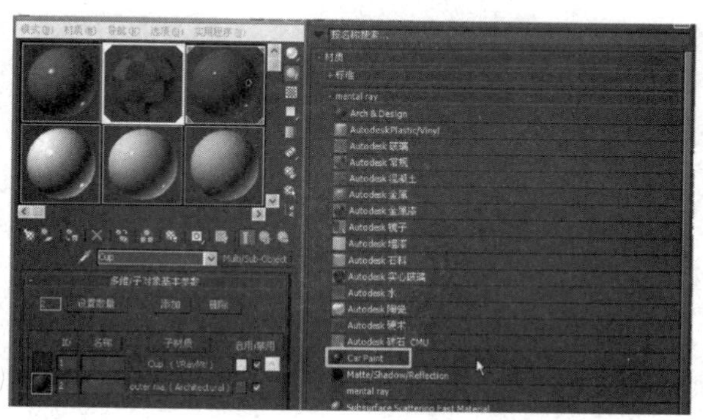

步骤3 渲染场景，可观察到Car Paint的材质类型的默认设置渲染效果。

步骤4 使用Autodesk金属的材质类型替换原有材质。

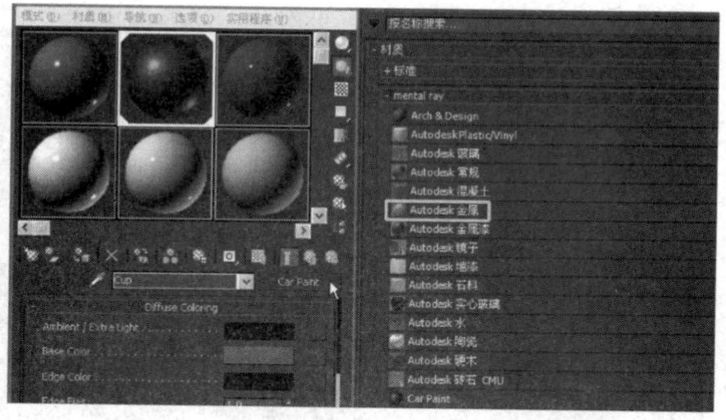

步骤5 渲染场景，可观察到mental ray预置金属材质类型的渲染效果。

步骤6 克隆出一些装饰品对象，为它们赋予不同的mental ray材质类型，然后进行渲染，可观察到各种材质的渲染效果。

提示：当遇到重合面时，mental ray渲染器会因为无法确定哪一个面离摄影机更近而产生非真实的效果。

提示：mental ray渲染器不能完全支持反射/折射贴图的立方体贴图。

11.4.4 实战：mental ray的灯光

光盘路径：第11章\11.4\使用mental ray的灯光（原始文件）.max

步骤1 直接渲染场景，可观察到场景的默认渲染效果。

步骤2 单击"日光"按钮并在开启的对话框中单击"是"按钮，以应用mental ray的曝光方式。

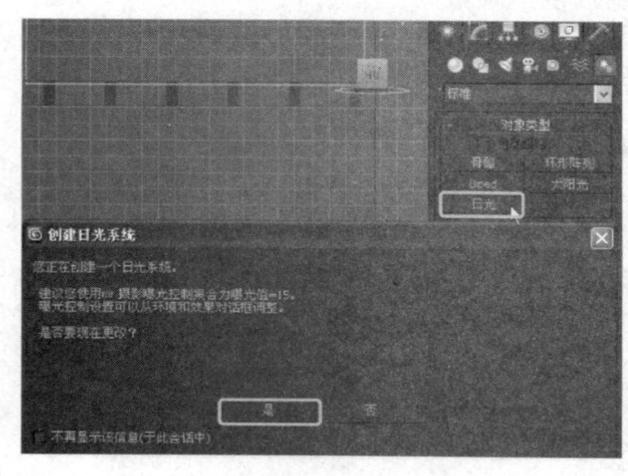

步骤3 在"顶"视口中进行日光的创建。

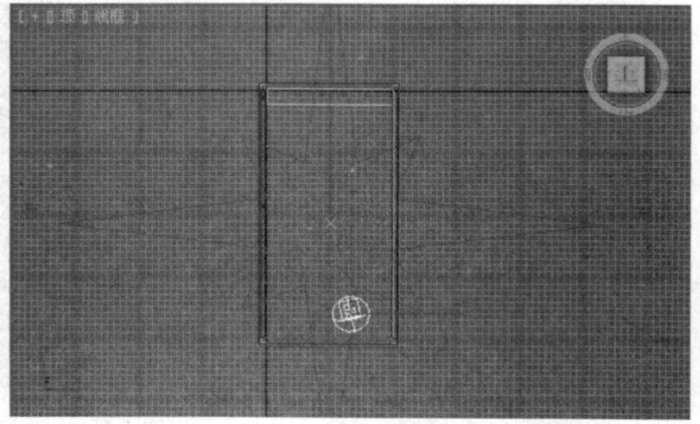

步骤4 在日光的参数面板中，设置"太阳光"为mr Sun。

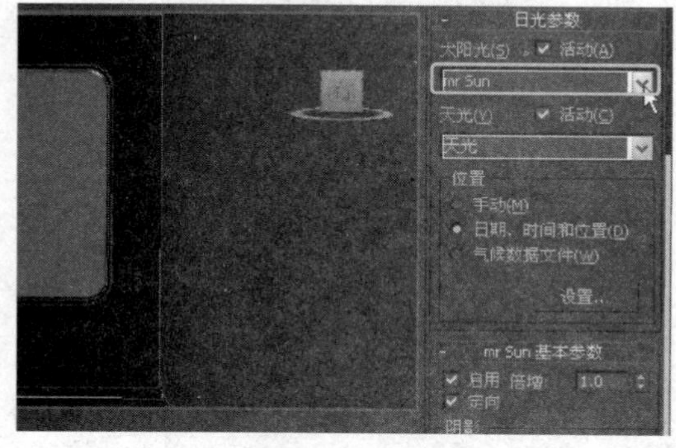

步骤5 在"环境和效果"窗口的曝光方式面板中，设置相关参数。

步骤6 在灯光的"创建"命令面板中，单击"mr Sky门户"按钮。

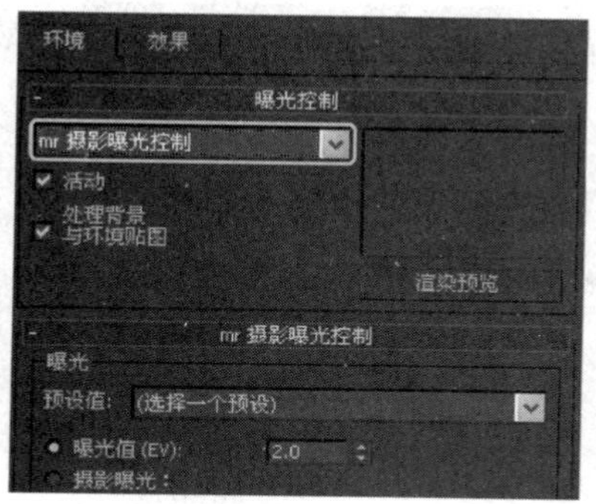

步骤7　根据建筑窗口的位置，在“左”视口中创建mr天光入口灯光。

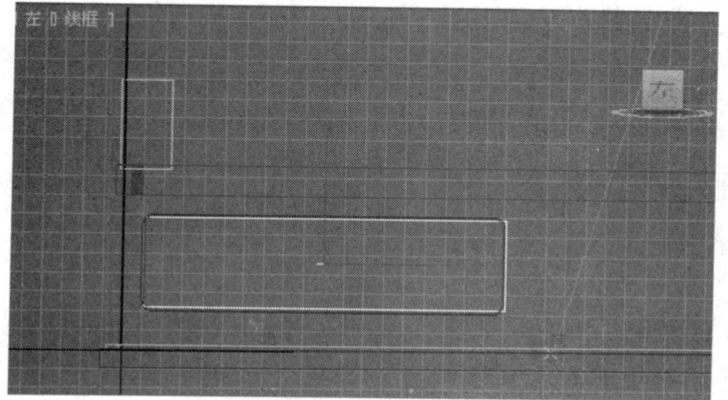

步骤8　选择mr的天光入口灯光，设置灯光颜色为蓝色，并设置其他参数。

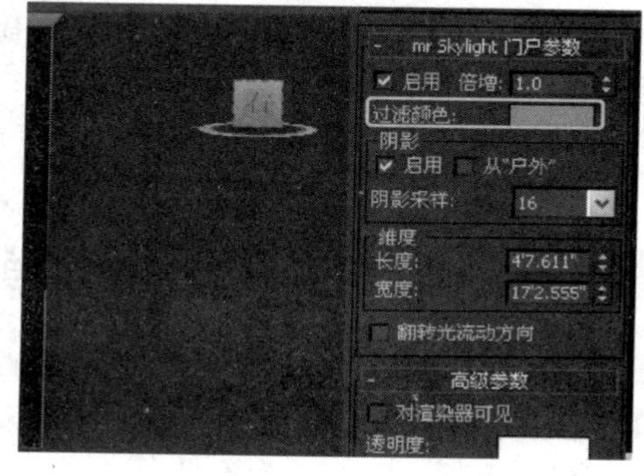

步骤9　渲染场景，可观察天光入口灯光产生的天光效果。

步骤10　将天光入口灯光的“倍增”参数设置为5，颜色设置为红色，再次渲染场景，可观察到天光变强、颜色变红后对建筑内部的影响效果。

提示：在mental ray中使用全局照明，光子必须能够在两个或多个曲面中反弹。

提示：要渲染具有柔和边缘的阴影，阴影必须是光线跟踪类型。

提示：可以使用 MAXScript工具将标准3ds Max灯光对象转化为区域灯光。

11.4.5　iray

1. iray渲染器

iray渲染器通过追踪灯光路径创建物理精确的渲染。与其他渲染器相比，它几乎不需要进行设置。iray渲染器特别擅长渲染反射，包括光泽反射；它也擅长渲染在其他渲染器中无法精确渲染的自发光对象和图形。

iray渲染器的主要处理方法是基于时间的：可以指定要渲染的时间长度、要计算的迭代次数。

相关参数解读如下：

❶**时间**：以小时、分钟和秒为单位设置渲染持续时间。默认设置为1分钟。

❷**迭代（通过的数量）**：设置要运行的迭代次数。默认设置为500。

❸**无限制**：选中此选项可以使渲染器不限时间地运行。

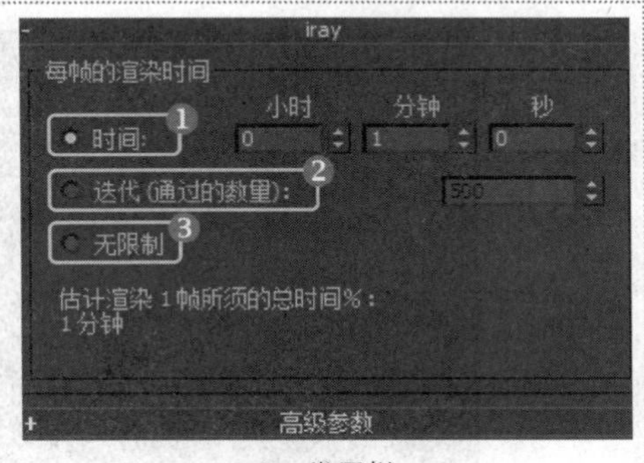

iray卷展栏

提示：iray渲染器面板还提供了“高级参数”卷展栏，其中包含更具体的控件，用于进行设置操作。

2. iray材质

iray渲染器仅支持某些材质、贴图和明暗器类型。尤其是，它不像mental ray渲染器那样支持可编程明暗器。如果场景包含不受支持的材质或贴图，则iray渲染器会将其渲染为灰色，并在“渲染消息窗口”中报告错误。通常，iray渲染器仅支持与基于物理的光线跟踪有关的材质和贴图或明暗器功能。例如，“Arch & Design”材质设置涉及环境阻光度、圆角或最终聚集，这些都是该渲染器所忽略的设置。

11.4.6 实战：iray渲染器的简单使用

光盘路径：第11章\11.4\简单使用iray渲染器（原始文件）.max

步骤1 渲染场景，可观察到场景指定的渲染器的渲染效果。

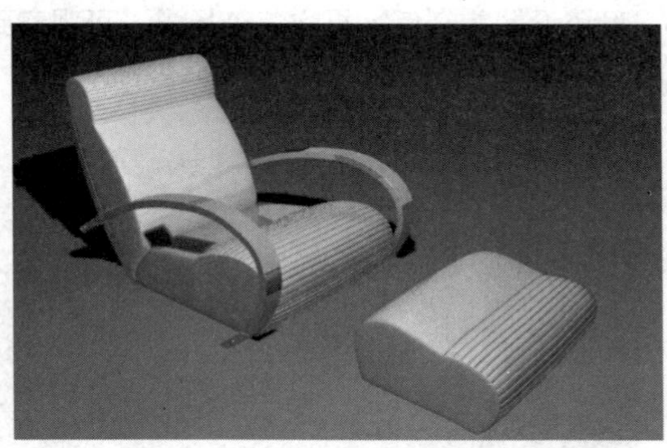

步骤2 打开“渲染设置”对话框，在“指定渲染器”卷展栏中更换渲染器。

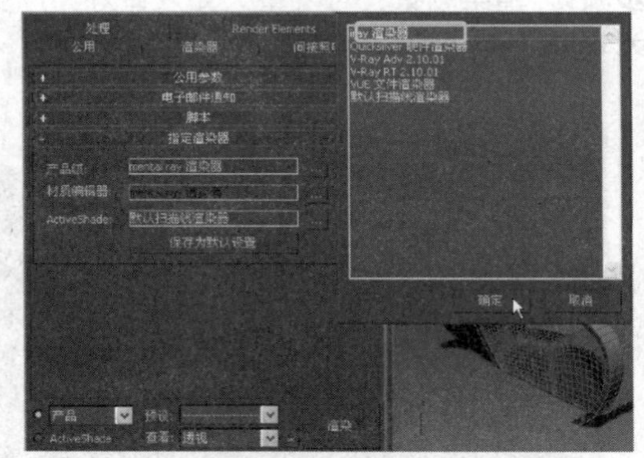

步骤3 更换渲染器后，直接进行渲染，可观察到iray渲染器的默认渲染效果。

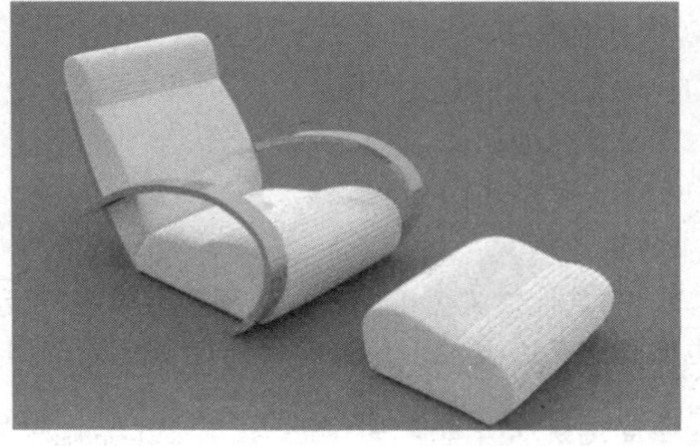

步骤4 打开“渲染设置”对话框，在“iray”卷展栏下将“时间”设置为10秒。

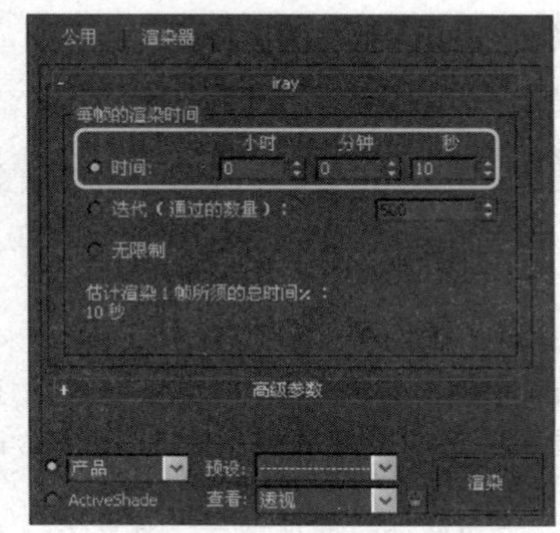

步骤5　渲染场景，可以发现渲染速度提高，但是渲染质量粗糙。	**步骤6**　选择“迭代”并保持默认参数不变。
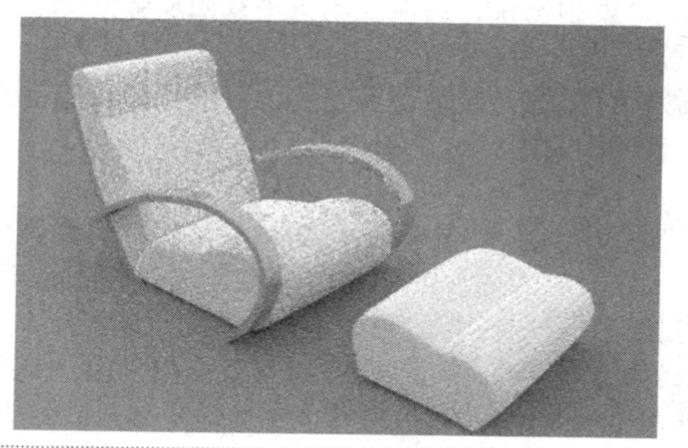	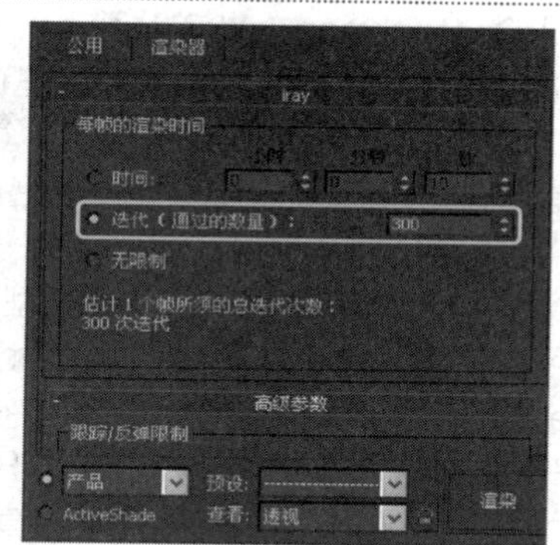

步骤7　渲染场景，可以发现渲染时间加长，渲染质量明显提高。

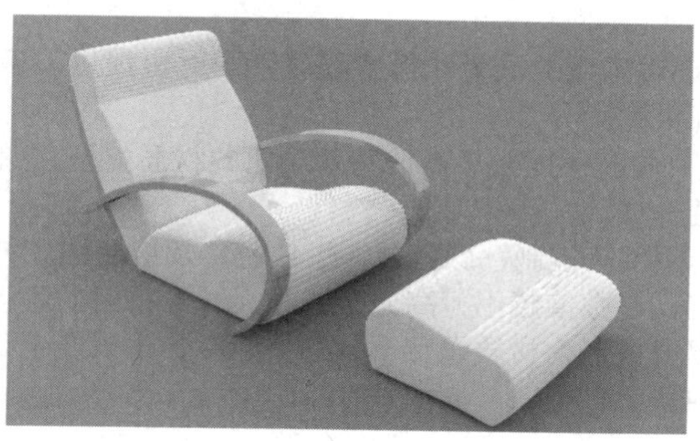

11.4.7　VRay

VRay是最常用的外挂渲染器之一，支持的软件偏向于建筑和表现行业，如3ds Max、SketchUp、Rhino等软件。其渲染速度快、渲染质量高的特点已被大多数行业设计师所认同。

VRay应用效果

作为独立的渲染器插件，VRay在支持3ds Max的同时，也提供了自身的灯光材质和渲染算法，可以得到更好的画面质量。

提示：VRay 针对不同的3ds Max 有不同版本的接口。

1. VRay渲染器

VRay使用全局照明的算法对场景进行多次光线照明传播，使用不同的全局光照引擎，计算不同类型的场景，使渲染质量和渲染速度的控制能达到理想的平衡。

相关参数解读如下：

（1）Irradiance map（**发光贴图**）：该全局光照引擎基于发光缓存技术，计算场景中某些特定点的间接照明，然后对其他点进行差值计算。

（2）Brute force（**直接照明**）：直接对每个着色点进行独立计算，虽然很慢，但这种引擎非常准确，特别适用于有许多细节的场景。

（3）Photon map（**光子贴图**）：是基于追踪从光源发射出来，并能在场景中来回反弹的光子，特别适用于存在大量灯光和较少窗户的室内或半封闭场景。

（4）Light cache（**灯光缓存**）：建立在追踪摄影机可见的光线路径基础上，每次光线反弹都会储存照明信息，与Photon map（光子贴图）类似，但具有更多的优点。

2. VRay灯光

VRay支持3ds Max大多数灯光类型，但渲染器自带的VRayLight是VRay场景中最常用的灯光类型，该灯光可以作为球体、半球和面状发射光线。

VRay的半球灯光与天光类似，可以在场景中的任意位置创建。在VRay场景中，如果未创建灯光，仍然能够识别3ds Max场景中的默认灯光。VRay灯光的面积越大、强度越高、距离对象越近，对象的受光越多。

VRay灯光可以被渲染在场景中，渲染效果与自身大小一致。但VRay灯光不能选择阴影方式且VRay灯光的采样数越大，场景生成的噪点越少，渲染速度越慢。

3. VRay材质

VRay材质通过颜色来决定对光线的反射和折射程度，同时也提供了多种材质类型和贴图，使渲染后的场景效果在细节上的表现更完美。

VRayMtl是最常用的材质，同时还提供了其他特殊功能的材质类型，如SSS材质等。VRay材质的漫反射与标准材质的漫反射属性一样。

材质反射的强度由颜色的明度来控制，颜色越接近白色，反射越强。纯白色能产生镜面反射效果。高光的范围由光泽度参数决定，参数值越小，高光范围越大。当折射的颜色为白色时，光线将完全穿透对象，其偏射方向则和折射率有关。为材质设定不同的折射率，可以产生不同的折射效果，参数值设置可以参照真实世界的对象折射率。

11.5 插件渲染器的应用

本节将使用VRay插件渲染器对简单的场景进行照明布置、材质设定以及最终渲染。以此来进一步学习Vray渲染器的实际运用。

提示：使用VRay渲染器渲染场景，需要同时使用VRay的灯光和材质，这样才能达到最理想的效果。

11.5.1 为场景对象制作材质

本小节将制作磨砂金属、陶瓷、不锈钢和塑料等典型材质，这些材质都可以通过VRayMtl材质类型完成。设置符合真实世界的物体反光效果是材质制作的关键步骤。

11.5.2 实战：插件渲染器的应用

光盘路径：第11章\11.5\插件渲染器的应用（原始文件）.max

步骤1 打开本书配套的范例文件“插件渲染器的应用（原始文件）.max”。

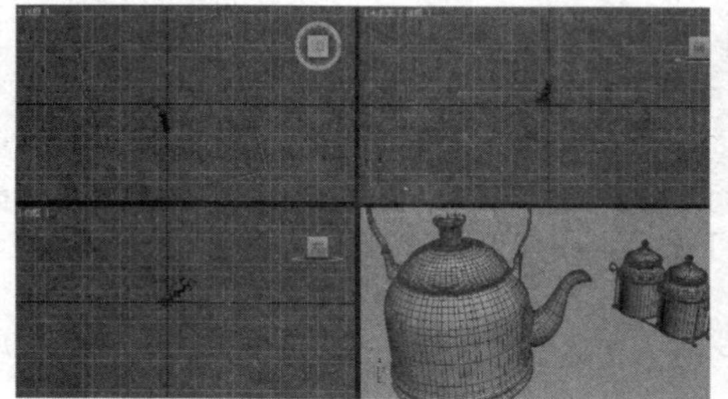

步骤2 打开“材质编辑器”窗口，使用一个VRayMtl材质球。

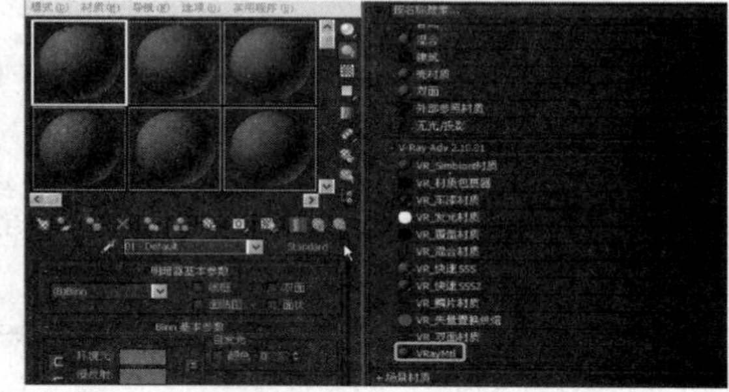

步骤3 为“漫反射”指定“位图”程序贴图。

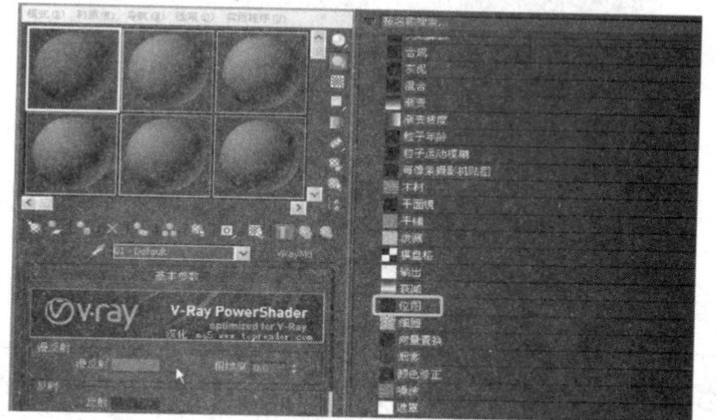

步骤4 选择一张砖纹的位图贴图文件。

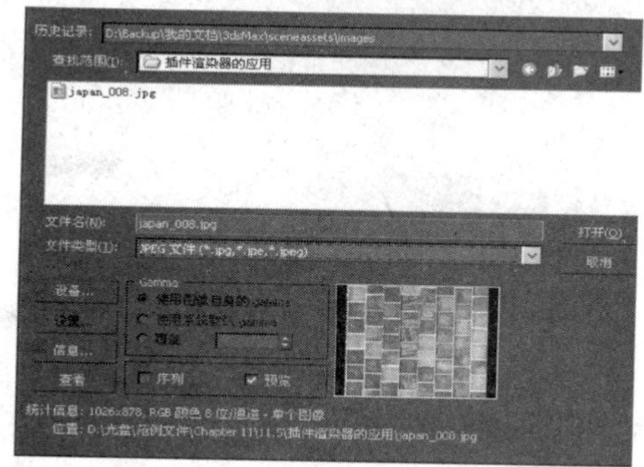

步骤5 在位图的参数面板中，设置“瓷砖”参数值为10。

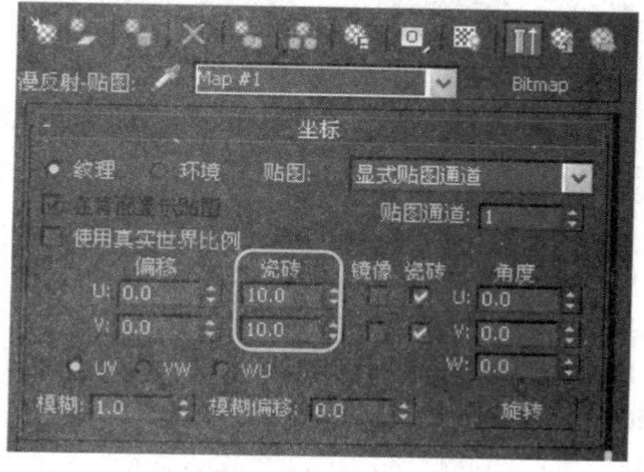

步骤6 展开“贴图”卷展栏，将“漫反射”的贴图复制到“凹凸”贴图通道，并设置强度。

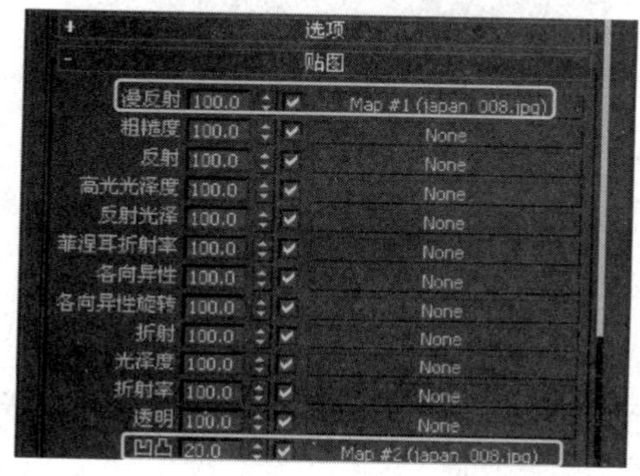

步骤7 在“反射”选项组中，设置反射的颜色和光泽度等参数。

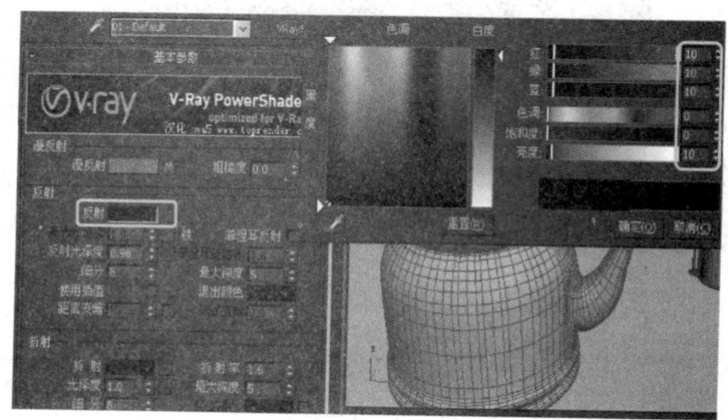

步骤8 将材质赋予场景中模拟地面的对象，并显示贴图，可观察到贴图的应用效果。

步骤9 使用一个新的VRayMtl材质球，设置“漫反射”为红色。

步骤10 在“反射”选项组和“折射”选项组中，设置颜色、光泽度和折射率等参数。

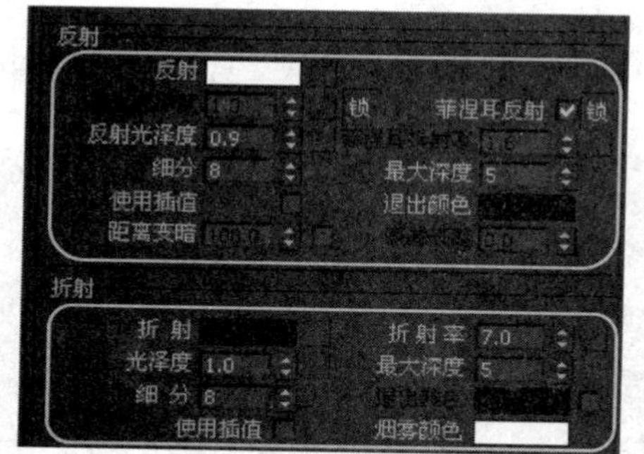

步骤11 展开“双向反射分布功能”卷展栏，设置参数。

步骤12 展开“贴图”卷展栏，为“凹凸”贴图通道指定“噪波”程序贴图。

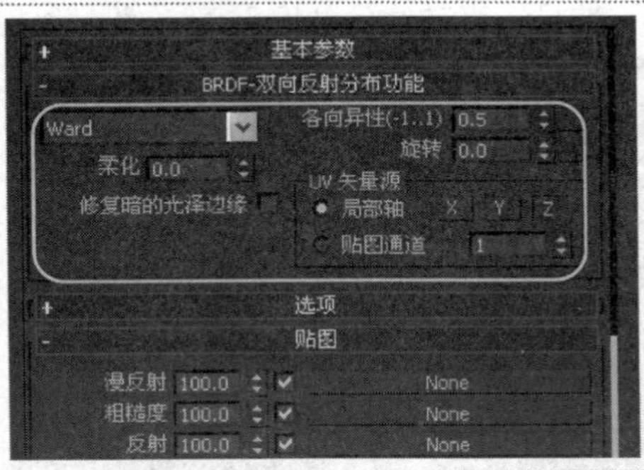

步骤13 设置噪波参数，并将该材质指定给场景中的茶壶对象。

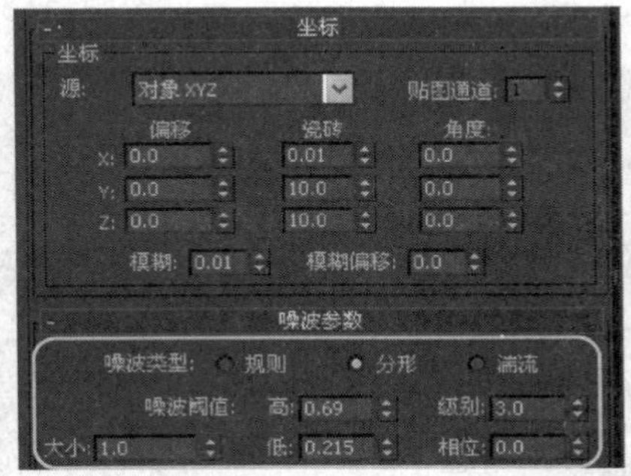

步骤14 使用一个新的VRayMtl材质球，设置“漫反射”颜色为黑色，并设置其他参数，然后将该材质指定给茶壶的壶把等。

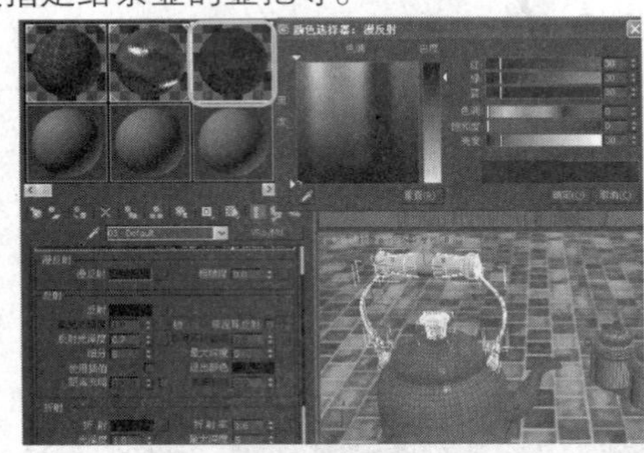

步骤15 使用一个新的VRayMtl材质球，将其制作成简单的金属材质，并指定给陶罐架。

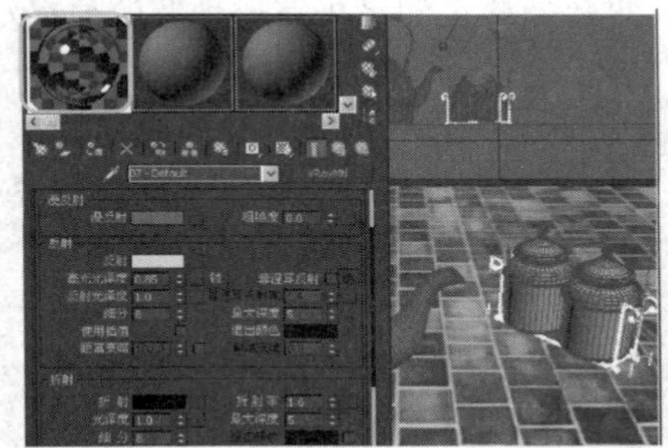

步骤16 再使用一个新的VRayMtl材质球，设置“漫反射”颜色为白色并略带反射，然后将其指定给陶罐。

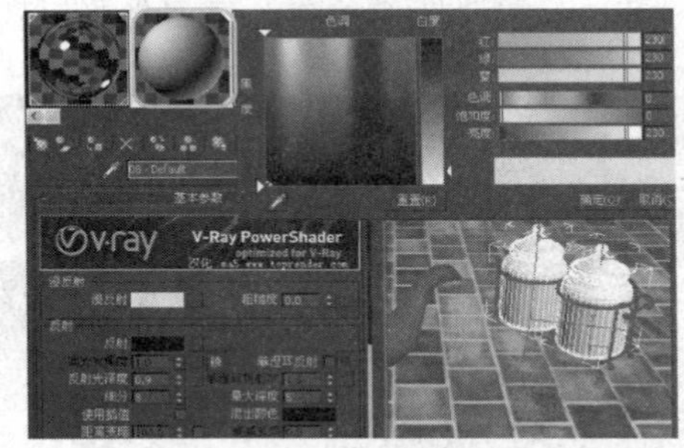

提示： 使用VRay渲染场景时，不同的场景可以使用不同的方法，场景照明和材质制作没有固定的先后顺序之分。

11.5.3　实战：对场景进行照明

本节将通过创建VRayLight对场景进行照明，使用VRay灯光仍然遵循光线的传播原理，可通过创建主光、辅光的方式来照明场景。

步骤1 在“左”视口中创建一盏“VRay光源”。

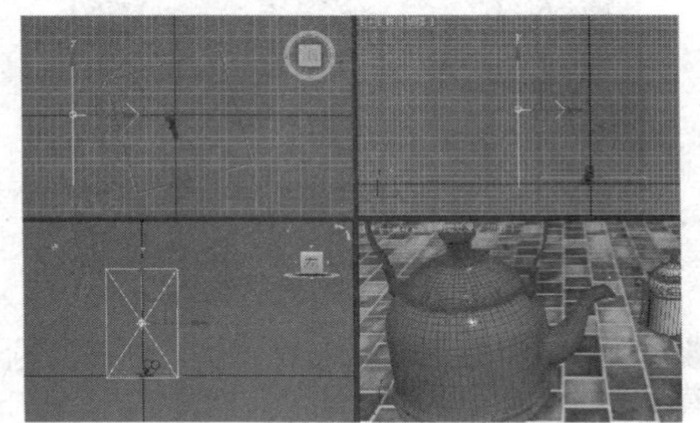

步骤2 在灯光参数面板中，设置灯光的强度、颜色等参数。

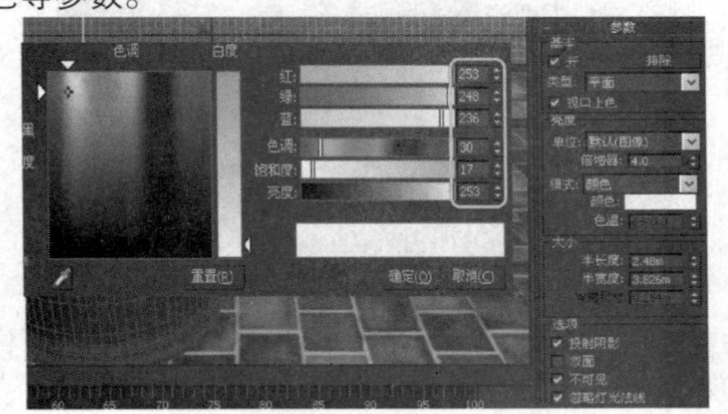

步骤3　切换到“间接照明”选项卡，选择全局光照计算引擎。

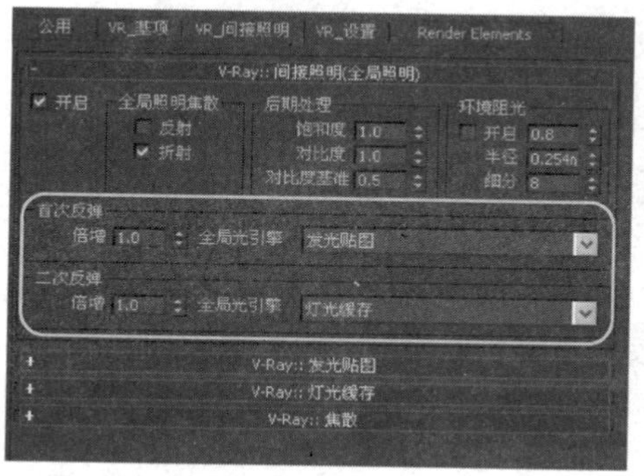

步骤4　渲染场景，可观察到当前灯光对场景的照明效果。

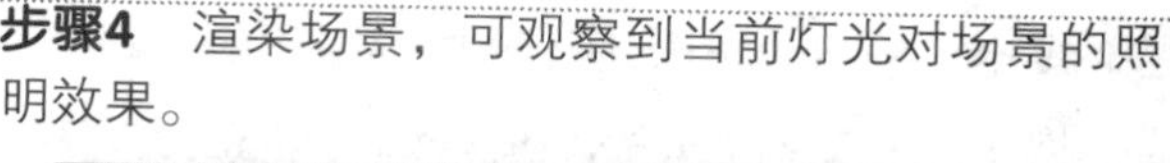

步骤5　在场景中再创建一盏“VRay光源”，创建位置与之前的灯光相对。

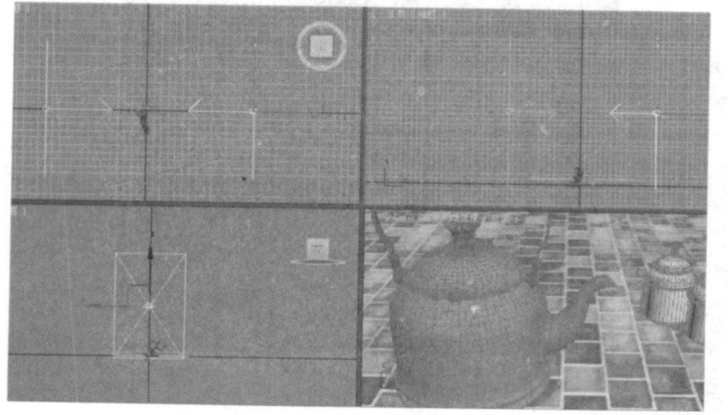

步骤6　在该灯光的参数面板中，设置灯光的强度等参数。

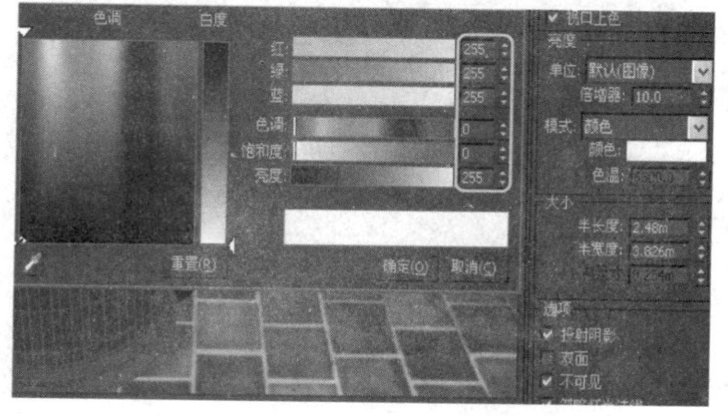

步骤7　再次对场景进行测试渲染，可观察到场景的照明显得曝光过度。

步骤8　在“间接照明”选项卡下，展开“颜色贴图”卷展栏，并设置曝光参数。

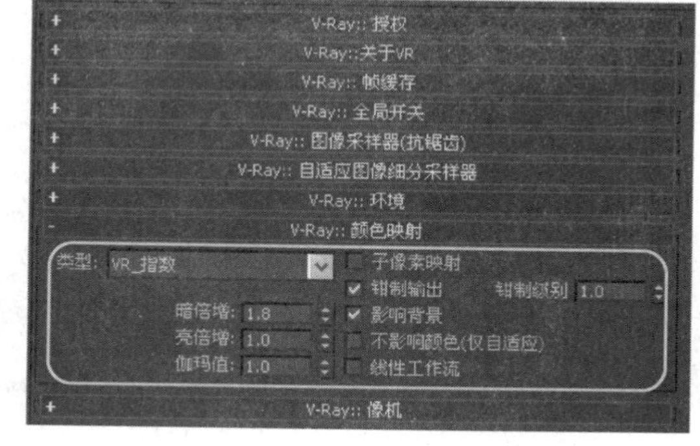

步骤9　再次渲染场景，可观察到场景得到了较为自然的曝光效果。

提示：当VRay光源在场景中占据的面积较大时，可以降低灯光的强度避免产生曝光过度的效果。

提示：在测试渲染时，可使用较低的图像采样参数值。

提示：当主光源和辅助光源的强度和颜色有区别时，场景中的光线才更具有层次感。

提示：当VRay场景曝光偏灰时，可以增减暗部和亮部的倍增参数，从而加强画面对比度。

提示：在设置全局光照引擎的参数卷展栏中，可以通过控制对比度等参数来控制场景中的溢色。

11.5.4 实战：最终渲染出图

在最终渲染出图时，需要增加图像采样器的参数，并使用抗锯齿过滤器，以此保证画面质量，全局光照的引擎的参数同样需要增大，保证场景中细节位置仍然有正确的光线传播。本节将讲解在最终渲染时需要的关键参数设置。步骤如下：

步骤1 在“图像采样器”卷展栏中，选择图像采样器和抗锯齿过滤器，并设置图像采样参数值。

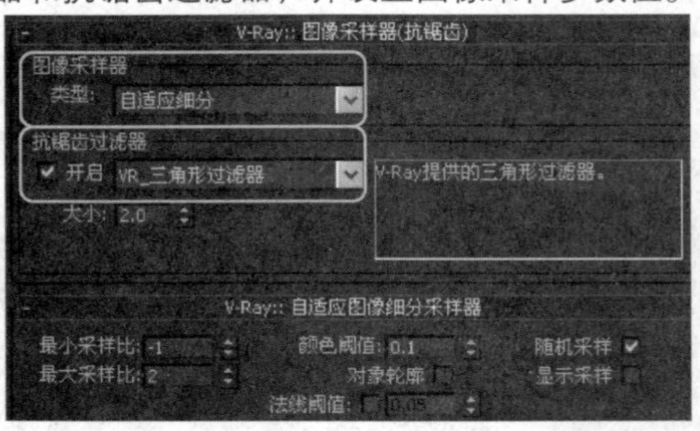

步骤2 在“发光贴图”引擎参数卷展栏中，选择“高”质量预设参数。

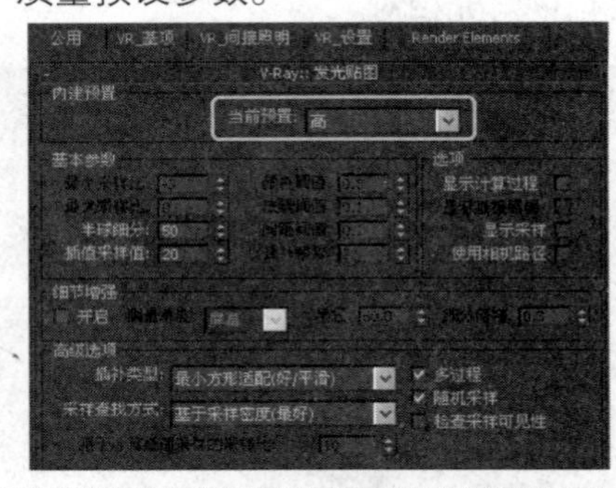

步骤3 展开“灯光缓存”卷展栏，并进行参数设置。

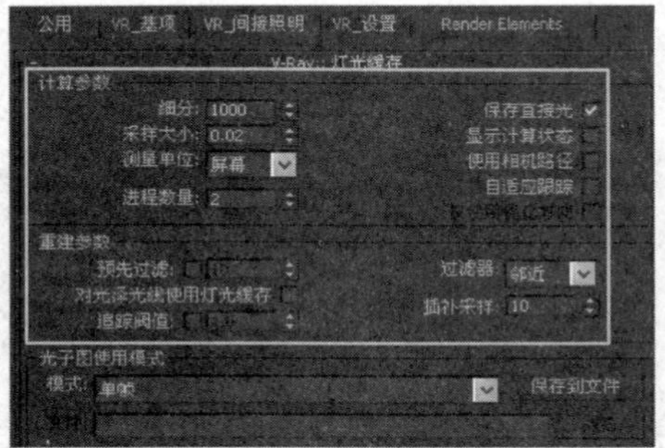

步骤4 对场景进行最终渲染，可观察到最终渲染效果。

提示：较小的场景可以直接使用较大的参数值进行最终渲染，较大场景的建筑通过保存调用全局光引擎的计算结果来进行最终渲染。

11.6 操作答疑

11.6.1 专家答疑

（1）说说关于光能传递(Radiosity)求解计算的3个步骤。

答：光能传递(Radiosity)求解计算的3个步骤，他们的渲染流程是：①定义处理参数；①优化光能传递处理；③进行光能传递求解。

（2）渲染的目的是什么?3ds Max 提供了哪几种渲染器并简单地介绍。

答：渲染是3ds Max工作流程的最后一步，可以将颜色、阴影、大气等效果加入场景中，使场景的几何体着色。完成渲染后可以将渲染结果保存为图像或动画文件。渲染的目的无非是获取最后输出的结果，因此渲染的操作主要在于能否正确地设置输出图像的品质、精度参数，以及在图像画面的品质和速度之间获取平衡。

3ds Max包含多种渲染器，除了默认的扫描线渲染方式以外，还包括“mental ray渲染器”、“VUE文件渲染器”和新增的Quicksilver硬件渲染器。这四种渲染方式都有各自的特点，与传统的扫描线渲染方式相比，“mental ray渲染器”对光线和材质的处理更为细致逼真，但也会消耗比较多的系统资源和渲染时间；而Quicksilver硬件渲染器渲染质量较差，但是能够快速渲染场景，并且能够设置渲染级别。所以在使用时要充分考虑场景的实际应用，选择最佳的渲染方式。

（3）说说3ds Max中iray渲染器的特性。

答：iray渲染器通过追踪灯光路径创建物理精确的渲染。与其他渲染器相比，它几乎不需要进行设置。iray渲染器特别擅长渲染反射，包括光泽反射；它也擅长渲染在其他渲染器中无法精确渲染的自发光对象和图形。

iray渲染器仅支持某些材质、贴图和明暗器类型。尤其是，它不像mental ray渲染器那样支持可编程明暗器。如果场景包含不受支持的材质或贴图，则iray渲染器会将其渲染为灰色，并在“渲染消息窗口”中报告错误。通常，iray渲染器仅支持与基于物理的光线跟踪有关的材质和贴图或明暗器功能。例如，“Arch & Design”材质设置涉及环境阻光度、圆角或最终聚集，这些都是该渲染器所忽略的设置。

11.6.2　操作习题

1. 选择题（选项为一个或多个）

（1）在3ds Max的渲染器为默认扫描线渲染器时，渲染面板的基本组成部分为（　　）。

A. “公用(Common)”、“渲染器(Renderer)”、“高级照明(Advanced Lighting)”和“光线跟踪器(Raytracer)”四部分

B. “渲染器(Renderer)”、“高级照明(Advanced Lighting)”、“公用(Common)”三部分

C. “公用(Common)”、“渲染器(Renderer)”、“渲染元素(Renderer Elements)”、“光线跟踪器(Ray tracer)”四部分

D. “公用(Common)”、“渲染器(Renderer)”、“渲染元素(Renderer Elements)”、“光线跟踪器(Ray tracer)”和“高级照明(Advanced Lighting)”五部分

（2）要指定渲染的输出路径，应在渲染面板的（　　）标签面板中指定。

A. “公用（Common）”

B. “高级照明(Advanced Lighting)”

C. “渲染器(Renderer)”

D. “渲染元素(Renderer Elements)”

（3）在3ds Max中，渲染输出场景时，不能将输出文件保存成（　　）格式。

A. AVI

B. TGA

C. TIF

D. PSD

（4）以下关于“渲染场景(Render Setup)”面板中的参数，描述错误的是（　　）。

A. 勾选“大气(Atmospherics)”选项后，能够渲染场景中的大气效果，如体积雾

B. 取消“效果(Effects)”选项的勾选，效果面板中的效果不能被渲染

C. 勾选“渲染隐藏几何体(Render Hidden Geometry)”选项，则被隐藏的几何体也可渲染出来

D. 取消“效果(Effects)”选项的勾选，则效果面板中的效果和Video Post中的效果都不能被渲染

（5）下列选项中，（　　）的调节能够在“动态着色视口(ActiveShade)”中互动更新。

A. 移动对象

B. 缩放对象

C. 指定修改器给对象

D. 漫反射颜色

（6）对于对象的“运动模糊(Motion Blur)”效果，扫描线渲染器提供了两种方式：分别是“对象模糊(Object Motion Blur)”和“图像模糊(image Motion Blur)”，关于“采样数(Samples)”概念说法正确的是（　　）。

A. “采样数(Samples)”最大为1280

B. “采样数(Samples)”可以大于“持续时间细分(Duration Subdivis)”

C. “采样数(Samples)”数值越大，模糊质量越差

D. 降低“采样数(Samples)”数值，渲染的速度能够提高

（7）如图所示，此抗锯齿设置分布在渲染面板的（　　）选项卡中。

A. “渲染器(Renderer)”

B. “公用(Common)”

C. “高级照明(Advanced Lighting)”

D. “光线跟踪器(Raytracer)”

2. 填空题

（1）渲染时将输出大小设置为“PAL D-1(视频)”，那么图像的宽度为1024时，图像的高度应为__________。

（2）在3ds Max中，通过一次设置就可以渲染几个单帧图片和一个时间段的序列，则需要在__________选项中设置。

3. 操作题

实例制作：使用Mental ray Depth of Field（景深）渲染效果。

原图

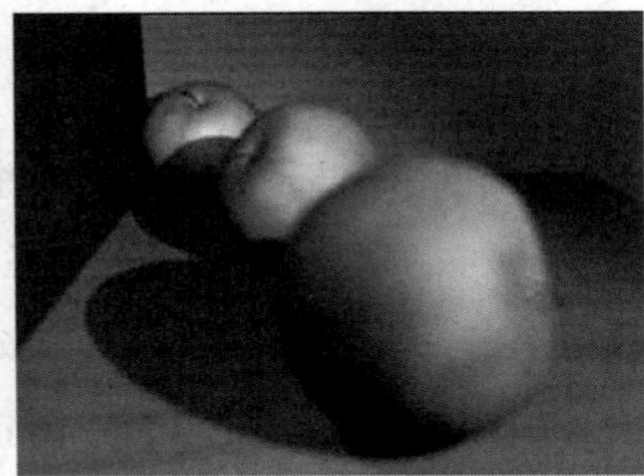

渲染效果图

第12章

粒子系统

本章重点：

本章将详细介绍粒子系统和空间扭曲的关系以及应用方法，重点讲解了粒子流源对象。最后通过简单的综合案例应用，帮助读者巩固粒子和空间扭曲的应用方法。

学习目的：

掌握粒子系统和空间扭曲的关系以及应用方法，重点掌握粒子流源对象。

参考时间：50分钟

主要知识	学习时间
12.1　非事件粒子	10分钟
12.2　粒子流	15分钟
12.3　与粒子相关的空间扭曲对象	10分钟
12.4　倒水动画	15分钟

12.1 非事件粒子

粒子系统可以用于各种动画任务，特别是为大量的小型对象设置动画，如创建水流、下雨等效果。3ds Max提供了两种不同类型的粒子系统，包括事件驱动和非事件驱动，事件驱动粒子会指定粒子的不同属性和行为，非事件驱动粒子可以在动画过程中显示类似的属性。

12.1.1 雪粒子

“雪”粒子可以模拟降雪或投撒的纸屑，提供了可以用于生成翻滚的雪花的参数。“雪”粒子系统的参数设置较为简单，主要集中在粒子、渲染、计时和发射器几个参数选项组中。

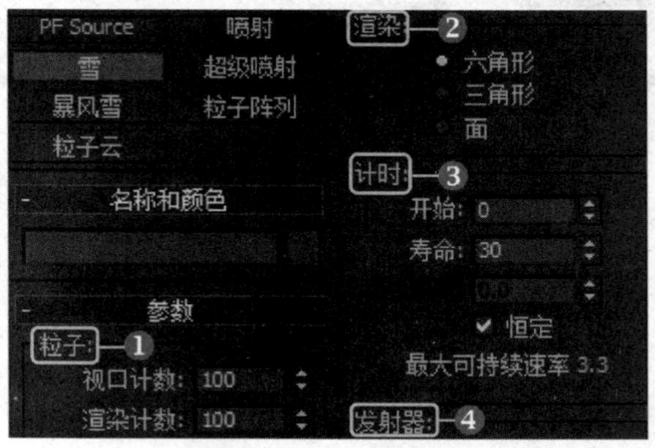

“雪”粒子系统参数面板

相关选项组解读如下：

❶**粒子**：在该选项组中，可以设置粒子的基本外观和属性。

❷**渲染**：在该选项组中，可设置粒子在渲染时显示的外观。

❸**计时**：在该选项组中，可以控制发射的粒子的出生和消亡速率。

❹**发射器**：在该选项组中，可以指定场景中出现粒子的区域，并且发射器不可渲染。

12.1.2 实战：雪粒子的创建

光盘路径：第12章\12.1\雪粒子的创建（原始文件）.max

步骤1 在创建命令面板中单击“雪”按钮。

步骤2 在场景中创建“雪”粒子的发射器，并在“透视”视口中调整发射器，使之与背景贴图的角度匹配。

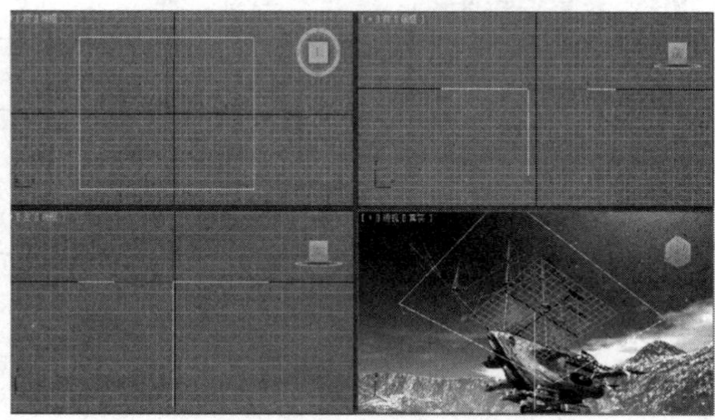

步骤3 将时间滑块移动到第63帧，可在视口中观察到雪粒子随时间的变化，降落生成雪花的状态。

步骤4 设置“雪花大小”参数值为10mm，可观察到场景中的雪花粒子变大。

步骤5　设置“速度”的参数值为20，可观察到在相同时间内，会产生更多的粒子。

步骤6　在“渲染”选项组中，选择“三角形”选项，渲染场景，可观察到雪粒子在渲染后呈三角面状。

提示：通常情况下，对于简单动画，如下雪或喷泉，使用非事件驱动粒子系统进行设置会更为快捷和简便。

提示：可以利用自动栅格功能对现有对象为新的粒子系统定向和定位。

提示：发射器是粒子系统主要的子对象，发射器不会被渲染，粒子出现在发射器的曲面上，从发射器沿着特定方向下落（或漂移、滴落、飘动、喷射）。

12.1.3　喷射粒子

“喷射”粒子系统通常用于模拟降雨、喷泉、礼花、水滴等效果。该粒子系统提供的参数也非常简单。

相关参数选项组解读如下：

❶**粒子：**在该选项组中，可以设置喷射粒子的基本参数，如选择水滴外形、设置粒子大小等。

❷**渲染：**在该选项组中，可以选择粒子在渲染时是显示为四面体还是平面。

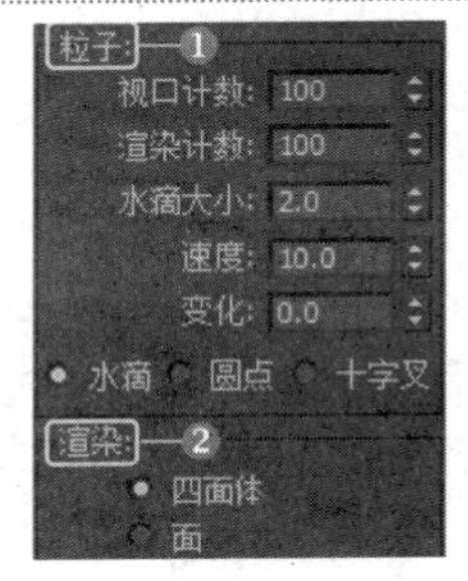

“粒子”系统相关参数面板

提示：要设置粒子沿着空间中某个路径的动画，可使用路径和随空间扭曲。

12.1.4　实战：使用喷射粒子

光盘路径：第12章\12.1\使用喷射粒子（原始文件）.max

步骤1　在场景中创建一个“喷射”粒子。

步骤2　在喷射粒子的参数面板中，设置“水滴大小”的参数值为5。

步骤3 渲染场景，可观察到喷射粒子的渲染效果。

步骤4 打开“材质编辑器”窗口，制作一个简单的材质，然后将其指定给粒子对象，再次渲染场景，可观察到场景中的粒子应用了材质效果。

提示：将视口显示数量设置为少于渲染计数，可提高视口的渲染性能。如果选择渲染方式为面，则只能在透视口或摄影机视口中正常运行。

12.1.5 暴风雪粒子

“暴风雪”粒子是“雪”粒子升级版本，比“雪”更强大更高级，并提供了大量参数。

相关参数卷展栏解读如下：

❶**基本参数**：在该卷展栏中，主要可以设置粒子的发射器参数。

❷**粒子生成**：在该卷展栏中，可以设置粒子产生的时间和速度、粒子的移动方式和不同时间粒子的大小。

❸**粒子类型**：在该卷展栏中，可以设置粒子的几何体来源和材质来源。

❹**旋转和碰撞**：在该卷展栏中，可以影响粒子的旋转，提供运动模糊效果，并控制粒子间的碰撞。

❺**对象运动继承**：在该卷展栏中，通过发射器的运动影响粒子的运动。

❻**粒子繁殖**：在该卷展栏中，可以使粒子在碰撞或消亡时繁殖其他粒子。

❼**加载/保存预设**：在该卷展栏中，可以存储预设值，以便在其他相关的粒子系统中使用。

“暴风雪”相关参数面板

提示：所有粒子系统均需要发射器，有些粒子系统使用粒子系统图标作为发射器，而有些粒子系统则使用从场景中选择的对象作为发射器。

12.1.6 实战：创建暴风雪粒子

光盘路径：第12章\12.1\创建暴风雪粒子（最终文件）.max

步骤1　打开3ds Max 2014，在“前”视口中创建一个“暴风雪”粒子。

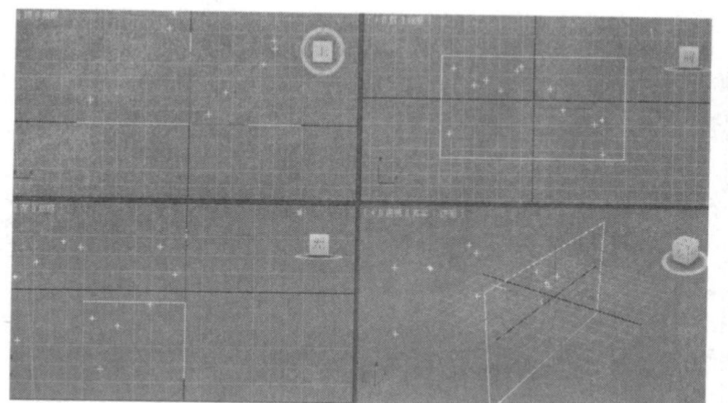

步骤2　在“粒子生成”卷展栏中，设置“使用速率”的值为100，场景中将增加更多的粒子。

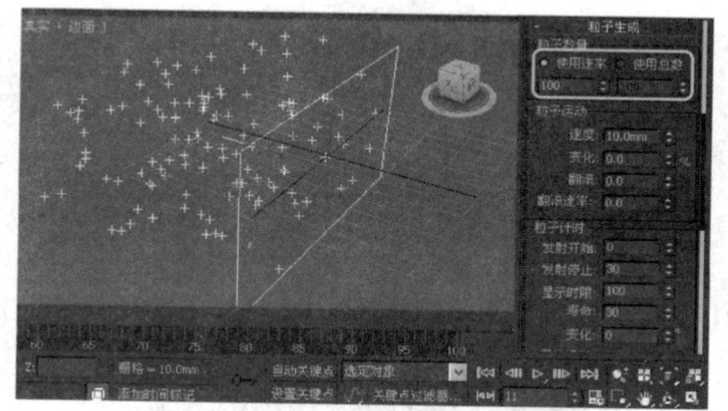

步骤3　在“粒子大小”参数卷展栏中，设置“大小”参数值为2。

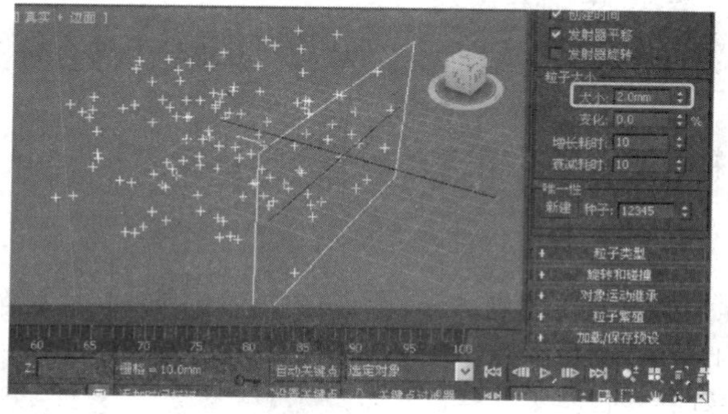

步骤4　渲染场景，可观察到粒子变大。

步骤5　在“粒子类型”选项组中，选择“变形球粒子”选项。

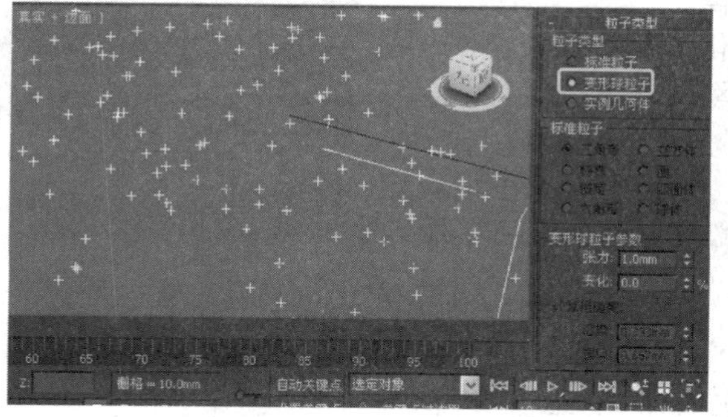

步骤6　渲染场景，可观察到粒子的外形呈现变形球的渲染效果。

步骤7　下面，我们来尝试其他形状的粒子。在场景中创建一个茶壶，确定创建位置和参数设置。

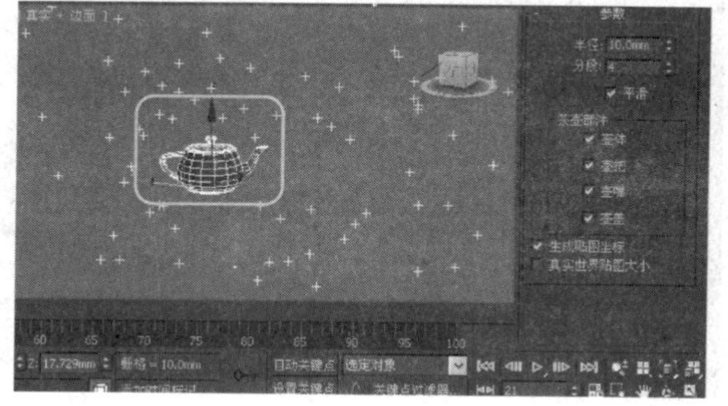

步骤8　选择粒子，并在参数面板中选择“实例几何体”类型，然后单击“拾取对象”按钮，在场景中拾取茶壶对象。

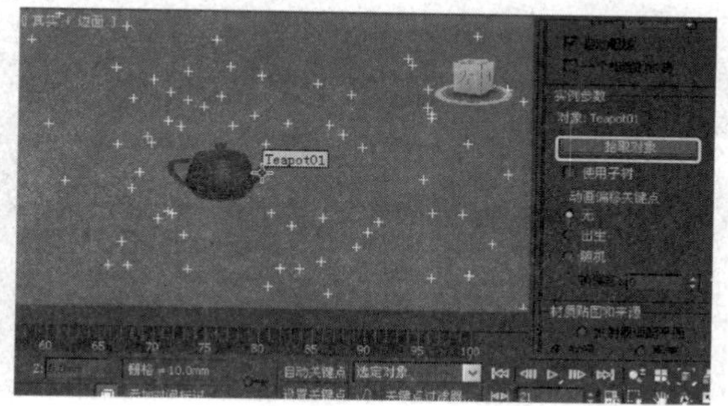

步骤9　渲染场景，可观察到粒子的外形呈现为茶壶的渲染效果。

步骤10　设置茶壶的大小参数，然后再次渲染场景，可观察到作为粒子的茶壶也相应的变小。

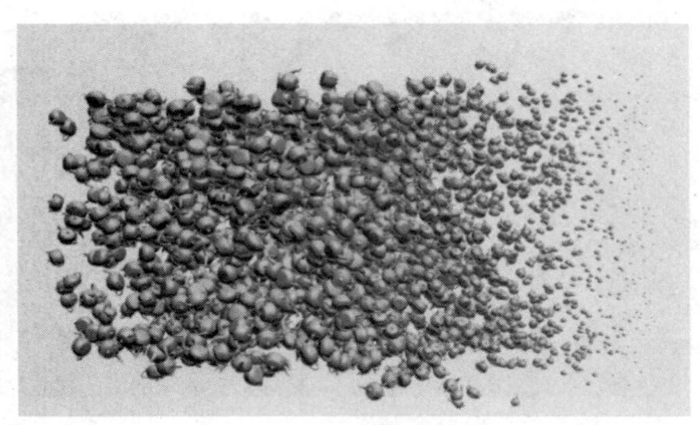

提示：如果粒子在发射器移动后不跟随发射器移动，则要更改路径跟随参数，此时运动将应用于粒子。

提示：粒子系统对象与其他对象类似，任何时候只能携带一种材质。

提示：使用超级喷射和暴风雪可以创建雨和雪，这两个粒子系统可以针对水滴（超级喷射）和翻滚的雪花（暴风雪）效果进行优化。

提示：超级喷射和暴风雪没有分布对象，粒子云有分布对象，但是无法从对象处获取材质。

12.1.7　粒子云

“粒子云”通常用于填充特定的体积，如一群飞翔的鸟、一群搬运食物的蚂蚁等。可以使用提供的基本体积来限制粒子，也可以将粒子云应用至对象的体积。

“粒子云”的参数卷展栏和“暴风雪”粒子的参数卷展栏基本一样，但多了“气泡运动”卷展栏，用于控制水下气泡上升时所看到的摇摆效果。

相关参数解读如下：

❶**幅度：**用于控制粒子通常离开的速度矢量的距离。

❷**变化：**每个粒子所应用的振幅、周期和相位变化的百分比。

❸**周期：**设置粒子从气泡到“波”的一个完整振动的周期。

❹**相位：**设置气泡图案沿着矢量的初始位移。

“气泡运动”卷展栏

提示：如果要应用粒子云，对象必须有深度，二维对象不能使用粒子云。

12.1.8　实战：创建简单的粒子云

光盘路径：第12章\12.1\创建简单的粒子云（原始文件）.max

步骤1　打开本书配套的范例文件“创建简单的粒子云（原始文件）.max”。

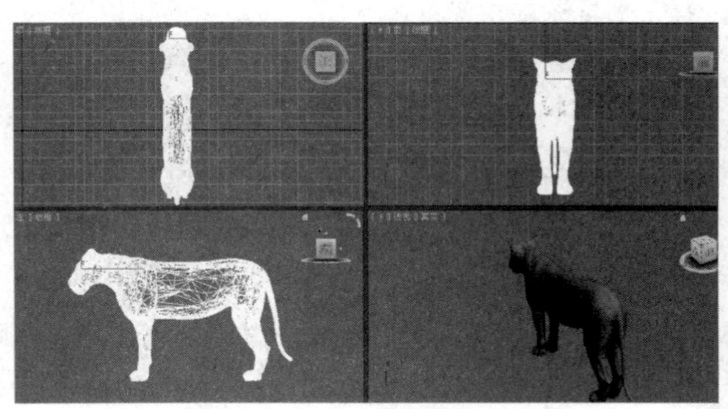

步骤2　在场景中创建一个“粒子云”对象。

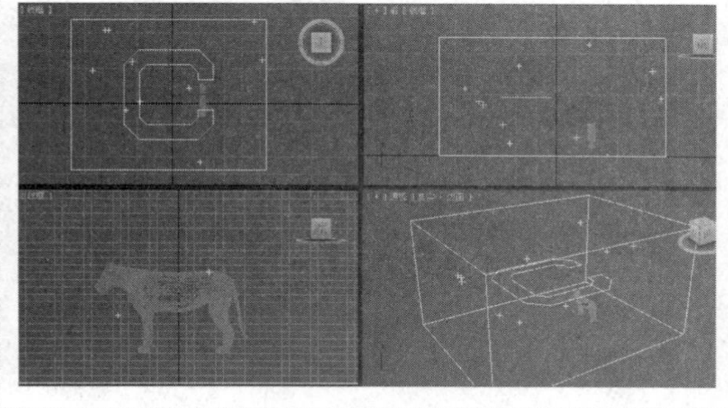

步骤3　在粒子的参数面板中，选择“实例几何体”，单击“拾取对象”按钮，在视口中单击对象。

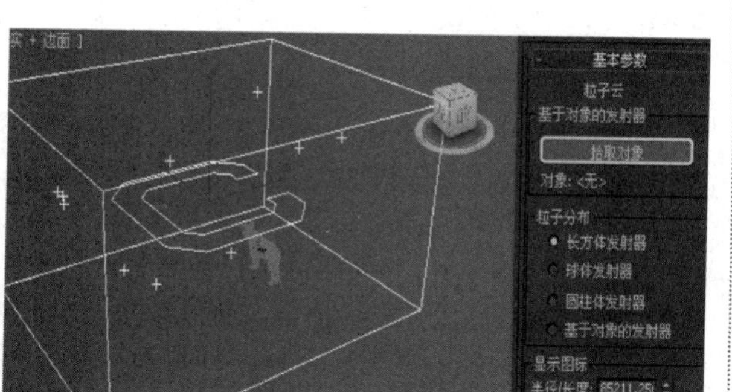

步骤4　渲染场景，可观察到场景对象被添加到粒子云的应用范围内。

提示： 作为基于对象的发射器是无法自动隐藏的。要隐藏该对象，可以使用“显示”面板上的“隐藏选定对象”命令，或在轨迹视图中应用“隐藏”项。

提示： 要获得粒子云正确的体积效果，速度参数值应设置为0。

12.1.9　超级喷射

“超级喷射”与简单的喷射粒子类似，但可以通过参数控制发射的粒子，并增强了控制参数。

“超级喷射”的参数卷展栏与“粒子云”的参数基本相同，只是在粒子的“基本参数”卷展栏中，可以控制喷射的方向等属性。

相关参数解读如下：

❶**轴偏离**：影响粒子与Z轴的夹角。

❷**平面偏离**：影响围绕Z轴的发射角度。

❸**扩散**：影响粒子远离发射向量的扩散。

“超级喷射”参数卷展栏

提示： 设置超级喷射生成密集的变形球粒子，可以生成流体效果。变形球粒子水滴聚在一起，可以形成水流。

12.1.10　粒子阵列

“粒子阵列”可以创建两种不同类型的粒子效果，包括用于将所选几何体对象用作发射器模板，发射粒子和创建复杂的对象爆炸效果。

“粒子阵列”和“粒子云”的参数类似，但粒子阵列不仅可以通过对象发射粒子，还可以选择不同的分布方式。

相关分布方式解读如下：

（1）**在整个曲面**：选择该项，在基于对象的发射器的整个曲面上随机发射粒子。

（2）**沿可见边**：选择该项，从对象的可见边随机发射粒子。

“粒子阵列”应用效果

（3）**在所有的顶点上**：选择该项，从对象的顶点发射粒子。

（4）**在特殊点上**：选择该项，在对象曲面上随机分布指定数目的发射器点。

（5）**在面的中心**：选择该项，从每个三角面的中心发射粒子。

提示： 如果对对象碎片粒子使用复杂的分布方式，可能会减慢视口交互应用的速度。

12.1.11 实战：使用粒子阵列

光盘路径：第12章\12.1\使用粒子阵列（原始文件）.max

步骤1 打开本书配套的范例文件“使用粒子阵列（原始文件）.max”。

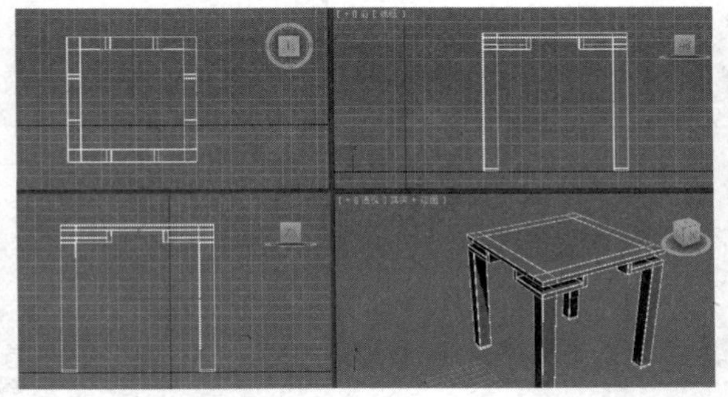

步骤2 在场景中创建一个“粒子阵列”对象。

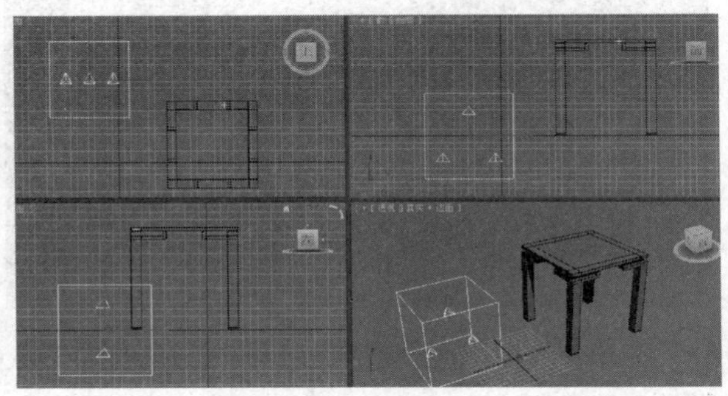

步骤3 拾取桌面为粒子的发射对象，可观察到默认情况下，粒子将通过桌面发射。

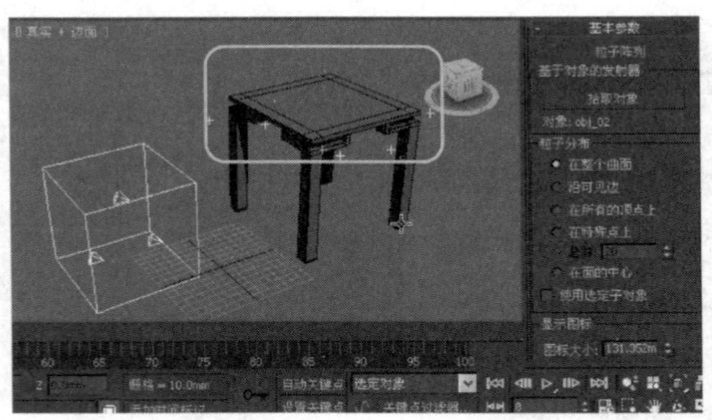

步骤4 选择“在所有的顶点上”选项，粒子将从桌面的四个顶点发射粒子。

提示：粒子系统只能使用一种粒子。不过，一个对象可以绑定多个粒子阵列，每个粒子阵列可以发射不同类型的粒子。

12.2 粒子流

粒子流是一种新型的、功能多且强大的3ds Max粒子系统。粒子流通过粒子视图来使用事件驱动模型，可将一定时期内描述粒子属性的单独操作合并到称为事件的组中。

12.2.1 粒子视图

粒子视图提供了用于创建和修改粒子流中粒子系统的主要参数，整个粒子系统可包括一个或多个相互关联的事件，每个事件又允许具有不同的操作符和测试列表。

相关元素解读如下：

（1）**菜单栏**：提供用于编辑、选择、调整视图以及分析粒子系统的功能。

（2）**事件显示**：菜单栏左下侧是事件显示窗口，包含粒子图表，并提供修改粒子系统的功能。

（3）**参数面板**：菜单栏右下侧是参数面板，包含多个卷展栏，用于查看和编辑任何选定动作的参数。

（4）**仓库**：粒子视图的左下侧为仓库，包含所有的粒子流动作，以及几种默认的粒子系统。

（5）**说明面板**：粒子视图的右下侧为说明面板，将显示被高亮显示的仓库项目的简短说明。

（6）**显示工具**：显示工具位于粒子视图右下角，可以平移、缩放事件显示窗口。

提示：默认情况下，事件中的每个操作符和测试的名称后面，是它们最重要的属性设置。

12.2.2　实战：创建一个粒子流系统

光盘路径：第12章\12.2\创建一个粒子流系统（最终文件）.max

步骤1　在“创建”命令面板中，单击PF Source（粒子流源）按钮，在场景中用鼠标拖动的方法创建出一个粒子流系统。

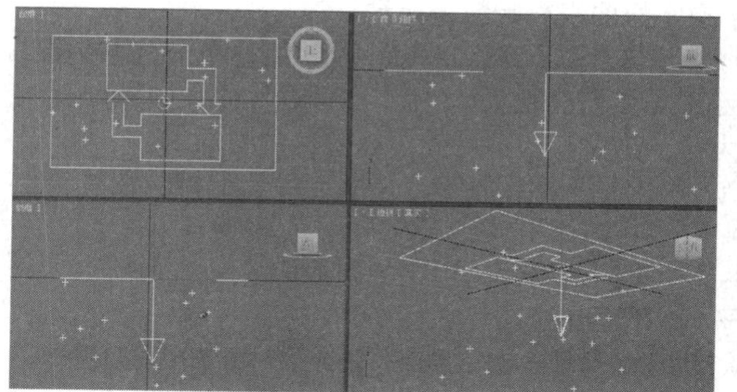

步骤2　在粒子流源的参数面板中，在“发射”卷展栏中设置基本的参数。选择“球体”的发射器图标。

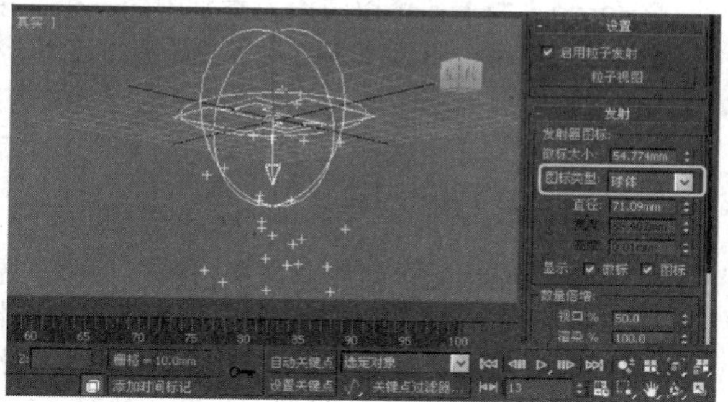

步骤3　在“设置”卷展栏中，单击“粒子视图”按钮。

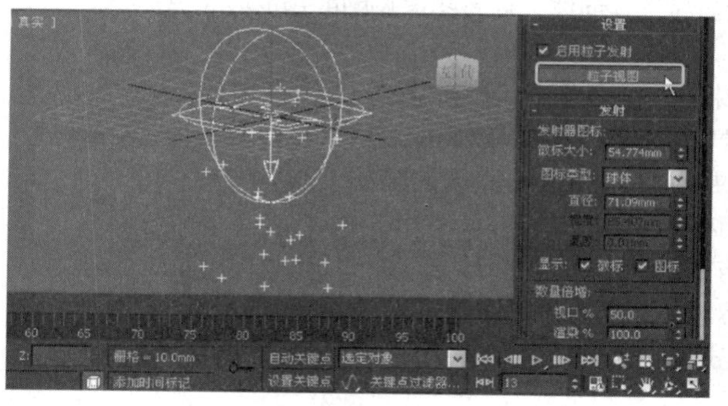

步骤4　单击按钮后，将开启“粒子视图”窗口，在窗口的事件显示窗口中将对应显示创建的粒子流源和默认的动作。

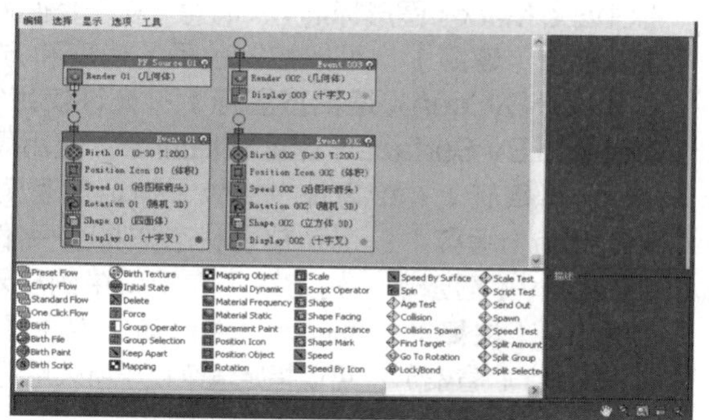

提示：粒子流源是每个流的视口图标，同时也可以作为默认的发射器，在默认情况下，显示为带有中心徽标的矩形。

12.2.3　操作符

Operators（操作符）是粒子系统的基本元素，将操作符应用到事件中可设定粒子的特性，主要用于描述粒子的速度、方向、形状、外观等属性。

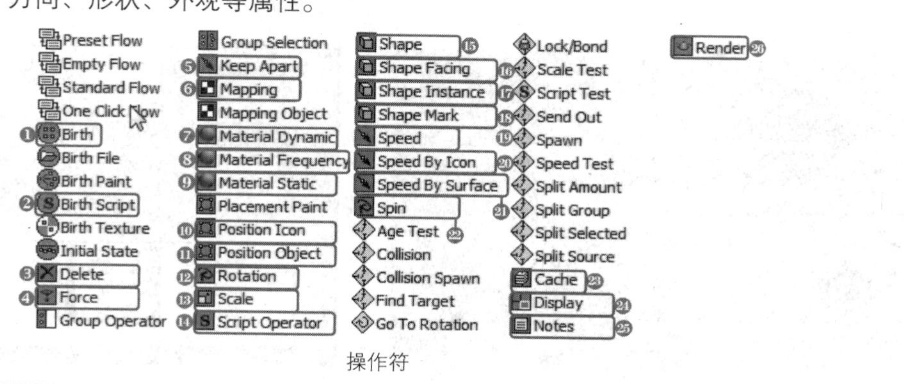

操作符

操作符主要分为两类，一类用于直接控制粒子的行为，一类属于工具功能，用于优化粒子系统的播放、显示、注释等特性。

相关操作符解读如下：

❶Birth（**出生**）：可使用一组简单参数在粒子流系统中创建粒子。

❷Birth Script（**出生脚本**）：使用MAXScript脚本在粒子流系统中创建粒子。

❸Delete（**删除**）：该操作符可将粒子从粒子系统中移除。

❹Force（**力**）：可以应用力类别中的一个或多个空间扭曲来影响粒子运动。

❺Keep Apart（**保持分离**）：可用于将力应用于粒子，使这些粒子分离，从而避免或减少粒子间的碰撞。

❻Mapping（**贴图**）：允许将恒定UVW贴图指定至粒子的整个曲面。

❼Material Dynamic（**材质动态**）：操作符用于为粒子提供在事件期间可以变化的材质ID。

❽Material Frequency（**材质频率**）：操作符允许将材质指定给事件，并指定每个子材质在粒子上显示的相对频率。

❾Material Static（**材质静态**）：用于为粒子提供整个事件期间保持恒定的材质ID。

❿Position Icon（**位置图标**）：控制发射器上粒子的初始位移。

⓫Position Object（**位置对象**）：可以设置发射器从其曲面、体积、边、顶点、轴或子对象选择发射粒子。

⓬Rotation（**旋转**）：设置事件期间的粒子方向及其动画，并且可选设置粒子方向的随机变化。

⓭Scale（**缩放**）：可以设置事件期间的粒子大小及其动画，并且可选设置粒子大小的随机变化。

⓮Script Operator（**脚本操作符**）：使用MAXScript脚本控制粒子流系统中的粒子。

⓯Shape（**图形**）：可以使用此操作符来指定四棱锥形、立方体、球体或顶点图形的粒子以及粒子大小。

⓰Shape Facing（**图形朝向**）：将每个粒子创建为矩形，这些矩形始终朝向某特定对象、摄影机或方向。

⓱Shape Instance（**图形实例**）：允许将场景中的任一参考对象用作粒子。

⓲Shape Mark（**图形标记**）：将每个粒子替换为切自粒子几何体并带有图像贴图的矩形或长方体。

⓳Speed（**速度**）：可以控制粒子的速度和方向。

⓴Speed By Icon（**速度按图标**）：允许使用特殊的非渲染图标来控制粒子速度和方向。

㉑Speed By Surface（**速度按曲面**）：使用场景中的任意对象控制粒子速度和方向。

㉒Spin（**自旋**）：给事件中的粒子指定角速度，并且可以设置角速度的随机变化。

㉓Cache（**缓存**）：记录粒子状态并将其存储到内存中。

㉔Display（**显示**）：指定粒子在视口中的显示方式。

㉕Notes（**注释**）：可以为事件添加文字注释，对粒子系统没有任何直接效果。

㉖Render（**渲染**）：可以指定渲染粒子所采用的形式以及出于渲染目的将粒子转换为单个网格对象的方式。

12.2.4 实战：应用操作符

光盘路径：第12章\12.2\应用操作符（原始文件）.max

步骤1 在场景中创建一个PF Source（粒子流源）对象。

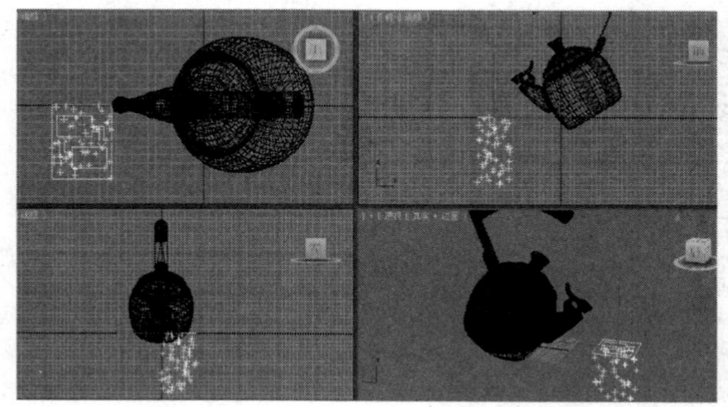

步骤2 选择PF Source（粒子流源）对象，并开启“粒子视图”窗口。开启窗口后，删除Position Icon（位置图标）操作符，然后从仓库中拖动Position Object（位置对象）操作符到事件中。

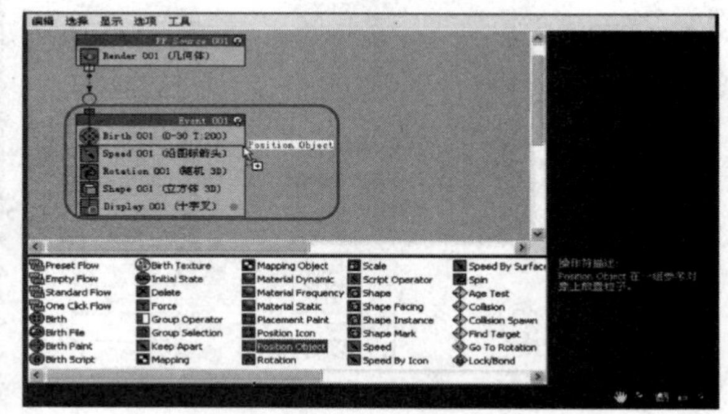

步骤3　选择Position Object（位置对象）操作符，在右侧的参数面板中单击“添加”按钮，然后在视口中拾取茶壶对象。

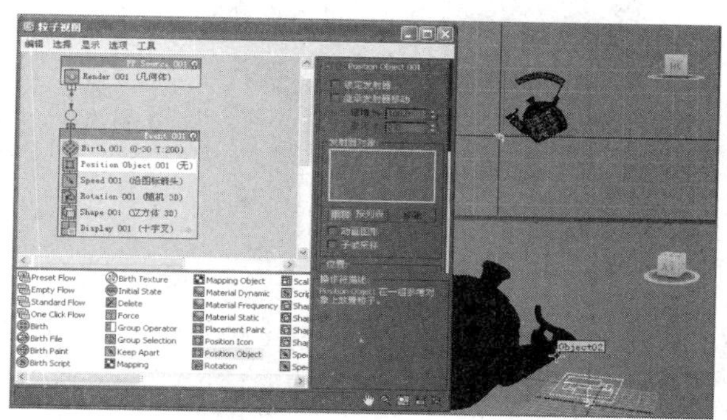

步骤4　在Position Object（位置对象）操作符参数面板的“位置”选项组中，选择“选定边”选项。

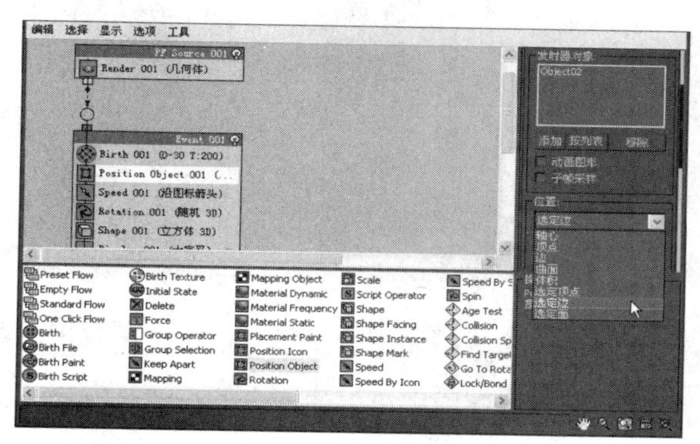

步骤5　选择茶壶口的边，可观察到粒子将从选择的边发射。

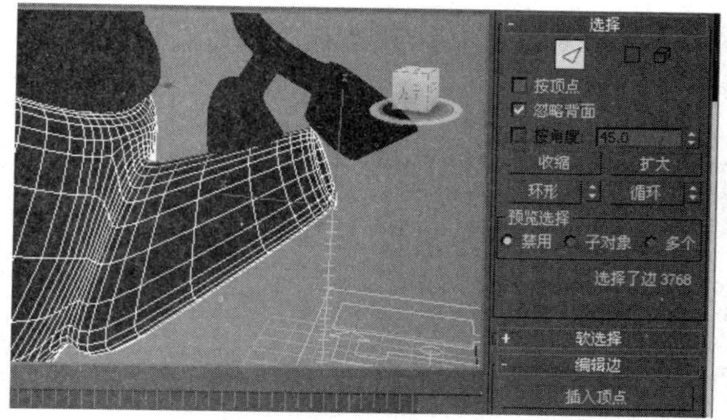

步骤6　选择“出生”操作符，然后设置“发射停止”参数为100。可观察到时间滑块在第100帧时，茶壶口仍然在发射粒子。

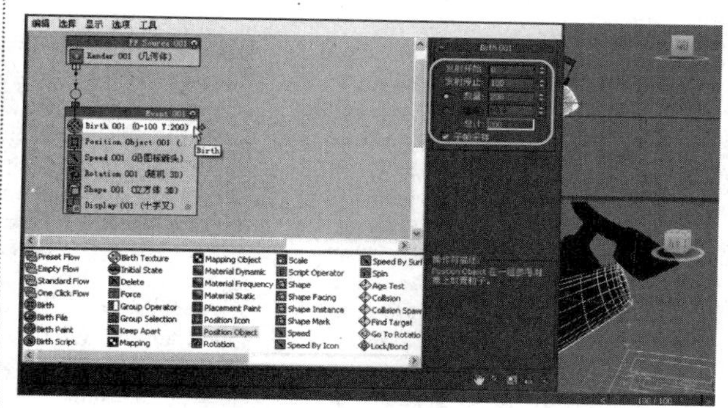

步骤7　在场景中创建一个体积足够小的球体对象。

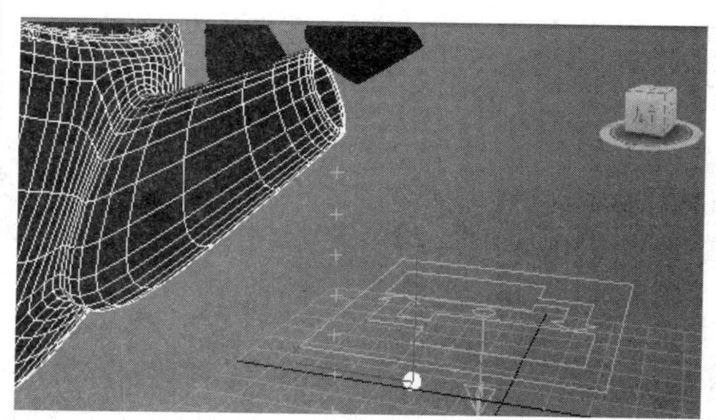

步骤8　在粒子视图中删除“图形”操作符，然后添加“图形关联”操作符。

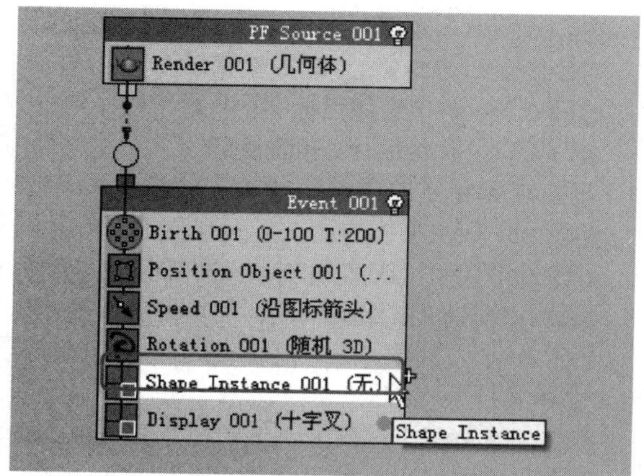

步骤9　在“图形关联”操作符参数面板中激活相应的按钮，然后在视口中拾取球体对象。

步骤10　简单渲染场景，可观察到茶壶发射的粒子变成了球体。如果为球体对象设置较大的半径参数，使球体变大，再次渲染场景，也可观察到作为粒子的球体也相应地变大。

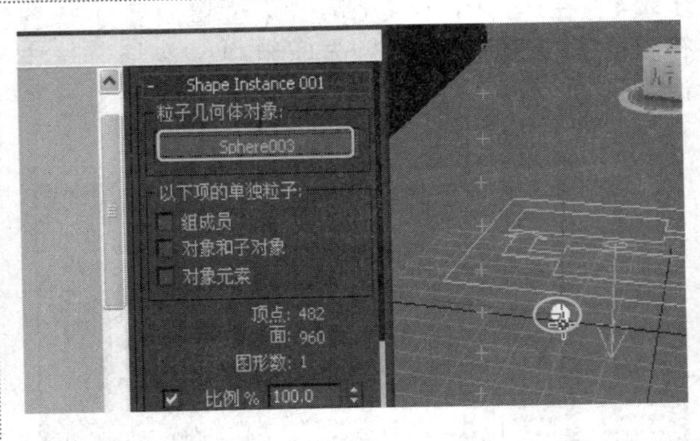

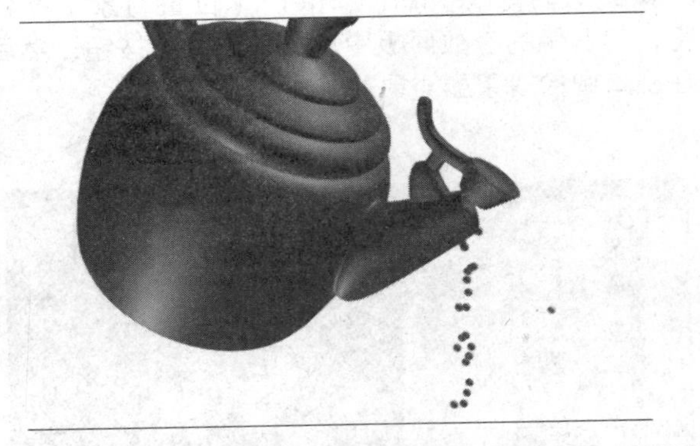

提示：使用删除操作符可将粒子从粒子系统中移除，默认情况下粒子永远保持活动状态。

提示：如果删除视口中的速度按钮图标操作符，则也会删除粒子流系统中相应的操作符。

12.2.5 测试

“测试”是粒子流的一个重要功能，用于确定粒子是否满足一个或多个条件，当粒子满足时，会进行下一个事件，整个测试过程类似编程过程。

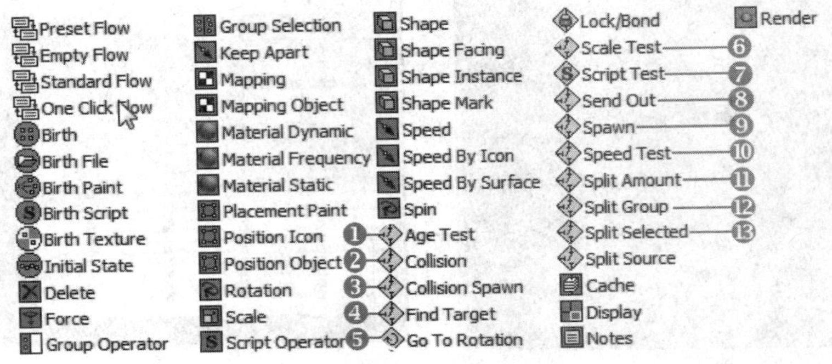

相关测试解读如下：

❶Age Test（**年龄测试**）：该测试可以检查开始动画后是否已过了指定时间，某个粒子存在的时长或某个粒子在当前事件中的时长，并相应导向不同分支。

❷Collision（**碰撞**）：与一个或多个指定的导向板空间扭曲碰撞的粒子的碰撞测试。

❸Collision Spawn（**碰撞繁殖**）：使用与一个或多个导向板空间扭曲碰撞的现有粒子创建新粒子。

❹Find Target（**查找目标**）：将粒子发送到指定的目标，到达目标后，粒子即重新定向到另一个事件。

❺Go To Rotation（**转到旋转**）：使粒子的旋转分量可以平滑地过渡，以便粒子可以在特定的周期内逐渐旋转到特定的方向。

❻Scale Test（**缩放测试**）：粒子系统可以检查粒子的缩放或缩放前后的粒子大小以及相应分量。

❼Script Test（**脚本测试**）：可以使用MAXScript脚本测试粒子条件。

❽Send Out（**发出测试**）：简单地将所有粒子发送给下一个事件，或将所有粒子保留在当前事件中。

❾Spawn（**繁殖**）：使用现有粒子创建新粒子，每个繁殖的粒子在其父粒子的位置生成，其方向和形状也和父粒子相同。

❿Speed Test（**速度测试**）：粒子系统可以检查粒子速度、加速度或圆周运动的速率以及相应分量。

⓫Split Amount（**分割量**）：可以将特定数目的粒子发送给下一个事件，将所有剩余的粒子保留在当前事件中。

⓬Split Seleeted（**分割选定**）：可以根据粒子的选择状态分割粒子流。

⓭Split Source（**分割源**）：可以根据粒子的来源分割粒子流。

提示：一般情况下，测试应该放在事件结尾，除非因特定原因需要将其放在其他位置。

12.2.6　实战：测试粒子流

光盘路径：第12章\12.2\测试粒子流（原始文件）.max

步骤1　在场景中创建一个“粒子流源”对象。

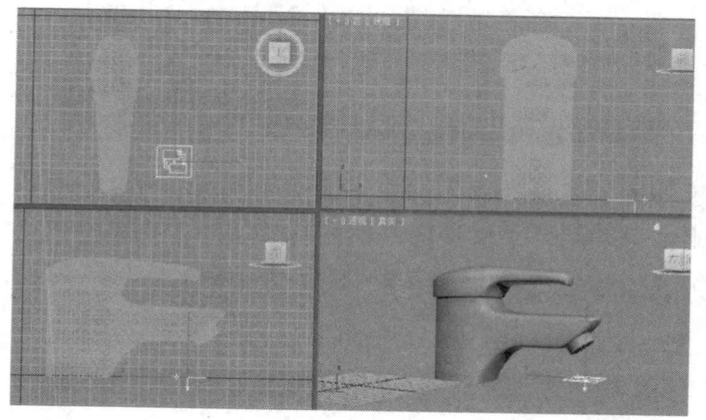

步骤2　在“粒子视图”窗口，设置“出生”操作符参数，使发射器一直产生粒子。

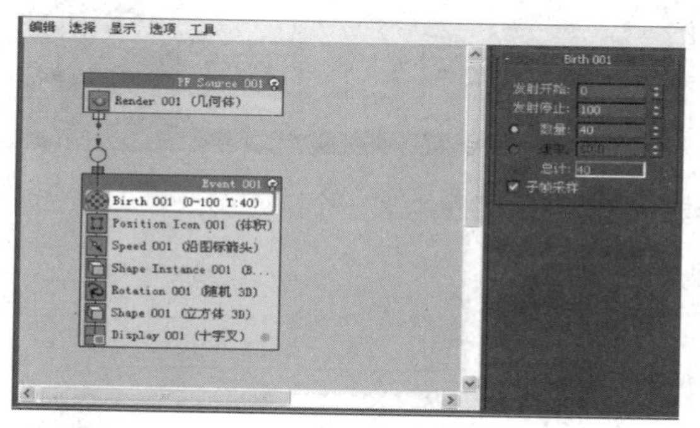

步骤3　设置“速度”操作符，减弱粒子的发射速度。

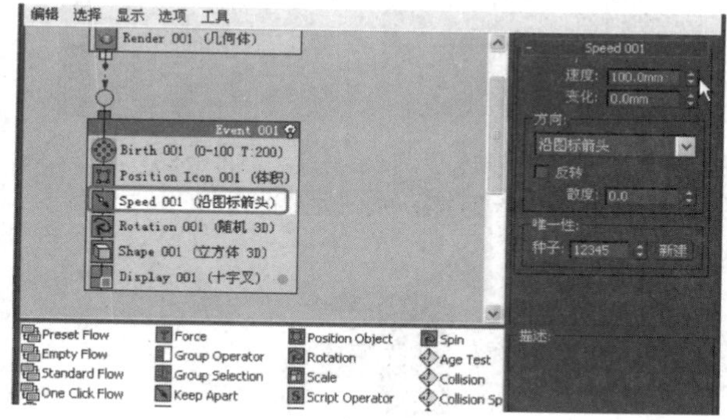

步骤4　应用“位置对象”操作符，使水龙头的喷水口作为粒子发射器。

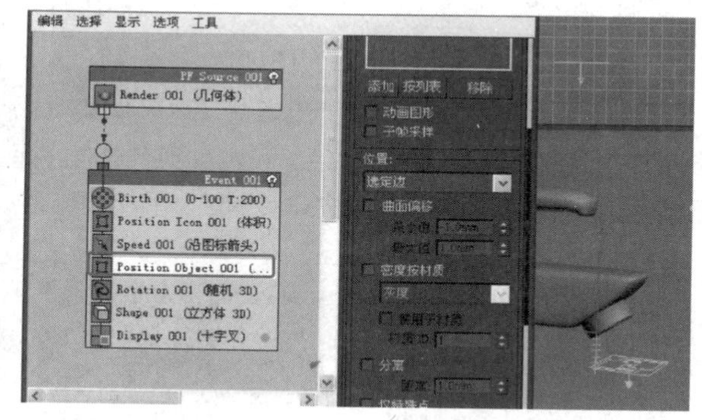

步骤5　创建一个较小的长方体，用作基本粒子。再应用“图形关联”操作符，拾取长方体作为基本粒子形态。

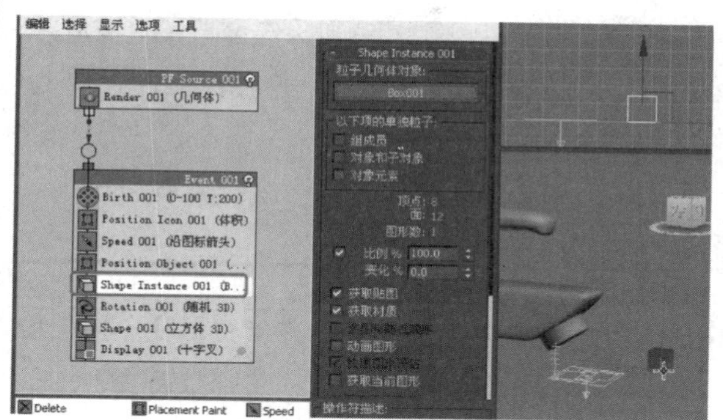

步骤6　进行渲染，可观察到水龙头发射出长方体。

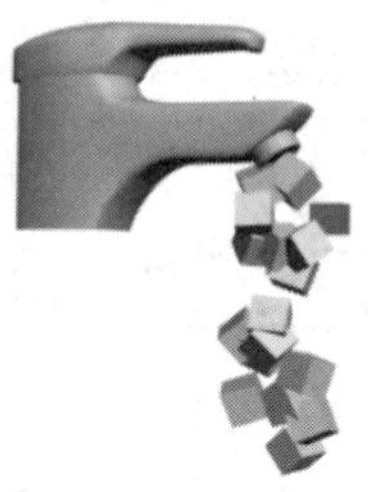

步骤7　在“粒子视图”窗口中，将“图形关联”操作符作为一个新事件添加到事件显示窗口中。

步骤8　在场景中创建一个足够小的球体对象，并将其作为新事件的图形关联对象。

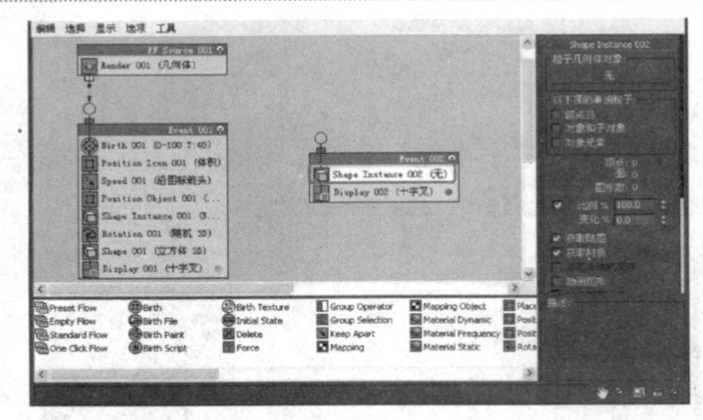

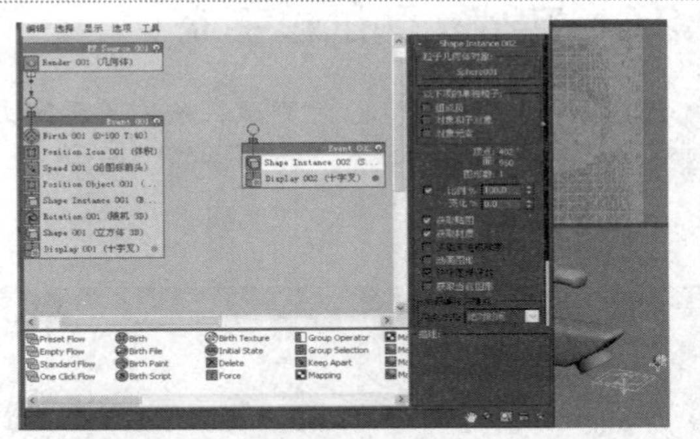

步骤9 为原始事件添加一个“年龄测试”测试。

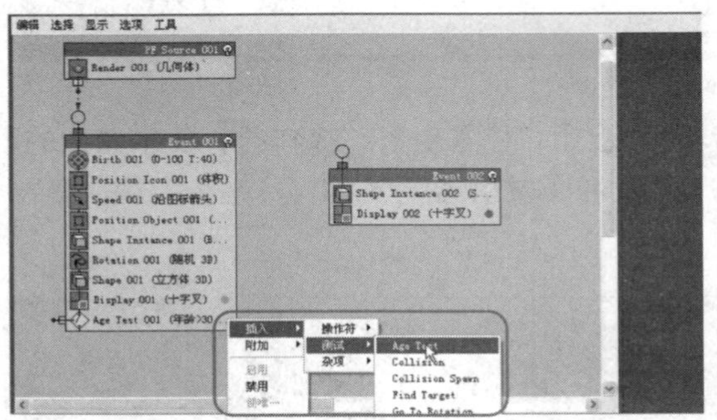

步骤10 在原始事件的左下侧按住鼠标不放，把原始事件拖动到新事件顶部，然后释放鼠标，将事件进行关联。当粒子满足一定条件时，应用新的事件2。

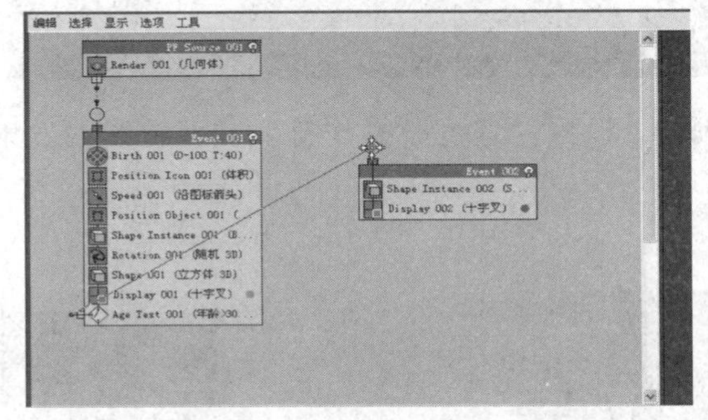

步骤11 完成事件关联的操作后，可观察到有导航线提示事件之间的关系，然后设置“年龄测试”的参数。

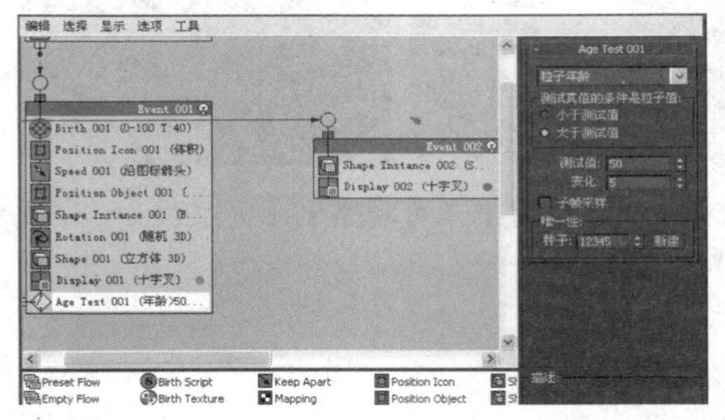

步骤12 从第70帧处开始渲染，可观察到水龙头发射的粒子最初为长方体，到设定的时间处变为球体。

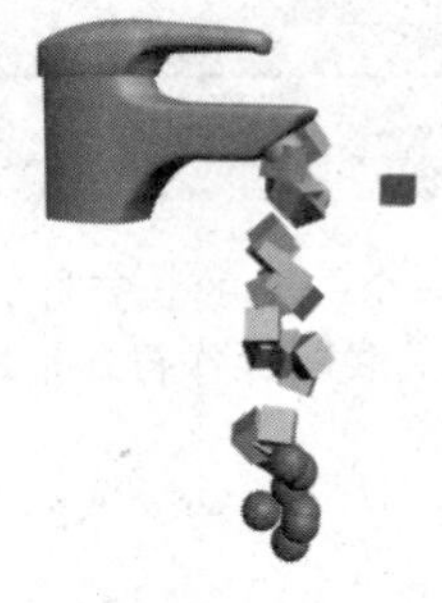

提示： 在粒子循环中，如果所有粒子在各自的起始位置结束，那么生成的动画可以无缝地重复播放。

提示： 转到旋转测试与旋转、形状朝向和形状标记操作符不兼容，建议不要在同一事件中将它们同时使用。

12.3 与粒子相关的空间扭曲对象

“空间扭曲”通常用于辅助粒子系统，能使场景中的对象受到“力”的影响，并产生形变。用于粒子系统时，能够创建出涟漪、波浪等效果。

12.3.1 空间扭曲的基本知识

“空间扭曲”的行为类似修改器，但只影响与其绑定的对象，并且是基于世界空间。当创建空间扭曲对象后，视口中会出现线框进行表示，但不参与渲染。

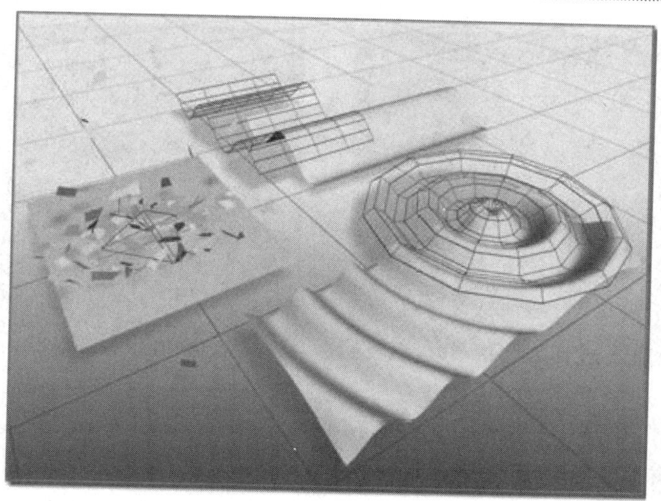

被“空间扭曲”变形的物体表面

提示：当把多个对象和一个空间扭曲绑定在一起时，空间扭曲的参数会影响所有对象。

12.3.2　实战：简单应用空间扭曲

光盘路径：第12章\12.3\简单应用空间扭曲（最终文件）.max

步骤1　在场景中创建一个“雪”粒子对象。

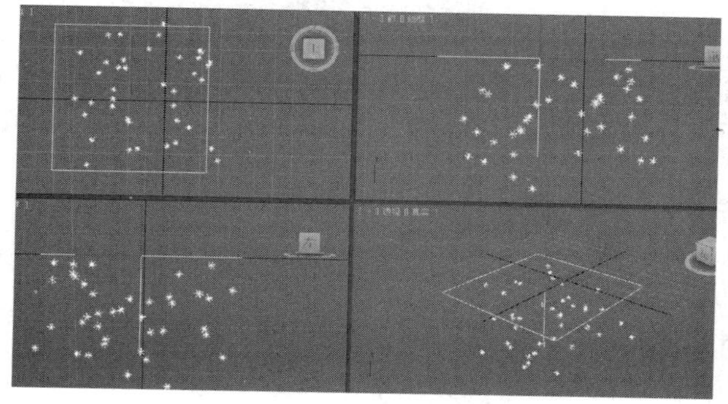

步骤2　在“创建”命令面板中切换到“空间扭曲”对象类型，然后单击“漩涡”按钮。

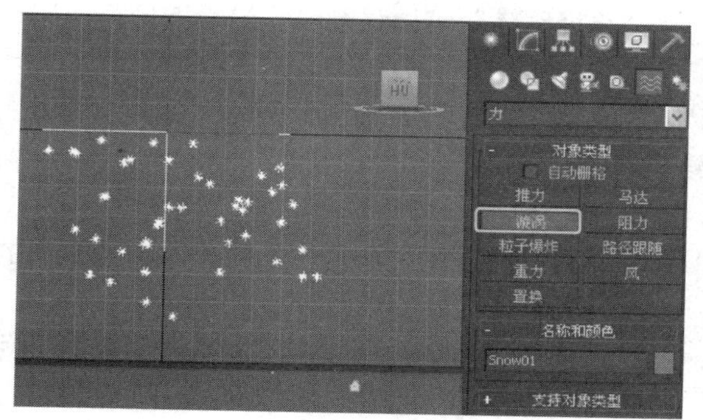

步骤3　在“顶”视口中创建一个漩涡空间扭曲对象。

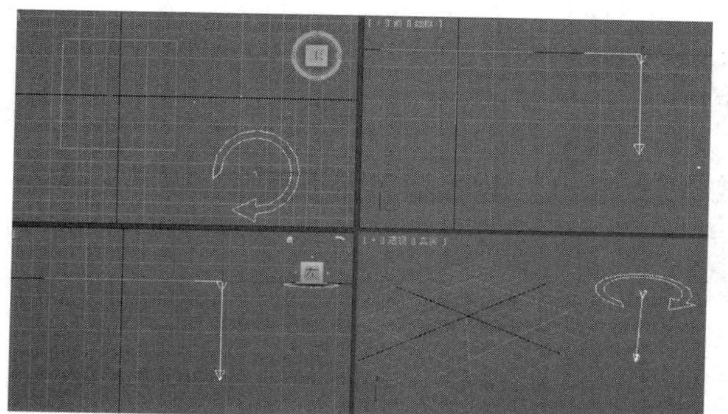

步骤4　选择“雪”粒子对象，然后在主工具栏中单击“绑定到空间扭曲”按钮。

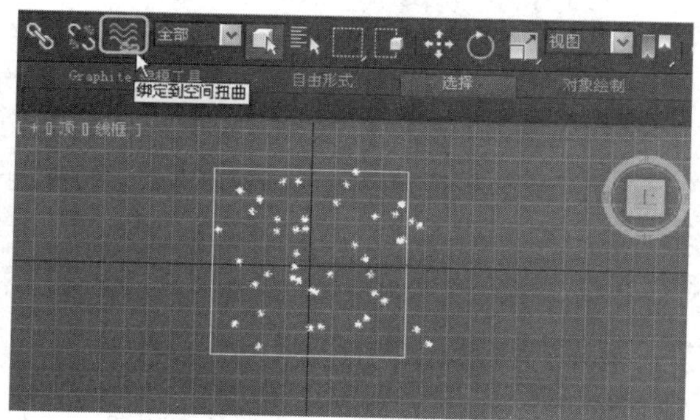

步骤5　通过用鼠标拖动的方式，将雪粒子和漩涡空间扭曲对象进行绑定。

步骤6　完成绑定后，空间扭曲的力场作用即刻生效。雪粒子受漩涡的力产生新的方向。

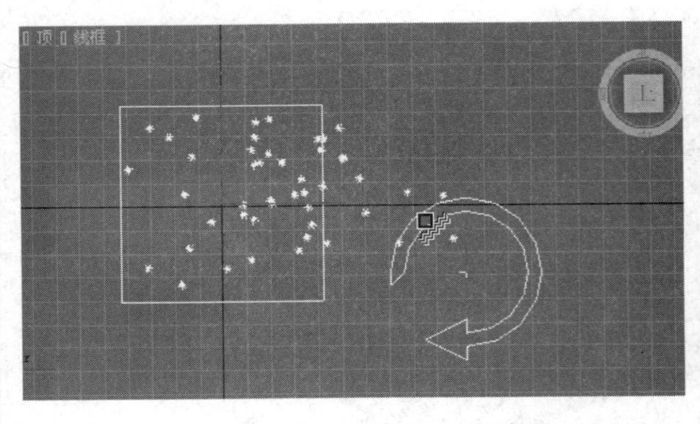

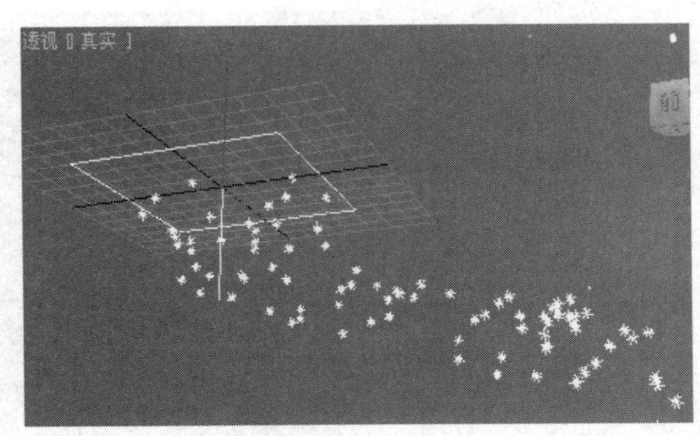

提示： 每个对象相对于空间扭曲的距离或者方向可以改变扭曲的效果，由于该空间效果的存在，只要在扭曲空间中移动对象就可以改变扭曲的效果。

12.3.3 力

"力"可以模拟多种力场对粒子系统或动力学系统产生的影响，如推力、马达、重力等多种常见力场。

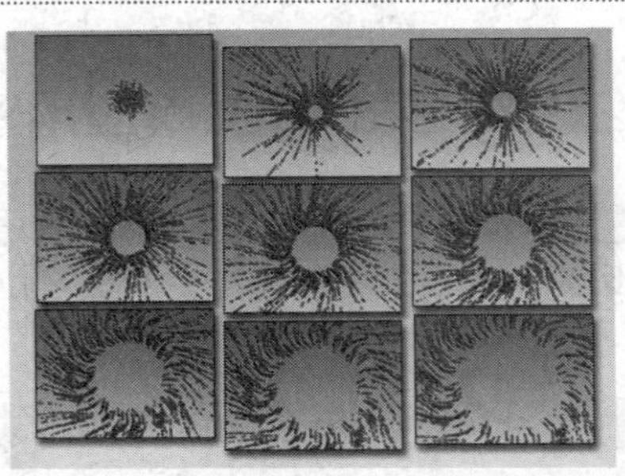

"马达"驱散云状粒子的应用效果

1. 漩涡

"漩涡"可以使粒子在急转的漩涡中旋转，然后向下移动成一个长而窄的喷流或者旋涡井。

2. 路径跟随

"路径跟随"可以强制粒子沿螺旋形路径运动。

3. 马达

"马达"的工作方式类似于推力，对受影响的粒子或对象应用转动扭矩。

4. 重力

"重力"粒子系统所产生的粒子对自然重力的效果进行模拟。

5. 置换

"置换"以力场的形式推动和重塑对象的几何外形。

6. 阻力

"阻力"是一种在指定范围内按照指定量来降低粒子速率的粒子运动阻尼器。

7. 粒子爆炸

"粒子爆炸"创建一种使粒子系统爆炸的冲击波。

8. 推力

"推力"可以以正向或负向为粒子系统应用均匀的单向力。

9. 风

"风"可以模拟风吹动粒子系统所产生的粒子的效果。

提示： 使用推力时，正向或负向采用均匀的单向力。正向力以液压传动装置上的垫块方向移动。力没有宽度界限，其宽幅与力的方向垂直。

12.3.4 实战：力的综合应用

光盘路径： 第12章\12.3\力的综合应用（原始文件）.max

步骤1 打开本书配套的范例文件"力的综合应用（原始文件）.max"。

步骤2 直接渲染，可观察到场景平面对象应用的贴图作为背景环境的效果。

步骤3　在“顶”视口中创建一个“雪”粒子系统。

步骤4　渲染场景，可观察到场景中渲染出的粒子比较少。

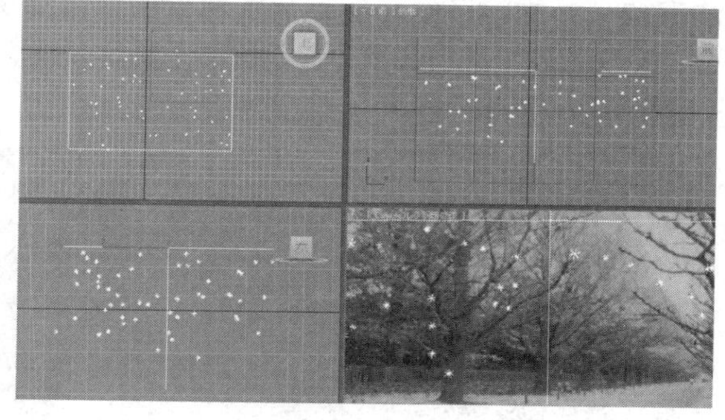

步骤5　在“雪”粒子的参数面板中，设置计数参数值为300。

步骤6　在场景中创建一个“风”空间扭曲对象，并设置风力对象的方向。

步骤7　使用“绑定至空间扭曲”工具，将雪粒子绑定到风力对象上。

步骤8　完成绑定后，可观察到粒子在发射过程中，受到风力的影响而产生了偏向。

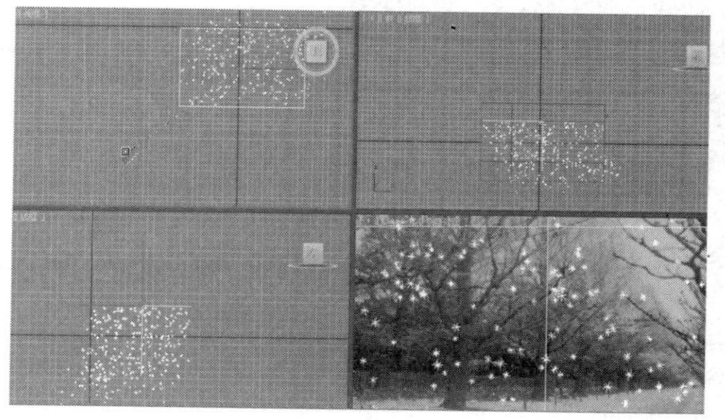

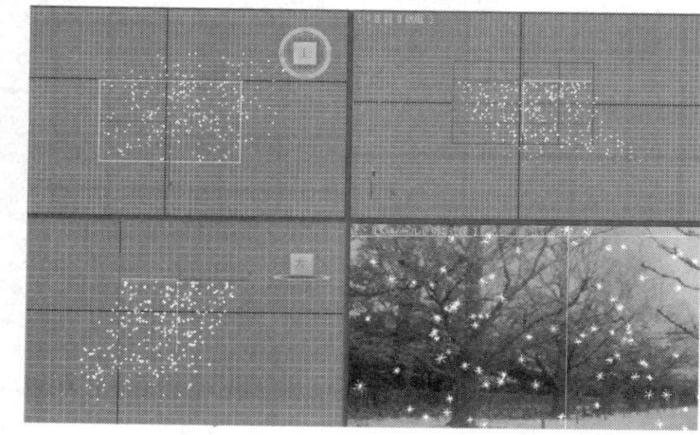

步骤9 设置风力的参数，使风力变强，粒子受到较强的风力后，偏向更加明显。

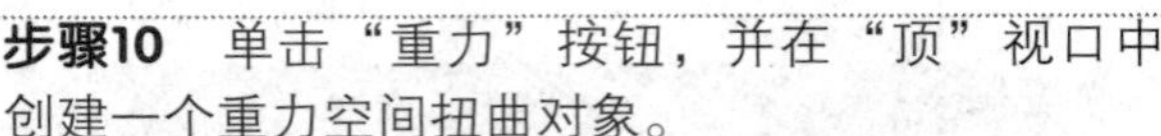

步骤10 单击“重力”按钮，并在“顶”视口中创建一个重力空间扭曲对象。

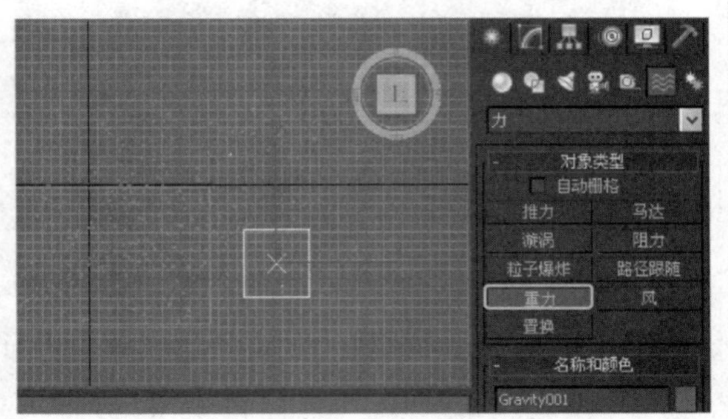

步骤11 将雪粒子与重力辅助对象进行绑定，可观察到受重力影响后，雪粒子的下降速度变快。

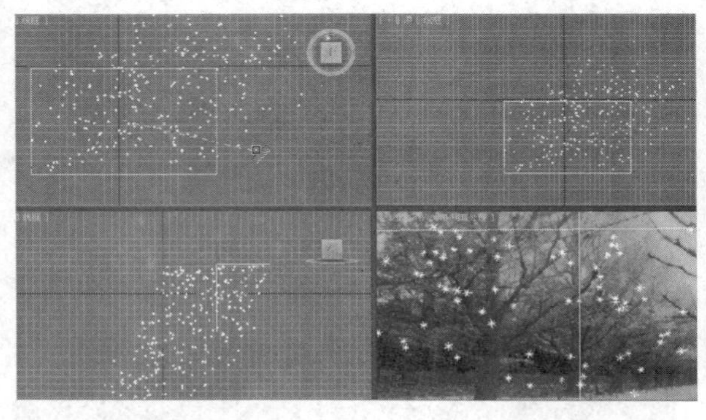

步骤12 为雪粒子制作简单的透明材质，渲染场景，可观察到受风力和重力影响的粒子应用效果。

提示：空间扭曲的位置在最终结果中扮演着重要的角色。垂直位置影响涡旋的外形，水平位置决定其方位。

12.3.5 导向器

“导向器”是一种在粒子系统中充当粒子障碍物的空间扭曲对象，当粒子碰到导向器后，会根据不同的导向器设置产生新的方向变化。

“导向器”的应用效果。

1. **泛方向导向板**

“泛方向导向板”是空间扭曲的一种平面泛方向导向器类型，提供比原始导向器空间扭曲更强大的功能，包括折射和繁殖能力。

2. **泛方向导向球**

“泛方向导向球”提供的选项比原始的导向球更多，大多数设置和泛方向导向板中的设置相同。

3. **全泛方向导向**

“通用泛方向导向器”能够使用其他任意几何对象作为粒子导向器。

4. **全导向器**

“全导向器”使用任意对象作为粒子导向器的通用导向器。

5. **导向球**

“导向球”起着球形粒子导向器的作用。

6. **导向板**

“导向板”起着平面防护板的作用，它能排斥由粒子系统生成的粒子。

12.3.6　实战：使用导向板

光盘路径：第12章\12.3\使用导向板（原始文件）.max

步骤1　在“顶”视口中创建一个“粒子云”对象。

步骤2　在“透视”视口中创建一个重力空间扭曲对象，然后使用“绑定到空间扭曲”工具，将云粒子和重力进行绑定。

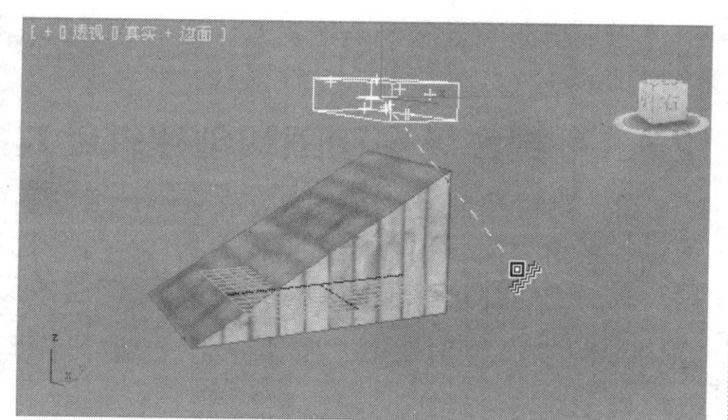

步骤3　播放动画时，可观察到云粒子在受重力的影响下将随着时间向下运动。在“创建”命令面板中单击“泛方向导向板”按钮。

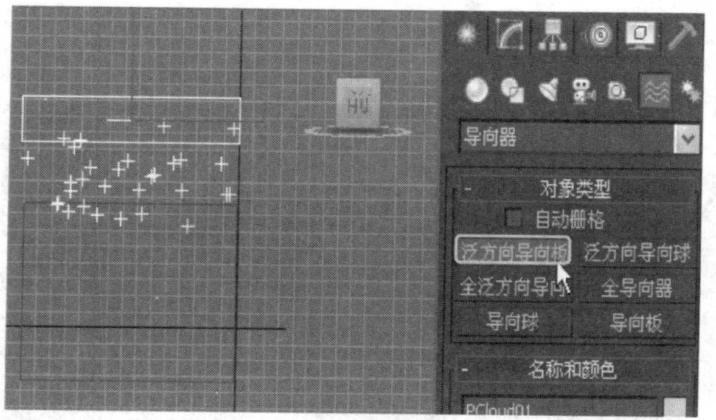

步骤4　在视口中创建一个导向板，并使用旋转工具将旋转至指定状态。

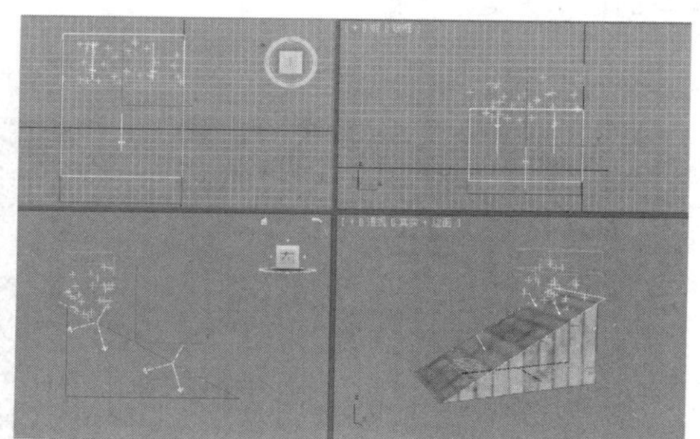

步骤5　播放动画，可观察到粒子下落过程中，接触到导向方板后，产生了反弹。

步骤6　在导向板的参数面板中设置“反弹”参数值为0，播放动画，可观察到粒子接触导向板后，继续在导向板的平面上进行下落。

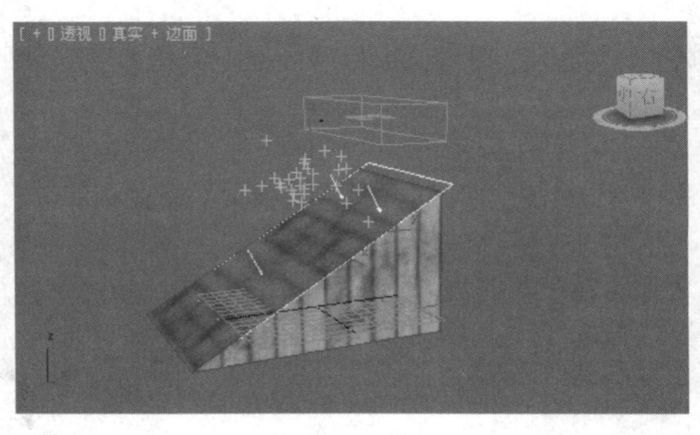

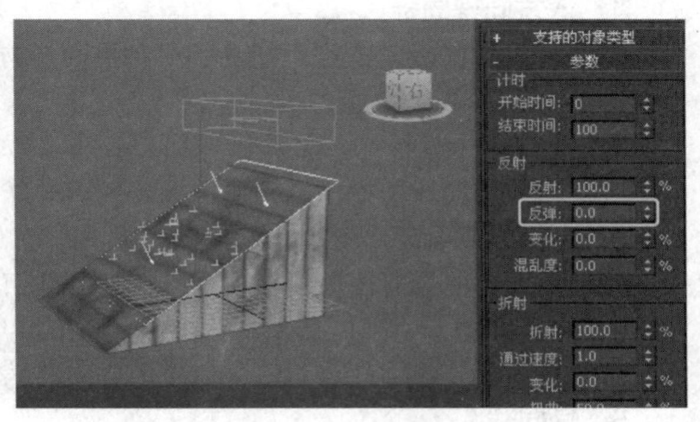

提示：导向器的反面有反扭曲效果。

提示：在使用很多粒子以及复杂的导向器对象时，通用泛方向导向器可能会发生粒子泄漏。要避免这种情况的发生，应执行一次测试渲染，检查泄漏的粒子。

提示：使用通用动力学导向器时，必须拾取指定受影响的对象，但不需要将其链接在一起。

提示：要让粒子沿导向器表面滑动，应将反弹参数值设定为0。同样，除非受到风力或重力的影响，滑动的粒子都应该以非90° 的角撞击表面。

12.4 倒水动画

本节将通过创建粒子流源对象，应用各种操作符和测试制作简单的场景倒水动画。

倒水动画最终效果

12.4.1 制作场景动画和创建辅助对象

在使用粒子创建动画时，首先要预计好动画的基本过程，本例预计通过粒子流源来发射粒子，模拟水物体，并创建重力模拟水受重力的效果，最后创建导向器来模拟水在接触杯子产生的反弹效果。

提示：如果同时使用力和导向板，一定要先绑定力，再绑定导向板。

12.4.2 实战：倒水动画

光盘路径：第12章\12.4\倒水动画（原始文件）.max

步骤1 在第0～20帧的时间范围内，为茶壶设定简单的运动关键帧动画。

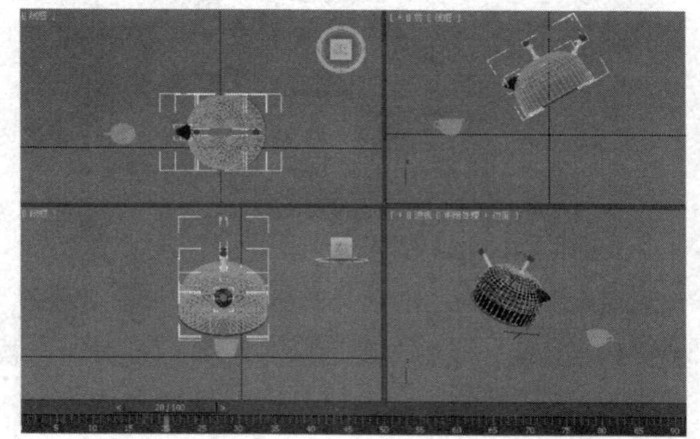

步骤2 在场景中创建一个PF Source(粒子流源)对象。

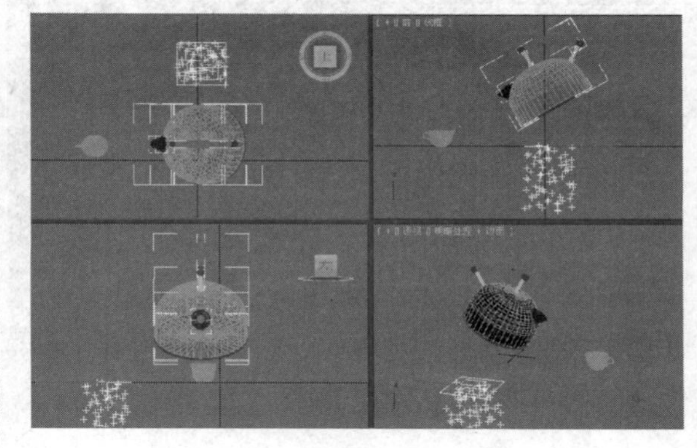

步骤3 创建一个重力空间扭曲对象。

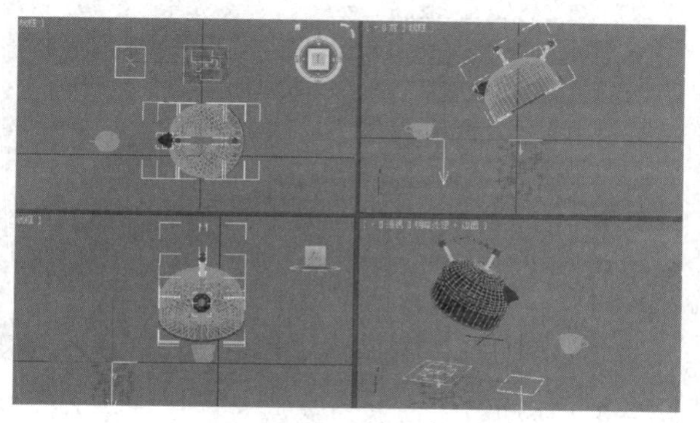

步骤4 接着在场景中创建一个“导向板”导向器。

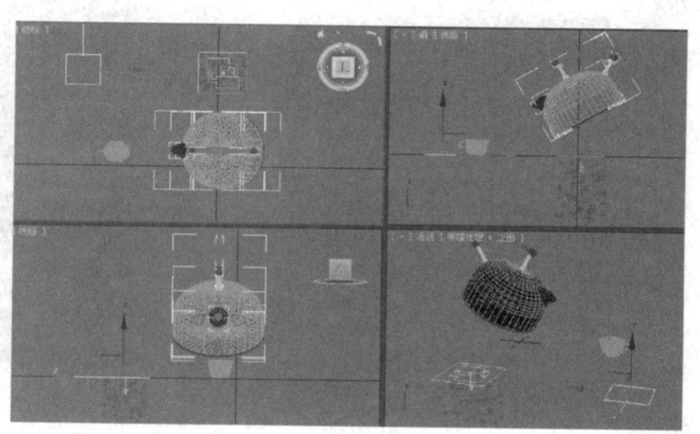

提示：如果粒子使用的材质不是贴图材质，那么所有粒子将采用材质的曲面属性。

12.4.3 实战：设定倒水动画

倒水动画主要包括茶壶的运动和模拟水倒出的粒子运动，最终效果通过创建关键帧动画和应用速度、位置对象、力等操作符来实现。

步骤1 打开“粒子视图”窗口，设置粒子的出生和消亡时间。

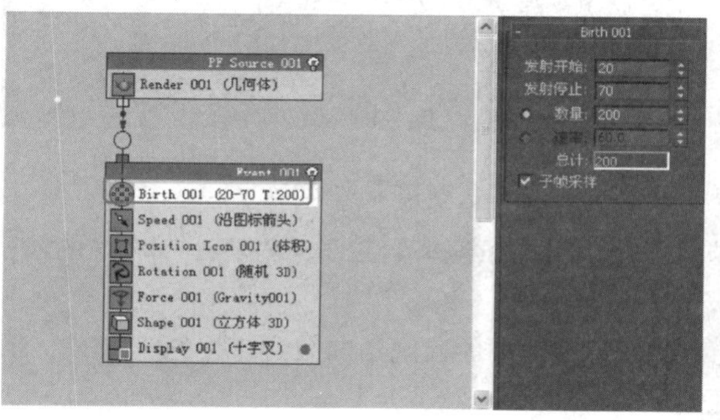

步骤2 在第20～30帧的时间范围内查看场景，可观察到发射器在茶壶完成动画后开始发射粒子。

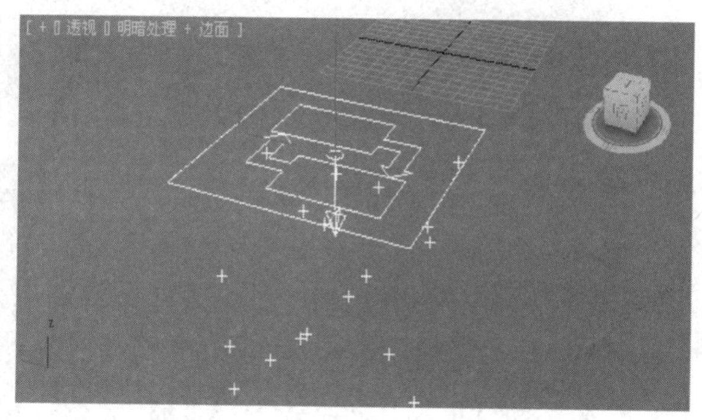

步骤3 在“粒子视图”窗口中应用Position Object(位置对象)操作符，将茶壶壶口对象作为粒子的发射器。

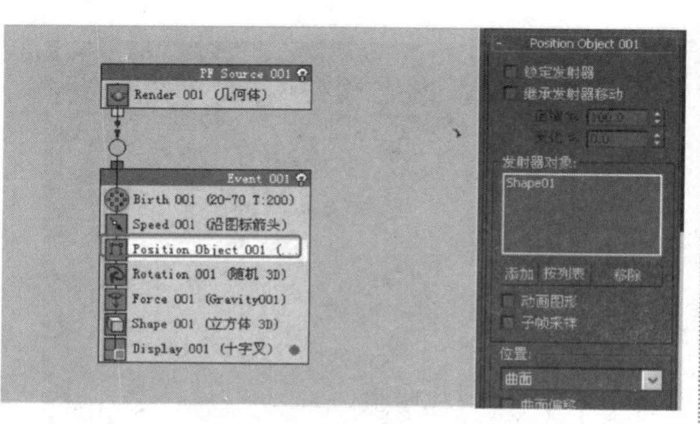

步骤4 在场景中预览动画，可观察到茶壶壶口发射粒子的效果。

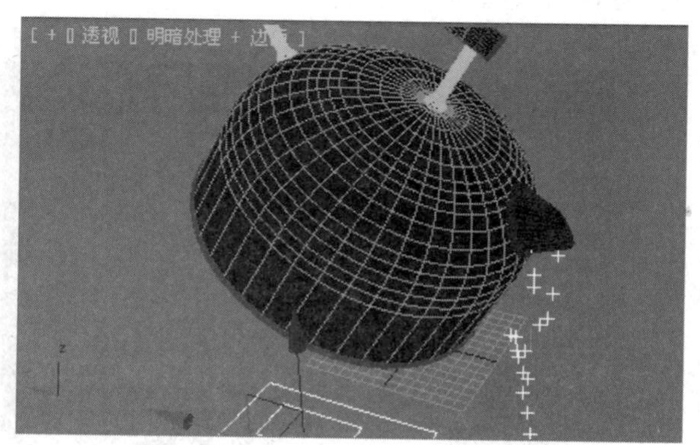

步骤5 应用Force(力)操作符，设置基本参数，将重力空间扭曲对象作为影响粒子的力场。

步骤6 选择Speed(速度)操作符，设置“方向”等参数。

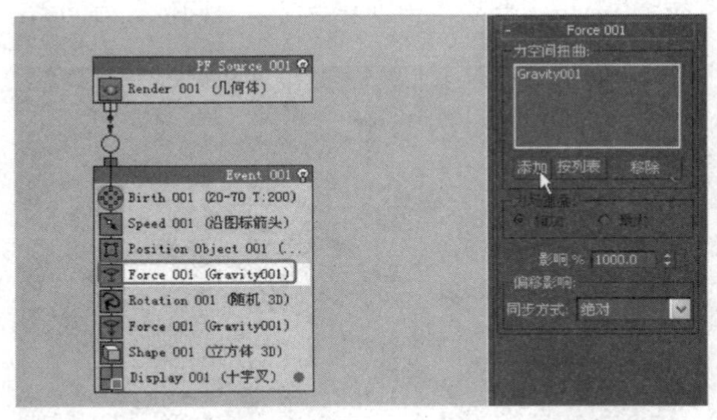

步骤7 在场景中预览动画，可观察到茶壶发射的粒子产生了角度，更符合现实世界中的倒水效果。

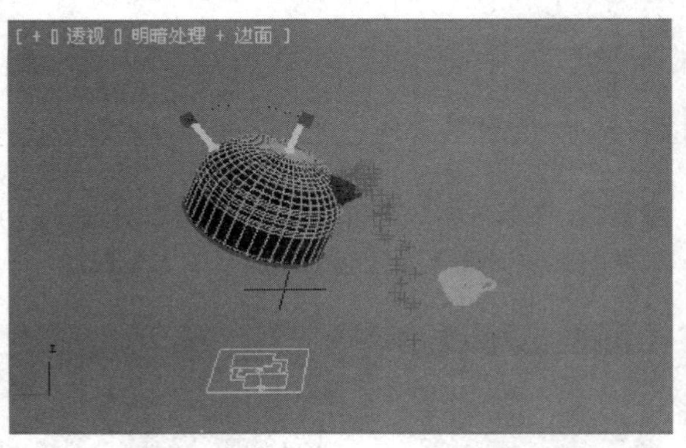

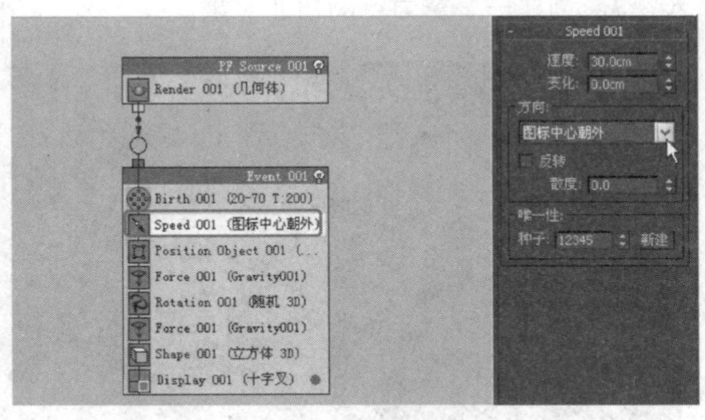

步骤8 移动粒子流源对象，对粒子产生方向影响，使粒子发射的轨迹正确。

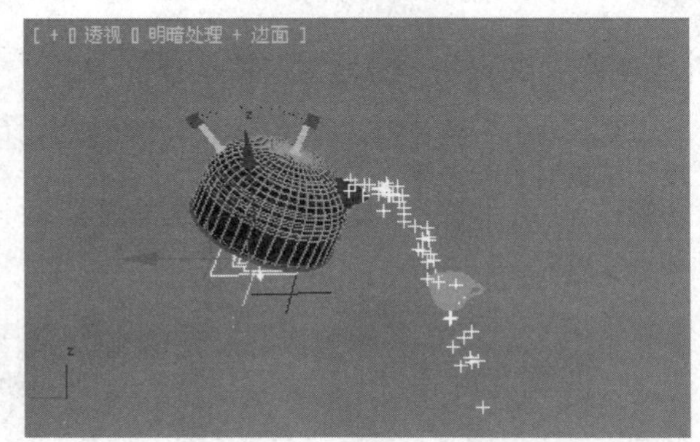

提示：粒子的运动模糊效果实际上是根据粒子速度改变粒子的不透明度和长度的结果。

提示：喷射粒子的出生速率参数如果设置小于或等于最大可持续速率，粒子系统将生成均匀的粒子流，如果大于最大速率，粒子系统将生成突发的粒子流。

提示：粒子系统在给定时间内占用的空间是初始参数和已经应用的空间扭曲组合作用的结果。

12.4.4 实战：设定水接触杯子的动画

本小节将完成水接触杯子后的动画制作。在制作该节任务时，可参考现实世界中，水与杯子是如何碰撞的以及碰撞后的效果来设置相关参数。主要会应用到碰撞测试和查找目标测试来完成相应的动画效果。

步骤1 为粒子事件应用一个Collision(碰撞)测试，将场景中的导向板作为碰撞目标。

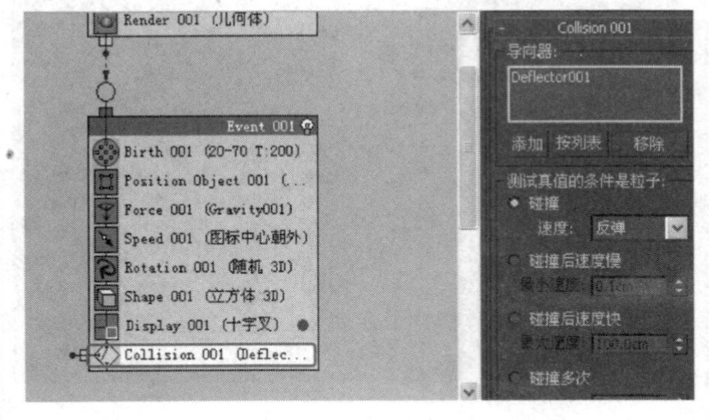

步骤3 把Find Target（查找目标）测试作为新事件添加到事件窗口中。

步骤2 调整导向板位置，在场景中预览动画，可观察到粒子在接触到导向板后，产生了反弹效果。

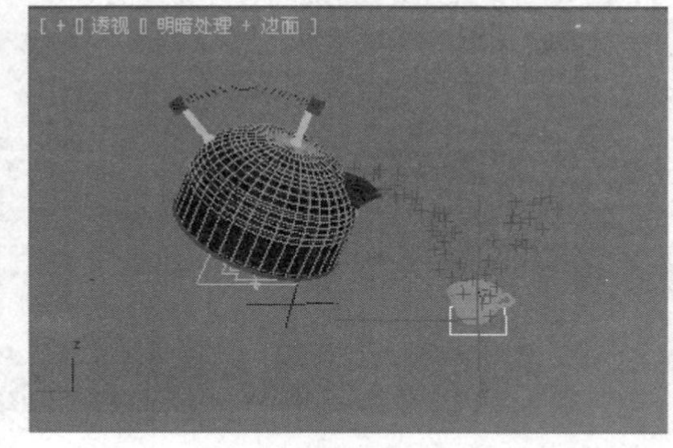

步骤4 将原始事件与新事件进行关联，使事件发生碰撞后的粒子执行新的事件。

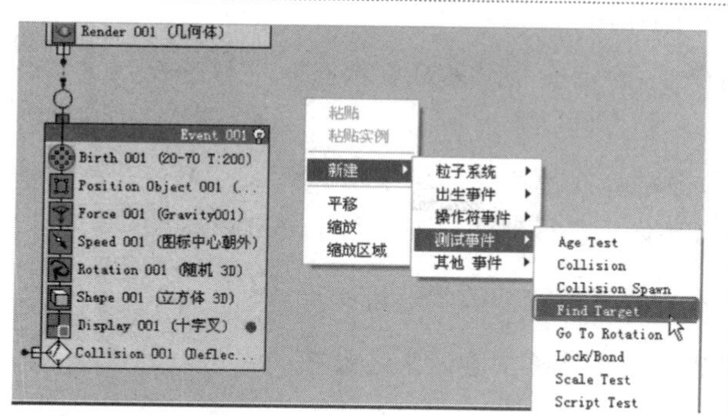

步骤5　选择Find Target（查找目标）测试，选择“目标”为“网格对象”选项，然后添加咖啡杯为目标对象。

步骤6　设置Find Target（查找目标）测试的速度等参数，使粒子更符合水倒进杯子的效果。

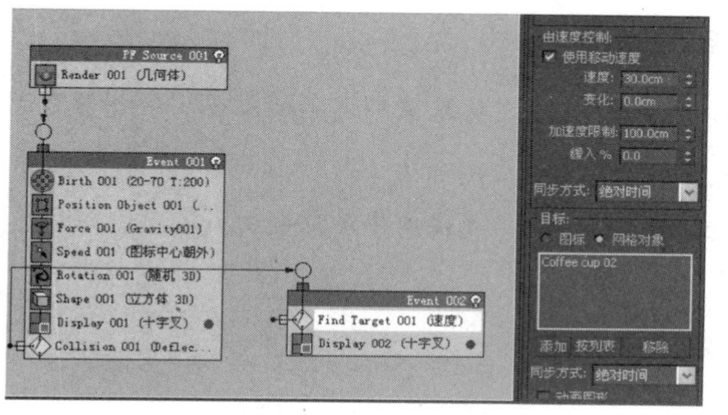

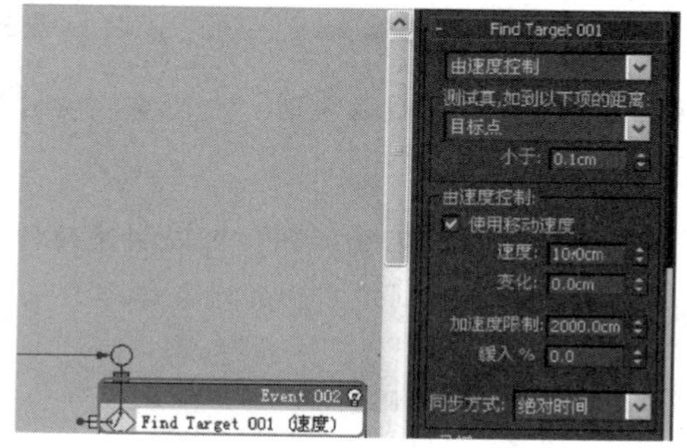

步骤7　在场景中预览动画，可观察到完整的利用粒子系统制作的倒水动画。

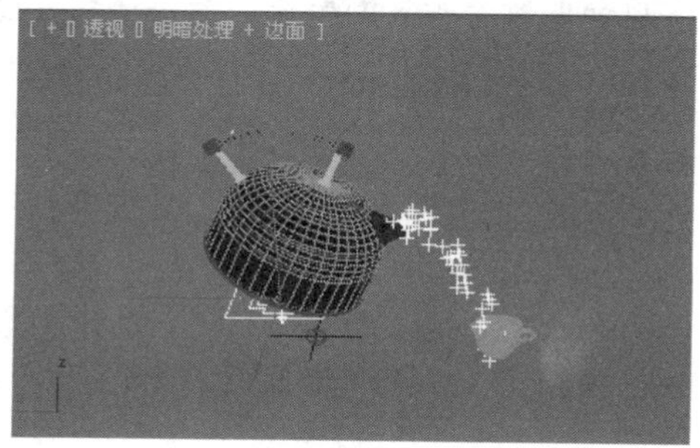

提示： 对于基于对象的发射器的动画，粒子将在第0帧正确填充变形对象，但是在发射器移动时无法与发射器一起移动。

提示： 粒子系统对象不会在渲染场景中出现。其在场景中的位置、方向和大小不会影响粒子效果。

提示： 如果已将对象转换为可编辑网格，并且通过顶点、边和面选择方式选中了该对象的各种子对象，在切换粒子分布选项时，将看到粒子从对象的不同区域发射。

12.5 操作答疑

12.5.1 专家答疑

（1）说说粒子系统。

答：本节介绍粒子类型、基本粒子类型和高级粒子类型的参数设置。粒子系统是3ds Max中一种特殊的系统，可以模拟粒子的各种基本的动力学运动，因此在动画制作中经常用到，可制作下雨、下雪、爆炸等特殊动画效果。粒子系统通常又分为基本粒子系统和高级粒子系统。

（2）基本粒子有哪几种类型？分别说说这几种类型的作用。

答：基本粒子类型主要有“PF Source”、“喷射粒子”、“雪粒子”、“暴风雪粒子”、“粒子云”、“超级喷射”和“粒子阵列”。

1）**PF Source**：PF Source粒子可以做到你能想象得到的各种各样的粒子动画效果，无论是天空中的雨、雪，还是群鸟飞翔、鱼群跳跃、粒子变物等等，只要你能想得到的，这个粒子都可以胜任。

2）**喷射粒子**：喷射粒子是从一个面（即发射器）发射的可模拟下雨效果的粒子。

3）**雪粒子**：雪粒子是从一个面（即发射器）发射的可产生简单下雪效果的粒子。

4）**暴风雪粒子**：“暴风雪”粒子是“雪”粒子升级版本，比“雪”更强大更高级，并提供了大量参数。

5）**粒子云**：“粒子云”通常用于填充特定的体积，如一群飞翔的鸟、一群搬运食物的蚂蚁等。可以使用提供的基本体积来限制粒子，也可以将粒子云应用至对象的体积。

6）**超级喷射**：“超级喷射”与简单的喷射粒子类似，但可以通过参数控制发射的粒子，并增强了控制参数。

7）**粒子阵列**：“粒子阵列”可以创建两种不同类型的粒子效果，包括用于将所选几何体对象用作发射器模板，发射粒子和创建复杂的对象爆炸效果。

12.5.2 操作习题

1. 选择题（选项为一个或多个）

（1）在制作动画时，想快速实现如图所示的震颤效果，最快速的方法是（　　）。

A. 使用“动力学(reactor)”中的“柔体(soft body)”进行模拟计算

B. 追加“柔体(soft body)”修改器

C. 使用“FFD修改器”

D. 使用“噪波控制器”

（2）如图所示的文字变形效果，使用了（　　）修改器。

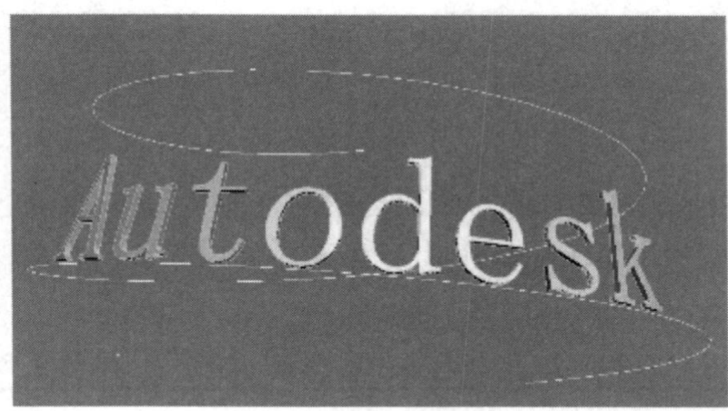

A. “路径变形”

B. “面片变形”

C. “变换”

D. “路径变形”

（3）如图所示的山从A效果到B效果，是调节“路径变形（　　）”修改器的哪项参数。

A. 百分比

B. 拉伸

C. 旋转

D. 扭曲

（4）如图效果是使用（　　）基础粒子制作的。

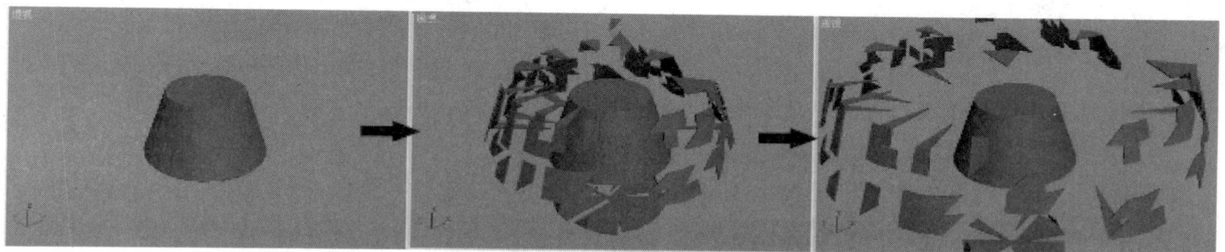

A. “超级喷射(Super Spray)”

B. “粒子云(PCloud)”

C. “暴风雪(Blizzard)”

D. “粒子阵列(PArray)”

（5）以下关于“链接变换(LinkedXform)”说法错误的是（　　）。

A. 可以使用灯光作为对象

B. 可以使用虚拟体作为控制对象

C. 可以使用几何体作为控制对象

D. 可以使用所选对象的次级设置链接

（6）以下关于“空间扭曲(Space Warps)”描述正确的是（　　）。

A. “空间扭曲(Space Warps)”对象分为“力(Forces)”和“导向器(Deflectors)”两种

B. “力(Forces)”中只有“重力(Gravity)”、“漩涡(Vortex)”、“风(Wind)”、“粒子爆炸(PBomb)”可以作用于粒子系统

C. “导向器(Deflectors)”中的所有导向工具都可以作用于粒子系统

D. 只要在场景中创建了“空间扭曲(Space Warps)”对象，场景中的粒子系统就会受到其影响

（7）以下基础粒子能模拟对象爆炸的是（　　）。

A. “暴风雪(Blizzard)”

B. “粒子云(PCloud)”

C. “超级喷射(Super Spray)”

D. “粒子阵列(PArray)”

2. 填空题

（1）制作粒子在可乐瓶中反复弹跳，与瓶壁不断碰撞反弹的效果，必须给粒子绑定__________“空间扭曲”对象。

（2）基础粒子系统中，能进行繁殖的是__________、__________、__________。

3. 操作题

实例制作：3ds Max的PFsource实现粒子淡出效果

思路主要利用了blend材质和particle age贴图，particle age贴图能够根据粒子生命的变化给予物体不同的贴图外观。而为了实现淡出效果，可以使用blend材质，在材质1设置一个非空的材质，在材质创建一个可见度为0的材质，然后利用particle age贴图放到mask的贴图通道里，跟据粒子的生命变化，实现由材质1到材质2的变化，实现淡出效果。

（1）创建一个PFsource发射器，随便对其进行命名，这里作者是为了做泼洒的血的效果，所以命名为“洒血器”。

（2）设置调整时间轴。

（3）按照要求对粒子进行设置，速度和出生数按规定设置。

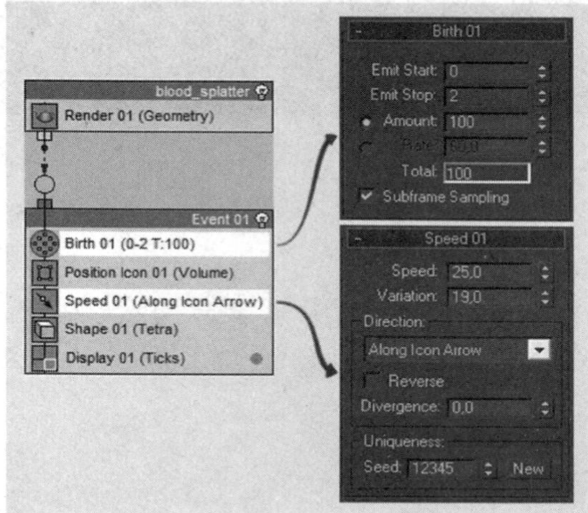

（4）创建一个面片，作为基本的粒子。

（5）为粒子流添加Shape Instance的节点，然后在图的选项中，把刚才创建的面片拾取进去。

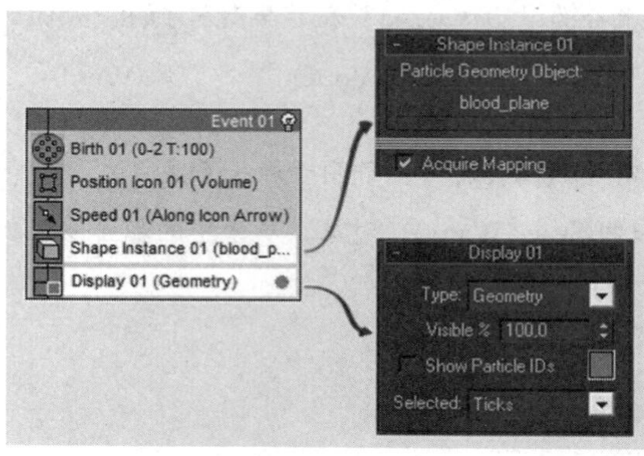

（6）值得强调的是一定要在粒子流中加入Delete的节点，如下图，这关系到粒子的整体生命周期长短。

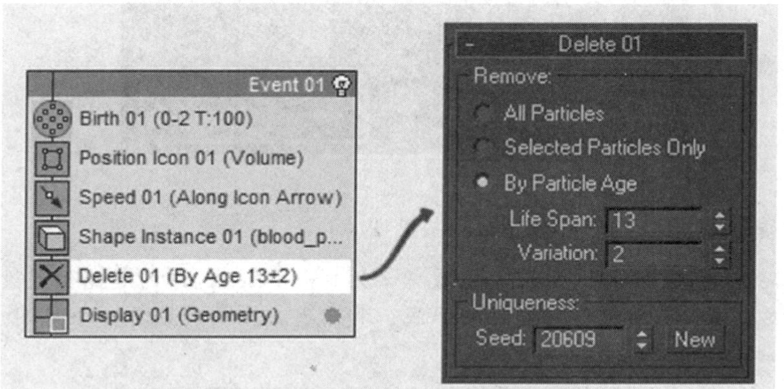

（7）使用Scale于Rotation节点使粒子能够有更多的变化，同样，也加入Force的节点，并把世界坐标里的“重力”拾取其中。

（8）创建一个Material Static节点，然后把一个命名为鲜血的材质球拖放进去。

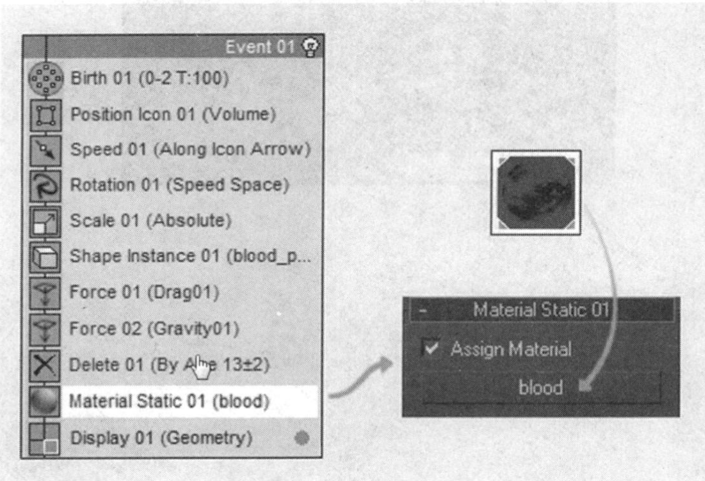

（9）关于鲜血材质球的设置，使用blend材质，在材质1那里，在各通道贴想要的效果的贴图。

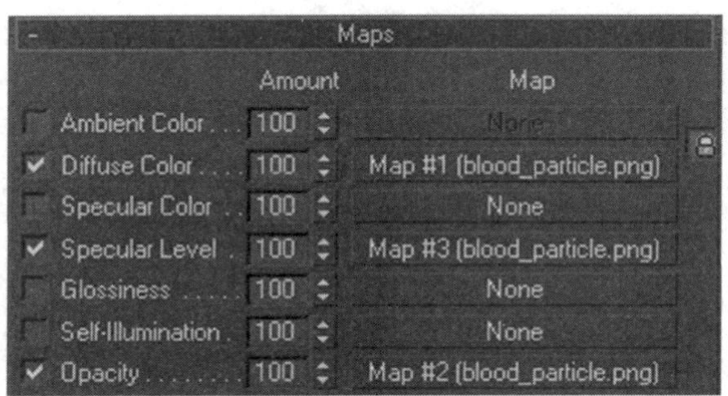

（10）在材质2，把可见度Opacity设置为0。

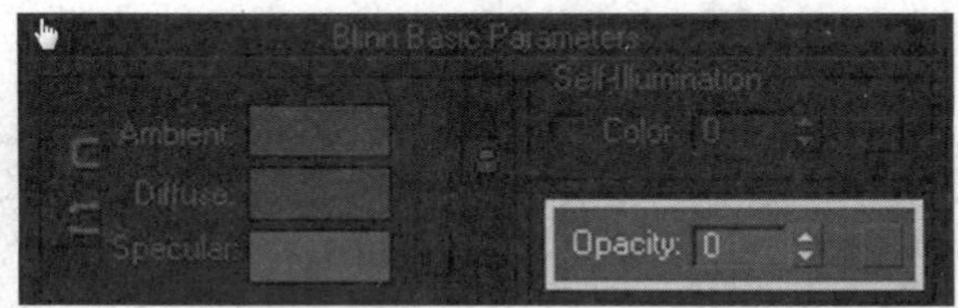

（11）在blend材质的mask通道里加上particle age贴图。

（12）注意，要实现材质1到材质2的完全过渡，必须把particle age中的起始位置设为纯黑，而末尾设为纯白。然后根据需要调整中间色的深浅，和出现在生命周期哪一个时期的百分比。

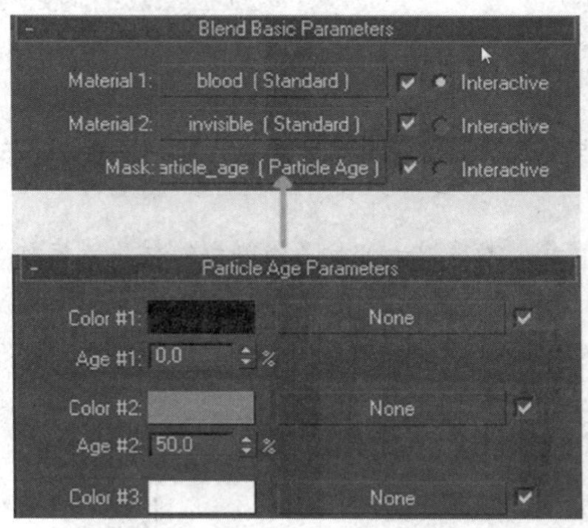

第13章

效果图制作

本章重点：

本章讲的是一个制作室内效果的综合例子，主要运用了建模、附材质、添加摄像机、添加灯光和一些渲染的设置，覆盖了本书的大部分讲解内容，很全面。

学习目的：

掌握运用建模、附材质、添加摄像机、添加灯光和一些渲染的设置的应用方法，重点掌握添加灯光和一些渲染的设置。

参考时间：50分钟

主要知识	学习时间
13.1　创建建筑结构	10分钟
13.2　导入场景模型	15分钟
13.3　为建筑结构制作材质	10分钟
13.4　场景照明设定与渲染输出	15分钟

13.1 创建建筑结构

在设计制作效果图时，建筑结构作为场景的主要框架，要力求最大限度地控制模型的面数，避免场景过大，导致软件运行速度变慢。

13.1.1 创建地面和墙体

在没有CAD图纸的情况下，首先创建地面物体可以准确对室内空间定型，然后通过创建墙体完成最基本的建筑结构。

步骤1 执行“自定义 | 单位设置”命令，设置场景单位。

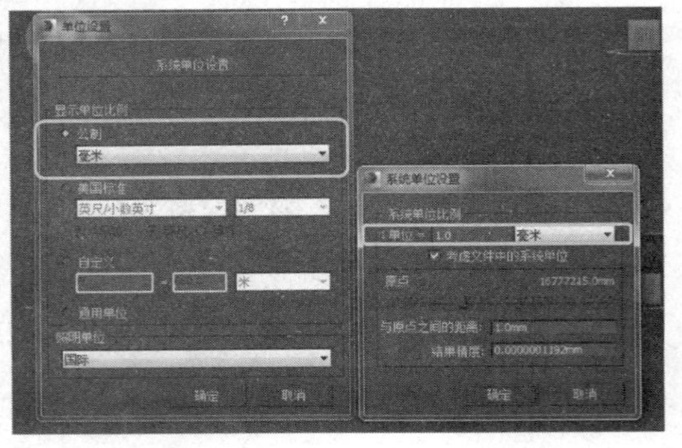

步骤2 在场景中创建一个平面对象，其大小等于室内地面的面积大小，确定创建位置及参数。

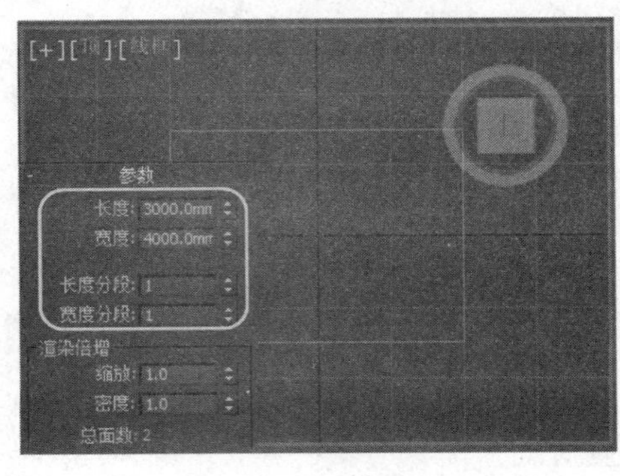

步骤3 创建一个切角长方体，确定创建位置及参数。

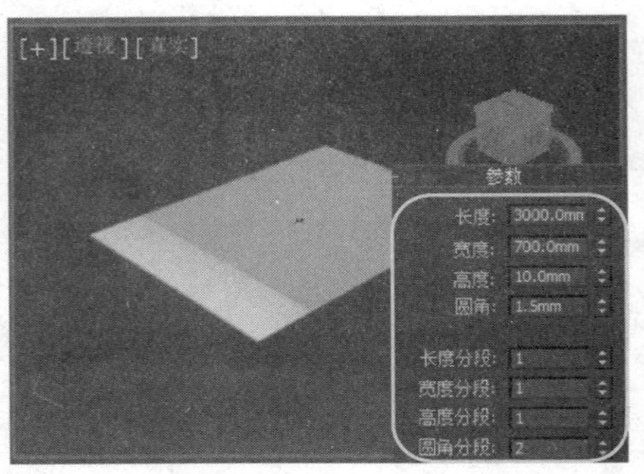

步骤4 为切角长方体添加编辑多边形修改器，然后选择两端较短的边，执行连接命令，添加新的边。

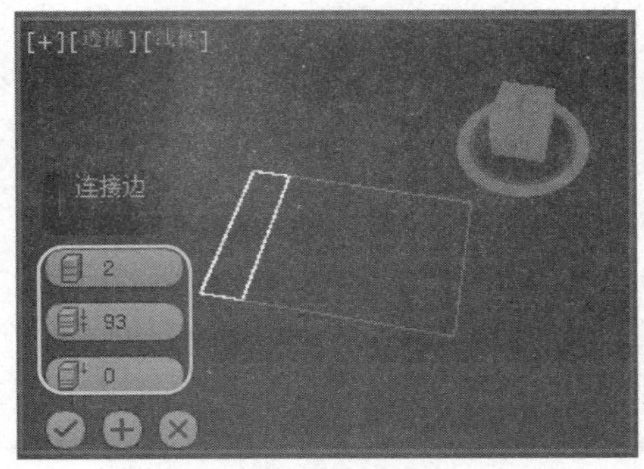

步骤5 使用相同的方法为较长的侧边添加新的连接边。

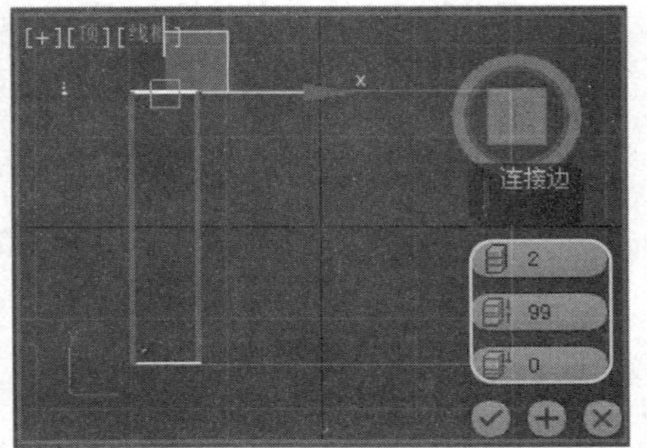

步骤6 根据平面的大小，将该切角长方体进行克隆及旋转变换，并适当调整大小，使其适配平面。

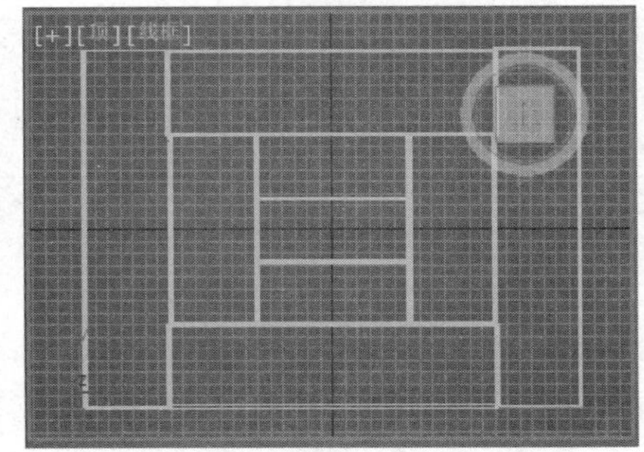

步骤7　在场景中创建一个长方体，用于模拟角柱，确定创建位置及参数设置。

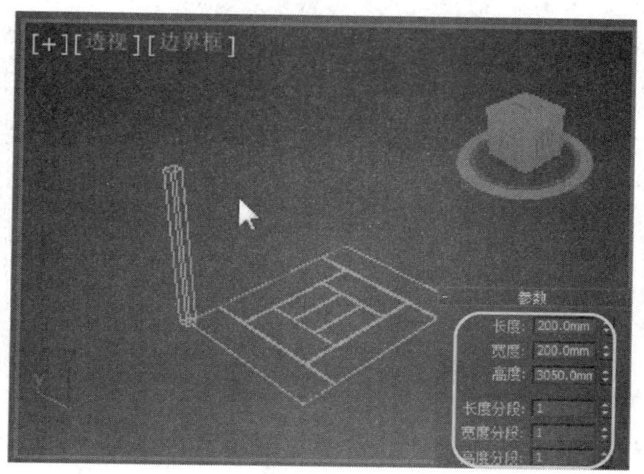

步骤8　将柱子进行克隆，观察最终效果。

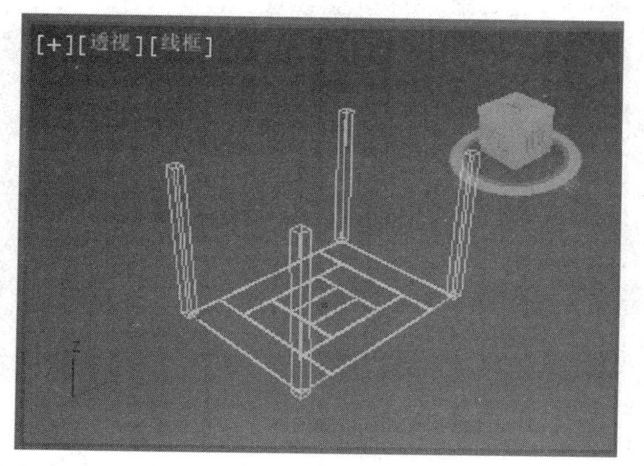

步骤9　在场景中创建多个截面较小的长方体，作为填充柱，确定创建位置及参数。

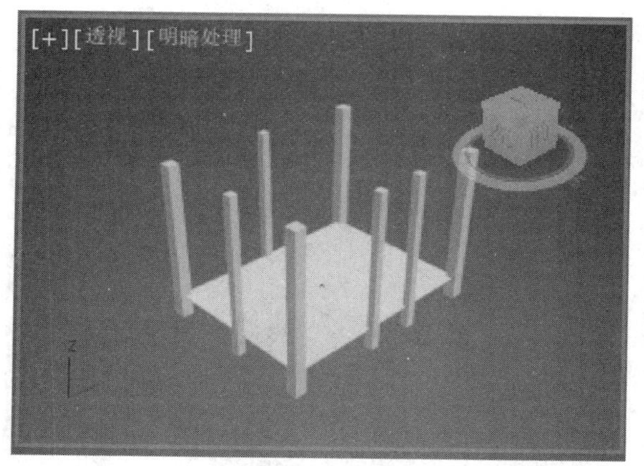

步骤10　在场景中创建一个矩形图形，确定创建位置及参数。

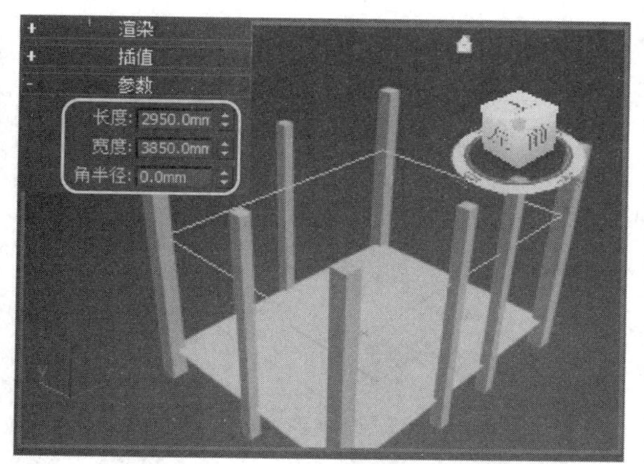

步骤11　为矩形添加编辑样条线修改器，然后在“样条线”子层级下，设置“轮廓”参数。

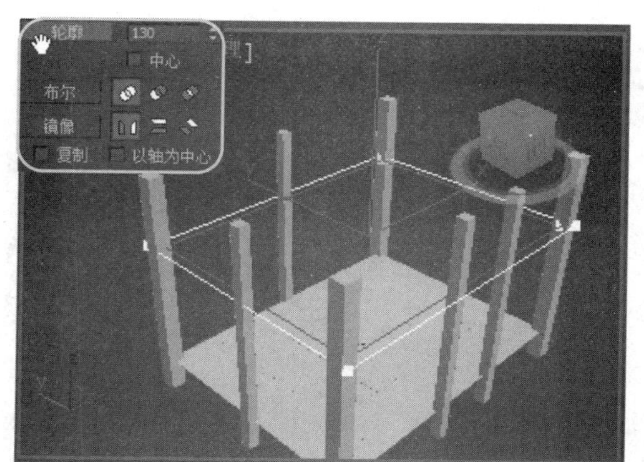

步骤12　为矩形添加“挤出”修改器，并设置参数，使其转化为三维模型。

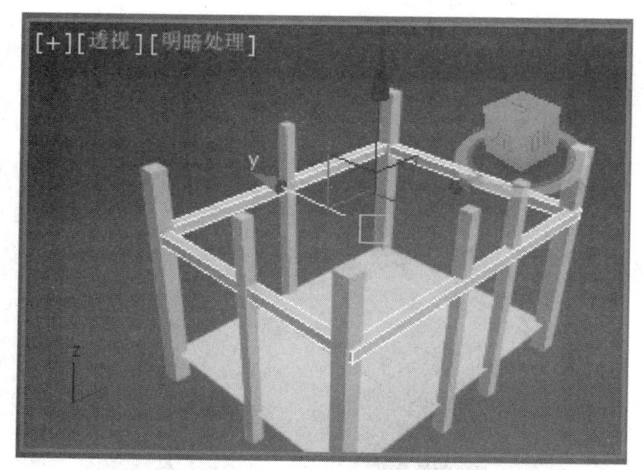

步骤13　使用相同方法克隆出另一个圈梁。

步骤14　选择上面的圈梁物体回到编辑样条线修改器层级中，调整顶点适当加大两条样条线之间的距离，使圈梁截面增大。

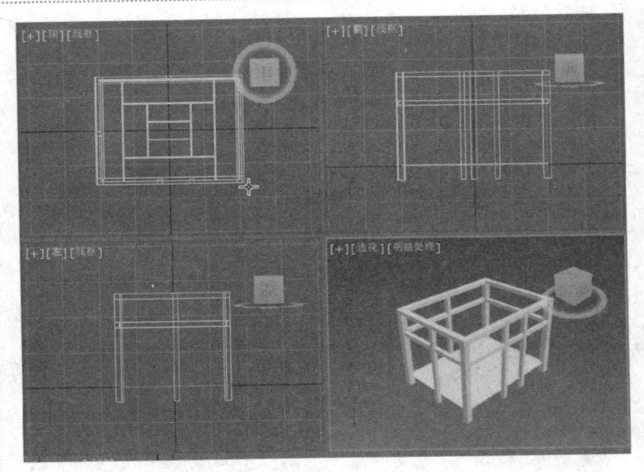

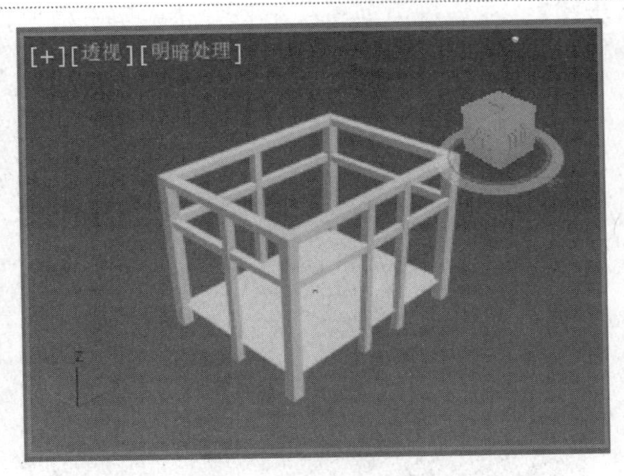

步骤15 克隆一个圈梁，并将截面上两条样条线的距离减小，重新设置挤出修改器参数，使其用于模拟圈梁之间的墙体。

步骤16 使用相同的方法克隆出底部的墙。

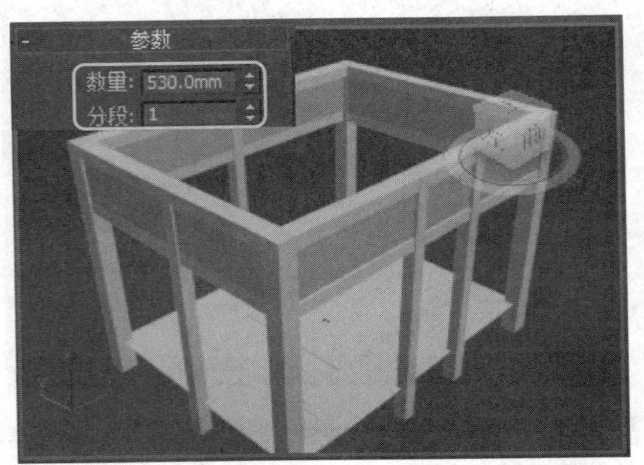

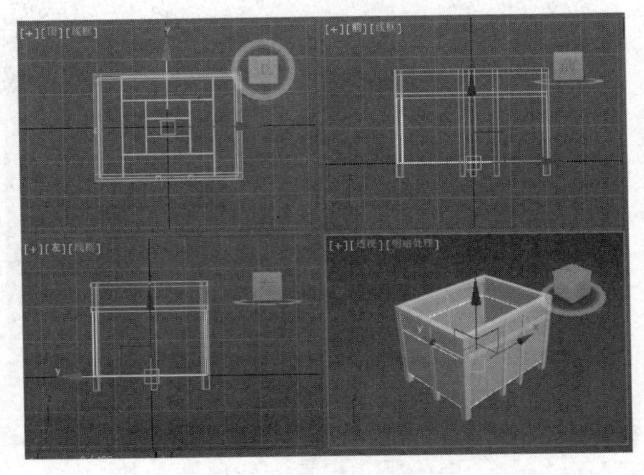

步骤17 回到底部墙体的编辑样条线修改器层级，通过调整样条线的顶点，使墙体留出门洞的位置。

步骤18 编辑样条线修改器，使墙体留出窗户的洞口。

提示：

- 场景对象的顶点数、面数越多，场景的操作就越慢。在遇到这种情况时，通常会隐藏部分对象。
- 在制作效果图时，平面对象通常作为模拟地面的辅助对象。
- 完成多边形编辑后，可以将对象塌陷，以节约内存。
- 在克隆切角长方体时，如果不需要修改大小或对称位置可以使用实例的方式进行克隆。
- 在建筑结构中，大柱子通常是支撑柱，小柱子则是装饰柱或填充柱。
- 在有些室内设计风格中，通常会为墙体制作大小不一的圈梁。
- 顶部的圈梁用于加固建筑结构，中间的圈梁主要起装饰作用。
- 如果使用长方体堆栈的方法来创建圈梁之间的墙，会增加模型不必要的面数。
- 在编辑样条线修改器层级中，可以通过删除线段，再连接顶点的方法，移除窗户部分的墙体。
- 窗户洞口也可以使用布尔运算实现。

13.1.2　创建顶

在室内设计行业中，无论是起居室还是卧房都需要一个吊顶来起到画龙点睛的效果。吊顶的外形根据室内设计风格和建筑结构可以设计得风格迥异。

步骤1　在场景中创建一个长方体，作为基本的顶，确定创建位置及参数。

步骤2　根据长方体的分段数，创建一个新的长方体，用作布尔运算的辅助对象。

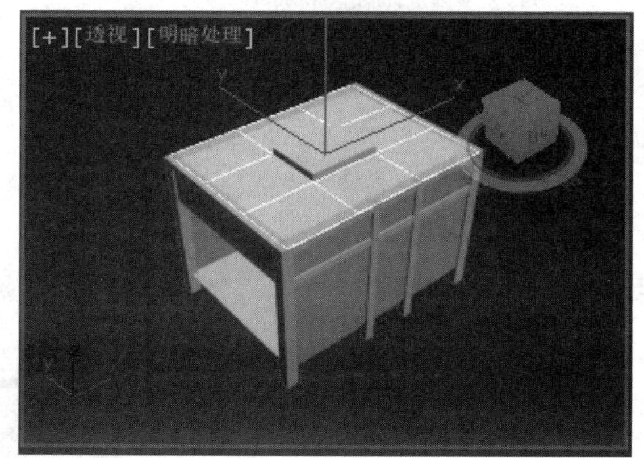

步骤3　使用布尔运算对长方体进行运算。

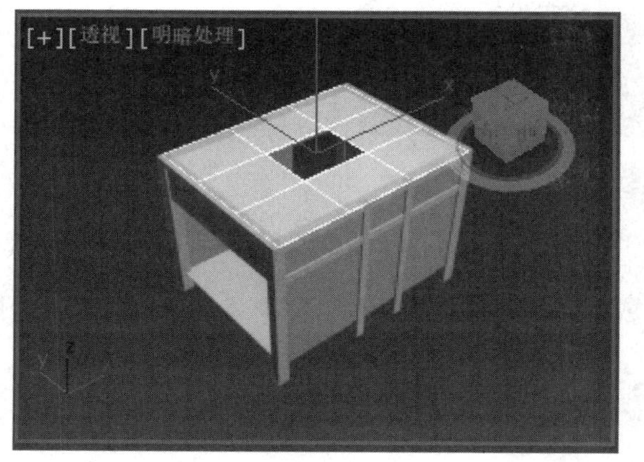

步骤4　在场景中创建一个新的长方体，确定创建位置及参数。

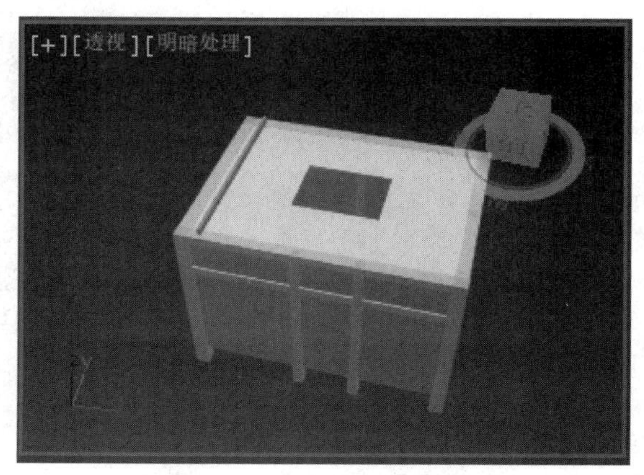

步骤5 将刚创建的长方体克隆。

步骤6 使用相同的方法，创建出另一组长方体，并使这些长方体格。

步骤7 使用创建栅格的方法创建一组较小的长方体栅格。

步骤8 根据顶部洞口的大小，对小栅格长方体组进行围绕克隆。

步骤9 在场景中创建一个长方体，将其放置于顶部的洞口处，把顶密封，确定创建位置及参数。

提示：

- 为长方体添加分段数，会将长方体进行平均划分。分段数在特定的情况下具有有效的辅助功能。
- 建筑通过超级布尔运算完成，可以有效避免乱线的现象。
- 长方体栅格组的制作也可以使用阵列工具完成，但需要精确的计算，如果不是特别要求，直接使用手动克隆更快速。
- 小栅格组的创建可以直接通过对大栅格进行缩放克隆得来，但容易造成在后期材质制作时，贴图坐标不准确。
- 可以使用平面对象在顶部进行封口。

13.1.3　创建推拉门滑轨

推拉门滑轨是比较特殊的装置，在室内装修过程中，通常根据门的具体要求进行定制。本小节将根据地面和墙体的距离来制作滑轨。

步骤1　根据地板与墙体的位置，创建一个截面图形。

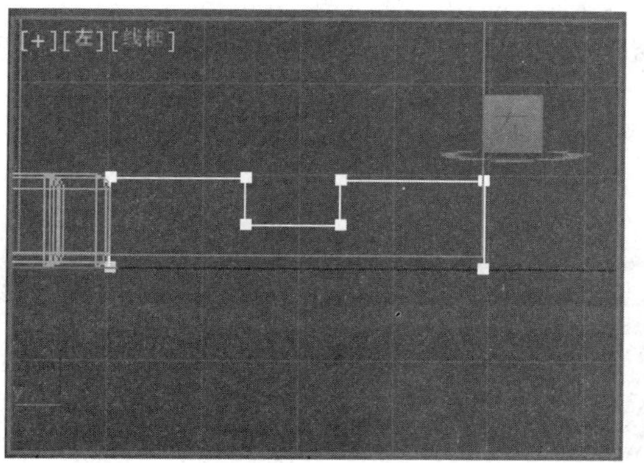

步骤2　对截面的所有顶点进行细化处理。

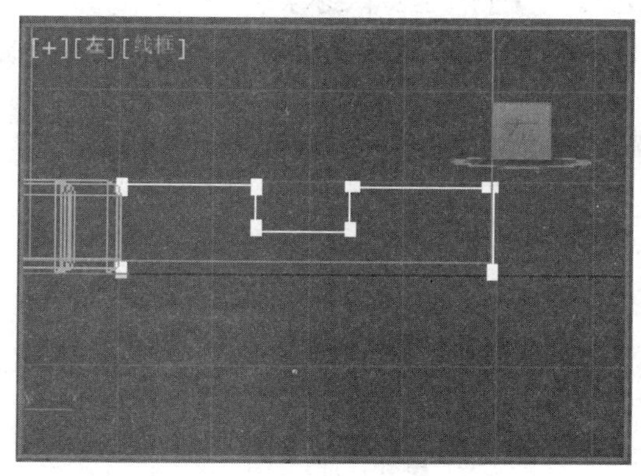

步骤3　对截面的所有顶点进行切角设置。

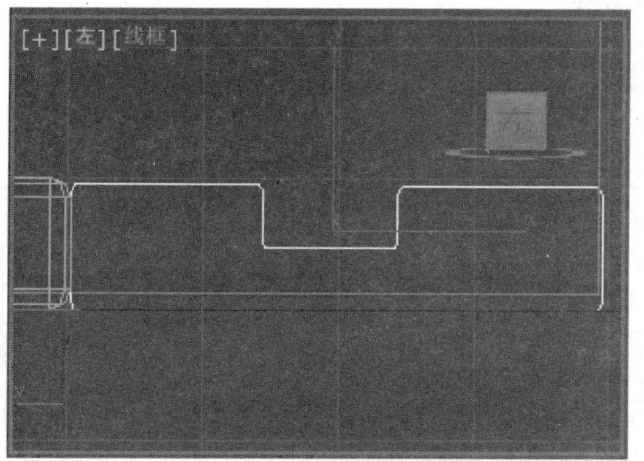

步骤4　为截面添加挤出修改器，完成滑轨物体的制作。

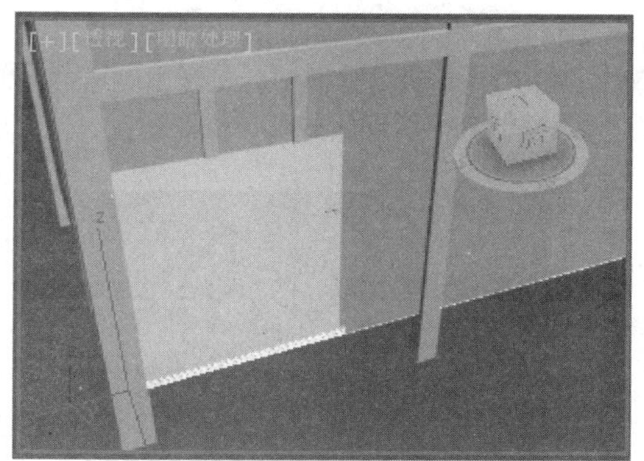

步骤5　在视口中以不同的角度进行观察，并检查建筑结构。

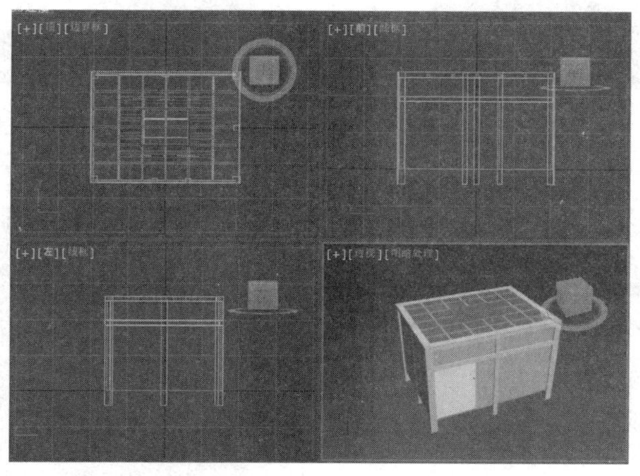

提示：

- 在创建轨道的截面时，建议配合Shift键进行创建，使所有线段保持水平或垂直直线。
- 由于滑轨两端与柱子接触，所以为滑轨截面添加挤出修改器，可以不使两端封口。

13.2 导入场景模型

以室内设计和效果图制作为目的，建议将已有的模型导入到场景中，可以避免重复工作和保证设计质量，最大程度地提高工作效率。

13.2.1 合并基本家具

在合并过程中，选择室内最基本的家具作为设计风格的基础体现，同时也可以作为空间结构合理布置的标尺。

步骤1 执行“导入 | 合并”命令。

步骤2 在合并对话框中选择“滑动门”场景文件。

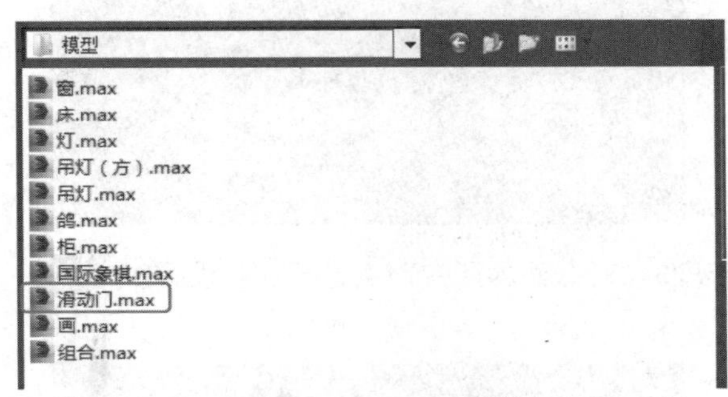

步骤3 打开“滑动门”模型后，弹出“合并-滑动门”对话框，选择滑动门并点击确定。

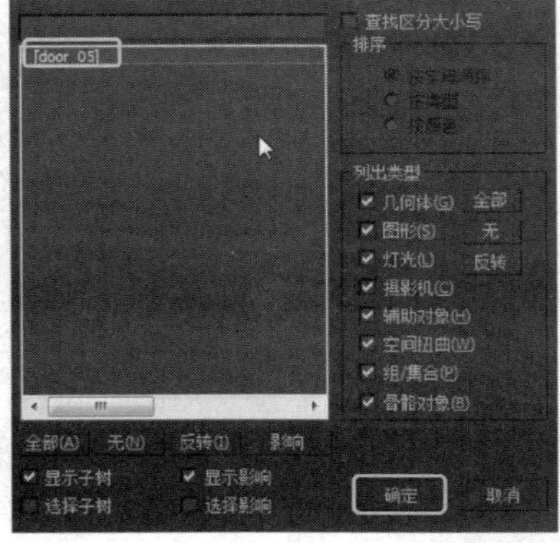

步骤4 完成合并后，将合并进场景的滑动门对象置于滑轨上。

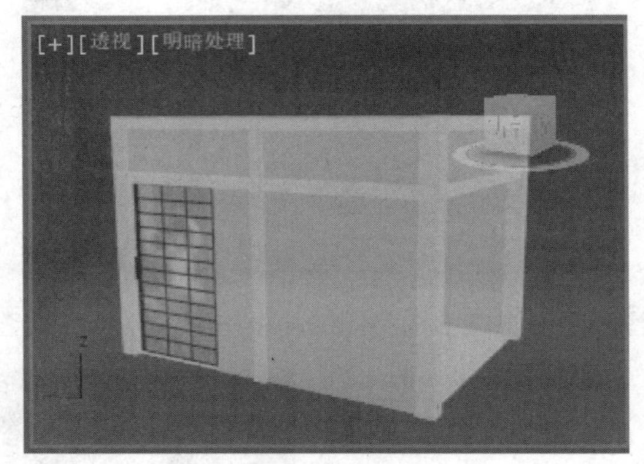

步骤5 再次执行“合并”命令，选择“窗”场景文件。

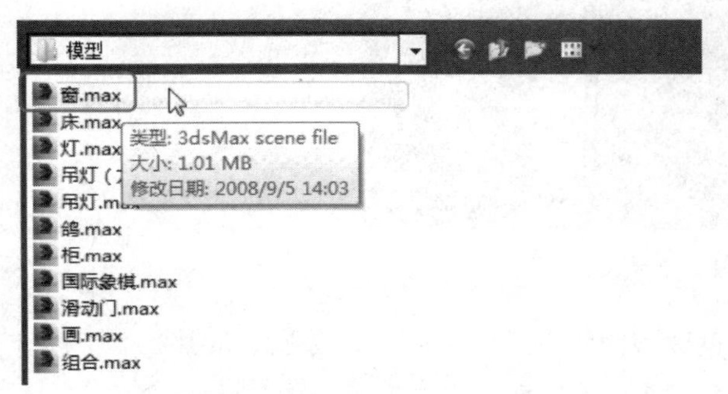

步骤6 将“窗”文件中的模型合并到场景中，将其放置于建筑结构的窗口处。

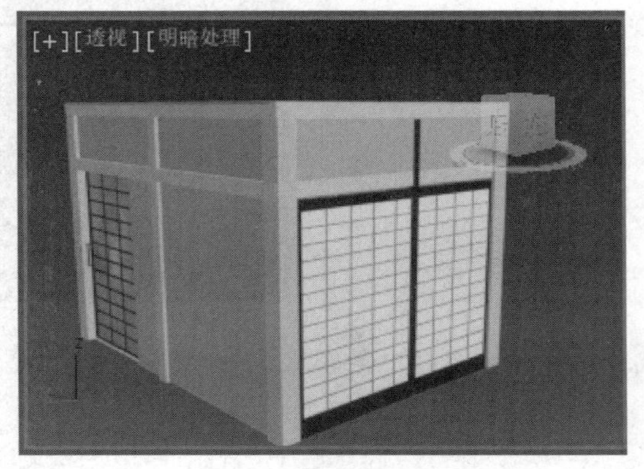

步骤7　选择所有组成吊顶的对象，然后执行“组 | 成组”命令，进行组合。

步骤8　将组合的顶进行隐藏，然后合并进“床”模型，并放置到合理的位置。

步骤9　把柜体模型合并到场景中，将其放置于床头一侧。

步骤10　将茶几组合模型合并到场景中，并将其放置于床尾。

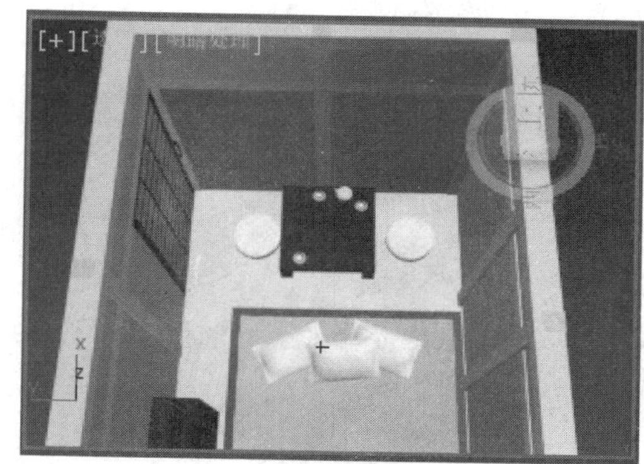

提示：

- 可以通过捕捉工具将滑动门精确放置到滑轨上。
- 要使用格式为3DS的模型，否则导入后，材质和贴图的应用不一定正确。
- 窗户的结构非常简单，可以通过简单的长方形堆栈制作出不同样式的窗户。
- 在室内设计装修行业中，卧房中的床是不能直接对着门口的，所以此时进行侧放。
- 在日式的卧室里，更适合放置木质的茶几和蒲垫。

13.2.2　合并装饰物件

装饰物件的选择需要尽量符合室内设计风格，在导入合并过程中，尽量避免导入面数过多的模型。

步骤1　选择所有的墙体对象，将它们组合为“墙”。

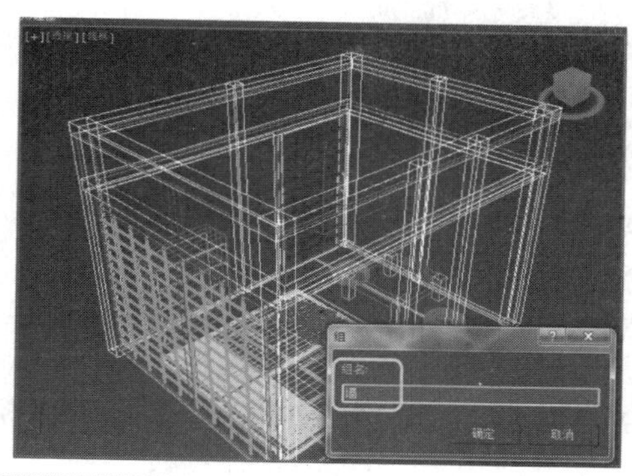

步骤2　执行“合并”命令把吊灯对象合并进场景。

步骤3 把圆形吊灯合并进场景，并放置于柜的侧面。

步骤4 把鸽子雕塑合并进场景，并将其放置于柜子上方。

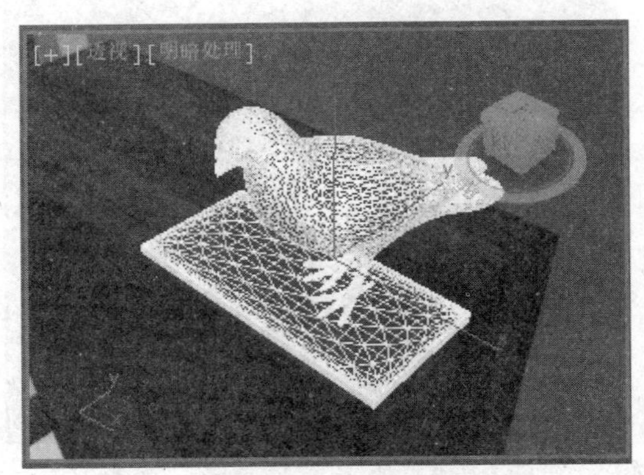

步骤5 把国际象棋模型合并进场景，并放置于茶几面上。

步骤6 把壁画模型合并进场景，并放置到合适位置。

步骤7 克隆一个方形吊灯，删除掉线，然后放置于柜面上。

提示：

- 选择装饰物件时，要尽量向整体风格靠拢，如选择灯笼形状的吊灯、风格古朴的挂画等。
- 如果装饰物件模型具有太多的面数，在后期材质制作时就需要尽量简单。
- 在日式风格的房间里，围棋和茶具是最合适的摆设。
- 如果要对场景进行现实的模拟，而不是单纯的商业效果图，场景中应该具有更多的模型来表现细节。

13.3 为建筑结构制作材质

制作材质的过程就是为场景着色的过程，材质的复杂程度同样影响最终渲染的速度，过于复杂的材质不仅影响工作效率，还会产生不可预知的错误。

13.3.1　制作地板材质

日式风格的地板通常不使用全地砖或全木板结构，而是使用较为考究的藤编元素来装饰地板。本小节将制作符合日式风格的地板材质。

步骤1　将所有合并进场的模型对象和屋顶隐藏。

步骤2　在"渲染设置"对话框中，更换渲染器为VRay渲染。

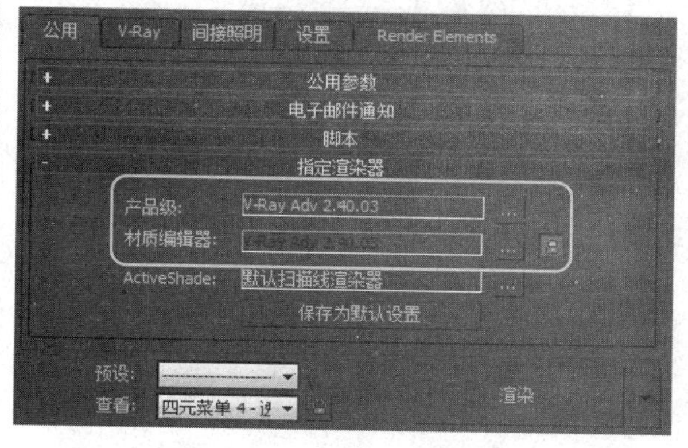

步骤3　打开材质编辑器，使用一个多维/子对象材质，并设置子材质数量为2。

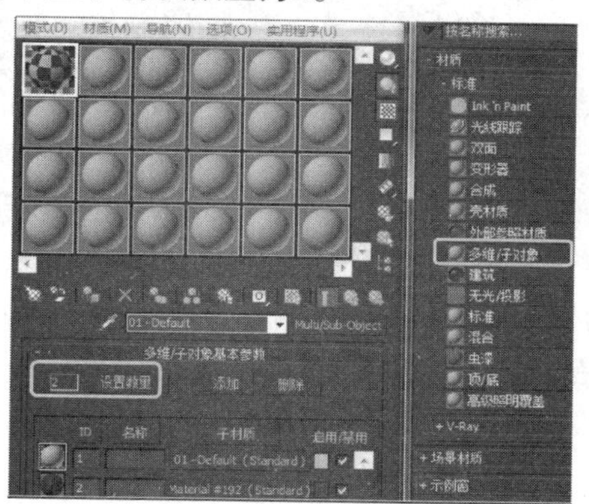

步骤4　设置第二个材质的颜色。

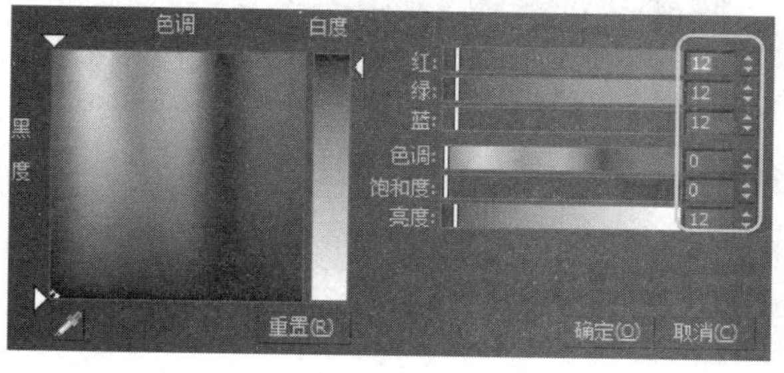

步骤5　使用VRayMtl材质代替原有的标准材质。

步骤6　进入第一子材质设置漫反射的颜色。

步骤7 在反射选项组中，设置高光光泽和反射光泽的参数，使材质产生高光和反射效果。

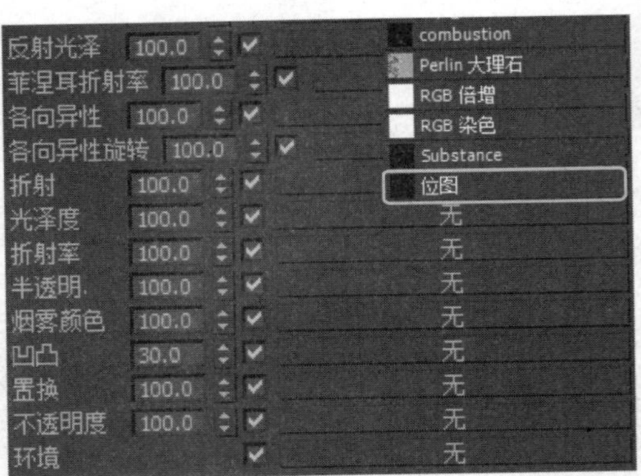

步骤8 展开贴图卷展栏，为置换贴图通道指定位图贴图。

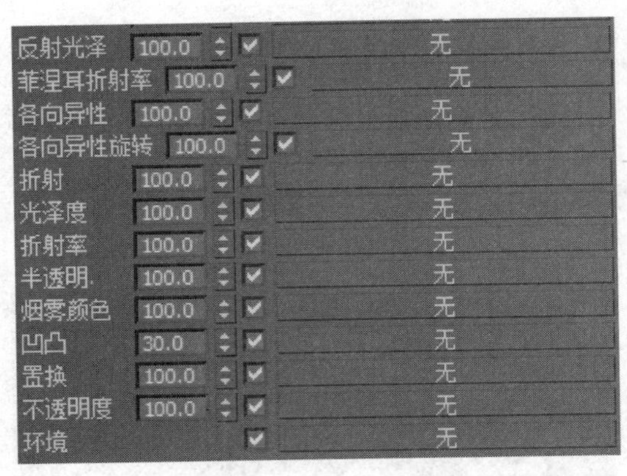

步骤9 指定位图贴图后，选择灰度贴图文件。

步骤10 进入第二子材质层级，设置漫反射的颜色。

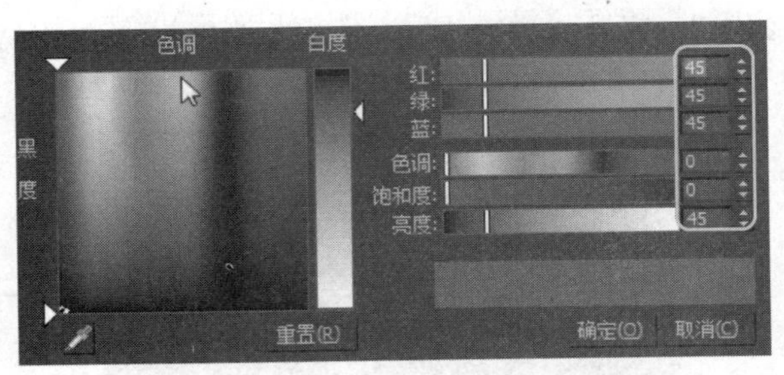

步骤11 为漫反射指定噪波程序贴图。

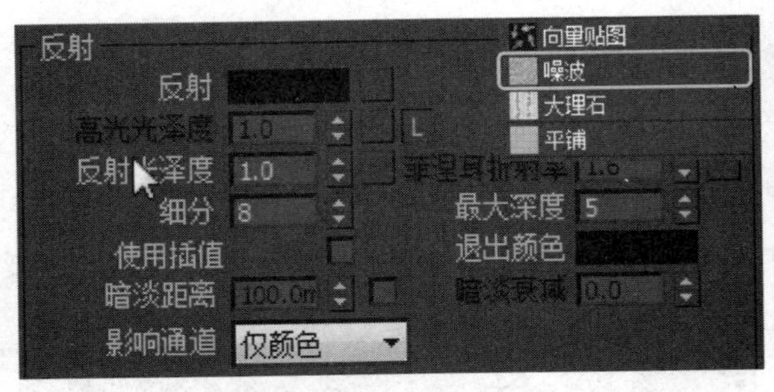

步骤12 在噪波程序贴图层级中，展开“噪波参数”卷展栏，并设置参数。

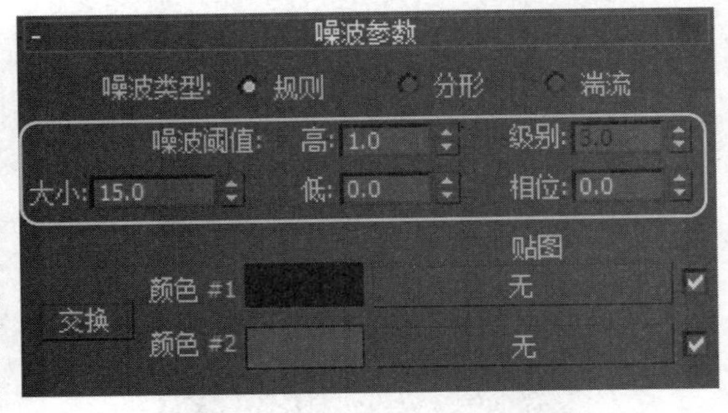

步骤13 在第二个子材质的贴图卷展栏中，为凹凸贴图通道指定位图贴图，并设置贴图强度。

步骤14 指定位图贴图后，选择灰度贴图文件。

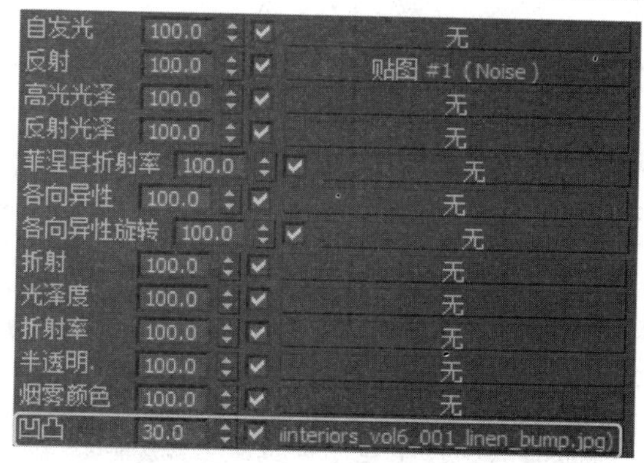

步骤15 在场景中选择所有模拟地面的物体对象，设置物体颜色为蓝色。

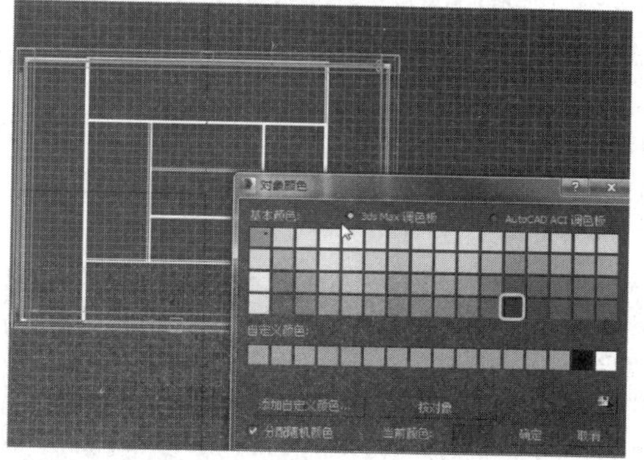

步骤16 选择组成地面的其中一个对象，并在参数面板中设置其ID号为1。

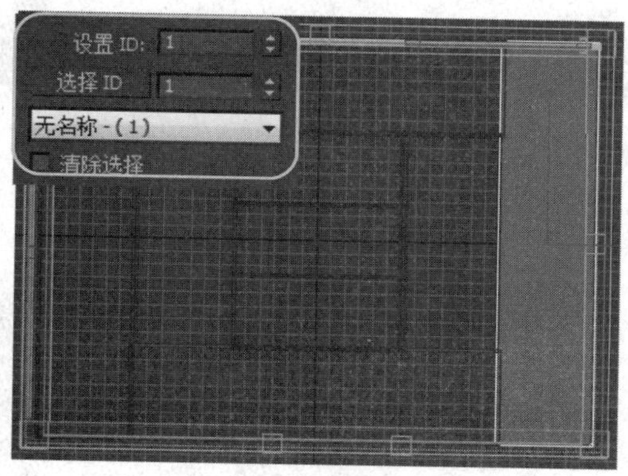

步骤17 反选选中其他的面，然后设置其ID号为2。

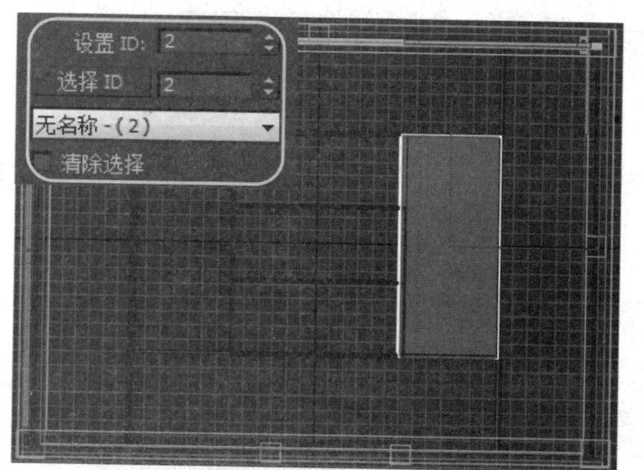

步骤18 使用相同的方法为其他组成地板的对象进行材质ID号设置，然后为其赋予制作好的样本材质。

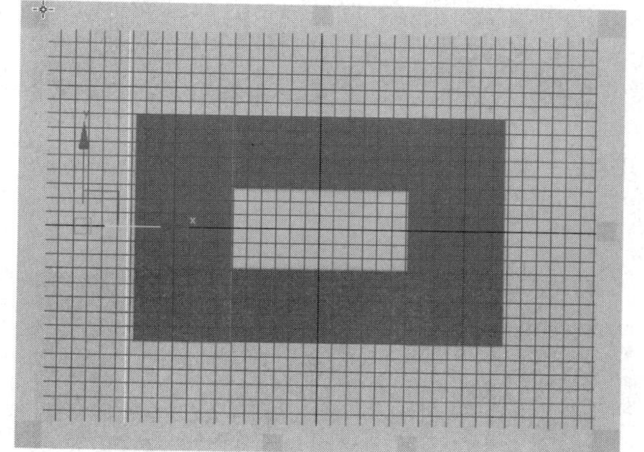

提示：

- 隐藏场景中的家具模型，可以有效加快视口操作。
- 子材质的数量根据对象要设定的复杂程度来决定。
- 不需要给地板添加分割线，贴图上的分割线可以在地板上直接显现出来，更加真实。
- 反射光泽度的值越大，反射产生的模糊效果越明显，在渲染时易产生更多的噪点。
- 为反射指定噪波效果，可以使对象表面产生反射位置不均匀的效果。
- 在选择对象的面时，选中面将显示为红色，如果将物体颜色设置为非红色，可以避免颜色混淆。

13.3.2 制作墙和顶的材质

在日式风格的卧室中，通常没有水泥或木板的硬墙，更多的是使用厚纸之类的代替。本小节将制作简单的纸墙材质。

步骤1 使用一个新VRayMtl为漫反射指定位图贴图。

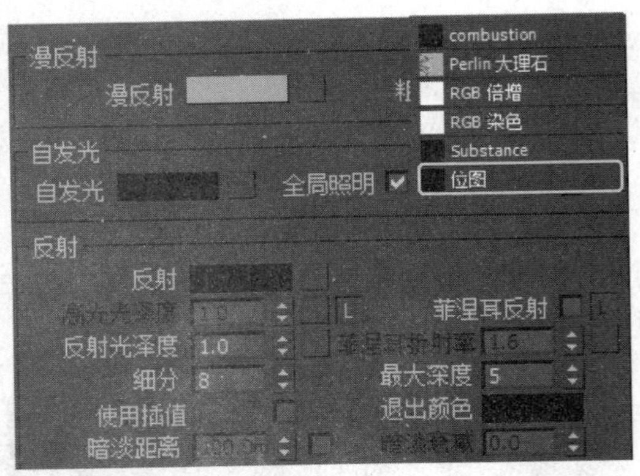

步骤2 在位图贴图层级中，选择木纹贴图文件。

步骤3 在材质参数面板中，设置反射颜色接近黑色，并设置其他参数。

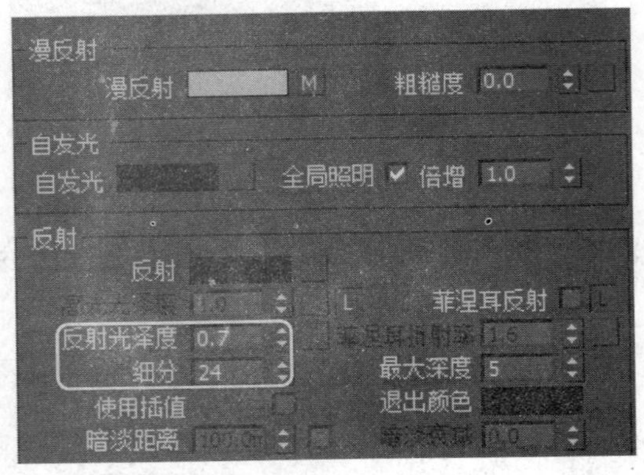

步骤4 在贴图卷展栏中，将漫反射的贴图复制到凹凸贴图通道，并设置凹凸贴图强度。

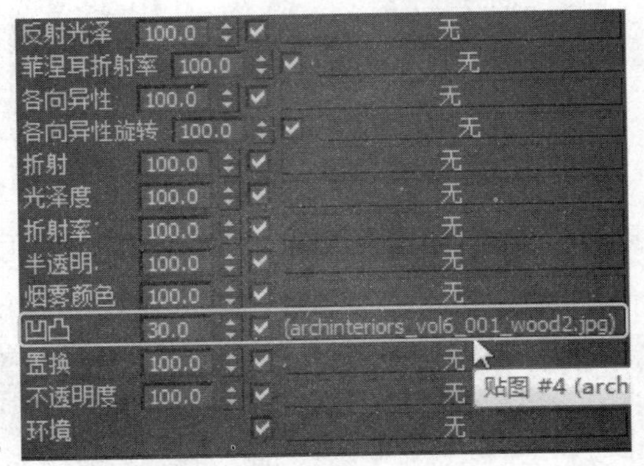

步骤5 将样本材质赋予场景中模拟柱子的对象。

步骤6 使用一个新的VRayMtl为漫反射指定位图贴图。

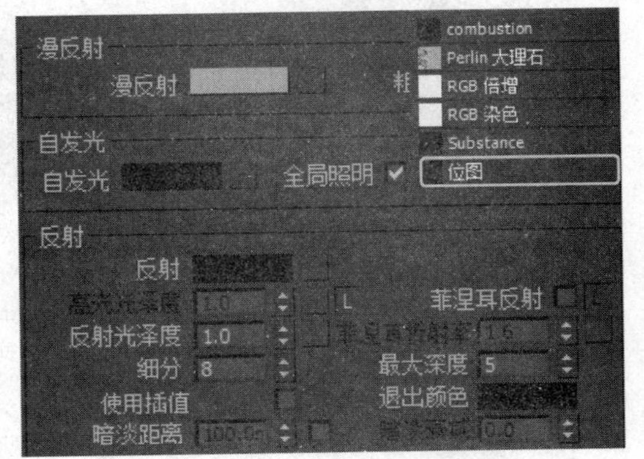

步骤7 在位图贴图层级中，选择贴图文件。

步骤8 把该位图贴图复制到凹凸贴图通道，设置贴图强度参数值为50。

步骤9　将该样本材质赋予场景中来模拟上方墙体的对象。

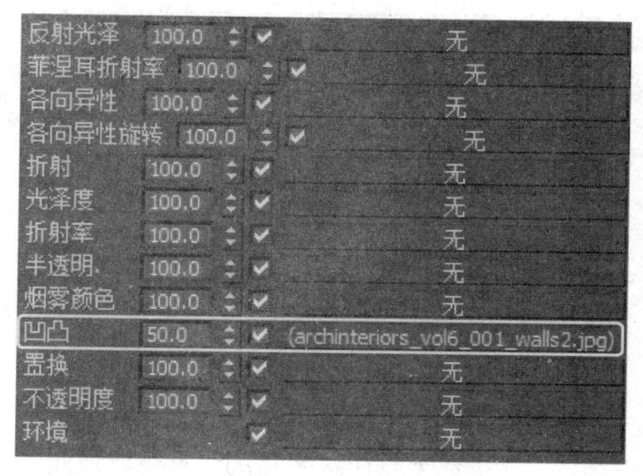

步骤10　使用一个新的VRayMtl为漫反射指定位图贴图。

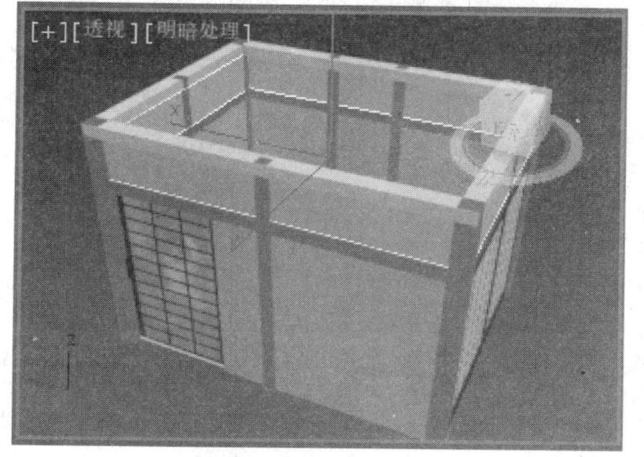

步骤11　在位图贴图层级中，选择贴图文件。

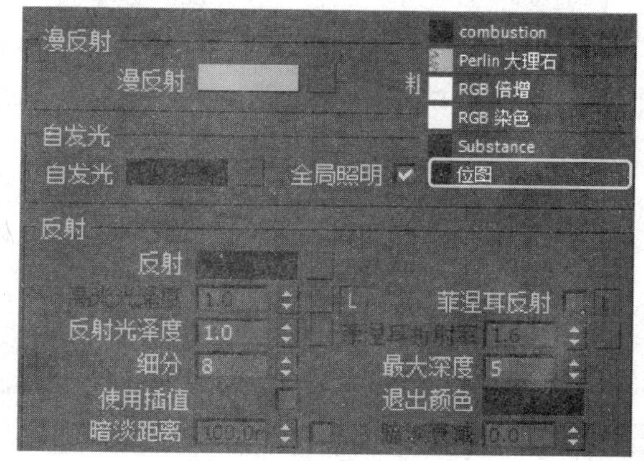

步骤12　在贴图卷展栏中，将漫反射的贴图复制到凹凸贴图通道，并设置凹凸贴图强度。

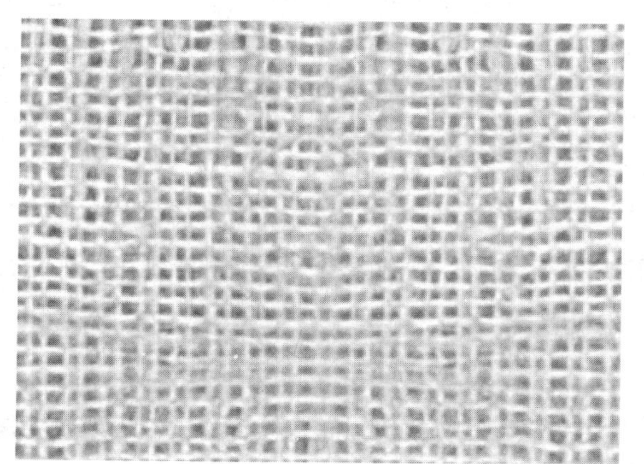

步骤13　将该样本材质赋予场景，来模拟下方墙体的对象。

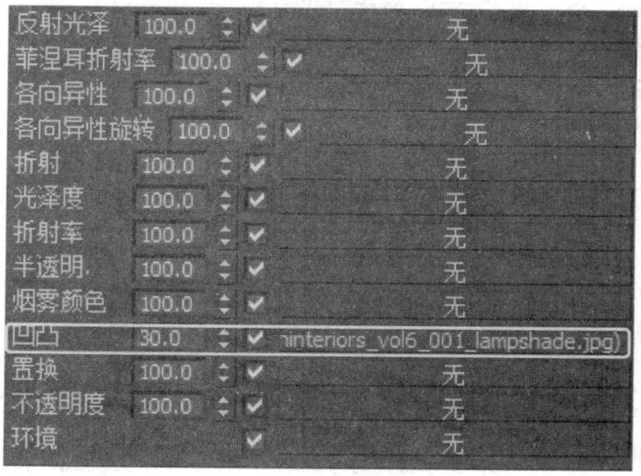

步骤14　使用一个新的VRayMtl，设置漫反射为白色。

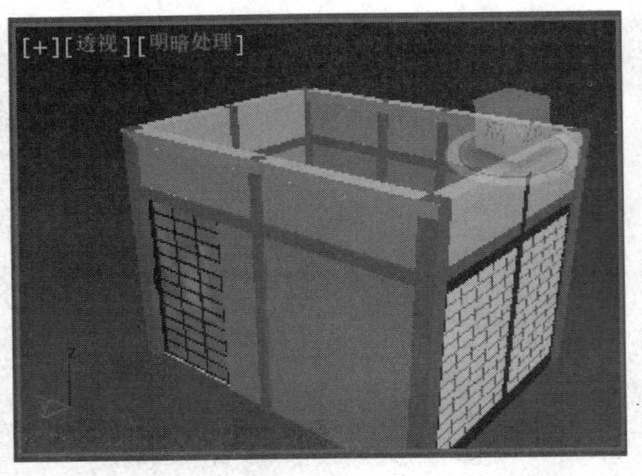

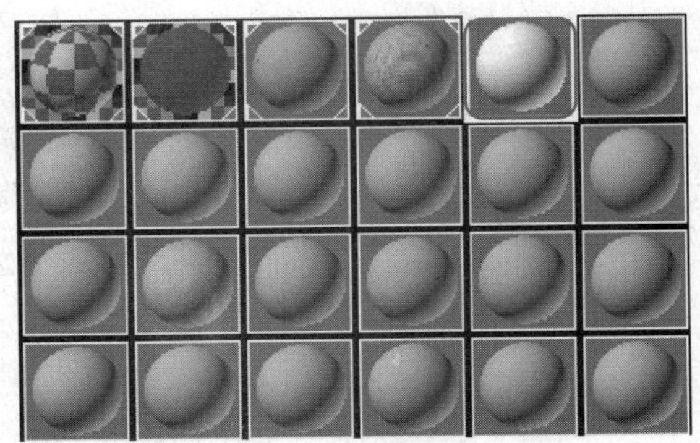

步骤15 将该样本材质赋予场景，来模拟顶部天花板的对象。

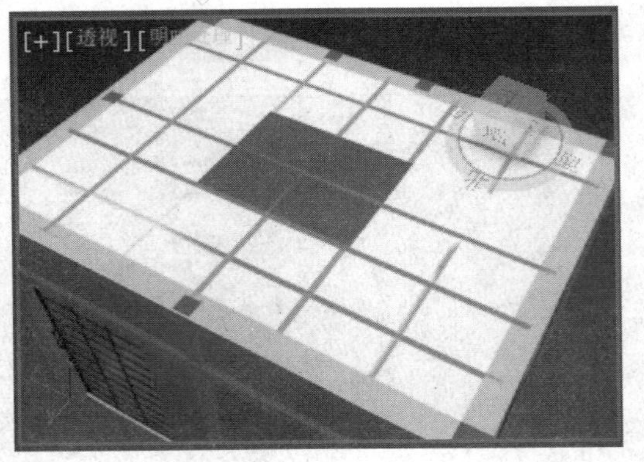

步骤16 将木纹材质赋予顶部的圈梁和栅格等物体。

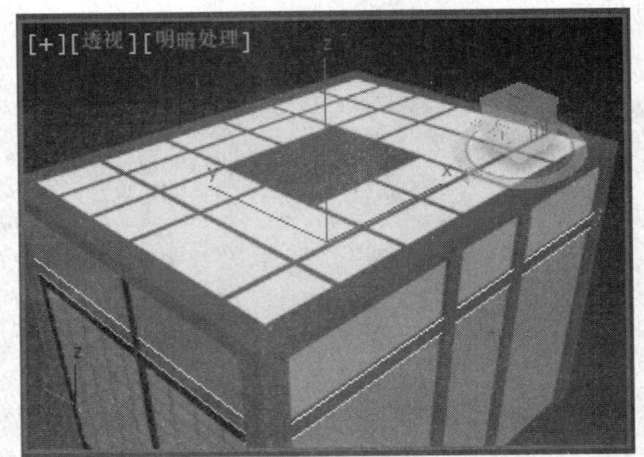

提示：

- 在日式设计风格中，多使用深色木纹。
- 将高光光泽度和反射光泽度锁定设置，可以产生更为自然真实的反射效果。
- 如果木纹效果与对象大小不匹配，可以使用UVW贴图修改器进行校正。
- 如果没有灰度贴图，可以使用漫反射的贴图代替。
- 如同在场景中应用贴图纹理一样，颜色不一的贴图，可以使用染色程序贴图进行修改，以免需要重新设置。
- 在位图的参数卷展栏中，可以通过启用单色参数，将彩色贴图转换为灰度。

13.4 场景照明设定与渲染输出

完成场景的材质设定后，需要对场景进行照明测试、渲染测试，当检查各个环节都正确后，才进行最终渲染。

13.4.1 测试渲染准备

测试渲染主要是为了检查场景模型是否正确，避免烂面或错面现象，同时也检查材质的表现效果是否理想，更重要的是可以对场景灯光进行测试。本小节将详细介绍测试渲染工作是如何操作的。

步骤1 在透视视口中调整好一个观察角度，然后创建摄影机。

步骤2 在摄影机参数面板中，启用剪切面等参数，使摄影机能够更好地观察场景。

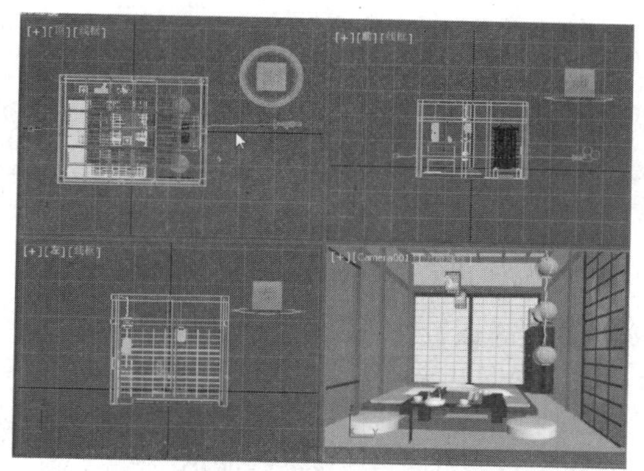

步骤3　在材质编辑器中使用一个新的VRayMtl，并设置漫反射颜色。

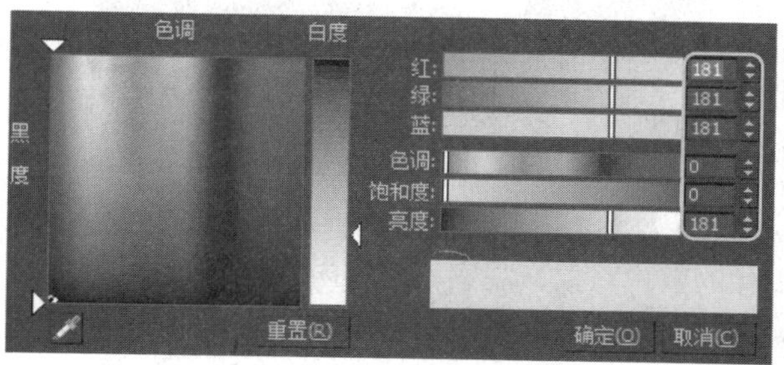

步骤4　打开渲染设置对话框，切换到VRay选项卡，将材质编辑器中的样本材质克隆到Override mtl（覆盖材质）。

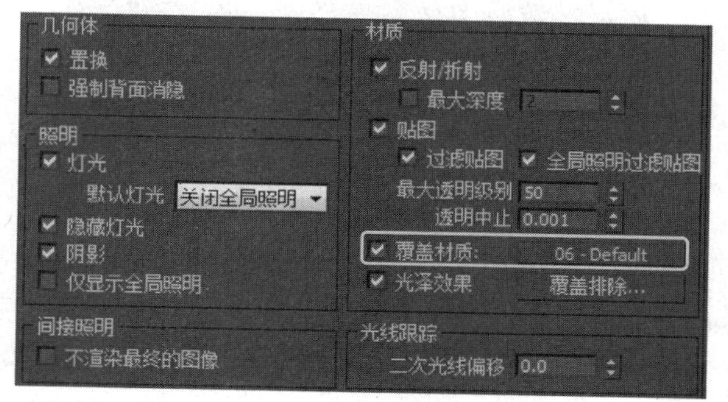

步骤5　禁用抗锯齿过滤器，选择并设置图像采样器。

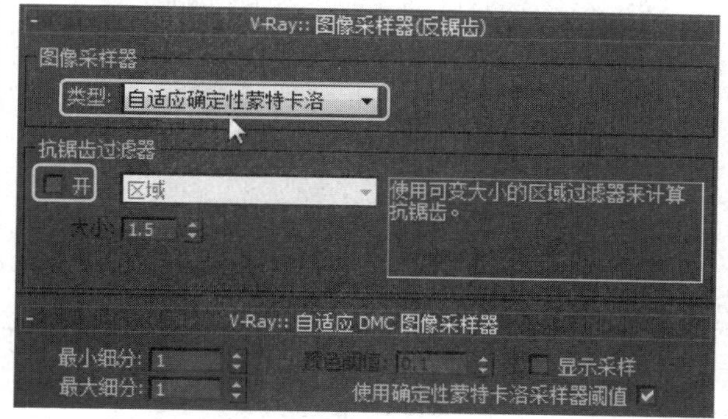

步骤6　切换到Indirect illuminated（间接照明）选项卡，选择全局光照引擎。

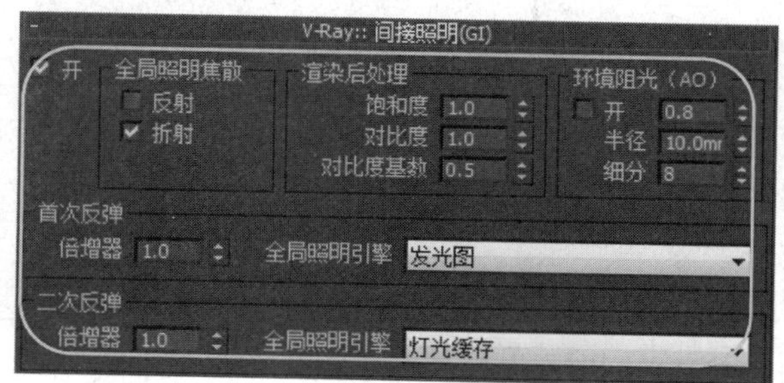

步骤7　设置较低质量的放光贴图引擎的参数，可以加快计算速度。

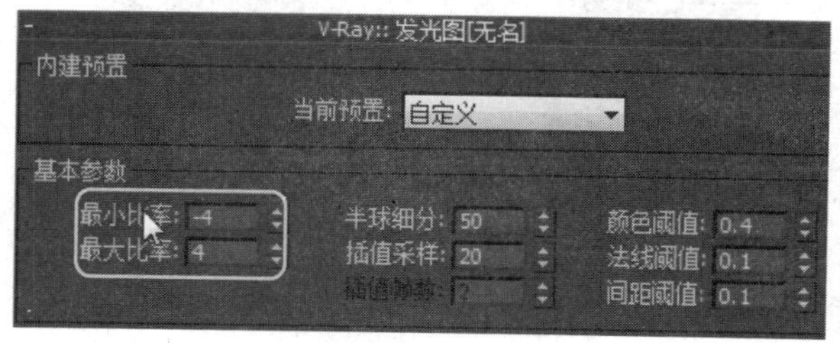

步骤8　展开Light cache（灯光缓存）卷展栏，为该引擎也设置较低的参数。

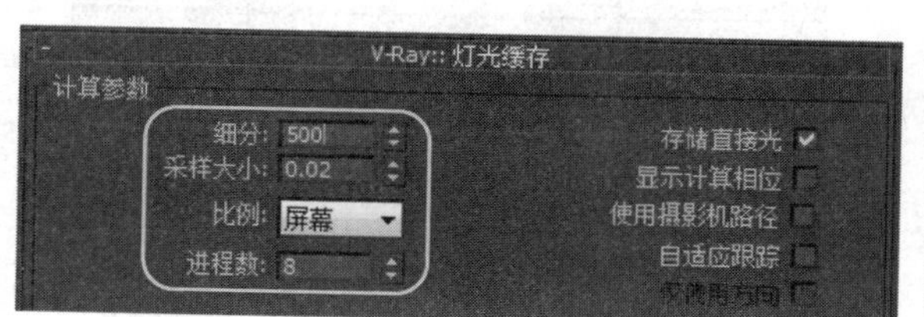

提示：

- 摄影机通常都是调整好透视视口创建的。
- 白色的替代材质通常为220的灰度颜色，也可以设置为200灰度。
- 使用替代材质是测试场景灯光照明的基本方法，但并不能作为最终参考。
- 如果场景中溢色较为严重，可以降低二级反弹的程度。

13.4.2 照明场景

场景的照明通过灯光实现，不同类型的灯光应用和参数设置可以营造出不同的氛围效果。

步骤1 在场景中创建一盏VRaySun灯光，确定创建位置。

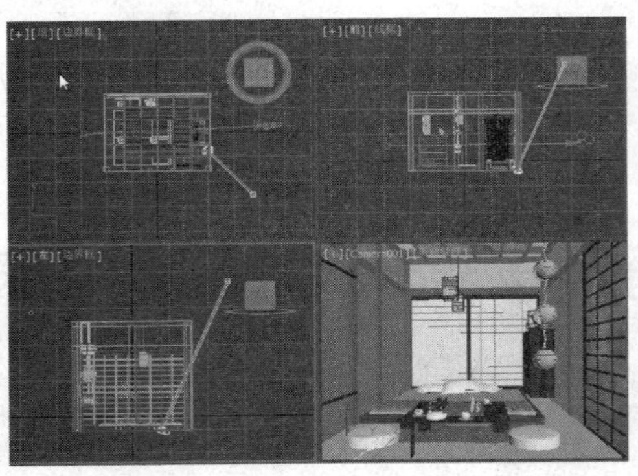

步骤2 在VRaySun灯光的参数面板中，设置倍增等参数。

步骤3 在渲染设置对话框中，启用Override Exclude（替代排出）参数，并排除窗户对象，使该对象不应用替代材质。

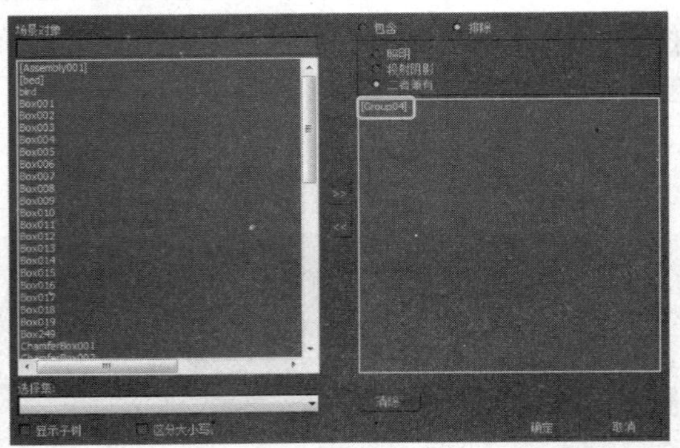

步骤4 渲染场景，可观察到VRaySun灯光透过排除的窗户对象，观察其对室内的照明效果。

步骤5 创建一盏VRayLight灯光，用于模拟通过窗户溢进室内的天光效果。

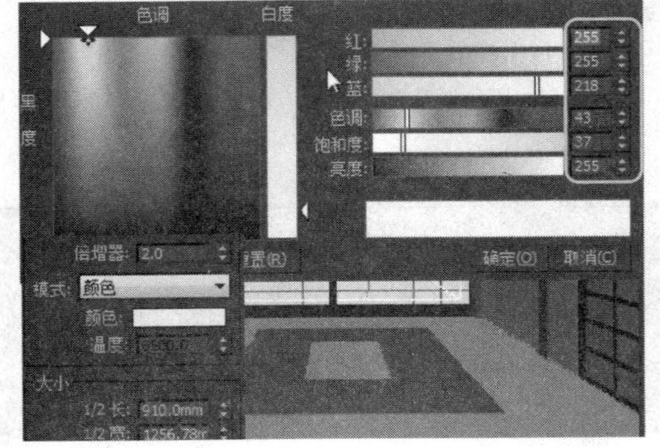

步骤6 在VRayLight灯光的参数面板中，设置灯光参数及颜色。

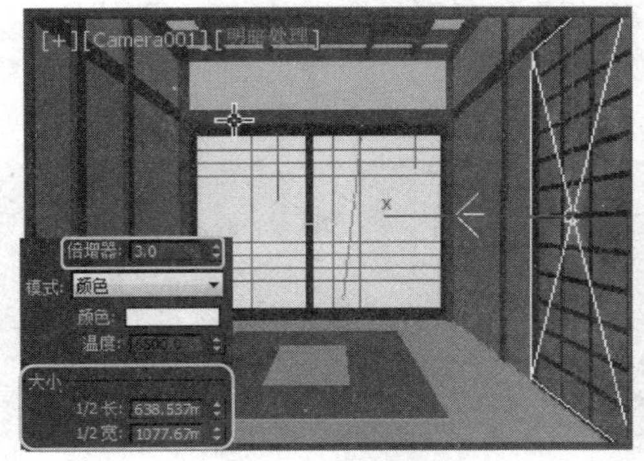

步骤7　渲染场景，可观察到场景中加入天光的效果。

步骤8　在门口处在创建一盏VRayLight灯光，用来模拟门溢进的其他光线。

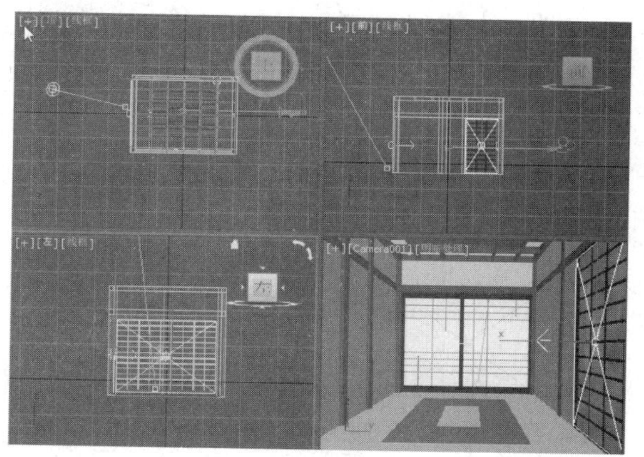

步骤9　该VRayLight灯光使用与其他灯光一样的颜色，然后设置其他参数。

步骤10　再次渲染场景，可观察到场景效果。

步骤11　取消圆形吊灯的隐藏状态。

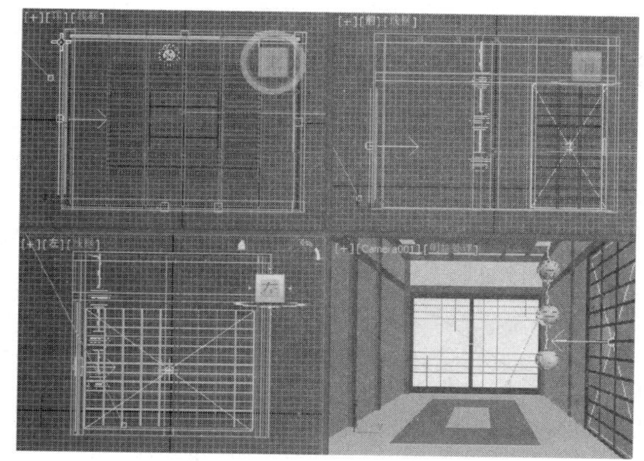

步骤12　根据圆形吊灯的位置创建三盏关联的VRayLight灯光。

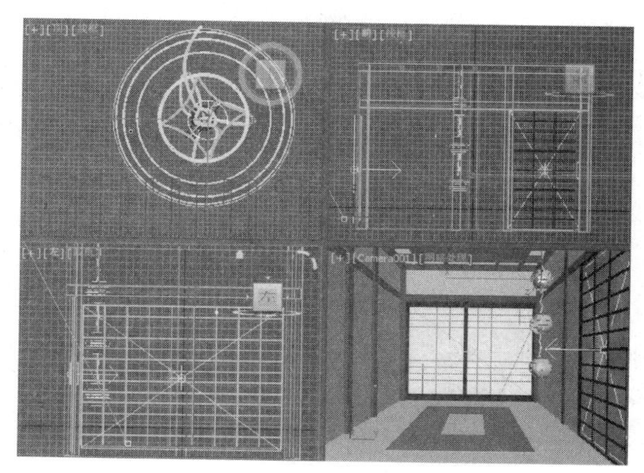

步骤13　选择Sphere（球体）选项，然后设置其他参数。

步骤14　再次渲染场景，可观察到场景中圆形吊灯对场景的照明效果。

13.4.3 应用全局照明引擎计算贴图

如果直接对全局光照引擎进行高质量参数计算，需要耗费大量的时间。通常情况下，先对较小输出尺寸进行计算，将计算结果保存，然后设置最终渲染的尺寸，同时调用保存好的全局光照计算结果，这样可以明显缩短渲染时间。

步骤1 在渲染设置对话框中，重新设置渲染图像的输出尺寸。

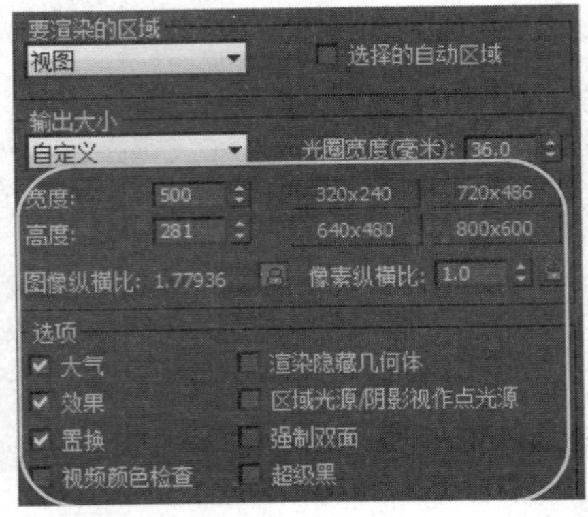

步骤2 在Indirecti llumination（间接照明）选项卡中，为发光贴图引擎选择High（高）质量预设参数。

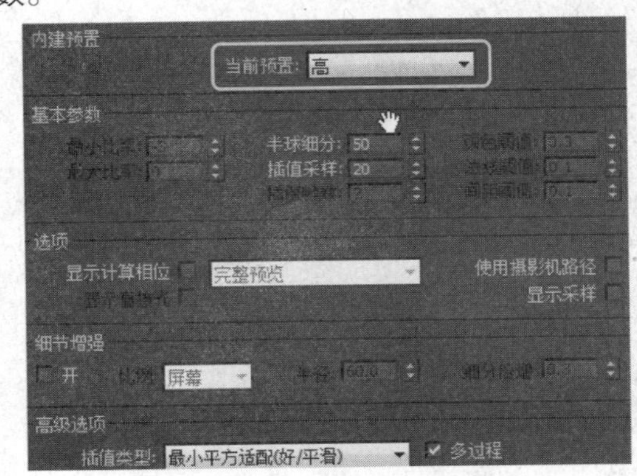

步骤3 在该引擎的Mode（模式）和On render end（渲染后）选项卡中设置计算结果的处理方式。

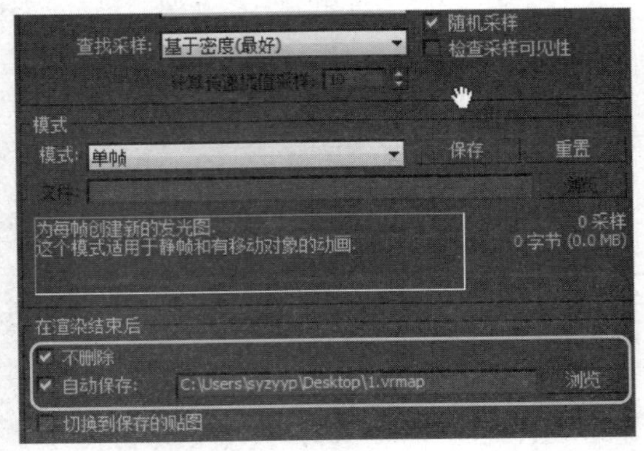

步骤4 在灯光缓存卷展栏中设置参数，使该引擎计算质量提高，然后保存。

步骤5 完成渲染后，在发光贴图引擎卷展栏中重新选择模式。

步骤6 在灯光缓存引擎的参数面板中，选择From File（来自文件）模式。

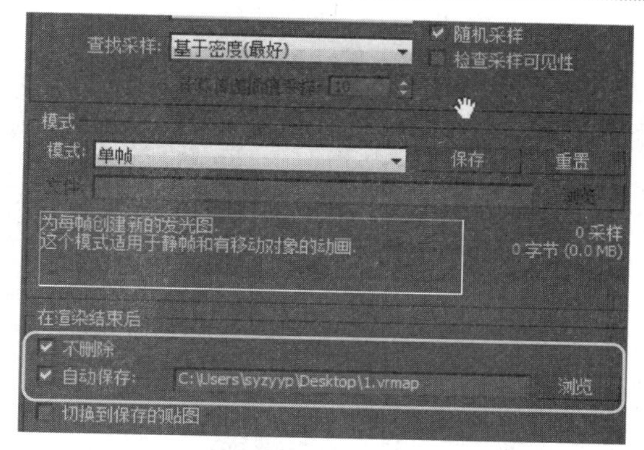

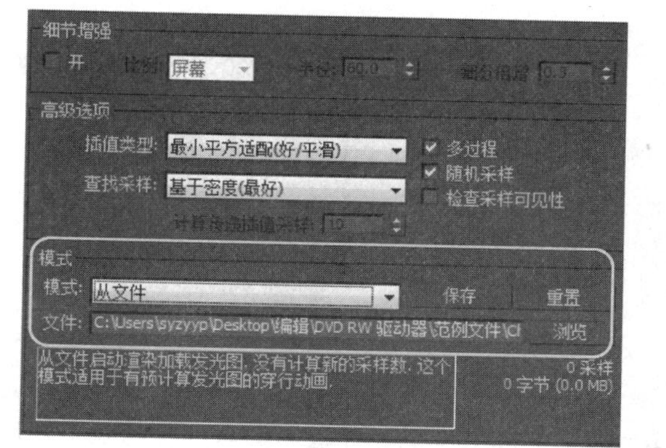

提示：

- 保存计算结果的尺寸最好小于最终输出尺寸的1/3。
- 不同的渲染引擎计算结果需要单独保存和调用。
- 如果调用了错误的贴图，最终渲染时会产生光线错误效果。

13.4.4　最终渲染

最终渲染是整个工作的最后一个流程，通常需要花费几十分钟到几个小时，需要对材质、灯光、对象等元素的细分进行彻底检查，在保证质量的前提下尽量提高渲染速度。

步骤1　在渲染设置对话框中重新设置渲染图像的输出尺寸。

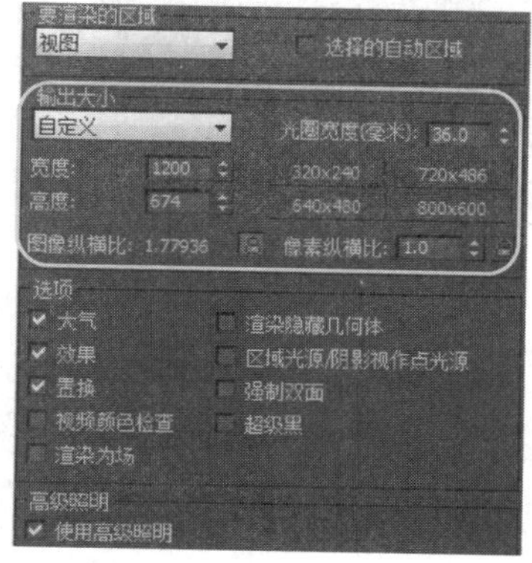

步骤2　启用抗锯齿过滤器和图像采样器，并设置相关参数。

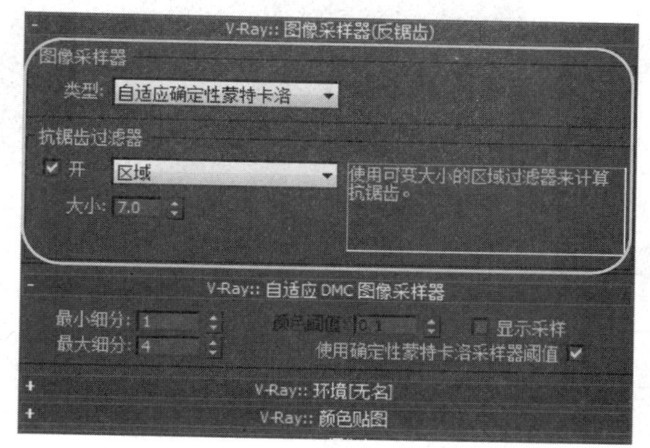

步骤3　展开Color mapping（颜色贴图）卷展栏，选择曝光方式并设置相关参数。

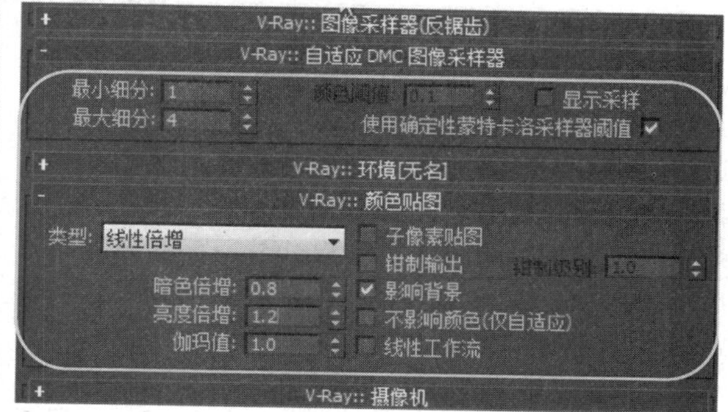

步骤4　在Setting（设置）选项卡中，设置参数，使图像渲染噪波较小。

步骤5　选择场景中的VRayLight对象，并设置Subdivs（细分）参数值为32。

步骤6　取消场景中所有对象的隐藏状态。

步骤7 进行最终渲染，渲染器自动读取之前保存的全局光照引擎计算，进行直接渲染。

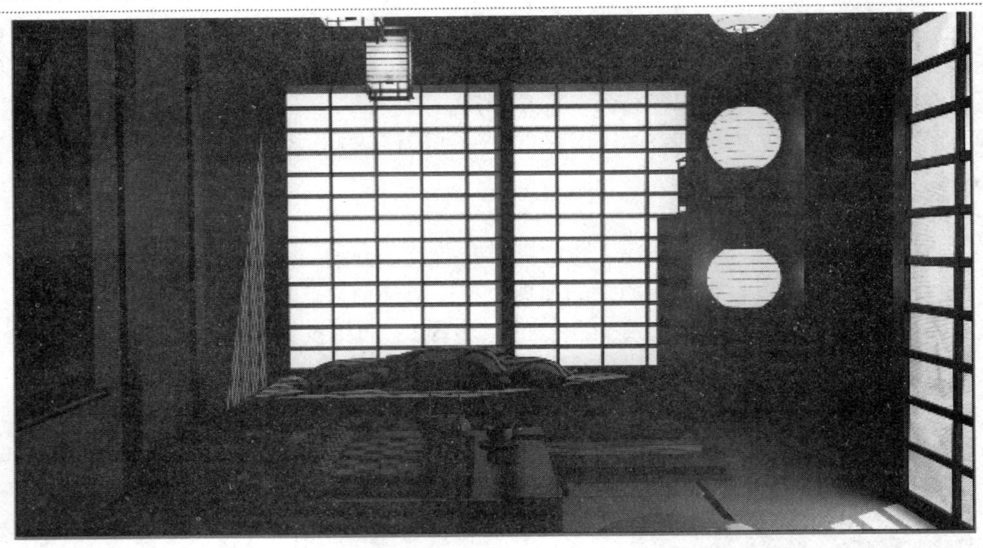

提示：

- 渲染输出的最终大小根据实际用途来决定，如果要进行印刷，建议设置2000以上的分辨率。
- 使用不同的曝光方式可以有效地调整场景的高光区域和暗部区域的效果，使场景更真实自然，光线表现更柔和。
- 灯光的细分参数可以有效减少光在场景中产生的噪波效果，如果参数值设置过大，会降低渲染速度。

13.5 小结

本章讲的是一个制作室内效果的综合例子，主要运用了建模、附材质、添加摄像机、添加灯光和一些渲染的设置，覆盖了本书的大部分讲解内容，很全面。

在做一个室内模型时，在添加灯光时是最不好掌握的，对于初学者来说，往往需要一次次地渲染，观察效果，增加了难度和时间。在这讲一下对于初学者来说添加灯光的一些有效措施。

在为室内添加灯光时，最先考虑的是添加主灯，而主灯的添加难度很大，强度和衰减参数设置不好把握，太大太小都会影响效果，主灯的添加还需要考虑灯的形状，以本例来讲，不适合添加聚光灯，那可不可以用其他的方法来代替呢？答案是有的。在主灯处用四个小筒灯来代替，可以很好地防止只开一个聚光灯时，出现光圈的问题。

其次是在一些墙体边缘会添加射灯，射灯的添加也是很难的，对于制作者能避免添加射灯的，尽量不去添加。为了增加室内的亮度，在室内可以添加一些小的筒灯，在不影响图的效果的同时，还可以增加层次感。

附录A 操作习题答案

第1章

1. 选择题

（1）A （2）A （3）C

2. 填空题

（1）建模、材质、灯光

（2）Windows平台、三维造型与动画制作

第2章

1. 选择题

（1）C （2）D （3）A、B、C、D

（4）A、B、C （5）A

2. 填空题

（1）“选择并且移动”工具、“选择并且旋转”工具、“选择并且缩放”工具

（2）图形按钮

第3章

1. 选择题

（1）C、D （2）A、B、C

2. 填空题

（1）修改

（2）样条线、NURBS曲线、扩展样条线

（3）枢轴门、推拉门、折叠门

第4章

1. 选择题

（1）A （2）B （3）A （4）C （5）B

2. 填空题

（1）X、Y和Z方向的三条轴线

（2）“编辑”菜单–变换输入

（3）工具、阵列

（4）绝对：世界、偏移：屏幕

（5）间隔工具、克隆并对其

第5章

1. 选择题

（1）A （2）B

2. 填空题

（1）选择、保存、重命名和删除场景状态

（2）保存与管理

第6章

1. 选择题

（1）D （2）D （3）D （4）D

（5）D （6）D （7）A

2. 填空题

（1）两个或多个、一个且只能由一个

（2）编辑多边形、编辑法线、编辑面片

（3）顶点、分段、样条线

第7章

1. 选择题

（1）D （2）D （3）D （4）B

（5）C （6）D （7）A （8）A

（9）D （10）B

2. 填空题

（1）10

（2）多层

（3）线框、双面、面贴图和面状

第8章

1. 选择题

（1）A （2）B （3）D （4）D

（5）B （6）C

2. 填空题

（1）3

（2）天光

第9章

1. 选择题

（1）A （2）B （3）B （4）A

（5）D （6）D （7）C （8）C

2. 填空题

（1）环境或效果

（2）环境贴图

（3）效果

（4）曝光控制

第10章

1. 选择题

（1）D （2）D （3）B （4）D

（5）D （6）C （7）A （8）B

（9）A （10）C

2. 填空题

（1）渲染合成

（2）过少、过多

（3）特点、移动

（4）成组

（5）相互重叠

第11章

1. 选择题

（1）D （2）A （3）D （4）D

（5）D （6）D （7）A

2. 填空题

（1）819

（2）帧

第12章

1. 选择题

（1）D （2）A （3）D （4）D

（5）A （6）C （7）D

2. 填空题

（1）全导向器

（2）暴风雪、粒子云和粒子阵列